개정판

천체 물리학

개정판

천체물리학

복사와 기체역학

초　판 1쇄 발행 2018년 4월 20일
개정판 1쇄 발행 2022년 10월 31일
개정판 2쇄 발행 2025년 7월 15일

지은이 구본철 · 김웅태

펴낸곳 서울대학교출판문화원
주소 08826 서울 관악구 관악로 1
도서주문 02-889-4424, 02-880-7995
홈페이지 www.snupress.com
페이스북 @snupress1947
인스타그램 @snupress
이메일 snubook@snu.ac.kr
출판등록 제15-3호

ISBN 978-89-521-3081-5 93440

복사와
기체역학

천체 물리학

개정판

구본철 · 김웅태 지음

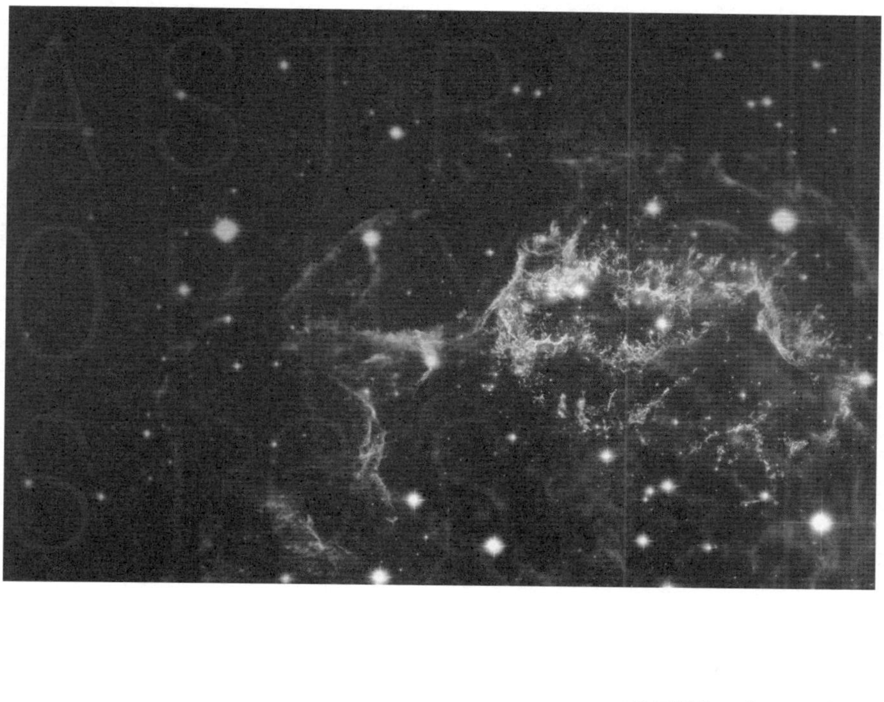

서울대학교출판문화원

| 개정판 머리말 |

책의 전반부 '복사' 부분을 전면적으로 개정하였다. 초판의 오탈자와 오류를 수정하고 내용을 보완하였다. 아울러 이해를 높이기 위한 그림 자료와 다양한 천문 현상을 다룰 수 있는 문제를 함께 수록하였으며, 학습의 폭을 넓힐 수 있도록 관련된 참고문헌을 명시하여 활용도를 높였다. 초판보다 30여 페이지 늘어났으며 그림도 20개 가까이 추가하였다. 전반적으로 개선되었기를 기대하며 미진한 부분에 대해서는 독자 여러분의 양해를 구한다.

개정판 발간에 도움을 주신 분들께 감사드린다. 우선 초판의 오타 및 오류를 지적해 주신 여러 분들께 감사드린다. 특히 책 전체를 꼼꼼히 읽고 많은 의견을 준 김윤수에게 감사한다. 글상자 '우주의 분자 메이저' 작성에 도움을 주신 조세형 교수와 본문과 부록의 일관성 문제를 지적해 주신 김철민 교수에게도 감사드린다.

2022년 9월

구본철, 김웅태

| 초판 머리말 |

천체물리학은 전통적으로 특정한 천체를 주제로 접근하는 방식과 여러 천체에 공통적으로 적용할 수 있는 물리를 주제로 접근하는 방식이 있다. 이 책은 후자의 방식을 따라서 학부와 대학원 학생들을 위한 천체물리학 교재로 집필되었다.

입자 간 충돌과 같은 미시적 현상부터 별과 은하의 생성과 같은 거시적 현상까지, 우주의 다양한 천체물리 현상을 이해하기 위해서는 거의 모든 물리학적 배경지식이 필요하다 해도 과언이 아니다. 하지만 세분화되고 심화된 혹은 통합된 현대 천문학 연구에서는 이들 물리학 과목을 수강하고 연구를 시작하기에는 시간적으로 어려움이 있다. 또한 많은 경우, 그 배경 이론에 대한 자세한 이해보다는 기본 개념에 대한 이해와 천체물리학적 의미에 대한 통찰이 더 중요하다. 이 책은 천체물리학에서 가장 기본적이고 넓은 응용 범위를 갖는 두 주제인 '복사와 천문기체역학' 관련 물리학 내용을 집약하였다. 복사의 경우 이 주제의 고전이라고 할 수 있는 *Radiative Processes in Astrophysics*(Rybicki and Lightman 1979)의 형식과 내용을 따르되 학부 물리학 과목과의 접목을 시도했으며 천문학적인 측면을 강조하였다. 천문기체역학의 경우 기체역학의 기본적인 물리를 설명한 후 천문학적인 응용을 다루었으며 초급자도 이해할 수 있도록 자세한 유도 과정을 제시하였다. 이 책은 학부 고학년과 대학원생을 위한 천체물리학 교재를 목표로 하였으며, 복사에 관한 전반부와 천문기체역학에 관한 후반부를 독립적으로 각각 한 학기에 걸쳐 다루기에 적합하도록 구성되어 있다. 한 학기에 두 주제를 모두 다루고자 할 경우에는 제목에 ★표시가 붙은 단원을 건너뛸 수 있다.

이 책을 사용할 학생들에게 양해를 구해야 할 사항 하나는 단위계이다. 천문학 분야에서는 관습적으로 대부분 cgs 단위계에 기반을 둔 가우스 단위계를 사용한다. 이 책에서도 천문학 분야의 다른 도서 및 학술 논문과의 호

환성을 고려하여 가우스 단위계를 사용한다. 한편 천문학을 제외한 자연과학의 거의 모든 분야에서 SI 단위계에 기반을 둔 MKSA 단위계를 사용하기 때문에 MKSA 단위계에 친숙한 학생들에게는 이 책에서 사용하는 가우스 단위계가 낯설 수 있다. 특히 전자기 현상의 경우, 기본 방정식의 형태가 달라지므로 혼란을 겪을 수 있다. 안타깝지만 이러한 어려움은 MKSA 단위계가 천문학 분야에 정착될 때까지 (언제가 될지 모르지만) 한동안 지속될 것으로 예상된다. 따라서 이해를 돕기 위해 두 단위계에서의 전자기적 물리량과 방정식을 비교하는 표를 부록으로 삽입하였다.

이 책은 저자들의 강의를 바탕으로 개발되었으며 학부와 대학원의 많은 학생들의 도움을 받았다. 특히 원고 작성에 직접적인 도움을 준 김정규, 김현정, 문상혁, 박형욱, 서우영, 양승원, 은다인, 이수진에게 감사의 말을 전한다. 또한 원고 작성에 유익한 도움말을 준 박용선, 이희원, John Raymond와 그림을 사용하도록 허가해 준 이석호, Jim Cordes, James Riordon, Andrew Lyne, Jim Peebles, Peter Roll 등 동료 학자들에게도 감사를 드린다. 끝으로 이 책의 출간을 맡아 준 서울대학교출판문화원에 감사드린다.

2018년 2월

구본철, 김웅태

| 차례 |

제3부 원자의 구조와 선복사

제4부 유체역학의 기초

부록

| 글상자 차례 |

제1부

복사의 기초

이 단원에서는 복사를 기술하는 여러 물리량을 정의하고, 복사의 기본적인 특성을 알아본다. 1장 '복사의 기본 물리량과 그 특성'에서는 우선 복사의 세기와 에너지, 복사압 등을 정량적으로 기술하는 물리변수들을 정의하고, 그들 사이의 관계를 유도한다. 그런 다음, 매질에 의한 복사의 흡수 및 방출과 관련된 물리변수를 정의하고, 그로부터 복사의 전달을 기술하는 복사전달방정식을 세운 후, 방정식의 기본적인 특성을 살펴본다. 산란이 있는 경우의 복사전달방정식에 관해서도 간략하게 살펴본다. 여기에서 다루는 복사의 전달은 현상학적 기술이다. 즉, 구체적인 물리적 과정은 고려하지 않고 단순히 매질의 흡수와 방출에 의한 복사세기의 변화를 살펴본다. 흡수와 방출의 물리적 과정은 2부와 3부에서 구체적으로 다룬다. 단, 모든 복사의 기본이 되는 흑체복사에 대해서는 1장의 1.3절에서 설명한다. 2장 '선복사'에서는 선복사의 방출과 흡수를 기술하는 아인슈타인 계수를 정의하고, 이로부터 방출계수와 흡수계수를 유도함으로써 선복사의 일반적 특성을 살펴본다. 방출선과 흡수선의 선모양을 특징짓는 요인에 대해서도 알아본다.

제1장 복사의 기본 물리량과 그 특성

1.1 복사의 기본 물리량

이 책에서 다룰 **복사**(radiation)는 빛을 의미하며 본질적으로 전자기파 혹은 광자의 집합이다. 복사가 지니고 있는 본질적 특성은 물질과 상호작용 할 때 나타나며, 광자의 개수가 많고 적음에 따라서 전자기파의 특성을 나타낼 수도, 낱개 광자의 특성을 나타낼 수도 있다. 반면 전자기파의 파장보다 매우 큰 공간적 규모에서 복사가 진행할 경우에는 광자 또는 전자기파의 특성을 무시하고 복사를 기하광학에서와 같이 **광선**(ray)의 집합으로 기술할 수 있다. 광선은 균일한 공간에서 직진하며 물질에 의해서 방출 또는 흡수될 수 있다. 이 절에서는 이러한 광선의 집합으로서의 복사를 기술하기 위한 기본적인 물리량들을 정의하겠다.

1.1.1 플럭스밀도와 표면밝기

복사와 관련하여 관측적으로 측정 가능한 가장 기본적인 물리량은 매우 작은 면적소 dA를 시간 dt 동안 통과하는 주파수 ν와 $\nu + d\nu$ 사이에 있는 에너지 dE이며,

$$dE = F_\nu \, dA \, dt \, d\nu \tag{1.1}$$

와 같이 주어진다. 위 식에서 F_ν는 **플럭스밀도**(flux density)이다. 즉, 플럭스밀도란 임의의 지점에 놓인 면적소를 단위 면적, 단위 시간 및 단위 주파수당 통과하는 에너지의 양을 의미하며, 그 단위는 erg cm^{-2} s^{-1} Hz^{-1}, 혹은 천체로부터 오는 복사는 매우 약하므로 Jy(잰스키 Jansky, 1 Jy=1 $\times$ 10^{-23} erg cm^{-2} s^{-1} Hz^{-1}=1 $\times$ 10^{-26} W m^{-2} Hz^{-1})를 사용한다.[1] 플럭스밀도는 공간상의 위치 $\mathbf{x}$와 시간 t의 함수이며, 또한 면적소를 어떤 방향으로 향하게 하는가에 따라 좌우되므로, $F_\nu = F_\nu(\mathbf{x}, t, \hat{\mathbf{n}})$으로 주어진다(그림 1.1). $\hat{\mathbf{n}}$은 면적소의 수직 방향 단위 벡터이다. 여기에서는 간략하게 F_ν로 나타낸다.

단위 주파수 대신 단위 파장당 에너지는 F_λ로 나타내며, 그 단위로는 erg cm^{-2} s^{-1} μm^{-1}, erg cm^{-2} s^{-1} Å^{-1} 등을 사용한다. 주파수 ν와 $\nu + d\nu$ 사이에 있는 에너지와 그에 해당하는 파장 λ와 $\lambda + d\lambda$ 사이의 에너지는 동일해야 하므로,

1) 그 밖에도 등급을 포함하여 다양한 단위가 플럭스밀도를 나타내는 데 사용된다. 서로 다른 이들 단위 사이의 변환은 관측천문학 교과서(예: Bradt 2004) 혹은 Dodd(2012) 등에서 확인할 수 있다.

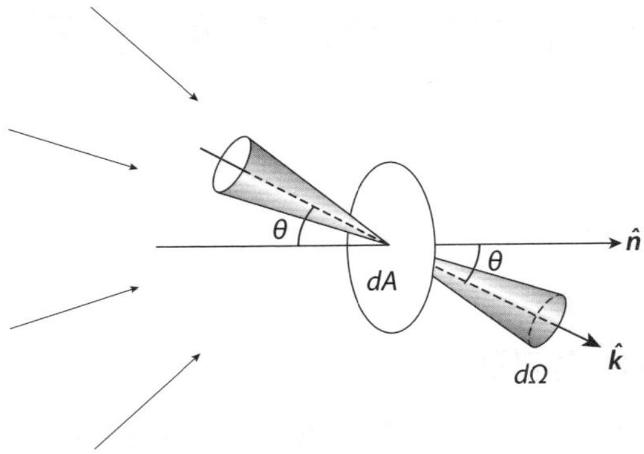

그림 1.1 면적소 dA에 입사하는 복사. $\hat{\mathbf{n}}$은 면적소의 수직 방향 단위 벡터, $\hat{\mathbf{k}}$와 $d\Omega$는 임의의 방향을 나타내는 단위 벡터와 그것을 중심으로 한 입체각을 나타낸다.

F_ν와 F_λ 사이에는

$$F_\lambda = F_\nu \left|\frac{d\nu}{d\lambda}\right| = F_\nu \frac{c}{\lambda^2} \tag{1.2}$$

의 관계가 있다. c는 광속도를 나타낸다.

엄밀히 말하여 **플럭스**(flux)란 어떤 주어진 면적을 단위 시간 동안에 통과하는 양, 즉 플럭스밀도를 면적분한 양을 의미하고 플럭스밀도란 '단위 면적당 플럭스'를 의미하지만, 흔히 플럭스와 플럭스밀도를 혼용한다. (플럭스, 플럭스밀도를 각각 '선속', '선속밀도'라고도 함.) 또한 식 (1.1)과 식 (1.2)의 F_ν와 F_λ는 특정 주파수 ν 혹은 특정 파장 λ에서의 플럭스밀도이므로 **단색 플럭스밀도**(monochromatic flux density)가 정확한 명칭이 되겠지만, 흔히 '단색'은 생략한다.

전 주파수 영역에 걸쳐 통과하는 복사장의 플럭스밀도는

$$F = \int_0^\infty F_\nu d\nu \tag{1.3}$$

로 주어지며 단위는 erg cm^{-2} s^{-1} 혹은 Jy Hz이다. 한편, 천체의 플럭스밀도는 특정 주파수 대역 혹은 특정 파장 대역을 통과시키는 필터를 사용하여 측정한다. 따라서 필터의 주파수에 따른 투과율을 R_ν라 하면, 관측된 플럭스밀도는

$$F_{\text{obs}} = \int_0^\infty F_\nu R_\nu d\nu \tag{1.4}$$

로 주어진다. 즉, 플럭스밀도의 관측값은 필터의 특성에 의존하며, 실제 플럭스밀도인 F_ν가 다른 천체일지라도 동일한 관측값을 가질 수 있음에 유의해야 한다.

식 (1.1)의 dE는 모든 방향에서 입사하여 면적소를 통과하는 복사장이 지니고 있는 에너지의 총합이다. 따라서 플럭스밀도는 임의의 지점에서 단위 시간 동안 모

든 방향으로부터 단위 면적에 입사하는 단위 주파수에 들어 있는 에너지의 크기를 나타낸다. 복사장의 방향에 따른 분포, 즉 어떤 방향에서 어느 정도 세기의 복사가 입사하는가 혹은 어떤 방향으로 어느 정도 세기의 복사가 진행하는가를 기술하기 위해서는 새로운 물리량의 정의가 필요하다. 관측적으로 측정 가능한 보다 미세한 복사의 에너지는 면적소 dA에 꼭짓점을 둔 매우 좁은 원뿔 안으로 진행하는 광선들이 지니고 있는 에너지이다(그림 1.1). 원뿔의 입체각을 $d\Omega$라고 한다면 면적소 dA를 dt 시간 동안 통과하여 $\hat{\mathbf{k}}$ 방향의 원뿔 안으로 진행하는 주파수 ν와 $\nu + d\nu$ 사이에 있는 에너지 dE는

$$dE = I_\nu(\hat{\mathbf{k}}) \cos\theta \, dA \, dt \, d\nu \, d\Omega \tag{1.5}$$

로 나타낼 수 있다. 여기서 $\cos\theta = \hat{\mathbf{n}} \cdot \hat{\mathbf{k}}$는 면적소 dA의 투영 효과를 나타낸다. I_ν는 **복사세기**(intensity)라고 불리며 임의의 지점에서 특정 방향으로 진행하는 복사의 단위 면적, 단위 입체각, 단위 시간 및 단위 주파수당 에너지를 나타낸다. I_ν가 방향에 의존한다는 사실을 강조하기 위하여 $\hat{\mathbf{k}}$의 함수로 나타내었다. 물론 I_ν 역시 $\mathbf{x}$와 t의 함수이다. I_ν의 단위로는 erg cm^{-2} s^{-1} Hz^{-1} sr^{-1} 혹은 Jy sr^{-1}을 사용한다. I_ν는 **고유세기**(specific intensity) 혹은 단순히 '세기'라고 부르기도 한다.[2]

당연하지만 식 (1.5)의 dE는 $\hat{\mathbf{k}}$의 반대 방향에서 $d\Omega$의 입체각을 가진 원뿔 안으로 입사하는 복사의 에너지이기도 하다(그림 1.1). 따라서 그곳에 천체가 위치하고 있다면 I_ν는 천체의 **표면밝기**(surface brightness), 즉 천체의 단위 입체각당 플럭스밀도를 나타낸다. 이 경우, 즉 I_ν가 천체의 표면밝기를 의미하는 경우에는 그림 1.1의 면적소를 뒤집어서 $\hat{\mathbf{k}}$가 복사의 입사 방향을 향하도록 하는 것이 자연스럽다. 반면, 복사의 방출, 전달 및 흡수를 다루는 경우에는 통상적으로 그림 1.1과 같이 I_ν가 $\hat{\mathbf{k}}$ 방향으로 진행하는 복사의 세기가 되게끔 $\hat{\mathbf{k}}$를 정의한다. 여기에서는 특별한 언급이 없는 한 후자의 관점을 택하겠다.

복사세기는 거리와 무관하다. 이를 보기 위해서 복사 광선상의 임의의 지점 1, 2에서 광선에 수직인 작은 면적소 dA_1과 dA_2를 생각하자(그림 1.2). 그리고 이 두 면적소를 통과하는 모든 광선들의 집합을 생각하자. 이 광선들에 의해서 dA_1을 통과한 에너지는 모두 dA_2를 통과하므로 시간 dt 동안 dA_1과 dA_2를 통과하는 에너지 dE_1과 dE_2는 동일하다. 따라서 지점 1과 2에서의 복사세기를 각각 $I_{\nu,1}$, $I_{\nu,2}$라고 한다면, 식 (1.5)로부터

$$dE_1 = I_{\nu,1} dA_1 \, dt \, d\nu \, d\Omega_1 = dE_2 = I_{\nu,2} dA_2 \, dt \, d\nu \, d\Omega_2$$

2) 'specific intensity'라는 용어는 플랑크(Max Planck 1858–1947)가 그의 책 *The Theory of Heat Radiation*(Planck 1914)에서 처음으로 사용하였다.

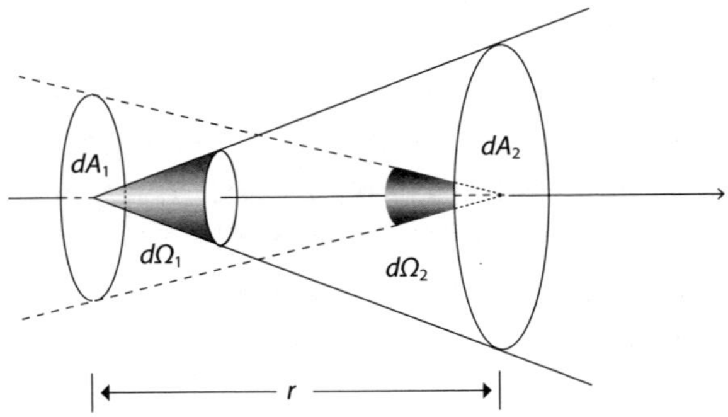

그림 1.2 복사 광선에 수직인 두 면적소 dA_1과 dA_2. 두 면적소를 통과하는 복사세기는 동일하다.

가 성립한다. 한편, 두 면적소 사이의 거리를 r이라 한다면 $d\Omega_1 = dA_2/r^2$, $d\Omega_2 = dA_1/r^2$으로 주어진다. 따라서 위 식으로부터

$$I_{\nu,1} = I_{\nu,2} \quad \text{혹은} \quad \frac{dI_\nu}{ds} = 0 \tag{1.6}$$

이 된다. s는 광선을 따라 측정한 거리로서, 식 (1.6)은 I_ν가 — 진공에서는 — 광선을 따라 일정함을 의미한다. 즉, 복사세기 혹은 표면밝기는 거리와 무관하다.

식 (1.1)과 식 (1.5)로부터 플럭스밀도는

$$F_\nu = \int I_\nu \cos\theta d\Omega \tag{1.7}$$

와 같이 복사세기의 입체각에 대한 적분으로 주어짐을 알 수 있다. 위 식에서 $\cos\theta = \hat{\mathbf{n}} \cdot \hat{\mathbf{k}}$이다(그림 1.1 참조). 광원의 크기가 작을 경우, θ를 광원의 중심으로부터의 편각(polar angle)이라고 정의함으로써 $\cos\theta \approx 1$로 놓을 수 있다. 반면 등방의 복사장이 입사할 경우, $\int_0^\pi \cos\theta \sin\theta d\theta = 0$이므로 $F_\nu = 0$이다. 즉, 면적소의 양면에 입사하는 플럭스밀도의 크기는 동일하므로, 알짜 플럭스밀도는 0이 된다.

실제적인 예로서 균일한 표면밝기 B_ν를 갖고 있는 반지름 R인 구형의 광원을 생각해 보자(그림 1.3). 이 경우 광원으로부터 거리 d만큼 떨어진 점에서 플럭스 밀도는

$$F_\nu = \int_{\Omega_s} B_\nu \cos\theta d\Omega = \pi B_\nu \sin^2\theta_s = \pi B_\nu \left(\frac{R}{d}\right)^2 \approx B_\nu \Omega_s \tag{1.8}$$

가 된다. θ는 광원의 중심으로부터의 편각이며 θ_s는 광원의 각반지름이다. Ω_s는

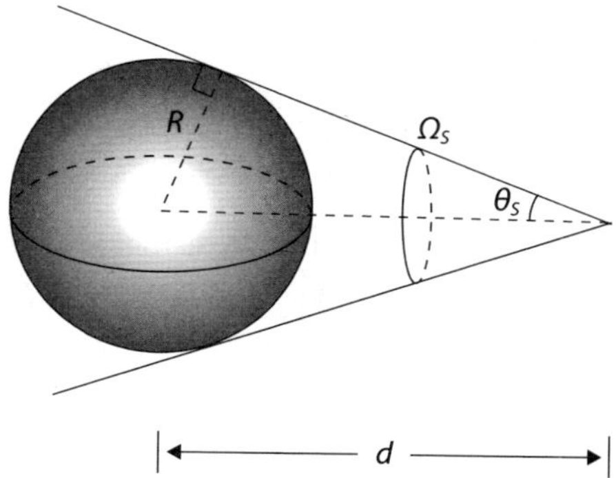

그림 1.3 균일한 표면밝기 B_ν를 가진 반지름 R의 광원. 관측자는 광원의 중심으로부터 거리 d에 있다.

광원의 입체각으로서

$$\Omega_s = \int_0^{2\pi}\int_0^{\theta_s} \sin\theta d\theta d\phi = 2\pi(1-\cos\theta_s) \approx \pi\theta_s^2 \approx \pi\left(\frac{R}{d}\right)^2 \tag{1.9}$$

으로 주어진다. 마지막 등식은 θ_s가 1보다 매우 작은 경우 $\sin\theta_s \approx \theta_s \approx R/d$을 적용한 것이다. 따라서 $d \gg R$일 경우, 표면밝기가 균일한 천체의 플럭스밀도는 $F_\nu \approx B_\nu\Omega_s$, 즉 천체의 표면밝기와 천체의 입체각의 곱으로 주어진다. 반면, $d = R$인 경우

$$F_\nu = \pi B_\nu \tag{1.10}$$

가 되는데, 이는 균일한 밝기를 가진 무한한 평판의 표면에서의 플럭스, 즉 식 (1.8)을 $\theta = 0$에서 $\pi/2$까지 적분한 결과와 동일하다. 이로부터 균일한 밝기를 가진 반지름 R인 구형의 광원 표면에서의 플럭스밀도는 πB_ν이며, 광도는

$$L_\nu = 4\pi R^2 F_\nu = 4\pi R^2 \times \pi B_\nu \tag{1.11}$$

가 된다. 여기에서 L_ν는 단위 주파수당 광도로서 단위는 erg s^{-1} Hz^{-1}이다.

천문학에서는 광원을 천체의 크기에 따라서 **점광원**(point source) 혹은 **퍼진 광원**(extended source)으로 구분한다. 점광원이란 그 각크기가 매우 작아 마치 공간상의 점과 같이 취급할 수 있는 광원을 뜻한다. 즉, 별과 같은 천체는 점광원이라 할 수 있다. 이와 반대로 유한한 각크기를 갖고 있는 달과 같은 천체는 퍼진 광원으로 부른다. 그러나 어떤 광원이 점광원인가 아니면 퍼진 광원인가 하는 것은 광원을 관측하는 도구에 따라 좌우된다. 즉, 대형 망원경을 이용하여 관측하는 경우 가까운 별들은 유한한 각크기를 갖게 되므로 더 이상 점광원이 아니라 퍼진 광원의 범주에 속하게 된다. 점광원의 경우 각크기가 없으므로 표면밝기는 무한대

이다. 이를 수식으로 나타내면

$$I_\nu = \frac{1}{2\pi} F_\nu \delta(\mu - 1) \tag{1.12}$$

과 같다. $\mu(=\cos\theta)$는 방향코사인(directional cosine)이며 $\delta(x)$는 디락 델타함수(Dirac delta function)로서 $x \neq 0$일 때는 $\delta(x) = 0$, $x = 0$일 때는 $\delta(x = 0) = \infty$이며, $\int_{-\infty}^{+\infty} \delta(x)dx = 1$이다. 식 (1.12)의 I_ν를 식 (1.7)에 대입하여 입체각에 대해서 적분하면 F_ν가 됨을 볼 수 있다.

1.1.2 복사 에너지 밀도, 복사압 및 평균세기

복사의 특성을 기술하는 또 다른 물리량으로는 우선 **복사 에너지 밀도**(radiation energy density) u_ν가 있다. u_ν는 단위 부피 및 단위 주파수당 에너지로서, 임의의 지점에서 면적이 dA이고 높이가 dl인 부피소를 생각한다면, 그 안에 들어 있는 에너지 dE는 u_ν를 사용하여

$$dE = u_\nu \, dA \, dl \, d\nu \tag{1.13}$$

와 같이 쓸 수 있다. u_ν와 복사세기의 관계를 구하기 위해서, dA와 각도 θ를 이루는 $\hat{\mathbf{k}}$ 방향으로 진행하는 세기가 I_ν인 복사를 생각한다면(그림 1.4), 이 방향의 복사에 의해서 dt 동안 dA를 통과하는 복사 에너지의 양은 $I_\nu \cos\theta dA \, dt \, d\nu \, d\Omega$이고, 이 광선이 높이가 dl인 부피소를 통과하는 데 걸리는 시간은

$$dt = \frac{dl}{c \cos\theta}$$

이므로, 식 (1.13)으로부터 복사 에너지 밀도 u_ν는 I_ν를 이용하여

$$u_\nu = \frac{1}{c} \int I_\nu d\Omega \tag{1.14}$$

와 같이 주어진다. u_ν를 주파수에 대해서 적분한 복사 에너지 밀도 u는

$$u = \int u_\nu d\nu \tag{1.15}$$

가 된다. u_ν는 **단색 복사 에너지 밀도**(monochromatic radiation energy density; erg cm^{-3} Hz^{-1}), u는 **총복사 에너지 밀도**(erg cm^{-3})를 나타내지만, 두 물리량 모두 단순히 '복사 에너지 밀도'라고 부르기도 한다.

한편 복사는 광자들로 이루어져 있으며 광자는 운동량을 가지고 있으므로 힘을 작용한다. 복사가 단위 면적당 미치는 힘을 **복사압**(radiation pressure)이라고 하

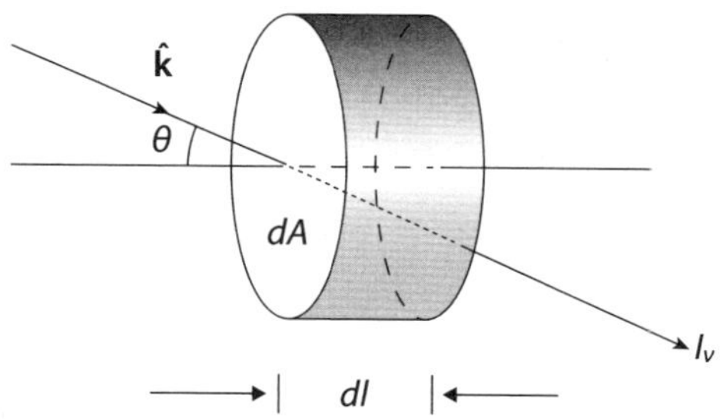

그림 1.4 복사 에너지 밀도. 복사장은 부피소 $dV = dA\,dl$ 에 머무는 동안 그곳의 에너지 밀도에 기여한다.

며, 주파수 ν 와 $\nu + d\nu$ 사이의 복사가 미치는 복사압을 $P_\nu d\nu$ 라고 한다면 면적소 dA 에 수직으로 작용하는 힘 dF 는

$$dF = P_\nu\, dA\, d\nu \tag{1.16}$$

로 주어진다. P_ν 와 복사세기의 관계를 구하기 위해서 우선 $\hat{\mathbf{k}}$ 방향으로 진행하는 세기 I_ν 인 광선에 의해서 dA 를 통과하는 광자의 개수 dN 을 구해 보면, 에너지는 $dE = I_\nu \cos\theta dA\, dt\, d\nu\, d\Omega$ 이고 광자의 에너지는 $h\nu$ 이므로,

$$dN = \frac{dE}{h\nu} = \frac{I_\nu \cos\theta}{h\nu} dA\, dt\, d\nu\, d\Omega$$

가 된다. 한편 각각의 광자는 수직 방향의 운동량 $h\nu\cos\theta/c$ 를 갖고 있으므로, 면적소 dA 를 통과하는 I_ν 에 의한 힘 dF' 은

$$dF' = \frac{h\nu\cos\theta}{c}\frac{dN}{dt} = \frac{I_\nu \cos^2\theta}{c} dA\, d\nu\, d\Omega \tag{1.17}$$

로 주어진다. 식 (1.16)의 dF 는 식 (1.17)의 dF' 을 입체각에 대해서 적분한 힘이므로, 단위 주파수당 복사압인 **단색 복사압** P_ν 는

$$P_\nu = \frac{1}{c}\int I_\nu \cos^2\theta d\Omega \tag{1.18}$$

와 같이 주어진다. 모든 파장의 빛에 의한 **총복사압** P_r 은

$$P_r = \int P_\nu\, d\nu \tag{1.19}$$

로 주어진다. P_ν 와 P_r 을 구별 없이 단순히 '복사압'이라고 부르기도 하며, 단위는 각각 dyne cm^{-2} Hz^{-1} 와 dyne cm^{-2} 를 사용한다. 혹은 에너지 밀도와 차원이

같으므로 에너지 밀도의 단위를 사용하기도 한다.

복사압의 예로서 등방의 복사장이 가득 찬 상자의 벽면이 받는 압력을 구해 보자. 벽면은 광자를 반사한다. 이 경우 식 (1.17)의 광자 운동량의 변화량은 2배 커진다(그림 1.5). 따라서 벽면이 받는 압력은 식 (1.18)로부터 반구(2π sr)에 대한 적분을 수행하여

$$P_\nu = \frac{2}{c}\int_0^{2\pi}\int_0^{\pi/2} I_\nu \cos^2\theta \sin\theta d\theta d\phi = \frac{4\pi}{3c}I_\nu = \frac{1}{3}u_\nu \tag{1.20}$$

가 된다. 마지막 등식의 $u_\nu(= 4\pi I_\nu/c)$는 상자 안 등방적 복사장의 에너지 밀도이다(식 1.14 참조).

항성의 내부와 같이 복사장으로 가득 찬 지역에서의 복사압은 앞의 결과를 확장하여 구할 수 있다. 즉, 그림 1.5에서 벽면이 받는 압력은 벽면의 바로 앞에 놓인 면적소 dA를 통해서 벽면 방향으로 전달되는 광자 운동량의 단위 시간 및 단위 면적당 변화량과 같다. 따라서 복사장이 가득 찬 영역 안의 한 지점에 가상의 면적소 dA를 가져다 놓았을 때, dA의 한편에 있는 복사가 반대편의 기체에 미치는 복사압은 dA를 통과하는 광자 운동량의 단위 시간당 변화량에 의해서 주어진다. 면적소에 수직인 방향으로부터의 각도를 θ라고 한다면 이 변화량은 $\theta = 0$과 $\pi/2$ 사이에서 입사하는 광선에 의한 운동량과 $\theta = \pi/2$와 π 사이에서 입사하는 광선에 의한 운동량의 차이이므로

$$\begin{aligned} P_\nu &= \frac{1}{c}\int_0^{\pi/2} I_\nu \cos^2\theta d\Omega - \left(-\frac{1}{c}\int_{\pi/2}^{\pi} I_\nu \cos^2\theta d\Omega\right) \\ &= \frac{1}{c}\int_0^{\pi} I_\nu \cos^2\theta d\Omega \end{aligned} \tag{1.21}$$

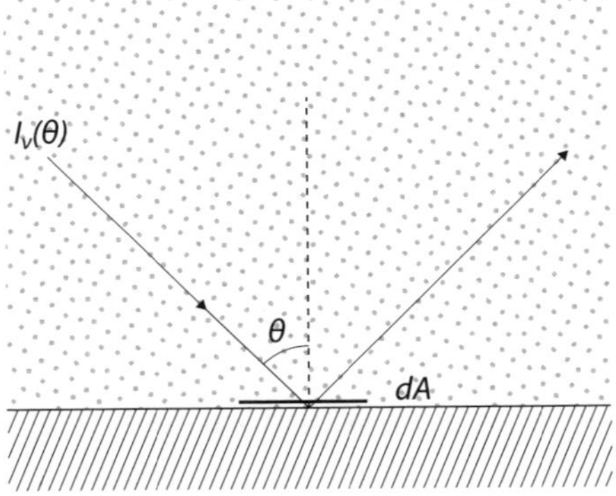

그림 1.5 빛을 반사하는 벽. 벽면이 받는 압력은 벽면의 바로 앞에 놓인 면적소 dA를 통해서 벽면 방향으로 전달되는 광자 운동량의 단위 시간 및 단위 면적당 변화량과 같다.

표 1.1 복사세기와 관련된 복사의 기본 물리량

물리량	기호 및 정의	단위*
고유세기, 세기	I_ν	erg cm^{-2} s^{-1} Hz^{-1} sr^{-1}, Jy sr^{-1}
평균세기	$J_\nu = \frac{1}{4\pi}\int I_\nu d\Omega$	고유세기 단위와 같음.
에너지 밀도	$u_\nu = \frac{1}{c}\int I_\nu d\Omega = \frac{4\pi J_\nu}{c}$	erg cm^{-3} Hz^{-1}
플럭스밀도, 플럭스	$F_\nu = \int I_\nu \cos\theta d\Omega$	erg cm^{-2} s^{-1} Hz^{-1}, Jy
복사압	$P_\nu = \frac{1}{c}\int I_\nu \cos^2\theta d\Omega$	dyne cm^{-2} Hz^{-1}, erg cm^{-3} Hz^{-1}

* SI 단위는 erg를 J(= 10^7 erg)로, erg s^{-1}를 W(= 10^7 erg s^{-1})로, cm를 m(= 10^2 cm)로 치환하면 된다(부록 표 3 참조). 이 밖에도 다양한 단위가 복사의 기본 물리량을 나타내는 데 사용된다. 천문학에서 사용되는 단위 전반에 관한 설명은 Cox(2000) 혹은 Dodd(2012) 등에서 확인할 수 있다.

와 같이 주어진다. 따라서 복사장이 등방적이라면 $P_\nu = 4\pi I_\nu/3c$로서 상자 내부의 복사압은 앞에서 구한 벽면이 받는 복사압과 동일하다. 식 (1.21)은 일반식으로서 복사장이 비등방적인 경우에도 적용될 수 있다(문제 2).

항성 내부의 복사 혹은 우주배경복사(cosmic microwave background radiation)와 같은 등방적 복사장이 천문 유체에 미치는 복사압은 식 (1.20)에 의해서 $P_\nu = u_\nu/3$로 주어진다. 물론 항성 내부의 경우, 복사는 비등방적이다. 즉, 항성의 안쪽에서 바깥쪽으로 진행하는 복사의 세기가 바깥쪽에서 안쪽으로 진행하는 복사의 세기에 비해서 크다. 하지만 복사장이 거의 등방적이므로 식 (1.20)의 복사압과 에너지 밀도 사이의 관계식은 매우 좋은 근사식이다(문제 2).

반면 앞에서 다룬 균일한 표면밝기 B_ν를 가진 광원의 경우(그림 1.3), 광원으로부터 거리 d에 복사를 흡수하는 물체가 있다면 물체에 작용하는 복사압은 식 (1.18)의 I_ν에 B_ν를 대입하고 광원의 입체각에 대해서 적분하면

$$P_\nu = \frac{2\pi B_\nu}{3c}(1 - \cos^3\theta_s) \approx \frac{\pi\theta_s^2 B_\nu}{c} \approx \frac{F_\nu}{c} \approx u_\nu \tag{1.22}$$

가 된다. 근사식은 $d \gg R$인 경우에 해당한다. 마지막 근사식은 식 (1.14)를 직접 적분하거나 혹은 식 (1.14)의 I_ν에 식 (1.12)를 대입함으로써 얻을 수 있다. 예를 들어 혜성이 태양에 접근하면서 증발되어 떨어져 나온 혜성의 먼지 입자들은 태양빛에 의한 복사압에 의해서 밀려나 긴 '먼지 꼬리(dust tail)'를 형성하게 되는데, 그 복사압의 크기는 식 (1.22)로 주어진다(문제 3). 또한 태양계 생성 당시 존재했던 행성 간 먼지 입자들은 이후 이러한 태양의 복사압에 의해서 제거되었을 것으로 추정된다(문제 4).

글상자 1. 성간 평균 복사장

별로부터 멀리 떨어진 은하의 한 지점에서 받는 **성간 평균 복사장**(Interstellar Radiation Field, ISRF)은 어떻게 주어질까? Mathis et al.(1983)의 고전적 연구 결과에 의하면, 8 μm보다 짧은 파장에서는 별들에 의한 복사가, 8 μm과 1000 μm 사이에서는 성간 티끌이 방출하는 복사가, 그리고 1000 μm보다 긴 파장에서는 우주배경복사가 주된 복사이다(그림 1.6 참조). 전체 별이 내는 복사는 1 μm에서 최대가 되고, 태양 부근에서는

$$\int_{0.09\,\mu\text{m}}^{8\,\mu\text{m}} 4\pi J_\lambda d\lambda = 2.17\times 10^{-2} \quad \text{erg cm}^{-2}\ \text{s}^{-1}$$

이며, 이에 해당하는 에너지 밀도는 $u = 4\pi J/c = 0.45$ eV cm^{-3}이다. 한편 원적외선 복사는 성간 티끌들이 별빛을 흡수하여 다시 방출한 빛으로서, 대략 100 μm에서 최대가 된다. 태양 부근에서 티끌이 방출하는 8 μm과 1000 μm 사이의 복사의 에너지 밀도는 $u = 0.08$ eV cm^{-3}로서 별빛의 약 18%에 해당한다. ISRF의 세기는 은하 안쪽으로 갈수록 강해지는데, 4 kpc에서는 태양 부근의 약 7배에 달한다.

OB형 별들이 방출하는 원자외선은 원자를 전리시키거나 들뜨게 할 수 있다는 점에서 특히 중요하다. 태양 부근에서 평균 원자외선(6–13.6 eV) 복사장의 세기는 에너지 밀도를 **하빙 필드**(Habing field; 5.29×10^{-14} erg cm^{-3})로 정규화하여

$$G_0 \equiv \frac{u(6-13.6\ \text{eV})}{5.29\times10^{-14}\ \text{erg cm}^{-3}}$$

로 나타낸다. Mathis 등이 구한 ISRF의 경우, $G_0 = 1.14$이다(Draine 2011, 12장 참조).

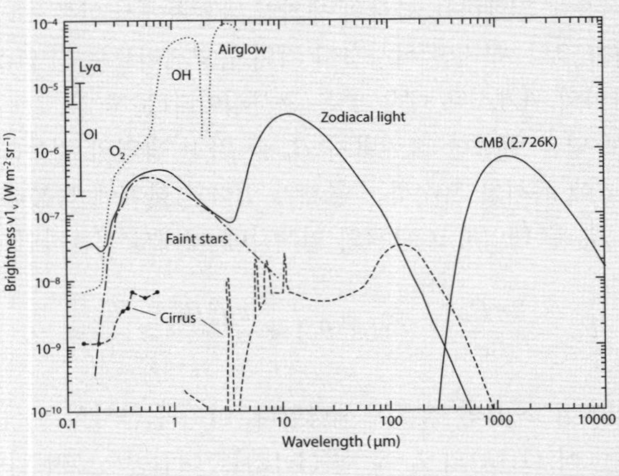

그림 1.6 지구 밤하늘의 밝기. 황도면과 은하면으로부터 멀리 떨어진 지역의 파장에 따른 밝기를 복사원별로 나타낸 것이다. 황도광(Zodiacal light)과 새털구름(Cirrus)의 복사는 각각 별빛을 반사한 복사($\lesssim 3\,\mu$m)와 자체적으로 방출하는 복사($\gtrsim 3\,\mu$m)의 두 종류가 있다. Lyα, O I, 대기광(airglow), OH, O_2 등은 지구 대기에 의한 복사이며, 성간 평균 복사장은 이들 지구 대기 복사 및 황도광에 의한 복사를 제외한 나머지 부분이다.(Credit: Leinert et al., *A&AS*, 127, 1, 1998, reproduced with permission © ESO)

마지막으로 정의할 물리량은 **평균세기**(mean intensity) J_ν 이다. J_ν 는 입체각에 대하여 평균한 복사장의 세기로서

$$J_\nu = \frac{1}{4\pi}\int I_\nu d\Omega = \frac{c}{4\pi}u_\nu \tag{1.23}$$

와 같이 정의된다. 예를 들어 앞에서 다룬 균일한 표면밝기 B_ν 를 가진 반지름 R 의 광원으로부터 거리 d 에 위치한 공간상의 점에서의 평균세기와 에너지 밀도는

$$J_\nu = \frac{\Omega_s}{4\pi}B_\nu, \quad u_\nu = \frac{4\pi}{c}J_\nu = \frac{\Omega_s}{c}B_\nu \tag{1.24}$$

로 주어진다. 표 1.1에 이 절에서 정의한 복사의 기본 물리량을 요약해 놓았다.

1.2 복사의 방출, 흡수 및 전달

복사가 매질을 통과할 경우, 매질에 의한 빛의 흡수와 방출에 의해서 그 세기가 변화한다. 이 경우 빛과 물질의 상호작용은 — 낱개의 광자가 관여하므로 — 양자역학적 취급이 필요하다. 여기에서는 그러한 미시적 물리 과정을 고려하지 않고 복사세기의 변화를 단순히 현상학적으로 기술할 수 있는 토대를 마련하고자 한다. 우선 매질에 의한 복사의 방출과 흡수를 기술하는 방출계수와 흡수계수를 정의하고, 이를 이용하여 복사세기의 변화를 기술하는 복사전달방정식을 구하고자 한다.

1.2.1 방출계수와 흡수계수

매질의 부피소 dV 에서 시간 dt 동안 $\hat{\mathbf{k}}$ 방향을 중심으로 한 입체각 $d\Omega$ 로 방출되는 주파수 ν 와 $\nu + d\nu$ 사이의 에너지 dE 는 $dV\, d\Omega\, dt\, d\nu$ 에 비례하므로

$$dE = j_\nu dV\, d\Omega\, dt\, d\nu \tag{1.25}$$

와 같이 쓸 수 있으며, 그 비례상수를 **방출계수**(emission coefficient) j_ν 라 정의한다. 방출계수의 단위는 erg $\mathrm{cm^{-3}\ s^{-1}\ sr^{-1}\ Hz^{-1}}$ 이다. j_ν 는 매질 자체의 **자발방출**(spontaneous emission)만을 포함하며, 주변에서 입사하는 빛에 의한 **유도방출**(stimulated emission)은 포함하지 않는다(2.1절 참조). 미시적 규모의 방향성이 없는 정적인 매질에서 복사의 방출은 등방적이므로, j_ν 는 방향과 무관하다. 만약 자기장과 같이 방향성이 주어지거나 매질이 운동을 할 경우 j_ν 는 방향에 의존할 수 있다.

세기가 I_ν 인 복사장이 방출계수가 j_ν 인 매질을 통과하면, 그 복사세기는 $I_\nu + dI_\nu$ 로 변화할 것이다. dI_ν 와 j_ν 사이의 관계를 구하기 위하여 복사가 진행하는 방향에 수직인 원통형 부피소를 생각해 보자(그림 1.7). 부피소의 면적은 dA 이고 길이는 ds 이다. 이 부피소에 시간 dt 동안 입사하는 에너지는 $I_\nu\, dA\, d\Omega\, dt\, d\nu$ 이다

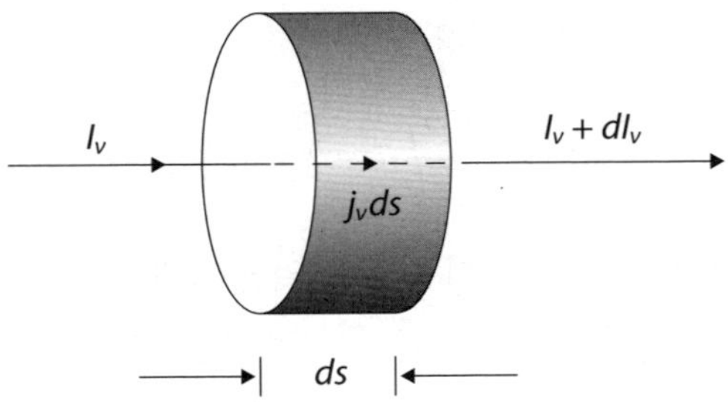

그림 1.7 매질의 복사 방출에 의한 복사장의 세기 변화

(식 1.5). 한편 매질의 자발방출에 의해서 방출되는 에너지는 $j_\nu \, dV \, d\Omega \, dt \, d\nu$ 이다. 그런데 $dV = dA \, ds$ 이므로 복사장의 세기 변화 dI_ν 는

$$dI_\nu = j_\nu ds \tag{1.26}$$

가 된다. 방출만 있는 경우, 부피 V 로부터 방출되는 단위 주파수당 광도 L_ν 는 방출계수의 정의로부터

$$L_\nu = \int_V \int_\Omega j_\nu dV \, d\Omega = 4\pi \int_V j_\nu dV \tag{1.27}$$

가 된다.

한편 세기가 I_ν 인 복사장이 매질을 통과하면 흡수에 의해서 그 세기가 감소한다. 이 경우 광선에 수직인 원통형의 부피소를 통과하면서 흡수에 의해 변화하는 에너지의 양 dE 는 입사하는 에너지의 양($I_\nu \, dA \, d\Omega \, dt \, d\nu$)과 통과 길이($ds$)의 곱에 비례하게끔

$$dE = -\kappa_\nu I_\nu dA \, ds \, d\Omega \, dt \, d\nu \tag{1.28}$$

와 같이 쓸 수 있으며(그림 1.7 참조), 그 비례상수를 **흡수계수**(absorption coefficient) κ_ν 라 정의한다. 따라서 흡수에 의한 복사장의 세기 변화는

$$dI_\nu = -\kappa_\nu I_\nu \, ds \tag{1.29}$$

로 주어진다(식 1.5 참조). 흡수계수의 단위는 길이의 역수(cm^{-1})이며, $\kappa_\nu I_\nu$ 는 단위 길이당 흡수되는 복사세기이다. 식 (1.28)의 흡수계수는 '부피흡수계수'라고도 불린다. 매질의 밀도 ρ(g cm^{-3})를 사용하여

$$\kappa'_\nu \equiv \frac{\kappa_\nu}{\rho} \tag{1.30}$$

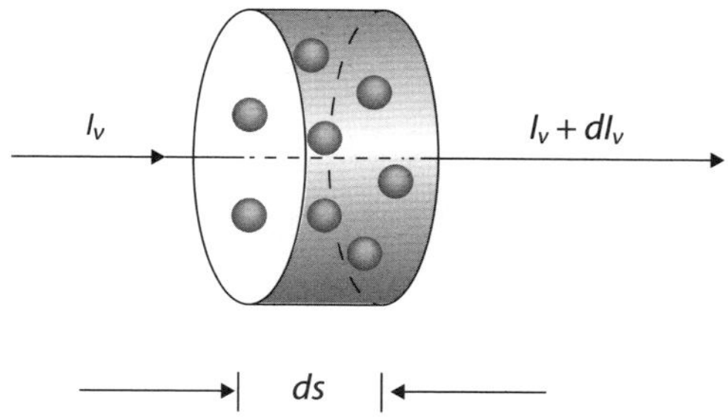

그림 1.8 복사 흡수의 미시적 모형. 매질은 빛을 흡수할 수 있는 미시적 입자들로 채워져 있다.

라고 정의하기도 하는데, 이 경우 $dI_\nu = -\kappa'_\nu I_\nu \rho\, ds$가 된다. κ'_ν은 '질량흡수계수' 혹은 **불투명도계수**(opacity)라고 불리며 단위는 $\mathrm{cm}^2\ \mathrm{g}^{-1}$이다. 흡수계수 역시 미시적 규모의 방향성이 없는 정적인 매질의 경우 방향과 무관하다.

흡수계수의 물리적 의미를 파악하기 위해서, 빛을 흡수할 수 있는 입자들로 채워져 있는 원통을 생각해 보자(그림 1.8). 입자의 크기는 입자 사이의 평균 거리에 비해서 작고, 입자는 서로 무관하며 무작위하게 분포하고 있다고 가정한다. 입자의 개수 밀도를 $n(\mathrm{cm}^{-3})$, 입자 하나가 빛을 흡수할 수 있는 **흡수 단면적**을 $\sigma_\nu(\mathrm{cm}^2)$라고 하면, 광자가 길이 ds를 통과하면서 흡수될 확률은 전체 면적에 대한 입자들의 전체 단면적으로 주어지므로

$$\frac{dA\,ds\,n\,\sigma_\nu}{dA} = n\,\sigma_\nu\,ds$$

가 된다. $dAds$는 원통의 체적이다. 따라서 복사세기의 변화량은

$$dI_\nu = -I_\nu\,n\,\sigma_\nu\,ds \tag{1.31}$$

로 주어진다. 식 (1.29)와 식 (1.31)로부터 흡수계수는

$$\kappa_\nu = n\sigma_\nu, \quad \kappa'_\nu = \frac{\sigma_\nu}{\rho/n} \tag{1.32}$$

로 주어진다. 이 식으로부터 흡수계수는 매질의 단위 부피당 빛을 흡수할 수 있는 단면적, 혹은 불투명도계수의 경우 단위 질량당 빛을 흡수할 수 있는 단면적임을 알 수 있다.

흡수계수는 흡수 입자의 개수 밀도 n에 직접적으로 비례한다. 반면, 불투명도계수는 흡수계수를 질량 밀도로 나누었으므로 — 흡수 단면적이 n의 함수가 아니라면 — n과 무관하다. 즉, 불투명도계수는 매질의 물리적 상태와 매질을 구성하고 있는 입자의 특성을 나타내는 매질의 고유 성질이다. 예를 들어 일반적인

성간물질의 가시광과 적외선 영역에서의 불투명도계수는 성간물질을 구성하고 있는 먼지 입자의 화학 조성 및 크기에 의해서 결정된다. 반면 먼지 입자가 없는 고온 전리 기체의 X-선 영역에서의 불투명도는 자유 전자에 의한 산란이 주된 요인으로서, 그 계수는 주파수와 무관하다(4.6절 참조).

1.2.2 광학적 깊이와 복사력

흡수만 있는 경우, 복사세기의 변화는 식 (1.29)와 같이 주어진다. **광학적 깊이**(optical depth) τ_ν를

$$d\tau_\nu = -\kappa_\nu \, ds \tag{1.33}$$

로 정의하면(그림 1.9), 식 (1.29)의 해는

$$I_\nu(s) = I_\nu(0)e^{-\tau_\nu} \tag{1.34}$$

가 된다. 여기에서 $I_\nu(0)$는 입사하는 빛의 세기, $I_\nu(s)$는 매질을 통과한 후 빛의 세기를 나타내며, 통과한 매질의 두께를 L이라 할 때

$$\tau_\nu = \int_0^L \kappa_\nu ds \tag{1.35}$$

로 주어진다. 식 (1.33)과 같이 정의된 광학적 깊이는 관측자로부터의 거리에 비례하여 증가하며, 관측자의 입장에서 정의되었다고 할 수 있다. 부호를 반대로 정의할 수도 있는데($d\tau_\nu = \kappa_\nu \, ds$), 이 경우 광학적 깊이는 광원으로부터의 거리에 비례하여 증가하며, 복사의 입장에서 정의했다고 할 수 있다. 식 (1.34)로부터 광학적 깊이가 클 때($\tau_\nu \gg 1$)는 매질의 뒤에 있는 광원을 볼 수 없으며, 그 반대로 광학적 깊이가 작을 때($\tau_\nu \ll 1$)는 $I_\nu(s) \approx I_\nu(0)(1-\tau_\nu)$가 됨을 알 수 있다.

광학적 깊이는 차원이 없는 물리량으로서, 식 (1.34)의 $e^{-\tau_\nu}$ 인자는 '광자가 광학적 깊이 τ_ν를 통과한 후 흡수되지 않고 살아남을 확률'이다. 따라서 광자가 통과할 수 있는 평균 광학적 깊이는

$$\langle\tau_\nu\rangle = \int_0^\infty \tau_\nu e^{-\tau_\nu} d\tau_\nu = 1 \tag{1.36}$$

이다. $\tau_\nu = 1$에 대응되는 매질의 두께를 **평균자유이동거리**(mean free path) l_ν라 하며, 식 (1.35)에 의해 κ_ν가 일정한 매질의 경우

$$l_\nu = \frac{1}{\kappa_\nu} = \frac{1}{n\sigma_\nu} \tag{1.37}$$

이 된다. 만약 κ_ν가 일정하지 않을 경우, 위 식은 국부적 평균자유이동거리를

나타낸다. 예를 들어 수소 원자는 파장이 912 Å보다 짧은 라이만 연속복사 광자(Lyman continuum photon)를 흡수하여 광전리(photoionization)되는데, 912 Å 광자의 흡수 단면적은 약 6×10^{-18} cm^2이다(10.4.2절 참조). 따라서 예를 들어 주변 매질의 수소 원자 밀도가 10^3 cm^{-3}일 경우, O형 별에서 방출된 파장 912 Å의 라이만 연속복사 광자가 흡수되지 않고 진행할 수 있는 평균자유이동거리는 ~ 11 AU에 불과하다.

앞 절에서 복사에 의한 압력에 대해서 기술한 데 이어 여기에서는 매질이 복사의 일부분을 흡수할 경우 받는 **복사력**(radiation force)에 대해서 생각해 보겠다. 이제 $\hat{\mathbf{k}}$ 방향으로 진행하는 세기가 I_ν인 복사장의 **플럭스 벡터**를

$$\mathbf{F}_\nu \equiv \int I_\nu \hat{\mathbf{k}} d\Omega \tag{1.38}$$

와 같이 정의하자. $\mathbf{F}_\nu$는 복사의 에너지 플럭스 벡터로서 1.1절에서 정의한 플럭스밀도(식 1.1)는 $F_\nu = \mathbf{F}_\nu \cdot \hat{\mathbf{n}}$으로 주어진다. $\hat{\mathbf{n}}$은 복사가 입사하는 면적소의(부피소의 안쪽을 향하는) 단위 수직벡터이다(그림 1.4 참조). 광자의 운동량은 에너지의 $1/c$이고 단위 부피, 단위 시간 및 단위 주파수당 흡수되는 에너지는 $\kappa_\nu F_\nu$이므로, 위의 복사장이 흡수계수가 κ_ν인 매질을 통과한다면, 단위 부피당 운동량의 변화량, 즉 매질이 단위 부피당 받는 힘은

$$\frac{1}{c} \int \kappa_\nu \mathbf{F}_\nu d\nu \tag{1.39}$$

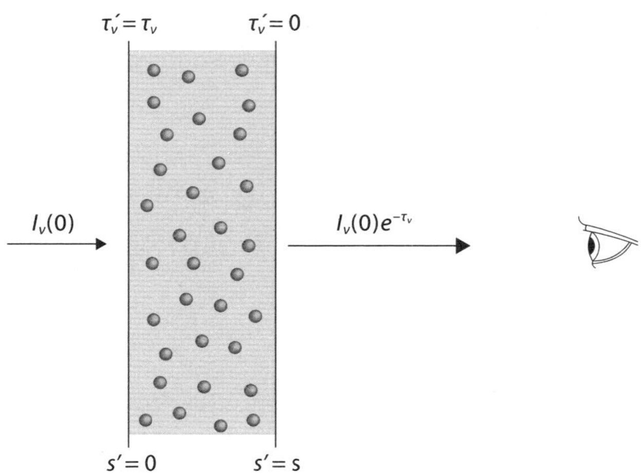

그림 1.9 광학적 깊이가 τ_ν인 매질을 통과한 복사세기의 변화. 광학적 깊이는 관측자로부터의 거리에 비례하여 증가한다(식 1.33).

가 될 것이다. 따라서 매질의 밀도가 ρ라면, 매질이 단위 질량당 받는 힘, 복사력은

$$\mathbf{f} = \frac{1}{c\rho}\int \kappa_\nu \mathbf{F}_\nu d\nu = \frac{1}{c}\iint \kappa'_\nu I_\nu \,\hat{\mathbf{k}}\, d\nu d\Omega \tag{1.40}$$

가 된다. κ'_ν은 불투명계수이다(식 1.30). 전체 질량이 받는 힘은 위 식을 적분해서 구할 수 있고, 이때 ρ나 κ_ν뿐만 아니라 $\mathbf{F}_\nu$도 위치에 따라 변할 수 있다.

압력은 단위 면적당 받는 힘이므로 식 (1.39)를 복사가 진행하는 방향의 깊이에 대해서 적분하면 복사압이 된다. 즉, 수직 방향의 광학적 깊이가 τ_ν인 얇은 평행평판 매질(plane-parallel medium)에 플럭스밀도가 $F_{\nu,0}$인 복사장이 수직으로 입사할 경우에 매질이 받는 복사압은

$$P_r = \frac{1}{c}\iint \kappa_\nu F_\nu(\ell) d\nu d\ell = \frac{1}{c}\iint_0^{\tau_\nu} F_{\nu,0} e^{-\tau'_\nu} d\tau'_\nu d\nu = \frac{1}{c}\int F_{\nu,0}(1-e^{-\tau_\nu})d\nu \tag{1.41}$$

가 된다. 여기서 $d\tau'_\nu = \kappa_\nu d\ell$이다. 만약 광학적 깊이가 매우 크다면, 위 식은 앞에서 구한 복사압(식 1.22)이 됨을 알 수 있다.

앞 절에서 복사압에 의한 천문 현상의 예로서 혜성의 꼬리를 언급하였다. 복사압은 천체 광도의 상한값을 결정하기도 하는데, 예를 들어 질량이 큰 항성은 광도가 어느 한계를 넘어서면 복사압이 중력보다 커져서 자신의 대기를 유지할 수 없게 된다. 퀘이사(quasar)의 경우, 중심부의 초중량 블랙홀(supermassive black hole)에 주변 물질이 유입되면서 빛을 낸다고 알려져 있는데, 광도가 어느 한계보다 커지면 복사압에 의해서 물질의 유입이 멈추게 되므로 광도의 상한값이 존재한다(문제 6). 이렇듯 복사압과 중력이 평형을 이룰 수 있는 최대 광도를 **에딩턴 광도**(Eddington luminosity) 혹은 **에딩턴 한계**(Eddington limit)라고 부른다.

1.2.3 복사전달방정식

매질에 의한 흡수와 방출이 모두 있는 경우, 복사세기의 변화를 기술하는 **복사전달방정식**(radiative transfer equation)은 식 (1.26)과 식 (1.29)에 의해

$$\frac{dI_\nu}{ds} = -\kappa_\nu I_\nu + j_\nu \tag{1.42}$$

와 같이 주어진다.[3] d/ds는 빛의 진행 방향을 따라가는 거리 s에 대한 변화를 의미한다.

복사전달방정식을 실제 거리 s의 함수로 풀기 위해서는 매질의 흡수계수 κ_ν

3) 만약 빛이 매질을 진행하는 시간 동안 매질의 물리적 특성이 변한다면 I_ν의 시간에 따른 변화에 해당하는 항 $(1/c)\partial I_\nu/\partial t$를 식 (1.42)의 좌변에 추가해야 한다(Shu 1991, 1장 참조). 초신성, 감마선 폭발 천체와 같이 급변하는 천체의 경우에는 이러한 시간의존 복사전달방정식이 요구된다. 여기에서는 I_ν의 시간에 대한 의존도는 무시한다.

와 방출계수 j_ν를 거리의 함수로 나타내야 한다. 이 계수들은 매질의 밀도, 온도, 화학 조성 등 매질의 물리·화학적 특성에 의해서 결정되는데, 이에 관해서는 2부와 3부에서 다루겠다. 이 절에서는 흡수계수와 방출계수의 물리·화학적 변수에 대한 의존도는 고려하지 않고 단순히 복사전달방정식을 형식적으로 풀고 그 해의 의미를 살펴보겠다.

복사전달방정식을 형식적으로 푸는 방법은 실제 거리 대신 광학적 깊이를 변수로 사용하는 것이다. 식 (1.33)의 광학적 깊이를 식 (1.42)에 대입하면

$$\frac{dI_\nu}{d\tau_\nu} = I_\nu - S_\nu \tag{1.43}$$

가 되며, 여기에서 S_ν는 **원천함수**(source function)로서

$$S_\nu \equiv \frac{j_\nu}{\kappa_\nu} \tag{1.44}$$

이다. 식 (1.43)의 양변에 $e^{-\tau_\nu}$를 곱한 후 적분하면

$$I_\nu(s) = I_\nu(0)e^{-\tau_\nu} + \int_0^{\tau_\nu} S_\nu e^{-\tau'_\nu} d\tau'_\nu \tag{1.45}$$

과 같은 '해'를 얻을 수 있다(그림 1.9 참조). S_ν가 일정할 경우 식 (1.45)는

$$I_\nu(s) = I_\nu(0)e^{-\tau_\nu} + S_\nu(1 - e^{-\tau_\nu}) \tag{1.46}$$

가 된다. 첫째 항은 배경복사 $I_\nu(0)$가 매질의 흡수에 의해서 $e^{-\tau_\nu}$만큼 약해진 것을 나타내며, 둘째 항은 매질 자체가 방출하는 복사가 그 자신을 통과한 후의 세기를 나타낸다. 광학적 깊이가 크면 $I_\nu = S_\nu$이고, 반대로 광학적 깊이가 작으면 $I_\nu = I_\nu(0) + [S_\nu - I_\nu(0)]\tau_\nu$임을 알 수 있다.

한편, 식 (1.43)의 복사전달방정식으로부터 $I_\nu > S_\nu$이면 $dI_\nu/d\tau_\nu > 0$이고 따라서 I_ν는 진행하면서 감쇠된다. 반면 $I_\nu < S_\nu$이면 I_ν는 증폭된다. 즉, 매질을 진행하는 복사의 세기는 원천함수 S_ν에 수렴하며, 광학적 깊이가 충분히 클 경우 $I_\nu = S_\nu$가 된다. 그 물리적 이유는 원천함수의 의미를 살펴봄으로써 이해할 수 있다. 원천함수는 — 흡수계수 κ_ν가 평균자유이동거리 l_ν의 역수이므로 — $S_\nu = j_\nu l_\nu$라고 나타낼 수 있다(식 1.44). 즉, 원천함수는 '평균자유이동거리에 걸쳐 방출된 복사세기'에 해당한다. 한편 평균자유이동거리를 진행하는 동안 흡수되는 복사세기는 $l_\nu(dI_\nu/ds) = -dI_\nu/d\tau_\nu = -I_\nu$이다. 따라서 $I_\nu > S_\nu$이면 흡수가 방출보다 크므로 복사는 평균자유이동거리를 진행하는 동안 혹은 단위 광학적 깊이를 진행하는 동안 감쇠되며, 반대로 $I_\nu < S_\nu$이면 방출이 흡수보다 크므로 복사는 증폭된다. 즉, 매질의 광학적 깊이가 클 경우 복사세기는 S_ν에 수렴한다.

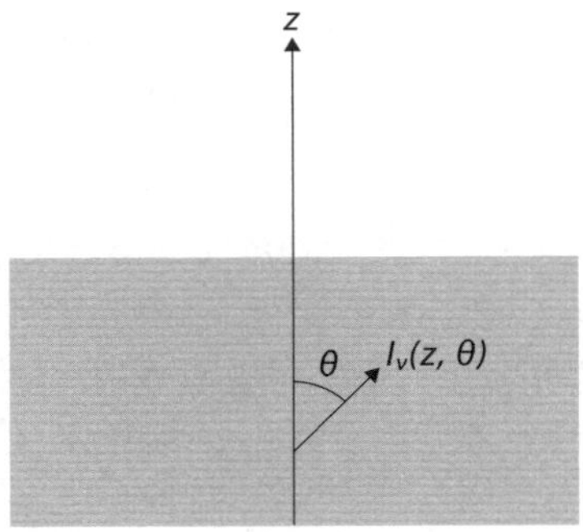

그림 1.10 평행평판 매질에서의 복사의 전달. 매질의 물리량은 z에만 의존하며, 복사세기는 z와 θ의 함수이다.

한편, 이 절의 앞부분에서 언급하였듯이 식 (1.45)의 해는 물리적 거리에 따른 변화를 기술하지는 못한다. 원천함수는 일반적으로 온도에 의존하는데, 항성대기와 같이 매질에서의 온도 변화가 복사장에 의해서 결정되는 경우 원천함수는 복사장의 세기에 의존한다. 또한 산란이 있는 경우, 원천함수는 복사장의 세기를 포함하고 있으므로 실제로는 복사전달방정식의 해에 의존한다(1.4.2절 참조). 따라서 I_ν를 S_ν의 적분 형태로 표현한 해를 **형식상의 해**(formal solution)라 부른다.

복사전달방정식은 복사세기 I_ν의 변화를 기술하는 식이다. $I_\nu = I_\nu(\mathbf{x}, \hat{\mathbf{k}})$는 공간 $\mathbf{x}$에서 $\hat{\mathbf{k}} = (\theta, \phi)$ 방향으로 진행하는 주파수 ν인 복사의 매우 자세한 특성을 기술하는 물리량이다. 즉, 복사전달방정식은 $(\mathbf{x}, \hat{\mathbf{k}}, \nu)$의 6개 독립 변수에 따른 복사세기의 변화를 기술하는 식이다. 평행평판 매질의 경우에는 온도, 밀도 등의 물리량이 좌표 z에만 의존하므로, 주어진 점에서 방향에 따른 복사세기의 변화는 그 점을 통과하는 z축으로 정의되는 구면 좌표각 (θ, ϕ) 중 θ에만 의존한다(그림 1.10). $dz = ds\cos\theta$이므로, 복사전달방정식(식 1.42)은

$$\mu\frac{dI_\nu}{dz} = -\kappa_\nu I_\nu + j_\nu \tag{1.47}$$

가 된다. $\mu = \cos\theta$이다. 즉, 평행평판 매질의 경우 복사전달방정식은 (z, μ, ν) 등 3개의 독립 변수에 따른 복사세기의 변화를 기술한다.

경우에 따라 복사세기 I_ν 대신 단순히 플럭스밀도 F_ν, 혹은 복사압 P_ν의 변화를 필요로 할 때가 있다. 이 경우 복사전달방정식, 혹은 그 식에 μ를 곱한 식을 입체각(4π)에 대하여 적분하여 원하는 식을 얻을 수 있으며, 그 식들은 $\hat{\mathbf{k}}$에 대한 의존도가 없으므로 $(\mathbf{x}, \nu)$만이 변수이다. κ_ν와 j_ν가 방향과 무관한 평행평판 매질의 경우, 식 (1.47)을 입체각에 대하여 적분하면,

$$\frac{1}{4\pi}\frac{dF_\nu}{d\tau_\nu} = J_\nu - S_\nu \tag{1.48}$$

표 1.2 복사의 방출, 흡수 및 전달과 관련된 기본 물리량

물리량	기호 및 정의	단위(예)
방출계수	j_ν	erg cm^{-3} s^{-1} sr^{-1} Hz^{-1}
흡수계수	$\kappa_\nu = n\sigma_\nu$	cm^{-1}
원천함수	$S_\nu = \dfrac{j_\nu}{\kappa_\nu}$	erg cm^{-2} s^{-1} sr^{-1} Hz^{-1}
광학적 깊이	$\tau_\nu = \int \kappa_\nu ds$	...
평균자유이동거리	$l_\nu = \dfrac{1}{\kappa_\nu} = \dfrac{1}{n\sigma_\nu}$	cm
불투명도계수	$\kappa'_\nu = \dfrac{\kappa_\nu}{\rho}$	cm^2 g^{-1}
복사력	$\mathbf{f} = \dfrac{1}{c}\iint \kappa'_\nu I_\nu \,\hat{\mathbf{k}}\, d\nu d\Omega$	cm s^{-2}, dyn g^{-1}

n = 매질의 흡수 입자의 개수 밀도(cm^{-3}), σ_ν = 흡수 입자의 흡수 단면적(cm^2), ρ = 매질의 흡수 입자의 밀도(g cm^{-3}), $\hat{\mathbf{k}}$ = 복사의 진행 방향

를 얻는다. 또한, 식 (1.47)에 μ를 곱한 후 입체각에 대하여 적분하면,

$$\frac{dP_\nu}{d\tau_\nu} = \frac{F_\nu}{c} \tag{1.49}$$

를 얻는다. 이러한 **모멘트 방정식**(moment equation)은 항상 μ의 보다 높은 모멘트로 주어지는 복사세기의 물리량을 포함한다. 즉, J_ν에 관한 식 (1.48)은 F_ν를, F_ν에 관한 식 (1.49)는 P_ν를 각각 좌변에 갖고 있다. 따라서 위의 모멘트 방정식들은 원래의 복사전달방정식에 비하여 간단한 대신 이들 복사세기의 물리량들 사이의 관계를 기술하는 '닫음 관계식(closure relation)'을 요구한다. 그러한 식은 물리적으로 적절한 가정을 통해 얻어지는데, 예를 들어 항성의 내부와 같이 복사장이 등방에 가까울 경우, 등방적 복사에 성립하는 $P_\nu = u_\nu/3 = 4\pi J_\nu/3c$를 가정할 수 있다(Shu 1991, 2장 참조). 표 1.2에 이 절에서 정의한 복사의 방출, 흡수 및 전달과 관련된 기본 물리량을 요약해 놓았다.

1.3 흑체복사

온도 T의 모든 물체는 물체를 구성하고 있는 입자들의 열적 운동에 의한 열복사(thermal radiation)를 방출한다. 흑체복사(blackbody radiation)는 열복사의 특별한 경우로서 물체의 광학적 깊이가 매우 클 경우 나타난다. 이 절에서는 우선 흑체복사와 열복사의 차이에 대해서 설명한 다음, 흑체복사를 기술하는 플랑크 함수를 유도하고 흑체복사의 다양한 특성에 대해서 살펴보겠다.

1.3.1 흑체복사와 열복사

임의의 모양을 가진 상자를 생각해 보자(그림 1.11). 이 상자의 내부는 몇 개의 물체를 제외하고는 빈 공간이다. 상자의 벽면과 물체, 그리고 복사장은 **열역학적 평형**(thermodynamic equilibrium) 상태, 즉 동일한 온도 T를 유지하며 에너지 혹은 물질이나 광자의 일방적 흐름이 없는 평형 상태에 있다. 일반적으로 어떤 물체가 주변 복사장에 의해서 가열되어 일정한 온도 T를 유지하기 위해서는 단순히 단위 시간당 방출하는 복사 에너지와 단위 시간당 흡수하는 복사 에너지가 같으면 된다. 하지만 주변 복사장과 열역학적 평형 상태에 있기 위해서는 전체 에너지 수급률뿐만 아니라 전 주파수 대역에 걸쳐 각각의 좁은 대역폭으로 방출하고 흡수하는 에너지 수급의 평형이 이루어져야 한다. 더 나아가 광자를 방출하는 각각의 미시적 과정(microscopic process)은 그 역과정과 평형을 이루어야 한다(2.1절 참조). 온도 T의 벽면과 물체는 끊임없이 광자를 방출하고 흡수하며, 이러한 **미세적 균형**(detailed balance)을 이룸으로써 복사장과 열역학적 평형을 이루게 된다.

이제 우리는 이 상자 안에 존재하는 복사장의 특성을 살펴보고자 한다. 복사장의 세기를 I_ν라 할 때, 그 특성은 아래와 같다.

1. I_ν는 위치 $\mathbf{x}$에 의존하지 않는다. 즉, 복사장은 균일(homogeneous)하다.
2. I_ν는 방향 $\hat{\mathbf{k}}$에 의존하지 않는다. 즉, 복사장은 등방적(isotropic)이다.
3. I_ν는 편광 상태와 무관하다. 즉, 복사장은 편광되어 있지 않다.
4. I_ν는 상자의 모양, 크기 및 그 재료는 물론, 상자 안 다른 물체의 존재 여부와 무관하다. I_ν는 온도와 주파수에만 의존하는 함수로서 $B_\nu(T)$로 나타내며, **플랑크 함수**(Planck function)라 불린다.

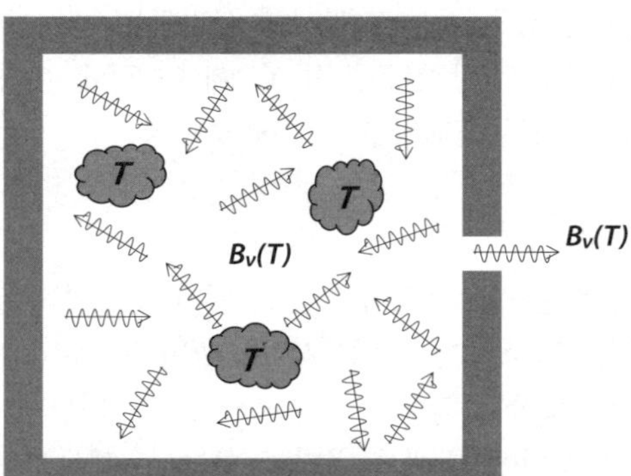

그림 1.11 온도 T에서 열역학적 평형 상태에 있는 상자. 빛이 빠져나갈 수 없는 이 상자는 흑체이며, 작은 구멍을 통해서 방출되는 복사의 세기는 플랑크 함수로 주어진다.

위의 특성들은 다음과 같은 사고실험(thought experiment)을 통해서 증명할 수 있다. 즉, 동일한 주파수 범위와 동일한 편광의 복사만 통과시키는 두 물체가 상자 안 서로 다른 위치에 놓여 있다고 가정하자. 만약 복사장이 균일하지 않다면 두 물체는 서로 다른 세기의 복사장을 흡수하게 되므로 서로 온도가 달라질 것이다. 이는 열역학적 평형에 있다는 가정과 모순된다. 따라서 열역학적 평형에 있는 복사장은 균일하다. 나머지 특성들도 유사한 방법으로 증명할 수 있다(Reif 1965, 9.14절 참조).

그림 1.11의 상자는 또한 **흑체**(blackbody)이다. 흑체란 '입사하는 모든 빛을 흡수하는 물체'를 의미하며, 상자의 경우 벽면 및 물체에서 생성된 광자가 상자 밖으로 빠져나갈 수 없으므로 흑체이다. 상자의 온도가 T라면, 상자 안에는 세기가 $B_\nu(T)$인 열역학적 평형 상태의 복사장이 존재한다. 따라서 상자 내부의 열역학적 평형이 영향을 받지 않을 정도의 작은 구멍을 상자에 뚫고, 구멍을 통해 방출되는 빛의 세기를 관찰하면 $B_\nu(T)$일 것이다. 즉, 온도가 T인 흑체가 방출하는 **흑체복사**는 열역학적 평형 상태의 복사로서 그 세기는 플랑크 함수로 주어진다.

한편 온도 T인 물체가 물체를 구성하고 있는 입자들의 열적 운동에 의하여 방출하는 복사를 통틀어 **열복사**라 한다. 흑체복사는 열복사의 특별한 예이다. 보다 일반적인 열복사로는 그림 1.11의 상자 안에 있는 물체를 상자 밖에 내놓았을 경우 방출하는 복사를 생각할 수 있다. 상자 밖의 물체는 일정한 온도 T를 유지할 수는 있지만 주변 매질 및 복사장과 열역학적 평형을 이루고 있지는 않다. 이 경우, 물체가 방출하는 열복사의 방출계수 j_ν와 흡수계수 κ_ν 사이에는

$$\frac{j_\nu}{\kappa_\nu} = B_\nu(T) \tag{1.50}$$

의 관계가 있다. **키르히호프 법칙**(Kirchhoff's law)으로 알려진 이 관계식의 증명은 다음과 같은 사고실험으로 가능하다.[4] 그림 1.11의 상자 안, 구멍 바로 안쪽에 온도가 T이고, 원천함수가 S_ν, 광학적 깊이가 τ_ν인 물체를 놓아 두자. 이 물체는 온도가 T이므로 상자 안의 열역학적 평형에 영향을 주지 않는다. 따라서 상자 밖 관측자가 구멍을 통해서 관측하는 복사장은 $B_\nu(T)$로 동일하다. 한편 복사전달방정식에 의하면 물체를 통해서 상자 밖으로 방출되는 복사의 세기는 식 (1.46)에 의해서

$$I_\nu = B_\nu(T)e^{-\tau_\nu} + S_\nu(1 - e^{-\tau_\nu}) \tag{1.51}$$

로 주어지므로, $I_\nu = B_\nu$이기 위해서는 $S_\nu = B_\nu$, 즉 "온도가 T인 물체로부터 방출되는 열복사의 원천함수는 $B_\nu(T)$이다."라는 키르히호프 법칙이 만족되어야

4) '키르히호프 법칙'에는 전기 회로에서의 전하량과 에너지의 보존에 관한 '전기회로 법칙(circuit laws)', 열복사의 방출계수와 흡수계수에 관한 '열복사 법칙(law of thermal radiation)', 2.3절에서 다룰 '분광 세 법칙(three laws of spectroscopy)' 등 여러 법칙이 있다. 이 책에서는 특별한 언급이 없는 한 키르히호프 법칙은 열복사 법칙을 의미한다.

함을 알 수 있다. 단, 물체는 온도 T의 열역학적 상태의 물리적 특성을 지니고 있어야 한다(다음 단락 참조). 키르히호프 법칙(식 1.50)은 열복사를 방출하는 물체의 경우 j_ν와 κ_ν 각각은 물체의 고유 특성에 의존하지만 그 비는 물체의 온도에만 의존한다는 것을 의미한다. 또한 식 (1.50)은 물체가 흑체복사로 가득 찬 상자 안에서 열역학적 평형 상태에 있다는 가정하에 유도되었지만, 좌변은 주변의 복사장과 무관한 물체 자체의 특성이므로 주변 복사장의 존재 여부와 관계없이 성립해야 한다. 즉, 상자 안에 있던 물체를 상자 밖으로 꺼낼 경우 동일한 관계식이 성립된다.

열복사가 흑체복사와 다른 점은, 열복사의 경우 복사가 물체와 반드시 열역학적 평형을 이루고 있지는 않다는 점이다. 예를 들어 복사를 방출하는 전자의 속도 분포는 입자 간 충돌에 의해 열역학적 평형 상태의 맥스웰-볼츠만 분포(Maxwell-Boltzmann distribution)로 주어지지만, 그들이 방출하는 복사는 물질과 거의 상호작용을 하지 않고 방출되는 경우를 생각할 수 있다. 온도가 균일하지 않은 주변 매질에 둘러싸인 물체의 경우도 복사는 비등방적이며 열역학적 평형 상태에 있지 않다. 만약 복사장 및 주변 매질과 열역학적 평형 상태에 있지는 않지만 물체의 열역학적 특성을 기술하는 모든 물리량들이 온도 T의 열역학적 평형 상태에 있는 매질의 물리량들과 동일한 값을 갖는다면, 그 물체는 **국부열역학적 평형**(local thermodynamic equilibrium, LTE) 상태에 있다고 한다. 즉, 어떤 매질이 LTE 상태에 있을 경우 입자들의 속도 분포는 맥스웰-볼츠만 분포, 원자 혹은 이온의 에너지 준위 분포는 볼츠만 방정식(Boltzmann equation), 원소의 이온화 상태는 사하 방정식(Saha equation)으로 주어진다.[5] 모두 동일한 온도 T의 함수이다. 하지만 복사장의 세기는 일반적으로 열역학적 평형 상태와 다르며 복사전달방정식의 해로 주어진다. LTE 상태에 있는 매질의 원천함수는 키르히호프 법칙에 의해서 온도 T에 해당하는 플랑크 함수로 기술된다. 하지만 이 경우 주변 복사장의 세기는 $B_\nu(T)$가 아니므로 물체가 방출하는 복사의 세기 역시 $B_\nu(T)$와 다르다. 즉, 물체가 LTE 상태에 있는 경우, 물체 내 각 지점에서 국부 온도 T에 해당하는 키르히호프 법칙은 만족되지만 복사의 세기는 일반적으로 $B_\nu(T)$와는 다르다.

LTE 근사와 키르히호프 법칙은 복사의 방출 및 흡수와 연관된 다양한 미시적 과정을 일일이 계산하지 않고도 열복사의 스펙트럼을 기술할 수 있다는 점에서 매우 유용하다. 예를 들어 항성 대기의 경우, 임의의 한 지점에서 물질과 복사는 — 온도가 더 높은 안쪽에서 방출된 빛이 도달하므로 — 열역학적 평형에 있지 않다. 하지만, 입자들 간의 충돌이 빈번해서 맥스웰-볼츠만 속도 분포, 볼츠만 에너지 준위 분포, 사하 방정식 등이 만족된다면 항성 대기는 LTE 상태에 있다고 가정할 수 있으며 키르히호프 법칙을 적용할 수 있다. 찬드라세카(Subrahmanyan

5) 성간물질과 같이 희박한 물질의 경우, 앞의 두 조건만 만족하면 LTE 상태로 간주하기도 한다 (Spitzer 1978, 2.4절 참조).

Chandrasekhar 1910–1995)는 그의 책 *Radiative Transfer*에서 LTE 상태에 있는 항성 대기를 "각 지점에서 흡수계수 κ_ν와 방출계수 j_ν 사이에 키르히호프 법칙 $j_\nu/k_\nu = B_\nu(T)$를 만족하는 온도 T를 정의할 수 있을 경우 항성 대기는 LTE 상태에 있다."와 같이 정의했다. LTE 근사를 이용하면 비교적 쉽게 항성 대기의 연속 스펙트럼을 구할 수 있다(예: Chandrasekhar 1960, 11장 참조). 한편, 성간물질과 같이 희박한 물질은 일반적으로 LTE 상태에 있지는 않지만 일정한 온도 T를 갖는 **열적 평형 상태**(thermal equilibrium)에 있다. 즉, 입자들의 속도 분포는 온도 T의 맥스웰-볼츠만 분포를 따른다. 성간의 전리된 기체는 온도 T에 해당하는 열복사를 방출하며, 그 방출계수와 흡수계수 사이에는 식 (1.50)의 관계가 있다. 따라서 방출계수를 안다면 이 관계식을 이용하여 흡수계수를 구할 수 있다(5장 참조). 하지만 원자 혹은 이온의 에너지 준위 분포는 일반적으로 볼츠만 분포를 따르지 않으며, 따라서 선복사의 경우 매질의 밀도가 충분히 크지 않은 이상 키르히호프 법칙은 성립되지 않는다(2.2절 참조).

1.3.2 플랑크 함수

앞 절에서 설명한 흑체복사의 특성은 1860년 키르히호프(Gustav Kirchhoff 1824–1887)에 의해서 처음으로 제시되었다. 키르히호프는 동일한 온도를 가진 물체에 둘러싸인 — 복사가 빠져 나갈 수 없는 공간 안의 — 복사는 흑체복사이며 물체의 모양과 재질에 상관없이 온도와 주파수만의 함수여야 한다는 것을 사고실험을 통해서 보였다. 그리고 이 보편적 함수에 대해서 다음과 같이 언급했다. "이 함수를 알아내는 것은 매우 중요한 일이다. 실험을 통해서 이 함수를 결정하는 것은 매우 어려울 것으로 예상되지만 — 물체 개개의 특성에 의존하지 않는 이미 알려진 모든 함수들이 그러하듯이 — 이 함수 역시 단순한 형태일 것이므로, 결국에는 성공할 것이라는 근거 있는 희망이 있다."(Kirchhoff 1860). 함수의 구체적 형태가 처음으로 제시된 것은 그로부터 30여 년이 지난 후인 1897년 비엔(Wilhelm Wien 1864–1928)에 의해서이다(Wien 1897). 비엔은 흑체복사의 보편적 함수 형태로서 $a\nu^3 \exp(-b\nu/T)$를 제안하였다(a와 b는 상수). 비엔이 제시한 이 함수는 당시의 실험 데이터는 잘 기술하였으나, 이후 파장이 긴 원적외선 영역에서는 실험값과 오차가 크다는 사실이 밝혀졌다. 그리고 마침내 1900년 플랑크(Max Planck 1858–1947)는 그림 1.11의 상자 안의 복사가 양자화되어 있다는 획기적인 가정을 함으로써 오늘날 **플랑크 함수**라고 불리는 흑체복사 함수의 올바른 형태를 구할 수 있었다. 빛을 고전적인 전자기파로 기술하였으나, 한편으로는 전자기파의 에너지가 양자화되어 있다는 가정을 도입함으로써 결론에 도달할 수 있었으며, 이것이 빛을 입자의 집합으로 기술하는 양자역학의 시작이었다.

플랑크 함수 $B_\nu(T)$를 구하기 위하여, 우선 열역학적 평형 상태의 복사장의 에너지 밀도 $u_\nu(T)$를 구해 보자. 부피 dV에 들어 있는 주파수 ν와 $\nu + d\nu$ 사이의 복사 에너지 dE는 부피 dV에 들어 있는 주파수 ν와 $\nu + d\nu$ 사이의 광자 개수와 광자 에너지 $h\nu$의 곱이다. 주파수 ν와 $\nu + d\nu$ 사이의 광자는 운동량의 크기가 p와 $p + dp$ 사이의 광자에 해당한다. 즉, 운동량의 성분이 다르더라도 그 크기 p가 같으면 동일한 에너지를 가진다. 따라서 구하고자 하는 광자 개수는, dV 안에 있으며 운동량의 크기가 p와 $p + dp$ 사이인 광자가 점유할 수 있는 **양자 상태수**(number of quantum states) N_s와 양자 상태당 평균 **광자 점유수**(photon occupation number) n_γ를 곱함으로써 구할 수 있다. 즉,

$$dE = u_\nu dV d\nu = N_s \cdot n_\gamma \cdot h\nu \tag{1.52}$$

이다.

먼저 양자 상태수 N_s를 구해 보자. 양자 상태란 양자역학적 시스템의 고유 상태를 의미한다. 광자와 같이 구속되어 있지 않은 입자의 경우, 독립된 양자 상태는 6차원 위상공간 $(\mathbf{x}, \mathbf{p})$에서 부피가 h^3인 '셀(cell)'에 해당한다. h는 **플랑크 상수**(Planck constant)이다. 고전적 입자의 경우에는 위치 $\mathbf{x}$와 운동량 $\mathbf{p}$를 각각 정확하게 측정할 수 있으므로 6차원 위상공간에서의 하나의 점이 입자의 특정 상태를 나타낸다. 하지만 양자역학적 입자의 경우에는 하이젠베르크의 불확정성 원리에 의해서 입자의 위치와 운동량을 동시에 정확하게 측정할 수 없으므로 $(\Delta x \Delta p \geq h)$, 위상공간에서 부피 h^3의 셀이 입자의 특정 상태에 대응된다. 따라서 공간적 부피가 dV이고 운동량의 크기가 p와 $p + dp$ 사이인 6차원적 위상공간의 부피는 $dV\, 4\pi p^2 dp$이므로, N_s는 이 부피를 h^3으로 나눈 것이다. 즉,

$$N_s = 2 \times \frac{dV\, 4\pi p^2 dp}{h^3} = \frac{8\pi\nu^2 dV d\nu}{c^3} \tag{1.53}$$

가 된다. 위 식에서 2를 곱한 이유는, 광자가 운동량 이외에 2개의 **스핀**(spin) 양자 상태를 가질 수 있기 때문이다.

플랑크 함수를 구하기에 앞서 고전 물리학의 결과를 잠시 살펴보자. 고전 물리학 관점에서는 그림 1.11의 상자를 전자기파가 채우고 있으며, 식 (1.53)의 N_s는 부피 dV에 있는 주파수 ν와 $\nu + d\nu$ 사이의 전자기파의 모드수(number of modes)에 해당한다. 특정 모드의 전자기파란 특정 주파수를 가지고 특정 방향으로 진행하는 특정 편광 상태의 전자기파를 의미한다. (광자의 두 스핀 양자 상태는 전자기파의 두 편광 상태에 해당한다.) 열역학적 평형 상태에서는 **등분배정리**(equipartition theorem)에 의해서 각각의 전자기파 모드의 평균 에너지는 주파수에 상관없이 kT로 일정하다.[6] 따라서 상자를 채우고 있는 전자기파의 에너지

6) 등분배정리란 열역학적 평형 상태에 있는 계의 경우 각각의 자유도에 대해서 $kT/2$의 평균 에너지를 갖는다는 정리이다. 예를 들어 1차원 조화 진동자의 평균 운동 에너지는 $kT/2$이다. 조화 진동자의 평균 위치 에너지와 평균 운동 에너지는 같으므로 1차원 조화 진동자의 총에너지는 kT이다. 각각의 전자기파 모드는 1차원 조화 진동자에 해당하므로 평균 에너지는 kT가 된다.

밀도는 $N_s/dVd\nu$에 kT를 곱함으로써 구할 수 있으며, $u_\nu \propto \nu^2 T$가 된다. 이 결과는 흑체복사의 고전 물리학적 공식인 **레일리-진스 법칙**(Rayleigh-Jeans law)에 해당한다. 플랑크 함수를 얻기 위해서는 빛이 에너지가 $h\nu$인 광자로 이루어졌다는 사실에 주목해야 한다. 즉, 고전적 관점에서는 전자기파 모드의 에너지가 0에서 무한대까지 연속적으로 분포하지만, 양자역학적 관점에서는 광자의 집합이므로 $h\nu$의 간격으로 분포한다. 낮은 주파수의 전자기파 모드의 경우에는 에너지 준위 사이의 간격이 좁아서 두 관점 사이의 차이가 거의 없으나, 높은 주파수의 전자기파 모드의 경우에는 에너지 준위 사이의 간격이 넓어서 양자역학적 평균 에너지가 kT보다 작게 된다(아래 참조).

이제 양자 상태당 평균 광자 점유수, 즉 주파수가 ν인 위상공간 영역의 셀 (h^3) 안에 있는 특정 스핀 상태를 가진 광자의 평균 개수 n_γ를 구해 보자. 양자 상태에는 광자가 전혀 없을 수도 또는 무한히 많을 수도 있다. 통계역학에 의하면, 온도 T의 열역학적 평형 상태에 있는 계가 에너지가 $E_n(= nh\nu)$인 양자 상태에 있을 상대적 확률은 **볼츠만 인자**(Boltzmann factor) $e^{-\beta E_n}$으로 주어진다. β는 $\beta \equiv (kT)^{-1}$ ($k = 1.38 \times 10^{-16}$ erg deg^{-1}는 볼츠만 상수)이다. 따라서 그림 1.11의 상자 안 체적소 dV에 에너지가 $h\nu$이고 특정 스핀 상태를 가진 광자가 n개 있을 확률은

$$\frac{e^{-\beta E_n}}{\sum_{n=0}^{\infty} e^{-\beta E_n}} = e^{-\beta E_n}(1 - e^{-\beta h\nu}) \tag{1.54}$$

로 주어진다. 무한등비수열의 합 $\sum_{n=0}^{\infty} e^{-nh\nu\beta} = \left(1 - e^{-\beta h\nu}\right)^{-1}$을 이용하였다. 식 (1.54)는 광자가 하나도 없을 확률이 가장 크다는 것을 보여 준다. 양자 상태의 평균 광자 점유수는

$$n_\gamma = \frac{\sum_{n=0}^{\infty} n e^{-\beta E_n}}{\sum_{n=0}^{\infty} e^{-\beta E_n}} = -\frac{1}{h\nu}\frac{\partial}{\partial\beta}\ln\left(\sum_{n=0}^{\infty} e^{-nh\nu\beta}\right) = -\frac{1}{h\nu}\frac{\partial}{\partial\beta}\ln\left(1 - e^{-\beta h\nu}\right)^{-1}$$

이므로, n_γ는

$$n_\gamma = n_{\gamma,\mathrm{TE}} \equiv \frac{1}{e^{h\nu/kT} - 1} \tag{1.55}$$

이 된다. $n_{\gamma,\mathrm{TE}}$는 열역학적 평형 상태의 광자 점유수를 나타낸다. 광자에 대한 이 결과는 파울리의 배타원리를 따르지 않는 보손(boson)의 통계적 분포를 기술하는 **보스-아인슈타인 분포**(Bose-Einstein distribution)의 특별한 경우에 해당한다. $h\nu \gg kT$일 경우, $n_\gamma \approx e^{-h\nu/kT} \ll 1$이며, 이는 높은 주파수의 양자 상태에는 평균적으로 광자의 개수가 매우 적음을 의미한다. 양자 상태당 평균 에너지는

$\bar{E} = n_\gamma h\nu \approx h\nu\, e^{-h\nu/kT}$ 로서 kT 보다 매우 작다. 반대로 $h\nu \ll kT$ 일 경우에는 식 (1.55)로부터 $n_\gamma \approx kT/h\nu \gg 1$ 이 된다. 즉, 이러한 낮은 주파수의 양자 상태에는 광자의 개수가 매우 많다. 이 경우, 빛은 고전적 전자기파의 특성을 띠며 양자 상태당 평균 에너지는 $\bar{E} \approx kT$ 가 된다. 이 결과는 각각의 전자기파 모드가 주파수에 상관없이 kT 의 평균 에너지를 갖는 고전 물리학의 결과와 일치한다.

위 결과로부터 흑체복사의 에너지 밀도 u_ν 와 세기 $B_\nu(= cu_\nu/4\pi)$ 를 구할 수 있다. 즉, $dE = u_\nu dV d\nu = N_s \bar{n}_\nu h\nu$ 이므로, 식 (1.53)과 식 (1.55)로부터

$$u_\nu(T) = \frac{8\pi h\nu^3}{c^3}\frac{1}{e^{h\nu/kT}-1}, \tag{1.56}$$

그리고 **플랑크 함수**는

$$B_\nu(T) = \frac{2h\nu^3}{c^2}\frac{1}{e^{h\nu/kT}-1} \tag{1.57}$$

이 된다. 그림 1.12는 $B_\nu(T)$ 를 보여 준다. 단위 파장당 플랑크 함수 $B_\lambda(T)$ 는

$$B_\lambda(T) = B_\nu(T)\left|\frac{d\nu}{d\lambda}\right| = \frac{2hc^2}{\lambda^5}\frac{1}{e^{hc/\lambda kT}-1} \tag{1.58}$$

이 된다. 플랑크 함수가 최대가 되는 파장은 $\partial B_\nu/\partial\nu = 0$ 으로부터 구할 수 있으며, **비엔의 변위법칙**(Wien's displacement law)인

$$\lambda_{\rm max} T = 0.5103 \text{ cm K} \tag{1.59}$$

로 주어진다. (만약 B_λ 가 최대가 되는 조건을 이용한다면, 0.5103 대신 0.2898 이 된다.) 예를 들어 온도 2.73 K의 흑체복사인 우주배경복사의 경우, $\lambda_{\rm max} =$ 1.9 mm이다. 주파수로는 $\nu_{\rm max} = 160$ GHz에 해당한다.

1.3.3 흑체복사의 특성

이 절에서는 흑체복사의 다양한 특성과 흑체복사와 관련된 온도에 대해서 살펴보겠다.

- **흑체 표면에서의 플럭스**: 흑체 표면의 밝기는 균일하므로, 식 (1.10)에 의해서

$$F = \pi B = \pi \int_0^\infty B_\nu d\nu = \sigma T^4 \tag{1.60}$$

이 된다. 온도가 T 인 흑체의 플럭스, 즉 단위 면적당 복사 파워가 T^4 에 비례한다는 이 식은 1879년에 당시 실험 결과를 바탕으로 슈테판(Josef Stefan 1835–

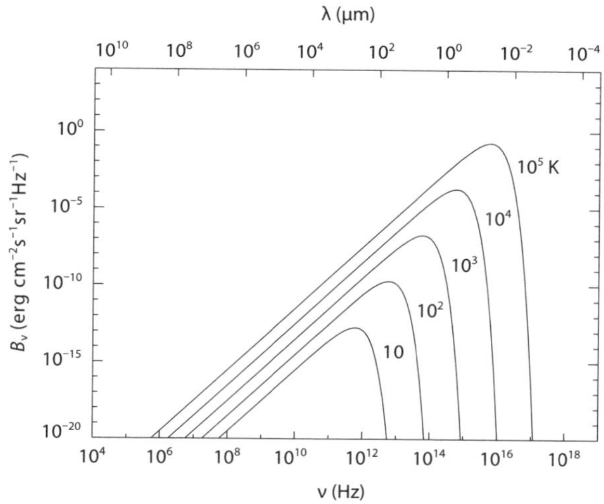

그림 1.12 플랑크 함수 $B_\nu(T)$. 여러 온도에서의 $B_\nu(T)$의 모양을 주파수와 파장의 함수로 보여 준다.

1893)에 의해서 제시되었다. 그리고 5년 후인 1884년에 그의 학생이었던 볼츠만(Ludwig Boltzmann 1844–1906)에 의해서 열역학적으로 유도되었으며, 지금은 **슈테판-볼츠만 법칙**(Stefan-Boltzmann law)으로 불린다. 슈테판-볼츠만 상수 σ의 값은

$$\sigma = \frac{2\pi^5 k^4}{15c^2h^3} = 5.6704 \times 10^{-5} \quad \text{erg cm}^{-2}\ \text{s}^{-1}\ \text{K}^{-4} \tag{1.61}$$

이다.

식 (1.60)으로부터 반지름이 R인 흑체의 광도 L은

$$L = 4\pi R^2 \sigma T^4 \tag{1.62}$$

으로 주어진다.

• **에너지 밀도와 복사압**: 흑체복사는 균일하고 등방이므로 그 에너지 밀도와 복사압은

$$u = \frac{4\pi B}{c} = aT^4, \quad P = \frac{1}{3}u = \frac{1}{3}aT^4 \tag{1.63}$$

이 된다(식 1.20, 1.23). a는 복사상수(radiation constant)로서

$$a = \frac{4\sigma}{c} = \frac{8\pi^5 k^4}{15c^3h^3} = 7.5657 \times 10^{-15} \quad \text{erg cm}^{-3}\ \text{K}^{-4} \tag{1.64}$$

이다. 온도 2.73 K의 흑체복사인 우주배경복사의 에너지 밀도는 $u = 4.2 \times 10^{-13}$ erg cm^{-3} 혹은 0.26 eV cm^{-3}이다.

앞에서 언급하였듯이 흑체복사의 에너지 밀도가 T^4에 비례한다는 식 (1.63)은 1900년 플랑크가 흑체복사의 함수 $B_\nu(T)$를 유도하기 이전인 1884년에 볼츠만에 의해서 열역학적으로 유도되었다. 볼츠만은 한쪽 면이 피스톤으로 된 실린더에 흑체복사를 채우고 피스톤을 압축할 경우 발생하는 흑체복사의 에너지 밀도, 부피 및 엔트로피의 변화 사이의 관계를 열역학 법칙으로부터 구하고, 균일하고 등방인 복사가 만족해야 하는 $P = u/3$의 관계(식 1.20)를 이용하여 $u \propto T^4$의 관계를 유도하였다(Rybicki and Lightman 1979, 1.5절 참조). 단, 그 비례상수인 a는 플랑크 상수 h를 포함하는 것으로부터 짐작할 수 있듯이 열역학적으로는 구할 수 없었으며, 이후 플랑크에 의해서 얻어졌다. 식 (1.63) 역시 **슈테판-볼츠만 법칙**으로 불린다.

식 (1.63)의 관계식 $P = u/3$는 이상기체(ideal gas)의 관계식과 유사하다. 입자 밀도가 n이고 온도가 T인 이상기체의 경우, 그 에너지 밀도와 압력은 각각 $u = nkT/(\gamma - 1)$, $P = nkT = (\gamma - 1)u$로 주어진다. γ는 단열지수(adiabatic index)로서 내부 자유도가 없는 단원자 이상기체의 경우 $\gamma = 5/3$이다. 이로부터 $P = u/3$의 관계를 만족하는 흑체복사는 '$\gamma = 4/3$인 열역학적 계'임을 알 수 있다. 예를 들어 이상기체가 단열팽창을 할 경우 열역학 법칙으로부터 압력과 부피(V)의 곱 PV^γ가 일정함을 알고 있다. 따라서 반경 R의 구에 채워진 흑체복사의 '광자 기체'가 단열팽창을 할 경우에는 그 복사압이 $P \propto V^{-4/3} \propto R^{-4}$으로 감소하며, 식 (1.63)으로부터 흑체복사의 온도는 $T \propto R^{-1}$로 감소한다. 보다 자세한 흑체복사의 열역학적 특성은 Rybicki and Lightman(1979, 1.5절)에서 확인할 수 있다.

• **광자의 밀도와 평균 에너지**: 흑체복사의 단위 주파수당 광자의 개수 밀도는 식 (1.56)의 에너지 밀도를 $h\nu$로 나눈 값이다. 따라서 광자의 총개수 밀도는

$$n_\gamma = \int_0^\infty \frac{8\pi\nu^2}{c^3} \frac{d\nu}{e^{h\nu/kT} - 1} = 16\pi \left(\frac{kT}{hc}\right)^3 \times 1.202 = 20.3T^3 \quad \mathrm{cm}^{-3} \quad (1.65)$$

가 된다. 식 (1.65)는 비엔의 변위법칙(식 1.59)을 이용하여

$$n_\gamma \lambda_{\max}^3 = 2.70 \quad \text{혹은} \quad 0.49 \quad (1.66)$$

로도 나타낼 수 있다. ($\lambda_{\max}$가 B_ν 혹은 B_λ가 최대가 되는 파장을 나타내는가에 따라서 그 값이 2.70 혹은 0.49가 된다.) 이 결과는 $\lambda_{\max}^3$ 정도의 크기를 가지는 부피 안에 대략 한 개의 광자가 있음을 의미한다. 따라서 $\lambda_{\max} = 1.9$ mm인 우주배경복사의 경우 대략 1 mm^3의 부피 안에 한 개의 광자가 있다.

글상자 2. 우주의 흑체복사

태양을 비롯한 대부분의 별들은 흑체복사에 가까운 빛을 방출한다. 별들과 그림 1.11의 상자와는 어떤 유사성이 있는 것일까? 별의 내부에는 등방의 흑체복사에 가까운 복사장이 존재한다. 그리고 별의 표면에는 별을 감싸고 있는 얇은 구각 구조가 있다고 생각할 수 있다. 이 구각 구조는 안쪽에서 입사하는 거의 모든 빛을 흡수하며, 마치 그림 1.11의 흑체 상자와 같은 역할을 한다. 따라서 우리가 관측하는 별빛은 흑체복사와 유사한 특성을 갖게 된다. 하지만 별의 대기는 다양한 원소들로 이루어져 있고, 이들 원소에 의한 흡수에 의해서 파장에 따라 각각 깊이가 다른 곳에서 방출된 광자가 새어나오게 되므로 완벽한 흑체복사는 아니다.

우주에서 관측되는 대표적인 흑체복사는 **우주배경복사**다. 하늘의 모든 방향에서 동일한 세기, 동일한 스펙트럼으로 관측되는 우주배경복사는 온도 2.73 K인 흑체복사의 스펙트럼과 거의 완벽하게 일치한다(그림 1.13). 대폭발우주론에 의하면, 대폭발 직후에는 자유 전자에 의한 산란에 의해서 빛의 평균자유이동거리가 매우 짧았으나, 대폭발 후 약 38만 년이 되었을 때 우주의 온도는 약 3000 K가 되고 이때 수소가 재결합함으로써 빛이 자유롭게 퍼져 나가게 된다. 즉, 우리가 하늘의 어느 방향을 보더라도, 마치 별의 표면과 같은 면을 보게 되며, 여기에서 방출된 빛의 파장이 약 1100배만큼 늘어나 현재의 우주배경복사로 관측되는 것이다. 우주배경복사의 에너지 밀도는 4.2×10^{-13} erg cm^{-3} $= 0.26$ eV cm^{-3}이며 압력은 에너지 밀도의 1/3이다.

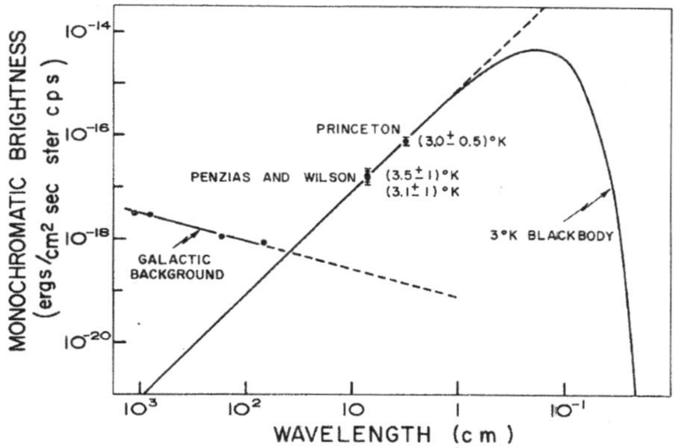

그림 1.13 1966년 당시 우주배경복사의 관측 결과. 피블스(Jim Peebles 1935–)가 그린 이 그림은 1965년 펜지아스와 윌슨이 얻은 7.35 cm에서의 측정값과 1966년 프린스턴 그룹이 얻은 3.2 cm에서의 측정값이 온도 3 K의 흑체복사와 일치함을 보여 준다. 최근 정밀한 관측에 의하면 우주배경복사의 스펙트럼은 온도 2.725 K의 흑체복사와 거의 완벽하게 일치한다.(Reprinted figure with permission from Roll and Wilkinson, *Phys. Rev. Letters*, 16, 405, 1966. Copyright (2018) by the American Physical Society.)

한편 식 (1.63)과 식 (1.65)로부터 온도 T의 흑체복사를 이루고 있는 광자의 평균 에너지는

$$\frac{u}{n_\gamma} = 2.70kT \tag{1.67}$$

가 된다. 이 에너지는 $B_\nu(T)$가 최대가 되는 주파수를 가진 광자의 에너지인 $2.82kT$(식 1.59 참조)보다 조금 작다.

• **근사식**: 파장이 긴 영역, 즉 $h\nu \ll kT$인 경우에 플랑크 함수는

$$B_\nu \approx \frac{2kT}{\lambda^2} \tag{1.68}$$

의 **레일리-진스 근사식**으로 근사된다. 반면 파장이 짧은 영역, 즉 $h\nu \gg kT$인 경우에는

$$B_\nu \approx \frac{2h\nu^3}{c^2} e^{-h\nu/kT} \tag{1.69}$$

의 **비엔 근사식**으로 근사된다.

• **흑체복사와 연관된 온도**: 천문학에서는 흑체복사와 관련하여 정의된 다양한 '온도'를 사용한다. 우선 **유효온도**(effective temperature) $T_{\rm eff}$란 관측된 전체 플럭스와 동일한 양의 플럭스를 방출하는 흑체의 온도로서

$$F = \sigma T_{\rm eff}^4 \tag{1.70}$$

으로 주어진다. 다음으로 **색온도**(color temperature)란 두 파장 대에서 관측된 복사세기의 비와 동일한 비의 복사를 방출하는 흑체의 온도로서

$$\frac{I_{\lambda_1}}{I_{\lambda_2}} = \frac{B_{\lambda_1}(T_c)}{B_{\lambda_2}(T_c)} \tag{1.71}$$

로 주어진다. 복사세기의 비로 정의된 색온도는 거리와 무관하다는 장점이 있다. 마지막으로 **밝기온도**(brightness temperature) T_b란 관측된 복사세기와 동일한 세기의 복사를 방출하는 흑체의 온도로서

$$I_\nu = B_\nu(T_b) \approx \frac{2kT_b}{\lambda^2} \tag{1.72}$$

로 정의된다. 밝기온도는 전파 영역에서 주로 사용되기 때문에 마지막 등식과 같이 레일리-진스 근사를 적용해서 정의하기도 한다. 주의할 점은 이들 온도는 기본적으로 '복사의 특성을 나타내는 지표'로서, 실제 복사를 방출하는 매질의 물리적 온도와 반드시 일치하지는 않다는 점이다. 예를 들어 싱크로트론 복사와 같은 비열적 복사의 경우에도 밝기온도를 사용하여 그 세기를 나타낸다.

열복사의 경우, 관측된 밝기온도 T_b는 열복사를 방출하는 매질의 온도 T와 관련이 있다. 이 관계를 살펴보기 위해서 복사전달방정식을 밝기온도로 나타내 보자. 온도가 T인 매질이 열복사를 방출할 경우 원천함수 $S_\nu = B_\nu(T)$이므로, 식 (1.46)으로부터 관측된 복사의 세기 I_ν는

$$I_\nu = B_\nu(T)(1 - e^{-\tau_\nu}) \tag{1.73}$$

로 주어진다. 편의상 배경복사는 없다고 가정하였다. 이 식을 밝기온도로 표현하면

$$T_b \approx T(1 - e^{-\tau_\nu}), \quad h\nu \ll kT \tag{1.74}$$

가 된다. 일반적으로 T_b는 주파수의 함수이며, 광학적 깊이가 클 경우에 $T_b \approx T$가 됨을 알 수 있다. 광학적 깊이가 작을 경우에는 밝기온도는 $T_b \approx T\,\tau_\nu$ $(< T)$로서 매질의 온도보다 낮다. 다시 말하면, 관측된 복사의 세기 I_ν는 광학적 깊이가 작을 경우 흑체복사의 세기 $B_\nu(T)$에 비해서 작으며, 광학적 깊이가 커질수록 $B_\nu(T)$에 수렴하지만 $B_\nu(T)$보다 클 수는 없다. 선복사의 경우도 마찬가지이다 (2.3절 참조). 광학적 깊이가 작은 열복사의 대표적인 예로는 고온의 전리 기체로부터 방출되는 열적 제동복사(thermal Bremsstrahlung)가 있으며, 이에 관해서는 2부에서 살펴보겠다(5.2절). 식 (1.73)과 식 (1.74)는 또한 태양의 **주연감광**(limb darkening) 현상도 설명한다. 즉, 우리가 관측하는 복사가 태양의 표면으로부터 대략 $\tau_\nu \approx 1$인 내부 지역에서 방출된다고 할 때, 태양의 가장자리로 갈수록 방출 지역이 온도가 낮은 표면에 가까워지므로 가장자리가 어둡게 되는 주연감광 현상이 나타난다(문제 12).

1.4 복사의 산란⋆

일반적으로 복사는 매질을 통과하며 흡수될 뿐만 아니라 산란된다. 산란이 중요할 경우, 복사가 매질의 한 지역을 통과하면서 겪는 복사세기의 변화는 그 지역의 국부적 특성뿐만 아니라 다른 지역으로부터 산란에 의해서 입사하는 복사장에 의존한다. 다른 지역 역시 마찬가지이므로 복사세기를 구하기 위해서는 포괄적인 접근이 필요하다. 이 절에서는 산란이 있는 경우 광자의 전파 과정과 복사전달방정식의 기본적 특성에 대해서 살펴보겠다.

1.4.1 단일 광자의 산란 및 전파

광자의 산란이란 광자가 입자와 '충돌'한 후 다른 방향으로 진행하는 현상을 뜻한다. 충돌 후 광자의 에너지가 변하지 않으면 '결맞는 산란(coherent scattering)', 에너지가 변하면 '결안맞는 산란(incoherent scattering)'이라 부른다. 결맞

는 산란의 예는 **톰슨 산란**(Thomson scattering)이다. 톰슨 산란은 에너지가 작은 ($h\nu \ll m_e c^2$) 광자가 자유 전자에 의해 산란되는 현상이며, 전자의 산란 단면적은 입사하는 광자의 주파수에 의존하지 않는다. 결안맞는 산란의 대표적인 예는 **컴프톤 산란**(Compton scattering)이다. 컴프톤 산란은 에너지가 큰($h\nu \gtrsim m_e c^2$) 광자가 전하, 특히 자유 전자에 의해 산란되는 현상이며, 이 경우 산란된 광자는 충돌 과정에서 에너지를 잃고 파장이 $\lambda_c(= h/m_e c) = 0.02426$ Å만큼 길어지며 산란 단면적은 주파수에 의존한다. 한편 자유 전자의 운동 에너지가 큰 경우에는 산란을 통하여 광자가 자유 전자로부터 에너지를 얻을 수 있는데, 이러한 산란을 **역컴프톤 산란**(inverse Compton scattering)이라 부른다. 이 외에도 원자 혹은 분자에 의한 레일리 산란(Rayleigh scattering), 공명 산란(resonant scattering) 등이 있다. 이들 산란 현상에 대한 물리적 기술은 2부와 3부에서 다룰 것이며, 이 절에서는 산란이 있는 경우의 복사 전달에 대해서 살펴보겠다.

산란체가 있는 매질을 광자가 통과할 때, 광자는 **마구걷기**(random walk)를 하면서 퍼져 나간다. 두 산란 사이의 평균자유이동거리를 ℓ이라 하면, N회의 산란을 겪은 후에 광자가 이동한 제곱평균 제곱근(root mean square) 거리는 $\ell_* \approx \sqrt{N}\ell$로 주어진다. 두께가 L인 매질을 광자가 빠져나오기 위해서는 $\ell_* \sim L$이어야 하므로 광자가 겪어야 하는 산란의 횟수는

$$N = (L/\ell)^2 \approx \tau^2 \tag{1.75}$$

이 된다. $\tau \equiv L/\ell$은 매질의 산란에 대한 광학적 깊이를 말한다. 이 결과는 항성의 내부와 같이 광자가 매질을 통과하면서 산란을 많이 겪는 경우, 즉 $N \gg 1$ 혹은 $\tau \gg 1$인 경우에 유효하다. 만약 $\tau \lesssim 1$이라면, 광자가 매질을 통과하는 동안 산란될 확률은 — 산란되지 않고 통과할 확률이 $e^{-\tau}$이므로 — $1 - e^{-\tau} \approx \tau$가 된다. 따라서 광학적 깊이가 $\tau(\lesssim 1)$인 매질을 빠져나오는 동안 광자가 평균적으로 겪는 '산란 횟수'는

$$N \approx 1 - e^{-\tau} \approx \tau \tag{1.76}$$

가 된다. (광학적 깊이가 작아서 광자가 거의 직진한다고 가정하면 L을 통과하기 위한 산란 횟수는 단순히 $\sim L/\ell(= \tau)$가 될 것이다.) 일반적인 경우

$$N \approx \max(\tau, \tau^2) \quad \text{혹은} \quad N \approx \tau + \tau^2 \tag{1.77}$$

으로 근사할 수 있다.

산란체와 더불어 흡수체가 매질에 있는 경우, 광자는 산란에 의한 마구걷기에 의해 퍼져 나가며 동시에 흡수되어 소멸될 수 있다. 산란 혹은 흡수에 의해서 빛의 세기가 감소하는 현상을 **소광**(extinction)이라고 하며, $\kappa_\nu + \kappa_\nu^s$를 **소광계수**라고

한다. κ_ν^s는 흡수계수에 대응되는 **산란계수**(scattering coefficient)이다. 산란 혹은 흡수되기까지 광자가 이동한 평균자유이동거리는

$$\ell_\nu = \frac{1}{\kappa_\nu + \kappa_\nu^s} \tag{1.78}$$

로 주어진다. 그리고 평균자유이동거리를 이동하는 동안 흡수될 확률은

$$\epsilon_\nu = \frac{\kappa_\nu}{\kappa_\nu + \kappa_\nu^s} \tag{1.79}$$

로 주어진다. 이에 대응하는 산란 확률은

$$1 - \epsilon_\nu = \frac{\kappa_\nu^s}{\kappa_\nu + \kappa_\nu^s} \tag{1.80}$$

이며 **산란 반사도**(scattering albedo)라고 부른다.

매질에서 어느 순간 생성되어 퍼져 나가는 광자를 생각해 보면, 이 광자가 평균자유이동거리를 이동하는 동안 흡수될 확률이 ϵ_ν이므로, 흡수될 때까지 $N = 1/\epsilon_\nu$회의 산란을 겪을 것이다. 따라서 생성된 다음 흡수에 의해 소멸될 때까지 이동한 거리는

$$\ell_* = \frac{\ell_\nu}{\sqrt{\epsilon_\nu}} = \frac{1}{\sqrt{\kappa_\nu(\kappa_\nu + \kappa_\nu^s)}} = \frac{\sqrt{\epsilon_\nu}}{\kappa_\nu} \tag{1.81}$$

가 된다. 위의 ℓ_*를 **확산 거리**(diffusion length), **열적화 거리**(thermalization length), 혹은 **유효자유이동거리**(effective free path) 등으로 부른다. 이 결과는 복사가 광자의 평균자유이동거리 ℓ_ν(식 1.78)에 비하여 먼 거리인 ℓ_*까지 매질의 물리적 상태에 영향을 미칠 수 있음을 의미한다.

1.4.2 산란이 있는 경우의 복사전달방정식

산란에 의한 빛의 세기 감소는 산란계수 κ_ν^s를 써서

$$dI_\nu = -\kappa_\nu^s I_\nu \, ds \tag{1.82}$$

로 나타낸다. 한편 주변 빛의 산란에 의해서 I_ν가 증가할 수도 있는데, 그 방출계수는 일반적으로 방향성을 가진다. 결맞는 산란의 경우 단위 부피 및 단위 시간당 산란된 에너지와 방출된 에너지가 같아야 하므로

$$j_\nu = \frac{1}{4\pi}\int \kappa_\nu^s I_\nu d\Omega \tag{1.83}$$

가 되는데, 산란이 등방일 경우에는 κ_ν^s가 방향과 무관하므로 방출계수는

$$j_\nu = \kappa_\nu^s J_\nu$$

로 주어지며, 원천함수는

$$S_\nu = \frac{j_\nu}{\kappa_\nu^s} = J_\nu \tag{1.84}$$

가 된다. J_ν는 평균세기이다. 따라서 등방의 결맞는 산란만 있는 경우 복사전달 방정식은

$$\frac{dI_\nu}{ds} = -\kappa_\nu^s (I_\nu - J_\nu) \tag{1.85}$$

가 된다. J_ν가 I_ν의 입체각에 대한 평균이므로, 이 식은 임의의 한 방향의 I_ν에 관한 식이 모든 방향의 I_ν에 의존하는 적분-미분방정식(integro-differential equation)으로서 순수 흡수만 있는 경우와 같은 형식상의 해가 불가능하다. 하지만 만약 평균 밝기(J_ν)에 산란이 미치는 영향이 매우 적다면 I_ν의 근사적 해를 쉽게 구할 수 있다(문제 14).

한편 식 (1.85)로부터 결맞는 산란만 있는 경우 플럭스가 보존된다는 것을 보여 줄 수 있다. 예를 들어 평행평판 매질의 경우에 식 (1.85)는

$$\mu \frac{dI_\nu}{dz} = -\kappa_\nu^s (I_\nu - J_\nu) \tag{1.86}$$

가 되는데($\mu = \cos\theta$, θ는 z축으로부터의 편각), 양변을 입체각(4π)에 대해서 적분하면

$$\frac{dF_\nu}{dz} = -4\pi\kappa_\nu^s (J_\nu - J_\nu) = 0 \tag{1.87}$$

이 되어, F_ν는 z와 무관한 상수임을 알 수 있다.

일반적인 경우 복사는 산란과 흡수를 모두 겪는다. 그 예로서 열적 복사가 '순수한' 흡수와 방출뿐만 아니라 산란도 겪으면서 매질을 진행하는 경우를 생각해 보자. 산란은 등방적이고 결맞는 산란이라고 가정한다. 이 경우 복사전달방정식은

$$\frac{dI_\nu}{ds} = -\kappa_\nu (I_\nu - B_\nu) - \kappa_\nu^s (I_\nu - J_\nu) = -(\kappa_\nu + \kappa_\nu^s)(I_\nu - S_\nu) \tag{1.88}$$

가 된다. 위 식에서 S_ν는 원천함수로서

$$S_\nu = \epsilon_\nu B_\nu + (1 - \epsilon_\nu) J_\nu \tag{1.89}$$

로 주어진다. 항성의 내부와 같이 매질이 주변 복사장과 열평형 상태에 있을 경우에는 $J_\nu = B_\nu$이므로 $S_\nu = B_\nu$가 됨을 알 수 있다. 반면, 성간의 희박한 성운과 같이 매질에 입사하는 주변의 복사장이 없을 경우, 즉 $J_\nu = 0$일 경우에는 $S_\nu = \epsilon_\nu B_\nu$

로서 B_ν 보다 작게 된다. 일반적으로 S_ν 는 J_ν 에 의존하며 $J_\nu(= \int I_\nu d\Omega/4\pi)$ 를 구하기 위해서는, 식 (1.88)로부터 I_ν 를 구해야 하는데 그 식 안에 S_ν 가 있으므로 복사전달방정식을 풀기 위해서는 반복적 방법(iterative method)이 요구된다 (문제 11).

산란이 있는 경우, 관측되는 복사의 특성은 매질의 두께 L 이 유효자유이동거리 ℓ_* 에 비해 큰가 혹은 작은가에 따라 결정된다. 즉, 유효 광학적 깊이 $\tau_* \equiv L/\ell_*$ 라 정의하면, 식 (1.81)에 의해서

$$\tau_* \approx \sqrt{\tau_a(\tau_a + \tau_s)}, \tag{1.90a}$$

$$\tau_a = \kappa_\nu L, \quad \tau_s = \kappa_\nu^s L \tag{1.90b}$$

이 된다. τ_a 와 τ_s 는 각각 흡수와 산란에 의한 광학적 깊이를 말한다. $\tau_* \ll 1$ 일 경우에는 생성된 모든 광자가 산란을 통해 매질 밖으로 방출될 것이다. 따라서 이 경우에 매질의 광학적 깊이는 실질적으로 작으며, 매질 전체가 표면의 불연속적 경계의 존재를 '느낀다'고 할 수 있다. 열적 복사를 할 경우 그 광도는

$$L_\nu \approx 4\pi\kappa_\nu B_\nu V \quad (\tau_* \ll 1) \tag{1.91}$$

가 된다. 반면, $\tau_* \gg 1$ 일 경우에는, 표면으로부터 ℓ_* 의 깊이 안에 있는 물질에서 방출된 복사만이 빠져나올 수 있으므로, 천체의 표면적을 A 라 하면 열적 복사를 하는 경우 광도는 대략

$$L_\nu \approx 2\pi\kappa_\nu B_\nu A\ell_* \approx 2\pi\sqrt{\epsilon_\nu} B_\nu A \quad (\tau_* \gg 1) \tag{1.92}$$

가 된다. 여기서 2π 는 천체의 바깥쪽으로 진행하는 복사만을 고려한 결과이다. 산란이 없고($\epsilon_\nu = 1$) 광학적 깊이가 큰 경우, 천체의 복사는 흑체복사여야 하므로, $L_\nu = \pi B_\nu A$가 되어야 한다. 이보다 2배 정도 큰 값을 주는 식 (1.92)는 근사식으로서, 산란이 있는 경우에는 흑체복사에 비해서 $\sim \sqrt{\epsilon_\nu}$ 만큼 광도가 작다는 것을 보여 준다(Rybicki and Lightman 1979, 1.7절 참조). 또한 그 분광에너지 분포(spectral energy distribution)도 흑체복사와 달라진다. 즉, $\epsilon_\nu = \kappa_\nu/(\kappa_\nu + \kappa_\nu^s)$ 이므로(식 1.79), $\kappa_\nu \gg \kappa_\nu^s$ 일 경우에는 $L_\nu \propto B_\nu$ 로서 분광에너지 분포가 흑체복사를 따르나, $\kappa_\nu^s \gg \kappa_\nu$ 일 경우에는 $L_\nu \propto (\kappa_\nu/\kappa_\nu^s)^{1/2} B_\nu$ 가 되어 분광에너지 분포가 흑체복사로부터 벗어난다. 예를 들어 밀도가 비교적 높은 고온 플라즈마의 경우 $\kappa_\nu \sim \kappa_\nu^s$ 인 주파수를 경계로, 낮은 주파수 영역에서는 $L_\nu \propto \nu^2$ 의 레일리-진스 흑체복사 스펙트럼을 보이지만 높은 주파수 영역에서는 $L_\nu \propto \nu$ 의 '변형된 흑체복사 스펙트럼'을 보이게 된다(Felten and Rees 1972).

제2장 선복사

2.1 아인슈타인 계수

1917년 아인슈타인(Albert Einstein 1879–1955)은 간단한 해석을 통하여 빛과 원자의 상호작용을 세 가지 미시적 과정으로 기술할 수 있다는 것을 보였다. 에너지가 E와 $E + h\nu_0$인 1과 2 두 에너지 준위를 가지고 있는 원자가 주파수 ν인 빛과 상호작용을 한다고 가정하면, 그 과정들은 다음과 같다(그림 2.1).

(1) 자발방출(spontaneous emission): 주변 복사장의 존재 여부와 관계없이 에너지가 높은 상태에 있는 원자는 광자를 방출하며 에너지가 낮은 상태로 천이한다. 이러한 자발방출을 기술하는 아인슈타인 계수 A_{21}을 다음과 같이 정의한다.

A_{21} = 준위 2에 있는 원자가 자발적으로 광자를 방출하며 준위 1로 천이할 단위 시간당 확률 (s^{-1})

(2) 흡수(absorption): 원자는 주변 복사장의 광자를 흡수할 수 있다. 양자역학적으로 두 준위의 에너지 차이는 정확하게 ν_0가 아니며, 또한 원자의 운동에 의한 도플러 편이 등으로 인하여 원자는 ν_0 근처 주파수의 빛도 흡수할 수 있다. **선모양 함수**(line profile function) $\phi(\nu)$는 이러한 주파수에 따른 상대적인 흡수 효율을 나타내는 함수로서, ν_0에서 상대적으로 매우 큰 최댓값을 가지며 정규화 조건인

$$\int_0^\infty \phi(\nu) d\nu = 1 \tag{2.1}$$

을 만족한다. 주변 복사장의 평균세기를 J_ν라 하면, 흡수를 기술하는 아인슈타인

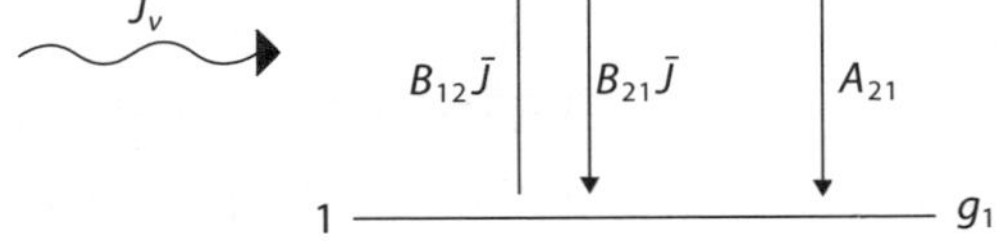

그림 2.1 원자의 두 준위 간 복사천이를 기술하는 세 과정. g_1, g_2는 각각 준위 1, 2의 통계가중치이다.

계수 B_{12}를 다음과 같이 정의한다.

$B_{12}\bar{J}$ = 준위 1에 있는 원자가 세기가 J_ν인 주변 복사장으로부터 광자를 흡수하여 준위 2로 천이할 단위 시간당 확률 (s^{-1})

$\bar{J}$는 J_ν를 선모양 함수로 가중 적분한 값으로서

$$\bar{J} \equiv \int_0^\infty J_\nu \phi(\nu) d\nu \tag{2.2}$$

이다. 주변 복사장이 흑체복사와 같은 연속복사일 경우, $\phi(\nu)$의 폭은 J_ν에 비하여 매우 좁기 때문에, $\bar{J} = J_{\nu_0}$가 되며, 흡수에 의한 천이율은 $B_{12}J_{\nu_0}$가 된다. 흡수는 주변 복사장이 있어야 하므로 **유도흡수**(stimulated absorption)라고도 부른다.

(3) 유도방출(stimulated emission): 아래에서 보겠지만, 위의 두 과정만으로는 열역학적 평형 상태의 물리적 법칙을 만족시킬 수 없으며, 복사장에 의해 준위 2에서 준위 1로 천이하는 과정이 추가적으로 필요하다. 이러한 유도방출을 나타내는 아인슈타인 계수 B_{21}을 다음과 같이 정의한다.

$B_{21}\bar{J}$ = 준위 2에 있는 원자가 세기가 J_ν인 주변 복사장의 영향으로 광자를 방출하며 준위 1로 천이할 단위 시간당 확률 (s^{-1})

열역학적 평형 상태에 있는 경우 미세적 평형이 이루어져야 한다는 조건으로부터 아인슈타인은 이 계수들이 서로 무관하지 않다는 것을 보여 주었다. 미세적 평형이란 매질이 단위 시간 동안 빛을 흡수하여 준위 1에서 준위 2로 천이하는 원자의 개수와 빛을 방출하며 준위 2에서 준위 1로 천이하는 원자의 개수가 같아야 함을 의미한다. 즉, 준위 1과 준위 2에 있는 원자의 밀도를 각각 n_1, n_2라 할 때, 평형 조건은

$$n_2 A_{21} + n_2 B_{21} \bar{J} = n_1 B_{12} \bar{J}, \tag{2.3}$$

혹은

$$\bar{J} = \frac{A_{21}/B_{21}}{\left(\frac{n_1 B_{12}}{n_2 B_{21}} - 1\right)} \tag{2.4}$$

이 된다. 한편 열역학적 평형 상태에서의 준위 분포는 볼츠만 분포에 의해 주어지므로, n_2/n_1는

$$\frac{n_2}{n_1} = \frac{g_2}{g_1} e^{-(E_2 - E_1)/kT} \tag{2.5}$$

로 주어지며(9.5절 참조), 식 (2.4)는

$$\bar{J} = \frac{A_{21}/B_{21}}{\frac{g_1 B_{12}}{g_2 B_{21}} e^{h\nu_0/kT} - 1} \tag{2.6}$$

이 된다. g_1, g_2는 각각 준위 1, 2의 양자 상태수 혹은 겹침수(multiplicity)를 나타내는 **통계가중치**(statistical weight)이다. 열역학적 평형 상태에서의 복사장의 세기는 플랑크 함수로 주어지므로 $J_\nu = B_\nu(T)$이고, $B_\nu(T)$는 주파수에 따라 천천히 변하는 함수이므로 $\bar{J} = B_{\nu_0}(T)$가 된다. 따라서 임의의 온도에 대하여 위 식이 성립하기 위해서는 아인슈타인 계수들은

$$A_{21} = \frac{2h\nu^3}{c^2} B_{21}, \tag{2.7a}$$

$$g_1 B_{12} = g_2 B_{21} \tag{2.7b}$$

의 관계를 만족해야 한다.[7,8] 식에서는 ν_0 대신 ν를 사용하였다. **아인슈타인 관계식**(Einstein relations)이라고 알려진 이 관계식은 원자의 고유한 미시적 특성을 나타내는 물리량들의 관계식이다. 따라서 열역학적 평형이라는 조건에서 구했지만, 그와 상관없이 항상 성립해야 하는 관계식이며, 하나의 아인슈타인 계수를 구하면 나머지 두 계수는 이 관계식을 이용하여 쉽게 구할 수 있다.

주변 복사장에 의한 흡수 및 유도방출 천이율은 $\bar{J}$ 대신 **광자 점유수** $\bar{n}_\gamma$를 사용할 수도 있다. 주변 복사장의 평균세기를 J_ν라고 할 때, $\bar{n}_\gamma$는

$$\bar{n}_\gamma \equiv \left(\frac{8\pi h\nu^3}{c^3}\right)^{-1} \times \bar{u} = \frac{c^2}{2h\nu^3}\bar{J} \tag{2.8}$$

와 같이 정의된다. $\bar{u}$는 $\bar{J}$와 마찬가지로 선모양 함수로 가중 적분한 단위 주파수당 복사 에너지 밀도이다(식 1.23). 둘째 식 괄호 안의 $8\pi h\nu^3/c^3$ 항은 단위 부피 및 단위 주파수당 양자 상태수인 $8\pi\nu^2/c^3$에 에너지 $h\nu$를 곱한 것이다(1.3.2절 참조). 따라서 $\bar{n}_\gamma$는 에너지 차이가 $h\nu$인 두 준위 사이의 천이를 일으킬 수 있는 주변 복사장의 '양자 상태당 광자의 평균 개수' 혹은 '전자기파 모드당 광자의 평균 개수'를 나타낸다. 주변 복사장이 흑체복사인 경우 $\bar{n}_\gamma$는 1.3.2절에서 구한 광자의 보스-아인슈타인 분포함수가 된다(식 1.55). $\bar{n}_\gamma$를 이용하면 준위 2로부터 준위 1로의 단위 시간당 천이율은

$$n_2(A_{21} + B_{21}\bar{J}) = n_2 A_{21}(1 + \bar{n}_\gamma) \tag{2.9}$$

가 된다. 즉, $\bar{n}_\gamma$가 1보다 큰가 혹은 작은가에 따라서 자발방출과 유도방출의 상대

7) 아인슈타인은 1917년 그의 논문에서 $\bar{J} = B_{\nu_0}(T)$를 가정하지 않았다. 대신, $T, \bar{J} \to \infty$일 때 식 (2.3)이 성립하기 위해서는 $g_1B_{12} = g_2B_{21}$이 되어야 함을 지적하고, 이로부터 식 (2.6)에서 $\bar{J} = B_{\nu_0}(T)$, $E_2 - E_1 = h\nu_0$, 그리고 $A_{21} = (2h\nu^3/c^2)B_{21}$임을 보였다. 그는 한 걸음 더 나아가 복사의 흡수 및 방출 시 원자는 운동량을 얻고 잃으며 이를 통해서 열역학적 평형을 유지할 수 있다는 것을 보였다(Einstein 1917; Kleppner 2005 참조).

8) 아인슈타인 B 계수는 평균세기 J_ν 대신 에너지 밀도 u_ν를 사용하여 정의하기도 한다. 즉, $B_{12}\bar{J}$ 대신 $B'_{12}\bar{u}$로 흡수 확률을 정의하는데, 이 경우 $\bar{u} = 4\pi\bar{J}/c$이므로 $B_{12} = (4\pi/c)B'_{12}$임을 알 수 있다. 따라서 아인슈타인 계수 A_{21}과의 관계식은 $A_{21} = (8\pi h\nu^3/c^3)B'_{21}$이 된다.

적 중요성이 결정된다. 예를 들어 에너지 차이가 $h\nu/k = 0.068$ K인 수소 21 cm 선의 경우(글상자 10 참조), 우주배경복사의 광자 점유수는 $\bar{n}_\gamma \approx kT/h\nu = 40$으로서 우주배경복사에 의한 유도방출이 중요하다. 반면 에너지 차이가 큰 광학선의 경우, 우주배경복사는 물론 성간 평균 복사장(글상자 1 참조)의 광자 점유수는 $\bar{n}_\gamma \ll 1$로서 이들 복사의 유도방출에 의한 천이는 중요하지 않다.

2.2 선복사의 방출계수 및 흡수계수

원자의 자발방출에 의한 선복사를 기술하는 방출계수 $j_\nu(\mathrm{erg\,cm^{-3}\,s^{-1}\,sr^{-1}\,Hz^{-1}})$는 아인슈타인 계수 A_{21}으로

$$j_\nu = \frac{h\nu}{4\pi}\phi(\nu)n_2 A_{21} \tag{2.10}$$

과 같이 주어진다. j_ν는 원자들이 준위 2에서 준위 1로 자발적으로 천이하면서 방출하는 선복사의 방출계수로서, n_2는 준위 2에 있는 원자의 개수 밀도, $h\nu$는 준위 2와 준위 1의 에너지 차이를, $\phi(\nu)$는 선모양 함수를 나타낸다. (ν의 의미는 명확하므로 굳이 ν와 ν_0를 구분하여 사용하지 않는다.) 유도방출에 의한 방출은 편의상 방출계수가 아닌 흡수계수에 포함시킨다(아래 참조). 식 (2.10)에서 $\phi(\nu)$는 등방적이고 흡수의 선모양 함수와 동일하다고 가정한다. 매질이 정지해 있지 않고 움직이거나 방향성을 가지고 있는 경우 선모양 함수는 비등방적일 수 있다. 또한 흡수·방출 과정에서 광자의 주파수가 달라질 경우에는 흡수 선모양 함수와 방출 선모양 함수가 다를 수 있다(Hubeny and Mihalas 2014, 5장 참조). 이 책에서는 이러한 복잡성은 다루지 않는다.

흡수와 유도방출을 무시할 수 있는 경우, 방출선의 세기와 이를 전체 주파수에 대해서 적분한 세기는

$$I_\nu = \int j_\nu ds = \frac{h\nu}{4\pi}\phi(\nu)N_2 A_{21}, \tag{2.11a}$$

$$\int I_\nu d\nu = \frac{h\nu}{4\pi}N_2 A_{21} \tag{2.11b}$$

과 같이 주어진다. N_2는 **선밀도**(column density)라고 불리는 물리량으로서

$$N_2 = \int n_2 ds \tag{2.12}$$

이며, 준위 2에 있는 원자의 단위 면적당 개수를 나타낸다. 위 결과는, 광학적 깊이가 작은 방출선을 관측할 경우 방출선의 적분 세기는 준위 2에 있는 원자의 개수 밀도에 비례함을 보여 준다.

선복사의 흡수계수 $\kappa_\nu(\mathrm{cm^{-1}})$는 일반적으로 '순수 흡수'뿐만 아니라 유도방출도 **음흡수**(negative absorption)로 포함하여 나타낸다. 유도방출이 흡수와 마찬

가지로 복사장의 세기 $\bar{J}$에 비례하기 때문에 이러한 정의는 자연스럽다고 할 수 있으며, 특별한 언급이 없으면 흡수계수는 이러한 '유도방출 효과가 보정된 흡수계수'를 의미한다. 주변에서 입사하는 복사의 세기가 I_ν일 경우, dt 동안 체적소 $dA\,ds$에서 흡수되는 에너지는

$$\begin{aligned} dE &= h\nu(n_1 B_{12} - n_2 B_{21})\bar{J} dA\, ds\, dt \\ &= \frac{h\nu}{4\pi}(n_1 B_{12} - n_2 B_{21}) \int\int I_\nu \phi(\nu) d\Omega d\nu \times dA\, ds\, dt \end{aligned} \tag{2.13}$$

이며, 이는 $[\int\int \kappa_\nu I_\nu d\Omega d\nu] dA\, ds\, dt$와 동일해야 한다. 따라서 흡수계수 κ_ν는

$$\begin{aligned} \kappa_\nu = n_1 \sigma_\nu &= \frac{h\nu}{4\pi}\phi(\nu)(n_1 B_{12} - n_2 B_{21}) \\ &= \frac{h\nu}{4\pi}\phi(\nu) n_1 B_{12}\left(1 - \frac{n_2/g_2}{n_1/g_1}\right) \end{aligned} \tag{2.14}$$

로 주어진다. 괄호 안의 둘째 항이 유도방출에 의한 '흡수'를 나타낸다. 일반적으로 $\frac{n_2/g_2}{n_1/g_1} < 1$이므로, 흡수계수는 0보다 크며 복사는 감쇠된다. 그러나 만약 $\frac{n_2/g_2}{n_1/g_1} > 1$이라면, 흡수계수가 음의 값을 갖게 되어 복사가 증폭된다. 이를 **메이저**(microwave amplification by stimulated emission of radiation, maser) 현상이라고 한다. 이러한 **준위 분포의 역전**(population inversion)은 실험실에서 인위적으로 구현할 수 있는데, 수소 1420 MHz 메이저 등이 그 예이다. 반면 우주에서도 충돌 혹은 주변의 복사장에 의해서 분자들의 준위 분포가 역전될 수 있으며, OH, H_2O, SiO, CH_3OH 등의 분자들이 메이저 현상을 보인다(글상자 3).

매질이 LTE 상태에 있을 경우, 식 (2.14)의 흡수계수는

$$\kappa_\nu = \frac{h\nu}{4\pi}\phi(\nu) n_1 B_{12}\left(1 - e^{-h\nu/kT}\right) \tag{2.15}$$

가 된다. 그리고 매질의 온도가 일정하다면 광학적 깊이는

$$\tau_\nu = \int \kappa_\nu ds = \frac{h\nu}{4\pi}\phi(\nu) N_1 B_{12}\left(1 - e^{-h\nu/kT}\right) \tag{2.16}$$

가 된다. 즉, 흡수선의 세기($\propto e^{-\tau_\nu}$)는 준위 1에 있는 원자의 선밀도 N_1에 비례하며, 또한 온도에 의존한다. 온도에 의존하는 이유는 둘째 항, 즉 유도방출에 의한 효과 때문이다. $h\nu \gg kT$일 경우, 유도방출에 의한 영향은 거의 없음을 알 수 있다. 반면, $h\nu \ll kT$일 경우에는 $\tau_\nu \propto N_1/T$가 된다. 즉, 두 준위의 에너지 차가 kT에 비해서 작을 경우, 광학적 깊이는 흡수와 유도방출의 미세한 차이에 의해서 결정되며, 그 결과로 온도에 반비례하게 되는 것이다. 이 결과는 3부에서 다룰 수소 21 cm 선에 적용된다.

글상자 3. 우주의 분자 메이저

지상의 메이저는 1953년 타운스(Charles H. Townes, 1915–2015)에 의해서 최초로 개발되었다. 타운스는 암모니아 분자(NH_3)의 24 GHz 방출선이 유도방출에 의해서 증폭되는 기기를 제작하고 **메이저**라는 약어를 도입하였다. (타운스는 이 업적으로 1964년 노벨 물리학상을 수여받았다.) 우주에서 메이저가 발견된 것은 그로부터 십여 년이 지난 후이다. 1965년 위버(Harold F. Weaver, 1917–2017)는 우리 은하 내의 OH 분자의 분포를 연구하던 중 오리온 A를 포함한 여러 천체에서 1665 MHz의 매우 강한 미확인 방출선을 발견하였다(Weaver et al. 1965). 발견 당시 "신비물질(mysterium)"이라는 이름이 붙여졌었으나 이듬해에 OH 분자의 메이저선임이 밝혀졌다. 현재는 OH, H_2O, SiO, CH_3OH, NH_3 등 다양한 분자의 메이저선이 관측되고 있다.

메이저 현상이 자연적으로 발생하기 위해서는 우선 준위 분포가 역전되어야 한다. 즉, 낮은 에너지 준위에 있는 분자의 밀도보다 높은 에너지 준위에 있는 분자의 밀도가 더 높아야 한다. 또한 분자선이 충분히 증폭될 수 있도록 동일한 속도를 가진 충분한 양의 분자가 시선 방향에 있어야 한다. 따라서 메이저는 공간적으로 매우 좁은 영역에 국한되어 관측되며 그 선폭은 매우 좁다(그림 2.2). 전파간섭계를 이용한 고분해능 관측에 의하면 메이저들은 흔히 두서너 개에서 수십 개의 '메이저 스폿(spot)'으로 이루어져 있으며, 스폿의 속도 분포에 따라서 복잡한 스펙트럼이 나타나기도 한다.

준위 분포의 역전을 일으키기 위해서는 주변 복사 혹은 입자와의 충돌에 의한 높은 에너지 준위로의 **펌핑**(pumping)이 필요하므로, 분자 메이저는 복사장이 강한 천체 주변이나 충격파에 의해서 가열된 지역에서 대부분 발생한다. 별생성 고밀도 분자운, 만기형 별의 대기, 초신성 잔해, 행성상 성운, 혜성 등 다양한 천체에서 관측되었다. 외부 은하의 중심핵에서는 우리 은하의 메이저보다 백만 배 밝은 **메가메이저**(megamaser)가 발견되고 있다. 메이저는 별생성 지역의 동역학, 만기형 항성의 물리적 구조, 천체까지의 거리 등을 알 수 있다는 점에서 천문학적으로 매우 유용하다.

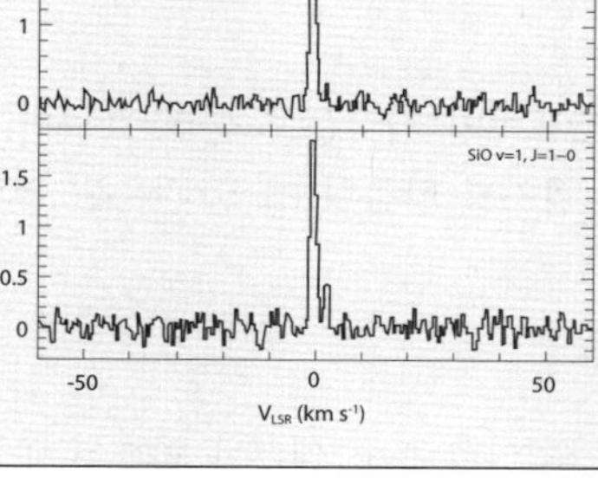

그림 2.2 만기형 항성 V Mon의 43 GHz SiO 분자 메이저 스펙트럼. V Mon은 약 1년을 주기로 광도가 변하는 맥동 변광성으로서 SiO 메이저는 맥동의 영향을 받는 항성 대기에서 발생한다. 한국우주전파관측망(Korean VLBI Network, KVN)의 단일경을 이용하여 얻은 스펙트럼이다(Cho and Kim 2012, reproduced by permission of AAS).

한편 식 (2.10)과 식 (2.14)로부터 원천함수는

$$S_\nu = \frac{j_\nu}{\kappa_\nu} = \frac{2h\nu^3}{c^2} \frac{1}{\left(\frac{n_1/g_1}{n_2/g_2} - 1\right)} \tag{2.17}$$

이 된다. LTE 상태일 경우 n_2/n_1는 볼츠만 분포(식 2.5)로 주어지므로 $S_\nu = B_\nu(T)$임을 알 수 있다. 식 (2.17)에서 ν는 두 준위 사이의 천이 주파수이므로 — 흡수 선모양 함수와 방출 선모양 함수가 동일할 경우 — 선복사의 원천함수는 스펙트럼선에 걸쳐 주파수와 무관하다.

일반적인 경우, 어떤 매질의 n_2/n_1는 볼츠만 분포로부터 벗어나므로, 편의상 다음과 같이 **들뜸온도**(excitation temperature) $T_{\rm ex}$를 정의한다.

$$\frac{n_2}{n_1} \equiv \frac{g_2}{g_1} e^{-h\nu/kT_{\rm ex}}, \tag{2.18}$$

즉 들뜸온도 $T_{\rm ex}$는 '매질의 n_2/n_1와 동일한 값을 갖는 LTE 상태에 있는 매질의 온도'로서, 물리적 환경에 따라서 매질의 실제 온도 T보다 높을 수도 있고 낮을 수도 있다. 여기에서 매질의 온도란 통상적으로 전자들의 속도 분포를 주는 운동학적 온도(kinetic temperature)를 의미한다. 메이저와 같이 준위 분포의 역전이 있는 경우에는 들뜸온도가 음의 값을 가질 수도 있다. 그러나 매질이 LTE 상태에 접근할수록 $T_{\rm ex}$는 매질의 온도 T에 수렴하게 된다. 들뜸온도 $T_{\rm ex}$를 사용하면 선복사의 원천함수를

$$S_\nu = \frac{j_\nu}{\kappa_\nu} = B_\nu(T_{\rm ex}) \tag{2.19}$$

로 쓸 수 있다.

2.3 선모양 함수

방출계수와 흡수계수에 포함된 선모양 함수 $\phi(\nu)$는 선폭을 증가시키는 기작에 의해 결정된다. 대표적인 기작으로는 도플러 선폭 증가(Doppler broadening), 자연 선폭 증가(natural broadening), 충돌 선폭 증가(collisional broadening) 등이 있다.

• **도플러 선폭 증가**: 선폭을 넓게 만드는 대표적인 기작은 도플러 효과이다. 즉, 관측자 방향으로 속도 v로 움직이는 원자가 광자를 방출할 경우, 관측된 주파수는

$$\frac{\nu - \nu_0}{\nu_0} = \frac{\delta\nu}{\nu_0} = -\frac{v}{c} \tag{2.20}$$

만큼 이동된다. 위 식에서 ν_0는 정지 주파수를 나타낸다. 원자가 관측자 방향으로 이동할 때 속도는 $v < 0$이고 주파수는 높아지며, 빛은 청색이동된다. 맥스웰-볼

츠만 속도 분포의 경우 1차원 시선 방향의 속도가 v와 $v+dv$ 사이에 있는 원자의 비율을 $f(v)dv$라 한다면,

$$f(v) = \frac{1}{\sqrt{\pi}b}\exp\left[-\left(\frac{v}{b}\right)^2\right], \tag{2.21a}$$

$$b = \left(\frac{2kT}{m}\right)^{1/2} = 12.9\left(\frac{T_4}{A}\right)^{1/2} \ \mathrm{km\ s^{-1}} \tag{2.21b}$$

로 주어진다. 위 식에서 $T_4 \equiv T/10^4\mathrm{K}$이며 A는 원자의 질량 번호이다. 흔히 사용되는 속도 분산 변수 σ_v나 **반치폭**(Full-Width at Half Maximum, FWHM) Δv_{FWHM}은 b를 이용하여

$$\sigma_v = \frac{b}{\sqrt{2}} = \left(\frac{kT}{m}\right)^{1/2} = 9.12\left(\frac{T_4}{A}\right)^{1/2} \ \mathrm{km\ s^{-1}}, \tag{2.22a}$$

$$\Delta v_{\mathrm{FWHM}} = 2\sqrt{\ln 2}b = \left[\frac{(8\ln 2)kT}{m}\right]^{1/2} = 21.47\left(\frac{T_4}{A}\right)^{1/2} \ \mathrm{km\ s^{-1}} \tag{2.22b}$$

로 주어진다. 위로부터 $\Delta v_{\mathrm{FWHM}} = 2\sqrt{2\ln 2}\sigma_v = 2.35\sigma_v$이다.

주파수가 $\Delta\nu \equiv \nu-\nu_0$와 $\Delta\nu+d\nu$ 사이에 있는 광자의 비율 $\phi(\nu)d\nu$는 $f(v)dv$와 동일해야 한다. 따라서 **도플러 선모양 함수**(Doppler profile)는 가우스 함수, 즉

$$\phi(\nu) = \frac{c}{\nu_0}f(v) = \frac{1}{\sqrt{\pi}\Delta\nu_D}\exp\left[-\left(\frac{\nu-\nu_0}{\Delta\nu_D}\right)^2\right] \tag{2.23}$$

이 되며, 도플러 선폭 $\Delta\nu_D$ 혹은 $\Delta\lambda_D$는

$$\Delta\nu_D = \frac{\nu_0}{c}b = \frac{\nu_0}{c}\left(\frac{2kT}{m}\right)^{1/2}, \quad \Delta\lambda_D = \frac{\lambda_0}{\nu_0}\Delta\nu_D \tag{2.24}$$

로 주어진다(식 2.20, 2.21 참조). $\lambda_0 \equiv c/\nu_0$이다. 주파수의 반치폭은 $\Delta\nu_{\mathrm{FWHM}} = 2\sqrt{\ln 2}\Delta\nu_D$가 된다.

관측으로부터 $\Delta\nu_{\mathrm{FWHM}}$ 혹은 Δv_{FWHM}을 구한다면 식 (2.22)로부터 매질의 온도를 구할 수 있다. 하지만 많은 경우 열적 운동 이외에 난류적 운동에 의해서도 선폭이 증가한다. 열적 운동과 난류적 운동에 의한 선모양 함수가 모두 가우스 함수이고 반치폭이 각각 Δv_{th}와 Δv_{turb}라면, 관측되는 스펙트럼의 선모양 함수 역시 가우스 함수이고, 그 유효 반치폭 Δv_{FWHM}은

$$\Delta v_{\mathrm{FWHM}}^2 = \Delta v_{\mathrm{th}}^2 + \Delta v_{\mathrm{turb}}^2 \tag{2.25}$$

이 된다. 이 경우 A가 다른 두 원자의 방출선으로부터 열적 운동과 난류적 운동을 분리할 수 있다(문제 16).

한편, 식 (2.14)로부터 선 중심에서의 — 유도방출을 무시한 — **순수 흡수 단면적**은

$$\sigma_{\nu_0} = B_{12}\frac{h\nu_0}{4\pi}\phi(\nu_0) = \frac{1}{\sqrt{\pi}\Delta\nu_D}\frac{h\nu_0}{4\pi}B_{12} \qquad (2.26)$$

가 된다. B_{12}를 안다면, 이 식으로부터 흡수 단면적을 구할 수 있다(10.2절 참조).

• **자연 선폭 증가**: 원자가 주어진 에너지 준위에 머물 수 있는 시간은 $\Delta t \sim 1/A_{21}$이다. 따라서 특정 준위의 에너지는 불확정성 원리에 의해 $\Delta E \sim \hbar/\Delta t$의 폭을 가지게 된다. 고전적인 모형에 의하면, 스펙트럼선은 전자의 감쇠 진동(damped oscillation)으로부터 방출되는 복사에 해당하며 이 경우 방출선은 **로런츠 선모양**(Lorentz profile)을 갖게 된다(4.5절 참조). 따라서 준위 n에서 준위 n'으로 천이하면서 방출되는 스펙트럼은

$$\phi(\nu) = \frac{1}{\pi}\frac{\gamma/4\pi}{(\nu-\nu_o)^2 + (\gamma/4\pi)^2} \qquad (2.27)$$

의 로런츠 선모양 함수로 기술할 수 있다. γ는 **감쇠상수**(damping constant)로서 두 준위 n과 n'의 불확정성으로부터

$$\gamma = \sum_{n''} A_{nn''} + \sum_{n''} A_{n'n''} \qquad (2.28)$$

으로 주어진다. 반치폭은

$$\Delta\nu_L = \frac{\gamma}{2\pi}, \quad \Delta\lambda_L = \frac{\lambda_0}{\nu_0}\Delta\nu_L \qquad (2.29)$$

이다.

천체로부터 방출 혹은 흡수되는 스펙트럼선의 경우 일반적으로 자연 선폭은 도플러 선폭에 비해서 매우 작다. 예를 들어, Lyα 1216 Å선의 경우 $A_{21} = 6.26\times10^8$ s^{-1}이므로(10.4절 참조), $\Delta\nu_L \approx 1.0\times10^8$ Hz이고 $\Delta\lambda_L = (\lambda_0^2/c)\Delta\nu_L = 4.9\times10^{-5}$ Å이다. 반면 온도가 10^4 K인 성운의 경우, 도플러 선폭은 식 (2.22)로부터 $\Delta v_{\rm FWHM} = 21$ km s^{-1}가 되고 이에 해당하는 $\Delta\lambda_{\rm FWHM} = (\lambda_0/c)\Delta v_{\rm FWHM} = 0.087$ Å으로서 자연 선폭에 비해서 매우 크다.

• **충돌 선폭 증가**: 고전적인 관점에서 보면 원자 혹은 분자의 스펙트럼선 방출은 단진동하는 전자 혹은 원자핵이 전자기파 묶음(wave packet)을 방출하는 것이다. 스펙트럼선을 방출하는 동안 주변 입자와 충돌을 겪는다면 매 충돌 시 전자기파의 위상은 불연속적으로 변하며 그 결과로 방출선의 선폭은 증가한다. 이러한 **충돌**

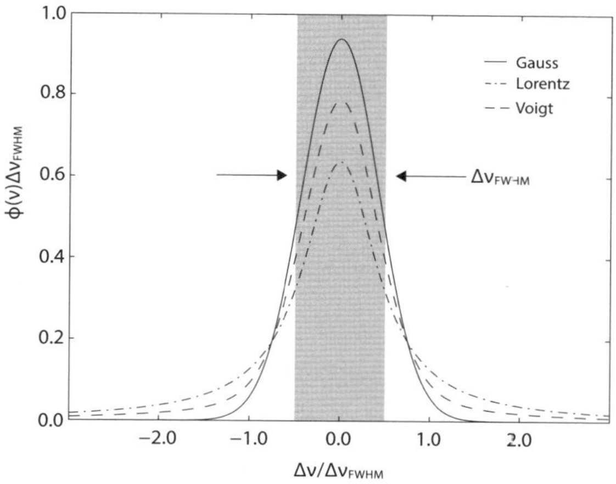

그림 2.3 가우스, 로런츠, 포이트 선모양 함수의 비교. 가로축의 $\Delta\nu(=\nu-\nu_0)$는 선 중심으로부터의 주파수이다. 비교를 위해서 세 선모양 함수의 반치폭($\Delta\nu_{\rm FWHM}$)이 같도록 나타내었다.

선폭 증가(collisional broadening)의 경우, 선모양 함수는 로런츠 함수로 주어지며 식 (2.27)의 γ는 충돌 빈도, 즉 단위 시간당 겪는 충돌 횟수를 나타내는 $\nu_{\rm coll}$을 사용하여 $\gamma = 2\nu_{\rm coll}$이 된다(Rybicki and Lightman 1979, 10.6절 참조). 충돌에 의한 선폭 증가는 항성 대기와 같이 밀도가 큰 기체에서 중요하며, 기체의 밀도와 온도에 의존하므로 **압력 선폭 증가**(pressure broadening)라고도 불린다.

- **도플러+자연(충돌) 선폭 증가**: 도플러 선폭 증가와 자연(혹은 충돌) 선폭 증가가 동시에 작용할 때, 선 모양은 가우스 선모양 함수와 로런츠 선모양 함수의 합성곱(convolution)인 **포이트 선모양**(Voigt profile),

$$\phi(\nu) = \frac{1}{\sqrt{\pi}\Delta\nu_D} H(a,u), \tag{2.30a}$$

$$H(a,u) = \frac{a}{\pi}\int_{-\infty}^{+\infty} \frac{e^{-y^2}dy}{(u-y)^2+a^2} \tag{2.30b}$$

로 주어진다(문제 17). $a=\gamma/4\pi\Delta\nu_D$, $u=(\nu-\nu_0)/\Delta\nu_D$이며, $H(a,u)$는 **포이트 함수**(Voigt function)라고 불린다.

그림 2.3에 가우스, 로런츠, 포이트 선모양 함수를 비교하였다. 비교를 위해서 반치폭이 같도록 나타내었다. 도플러 선모양은 선 중심으로부터 $\exp[-(\nu-\nu_0)^2/\Delta\nu_D^2]$으로 감쇠하는 반면, 로런츠 선모양은 선 중심으로부터 먼 곳에서는 $(\nu-\nu_0)^{-2}$으로 감쇠한다. 따라서 스펙트럼선의 '날개(wing)' 부분에서는 로런츠 선모양이 상대적으로 더 중요하다.

2.4 방출선과 흡수선

2.4.1 키르히호프의 분광 세 법칙

1859년 키르히호프는 다음과 같은 방출선과 흡수선에 관한 세 경험 법칙을 발표하였다.

(1) 고온의 고체, 액체 및 고밀도의 기체는 전 파장 대역에서 연속복사를 방출한다.

(2) 고온의 희박한 기체는 특정 주파수에서 방출 스펙트럼을 보인다.

(3) 연속복사가 저온의 희박한 기체를 통과할 경우에 흡수선이 나타난다.

이 절에서는 앞에서 학습한 내용을 바탕으로 위의 **키르히호프의 분광 세 법칙**(Kirchhoff's three laws of spectroscopy)을 복사전달의 관점에서 해석하겠다.

가장 간단한 예로서 LTE 상태에 있는 온도 T의 등온 기체구(isothermal gas sphere)를 생각해 보자. 기체구는 열복사를 방출하며 배경복사는 없다고 가정한다. LTE 상태에 있는 매질이 열복사를 방출할 경우, 연속복사와 선복사의 원천함수는 모두 $S_\nu = B_\nu(T)$이므로, 관측된 복사의 세기 I_ν는

$$\begin{aligned} I_\nu &= B_\nu(T)[1 - e^{-(\tau_{\nu,\text{cont}}+\tau_{\nu,\text{line}})}] \\ &\approx B_\nu(T)\,(\tau_{\nu,\text{cont}} + \tau_{\nu,\text{line}}) \quad (\tau_{\nu,\text{cont}}, \tau_{\nu,\text{line}} \ll 1) \end{aligned} \tag{2.31}$$

과 같이 주어진다. $\tau_{\nu,\text{cont}}$와 $\tau_{\nu,\text{line}}$은 각각 연속복사와 선복사의 광학적 깊이를 나타낸다. 연속복사의 광학적 깊이 $\tau_{\nu,\text{cont}}$는 일반적으로 넓은 주파수 대역에서 천천히 변하는 반면, 선복사의 광학적 깊이 $\tau_{\nu,\text{line}}$은 선 주파수를 중심으로 선모양 함수로 주어지는 매우 제한된 주파수 범위에서만 큰 값을 갖는다. 따라서 식 (2.31)에서 볼 수 있듯이, 광학적 깊이가 작을 경우에는 선 주파수에서의 복사의 세기가 $B_\nu(T)\,(\tau_{\nu,\text{cont}}+\tau_{\nu,\text{line}})$으로서 그 주파수에서의 연속복사의 세기인 $B_\nu(T)\,\tau_{\nu,\text{cont}}$보다 강하다. 즉, 연속복사 위에 방출선이 겹쳐져 나타난다(그림 2.4). $\tau_{\nu,\text{line}}$이 커질수록 선복사의 세기는 증가하나 연속복사와 마찬가지로 선 주파수에서의 $B_\nu(T)$보다 클 수는 없다. 한편 연속복사의 광학적 깊이가 클수록 천체의 분광에너지 분포는 전반적으로 흑체복사에 가깝게 된다. 따라서 키르히호프의 제1법칙과 제2법칙을 복사전달의 언어로는 아래와 같이 쓸 수 있다.

(1) 광학적 깊이가 큰 온도 T의 천체는 흑체복사에 가까운 열복사를 방출한다.

(2) 광학적 깊이가 작은 온도 T의 천체는 방출선을 동반한 연속 스펙트럼의 열복사를 방출한다.

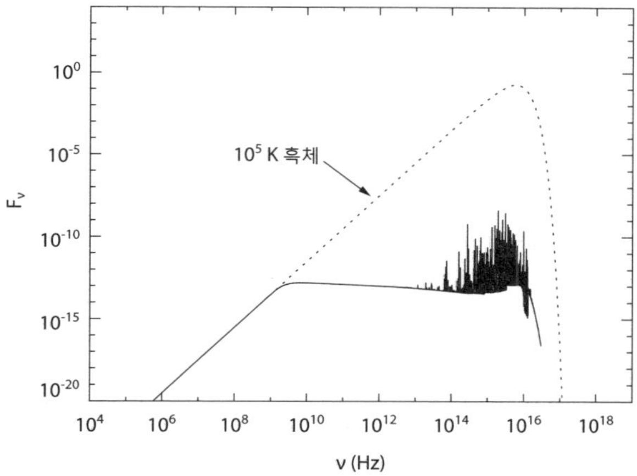

그림 2.4 방출선을 동반한 연속복사 스펙트럼의 예(실선). 온도가 $T = 10^5$ K인 기체구의 열적 복사 스펙트럼으로서 주파수가 $\nu \lesssim 10^9$ Hz에서는 광학적 깊이가 커서 흑체복사 스펙트럼(점선)과 일치하지만, 그보다 높은 주파수에서는 연속복사와 선복사의 광학적 깊이가 모두 1보다 작아서 그 세기가 흑체복사의 세기보다 작은 것을 볼 수 있다. 세로축의 플럭스 밀도는 임의단위이며, 10^{13} Hz보다 높은 주파수에서의 스펙트럼은 CHIANTI[9](Dere et al. 1997; Landi et al. 2013)를 이용하여 계산하였다.

방출선이 관측되는 대표적인 천체로는 태양의 코로나, OB형 별 주변의 HII 영역, 초신성 잔해, 밀집성(compact star) 주변의 유입원반(accretion disk), 활동은하(active galaxy) 등이 있다. 이 천체들의 가시광, 자외선, X-선 스펙트럼은 약한 연속복사에 다양한 방출선이 얹혀 있는, 키르히호프의 제2법칙에 해당하는 특징적인 모양을 하고 있다(그림 2.4; Osterbrock and Ferland 2006 참조). 이와 같은 고온의 희박한 천체들은 일반적으로 LTE 상태에 있지는 않지만, 식 (2.31)로부터 얻은 결론은 유효하다. 즉, 방출선의 세기는 선 주파수에서의 $B_\nu(T)$보다 클 수는 없으며, 광학적 깊이가 클 경우 $B_\nu(T)$에 접근한다.

한편 흡수선은 배경복사가 있는 경우에 나타난다. LTE 상태에 있는 온도 T의 기체 덩어리에 배경복사가 입사하는 경우를 생각해 보자. 기체 덩어리는 온도가 낮아서 자체적으로 방출하는 연속복사는 무시할 수 있으며 연속복사에 대한 광학적 깊이도 매우 작다고 가정한다. 이 경우, 관측되는 복사의 세기 I_ν와 배경복사의 세기 $I_\nu(0)$의 차이는

$$I_\nu - I_\nu(0) = [B_\nu(T) - I_\nu(0)](1 - e^{-\tau_{\nu,\text{line}}}) \tag{2.32}$$

9) CHIANTI(키안티)는 고온 플라즈마의 분광학적 연구를 위하여 개발된 패키지로서 최신의 원자 상숫값과 스펙트럼 분석에 유용한 다양한 프로그램을 제공한다. CHIANTI 패키지는 http://www.chiantidatabase.org/에서 내려받을 수 있다.(CHIANTI is a collaborative project involving George Mason University, the University of Michigan (USA) and the University of Cambridge (UK).)

과 같이 주어진다(식 1.46). 혹은 식 (1.72)의 밝기온도를 이용하여

$$T_b - T_b(0) = [T - T_b(0)](1 - e^{-\tau_{\nu,\text{line}}}) \quad (h\nu \ll kT,\ kT_b(0)) \tag{2.33}$$

과 같이 쓸 수 있다. $T_b(0)$는 배경복사의 밝기온도이다. 식 (2.32)와 식 (2.33)으로부터 $B_\nu(T) < I_\nu(0)$ 혹은 $T < T_b(0)$일 경우에 흡수선이 나타남을 알 수 있다. 즉, 흡수선이 나타나기 위해서는 기체 덩어리의 온도 T가 배경복사의 밝기온도 $T_b(0)$보다 낮아야 한다. 예를 들어 항성, 외부 은하 등을 관측할 경우, 이들 천체와 관측자 사이에 있는 차가운 성간운에 의한 다양한 원자 및 분자 흡수선이 나타난다. 배경복사가 반드시 연속복사일 필요는 없으며, 상대적으로 높은 온도의 성간운이 배경에 있을 경우에도 흡수선을 관측할 수 있다. 또한 항성과 같이 천체의 중심에서 바깥 경계로 갈수록 온도가 내려갈 경우에도 흡수선이 관측된다. 따라서 키르히호프의 제3법칙을 복사전달의 언어로는 아래와 같이 쓸 수 있다.

(3) 밝기온도 $T_b(0)$의 배경복사가 '차가운'($T < T_b(0)$) 매질을 통과할 경우에 흡수선이 나타난다.

기체 덩어리가 LTE 상태에 있지 않을 경우에는 위 조건은 $T_{\text{ex}} < T_b(0)$가 된다 (식 2.19 참조).

2.4.2 광학적 깊이와 선모양

방출선과 흡수선의 모양은 매질의 광학적 깊이에 따라 달리 나타난다. 먼저 방출선을 생각해 보자. 편의상 배경복사는 없으며 선복사만을 방출하는 온도 T의 천체를 생각하자. 연속복사는 무시할 수 있다고 가정한다. 이 경우 천체로부터 관측된 복사의 밝기온도는

$$T_b = T(1 - e^{-\tau_{\nu,\text{line}}}) \tag{2.34}$$

과 같이 주어진다. 따라서 광학적 깊이가 작을 경우 그 세기는 $T_b \approx T\tau_{\nu,\text{line}}$으로 선모양 함수에 비례한다. 반면 광학적 깊이가 커지면 선의 중심에서부터 T에 수렴한다.

한편, 흡수선의 모양을 보기 위해서 밝기온도가 $T_b(0)$인 배경복사가 입사하는 기체 덩어리를 생각해 보자. 편의상 기체 덩어리의 자체적 선복사 방출은 매우 약하다고 가정한다. 이 경우, 식 (2.33)으로부터 기체 덩어리에 의한 흡수선의 세기는

$$T_b = T_b(0)e^{-\tau_{\nu,\text{line}}} \tag{2.35}$$

이 된다. 따라서 광학적 깊이가 작을 때는 $T_b \approx T_b(0)(1-\tau_{\nu,\text{line}})$ 혹은 $T_b - T_b(0) \approx -T_b(0)\tau_{\nu,\text{line}}$으로 흡수선의 모양이 선모양 함수에 비례한다. 반면 광학적 깊이가

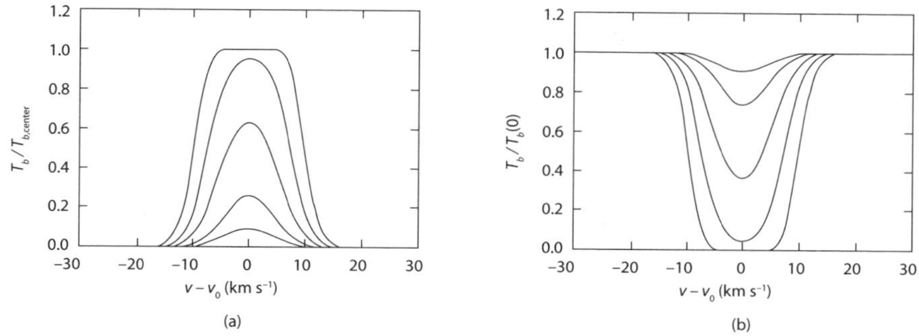

그림 2.5 광학적 깊이에 따른 선모양의 변화. (a) 방출선, (b) 흡수선. 광학적 깊이는 $\tau_{\nu,\text{line}} = 0.1, 0.3, 1, 3, 10$ 이다. v_0는 선의 중심 속도, $T_{b,\text{center}}$는 방출선 중심에서의 밝기 온도, $T_b(0)$는 배경복사의 온도이다.

커지면 선의 중심에서부터 0에 수렴한다. 그림 2.5는 광학적 깊이에 따른 방출선과 흡수선의 선모양 변화를 보여준다.

참고문헌

복사에 관한 내용은 거의 모든 천체물리 교과서에 기술되어 있다. 1부의 내용은 Rybicki and Lightman(1979)의 1장을 상당 부분 따르고 있다. 일부 내용은 Bradt(2008)과 Shu(1991)을 참고하였다. 글상자 1에 소개된 성간 평균 복사장의 전반적인 특성에 대해서는 Draine(2011)의 12장에 잘 요약되어 있다.

- **단행본**

Bradt, H. 2004, *Astronomy Methods: A Physical Approach to Astronomical Observations*, Cambridge University Press

Bradt, H. 2008, *Astrophysics Processes*, Cambridge University Press

Chandrasekhar, S. 1960, *Radiative Transfer*, Dover Publications

Cox, A. N.(Editor) 2000, *Allen's Astrophysical Quantities*, 4th edition, Springer-Verlag

Dodd, R. 2012, *Using SI Units in Astronomy*, Cambridge University Press

Draine, B. T. 2011, *Physics of the Interstellar and Intergalactic Medium*, Princeton University Press

Hubeny, I. and Mihalas, D. 2014, *Theory of Stellar Atmospheres*, Princeton University Press

Krügel, E. 2003, *The Physics of Interstellar Dust*, IOP Publishing Ltd.

Osterbrock, D. E. and Ferland, G. J. 2006, *Astrophysics of Gaseous Nebulae and Active Galactic Nuclei*, University Science Books

Planck, M. 1914, *The Theory of Heat Radiation*, translation by M. Masius, Blakiston's Son & Co.

Reif, F. 1965, *Fundamentals of Statistical and Thermal Physics*, McGraw-Hill Company

Rybicki, G. B. and Lightman, A. P. 1979, *Radiative Processes in Astrophysics*, John Wiley & Sons, Inc.

Shu, F. H. 1991, *The Physics of Astrophysics I. Radiation*, University Science Books

Spitzer, L. Jr. 1978, *Physical Processes in the Interstellar Medium*, John Wiley & Sons

- **논문**

Cho, S.-H. and Kim, J. 2012, Simultaneous Observations of SiO and H_2O Masers toward Known Stellar SiO Maser Sources, *AJ*, 144, 129

Dere, K. P., Landi, E., Mason, H. E., Monsignori Fossi, B. C., and Young, P. R. 1997, CHIANTI - An Atomic Database for Emission Lines, *A&AS*, 125, 149

Einstein, A. 1917, On the Quantum Theory of Radiation, *Physikalische Zeitschrift*, 18, 121(English translation in *The Collected Papers by Albert Einstein, Vol. 6: The Berlin Years: Writings, 1914-1917*, ed. M. J. Klein, A. J. Kox, and M. Schulman, Princeton University Press), [Online]. Available: http://einsteinpapers.press.princeton.edu/vol6-doc/409

Felten, J. E. and Rees, M. J. 1972, Continuum Radiative Transfer in a Hot Plasma, with Application to Scorpius X-1, *A&A*, 17, 226

Kirchhoff G. 1860, Über das Verhältnis zwischen dem Emissionsvermögen und dem Absorptionsvermögen. der Körper für Wärme und Licht, *Poggendorfs Annalen der Physik und Chemie*, 109, 275–301 (English translation by F. Guthrie: Kirchhoff G. On the relation between the radiating and the absorbing powers of different bodies for light and heat, 1860, *Phil. Mag.*, ser. 4, v. 20, 1–21)

Kleppner, D. 2005, Rereading Einstein on Radiation, *Physics Today*, February, 30

Landi, E., Young, P. R., Dere, K. P., Del Zanna, G., and Mason, H. E. 2013, CHIANTI–An Atomic Database for Emission Lines. XIII. Soft X-Ray Improvements and Other Changes, *ApJ*, 763, 86

Leinert, C., Bowyer, S., Haikala, L. K., et al. 1998, The 1997 Reference of Diffuse Night Sky Brightness, *A&AS*, 127, 1

Mathis, J. S., Mezger, P. G., and Panagia, N. 1983, Interstellar Radiation Field and Dust Temperatures in the Diffuse Interstellar Matter and in Giant Molecular Clouds, *A&A*, 128, 212

Morrison, R. and McCammon, D. 1983, Interstellar Photoelectric Absorption Cross Sections, 0.03–10 keV, *ApJ*, 270, 119

Roll, P. G. and Wilkinson, D. T. 1966, Cosmic Background Radiation at 3.2 cm – Support for Cosmic Background Radiation, *Phys. Rev. Letters*, 16, 405

Weaver, H., Williams, D. R. W., Dieter, N. H., and Lum, W. T. 1965, Observations of a Strong Unidentified Microwave Line and of Emission from the OH Molecule, *Nature*, 208, 29

Wien, W. 1897, On the division of energy in the emission-spectrum of a black body, *Phil. Mag.*, ser. 5, v. 43, 214-220

문제

1. 그림 1.6으로부터 우주배경복사의 대략적인 에너지 밀도 u를 구하고 aT^4(=0.26 eV cm^{-3})과 비교하시오. (귀띔: 그림 1.6은 λ와 νJ_ν를 x, y축으로 한 로그 스케일 그래프이다. 따라서 에너지 밀도 $u = (4\pi/c)\int J_\nu d\nu$의 적분을 이 물리량들로 표현한 후, 그림으로부터 대략적인 값을 읽으면 된다.)

2. 복사장이 거의 균일한 항성 내부의 경우, 중심으로부터 거리 r에 있는 내부의 한 지점에서의 주파수에 대해서 적분한 총복사세기는

$$I(r) = I_0(r) + I_1(r)\cos\theta \tag{P1.1}$$

와 같이 근사할 수 있다. 이 식에서 θ는 그 지점을 통과하는 지름 벡터(radial vector)와 이루는 편각이며, I_0와 $I_1(\ll I_0)$은 각각 복사의 등방적 성분과 비등방적 성분의 세기를 나타낸다. 이러한 근사하에서 항성 내부의 복사압 $P(r)$과 에너지 밀도 $u(r)$을 구하고 그들 사이의 관계식을 유도하시오.

3. 혜성의 먼지 꼬리는 혜성에서 떨어져 나온 먼지 입자들이 태양의 복사압에 밀려나면서 발생한다. 이제 태양으로부터 거리 $d(\gg R_\odot)$에 있는 반지름이 a인 구형의 먼지 입자를 생각해 보자. 먼지 입자의 밀도가 $\rho_d = 3.5$ g cm^{-3}이고 태양빛을 모두 흡수한다고 가정한다. (필요한 상수는 부록 참조.)

   (1) 태양의 복사압에 의해 먼지가 받는 힘을 구하시오.

   (2) 태양의 중력과 복사압에 의한 힘이 평형을 이루는 먼지 입자의 임계 반지름을 구하시오.

   (3) 위에서 구한 임계 반지름보다 반지름이 큰 혹은 작은 먼지 입자의 궤적은 어떻게 주어지겠는가? 이 결과를 바탕으로 혜성의 먼지 꼬리의 구조에 관해 논하시오.

4. 광도가 L_*인 항성 주위에서 반경 R의 원궤도를 따라서 속도 $v_{\rm orb}(\ll c)$로 공전하고 있는 먼지 입자를 생각해 보자. 이 경우 먼지 입자는 — 별빛의 광행차에 의해서 — 운동 방향에서 입사하는 복사를 보게 된다. 따라서 먼지 입자는 궤도 운동의 반대 방향으로 복사압에 의한 힘을 받으며 이로부터 발생하는 토크에 의해 각운동량을 잃고 나선 궤도를 그리며 점차 중심별로 낙하한다. 태양계 생성 당시 존재했던 먼지 입자는 이러한 **포인팅-로버트슨 효과**(Poynting-Robertson effect)에 의해 제거되었을 것으로 추측된다. 아래 물음에 답하시오. 먼지 입자는 반경 a의 구형이며 균일한 밀도 $\rho_{\rm d}$를 가지고 있다고 가정한다. 또한 입사하는 모든 빛을 흡수한다고 가정한다.

(1) 먼지 입자가 중심별로 낙하하는 시간 척도는

$$\tau_{\rm PR} \equiv \frac{J}{|dJ/dt|} = \frac{16\pi}{3}\frac{\rho_{\rm d} ac^2 R}{L_*} \qquad \text{(P1.2)}$$

로 주어짐을 보이시오. J는 먼지 입자의 각운동량을 나타내며 a는 복사 상수이다.

(2) 지구 궤도에서 태양 주위를 공전하고 있는 먼지 입자가 태양계 생성 이래 지금까지 살아남기 위한 최소 크기는 얼마인가? 먼지 입자의 밀도는 $\rho_{\rm d} = 3\ {\rm g\ cm^{-3}}$라고 가정한다.

5. 성간을 진행하는 X-선 광자는 H, He, C, N, O, ... 등 원자를 광전리할 수 있으며 이 과정에서 성간물질에 흡수된다. 이 원자들에 의한 성간물질의 X-선 흡수 단면적(σ_X)은 통상 수소 원자 하나당 단면적으로 나타내며, 원소들의 함량이 우주함량일 경우 0.5–4 keV 범위에서 근사적으로

$$\sigma_X \approx 2.4 \times 10^{-22} \left(\frac{E}{1\ {\rm keV}}\right)^{-8/3}\ {\rm cm^2} \qquad \text{(P1.3)}$$

로 주어진다(Morrison and McCammon 1983, 그림 1 참조). 우리 은하의 성간물질을 진행하는 에너지가 0.5 keV, 1 keV, 3 keV인 X-선 광자의 평균자유이동거리는 각각 얼마인가? 성간물질의 수소 원자 밀도는 $n_{\rm H} = 1\ {\rm cm^{-3}}$라고 가정한다.

6. X-선에서 밝은 고밀도 밀집성은 주변 물질을 유입함으로써 X-선 복사를 방출한다. 유입되는 물질은 X-선 복사에 의한 힘을 받으며, 물질이 유입되기 위해서는 이러한 복사력보다 중심 천체의 중력이 커야 한다. 이제 질량은 M_*이고 반경이 R_*인 밀집성으로부터 $r(\gg R_*)$의 거리에서 구형 대칭적으로 유입되는 고온의 기체를 생각해 보자. 광자는 자유 전자와의 톰슨 산란으로 기체에 운동량을 전달하며, 기체의 불투명계수는 $\kappa'(=\kappa/\rho) = 0.34\ {\rm cm^2\ g^{-1}}$으로서 주파수와 무관하다.

(1) 중심으로부터 거리 r에 있는 유입 기체가 받는 단위 질량당 힘은

$$f_{\rm rad} = \frac{\kappa L_X}{4\pi\rho(r)r^2 c} \qquad \text{(P1.4)}$$

와 같이 주어짐을 보이시오. L_X는 천체의 X-선 광도이며 $\rho(r)$은 유입 기체의 r에서의 밀도이다.

(2) 물질을 유입할 수 있는 천체의 최대 광도는

$$L_{\rm Edd} = \frac{4\pi Gc}{(\kappa/\rho)} M_* \approx 3.8 \times 10^4 \left(\frac{M_*}{M_\odot}\right) L_\odot \qquad \text{(P1.5)}$$

의 에딩턴 광도로 주어짐을 보이시오.

(3) 에딩턴 광도에 대응되는 천체의 유효온도는 얼마인가? 반경이 10 km인 중성자별의 경우 그 값은?

(4) 퀘이사는 중심부의 초중량 블랙홀로 유입되는 물질에 의해 X-선 복사를 방출한다고 알려져 있다. X-선 광도가 $L_X = 10^{46}$ erg s^{-1}인 퀘이사의 중심부 블랙홀의 최소 질량은 얼마이겠는가?

7. 원시성 주변 원반의 열적 평형에 대해서 생각해 보자(그림). 이 경우 열적 평형이란 원반이 단위 면적 및 단위 시간당 원시성으로부터 받는 복사 에너지와 원반이 단위 면적 및 단위 시간당 방출하는 복사 에너지가 동일함을 의미한다. 원시성의 반경은 R_*, 온도는 T_*이며, 표면밝기는 B_ν로 균일하다. 한편 원반은 매우 얇고, R_*에 비하여 매우 먼 거리까지 퍼져 있다.

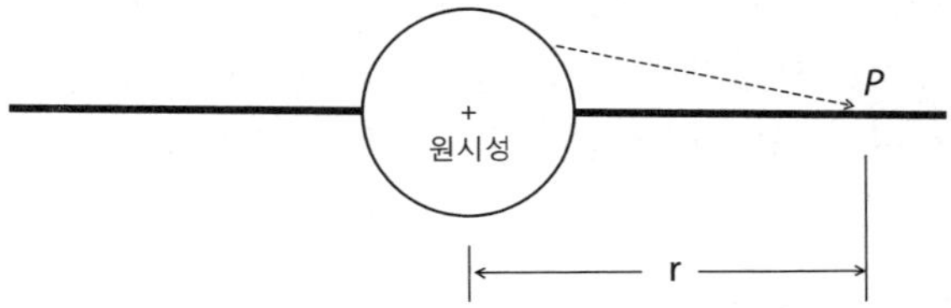

(1) 원시성의 중심으로부터 r만큼 떨어진 원반의 한 지점에서 원시성으로부터 공급받는 플럭스밀도는

$$F_\nu = B_\nu \left[\sin^{-1}\left(\frac{R_*}{r}\right) - \left(\frac{R_*}{r}\right)\sqrt{1-\left(\frac{R_*}{r}\right)^2}\right] \qquad \text{(P1.6)}$$

임을 보이시오.

(2) 원시성과 원반이 모두 흑체복사를 할 경우, 원반의 온도 $T_d(r)$이 r에 따라서 어떻게 변하는지를 구하시오. T_d/T_*를 r/R_*의 함수로 나타내고, 그 결과를 토의하시오. 원반은 원시성으로부터 입사하는 모든 파장의 빛을 흡수한다고 가정한다.

(3) 원반의 전체 광도 L_d를 원시성의 광도 L_*로 나타내시오.

8. 반지름이 R이고 온도가 T인 구형의 균일한 광원을 생각해 보자(그림). 이 광원의 흡수계수는 κ_ν, 방출계수는 j_ν이며 열복사를 방출한다. 배경복사는 없다고 가정한다.

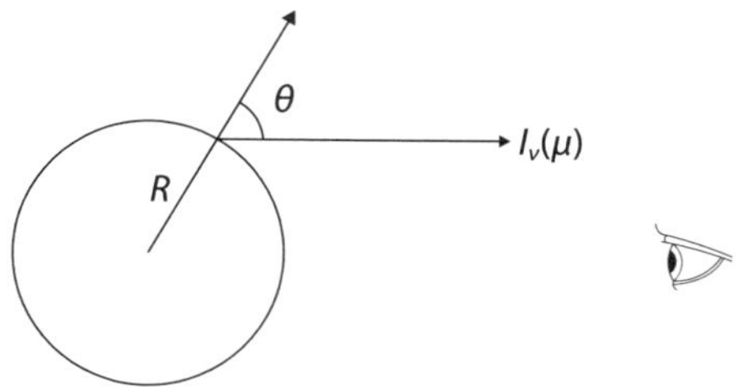

(1) 지름 벡터와 θ의 각도를 이루는 방향에서의 표면밝기 $I_\nu(\mu = \cos\theta)$를 구하시오. 그 결과를 '광학적 반경(optical radius)' $\tau_R \equiv \kappa_\nu R$로 표시하시오.

(2) 위 결과를 적분하여 표면에서의 플럭스밀도 $F_\nu(\tau_R)$을 구하시오.

(3) 광학적 깊이가 매우 클 때와 매우 작을 때 $F_\nu(\tau_R)$은 각각 어떻게 주어지는가? 두 경우에 거리 d에 있는 관측자가 받는 플럭스밀도를 구하고 그 결과를 토의하시오.

(4) 위의 결과로부터 광자의 **탈출확률**(escape probability), 즉 광자가 광원으로부터 탈출할 평균 확률인 $p(\tau_R) \equiv F_\nu(\tau_R)/F_\nu(\tau_R = 0)$을 구하고 그 결과를 토의하시오.

9. 각각 온도가 T_1, T_2이고 광학적 깊이가 τ_1, τ_2인 두 천체가 그림과 같이 시선 방향에 놓여 있다. 두 천체는 각각 LTE 상태에 있으며 열적 복사를 방출하고 있다. 주파수 ν에서의 밝기온도는 어떻게 주어지는가? 배경복사는 없다고 가정한다.

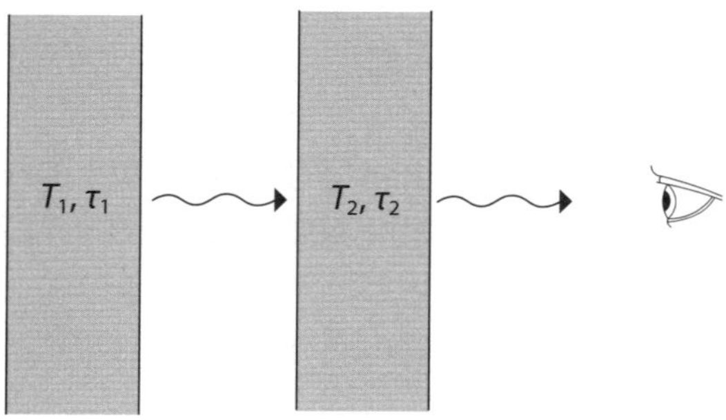

10. 항성과 같은 구대칭 천체에서의 복사 전달을 생각해 보자.

(1) 중심으로부터 r의 거리에 있는 지점에서 지름 벡터와 θ의 각도를 이루는 방향으로 진행하는 복사세기의 변화는

$$\frac{dI_\nu}{ds} = \cos\theta\frac{\partial I_\nu}{\partial r} - \frac{\sin\theta}{r}\frac{\partial I_\nu}{\partial\theta} \tag{P1.7}$$

와 같이 주어짐을 보이시오. (귀띔: 빛이 진행하는 방향의 변위 ds와 dr, $d\theta$ 사이에는 $dr = ds\,\cos\theta$, $rd\theta = -ds\,\sin\theta$의 관계가 있다.)

(2) 따라서 복사전달방정식은

$$\mu\frac{\partial I_\nu}{\partial r} + \frac{1}{r}(1-\mu^2)\frac{\partial I_\nu}{\partial\mu} = -\kappa_\nu(I_\nu - S_\nu) \tag{P1.8}$$

이 됨을 보이시오. $\mu \equiv \cos\theta$이며, κ_ν와 S_ν는 천체의 흡수계수와 원천함수이다.

(3) 식 (P1.8)을 입체각에 대해서 적분한 모멘트 방정식은

$$\frac{1}{r^2}\frac{\partial}{\partial r}(r^2F_\nu) = -4\pi\kappa_\nu(J_\nu - S_\nu) \tag{P1.9}$$

가 됨을 보이시오. 이 식을 주파수에 대해서 적분하면 우변은 복사의 흡수와 방출에 의한 단위 부피당 에너지 수급의 차이를 나타낸다. **복사평형**(radiative equilibrium)에 있는 경우 그 차이가 없으므로 우변은 0이 되고, 따라서 당연한 결과이지만 주파수에 대해서 적분한 플럭스밀도 $F \equiv \int_0^\infty F_\nu d\nu$는 r에 따라서 $F \propto 1/r^2$로 감소한다.

11. 흡수와 더불어 등방적이고 결맞는 산란이 있는 평행평판 매질의 경우, 열복사의 복사전달방정식은 식 (1.88)로 주어진다. 식 (1.88)을 다른 형태로 쓰면

$$I_\nu(z,\mu) = S_\nu - \frac{\mu}{\kappa_\nu + \kappa_\nu^s}\frac{dI_\nu}{dz} \tag{P1.10}$$

가 된다. $\mu = \cos\theta$이다(그림 1.10). 항성 내부와 같이 복사장의 세기가 천천히 변할 경우, dI_ν/dz 항의 크기가 상대적으로 작으므로, 복사세기의 '0차(zeroth)' 근사로서

$$I_\nu^{(0)}(z,\mu) = S_\nu^{(0)}(T) \tag{P1.11}$$

가 가능하다. 그리고 반복적 방법으로 평행평판 매질의 에너지 플럭스 $F(z)$를 매질 온도의 기울기 dT/dz와 연관지을 수 있다. **로슬랜드 근사**(Rosseland approximation)라고 알려진 이러한 근사 방법에 관한 아래 물음에 답하시오.

(1) 식 (1.89)로부터 $I_\nu^{(0)} = S_\nu^{(0)} = B_\nu(T)$ 임을 보이시오.

(2) 위 결과로부터 복사세기의 1차 근사는

$$I_\nu^{(1)}(z,\mu) = B_\nu(T) - \frac{\mu}{\kappa_\nu + \kappa_\nu^s}\frac{dB_\nu}{dz} \tag{P1.12}$$

가 되며, 복사세기 $I_\nu^{(1)}(z,\mu)$를 적분한 플럭스밀도는

$$F_\nu(z) = \int I_\nu^{(1)}(z,\mu)\cos\theta d\Omega = -\frac{4\pi}{3(\kappa_\nu + \kappa_\nu^s)}\frac{\partial B_\nu}{\partial T}\frac{dT}{dz} \tag{P1.13}$$

가 됨을 보이시오.

(3) 식 (P1.13)의 $F_\nu(z)$를 주파수에 대해서 적분한 플럭스 $F(z)$는

$$F(z) \equiv \int_0^\infty F_\nu(z)d\nu = -\frac{16\sigma}{3\kappa_R}T^3\frac{dT}{dz} \tag{P1.14}$$

가 됨을 보이시오. 여기서 κ_R은 **로슬랜드 평균흡수계수**로서 흡수계수의 가중 조화평균으로 주어진다. 즉,

$$\frac{1}{\kappa_R} \equiv \frac{\displaystyle\int_0^\infty \frac{1}{\kappa_\nu + \kappa_\nu^s}\frac{dB_\nu}{dT}d\nu}{\displaystyle\int_0^\infty \frac{dB_\nu}{dT}d\nu} \tag{P1.15}$$

이다. 식 (P1.14)는 에너지 플럭스가 $d(\sigma T^4)/dz$에 비례하며, 그 비례상수는 대략 광자의 평균자유이동거리($\sim 1/\kappa_R$)임을 보여 준다.

12. 모든 물리량이 깊이 z에만 의존하는 평행평판 항성대기의 원천함수를

$$S_\lambda(\tau_\lambda) = a_\lambda + b_\lambda\tau_\lambda \tag{P1.16}$$

로 근사할 수 있다고 가정하자. a_λ, b_λ는 파장에 의존하는 상수이며, $\tau_\lambda = \tau_\lambda(z)$는 표면($z=0$)으로부터 z까지의 광학적 깊이를 나타낸다. 이 경우, 표면에서의 복사세기는

$$I_\lambda(0,\theta) = a_\lambda + b_\lambda\cos\theta \tag{P1.17}$$

로 주어짐을 보이시오. θ는 z축으로부터의 편각이다. $I_\lambda(0,\theta)$를 θ의 함수로 그리고, 그 결과에 대해서 토의하시오(1.3.3절 참조).

13. 별빛에 의해 가열된 성간 티끌은 적외선 복사를 한다. 크기가 아주 작지 않은 성간 티끌의 경우, 적외선 복사의 방출계수와 흡수계수는 LTE 상태의 키르히

호프 법칙(식 1.50)을 만족한다(Krügel 2003, 8.1절 참조).

(1) 반지름이 a이고 온도가 T인 구형 성간 티끌의 적외선 복사에 의한 에너지 손실률은

$$\frac{dE}{dt} = -4\pi a^2 \langle Q_{\rm abs}\rangle \sigma T_d^4 \quad \text{(P1.18)}$$

과 같이 주어짐을 보이시오. $Q_{\rm abs}(\equiv \sigma_{\rm abs}/\pi a^2)$는 흡수 효율로서 흡수 단면적($\sigma_{\rm abs}$)과 기하학적 단면적의 비이며, $\langle Q_{\rm abs}\rangle$는 플랑크 함수에 대한 평균을 나타낸다. 즉,

$$\langle Q_{\rm abs}\rangle = \frac{\int B_\nu Q_{\rm abs} d\nu}{\int B_\nu d\nu} \quad \text{(P1.19)}$$

이다.

(2) 태양 부근에서 우리 은하의 별빛에 의한 성간 평균 복사장의 에너지 밀도는 $u \approx 0.45$ eV cm^{-3}이다(글상자 1). 성간 티끌이 별빛에 의한 플럭스의 약 20%를 흡수한다면 반지름이 0.1 μm인 성간 티끌의 온도는 얼마이겠는가? 성간 티끌의 적외선 영역에서의 흡수 효율은 $Q_{\rm abs} \approx 1 \times 10^{-3}(a/0.1\ \mu{\rm m})(\lambda/100\ \mu{\rm m})^{-2}$이라고 가정한다. (귀띔: 별빛에 의한 플럭스를 모두 흡수한다면 에너지 공급률은 $dE/dt = uc\pi a^2$으로 주어진다. 식 1.22 참조.)

(3) 성간 복사장의 세기가 우리 은하에 비해서 10^3배인 은하가 있다. 이 은하 안에 있는 반지름이 0.1 μm인 성간 티끌의 온도는 얼마이겠는가?

14. 온도 T_*, 반경 R_*인 별이 구형의 성운에 둘러싸여 있다(그림). 성운은 중심별에서 거리 $r_0(\gg R_*)$인 지점에서부터 멀리까지 퍼져 있으며, 빛을 산란하는 티끌이 균일하게 섞여 있다. 티끌의 밀도 분포는

$$\rho(r) = \begin{cases} 0, & (r < r_0) \\ \rho_0 \left(\dfrac{r}{r_0}\right)^{-\alpha} & (r \ge r_0) \end{cases} \quad \text{(P1.20)}$$

와 같이 주어진다. $\alpha(\ge 0)$는 상수이며, ρ_0는 $r = r_0$에서의 티끌의 밀도이다.

별에서 방출된 빛은 티끌에 의해서 산란되며, 우리는 뿌연 반사성운(reflection nebula)을 보게 된다. 이제 광자가 단일 산란을 겪은 후에 성운을 빠져나온다고 가정하고 반사성운의 밝기 분포를 구해 보자. (티끌에 의한 흡수와 방출은 무시한다.) 티끌에 의한 산란은 등방적이며, 티끌의 불투명계수($\kappa^\rho = \kappa^s/\rho$, κ^s = 산란계수)는 파장과 무관하다고 가정한다. 한편 중심별은 흑체복사를 하고 있다고 가정한다.

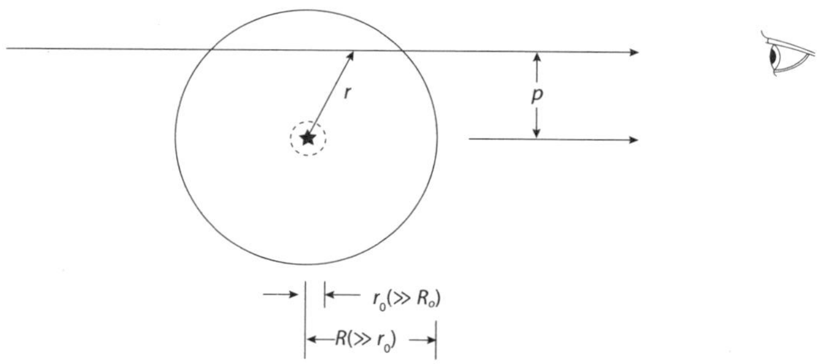

(1) 중심별로부터 $r(> r_0)$만큼 떨어진 곳에서의 방출계수 $j_\nu(r)$을 구하시오.

(2) 중심별로부터의 투영된 거리 p에 따른 반사성운의 밝기 분포를 구하시오. $\alpha = 0$과 $\alpha = 2$인 경우, 밝기 분포는 각각 어떻게 되는가?

15. 어떤 타원은하로부터 수소(HI) 21 cm 선이 검출되었다. HI 21 cm 선의 적분된 세기가 1.0 Jy km s^{-1}라면, 이 은하의 중성 수소 기체의 질량은 얼마로 추정되는가? 이 은하까지의 거리는 18 Mpc이다. HI 21 cm 선의 아인슈타인 계수는 $A_{21} = 2.9 \times 10^{-15}$ s^{-1}, 주파수는 $\nu_{21} = 1.42 \times 10^9$ Hz이며, HI 21 cm 선의 광학적 깊이는 작다고 가정한다. (귀띔: HI 21 cm 선이 방출되는 들뜬 준위에 있는 중성수소의 비율은 전체 중성 수소의 75%이다. 글상자 10 참조.)

16. 많은 천체의 경우, 열적 운동과 더불어 난류적 운동이 중요하다. 이 경우, 관측되는 스펙트럼선의 선모양 함수는 두 운동에 의한 선모양 함수의 합성곱으로 주어진다.

(1) 열적 운동과 난류적 운동에 의한 선모양 함수가 모두 가우스 함수이고 반치폭이 각각 $\Delta v_{\rm th}$와 $\Delta v_{\rm turb}$라면(식 2.22), 관측되는 스펙트럼의 선모양 함수 역시 가우스 함수이고 그 유효 반치폭 $\Delta v_{\rm FWHM}$은 $\Delta v_{\rm FWHM}^2 = \Delta v_{\rm th}^2 + \Delta v_{\rm turb}^2$을 만족함을 보이시오.

(2) 충격파에 의해서 가열된 영역에서 반치폭이 각각 $\Delta v_{\rm Br\gamma} = 23$ km s^{-1}와 $\Delta v_{\rm [Fe\,II]} = 8.0$ km s^{-1}인 Brγ 선과 [Fe II] 1.644 μm 선이 관측되었다. 이 영역의 온도와 난류적 운동에 의한 속도 분산은 얼마인가?

17. (1) 도플러 선폭 증가와 자연(혹은 충돌) 선폭 증가가 동시에 작용할 때, 선모양은 포이트 선모양(식 2.30)으로 주어짐을 보이시오.

(2) 포이트 선모양이 정규화 조건(식 2.1)을 만족함을 보이시오.

제2부

연속복사: 빛의 고전적 기술

이 단원에서는 연속복사의 방출 기작과 그 특성을 공부한다. 연속복사는 많은 광자를 포함하고 있으며 파동의 특성을 띤다. 따라서 고전적인 전자기 이론으로 그 생성과 특성을 기술할 수 있다. 3장 '맥스웰 방정식과 전자기파'에서는 전자기 이론의 기본인 맥스웰 방정식과 평면 전자기파, 그리고 전자기파의 편광에 대해서 알아본다. 4장 '전자기 복사의 방출'에서는 가속된 단일 전하에 의해서 방출되는 전자기 복사의 세기를 구하고, 전기 쌍극자 복사장과 자기 쌍극자 및 전기 사중극자 복사장에 대해서 알아본다. 또한 선스펙트럼, 전자기파의 산란 등에 대한 고전적 기술을 살펴본다. 5장 '제동복사'에서는 고온의 플라즈마에서 방출되는 열적 제동복사의 특성을 유도하고, 전리 수소 영역에서 관측되는 전파 스펙트럼과 비교한다. 6장 '싱크로트론 복사'에서는 상대론적 전하가 자기장의 로런츠 힘에 의해서 가속될 경우 방출되는 싱크로트론 복사의 특성을 살펴보고 천체의 싱크로트론 복사에 대해서 알아본다. 7장 '컴프톤 산란'에서는 전자와의 산란에 의해서 광자가 에너지를 잃는 컴프톤 산란과, 이와는 반대로 광자가 에너지를 얻는 역컴프톤 산란에 대해서 알아본다. 마지막으로 8장 '플라즈마 효과'에서는 전자기파가 플라즈마를 통과하면서 플라즈마 안의 자유 전자에 의해서 주파수가 분산되며 편광의 특성이 변하는 현상을 살펴본다.

제3장 맥스웰 방정식과 전자기파

3.1 맥스웰 방정식

모든 전자기적 현상은 **맥스웰 방정식**(Maxwell's equations)에 의하여 기술된다. 맥스웰 방정식은

$$\nabla \cdot \mathbf{E} = 4\pi\rho, \quad \text{가우스 법칙} \tag{3.1a}$$

$$\nabla \times \mathbf{E} = -\frac{1}{c}\frac{\partial \mathbf{B}}{\partial t}, \quad \text{패러데이 전자기 유도 법칙} \tag{3.1b}$$

$$\nabla \cdot \mathbf{B} = 0, \quad \text{가우스 자기 법칙} \tag{3.1c}$$

$$\nabla \times \mathbf{B} = \frac{4\pi}{c}\mathbf{J} + \frac{1}{c}\frac{\partial \mathbf{E}}{\partial t} \quad \text{앙페르-맥스웰 회로 법칙} \tag{3.1d}$$

의 네 식으로 구성되어 있다. $\rho(\mathbf{x}, t)$와 $\mathbf{J}(\mathbf{x}, t)$는 각각 전하밀도(charge density)와 전류밀도(current density)를 나타내며, $\mathbf{E}(\mathbf{x}, t)$와 $\mathbf{B}(\mathbf{x}, t)$는 각각 전기장과 자기장을 나타낸다. 맥스웰 방정식은 ρ와 $\mathbf{J}$가 주어졌을 때 전기장과 자기장의 시간 및 공간에서의 분포와 변화를 기술한다.

위 식은 모든 전하밀도와 전류밀도가 $(\rho, \mathbf{J})$로 주어질 때 전기장 $\mathbf{E}$와 자기장 $\mathbf{B}$를 결정짓는다. 그러나 일상의 물질에서와 같이 많은 원자와 전자가 포함된 경우에는 전하밀도와 전류밀도를 일일이 자세하게 기술할 수 없으며, 한편으로는 원자보다 훨씬 큰 공간적 규모의 평균 전자기장에 관심이 있다. 따라서 이 경우에는 $(\rho, \mathbf{J})$에 '자유' 전하와 전류만을 포함하고, 이에 의한 전기장과 자기장을 나타내는 전기 변위(electric displacement) $\mathbf{D}$와 자기 세기(magnetic intensity) $\mathbf{H}$를 도입한다. 즉, 식 (3.1a)와 식 (3.1d) 대신에

$$\nabla \cdot \mathbf{D} = 4\pi\rho, \tag{3.2a}$$

$$\nabla \times \mathbf{H} = \frac{4\pi}{c}\mathbf{J} + \frac{1}{c}\frac{\partial \mathbf{D}}{\partial t} \tag{3.2b}$$

를 사용한다. 이 경우 식 (3.1b)와 식 (3.1c)의 $\mathbf{E}$와 $\mathbf{B}$는 외부 전자기장에 의해 유도된 물질의 전기장과 자기장을 포함한 '거시적(macroscopic)' 전자기장을 나타내며, $\mathbf{D}$ 및 $\mathbf{H}$와는 $\mathbf{D} = \epsilon\mathbf{E}$, $\mathbf{H} = \mu'\mathbf{B}$의 관계가 있다. ϵ은 매질의 유전율(permittivity) 또는 유전상수(dielectric constant)이며, μ'은 매질의 역투자율

(inverse magnetic permeability)이다. 흔히 식 (3.1)을 '미시적' 맥스웰 방정식이라 하고, 식 (3.2)를 '거시적' 맥스웰 방정식으로 부른다(Jackson 1999, 1.4절 참조). 우리가 다루는 현상은 일반적으로 자유 전하만 있는 희박한 물질의 미시적 현상이므로 별다른 언급이 없는 한 $(\mathbf{E}, \mathbf{B})$와 식 (3.1)을 사용한다.

여기에서는 **가우스 단위계**(Gaussian unit system)를 사용한다. 가우스 단위계에서는 전자기적 물리량을 보통의 cgs 단위를 사용해서 나타낼 수 있다는 장점이 있다. 예를 들어 전하의 단위는 statC 혹은 esu이지만, $F = q_1 q_2/r^2$ 로부터 1 statC = 1 esu = 1 $\text{erg}^{1/2}\text{cm}^{1/2}$ 임을 알 수 있다. $\mathbf{E}$와 $\mathbf{B}$는 동일한 차원의 물리량이며 각각 statV cm^{-1}와 G를 단위로 쓴다. 하지만 이들의 제곱이 에너지 밀도에 해당하므로 두 단위 모두 $\text{erg}^{1/2}$ $\text{cm}^{-3/2}$과 동등하다. 한편 유전상수 ϵ과 투자율 μ는 차원이 없는 물리량으로서 각각 **국제단위계**(The International System of Units, Le Système International d'Unités, **SI**)의 ϵ/ϵ_0, μ/μ_0에 해당한다. SI는 길이, 질량, 시간의 단위로 각각 m, kg, s를 사용하는 MKS 단위계에 전류의 기본 단위인 암페어(A)를 추가한 **MKSA 단위계**를 기반으로 한다. SI 단위를 사용할 경우, 진공의 유전율 $\epsilon_0 = 1/\mu_0 c^2 = 8.854 \times 10^{-12}$ F m^{-1}와 진공의 투자율 $\mu_0 = 4\pi \times 10^{-7}$ H m^{-1}(또는 N A^{-2})가 식에 나타난다. 부록 II에 두 단위계의 방정식을 비교하고 상호 변환에 대해서 요약하였다.

맥스웰 방정식의 전하밀도와 전류밀도에 대해서 좀 더 살펴보자. 부피 dV 안에 있는 전하가 dQ이면, 전하밀도 ρ는

$$dQ = \rho dV, \quad Q = \int \rho dV \tag{3.3}$$

와 같이 주어진다. 만약 전하의 흐름이 있고 면적소 dA를 dt 동안 통과한 전하가 dQ라면, 전류밀도 $\mathbf{J}$는

$$dQ = \mathbf{J} \cdot \hat{\mathbf{n}} dA dt \tag{3.4}$$

에 의하여 정의된다. $\hat{\mathbf{n}}$은 면적소 dA의 단위 수직벡터이다. 전하들의 속도가 $\mathbf{v}$라면 $dQ = \rho dV = \rho \mathbf{v} \cdot \hat{\mathbf{n}}\, dA\, dt$이므로, 전류밀도는

$$\mathbf{J} = \rho \mathbf{v} \tag{3.5}$$

로 쓸 수 있다. N개의 자유 전하 q_i $(i = 1, 2, \cdots, N)$가 있는 경우 ρ, $\mathbf{J}$는

$$\rho(\mathbf{x}, t) = \sum_{i=1}^{N} q_i \delta(\mathbf{x} - \mathbf{x}_i(t)), \tag{3.6a}$$

$$\mathbf{J}(\mathbf{x}, t) = \sum_{i=1}^{N} q_i \mathbf{v}_i \delta(\mathbf{x} - \mathbf{x}_i(t)) \tag{3.6b}$$

와 같이 주어진다. 위로부터 전하밀도 ρ와 전류밀도 $\mathbf{J}$는 서로 무관하지 않으며, **연속 방정식**(continuity equation)

$$\frac{\partial \rho}{\partial t} + \boldsymbol{\nabla} \cdot \mathbf{J} = 0 \tag{3.7}$$

을 만족함을 알 수 있다. 혹은 발산 정리(divergence theorem, 부록 V 참조)에 의해서

$$\frac{d}{dt}\int_V \rho dV = -\int_S \mathbf{J} \cdot \hat{\mathbf{n}} dA \tag{3.8}$$

를 만족한다. 이 식은 부피 V 안에 있는 전하량의 시간에 따른 변화는 그 부피를 둘러싸고 있는 면적 S를 통과하는 전류밀도에 의하여 주어짐을 보여 준다. 맥스웰 방정식은 연속 방정식(식 3.7)을 자동으로 만족한다.

식 (3.1d)에 $\mathbf{E}$를 스칼라곱하고, 벡터 항등식

$$\boldsymbol{\nabla} \cdot (\mathbf{E} \times \mathbf{B}) = \mathbf{B} \cdot (\boldsymbol{\nabla} \times \mathbf{E}) - \mathbf{E} \cdot (\boldsymbol{\nabla} \times \mathbf{B}) \tag{3.9}$$

와 식 (3.1b)를 이용하면, **포인팅 정리**(Poynting theorem)라고 알려진 에너지 보존식

$$\frac{\partial u}{\partial t} + \boldsymbol{\nabla} \cdot \mathbf{S} = -\mathbf{J} \cdot \mathbf{E} \tag{3.10}$$

를 유도할 수 있다. u와 $\mathbf{S}$는 각각 **에너지 밀도**와 **포인팅 벡터**로서

$$u = \frac{1}{8\pi}(E^2 + B^2), \tag{3.11a}$$

$$\mathbf{S} = \frac{c}{4\pi}\mathbf{E} \times \mathbf{B} \tag{3.11b}$$

이다. 식 (3.10)의 오른쪽 항은 전자기장이 전하에 대해서 하는 단위 부피당 일률이다. 이를 보기 위해서, 전자기장에 놓여 있는 전하 q를 생각해 보면, 이 전하는 로런츠 힘

$$\mathbf{F} = q\left(\mathbf{E} + \frac{\mathbf{v}}{c} \times \mathbf{B}\right) \tag{3.12}$$

를 받는다. 그러므로 전자기장이 전하에 대하여 하는 일률은 $\mathbf{v} \cdot \mathbf{F} = q\mathbf{v} \cdot \mathbf{E}$가 되며, 만약 전하가 연속적으로 분포한다면 단위 부피당 일률은 $\rho\mathbf{v} \cdot \mathbf{E} = \mathbf{J} \cdot \mathbf{E}$가 된다. 따라서 식 (3.10)은 전자기 에너지에 관한 연속 방정식으로서, 왼쪽의 u(erg cm^{-3})는 에너지 밀도, 포인팅 벡터 $\mathbf{S}$(erg cm^{-2} s^{-1})는 에너지 플럭스를 나타냄을 알 수 있다. 즉 포인팅 정리는 에너지 보존식으로서, 전자기장이 물질에 단위 부피 및 단위 시간당 $\mathbf{J} \cdot \mathbf{E}$ 일을 했다면, 그 일의 절댓값은 그 부피 안에 있는 전자기장의 에너지 밀도의 시간적 변화 $\partial u/\partial t$와 포인팅 벡터에 의한 에너지 변화량 $\boldsymbol{\nabla} \cdot \mathbf{S}$의 합과 같음을 나타낸다.

3.2 평면 전자기파

맥스웰 방정식은 에너지를 전달하는 진행파 형태의 해를 허용한다. 즉, 진공($\rho = \mathbf{J} = 0$)에서의 식 (3.1b)에 소용돌이 연산자($\boldsymbol{\nabla}\times$)를 취하고, 벡터 항등식

$$\boldsymbol{\nabla} \times (\boldsymbol{\nabla} \times \mathbf{E}) = \boldsymbol{\nabla}(\boldsymbol{\nabla} \cdot \mathbf{E}) - \nabla^2 \mathbf{E}$$

와 나머지 맥스웰 방정식을 이용하면 전기장이 파동방정식

$$\nabla^2 \mathbf{E} - \frac{1}{c^2}\frac{\partial^2}{\partial t^2}\mathbf{E} = 0 \tag{3.13}$$

을 만족함을 보일 수 있다. 자기장도 동일한 파동방정식을 만족한다. 식 (3.13)은

$$\mathbf{E}(\mathbf{x}, t) = \mathbf{E}_0 e^{i\mathbf{k}\cdot\mathbf{x} - i\omega t} \tag{3.14}$$

의 평면 전자기파 혹은 평면파(plane wave) 해를 갖는다. 여기에서 $\mathbf{E}_0$는 복소 진폭 벡터, ω는 각진동수, $\mathbf{k} = k\hat{\mathbf{k}}$는 파벡터(wave vector)로서 그 크기 파수(wavenumber)는 $k = |\mathbf{k}| = 2\pi/\lambda$이다. 파수와 각진동수 ω 사이에는

$$\omega = ck \tag{3.15}$$

의 관계가 있다. 식 (3.14)에서 $\phi \equiv \mathbf{k} \cdot \mathbf{x} - \omega t$는 파의 위상을 나타낸다. 어떤 주어진 시간에 파의 위상이 일정한 지점의 자취는 평면을 이루며, 그 파면은 시간이 흐름에 따라 $\mathbf{k}$ 벡터 방향으로 위상속도 $v_\phi \equiv \omega/k = c$의 속도로 이동한다. 즉, 식 (3.14)는 진행하는 평면파를 나타낸다. 그런데 $\mathbf{E}$와 $\mathbf{B}$는 파동방정식은 물론 맥스웰 방정식도 동시에 만족해야 하므로

$$\hat{\mathbf{k}} \cdot \mathbf{E} = \hat{\mathbf{k}} \cdot \mathbf{B} = 0, \tag{3.16a}$$

$$\mathbf{B} = \hat{\mathbf{k}} \times \mathbf{E} \tag{3.16b}$$

이며, 전기장과 자기장은 파의 진행 방향에 수직이고, 그 크기는 같음을 알 수 있다 (그림 3.1).

식 (3.14)는 전기장의 복소 표현으로서, 실제의 전기장은 식 (3.14)의 실수부이다. 단지 편의상 나타내지 않았을 뿐이다. 즉,

$$\begin{aligned}\mathbf{E}(\mathbf{x}, t) &= \mathrm{Re}\left\{\mathbf{E}_0 e^{i\mathbf{k}\cdot\mathbf{x} - i\omega t}\right\} = \mathrm{Re}\left\{(\hat{\mathbf{x}} E_{x0} + \hat{\mathbf{y}} E_{y0}) e^{i\mathbf{k}\cdot\mathbf{x} - i\omega t}\right\} \\ &= \frac{1}{2}\left[\mathbf{E}_0 e^{i\mathbf{k}\cdot\mathbf{x} - i\omega t} + \mathbf{E}_0^* e^{-i\mathbf{k}\cdot\mathbf{x} + i\omega t}\right]\end{aligned} \tag{3.17}$$

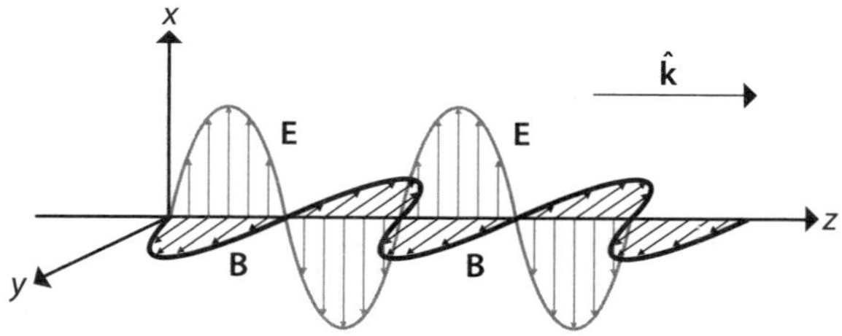

그림 3.1 평면 전자기파. z 방향으로 진행하는 평면 전자기파는 (x, y) 평면에서 수직으로 진동하는 전기장과 자기장으로 이루어진다.

인 셈이다. 위 식에서 $\mathbf{E}_0^*$는 $\mathbf{E}_0$의 켤레 복소수(complex conjugate)이며, E_{x0}와 E_{y0}는 복소진폭으로서 위상을 갖는다. 예를 들어 $E_{x0} = |E_{x0}|e^{i\phi_x}$라면, 전기장의 x 성분은 $\mathrm{Re}\{E_{x0}e^{i\mathbf{k}\cdot\mathbf{x}-i\omega t}\} = |E_{x0}|\cos(\mathbf{k}\cdot\mathbf{x} - \omega t + \phi_x)$가 된다.

복소 표현을 사용하는 주된 이유는 사인, 코사인 함수 대신에 지수함수를 사용하는 것이 수학적으로 간편하기 때문이다. 맥스웰 방정식과 같이 수식이 선형적인 경우 $\mathbf{E}$, $\mathbf{B}$에 대해서 자유롭게 복소 표현을 사용하고 물리량은 실수를 취할 수 있다. 하지만 수식이 비선형적인 경우에는 유의해야 한다. 예를 들어서 복소 표현의 전기장을 사용할 경우, 전기장의 곱은

$$\begin{aligned}\mathbf{E}\cdot\mathbf{E} &= \frac{1}{4}\left[\mathbf{E}(\mathbf{x})e^{-i\omega t} + \mathbf{E}^*(\mathbf{x})e^{i\omega t}\right]\cdot\left[\mathbf{E}(\mathbf{x})e^{-i\omega t} + \mathbf{E}^*(\mathbf{x})e^{i\omega t}\right] \\ &= \frac{1}{2}\mathrm{Re}\left[\mathbf{E}(\mathbf{x})\cdot\mathbf{E}^*(\mathbf{x}) + \mathbf{E}(\mathbf{x})\cdot\mathbf{E}(\mathbf{x})e^{-2i\omega t}\right]\end{aligned}$$

가 된다. 우변에서 $\mathbf{E}(\mathbf{x}) = \mathbf{E}_0e^{i\mathbf{k}\cdot\mathbf{x}}$이다. 우리가 다루는 복사장은 높은 주파수로 진동하므로, 대부분의 경우에 우리는 시간에 대해서 평균한 양에 관심이 있다. 위 식을 시간에 대해 평균할 경우 $e^{-2i\omega t}$에 비례하는 둘째 항은 0이 되고 첫째 항만 남게 된다. 따라서 복소 표현의 전자기장을 사용할 경우, 시간에 대해 평균한 에너지 밀도와 포인팅 벡터는

$$\langle u\rangle = \frac{1}{16\pi}\mathrm{Re}\left[\mathbf{E}(\mathbf{x})\cdot\mathbf{E}^*(\mathbf{x}) + \mathbf{B}(\mathbf{x})\cdot\mathbf{B}^*(\mathbf{x})\right] = \frac{1}{8\pi}|\mathbf{E}_0|^2, \tag{3.18a}$$

$$\langle\mathbf{S}\rangle = \hat{\mathbf{k}}\frac{c}{4\pi}\langle\mathbf{E}\cdot\mathbf{E}\rangle = \hat{\mathbf{k}}\frac{c}{8\pi}\mathrm{Re}\left[\mathbf{E}(\mathbf{x})\cdot\mathbf{E}^*(\mathbf{x})\right] = \hat{\mathbf{k}}\frac{c}{8\pi}|\mathbf{E}_0|^2 = \hat{\mathbf{k}}c\langle u\rangle \tag{3.18b}$$

가 된다(식 3.11). 식 (3.18a)의 마지막 등식은 $|\mathbf{B}|^2 = |\mathbf{E}|^2$을 이용했으며, 식 (3.18b)의 첫째 등식은 식 (3.16)을 이용하였다. 위 결과는 식 (3.11)에 $\mathbf{E}$의 실수 표현인 $\mathbf{E} = \hat{\mathbf{x}}|E_{x0}|\cos(\mathbf{k}\cdot\mathbf{x} - \omega t + \phi_x) + \hat{\mathbf{y}}|E_{y0}|\cos(\mathbf{k}\cdot\mathbf{x} - \omega t + \phi_y)$와 이에 대응되는 $\mathbf{B}$를 대입한 다음에 시간에 대해서 평균을 취한 결과와 동일하다. 일반적으로 전자기장의 실수 표현과 복소 표현은 혼용되므로 주의할 필요가 있다.

3.3 전자기파의 편광

3.3.1 편광

전자기파의 중요한 특성 가운데 하나는 **편광**(polarization)이다. 앞에서 다룬 평면 전자기파는 전기장이 한 평면에서만 진동하는 선형편광된 전자기파이다. 이제 보다 일반적인 편광 상태를 보기 위하여 z 방향으로 진행하는 단색 평면 전자기파

$$\mathbf{E}(z,t) = \mathbf{E}_0 e^{i(kz-\omega t)} = (\hat{\mathbf{x}} E_{x0} + \hat{\mathbf{y}} E_{y0}) e^{i(kz-\omega t)} \tag{3.19}$$

의 궤적을 생각해 보자. 복소진폭의 진폭과 위상을 각각 ϵ과 ϕ로 나타내면

$$E_{x0} \equiv \epsilon_1 e^{i\phi_1}, \quad E_{y0} \equiv \epsilon_2 e^{i\phi_2} \tag{3.20}$$

이므로 x, y 방향의 전기장은

$$E_x = \mathrm{Re}\left[E_{x0} e^{i(kz-\omega t)}\right] = \epsilon_1 \cos(kz - \omega t + \phi_1), \tag{3.21a}$$

$$E_y = \epsilon_2 \cos(kz - \omega t + \phi_2) \tag{3.21b}$$

가 된다.

위 식의 전기장 벡터는 (x, y) 평면에서 타원을 그리며 z 방향으로 진행한다. 이를 보기 위해서 주축(principal axes)을 기준으로 한 타원을 생각해 보자. 주축을 (x', y')이라 하고, x'축이 x축으로부터 χ만큼 반시계 방향으로 회전되었다면

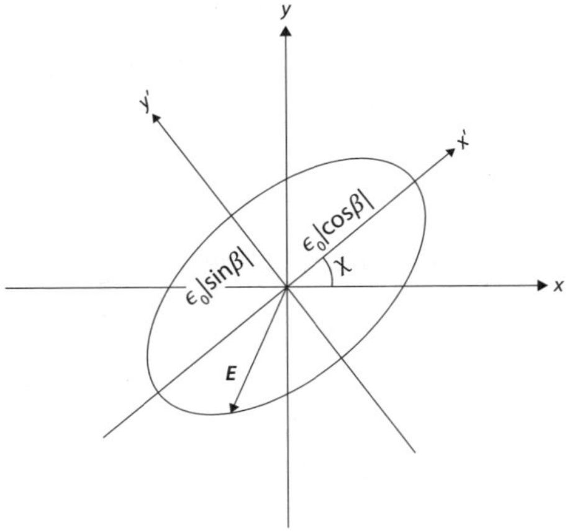

그림 3.2 타원편광된 전자기파. 빛이 진행하는 방향에 수직인 (x, y) 평면에서 전기장은 타원의 궤적을 그린다. x', y'은 주축을 나타낸다.

주축에 대한 전기장 (E'_x, E'_y)과 (E_x, E_y) 사이에는

$$E_x = E'_x \cos\chi - E'_y \sin\chi, \quad E_y = E'_x \sin\chi + E'_y \cos\chi \tag{3.22}$$

와 같은 관계가 있다(그림 3.2). 이제 $z = 0$인 평면에서 (E'_x, E'_y)의 궤적을 생각해 보자. 편의상 $E'_y = 0$일 때를 $t = 0$으로 정의하면

$$E'_x = \epsilon_0 \cos\beta \cos(kz - \omega t) = \epsilon_0 \cos\beta \cos(\omega t), \tag{3.23a}$$

$$E'_y = \epsilon_0 \sin\beta \sin(kz - \omega t) = -\epsilon_0 \sin\beta \sin(\omega t) \tag{3.23b}$$

이며

$$\left(\frac{E'_x}{\epsilon_0 \cos\beta}\right)^2 + \left(\frac{E'_y}{\epsilon_0 \sin\beta}\right)^2 = 1 \tag{3.24}$$

이 될 것이다. 타원의 장단반경은 $\epsilon_0|\cos\beta|$, $\epsilon_0|\sin\beta|$이며, β는 타원율(ellipticity)과 전기장의 회전 방향을 결정짓는 변수이다. β는 $-\pi/2$에서 $\pi/2$ 사이의 값을 가지는데, $\beta > 0$인 경우 전기장은 시간이 증가함에 따라서 시계 방향으로, $\beta < 0$인 경우 반시계 방향으로 회전한다.

식 (3.23)을 식 (3.22)에 대입하여 식 (3.21)과 비교하면 식 (3.21)의 (x, y) 좌표계로 주어진 전기장 역시 타원 궤도를 그린다는 것을 알 수 있다. 식 (3.21)의 $(\epsilon_1, \epsilon_2, \phi_1, \phi_2)$와 (x', y') 좌표계의 $(\epsilon_0, \beta, \chi)$ 사이의 관계는

$$\epsilon_1 \cos\phi_1 = \epsilon_0 \cos\beta \cos\chi, \tag{3.25a}$$

$$\epsilon_1 \sin\phi_1 = \epsilon_0 \sin\beta \sin\chi, \tag{3.25b}$$

$$\epsilon_2 \cos\phi_2 = \epsilon_0 \cos\beta \sin\chi, \tag{3.25c}$$

$$\epsilon_2 \sin\phi_2 = -\epsilon_0 \sin\beta \cos\chi \tag{3.25d}$$

가 된다. 이 식들로부터

$$\epsilon_1^2 + \epsilon_2^2 = \epsilon_0^2, \tag{3.26a}$$

$$\epsilon_1^2 - \epsilon_2^2 = \epsilon_0^2 \cos 2\beta \cos 2\chi, \tag{3.26b}$$

$$2\epsilon_1\epsilon_2 \cos\phi = \epsilon_0^2 \cos 2\beta \sin 2\chi, \tag{3.26c}$$

$$2\epsilon_1\epsilon_2 \sin\phi = \epsilon_0^2 \sin 2\beta \tag{3.26d}$$

를 얻는다. $\phi \equiv \phi_1 - \phi_2$이다. 세 변수 $(\epsilon_0, \beta, \chi)$와 또 다른 세 변수 $(\epsilon_1, \epsilon_2, \phi)$ 사이의 관계를 주는 4개의 식은 서로 무관할 수 없으며, 식 (3.25b)–(3.25d)를 제곱해서 더하면 식 (3.25a)의 제곱이 된다. 전기장의 궤적은 세 변수 $(\epsilon_0, \beta, \chi)$

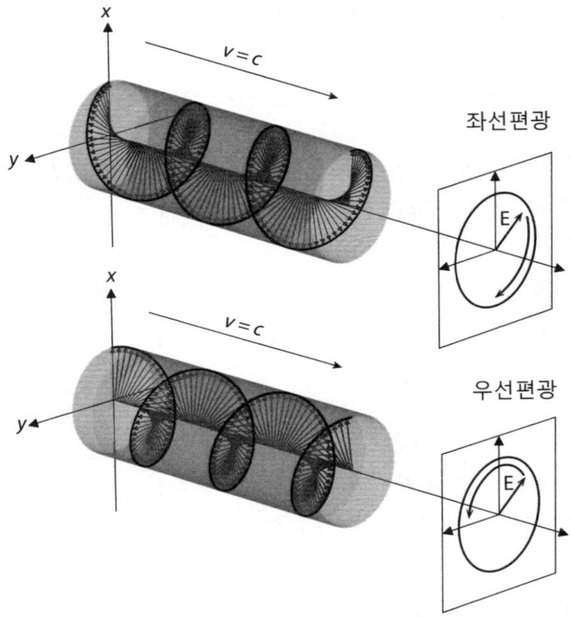

그림 3.3 좌선 및 우선 편광된 전자기파. 전자기파는 z 방향으로 진행하고 있다. 공간상의 나선 모양이 그대로 z 방향으로 이동한다. 따라서 공간상의 고정된 지점에서 전기장은 오른쪽 단면 그림과 같이 시간에 따라 회전한다.

혹은 $(\epsilon_1, \epsilon_2, \phi)$에 의해서 결정된다. 즉, 타원 궤적은 ϕ_1과 ϕ_2 어느 한쪽에 의존하지 않고 그 차이 $\phi = \phi_1 - \phi_2$에만 의존한다.

빛의 편광이란 전자기파의 전기장이 어떠한 궤적을 그리느냐를 의미한다. 앞에서 보았듯이 전기장의 가장 일반적인 궤적은 타원이며, 이 경우 빛이 **타원편광**(elliptical polarization)되었다고 한다. 타원편광의 특별한 경우로 궤적이 원을 그리면 **원편광**(circular polarization), 선을 그리면 **선형편광**(linear polarization)이 된다. 편광의 특성은 $(\epsilon_1, \epsilon_2, \phi)$, 혹은 주축 평면에서의 물리량 $(\epsilon_0, \beta, \chi)$에 의하여 기술된다. 식 (3.23)으로부터 $\beta = 0, \pm\pi/2$인 경우 전자기파는 선형편광되어 있음을 알 수 있다. 한편 $\beta = \pm\pi/4$일 경우에 전자기파는 원편광된다.

빛이 원편광 혹은 타원편광된 경우, 전기장은 빛이 진행하면서 회전한다. 관측자의 입장에서 $-z$ 방향으로 보았을 때, (x, y) 평면에서 전기장은 $0 < \beta < \pi/2$일 경우 시간에 따라서 시계 방향으로 회전한다. 이 경우 엄지를 빛의 진행 방향, 즉 $+z$ 방향으로 향할 경우 회전 방향이 왼나사 방향이 되며 이를 "**좌선편광**(left-handed circular polarization, LCP)되었다" 또는 "음(−)의 나선도(negative helicity)를 가졌다"라고 한다(그림 3.3). 반대로 $-\pi/2 < \beta < 0$일 경우에는 회전 방향이 오른나사 방향이 되며 "**우선편광**(right-handed circular polarization, RCP)되었다" 혹은 "양(+)의 나선도(positive helicity)를 가졌다"라고 한다. 고

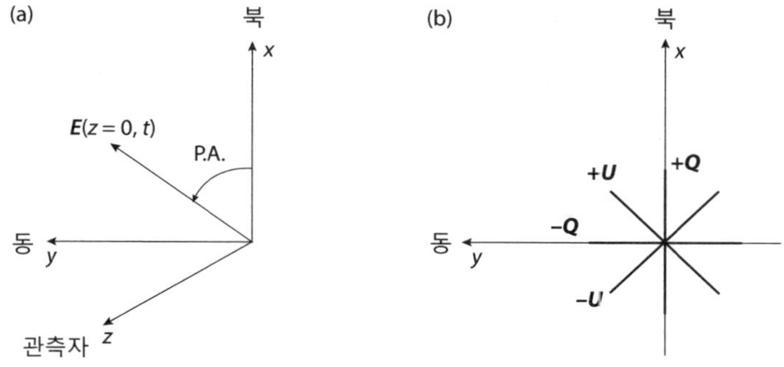

그림 3.4 국제천문연맹의 좌표계. (a) 관측자의 위치에서 본 오른손 xyz 좌표계. 복사는 관측자에게 $+z$ 방향으로 입사한다. (b) 스톡스 변수 Q와 U에 해당하는 전기장 벡터의 방향(Hamaker and Bregman 1996).

정된 시간에 공간상의 전기장 분포의 나사 모양을 보면 좌선과 우선이 반대라는 점에 유의해야 한다.

편광의 명명 규칙에는 적지 않은 혼란이 있다(예: Robishaw 2008 참조). 예를 들어 광학에서는 RCP와 LCP의 정의가 반대이다. 위의 정의는 1969년 IEEE(Institute of Electrical and Electronics Engineers)에서 결정된 것으로서, 국제천문연맹은 1974년에 이 정의를 따르기로 하였다(Hamaker and Bregman 1996). 정의 당시 좌표계도 같이 정의되었는데, x, y 좌표는 각각 북쪽과 동쪽을 나타내며 z축은 관측자를 향한다(그림 3.4). 그리고 위치각은 북쪽에서 동쪽으로 측정한 각도이다. 따라서 국제천문연맹의 정의에 의하면 RCP 전기장은 천구에서 반시계 방향으로 회전한다. 즉, 앞에서 언급한 $-\pi/2 < \beta < 0$ 혹은 $-\pi < \phi < 0$인 경우이다. 표 3.1은 RCP와 LCP 전기장의 특성을 비교한 것이다.

한편 z 방향으로 진행하는 전자기파의 전기장은 RCP 전기장과 LCP 전기장의 합으로도 표시할 수 있다. 즉, 식 (3.19)의 단색 평면파를

$$\mathbf{E}(z,t) = \mathbf{E}_0 e^{i(kz-\omega t)} = (\hat{\boldsymbol{\epsilon}}_+ E_+ + \hat{\boldsymbol{\epsilon}}_- E_-)e^{i(kz-\omega t)} \tag{3.27}$$

로 나타낼 수 있다. $\hat{\boldsymbol{\epsilon}}_+$와 $\hat{\boldsymbol{\epsilon}}_-$는

$$\hat{\boldsymbol{\epsilon}}_+ = \frac{1}{\sqrt{2}}(\hat{\mathbf{x}} + i\hat{\mathbf{y}}), \quad \hat{\boldsymbol{\epsilon}}_- = \frac{1}{\sqrt{2}}(\hat{\mathbf{x}} - i\hat{\mathbf{y}}) \tag{3.28}$$

로서 각각 RCP, LCP 전기장의 복소 단위 벡터이며, E_+, E_-는 그 복소진폭으로서

$$E_+ = \frac{1}{\sqrt{2}}(E_{x0} - iE_{y0}), \quad E_- = \frac{1}{\sqrt{2}}(E_{x0} + iE_{y0}) \tag{3.29}$$

와 같이 주어진다. 주의할 점은 이 단위 벡터들의 형태가 단색 평면파의 복소 표현

표 3.1 우선편광과 좌선편광의 비교

	우선편광(RCP)	좌선편광(LCP)
나선도(helicity)	$+$	$-$
천구에서 전기장의 회전 방향	반시계 방향	시계 방향
스톡스 변수	$V > 0$	$V < 0$
β	$-\pi/2 < \beta < 0$	$0 < \beta < \pi/2$
ϕ	$-\pi < \phi < 0$	$0 < \phi < \pi$
복소 단위 벡터*	$\hat{\boldsymbol{\epsilon}}_+ = \dfrac{1}{\sqrt{2}}(\hat{\mathbf{x}} + i\hat{\mathbf{y}})$	$\hat{\boldsymbol{\epsilon}}_- = \dfrac{1}{\sqrt{2}}(\hat{\mathbf{x}} - i\hat{\mathbf{y}})$

* $\mathbf{E}(\mathbf{x}, t) \propto e^{ikz-i\omega t}$ 의 형태를 가정하였다. $\hat{\boldsymbol{\epsilon}}_+$ 는 $\hat{\boldsymbol{\epsilon}}_+ = -(\hat{\mathbf{x}} + i\hat{\mathbf{y}})/\sqrt{2}$ 와 같이 $-$ 부호를 붙여 정의하기도 한다.

에 의존한다는 것이다. 즉, 위의 RCP와 LCP에 해당하는 단위 벡터는 $\mathbf{E}(\mathbf{x}, t) \propto e^{ikz-i\omega t}$ 의 형태를 가정하였을 경우이며, $\mathbf{E}(\mathbf{x}, t) \propto e^{-ikz+i\omega t}$ 의 형태를 가정하였을 경우에는 허수단위 i 앞의 부호가 바뀌어야 한다.

3.3.2 스톡스 변수

1852년 스톡스(Sir George Stokes 1819–1903)는 전기장의 타원 궤적을 기술하는 변수 대신 복사세기의 차원을 갖고 있는 네 변수를 이용하여 복사의 편광을 특징지을 수 있음을 보였다. I, Q, U, V 로 표기되는 이들 **스톡스 변수**는

$$I \equiv \epsilon_1^2 + \epsilon_2^2 = \epsilon_0^2, \tag{3.30a}$$

$$Q \equiv \epsilon_1^2 - \epsilon_2^2 = \epsilon_0^2 \cos 2\beta \cos 2\chi, \tag{3.30b}$$

$$U \equiv 2\epsilon_1\epsilon_2 \cos\phi = \epsilon_0^2 \cos 2\beta \sin 2\chi, \tag{3.30c}$$

$$V \equiv -2\epsilon_1\epsilon_2 \sin\phi = -\epsilon_0^2 \sin 2\beta \tag{3.30d}$$

와 같이 정의되었다. 위 식으로부터

$$I^2 = Q^2 + U^2 + V^2 \tag{3.31}$$

이며, ϵ_0, β, χ 는

$$\epsilon_0 = \sqrt{I}, \quad \sin 2\beta = -\frac{V}{I}, \quad \tan 2\chi = \frac{U}{Q} \tag{3.32}$$

와 같이 주어진다. 스톡스 변수 I 는 복사의 전체 세기에 비례하는 양이다. 한편 선형편광된 빛의 경우 $V = 0(\beta = 0, \pm\pi/2)$ 이고, 원편광된 빛의 경우 $Q = U =$

$0(\beta = \pm\pi/4)$이다. 즉, V는 원편광의 정도를 나타내는 양으로서, RCP, LCP 경우에 각각 $V > 0$과 $V < 0$이 된다. V를 정의하는 식 (3.30d)의 부호는 + 혹은 − 로 정의할 수 있는데, 국제천문연맹은 "우선편광(RCP)된 빛의 경우, $V > 0$이다."라고 정의하고 있다. 식 (3.29)의 진폭 E_+와 E_-를 사용하여 식 (3.30d)의 V를 나타내면

$$V = |E_+|^2 - |E_-|^2 \tag{3.33}$$

이 되는데, 이는 국제천문연맹의 정의와 일치한다. 여러 교과서 및 논문에서는 각기 다른 부호를 사용하고 있으므로 유의해야 한다(Robishaw 2008 참조). 타원편광된 경우에는 $\chi = 0$ 혹은 $\chi = \pi/2$인 경우를 제외하고는 일반적으로 Q, U, V가 모두 0이 아니며 식 (3.31)을 만족한다.

스톡스 변수 I, Q, U는 북에서 동으로 측정한 위치각 $\theta = 0°, 90°, 45°, 135°$에서의 빛의 세기를 측정하여 구할 수 있다(그림 3.4 참조). x, y 좌표가 각각 북쪽과 동쪽을 나타낼 경우, 식 (3.21)의 E_x, E_y로부터 이들 '세기'는

$$I_{0°} \equiv 2\left\langle E_x^2 \right\rangle = \epsilon_1^2, \tag{3.34a}$$

$$I_{90°} \equiv 2\left\langle E_y^2 \right\rangle = \epsilon_2^2, \tag{3.34b}$$

$$I_{45°} \equiv \left\langle (E_x + E_y)^2 \right\rangle = \frac{1}{2}(\epsilon_1^2 + \epsilon_2^2 + 2\epsilon_1\epsilon_2 \cos\phi), \tag{3.34c}$$

$$I_{135°} \equiv \left\langle (E_x - E_y)^2 \right\rangle = \frac{1}{2}(\epsilon_1^2 + \epsilon_2^2 - 2\epsilon_1\epsilon_2 \cos\phi) \tag{3.34d}$$

와 같이 주어지므로, 스톡스 변수 I, Q, U는

$$I = I_{0°} + I_{90°} = \Updownarrow + \Longleftrightarrow \tag{3.35a}$$

$$Q = I_{0°} - I_{90°} = \Updownarrow - \Longleftrightarrow \tag{3.35b}$$

$$U = I_{45°} - I_{135°} = \nwsearrow - \neswarrow \tag{3.35c}$$

가 된다. $\langle\ \rangle$는 시간에 대한 평균을 나타낸다. 북남 방향으로 선형편광된 빛의 경우 $Q = I$, 동서 방향으로 선형편광된 빛의 경우 $Q = -I$임을 알 수 있다. 이 경우 $U = V = 0$이다. 반면 북동-남서 방향($\beta = 0, \chi = \pi/4$)과 북서-남동 방향($\beta = \pm\pi/2, \chi = \pi/4$)의 경우 각각 $U = I$와 $U = -I$이며 $Q = V = 0$이다.

한편 원편광의 정도를 나타내는 V는 RCP 세기에서 LCP 세기를 빼줌으로써 구할 수 있는데, 원편광된 빛의 세기는 원편광 수신기를 이용하여 측정하거나, 혹은 x, y 성분의 전기장 가운데 하나의 위상을 90° 만큼 늦추어 합함으로써 측정할 수 있다. 파장 대역별 편광 측정 방법 및 편광과 관련된 다양한 천문 현상은 Trippe(2014)의 해설논문에서 확인할 수 있다.

글상자 4. 별빛의 편광

우리가 보는 별빛은 별에서 방출되는 열적 복사이며 일반적으로 방출 당시에는 편광되어 있지 않다. 하지만 성간을 통해 우리에게 전파되어 오는 동안 **성간 티끌**에 의해서 편광되게 된다. 그림 3.5는 태양 주변 별들의 편광도 및 전기장(**E**)의 방향을 나타낸 것이다. 편광도는 대개 수 %를 넘지 않으며, 편광 방향은 은하면을 따라서 큰 규모의 공간적 일관성을 띠고 있음을 볼 수 있다. 성간 티끌이 많은 별생성 영역도 비교적 높은 편광도를 보인다.

별빛이 성간 티끌에 의해서 편광되기 위해서는 성간 티끌이 구형이 아닌 타원형으로 방향성이 있어야 하며, 이와 더불어 티끌들이 무작위적이 아닌 일정한 방향으로 정렬되어 있어야 한다. 이 경우 티끌의 장축 방향의 전기장이 상대적으로 많이 흡수 및 산란되므로 통과한 별빛의 전기장은 티끌의 단축 방향으로 선형편광된다. 성간의 티끌은 단축을 중심으로 회전을 하며 그 축은 성간의 자기장과 정렬되려는 경향이 있다(Draine 2011, 26.3절 참조). 따라서 관측된 전기장의 편광 방향은 성간 자기장의 방향을 나타낸다. 아래 그림에서 은경 30° 근방에서 은하 평면에 수직인 방향으로 편광 방향이 길게 정렬된 것을 볼 수 있는데, 이는 잘 알려진 'North Polar Spur'라고 불리는 슈퍼쉘(supershell) 구조로서 쉘을 따라서 자기장이 정렬되어 있음을 시사한다.

한편 티끌이 자체적으로 방출하는 적외선 복사의 경우 티끌의 장축 방향으로 전기장의 상대적 세기가 강하다. 따라서 이러한 적외선 복사의 편광 방향은 주변 자기장 방향과 수직을 이루게 된다. 별생성 영역과 같이 티끌의 적외선 복사가 강한 경우, 편광 관측으로부터 자기장의 방향을 구할 수 있다.

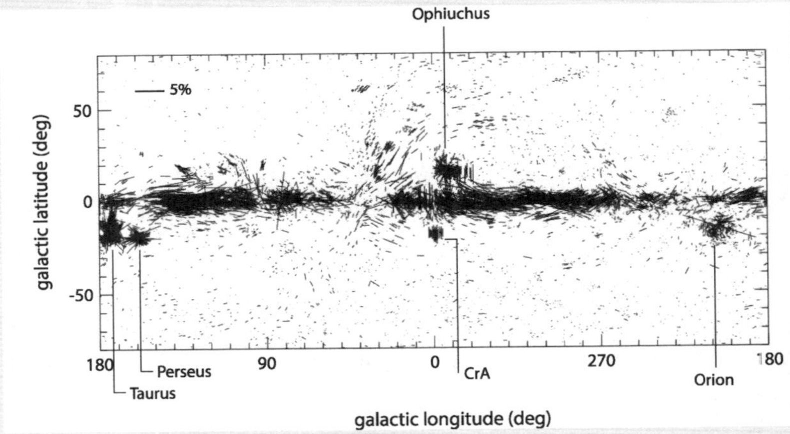

그림 3.5 태양 주변 9235개 별들의 편광. 각 선의 길이는 별빛의 편광도를 나타내며, 그 방향은 별빛의 편광 방향 혹은 성간 자기장의 방향을 나타낸다. 은하면과 황소자리(Taurus), 페르세우스자리(Perseus), 땅꾼자리(Ophiuchus), 남쪽왕관자리(Corona Australis, CrA), 오리온자리(Orion)에 위치한 별생성 영역 주변에서 편광도가 비교적 높은 것을 볼 수 있다. 하일레스 목록(Heiles 2000)에 있는 은위 ±80° 사이의 별들의 편광 자료를 이용하였다. 이 그림에 관한 보다 자세한 설명은 Zweibel and Heiles(1997)에서 확인할 수 있다.

3.3.3 준단색 전자기파의 부분 편광

앞에서 기술한 단색 평면파는 진폭과 위상이 일정하며 100% 편광되어 있다. 그러나 우리가 관측하는 빛은 단일 주파수의 빛이 아니라 일정한 대역폭을 가진 여러 주파수의 빛이 합쳐진 빛으로서 부분 편광되어 있다. 스펙트럼선 혹은 대역폭 $\Delta\nu(\ll \nu)$의 필터를 통과한 주파수가 ν인 전자기파와 같이 좁은 주파수 대역폭을 가진 전자기파의 경우 전기장 $E(t)$는 ν로 진동하는 단일 주파수의 빛에 천천히 변하는 테두리 함수(envelope function)를 곱한 꼴로 주어진다. 이러한 전자기파는 $\Delta t \sim 1/\Delta\nu \gg 1/\nu$의 시간 척도로 진폭과 위상이 천천히 변하는 주파수 ν의 **준단색 전자기파**(quasi-monochromatic EM wave)로 생각할 수 있다.

준단색 전자기파의 편광 특성은 앞에서 정의한 스톡스 변수의 연장선상에서 정의될 수 있다. 즉, 우리는 Δt보다 매우 긴 시간 동안의 전자기파를 적분한 양에 관심이 있으므로 스톡스 변수 I, Q, U, V는

$$I \equiv \langle E_{x0}E_{x0}^*\rangle + \langle E_{y0}E_{y0}^*\rangle = \langle \epsilon_1^2 + \epsilon_2^2\rangle, \tag{3.36a}$$

$$Q \equiv \langle E_{x0}E_{x0}^*\rangle - \langle E_{y0}E_{y0}^*\rangle = \langle \epsilon_1^2 - \epsilon_2^2\rangle, \tag{3.36b}$$

$$U \equiv \langle E_{x0}E_{y0}^*\rangle + \langle E_{y0}E_{x0}^*\rangle = 2\langle \epsilon_1\epsilon_2 \cos\phi\rangle, \tag{3.36c}$$

$$V \equiv i\left(\langle E_{x0}E_{y0}^*\rangle - \langle E_{y0}E_{x0}^*\rangle\right) = -2\langle \epsilon_1\epsilon_2 \sin\phi\rangle \tag{3.36d}$$

와 같이 시간에 대해 평균한 양으로 정의된다. 위 식에서 ϵ_1, ϵ_2 및 ϕ는 시간의 함수이다. 슈바르츠 부등식(Schwarz inequality)에 의하면 $\langle E_{x0}E_{x0}^*\rangle\langle E_{y0}E_{y0}^*\rangle \geq \langle E_{x0}E_{y0}^*\rangle\langle E_{y0}E_{x0}^*\rangle$이므로, 준단색 전자기파의 스톡스 변수는 식 (3.31) 대신

$$I^2 \geq Q^2 + U^2 + V^2 \tag{3.37}$$

을 만족한다(Chandrasekhar 1960, 15.4절 참조). 즉, 전자기파는 부분 편광되며, $[I, Q, U, V]$는 $[\sqrt{Q^2+U^2+V^2},\ Q, U, V]$ 성분의 완전 편광된 빛과 $[I - \sqrt{Q^2+U^2+V^2}, 0, 0, 0]$ 성분의 전혀 편광되지 않은 빛의 합으로 나타낼 수 있다. 그리고 그 **편광도**(degree of polarization)를

$$\Pi \equiv \frac{I_{\rm pol}}{I} = \frac{\sqrt{Q^2+U^2+V^2}}{I} \tag{3.38}$$

으로 정의한다. 선형편광된 빛의 경우 빛의 세기는 선형편광된 방향에서 최대가 되고, 그 방향과 수직인 방향에서 최소가 될 것이다. 편광되지 않은 성분은 두 방향에 동등한 세기 $(1/2)I_{\rm unpol}$를 가지므로(아래 참조), 최대 세기와 최소 세기는 각각

$$I_{\rm max} = \frac{1}{2}I_{\rm unpol} + I_{\rm pol}, \quad I_{\rm min} = \frac{1}{2}I_{\rm unpol} \tag{3.39}$$

이 되며, 편광도는

$$\Pi \equiv \frac{I_{\max} - I_{\min}}{I_{\max} + I_{\min}} \tag{3.40}$$

으로 주어진다.

한편 스톡스 변수의 중요한 특성 중의 하나는 '가감성(additivity)'이다. 즉, 서로 무관한 전자기파가 중첩될 경우, 중첩된 빛의 스톡스 변수는 각 전자기파의 스톡스 변수의 합이다. 여기에서 무관하다는 의미는 그들의 위상 차이가 식 (3.36)의 평균을 취하는 시간 동안 무작위로 변한다는 의미이다. 세기가 각각 I_1과 I_2인 서로 무관한 두 전자기파가 중첩될 경우 빛의 세기가 $I_1 + I_2$가 되듯이 다른 스톡스 변수들도 단순한 합이 된다. 따라서 편광되지 않은 빛은 서로 수직인 방향으로 선형편광된 혹은 반대의 나선도로 원편광된 — 동일한 세기를 가진 — 서로 무관한 두 전자기파의 합으로 나타낼 수 있다.

3.4 복사 스펙트럼

앞으로 다룰 복사의 전자기적 기술에서 우리가 구하고자 하는 기본적인 물리량은 방출계수, 혹은 단위 부피당 복사의 **파워 스펙트럼**이다. 즉, 주어진 물질로부터 특정 복사 기작에 의해서 단위 시간, 단위 부피 및 단위 주파수당 얼마만큼의 복사 에너지가 방출되는가 하는 것이다. 이 절에서는 이러한 복사의 파워 스펙트럼이 전기장의 함수로 어떻게 주어지는가를 알아보고자 한다.

복사 파워 스펙트럼의 수식 표현을 구하기에 앞서 시간의 함수인 전기장 $E(t)$의 주파수 스펙트럼에 대해서 생각해 보자. 만약 $E(t)$가 무한한 시간 동안 지속되는 주파수 ν_0의 단색파라면, $E(t)$의 주파수는 단일 주파수(ν_0)일 것이다. 하지만 만약 시간 Δt 동안만 0이 아닌 파동열(wave train)이라면 $E(t)$의 주파수는 ν_0를 중심으로 퍼진 범위에 분포한다(그림 3.6 참조). Δt가 길면 길수록 그 주파수는 ν_0의 단일 주파수에 수렴하며, 반면 Δt가 짧으면 짧을수록 주파수 범위는 더 퍼지게 된다. 즉, $\Delta\nu$와 Δt의 곱은 대략 일정하며 $\Delta\nu\Delta t \gtrsim 1$을 만족한다. (하한값은 $\Delta\nu$와 Δt의 정의에 따라서 1과 다를 수 있다. Bracewell 1986, 8장 참조.)

이제 전기장의 x, y 두 성분 중의 하나인 $E(t)$와 그 푸리에 짝인 $\tilde{E}(\nu)$, 즉

$$\tilde{E}(\nu) = \int_{-\infty}^{+\infty} E(t) e^{i2\pi\nu t} dt, \tag{3.41a}$$

$$E(t) = \int_{-\infty}^{+\infty} \tilde{E}(\nu) e^{-i2\pi\nu t} d\nu \tag{3.41b}$$

를 생각해 보자.[1] $E(t)$는 유한한 파동열 혹은 펄스로서 그 푸리에 변환의 존재 여부는 걱정하지 않아도 된다고 가정하자. 일반적으로 $\tilde{E}(\nu)$는 복소수로서, $E(t)$

1) 푸리에 짝을 정의하는 식의 $e^{\pm i2\pi\nu t}$ 항 지수의 부호는 반대되게 정의하기도 한다. 푸리에 변환의 여러 형태 및 푸리에 짝의 함수 관계는 부록 III에서 확인할 수 있다.

가 실수이므로,

$$\tilde{E}(-\nu) = \int_{-\infty}^{+\infty} E(t)e^{-i2\pi\nu t}dt = \tilde{E}^*(\nu) \tag{3.42}$$

가 성립한다. $\tilde{E}^*(\nu)$는 $\tilde{E}(\nu)$의 켤레 복소수를 나타낸다. 식 (3.42)를 활용하여 물리적으로 의미가 없는 음의 주파수를 식에서 없앨 수 있다.

복사 에너지의 스펙트럼을 구하기 위해서, 우선 단위 면적을 통해서 단위 시간당 방출하는 복사 에너지를 나타내는 포인팅 벡터 혹은 에너지 플럭스는 식 (3.11)로부터

$$\frac{dW}{dtdA} = \frac{c}{4\pi}E^2(t) \tag{3.43}$$

로 주어지므로, $t = -\infty$부터 $t = +\infty$까지 단위 면적을 통해서 방출된 총복사

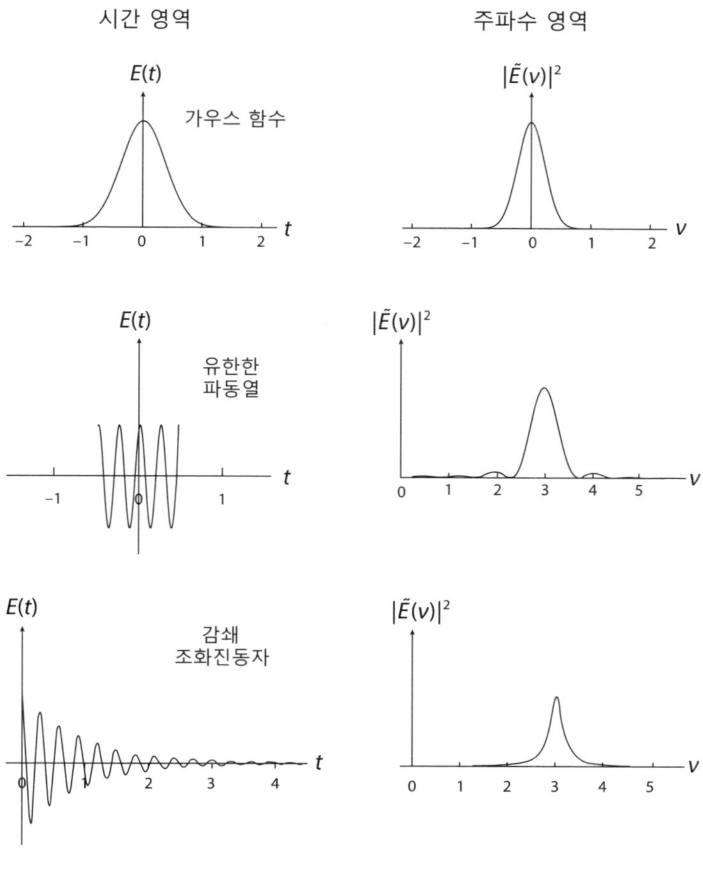

그림 3.6 $E(t)$와 $|\tilde{E}(\nu)|^2$ 사이의 관계를 보여 주는 예. 가로축은 임의단위이다.

에너지는

$$\frac{dW}{dA} = \frac{c}{4\pi}\int_{-\infty}^{+\infty} E^2(t)dt \tag{3.44}$$

로 쓸 수 있다. 이제 레일리-파시발 정리(Rayleigh-Parseval theorem)에 의해서 (부록 III 참조)

$$\int_{-\infty}^{+\infty} E^2(t)dt = \int_{-\infty}^{+\infty} |\tilde{E}(\nu)|^2 d\nu \tag{3.45}$$

이고, 식 (3.42)에 의해서 $|\tilde{E}(\nu)|^2 = |\tilde{E}(-\nu)|^2$ 이므로

$$\frac{dW}{dA} = \frac{c}{4\pi}\int_{-\infty}^{+\infty} |\tilde{E}(\nu)|^2 d\nu = \frac{c}{2\pi}\int_{0}^{+\infty} |\tilde{E}(\nu)|^2 d\nu \tag{3.46}$$

가 된다. 따라서 단위 주파수당 에너지는

$$\frac{dW}{dAd\nu} = \frac{c}{2\pi}|\tilde{E}(\nu)|^2 \tag{3.47}$$

과 같이 쓸 수 있다. 이 식은 단위 면적을 통해서 방출된 단위 주파수당 복사 에너지를 나타낸다. 거리 r에서의 면적소는 $dA = r^2 d\Omega$이므로 단위 입체각으로 방출된 단위 주파수당 에너지는

$$\frac{dW}{d\Omega d\nu} = \frac{cr^2|\tilde{E}(\nu)|^2}{2\pi} \tag{3.48}$$

으로 주어진다. 즉 $|\tilde{E}(\nu)|$를 안다면, 단위 입체각으로 방출되는 단위 주파수당 에너지를 위 식에 의해서 계산할 수 있다. (복사장의 $\tilde{E}(\nu)$는 $1/r$에 비례하므로 $dW/d\Omega d\nu$는 거리와 무관하다.) 그리고 5장과 6장에서 보겠지만, 여기에 단위 부피 및 단위 시간당 에너지가 방출되는 횟수, 예를 들어 전자와 양성자의 충돌 횟수를 곱하면 방출계수를 구할 수 있다. 그림 3.6은 몇 개의 함수 꼴에 대한 $E(t)$와 $|\tilde{E}(\nu)|^2$ 사이의 관계를 보여 준다.

참고로 푸리에 변환은 ν 대신 각주파수 $\omega(=2\pi\nu)$를 사용하여 정의되기도 하는데, Rybicki and Lightman(1979)에서는 $\tilde{E}(\nu) = 2\pi\tilde{E}(\omega)$인 $E(t)$의 푸리에 짝 $\tilde{E}(\omega)$를 정의하였다(부록 III 참조). 이 경우

$$\frac{dW}{d\Omega d\omega} = cr^2|\tilde{E}(\omega)|^2 \tag{3.49}$$

이 된다. 이 책에서는 $\tilde{E}(\nu)$와 $\tilde{E}(\omega)$를 병행해서 사용하겠다.

제4장 전자기 복사의 방출

4.1 전자기 퍼텐셜

복사, 즉 전자기파는 전하를 띤 입자가 가속할 경우 방출된다. 방출되는 전자기파의 특성을 구하기 위해서는 주어진 전하밀도 $\rho(\mathbf{x},t)$와 전류밀도 $\mathbf{J}(\mathbf{x},t)$를 포함한 맥스웰 방정식을 풀어야 하며, 이를 위해서

$$\mathbf{B} = \boldsymbol{\nabla}\times\mathbf{A}, \tag{4.1}$$

$$\mathbf{E} = -\boldsymbol{\nabla}\phi - \frac{1}{c}\frac{\partial\mathbf{A}}{\partial t} \tag{4.2}$$

와 같이 정의된 스칼라 퍼텐셜 ϕ와 벡터 퍼텐셜 $\mathbf{A}$를 도입한다. 위 식의 $\mathbf{B}$와 $\mathbf{E}$는 맥스웰 방정식의 두 식 (3.1b)와 (3.1c)를 자동적으로 만족한다. 나머지 ρ와 $\mathbf{J}$가 있는 맥스웰 방정식에 이들을 대입하면

$$\boldsymbol{\nabla}^2\phi + \frac{1}{c}\frac{\partial}{\partial t}\left(\boldsymbol{\nabla}\cdot\mathbf{A} + \frac{1}{c}\frac{\partial\phi}{\partial t}\right) - \frac{1}{c^2}\frac{\partial^2\phi}{\partial t^2} = -4\pi\rho, \tag{4.3a}$$

$$\boldsymbol{\nabla}^2\mathbf{A} - \boldsymbol{\nabla}\left(\boldsymbol{\nabla}\cdot\mathbf{A} + \frac{1}{c}\frac{\partial\phi}{\partial t}\right) - \frac{1}{c^2}\frac{\partial^2\mathbf{A}}{\partial t^2} = -\frac{4\pi}{c}\mathbf{J} \tag{4.3b}$$

를 얻는다. 즉, 전자기장에 관한 4개의 맥스웰 방정식이 퍼텐셜에 관한 2개의 방정식으로 줄어들었다.

벡터 퍼텐셜 $\mathbf{A}$는 그것에 소용돌이 연산자를 택한 물리량이 자기장이 되도록 정의되었으므로, 임의의 스칼라 함수 Λ를 이용하여 $\mathbf{A}$를 $\mathbf{A}' = \mathbf{A} + \boldsymbol{\nabla}\Lambda$로 변환하더라도 $\mathbf{B}$는 변하지 않는다. 이 경우, 동시에 스칼라 퍼텐셜을 $\phi' = \phi - \frac{1}{c}\frac{\partial\Lambda}{\partial t}$로 변환하면 전기장 $\mathbf{E}$ 역시 변하지 않는다. 즉, 전기장과 자기장은 변화시키지 않으면서 편의에 따라 $(\phi,\mathbf{A})$를 여러 가지 방법으로 정의할 수 있다. 특정 $(\phi,\mathbf{A})$를 선택하는 것을 '게이지(gauge)', 그때 $(\phi,\mathbf{A})$가 만족해야 하는 조건을 '게이지 조건(gauge condition)', 그리고 Λ를 '게이지 함수(gauge function)'라고 한다. 전자기학에서 사용되는 대표적인 게이지로는 **쿨롱 게이지**(Coulomb gauge)와 **로런츠 게이지**(Lorentz gauge)[2]가 있다. 쿨롱 게이지 조건은 $\boldsymbol{\nabla}\cdot\mathbf{A} = 0$이며, 이

2) 로런츠 게이지, 로런츠 조건의 '로런츠'는 로런츠 힘, 로런츠 변환 등으로 잘 알려진 네덜란드의 물리학자 로런츠(Hendrik Lorentz 1853–1928)이다. 하지만 이를 최초로 제시한 사람은 덴마크의 물리학자인 로렌츠(Ludvig Lorenz 1829–1891)로 알려져 있다(Jackson and Okun 2001).

경우 스칼라 퍼텐셜은 시간에 의존하지 않는다. 따라서 쿨롱 게이지는 정전기학 문제를 다루는 데 편리하다. 전자기파와 같이 전하 분포가 시간에 따라 변하는 문제를 다루기 위해서는 로런츠 게이지를 선택하는 것이 편리하다. 로런츠 게이지 조건은

$$\nabla \cdot \mathbf{A} + \frac{1}{c}\frac{\partial \phi}{\partial t} = 0 \tag{4.4}$$

으로 주어진다.

로런츠 게이지 조건을 만족하는 퍼텐셜에 대하여 식 (4.3)은 ϕ와 $\mathbf{A}$에 관한 독립된 식

$$\nabla^2 \phi - \frac{1}{c^2}\frac{\partial^2 \phi}{\partial t^2} = -4\pi\rho, \tag{4.5a}$$

$$\nabla^2 \mathbf{A} - \frac{1}{c^2}\frac{\partial^2 \mathbf{A}}{\partial t^2} = -\frac{4\pi}{c}\mathbf{J} \tag{4.5b}$$

로 주어진다. 위 식은 소스(source)가 있는 파동방정식으로서, 그 해는 **뒤처진퍼텐셜**(retarded potential)인

$$\begin{aligned}\phi(\mathbf{x}, t) &= \int_V d^3x' \int dt' \frac{\rho(\mathbf{x}', t')}{|\mathbf{x} - \mathbf{x}'|}\delta\left(t' - t + \frac{|\mathbf{x} - \mathbf{x}'|}{c}\right) \\ &= \int_V \frac{[\rho(\mathbf{x}', t')]_{\text{ret}}}{|\mathbf{x} - \mathbf{x}'|} d^3x', \end{aligned}\tag{4.6a}$$

$$\begin{aligned}\mathbf{A}(\mathbf{x}, t) &= \frac{1}{c}\int_V d^3x' \int dt' \frac{\mathbf{J}(\mathbf{x}', t')}{|\mathbf{x} - \mathbf{x}'|}\delta\left(t' - t + \frac{|\mathbf{x} - \mathbf{x}'|}{c}\right) \\ &= \frac{1}{c}\int_V \frac{[\mathbf{J}(\mathbf{x}', t')]_{\text{ret}}}{|\mathbf{x} - \mathbf{x}'|} d^3x' \end{aligned}\tag{4.6b}$$

이다. 여기서

$$[\rho(\mathbf{x}', t')]_{\text{ret}} \equiv \rho\left(\mathbf{x}', t' = t - \frac{|\mathbf{x} - \mathbf{x}'|}{c}\right), \tag{4.7a}$$

$$[\mathbf{J}(\mathbf{x}', t')]_{\text{ret}} \equiv \mathbf{J}\left(\mathbf{x}', t' = t - \frac{|\mathbf{x} - \mathbf{x}'|}{c}\right) \tag{4.7b}$$

이다. 위의 뒤처진퍼텐셜이 식 (4.5)의 해라는 것은 미분 방정식에 대입해서 확인해 볼 수 있으며, 그 유도 과정은 대부분의 전자기학 교과서에 기술되어 있다. 뒤처진퍼텐셜은 $(\mathbf{x}, t)$에서의 전자기장이 이른 시간 혹은 **뒤처진 시간**(retarded time)[3]인 $t' = t - |\mathbf{x} - \mathbf{x}'|/c$에서의 전하와 전류의 분포에 의해서 결정된다는

3) '뒤처진 시간'은 '현재 시간' t에 대해서 '뒤처진' 과거의 시간을 의미한다. 식 (4.5)의 파동방정식은 뒤처진퍼텐셜에 대응되는 '앞선퍼텐셜(advanced potential)', 즉 현재 시간보다 '앞선' 미래의 시간인 $t' = t + |\mathbf{x} - \mathbf{x}'|/c$에서의 $(\rho, \mathbf{J})$에 의한 퍼텐셜도 수학적 해로 갖는다. 하지만 고전적 인과관계에 의해서 후자는 물리적 해에서 제외된다(Shu 1991, 13장 참조).

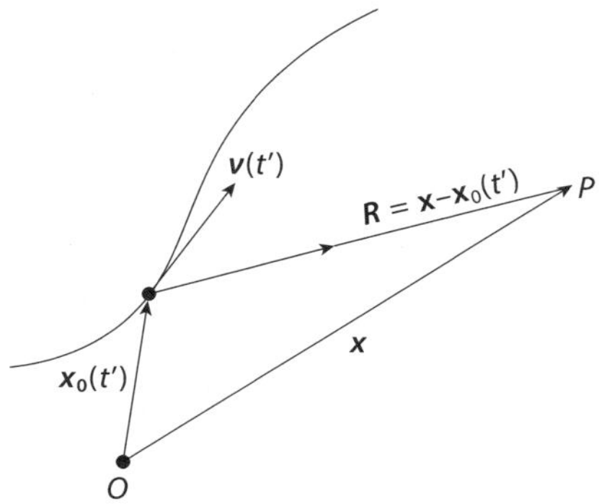

그림 4.1 위치 $\mathbf{x}_0$ 에서 속도 $\mathbf{v}$ 로 움직이는 전하. P 는 관측자의 위치를 나타낸다.

것을 의미한다. 즉, 빛이 관측 지점에 도달하기까지 걸리는 시간이 반영된 해이다.

단일 전하의 경우, 뒤처진퍼텐셜은 보다 간단한 형태를 갖는다. 이제 위치 $\mathbf{x}_0(t)$ 에서 $\mathbf{v}(t)$ 의 속도로 움직이는 단일 전하를 생각해 보자(그림 4.1). 이 경우 전하밀도와 전류밀도는

$$\rho(\mathbf{x}, t) = q\delta(\mathbf{x} - \mathbf{x}_0(t)), \tag{4.8a}$$

$$\mathbf{J}(\mathbf{x}, t) = q\mathbf{v}(t)\delta(\mathbf{x} - \mathbf{x}_0(t)) \tag{4.8b}$$

이므로, 이를 식 (4.6)에 대입하면 스칼라 퍼텐셜은

$$\begin{aligned} \phi(\mathbf{x}, t) &= \int_V d^3x' \int dt' \frac{q\delta(\mathbf{x}' - \mathbf{x}_0(t'))}{|\mathbf{x} - \mathbf{x}'|} \delta\left(t' - t + \frac{|\mathbf{x} - \mathbf{x}'|}{c}\right) \\ &= q \int dt' \frac{\delta(t' - t + |\mathbf{x} - \mathbf{x}_0(t')|/c)}{|\mathbf{x} - \mathbf{x}_0(t')|} \\ &= q \int dt' \frac{\delta(t' - t + R(t')/c)}{R(t')} \end{aligned} \tag{4.9}$$

이 된다. 델타 함수의 특성을 이용하여 공간 적분을 수행하였으며, $R(t') = |\mathbf{R}(t')| = |\mathbf{x} - \mathbf{x}_0(t')|$ 이다. 식 (4.9)의 적분을 수행하기 위해서는 델타 함수의 변수를 치환해야 하는데, 우선 $R^2 = \mathbf{R} \cdot \mathbf{R}$ 의 미분으로부터

$$\frac{dR}{dt'} = -\hat{\mathbf{n}} \cdot \mathbf{v} \tag{4.10}$$

를 얻는다. 여기서 $\hat{\mathbf{n}} \equiv \mathbf{R}(t')/R(t')$ 이다. $t'' \equiv t' - t + R(t')/c$ 이라 놓으면

$$dt'' = (1 - \hat{\mathbf{n}} \cdot \boldsymbol{\beta})dt' \tag{4.11}$$

이므로, 식 (4.9)는

$$\phi(\mathbf{x},t) = q\int \frac{\delta(t'')}{R(t')}\frac{1}{1-\hat{\mathbf{n}}\cdot\boldsymbol{\beta}}dt'' \tag{4.12}$$

이 된다. $\boldsymbol{\beta} \equiv \mathbf{v}(t')/c = \dot{\mathbf{x}}_0(t')/c$이다. 이 적분은 델타 함수의 특성으로부터

$$\phi(\mathbf{x},t) = \left[\frac{q}{\kappa R}\right]_{\rm ret} \tag{4.13a}$$

가 되며, 비슷한 방법으로 벡터 퍼텐셜은

$$\mathbf{A}(\mathbf{x},t) = \left[\frac{q\boldsymbol{\beta}}{\kappa R}\right]_{\rm ret} \tag{4.13b}$$

가 된다. 여기에서

$$\kappa \equiv 1-\hat{\mathbf{n}}\cdot\boldsymbol{\beta} \tag{4.14}$$

이다. 움직이는 단일 전자에 의한 퍼텐셜인 식 (4.13)은 1898년 리에나드(Alfred-Marie Liénard 1869–1958)와 1900년 비헤르트(Emil Wiechert 1861–1928)에 의해서 독립적으로 얻어졌으며 **리에나드-비헤르트 퍼텐셜**이라 부른다. $\mathbf{v} = 0$일 경우 쿨롱 퍼텐셜이 됨을 알 수 있다.

리에나드-비헤르트 퍼텐셜은 쿨롱 퍼텐셜과 두 가지 점에서 다르다. 첫 번째 차이점은 분모에 $\kappa = (1-\hat{\mathbf{n}}\cdot\boldsymbol{\beta})$항이 있다는 점으로서, 전하의 속도가 광속도에 접근하면 이 항 때문에 퍼텐셜은 전하가 움직이는 방향을 중심으로 좁은 빔 모양을 갖게 된다. 이는 **상대론적 분사출 효과**(relativistic beaming effect)로 알려져 있다. 또 다른 차이점은 뒤처진 시간에서의 전하의 위치와 속도가 퍼텐셜을 결정한다는 것이다. 이로 인하여 퍼텐셜의 미분으로 주어지는 전자기장은 $1/R^2$에 비례하는 전기장 이외에 $1/R$에 비례하는 복사장 성분을 갖게 된다(4.2절 참조).

4.2 속도장과 복사장

이제 식 (4.13)을 $(\mathbf{x},t)$에 대하여 미분하여 전기장과 자기장을 구해 보자. 퍼텐셜은 뒤처진 시간 $t' = t - R(t')/c$을 통하여 간접적으로 $(\mathbf{x},t)$에 의존하므로, $\mathbf{E}$와 $\mathbf{B}$를 구하기 위해서는 $\partial t'/\partial t$, $\nabla t'$과 같은 계산을 필요로 한다. 예를 들어, 임의의 함수 $f(\mathbf{x},t)$에 대하여

$$\frac{\partial}{\partial t}[f]_{\rm ret} = \frac{\partial}{\partial t}f(\mathbf{x},t') = \frac{\partial t'}{\partial t}\frac{\partial f}{\partial t'} = \frac{\partial t'}{\partial t}\left[\frac{\partial f}{\partial t}\right]_{\rm ret} \tag{4.15}$$

이다. $t' = t - R(t')/c$을 시간에 대해서 미분하고, 식 (4.10)을 이용하면

$$\frac{\partial t'}{\partial t} = \left[\frac{1}{\kappa}\right]_{\text{ret}} \tag{4.16}$$

가 되며, 따라서

$$\frac{\partial}{\partial t}[f]_{\text{ret}} = \left[\frac{1}{\kappa}\frac{\partial f}{\partial t}\right]_{\text{ret}} \tag{4.17}$$

이다. 마찬가지로 t를 고정시키고 $\mathbf{x}$에 대한 미분을 택하면

$$\boldsymbol{\nabla} t' = -\frac{1}{c}\left[\frac{\mathbf{R}}{\kappa R}\right]_{\text{ret}} \tag{4.18}$$

이므로

$$\boldsymbol{\nabla}[f]_{\text{ret}} = \left[\boldsymbol{\nabla} f - \frac{\mathbf{R}}{c\kappa R}\frac{\partial f}{\partial t}\right]_{\text{ret}} \tag{4.19}$$

가 된다.

위 식들을 이용하여 $\mathbf{E}$와 $\mathbf{B}$를 구하면,

$$\mathbf{E}(\mathbf{x},t) = q\left[\frac{\hat{\mathbf{n}}-\boldsymbol{\beta}}{\gamma^2\kappa^3R^2}\right]_{\text{ret}} + \frac{q}{c}\left[\frac{\hat{\mathbf{n}}\times\{(\hat{\mathbf{n}}-\boldsymbol{\beta})\times\dot{\boldsymbol{\beta}}\}}{\kappa^3R}\right]_{\text{ret}}, \tag{4.20a}$$

$$\mathbf{B}(\mathbf{x},t) = [\hat{\mathbf{n}}\times\mathbf{E}]_{\text{ret}} \tag{4.20b}$$

가 된다. $\gamma \equiv (1-\beta^2)^{-1/2}$는 **로런츠 인자**이다. 위 식의 첫째 항은 $1/R^2$에 비례하며 속도장을 나타낸다. 속도가 매우 작을 경우, 정전기장에 수렴함을 볼 수 있다. 속도가 0일 경우 이 항에 대응되는 자기장은 0이 된다. 반면 둘째 항은 $1/R$

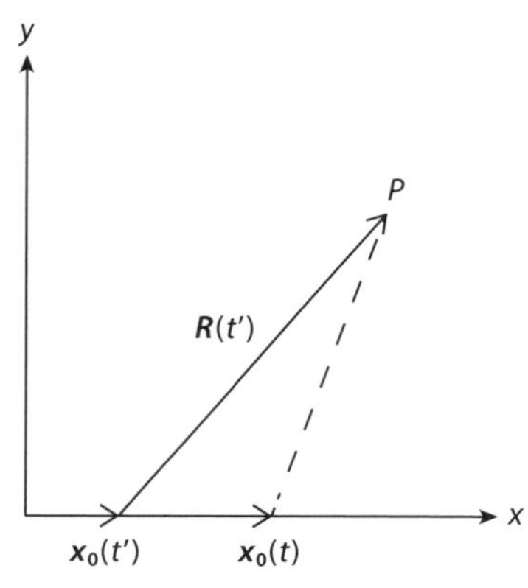

그림 4.2 x축을 따라서 일정한 속도로 이동하는 전하. $\mathbf{x}_0(t')$은 복사 방출 순간의 전하의 위치를, $\mathbf{x}_0(t)$는 P에 위치한 관측자에 복사가 도달한 순간의 전하의 위치를 나타낸다.

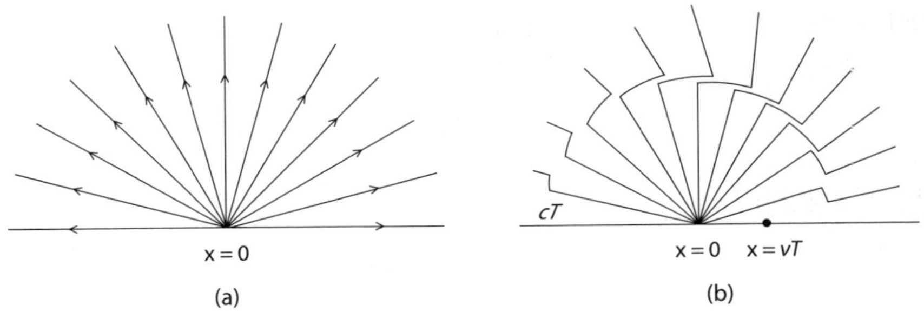

그림 4.3 x축을 따라서 일정한 속도 v로 진행하다가 갑자기 멈춘 전하 주변의 전기장. (a) 멈춘 순간의 전기장, (b) 시간 T 이후의 전기장. 전하는 $x = 0$에 멈춰 있다. $x = vT$는 만약 전하가 계속 진행했다면 도달했을 위치를 나타낸다. 전하로부터 거리 cT에 위치한 편각 방향의 전기장이 전하가 멈춘 순간 발생한 복사장에 해당한다.

에 비례하며 가속도에 의한 전자기장, 즉 복사장을 나타낸다. 복사장의 $(\mathbf{E}, \mathbf{B})$는 서로 수직이며, 각각 $\hat{\mathbf{n}}$에 수직임을 알 수 있다.

예로서 일정한 속도로 움직이는 전하의 전기장을 살펴보자(그림 4.2). 일정한 속도 $\mathbf{v}$로 움직이는 전하 q의 경우, 시각 t와 t'에서의 전하의 위치 $\mathbf{x}_0(t)$와 $\mathbf{x}_0(t')$ 사이의 벡터는

$$\mathbf{x}_0(t) - \mathbf{x}_0(t') = \mathbf{v}(t - t') = \boldsymbol{\beta} R \tag{4.21}$$

로 주어진다. 나중 등식은 $t' = t - R/c$을 이용하였다. 이 결과로부터 식 (4.20)의 속도장 $\mathbf{E}$의 방향은

$$[\hat{\mathbf{n}} - \boldsymbol{\beta}]_{\text{ret}} = \mathbf{R}/R - [\mathbf{x}_0(t) - \mathbf{x}_0(t')]/R = [\mathbf{R}(t') - [\mathbf{x}_0(t) - \mathbf{x}_0(t')]]\,/R \tag{4.22}$$

이 된다. 즉, 전기장의 방향이 항상 전기장이 도착하는 순간 t의 전하의 위치를 가리킨다(그림 4.2 참조). 만약 전하가 일정한 속도로 진행하다가 시각 $t = 0$에 멈추었다면, 그 시점으로부터 시간 t 이후의 전기장은 그림 4.3과 같이 주어진다. 즉, $r = ct$의 거리 안에서는 $x = 0$에 위치한 전하에 의한 정전기적 전기장인 반면, 그 바깥쪽의 전기장은 전하가 같은 속도로 계속 진행했을 경우 도달할 위치를 가리키게 된다. 그리고 $r = ct$ 지점에서는 전파 방향에 수직인 전기장 성분이 발생한다. 이 전기장이, 에너지 플럭스가 $1/r^2$로 감쇠하는, 복사장의 전기장에 해당한다. 실제로 가우스 법칙을 이용하여 편각 방향 성분의 전기장 E_θ의 세기가 $1/r$에 비례한다는 것을 보일 수 있다(Purcell and Morin 2013, Appendix H 참조).

또 다른 예로서 그림 4.4는 상하로 단진동하는 비상대론적($\beta \ll 1$) 전하와 원운동하는 상대론적($\beta \lesssim 1$) 전하의 전기장을 보여 주고 있다. 두 경우 모두 속도장과 복사장을 방출한다. 단진동하는 비상대론적 전하의 경우 속도장은 $\hat{\mathbf{r}}$ 방향

그림 4.4 (a) 상하로 단진동 운동하는 전하의 전기장, (b) 원운동하는 상대론적 전하의 전기장. (출처: PhET Interactive Simulations[4])

이며 복사장은 $\hat{\boldsymbol{\theta}}$ 방향이다. 전하 근처에서는 속도장이, 전하로부터 먼 곳에서는 복사장이 강한 것을 볼 수 있다. 또한 진동 방향($\hat{\mathbf{z}}$)에서는 복사장의 세기가 0이며 z축에서 멀어질수록 복사장의 세기가 강해지는 것을 볼 수 있다. 전하로부터 멀리 떨어진 지점에서는 단진동 주파수와 동일한 주파수의 단색 복사장을 받게 된다. 이러한 비상대론적 전하의 복사 특성은 식 (4.20a)로부터 쉽게 유도할 수 있으며, 4.3절에서 자세하게 다룰 것이다. 한편 원운동하는 상대론적 전하의 경우, 속도장은 $\hat{\mathbf{r}}$과 $\hat{\boldsymbol{\theta}}$ 성분을 모두 갖고 있으며, 복사장은 $\hat{\boldsymbol{\theta}}$ 방향이다. 전하 근처를 제외하면 복사장이 속도장보다 우세하다. 복사장의 세기는 균일하지 않으며 나선 모양의 강한 복사장이 생성되어 퍼져 나가는 것을 볼 수 있다. 따라서 전하로부터 멀리 떨어진 한 지점에서는 주기적인 펄스를 관측하게 된다. 펄스의 지속 시간은 매우 짧고, 그 주기는 전하의 공전 주파수와 동일할 것이다. 상대론적 전하의 복사 특성에 관해서는 6장에서 자세하게 다룰 것이다.

4.3 전기 쌍극자 복사장

이 절에서는 비상대론적 전하, 즉 $\beta \ll 1$인 전하가 방출하는 복사의 특성을 살펴보겠다. 비상대론적 전하의 운동에 의한 복사장($\mathbf{E}_{\rm rad}$)과 속도장($\mathbf{E}_{\rm vel}$)의 크기의 비는 식 (4.20)으로부터

$$\frac{E_{\rm rad}}{E_{\rm vel}} \sim \frac{R\dot{v}}{c^2} \tag{4.23}$$

이 된다. 주파수 ν 혹은 파장 λ의 성분에 대해서는 $\dot{v} \sim v\nu$가 되고, 위 식은

$$\frac{E_{\rm rad}}{E_{\rm vel}} \sim \frac{Rv\nu}{c^2} = \frac{Rv}{\lambda c} \tag{4.24}$$

4) PhET(Physics Education Technology, https://phet.colorado.edu/) Interactive Simulations는 2002년 미국 콜로라도 대학의 노벨상 수상자 와이먼(Carl Wieman)이 창시한 개방형 교육 자원 프로젝트로서 가속 전하의 복사를 포함하여 100여 개의 다양한 자연과학 분야의 교육용 시뮬레이션을 제공하고 있다.

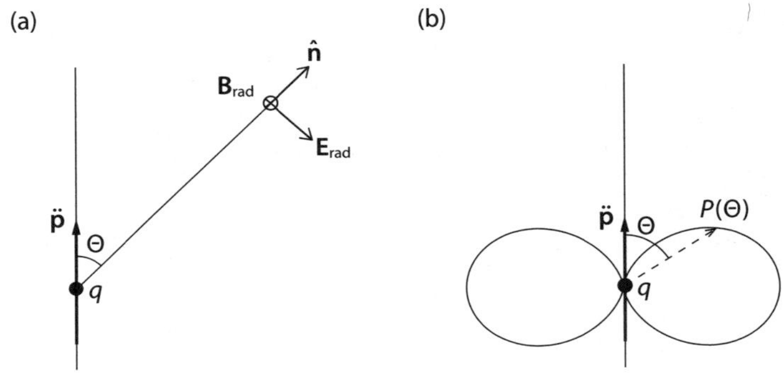

그림 4.5 전기 쌍극자 복사장. (a) 가속된 전하($\ddot{\mathbf{p}} = q\ddot{\mathbf{x}}$, 식 4.31)에 의해 발생한 쌍극자 복사장의 전기장 $\mathbf{E}_{\rm rad}$와 자기장 $\mathbf{B}_{\rm rad}$. $\hat{\mathbf{n}}$은 관측자의 방향을 나타낸다. (b) 쌍극자 복사장의 복사패턴. 파선(dashed line)으로 표시된 전하 q로부터의 거리는 파워 $P(\Theta)$에 비례한다.

가 된다. 따라서 전하에 가까운 지역($R < \lambda(c/v)$)에서는 속도장의 크기가 복사장의 크기보다 크다. 반면, 먼 지역($R \gg \lambda(c/v)$)에서는 복사장의 크기가 속도장의 크기보다 매우 크다. 여기에서는 복사장의 특성만을 살펴보기로 한다.

비상대론적 전하의 복사장의 전기장과 자기장은 각각

$$\mathbf{E}_{\rm rad}(\mathbf{x},t) = \frac{q}{c}\left[\frac{\hat{\mathbf{n}}\times\{\hat{\mathbf{n}}\times\dot{\boldsymbol{\beta}}\}}{R}\right]_{\rm ret}, \tag{4.25a}$$

$$\mathbf{B}_{\rm rad}(\mathbf{x},t) = [\hat{\mathbf{n}}\times\mathbf{E}_{\rm rad}]_{\rm ret} \tag{4.25b}$$

로 주어진다(식 4.20). 전기장은 $(\hat{\mathbf{n}}, \dot{\mathbf{v}})$ 평면에 놓이며 $\hat{\mathbf{n}}$에 수직이다(그림 4.4, 4.5 참조). 관측 지점을 가리키는 방향 벡터 $\hat{\mathbf{n}}$은 관측 지점이 멀리 있을 경우 일정하다. $\dot{\mathbf{v}}$과 $\hat{\mathbf{n}}$ 사이의 각도를 Θ라고 하면, 전기장과 자기장의 크기는

$$|\mathbf{E}_{\rm rad}| = |\mathbf{B}_{\rm rad}| = \left|\frac{q\dot{v}}{Rc^2}\sin\Theta\right| \tag{4.26}$$

로 주어진다. 따라서 포인팅 벡터는

$$\mathbf{S} = \hat{\mathbf{n}}\frac{c}{4\pi}E_{\rm rad}^2 = \hat{\mathbf{n}}\frac{1}{4\pi}\frac{q^2\dot{v}^2}{R^2c^3}\sin^2\Theta \tag{4.27}$$

가 되며, 단위 입체각당 방출된 파워, 즉 **복사패턴**(radiation pattern) 혹은 **파워 패턴**(power pattern)은

$$\frac{dP}{d\Omega} = R^2\hat{\mathbf{n}}\cdot\mathbf{S} = \frac{cR^2}{4\pi}E_{\rm rad}^2 = \frac{q^2\dot{v}^2}{4\pi c^3}\sin^2\Theta \tag{4.28}$$

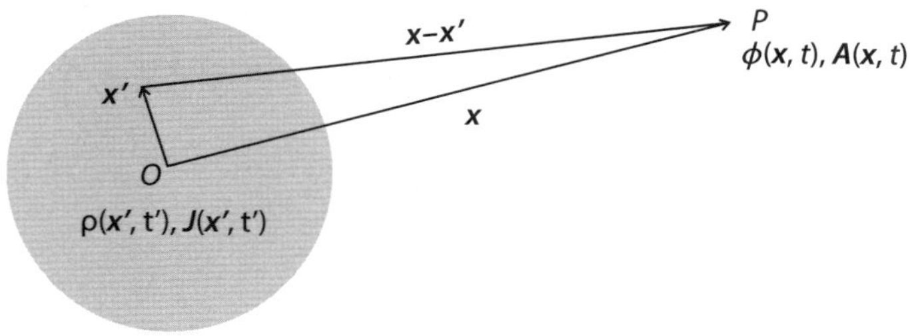

그림 4.6 작은 부피($|\mathbf{x}'| \ll \lambda/2\pi$)에 한정된 전하 분포. P는 관측자의 위치를 나타내며 $|\mathbf{x}| \gg |\mathbf{x}'|$이다.

이며, 전체 파워는

$$P = \frac{dW}{dt} = \frac{q^2\dot{v}^2}{4\pi c^3}\int \sin^2\Theta d\Omega = \frac{2q^2\dot{v}^2}{3c^3} \tag{4.29}$$

이 된다. 식 (4.29)를 **라모 공식**(Larmor formula)이라 부른다. 식 (4.28)로부터, 방출된 파워는 전하량의 제곱과 가속도의 제곱에 비례하며, 복사패턴은 $\sin^2\Theta$로서 가속도에 수직인 방향으로 최댓값을 가지며 만약 전하가 일직선상으로 가속을 한다면 복사장은 $(\hat{\mathbf{n}}, \dot{\mathbf{v}})$ 평면상에서 100% 선형편광된다는 것을 알 수 있다(그림 4.5).

다음으로 작은 부피의 공간 V_0에 한정된 전하들에 의하여 발생되는 전자기장에 대하여 생각해 보자(그림 4.6). 여기에서 작은 공간이란 전하들이 분포하고 있는 공간의 크기가 방출되는 전자기파의 파장에 비하여 매우 작음($r' = |\mathbf{x}'| \ll \lambda/2\pi$)을 의미한다. 예를 들어, 미시적으로는 원자 혹은 분자 안의 전하 분포를, 거시적으로는 전파를 발생하는 작은 안테나를 생각할 수 있다. 원칙적으로 어떤 관측자가 받는 복사장은 식 (4.25)로 주어지는 전기장의 합일 것이다. 식 (4.25)의 물리량은 뒤처진 시간인 $t' = t - R(t')/c$에서의 값으로서, 시간차에 의한 위상의 차이를 고려해야 한다. 하지만 $r' \ll \lambda/2\pi$인 경우에는 그 위상의 차이를 무시할 수 있다. 이러한 근사를 **쌍극자 근사**, 그리고 방출되는 복사를 **쌍극자 복사**(dipole radiation)라 부르며, 이 경우 관측 지점에서의 전기장은

$$\mathbf{E}_{\rm rad}(\mathbf{x}, t) = \sum_i \frac{q_i}{c}\left[\frac{\hat{\mathbf{n}}\times\{\hat{\mathbf{n}}\times\dot{\boldsymbol{\beta}}_i\}}{R_i}\right]_{\rm ret} = \left[\frac{\hat{\mathbf{n}}\times\{\hat{\mathbf{n}}\times\ddot{\mathbf{p}}\}}{c^2R_0}\right]_{\rm ret} \tag{4.30}$$

로 주어진다. $R_0(\gg r')$는 전하가 분포하는 영역의 중심에서 관측자까지의 거리를 의미한다. 그리고 **전기 쌍극자 모멘트**(electric dipole moment) $\mathbf{p}$는

$$\mathbf{p} \equiv \sum_i q_i\mathbf{x}_i = \int_{V_0} \rho(\mathbf{x}', t)\mathbf{x}' d^3x' \tag{4.31}$$

으로 정의된 양이다(식 4.30의 두 번째 등식에서 유한합 기호가 $[\quad]_{\rm ret}$ 안으로 들어 갔음을 유의하라!). 앞에서와 마찬가지로 단위 입체각당 방출된 파워와 전체 파워는

$$\frac{dP}{d\Omega} = \frac{\ddot{p}^2}{4\pi c^3}\sin^2\Theta, \quad P = \frac{2\ddot{p}^2}{3c^3} \tag{4.32}$$

으로 주어진다.

쌍극자 근사는 전하가 분포하고 있는 영역의 크기 $L \sim r' \ll \lambda/2\pi$를 가정하고 있다. $\lambda = 2\pi c/\omega$이므로 이는 $L \ll c/\omega$와 동등하다. $v = \dot{x}' = \omega r' \sim \omega L$이므로, 이는 다시 $L \ll L(c/v)$, 즉 $v/c \ll 1$과 동등하다. 즉, 쌍극자 근사는 비상대론적 운동을 전제로 하고 있다.

4.4 자기 쌍극자 및 전기 사중극자 복사장⋆

4.4.1 다극자 복사장

앞 절에서는 단일 전하 혹은 매우 좁은 영역에 국한된 전하들의 비상대론적 운동에 의해 발생하는 전기 쌍극자 복사장에 대하여 살펴보았다. 5장과 6장에서 다룰 열적 제동복사 및 싱크로트론 복사 모두 미시적으로는 전자의 가속에 의한 전기 쌍극자 복사에 기반한다. 앞에서 언급했듯이, 전기 쌍극자 복사장은 각 전하들의 운동으로 발생한 복사장의 위상 차이를 무시한 경우이다. 즉, 전하가 분포하고 있는 영역의 크기(r')가 파장에 비해서 매우 작다는 가정하에 $kr' \approx 0$으로 근사하였다. 이 절에서는 동일한 가정하에서 전하들에 의한 퍼텐셜의 위상을 $kr'(\ll 1)$의 멱급수(power series)로 전개한다. kr'의 차수가 높아질수록 복사장의 세기가 전기 쌍극자 복사장에 비해서 약해지지만 0은 아니다. 만약 전기 쌍극자 도멘트가 0이어서 쌍극자 복사가 없다면, kr'에 비례하는 항에 의한 복사장이 중요해진다.

이제 위상 차이를 고려한, 보다 일반적인 전하의 분포 및 운동에 의한 복사장의 특성을 살펴보기 위해서, 전하밀도와 전류밀도가 다음과 같이 하나의 푸리에 성분으로 주어진 경우를 생각해 보자.

$$\rho(\mathbf{x}, t) = \rho(\mathbf{x})e^{-i\omega t}, \quad \mathbf{J}(\mathbf{x}, t) = \mathbf{J}(\mathbf{x})e^{-i\omega t}. \tag{4.33}$$

전자기 퍼텐셜과 전자기장 역시 동일한 시간 의존도($e^{-i\omega t}$)를 갖는다고 가정한다. 전하밀도와 전류밀도가 보다 일반적인 시간의 함수일 경우, 푸리에 분석을 통해서 여러 주파수 성분의 합으로 나타낼 수 있고 각각의 푸리에 성분을 독립적으로 취급할 수 있으므로 하나의 푸리에 성분을 살펴보는 것으로 충분하다. 앞에서와 마찬가지로 실제의 물리량은 복소 표현의 실수부에 해당한다.

우선 관측점까지의 거리 $r(=|\mathbf{x}|)$은 항상 전하들까지의 거리 r'보다 크다(그

림 4.6 참조). 따라서 식 (4.6)의 분모에 있는 $|\mathbf{x}-\mathbf{x}'|$을 급수로 전개하면,

$$|\mathbf{x}-\mathbf{x}'| \approx r - \hat{\mathbf{n}}\cdot\mathbf{x}' + \frac{1}{2r}[r'^2 - (\hat{\mathbf{n}}\cdot\mathbf{x}')^2] \tag{4.34}$$

이 된다. $\hat{\mathbf{n}} \equiv \mathbf{x}/r$ 이다. 뒤처진 시간에서의 전하밀도는

$$\rho\left(\mathbf{x}', t' = t - \frac{|\mathbf{x}-\mathbf{x}'|}{c}\right) = \rho(\mathbf{x}')e^{-iw[t-\frac{|\mathbf{x}-\mathbf{x}'|}{c}]} = \rho(\mathbf{x}')e^{-iwt+ik|\mathbf{x}-\mathbf{x}'|} \tag{4.35}$$

이므로, 식 (4.6)의 스칼라 퍼텐셜은

$$\phi(\mathbf{x},t) = \frac{e^{-i\omega t}}{r}\left[\int \rho(\mathbf{x}')e^{ik|\mathbf{x}-\mathbf{x}'|}d^3x' + \frac{\hat{\mathbf{n}}}{r}\cdot\int \mathbf{x}'\rho(\mathbf{x}')e^{ik|\mathbf{x}-\mathbf{x}'|}d^3x'\right] \quad (r \gg r') \tag{4.36}$$

과 같이 근사할 수 있다. $k(=\omega/c)$는 파수이다. 위 식에서 첫째 항은 $1/r$, 둘째 항은 $1/r^2$에 비례하며, r이 커질수록 첫째 항이 중요하다.

한편, 위상을 나타내는 $k|\mathbf{x}-\mathbf{x}'|$ 항은 식 (4.34)를 이용하여 급수 전개를 하면

$$k|\mathbf{x}-\mathbf{x}'| \approx kr - k\hat{\mathbf{n}}\cdot\mathbf{x}' + \frac{k}{2r}[r'^2 - (\hat{\mathbf{n}}\cdot\mathbf{x}')^2] \tag{4.37}$$

이 된다. 우선 첫째 항은 전하 분포의 중심으로부터 관측점까지의 거리에 따른 위상으로서 모든 전하에 대해서 동일한 값을 가지므로 중요하지 않다. 나머지 항들은 중요할 수 있는데, 위상이므로 그들의 상대적인 크기보다도 절댓값이 1보다 큰지 작은지가 중요하다. 즉, 셋째 항의 경우, 그 크기가

$$\sim \frac{kr'}{2}\left(\frac{r'}{r}\right) = \frac{\pi r'}{\lambda}\left(\frac{r'}{r}\right) \tag{4.38}$$

이므로, $r' < \lambda/2\pi$ 혹은 $r \gg \pi r'^2/\lambda$이면 무시할 수 있다. ($r > r'$은 항상 만족된다.) 나머지 항들 역시 이러한 조건이면 무시할 수 있다. 따라서 $r' < \lambda/2\pi$의 경우, 스칼라 퍼텐셜은

$$\begin{aligned}\phi(\mathbf{x},t) &\approx \frac{e^{ikr}}{r}\left[\int \rho e^{-ik\hat{\mathbf{n}}\cdot\mathbf{x}'}d^3x' + \frac{\hat{\mathbf{n}}}{r}\cdot\int \mathbf{x}'\rho e^{-ik\hat{\mathbf{n}}\cdot\mathbf{x}'}d^3x'\right] \\ &\approx \frac{e^{ikr}}{r}\left[\int \rho d^3x' + \left(\frac{1}{r} - ik\right)\hat{\mathbf{n}}\cdot\int \mathbf{x}'\rho d^3x'\right] \end{aligned} \tag{4.39a}$$

이 되며, 비슷한 방법으로 식 (4.6)의 벡터 퍼텐셜은

$$\mathbf{A}(\mathbf{x},t) \approx \frac{e^{ikr}}{cr}\left[\int \mathbf{J}d^3x' + \left(\frac{1}{r} - ik\right)\int (\hat{\mathbf{n}}\cdot\mathbf{x}')\mathbf{J}d^3x'\right] \tag{4.39b}$$

과 같이 근사할 수 있다. 편의상 e^{-iwt} 항은 ρ, $\mathbf{J}$ 안에 포함시켰다. 위 식에서 스칼라 퍼텐셜의 첫째 항은 총전하에 비례하는 퍼텐셜로서 정적 쿨롱 퍼텐셜에 해당하며, 둘째 항은 전기 쌍극자 퍼텐셜을 나타낸다. 한편 벡터 퍼텐셜의 첫째 항은 전기 쌍극자 퍼텐셜을 나타내고, 둘째 항은 자기 쌍극자 퍼텐셜과 전기 사중극자 퍼텐셜을 나타낸다(아래 참조). 한 가지 강조할 점은 아직 r과 λ의 상대적 크기는 제한되지 않았다는 점이다. 따라서 위 퍼텐셜은 $r \ll \lambda$인 근거리 영역(near zone)과 $r \gg \lambda$인 원거리 영역(far zone) 모두에서 성립한다.

전기 쌍극자 퍼텐셜은 식 (4.39b)의 첫째 항으로서 방출되는 전자기파 사이의 위상 차이를 무시한다. 이 경우 벡터 퍼텐셜은

$$\mathbf{A}(\mathbf{x}, t) = \frac{e^{ikr}}{cr} \int \mathbf{J}(\mathbf{x}', t) d^3x' \tag{4.40}$$

으로 주어진다. $\mathbf{A}(\mathbf{x}, t)$로부터 자기장을 구하고, 이로부터 전기장을 구할 수 있으므로, $\phi(\mathbf{x}, t)$는 고려하지 않아도 된다. 이 적분은 벡터 항등식

$$\int_V \mathbf{J}(\mathbf{x}') d^3x' = \int_S \mathbf{x}'(\mathbf{J} \cdot \hat{\mathbf{n}}') dA' - \int_V \mathbf{x}'(\boldsymbol{\nabla} \cdot \mathbf{J}) d^3x' \tag{4.41}$$

을 이용하여 쌍극자 모멘트 형태로 변환할 수 있다. 부피 V를 모든 전하와 전류를 포함한 부피로 정의하면 그 표면에서는 $\mathbf{J} = 0$이다. 따라서 우변의 표면적분은 0이 된다. 그리고 연속 방정식에 의해서

$$\int_V \mathbf{x}'(\boldsymbol{\nabla} \cdot \mathbf{J}) d^3x' = i\omega \int_V \mathbf{x}' \rho d^3x' \tag{4.42}$$

이므로, 벡터 퍼텐셜은

$$\mathbf{A}(\mathbf{x}, t) = -ik\mathbf{p}\frac{e^{ikr}}{r} \tag{4.43}$$

로 주어진다. $\mathbf{p}$는 전기 쌍극자 모멘트이다(식 4.31). 이로부터 자기장 $\mathbf{B}(= \boldsymbol{\nabla} \times \mathbf{A})$와 전기장 $\mathbf{E}(= \frac{i}{k}\boldsymbol{\nabla} \times \mathbf{B})$를 구하면

$$\mathbf{B}(\mathbf{x}, t) = \frac{e^{ikr}}{r} k^2 \left(1 - \frac{1}{ikr}\right) \hat{\mathbf{n}} \times \mathbf{p}, \tag{4.44a}$$

$$\mathbf{E}(\mathbf{x}, t) = \frac{e^{ikr}}{r} k^2 (\hat{\mathbf{n}} \times \mathbf{p}) \times \hat{\mathbf{n}} + [3\hat{\mathbf{n}}(\mathbf{p} \cdot \hat{\mathbf{n}}) - \mathbf{p}] \left[\frac{1}{r^3} - \frac{ik}{r^2}\right] e^{ikr} \tag{4.44b}$$

이 된다. 이 결과는 λ와 r의 상대적인 크기에 상관없이 전하 분포의 바깥쪽에서는 항상 성립한다.

앞 절에서 다루었던 광원에서 먼 곳에서의 전기 쌍극자 복사장은 $kr \gg 1$의

근사를 취함으로써 얻어진다. 식 (4.44)로부터

$$\mathbf{B}(\mathbf{x},t) = \frac{e^{ikr}}{r}k^2\hat{\mathbf{n}}\times\mathbf{p}, \qquad (kr\gg 1) \tag{4.45a}$$

$$\mathbf{E}(\mathbf{x},t) = \frac{e^{ikr}}{r}k^2(\hat{\mathbf{n}}\times\mathbf{p})\times\hat{\mathbf{n}} = \mathbf{B}\times\hat{\mathbf{n}} \qquad (kr\gg 1) \tag{4.45b}$$

을 얻는다. 식 (4.30)에서는 위 식의 e^{ikr} 항이 $[\ \ ]_{\rm ret}$에 포함되어 있다. 즉, 식 (4.30)에서 $[e^{-i\omega t'}]_{\rm ret} = e^{-i\omega(t-r/c)} = e^{-i\omega t+ikr}$이 된다.

한편 전하 분포에 가까이 있는 근거리 영역에서의 쌍극자 전기장과 자기장은 $kr\ll 1$의 근사를 취함으로써 얻어진다. 이 경우 식 (4.44)로부터

$$\mathbf{B}(\mathbf{x},t) = ik(\hat{\mathbf{n}}\times\mathbf{p})\frac{1}{r^2}, \qquad (kr\ll 1) \tag{4.46a}$$

$$\mathbf{E}(\mathbf{x},t) = [3\hat{\mathbf{n}}(\mathbf{p}\cdot\hat{\mathbf{n}})-\mathbf{p}]\frac{1}{r^3} \qquad (kr\ll 1) \tag{4.46b}$$

을 얻는다. 자기장은 항상 $\hat{\mathbf{n}}$에 수직이며 전기장에 비하여 kr만큼 작다. 따라서 $kr'\ll kr\ll 1$인 근거리에서는 전기장이 우세하며, 전기장은 $\hat{\mathbf{n}}$에 평행한 성분과 수직인 성분 모두를 갖고 있다. $kr\to 0$일 경우, 정전기 결과에 수렴한다. 식 (4.46)은 복사장과는 관련이 없지만, 전기 쌍극자 모멘트 주변의 정전기적 전자기장의 분포 및 크기를 구하는 데 유용하다(문제 2).

4.4.2 자기 쌍극자 및 전기 사중극자 복사장

식 (4.39b)에서 전기 쌍극자 퍼텐셜 다음 항은

$$\mathbf{A} = \frac{e^{ikr}}{cr}\left(\frac{1}{r}-ik\right)\int(\hat{\mathbf{n}}\cdot\mathbf{x}')\mathbf{J}d^3x' \tag{4.47}$$

으로서, 적분 안의 항은 다음과 같이 $\mathbf{x}'$과 $\mathbf{J}$가 대칭인 항과 비대칭인 항의 합인

$$\begin{aligned}(\hat{\mathbf{n}}\cdot\mathbf{x}')\mathbf{J} &= \frac{1}{2}[(\hat{\mathbf{n}}\cdot\mathbf{x}')\mathbf{J}+(\hat{\mathbf{n}}\cdot\mathbf{J})\mathbf{x}'] + \frac{1}{2}[(\hat{\mathbf{n}}\cdot\mathbf{x}')\mathbf{J}-(\hat{\mathbf{n}}\cdot\mathbf{J})\mathbf{x}'] \\ &= \frac{1}{2}[(\hat{\mathbf{n}}\cdot\mathbf{x}')\mathbf{J}+(\hat{\mathbf{n}}\cdot\mathbf{J})\mathbf{x}'] + \frac{1}{2}(\mathbf{x}'\times\mathbf{J})\times\hat{\mathbf{n}}\end{aligned} \tag{4.48}$$

으로 표현될 수 있다. 아래에서 보겠지만 첫째 항은 전기 사중극자 전자기장을 나타내는 항이고, 둘째 항은 자기 쌍극자 전자기장을 나타내는 항이다.

자기 쌍극자 전자기장의 경우, 벡터 퍼텐셜은

$$\mathbf{A} = \frac{e^{ikr}}{r}\left(\frac{1}{r}-ik\right)\mathbf{m}\times\hat{\mathbf{n}} = \frac{ike^{ikr}}{r}\left(1-\frac{1}{ikr}\right)\hat{\mathbf{n}}\times\mathbf{m} \tag{4.49}$$

표 4.1 전기 쌍극자장과 자기 쌍극자장의 물리량 비교

자기 쌍극자장	전기 쌍극자장
$\mathbf{m} \equiv \frac{1}{2c}\int \mathbf{x}' \times \mathbf{J} d^3x'$	$\mathbf{p} = \int \rho(\mathbf{x}', t)\mathbf{x}' d^3x'$
$\mathbf{A} = \frac{ike^{ikr}}{r}\left(1 - \frac{1}{ikr}\right)\hat{\mathbf{n}} \times \mathbf{m}$	$\frac{i}{k}\mathbf{B} = \frac{ike^{ikr}}{r}\left(1 - \frac{1}{ikr}\right)\hat{\mathbf{n}} \times \mathbf{p}$
$\mathbf{B} = \boldsymbol{\nabla} \times \mathbf{A}$	$\mathbf{E} = \boldsymbol{\nabla} \times \frac{i}{k}\mathbf{B}$
$\mathbf{E} \quad \left(\mathbf{B} = -\frac{i}{k}\boldsymbol{\nabla} \times \mathbf{E}\right)$	$-\mathbf{B} \quad \left(\mathbf{E} = \frac{i}{k}\boldsymbol{\nabla} \times \mathbf{B}\right)$

이며, $\mathbf{m}$은 **자기 쌍극자 모멘트**(magnetic dipole moment) 혹은 **자기 모멘트**(magnetic moment)로서

$$\mathbf{m} = \frac{1}{2c}\int \mathbf{x}' \times \mathbf{J} d^3x' \tag{4.50}$$

이다. 예를 들어 평면에 전류의 세기가 $I = \int_S \mathbf{J} \cdot \hat{\mathbf{n}}' dA'$($dA'$ = 전선의 단면적에 해당하는 면적소, $\hat{\mathbf{n}}'$ = 면적소에 수직인 단위 벡터)인 닫힌 전류 고리가 있을 경우, 자기 모멘트는 전류의 세기와 전류 고리로 둘러싸인 평면의 면적의 곱인

$$\mathbf{m} = \frac{I}{2c}\oint \mathbf{x}' \times \mathbf{d}\ell = \frac{IA}{c}\hat{\mathbf{n}} \tag{4.51}$$

으로 주어진다. A는 전류 고리로 둘러싸인 평면의 면적, $\hat{\mathbf{n}}$은 그에 수직인 단위 벡터이다.

자기 쌍극자장의 $\mathbf{A}$를 식 (4.44a)의 전기 쌍극자장의 $(i/k)\mathbf{B}$와 비교해 보면, $\mathbf{p}$와 $\mathbf{m}$만 다를 뿐 동일한 형태이다(표 4.1). 따라서 자기 쌍극자장의 $\mathbf{B}(= \boldsymbol{\nabla} \times \mathbf{A})$는 전기 쌍극자장의 $\mathbf{E}(= \frac{i}{k}\boldsymbol{\nabla} \times \mathbf{B})$와 동일한 형태가 될 것이다. 즉,

$$\mathbf{B} = \frac{e^{ikr}}{r}k^2(\hat{\mathbf{n}} \times \mathbf{m}) \times \hat{\mathbf{n}} + [3\hat{\mathbf{n}}(\mathbf{m} \cdot \hat{\mathbf{n}}) - \mathbf{m}]\left[\frac{1}{r^3} - \frac{ik}{r^2}\right]e^{ikr} \tag{4.52}$$

이 된다. 그리고 $\mathbf{B} = -\frac{i}{k}\boldsymbol{\nabla} \times \mathbf{E}$이므로, 전기장은 전기 쌍극자 경우의 $-\mathbf{B}$와 동일하다. 즉,

$$\mathbf{E} = -\frac{e^{ikr}}{r}k^2\left(1 - \frac{1}{ikr}\right)\hat{\mathbf{n}} \times \mathbf{m} \tag{4.53}$$

이 된다. 표 4.1에 자기 쌍극자장과 전기 쌍극자장의 물리량들을 비교해 놓았다.

위 결과로부터 자기 쌍극자의 근거리 및 원거리 전자기장 패턴은 전기 쌍극자의 경우와 동일한 형태를 취함을 알 수 있다. 예를 들어 자기 쌍극자 복사장의

단위 입체각당 방출된 파워와 전체 파워는 식 (4.32)에서 $\mathbf{p}$를 $\mathbf{m}$으로 대체하여

$$\frac{dP}{d\Omega} = \frac{\ddot{m}^2}{4\pi c^3}\sin^2\Theta, \quad P = \frac{2\ddot{m}^2}{3c^3} \tag{4.54}$$

가 된다. 자기 쌍극자 모멘트의 크기 $|\mathbf{m}| \sim (v/c)|\mathbf{p}|$이므로, 자기 쌍극자 복사의 세기는 전기 쌍극자의 경우보다 $(v/c)^2$만큼 작다. 전기 쌍극자 복사와의 또 다른 차이점은 편광 방향이다. 전기 쌍극자 복사의 경우 전기장 $\mathbf{E}$는 $\mathbf{n}$과 $\mathbf{p}$가 있는 평면에 놓이나(그림 4.5 참조), 자기 쌍극자 복사의 경우 $\mathbf{E}$는 $\mathbf{n}$과 $\mathbf{m}$이 있는 평면에 수직이다. 천문학적 규모의 자기 쌍극자 복사원의 예로서 펄사가 있다. 자전축과 자기축이 일치하지 않는 펄사는 자기 쌍극자 복사를 방출하며 이러한 복사에 의한 에너지 손실로 자전 주기가 증가한다(문제 2).

한편 식 (4.48)에서 $\mathbf{x}'$과 $\mathbf{J}$가 대칭인 첫째 항은 **전기 사중극자 복사장**(electric quadrupole radiation)에 해당하는 벡터 퍼텐셜이다. 부분 적분을 수행하여

$$\int_V [(\hat{\mathbf{n}}\cdot\mathbf{x}')\mathbf{J} + (\hat{\mathbf{n}}\cdot\mathbf{J})\mathbf{x}']d^3x' = -\int_V \mathbf{x}'(\hat{\mathbf{n}}\cdot\mathbf{x}')(\boldsymbol{\nabla}'\cdot\mathbf{J})d^3x'$$

임을 보일 수 있으며, 여기에 연속 방정식($i\omega\rho = \boldsymbol{\nabla}'\cdot\mathbf{J}$)을 이용하면 전기 사중극자의 벡터 퍼텐셜은

$$\mathbf{A} = -ik\frac{e^{ikr}}{2r}\left(\frac{1}{r} - ik\right)\int_V \mathbf{x}'(\hat{\mathbf{n}}\cdot\mathbf{x}')\rho d^3x' \tag{4.55}$$

이 된다(식 4.47). 그리고 이로부터 방출되는 복사장($kr \gg 1$)을 구하면

$$\mathbf{B}(\mathbf{x},t) = ik\hat{\mathbf{n}}\times\mathbf{A} = \frac{-ie^{ikr}}{6r}k^3\hat{\mathbf{n}}\times\mathbf{Q}(\hat{\mathbf{n}}), \qquad (kr \gg 1) \tag{4.56a}$$

$$\mathbf{E}(\mathbf{x},t) = \mathbf{B}\times\hat{\mathbf{n}} \qquad (kr \gg 1) \tag{4.56b}$$

이 된다. 여기에서 $\mathbf{Q}(\hat{\mathbf{n}})$은 사중극자 모멘트 텐서로부터 얻어진 벡터로서

$$\mathbf{Q}(\hat{\mathbf{n}}) = \int [3\mathbf{x}'(\hat{\mathbf{n}}\cdot\mathbf{x}') - \hat{\mathbf{n}}r'^2]\rho d^3x' \tag{4.57}$$

이다(Jackson 1999, 9.3절 참조). 식에서 $r' = |\mathbf{x}'|$이다. 식 (4.56)의 $\mathbf{E}, \mathbf{B}$로부터 전기 사중극자 복사의 복사패턴은

$$\frac{dP}{d\Omega} = r^2\langle\mathbf{S}\cdot\hat{\mathbf{n}}\rangle = \frac{ck^6}{288\pi}|[\hat{\mathbf{n}}\times\mathbf{Q}(\hat{\mathbf{n}})]\times\hat{\mathbf{n}}|^2 \tag{4.58}$$

으로 주어진다. 절댓값 안의 벡터는 $\mathbf{E}$에 비례한다. 그림 4.7은 전기 사중극자 복사장의 한 예를 보여 준다(문제 3 참조). 전기 사중극자 복사장에 관한 보다 자세한

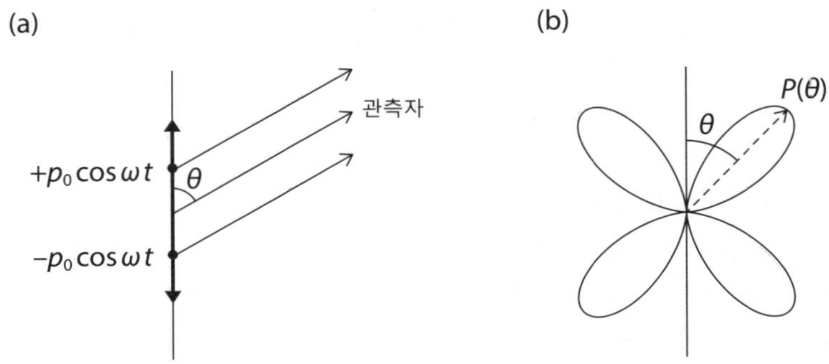

그림 4.7 전기 사중극자 복사장의 예. (a) 180° 위상차를 가지고 진동하고 있는 두 전기 쌍극자. 두 전기 쌍극자는 동일한 세기 p_0의 쌍극자 모멘트를 가지고 있다. (b) 전기 사중극자 복사장의 복사패턴.

내용은 Jackson(1999)를 비롯한 전자기학 교과서에서 확인할 수 있다.

앞의 전기 쌍극자 복사의 전자기장과 비교해 보면, 전기 사중극자 복사의 전자기장의 세기는 kx' 만큼 작고, 그 파워는 $(kx')^2(\ll 1)$만큼 작음을 알 수 있다. 따라서 전하 모임의 전기 쌍극자 모멘트가 0이 아닌 경우를 제외하면 전기 사중극자 복사는 무시할 수 있다. 3부에서 양자역학적으로 다룰 원자로부터 방출되는 복사의 경우도 이에 해당한다.

4.5 복사감쇠와 선복사의 방출

원자의 자발천이에 의한 선복사의 방출은 전자기장의 양자화를 필요로 하는 양자역학적 현상이나, 고전적인 감쇠 진동자(damped oscillator) 모형을 이용하여 그 기본적인 특성을 살펴볼 수 있다. **로런츠 진동자**(Lorentz oscillator)라고도 불리는 이 모형에서는 전자가 원자핵에 마치 용수철로 매달린 듯 구속되어 단진동하고 있다고 가정한다. 이 시스템의 고유진동수 혹은 자연진동수(natural frequency)는 ω_0 이며 용수철 상수는 $k = m_e\omega_0^2$ 으로 주어진다. 전자는 평형 상태의 위치로부터 $x(t) = x_0 \cos\omega_0 t$ 로 단진동하며, 쌍극자 모멘트는 $p = -ex(t) = -ex_0 \cos\omega_0 t$ 로 단진동한다. 따라서 전자는 주파수 $\nu_0 = \omega_0/2\pi$ 의 쌍극자 복사를 한다. 그리고 그 평균 파워는

$$\langle P\rangle = \frac{2}{3c^3}\langle|\ddot{\mathbf{p}}\,|^2\rangle = \frac{2e^2x_0^2}{3c^3}\omega_0^4\langle\cos^2\omega_0 t\rangle = \frac{e^2\omega_0^4}{3c^3}x_0^2 \tag{4.59}$$

으로 주어진다.

하지만 복사를 방출한다는 것은 에너지를 잃음을 의미한다. 따라서 위의 전자는 실제로는 단순히 ω_0 라는 단일 주파수를 갖고 단진동하지 않고 더디어지며 시간이 지나면 멈출 것이다. 우선 이러한 **복사감쇠**(radiation damping)가 전자

의 운동에 미치는 영향이 얼마나 큰가를 생각해 보자. 단진동하고 있는 전자의 에너지는 $E_0 = m_e\omega_0^2 x_0^2/2$이다. 만약 한 주기 동안 방출한 복사 에너지 $E_{\rm rad}$가 이것보다 매우 작다면, 복사감쇠가 입자의 운동에 미치는 영향은 상대적으로 매우 작을 것이다. 즉,

$$E_{\rm rad} \sim P \times 1/\omega_0 \sim \frac{e^2\omega_0^3 x_0^2}{3c^3} \ll \frac{1}{2}m_e\omega_0^2 x_0^2 \tag{4.60}$$

혹은

$$\omega_0\tau \ll 1 \tag{4.61}$$

이면 입자의 운동은 주기 운동에 비하여 매우 긴 시간에 걸쳐 더디어지며, 따라서 복사감쇠가 전자의 단진동 운동에 미치는 영향을 섭동으로 취급할 수 있다. 여기에서

$$\tau \equiv \frac{2r_e}{3c} = \frac{2e^2}{3m_e c^3} = 6.27 \times 10^{-24}\ {\rm s} \tag{4.62}$$

이고, r_e는

$$r_e \equiv \frac{e^2}{m_e c^2} = 2.82 \times 10^{-13}\ {\rm cm} \tag{4.63}$$

로서 **고전적 전자 반경**(classical electron radius)이라고 불린다. r_e는 전자를 전하가 균일하게 분포하는 고전적 입자로 간주할 경우에 그 정전기적 에너지가 정지 에너지와 견줄 만한 크기를 갖는 반경이라고 할 수 있다. 하지만 전자는 그 크기의 상한값(10^{-16} cm)만 존재하며 내부 구조가 없는 점입자(point particle)로 간주되므로, r_e는 전자의 실제 크기와는 상관없다.

복사감쇠를 무시할 경우, 방출되는 복사는 고유진동수 ω_0의 단색파이겠지만, 복사감쇠를 고려할 경우 복사는 ω_0를 중심으로 주파수 대역폭을 갖는다. 이를 보기 위해서는 우선 복사감쇠가 전자 운동에 미치는 힘을 구해야 하는데, 이는 다음과 같이 에너지 보존을 통하여 근사적으로 구할 수 있다. 복사감쇠에 의한 힘을 $\mathbf{F}_{\rm rad}$라 한다면, 이 힘이 평균적으로 입자에게 한 일은 복사 파워와 같아야 하므로

$$-\langle \mathbf{F}_{\rm rad} \cdot \mathbf{v} \rangle = \left\langle \frac{2e^2\dot{v}^2}{3c^3} \right\rangle \tag{4.64}$$

이 된다. 그런데

$$\begin{aligned}\langle \dot{v}^2 \rangle &= \frac{1}{T}\int_0^T \dot{\mathbf{v}}\cdot\dot{\mathbf{v}}\,dT = \frac{1}{T}\int_0^T \left[\frac{d}{dt}(\mathbf{v}\cdot\dot{\mathbf{v}}) - \mathbf{v}\cdot\ddot{\mathbf{v}}\right]dT \\ &= \frac{1}{T}[\mathbf{v}\cdot\dot{\mathbf{v}}]_0^T - \langle \mathbf{v}\cdot\ddot{\mathbf{v}} \rangle\end{aligned} \tag{4.65}$$

이고, 초기 상태와 마지막 상태가 거의 동일하다고 가정하면 첫째 항은 0이 된다.

이 가정은 $\omega_0\tau \ll 1$이면 성립된다. 따라서 복사감쇠에 의한 힘은

$$\mathbf{F}_{\rm rad} = \frac{2e^2}{3c^3}\ddot{\mathbf{v}} = m_e\tau\ddot{\mathbf{v}} \tag{4.66}$$

이 된다. **아브라함-로런츠 공식**(Abraham-Lorentz formula)이라 알려진 이 공식은 시간에 대해 평균한 복사 방출에 대한 반응을 나타내는 힘으로서, 초기 상태와 마지막 상태가 동일하다는 가정하에 얻어졌음을 유의해야 한다. 예를 들어, 복사감쇠에 의한 힘 이외의 다른 힘이 작용하지 않을 경우에, 운동 방정식을 풀면 v가 일정하다는 해 이외에 $v \propto \exp(t/\tau)$라는 비물리적인 해가 존재한다. 이러한 해는 초기 상태와 마지막 상태가 동일하다는 가정에 위배되고 또한 비물리적인 해이기 때문에 제외해야 한다(Rybicki and Lightman 1979, 3.5절 참조).

복사감쇠가 전하의 운동에 미치는 영향이 작을 경우, $\ddot{\mathbf{v}} \approx -\omega_0^2\mathbf{v}$로 근사할 수 있으므로

$$\mathbf{F}_{\rm rad} = -\Gamma m_e\mathbf{v} \tag{4.67}$$

로 주어진다. Γ는 **복사감쇠상수**(radiation damping constant)로서

$$\Gamma = \tau\omega_0^2 = \frac{2r_e}{3c}\omega_0^2 = \frac{2e^2}{3m_ec^3}\omega_0^2 \tag{4.68}$$

이다. $\omega_0\tau \ll 1$일 경우, $\Gamma \ll \omega_0$임을 알 수 있다. 복사감쇠에 의한 섭동을 고려할 경우, 전자의 운동 방정식은

$$m_e\ddot{x} = -kx - \Gamma m_e\dot{x} \quad \text{혹은} \quad \ddot{x} + \omega_0^2x + \Gamma\dot{x} = 0 \tag{4.69}$$

이 된다. 이제 $x \equiv x_0e^{\alpha t}$ 라 놓으면, $\Gamma \ll \omega_0$이므로

$$\alpha \approx \pm i\omega_0 - \frac{\Gamma}{2} \tag{4.70}$$

로 근사할 수 있으며, $t = 0$일 때의 초기 조건을 $x(t=0) = x_0$, $\dot{x}(t=0) = 0$으로 하면,

$$x(t) = x_0\cos\omega_0t \cdot e^{-\frac{\Gamma}{2}t} \tag{4.71}$$

가 된다. 그러므로 전자의 에너지는 $\propto \exp(-\Gamma t)$로 감쇠하며, 그 시간 척도는

$$\tau_{\rm life} \equiv \frac{1}{\Gamma} = \frac{3m_ec^3}{2e^2\omega_0^2} = \frac{1}{\omega_0^2\tau}\left(\gg \frac{1}{\omega_0}\right) \tag{4.72}$$

로 주어진다. 이 시간 척도는 진동자의 에너지 $kx_0^2/2$를 복사 파워 $\langle P\rangle$로 나눈 것과 동일하다.

여기에서 잠시 $\omega_0\tau \ll 1$이라는 조건에 대해서 생각해 보자. 예를 들어 파장이 6563 Å인 Hα 선의 각주파수는 $\omega_0 = 2\pi c/\lambda \sim 3 \times 10^{15}$ Hz이다. 따라서 $\omega_0\tau \sim 2 \times 10^{-8}$(식 4.62)으로서 1보다 매우 작다. 이 값을 식 (4.72)에 대입하면 $\tau_{\rm life} \sim 5 \times 10^7/\omega_0$가 된다. 즉, 전자는 에너지가 $1/e$로 감소하는 동안 모두 $\sim 10^7$회 단진동하며, 따라서 한 주기 동안 방출하는 복사 에너지의 양은 전체 에너지에 비해서 매우 작다. 실제에 있어서 $\omega_0\tau \ll 1$이라는 조건은 이 절의 고전적 모형을 적용할 수 있는 모든 주파수 범위($\omega_0 \ll m_e c^2/\hbar \sim \alpha/\tau$, α=미세구조상수)에서 만족된다.

방출되는 복사는 감쇠되는 전자기파로서, 그 주파수는 $\nu_0 = \omega_0/2\pi$의 단일 주파수가 아니다. 방출된 복사의 스펙트럼을 구하기 위해서 우선 $x(t)$의 푸리에 변환을 구하면

$$\begin{aligned}\tilde{x}(\omega) &= \frac{1}{2\pi}\int_0^{+\infty} x(t)e^{i\omega t}dt \\ &= \frac{x_0}{4\pi}\left[\frac{1}{\Gamma/2 - i(\omega+\omega_0)} + \frac{1}{\Gamma/2 - i(\omega-\omega_0)}\right] \\ &\approx \frac{x_0}{4\pi}\frac{1}{\Gamma/2 - i(\omega-\omega_0)}\end{aligned} \tag{4.73}$$

이 된다. 첫째 등식은 $t < 0$일 때 $x(t) = 0$임을 가정한 것이며, 마지막 근사식은 $\tilde{x}(\omega)$가 $\omega(>0) = \omega_0$ 근처에서 큰 값을 가지므로 성립한다. 전기 쌍극자 모멘트의 푸리에 변환은 $\tilde{p}(\omega) = -e\tilde{x}(\omega)$이고,

$$\ddot{p}(t) = -\int_{-\infty}^{+\infty} \omega^2\tilde{p}(\omega)e^{-i\omega t}d\omega, \tag{4.74a}$$

$$\tilde{\mathbf{E}}(\omega) = \frac{-\omega^2}{c^2 r}\hat{\mathbf{n}} \times [\hat{\mathbf{n}} \times \tilde{\mathbf{p}}(\omega)] \tag{4.74b}$$

이므로(식 4.30 참조), 거리가 r이고 쌍극자 모멘트 $\mathbf{p}$와 각도 Θ를 이루는 지점에서의 전기장의 진폭 $E(t)$의 푸리에 짝은

$$\tilde{E}(\omega) = -\frac{1}{c^2 r}\omega^2\tilde{p}(\omega)\sin\Theta = \frac{e\omega^2}{c^2 r}\tilde{x}(\omega)\sin\Theta \tag{4.75}$$

가 되고, 식 (3.49)로부터 복사 에너지 스펙트럼은

$$\begin{aligned}\frac{dW}{d\omega} &= \int c|\tilde{E}(\omega)|^2 r^2 d\Omega \\ &= \frac{8\pi\omega^4}{3c^3}|\tilde{p}(\omega)|^2 \approx \frac{8\pi\omega_0^4}{3c^3}\frac{e^2 x_0^2}{(4\pi)^2}\frac{1}{(\omega-\omega_0)^2 + (\Gamma/2)^2}\end{aligned} \tag{4.76}$$

혹은

$$\frac{dW}{d\omega} = \frac{1}{2}kx_0^2\phi(\omega) \tag{4.77}$$

로 주어진다. $\phi(\omega)$는 선모양 함수로서

$$\phi(\omega) \equiv \frac{1}{\pi}\frac{\Gamma/2}{(\omega-\omega_0)^2+(\Gamma/2)^2} \tag{4.78}$$

이다. 식 (4.76)의 마지막 근사식은 분자의 ω를 ω_0로 근사하여 얻어졌다. 각주파수 대신 주파수를 사용한 선모양 함수 $\phi(\nu)$를 $\phi(\nu)d\nu = \phi(\omega)d\omega$로 정의하면

$$\phi(\nu) = \frac{1}{\pi}\left[\frac{\Gamma/4\pi}{(\nu-\nu_0)^2+(\Gamma/4\pi)^2}\right] \tag{4.79}$$

가 된다. $\phi(\omega)$, $\phi(\nu)$는 2.2절에서 언급했던 **로런츠 선모양 함수**이며

$$\int_0^{+\infty}\frac{\Gamma/2}{(\omega-\omega_0)^2+(\Gamma/2)^2}d\omega = \tan^{-1}\left[\frac{2\Delta\omega}{\Gamma}\right]_{-\infty}^{+\infty} = \pi \tag{4.80}$$

이므로

$$\int_0^{+\infty}\phi(\omega)d\omega = \int_0^{+\infty}\phi(\nu)d\nu = 1 \tag{4.81}$$

의 정규화 조건을 만족한다. 식 (4.80)에서 $\Delta\omega = \omega - \omega_0$이며, 적분 변수 ω를 $\Delta\omega$로 치환하면서 적분 구간이 $(-\infty, +\infty)$로 바뀌었다. 따라서 식 (4.77)로부터 방출된 전체 복사 에너지는 전자 진동자의 초기 에너지와 같음을 알 수 있다. 즉,

$$W = \int_0^{+\infty}\frac{dW}{d\omega}d\omega = \frac{1}{2}kx_0^2 \tag{4.82}$$

이다. 한편 $\phi(\omega)$의 선폭(FWHM)은 $\Delta\omega_{\rm FWHM} = \Gamma$로서

$$\tau_{\rm life}\Delta\omega_{\rm FWHM} = 1 \tag{4.83}$$

을 만족하며, 파장으로는

$$\Delta\lambda_{\rm FWHM} = 2\pi c\frac{\Delta\omega_{\rm FWHM}}{\omega_0^2} = \frac{2\pi c}{\omega_0^2\tau_{\rm life}} = 2\pi c\tau = 1.18\times10^{-4}\ \text{Å} \tag{4.84}$$

의 일정한 값을 갖는 상수이다(식 4.62, 4.72 참조).

이 절에서 얻은 고전적 결과는 2장에서 다룬 선복사의 양자역학적 기술과 비교될 수 있다. 우선 식 (4.72)의 전자가 에너지를 잃는 시간 척도 $\tau_{\rm life}$는 아인슈타인

계수 A_{21}의 역수 $1/A_{21}$에 해당한다. 따라서 고전적 전자기학 결과에 의하면

$$A_{21} = \frac{8\pi^2 e^2 \nu_0^2}{3m_e c^3} \tag{4.85}$$

이 된다. 이 결과를 양자역학 결과에 대응시키기 위해서는 진동자의 에너지가 방출되는 광자의 에너지에 해당함에 착안해야 한다. 즉, $m_e\omega_0^2 x_0^2/2 = h\nu_0 = \hbar\omega_0$를 이용하여 식 (4.85)의 m_e를 소거하면 A_{21}은 다음과 같이 h를 포함한 식이 된다.

$$A_{21} = \frac{64\pi^4 \nu_0^3}{3c^3 h}\left(\frac{ex_0}{2}\right)^2. \tag{4.86}$$

위 식에서 $ex_0/2$를 원자의 전기 쌍극자 모멘트로 해석하면 양자역학 결과(식 10.40)와 일치한다. 여기에 대해서는 3부에서 다시 논의하겠다.

한편 식 (4.79)의 로런츠 선모양 함수는 불확정성 원리에 의해서 원자의 에너지 준위가 유한한 폭을 가짐으로써 나타나는 '자연 선폭 증가'에 해당한다(식 2.27). 이 절의 고전적인 모형에 의하면 감쇠상수 $\Gamma = \omega_0^2\tau$이며 선폭(FWHM)은 $\Delta\lambda_{\rm FWHM} = 2\pi c\tau = 1.18\times10^{-4}$Å으로 일정하다. 양자역학적으로는 $\Gamma = \sum_{n''} A_{nn''} + \sum_{n''} A_{n'n''}$이며(식 2.28), $\Delta\lambda_{\rm FWHM} = 2\pi c/\omega_0^2\Gamma$로 주어진다. 한편 식 (4.83)은 에너지와 시간에 관한 하이젠베르크의 불확정성 원리와 동등하다. 즉, 진동자의 에너지를 $E = \hbar\omega$라고 한다면, 이 식은 $\tau_{\rm life}\Delta E = \hbar$임을 알 수 있다.

4.6 산란과 흡수

4.6.1 톰슨 산란

전기 쌍극자 복사에 관한 결과를 이용하여 전하에 의한 전자기파 산란의 특성을 구할 수 있다. 먼저 자유 전하에 의한 결맞는 산란, 즉 **톰슨 산란**(Thomson scattering)의 특성을 보기 위해서, 질량이 m이고 전하가 q인 자유 전하에 선형 편광된 복사장 $\mathbf{E} = \hat{\mathbf{x}}E_0\cos\omega_0 t$가 입사한다고 가정하자(그림 4.8). 전하의 속도 $|\mathbf{v}| \ll c$라면 전하가 받는 로런츠 힘은

$$\vec{F} = q\left(\mathbf{E} + \frac{\mathbf{v}}{c}\times\mathbf{B}\right) \approx q\mathbf{E} = \hat{\mathbf{x}}qE_0\cos\omega_0 t \tag{4.87}$$

가 된다. (가우스 단위계에서 전자기 복사의 $\mathbf{E}$와 $\mathbf{B}$의 크기는 같다!) 따라서 전하의 쌍극자 모멘트는

$$\ddot{\mathbf{p}} = q\ddot{\mathbf{x}} = \hat{\mathbf{x}}\frac{q^2}{m}E_0\cos\omega_0 t \tag{4.88}$$

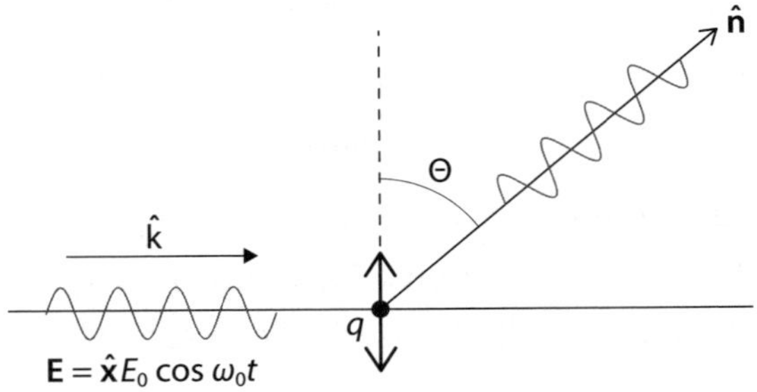

그림 4.8 선형편광된 전자기파의 톰슨 산란. 정지해 있던 전하 q는 입사하는 전자기파의 전기장에 의해서 단진동하며 전기 쌍극자 복사를 방출한다.

이고, 방출된 평균 파워는

$$\left\langle \frac{dP}{d\Omega} \right\rangle = \frac{q^4 E_0^2}{8\pi m^2 c^3} \sin^2 \Theta, \tag{4.89a}$$

$$\langle P \rangle = \frac{q^4 E_0^2}{3m^2 c^3} \tag{4.89b}$$

이 된다. 이 방출된 파워는 입사한 복사 에너지가 산란된 것으로 생각할 수 있다. 입사하는 전자기장의 평균 포인팅 벡터는 $\langle \mathbf{S} \rangle = \hat{\mathbf{k}} c E_0^2/8\pi$ 이므로, **산란 미분단면적**(differential scattering cross section) $d\sigma/d\Omega$는

$$\frac{d\sigma}{d\Omega} \equiv \frac{\langle dP/d\Omega \rangle}{|\langle \mathbf{S} \rangle|} = \frac{q^4}{m^2 c^4} \sin^2 \Theta \tag{4.90}$$

이다. 그리고 입체각에 대해서 적분한 산란 총단면적은

$$\sigma = \int \frac{d\sigma}{d\Omega} d\Omega = \frac{8\pi}{3} \frac{q^4}{m^2 c^4} \tag{4.91}$$

이 된다. 자유 전자의 경우, 산란 총단면적은

$$\sigma_T = \frac{8\pi}{3} r_e^2 = 0.665 \times 10^{-24} \text{ cm}^2 \tag{4.92}$$

가 되며 **톰슨 산란 단면적**(Thomson scattering cross section)이라 부른다.

편광되지 않은 복사가 입사할 경우, 입사하는 복사를 선형편광된 두 복사장의 합으로 생각할 수 있다. 즉, 입사하는 전자기장의 방향과 θ의 각을 이루는 방향으로의 산란 단면적을 구할 경우, 전자기장과 관측자를 지나는 평면에 놓이는 선형편광된 성분($\mathbf{E}_1$)과 그 평면에 수직인 방향으로 선형편광된 성분($\mathbf{E}_2$)의 합으로 생각할 수 있다(그림 4.9). $\mathbf{E}_1$ 에 대한 산란 단면적은 위에서 구한 식의 $\Theta = \pi/2 - \theta$

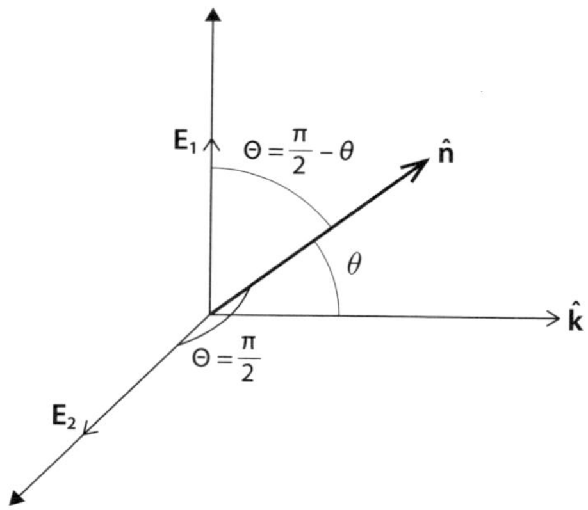

그림 4.9 편광되지 않은 전자기파의 톰슨 산란 계산을 위한 전기장의 두 성분. $\hat{\mathbf{k}}$ 방향으로 진행하는 전자기파를 $\hat{\mathbf{n}}$ 방향에서 관측하는 경우에 $\mathbf{E}_1$은 $(\hat{\mathbf{k}}, \hat{\mathbf{n}})$ 평면에 놓이며, $\mathbf{E}_2$는 $\mathbf{E}_1$ 및 $\hat{\mathbf{k}}$에 수직이다.

에 해당하고, 반면 $\mathbf{E}_2$에 대한 산란 단면적은 $\Theta = \pi/2$에 해당한다. 따라서 편광되지 않은 복사에 대한 산란 단면적은 두 성분에 대한 산란 단면적의 평균값으로 주어지므로(식 4.90), 자유 전자의 경우

$$\left(\frac{d\sigma}{d\Omega}\right)_{\rm unpol} = \frac{1}{2}\left[\left(\frac{d\sigma(\pi/2)}{d\Omega}\right)_{\rm pol} + \left(\frac{d\sigma(\Theta)}{d\Omega}\right)_{\rm pol}\right] = \frac{1}{2}r_e^2(1+\cos^2\theta) \tag{4.93}$$

가 된다. 이 식으로부터 톰슨 산란의 경우 (1) 산란 미분단면적은 전후 대칭이며, (2) 산란 총단면적은 선형편광된 빛의 결과와 같으며, (3) 산란된 빛은 부분적으로 선형편광되며 — $\Theta = \pi/2(\pi/2-\theta)$일 때 복사세기가 최대(최소)가 되므로 — 편광도는

$$\Pi = \frac{I_{\rm max} - I_{\rm min}}{I_{\rm max} + I_{\rm min}} = \frac{1-\cos^2\theta}{1+\cos^2\theta} \tag{4.94}$$

로 주어진다는 것을 알 수 있다(식 3.40). 입사하는 빛의 방향($\theta = 0$)에서 본다면 산란된 빛은 편광되지 않으며, 반면 입사하는 빛에 수직인 방향($\theta = \pi/2$)에서 본다면 산란된 빛은 100% 편광되어 있다. 관측자가 임의의 방향에서 볼 때, 관측자는 항상 입사광과 그 입사광을 산란하는 전자, 그리고 관측자가 놓인 산란 평면에 수직인 방향으로 편광된 빛을 보게 된다(그림 4.10). 따라서 편광되지 않은 빛을 방출하는 광원이 전리 기체에 둘러싸여 있다면, 산란된 빛은 편광될 수 있다(문제 4). 혹은 전리 기체에 입사하는 빛이 비등방적일 경우에도 산란된 빛은 편광될 수 있다. 대표적인 예로는 우주배경복사의 편광이 있다(Kovac et al. 2002 참조).

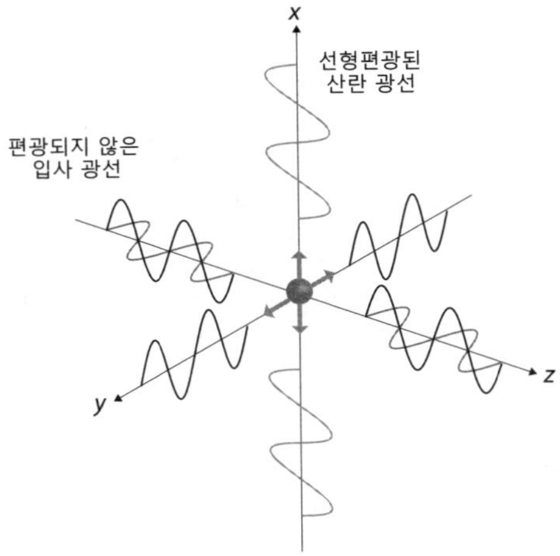

그림 4.10 편광되지 않은 전자기파의 톰슨 산란. $\hat{\mathbf{z}}$ 방향에서는 편광되지 않은 전자기파가, $\hat{\mathbf{x}}, \hat{\mathbf{y}}$ 방향에서는 각각 선형편광된 전자기파가 관측된다.

4.6.2 구속된 전자에 의한 산란 및 흡수

이 절에서는 구속된 전자에 의한 산란을 살펴보겠다. 이는 4.5절에서 다뤘던 로런츠 진동자에 외부로부터 복사 전기장이 가해지는 고전적 **강제 감쇠 진동자**(driven damped oscillator) 모형으로서 원자 혹은 분자에 의한 산란에 대응된다. 이제 용수철 상수가 $k(= m_e\omega_0^2)$ 인 용수철에 매달려 있는 전자에 $\mathbf{E} = \hat{\mathbf{x}}E_0 \cos\omega t$ 의 전기장이 입사하는 경우를 생각해 보자. ω_0 는 시스템의 고유진동수이다. 이 경우 전자의 운동 방정식은

$$m_e\ddot{x} = -kx - eE_0e^{-i\omega t} + m_e\tau\dddot{x} \tag{4.95}$$

으로 주어진다. 전자의 진동 주파수가 ω_0 가 아니므로 복사감쇠 항을 식 (4.66)의 형태 그대로 두었다. 진폭이 일정한 정상상태해(steady-state solution)를 구하기 위해서 $x(t) \propto e^{-i\omega t}$ 를 가정하면, 그 해는

$$x(t) = x_0e^{-i\omega t}, \quad x_0 = \frac{(e/m_e)E_0}{(\omega^2 - \omega_0^2) + i\omega\Gamma_\omega} \tag{4.96}$$

가 된다. Γ_ω 는

$$\Gamma_\omega \equiv \omega^2\tau = \left(\frac{\omega}{\omega_0}\right)^2 \Gamma \tag{4.97}$$

로서 주파수 ω 로 단진동할 때의 복사감쇠상수이며, $\Gamma(= \omega_0^2\tau)$ 는 $\omega = \omega_0$ 일 때의 복사감쇠상수이다(식 4.68).

먼저 전자의 운동을 살펴보면, 식 (4.96)의 x_0 는 복소진폭으로서 $\Gamma_\omega = 0$ 일

경우 전자는 입사하는 전기장과 동기식으로 진동하지만, $\Gamma_\omega \neq 0$일 경우에는 허수항 $i\omega\Gamma_\omega$에 의해서 전기장에 비하여 위상이 처지거나 앞서게 된다. 이를 좀 더 명확하게 보기 위해서 $x(t)$를

$$x(t) \equiv |x_0|e^{-i(\omega t-\delta)}, \quad \delta = -\tan^{-1}\left(\frac{\omega\Gamma_\omega}{\omega^2-\omega_0^2}\right) \tag{4.98}$$

와 같이 쓸 수 있으며, 여기에서 δ는 전기장과의 위상 차이를 나타낸다. $\omega < \omega_0$일 경우 $\delta > 0$이며 전자의 운동은 입사하는 전기장에 비해서 위상이 처진다. 반대로 $\omega > \omega_0$일 경우에는 $\delta < 0$이며 전자 운동의 위상이 전기장보다 앞서게 된다. (혹은 $\delta + \pi$만큼 위상이 처지게 된다.) 이러한 위상의 차이는 입사하는 전기장의 에너지 손실을 의미하며, 그 손실은 전자의 쌍극자 복사로 방출된다.

전자가 방출하는 쌍극자 복사의 평균 파워는, 식 (4.96)으로부터 $\ddot{p} = -e\ddot{x} = e\omega^2 x_0 e^{-i\omega t}$이므로,

$$\langle P\rangle = \frac{2}{3c^3}\langle\ddot{p}^2\rangle = \frac{e^4E_0^2}{3m_e^2c^3}\left[\frac{\omega^4}{(\omega^2-\omega_0^2)^2+\omega^2\Gamma_\omega^2}\right] \tag{4.99}$$

이 된다. 따라서 산란 단면적은

$$\sigma_s(\omega) = \frac{\langle P\rangle}{\langle \mathbf{S}\cdot\hat{\mathbf{n}}\rangle} = \sigma_T\left[\frac{\omega^4}{(\omega^2-\omega_0^2)^2+\omega^2\Gamma_\omega^2}\right] \tag{4.100}$$

이 된다. $\langle \mathbf{S}\cdot\hat{\mathbf{n}}\rangle = cE_0^2/8\pi$는 입사하는 에너지 플럭스이다. $\sigma_s(\omega)$는 ω에 따라서 아래와 같은 특성을 갖는다(그림 4.11).

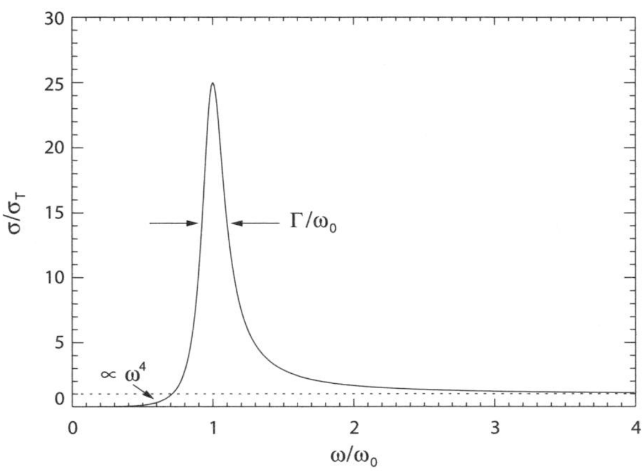

그림 4.11 구속된 전자에 의한 전자기파 산란 단면적의 주파수 의존도. ω_0는 구속 전자의 고유진동수를 나타내며, $\Gamma/\omega_0 = 0.2$를 가정하였다.

• $\omega \gg \omega_0$ 일 경우, 복사감쇠 효과를 무시한다면 산란 단면적은 $\sigma_s = \sigma_T$, 즉 자유 전자의 톰슨 산란 단면적이 된다. 높은 주파수에서는 전자의 구속 에너지를 무시할 수 있으므로 자유 전자와 동일한 단면적을 갖는 것은 예상되는 결과이다. 한편 복사감쇠 효과는 $\omega\tau \sim 1$ 혹은 광자의 에너지가 $\hbar\omega \sim 100$ MeV(식 4.62)일 때 비로소 중요해지므로, 고전적 산란에서는 무시할 수 있다(전자에 의한 빛의 산란에서 빛을 전자기파로 다루는 이 절의 서술은 광자의 에너지가 전자의 정지 에너지인 0.5 MeV보다 작을 경우에 성립한다. 7장 참조).

• $\omega \ll \omega_0$ 일 경우, $\sigma_s = \sigma_T(\omega/\omega_o)^4$ 으로서, 레일리 산란에 해당한다. $\omega \ll \omega_0$ 이므로 전자의 관성은 무시할 수 있으며 변위 x는 입사하는 전기장에 직접적으로 비례한다($kx \approx -eE$, 식 4.95). 따라서 전기 쌍극자 모멘트 $p(= -ex)$도 $E(= E_0 \cos\omega t)$에 비례하며, 산란 단면적은 $\langle\ddot{p}^2\rangle \propto \omega^4(\sim \lambda^{-4})$에 비례한다. 산란 단면적이 λ^{-4}에 비례하는 것은 파장보다 매우 작은 입자에 의한 산란, 즉 레일리 산란의 경우에 나타나는 일반적인 특성이다(4.6.3절 참조).

레일리 산란의 대표적인 예는 대기의 분자에 의한 태양 빛의 산란이다. 대기를 이루고 있는 산소와 질소 분자의 크기는 가시광 파장에 비해서 매우 작으므로 이 경우 레일리 산란에 해당한다. 즉 푸른빛은 붉은빛에 비해서 $\sim (660/450)^4 = 4.6$ 배만큼 산란이 많이 되며, 따라서 하늘은 푸른색으로 보인다. 반면 구름 내부의 물방울 입자의 크기는 주로 수십 마이크론으로서 가시광에 대한 산란 단면적은 파장과 무관하므로 구름은 흰색으로 보인다.

• $\omega \approx \omega_0$ 일 경우, 산란 단면적은

$$\sigma_s \approx \frac{\sigma_T}{4}\frac{\omega_0^2}{(\omega-\omega_0)^2+(\Gamma/2)^2} = \frac{\pi e^2}{m_e c}\phi(\nu) \tag{4.101}$$

가 된다. 식 (4.100)의 분모에서 $(\omega^2-\omega_0^2)^2 = (\omega-\omega_0)^2(\omega+\omega_0)^2 \approx 4\omega_0^2(\omega-\omega_0)^2$으로 근사했으며, Γ_ω를 포함하여 나머지 항의 ω를 ω_0로 근사하였다. $\phi(\nu)$는 감쇠상수가 Γ인 로런츠 선모양 함수(식 4.79)이며 $\Gamma = \omega_0^2\tau$를 이용하였다. 식 (4.101)의 함수 모양은 4.5절에서 구한 구속된 전자의 방출 스펙트럼의 함수 모양과 동일한 것을 볼 수 있다. 이 결과는 4.5절에서 다룬 전자의 감쇠 진동이 매우 짧은 시간 동안 가해진 델타 함수에 가까운 전자기 펄스에 의하여 유발되었다고 생각하면 이해할 수 있다. 이 경우 전자기 펄스의 스펙트럼은 모든 주파수에서 동일한 파워를 갖고 있는 백색 스펙트럼(white spectrum)이므로 방출된 복사는 백색 스펙트럼의 전자기 펄스의 산란으로 볼 수 있다. 따라서 구속된 전자가 방출하는 복사의 스펙트럼은 산란 단면적과 동일한 주파수 의존도를 갖는다(Rybicki and Lightman 1979, 3.6절 참조).

$\omega = \omega_0$ 근처에서의 산란은 다른 주파수에서의 산란에 비해서 매우 큰 단면적을 가지며 **공명 산란**(resonant scattering)이라 부른다. 양자역학적으로는 바

닥상태의 원자가 광자를 흡수하여 높은 에너지 상태로 들뜬 후에 곧바로 원래의 상태로 되가라앉으며 광자를 재방출하는 현상에 대응된다. 수소 원자의 Lyα 흡수가 대표적인 예이다. 바닥상태($n = 1$)에 있던 수소 원자가 파장 1216 Å의 Lyα 광자를 흡수하여 $n = 2$ 준위로 들뜰 경우, 들뜸상태의 수명은 식 (4.72)로부터 $\tau_{\rm life} = 1/\Gamma = 6.6 \times 10^{-10}$ s로 매우 짧다(양자역학적으로는 $\tau_{\rm life} = 1/A_{2p\to 1s} = 1.6 \times 10^{-9}$ s이다. 10.4절 참조). 따라서 일반적으로 Lyα 광자는 수소 원자에 의해서 흡수된 후 다른 수소 원자와의 충돌 혹은 성간 티끌에 의한 흡수 등에 의해서 열에너지로 변환되기 이전에 재방출된다. 선 중심에서의 산란 단면적은 식 (4.101)로부터 $\sigma(\nu_0) = (\pi e^2/m_e c)\phi(\nu_0) = (3/2\pi)\lambda_0^2 \sim 7 \times 10^{-11}$ cm^{2}가 되며, 이 값은 — 예를 들어 톰슨 산란 단면적(식 4.92)에 비하여 — 매우 큰 값이다.

한편 식 (4.101)의 산란 단면적을 주파수에 대해서 적분하면

$$\int_0^\infty \sigma_{\rm s} d\nu = \frac{\pi e^2}{m_e c} = 0.0265 \ {\rm cm^2\ s^{-1}} \tag{4.102}$$

를 얻는다. 즉, ω_0 및 Γ와 무관하며 입자의 전하와 질량에만 의존한다. 양자역학적 계산을 통하여 얻는 원자 혹은 분자의 흡수 단면적은 기본적으로 우리가 얻은 고전적 공명 산란 단면적과 유사한 형태를 지니며

$$\int_0^\infty \sigma(\nu) d\nu = \frac{\pi e^2}{m_e c} f_{12} \tag{4.103}$$

와 같이 나타낸다(10.2.2절 참조). f_{12}는 **진동자세기**(oscillator strength) 혹은 ***f*-값**(f-value)이라고 불리며, 원자/분자의 흡수 단면적과 고전적 전자 진동자의 공명 산란 단면적, 즉 흡수 단면적의 비를 나타낸다. 진동자세기에 관해서는 10.2절에서 보다 구체적으로 설명하겠다.

4.6.3 작은 유전체에 의한 산란 및 흡수

전기 쌍극자 복사와 관련된 마지막 예로서 **유전체**(dielectrics)에 의한 복사의 산란 및 흡수를 살펴보자. 유전체란 전자들이 원자 혹은 분자에 구속되어 자유 전자가 없는 물질을 말한다. 성간 티끌의 대표적인 성분인 실리케이트가 이에 해당한다(글상자 5 참조). 유전체에 외부 전기장 $\mathbf{E}$가 걸릴 경우 유전체 내부의 음전하와 양전하는 서로 반대되는 방향으로 쏠리고 유전체는 분극(polarization)된다. 분극에 의해서 발생한 표면의 전하밀도에 의해서 유전체 내부에 $\mathbf{E}$와 반대 방향의 전기장이 생성되며, 따라서 내부 전기장의 세기는 약해진다. 맥스웰 방정식의 해로부터 유전체 내부 전기장의 세기 $\mathbf{E}_i$는

$$\mathbf{E}_i = \frac{3}{\epsilon + 2}\mathbf{E} \tag{4.104}$$

로 주어진다. ϵ은 매질의 유전상수로서 일반적으로 복소수이며 주파수에 의존한다.

분극으로 인해서 유전체의 내부에 생성된 단위 부피당 쌍극자 모멘트는 $\mathbf{P}$로 나타낸다. $\mathbf{P}$는 **분극**(polarization)이라 불리며,

$$\mathbf{P} = \frac{\epsilon - 1}{4\pi}\mathbf{E}_i = \frac{3}{4\pi}\frac{\epsilon - 1}{\epsilon + 2}\mathbf{E} \tag{4.105}$$

로 주어진다. 혹은 매질의 **분극성**(polarizability) α를 사용하여

$$\mathbf{P} = \alpha\mathbf{E}, \quad \alpha = \frac{3}{4\pi}\frac{\epsilon - 1}{\epsilon + 2} \tag{4.106}$$

이 된다. 유전체의 쌍극자 모멘트 $\mathbf{p}$는 $\mathbf{P}$의 부피 적분으로 주어지며, 유전체의 부피 V 내에서 $\mathbf{E}$가 일정할 경우,

$$\mathbf{p} = \alpha V\mathbf{E} \tag{4.107}$$

가 된다. 예를 들어 반지름이 $a(\ll \lambda)$인 구형 유전체의 경우 그 안의 전기장은 거의 균일하므로

$$\mathbf{p} = \left(\frac{\epsilon - 1}{\epsilon + 2}\right) a^3\mathbf{E} \tag{4.108}$$

가 된다.

이제 $\mathbf{E} = \hat{\mathbf{x}}E_0 e^{-i\omega t}$($E_0$는 실수)인 전자기파가 크기가 작은 유전체에 입사하는 경우를 생각해 보자. 유전체의 산란 단면적은 식 (4.108)의 쌍극자 모멘트에 의해서 방출된 파워를 입사하는 에너지 플럭스로 나눈 물리량이므로

$$\sigma_s = \frac{2\langle \ddot{p}^2\rangle/3c^3}{cE_0^2/8\pi} = \frac{8\pi}{3}k^4|\alpha|^2V^2 \tag{4.109}$$

이 된다. 분극성 α는 식 (4.106)에 주어졌다. (전자들은 외부 전기장의 변화에 순간적으로 대응할 수 있어서, 일정한 전기장이 가해졌을 때의 결과를 적용할 수 있다고 가정한다.) 반지름이 $a(\ll \lambda)$인 구형 유전체의 경우

$$\sigma_s \equiv Q_{\rm sca}\pi a^2, \quad Q_{\rm sca} = \frac{8}{3}x^4\left|\frac{\epsilon - 1}{\epsilon + 2}\right|^2 \tag{4.110}$$

으로 쓸 수 있다. $x = ka = 2\pi a/\lambda$이며, $Q_{\rm sca}$는 **산란 효율**(scattering efficiency), 즉 기하학적 단면적에 대한 산란 단면적의 비를 나타낸다.

한편 전자기파의 전기장에 의해서 유전체 내부의 전자들은 운동을 하는데, 충돌에 의한 감쇠항이 있을 경우 전자의 운동은 전기장에 비하여 뒤처지므로 둘

사이에는 위상 차이가 있게 된다(식 4.98 참조). 즉, α는

$$\alpha = \alpha_1 + i\alpha_2 \tag{4.111}$$

의 복소수이며,

$$\mathbf{P} = \alpha\mathbf{E} = \hat{\mathbf{x}}\alpha E_0 e^{-i\omega t} = \hat{\mathbf{x}}|\alpha|E_0 e^{-i(\omega t-\phi)}, \quad \tan\phi = \alpha_2/\alpha_1 \tag{4.112}$$

이다. 즉, $\mathbf{P}$는 $\mathbf{E}$에 비해서 ϕ만큼 위상이 뒤처진다. 혹은 시간으로는 $\Delta t = \phi/\omega$ 만큼 뒤처진다.

$\mathbf{P}$와 $\mathbf{E}$ 사이의 위상차는 전자기파의 에너지 손실을 의미한다. 즉, 전자기파의 일률은

$$\frac{dW}{dt} = \mathbf{F}\cdot\dot{\mathbf{x}} = \mathbf{E}\cdot\dot{\mathbf{p}} = \alpha V\mathbf{E}\cdot\dot{\mathbf{E}} \tag{4.113}$$

으로 주어지는데, 만약 α가 실수라면 dW/dt는 $\cos\omega t \times \sin\omega t$에 비례하며 그 평균값은 0이다. 하지만 α가 복소수일 경우, 시간에 대하여서 평균한 일률은

$$\left\langle\frac{dW}{dt}\right\rangle = \frac{V}{2}\mathrm{Im}(\alpha)\omega E_0^2 \tag{4.114}$$

이 된다. 전자들에게 전달된 전자기파의 에너지는 궁극적으로 유전체 내부의 열에너지로 변환되어 흡수된다. 따라서 유전체의 흡수 단면적 σ_{abs}는

$$\sigma_{\mathrm{abs}} \equiv \frac{\langle dW/dt\rangle}{cE_0^2/8\pi} = \frac{4\pi\omega V}{c}\mathrm{Im}(\alpha) = \frac{3\omega V}{c}\mathrm{Im}\left(\frac{\epsilon-1}{\epsilon+2}\right) \tag{4.115}$$

이 된다. 반지름이 $a(\ll\lambda)$인 구형 유전체의 경우

$$\sigma_{\mathrm{abs}} \equiv Q_{\mathrm{abs}}\pi a^2, \quad Q_{\mathrm{abs}} = 4x\times\mathrm{Im}\left(\frac{\epsilon-1}{\epsilon+2}\right) \tag{4.116}$$

이 된다. Q_{abs}는 **흡수 효율**(absorption efficiency)을 나타낸다.

위의 결과에 의하면, 유전상수의 주파수에 대한 의존도를 무시할 경우 작은 유전체의 흡수 단면적은 $2\pi a/\lambda$에 비례하는 반면, 산란 단면적은 $(2\pi a/\lambda)^4$에 비례한다. 따라서 긴 파장에서는 성간 티끌의 흡수에 의한 소광이 산란에 의한 소광보다 중요하다(글상자 5 참조). 한편 흡수 단면적은 유전체 체적에 비례하는 반면, 산란 단면적은 유전체 체적의 제곱에 비례한다. 따라서 유전체의 크기가 작을수록 산란보다 흡수가 효율적이다.

글상자 5. 성간 티끌에 의한 빛의 소광

성간 티끌에 의한 빛의 소광, 즉 빛의 흡수 및 산란은 티끌의 화학 조성, 크기 및 모양에 의해서 그 특성이 결정된다. 화학 조성에 따른 물질의 고유 소광 특성을 나타내는 물리량은 **광학상수**(optical constant) $m \equiv \sqrt{\epsilon} = n + ik$이다. 광학상수는 실제로는 상수가 아니라 주파수에 의존한다. 예를 들어 대표적인 성간 티끌인 실리케이트($Mg_xFe_{1-x}SiO_4$, $x = 0$–2)의 경우 유전체로서, 10 μm보다 짧은 파장에서는 $n = 1$–1.6, $k \lesssim 0.1$의 값을 갖는다. 단, 전자의 에너지 준위 천이에 의한 흡수 파장인 1000 Å 주변에서 k는 1에 가깝다. 한편 10 μm보다 긴 파장에서는 분자의 다양한 신축 및 휨 진동에 의해서 k는 큰 값($k \lesssim 1$)의 넓은 둔덕을 보인다. 광학상수와 유전율 $\epsilon(= \epsilon_1 + i\epsilon_2)$ 사이에는

$$\epsilon_1 = n^2 - k^2, \quad \epsilon_2 = 2nk$$

의 관계가 있다.

광학상수가 알려진 티끌의 흡수 및 산란 효율은 맥스웰 방정식으로부터 티끌 안으로 진행하는 빛과 산란된 빛의 전자기장을 구함으로써 얻어진다. 1908년 미(Gustav Mie 1868–1957)는 구형 티끌에 의한 산란에 대해서 무한급수 형식의 해석해를 구했으며, 이 해는 통상적으로 **미 이론**(Mie theory)으로 불린다. 그림 4.12는 미 이론을 적용하여 얻은 결과로서 다양한 광학상수에 대해서 파장에 따른 흡수 효율과 산란 효율을 보여 준다. 앞에서 보았듯이 $x = 2\pi a/\lambda \ll 1$인 파장 대역에서 흡수 효율과 산란 효율은 각각 x와 x^4에 비례한다(식 4.116, 4.110). 따라서 긴 파장에서의 성간 소광은 기본적으로 티끌의 흡수에 기인한다. 반면 짧은 파장($x \gg 1$)에서는 두 효율이 모두 1에 수렴하며, **소광 효율**($Q_{\rm ext} = Q_{\rm abs} + Q_{\rm sca}$)은 2에 수렴한다. 즉, 티끌은 기하학적 단면적의 2배에 해당하는 면적으로 빛을 소광한다. **소광 역설**(extinction paradox)로 알려진 이 현상은 티끌로부터 멀리 떨어진 곳에 있는 관측자는 산란된 빛의 극히 일부만을 받을 수 있기 때문에 나타난다.

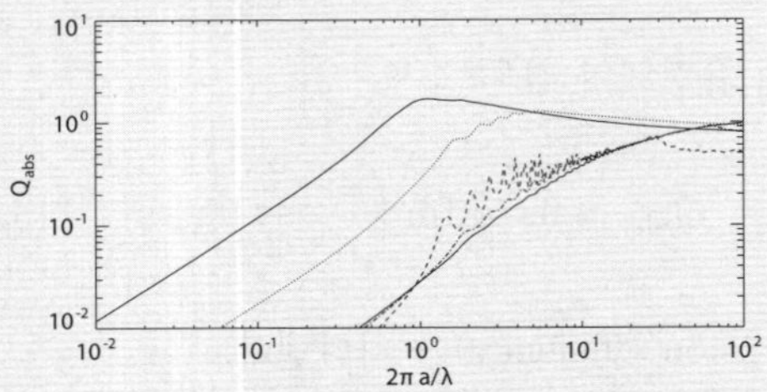

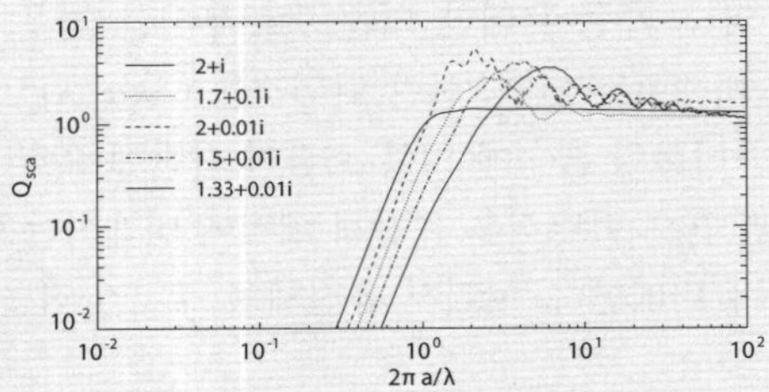

그림 4.12 구형 티끌의 흡수 효율 $Q_{\rm abs}$와 산란 효율 $Q_{\rm sca}$. 여러 광학상수($m = n+ik$)에 대해서 $x = 2\pi a/\lambda$의 함수로 나타내었다. a는 티끌의 반경이다. 미 이론 계산 코드 bhmie.pro(Bohren and Huffman 1983)를 이용하여 계산하였다.*

* 미 이론 계산 코드는 https://www.astro.princeton.edu/~draine/scattering.html (Bruce Draine) 혹은 http://scatterlib.wikidot.com/mie (Piotr J. Flatau)에서 구할 수 있다.

제5장 제동복사

5.1 제동복사

전리된 기체에서는 전하를 띤 입자들이 서로 충돌하는데, 이 과정에서 쿨롱 전기력에 의한 가속을 받으므로 복사가 방출된다. 자유 전하가 다른 전하와 충돌할 때 방출하는 복사를 **제동복사**(Bremsstrahlung; braking radiation) 혹은 **자유-자유 방출**(free-free emission)이라 부른다. 전자와 전자 사이의 충돌과 같은 동일한 입자 간의 충돌인 경우, 무게 중심을 원점으로 한 전기 쌍극자 모멘트가 0이므로, 충돌 시 쌍극자 복사가 방출되지 않는다. 따라서 복사는 거의 대부분 서로 다른 입자들 사이의 충돌에 의해 방출되며, 아래에서 보듯이 이온보다는 질량이 매우 작은 전자에 의해서 방출되는 복사의 세기가 훨씬 크다.

5.1.1 단일 전자로부터 방출되는 복사의 특성

우선 단일 전자로부터 방출되는 복사의 특성을 살펴보자. 전하가 Ze인 이온과 전자 사이의 거리를 ℓ이라 하면, 전자의 가속도는

$$|\ddot{\mathbf{x}}| = \frac{Ze^2}{m_e \ell^2} \tag{5.1}$$

으로 주어진다. 따라서 식 (4.25)로부터, 방출되는 쌍극자 복사장의 전기장 세기는

$$|\mathbf{E}| = \left|\frac{\hat{\mathbf{n}} \times (\hat{\mathbf{n}} \times \ddot{\mathbf{p}})}{c^2 r}\right| = \frac{Ze^3}{m_e c^2 \ell^2 r} \sin\theta \tag{5.2}$$

가 된다. $r(\gg \ell)$은 전자로부터의 거리이며, θ는 방향 벡터 $\hat{\mathbf{n}}$과 가속도 벡터 혹은 $\ddot{\mathbf{p}}$ 사이의 각도이다. 전자의 운동은 비상대론적이라고 가정했으며, 시간의 뒤처짐은 세기와 무관하므로 표시하지 않았다. 방출되는 복사 파워는 $P \propto |\mathbf{E}|^2$이고 위 식으로부터 (1) $P \propto 1/m_e^2$이므로 질량이 작은 전자가 주된 방출원임을 알 수 있고, (2) $P \propto 1/\ell^4$이므로 전자가 이온에 가장 근접했을 때 거의 모든 복사가 방출됨을 알 수 있다.

충돌 시 방출되는 복사 에너지를 계산하기에 앞서서, 우선 충돌로 전자가 받을 운동학적 영향을 살펴보자. 전자의 개수 밀도가 n_e이고 온도 T인 플라즈마를 구성하고 있는 전자와 이온의 충돌을 가정한다. 이 경우 충돌의 **충격인자**(impact parameter), 즉 두 입자 사이의 최근접 거리를 b라 하면, 전자의 쿨롱 에너지 E_C와 운동 에너지 E_K의 비는

$$\frac{E_C}{E_K} \approx \frac{Ze^2/b}{kT} \approx \frac{Ze^2 n_e^{1/3}}{kT} = \frac{Z}{4\pi n_e^{2/3}\lambda_D^2} = \frac{Z}{4\pi N_D^{2/3}} \tag{5.3}$$

가 된다. 충격인자의 특정 값으로 전자들의 평균 거리인 $n_e^{-1/3}$을 대입하였다. 위 식에서

$$\lambda_D \equiv \sqrt{\frac{kT}{4\pi n_e e^2}} = 6.9\left(\frac{T}{n_e}\right)^{1/2} \text{ cm} \tag{5.4}$$

는 **디바이 차단거리**(Debye shielding length)라고 불리는 물리량이며,

$$N_D \equiv n_e \lambda_D^3 = 330(T^3/n_e)^{1/2} \tag{5.5}$$

은 **플라즈마 변수**(plasma parameter)이다. 플라즈마, 즉 전리된 기체 안에 전하를 집어넣으면 반대 전하를 지닌 주변 입자들로 둘러싸여 어느 정도 떨어진 거리에서는 삽입된 전하의 존재를 느낄 수 없게 된다. 이러한 차단거리가 디바이 차단거리 λ_D이며, 플라즈마 변수는 λ_D^3의 체적 안에 있는 입자의 개수를 나타낸다(Chen 1984, 1.4절 참조). 디바이 차단거리가 우리가 관심 있는 물리적 길이 척도보다는 짧아야 플라즈마라고 할 수 있으며, 또한 N_D가 충분히 커서 입자 개개의 특성보다는 집단적 특성을 나타내야 한다. 우주의 전리된 희박한 기체의 경우 $N_D \gg 1$이므로 이러한 조건을 만족하며, 식 (5.3)으로부터 전자의 쿨롱 에너지가 운동 에너지에 비하여 매우 작음을 알 수 있다. 따라서 충돌 시 대부분의 경우에 전자의 운동 방향은 거의 변화하지 않으며 직선에 가깝다. 전자가 직선으로 운동한다고 가정하고 진행 방향에 수직인 운동량의 변화만을 고려하는 근사를 **작은 각도 산란근사**(small-angle scattering approximation) 혹은 **충격근사**(impact approximation)라고 한다(그림 5.1). 이 절에서는 이러한 근사가 성립한다는 가

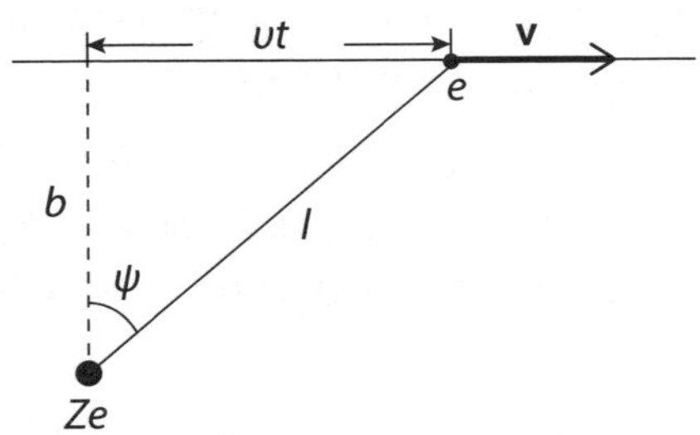

그림 5.1 이온과 전자 사이 충돌의 작은 각도 산란근사. 이온은 정지해 있고 전자는 직선 운동을 한다고 가정한다.

정하에서 복사의 특성을 살펴보겠다.

먼저 전자가 겪는 가속도와 그에 의한 복사의 특성을 살펴보자. 전자가 직선 운동을 한다는 가정하에서 이온으로부터의 거리가 가장 가까울 때, 즉 둘 사이의 거리가 충격인자 b와 같을 때를 시각 $t = 0$이라 정의한다. 시각 t에 전자는 그 지점으로부터 직선상의 거리 vt에 있으며, 전자와 이온을 연결한 직선은 전자가 가장 근접하였을 때의 위치를 잇는 선과 각 $\psi(t)$를 갖는다(그림 5.1). 시각 t에 전자의 운동 방향에 수직인 성분과 평행한 성분의 가속도의 크기는 각각

$$a_{\perp} = \frac{Ze^2}{m_e \ell^2} \cos\psi = \frac{Ze^2}{m_e b^2} \cos^3\psi, \tag{5.6a}$$

$$a_{\parallel} = \frac{Ze^2}{m_e \ell^2} \sin\psi = \frac{Ze^2}{m_e b^2} \cos^2\psi \sin\psi \tag{5.6b}$$

로 주어진다. 한편

$$\cos\psi = \frac{b}{\ell} = \frac{b}{\sqrt{b^2 + v^2 t^2}} \tag{5.7}$$

이므로, 이 식을 식 (5.6)에 대입하여 시간에 따른 두 가속도 성분의 변화를 그리면 그림 5.2와 같다. 그림에서 보듯이 $t \lesssim b/v$에서 평행한 가속도 성분은 수직인 가속도 성분에 비해서 그 크기가 작다. 복사 파워는 가속도의 제곱에 비례하므로 두 성분에 의한 복사 파워의 차이는 매우 크다. 두 가속도 성분의 또 다른 중요한 차이는 그들의 모양에 있다. 즉, 수직인 가속도 성분의 경우 $t = 0$을 중심으로 대칭적 가우스 모양을 하고 있는 반면, 평행한 가속도 성분은 $t = 0$ 이전과 이후로 부호가 바뀌므로 $t = 0$을 중심으로 반대칭적 모양을 하고 있다. 복사 스펙트럼은 가속도의 푸리에 변환의 제곱으로 주어지므로, 수직인 가속도 성분에 의한 복사의

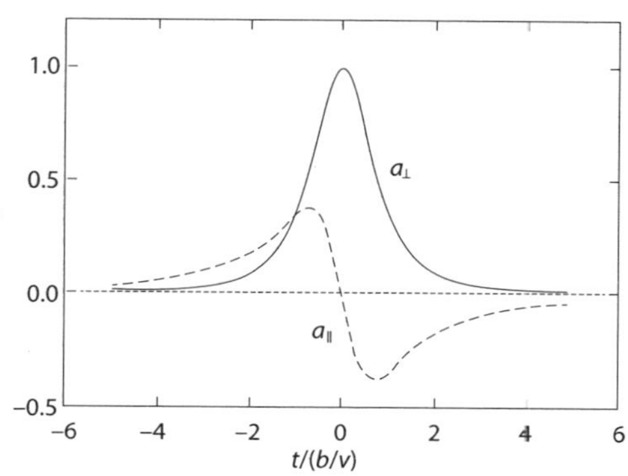

그림 5.2 전자와 이온의 충돌 시 전자가 겪는 가속도의 시간에 따른 변화. 전자의 운동 방향에 수직인 가속도 성분과 평행한 가속도 성분의 크기를 각각 실선과 파선으로 나타내었다. 가속도의 크기는 수직 성분의 최댓값으로 정규화되었다.

경우 $\omega = 0$에서 $\omega \sim v/b$까지 넓은 주파수 대역에 걸쳐 방출될 것으로 예상되나, 평행한 가속도 성분에 의한 복사는 $\omega \sim v/b$ 부근의 좁은 주파수 대역에서 방출될 것으로 예상할 수 있다(그림 3.6 참조). 따라서 전자의 운동 방향에 평행한 가속도 성분에 의한 복사는, 거의 모든 주파수 영역에서, 수직인 가속도 성분에 의한 복사에 비해서 무시할 수 있다(그림 5.3 참조).

이제 전자의 운동 방향에 수직인 가속도 성분에 의한 제동복사의 특성을 살펴보자. 편의상 아래 첨자 "⊥"는 생략하겠다. 우선 식 (5.2)로부터 전기장의 세기 E와 방출된 복사 파워 P는 각각

$$E = |\mathbf{E}(a_\perp)| = \frac{Ze^3}{m_e c^2 b^2 r} \cos^3 \psi(t) \sin\theta, \tag{5.8}$$

$$P = \frac{2e^2}{3c^3} a_\perp^2 = \frac{2Z^2 e^6}{3m_e^2 c^3 b^4} \cos^6 \psi(t) \tag{5.9}$$

와 같이 주어진다. 따라서 충돌 시 방출된 총복사 에너지는

$$W \equiv \int_{-\infty}^{\infty} P(t)dt = \frac{2Z^2 e^6}{3m_e^2 c^3 b^4} \int_{-\infty}^{\infty} \cos^6 \psi(t) dt \tag{5.10}$$

가 된다. 위 식의 적분은 식 (5.7)을 이용하고 $vt/b \equiv \tan\theta$로 치환하면

$$\int_{-\infty}^{\infty} \cos^6 \psi(t)dt = \frac{b}{v} \int_{-\pi/2}^{\pi/2} \cos^4 \theta d\theta = \frac{3\pi b}{8v} \tag{5.11}$$

이므로

$$W = \frac{\pi Z^2 e^6}{4m_e^2 c^3 b^3 v} \tag{5.12}$$

이 된다. 이 결과는 다음과 같이 이해할 수 있다. 우선 두 입자가 가까이 접근했을 때 파워가 크므로 복사 에너지의 대부분은 $t = 0$ 근처에서 방출된다. $t \approx 0$에서의 파워는 식 (5.9)에 의해서 $P \approx 2Z^2e^6/3m_e^2c^3b^4$이며, 이러한 파워가 방출되는 시간은 충돌 시간 $\Delta t_{\rm coll} = b/v$라고 할 수 있으므로, 방출된 전체 에너지는 $W \approx P\Delta t_{\rm coll} \approx 2Z^2e^6/3m_e^2c^3b^3v$가 된다. 이 결과는 식 (5.12)와 단지 계숫값에서 약간 차이가 난다.

이제 복사 에너지의 스펙트럼 $dW/d\nu$를 구해 보자. 편의상 $\omega = 2\pi\nu$를 사용하겠다. 우선 식 (5.8)로부터 전기장의 푸리에 변환은

$$\tilde{E}(\nu) = \int_{-\infty}^{\infty} E(t)e^{i\omega t}dt = \frac{Ze^3}{m_e c^2 r} \frac{\sin\theta}{bv} \int_{-\infty}^{\infty} \frac{e^{i\omega bx/v}}{(1+x^2)^{3/2}} dx \tag{5.13}$$

가 된다. $x \equiv vt/b$이다. 위 식은 개량베셀함수(modified Bessel function) $K_1(y)$의 적분 표현 $2yK_1(y) = \int_{\infty}^{\infty} \exp(iy)/(1+x^2)^{3/2}dx$(Abramowitz and Stegun

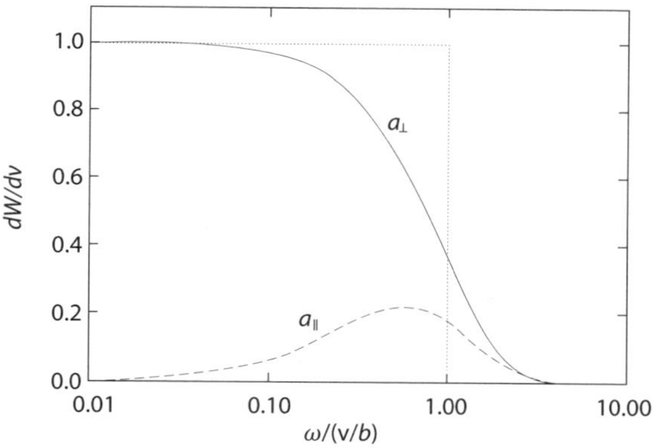

그림 5.3 전자와 이온의 충돌 시 방출되는 복사의 분광에너지 분포. 전자의 운동 방향에 수직인 가속도 성분과 평행한 가속도 성분에 의한 복사를 각각 실선과 파선으로 나타내었다. 점선은 식 (5.17)의 근사식을 나타낸다. y축의 $dW/d\nu$는 수직 성분의 최댓값으로 정규화되었다.

1983)을 이용하여

$$\tilde{E}(\nu) = \frac{2Ze^3 \sin\theta}{m_e c^2 r} \frac{\omega}{v^2} K_1\left(\frac{\omega b}{v}\right) \tag{5.14}$$

와 같이 쓸 수 있다. 이로부터 단위 주파수당 방출하는 에너지 $dW/d\nu$는

$$\frac{dW}{d\nu} = \frac{c}{2\pi}\int |\tilde{E}(\nu)|^2 r^2 d\Omega = \frac{16Z^2e^6\omega^2}{3m_e^2c^3v^4} K_1^2\left(\frac{\omega b}{v}\right) \tag{5.15}$$

가 된다. 그림 5.3은 식 (5.15)의 결과를 그림으로 보여 주고 있다. 비교를 위해서 전자의 운동 방향에 평행한 가속도 성분에 의한 복사의 단위 주파수당 방출하는 에너지도 같이 나타내었다(Longair 2011, 6.3절 참조).

식 (5.13)의 적분은 아래와 같은 근사적 방법으로도 가능하다(Rybicki and Lightman 1979, 5.1절 참조). $E(t)$는 근사적으로 $\Delta t_{\rm coll} = b/v$ 동안만 0이 아닌 값을 갖는다. $\omega\Delta t_{\rm coll} \gg 1$인 주파수에 대해서는 $\Delta t_{\rm coll}$ 동안 $e^{i\omega t}$의 값이 $\pm$로 매우 빠르게 진동하므로 식 (5.13)의 적분은 0에 가까울 것이다. 반면, $\omega\Delta t_{\rm coll} \ll 1$인 주파수에 대해서는 $\Delta t_{\rm coll}$ 동안 $e^{i\omega t} \approx 1$이므로, 식 (5.8)을 이용하면 $\tilde{E}(\nu)$는 근사적으로

$$\begin{aligned}\tilde{E}(\nu) &= \int_{-\infty}^{\infty} E(t)e^{i\omega t}dt \approx \frac{Ze^3}{m_e c^2 b^2 r}\sin\theta \int_{-\infty}^{\infty}\cos^3\psi(t)dt \\ &= \frac{Ze^3}{m_e c^2 b^2 r}\sin\theta \times \frac{2b}{v} \qquad (\omega\Delta t_{\rm coll} \ll 1)\end{aligned} \tag{5.16}$$

가 된다. (마지막 등식은 식 5.11과 유사한 방법으로 적분을 수행한 결과이다.) 이 결과는 식 (5.15)에서 $\omega b/v \to 0$의 극한을 취한 결과와 동일하다.[5]

그림 5.3은 앞에서 가속도의 함수 꼴(그림 5.2)로부터 예측한 바와 같다. 즉, $dW/d\nu$는 $\omega \ll 1/\Delta t_{\rm coll}(= v/b)$에서는 거의 일정하고, $\omega \gg 1/\Delta t_{\rm coll}(= v/b)$에서는 지수함수 형태로 감소한다. 따라서 속도 v로 움직이는 전자가 이온과 충돌하여 단위 주파수당 방출하는 에너지 $dW/d\nu$는 단순하게

$$\frac{dW}{d\nu} \approx \begin{cases} \dfrac{16Z^2e^6}{3m_e^2c^3b^2v^2}, & (\omega\Delta t_{\rm coll} \leq 1) \\ 0 & (\omega\Delta t_{\rm coll} > 1) \end{cases} \tag{5.17}$$

과 같이 근사할 수 있다(그림 5.3). 이러한 근사는 그 자체로는 충분한 정확도를 가졌다고 할 수 없으나 다음 절에서 다룰 이온과 전자들이 다양한 충돌계수를 갖고 충돌하는 플라즈마에서 방출되는 제동복사의 스펙트럼을 이해하기에는 충분하다.

5.1.2 일정한 속도를 가진 전자들의 제동복사와 건트 인자

이제 일정한 속도를 가진 여러 전자들이 이온과 충돌하여 방출하는 복사의 특성을 살펴보자. 전자의 밀도는 n_e이고 속도는 v로 일정하다고 가정한다. 이 경우 하나의 이온이 충격인자가 b와 $b+db$ 사이의 충돌을 겪을 단위 시간당 확률은 $n_e \cdot 2\pi b db \cdot v$로 주어진다. 따라서 이온의 밀도가 n_i라면, 방출계수 j_ν는

$$j_\nu = \frac{1}{4\pi}\int_0^\infty \frac{dW}{d\nu} n_i n_e v 2\pi b db \tag{5.18}$$

로 표현할 수 있다. 이 식에서 적분은 형식적으로는 무한대까지로 되어 있지만, 실제로는 식 (5.17)에 의해서

$$b_{\rm max} \equiv v/\omega \tag{5.19}$$

보다 큰 거리에 있는 전자들은 주파수 ν의 복사를 거의 방출하지 않으므로 이 값을 충격인자의 상한값으로 놓을 수 있다. 반면 충돌하는 두 입자 사이의 거리가 매우 가까울 때는 앞에서 구한 $dW/d\nu$가 성립하지 않거나 혹은 충돌을 고전적으로 취급하는 것 자체가 성립하지 않을 수도 있다(다음 단락 참조). 식 (5.17)이 성립하며 충돌을 고전적으로 취급할 수 있는 b의 값을 $b_{\rm min}$이라고 한다면, 작은 각도 산란근사에 의한 방출계수는 위 식으로부터

$$j_\nu = \frac{8Z^2e^6}{3m_e^2c^3v} n_i n_e \int_{b_{\rm min}}^{b_{\rm max}} \frac{db}{b} = \frac{8Z^2e^6}{3m_e^2c^3v} n_i n_e \ln\left(\frac{b_{\rm max}}{b_{\rm min}}\right) \tag{5.20}$$

---

5) 개량베셀함수 $K_1(y)$의 점근적 형태는 $K_1(y) = 1/y$ $(y \ll 1)$, $(\pi/2y)^{1/2}\exp(-y)$ $(y \gg 1)$로 주어진다(Abramowitz and Stegun 1983).

와 같이 근사할 수 있다.

식 (5.20)의 적분의 하한값 $b_{\min}$으로는 고전적인 하한값($b_{\min}^{(1)}$)과 양자역학적인 하한값($b_{\min}^{(2)}$)이 존재한다. 고전적인 하한값은 이 절의 작은 각도 산란 가정이 성립할 수 있는 b의 하한값으로서, 전자의 쿨롱 에너지와 운동 에너지의 크기가 같아지는 조건, 즉

$$\frac{Ze^2}{b_{\min}^{(1)}} = \frac{1}{2}m_e v^2 \quad \text{혹은} \quad b_{\min}^{(1)} = \frac{Ze^2}{\frac{1}{2}m_e v^2} \tag{5.21}$$

에 의해서 주어진다. $b < b_{\min}^{(1)}$인 충돌의 경우 작은 산란각도 근사가 성립하지 않는다. 한편, 만약 충격인자가 드브로이 파장($\hbar/m_e v$)보다 작아지면, 입자의 파동성으로 인하여 충돌을 고전역학적으로 다루는 것 자체가 성립되지 않는다. 이 경우 b의 하한값은

$$b_{\min}^{(2)} = \frac{\hbar}{m_e v} \tag{5.22}$$

가 될 것이다. 대부분의 천문 현상에서는 $b_{\min}^{(1)}$이 $b_{\min}^{(2)}$보다 크므로, $b_{\min}^{(1)}$을 적분의 하한값으로 사용할 수 있다(문제 6).

정확한 계산에 의한 방출계수는 다음과 같이 **자유-자유 건트 인자**(free-free Gaunt factor) $g_{\rm ff}$를 사용하여

$$j_\nu = \frac{8\pi Z^2 e^6}{3\sqrt{3} m_e^2 c^3 v} n_i n_e g_{\rm ff}(v, \nu) \tag{5.23}$$

로 주어진다. 식 (5.20), (5.23)으로부터

$$g_{\rm ff}(v, \nu) = \frac{\sqrt{3}}{\pi} \ln\left(\frac{b_{\max}}{b_{\min}}\right) \tag{5.24}$$

가 됨을 알 수 있다.

식 (5.24)의 건트 인자는 고전역학적 결과와 양자역학적 결과의 차이를 보정하기 위한 인자로서, 산란각도가 큰 고전역학적 충돌의 경우 $g_{\rm ff} = 1$이 되게끔 정의되었다(Gaunt 1930; Brussaard and van de Hulst 1962 참조). 그 수치값은 충돌하는 전자의 에너지와 방출되는 광자의 주파수에 따라서 1보다 클 수도 혹은 작을 수도 있는데, 그림 5.4는 차원이 없는 두 변수

$$\frac{h\nu}{\frac{1}{2}m_e v^2}, \quad \frac{\frac{1}{2}m_e v^2}{Z^2 \text{Ry}} = \left(\frac{v/c}{\alpha Z}\right)^2$$

을 각각 x축과 y축으로 한 평면에서 $g_{\rm ff}$가 어떠한 값 혹은 함수 형태를 갖는지를 보여 준다(Novikov and Thorne 1973). 여기에서 α는 미세구조상수이며 Ry는

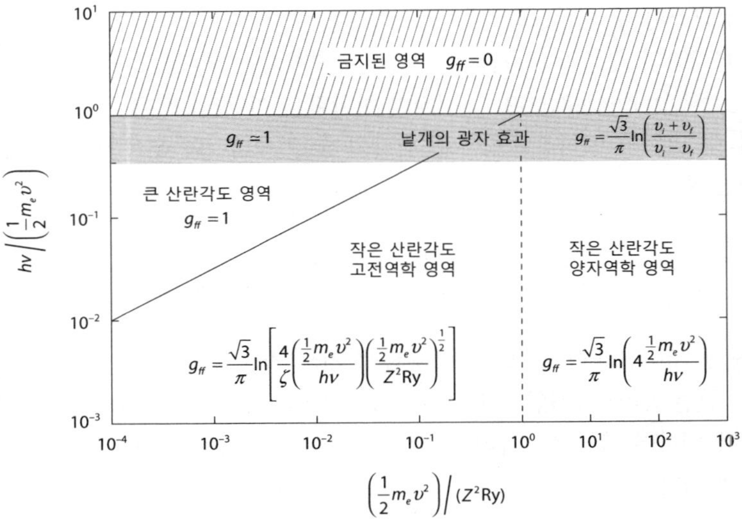

그림 5.4 에너지가 $(1/2)m_e v^2$인 전자가 전하 Ze의 이온에 충돌할 때 방출되는 제동복사의 특성별 영역과 자유-자유 건트 인자(Novikov and Thorne 1973).

뤼드베리(Rydberg) 에너지 단위이다(식 9.4, 9.5 참조). 그림 5.4에서 맨 위의 '금지된 영역'은 충돌 과정에서 방출된 광자의 에너지가 입사하는 전자의 운동 에너지보다 큰 영역으로서, 여기에서는 $g_{\rm ff}=0$의 값을 갖는다. 그 아래의 영역은 복사가 방출되는 영역으로서, 우선 작은 각도 산란근사의 성립 여부에 따라서 '큰 산란각도 영역'과 '작은 산란각도 영역'으로 나뉜다. 두 영역을 나누는 경계는 $b=b_{\rm min}^{(1)}$에 의해서 주어진다. 그림 5.4의 경계를 얻기 위해서는, 산란각도가 큰 충돌과 산란각도가 작은 충돌의 경우 방출하는 복사의 주파수 범위가 다르다는 점에 주목해야 한다. 즉, 산란각도가 클 경우 $b<b_{\rm min}^{(1)}$이므로 $\omega\sim 1/\Delta t_{\rm coll}=v/b>v/b_{\rm min}^{(1)}$인 복사를 방출한다. 반면 산란각도가 작은 충돌의 경우에는 그보다 낮은 주파수의 복사를 방출할 것이다. 따라서 그림 5.4에서

$$\frac{h\nu}{\frac{1}{2}m_e v^2}=\frac{\hbar\omega}{\frac{1}{2}m_e v^2}>\frac{\hbar v/b_{\rm min}^{(1)}}{\frac{1}{2}m_e v^2}=\left(\frac{\frac{1}{2}m_e v^2}{Z^2\mathrm{Ry}}\right)^{1/2}\tag{5.25}$$

으로 정의되는 영역에서는 산란각도가 큰 충돌이 주된 복사원이며, $g_{\rm ff}\approx 1$이다. (마지막 등식은 식 5.21을 이용하였다.) 반면, 식 (5.25)의 반대가 되는 낮은 주파수 영역에서는 이 절에서 기술한 산란각도가 작은 충돌이 주된 복사원이다. 한편 작은 산란각도 영역은 양자역학적 효과가 중요한가 아닌가에 따라서 다시 둘로 나뉜다. 두 영역의 경계는 $b_{\rm min}^{(1)}=b_{\rm min}^{(2)}$에 의해서 주어진다. 식 (5.21)과 식 (5.22)로부터, 그 조건은 $(1/2)m_e v^2/Z^2\mathrm{Ry}=1$ 혹은 $v=Z\alpha c$에 해당한다. 즉, $(1/2)m_e v^2/Z^2\mathrm{Ry}<1$ 혹은 $v<Z\alpha c$일 때는 고전적인 기술이 가능하나, 그

반대의 경우에는 입자의 파동성으로 인한 양자역학적 효과가 중요하게 된다. 마지막으로 '날개의 광자 효과'라고 표시된 영역은 $\frac{1}{3} \le \frac{h\nu}{\frac{1}{2}m_e v^2} \le 1$ 인 영역으로서, 이 영역에서는 충돌 시 생성되는 광자가 1–3개로서 고전적인 전자기적 기술이 성립되지 않는다. $g_{\rm ff}(\nu, v)$에 대한 보다 자세한 설명은 Karzas and Latter(1961), van Hoof et al.(2014) 등에서 확인할 수 있다.

5.2 열적 제동복사

5.2.1 방출계수와 흡수계수

이 절에서는 온도 T의 기체 덩어리로부터 방출되는 제동복사의 방출계수와 흡수계수를 구하고자 한다. 기체 덩어리를 이루고 있는 전자의 속도 분포는 맥스웰-볼츠만 분포를 따른다. 맥스웰-볼츠만 속도 분포를 가진 자유 전자들에 의해 방출되는 복사를 **열적 제동복사**(thermal Bremsstrahlung) 혹은 **열적 자유-자유 방출**(thermal free-free emission)이라 부른다. 전자의 밀도가 n_e라면, 하나의 이온이 충돌계수가 b 와 $b + db$ 사이이고 속도가 v와 $v + dv$ 사이인 전자와 충돌할 확률은 $n_e f(v) 4\pi v^2 dv \cdot 2\pi b db \cdot v$로 주어진다. $f(v)$는 3차원 맥스웰-볼츠만 분포 함수로서

$$f(v) = \left(\frac{m_e}{2\pi k T_e}\right)^{3/2} e^{-m_e v^2/2kT_e} \tag{5.26}$$

이다. 따라서 방출계수 j_ν는

$$j_\nu = \frac{1}{4\pi}\iint \frac{dW}{d\nu} n_i n_e f(v) 4\pi v^3 dv \cdot 2\pi b db = \int_{v_{\rm min}}^{\infty} j_\nu(v) f(v) 4\pi v^2 dv \tag{5.27}$$

로 주어진다. $j_\nu(v)$는 앞에서 구한 식 (5.23)의 속도 v인 전자의 방출계수이다. 속도에 대한 적분의 하한값 $v_{\rm min}$은 입사하는 전자의 에너지가 방출되는 광자의 에너지보다는 커야 한다는 조건으로부터

$$\frac{1}{2} m_e v_{\rm min}^2 = h\nu \tag{5.28}$$

이다. 따라서 식 (5.27)을 정리하면

$$\begin{aligned} j_\nu &= \frac{16\pi Z^2 e^6}{3\sqrt{3} m_e^2 c^3} n_i n_e \left(\frac{m_e}{2\pi k T}\right)^{1/2} \bar{g}_{\rm ff} e^{-h\nu/kT} \\ &= 5.44 \times 10^{-39} Z^2 n_i n_e T^{-1/2} \bar{g}_{\rm ff} e^{-h\nu/kT} \quad \text{erg cm}^{-3}\ \text{s}^{-1}\ \text{Hz}^{-1}\ \text{sr}^{-1} \end{aligned} \tag{5.29}$$

이 된다. 위 식의 $e^{-h\nu/kT}$ 인자는, 전자들의 속도 분포가 맥스웰-볼츠만 분포를 따르므로, 주파수가 ν인 광자를 방출하는 전자의 수가 $e^{-h\nu/kT}$에 비례함을 나타

낸다. 한편 $T^{-1/2}$ 항은 충돌률($\propto v$)과 전자가 충돌 시 단위 주파수당 방출하는 에너지 $dW/d\nu$($\propto 1/v^2$, 식 5.17)의 곱이 $1/v$에 비례하기 때문이다.

위 식에서 $\bar{g}_{\rm ff}(T,\nu)$는 맥스웰-볼츠만 속도 분포에 대해서 평균한 건트 인자로서

$$\bar{g}_{\rm ff} \equiv \int_0^\infty g_{\rm ff}(\nu, v)e^{-y}dy, \tag{5.30}$$

$$y \equiv \left(\frac{1}{2}m_e v^2 - h\nu\right)\Big/kT \tag{5.31}$$

이다. 그림 5.5는 그림 5.4에 대응되는 그림으로서 $\bar{g}_{\rm ff}$의 함수 형태가 ($h\nu/kT$, kT/Z^2Ry) 평면에서 어떻게 분포하는지 보여 준다. 일정한 속도의 전자에 대해서 얻은 결과에서 상숫값의 작은 차이를 무시한다면 단순히 $(1/2)m_e v^2$을 kT로 치환한 결과임을 알 수 있다. 단지 그림 5.4에서는 금지되었던 영역($h\nu > m_e v^2/2$)이 그림 5.5에서는 '꼬리(tail) 영역'에 해당하며, 맥스웰-볼츠만 분포의 높은 속도를 가진 전자, 즉 $(1/2)m_e v^2 \sim h\nu \gg kT$인 전자들에 의해서 복사 방출이 가능하게 되었음을 볼 수 있다. 최근에는 여러 논문에서 $\bar{g}_{\rm ff}(T,\nu)$의 값을 표로 제공하고 있으므로 임의의 온도와 주파수에서의 $\bar{g}_{\rm ff}$ 값을 쉽게 구할 수 있다(예: van Hoof et al. 2014). 그림 5.6은 주어진 Z^2Ry$/kT$에 따른 $\bar{g}_{\rm ff}$의 변화를 $h\nu/kT$의 함수로 보여 준다. 대부분의 주파수 영역에서 1과 5 사이의 값을 가지며, 주파수가 높아질수록 $\bar{g}_{\rm ff}$의 값이 작아짐을 볼 수 있다.

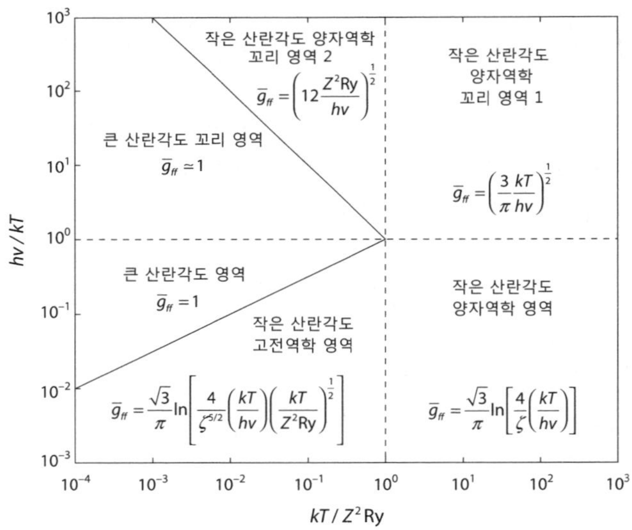

그림 5.5 온도가 T인 플라즈마로부터 방출되는 제동복사의 특성별 영역과 평균 자유-자유 건트 인자(Novikov and Thorne 1973)

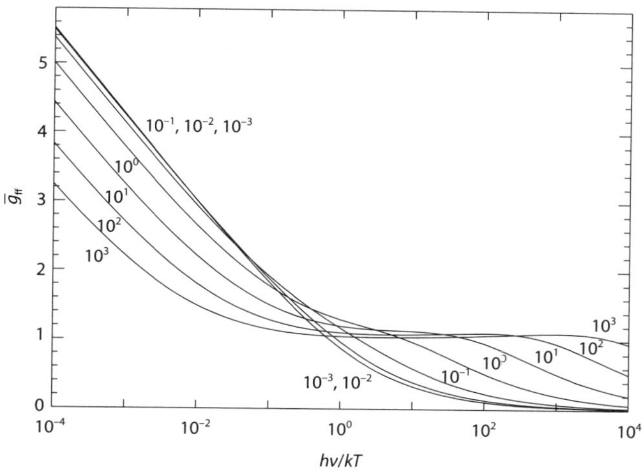

그림 5.6 온도가 T인 플라즈마로부터 방출되는 제동복사의 평균 자유-자유 건트 인자의 수치값(van Hoof et al. 2014). 각 그래프의 숫자는 $Z^2\mathrm{Ry}/kT$ 값을 나타낸다.

식 (5.29)를 전체 주파수에 대해서 적분한 단위 부피당 복사 파워는

$$\frac{dW}{dtdV} = 1.42 \times 10^{-27} Z^2 n_i n_e T^{1/2} \bar{g}_b \quad \mathrm{erg\ cm^{-3}\ s^{-1}} \tag{5.32}$$

로 주어진다. 위 식에서 $\bar{g}_b(T)$는 $\bar{g}_{\mathrm{ff}}(T,\nu)$를 주파수에 대해서 적절하게 가중 평균한 건트 인자로서 1.1에서 1.5 사이의 값을 가지며, $10^{4.2}\ \mathrm{K} \le T/Z^2 \le 10^{8.2}\ \mathrm{K}$에서는

$$\bar{g}_{\mathrm{b}}(T) \approx 1 + \frac{0.44}{1 + 0.058[\ln(T/10^{5.4} Z^2\ \mathrm{K})]^2} \tag{5.33}$$

와 같은 근사가 가능하다(Draine 2011).

그리고 키르히호프 법칙(식 1.50)으로부터 열적 제동복사의 흡수계수는

$$\begin{aligned}\kappa_\nu = \frac{j_\nu}{B_\nu} &= \frac{8\pi Z^2 e^6}{3\sqrt{3} m_e^2 hc} n_i n_e \left(\frac{m_e}{2\pi kT}\right)^{1/2} \bar{g}_{\mathrm{ff}} \nu^{-3} (1 - e^{-h\nu/kT}) \\ &= 3.69 \times 10^8 Z^2 n_i n_e T^{-1/2} \bar{g}_{\mathrm{ff}} \nu^{-3} (1 - e^{-h\nu/kT})\ \mathrm{cm^{-1}}\end{aligned} \tag{5.34}$$

이 된다.

식 (5.29)에서 볼 수 있듯이 열적 제동복사는 $h\nu \ll kT$인 주파수 대역에서 그 세기가 강하며, 다양한 근사식이 사용된다. 우선 $\nu_p \ll \nu \ll kT/h$ (ν_p는 플라즈마

주파수, 식 8.2)인 전파 영역에서는 건트 인자를

$$g_{\rm ff} \approx \frac{\sqrt{3}}{\pi}\left[\ln\frac{(2kT)^{3/2}}{\pi Ze^2 m_e^{1/2}\nu} - \frac{5\gamma}{2}\right] \approx 4.691\left[1 - 0.118\ln\left(\frac{Z\nu_9/10}{T_4^{3/2}}\right)\right]$$
$$\approx 6.155(Z\nu_9)^{-0.118}T_4^{0.177} \tag{5.35}$$

과 같이 근사할 수 있다(Draine 2011). 여기서 $\gamma = 0.577216\cdots$ 은 오일러 상수, $\nu_9 \equiv \nu/10^9$ Hz, $T_4 \equiv T/10^4$ K이다. 위 식의 마지막 근사식은 주파수가 $0.14 < Z\nu_9/T_4^{3/2} < 250$인 영역에서 10% 이내의 오차를 갖는다. 위의 건트 인자를 사용하면, 전파 영역에서의 방출계수와 흡수계수는

$$j_\nu \approx 3.35\times10^{-40}Z^{1.882}n_in_eT_4^{-0.323}\nu_9^{-0.118} \quad \text{erg cm}^{-3}\ \text{s}^{-1}\ \text{Hz}^{-1}\ \text{sr}^{-1}, \tag{5.36a}$$

$$\kappa_\nu = \frac{j_\nu}{B_\nu} \approx 3.37\times10^{-7}Z^{1.882}n_in_eT_4^{-1.323}\nu_9^{-2.118} \quad \text{pc}^{-1} \tag{5.36b}$$

와 같이 근사할 수 있다(Draine 2011). 광학적 깊이는

$$\tau_\nu = \int\kappa_\nu ds \approx 3.37\times10^{-7}Z^{1.882}T_4^{-1.323}\nu_9^{-2.118}\left(\frac{n_i}{n_p}\right)\left[\frac{\text{EM}}{\text{cm}^{-6}\text{pc}}\right] \tag{5.37}$$

으로 주어진다. 이 식에서 n_p는 양성자의 개수 밀도이며 EM은 **방출측도**(emission measure)로서

$$\text{EM} \equiv \int n_en_pds \tag{5.38}$$

와 같이 정의된 양이다.

한편, 기체의 온도가 매우 높을 경우, 즉 $kT \gtrsim m_ec^2$ ($T \gtrsim 6\times10^9$ K)일 경우, 상대론적 효과를 무시할 수 없다. 전자들의 속도 분포함수는 상대론적 일반화가 필요하며, 전자와 전자의 충돌 시 방출되는 사중극자 복사 또한 쌍극자 복사에 비해서 $\sim (v/c)^2 \sim kT/m_ec^2$ 정도의 크기이기 때문에 같이 고려해야 한다(4.2.2절 참조). 식 (5.32)의 단위 부피당 복사 파워의 경우, 상대론적 효과에 의한 1차 보정항의 크기는 $\sim 5.9kT/m_ec^2$ 로서(Gould 1980, 1981), 예를 들어 온도가 10^8 K인 은하단의 고온 플라즈마의 경우 보정항의 크기는 $\sim 10\%$이다.

5.2.2 열적 제동복사의 복사 스펙트럼

열적 제동복사를 방출하는 대표적인 천체로는 HII 영역, 우리 은하의 고온 코로나 기체, 은하단의 은하 간 고온 기체 등이 있다(글상자 6 참조). 이 천체들의 열적 제동복사 스펙트럼은 광원의 광학적 깊이에 의해서 결정된다. 열적 제동복사의

광학적 깊이는 주파수가 낮을수록 크므로(식 5.37), 낮은 주파수에서는 광학적 깊이가 크고 높은 주파수에서는 광학적 깊이가 작다. 광학적 깊이가 큰 경우, 복사세기는 열복사의 원천함수, 즉 플랑크 함수에 비례한다(1.2.3절 참조). 반면 광학적 깊이가 작은 경우, 복사세기는 방출계수에 비례하므로 그 스펙트럼은 식 (5.29)에 의해서 결정된다. 즉, $h\nu \ll kT$ 인 영역에서는 주파수와 거의 무관한 편평한 스펙트럼을 보이다가 $h\nu = kT$ 인 **차단 주파수**(cut-off frequency)를 경계로 급격하게 감소한다(그림 2.4, 그림 10.1 참조). 차단 주파수는

$$\begin{aligned}\nu_{\rm cut-off} \equiv \frac{kT}{h} &= 2.08 \times 10^{14} \left(\frac{T}{10^4\ \rm K}\right)\ \rm Hz \\ &= 0.862 \left(\frac{T}{10^4\ \rm K}\right)\ \rm eV \end{aligned} \tag{5.39}$$

로 주어진다. 둘째 등식은 편의상 eV를 단위로 나타내었다. 따라서 온도가 $\sim 10^4$ K인 HII 영역의 경우에는 $\lesssim 1$ eV ($\sim 1\ \mu$m) 근적외선 대역까지, 온도가 $\lesssim 10^6$ K인 우리 은하의 코로나 기체는 $\lesssim 0.1$ keV인 자외선 대역까지, 온도가 10^7–10^8 K인 은하단의 은하간물질은 1–10 keV인 X-선 영역까지 열적 제동복사를 방출한다. 열적 제동복사는 온도가 $\geq 10^7$ K인 플라즈마의 주요 냉각 기작이다.[6]

구체적인 예로서 반경이 R이고 수소 원자핵의 개수 밀도와 온도가 각각 n과 T로 균일한 구형의 HII 영역을 생각해 보자. 이 경우 흡수계수 κ_ν와 방출계수 j_ν 모두 일정하며, 원천함수 $S_\nu = j_\nu/\kappa_\nu = B_\nu(T)$이다. 광학적 깊이가 매우 큰, 낮은 주파수에서는 $I_\nu = S_\nu = B_\nu(T)$이므로

$$F_\nu = B_\nu \pi \left(\frac{R}{d}\right)^2 \propto \nu^2 \quad (\tau_\nu \gg 1,\ h\nu \ll kT) \tag{5.40}$$

이 된다. 반대로 광학적 깊이가 매우 작은, 높은 주파수에서는

$$\begin{aligned} F_\nu = (4\pi j_\nu)\left(\frac{4\pi R^3}{3}\right)\frac{1}{4\pi d^2} &= \left(\frac{4 j_\nu R}{3}\right)\pi\left(\frac{R}{d}\right)^2 \\ &= \left(\frac{4\kappa_\nu R}{3}\right) B_\nu \pi \left(\frac{R}{d}\right)^2 \propto \nu^{-0.1} \quad (\tau_\nu \ll 1,\ h\nu \ll kT) \end{aligned} \tag{5.41}$$

이 된다(식 1.27 참조). 따라서 F_ν는 낮은 주파수에서는 ν^2에 비례하고, 높은 주파수에서는 $\nu^{-0.1}$에 비례한다. 편평한 스펙트럼은 $h\nu \lesssim kT$인 주파수 영역까지 지속되다가 차단 주파수(식 5.39)를 경계로 기하급수적으로 감소할 것으로 예상할 수 있다.

---

6) 그림 2.4와 그림 10.1에서 보듯이 온도가 $\lesssim 10^7$ K인 플라즈마에서는 열적 제동복사 이외에 자유-속박 연속복사, 두광자 연속복사, 중원소 방출선 등이 강하며 이들에 의한 냉각이 우세하다.

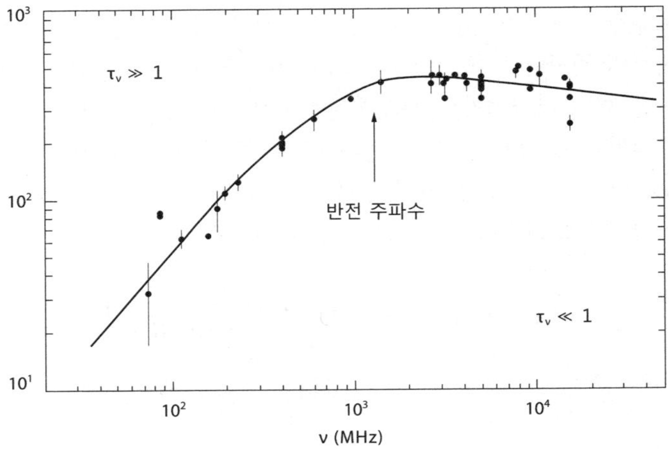

그림 5.7 오리온 HII 영역의 전파 분광에너지 분포. 측정값은 Terzian and Parrish(1970)과 그들 논문에서 인용된 문헌에서 발췌했다.

한편 식 (5.41)의 마지막 등식의 첫째 항은 광원의 평균 광학적 깊이 $\bar{\tau}_\nu$ 에 해당한다. 즉, 평균 광학적 깊이 $\bar{\tau}_\nu$ 를

$$F_\nu = B_\nu \bar{\tau}_\nu \Omega_s, \quad \Omega_s = \pi (R/d)^2 \tag{5.42}$$

이라고 정의하면, 식 (5.41)로부터

$$\bar{\tau}_\nu = \left(\frac{4\kappa_\nu R}{3} \right) \tag{5.43}$$

이 된다.

그림 5.7은 오리온 HII 영역의 전파 대역의 분광에너지 분포를 보여 준다. 광학적 깊이가 큰 $\nu \lesssim 300$ MHz에서는 플럭스밀도가 멱함수 꼴의 분포를 보이는 반면, 광학적 깊이가 작은 $\nu \gtrsim 3$ GHz에서는 플럭스밀도가 거의 일정함을 볼 수 있다. 이러한 분광에너지 분포는 식 (5.40)과 식 (5.41)로부터 예상되는 열적 제동복사의 스펙트럼과 일치한다. 단, HII 영역의 온도와 밀도가 중심으로부터의 거리에 따라서 변하기 때문에 낮은 주파수에서 $F_\nu \propto \nu^2$ 의 관계를 정확히 따르지는 않는다. 스펙트럼의 기울기가 변하는 **반전주파수**(turnover frequency, ~ 1 GHz)는 식 (5.37)의 광학적 깊이 $\tau_\nu = 1$ 이 되는 주파수로 주어진다(문제 8).

글상자 6. HII 영역의 열적 제동복사와 은하의 별생성

열적 제동복사를 방출하는 대표적인 천체는 HII 영역이다. OB형 별 주변의 HII 영역은 중심별로부터 방출되는 에너지가 13.6 eV보다 큰 **라이만 연속복사 광자**(Lyman continuum photon)에 의해서 수소 기체가 전리된 영역으로서 밝은 전파원이다. 나선 은하의 경우에는 나선팔을 따라서 분포하며 질량이 큰 별들이 생성되는 영역을 보여 준다(그림 5.8).

HII 영역의 전파 광도는 중심별의 라이만 연속복사 광자 방출률 Q(photons s^{-1})에 비례한다. 그 이유는 열적 제동복사의 복사 파워가 전자 밀도(n_e)와 양성자 밀도(n_i)의 곱에 비례하므로(식 5.32), 전자와 양성자가 충돌하여 중성 수소로 재결합하는 재결합률에 비례한다. 따라서 HII 영역의 전파 광도는 그 안에서 단위 시간 동안 발생하는 수소 재결합률에 비례한다. 한편 HII 영역이 **전리평형**(ionization equilibrium) 상태에 있기 위해서는 재결합률이 수소 원자의 전리율과 같아야 하며, 전리율은 라이만 연속복사 광자 방출률 Q에 비례한다. 따라서 전파 광도는 Q에 비례하게 된다. O형 별의 경우 $Q \approx 10^{48}$–10^{49} photons s^{-1}의 값을 가지며 주위에 반경 수 pc에서 수십 pc의 HII 영역을 형성한다.

은하 내 HII 영역들이 방출하는 열적 제동복사의 전파 광도로부터 OB형 별의 개수를 구할 수 있고, 그들의 광도 분포와 수명을 고려하여 은하의 **별생성률**(star formation rate)을 추정할 수 있다. WMAP(Wilkinson Microwave Anisotropy Probe)의 전파 자료 분석에 의하면 우리 은하 전체의 라이만 연속광자 방출률 $Q = 3.2(\pm 0.52) \times 10^{53}$ photons s^{-1}이며, 이로부터 추정된 별생성률은 $1.3 \pm 0.2\ M_\odot\ yr^{-1}$이다(Murray and Rahman 2010). 대마젤란 은하와 소마젤란 은하의 별생성률은 각각 $0.14\ M_\odot\ yr^{-1}$와 $0.015 M_\odot\ yr^{-1}$이다.

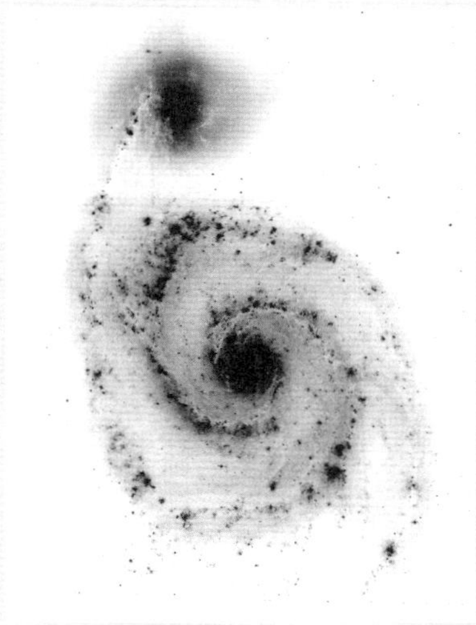

그림 5.8 소용돌이 은하(Whirlpool galaxy) M51의 Hα 이미지(Mutchler et al. 2005). 2005년 허블 망원경이 얻은 6장의 ACS(Advanced Camera for Surveys) 이미지를 합성해서 만든 $7.'5 \times 10.'2$ 크기의 이 이미지는 M51의 나선팔을 따라 분포하는 밝은 HII 영역을 잘 보여 준다. M51까지의 거리는 7.1 Mpc이다.

제6장 싱크로트론 복사

6.1 상대론적 전하의 복사

싱크로트론 복사(synchrotron radiation)는 상대론적 전하, 특히 전자가 자기장에 의한 로런츠 힘에 의해서 가속될 때 방출되는 복사이다. 상대론적 전하란 그 속도가 광속도에 가깝고, 따라서 그 에너지는 정지 에너지에 비해서 매우 큰 전하를 의미한다. 이 장에서는 우선 상대론적 전하로부터 방출되는 복사의 일반적인 특성을 살펴보겠다.

가속된 전하에 의한 복사장의 전기장과 자기장의 일반적인 식은 식 (4.20)으로부터

$$\mathbf{E}(\mathbf{x},t) = \frac{q}{c}\left[\frac{\hat{\mathbf{n}} \times \{(\hat{\mathbf{n}} - \boldsymbol{\beta}) \times \dot{\boldsymbol{\beta}}\}}{\kappa^3 R}\right]_{\rm ret}, \tag{6.1a}$$

$$\mathbf{B}(\mathbf{x},t) = [\hat{\mathbf{n}} \times \mathbf{E}]_{\rm ret} \tag{6.1b}$$

와 같다. 위 식에서 $\hat{\mathbf{n}} \equiv \mathbf{R}(t')/R(t')$, $\boldsymbol{\beta} \equiv \mathbf{v}(t')/c$, $\kappa \equiv 1 - \hat{\mathbf{n}} \cdot \boldsymbol{\beta}$, 그리고 $[\ ]_{\rm ret}$는 뒤처진 시간 $t' = t - R(t')/c$에서의 물리량을 의미한다. $\mathbf{R}(t') \equiv \mathbf{x} - \mathbf{x}(t')$은 전하로부터 관측자까지의 거리 벡터이다. $\mathbf{E}$와 $\mathbf{B}$가 복사장임을 나타내는 아래첨자 'rad'는 생략하였다. 복사패턴은

$$\frac{dP}{d\Omega} = R^2(\mathbf{S} \cdot \hat{\mathbf{n}}) = \frac{q^2}{4\pi c}\left[\frac{|\hat{\mathbf{n}} \times \{(\hat{\mathbf{n}} - \boldsymbol{\beta}) \times \dot{\boldsymbol{\beta}}\}|^2}{\kappa^6}\right]_{\rm ret} \tag{6.2}$$

로 주어진다. 위 식으로부터 상대론적 전하는 비상대론적인 전하와 달리, 복사장의 세기가 가속도($\dot{\boldsymbol{\beta}}$)뿐만 아니라 속도($\boldsymbol{\beta}$)에도 의존함을 알 수 있다. 즉, 가속도와 속도의 방향에 따라서 복사패턴은 달라진다. 또한, 분모의 $\kappa(= 1 - \hat{\mathbf{n}} \cdot \boldsymbol{\beta})$항으로 인하여 복사의 분포가 좁은 각도 범위로 집중되는 분사출(beaming) 효과가 발생한다.

식 (6.1)과 식 (6.2)는 위치 $\mathbf{x}$에 있는 관측자가 시간 t에 받는 복사의 전자기장과 복사패턴이다. 그리고 그 복사패턴은 시간 $t' = t - R(t')/c$에서 전하가 방출한 것이다. 상대론적 전하의 경우 관측자가 받는 복사패턴은 전하가 방출하는 복사패턴과는 차이가 있다(Jackson 1999, 14.3절 참조). 이를 보기 위해서,

$t = T_1 + R(T_1)/c$에서 $T_2 + R(T_2)/c$ 사이에 받은 에너지 플럭스를 생각해 보면, 그 크기는 $t' = T_1$에서 T_2 사이에 방출된 에너지 플럭스와 같아야 하므로

$$\int_{T_1+R(T_1)/c}^{T_2+R(T_2)/c} [\mathbf{S}\cdot\hat{\mathbf{n}}]_{\rm ret} dt = \int_{T_1}^{T_2} (\mathbf{S}\cdot\hat{\mathbf{n}}) \frac{dt}{dt'} dt' \tag{6.3}$$

이어야 한다. 즉, 전하가 시각 t'에 단위 시간당 방출한 에너지 플럭스는 $(\mathbf{S}\cdot\hat{\mathbf{n}})dt/dt'$으로 주어진다. 식 (4.16)에 의해서 $dt'/dt = 1/\kappa$이므로, 단위 입체각당 방출된 복사 파워 $dP_{\rm em}/d\Omega$는 식 (6.2)의 $dP/d\Omega$로부터

$$\frac{dP_{\rm em}}{d\Omega} = R^2(\mathbf{S}\cdot\hat{\mathbf{n}})\frac{dt}{dt'} = \frac{q^2}{4\pi c}\frac{|\hat{\mathbf{n}}\times\{(\hat{\mathbf{n}}-\boldsymbol{\beta})\times\dot{\boldsymbol{\beta}}\}|^2}{\kappa^5} \tag{6.4}$$

이 된다. 마지막 식은 t'에서의 물리량이므로 $[\ \ ]_{\rm ret}$를 제거하였다.

전하가 방출하는 복사패턴($dP_{\rm em}/d\Omega$)과 관측자가 받는 복사패턴($dP/d\Omega$)이 $1/\kappa = 1/(1-\beta\cos\theta)$만큼 차이가 나는 이유는 도플러 효과 때문이다. 즉, 속도 v로 움직이는 전하가 움직이는 방향으로부터 θ를 이루는 각도로 $\Delta t'$ 시간 동안 복사를 방출한다면, 나중에 방출된 복사는 $v\Delta t'\cos\theta$만큼 짧아진 (혹은 길어진) 거리를 이동하여 관측자에 도달하므로, 관측자가 복사를 받는 시간은 $\Delta t = \Delta t' - (v/c)\Delta t'\cos\theta = \kappa\Delta t'$이 된다. 따라서 $dP/d\Omega = (1/\kappa)dP_{\rm em}/d\Omega$이 된다. (관측자가 받는 파워와 전하가 방출하는 파워의 차이에 대해서는 6.3.1절에서 다시 논의하겠다.) 아래에서는 식 (6.4)를 이용하여 가속도가 속도에 평행한 경우와 가속도가 속도에 수직인 경우에 방출하는 복사패턴이 어떻게 다른지를 살펴보도록 하겠다.

• **가속도가 속도에 평행한 경우($\boldsymbol{\beta} \parallel \dot{\boldsymbol{\beta}}$)**: 전하가 움직이는 방향을 따라서 가속될 경우, 즉 $\boldsymbol{\beta} \parallel \dot{\boldsymbol{\beta}}$인 경우 그 복사패턴은

$$\frac{dP_{\rm em}}{d\Omega} = \frac{q^2}{4\pi c}\frac{\dot{\beta}^2\sin^2\theta}{(1-\beta\cos\theta)^5} = \frac{q^2}{4\pi c^3}\frac{a^2\sin^2\theta}{(1-\beta\cos\theta)^5} \tag{6.5}$$

로 주어진다. θ는 $\hat{\mathbf{n}}$과 $\boldsymbol{\beta}$ 사이의 각도이며, $a = c\dot{\beta}$이다.

비상대론적 전하, 즉 $\beta \ll 1$일 경우 위 식은

$$\frac{dP_{\rm em}}{d\Omega} = \frac{q^2}{4\pi c^3}a^2\sin^2\theta \tag{6.6}$$

가 되며, 이는 앞에서 다뤘던 쌍극자 복사패턴임을 알 수 있다.

반면 상대론적 전하의 경우, 즉 $\beta \to 1$일 경우에 분모의 $(1-\beta\cos\theta)^5$ 항으로

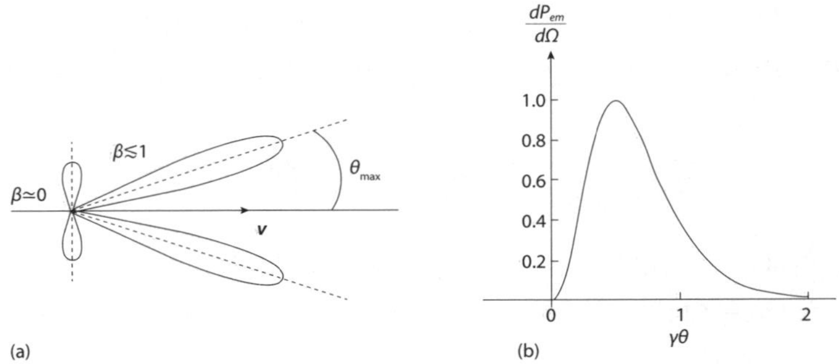

그림 6.1 $\boldsymbol{\beta} \parallel \dot{\boldsymbol{\beta}}$인 상대론적 전하의 (a) 2차원 복사패턴, (b) 편각 θ에 따른 복사 파워의 분포. 복사패턴은 속도축에 대해서 방위각 대칭이다. 비교를 위해서 (a)에 비상대론적 전하 ($\beta \approx 0$)의 복사패턴을 같이 나타내었다.

인해서 $\theta = 0$ 근처에 복사가 집중됨을 알 수 있다. 따라서

$$1 - \beta\cos\theta \approx 1 - \left(1 - \frac{1}{2\gamma^2}\right)\left(1 - \frac{\theta^2}{2}\right) \approx \frac{1}{2\gamma^2}(1 + \gamma^2\theta^2) \tag{6.7}$$

의 근사가 가능하다. 여기서 $\gamma(\gg 1)$는 로런츠 인자이다. 이로부터 복사패턴은

$$\frac{dP_{\rm em}}{d\Omega} \approx \frac{8q^2a^2\gamma^8(\gamma\theta)^2}{\pi c^3(1 + \gamma^2\theta^2)^5} \tag{6.8}$$

이 된다. 그림 6.1은 복사패턴을 보여 준다. 복사 파워는 $\gamma\theta = 0.5$에서 최대가 되며, $\gamma\theta = 0.23, 0.91$일 때 세기가 반감한다. 식 (6.5)를 입체각에 대해서 적분하면, 전체 파워는

$$P_{\rm em} = \int \frac{dP_{\rm em}}{d\Omega} d\Omega = \frac{2q^2a^2\gamma^6}{3c^3} \tag{6.9}$$

이 된다.

• **가속도가 속도에 수직인 경우($\boldsymbol{\beta} \perp \dot{\boldsymbol{\beta}}$)**: 전하가 움직이는 방향에 수직인 가속을 받는 경우, 즉 $\boldsymbol{\beta} \perp \dot{\boldsymbol{\beta}}$인 경우에 복사패턴은

$$\frac{dP_{\rm em}}{d\Omega} = \frac{q^2a^2}{4\pi c^3}\frac{1}{(1 - \beta\cos\theta)^3}\left[1 - \frac{\sin^2\theta\cos^2\varphi}{\gamma^2(1 - \beta\cos\theta)^2}\right] \tag{6.10}$$

가 된다. 여기에서 θ는 앞에서와 마찬가지로 $\hat{\mathbf{n}}$과 $\boldsymbol{\beta}$ 사이의 각도이며, φ는 $\hat{\mathbf{n}}$을 속도에 수직인 평면에 투영한 벡터가 가속도 $\dot{\boldsymbol{\beta}}$와 이루는 각도이다(그림 6.2).

$\gamma \gg 1$일 경우, 위 식은 식 (6.7)의 근사를 적용하여

$$\frac{dP_{\rm em}}{d\Omega} \approx \frac{2q^2a^2\gamma^6}{\pi c^3(1 + \gamma^2\theta^2)^3}\left[1 - \frac{4\gamma^2\theta^2\cos^2\varphi}{(1 + \gamma^2\theta^2)^2}\right] \tag{6.11}$$

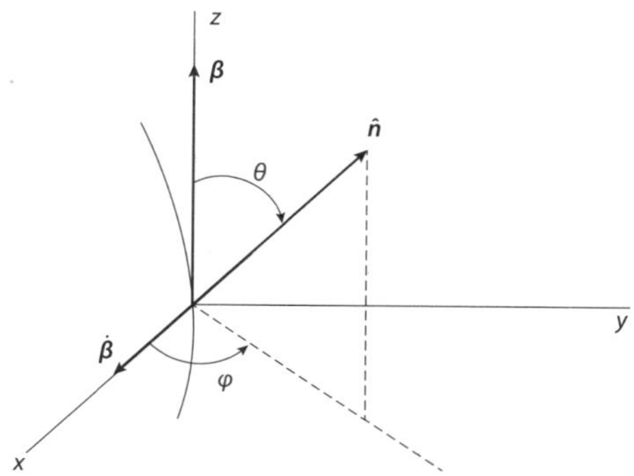

그림 6.2 $\boldsymbol{\beta} \perp \dot{\boldsymbol{\beta}}$인 상대론적 전하의 궤적과 좌표계. 전하는 (x, z) 평면에서 운동하고 있다.

가 된다. 그림 6.3은 3차원 복사패턴과 $\varphi = 0$과 $\varphi = \pi/2$일 때의 복사패턴을 보여 준다. 이 경우 역시 $\theta \sim 1/\gamma$의 각도 안에 대부분의 복사가 집중되어 있음을 알 수 있다. 입체각에 대해서 적분한 전체 파워는

$$P_{\rm em} = \int \frac{dP_{\rm em}}{d\Omega} d\Omega = \frac{2q^2 a^2 \gamma^4}{3c^3} \tag{6.12}$$

으로 주어진다.

일반적인 경우, 가속도를 전하의 운동 방향에 평행한 성분과 수직인 성분으로 나눌 수 있으므로, 앞의 결과로부터 복사 파워는

$$P_{\rm em} = \frac{2q^2\gamma^4}{3c^3}(a_\perp^2 + \gamma^2 a_\parallel^2) \tag{6.13}$$

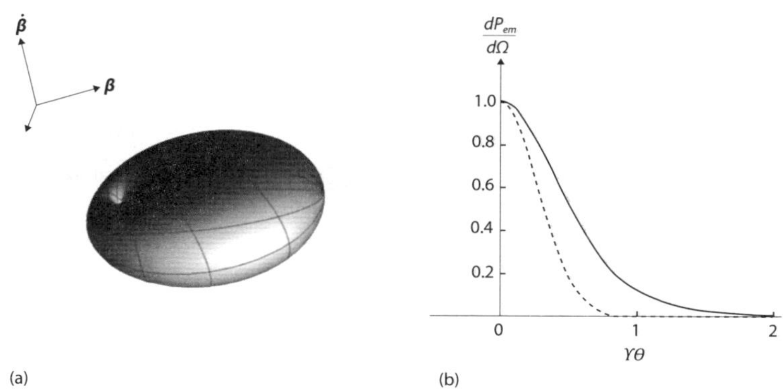

그림 6.3 $\boldsymbol{\beta} \perp \dot{\boldsymbol{\beta}}$인 상대론적 전하의 (a) 3차원 복사패턴(출처: Jones 2011), (b) $\phi = 0$ 평면(점선)과 $\phi = \pi/2$ 평면(실선)에서의 θ에 따른 복사 파워의 분포(그림 6.2 참조).

과 같이 쓸 수 있다. 이 식을 보면 입자가 자신의 운동 방향으로 가속을 받을 때 더 많은 복사 에너지가 방출된다고 생각하기 쉽다. 하지만 이는 가속도의 크기가 동일한 경우에만 해당된다. 가속도 대신 힘으로 표현한다면, 힘이 수직일 경우에는 $\mathbf{F}\cdot\mathbf{v}=0$이므로 γ는 일정하고 $a_\perp = F_\perp/m\gamma$인 반면, 힘이 평행일 경우에는 운동 방정식으로부터 $a_\parallel = F_\parallel/m\gamma^3$이므로(다음 절 참조)

$$P_{\rm em} = \frac{2q^2}{3m^2c^3}(\gamma^2 F_\perp^2 + F_\parallel^2) \tag{6.14}$$

이 된다. 동일한 힘을 받는다면, 수직 방향으로 받을 때 훨씬 많은 복사 에너지를 방출함을 알 수 있다.

한편, $\boldsymbol{\beta} = \boldsymbol{\beta}_\parallel + \boldsymbol{\beta}_\perp$이고 $a_\perp = |(\boldsymbol{\beta}/\beta)\times\dot{\boldsymbol{\beta}}|c$이므로, 식 (6.13)의 복사 파워는

$$\begin{aligned} P_{\rm em} &= \frac{2q^2\gamma^6}{3c^3}\Big(\frac{a_\perp^2}{\gamma^2} + a_\parallel^2\Big) = \frac{2q^2\gamma^6}{3c^3}(a^2 - \beta^2 a_\perp^2) \\ &= \frac{2q^2\gamma^6}{3c}\left[\dot{\boldsymbol{\beta}}^2 - (\boldsymbol{\beta}\times\dot{\boldsymbol{\beta}})^2\right] \end{aligned} \tag{6.15}$$

과 같이 쓸 수도 있다. $a^2 = a_\perp^2 + a_\parallel^2$이다. 1898년 리에나드에 의해서 얻어진 이 식은 $\boldsymbol{\beta}$와 $\dot{\boldsymbol{\beta}}$이 수직 혹은 평행이 아닌 경우에도 성립한다.

6.2 싱크로트론 복사의 기본 특성

균일한 자기장 $\mathbf{B}$가 걸려 있는 매질에서 운동하는 상대론적 전하의 운동량 $\mathbf{p}$와 에너지 E에 관한 방정식은

$$\frac{d\mathbf{p}}{dt} = \frac{d}{dt}(\gamma m\mathbf{v}) = \frac{q}{c}\mathbf{v}\times\mathbf{B}, \tag{6.16a}$$

$$\frac{dE}{dt} = \frac{d}{dt}(\gamma mc^2) = \Big(\frac{q}{c}\mathbf{v}\times\mathbf{B}\Big)\cdot\mathbf{v} = 0 \tag{6.16b}$$

이다. 전기장은 0으로 가정하였으며, 우주의 플라즈마는 전기적으로 중성이므로 이러한 조건을 만족한다. 식 (6.16b)로부터 에너지 혹은 γ가 일정함을 알 수 있다. 즉, 자기장 $\mathbf{B}$는 일을 하지 않는다. 따라서 운동량의 변화에 관한 방정식은

$$\gamma m\frac{d\mathbf{v}}{dt} = \frac{q}{c}\mathbf{v}\times\mathbf{B} \tag{6.17}$$

가 되며, 이를 자기장에 평행한 성분과 수직인 성분으로 분리하면

$$\frac{d\mathbf{v}_\parallel}{dt} = 0, \qquad \frac{d\mathbf{v}_\perp}{dt} = \frac{q}{\gamma mc}\mathbf{v}_\perp\times\mathbf{B} \tag{6.18}$$

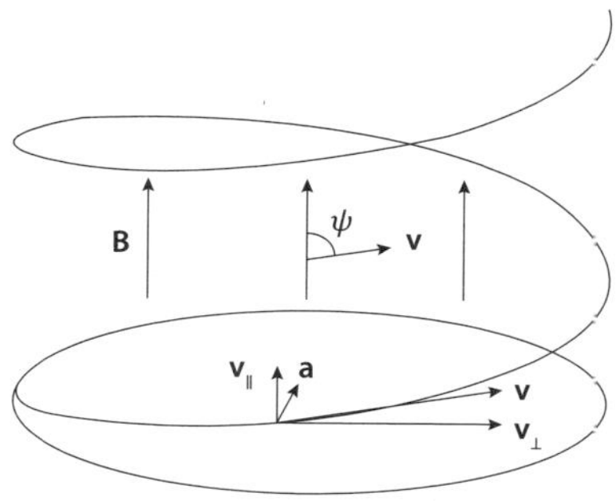

그림 6.4 자기장이 있는 경우 전하의 운동. 가속도의 방향과 입자의 궤적은 전하가 음전하인 경우에 해당한다.

가 된다. 이로부터 자기장에 평행한 성분의 속도 $\mathbf{v}_\parallel$는 일정하고, 자기장에 수직인 평면에서는 전하가 원운동을 함을 알 수 있다. 전체적으로는 자기장을 따라서 **피치각**(pitch angle), 즉 자기장과 속도 사이의 각 $\psi(\equiv \sin^{-1}[v_\perp/v])$가 일정한 나선 운동을 한다(그림 6.4 참조). 원운동의 각주파수와 반경은

$$\omega_B = \frac{qB}{\gamma mc} = \frac{17.6}{\gamma}\left(\frac{B}{\mu G}\right) \quad \text{Hz}, \tag{6.19a}$$

$$r_B = \frac{v_\perp}{\omega_B} = \frac{v\sin\psi}{\omega_B} = 1.70\times 10^9 \gamma\beta\sin\psi \left(\frac{B}{\mu G}\right)^{-1} \quad \text{cm} \tag{6.19b}$$

와 같이 주어진다. $\beta = v/c$이며 수치값은 전하가 전자인 경우에 해당한다. 식 (6.19)의 ω_B와 r_B를 각각 상대론적 **자이로주파수**(gyrofrequency)와 상대론적 **자이로반경**(gyroradius)이라 부른다.

식 (6.18)로부터 전하의 가속도는

$$a_\perp = \frac{qv_\perp B}{\gamma mc} = \frac{qvB\sin\psi}{\gamma mc}, \quad a_\parallel = 0 \tag{6.20}$$

이므로, 식 (6.13)에 의해서 전하가 방출하는 파워는

$$P_{\rm em} = \frac{2q^4B^2v^2\gamma^2\sin^2\psi}{3m^2c^5} = 2c\sigma_T U_B(\gamma^2-1)\sin^2\psi \tag{6.21}$$

가 된다. 동일한 γ를 가진 입자의 경우에는 파워가 m^{-2}에 비례하며, 동일한 에너지(γmc^2)를 가진 입자의 경우에는 파워가 m^{-4}에 비례함을 알 수 있다. 따라서 우주에서 관측되는 싱크로트론 복사는 거의 모두 전자가 방출한 것이다. 식 (6.21)의 두 번째 등식은 전자의 경우로서, σ_T는 톰슨 산란 단면적이고 $U_B(=B^2/8\pi)$는 자기장 에너지 밀도이다. 이 식은 마치 전자가 자기장과 충돌하는 형태를 하

고 있으며, 따라서 싱크로트론 복사를 **자기 제동복사**(magneto-bremsstrahlung)라고도 부른다. 전자들의 속도가 등방적일 경우에 $\langle \sin^2 \psi \rangle = 2/3$이므로, 평균 파워는

$$\langle P_{\rm em} \rangle = \frac{4}{3}\sigma_T c U_B(\gamma^2 - 1) \tag{6.22}$$

이 된다. $\langle\ \rangle$은 피치각에 대한 평균으로서, $\langle P_{\rm em} \rangle$은 공간적으로 제한된 영역에 무작위한 피치각을 가진 전자들이 분포할 경우, 그 영역에서 전자 1개당 방출하는 평균 복사 파워를 나타낸다. 식 (6.22)의 $\langle P_{\rm em} \rangle$은 또한 '관측자가 받는 평균 복사 파워'에 해당한다. 단일 상대론적 전자들로부터 관측자가 받는 복사 파워는 그들 각각이 방출하는 복사 파워와 동일하지 않지만, 전자들의 속도가 등방적일 경우 전자 1개당 받는 평균 파워는 전자 1개당 방출하는 평균 파워와 동일해야 할 것이다(6.3.1절 참조).

싱크로트론 복사의 스펙트럼은 다음 절에서 자세한 계산을 통해서 구할 것이다. 여기에서는 간단한 방법으로 **멱함수**(power-law function) 꼴의 에너지 분포를 가진 전자들로부터 방출되는 싱크로트론 복사의 스펙트럼 형태를 구해 보고자 한다. 아래에서 보겠지만 우주로부터 관측되는 싱크로트론 복사의 스펙트럼은 상대론적 전자들의 에너지에 따른 개수 분포가 멱함수 꼴로 주어진다는 것을 암시한다.

우선 단일 전하의 싱크로트론 스펙트럼에 대해서 생각해 보자. 에너지가 γmc^2인 상대론적 전하가 방출하는 싱크로트론 복사는, 상대론적 분사출 효과에 의해서 매우 짧은 시간 동안 지속되는 전자기 펄스로 관측된다. 펄스의 대략적인 폭을 구하기 위해서 편의상 전하가 자기장에 수직인 평면에서 원운동을 하고 있다고 생각하자(그림 6.5). 그림 6.6은 그 평면에 위치한 관측자가 받는 복사 전기장의 시간에 따른 변화를 도식적으로 보여 주고 있다. 관측자의 방향으로 복사가 방출

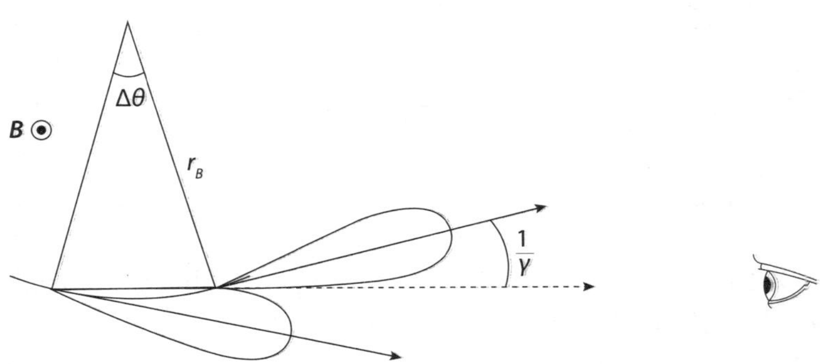

그림 6.5 자기장에 수직인 평면에서 상대론적 원운동을 하는 전하가 방출하는 복사. 관측자는 방출되는 복사가 관측자 방향을 향할 때만 강한 복사를 관측할 수 있다.

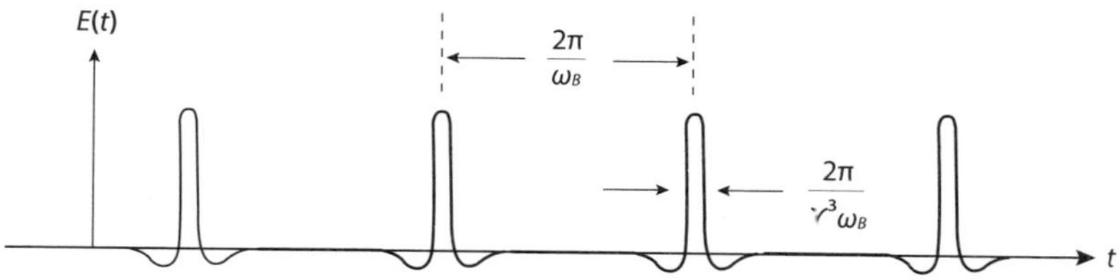

그림 6.6 그림 6.5의 관측자가 받는 복사의 전기장

되는 시간은

$$\triangle t = \frac{\triangle\theta}{2\pi} \times \frac{2\pi}{\omega_B} \approx \frac{2}{\gamma\omega_B} \tag{6.23}$$

로 주어지는데, 여기에서 $\Delta\theta(\approx 2/\gamma)$는 궤도의 중심에서 본, 관측자가 복사를 관측할 수 있는, 전하의 이동 각도이다. 따라서 관측자가 복사를 받는 시간은

$$\begin{aligned}\triangle t_A &= \triangle t - \frac{2r_B \sin(\triangle\theta/2)}{c} \approx \triangle t - \frac{r_B \triangle\theta}{c} \\ &= \triangle t - \frac{v\triangle\theta}{c\,\omega_B} = \triangle t(1-\beta) \approx \frac{1}{\gamma^3\omega_B} = \frac{1}{\gamma^2\omega_L}\end{aligned} \tag{6.24}$$

이다. 여기서 ω_L은 비상대론적 자이로주파수인

$$\omega_L \equiv \frac{qB}{mc} = \gamma\omega_B \tag{6.25}$$

이다. ω_L은 **사이클로트론 주파수**(cyclotron frequency) 혹은 **라모 주파수**(Larmor frequency)라고도 불린다. 즉, $\triangle t_A$는 회전주기에 비하여 $\sim 1/\gamma^3$만큼 작으며, 따라서 관측자가 받는 복사의 스펙트럼은 매우 넓은 주파수 범위($\omega \lesssim \gamma^3\omega_B$)에 걸쳐 퍼져서 나타나게 된다(그림 6.11 참조).

원운동을 하는 상대론적 전하로부터 받는 복사의 전기장이 그림 6.6의 모양을 갖게 되는 과정을 조금 더 자세히 살펴보자. 우선 전하의 속도가 $v \ll c$일 경우 전하의 궤도 평면의 먼 곳에 위치한 관측자는 선형편광된 각주파수 ω_B의 단색 평면 전자기파를 받는다(문제 1 참조). 전기장 벡터 $\mathbf{E}(t)$의 방향은 시선 방향에 수직이고, 그 크기는 전하의 가속도 방향이 시선 방향과 수직일 때 최대 혹은 최소가 된다. 전하의 속도가 조금 빨라지면 — 분사출 효과에 의해서 — $E(t)$는 단순한 사인 함수로부터 벗어난다. 즉, 0보다 큰 $E(t)$를 전하가 관측자 방향으로 회전하는 동안 방출한 전자기파의 전기장이라 한다면 그 폭은 약간 좁아지고 진폭은 강해지는 반면, 전하가 관측자 반대 방향으로 회전하는 동안 방출한 0보다 작은 $E(t)$는 폭이 약간 넓어지고 진폭은 약해진다. 시간의 함수인 $E(t)$의 이러한 비대칭적 변화는 원래의 전자기파 이외에 새로이 추가된 각주파수 $2\omega_B$의 전자기파에 기인한다. (전하의 원운동 각주파수가 ω_B이므로 전하가 방출하는 전자기파의 각주파수는 ω_B의 배수로 주어진다.) 전하의 속도 v가 점차 빨라지면 각주파수가 $2\omega_B, 3\omega_B, 4\omega_B, \cdots$ 인 고차의 고조파(harmonics)가 나타나며, $E(t)$의 모양은 더욱 비대칭적이 된다. 그리고 전하의 속도 v가 더 빨라져 c에 접근하면 — 상대론적 분사출 효과에 상대론적 도플러 효과가 더해져 — 관측자는 그림 6.6과 같이 $2\pi/\omega_B$의 주기로 반복되는 폭 $2\pi/\gamma^3\omega_B$의 강한 펄스 형태의 $E(t)$를 관측하게 된다. 이때 고조파의 각주파수는 $\omega \sim \gamma^3\omega_B$까지 퍼지게 된다. 그러므로 단일 상대론적 전하가 방출하는 싱크로트론 복사의 스펙트럼은 실제로는 각주파수 간격이 ω_B인 별개의 고주파들로 이루어진다. 하지만 ω_B가 매우 작으므로(식 6.19a) 싱크로트론 복사 스펙트럼을 매우 넓은 주파수 범위($\omega \lesssim \gamma^3\omega_B$)에 퍼져 있는 연속 스펙트럼으로 간주해도 무방하다. 이에 대한 보다 자세한 설명은 Rybicki and Lightman(1979, 6.6절), Longair(2011, 8.2절) 등에서 확인할 수 있다.

이제 멱함수 꼴의 에너지 분포를 가진 전자들로부터 방출되는 싱크로트론 복사의 스펙트럼이 어떻게 될 것인지를 생각해 보자. 우선 단일 전자가 방출하는 싱크로트론 복사의 피치각에 대해서 평균한 파워 스펙트럼은

$$\langle P_\nu(\gamma)\rangle = \frac{4}{3}\sigma_T c U_B(\gamma^2-1)\phi_\nu(\gamma) \tag{6.26}$$

와 같이 나타낼 수 있다. 위 식에서 $\phi_\nu(\gamma)$는 단일 전자가 방출하는 싱트로트론 복사의 주파수 분포를 나타내는 함수로서

$$\int_0^\infty \phi_\nu(\gamma)d\nu = 1 \tag{6.27}$$

의 정규화 조건을 만족하며 $\nu \sim \gamma^2\omega_L/2\pi$ 근처에서 최댓값을 갖는 함수가 될 것이다(식 6.24). 따라서 에너지가 γmc^2과 $(\gamma+d\gamma)mc^2$ 사이인 전자들의 밀도가 $n(\gamma)d\gamma$일 경우에, 방출계수는

$$j_\nu = \frac{1}{4\pi}\int_1^\infty \langle P_\nu(\gamma)\rangle n(\gamma)d\gamma \tag{6.28}$$

로 주어진다. 만약 전자들의 에너지 분포가 γ의 멱함수로 주어진다면, 즉

$$n(\gamma)d\gamma = n_0\gamma^{-p}d\gamma \tag{6.29}$$

라면, 식 (6.26)의 $\langle P_\nu(\gamma)\rangle$를 대입하여

$$j_\nu = \frac{1}{4\pi}\int_1^\infty \frac{4}{3}\sigma_T c U_B(\gamma^2-1)\phi_\nu(\gamma)n_0\gamma^{-p}d\gamma \tag{6.30}$$

가 된다. 위 식의 적분을 수행하기 위해서는 ϕ_ν를 알아야 하겠지만, 만약 전자들의

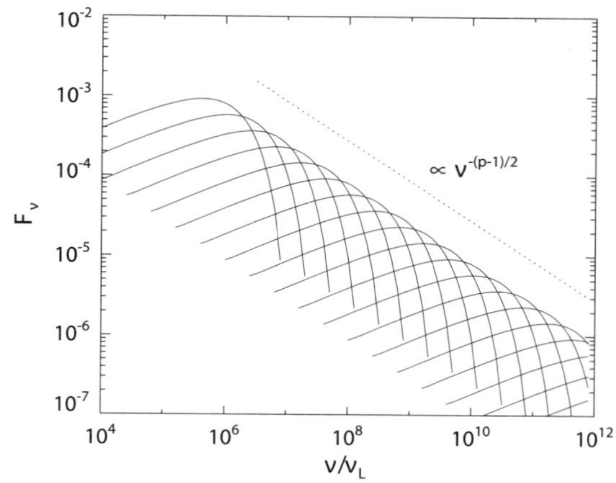

그림 6.7 멱함수 꼴의 에너지 분포($n(\gamma) \propto \gamma^{-p}$, $p = 2$)를 갖는 상대론적 전자들로부터 방출되는 싱크로트론 복사의 스펙트럼. 실선은 서로 다른 에너지의 전자가 방출하는 복사를 나타내며, 점선은 그들의 합인 복사 스펙트럼을 나타낸다. 세로축은 플럭스밀도로서 단위는 임의단위이다.

에너지가 넓은 범위에 걸쳐 있다면 ϕ_ν 의 자세한 함수 꼴은 문제가 안 된다. 주어진 에너지를 가진 전자가 주파수 $\gamma^2\nu_L = \gamma^2\omega_L/2\pi$ 에서 모든 파워를 방출한다고 가정함으로써 그들의 합으로 나타나는 복사의 파워 스펙트럼을 추정할 수 있다. 즉, $\phi(\gamma) \to \delta(\nu - \gamma^2\nu_L)$ 라고 놓고 적분을 수행하면,

$$
\begin{aligned}
4\pi j_\nu &\approx \frac{4}{3}\sigma_T c U_B n_0 \int_1^\infty \delta(\nu - \gamma^2\nu_L)\gamma^{-p+2} d\gamma \\
&= \frac{4}{3}\sigma_T c U_B n_0 \int_{\nu_L}^\infty \delta(x - \nu)\left(\frac{x}{\nu_L}\right)^{1-\frac{p}{2}} \frac{dx}{2\sqrt{\nu_L}\sqrt{x}} \\
&= \frac{2}{3}\sigma_T c U_B n_0 \frac{1}{\nu_L}\left(\frac{\nu}{\nu_L}\right)^{(1-p)/2} \propto \nu^{(1-p)/2} \qquad (6.31)
\end{aligned}
$$

를 얻는다. 둘째 등식에서 $x \equiv \gamma^2\nu_L$ 이며, 이 적분은 델타 함수의 성질에 의해서 $x = \nu(> \nu_L)$ 에서의 함숫값이 된다. 즉, $n(\gamma) \propto \gamma^{-p}$ 인 상대론적 전자들의 싱크로트론 복사의 스펙트럼은 $\nu^{(1-p)/2}$ 로 주어진다(그림 6.7). 예를 들어, 초신성 잔해에서 방출되는 싱크로트론 복사는 전형적으로 $\propto \nu^{-0.5}$ 의 의존도를 보이는데, 이는 이들 천체에 $n(\gamma) \propto \gamma^{-2}$ 의 에너지 분포를 가진 상대론적 전자들이 있음을 의미한다. 초신성 잔해에서 관측되는 이러한 멱함수 꼴의 싱크로트론 복사는 이곳에서 은하의 고에너지 우주선 입자들이 생성되고 있음을 보여 준다(글상자 7).

글상자 7. 우주선 입자의 기원

우주선 입자란 우주에서 지구로 입사하는 고에너지 입자를 의미한다. 우주선 입자의 대부분은 양성자이며, He 원자핵이 10%, 그리고 소량의 중원소 원자핵(1%)과 전자(2%)로 구성된다. 입자들의 에너지에 따른 개수 분포는 멱함수 꼴로 주어지는데, 그 기울기에 따라서 크게 세 부분으로 나뉜다. 즉, 에너지가 E와 $E+dE$ 사이에 있는 입자의 개수를 $n(E)dE$라 하면, $n(E) \propto E^{-p}$인데, $E < 3 \times 10^{15}$ eV까지는 $p = 2.7$, $3 \times 10^{15} < E < 10^{19}$ eV에서는 $p = 3.0$–3.2의 값을 갖고, $E > 10^{19}$ eV에서는 기울기가 다시 작아진다. 기울기가 변하는 두 지점을 각각 '무릎(knee)'과 '발목(ankle)'이라고 부른다(그림 6.8).

초신성 폭발이 고입자의 기원일 것이라는 가설은 1934년 바데(Walter Baade 1893–1960)와 츠비키(Fritz Zwicky 1898–1974)에 의해서 처음으로 제안되었다. 하지만 실제로 그 사실이 확인된 것은 수십 년이 지난 후이다. 1953년 시클롭스키(Iosif Shklovsky 1916–1985)는 초신성 잔해들의 강한 전파복사의 기작이 비열적 싱크로트론 복사일 것이라는 제안을 하였으며, 이는 그 후 게 성운(Crab nebula)에서 빛의 편광을 관측함으로써 확인되었다. 이 장에서 배운 것처럼, 주파수 ν의 빛을 내는 전자의 특정 에너지는 식 (6.52)에 의해 주어진다. 따라서 수십 MHz 대역의 싱크로트론 전파는 그 영역에 1 GeV의 상대론적 전자가 있음을 시사한다. 1995년 초신성 잔해 SN 1006에서 최초로 X-선 비열적복사가 발견됨으로써 에너지가 20 TeV인 전자까지도 가속된다는 것이 확인되었다(Koyama et al. 1995).

초신성 잔해의 상대론적 입자는 소위 **충격파 가속**(diffusive shock acceleration) 기작에 의해 가속되는 것으로 알려져 있다(강혜성 1997; Longair 2011, 17.4절 참조). 이 기작은 전자가 충격파를 경계로 왔다 갔다 하며 다가오는 유체에 의해서 반사됨으로써, 마치 다가오는 두 벽면 사이의 공이 에너지를 얻는 것과 유사하게 입자가 가속되는 현상이다. 이러한 기작으로 무릎 에너지까지의 우주선 입자를 설명할 수 있다. 이보다 에너지가 높은 우주선 입자는 외부 은하에서 유입된다고 믿어진다.

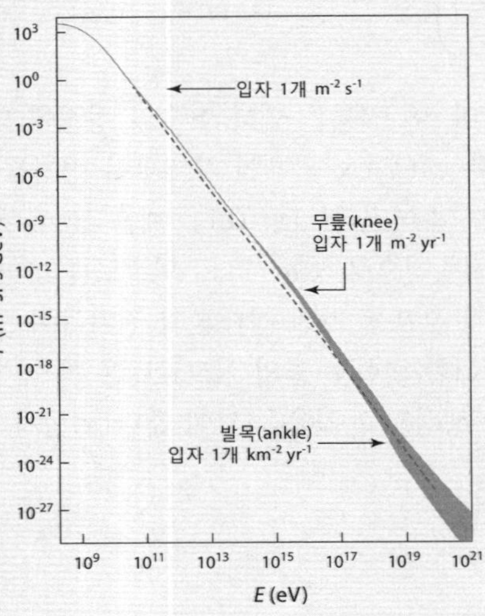

그림 6.8 우주선 입자의 에너지에 따른 개수 분포(William Hanlon, https://web.physics.utah.edu/~whanlon/spectrum.html)

6.3 단일 전하의 싱크로트론 복사⋆

6.3.1 복사 스펙트럼

단일 전하가 방출하는 싱크로트론 복사의 스펙트럼을 구해 보자. 단위 입체각 및 단위 주파수당 받는 복사 에너지의 일반적인 식은

$$\frac{dW}{d\Omega d\nu} = \frac{R^2 c}{2\pi}\left|\tilde{E}(\nu)\right|^2 = \frac{q^2}{2\pi c}\left[\int_{-\infty}^{\infty}\left[\frac{\hat{\mathbf{n}}\times\{(\hat{\mathbf{n}}-\boldsymbol{\beta})\times\dot{\boldsymbol{\beta}}\}}{(1-\boldsymbol{\beta}\cdot\hat{\mathbf{n}})^3}\right]_{\rm ret} e^{i2\pi\nu t}dt\right]^2 \tag{6.32}$$

과 같다(식 3.48, 식 6.1a). 위 식에서 $\tilde{E}(\nu)$는 $E(t)$의 푸리에 짝으로서, ν는 관측자의 주파수에 해당한다. R은 관측자로부터 전하까지의 거리이며 $[\ ]_{\rm ret}$는 뒤쳐진 시간 $t' = t - (|\mathbf{x} - \mathbf{x}'|)/c$에서의 물리량을 의미한다. 관측자 방향을 향하는 단위벡터 $\hat{\mathbf{n}}$은 관측 지점이 멀리 있으므로 일정한 벡터이다.

이제 위 적분을 dt'에 대해서 수행하기 위해서 적분 안에 있는 물리량을 t'의 함수로 표현해 보자. 앞에서 보았듯이 상대론적 전하의 경우, 거의 모든 복사는 전하가 움직이는 방향의 매우 좁은 영역에 국한해서 방출되므로 관측자는 매우 짧은 시간 동안 전자기 펄스를 관측하게 된다. 따라서 접선 방향이 관측자 방향을 향하는 매우 짧은 궤적에서의 속도와 위치만이 필요하다. 이제 시각 $t' = 0$일 때 전하는 (y', z') 평면에서 순간적으로 속도 v로 원운동을 하고 있으며, z'축에 평행한 속도를 가지고 있게끔 좌표축을 정의하자(그림 6.9). 순간적 궤도를 따라서 이동한 거리를 Δs, 중심에서 본 각도를 $\Delta\varphi$라 하면, 궤도의 곡률 반경 ρ는

$$\rho \equiv \frac{\Delta s}{\Delta\varphi} = \frac{v\Delta t'}{\Delta v/v} = \frac{v^2}{a_\perp} = \frac{v}{\omega_B\cdot\sin\psi}\left(=\frac{r_B}{\sin^2\psi}\right) \tag{6.33}$$

이다. 마지막 등식은 운동 방정식으로부터 $\Delta v/\Delta t'$가 가속도($a_\perp$)와 같으므로 식 (6.20)을 이용하였다. $\psi = \pi/2$일 때는 원궤도의 반경임을 볼 수 있다. 전하의 위치를 가리키는 벡터가 y'축과 이루는 각도를

$$\varphi \equiv \frac{vt'}{\rho} = (\omega_B \sin\psi)t' \tag{6.34}$$

이라 놓으면, 전하의 위치를 나타내는 벡터 $\mathbf{x}'$과 그 속도 벡터 $\mathbf{v}'$은

$$\mathbf{x}'(t') = \rho(\hat{\mathbf{y}}'\cos\varphi + \hat{\mathbf{z}}'\sin\varphi), \tag{6.35a}$$

$$\mathbf{v}'(t') = v(-\hat{\mathbf{y}}'\sin\varphi + \hat{\mathbf{z}}'\cos\varphi) \tag{6.35b}$$

로 나타낼 수 있다.

이제 (x, y, z) 좌표계를 $\hat{\mathbf{y}} = \hat{\mathbf{y}}'$이고 $\hat{\mathbf{z}}(= \hat{\mathbf{n}})$를 관측자의 방향이 되게끔 정의

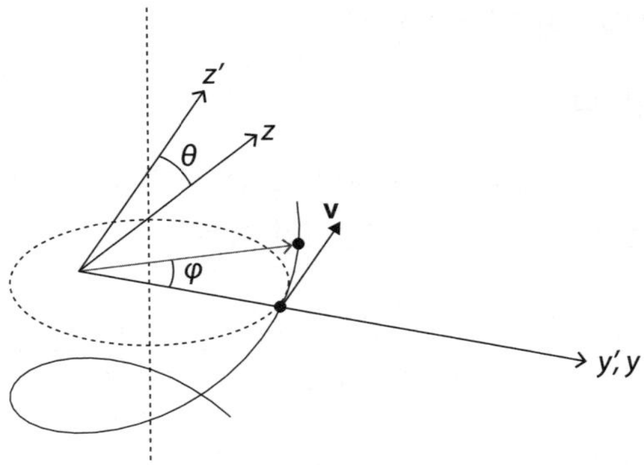

그림 6.9 싱크로트론 복사의 스펙트럼을 계산하기 위한 좌표계. 전하는 (y', z') 평면에서 순간 속도 $\mathbf{v}$로 나선 운동하고 있다.

하자. 그리고 θ를 관측자와 전자의 속도 방향 사이의 각도, 즉 z'축으로부터 시계 방향으로 측정한 z'축과 z축 사이의 각도라 정의하면, 두 축 사이에는

$$\hat{\mathbf{z}}' = \hat{\mathbf{z}}\cos\theta + \hat{\mathbf{x}}\sin\theta, \tag{6.36a}$$

$$\hat{\mathbf{x}}' = -\hat{\mathbf{z}}\sin\theta + \hat{\mathbf{x}}\cos\theta \tag{6.36b}$$

의 변환식이 성립되고, 따라서

$$\mathbf{x}'(t') = \rho(\hat{\mathbf{y}}\cos\varphi + \hat{\mathbf{z}}\cos\theta\sin\varphi + \hat{\mathbf{x}}\sin\theta\sin\varphi), \tag{6.37a}$$

$$\boldsymbol{\beta}'(t') = \beta(-\hat{\mathbf{y}}\sin\varphi + \hat{\mathbf{z}}\cos\theta\cos\varphi + \hat{\mathbf{x}}\sin\theta\cos\varphi) \tag{6.37b}$$

로 주어진다. 그리고

$$R(t') = |\mathbf{x} - \mathbf{x}'| \approx r - \hat{\mathbf{n}}\cdot\mathbf{x}' = r - \hat{\mathbf{z}}\cdot\mathbf{x}' = r - \rho\cos\theta\sin\varphi \tag{6.38}$$

가 된다.

dt에 관한 적분을 dt'에 관한 적분으로 바꾸기 위해 $dt = (1 - \boldsymbol{\beta}\cdot\hat{\mathbf{n}})dt'$과 앞의 뒤처진 시간을 대입하면, 식 (6.32)는

$$\frac{dW}{d\Omega d\nu} = \frac{q^2}{2\pi c}\left|\int_{-\infty}^{\infty} \frac{\hat{\mathbf{n}} \times \{(\hat{\mathbf{n}} - \boldsymbol{\beta}) \times \dot{\boldsymbol{\beta}}\}}{(1 - \boldsymbol{\beta}\cdot\hat{\mathbf{n}})^2} e^{i\omega\left(t' + \frac{R(t')}{c}\right)} dt'\right|^2 \tag{6.39}$$

이 된다. 편의를 위해서 지수항의 ν 대신 $\omega(= 2\pi\nu)$를 사용하였다. 이 적분은

속도만이 포함된 적분으로 바꿀 수 있다. 즉, $\hat{\mathbf{n}} = \hat{\mathbf{z}}$로서 일정하고

$$\frac{\hat{\mathbf{n}} \times \{(\hat{\mathbf{n}} - \boldsymbol{\beta}) \times \dot{\boldsymbol{\beta}}\}}{(1 - \boldsymbol{\beta} \cdot \hat{\mathbf{n}})^2} = \frac{d}{dt'} \left[\frac{\hat{\mathbf{n}} \times (\hat{\mathbf{n}} \times \boldsymbol{\beta})}{(1 - \boldsymbol{\beta} \cdot \hat{\mathbf{n}})} \right] \tag{6.40}$$

이므로, 이를 식 (6.39)에 대입하여 부분 적분을 수행하면

$$\begin{aligned} \frac{dW}{d\Omega d\nu} &= \frac{q^2\omega^2}{2\pi c} \left| \int_{-\infty}^{\infty} [\hat{\mathbf{n}} \times (\hat{\mathbf{n}} \times \boldsymbol{\beta})]\, e^{i\omega\left(t' + \frac{R(t')}{c}\right)} dt' \right|^2 \\ &= \frac{q^2\omega^2}{2\pi c} \left| \int_{-\infty}^{\infty} \beta(\hat{\mathbf{y}} \sin\varphi - \hat{\mathbf{x}} \sin\theta \cos\varphi) e^{i\omega(t' - \frac{\rho}{c}\cos\theta\sin\varphi)} dt' \right|^2 \end{aligned} \tag{6.41}$$

이 된다. 우리가 관심 있는 복사는 유한한 파동열이므로, 식 (6.39)에서 식 (6.41)로 넘어올 때 부분 적분에서 나오는 $\pm\infty$에서의 값을 0으로 간주하였다(Jackson 1999, 14.5절 참조). 위 식에서 $\hat{\mathbf{y}}$ 방향의 첫째 항은 관측자가 보았을 때 자기장에 수직인 방향의 전기장을 나타내며, $\hat{\mathbf{x}}$ 방향의 둘째 항은 자기장에 평행한 방향의 전기장을 나타낸다.

관측자는 매우 작은($\lesssim 1/\gamma \ll 1$) θ와 φ일 때만 복사를 관측하므로, 식 (6.41)의 위상을 급수 전개하면

$$t' - \frac{\rho}{c}\cos\theta\sin\varphi \approx \frac{1}{2\gamma^2}\left[(1+\gamma^2\theta^2)t' + \frac{c^2\gamma^2 t'^3}{3\rho^2}\right] \tag{6.42}$$

이 된다. $\cos\theta \approx 1 - \theta^2/2$, $\sin\varphi \approx \varphi - \varphi^3/6$, $\beta \approx 1 - 1/2\gamma^2$로 근사하였다($\varphi$는 식 6.34 참조). 이를 식 (6.41)에 대입하고 적분 안의 첫째 항 역시 급수 전개하면

$$\frac{dW_\perp}{d\Omega d\nu} = \frac{q^2\omega^2}{2\pi c}\left| \int_{-\infty}^{\infty} \frac{ct'}{\rho} \exp\left\{\frac{i\omega}{2\gamma^2}\left[(1+\gamma^2\theta^2)t' + \frac{c^2\gamma^2t'^3}{3\rho^2}\right\}\right] dt'\right|^2, \tag{6.43a}$$

$$\frac{dW_\parallel}{d\Omega d\nu} = \frac{q^2\omega^2\theta^2}{2\pi c}\left| \int_{-\infty}^{\infty} \exp\left\{\frac{i\omega}{2\gamma^2}\left[(1+\gamma^2\theta^2)t' + \frac{c^2\gamma^2t'^3}{3\rho^2}\right\}\right] dt'\right|^2 \tag{6.43b}$$

으로 주어진다. 편의상 자기장에 수직인 방향($\hat{\mathbf{y}}$)과 평행한 방향($\hat{\mathbf{x}}$)으로 편광된 복사의 에너지를 각각 나타내었다. 총복사 에너지는 두 성분의 합이다. 즉,

$$\frac{dW}{d\Omega d\nu} = \frac{dW_\perp}{d\Omega d\nu} + \frac{dW_\parallel}{d\Omega d\nu} \tag{6.44}$$

이다. 적분을 표준 형태로 나타내기 위해서 새로운 변수 θ_γ, y, η를

$$\theta_\gamma^2 \equiv 1 + \gamma^2\theta^2, \quad y \equiv \frac{\gamma c t'}{\rho\theta_\gamma}, \quad \eta \equiv \frac{\omega\rho\theta_\gamma^3}{3c\gamma^3} \tag{6.45}$$

과 같이 정의하면, 식 (6.43a)와 식 (6.43b)의 두 성분은 각각

$$\frac{dW_\perp}{d\Omega d\nu} = \frac{q^2\omega^2}{2\pi c}\left(\frac{\rho\theta_\gamma^2}{\gamma^2 c}\right)^2 \left|\int_{-\infty}^{\infty} y \exp\left\{i\frac{3\eta}{2}\left(y+\frac{1}{3}y^3\right)\right\} dy\right|^2, \tag{6.46a}$$

$$\frac{dW_\parallel}{d\Omega d\nu} = \frac{q^2\omega^2\theta^2}{2\pi c}\left(\frac{\rho\theta_\gamma}{\gamma c}\right)^2 \left|\int_{-\infty}^{\infty} \exp\left\{i\frac{3\eta}{2}\left(y+\frac{1}{3}y^3\right)\right\} dy\right|^2 \tag{6.46b}$$

이 된다. 위의 적분은 2/3차와 1/3차 개량베셀함수인 $K_{2/3}(\eta)$와 $K_{1/3}(\eta)$의 적분 표현인

$$\int_0^\infty x \sin\left[\frac{3\eta}{2}\left(x+\frac{1}{3}x^3\right)\right] dx = \frac{1}{\sqrt{3}}K_{2/3}(\eta), \tag{6.47a}$$

$$\int_0^\infty \cos\left[\frac{3\eta}{2}\left(x+\frac{1}{3}x^3\right)\right] dx = \frac{1}{\sqrt{3}}K_{1/3}(\eta) \tag{6.47b}$$

에 해당하며(Jackson 1999), 사인, 코사인 함수의 대칭성을 이용하면

$$\frac{dW_\perp}{d\Omega d\nu} = \frac{2q^2\omega^2}{3\pi c}\left(\frac{\rho\theta_\gamma^2}{\gamma^2 c}\right)^2 K_{2/3}^2(\eta), \tag{6.48a}$$

$$\frac{dW_\parallel}{d\Omega d\nu} = \frac{2q^2\omega^2\theta^2}{3\pi c}\left(\frac{\rho\theta_\gamma}{\gamma c}\right)^2 K_{1/3}^2(\eta) \tag{6.48b}$$

가 된다. 위 식은 단색 복사패턴으로서 주파수에 따른 복사패턴을 나타낸다. 이에 관해서는 다음 절에서 살펴보겠다.

단위 주파수당 방출되는 복사 에너지의 스펙트럼인 $dW/d\nu$는 식 (6.48)을 입체각에 대해서 적분하여 구할 수 있다. 거의 모든 복사 에너지는 $\theta = \psi$를 중심으로 폭이 $1/\gamma$인 얇은 원뿔 형태로 방출되므로(그림 6.10), 입체각에 대한 적분에서 $d\Omega \approx 2\pi \sin\psi d\theta$로 근사하고 적분 범위를 무한대로 놓을 수 있다. 즉,

$$\frac{dW_\perp}{d\nu} = \frac{4q^2\omega^2\rho^2 \sin\psi}{3\gamma^4 c^3}\int_{-\infty}^{+\infty} \theta_\gamma^4 K_{2/3}^2(\eta) d\theta, \tag{6.49a}$$

$$\frac{dW_\parallel}{d\nu} = \frac{4q^2\omega^2\rho^2 \sin\psi}{3\gamma^2 c^3}\int_{-\infty}^{+\infty} \theta^2\theta_\gamma^2 K_{1/3}^2(\eta) d\theta \tag{6.49b}$$

가 된다. 위의 적분은 다시 개량베셀함수 사이의 관계식을 이용하여

$$\frac{dW_\perp}{d\nu} = \frac{\sqrt{3}\pi q^2\gamma \sin\psi}{c}[F(\nu/\nu_c) + G(\nu/\nu_c)], \tag{6.50a}$$

$$\frac{dW_\parallel}{d\nu} = \frac{\sqrt{3}\pi q^2\gamma \sin\psi}{c}[F(\nu/\nu_c) - G(\nu/\nu_c)] \tag{6.50b}$$

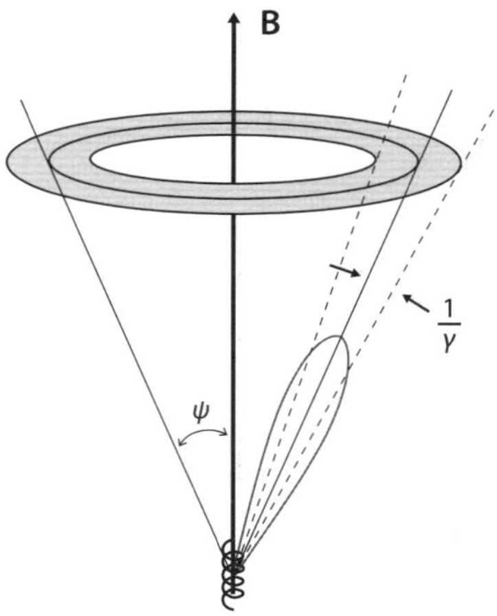

그림 6.10 자기장 주위로 나선 운동을 하는 전하가 방출하는 싱크로트론 복사패턴. 거의 모든 복사 파워는 좁은 폭을 가진 원뿔 형태로 방출된다.

로 나타낼 수 있다(Westfold 1959). 위 식에서

$$F(x) \equiv x \int_x^\infty K_{5/3}(y)dy, \quad G(x) \equiv xK_{2/3}(x) \tag{6.51}$$

이며, $K_{5/3}(y)$는 개량베셀함수, 그리고 ν_c는 **싱크로트론 복사의 특정 주파수**로서

$$\nu_c \equiv \frac{3}{4\pi}\gamma^3\omega_B \sin\psi = \frac{3\gamma^2 qB_\perp}{4\pi m_e c} = 16.1\left(\frac{B_\perp}{\mu\mathrm{G}}\right)\left(\frac{E}{\mathrm{GeV}}\right)^2 \quad \mathrm{MHz} \tag{6.52}$$

이다. $B_\perp = B\sin\psi$이며, 수치값은 입자가 전자인 경우에 해당한다.

마지막으로 위의 결과는 한 주기($2\pi/\omega_B$) 동안 방출된 단위 주파수당 에너지이므로, 단색 파워는 $dW/d\nu$를 $2\pi/\omega_B$로 나눈

$$\begin{bmatrix} P_{\nu,\perp} \\ P_{\nu,\parallel} \end{bmatrix} = \frac{\sqrt{3}}{2}\frac{q^3 B_\perp}{m_e c^2}\begin{bmatrix} F(\nu/\nu_c) + G(\nu/\nu_c) \\ F(\nu/\nu_c) - G(\nu/\nu_c) \end{bmatrix} \tag{6.53}$$

가 된다. 따라서 전하 q의 상대론적 입자가 방출하는 싱크로트론 복사의 파워 스펙트럼은

$$P_\nu = \frac{\sqrt{3}q^3 B_\perp}{m_e c^2}F(\nu/\nu_c) \tag{6.54}$$

가 된다.

위의 결과를 토의하기에 앞서 우선 주파수에 대하여 적분한 총파워를 구해 보

자. 식 (6.54)로부터

$$P_{\rm em} \equiv \int_0^\infty P_\nu d\nu = \frac{\sqrt{3}q^3 B_\perp \nu_c}{m_e c^2} \int_0^\infty F(x)dx \tag{6.55}$$

가 되며, $F(x)$의 적분은 아래의 $F(x)$와 $G(x)$에 관한 적분 공식을 이용하여 구할 수 있다(Rybicki and Lightman 1979, 6.4절 참조).

$$\int_0^\infty x^\mu F(x)dx = \frac{2^{\mu+1}}{\mu+2}\Gamma\left(\frac{\mu}{2}+\frac{7}{3}\right)\Gamma\left(\frac{\mu}{2}+\frac{2}{3}\right), \tag{6.56a}$$

$$\int_0^\infty x^\mu G(x)dx = 2^\mu\Gamma\left(\frac{\mu}{2}+\frac{4}{3}\right)\Gamma\left(\frac{\mu}{2}+\frac{2}{3}\right). \tag{6.56b}$$

Γ는 감마 함수(Gamma function)이다. 감마 함수의 반복 규칙, 즉 $\Gamma(n+1) = n\Gamma(n)$ $(n>0)$을 이용하면

$$\int_0^\infty F(x)dx = \Gamma\left(\frac{7}{3}\right)\Gamma\left(\frac{2}{3}\right) = \frac{4}{3^2}\Gamma\left(\frac{1}{3}\right)\Gamma\left(\frac{2}{3}\right) = \frac{4}{3^2}\frac{2\pi}{\sqrt{3}} \tag{6.57}$$

가 되며, 식 (6.52)의 ν_c를 대입하면 식 (6.55)의 총파워는

$$P_{\rm em} = \frac{2q^4\gamma^2 B_\perp^2}{3m_e^2 c^3} = 1.59\times 10^{-27}\gamma^2\left(\frac{B_\perp}{\mu G}\right)^2 \quad {\rm erg\ s^{-1}} \tag{6.58}$$

가 된다. $B_\perp = B\sin\psi$이며, 수치값은 입자가 전자인 경우에 해당한다. 이 결과는 앞에서 라모 공식을 이용하여 구한 결과와 일치한다(식 6.21 참조).

이제 싱크로트론 복사 스펙트럼에 관해서 살펴보자. 스펙트럼의 특성은 함수 $F(x)$에 의해서 결정된다. 그림 6.11은 $F(x)$의 함수 꼴을 보여 준다. $F(x)$는

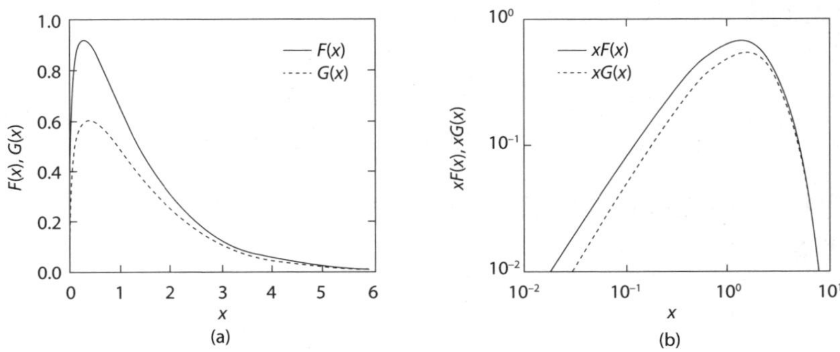

그림 6.11 싱크로트론 복사의 파워 스펙트럼을 기술하는 함수 $F(x)$와 $G(x)$. (a) 선형 눈금의 그림, (b) 로그 눈금의 그림.

$x = 0.29$ 에서 최댓값(0.92)을 중심으로 넓은 폭을 갖는다. (로그 간격당의 파워를 나타내는 $xF(x)$ 는 $x = 1.33$ 에서 최댓값을 갖는다.) 이 결과는 6.2절에서 이미 우리가 보았듯이, 대부분의 복사가 $\nu \sim \nu_c \sim \gamma^3 \nu_B$ 근처에서 방출됨을 보여 준다. $x \ll 1$ 혹은 $x \gg 1$ 일 때는

$$F(x) \sim \begin{cases} \dfrac{4\pi}{\sqrt{3}\Gamma\left(\frac{1}{3}\right)}\left(\dfrac{x}{2}\right)^{1/3}, & (x \ll 1) \\ \left(\dfrac{\pi}{2}\right)^{1/2} e^{-x} x^{1/2} & (x \gg 1) \end{cases} \tag{6.59}$$

의 점근 형태를 갖는다. 따라서 $\nu \ll \nu_c$ 의 낮은 주파수에서 파워가 $\nu^{1/3}$ 으로 증가하여 $\nu \approx \nu_c$ 에서 최댓값을 가지며, $\nu \gg \nu_c$ 의 높은 주파수에서는 지수함수적으로 감소하므로 거의 복사가 방출되지 않는다(그림 6.11).

이 절을 마치기 전에 6.1절에서 언급한 $P_{\rm em}$ 과 관측자가 받는 파워 $P_{\rm rec}$ 의 차이에 대해서 생각해 보자. 식 (6.55)의 $P_{\rm em}$ 은 자기장 주위에서 나선 운동을 하는 전자가 특정 방향으로 방출한 에너지를 주기($2\pi/\omega_B$)로 나눈, '평균 파워'다. 나선 운동의 피치각이 ψ 라면 그 특정 방향은 자기장으로부터의 편각이 ψ 인 원뿔상의 어느 한 방향이 될 것이다(그림 6.10). 그 방향에 위치한 관측자는 주기적인 펄스를 관측하게 될 텐데, 펄스와 펄스 사이의 간격은 도플러 효과에 의해서 전자의 나선 운동 주기보다 $(1 - v_\parallel \cos\psi/c) \approx \sin^2\psi$ 만큼 짧아진다(6.1절; 그림 7.3 참조). 전자의 자기장 방향의 속도 $v_\parallel \approx c\cos\psi$ 라고 근사하였다. 따라서 이 점만을 고려한다면 관측자가 받는 평균 파워는 $P_{\rm rec} = P_{\rm em}/\sin^2\psi$ 가 되어야 한다. 하지만 평균을 어떻게 취하느냐에 따라 둘 사이의 관계는 달라진다. 예를 들어 균일한 자기장 $\mathbf{B}$ 가 걸려 있는 공간적으로 제한된 영역에서 방출되는 싱크로트론 복사를 관측한다고 생각해 보자. 피치각 ψ 로 나선 운동하는 전자가 이 영역에 머무는 시간 T 동안 관측자 방향으로 N 개의 펄스를 방출한다고 하자. 이 경우 관측자는 그 N 개의 펄스를 $T\sin^2\psi$ 동안 받게 될 것이다. 따라서 T 동안 방출된 에너지를 $T\sin^2\psi$ 동안 받으므로, $P_{\rm rec} = P_{\rm em}/\sin^2\psi$ 가 된다. 하지만 $T - T\sin^2\psi$ 동안은 펄스를 받지 않으므로 시간 T 동안 평균한다면 $P_{\rm rec} = P_{\rm em}$ 이 된다(Scheuer 1968, 그림 4 참조). 즉, 관측자가 받는 평균 파워와 전자가 방출한 평균 파워 사이의 차이는 없어진다. 따라서, 구체적인 천문 현상에 따라서 다를 수 있지만, 일반적으로 식 (6.55)와 식 (6.58)의 $P_{\rm em}$ 을 관측자가 받는 평균 파워로 간주할 수 있다(Scheuer 1968; Rybicki and Lightman 1979, 6.7절 참조).

6.3.2 복사패턴

앞 절에서 싱크로트론 복사 파워가 $1/\gamma$ 의 좁은 각도의 열린 각을 가진 원뿔에 국한되어 방출된다는 것을 보였다. 이 절에서는 주파수에 따른 복사패턴을 살펴보

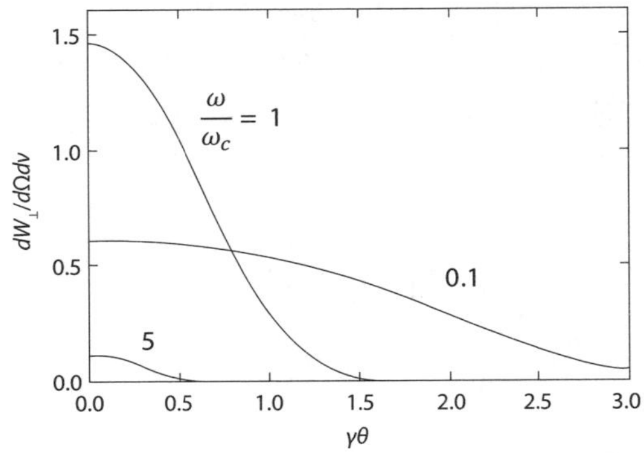

그림 6.12 싱크로트론 복사의 주파수에 따른 복사패턴. 자기장에 수직인 편광 성분의 ω/ω_c에 따른 복사패턴이다. y축은 임의의 스케일이다.

겠다.

주파수에 따른 복사패턴은 식 (6.48)에 주어져 있다. 이를 보기 위해서 우선 $\rho = c/\omega_B \sin\psi$(식 6.33)를 대입하여 η를 나타내면

$$\eta = \frac{1}{2}\left(\frac{\omega}{\omega_c}\right)(1+\gamma^2\theta^2)^{3/2} \tag{6.60}$$

이 되며,

$$\frac{dW}{d\Omega d\nu} = \frac{3q^2\gamma^2\theta_\gamma^4}{2\pi c}\left(\frac{\omega}{\omega_c}\right)^2\left[K_{2/3}^2(\eta) + \frac{\gamma^2\theta^2}{\theta_\gamma^2}K_{1/3}^2(\eta)\right] \tag{6.61}$$

와 같이 쓸 수 있다. $\omega_c = 2\pi\nu_c$이다. 위 식에서 첫째 항은 자기장에 수직인 편광 성분을, 둘째 항은 자기장에 평행인 편광 성분을 나타낸다. 식 (6.61)은 복사패턴이 $\gamma\theta$와 ω/ω_c의 함수임을 보여 준다.

그림 6.12는 여러 ω/ω_c에 대해서 $dW_\perp/d\Omega d\nu$를 $\gamma\theta$의 함수로 그린 것이다. 전반적으로 복사가 $\theta \sim 1/\gamma$의 좁은 원뿔에 국한되어 방출되지만, 주파수가 높을수록 더 좁은 각도를 가진 원뿔에 국한되어 방출된다는 것을 알 수 있다. $\omega = \omega_c$일 때, 복사 파워가 반감하는 각도는 $\theta_c = 0.70/\gamma$이다. 주파수에 따른 복사패턴의 특성에 관한 보다 자세한 내용은 Jackson(1999, 14.6절)에서 확인할 수 있다.

6.3.3 편광

자기장 주위를 피치각 ψ로 나선 운동하는 전자가 방출하는 전자기 복사는 일반적으로 타원편광되어 있다. 즉, 관측자가 보았을 때 복사의 전기장은 자기장에 수직인 방향으로 길게 늘어진 타원을 그린다. 이를 식 (6.41)에서 보면, 첫째 항

$\hat{\mathbf{y}}\sin\varphi$는 전자 궤도면, 즉 자기장에 수직인 방향의 전기장($\mathbf{E}_\perp$)을 나타내고, 둘째 항 $-\hat{\mathbf{x}}\sin\theta\cos\varphi$는 그에 수직인, 즉 자기장에 평행한 방향의 전기장($\mathbf{E}_\parallel$)을 나타내므로, 두 전기장의 합인 $\mathbf{E}(=\mathbf{E}_\perp+\mathbf{E}_\parallel)$는 시간의 함수로 타원 형태의 궤적을 그린다(그림 6.9 참조). ($\varphi = vt'/\rho$이다.) $\theta = 0°$일 경우, 즉 관측자가 전자 궤도면에 놓여 있을 경우에는 복사는 자기장에 수직인 방향으로 선형편광된다. 일반적으로는 타원편광되는데, θ가 0보다 큰가 혹은 작은가에 따라서 $\mathbf{E}_\parallel$의 부호가 바뀌므로 — 혹은 전자 궤도면의 아래쪽과 위쪽에서 볼 때 전자의 공전 방향은 반대가 되므로 — 나선도는 반대가 된다. $\theta > 0$일 경우에는 $\mathbf{E}_\perp \propto \hat{\mathbf{y}}\sin(vt'/\rho)$이고 $\mathbf{E}_\parallel \propto -\hat{\mathbf{x}}\cos(vt'/\rho)$이므로, 관측자가 보았을 때 전기장은 시간에 따라서 천구에서 시계 방향으로 회전한다. 즉, 전자기장은 좌선편광(LCP)된다. 반대로 $\theta < 0$일 경우에는 전자기장은 우선편광(RCP)된다. 따라서, 그림 6.10의 원뿔의 바깥쪽에서는 LCP의 전자기장을, 안쪽에서는 RCP의 전자기장을 관측한다.

자기장에 수직인 방향과 평행한 방향으로 편광된 전자기장의 입체각에 대해서 적분한 복사 파워는 앞 절에서 이미 구했다(식 6.53). 즉, 자기장에 수직인 방향으로 편광된 전자기장의 파워는 $F+G$에 비례하는 반면 자기장에 평행한 방향으로 편광된 전자기장의 파워는 $F-G$에 비례한다. $G(x)$는 $x = 0.42$에서 최댓값(0.61)을 가지며, 전반적인 함수 꼴은 $F(x)$와 유사하다(그림 6.11). 두 방향 복사 파워의 비는

$$\frac{P_\perp}{P_\parallel} = \frac{\int_0^\infty F(x)dx + \int_0^\infty G(x)dx}{\int_0^\infty F(x)dx - \int_0^\infty G(x)dx} = \frac{\Gamma\left(\frac{7}{3}\right)\Gamma\left(\frac{2}{3}\right)+\Gamma\left(\frac{4}{3}\right)\Gamma\left(\frac{2}{3}\right)}{\Gamma\left(\frac{7}{3}\right)\Gamma\left(\frac{2}{3}\right)-\Gamma\left(\frac{4}{3}\right)\Gamma\left(\frac{2}{3}\right)} = 7 \tag{6.62}$$

이 된다. 즉, 전자는 자기장에 수직인 방향으로 편광된 성분의 전자기파를 자기장에 평행한 방향으로 편광된 성분보다 7배 많은 파워로 방출한다.

6.4 멱함수 꼴 전자의 싱크로트론 복사⋆

싱크로트론 복사를 방출하는 대표적인 천체로는 은하의 초신성 잔해와 펄사 성운, 퀘이사, 활동은하의 제트 등이 있다. 이 천체들의 싱크로트론 복사 플럭스는 멱함수 꼴($F_\nu \propto \nu^{-\alpha}$)을 보이며, 그 지수인 α는 $\nu = 1$ GHz에서 대부분 0.2–0.8의 값을 갖는다. 6.2절에서 보았듯이, 이러한 스펙트럼은 싱크로트론 복사를 방출하는 상대론적 전자들의 에너지 분포가 멱함수 꼴($n(\gamma) \propto \gamma^{-p}$)임을 의미하며, 그 지수는 $p = 2\alpha + 1 (\approx 1.4\text{–}2.6)$로 주어진다. 이 절에서는 이러한 멱함수 꼴의 에너지 분포를 가진 전자에 의한 싱크로트론 복사의 스펙트럼과 편광에 대해서 살펴보겠다.

6.4.1 방출계수와 흡수계수

전자들의 에너지 분포가 멱함수로 주어진다면, 즉 γ와 $\gamma + d\gamma$ 사이의 에너지를 가진 전자의 밀도가 $n(\gamma)d\gamma = n_0\gamma^{-p}d\gamma$ 라면, 방출계수는 식 (6.53)을 이용하여

$$\begin{aligned}\begin{bmatrix} j_{\nu,\perp} \\ j_{\nu,\parallel} \end{bmatrix} &= \frac{1}{4\pi}\int_1^\infty P_\nu(\gamma)n_0\gamma^{-p}d\gamma \\ &= \frac{\sqrt{3}}{16\pi}\frac{q^3B_\perp}{m_ec^2}n_0\left(\frac{2}{3}\frac{\nu}{\nu_{L,\perp}}\right)^{-\frac{p-1}{2}}\begin{bmatrix} J_F + J_G \\ J_F - J_G \end{bmatrix}\end{aligned} \tag{6.63}$$

가 된다. 여기서 $\nu_{L,\perp} = qB_\perp/2\pi m_e c$,

$$J_F \equiv \int_0^\infty x^{(p-3)/2}F(x)dx = \frac{2^{(p+1)/2}}{p+1}\Gamma\left(\frac{p}{4}+\frac{19}{12}\right)\Gamma\left(\frac{p}{4}-\frac{1}{12}\right), \tag{6.64a}$$

$$J_G \equiv \int_0^\infty x^{(p-3)/2}G(x)dx = 2^{(p-3)/2}\Gamma\left(\frac{p}{4}+\frac{7}{12}\right)\Gamma\left(\frac{p}{4}-\frac{1}{12}\right) \tag{6.64b}$$

이다(식 6.56 참조). 자기장에 수직인 성분과 평행한 성분을 합한 전체 복사의 방출계수는

$$\begin{aligned} j_\nu &= \frac{\sqrt{3}}{8\pi}\frac{q^3B_\perp}{m_ec^2}n_0\left(\frac{2}{3}\frac{\nu}{\nu_{L,\perp}}\right)^{-\frac{p-1}{2}}J_F \\ &= \frac{3\sqrt{3}}{16\pi^2}c\sigma_T U_B n_0 \sin^2\psi\frac{1}{\nu_{L,\perp}}\left(\frac{2}{3}\frac{\nu}{\nu_{L,\perp}}\right)^{-\frac{p-1}{2}}J_F \end{aligned} \tag{6.65}$$

가 된다. n_0는 cm^{-3}의 단위를 갖고 있으므로, 둘째 등식으로부터 j_ν의 단위가 erg cm^{-3} s^{-1} Hz^{-1} sr^{-1}임을 확인할 수 있다. 그리고 6.2절에서 단일 전하의 싱크로트론 복사 스펙트럼을 델타 함수로 근사하여 얻은 결과인 식 (6.31)은 상수값을 제외하고는 $\psi = 90°$ 일 때의 식 (6.65)와 일치하는 것을 확인할 수 있다.

식 (6.65)의 방출계수는 피치각 ψ의 함수이다($j_\nu \propto \sin^{(p+1)/2}\psi$). 많은 경우 자기장 방향은 무작위로 분포할 가능성이 높다. 따라서 전자의 피치각이 무작위로 분포할 경우의 평균 방출계수($\langle j_\nu\rangle_\psi$)가 유용하다. 피치각이 ψ와 $\psi + d\psi$에 있을 확률은 $(1/2)\sin\psi d\psi$ 이므로, ψ에 대한 평균은

$$\frac{1}{2}\int_0^\pi \sin^{(p+1)/2}\psi\cdot\sin\psi d\psi = \frac{\sqrt{\pi}}{2}\Gamma\left(\frac{p+5}{4}\right)\Big/\Gamma\left(\frac{p+7}{4}\right) \tag{6.66}$$

가 되며, 평균 방출계수는

$$\langle j_\nu \rangle_\psi = \frac{\sqrt{3}}{4\pi}\frac{q^3 B}{m_e c^2} n_0 a(p) \left(\frac{\nu}{3\nu_L}\right)^{-\frac{p-1}{2}} \tag{6.67}$$

이 된다. $a(p)$는

$$a(p) = \frac{\sqrt{\pi}}{2}\frac{\Gamma\left(\frac{p}{4}+\frac{5}{4}\right)\Gamma\left(\frac{p}{4}+\frac{19}{12}\right)\Gamma\left(\frac{p}{4}-\frac{1}{12}\right)}{(p+1)\Gamma\left(\frac{p}{4}+\frac{7}{4}\right)} \tag{6.68}$$

로서 $p = 1.5$–2.5일 때 $a(p) = 0.909$–0.359의 값을 갖는다. $a(p)$의 값과 j_ν의 여러 표현식은 Longair(2011, 8.8절)에서 확인할 수 있다.

싱크로트론 복사의 흡수계수는 열적 복사의 키르히호프 법칙(식 1.50)을 확장하여 구할 수 있다(Rybicki and Lightman 1979, 6.8절 참조). 열복사의 원천함수인 플랑크 함수는

$$S_\nu = \frac{2\nu^2}{c^2}\frac{h\nu}{e^{h\nu/kT}-1} = \frac{2\nu^2}{c^2}\bar{E} \tag{6.69}$$

와 같이 쓸 수 있다. 여기서 $2\nu^2/c^2$은 주파수가 ν인 광자가 점유할 수 있는 양자 상태수에 비례하는 양이며 $\bar{E}$는 양자 상태당 평균 에너지를 나타낸다(1.3.2절 참조). $kT \gg h\nu$인 경우 $\bar{E} = kT$이며, 이는 온도 T의 열평형 상태에서 복사를 방출하는 1차원 진동자들의 평균 에너지이다. 싱크로트론 복사의 경우, $\bar{E}$에 주파수 ν의 복사를 방출하는 전자의 평균 에너지를 대입함으로써 원천함수를 얻을 수 있다. 주파수 ν의 싱크로트론 복사를 하는 전자들의 특정 에너지는 — $\nu \approx \nu_c \approx \gamma^2 \nu_L$이므로 — $\bar{E} = \gamma mc^2 \approx (\nu/\nu_L)^{1/2} mc^2$이다. 따라서

$$S_\nu \approx \frac{2\nu^2}{c^2}\left(\frac{\nu}{\nu_L}\right)^{1/2} mc^2 \propto \nu^{5/2} \tag{6.70}$$

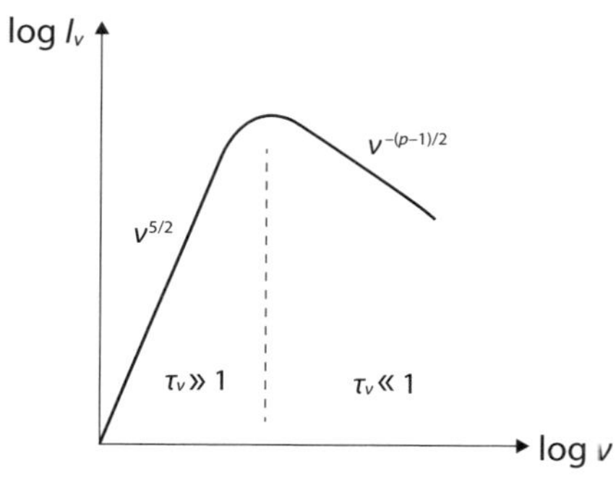

그림 6.13 전자의 에너지 분포가 멱함수 꼴인 천체의 싱크로트론 복사 분광에너지 분포

이 된다. 그리고 싱크로트론 흡수계수는 $\kappa_\nu = j_\nu/S_\nu \propto \nu^{-(p+4)/2}$의 함수 관계를 갖는다. 따라서 싱크로트론 복사를 방출하는 천체의 분광에너지 분포는 광학적 깊이가 1인 반전주파수를 경계로, 낮은 주파수에서는 $\propto \nu^{5/2}$의 함수 꼴을, 높은 주파수에서는 $\propto \nu^{-(p-1)/2}$의 함수 꼴을 갖는다(그림 6.13). 퀘이사 및 활동은하의 중심부에서 이와 유사한 형태의 분광에너지 분포가 관측된다. (실제 천체의 경우, 다양한 형태의 전파 분광에너지 분포가 관측되며, 아마도 비균질한 밀도 및 자기장에 의한 것으로 추정된다. Kellermann and Owen 1988 참조.) 이들 천체들의 낮은 주파수에서의 흡수는 싱크로트론 복사를 방출하는 전자들에 의한 **싱크로트론 자체 흡수**(synchrotron self-absorption)가 주된 기작으로 알려져 있다.

6.4.2 편광

단일 전자가 자기장 주위를 피치각 ψ로 나선 운동하며 방출하는 전자기 복사는 타원편광되어 있으며 그림 6.10의 원뿔의 안쪽과 바깥쪽에서 나선도는 반대가 된다(6.3.2절 참조). 피치각이 무작위하게 변하는 많은 전자들이 있는 경우에는 안쪽과 바깥쪽의 피치각을 가진 전자들이 동등하게 있으므로, 임의의 방향에서 관측할 때 좌선편광과 우선편광된 원편광 성분은 상쇄되고 선형편광 성분만 남게 될 것이다. 그 편광도는

$$\Pi = \frac{j_{\nu\perp} - j_{\nu\parallel}}{j_{\nu\perp} + j_{\nu\parallel}} = \frac{J_G}{J_F} = \frac{p+1}{p+7/3} \tag{6.71}$$

이 된다. $p = 2$일 경우, $\Pi = 0.69$로서 큰 편광값을 갖는다.

6.5 싱크로트론 복사의 기타 특성

이 절에서는 싱크로트론 복사의 기타 특성에 대해서 알아보겠다.

• **싱크로트론 전자의 수명**: 싱크로트론 복사를 방출하는 상대론적 전자는 에너지를 잃는다. 싱크로트론 파워는 식 (6.21)과 같이 주어지므로, 상대론적 전자의 에너지 변화는 $d(\gamma m_e c^2)/dt = -P_{\rm em}(\propto \gamma^2)$으로 주어진다. γ는 로런츠 인자이다. 이 식을 적분하면

$$\gamma(t) = \gamma_0(1 + A\gamma_0 t)^{-1}, \quad A = \frac{2e^4 B_\perp^2}{3m_e^3 c^5} \tag{6.72}$$

이 된다(문제 12). γ_0는 γ의 초깃값이며, $v \approx c$로 근사하였다. 따라서 에너지가 1/2로 줄어드는 전자의 '수명'은

$$t_{1/2} = (A\gamma_0)^{-1} = \frac{5.2 \times 10^8}{\gamma_0 B_\perp^2}\ \mathrm{s} \tag{6.73}$$

가 된다. 위 식에서 $B_\perp$의 단위는 가우스이다.

여러 젊은 초신성 잔해에서, 싱크로트론 복사를 방출하는 상대론적 전자들의 수명이 초신성 잔해의 나이보다 짧다는 것이 알려졌다. 이는 이 천체들이 상대론적 전자를 자체적으로 생성하고 있다는 것을 간접적으로 증명한다(글상자 7 참조, 문제 11, 12). 또한 전파은하(radio galaxy)에서는 이러한 상대론적 전자들의 **싱크로트론 손실**(synchrotron loss)에 의한 것으로 추정되는 싱크로트론 복사 스펙트럼의 '꺾임(break)'이 관측된다. 예를 들어 대표적인 전파은하인 시그누스(Cygnus) A의 경우 활동은하핵을 중심으로 대칭적으로 분출된 제트가 존재하며, 제트의 끝에는 매우 강한 싱크로트론 복사를 방출하는 '핫스팟(hot spot)'과 이를 둘러싸고 제트 방향으로 퍼져 있는 전파엽(radio lobe)이 관측된다. 핫스팟에서의 싱크로트론 복사의 기울기 지수는 $\alpha = 0.5$ ($S_\nu \propto \nu^{-\alpha}$)이나 핫스팟으로부터 멀어질수록 전파엽의 싱크로트론 복사의 기울기 지수는 점차 커진다(Carilli and Barthel 1996, 그림 8 참조). 이러한 기울기 지수의 변화는 싱크로트론 복사를 방출하는 상대론적 전자들이 핫스팟에서 생성되어 전파엽으로 퍼져 나가며 그 과정에서 에너지를 잃기 때문인 것으로 이해할 수 있으며, 싱크로트론 손실이 주된 요인으로 추정된다(Longair 2011, 16.3절과 21.2절 참조; 문제 12).

• **싱크로트론 복사를 방출하는 천체의 에너지**: 멱함수 꼴의 싱크로트론 복사를 방출하는 천체의 에너지를 추정해 보자. 관측 불가능한 이온의 에너지를 제외할 경우 싱크로트론 복사를 방출하는 계의 전체 에너지는 자기 에너지와 상대론적 전자들이 갖고 있는 에너지의 합이다. 각각의 에너지 밀도를 U_B, $U_{\rm cr}$이라 한다면, 부피가 V인 천체의 경우

$$E = U_B V + U_{\rm cr} V \tag{6.74}$$

로 주어진다. 한편, 상대론적 전자들의 에너지 분포가 $n(\gamma) = n_0\gamma^{-p}$(식 6.29)로 주어진다면, 이들의 총에너지 밀도는

$$U_{\rm cr} = \int_{\gamma_{\rm min}}^{\infty} n(\gamma)\gamma m_e c^2 d\gamma = \frac{n_0 m_e c^2}{p-2}\gamma_{\rm min}^{2-p} \quad (p > 2) \tag{6.75}$$

가 된다. 위 식에서 $\gamma_{\rm min}$은 관측된 가장 낮은 주파수를 방출하기 위한 전자의 에너지를 나타낸다.

한편, 자기장의 세기 B와 전자의 밀도 n_0는 무관하지 않다. 즉, 관측된 복사 에너지의 광도가

$$L_\nu = 4\pi j_\nu V \propto n_0 B^{(1+p)/2} V \tag{6.76}$$

이므로, $n_0 = CB^{-(1+p)/2}$(C = 상수)의 관계가 있다(식 6.65 참조). 따라서 계의

전체 에너지는

$$\frac{E}{V} = U_B + U_{\rm cr} = \frac{B^2}{8\pi} + C'B^{-(1+p)/2} \quad (C' = \text{상수}) \tag{6.77}$$

와 같이 자기장의 함수이며,

$$U_{\rm cr} = \frac{4}{p+1} U_B \sim U_B \tag{6.78}$$

일 때 최솟값을 갖는다. 따라서 관측된 싱크로트론 복사를 설명하기 위한 최소 에너지는 전자의 에너지가 자기장의 에너지와 그 크기가 비슷할 때, 즉 **에너지 등분배**가 만족될 때 얻어진다. 앞에서 언급한 시그누스 A의 경우, 전파엽의 자기장 세기와 반경은 각각 $B \sim 10^{-4}$ G, $R \sim 30$ kpc로서, 자기장 에너지는 10^{60} erg에 달한다(Shu 1991, 18장 참조).

제7장 컴프톤 산란

7.1 컴프톤 산란의 기본 특성

4장에서 전자기파가 전자에 의해서 산란되는 톰슨 산란에 대해서 공부한 바 있다. 톰슨 산란에서는 산란 시 전자의 운동량 및 운동 에너지의 변화를 고려하지 않았으며, 따라서 그 결과는 입사하는 빛, 즉 광자의 에너지가 전자의 에너지에 비해서 매우 적을 때 적용될 수 있다. 광자의 에너지가 클 경우, 전자와 광자의 운동량 및 운동 에너지의 변화를 고려해야 하며, 이러한 광자와 전하 입자와의 산란을 **컴프톤 산란**(Compton scattering)이라 한다.

에너지가 $h\nu$인 광자가 정지해 있는 전자에 충돌하는 경우를 생각해 보자(그림 7.1). 전자의 되튐(recoil)으로 광자는 충돌 후 에너지가 $h\nu'$으로 감소하며 진행 방향에 대해 θ의 각도로 산란된다. 반면 전자는 충돌 후 에너지 E_e와 운동량 p_e를 얻어 θ_e의 각도로 산란된다. 충돌 전후의 에너지와 운동량 보존식은

$$h\nu + m_e c^2 = h\nu' + E_e = h\nu' + \sqrt{p_e^2 c^2 + m_e^2 c^4}, \tag{7.1a}$$

$$\frac{h\nu}{c} = \frac{h\nu'}{c}\cos\theta + p_e\cos\theta_e, \tag{7.1b}$$

$$\frac{h\nu'}{c}\sin\theta = p_e\sin\theta_e \tag{7.1c}$$

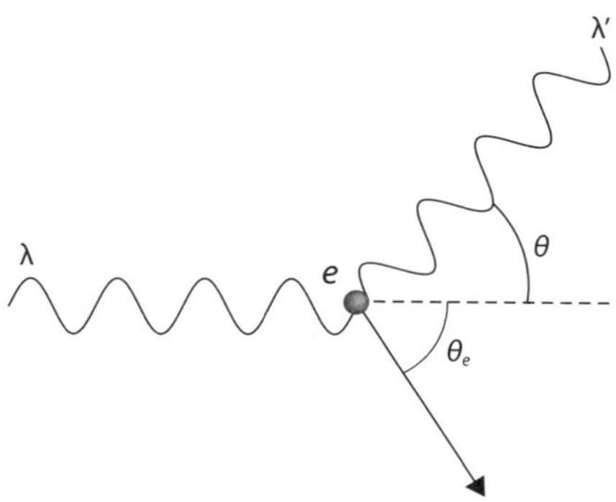

그림 7.1 에너지가 큰 광자와 정지해 있는 전자의 충돌

와 같다. 위 식에서 p_e와 θ_e를 소거하여 $h\nu'$을 구하면

$$h\nu' = \frac{h\nu}{1 + \frac{h\nu}{m_e c^2}(1 - \cos\theta)} \tag{7.2}$$

가 된다. 분모의 둘째 항이 **전자의 되튐 효과**를 나타낸다. 입사하는 광자의 에너지가 $h\nu \ll m_e c^2$이면 전자의 되튐 효과는 무시할 수 있으며 주파수가 변하지 않는 결맞는 산란이 된다. 반면 $h\nu \gg m_e c^2$이면

$$h\nu' \approx \frac{m_e c^2}{1 - \cos\theta} \qquad (h\nu \gg m_e c^2) \tag{7.3}$$

으로서 초기 에너지에 관계없이 산란 각도에 의해서 최종 에너지가 결정됨을 알 수 있다. $\theta = 180°$, 즉 진행하는 방향과 반대로 산란될 때, 광자는 가장 많은 에너지를 잃으며 산란된 광자의 에너지는 $m_e c^2/2$에 수렴한다.

한편, $\nu = c/\lambda = kc/2\pi$를 이용하면 식 (7.2)는

$$k' = \frac{k}{1 + \frac{h\nu}{m_e c^2}(1 - \cos\theta)}, \tag{7.4a}$$

$$\lambda' = \lambda + \lambda_c(1 - \cos\theta) \tag{7.4b}$$

와 같이 쓸 수 있다. 여기서 λ_c는 **컴프톤 파장**(Compton wavelength)으로서

$$\lambda_c = \frac{h}{m_e c} = 0.02426 \text{ Å} \tag{7.5}$$

이며, $h\nu_c = m_e c^2 = 0.511$ MeV이다.

톰슨 산란의 경우, 산란 미분단면적은 입사하는 전자기장의 주파수에 상관없이 일정하며 앞뒤 대칭이었다(4.6절 참조). 컴프톤 산란의 경우 산란 미분단면적은 입사하는 광자의 에너지에 의존할 것으로 예상할 수 있다. 양자전자기역학 계산에 의하면 산란 미분단면적은

$$\left(\frac{d\sigma}{d\Omega}\right)_C = \frac{r_e^2}{2}\left(\frac{k'}{k}\right)^2\left(\frac{k}{k'} + \frac{k'}{k} - \sin^2\theta\right) \tag{7.6}$$

와 같이 주어진다(Klein and Nishina 1929). $r_e(= e^2/m_e c^2 = 2.81 \times 10^{-13}$ cm, 식 4.63)는 고전적 전자 반경이다. $h\nu \ll m_e c^2$일 경우, $k' \approx k$이므로

$$\left(\frac{d\sigma}{d\Omega}\right)_C \approx \frac{1}{2} r_e^2 (1 + \cos^2\theta), \quad (h\nu \ll m_e c^2) \tag{7.7}$$

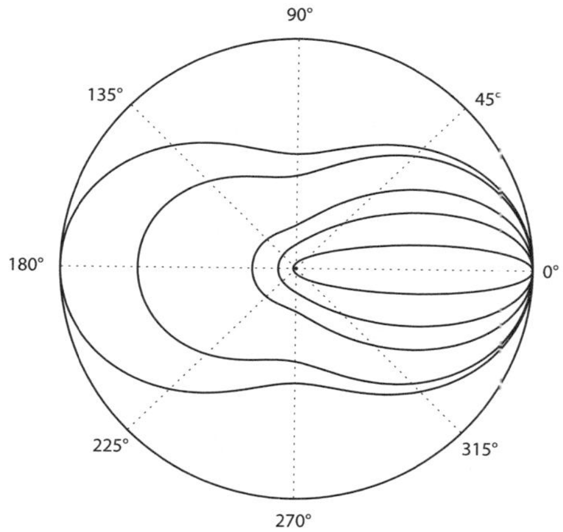

그림 7.2 컴프톤 산란 미분단면적의 산란 각도에 따른 변화. 맨 바깥쪽의 원은 산란 미분단면적이 r_e^2 임을 의미한다. 등고선은 바깥쪽부터 광자의 에너지가 2.75 eV, 60 keV, 511 keV, 1.46 MeV, 10 MeV인 경우를 나타낸다. 에너지가 2.75 eV일 경우, 산란 미분단면적은 앞뒤 대칭이며, $\theta = 0°$ 와 180° 에서의 산란 미분단면적은 r_e^2 이다.

즉 톰슨 산란 미분단면적(식 4.93)이 됨을 알 수 있다. **클라인-니시나 공식**(Klein-Nishina formula)으로 알려진 식 (7.6)으로부터 컴프톤 산란 단면적은 톰슨 산란 단면적에 비하여 그 값이 작으며, 진행 방향으로의 산란 단면적이 그 반대 방향으로의 산란 단면적보다 더 큰 방식으로 비대칭적임을 알 수 있다(그림 7.2). 산란 미분단면적을 적분한 산란 총단면적은

$$\sigma_C = \frac{3}{4}\sigma_T \left[\frac{1+x}{x^3}\left\{\frac{2x(1+x)}{1+2x} - \ln(1+2x)\right\} + \frac{\ln(1+2x)}{2x} - \frac{1+3x}{(1+2x)^2}\right] \quad (7.8)$$

와 같이 주어진다(Rybicki and Lightman 1979, 7.1절 참조). 위 식에서 $x \equiv h\nu/m_e c^2$ 이다. 그리고 $x \ll 1$ 혹은 $x \gg 1$ 일 때

$$\sigma_C \approx \sigma_T \begin{cases} 1 - 2x + \dfrac{26}{5}x^2 + \cdots, & (x \ll 1) \\ \dfrac{3}{8x}\left(\ln(2x) + \dfrac{1}{2}\right) & (x \gg 1) \end{cases} \quad (7.9)$$

과 같은 점근 형태가 된다.

7.2 역컴프톤 산란에 의한 복사 파워

전자의 에너지가 광자의 에너지보다 크면 광자는 전자와 충돌하여 에너지를 얻을 수 있다. 이러한 **역컴프톤 산란**(inverse Compton scattering)은 천문학적으로 매우 중요하다. 이 절에서는 역컴프톤 산란에 의한 복사의 특성인 복사 파워, 복사

스펙트럼 등을 살펴보겠다.

7.2.1 역컴프톤 산란에 의한 광자의 에너지 증폭

우선 고에너지 전자와의 충돌로 인한 광자의 에너지 변화를 구해 보자. 충돌 후 광자의 에너지는 앞 절의 컴프톤 산란과 마찬가지로 에너지 보존식과 운동량 보존식을 풀어서 구할 수 있다(문제 13). 보다 직관적인 방법으로는 전자와 같이 움직이는 전자의 정지 좌표계에서 충돌을 고려한 후, 그 결과를 다시 실험실 좌표계, 즉 관측자의 정지 좌표계로 변환하는 방법이 있다. 아래에서는 이 직관적 방법에 대해서 설명할 텐데, 이를 위해서 우선 상대론적 도플러 효과에 대해서 살펴보겠다. 특수 상대성 이론의 기본적인 결과에 대해서는 부록 IV에 요약하였다.

• **상대론적 도플러 효과**: 속도 $\mathbf{v}$로 움직이며 주파수 ν'의 펄스를 방출하는 광원을 생각해 보자(그림 7.3). 관측자는 광원의 운동 방향과 θ의 각도를 이루고 있다. 한 주기 동안 광원이 1에서 2까지 움직였다면 그 시간 간격은 $\Delta t' = 1/\nu'$일 것이다. 반면 정지해 있는 관측자에게는 이 시간이 **시간지연**(time dilation)에 의해서 $\Delta t = \gamma \Delta t' = \gamma/\nu'$가 된다. 따라서 관측자에게 도달한 펄스의 주기는

$$\Delta t_A = \Delta t - \frac{v\Delta t \cos\theta}{c} = \Delta t(1-\beta\cos\theta) = \frac{\gamma}{\nu'}(1-\beta\cos\theta) \tag{7.10}$$

로 주어진다. 따라서 관측된 펄스의 주파수 ν는

$$\nu = \frac{1}{\Delta t_A} = \frac{\nu'}{\gamma(1-\beta\cos\theta)} \quad \text{또는} \quad \nu' = \nu\gamma(1-\beta\cos\theta) \tag{7.11}$$

가 된다. 또는 상대론의 광행차 공식에 의해서 $\cos\theta = (\cos\theta' + \beta)/(1+\beta\cos\theta')$이므로(부록 IV 참조)

$$\nu = \nu'\gamma(1+\beta\cos\theta') \tag{7.12}$$

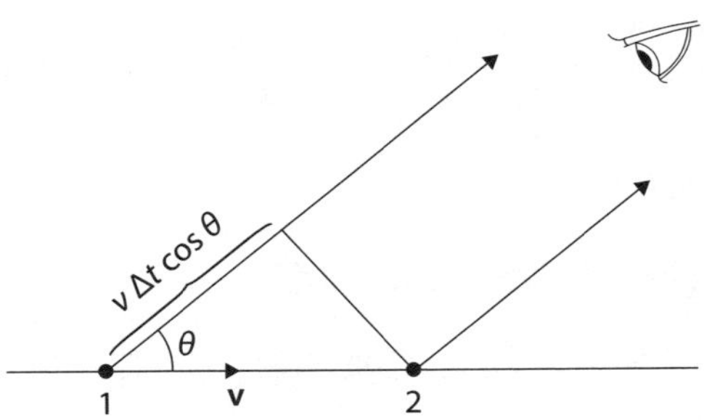

그림 7.3 관측자로 다가오는 광원의 상대론적 도플러 효과

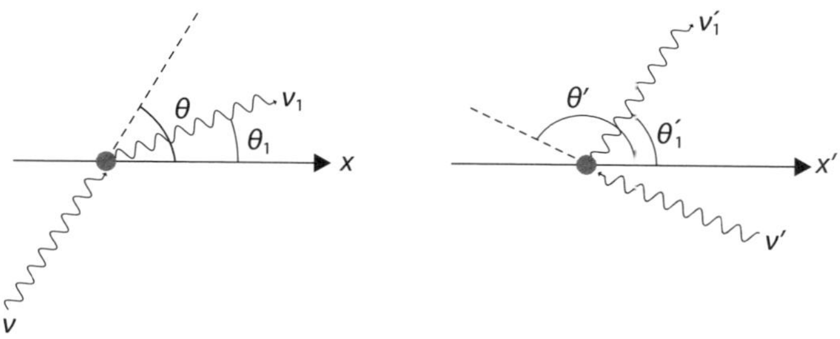

그림 7.4 역컴프톤 산란의 좌표계. K는 관측자의 정지 좌표계 혹은 실험실 좌표계이며, K'은 전자와 같이 움직이는 전자의 정지 좌표계이다.

으로 주어진다. 식 (7.11)과 식 (7.12)는 상대론적 도플러 효과로서 고전적인 도플러 효과에 비하여 γ 인자가 추가되었음을 볼 수 있다.

충돌로 인한 광자의 에너지 변화를 계산하기 위해서 관측자의 정지 좌표계에서 x축을 따라서 속도 v로 움직이는 전자와 x축과 θ의 각도로 입사하는 주파수 ν의 광자와의 충돌을 생각해 보자(그림 7.4). 충돌 후 변경된 광자의 진행 방향을 θ_1, 주파수를 ν_1이라고 하면, 우리는 ν_1을 ν, θ, θ_1 및 전자의 속도 v로 구하는 것이 목적이다. 이를 위해서 우선 전자의 정지 좌표계(그림 7.4의 K' 좌표계)에서 충돌을 생각해 보자. 이 좌표계에서 보면 주파수 ν'의 광자가 x축과 θ'의 각도로 입사하여 충돌 후 θ'_1의 방향으로 주파수 ν'_1으로 진행한다. 앞에서 기술한 상대론적 도플러 효과에 의해서 주파수 ν'과 ν, 그리고 ν'_1과 ν_1 사이에는

$$\nu' = \nu\gamma(1 - \beta\cos\theta), \tag{7.13a}$$

$$\nu_1 = \nu'_1\gamma(1 + \beta\cos\theta'_1) \tag{7.13b}$$

의 관계가 있다.

전자의 정지 좌표계에서는 충돌을 톰슨 산란으로 취급할 수 있다고 가정한다. 이 조건은 $h\nu' \approx \gamma h\nu \ll m_e c^2 = 0.51$ MeV를 요구하므로, 예를 들어 $\gamma h\nu$가 100 keV인 경우에도 만족한다. 실험실 좌표계에서는 이 광자의 에너지가 $\sim 100\gamma$ keV가 되므로(아래 참조), 역컴프톤 산란에 의한 매우 높은 에너지의 복사도 이 근사를 적용할 수 있다. 만약 이 조건이 만족되지 않는다면 전자의 정지 좌표계에서의 산란은 컴프톤 산란이 되며, 따라서 광자는 에너지를 잃고 산란 단면적은 감소하여 산란은 비효율적이 될 것이다. 전자의 정지 좌표계에서 충돌을 톰슨 산란으로 기술할 수 있다면 $\nu'_1 \approx \nu'$이라고 놓을 수 있다. 한편, 특수 상대론의 광행차 공식에

의해서(부록 IV 참조)

$$\cos\theta_1' = \frac{\cos\theta_1 - \beta}{1 - \beta\cos\theta_1} \tag{7.14}$$

이므로, 식 (7.13b)는

$$\begin{aligned} \nu_1 &\approx \nu'\gamma(1+\beta\cos\theta_1') = \nu\gamma^2(1-\beta\cos\theta)(1+\beta\cos\theta_1') \\ &= \nu\frac{1-\beta\cos\theta}{1-\beta\cos\theta_1} \end{aligned} \tag{7.15}$$

가 된다. 마지막으로 얻어진 식은 모두 실험실 좌표계의 물리량으로 표시되어 있다.

식 (7.15)로부터 광자가 에너지를 가장 많이 얻는 충돌은 $\theta = 180°$ 인 정면 충돌로서, $\theta_1 = 0°$ 인 경우 산란된 광자의 주파수는

$$\nu_1 = \nu\frac{1+\beta}{1-\beta} = \gamma^2(1+\beta)^2\nu \approx 4\gamma^2\nu \tag{7.16}$$

로서 에너지가 $4\gamma^2$ 배로 증폭된다. 반대로 광자가 전자를 따라가며 충돌할 경우 ($\theta = 0°$, $\theta_1 = 180°$)에는

$$\nu_1 = \nu\frac{1-\beta}{1+\beta} = \frac{\nu}{\gamma^2(1+\beta)^2} \approx \frac{\nu}{4\gamma^2} \tag{7.17}$$

로 광자의 에너지가 감소한다.

한편, 전자의 정지 좌표계에서는 대부분의 광자가 광행차 효과로 x' 축을 따라서 x'이 감소하는 방향으로 다가온다. 전자의 정지 좌표계에서 전후 대칭의 톰슨 산란이 성립한다고 가정하였으므로, 산란을 겪은 광자는 x'을 따라서 대칭적으로 분포할 것이다. 실험실 좌표계에서는 분사출 효과에 의해서 이 광자들의 궤적은 대부분 $\theta_1 \lesssim 1/\gamma$의 좁은 각도에 집중되어 있을 것이다. 따라서 식 (7.15)에 $\cos\theta_1 \approx \beta$를 대입하면

$$\nu_1 \approx \nu\frac{1-\beta\cos\theta}{1-\beta^2} = (1-\beta\cos\theta)\gamma^2\nu \tag{7.18}$$

가 된다. 입사하는 각도가 무작위적이라면 $\langle\cos\theta\rangle = 0$이므로 $\langle\nu_1\rangle \approx \gamma^2\nu$가 될 것이다. 보다 엄밀한 계산 결과에 의하면, 광자의 공간적 분포가 등방적일 경우 산란된 광자의 평균 주파수는

$$\langle\nu_1\rangle = \gamma^2\left(1+\frac{\beta^2}{3}\right)\nu \tag{7.19}$$

가 된다(7.2.2절 참조). $\gamma = 1$일 경우, $\langle\nu_1\rangle = \nu$가 됨을 알 수 있다. 반면 $\gamma \gg 1$ 인 경우에는 $\langle\nu_1\rangle \approx (4/3)\gamma^2\nu$가 된다. 이 결과는 낮은 주파수의 광자가 역컴프톤

산란에 의해서 매우 높은 주파수의 광자로 변환될 수 있음을 보여 준다. 예를 들어 $\nu = 10$ MHz인 전파 영역의 광자가 $\gamma = 10^6$ 인 전자와 산란을 한다면, 주파수가 $\nu_1 \sim \gamma^2 \nu = 10^{19}$ Hz 혹은 에너지가 40 keV인 X-선 광자로 변환될 수 있다.

앞의 결과는 전자의 정지 좌표계에서의 충돌을 톰슨 산란으로 근사했을 경우이다. 하지만 광자는 정지해 있는 전자와 충돌 시 에너지를 잃으므로, 실제의 에너지 이득은 식 (7.15)보다는 적을 것으로 예상된다. 에너지 보존식과 운동량 보존식을 이용해서 얻은 정확한 결과는

$$\nu_1 = \nu \frac{1 - \beta \cos\theta}{1 - \beta\cos\theta_1 + \dfrac{h\nu}{\gamma m_e c^2}\left[1 - \cos(\theta - \theta_1)\right]} \tag{7.20}$$

와 같다(문제 13). 전자가 정지해 있는 경우, 즉 $\beta = 0$, $\gamma = 1$인 경우 위 식은 앞 절의 컴프톤 산란 공식(식 7.4)이 됨을 볼 수 있다. 그리고 식 (7.15)와 비교해 볼 때 분모의 마지막 항이 전자의 되튐 효과로 인해 광자가 에너지를 잃는 효과를 반영하고 있음을 알 수 있다. $\gamma \gg 1$일 경우, $(1 - \beta\cos\theta_1) \sim 1/\gamma^2$ 이므로, 분모 두 항의 비는

$$\frac{\dfrac{h\nu}{\gamma m_e c^2}(1 - \cos(\theta - \theta_1))}{1 - \beta\cos\theta_1} \sim \frac{\gamma h\nu}{m_e c^2} \tag{7.21}$$

가 된다. 따라서 $\gamma h\nu \ll m_e c^2$ 이면 전자의 정지 좌표계에서의 산란을 톰슨 산란이라고 가정할 수 있으며, 식 (7.20)은 식 (7.15)가 된다.

7.2.2 단일 산란에 의한 역컴프톤 산란 파워

이제 상대론적 전자에 의해서 역컴프톤 산란되는 파워 $P_{\rm IC}$를 구해 보자. 등방적 복사가 있는 영역을 에너지가 $\gamma m_e c^2$ 인 전자가 진행한다고 생각해 보자. 복사를 이루고 있는 광자의 주파수는 모두 ν라고 가정하자. 역컴프톤 산란에 의한 파워 $P_{\rm IC}$는 충돌 전후 광자들의 평균 에너지 이득 혹은 전자의 에너지 손실을 나타내는 $\langle h\nu_1\rangle - h\nu$와 단위 시간당 산란율 $dN_{\rm scatt}/dt$의 곱으로 주어질 것이다. $\langle h\nu_1\rangle$은 산란된 광자의 평균 에너지를 나타낸다. 즉, $P_{\rm IC}$는

$$P_{\rm IC} = (\langle h\nu_1\rangle - h\nu) \times \frac{dN_{\rm scatt}}{dt} \tag{7.22}$$

가 된다. 실험실 좌표계에서 측정한 산란율 $dN_{\rm scatt}/dt$은 전자의 정지 좌표계에서의 산란율 $dN'_{\rm scatt}/dt'$을 구한 후, 이를 로런츠 변환함으로써 구할 수 있다. $dt = \gamma dt'$ 이고 개수 $dN_{\rm scatt}$ 은 로런츠 불변량이므로, 둘 사이의 관계는

$$\frac{dN_{\rm scatt}}{dt} = \frac{1}{\gamma}\frac{dN'_{\rm scatt}}{dt'} \tag{7.23}$$

과 같이 주어진다. $f'_\gamma(\mathbf{p}')d^3\mathbf{p}'$을 운동량이 $\mathbf{p}'$과 $\mathbf{p}'+d\mathbf{p}'$ 사이인 입사하는 광자의 개수 밀도라고 정의하면, 전자의 정지 좌표계에서는 톰슨 산란이므로 $dN'_{\rm scatt}/dt'$은

$$\frac{dN'_{\rm scatt}}{dt'} = c\sigma_T \int f'_\gamma(\mathbf{p}')d^3\mathbf{p}' \tag{7.24}$$

과 같이 주어진다. 실험실 좌표계에서 광자의 분포가 등방적이므로, 위 식은 실험실 좌표계에서 쉽게 적분된다. 우선 광자의 위상공간에서의 분포 함수 $f'_\gamma(\mathbf{p}')$은 로런츠 변환에 불변이므로 $f'_\gamma(\mathbf{p}') = f_\gamma(\mathbf{p})$이다(Landau and Lifshitz 1959, 2장 10절; 부록 IV 참조). 또한 $d^3\mathbf{p}' = \gamma(1-\beta\cos\theta)d^3\mathbf{p}$이므로(부록 IV), 위 식을 실험실 좌표계에서 표현하면

$$\begin{aligned}\frac{dN'_{\rm scatt}}{dt'} &= c\sigma_T \int f_\gamma(p)\gamma(1-\beta\cos\theta)p^2 dp d\Omega \\ &= \frac{n_\gamma \gamma c\sigma_T}{4\pi}\int_0^{2\pi}\int_0^{\pi}(1-\beta\cos\theta)\sin\theta d\theta d\phi \\ &= n_\gamma\gamma c\sigma_T \end{aligned} \tag{7.25}$$

가 된다. θ는 실험실 좌표계에서 광자들이 입사하는 각도를 나타내며, 처음 등식은 $f_\gamma(\mathbf{p})$가 등방적이라는, 즉 $f_\gamma(\mathbf{p}) = f_\gamma(p)$라는 사실을 적용한 결과이다. 위 식에서 n_γ는 입사하는 광자의 밀도로서

$$n_\gamma = \int 4\pi p^2 f_\gamma(p)dp \tag{7.26}$$

이다. 따라서 $dN_{\rm scatt}/dt$는

$$\frac{dN_{\rm scatt}}{dt} = \frac{1}{\gamma}\frac{dN'_{\rm scatt}}{dt'} = n_\gamma c\sigma_T \tag{7.27}$$

와 같이 주어진다. 즉, 광자의 분포가 등방적이고 전자의 정지 좌표계에서의 산란을 톰슨 산란으로 근사할 수 있을 경우 실험실 좌표계에서의 역컴프톤 산란율은 단순히 $n_\gamma c\sigma_T$로 주어진다. 그 이유는, 실험실 좌표계에서 전자와 광자의 충돌률은 그들의 상대적 운동 방향(θ)에 의존하나, 총산란율은 — 광자의 분포가 등방적이므로 그 충돌률의 차이는 상쇄되어 — 전자가 정지해 있을 때의 총산란율과 같아지기 때문이다(Blumenthal and Gould 1970; 식 7.25 참조). 광자의 밀도 n_γ는 복사 에너지 밀도 U_γ를 광자 하나의 에너지 $h\nu$로 나눈 것이므로, 식 (7.27)을 식 (7.22)에 대입하면 역컴프톤 산란에 의한 파워는

$$P_{\rm IC} = (\langle h\nu_1\rangle - h\nu)\times n_\gamma\sigma_T c = \frac{4}{3}c\sigma_T U_\gamma\gamma^2\beta^2 \tag{7.28}$$

이 된다. 식 (7.19)와 $\gamma^2 - 1 = \gamma^2\beta^2$을 이용하였다. 위 식으로 주어지는 역컴프톤 산란 파워는 입사하는 광자의 에너지를 빼준 **'알짜 파워'**이다. 또한 에너지가 $\gamma m_e c^2$인 전자가 에너지 밀도가 U_γ인 복사장 영역을 통과하면서 겪는 역컴프톤 산란에 의한 에너지 손실률이기도 하다. 단, 전자의 정지 좌표계에서 톰슨 산란이 성립한다는 가정하에서 얻어졌음에 유의해야 한다(7.3절 참조).

이제 산란된 광자의 평균 주파수 $\langle h\nu_1 \rangle$의 값을 구해 보자(식 7.19). 역컴프톤 산란된 파워 P를 구한 다음 그것을 산란율 $dN_{\rm scatt}/dt$로 나눔으로써 구하고자 한다. P는 앞에서 구한 $P_{\rm IC}$와 달리 입사하는 광자의 에너지를 빼주지 않은 단순히 산란된 파워로서, 전자의 정지 좌표계에서의 산란된 파워 P'을 구한 다음, 그것을 실험실 좌표계로 로런츠 변환함으로써 구할 수 있다. 전자의 정지 좌표계에서는 톰슨 산란을 한다고 가정하였으므로, 산란된 파워는 산란율 $c\sigma_T f'_\gamma(\mathbf{p}')d^3\mathbf{p}'$과 산란된 광자의 에너지 $\epsilon'_1(=\epsilon')$의 곱을 적분한

$$P' = c\sigma_T \int \epsilon' f'_\gamma(\mathbf{p}')d^3\mathbf{p}' \tag{7.29}$$

으로 주어진다. 위 적분을 앞에서와 같이 실험실 좌표계로 변환하면

$$P' = c\sigma_T \int \gamma^2(1-\beta\cos\theta)^2 \epsilon f_\gamma(\mathbf{p})p^2 dp d\Omega$$

가 된다. $d^3\mathbf{p}' = \gamma(1-\beta\cos\theta)d^3\mathbf{p}$, $\epsilon' = \epsilon\gamma(1-\beta\cos\theta)$를 이용하였다(부록 IV). 실험실 좌표계에서는 광자들의 분포가 등방적이므로 $f_\gamma(\mathbf{p}) = f_\gamma(p)$이며

$$U_\gamma = 4\pi \int \epsilon f_\gamma(p)p^2 dp, \tag{7.30}$$

$$\frac{1}{4\pi}\int (1-\beta\cos\theta)^2 d\Omega = 1 + \frac{1}{3}\beta^2 \tag{7.31}$$

이므로,

$$P' = c\sigma_T U_\gamma \gamma^2 \left(1 + \frac{\beta^2}{3}\right) \tag{7.32}$$

이 된다. 전자의 정지 좌표계에서는 톰슨 산란을 한다고 가정하였으므로, 파워는 전후 방향으로 대칭적이다. 전후 방향의 대칭성이 있는 경우 $P' = P$이다(부록 IV). 따라서

$$P = P' = c\sigma_T U_\gamma \gamma^2 \left(1 + \frac{\beta^2}{3}\right) \tag{7.33}$$

이 된다. 여기에서 광자의 에너지 입사율 $c\sigma_T U_\gamma$를 빼주면 식 (7.28)과 일치함을 알 수 있다. ($\gamma \gg 1$일 경우, 입사하는 광자의 에너지는 산란된 광자의 에너지에 비하여 무시할 수 있으므로 두 파워의 차이는 없어진다.) 또한 $U_\gamma = n_\gamma h\nu$이므로,

식 (7.33)과 식 (7.27)로부터 산란된 광자의 평균 에너지 $\langle h\nu_1 \rangle$은

$$\langle h\nu_1 \rangle = \frac{P}{dN_{\text{scatt}}/dt} = \gamma^2 \left(1 + \frac{\beta^2}{3}\right) h\nu \tag{7.34}$$

임을 확인할 수 있다.

식 (7.28)의 역컴프톤 산란의 파워 P_{IC}는 싱크로트론 복사 파워 P_{syn}과 매우 유사한 형태를 갖고 있다(식 6.24). 즉,

$$P_{\text{syn}} = \frac{4}{3}\sigma_T c \gamma^2 \beta^2 U_B \tag{7.35}$$

이므로, 단일 전자의 역컴프톤 산란에 의한 파워와 싱크로트론 복사에 의한 파워의 비는 복사장의 에너지 밀도와 자기장의 에너지 밀도의 비로 주어진다. 따라서 자기장이 있는 영역에 상대론적 전자와 복사장이 공존한다면 그 영역에서 방출되는 역컴프톤 산란에 의한 광도와 싱크로트론 복사 광도의 비는, 광학적 깊이가 작을 경우 광도는 단순히 각 전자가 방출하는 파워의 합으로 주어지므로,

$$\frac{L_{\text{IC}}}{L_{\text{syn}}} = \frac{P_{\text{IC}}}{P_{\text{syn}}} = \frac{U_\gamma}{U_B} \tag{7.36}$$

가 된다. 싱크로트론 복사를 방출하는 전파원에서는 싱크로트론 광자가 전파원 내의 상대론적 전자에 의해 역컴프톤 산란되어 전파 영역의 광자가 X-선, 감마선의 고에너지 광자로 변환될 수 있다(글상자 8). 반복된 역컴프톤 산란으로 전파원의 $L_{\text{IC}}/L_{\text{syn}}$가 1보다 커지면, 상대론적 전자는 급격하게 에너지를 잃으며 더 이상 싱크로트론 복사를 방출할 수 없게 된다. 따라서 전파원의 $L_{\text{IC}}/L_{\text{syn}} \lesssim 1$일 것으로 예상되며, 이러한 **역컴프톤 파국**(inverse Compton catastrophe)으로 싱크로트론 복사의 광학적 깊이가 큰 전파원의 전파 밝기온도는 $T_b \sim 10^{12}$ K보다 클 수 없게 된다(Kellermann and Pauliny-Toth 1969). 하지만 활동은하의 제트와 같이 광원이 관측자 방향으로 빠르게 이동할 경우에는 상대론적 분사출 효과에 의해서 밝기온도가 이보다 클 수도 있다. 역컴프톤 파국에 의한 전파 밝기온도의 한계에 관한 보다 자세한 설명은 Shu(1991, 18장)에서 확인할 수 있다.

글상자 8. 우주의 감마선 복사

감마선은 광자 하나의 에너지가 100 keV보다 큰, 가장 높은 에너지의 전자기파이다. 우주망원경과 지상의 검출기를 이용하여 펄사, 초신성, 활동은하, 감마선 폭발 천체와 같은 격렬한 변화를 겪는 천체는 물론 은하 전역에 퍼져 있는 성간물질에서도 에너지가 $\lesssim 1$ TeV($= 10^{12}$ eV)인 감마선이 검출되었다.

감마선의 방출 기작은 다양하다. 스펙트럼선의 방출 기작으로는 전자-양전자 소멸, 파이온 붕괴, 방사성 원소 붕괴 등이 있다. 고에너지 우주선 양성자가 성간물질의 수소 원자핵과 충돌하면서 생성된 중성 파이온(π^0)이 2개의 광자로 붕괴하면서 방출하는 감마선의 플럭스는 성간물질의 양을 나타내는 지표로 활용된다(글상자 12 참조). 감마선 연속복사의 방출 기작으로는 열적 제동복사, 싱크로트론 복사, 역컴프톤 산란 등이 있다. 초신성 잔해 혹은 활동은하핵과 같이 상대론적 전자들로 채워진 천체의 경우, 외부에서 입사하는 복사장의 광자뿐만 아니라 자신들이 방출한 싱크로트론 복사의 광자를 자체적으로 역컴프톤 산란에 의해서 감마선 대역으로 증폭하는 **싱크로트론 자체 컴프톤**(Synchrotron Self-Compton, SSC) 복사도 가능하다. 그림 7.5는 초신성 잔해 카시오페이아 A(Cas A)의 분광에너지 분포를 보여 준다. Cas A는 우리 은하에서 확인된 가장 젊은 핵붕괴형 초신성 잔해로서 약 340년 전에 폭발한 것으로 추정되며, 다양한 기작에 의해서 전파에서 감마선까지 전 파장 대역에서 강한 복사를 방출한다.

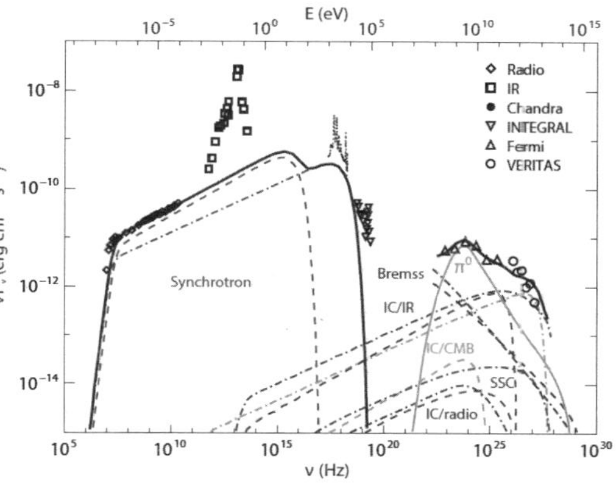

그림 7.5 초신성 잔해 Cas A의 분광에너지 분포(*Handbook of Supernovae*, Supernova Remnant Cassiopeia A, 2017, Koo and Park. With permission of Springer). 여러 기호는 관측값을, 실선은 모형 결과를 나타낸다. 모형에서 예상하는 우주배경복사(IC/CMB), 전파(IC/radio) 및 적외선(IC/IR) 광자, 싱크로트론 광자의 역컴프톤 산란, 파이온(π^0) 붕괴, 제동복사(Bremss) 등에 의한 감마선 복사와 상대론적 입자들의 싱크로트론 복사를 표시하였다(모형: Araya and Cui 2010). 모형에서 예측하지 않은 티끌에 의한 열적 적외선 복사와 고온 플라즈마의 열적 X-선 복사도 볼 수 있다.

7.3 단일 산란에 의한 역컴프톤 스펙트럼⋆

역컴프톤 산란에 의한 복사의 스펙트럼은 입사하는 복사의 스펙트럼과 산란하는 전자의 에너지 분포는 물론 광원의 구조 및 광학적 깊이 등에 의해서 결정된다. 이 절에서는 가장 기본적인 물리적 과정이라고 할 수 있는 단일 산란에 의한 역컴프톤 스펙트럼에 대해서 살펴보겠다. 먼저 낱개의 전자가 등방의 복사장 안에서 진행할 경우, 그 파워 스펙트럼을 구하겠다. 그리고 그 결과를 이용하여 고온 열적 프라즈마에 의한 역컴프톤 스펙트럼에 대해서 토의하겠다.

7.3.1 단일 전자에 의한 역컴프톤 스펙트럼

이제 에너지가 $\gamma m_e c^2$ 인 전자가 x축을 따라서 등방의 복사장으로 채워진 영역을 진행한다고 생각해 보자(그림 7.4 참조). 복사장의 광자들은 전자와의 컴프톤 혹은 역컴프톤 산란으로 에너지를 잃거나 얻으며, 단일 산란을 겪은 후 그 영역을 빠져 나온다. 산란 시 전자의 정지 좌표계에서의 산란은 톰슨 산란으로 근사할 수 있다고 가정한다. 즉, 전자의 되튐에 의한 에너지 손실은 무시하며 도플러 효과에 의한 에너지의 증가 혹은 손실만을 고려한다. 이제

$n_\gamma(\epsilon)d\epsilon =$ 에너지가 ϵ과 $\epsilon + d\epsilon$ 사이인 복사장 광자의 개수 밀도

라고 정의하자. 목표는 낱개의 전자에 의한 역컴프톤 스펙트럼을 γ와 $n_\gamma(\epsilon)d\epsilon$의 함수로 구하는 것이다.

역컴프톤 스펙트럼은 7.2절에서 산란된 광자의 평균 에너지를 구한 것과 유사한 방법으로 계산할 수 있다. 즉, 전자의 정지 좌표계(K' 좌표계)에서의 산란율을 구한 후, 이를 실험실 좌표계(K 좌표계)의 산란율로 변환하고 그로부터 파워 스펙트럼을 구할 수 있다. 편의상 주파수 ν 대신 에너지 $\epsilon = h\nu$를 사용하겠다. 표기법은 7.2절에서 사용한 것과 동일하다. 예를 들어 ϵ과 ϵ_1은 K 좌표계에서의 산란 전후의 에너지를 나타내며, ϵ'과 ϵ'_1은 K' 좌표계에서의 산란 전후의 에너지를 나타낸다. 마찬가지로 μ와 μ_1은 K 좌표계에서의 산란 전후의 방향코사인을 나타내며, μ'과 μ'_1은 K' 좌표계에서의 산란 전후의 방향코사인을 나타낸다(그림 7.4 참조).

해석해를 구하기 위해서 K' 좌표계에서의 산란은 톰슨 산란으로서 결맞는 산란($\epsilon'_1 = \epsilon'$)이라고 가정한다. 또한 산란을 등방적이라고 가정한다. 이 경우, 산란 미분단면적은

$$\frac{d\sigma}{d\Omega'} = \left(\frac{d\sigma}{d\Omega'}\right)_{\rm iso} \equiv \frac{2}{3}r_e^2 \tag{7.37}$$

으로 주어진다. 이와 같은 근사를 할 경우 산란 미분단면적이 입사하는 광자의 방향과 무관하며 $\epsilon'_1 = \epsilon'$이므로 단위 입체각 및 단위 에너지당 산란율 역시 방향과 무관하다(아래 식 7.44 참조). 톰슨 산란 단면적이 거의 등방적이므로 식 (7.37)은

그럴듯한 근사이며, 또한 해석적 접근이 가능하므로 해에 포함된 물리적 과정을 쉽게 볼 수 있다(Rybicki and Lightman 1979, 7.3절 참조).

K' 좌표계에서의 산란율을 구하기 위해서는 우선 K' 좌표계에서 입사하는 광자의 단위 에너지당 개수 밀도를 구해야 한다. 이제 K 좌표계에서 에너지가 ϵ과 $\epsilon + d\epsilon$ 사이이며 입사각이 μ와 $\mu + d\mu$ 사이인 광자의 개수 밀도를 dn_γ라고 하자. 복사가 등방적이므로 dn_γ는

$$dn_\gamma = \frac{1}{2} n_\gamma(\epsilon) d\epsilon d\mu \tag{7.38}$$

로 주어진다. 앞에서 정의했듯이 $n_\gamma(\epsilon)d\epsilon$은 입사각에 대해서 적분한 에너지 ϵ과 $\epsilon + d\epsilon$ 사이의 광자의 개수 밀도이다. dn_γ에 해당하는 K' 좌표계에서의 광자의 개수 밀도를 $dn'_\gamma(\epsilon'; \epsilon)d\epsilon'$이라고 하면, dn_γ와 dn'_γ 사이에는

$$\frac{dn_\gamma}{\epsilon} = \frac{dn'_\gamma(\epsilon'; \epsilon)d\epsilon'}{\epsilon'} \tag{7.39}$$

의 관계가 있다.[7] ϵ'은 K 좌표계에서 에너지가 ϵ이고 입사각이 μ인 광자의 K' 좌표계에서의 에너지이다. 식 (7.38)을 식 (7.39)에 대입하면 $dn'_\gamma(\epsilon'; \epsilon)$과 $n_\gamma(\epsilon)$ 사이의 관계식

$$\frac{1}{2\epsilon} n_\gamma(\epsilon) d\epsilon d\mu = \frac{dn'_\gamma(\epsilon', \epsilon)d\epsilon'}{\epsilon'} \tag{7.40}$$

을 얻는다. 한편 K 좌표계와 K' 좌표계에서의 에너지 ϵ과 ϵ' 사이에는

$$\epsilon' = \epsilon\gamma(1 - \beta\mu) \tag{7.41}$$

의 관계가 있으므로(식 7.13a), $|d\epsilon'/d\mu| = \epsilon\gamma\beta$이다. 식 (7.40)과 식 (7.41)을 식 (7.39)에 대입하여 정리하면

$$dn'_\gamma(\epsilon'; \epsilon) = \begin{cases} \dfrac{\epsilon'}{2\gamma\beta\epsilon^2} n_\gamma(\epsilon) d\epsilon, & (1-\beta)\gamma\epsilon \le \epsilon' \le (1+\beta)\gamma\epsilon \\ 0, & \text{그 밖의 경우} \end{cases} \tag{7.42}$$

을 얻는다.

식 (7.42)로부터 K' 좌표계의 산란율을 구하기에 앞서, K 좌표계에서의 파워 스펙트럼을 구하기 위해서 필요한 물리량에 대해서 생각해 보자. 파워 스펙트럼은 단위 에너지당 산란율($dN/dt\, d\epsilon_1$)과 산란된 광자의 에너지(ϵ_1)의 곱으로 주어진

---

7) dN_γ를 에너지 ϵ과 $\epsilon + d\epsilon$ 사이인 광자의 개수라고 하면, $dn_\gamma = dN_\gamma/dV = (dN_\gamma/dX)dx_0$이다. $dX(= dx_0dx_1dx_2dx_3 = dx_0dV, x_0 = ct)$는 4차원 체적 요소이다. dN_γ와 dX는 로런츠 불변량이므로 dn_γ/dx_0는 로런츠 불변이다. 에너지 ϵ은 x_0와 같이 로런츠 변환을 하므로 $dn_\gamma/d\epsilon$ 역시 로런츠 불변이다(Blumenthal and Gould 1970; 부록 IV 참조).

다. 단위 에너지당 산란율은 K' 좌표계에서의 산란 후 입체각 $d\Omega_1'(=2\pi d\mu_1')$과 입사 에너지 $d\epsilon'$에 대한 적분식으로

$$\frac{dN_{\rm scatt}}{dtd\epsilon_1} = \int \frac{dN'_{\rm scatt}}{dt'd\epsilon' d\Omega_1' d\epsilon_1'} \frac{dt'}{dt}\frac{d\epsilon_1'}{d\epsilon_1} d\Omega_1' d\epsilon' \tag{7.43}$$

과 같이 표현할 수 있다. 적분 안의 첫째 항이 구해야 할 K' 좌표계에서의 산란율이다. K' 좌표계에서의 산란은 톰슨 산란($\epsilon_1' = \epsilon'$)이며 그 단면적은 입사각과 산란각에 의존하지 않는다고 가정하였으므로(식 7.37)

$$\frac{dN'_{\rm scatt}}{dt'd\epsilon' d\Omega_1' d\epsilon_1'} = dn'_\gamma(\epsilon', \epsilon) c \left(\frac{d\sigma}{d\Omega_1'}\right)_{\rm iso} \delta(\epsilon_1' - \epsilon') \tag{7.44}$$

으로 주어진다. 나머지 항들은, 우선 로런츠 변환에 의해서 $dt'/dt = 1/\gamma$이며, ϵ_1'과 ϵ_1 사이에는

$$\epsilon_1 = \epsilon_1' \gamma(1+\beta\mu_1') \tag{7.45}$$

의 관계가 있으므로(식 7.13b), $d\epsilon_1'/d\epsilon_1 = 1/\gamma(1+\beta\mu_1')$으로 주어진다. 따라서 식 (7.44)와 식 (7.45)를 식 (7.43)에 대입하여 정리하면

$$\begin{aligned}\frac{dN_{\rm scatt}}{dtd\epsilon_1} &= \frac{4\pi r_e^2 c}{3\gamma^2} n_\gamma(\epsilon) d\epsilon \int_{-1}^{1} dn_\gamma(\epsilon', \epsilon)\delta(\epsilon_1' - \epsilon') \frac{d\mu_1'}{1+\beta\mu_1'} d\epsilon' \\ &= \frac{4\pi r_e^2 c}{3\gamma^2} n_\gamma(\epsilon) d\epsilon \int_{-1}^{1} dn_\gamma(\epsilon_1', \epsilon) \frac{d\mu_1'}{1+\beta\mu_1'}\end{aligned} \tag{7.46}$$

을 얻는다. (델타 함수를 이용하여 $d\epsilon'$에 대한 적분을 먼저 수행하였다.) 적분 안의 $dn_\gamma(\epsilon_1', \epsilon)$은 $(1-\beta)\gamma\epsilon \le \epsilon_1' \le (1+\beta)\gamma\epsilon$ 범위에서만 0이 아니다(식 7.42). 혹은 $\epsilon_1 = \epsilon_1'\gamma(1+\beta\mu_1')$을 이용하면 μ_1'이

$$\frac{1}{\beta}\left[(1-\beta)\frac{\epsilon_1}{\epsilon} - 1\right] \le \mu_1' \le \frac{1}{\beta}\left[(1+\beta)\frac{\epsilon_1}{\epsilon} - 1\right] \tag{7.47}$$

일 때만 0이 아니다. 이 구간이 적분 구간 $\mu_1' = [-1, 1]$과 겹치는 경우는 최솟값이 1보다 작거나 최댓값이 -1보다 큰 경우이다. 혹은 $1 < \epsilon_1/\epsilon < (1+\beta)/(1-\beta)$이거나 $(1-\beta)/(1+\beta) < \epsilon_1/\epsilon < 1$인 경우이다. 각각의 경우에 대하여 식 (7.46)의 적분을 수행하면

$$\frac{dN_{\rm scatt}}{dtd\epsilon_1} = \begin{cases} \dfrac{c\sigma_T n_\gamma(\epsilon)d\epsilon}{4\gamma^2\beta^2\epsilon}\left[(1+\beta) - (1-\beta)\dfrac{\epsilon_1}{\epsilon}\right], & 1 < \dfrac{\epsilon_1}{\epsilon} < \dfrac{1+\beta}{1-\beta} \\ \dfrac{c\sigma_T n_\gamma(\epsilon)d\epsilon}{4\gamma^2\beta^2\epsilon}\left[(1+\beta)\dfrac{\epsilon_1}{\epsilon} - (1-\beta)\right], & \dfrac{1-\beta}{1+\beta} < \dfrac{\epsilon_1}{\epsilon} < 1 \\ 0, & \text{그 밖의 경우} \end{cases} \tag{7.48}$$

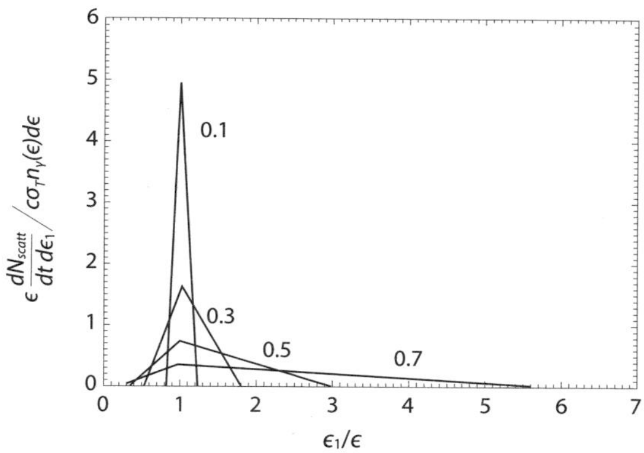

그림 7.6 단일 전자에 의해서 역컴프톤 산란된 광자의 에너지 분포. 각 그래프의 숫자는 전자의 β값을 나타낸다.

을 얻는다.

식 (7.48)은 산란된 광자의 에너지의 분포를 나타낸다. 그림 7.6은 여러 β 값에 대하여 $dN_{\rm scatt}/dtd\epsilon_1$의 분포를 보여 준다. β가 작을 경우 산란된 광자의 에너지는 원래의 에너지 ϵ을 중심으로 대칭적으로 분포하지만, β가 1에 가까이 갈수록 혹은 전자가 보다 상대론적일수록 산란된 광자들의 에너지가 평균적으로 증가함을 볼 수 있다.

식 (7.48)로부터 에너지에 대해서 적분한 총산란율은

$$\frac{dN_{\rm scatt}}{dt} = \int_0^\infty \frac{dN_{\rm scatt}}{dtd\epsilon_1} d\epsilon_1 = c\sigma_T n_\gamma(\epsilon)d\epsilon \tag{7.49}$$

임을 확인할 수 있다. 입사하는 광자의 개수 밀도가 $n_\gamma(\epsilon)d\epsilon$이므로, 이 결과는 광자 수의 보존으로부터 예상된 결과이다. 한편, 산란된 광자의 평균 에너지는

$$\langle\epsilon_1\rangle \equiv \int_0^\infty \epsilon_1 \frac{dN_{\rm scatt}}{dtd\epsilon_1} d\epsilon_1 \Big/ \int_0^\infty \frac{dN_{\rm scatt}}{dtd\epsilon_1} d\epsilon_1 = \gamma^2\left(1+\frac{1}{3}\beta^2\right)\epsilon \tag{7.50}$$

이 된다(문제 14). 이 결과는 식 (7.34)와 일치한다.

단일 전자에 의한 역컴프톤 파워 스펙트럼은 식 (7.48)의 $dN_{\rm scatt}/dtd\epsilon_1$에 ϵ_1을 곱함으로써 얻을 수 있다. $\gamma \gg 1$일 경우, $\epsilon_1/\epsilon > 1$인 광자가 대부분의 에너지를 갖고 있으므로 파워 스펙트럼식은 간단해진다. 즉, 식 (7.48)로부터

$$\frac{dP_{\rm IC}}{d\epsilon_1} = \epsilon_1 \frac{dN_{\rm scatt}}{dtd\epsilon_1} \approx 3c\,\sigma_T n_\gamma(\epsilon)d\epsilon x f_{\rm iso}(x), \tag{7.51a}$$

$$f_{\rm iso}(x) = \frac{2}{3}(1-x) \tag{7.51b}$$

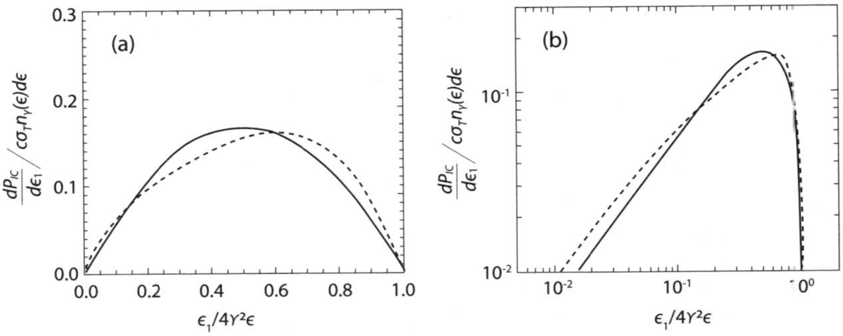

그림 7.7 상대론적 단일 전자의 역컴프톤 파워 스펙트럼. 실선은 등방적 산란 복사를 가정한 결과(식 7.51)이며, 점선은 톰슨 산란 단면적을 사용한 결과(식 7.53)이다. (a) 선형 눈금의 그림, (b) 로그 눈금의 그림.

와 같이 주어진다. 식에서

$$x \equiv \frac{\epsilon_1}{4\gamma^2\epsilon} \ (\leq 1) \tag{7.52}$$

은 최대 에너지로 정규화된 산란 후 광자의 에너지이다. 그림 7.7은 파워 스펙트럼을 그래프로 보여 준다. 파워 스펙트럼의 모양은 앞 절의 결과로부터 예상한 결과와 일치한다. 우선 식 (7.34)로부터 산란된 광자의 평균 에너지는 $\langle\epsilon_1\rangle = (4/3)\gamma^2\epsilon$ $(x = 1/3)$임을 알고 있다. 한편 식 (7.16)과 식 (7.17)로부터 충돌 후 광자의 최대 에너지는 $\epsilon_{1,\text{max}} = 4\gamma^2\epsilon$ $(x_{\text{max}} = 1)$, 최소 에너지는 $\epsilon_{1,\text{min}} = \epsilon/4\gamma^2 \approx 0$ $(x_{\text{min}} \approx 0)$이다. 평균 에너지가 최대 에너지의 1/3이고 산란된 광자의 개수는 에너지가 높을수록 감소하므로 복사 스펙트럼은 $\epsilon_1 = (4/3)\gamma^2\epsilon$ $(x = 1/3)$과 $4\gamma^2\epsilon$ $(x = 1)$ 사이에서 최댓값을 갖는 함수임을 짐작할 수 있다.

$\gamma \gg 1$일 경우, 산란이 등방적이라는 근사를 하지 않고 톰슨 산란 미분단면적을 사용하더라도 해석해를 얻을 수 있다. 이 경우 식 (7.51)의 f_{iso}는

$$f(x) = 2x\ln x + x + 1 - 2x^2 \quad (0 < x \leq 1) \tag{7.53}$$

이 된다(Blumenthal and Gould 1970). 그림 7.7은 이 절에서 등방적 산란을 가정하여 얻은 결과와 톰슨 산란 단면적을 이용한 결과를 비교하고 있다. 그림에서 보듯이 등방적 산란 근사는 파워 스펙트럼의 기본적 특성을 잘 기술하고 있다. 식 (7.53)의 함수를 이용할 경우, $\langle\epsilon_1\rangle = 4\gamma^2\epsilon/3$임을 보일 수 있다(문제 14).

한편 이 절의 결과로부터 멱함수 꼴의 에너지 분포를 가진 상대론적 전자들에 의한 역컴프톤 스펙트럼의 모양을 추정할 수 있다. 전자가 에너지 분포를 갖고

있는 경우 역컴프톤 산란에 의한 복사의 방출계수 $j_{\epsilon_1}(\epsilon_1 = h\nu_1)$은

$$j_{\epsilon_1} = \frac{1}{4\pi}\int \frac{dP_{\rm IC}}{d\epsilon_1} n_e(\gamma) d\gamma \tag{7.54}$$

로 주어진다. $n_e(\gamma)d\gamma$는 에너지가 γ와 $\gamma + d\gamma$ 사이인 전자의 밀도를 나타낸다. 위 식에서 $dP_{\rm IC}/d\epsilon_1$는 입사하는 광자의 에너지 분포 $n_\gamma(\epsilon)d\epsilon$에 비례한다(식 7.51a). 만약 입사하는 광자가 동일한 에너지 ϵ을 갖고 있다면 $dP_{\rm IC}/d\epsilon_1$는 그림 7.7의 $\epsilon_1 \sim \gamma^2\epsilon$에서 최댓값을 갖는 함수로 주어진다. 따라서 전자의 에너지 분포가 γ_1과 $\gamma_2(\gg \gamma_1)$ 사이에서 $n_e(\gamma) \propto \gamma^{-p}$의 멱함수 꼴이라면, 싱크로트론 복사의 경우와 유사하게 $dP_{\rm IC}/d\epsilon_1$의 정확한 함수 꼴을 사용하지 않고 단순히 $dP_{\rm IC}/d\epsilon_1 \propto \delta(\epsilon_1 - \gamma^2\epsilon)$라고 가정함으로써 파워 스펙트럼의 전반적인 모양을 얻을 수 있으며, 그 결과는 싱크로트론 복사의 결과와 같다. 즉, $j_{\epsilon_1} \propto {\epsilon_1}^{-(p-1)/2}$을 얻는다. 입사하는 광자의 에너지가 동일하지 않고 흑체복사와 같이 $\bar{\epsilon}$에서 최댓값을 갖는 분포를 하고 있을 경우에도 제한된 에너지 범위($4\gamma_1^2\bar{\epsilon} \ll \epsilon_1 \ll 4\gamma_2^2\bar{\epsilon}$) 안에서는 멱함수 꼴을 갖는다는 것을 보일 수 있다(Rybicki and Lightman 1979, 7.3절 참조).

7.3.2 고온 플라즈마에 의한 역컴프톤 스펙트럼

이 절에서는 앞 절의 결과를 이용하여 단색 복사장이 고온 플라즈마에 의하여 역컴프톤 산란을 겪은 후 재방출되는 복사의 스펙트럼을 구하고자 한다. 천문학적인 예로는 다음 절에서 다룰 은하단의 고온 플라즈마와 주변 복사장과의 상호작용에 의해 방출되는 역컴프톤 스펙트럼을 생각할 수 있다.

이제 광자의 에너지가 $\epsilon = h\nu$인 등방적 단색 복사장이 온도 T_e인 고온 플라즈마에 입사한다고 생각해 보자. 복사장의 광자는 플라즈마의 전자와 단일 산란을 겪은 후 플라즈마를 빠져 나온다고 가정한다. 광자의 주파수는 낮아서($\epsilon = h\nu \ll kT_e$), 전자의 되튐에 의한 광자의 에너지 손실은 무시할 수 있다고 가정한다. 이 경우 단일 전자의 파워 스펙트럼은 앞 절에서 구한 $dP_{\rm IC}/d\epsilon_1$의 일반적인 표현식에 의해서 주어진다(식 7.51a와 식 7.48). 플라즈마 전체의 역컴프톤 스펙트럼을 얻기 위해서는 전자의 맥스웰-볼츠만 속도 분포에 대해서 적분하면 된다. 즉,

$$j_{\epsilon_1} = \frac{n_e}{4\pi}\int \frac{dP_{\rm IC}}{d\epsilon_1} f(v) 4\pi v^2 dv \tag{7.55}$$

로 주어진다. $f(v)$는 3차원 맥스웰-볼츠만 분포함수이다(식 5.26). 위의 적분은 수치적 방법으로 간단히 계산할 수 있다(문제 16). 그림 7.8은 그 결과를 보여준다. 역컴프톤 스펙트럼은 전자들의 속도 분포로부터 예상할 수 있는 바와 같이 넓은 주파수 영역에 퍼져 있으나 맥스웰-볼츠만 속도 분포의 가우스 선모양과는

매우 다르게 $\epsilon_1 = \epsilon$에서 뾰족점(cusp)이 나타난다. 선 모양은 비대칭적으로서, $\epsilon_1/\epsilon > 1$인 영역으로 더 넓게 퍼져 있다. 즉, 광자들은 평균적으로 에너지를 얻는다. 에너지 이득의 평균값은 $\langle \Delta\nu/\nu \rangle = 4kT_e/m_ec^2$이다(7.4절 참조). 이 결과는 $\epsilon \ll kT_e$를 가정함으로써 전자의 되튐에 의한 에너지 손실을 무시한 결과임을 유의해야 한다. 고온 플라즈마의 역컴프톤 스펙트럼에 관한 보다 자세한 내용은 Sunyaev(1980), Pozdnyakov et al.(1983) 등에서 확인할 수 있다.

7.4 역컴프톤 산란에 의한 냉각과 컴프톤화*

고온의 플라즈마와 복사장이 함께 있다면, 플라즈마 안의 전자와 복사장의 광자는 산란을 통하여 서로 에너지를 교환할 것이다. 전자는 역컴프톤 산란으로 에너지를 잃을 수도 혹은 컴프톤 산란으로 에너지를 얻을 수도 있다. 이 절에서는 온도가 $T_e(\ll m_ec^2/k)$인 비상대론적 플라즈마가 낮은 에너지($h\nu \ll m_ec^2$)의 광자로 이루어진 복사장과 상호작용 할 경우 그 온도 변화를 살펴보고자 한다.

우선 식 (7.19) 혹은 식 (7.34)로부터 에너지가 γm_ec^2인 전자와의 역컴프톤 산란으로 인한 광자의 평균 에너지 이득은

$$\frac{\Delta\epsilon}{\epsilon} \equiv \frac{\langle h\nu_1 \rangle - h\nu}{h\nu} = \frac{4}{3}\gamma^2\beta^2 \tag{7.56}$$

으로 주어진다(그림 7.8 참조). $\epsilon = h\nu$는 광자의 에너지이다. 이러한 광자의 에너지 이득은 전자의 에너지 손실을 의미한다. 이 결과는, 전자의 정지 좌표계에서 충돌을 톰슨 산란으로 취급할 수 있다는 가정 이외에는 γ에 대한 특별한 제한 조

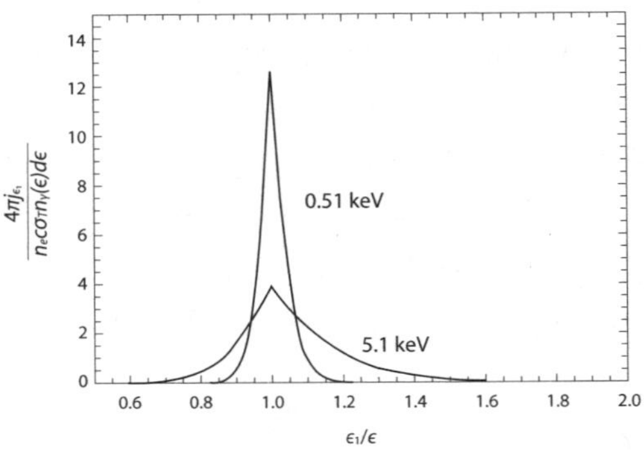

그림 7.8 단색 복사장의 고온 플라즈마에 의한 역컴프톤 스펙트럼. 플라즈마의 온도(kT_e)가 0.51 keV와 5.1 keV인 경우를 보여 주고 있다. 전자의 되튐에 의한 광자의 에너지 손실은 무시한 결과로서, 광자들의 에너지가 역컴프톤 산란에 의해서 평균적으로 증가했음을 볼 수 있다.

건 없이 유도된 결과로서 비상대론적 전자와의 산란에도 적용될 수 있다. 따라서 온도 T_e의 맥스웰-볼츠만 속도 분포를 따르는 비상대론적 전자들과의 역컴프톤 산란에 의한 광자의 평균 에너지 이득은

$$\left\langle \frac{\Delta\epsilon}{\epsilon} \right\rangle = \frac{4}{3}\gamma^2 \left\langle \beta^2 \right\rangle = \frac{4kT_e}{m_e c^2} \tag{7.57}$$

가 된다. 위 식에서

$$\left\langle \beta^2 \right\rangle = \frac{\left\langle v^2 \right\rangle}{c^2} = \frac{3kT_e}{m_e c^2} \tag{7.58}$$

는 맥스웰-볼츠만 속도 분포에 대한 평균을 나타내며, $\gamma = 1$로 놓았다.

앞에서 지적하였듯이 광자의 에너지 이득에 관한 위 식은 광자가 전자의 되튐으로 인해서 에너지를 잃지 않는다는 가정하에서 얻은 결과이다. 상대론적 전자와의 충돌 시에는 에너지 이득에 비해서 전자의 되튐에 의한 광자의 에너지 손실이 작아 무시할 수 있었으나, 비상대론적 전자와의 충돌 시에는 두 물리량이 서로 견줄 만한 크기일 수 있으므로 두 과정을 같이 고려해야 한다. 산란 전후의 실험실 좌표계에서의 주파수 ν와 ν_1 사이의 관계는 식 (7.20)과 같이 주어지며 이 식에서 분모의 마지막 항이 전자의 되튐에 의한 광자의 에너지 손실을 나타내는 항이다. 광자의 에너지가 낮고($h\nu \ll m_e c^2$) 전자가 비상대론적($\beta \ll 1$)인 경우 그 크기는

$$\frac{\nu_1}{\nu} \approx 1 - \frac{h\nu}{m_e c^2}[1 - \cos(\theta - \theta_1)] \tag{7.59}$$

이 된다(식 7.2 참조). 산란 단면적은 톰슨 산란 단면적으로 근사할 수 있으므로 산란 확률은 입사각에 대해서 대칭적으로 분포한다. 따라서 $\cos(\theta - \theta_1)$의 입체각에 대한 평균은 0이 되며 전자의 되튐 효과로 인한 평균 에너지 손실은

$$\left\langle \frac{\Delta\epsilon}{\epsilon} \right\rangle = \left\langle \frac{\nu_1 - \nu}{\nu} \right\rangle = -\frac{h\nu}{m_e c^2} \tag{7.60}$$

가 된다(보다 엄격한 유도는 Rybicki and Lightman 1979, 7.4절 참조). 그리고 식 (7.57)과 식 (7.60)으로부터 광자의 알짜 평균 에너지 변화는

$$\left\langle \frac{\Delta\epsilon}{\epsilon} \right\rangle = \frac{4kT_e - \epsilon}{m_e c^2} \tag{7.61}$$

이 된다. 따라서 $4kT_e > \epsilon = h\nu$라면, 전자들은 에너지를 잃고 플라즈마의 온도는 감소한다. 이러한 **컴프톤 냉각**(Compton cooling)은 고온의 플라즈마가 식는 주요 기작 중의 하나이다. 광자와의 충돌에 의한 에너지 이득을 무시한다면 비상대론적 전자의 역컴프톤 파워는

$$P_{\rm IC} = \frac{4kT_e}{m_e c^2}\sigma_T c U_\gamma \tag{7.62}$$

가 되므로(식 7.28 참조), 에너지가 $3kT_e/2$인 비상대론적 전자의 수명, 혹은 '컴프톤 냉각시간'은

$$t_{\rm cool,IC} \approx \frac{3}{2}\frac{kT_e}{P_{\rm IC}} = \frac{3m_ec^2}{8c\sigma_T U_\gamma} = 1.5 \times 10^7 \left(\frac{U_\gamma}{1 \text{ erg cm}^{-3}}\right)^{-1} \text{ s} \tag{7.63}$$

로 주어진다. 전자와 양이온으로 이루어진 플라즈마의 냉각시간은 이보다 2배 정도 길다.

식 (7.63)의 컴프톤 냉각시간은 전자의 에너지, 즉 플라즈마의 온도와 무관하며 복사 에너지 밀도 U_γ만의 함수이다. (상대론적 전자의 경우, 컴프톤 냉각시간은 전자의 에너지에 반비례한다. 문제 17 참조.) 예를 들어 우주배경복사와의 역컴프톤 산란에 의한 고온 플라즈마의 냉각시간은 — 우주배경복사의 에너지 밀도 $U_\gamma = 4.2 \times 10^{-13}$ erg cm^{-3}를 사용하여(글상자 2 참조) — $t_{\rm cool,IC} \sim 10^{12}$ yr가 된다. 이 시간 자체는 우주의 나이보다 긴 시간이지만, 우주배경복사의 에너지 밀도는 $(1+z)^4$(z=적색편이)에 비례하므로 초기 우주에서는 컴프톤 냉각이 중요할 것으로 예상할 수 있다(예: Kang and Shapiro 1992 참조).

고온의 플라즈마와 복사가 상호작용 할 경우, 복사의 스펙트럼은 컴프톤 혹은 역컴프톤 산란에 의해서 변형된다. 복사 스펙트럼의 변화는 산란 시 광자의 에너지 변화와 산란 횟수의 함수일 것이다. 어떤 매질, 예를 들어 은하단을 둘러싼 고온 플라즈마의 주파수가 ν인 복사에 대한 광학적 깊이를 τ라 하면, 산란 횟수는 식 (1.77)에 의해서

$$N_s = \max(\tau, \tau^2) \tag{7.64}$$

이다. 전자와의 산란일 경우 $\tau = n_e\sigma_T L$이다. n_e는 전자의 밀도, σ_T는 톰슨 산란 단면적, L은 천체의 크기이다. 컴프톤 산란이 복사의 스펙트럼에 미치는 영향을 가늠하는 인자로서 **컴프톤 y 인자**

$$y \equiv \frac{4kT_e}{m_ec^2} \times \max(\tau, \tau^2) \tag{7.65}$$

을 도입한다. 첫째 항은 단일 산란 시 겪는 광자의 에너지 변화를 나타내고 둘째 항은 산란 횟수를 나타낸다. 전자의 되튐에 의한 광자의 에너지 손실은 무시하였다. 즉, $h\nu \ll 4kT_e$를 가정하였다(식 7.61 참조). 예를 들어, 에너지가 $\epsilon_i \ll 4kT_e$인 광자가 컴프톤 인자가 y인 매질로 입사한다면, 한 번 산란할 때마다 광자의 에너지가

$$\delta\epsilon = \frac{4kT_e}{m_ec^2}\epsilon \tag{7.66}$$

씩 증가하므로, dN_s회 산란 후 광자의 에너지는

$$d\epsilon = \frac{4kT_e}{m_e c^2}\epsilon \times dN_s \tag{7.67}$$

만큼 증가한다. 따라서 N_s회 산란 후 광자의 최종 에너지는

$$\epsilon_f = \epsilon_i \exp\left(\frac{4kT_e N_s}{m_e c^2}\right) = \epsilon_i \exp(y) \tag{7.68}$$

가 된다. y가 1보다 클 경우 광자의 에너지와 복사 스펙트럼은 상당한 변화를 겪지만 $y \ll 1$인 경우 그 영향은 매우 적다는 것을 알 수 있다.

컴프톤 혹은 역컴프톤 산란에 의해서 천체의 복사 스펙트럼이 변형되는 현상을 **컴프톤화**(Comptonization)라고 일컫는다. 컴프톤화의 대표적인 예로는 초신성 잔해 혹은 활동은하핵의 상대론적 전자에 의한 감마선 방출(글상자 8 참조), 밀집성 주변의 고온 플라즈마에 의한 경질 X-선(hard X-ray) 방출 등이 있다. 두 경우 모두 천체의 내부에서 생성된 혹은 외부에서 공급된 낮은 에너지의 광자가 역컴프톤 산란에 의해서 높은 에너지의 광자로 변환되는 경우로서, 초신성 잔해 혹은 활동은하핵의 경우에는 일반적으로 멱함수 꼴의 에너지 분포를 가진 상대론적 전자와의 단일 산란을 통해서 광자의 에너지가 증폭된다. 이 경우 역컴프톤 스펙트럼 역시 멱함수 꼴을 보인다(7.3.1절 참조). 반면 밀집성의 경우에는 주변 고온 플라즈마의 맥스웰-볼츠만 속도 분포를 가진 비상대론적 전자에 의해서 광자의 에너지가 증폭된다. 톰슨 산란 광학적 깊이가 클 경우 광자는 반복적 산란을 겪으며 역컴프톤 스펙트럼은 컴프톤 y 인자의 값에 따라서 — 멱함수 꼴의 스펙트럼을 포함한 — 다양한 형태로 나타난다(Rybicki and Lightman 1979, 7.7절; Longair 2011, 9.4절 참조).

컴프톤화의 또 다른 예로는 우주배경복사가 은하단 주위를 둘러싼 고온의 플라즈마를 통과하면서 역컴프톤 산란에 의해서 스펙트럼이 변형되는 **수니야에프-젤도비 효과**(Sunyaev-Zel'dovich effect)가 있다(Sunyaev and Zel'dovich 1980 참조). 은하단을 둘러싼 고온($\sim 10^8$ K) 플라즈마의 경우, 톰슨 산란 광학적 깊이는 매우 작다. 예를 들어 전자 밀도가 $n_e \sim 10^{-3}$ cm^{-3}이고 크기가 1 Mpc인 은하단 매질의 광학적 깊이는 $\tau = n_e \sigma_T L \sim 0.002$에 불과하다. 한편, 광자들이 한 번 충돌할 때마다 겪는 에너지 이득은 평균적으로 $\langle \Delta\epsilon/\epsilon \rangle = 4kT_e/m_e c^2 \approx 0.069$이므로 컴프톤 y 인자는 $y = 1.4 \times 10^{-4}$으로 매우 작다. 따라서 이러한 고온의 플라즈마를 통과하는 우주배경복사는 스펙트럼의 아주 미세한 변화를 겪는다(문제 18).

제8장 플라즈마 효과

8.1 전자기파의 분산

이 장에서는 플라즈마 안을 진행하는 전자기파의 분산 관계식을 유도하고 이를 바탕으로 전자기파가 플라즈마를 구성하고 있는 전자에 의해서 어떠한 영향을 받는지를 살펴본다.

플라즈마 안에는 다양한 형태의 파가 존재할 수 있다. 가장 대표적인 예로는 전자들의 단진동에 의한 **플라즈마파**(plasma wave)가 있다. 이제 양이온들과 전자로 구성된 플라즈마를 생각해 보자. 양이온들은 전자들에 비하여 관성이 매우 크므로 정지해 있는 양이온들을 배경으로 한 전자들의 단진동을 생각할 수 있다. 이 플라즈마는 초기에 전자와 양이온의 개수 밀도가 모두 n_e로서 전기적으로 중성이 되도록 전하들이 분포하고 있었다. 만약 전자들을 원래의 위치로부터 x축을 따라 Δx만큼 이동시킨다면 $n_e e\Delta x$의 표면 전하밀도가 발생할 것이다(그림 8.1). 이 표면 전하밀도는 세기 $E = 4\pi n_e e\Delta x$의 x 방향의 전기장을 발생시켜 전자들에게 복원력을 작용한다. 따라서 전자의 운동 방정식은

$$m_e \frac{d^2}{dt^2}\Delta x = -4\pi n_e e^2 \Delta x \tag{8.1}$$

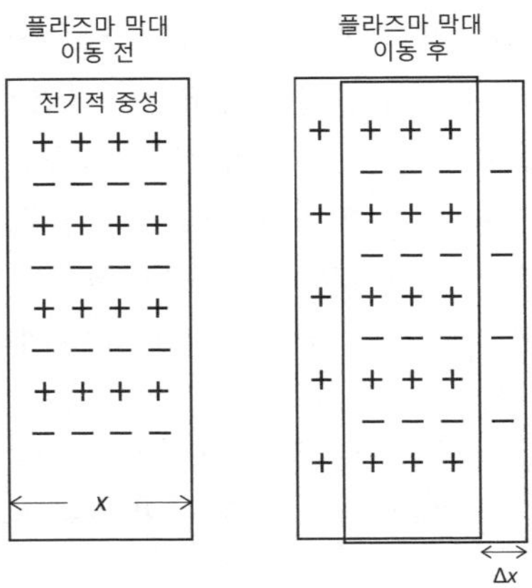

그림 8.1 플라즈마파의 발생. 전기적 중성에 있는 플라즈마에 섭동을 줄 경우, 전하의 분리가 생기며 전자가 양이온과의 정전기력에 의해 진동하는 플라즈마파가 발생한다.

와 같이 주어진다. 이 식은 전자의 단진동 운동을 나타낸다. 즉, 플라즈마의 전하 분포에 섭동을 줄 경우 전자들이 단진동 운동을 하는 파가 발생함을 암시한다. 이러한 단진동을 플라즈마파라 부르며, 그 주파수는 **플라즈마 주파수**(plasma frequency)

$$\nu_p = \frac{\omega_p}{2\pi} = \frac{1}{2\pi}\sqrt{\frac{4\pi n_e e^2}{m_e}} = 8.98 \times 10^3 n_e^{1/2} \quad \text{Hz} \tag{8.2}$$

로 주어진다.

이제 단색 평면 전자기파가 플라즈마 안을 진행한다고 생각해 보자. 플라즈마를 구성하고 있는 전하는 전자기파에 의해서 힘을 받아 운동을 할 것이다. $\mathbf{E} \propto e^{i\mathbf{k}\cdot\mathbf{x}-i\omega t}$의 전기장이 주어졌을 때 전하밀도와 전류밀도가 ρ, $\mathbf{J} \propto e^{i\mathbf{k}\cdot\mathbf{x}-i\omega t}$의 함수 형태를 갖는 경우를 가정하자. 이 경우 맥스웰 방정식은

$$i\mathbf{k}\cdot\mathbf{E} = 4\pi\rho, \tag{8.3a}$$

$$i\mathbf{k}\cdot\mathbf{B} = 0, \tag{8.3b}$$

$$i\mathbf{k}\times\mathbf{E} = \frac{i\omega}{c}\mathbf{B}, \tag{8.3c}$$

$$i\mathbf{k}\times\mathbf{B} = \frac{4\pi}{c}\mathbf{J} - \frac{i\omega}{c}\mathbf{E} \tag{8.3d}$$

로 변환된다. 그리고 위 식으로부터 $\mathbf{B}$를 소거하면

$$\left(-k^2 + \frac{\omega^2}{c^2}\right)\mathbf{E} = -\mathbf{k}(\mathbf{k}\cdot\mathbf{E}) - \frac{4\pi}{c^2}i\omega\mathbf{J} \tag{8.4}$$

를 얻는다. 한편 전자에 비하여 이온은 훨씬 관성이 크므로, 전자가 운동하는 동안 이온이 정지해 있다고 가정해도 무방하다. 즉, 전류밀도는 전자의 흐름에 의하여 주어지며 $\mathbf{J} = -n_e e\mathbf{v}$이다. 전자의 운동을 비상대론적이라 가정하면, 전자가 받는 힘 $\mathbf{F} = -e\mathbf{E} = m_e\dot{\mathbf{v}}$이므로

$$\mathbf{J} = +\frac{in_e e^2}{\omega m_e}\mathbf{E} \tag{8.5}$$

가 된다. 이 식은 $\mathbf{J}$와 $\mathbf{E}$가 $90°$의 위상 차이가 있음을 보여 준다. 즉, $\langle\mathbf{J}\cdot\mathbf{E}\rangle = 0$이고 플라즈마 안을 진행하는 전자기파는 일을 하지 않는다. 즉, 전자기파의 에너지는 감소하지 않는다. 전류밀도를 식 (8.4)에 대입하면

$$\left(\frac{\omega^2 - \omega_p^2}{c^2} - k^2\right)\mathbf{E} = -\mathbf{k}(\mathbf{k}\cdot\mathbf{E}) \tag{8.6}$$

가 된다. ω_p는 식 (8.2)의 플라즈마 각주파수이다. 한편 연속 방정식으로부터

$$\rho = \frac{i\omega_p^2}{4\pi\omega^2}\mathbf{k}\cdot\mathbf{E} \tag{8.7}$$

이고, 맥스웰 방정식으로부터 $i\mathbf{k}\cdot\mathbf{E} = 4\pi\rho$이므로

$$\left(1 - \frac{\omega_p^2}{\omega^2}\right)\mathbf{k}\cdot\mathbf{E} = 0 \tag{8.8}$$

을 얻는다.

식 (8.6)과 식 (8.8)은 플라즈마 내의 전자의 진동 운동으로 유지 및 진행되는 $e^{i\mathbf{k}\cdot\mathbf{x}-i\omega t}$ 형태의 파동이 만족해야 할 일반적인 식이다. 전자기파를 살펴보기 전에 우선 $\mathbf{k}\cdot\mathbf{E} \neq 0$일 경우를 살펴보자. 이 경우 식 (8.8)로부터 $\omega = \omega_p$이며, 식 (8.7)로부터 $\rho = e(n_i - n_e) \neq 0$이 되어야 한다. 또한 식 (8.6)으로부터 $\mathbf{k}/\!/\mathbf{E}/\!/\mathbf{v}$임을 알 수 있다. 즉, 전하밀도는 ω_p의 주파수로 단진동하며, 파동은 진동 방향으로 진행하는 $\mathbf{k}/\!/\mathbf{v}$인 종파(longitudinal wave)이다. 이러한 특성은 앞에서 언급한 플라즈마파의 특성이다. 즉, 이 해는 플라즈마파를 나타낸다.

전자기파의 경우 $\mathbf{k}\cdot\mathbf{E} = 0$이므로 식 (8.8)은 자동적으로 만족되며, 식 (8.6)으로부터 **분산 관계식**(dispersion relation)

$$\omega^2 = k^2c^2 + \omega_p^2 \tag{8.9}$$

을 얻는다. 위 식에서 둘째 항은 플라즈마에 의한 효과를 나타낸다. 식 (8.9)는 플라즈마 안을 진행하는 전자기파의 위상속도(ω/k)가 진공과 달리 각속도 ω 혹은 파수 k에 의존함을 보여 준다. 즉, 전자기파는 분산된다. 그 물리적 이유는 플라즈마의 전자들이 입사한 전자기파에 의하여 단진동 운동을 하며, 이러한 전자의 단진동 운동으로 발생하는 전자기파가 입사한 전자기파와 서로 간섭을 일으키기 때문이다.

만약 $\omega < \omega_p$ 이면 $k = \frac{i}{c}\sqrt{\omega_p^2 - \omega^2}$으로서 허수가 된다. 이는 주파수가 ω_p보다 작은 전자기파는 플라즈마 안으로 $1/|k| \sim c/\omega_p$의 깊이밖에 진행하지 못함을 의미한다. 지구 대기의 전자 밀도는 $\sim 10^6\ \mathrm{cm}^{-3}$로서, $\nu_p \sim 10$ MHz이고 **침투 깊이(skin depth)**는 약 5 m이다. 따라서 우주에서 입사하는 ~ 10 MHz보다 낮은 주파수의 전파는 지구 대기를 통과하지 못하며 지상에서 관측할 수 없다.

반대로 $\omega > \omega_p$인 전자기파는 플라즈마 안으로 전파할 수 있다. 전자기파의 위상속도는

$$v_p = \frac{\omega}{k} = \frac{c}{n_r}(> c) \tag{8.10}$$

가 된다. n_r은 굴절률로서

$$n_r(=\sqrt{\epsilon}) = \sqrt{1 - \frac{{\omega_p}^2}{\omega^2}} \tag{8.11}$$

이다(ϵ = 유전상수). 그리고 **군속도**(group velocity)는

$$v_g = \frac{d\omega}{dk} = \frac{c^2}{v_p} = c\left(1 - \frac{\omega_p^2}{\omega^2}\right)^{1/2} \tag{8.12}$$

으로서 c보다 작다.

전자기파 분산의 예로서 펄사 신호의 분산을 들 수 있다. 펄사가 방출하는 펄스는 넓은 주파수 대역의 전자기파로 이루어져 있다. 따라서 각각의 좁은 주파수 영역의 펄스는 군속도가 다르며, 지상에 도달하는 시간이 다르다. 즉, 주파수가 낮을수록 펄스가 도착하는 시간이 더디어진다. 펄사 신호가 지상에 도달하는 데 걸리는 시간 t_p를 구해 보자. 우선 성간의 플라즈마 주파수는 매우 낮으므로

$$v_g \approx c\left[1 - \frac{\omega_p^2}{2\omega^2}\right] \qquad (\omega_p \ll \omega) \tag{8.13}$$

의 근사가 가능하며, t_p는

$$t_p \equiv \int_0^d \frac{ds}{v_g} = \frac{d}{c} + \frac{1}{2\omega^2 c}\frac{4\pi e^2}{m_e}\int_0^d n_e ds \tag{8.14}$$

가 된다. 따라서 주파수가 ν_1과 ν_2인 펄사 신호가 지상에 도달하는 데 걸리는 시간의 차이는

$$\begin{aligned}\Delta t_p &= \frac{e^2}{2\pi c m_e}\left(\frac{1}{\nu_1^2} - \frac{1}{\nu_2^2}\right)\int_0^d n_e ds \\ &= 4.15 \times 10^{15}\left(\frac{1}{\nu_1^2} - \frac{1}{\nu_2^2}\right)\mathrm{DM} \qquad \mathrm{sec}\end{aligned} \tag{8.15}$$

로 주어진다. 마지막 등식에서 ν_1, ν_2는 Hz를 단위로 하며 **분산측도**(dispersion measure) DM은

$$\mathrm{DM} \equiv \int_0^d n_e ds \quad (\mathrm{cm}^{-3}\ \mathrm{pc}) \tag{8.16}$$

와 같이 정의된 양이다.

그림 8.2는 펄사 B1356 − 60의 펄스가 주파수에 따라서 지구에 도달하는 시간이 어떻게 달라지는지 보여 준다. 1360 MHz 펄스는 1520 MHz 펄스에 비해서 한 주기인 0.128초만큼 더디게 도착한다. 따라서 식 (8.15)로부터 이 천체까지의

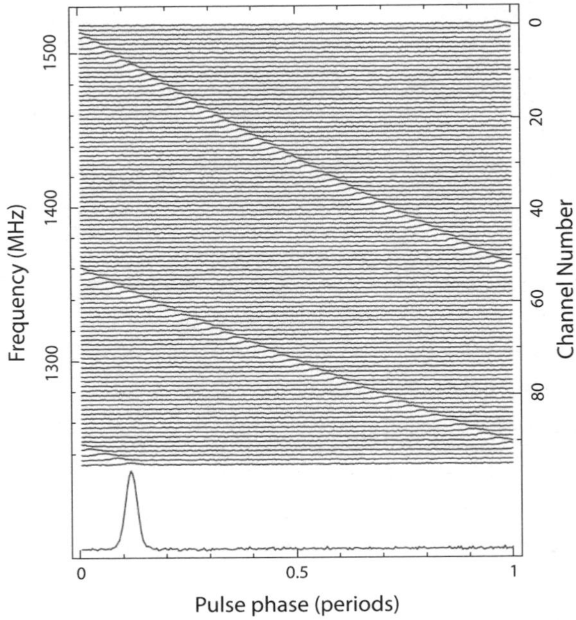

그림 8.2 펄사 신호의 분산. 파크스(Parkes) 전파망원경으로 얻은 이 자료는 펄사 B1356−60의 펄스가 주파수가 작을수록 늦게 도착하는 것을 보여 준다. 가로축은 펄사 주기 0.128초로 정규화한 한 주기의 위상을 나타내며, 세로축은 펄스의 주파수이다. 1360 MHz보다 낮은 주파수의 자료는 편의상 한 주기만큼 왼쪽으로 이동하였다(Courtesy of Andrew Lyne, University of Manchester).

분산측도는 DM $\approx 280\ \mathrm{cm}^{-3}$ pc임을 알 수 있다. 만약 펄사까지의 거리가 알려져 있다면 DM으로부터 펄사와 지구 사이의 성간물질에 있는 자유 전자의 평균 밀도를 구할 수 있다. 나아가 DM이 알려진 펄사를 이용한 통계적 연구를 통해서 우리 은하의 자유 전자 분포를 추정할 수 있다(글상자 9 참조).

8.2 패러데이 회전

외부의 자기장이 걸려 있는 플라즈마의 경우 전자기파의 진행 방향과 자기장의 방향에 따라 전자기파의 전파 특성이 달라진다. 여기에서는 자기장에 평행한 방향으로 진행하는 선형편광된 전자기파를 생각해 보자. 자기장의 방향을 z축으로 놓고, 전기장은 x축을 따라 편광되어 있다고 하자. 선형편광된 전자기파는 원편광된 두 파의 합으로 나타낼 수 있다. 예를 들어 $z = 0$에서의 전기장은

$$\begin{aligned}\mathbf{E}(t) &= \hat{\mathbf{x}}E_0e^{-i\omega t} = \mathbf{E}_- + \mathbf{E}_+ \\ &= \frac{1}{2}E_0e^{-i\omega t}(\hat{\mathbf{x}} - i\hat{\mathbf{y}}) + \frac{1}{2}E_0e^{-i\omega t}(\hat{\mathbf{x}} + i\hat{\mathbf{y}}) \qquad (8.17)\end{aligned}$$

와 같이 쓸 수 있다. E_0는 전기장의 진폭이며, $\mathbf{E}_-$는 빛이 진행하는 방향으로 왼나사를 그리는 LCP파를, $\mathbf{E}_+$는 빛이 진행하는 방향으로 오른나사를 그리는 RCP파를 나타낸다(3.3절 참조).

외부 자기장 $\mathbf{B}_0$에 의한 로런츠 힘이 전자기파의 전기장에 의한 힘에 비해서 무시할 수 없는 경우 플라즈마 안 전자의 운동은

$$\frac{d}{dt}(m_e\mathbf{v}) = -e\left(\mathbf{E} + \frac{\mathbf{v}}{c} \times \mathbf{B}_0\right) \tag{8.18}$$

로 기술된다. 식 (8.17)의 $\mathbf{E}(t)$를 대입하면,

$$\mathbf{v}(t) = \frac{-ie}{m_e(\omega \pm \omega_B)}\mathbf{E}(t) \tag{8.19}$$

를 얻는다. $\omega_B \equiv eB_0/m_e c$는 라모 주파수이다. 위의 부호는 LCP파를, 아래의 부호는 RCP파를 나타낸다. 즉, 자기장 주위를 원운동하고 있는 전자의 속도는 진행하는 전자기파가 LCP일 경우에는 감소하며 RCP일 경우에는 증가한다. 그 이유는, LCP의 경우 전자기파의 전기장에 의한 힘이 로런츠 힘과 반대 방향으로 작용하여 전자에 작용하는 구심력이 약해지는 반면, RCP의 경우에는 동일 방향으로 작용하여 구심력이 강해지기 때문이다(Bradt 2008, 그림 11.11 참조).

식 (8.19)를 맥스웰 방정식과 결합하여 풀면, 분산 관계식

$$\omega^2 = k^2c^2 + \frac{\omega_p^2\omega}{\omega \pm \omega_B} \tag{8.20}$$

를 얻는다. 전자기파의 위상속도는

$$v_p = \frac{c}{n_r}, \quad n_r = \sqrt{1 - \frac{{\omega_p}^2}{\omega(\omega \pm \omega_B)}} \tag{8.21}$$

이다. 따라서 LCP파의 속도가 RCP파에 비해서 더디게 된다. 위상속도가 느리면 전파하는 데 시간이 더 걸리고, 따라서 위상은 작다. 두 원편광된 전자기파의 위상속도가 다르다는 사실은 선형편광된 전자기파의 위상이 플라즈마를 통과하면서 변함을 의미한다.

플라즈마에 입사하는 전자기파의 전기장이 $t = 0$일 때 $+x$ 방향을 향했다면, 시간이 지나면서 LCP파와 RCP파는 — 빛이 진행하는 방향(z 방향)에 위치한 관측자가 보았을 때 — 각각 시계 방향과 반시계 방향으로 회전한다(그림 8.3). $t = t_0$일 때 입사 지점으로부터 진행 방향을 따라서 L만큼 떨어진 곳에서 두 파의

전기장이 x축으로부터 회전한 각도의 크기는 각각

$$\phi_{R,L} = \omega t_0 - \int_0^L k_{R,L} ds \tag{8.22}$$

로 주어진다. $k_{R,L} = \omega_{R,L}/c$이며, 앞의 ωt_0항은 동일하다. 즉, 입사 지점의 위치에서 시각 $t = t_0$일 때의 위상 ωt_0에 비해서 $z = L$에서는 둘째 항만큼 이른 위상을 갖게 된다. $\omega \gg \omega_p, \omega_B$일 경우에 파수는

$$k_{R,L} \approx \frac{\omega}{c}\left[1 - \frac{\omega_p^2}{2\omega^2}\left(1 \mp \frac{\omega_B}{\omega}\right)\right] \qquad (\omega \gg \omega_p, \omega_B) \tag{8.23}$$

가 되며 k_L은 k_R보다 크다. (위의 부호는 k_L을, 아래의 부호는 k_R을 나타낸다.) 따라서 LCP파가 x축에 좀 더 가깝게 된다. 혹은 다르게 이야기하면, LCP파의 위상속도가 더 느리므로 x축으로부터의 회전 각도가 더 작다(그림 8.3). 따라서 RCP파와 LCP파의 합으로 나타나는 선형편광된 전자기파의 편광각은 관측자가 보았을 때 반시계 방향으로 회전하며, L을 통과하는 동안 회전한 각도는

$$\begin{aligned}\Delta\theta &= \frac{1}{2}\int_0^L (k_L - k_R) ds \\ &\approx \frac{1}{2}\int_0^L \frac{\omega_p^2 \omega_B}{c\omega^2} ds = \frac{e^3}{2\pi m_e^2 c^2}\frac{1}{\nu^2}\int_0^L n_e B_\parallel(z) ds \\ &= \left(\frac{\lambda}{\mathrm{m}}\right)^2 \mathrm{RM}\end{aligned} \tag{8.24}$$

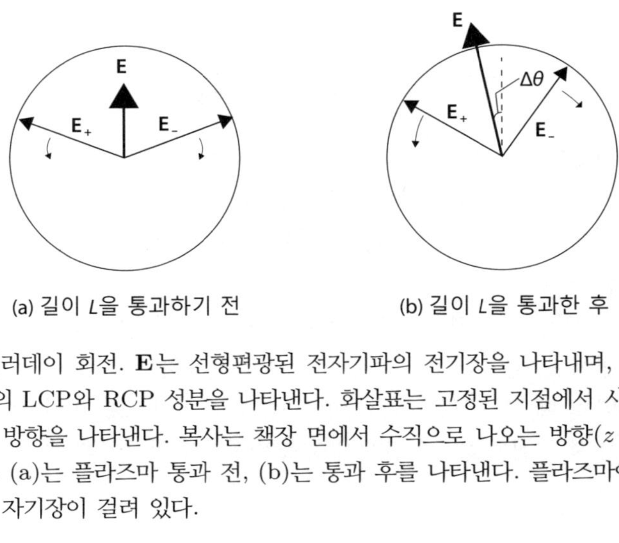

그림 8.3 패러데이 회전. $\mathbf{E}$는 선형편광된 전자기파의 전기장을 나타내며, $\mathbf{E}_-$와 $\mathbf{E}_+$는 각각 전기장의 LCP와 RCP 성분을 나타낸다. 화살표는 고정된 지점에서 시간에 따른 전기장의 회전 방향을 나타낸다. 복사는 책장 면에서 수직으로 나오는 방향(z 방향)으로 진행하고 있다. (a)는 플라즈마 통과 전, (b)는 통과 후를 나타낸다. 플라즈마에는 z 방향의 균일한 외부 자기장이 걸려 있다.

이 된다. 여기서 RM은 **회전측도**(rotation measure)라 불리는 양으로서

$$\begin{aligned}\mathrm{RM} &\equiv 8.1 \times 10^{-1} \int_0^L \left(\frac{n_e}{\mathrm{cm}^{-3}}\right)\left(\frac{B_\parallel}{\mu\mathrm{G}}\right) d\left(\frac{z}{\mathrm{pc}}\right) \\ &= \left[\left(\frac{\Delta\theta_1}{\mathrm{rad}}\right) - \left(\frac{\Delta\theta_2}{\mathrm{rad}}\right)\right] \Big/ \left[\left(\frac{\lambda_1}{\mathrm{m}}\right)^2 - \left(\frac{\lambda_2}{\mathrm{m}}\right)^2\right]\end{aligned} \tag{8.25}$$

로 주어진다. 이렇게 전자기파의 편광각이 플라즈마를 통과하면서 회전하는 현상을 **패러데이 회전**(Faraday rotation)이라 일컫는다.

펄사 신호의 DM과 RM으로부터 천체와 우리 사이의 평균 자기장의 세기를 구하면

$$\langle B_\parallel \rangle = 1.23 \frac{\mathrm{RM}}{\mathrm{DM}} \quad \mu\mathrm{G} \tag{8.26}$$

가 된다. 예를 들어 글상자 9에서 언급한 '게 성운 펄사(Crab pulsar)'의 경우 RM ≈ -25 rad m^{-2}으로서 자기장의 방향은 게 성운을 향하는 방향이다. 게 성운 펄사의 DM $= 60$ cm^{-3} pc를 이용하면, 태양과 게 성운 사이에 있는 매질의 평균 자기장 세기로 $\langle B_\parallel \rangle \approx -0.5$ μG를 얻는다. 이러한 방법으로 구한 우리 은하의 평균 자기장의 세기는 ~ 3 μG이고, 태양 근방에서 그 방향은 은경 0°와 180° 사이에서는 전반적으로 태양으로부터 멀어져 가고 반대로 180°와 360° 사이에서는 태양을 향한다(Manchester 1974). 한편 태양 궤도의 안쪽 은하 평면에서는 자기장이 나선팔을 따라서 정렬되어 있으며 이웃한 나선팔 간에 자기장의 방향이 역전된 것으로 추정된다(Weisberg et al. 2004, 그림 3 참조).

글상자 9. 펄사의 분산측도와 우리 은하의 전자 밀도 분포

우리 은하에는 중성 기체와 함께 전리 기체가 성간에 널리 퍼져 있다. HII 영역, 초신성 잔해와 같은 전리 기체로 이루어진 개별 천체들뿐만 아니라 O형 별로부터 멀리 떨어진 지역에도 희박한 형태의 전리 기체가 존재한다. 1970년 후반 자외선 및 X-선 관측으로부터 고온의 전리 기체가 은하 내에 퍼져 있다는 사실이 알려졌으며, 이를 설명하기 위한 소위 **세 위상 모형**(three phase model)이 제안되었다. McKee and Ostriker(1977)에 의해서 제안된 이 모형에 의하면 성간 기체는 초신성 폭발의 충격파에 의해서 가열된 $\gtrsim 3 \times 10^5$ K의 '고온의 전리 기체', 성간운을 이루고 있는 온도 80 K/8000 K의 '차가운 혹은 따뜻한 중성 기체', 그리고 UV 광자에 의해서 전리된 온도 $\sim 10^4$ K의 '따뜻한 전리 기체'로 구성되어 있다.

은하 내 전리 기체의 밀도 분포를 구하는 방법의 하나는 거리가 알려진 펄사의 DM을 이용하는 것이다. 예를 들어 1054년 폭발이 관측된 초신성의 잔해인 게 성운 펄사의 경우, 태양으로부터의 거리가 2 kpc이고 DM = 60 $\mathrm{cm^{-3}}$ pc이므로 태양과 게 성운 사이의 전자의 평균 밀도는 $\langle n_e \rangle = 0.03\ \mathrm{cm^{-3}}$임을 알 수 있다. Cordes and Lazio(2002)는 우리 은하의 나선 구조를 바탕으로 천여 개 펄사의 DM을 설명할 수 있는 우리 은하의 자유 전자 분포 모형을 개발하였으며, 그림 8.4는 그러한 모형으로부터 얻은 우리 은하의 DM 분포를 보여 준다. 태양으로부터 멀어질수록 DM이 증가하며, 몇몇 시선 방향에 대해서 DM이 급격하게 변하는 것을 볼 수 있다. 예를 들어 은경 270° 방향으로는 DM이 급격하게 커지는데, 그 이유는 태양으로부터 가까운 '검 성운(Gum nebula)' 때문이다. 검 성운은 하늘에서의 각크기가 40°에 이르는 거대한 성운으로서, 그 중심까지의 거리는 약 450 pc이며 여러 HII 영역과 초신성 잔해를 포함하고 있다. 그림 8.4의 DM 분포를 이용하여 역으로 펄사까지의 대략적인 거리를 추정할 수도 있다.

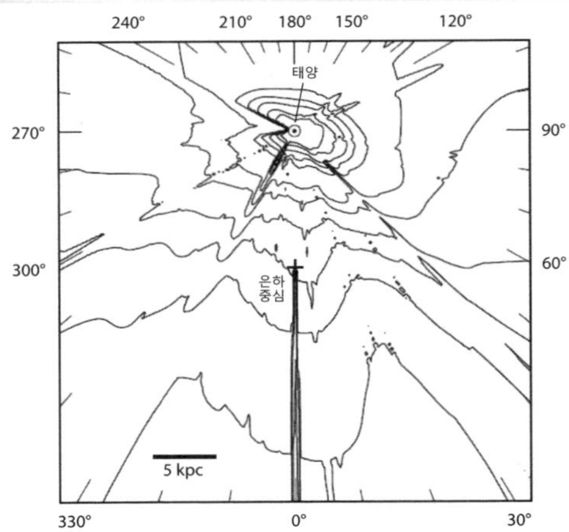

그림 8.4 우리 은하 평면의 DM 분포(Cordes and Lazio 2002). 각도는 은경을 나타내며, 태양을 중심으로 등고선은 DM = 20, 30, 50, 70, 100, 200, 300, 500, 700, 1000, 1500, 2000, 3000, 4000 pc $\mathrm{cm^{-3}}$의 값을 갖는다(Courtesy of James Cordes, Cornell University).

참고문헌

3장과 4장의 내용은 대부분의 전자기학 교과서에 기술되어 있다. 단지 거의 모든 전자기학 교과서가 SI를 사용하는 반면, 이 책에서는 천문학 분야에서 활용되는 가우스 단위계를 사용하고 있다. 참고로 대표적인 대학원 전자기학 교과목 교재인 Jackson(1999)의 경우 2판까지는 가우스 단위계를 사용하였으나, 3판부터는 SI와 가우스 단위계를 혼용하고 있다. 복사에 관한 부분은 여전히 가우스 단위계를 채택하고 있다. 4.7절의 작은 유전체에 관한 산란과 글상자의 성간 티끌의 광학적 특성은 Krügel(2008)을 참고하였다. 5장부터 8장의 내용은 대부분 Rybicki and Lightman(1979)와 Shu(1991)을 참고하였다. Rybicki and Lightman(1979)에서는 전자기장의 특수상대론적 변환을 사용하여 상대론적 전하의 전자기장을 유도하였으나, 이 책에서는 맥스웰 방정식의 직접적인 해로부터 유도하였다. 6장은 Longair(2011)을 일부 참고하였다. 8장은 Bradt(2008)을 일부 참고하였다. Bradt(2008)은 8장뿐만 아니라 5–8장의 복사에 관련된 여러 물리적 개념을 그림과 더불어 알기 쉽게 설명하고 있다.

• **단행본**

강혜성, 1997, 성간 매질의 고에너지 입자, 강혜성 외, 『성간 매질에서의 물리 현상』(pp. 205-262), 서울: 민음사

Abramowitz, M. and Stegun, I. A. 1983, *Handbook of Mathematical Functions with Formulas, Graphs, and Mathematical Tables*, Dover Publications, [Online]. Available: http://jonsson.eu/resources/hmf/#contents

Bohren, C. F. and Huffman, D. R. 1983, *Absorption and Scattering of Light by Small Particles*, Wiley

Bracewell, R. N. 1986, *The Fourier Transform and Its Applications*, 2nd edition, McGraw-Hill Book Company

Bradt, H. 2008, *Astrophysics Processes*, Cambridge University Press

Chandrasekhar, S. 1960, *Radiative Transfer*, Dover Publications

Chen, F. F. 1984, *Introduction to Plasma Physics and Controlled Fusion*, Plenum Press

Draine, B. T. 2011, *Physics of the Interstellar and Intergalactic Medium*, Princeton University Press

Jackson, J. D. 1999, *Classical Electrodynamics*, 3rd edition, Wiley

Kellermann, K. I. and Owen, F. N. 1988, "*Radio Galaxies and Quasars*" in *Galactic and Extragalactic Radio Astronomy*, 2nd edition, ed. G. L. Verschuur and K. I. Kellermann, Springer-Verlag

Koo, B.-C. and Park, C. 2017, "*Supernova Remnant Cassiopeia A*" in *Handbook of Supernovae*, ed. A. W. Alsabti and P. Murdin, Springer

Krügel, E. 2008, *An Introduction to the Physics of Interstellar Dust*, Taylor & Francis

Longair, M. S. 2011, *High Energy Astrophysics*, 3rd edition, Cambridge University Press

Novikov, I. D. and Thorne, K. S. 1973, "*Astrophysics of Black Holes*" in *Black Holes (Les astres occlus)*, ed. C. Dewitt and B. S. Dewitt, Gordon and Breach

Purcell, E. M. and Morin, D. J. 2013, *Electricity and Magnetism*, Cambridge University Press

Rybicki, G. B. and Lightman, A. P. 1979, *Radiative Processes in Astrophysics*, John Wiley & Sons, Inc.

Shu, F. H. 1991, *The Physics of Astrophysics I. Radiation*, University Science Books

Verschuur, G. L. and Kellermann, K. I. 1988, *Galactic and Extragalactic Radio Astronomy*, Springer

• 논문

Araya M. and Cui W. 2010, Evidence for Cosmic Ray Acceleration in Cassiopeia A, *ApJ*, 720, 20

Blumenthal, G. R. and Gould, R. J. 1970, Bremsstrahlung, Synchrotron Radiation, and Compton Scattering of High-Energy Electrons Traversing Dilute Gases, *Rev. Mod. Phys.*, 42, 237

Brussaard, P. J. and van de Hulst, H. C. 1962, Approximation Formulas for Nonrelativistic Bremsstrahlung and Average Gaunt Factors for a Maxwellian Electron Gas, *Rev. Mod. Phys.*, 34, 507

Cane, H. V. 1979, Spectra of the Non-thermal Radio Radiation from the Galactic Polar Regions, *MNRAS*, 189, 465

Carilli, C. L. and Barthel, P. D. 1996, Cygnus A, *ARA&A*, 7, 1

Cordes, J. and Lazio, T. 2002, NE2001.I. A New Model for the Galactic Distribution of Free Electrons and its Fluctuations, *astro-ph* 0207156

Gaunt, J. A. 1930, Continuous Absorption, *Philos. Trans. Royal Soc. A*, 229, 163

Gould, R. J. 1980, Thermal Bremsstrahlung from High-Temperature Plasmas, *ApJ*, 238, 1026

Gould, R. J. 1981, Erratum - Thermal Bremsstrahlung from High-Temperature Plasmas, *ApJ*, 243, 677

Green, D. A., Tuffs, R. J., and Popescu, C. C. 2004, Far-Infrared and Submillimetre Observations of the Crab Nebula, *MNRAS*, 355, 1315

Hamaker, J. P. and Bregman, J. D. 1996, Understanding Radio Polarimetry. III. Interpreting the IAU/IEEE Definitions of the Stokes Parameters, *A&ApS*, 117, 161

Heiles, C. 2000, 9286 Stars: An Agglomeration of Stellar Polarization Catalogs, *AJ*, 119, 923

Jackson, J. D. and Okun, L. B. 2001, Historical Roots of Gauge Invariance, *Rev. Mod. Phys.*, 73, 663

Jones, R. M. 2011, Synchrotron Radiation, http://demonstrations.wolfram.com/SynchrotronRadiation/, Wolfram Demonstrations Project

Kang, H. and Shapiro, P. R. 1992, Radiative Shocks and Hydrogen Molecules in Pregalactic Gas: The Effects of Postshock Radiation, *ApJ*, 386, 432

Karzas, W. J. and Latter, R. 1961, Electron Radiative Transitions in a Coulomb Field, *ApJS*, 6, 167

Kellermann, K. I. and Pauliny-Toth, I. I. K. 1969, The Spectra of Opaque Radio Sources, *ApJ*, 155, L71

Klein, O. and Nishina, Y. 1929, Über die Streuung von Strahlung durch freie Elektronen nach der neuen relativistischen Quantendynamik von Dirac, *Z. Phys.*, 52, 853

Kovac, J. M., Leitch, E. M., Pryke, C., et al. 2002, Detection of polarization in the cosmic microwave background using DASI, *Nature*, 420, 772

Koyama, K., Petre, R., Gotthelf, E. V., et al. 1995, Evidence for Shock Acceleration of High-energy Electrons in the Supernova Remnant SN1006, *Nature*, 378, 255

Manchester, R. N. 1974, Structure of the Local Galactic Magnetic Field, *ApJ*, 188, 637

McKee, C. F. and Ostriker, J. P. 1977, A Theory of the Interstellar Medium: Three Components Regulated by Supernova Explosions in an Inhomogeneous Substrate, *ApJ*, 218, 148

Murray, N. and Rahman, M. 2010, Star Formation in Massive Clusters via the Wilkinson Microwave Anisotropy Probe and the Spitzer Glimpse Survey, *ApJ*, 709, 424

Mutchler, M., Beckwith, S. V. W., Bond, H., et al. 2005, Hubble Space Telescope Multi-Color ACS Mosaic of M51, the Whirlpool Galaxy, *BAAS*, 37, 13.07

Pozdnyakov, L. A., Sobol, I. M., and Sunyaev, R. A. 1983, Comptonization and the Shaping of S-ray Source Spectra: Monte Carlo Calculations, *Soviet Scientific Reviews, Section E: Astrophysics and Space Physics Reviews*, 2, 189

Robishaw, T. 2008, Magnetic Fields Near and Far: Galactic and Extragalactic Single-Dish Radio Observations of the Zeeman Effect, PhD dissertation, University of California, Berkeley

Scheuer, P. A. G. 1968, Synchrotron Radiation Formulae, *ApJL*, 151, L139

Sunyaev, R. A. 1980, The Microwave Background Radiation in the Direction toward Clusters of Galaxies, *Pis'ma Astron. Zh.*, 6, 387

Sunyaev, R. A. and Zel'dovich, Y. B. 1972, The Observations of Relic Radiation as a Test of the Nature of X-ray Radiation from the Clusters of Galaxies, Comments, *Ap. Sp. Sci.*, 4, 173

Sunyaev, R. A. and Zel'dovich, Y. B. 1980, Microwave Background Radiation as a Probe of the Contemporary Structure and History of the Universe, *ARA&A*, 18, 537

Terzian, Y. and Parrish, A. 1970, Observations of the Orion Nebula at Low Radio Frequencies, *Astrophys. Lett.*, 5, 261

Trippe, S. 2014, Polarization and Polarimetry: A Review, *JKAS*, 47, 15

van Hoof, P. A. M., Williams, R. J. R., Volk, K., et al. 2014, Accurate Determination of the Free-Free Gaunt Factor - I. Non-Relativistic Gaunt Factors, *MNRAS*, 444, 420

Weisberg, J. M., Cordes, J. M., Kuan, B., et al. 2004, Arecibo 430 MHz Pulsar Polarimetry: Faraday Rotation Measures and Morphological Classifications, *ApJS*, 150, 317

Westfold, K. C. 1959, The Polarization of Synchrotron Radiation, *ApJ*, 130, 241

Zweibel, E. G. and Heiles, C. 1997, Magnetic Fields in Galaxies and Beyond, *Nature*, 385, 131

문제

1. (x, y) 평면에서 속도 $v(\ll c)$로 반지름 a인 원궤도를 따라 반시계 방향으로 원운동하는 전자를 생각해 보자. 편의상 관측자 방향은 (x, z) 평면에 있으며 z 축과 θ의 각도를 이루고 있다고 가정하자.

   (1) 방출되는 복사의 파장 λ는 $2\pi a/\lambda \ll 1$을 만족하며, 따라서 전기 쌍극자 복사가 가장 주된 복사임을 보이시오.

   (2) 방출되는 복사의 $\langle dP/d\Omega \rangle$와 입체각에 대해서 적분한 파워 $\langle P \rangle$를 구하시오. $\langle\ \rangle$는 시간에 대한 평균이다.

   (3) 스톡스 변수를 구하고, θ에 따른 편광 특성을 기술하시오.

2. 펄사의 자기 쌍극자 모형에 의하면 펄사는 자전축과 α의 각도를 이루는 자기 모멘트 $\mathbf{m}$을 갖고 각속도 Ω로 회전한다.

   (1) 자극에서의 자기장의 세기 B_p는 자기 모멘트 $\mathbf{m}$과

   $$|\mathbf{m}| = \frac{B_p R^3}{2} \tag{P2.1}$$

   의 관계가 있음을 보이시오. (귀띔: 근거리 쌍극자 자기장은 식 4.46b의 전기장과 동일한 형태를 갖는다.)

   (2) 펄사가 방출하는 자기 쌍극자 복사의 파워는

   $$\frac{dE}{dt} = -\frac{B_p^2 R^6 \Omega^4 \sin^2\alpha}{6c^3} \tag{P2.2}$$

   와 같이 주어짐을 보이시오.

   (3) 복사의 에너지원이 자전 에너지라면, 시간 t일 때 펄사의 자전 각속도는

   $$\Omega(t) = \Omega_i \left(1 + \frac{2\Omega_i^2 t}{\Omega_0^2 T}\right)^{-1/2} \tag{P2.3}$$

   과 같이 주어짐을 보이시오. Ω_i와 Ω_0는 각각 생성 초기와 현재의 각속도이며, T는 특정 시간척도로서

   $$T \equiv -\left(\frac{\Omega}{d\Omega/dt}\right)_0 = \frac{6Ic^3}{B_p^2 R^6 \sin^2\alpha\,\Omega^2} \tag{P2.4}$$

   이다. 위 식에서 I는 펄사의 관성 모멘트이다. 위 식으로부터 펄사의 현재 나이는

   $$t = \frac{T}{2}\left(1 - \frac{\Omega_0^2}{\Omega_i^2}\right) \tag{P2.5}$$

이며, 만약 $\Omega_i \gg \Omega_0$ 라면 t는 특정 나이 $t_c \equiv T/2$로 주어짐을 알 수 있다.

(4) 초신성 SN 1054의 잔해인 게 성운의 펄사 PSR B0531+21은 주기가 $P = 33.503$ ms, $dP/dt = 4.21 \times 10^{-13}$ s s^{-1}이다. 게 성운 펄사의 특정 나이 t_c는 얼마인가? 만약 펄사가 반경 12 km이고 질량이 1.4 $M_\odot$인 중성자별이라면, 자극에서의 자기장 세기 B_p는 얼마이겠는가? 복사 에너지 파워 dE/dt는?

3. 두 전자가 원점을 대칭으로 $z = \pm a \cos \omega t$로 단진동하고 있다(그림 4.5 참조). 중심에는 $+2e$의 전하가 있으며, (x, z) 평면에 z축과 θ의 각도를 이루는 방향에 관측자가 있다. 관측자까지의 거리는 $r(\gg a)$이며, a는 파장보다 매우 작다 $(ka \ll 1)$.

   (1) 관측자가 받는 전자기파의 전기장 $\mathbf{E}(\mathbf{x}, t)$를 식 (4.20a)로부터 구하시오.

   (2) 관측자가 받는 파워패턴 $\langle dP/d\Omega \rangle$를 구하고 그림으로 그리시오. $\langle\ \rangle$는 시간에 대한 평균이다.

   (3) 총복사 파워 $\langle P \rangle$를 구하고 전기 쌍극자장 결과와 비교·토의하시오.

4. 얇은 원반과 중심 광원으로 이루어진 천체를 생각해 보자. 원반은 완전 전리되었으며 중심 광원이 방출한 복사는 원반의 자유 전자에 의해서 톰슨 산란된다. 산란된 복사의 편광 특성에 관한 아래 물음에 답하시오. 중심 광원이 방출하는 복사는 편광되지 않았으며, 원반의 톰슨 산란 광학적 깊이는 작아서 광자는 톰슨 산란을 한 번만 겪은 후 관측자에게 도달한다고 가정한다.

   (1) 원반에 수직인 방향에서 바라볼 경우 원반의 각 지점에서의 산란된 복사의 편광 방향은 어떻게 되는가? 원반에 평행한 방향에서 바라볼 경우에는?

   (2) 원반 전체로부터 산란된 빛을 원반에 수직인 방향에서 적분하여 관측한다면 편광 방향은 어떻게 되겠는가? 원반에 평행한 방향에서 관측한다면?

   (3) 원반을 연장한 평면상의 먼 곳에 위치한 — 따라서 천체를 공간적으로 분해하여 볼 수 없는 — 관측자가 받는 산란된 복사의 편광도는 얼마이겠는가? 천체의 구조는 2차원 원반과 중심 점광원으로 근사할 수 있다고 가정한다.

5. 자기장 $\mathbf{B}_0 = B_0\hat{\mathbf{z}}$ 안에 놓여 있는 로런츠 진동자를 생각해 보자. 로런츠 진동자의 전자는 복원력($\mathbf{F}_k = -m_e\omega_0^2\mathbf{x}$, $\mathbf{x}$=진동자의 진폭 벡터)과 로런츠 힘 ($\mathbf{F}_B = -e(\mathbf{v}/c) \times \mathbf{B}$)에 의해서 가속되며 쌍극자 복사를 할 것이다.

(1) 운동 방정식으로부터 전자의 운동은 z축을 따라 ω_0로 단진동하는 운동 성분(π 성분)과 (x, y) 평면에서 $\omega_0 \pm \omega_B$로 원운동하는 성분(σ_+, σ_- 성분) 등 서로 독립된 세 성분으로 되어 있음을 보이시오. σ_+ 성분과 σ_- 성분의 경우, 전자의 원운동 방향은 각각 어떻게 주어지는가? $\omega_B = eB/m_e c (\ll \omega_0)$는 라모 주파수이다.

(2) 자기장이 시선 방향을 향한 관측자, 즉 $z = +\infty$에 있는 z축상의 관측자는 어떤 모양의 스펙트럼을 관측하겠는가? 그 편광 특성은?

(3) 자기장이 시선 방향에 수직인 관측자, 즉 $x = +\infty$에 있는 x축상의 관측자는 어떤 모양의 스펙트럼을 관측하겠는가? 그 편광 특성은?

6. 온도가 10^4 K인 HII 영역에서 1 GHz 제동복사를 방출하는 전자와 양성자 간 충돌의 $b_{\max}$, $b_{\min}^{(1)}$, $b_{\min}^{(2)}$를 구하시오(식 5.19, 5.21, 5.22 참조).

7. 태양의 위치에서 우리 은하 원반에 수직인 방향으로의 제동복사의 광학적 깊이가 1이 되는 주파수는 약 2 MHz이다(Cane 1979). 제동복사의 흡수는 대부분 우리 은하에 퍼져 있는 '따뜻한 전리 기체(warm ionized medium, WIM)'에 의한 것으로 추정된다. WIM의 제곱평균제곱근(rms) 전자 밀도는 얼마인가? WIM의 온도는 약 10^4 K이며, 태양의 위치에서 원반의 1/2 두께는 500 pc라고 가정한다.

8. 그림 5.7의 HII 영역에 대해서 다음 물음에 답하시오. 이 HII 영역까지의 거리는 500 pc이며 각반지름은 $5'$이다. 밀도는 균일하다고 가정한다.

(1) 광학적 깊이가 1이 되는 반전주파수 ν_c는 얼마인가? 반전주파수로부터 HII 영역의 EM과 평균 전자 밀도를 구하시오. HII 영역의 온도는 8000 K라고 가정한다.

(2) 이 HII 영역의 전체 열 에너지는 얼마인가? 만약 추가적인 에너지 유입 없이 열적 복사에 의해서 식는다면 냉각에 걸리는 시간은 얼마이겠는가?

9. O형 별로부터 방출되는 항성풍을 생각해 보자. 이 항성풍은 전리된 수소로 이루어져 있고 일정한 속도 v_w로 팽창하고 있다. 항성풍의 열적 제동복사에 관한 아래 물음에 답하시오.

(1) 항성풍이 구대칭이고 정상상태에 있을 때, 항성풍의 전자 밀도가

$$\rho_w(r) = \frac{\dot{M}_w}{4\pi r^2 v_w}$$

과 같이 주어짐을 보이시오. $\dot{M}_w (M_\odot \ \mathrm{yr}^{-1})$는 중심별의 질량 방출률이며, r은 중심별로부터의 거리이다.

(2) 중심으로부터 투영된 거리 $p(\ll R,\ R =$ 항성풍 영역의 반지름) 방향의 EM은

$$\mathrm{EM} = \frac{\pi}{2p^3}\left(\frac{\dot{M}_w}{4\pi m_H v_w}\right)^2$$

과 같이 주어짐을 보이시오. p에서의 광학적 깊이 $\tau(p)$는 어떻게 주어지는가?

(3) $\tau(p) = 1$이 되는 투영 거리 p_c를 구하시오. 만약 관측된 플럭스밀도 F_ν가 광학적 깊이가 1보다 큰 영역($p \le p_c$)의 플럭스밀도에 해당한다면 F_ν는 주파수에 어떻게 의존하는가? 항성풍 매질의 온도는 T_e이다.

(4) 우리로부터 1 kpc의 거리에 있는 O형 별 주변의 항성풍이 방출하는 열적 제동복사를 관측한다고 생각해 보자. 이 항성풍의 $\dot{M} = 10^{-5}\ M_\odot\ \mathrm{yr}^{-1}$, $v_w = 10^3\ \mathrm{km\ s}^{-1}$, $T_e = 10^4$ K이다. 플럭스밀도 F_ν를 주파수의 함수로 그리시오. 1 GHz에서의 플럭스밀도 F_ν는 얼마인가?

10. 초신성 잔해 카시오페이아 A(Cas A)는 가장 강한 비열적 전파원의 하나이다. 스펙트럼 지수는 $\alpha = 0.75(S_\nu \propto \nu^{-\alpha})$이며 1 GHz에서의 플럭스밀도는 $S_\nu = 2720$ Jy이다. 거리는 3.4 kpc이며 각크기는 $5'$이다.

(1) 싱크로트론 복사를 방출하는 상대론적 전자들의 에너지 분포 지수 p는 얼마인가?(식 6.29 참조)

(2) Cas A 전체의 상대론적 전자의 에너지 U_{cr}과 자기장 에너지 U_B의 합이 최소가 되는 자기장의 세기는 얼마인가? 상대론적 전자의 최소 에너지는 $\gamma_{\min} = 100$이라고 가정한다.

(3) Cas A의 전체 에너지($U_{\mathrm{cr}} + U_B$)는 얼마이며, 싱크로트론 복사에 의해서 식는 데 걸리는 시간은 얼마인가?

11. 젊은 초신성 잔해에서 검출된 X-선 싱크로트론 복사는 초신성 잔해의 충격파에 의해서 고에너지 우주선 입자가 가속되고 있다는 직접적인 증거이다. 예를 들어 최초로 X-선 싱크로트론 복사가 확인된 초신성 잔해 SN 1006에서는 싱크로트론 X-선 복사가 약 20 keV까지 관측되었다(Koyama et al. 1995). 20 keV X-선 싱크로트론 복사를 방출하기 위한 전자의 특정 에너지는 얼마인가? 전자의 수명은 얼마인가? SN 1006의 자기장 세기($B_\perp$)는 100 μG이라고 가정한다.

12. 상대론적 전자는 싱크로트론 복사를 방출하며 시간에 따라서 에너지가 감소한다. 이러한 싱크로트론 손실로 인하여 상대론적 전자의 수명은 유한하며, 따라서 천체가 방출하는 싱크로트론 복사의 분광 모양도 변한다.

(1) 식 (6.73)과 식 (6.74)를 유도하시오.

(2) 균일한 자기장($\mathbf{B} = B\hat{\mathbf{x}}$)이 있는 영역에서 $t = 0$일 때 멱함수 꼴의 에너지 분포를 가진 상대론적 전자가 생성되었다. 초기 에너지가 E_0와 $E_0 + dE_0$ 사이인 전자의 개수 밀도를 $N(E_0) = KE_0^{-s}$ (K=상수)라고 할 때, 시각 t일 때의 에너지 E의 분포 함수 $N(E)$를 구하시오. 전자들의 피치각은 모두 α이며 변하지 않는다고 가정한다.

(3) 활동은하의 제트에서 관측되는 전파 복사는 대부분 충격파 가속에 의해서 생성된 상대론적 전자들에 의한 싱크로트론 복사로 알려져 있다(글상자 7 참조). 이제 1차원 구조를 가진 제트의 중심 근처의 충격파면에서 $N(E_0) = KE_0^{-s}$의 멱함수 꼴의 에너지 분포를 가진 상대론적 전자가 연속적으로 생성된다고 가정하자(그림). 생성된 전자들은 유체에 의해서 충격파면에 수직인 자기장을 따라서 일정한 속도 v로 제트의 '하류(downstream)'로 이류(advect)되면서, 그 과정에서 싱크로트론 손실에 의해서 에너지를 잃는다. 따라서 충격파면으로부터 거리가 멀수록 전자의 최대 에너지는 점차 감소한다. 충격파 영역 전체의 적분된 싱크로트론 복사의 분광 지수는 어떻게 주어지겠는가? 전자들의 피치각은 이류되는 동안 내내 — 산란에 의해서 — 등방적이라고 가정한다.

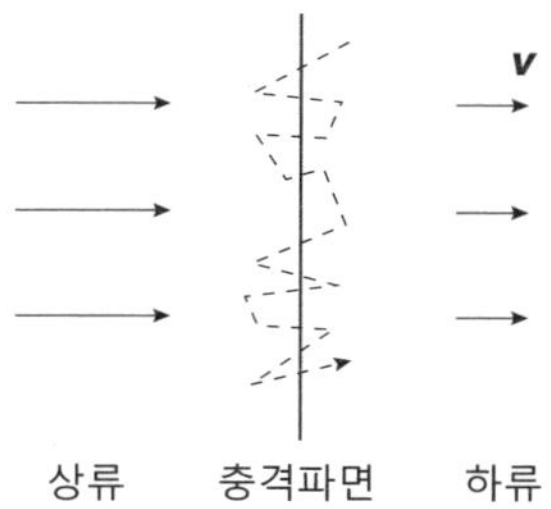

13. 운동량 보존식과 에너지 보존식을 사용하여 식 (7.20)을 유도하시오.

14. (1) 식 (7.48)로부터 식 (7.49)와 식 (7.50)을 보이시오.

(2) 식 (7.54)의 $f(x)$를 이용하여 $\langle \epsilon_1 \rangle = 4\gamma^2\epsilon/3$을 보이시오. (식 7.54 아래 문단 참조.)

15. 단일 주파수(ν_0)의 광자 빔이 차가운($kT_e = 0$) 플라즈마를 통과할 경우, 광자는 컴프톤 산란에 의해서 에너지를 잃는다. 광자들이 단일 산란을 겪은 후 플라즈마를 빠져나온다고 가정하고 아래 물음에 답하시오. $h\nu_0 \ll m_e c^2$이며 산란 단면적은 톰슨 산란 단면적으로 주어진다고 가정한다. (귀띔: 산란된 광자의 주파수와 산란 각도 사이의 관계는 식 7.2에 주어져 있다.)

(1) 산란 후 광자의 평균 주파수는

$$\bar{\nu} = (1 - A)\nu_0, \quad A \equiv \frac{h\nu_0}{m_e c^2} \tag{P2.6}$$

임을 보이시오.

(2) 플라즈마를 빠져나온 광자의 주파수 분포, 즉 주파수가 ν와 $\nu + d\nu$ 사이일 확률 $P(\nu)d\nu$는

$$P(\nu)d\nu = \begin{cases} \dfrac{3}{8A}\left[1 + \dfrac{1}{A^2}\left(\dfrac{\nu - \bar{\nu}}{\nu_0}\right)^2\right]\dfrac{d\nu}{\nu_0}, & (1-2A)\nu_0 \le \nu \le \nu_0 \\ 0, & \text{그 밖의 경우} \end{cases} \tag{P2.7}$$

와 같이 주어짐을 보이시오. 즉, 산란 후 광자의 주파수는 ν_0보다 작으며 $\bar{\nu} = (1 - A)\nu_0$를 중심으로 대칭적으로 분포한다.

16. 7.3.1절의 결과를 이용하여 고온 플라즈마에 의한 단색 복사장의 역컴프톤 산란 스펙트럼(그림 7.8)을 구하시오. 광자는 단일 산란을 겪은 후 전리 기체를 빠져나오며, 광자의 주파수는 낮아서, 즉 $h\nu_0 \ll kT_e$이어서, 전자의 되튐에 의한 에너지 손실은 무시할 수 있다고 가정한다.

17. 등방의 복사장이 있는 영역에 에너지가 $\gamma m_e c^2 (\gamma \gg 1)$인 상대론적 전자가 진행하고 있다. 전자는 진행하면서 광자와의 역컴프톤 산란으로 에너지를 잃는다. 아래 물음에 답하시오. 복사장의 에너지 밀도는 U_γ이다.

(1) $\gamma(t)$를 구하고 초기 에너지($\gamma_0 m_e c^2$)의 반을 잃는 데 걸리는 특정 시간 t_c를 구하시오.

(2) 초기 에너지가 $\gamma_0 = 10^2$인 전자의 경우, 우주배경복사와의 역컴프톤 산란에 의한 t_c는 얼마인가?

18. 우주배경복사가 은하단 주위를 둘러싼 고온의 플라즈마를 통과할 경우, 우주배경복사 광자의 일부는 플라즈마 전자와 역컴프톤 산란을 겪으며 그 에너지가 증가하거나 감소한다(그림 7.8 참조). 이 과정에서 광자는 평균적으로 에너지를 얻으며, 그 결과 주파수를 축으로 한 우주배경복사 스펙트럼은 미세하게 오른쪽으로 이동하며 그 모양이 변형된다(Sunyaev and Zel'dovich 1980, 그림 4 참조). 레일리-진스 영역에서는 우주배경복사의 세기가 감소하는데, 마치 통과 전후로 스펙트럼의 주파수가 일정한 비율로 이동한 것처럼 나타난다(그림). 즉,

플라즈마 통과 전후의 광자의 주파수를 ν와 ν'이라고 한다면

$$\frac{\nu'}{\nu} = 1 + \frac{1}{4}y, \quad h\nu \ll kT_r \tag{P2.8}$$

와 같이 주파수가 변했다고 할 수 있다. $T_r(= 2.73\ \mathrm{K})$은 우주배경복사의 온도이며 $y(= 4kT_e\tau/m_ec^2 \ll 1)$는 식 (7.54)의 컴프톤 y 인자이다. 이러한 수니야에프-젤도비 효과로 인하여 전파 영역에서 은하단 방향으로의 우주배경복사의 밝기는 주변보다 미약하지만 어둡게 나타난다(그림).

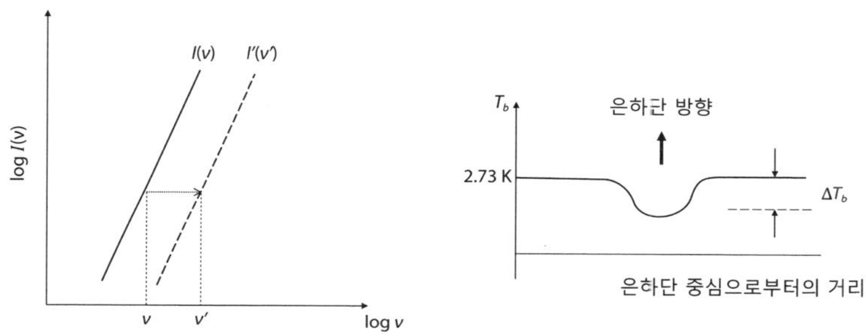

(1) $I'(\nu') = I(\nu)$임을 보이시오.

(2) 레일리-진스 영역의 특정 주파수 ν'에서의 통과 전후 복사세기의 차이는

$$\frac{\Delta I}{I} \equiv \frac{I'(\nu') - I(\nu')}{I(\nu')} \approx -\frac{1}{2}y \tag{P2.9}$$

가 됨을 보이시오.

(3) 구체적인 예로 은하단을 둘러싼 반경 1 Mpc의 고온 플라즈마를 우주배경복사가 통과하는 경우를 생각해 보자. 은하단의 온도는 $T_e = 10^8$ K이고 전자 밀도는 $n_e = 10^{-3}\ \mathrm{cm}^{-3}$이다. 컴프톤 y 인자는 얼마인가? 주파수 1 GHz의 우주배경복사를 관측한다면 예상되는 밝기온도의 변화 ΔT_b는 얼마이겠는가? 은하단 자체의 밝기는 무시할 수 있다고 가정한다.

19. 그림 8.4로부터 태양과 우리 은하 중심 사이에 있는 전리 기체의 평균 밀도를 구하시오. 태양으로부터 은하 중심까지의 거리는 8.5 kpc라고 가정한다.

제3부

원자의 구조와 선복사

이 단원에서는 원자 및 분자의 에너지 준위와 선복사를 기술하는 여러 물리량에 대해서 살펴보겠다. 9장 '원자의 구조'에서는 우선 수소 원자의 구조를 자세히 논의한 다음, 헬륨 원자를 포함한 다전자 원자의 구조에 대해서 학습한다. 수소 원자 에너지 준위의 미세 구조 및 초미세 구조, 다전자 원자의 분광항 및 미세 구조에 관한 양자역학적 결과를 살펴보고, 전자와의 충돌과 복사천이에 의해서 원자의 에너지 준위 분포가 어떻게 결정되는가를 알아본다. 10장 '복사천이'에서는 복사천이의 준고전적 기술, 아인슈타인 계수의 양자역학적 표현, 선택 규칙 등에 대해 살펴본 다음, 수소 원자의 복사천이에 대해서 알아본다. 11장 '분자의 구조와 스펙트럼'에서는 분자의 에너지 구조와 회전 및 진동 스펙트럼, 그리고 에너지 준위 분포에 관해서 알아본다.

제9장 원자의 구조

9.1 수소 원자의 기본 구조

9.1.1 보어 모형

수소 원자의 원자핵, 즉 양성자와의 쿨롱 전기력에 의한 전자의 에너지 준위는 **보어 모형**(Bohr model)으로 설명될 수 있다. 보어 모형에 의하면 양성자 둘레를 돌고 있는 전자는 특정 에너지의 양자화된 궤도만을 가질 수 있으며, 그 특정 에너지는

$$E_n = -\frac{1}{2n^2}\frac{e^2}{a_0} \tag{9.1}$$

으로 주어진다. 여기서 $n(= 1, 2, 3, \cdots)$은 정수, a_0는 **보어 반경**(Bohr radius)으로서

$$a_0 \equiv \frac{\hbar^2}{m_e e^2} = 0.5292\ \text{Å} \tag{9.2}$$

의 값을 갖는다. m_e는 전자의 질량이다. 위 식은 원자핵의 질량이 전자의 질량에 비해서 무한대라고 가정했을 때이며, 원자핵의 운동을 고려하면 m_e를 **환산질량**(reduced mass)으로 대체해야 한다. 이에 대해서는 아래에서 언급하겠다. 보어 반경은 기본 상수 m_e, e, $\hbar$로부터 만들 수 있는 길이의 차원을 가진 유일한 물리량이다. 식 (9.1)의 전체 에너지는 전자의 쿨롱 에너지와 운동 에너지의 합으로서, **비리얼 정리**(virial theorem)에 의해서 그 크기가 $1/r^2$로 변하는 전기력에 의한 원운동의 경우 운동 에너지가 퍼텐셜 에너지의 $-1/2$이므로, 전체 에너지는 퍼텐셜 에너지의 $1/2$이다. 식 (9.1)로부터 퍼텐셜 에너지 및 운동 에너지, 그리고 전체 에너지가 $1/n^2$에 비례함을 알 수 있다.

보어 모형에 의하면 준위 n에 있는 전자 궤도의 반경과 속도는

$$r = n^2 a_0, \quad v = \frac{e^2}{n\hbar} = \frac{\alpha c}{n} \tag{9.3}$$

로 주어진다. α는 **미세구조상수**(fine structure constant)로서

$$\alpha \equiv \frac{e^2}{\hbar c} \simeq \frac{1}{137} \tag{9.4}$$

이다.[1] 위 식으로부터 전자의 속도는 광속도보다 매우 작으며, 따라서 전자의 쿨롱 에너지 준위는 비상대론적 계산이 가능함을 알 수 있다. 미세구조상수는 차원이 없는 상수로서 기본 물리 상수이다.

식 (9.1)의 에너지는 **뤼드베리 에너지 단위**(Rydberg energy unit) Ry를 사용하여

$$E_n = -\frac{1}{n^2}\mathrm{Ry}, \tag{9.5a}$$

$$\mathrm{Ry} \equiv \frac{e^2}{2a_0} = \frac{1}{2}m_e\left(\frac{e^2}{\hbar}\right)^2 = \frac{1}{2}\alpha^2 m_e c^2 \tag{9.5b}$$

과 같이 나타낼 수도 있다. 1 Ry = 13.606 eV이다. 보어 반경에 위치한 전자의 쿨롱 에너지는 정지질량 에너지 $m_e c^2$에 비해서 α^2만큼 작음을 알 수 있다.

뤼드베리 상수(Rydberg's constant)는 Ry에 해당하는 파수(wavenumber, $1/\lambda$)로서

$$\mathcal{R}_\infty = \frac{\mathrm{Ry}}{hc} = 109737.316 \quad \mathrm{cm}^{-1} \tag{9.6}$$

이다. 참고로 이렇게 정의된 '파수'는 단위 길이당 몇 개의 파장이 있는가를 나타내며, 2부에서 정의한 파수 $k = 2\pi/\lambda$와는 2π만큼의 차이가 있지만 동일한 명칭으로 불린다. 원자핵의 운동을 고려할 경우 뤼드베리 상수는

$$\mathcal{R}_\mathrm{M} = \mathcal{R}_\infty\left(\frac{M}{M+m_e}\right) \approx \mathcal{R}_\infty\left(1-\frac{m_e}{M}\right) \tag{9.7}$$

가 된다. M은 원자핵의 질량이다. 수소 원자의 경우 $\mathcal{R}_\mathrm{H} = 109677.583\ \mathrm{cm}^{-1}$ ($hc\mathcal{R}_\mathrm{H} = 13.598$ eV)이다. 그 역수에 해당하는 파장은 911.76 Å이며, 수소 원자를 전리시킬 수 있는 한계 파장으로서 **라이만 한계**(Lyman limit)라고 부른다.

보어 모형은 He^+와 같이 전자를 하나 가진 무거운 원자에 대해서도 성립된다. 이 경우, 원자핵의 전하가 Ze라면 우선 쿨롱 힘이 수소 원자핵에 비해서 Z만큼 크므로 전자 궤도의 크기는 $1/Z$로 감소한다. 그리고 에너지는 크기가 작아지는 효과와 전하가 커지는 효과가 곱해져 Z^2으로 증가한다. 즉, 식 (9.1)의 에너지는

$$E_n = -\frac{1}{2n^2}\frac{Z^2e^2}{a_0} \tag{9.8}$$

이 된다. 다른 물리량들도 e^2 대신 Ze^2, 그리고 a_0 대신 a_0/Z를 대입함으로써

---

1) SI 단위계에서의 미세구조상수는

$$\alpha \equiv \left(\frac{1}{4\pi\epsilon_0}\right)\frac{e^2}{\hbar c} \simeq \frac{1}{137}$$

로 주어진다. 가우스 단위계로 변환하기 위해서는 $e/\sqrt{4\pi\epsilon_0}$를 e로 치환하면 된다(부록 II 표 5 참조).

Z에 대한 의존도를 볼 수 있다. 예를 들어 전자의 속도는 Z배만큼 빨라진다(식 9.3). Z가 큰 원자의 경우, 상대론적 효과가 중요해질 것임을 짐작할 수 있다.

에너지가 서로 다른 궤도 사이를 전자가 천이할 때 빛이 방출되거나 흡수된다. 전자가 준위 $n_2(> n_1)$에서 n_1으로 천이하는 경우 방출되는 빛의 파수는

$$\bar{\nu} \equiv \frac{1}{\lambda} = \frac{\nu}{c} = \mathcal{R}_{\rm H}\left(\frac{1}{n_1^2} - \frac{1}{n_2^2}\right) \tag{9.9}$$

로 주어진다. 예를 들어, $n_1 = 1$인 경우 라이만(Lyman) 계열이라고 부르며,

$$\bar{\nu} = \mathcal{R}_{\rm H}\left(1 - \frac{1}{n_2^2}\right), \quad n_2 = 2, 3, 4, \cdots \tag{9.10}$$

이 된다. $\Delta n \equiv n_2 - 1 = 1, 2, 3, \cdots$에 따라, 그리스 문자 $\alpha, \beta, \gamma, \cdots$를 붙인다. 따라서 $n_2 = 2 \to 1$로의 천이는 Lyα 선이며, 그 파장은 1215.67 Å이다. 마찬가지로, n_1이 2, 3, 4, 5, $\cdots$ 인 경우를 발머(Balmer) 계열, 파셴(Paschen) 계열, 브래킷(Brackett) 계열, 푼트(Pfund) 계열이라고 부르며, Hα, Paα, Brα, Pfα의 파장은 각각 6563 Å, 1.875 μm, 4.051 μm, 7.458 μm이다.[2]

9.1.2 수소 원자의 슈뢰딩거 방정식

이제 수소 원자의 양자역학적 구조에 대해서 좀 더 자세히 살펴보자. 퍼텐셜 에너지 $V(\mathbf{x})$가 시간에 의존하지 않는 경우, 입자의 물리적 특성은 **시간 비의존 슈뢰딩거 방정식**(time-independent Schrödinger equation)

$$\hat{\mathcal{H}}\psi = E\psi \tag{9.11}$$

를 만족하는 파동함수 $\psi(\mathbf{x})$로 기술된다. 위 식에서 $\hat{\mathcal{H}}$는 고전적 에너지에 해당하는 **해밀토니안 연산자**(Hamiltonian operator)

$$\hat{\mathcal{H}} = \frac{p^2}{2m_e} + V = -\frac{\hbar^2}{2m_e}\boldsymbol{\nabla}^2 + V \tag{9.12}$$

이다. 첫째 항은 운동량 연산자 $\mathbf{p} = (\hbar/i)\boldsymbol{\nabla}$이다. 식 (9.11)을 만족하는 파동함수 ψ를 해밀토니안 연산자의 **고유함수**(eigenfunction), 그리고 E는 스칼라량으로서 **고윳값**(eigenvalue)이라 부른다. 해밀토니안 연산자는 단순히 **해밀토니안**이라고도 부른다. 파동함수는 복소함수로서, 정규화되었으며 확률의 진폭을 나타낸다.

2) 이 책에서는 *Allen's Astrophysical Quantities*의 4장(Cowley et al. 2000)을 따라서 2000 Å보다 긴 파장은 '공기 중(in air)'의 파장 $\lambda_{\rm air}$를, 그보다 짧은 파장은 '진공 파장(vacuum wavelength)' $\lambda_{\rm vacuum}$을 사용한다. 두 파장 사이의 관계는 공기의 굴절률 $n(> 1)$을 이용하여 $\lambda_{\rm vacuum} = n\lambda_{\rm air}$로 주어진다.

즉, 입자가 $\mathbf{x}$와 $\mathbf{x}+d\mathbf{x}$ 사이에 있을 확률은 $|\psi|^2 d^3x$로 주어지며,

$$\int_{-\infty}^{+\infty} |\psi|^2 d^3x = \int_{-\infty}^{+\infty} \psi^* \psi d^3x = 1 \tag{9.13}$$

이다.

양자역학에서 연산자는 양자 상태를 나타내는 파동함수에 작용해서 다른 양자 상태의 파동함수를 만든다. 예를 들어, 식 (9.11)의 좌변은 해밀토니안 연산자가 파동함수 ψ에 작용해서 새로운 파동함수 $\hat{\mathcal{H}}\psi$를 만든 것이다. 그리고 등식은 그 새로운 파동함수가 원래의 파동함수 ψ에 스칼라량 E를 곱한 것과 같다는 것을 의미한다. 식 (9.11)과 같이 연산자가 임의의 함수에 작용해서 동일한 함수에 상숫값을 곱한 결과를 얻는 방정식을 **고윳값 방정식**(eigenvalue equation)이라고 한다. 일반적으로 파동함수 ψ로 기술되는 양자 상태의 어떤 물리량의 기댓값 혹은 평균값은 그 물리량에 대응되는 연산자 $F(\mathbf{x}, \mathbf{p})$의 **기댓값**인

$$\langle F \rangle = \int_{-\infty}^{+\infty} \psi^* F(\mathbf{x}, \mathbf{p}) \psi d^3x \tag{9.14}$$

로 주어진다. 예를 들어 파동함수 ψ로 표현된 양자 상태에 있는 입자들의 에너지의 기댓값은 해밀토니안 연산자의 기댓값으로 주어지며, 식 (9.11)로부터 그 값은

$$\left\langle \hat{\mathcal{H}} \right\rangle = \int_{-\infty}^{+\infty} \psi^* \hat{\mathcal{H}}(\mathbf{x}, \mathbf{p}) \psi d^3x = E \int_{-\infty}^{+\infty} \psi^* \psi d^3x = E \tag{9.15}$$

가 된다. 즉, 고윳값 E는 입자들의 에너지의 기댓값이다. 또한 관측 가능한 물리량의 평균값은 그 기댓값으로 주어진다. 예를 들어 입자들의 원자핵으로부터 거리 r의 기댓값은 $|\psi|^2 d^3x$가 $\mathbf{x}$와 $\mathbf{x}+d\mathbf{x}$ 사이에 입자가 있을 확률이므로

$$\langle r \rangle = \int_{-\infty}^{+\infty} r|\psi|^2 d^3x = \int_{-\infty}^{+\infty} \psi^* r \psi d^3x \tag{9.16}$$

로 주어진다.

전하가 Ze인 중심핵과 하나의 전자로 이루어진 경우 중심핵에 의한 쿨롱 전기력만을 고려할 경우 전자의 퍼텐셜 에너지는

$$V(r) = -\frac{Ze^2}{r} \tag{9.17}$$

이다. 이렇게 퍼텐셜 에너지가 구대칭인 경우, 슈뢰딩거 방정식을 구면좌표로 변환하여 그 해를 구하면, 파동함수는 좌표 (r, θ, ϕ) 각각의 함수인 세 함수의 곱으로 나타내어진다. 그 과정에 대한 설명은 대부분의 양자역학 교과서에 기술되어 있으

표 9.1 수소 원자의 고유함수

(n,l,m)	궤도*	$R_{nl}(r)$	$Y_{lm}(\theta,\phi)$
$(1,0,0)$	$1s$	$\frac{2}{a_0^{3/2}}e^{-r/a_0}$	$\sqrt{\frac{1}{4\pi}}$
$(2,0,0)$	$2s$	$\frac{1}{(2a_0)^{3/2}}\left(2-\frac{r}{a_0}\right)e^{-r/2a_0}$	$\sqrt{\frac{1}{4\pi}}$
$(2,1,0)$	$2p$	$\frac{1}{(2a_0)^{3/2}}\frac{r}{\sqrt{3}a_0}e^{-r/2a_0}$	$\sqrt{\frac{3}{4\pi}}\cos\theta$
$(2,1,\pm1)$	$2p$	$\frac{1}{(2a_0)^{3/2}}\frac{r}{\sqrt{3}a_0}e^{-r/2a_0}$	$\mp\sqrt{\frac{3}{8\pi}}\sin\theta e^{\pm i\phi}$

* (n,l)의 양자수를 갖는 전자의 양자 상태를 원자의 **궤도**(orbital)라고 하며 $l=0,1,2,3,\cdots$ 인 경우를 $s,p,d,f,\cdots$ 로 나타낸다. 즉, 궤도 "$1s$"는 전자의 양자수가 $(n,l)=(1,0)$ 임을 의미한다. 이에 관한 자세한 설명은 9.4절에 주어져 있다.

므로 여기에서는 생략하겠다. 그 결과에 의하면, 수소 원자의 고유 파동함수는

$$\psi_{nlm}(r,\theta,\phi)=R_{nl}(r)Y_{lm}(\theta,\phi) \tag{9.18}$$

로 주어진다. 지름함수 $R_{nl}(r)$은

$$R_{nl}(r)=-\left[\left(\frac{2Z}{na_0}\right)^3\frac{(n-l-1)!}{2n\{(n+l)!\}^3}\right]^{1/2}e^{-\rho/2}\rho^l L_{n+l}^{2l+1}(\rho) \tag{9.19}$$

이다. 여기서 $\rho=(2Z/na_0)r$ 이며 $L_{n+l}^{2l+1}(\rho)$는 라게르 연관다항식(associated Laguerre polynomial)이다. $Y_{lm}(\theta,\phi)$는 **구면조화함수**(spherical harmonics)로서

$$Y_{lm}(\theta,\phi)=(-1)^{(m+|m|)/2}\left[\frac{(l-|m|)!}{(l+|m|)!}\frac{2l+1}{4\pi}\right]^{1/2}P_l^{|m|}(\cos\theta)e^{im\phi} \tag{9.20}$$

이며 $P_l^{|m|}(\cos\theta)$는 르장드르 연관함수(associated Legendre function)이다. 표 9.1은 $n=1,2$ 인 경우에 파동함수의 식을 보여 준다.

고유함수는 전자의 양자 상태를 나타내는 3개의 양자수 (n,ℓ,m)에 의해서 결정된다. (이 외에 전자의 스핀이 있다. 10장 참조.) $n(=1,2,3,\cdots)$은 **주양자수**(principal quantum number), $l(=0,1,2,\cdots,n-1)$은 **궤도양자수**(orbital quantum number), $m(=-l,-l+1,\cdots,0,\cdots,l-1,l)$은 **자기양자수**(magnetic quantum number)이다. ψ_{nlm}은 각운동량($\mathbf{l}=\mathbf{x}\times\mathbf{p}$) 연산자 $\mathbf{l}^2$과 $\mathbf{l}_z$의 고유함수이기도 하며, 그 고윳값은 $l(l+1)\hbar^2$과 $m\hbar$이다. 즉,

$$\mathbf{l}^2\psi_{n\ell m}=l(l+1)\hbar^2\psi_{n\ell m},\qquad \mathbf{l}_z\psi_{n\ell m}=m\hbar\psi_{n\ell m} \tag{9.21}$$

이다. 각운동량의 크기와 z 방향의 각운동량의 크기는

$$|\mathbf{l}| = \sqrt{l(l+1)}\hbar, \qquad |\mathbf{l}_z| = m\hbar \tag{9.22}$$

이다. z 방향은 (θ, ϕ)가 정의된 축을 의미하며, 실험적으로 그 방향의 각운동량을 측정할 수 있는 방향을 의미한다. 예를 들어, 자기장이 걸려 있는 경우에는 자기장의 방향을 z축으로 생각할 수 있다. 한편 각운동량 벡터 $\mathbf{l}$은 z축과 일정한 각도 $\theta = \cos^{-1}(m/\sqrt{l(l+1)})$을 유지하며 세차운동하는 벡터 혹은 그 원뿔 궤적에 균일하게 퍼져 있는 벡터로 묘사할 수있다.

고유함수를 이용하여 수소 원자의 전자가 $\mathbf{x} = (r, \theta, \phi)$와 $\mathbf{x} + d\mathbf{x} = (r + dr, \theta + d\theta, \phi + d\phi)$ 사이에 있을 확률은

$$|\psi(r,\theta,\phi)|^2 d^3x = R_{nl}^2(r)|Y_{lm}(\theta,\phi)|^2 r^2 \sin\theta dr d\theta d\phi \tag{9.23}$$

로 주어진다. (θ, ϕ)에 따른 확률 분포를 나타내는 $|Y_{lm}(\theta,\phi)|^2$은 정규화 조건에 의해서

$$\int_0^{\pi}\int_0^{2\pi} |Y_{lm}(\theta,\phi)|^2 \sin\theta d\theta d\phi = 1 \tag{9.24}$$

을 만족하므로, 전자가 r과 $r + dr$ 사이에 있을 확률은 $R_{nl}^2(r)r^2dr$로 주어진다. 그림 9.1은 $n = 1, 2, 3$인 경우에 $R_{nl}^2(r)r^2$의 모양을 보여 준다. $n = 1$인 바닥상태의 경우, 확률 분포는 $r = a_0$에서 최댓값을 갖는다. 한편, 전자의 원자핵으로부

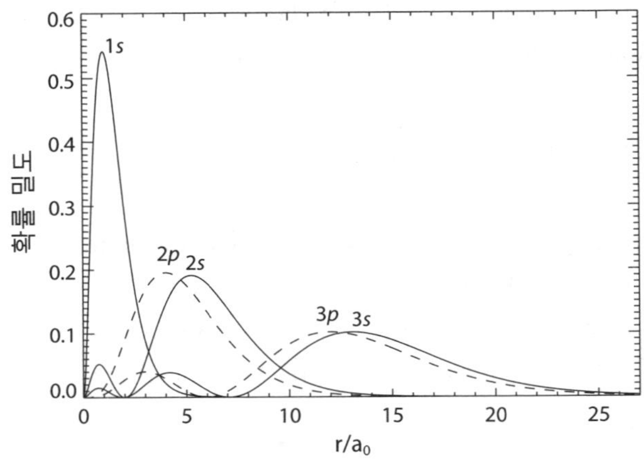

그림 9.1 수소 원자핵으로부터의 거리 r에 따른 전자의 확률 밀도 분포. a_0는 보어 반경이며, 세로축은 $R_{nl}^2(r)r^2$에 비례한다.

터의 평균 거리 $\langle r\rangle$과 퍼텐셜 에너지(식 9.17)의 $1/r$ 항의 평균값 $\langle 1/r\rangle$은

$$\langle r\rangle = \int_0^\infty rR_{nl}^2(r)r^2dr = n^2a_0\left[1+\frac{1}{2}\left\{1-\frac{l(l+1)}{n^2}\right\}\right], \tag{9.25a}$$

$$\left\langle\frac{1}{r}\right\rangle = \int_0^\infty \frac{1}{r}R_{nl}^2(r)r^2dr = \frac{1}{n^2a_0} \tag{9.25b}$$

이 된다. 전자가 양자수 n인 상태에 있는 경우, 수소 원자의 크기는 $\langle r\rangle \sim n^2a_0$임을 알 수 있다. $\langle 1/r\rangle$은 에너지의 기댓값으로부터 예상할 수 있듯이 간단한 형태를 갖는다.

표 9.1에서 볼 수 있듯이, $l=0$인 경우 파동함수는 $r=0$에서 유한한 값을 갖는다. 즉, 전자가 원자핵의 위치($r=0$)에 있을 단위 체적당 확률은 유한하며, 그 값은

$$|\psi_{n,l=0}(0)|^2 = \frac{1}{\pi}\left(\frac{1}{na_0}\right)^3 \tag{9.26}$$

으로 주어진다. n은 주양자수이다. 이 결과는 원자의 구조에 직접적인 영향을 미친다(9.2.3절 참조). 한편, 식 (9.20)의 구면조화함수를 모든 자기양자수 m에 대해서 합하면

$$\sum_{m=-l}^{l}|Y_{lm}(\theta,\phi)|^2 = \frac{2l+1}{4\pi} \tag{9.27}$$

이 된다. 이 결과는 다전자 원자에서 궤도양자수가 l인 상태를 전자들이 모두 채웠을 때 전하밀도의 분포가 구형 대칭임을 의미한다(9.4.1절 참조).

슈뢰딩거 방정식에 의한 전자의 에너지는 주양자수 n에만 의존하며 식 (9.1)의 보어 모형의 결과와 같다. 즉, 양자 상태를 기술하기 위해서는 (n,l,m)의 세 양자수를 필요로 하지만 그 에너지는 n에만 의존한다. 따라서 E_n의 에너지를 갖고 있는 수소 원자의 양자 상태에는 궤도양자수 $l=0,1,2,\cdots,n-1$이 있으며 각각의 l은 $(2l+1)$개의 m이 있으므로, 전자의 두 스핀 상태를 포함하여 모두 $2\times\sum_{l=0}^{n-1}(2l+1) = 2n^2$개가 있다. 이러한 양자 상태의 **겹침**(degeneracy)은 원자핵의 쿨롱 전기력만을 고려했을 때이며, 보다 미세한 상호작용을 고려하면 (l,m)이 다른 양자 상태들 사이에 작은 에너지 차이가 존재한다. 여기에 대해서는 다음 절에서 살펴보겠다.

9.2 수소 원자의 미세 구조와 초미세 구조⋆

9.2.1 미세 구조: 스핀-궤도 상호작용

슈뢰딩거 방정식은 광속도 c를 포함하고 있지 않으며 따라서 비상대론적 방정식이다. 앞에서 언급했듯이 Z가 작은 원자의 경우, 전자의 속도는 광속도보다 작으므로, 슈뢰딩거 방정식은 이들의 기본적인 구조를 잘 설명한다. 상대론적 효과를

고려할 경우 주양자수 n에만 의존하던 에너지 E_n은 다른 양자수에도 의존하게 되며 그 크기도 조금 달라진다. **스핀-궤도 상호작용**(spin-orbit interaction)으로 대표되는 **미세 구조**(fine structure)는 이러한 상대론적 효과에 의한 에너지의 변화로서, 그 크기는 원자핵-전자 간의 쿨롱 전기력에 의한 에너지에 비해서 α^2만큼 작다. 이 절에서는 스핀-궤도 상호작용에 의한 미세 구조를 살펴보겠다.

전자는 **스핀**(spin)이라는 고유 각운동량을 가지고 있다. 스핀은 고전 물리학에는 없는 순수 양자역학적 물리량으로서, 스핀을 자전하고 있는 전자의 각운동량으로 해석하는 것은 적절치 않다. 하지만 궤도 각운동량과 마찬가지로 z축을 중심으로 세차운동하고 있는 벡터로 묘사할 수 있으며, 벡터의 크기와 z 방향 성분의 크기는 각각 $|\mathbf{s}| = \sqrt{s(s+1)}\hbar = \sqrt{3}/2\hbar$와 $|\mathbf{s}_z| = m_s\hbar = \pm 1/2\hbar$이다. $s(=1/2)$는 스핀 양자수, m_s는 z 방향의 스핀 양자수이며, $m_s = +1/2, -1/2$일 경우를 각각 스핀업(spin up), 스핀다운(spin down)이라 부른다. 참고로, 스핀 양자수가 $1/2$인 전자는 **페르미온**(fermion)으로서 '동일한 페르미온은 같은 양자 상태에 존재할 수 없다'는 **파울리 배타원리**(Pauli exclusion principle)를 따른다.

전자의 스핀에 의해서 미세 구조가 발생하는 이유는 스핀 각운동량 $\mathbf{s}$에 해당하는 자기 모멘트를 갖고 있기 때문이다. 자기 모멘트 $\boldsymbol{\mu}_{\rm m}$은 전류밀도 $\mathbf{J}$의 적분으로

$$\boldsymbol{\mu}_{\rm m} = \frac{1}{2c}\int_V \mathbf{x}' \times \mathbf{J} d^3x' \tag{9.28}$$

과 같이 주어진다(식 4.50). 전하가 q인 입자가 반경 r인 원궤도를 속도 $\mathbf{v}$로 움직일 경우 $\mathbf{J} = q\delta(\mathbf{x}' - \mathbf{r})\mathbf{v}$이므로

$$\boldsymbol{\mu}_{\rm m} = \frac{q}{2c}\mathbf{r} \times \mathbf{v} = \left(\frac{q}{2mc}\right)\mathbf{l} \tag{9.29}$$

이 된다. m은 입자의 질량, $\mathbf{l} = \mathbf{r} \times m\mathbf{v}$는 입자의 각운동량이다. 즉, 자기 모멘트 $\boldsymbol{\mu}_{\rm m}$은 각운동량 $\mathbf{l}$에 비례한다. 유한한 크기를 가진 전하가 자전을 하고 있는 경우, $\boldsymbol{\mu}_{\rm m}$과 $\mathbf{l}$의 비, 즉 **자기회전비율**(gyromagnetic ratio)은 입자의 전하와 질량 분포에 따라 달라지는데, 이 효과를 보정하기 위해서 위 식의 오른쪽 항에 g **인자**(g-factor)를 곱해 준다. 즉,

$$\boldsymbol{\mu}_{\rm m} = g\left(\frac{q}{2mc}\right)\mathbf{l} \tag{9.30}$$

이 된다. 전자의 스핀 각운동량 $\mathbf{s}$에 해당하는 자기 모멘트($\boldsymbol{\mu}_s$)의 경우, g 인자가 거의 정확하게 2이다($g_e = 2.0023193048$). 따라서

$$\boldsymbol{\mu}_s = -\frac{g_e e}{2m_e c}\mathbf{s} = -g_e\mu_B\frac{\mathbf{s}}{\hbar} \tag{9.31}$$

가 된다. 위 식에서 μ_B는 **보어 마그네톤**(Bohr magneton)이라 불리며

$$\mu_B = \frac{e\hbar}{2m_e c} = 5.7884 \times 10^{-9} \quad \text{eV G}^{-1} \tag{9.32}$$

의 값을 갖는다. 따라서 z 방향의 자기 모멘트는 스핀업, 스핀다운에 따라서

$$\mu_{s,z} = \mp g_e \mu_B \frac{|\mathbf{s}_z|}{\hbar} \approx \mp \mu_B \tag{9.33}$$

로 주어진다. g 인자가 거의 정확하게 2이므로 자기 모멘트 $\mu_{s,z}$는 μ_B에 가깝다.

한편 양성자 주위를 돌고 있는 전자의 입장에서 보면, 양성자가 주위를 회전하며 이로 인하여 자기장이 생성된다. 자기장의 크기는 실험실 좌표계의 전자기장을 움직이는 전자의 좌표계로 로런츠 변환하여 구할 수 있다(부록 IV의 식 IV.12 참조). 일반적으로 전기장 $\mathbf{E}$가 있는 공간을 어떤 입자가 비상대론적인 속도 $\mathbf{v}$로 이동한다면 이 입자가 느끼는 자기장의 세기는 $\mathbf{B} = -\mathbf{v} \times \mathbf{E}/c$로 주어진다. 따라서 양성자 주위를 회전하는 전자가 느끼는 자기장의 세기는

$$\mathbf{B} = -\frac{\mathbf{v}}{c} \times \mathbf{E} = -\frac{e}{c}\frac{\mathbf{v} \times \mathbf{r}}{r^3} = \frac{e}{m_e c r^3}\mathbf{l} \tag{9.34}$$

이 된다. 고전적으로는 이러한 자기장과 전자의 자기 모멘트 간의 상호작용에 의한 에너지 $E_{\text{s-o}}$에 대응되는 해밀토니안 연산자는

$$\hat{\mathcal{H}}_{\text{s-o}} = -\boldsymbol{\mu}_s \cdot \mathbf{B} = \frac{g_e \mu_B e}{m_e c \hbar r^3}\mathbf{s} \cdot \mathbf{l} \tag{9.35}$$

이 된다. 하지만 정확한 계산에 의하면 위 식의 g_e는 $g_e - 1 (\approx 1)$이 되어야 한다(Foot 2005, 2.3.2절 참조). **토머스 세차운동**(Thomas precession)이라고 알려진 그 차이는 전자가 일정한 속도로 움직이는 것이 아니라 원자핵 주위를 일정한 크기의 가속도로 회전하기 때문에 나타나는 상대론적 운동효과이다.

전자의 스핀-궤도 상호작용에 의한 에너지는 위의 해밀토니안 연산자의 기댓값을 구함으로써 얻어진다. 그 파동함수는 앞에서 스핀-궤도 상호작용을 무시하고 구한 수소 원자의 고유함수를 이용할 수 있는데, 이러한 1차 근사 해법인 **시간 무관 섭동 이론**(time-independent perturbation theory)에 의하면

$$E_{\text{s-o}} = \left\langle \hat{\mathcal{H}}_{\text{s-o}} \right\rangle \approx \frac{e\mu_B}{m_e c \hbar}\left\langle \frac{1}{r^3} \right\rangle \langle \mathbf{s} \cdot \mathbf{l} \rangle = \frac{e^2}{2m_e^2 c^2}\left\langle \frac{1}{r^3} \right\rangle \langle \mathbf{s} \cdot \mathbf{l} \rangle \tag{9.36}$$

이 된다. 위 식에서 $\langle\ \rangle$는 기댓값을 의미하며, g_e 대신 토머스 세차운동을 고려한 $g_e - 1 \approx 1$을 사용하였다. 기댓값을 구하기 위한 수소 원자의 파동함수는 공간적 파동함수와 스핀 파동함수의 곱으로 주어진다. $\langle 1/r^3 \rangle$은 r에 대한 평균이므로

수소 원자의 파동함수 $R_{nl}(r)$만 고려하면 된다. 즉,

$$\left\langle \frac{1}{r^3} \right\rangle = \int_0^\infty \psi^* \frac{1}{r^3} \psi d^3x = \int_0^\infty \frac{1}{r^3} R_{n\ell}^2(r) r^2 dr = \frac{1}{\ell(\ell+\frac{1}{2})(\ell+1)} \left(\frac{1}{na_0}\right)^3 \tag{9.37}$$

이다. $\mathbf{s}{\cdot}\mathbf{l}$의 기댓값을 구하기 위해서는 우선 파동함수가 이 연산자들의 고유함수가 아니라는 점에 유의해야 한다. 전자의 스핀 각운동량 $\mathbf{s}$와 궤도 각운동량 $\mathbf{l}$은 둘 사이의 상호작용으로 인하여 그 둘의 합 벡터인 전자의 총각운동량 벡터 $\mathbf{j} = \mathbf{l} + \mathbf{s}$ 주위를 세차운동하며, $\mathbf{s}$와 $\mathbf{l}$의 크기는 일정하지만 방향은 일정하지 않다. 이 경우 파동함수는 $\mathbf{l}$과 $\mathbf{s}$의 고유함수는 아니지만 $\mathbf{s}^2$, $\mathbf{l}^2$, $\mathbf{j}^2$, $\mathbf{j}_z$의 고유함수이다. 따라서 $\mathbf{s} \cdot \mathbf{l}$을 이 연산자들로 나타내면, 그 기댓값은

$$\langle \mathbf{s} \cdot \mathbf{l} \rangle = \left\langle \frac{1}{2}(\mathbf{j}^2 - \mathbf{l}^2 - \mathbf{s}^2) \right\rangle = \frac{1}{2}[j(j+1) - l(l+1) - s(s+1)]\hbar^2 \tag{9.38}$$

이 된다. j는 총각운동량 연산자 $\mathbf{j}$의 양자수로서 $l-1/2$ 또는 $l+1/2$의 두 값을 갖는다. ($\mathbf{j} = \mathbf{l}_1 + \mathbf{l}_2$일 경우, 양자수 j는 $|l_1 - l_2|, |l_1 - l_2| + 1, \cdots, l_1 + l_2$의 값을 가질 수 있다.) 따라서

$$E_{\text{s-o}} = \frac{\beta}{2}[j(j+1) - l(l+1) - s(s+1)], \tag{9.39a}$$

$$\beta = \frac{e^2\hbar^2}{2m_e^2c^2} \frac{1}{(na_0)^3 l(l+\frac{1}{2})(l+1)} = \frac{\alpha^2}{nl(l+\frac{1}{2})(l+1)}|E_n| \tag{9.39b}$$

을 얻는다.

위 식으로부터 (1) 스핀-궤도 상호작용에 의한 에너지는 쿨롱 전기력에 의한 에너지에 비하여 α^2배만큼 작으며, (2) $l = 0$일 경우 $j = s$이므로 혹은 $\hat{\mathcal{H}}_{\text{s-o}} = 0$이므로(식 9.35), $E_{\text{s-o}} = 0$으로서 스핀-궤도 상호작용에 의한 미세 구조가 없다는 것을 알 수 있다. 그리고 (3) 주어진 l에 대해서 $j = l + 1/2$과 $l - 1/2$인 두 준위로 나뉘는데, 두 준위의 에너지 차이는

$$\Delta E_{\text{s-o}} = \beta\left(l + \frac{1}{2}\right) = \frac{\alpha^2}{nl(l+1)}|E_n| \tag{9.40}$$

이 된다. n이 증가할수록 두 준위 사이의 에너지 차이는 줄어들며, 따라서 스핀-궤도 상호작용에 의한 에너지는 수소의 경우 $n = 2$, $l = 1$일 때 가장 크다.

수소 원자의 $n = 2$ 준위를 생각해 보면, $l = 0$ 준위는 미세 구조가 없으며, $l = 1$ 준위는 $j = 1/2$과 $j = 3/2$인 두 준위로 나뉜다. 다음 장에서 다루겠지만, 분광학적 표기법에서는 총궤도양자수 L, 총스핀 양자수 S, 그리고 총각운동량 양자수 J를 이용해서 ${}^{2S+1}L_J$로 다전자 원자의 에너지 준위를 나타내는데,

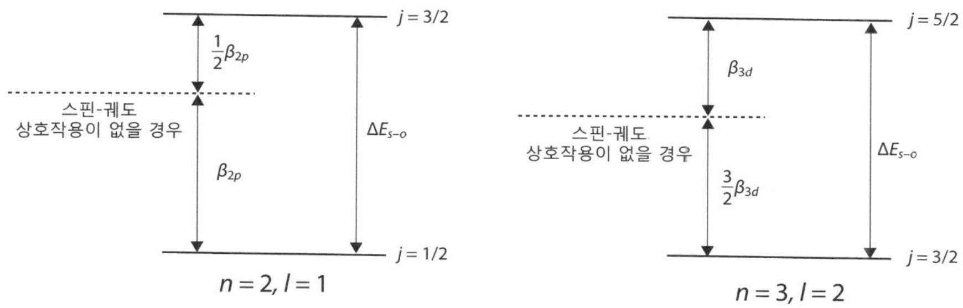

그림 9.2 스핀-궤도 상호작용에 의한 수소 원자 $(n, l) = (2, 1)$과 $(3, 2)$ 준위의 미세 구조

$L = 0, 1, 2, 3, \cdots$ 인 경우를 각각 $S, P, D, F, \cdots$ 로 표시한다. 전자가 하나 있는 수소의 경우 스핀 양자수는 항상 $1/2$이므로, 혼동되지 않는다면 위 첨자를 생략하고 대신 주양자수 n을 이용한 nL_J 표기법을 사용한다. 즉, $l = 1$이고 $j = 1/2$과 $j = 3/2$인 두 준위는 $2P_{1/2}$과 $2P_{3/2}$이 되고, 그들의 미세 구조 에너지는

$$E_{\rm s-o}(2P_{1/2}) = -\beta_{2p}, \quad E_{\rm s-o}(2P_{3/2}) = \frac{1}{2}\beta_{2p} \tag{9.41}$$

가 되며, 두 준위의 에너지 차이는

$$\Delta E_{\rm s-o} = \frac{3}{2}\beta_{2p} = \frac{\alpha^2}{4}|E_2| = 4.53 \times 10^{-5} \ \ \text{eV} \tag{9.42}$$

가 된다. β_{2p}는 $2p$ 궤도의 β이다(식 9.39b). 마찬가지로 $n = 3$이고 $l = 2$인 배열은 $j = 3/2$과 $j = 5/2$인 $3D_{3/2}$과 $3D_{5/2}$ 준위로 나뉘며,

$$E_{\rm s-o}(3D_{3/2}) = -\frac{3}{2}\beta_{3d}, \quad E_{\rm s-o}(3D_{5/2}) = \beta_{3d} \tag{9.43}$$

가 된다(그림 9.2).

9.2.2 미세 구조: 그 밖의 상대론적 효과들

원자핵의 쿨롱 전기력하에 있는 단일 전자에 관한 상대론적 양자역학 방정식인 **디랙 방정식**(Dirac equation)은 슈뢰딩거 방정식에 비해서 해밀토니안 연산자에 3개의 보정항을 갖고 있다. 그중 하나는 앞 절에서 기술한 스핀-궤도 상호작용에 해당하는 항이며, 나머지 두 항은 운동 에너지의 상대론적 보정항과 **다윈 항**(Darwin term)이다(Shu 1991, 25장 참조). 운동 에너지의 상대론적 보정항은 운동 에너지가 $p^2/2m_e$이 아닌 $\sqrt{m_e^2c^4 + p^2c^2} - m_ec^2$인 것에 기인하며, 그 보정은 전자를 좀 더 결합하는 효과가 있다. 다윈 항은 $l = 0$인 전자들에게만 나타나는 보정항으로서 전자의 '떨림 운동(Zitterbewegung)'에 기인한다. 전자는

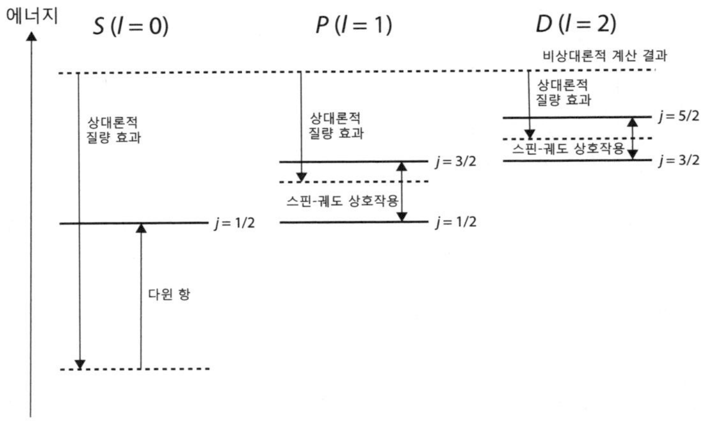

그림 9.3 모든 상대론적 효과를 고려한 수소 원자 $n = 3$ 준위의 미세 구조

컴프톤 파장 정도의 크기를 가진 영역 안에서 떨림 운동을 하며 그 위치를 정확히 정의할 수 없다. 이로 인하여 전자의 쿨롱 퍼텐셜 에너지의 크기는 감소하고 전자의 결합은 약해진다. 이 보정항들은 모두 식 (9.12)의 $\hat{\mathcal{H}}$에 비하여 v^2/c^2만큼 작으며, 그 기댓값으로 주어지는 에너지는 $\alpha^2 E_n$ 정도의 크기를 갖는다. 이들을 모두 고려한 수소 원자의 에너지 준위는 (n, j)에만 의존한다. 즉, $nS_{1/2}$과 $nP_{1/2}$은 동일한 결합 에너지를 갖는다(그림 9.3). 상대론적 보정항에 관한 보다 자세한 내용은 원자물리학 교과서에서 확인할 수 있다.

마지막으로 위에서 기술한 상대론적 효과 이외에 **램 이동**(Lamb shift)이 있다. 램 이동은 양자 전자기학적 설명을 필요로 하는 현상으로서, 진공의 요동하는 전자기장과 전자의 상호작용에 기인한다. 진공에는 바닥 에너지에 해당하는 전자기장의 요동이 있으며, 전자는 이러한 요동에 의해서 컴프톤 파장보다 좀 더 퍼지게 된다. 그 결과로 $l = 0$인 전자들의 결합 에너지는 줄게 되며, 앞의 상대론적 보정에 의하면 겹쳐졌던 $nS_{1/2}$ 준위와 $nP_{1/2}$ 준위는 분리된다. $n = 2$인 경우, $2S_{1/2}$ 준위가 $2P_{1/2}$ 준위에 비해서 두 미세 구조 준위 $2P_{3/2}$과 $2P_{1/2}$의 에너지 차이의 1/10에 해당하는 만큼 높은 에너지를 갖는다(Foot 2005, 2.3.4절 참조).

9.2.3 초미세 구조

수소 원자의 구조에서 천문학적으로 매우 중요한 현상은 바닥상태가 원자핵의 자기 모멘트와 전자의 자기 모멘트에 의한 자기장의 상호작용으로 인하여 다시 미세하게 나뉘는 **초미세 구조**(hyperfine structure)이다. 원자핵, 즉 양성자는 전자와 마찬가지로 그것의 스핀 $\mathbf{I}$에 비례하는 자기 모멘트

$$\boldsymbol{\mu}_I = g_N \mu_N \frac{\mathbf{I}}{\hbar} \tag{9.44}$$

를 갖고 있다. g_N은 원자핵의 회전자기비율이며 양성자의 경우 $g_p = 5.5855$이다. μ_N은 원자핵 마그네톤으로서

$$\mu_N = \frac{m_e}{M}\mu_B \tag{9.45}$$

이다. M은 원자핵의 질량이다. 따라서 원자핵의 자기 도멘트는 전자의 자기 모멘트에 비해서 m_e/M만큼 작다.

원자핵의 자기 모멘트와 전자가 생성하는 자기장과의 상호작용을 기술하는 해밀토니안 연산자는

$$\hat{\mathcal{H}}_{\text{HFS}} = -\boldsymbol{\mu}_I \cdot \mathbf{B}_e \tag{9.46}$$

가 될 것이다. 여기에서 $\mathbf{B}_e$는 전자의 스핀이 원자핵의 위치에 생성하는 자기장의 세기를 나타낸다. $\mathbf{B}_e$를 구하기 위해서 전자가 파동함수의 제곱에 비례하는 확률분포를 가지고 원자핵 둘레에 퍼져 있다고 생각해 보자. 예를 들어 $l = 0$인 전자의 경우, 파동함수는 구대칭적이며 원자핵을 중심으로 지수함수적으로 감소한다 (표 9.1 참조). 전자의 스핀에 의한 자기 모멘트가 이러한 공간에 퍼져 있다고 생각하면, 원자핵으로부터의 거리 r에서의 단위 체적당 자기 모멘트, 즉 **자기화량**(magnetization)은

$$\mathbf{M} = -g_e\mu_B\frac{\mathbf{s}}{\hbar}|\psi(r)|^2 \tag{9.47}$$

이 된다. $\psi(r)$은 전자의 파동함수를 나타낸다. 편의상 구대칭적이라고 가정했다. 원자핵은 $r = 0$에서 매우 작은 공간을 차지하고 있으므로, 그 공간은 위 식에서 $|\psi(r)|^2 = |\psi(0)|^2$에 비례하는 자기화량을 가지고 균일하게 자기화되었다고 생각할 수 있다. 고전 전자기학의 결과로부터 균일하게 자기화된 구의 경우 구 내부 자기장의 세기는 $\mathbf{B} = (8\pi/3)\mathbf{M}$으로 주어지므로, 원자핵의 위치에서 자기장의 세기는

$$\mathbf{B}_e = \frac{8\pi}{3}\mathbf{M} = -\frac{8\pi}{3}g_e\mu_B|\psi(0)|^2\frac{\mathbf{s}}{\hbar} \tag{9.48}$$

가 된다. (자기장의 방향이 스핀과 반대 방향임에 유의하라.) 이로부터 에너지 기댓값은

$$E_{\text{HFS}} = \left\langle \hat{\mathcal{H}}_{\text{HFS}} \right\rangle = \frac{8\pi}{3\hbar^2}g_N\mu_N g_e\mu_B|\psi(0)|^2\left\langle \mathbf{I}\cdot\mathbf{J}\right\rangle$$

가 된다. $l = 0$인 경우 $\mathbf{J} = \mathbf{s}$이므로 $\mathbf{s}$ 대신 $\mathbf{J}(= \mathbf{l} + \mathbf{s})$를 사용하였다. ($l \neq 0$인 경우 E_{HFS}는 $\langle \mathbf{I}\cdot\mathbf{J}\rangle$에 비례한다.) $\mathbf{I}$와 $\mathbf{J}$는 총각운동량 $\mathbf{F} = \mathbf{I} + \mathbf{J}$ 주위를 세차운동하므로, $\mathbf{I}\cdot\mathbf{J}$의 기댓값은 $\mathbf{I}\cdot\mathbf{J} = (\mathbf{F}^2 - \mathbf{I}^2 - \mathbf{J}^2)/2$의 기댓값이 되며(9.2.1절 참조), 식 (9.26)의 $|\psi(0)|^2$을 대입하여 정리하면

$$E_{\text{HFS}} = |E_n|\frac{8g_N Z}{3n}\left(\frac{m_e}{M}\right)\left(\frac{\alpha^2}{2}\right)[F(F+1) - I(I+1) - J(J+1)] \tag{9.49}$$

글상자 10. HI 21 cm 선과 수소 기체의 위상

성간 기체의 평균 밀도는 $n_\mathrm{H} \sim 1\ \mathrm{cm}^{-3}$로서 $1\ \mathrm{cm}^3$에 하나 정도의 수소 원자가 있다. 대부분은 중성 수소 원자이며, 거의 모두 바닥상태($1S_{1/2}$)에 있다. 바닥상태 초미세 구조 두 준위의 에너지 차이는 $\Delta E/k = 0.0682$ K로 매우 작아서 두 준위에 있는 수소 원자의 비는 거의 통계가중치$(2F+1)$의 비로 주어진다. 즉, 수소 원자의 3/4은 $F = 1$ 준위에, 1/4은 $F = 0$ 준위에 있다. $F = 1 \rightarrow 0$ 천이로 방출되는 HI 21 cm 선의 아인슈타인 계숫값은 $A_{21} = 2.884 \times 10^{-15}\ \mathrm{s}^{-1}$으로 매우 작다. 이 값은 $F = 1$ 준위에 있는 수소 원자가 $1/A_{21} = 1.1 \times 10^7$ 년이 있어야 $F = 0$ 준위로 천이됨을 의미한다.

우주의 수소 원자가 방출하는 21 cm 선의 존재는 1945년, 당시 대학원생이었던 반 데 헐스트(Hentrik C. van de Hulst 1918–2000)가 예측하였으며, 1951년 어웬(Harold Ewen 1921–2015)과 퍼셀(Edward Purcell 1912–1997)이 최초로 발견하였다(Ewen and Purcell 1951). HI 21 cm 선은 일반적으로 방출선으로 관측되지만, 배경에 강한 전파원이 있는 경우에는 흡수선으로도 관측된다. 그림 9.4는 은경 62° 방향의 HI 21 cm 방출선과 흡수선의 스펙트럼을 보여 준다. 흡수 및 방출이 넓은 속도 대역에 퍼져 나타나는 이유는 시선 방향에 많은 성간운이 있고, 은하의 회전 때문에 그들의 시선 속도가 달리 나타나기 때문이다.

한편 방출선은 넓은 선폭의 선들이 중첩된 반면, 흡수선은 좁은 선폭의 선들이 분리되어 나타나는 것을 볼 수 있다. 그 이유는 HI 21 cm 선의 광학적 깊이가 수소 선밀도에 비례하고 온도에 반비례하기 때문이다(2.2절 참조). 즉, 온도가 높은 수소 기체의 경우 그 광학적 깊이는 매우 작아서 흡수선에는 보이지 않고 방출선에만 보이는 반면, 온도가 낮은 기체는 흡수선과 방출선에 모두 나타난다. 따라서 그림 9.4는 성간에 '따뜻한'(~ 8000 K) 중성 수소 기체와 '차가운'(~ 80 K) 중성 수소 기체가 있음을 시사한다. Field et al.(1969)는 이러한 성간 기체의 물리적 특성을 설명할 수 있는 '**두 위상 모형**(two-phase model)'을 제안하였으며, 이 모형은 중성 수소 기체의 표준 모형으로 남아 있다.

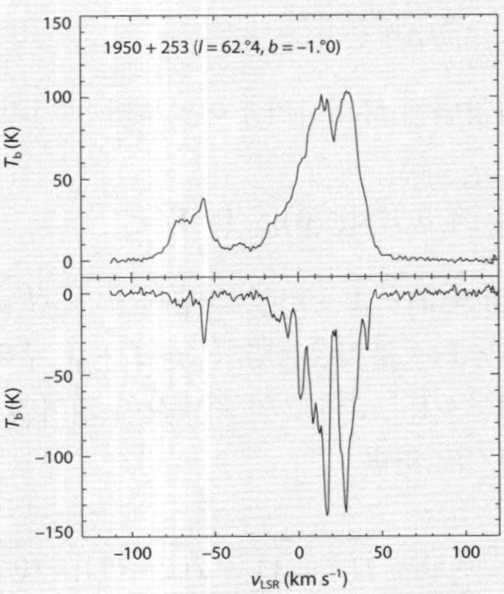

그림 9.4 연속 전파원 1950+253 방향의 수소 21 cm 방출선 및 흡수선. 가로축은 태양의 움직임을 대변하는 국부정지 좌표계(Local Standard of Rest, LSR)에 대한 시선 방향의 상대속도를 나타낸다. 전파 간섭계 VLA(Very Large Array) 관측 자료를 이용하여 얻은 결과이다.

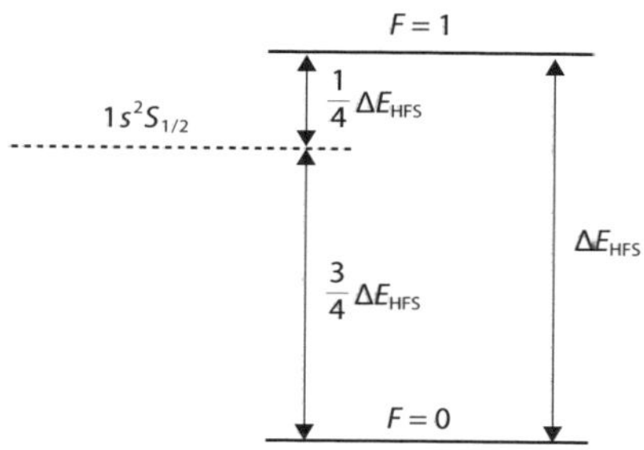

그림 9.5 수소 원자 바닥상태의 초미세 구조

이 된다. E_n은 준위 n의 에너지(식 9.8)이며, I와 F는 각각 원자핵 스핀 $\mathbf{I}$와 총각운동량 $\mathbf{F}(=\mathbf{I}+\mathbf{J})$의 양자수이다.

수소 원자의 1s 바닥상태는 $n=1$, $l=0$, $J=s=1/2$, $I=1/2$이므로, $F=1$과 $F=0$ 두 값이 가능하다. 이 두 경우에 에너지는

$$E_{\mathrm{HFS}} = \left\langle \hat{\mathcal{H}}_{\mathrm{HFS}} \right\rangle = \begin{cases} \dfrac{1}{4}\dfrac{8g_N}{3}\left(\dfrac{m_e}{M}\right)\alpha^2|E_1|, & (F=1) \\ -\dfrac{3}{4}\dfrac{8g_N}{3}\left(\dfrac{m_e}{M}\right)\alpha^2|E_1| & (F=0) \end{cases} \tag{9.50}$$

이 된다. 양성자와 전자의 스핀이 평행인 상태($F=1$)가 반대 방향인 상태($F=0$)에 비해서 에너지가 더 높으며, 두 준위 사이의 에너지 차이는

$$\Delta E_{\mathrm{HFS}} = \frac{8g_N}{3}\left(\frac{m_e}{M}\right)\alpha^2|E_1| = 5.87433\times10^{-6}\ \mathrm{eV} \tag{9.51}$$

이다(그림 9.5). 주파수로는 1420.4058 MHz, 파장으로는 21.1 cm에 해당한다. 두 초미세 구조 준위 사이의 천이로부터 방출되는 수소 21 cm 선은 천문학에서 가장 중요한 스펙트럼선 중 하나이다(글상자 10 참조).

9.2.4 제만 효과

수소 원자의 구조와 관련하여 마지막으로 다룰 주제는 **제만 효과**(Zeeman effect)다. 제만 효과는 외부 자기장이 걸릴 경우 수소선이 분리되는 효과로서 제만(Pieter Zeeman 1865–1943)이 로런츠(Hendrik Lorentz 1853–1928)와 함께 1902년 발견하였다. 이 절에서는 천문학에서 중요한 수소 21 cm 선의 제만 효과에 관해서 살펴보겠다.

앞 절에서 보았듯이 수소 원자의 바닥상태는 총각운동량 양자수 $F=0$과 1인 두 준위로 되어 있다. 에너지가 높은 $F=1$ 준위는 $m_F=+1,0,-1$인 세 상태가 겹쳐 있다. 외부 자기장이 걸리는 경우 자기 모멘트의 방향에 따라서 에너지가

다르므로 이 겹쳐진 상태들이 분리된다. $m_F = +1$인 경우 각운동량 벡터는 자기장에 평행하다. 전자의 자기 모멘트는 자기장의 반대 방향이며 식 (9.33)으로부터 $\mu_{s,z} = -\mu_B$의 값을 갖는다. 따라서 자기장과의 상호작용에 의한 에너지는

$$E_Z = \left\langle \hat{\mathcal{H}}_Z \right\rangle = -(\boldsymbol{\mu}_{s,z} + \boldsymbol{\mu}_I) \cdot \mathbf{B} \approx -\boldsymbol{\mu}_{s,z} \cdot \mathbf{B} \approx \mu_B B \tag{9.52}$$

가 된다. $|\boldsymbol{\mu}_{s,z}| \gg |\boldsymbol{\mu}_I|$를 적용했으며, 마지막 등식은 z 방향이 $\mathbf{B}$ 방향이므로 성립된다. $m_F = -1$인 경우에는 위와 반대로 $E_Z \approx -\mu_B B$가 된다. $m_F = +1$과 $m_F = -1$ 두 준위의 에너지 차이는

$$\Delta E_Z \approx 2\mu_B B = 1.16 \times 10^{-13} \left(\frac{B}{10\ \mu\text{G}} \right) \quad \text{eV} \tag{9.53}$$

로 매우 미세하다.

제만 효과에 의해서 $F = 1$ 상태가 분리된 중성 수소 원자는 1420 MHz 근처의 광자를 흡수하여 $F = 0 \to 1$로 천이할 때, $m_F = +1$ 혹은 $m_F = -1$인 준위로 천이할 수 있다(그림 9.6). 시선 방향의 자기장이 있을 경우 $m_F = 0$인 준위로의 천이는 일어나지 않는다(2부 문제 5 참조). $m_F = +1$인 준위로 천이할 경우 원자는 $1\hbar$에 해당하는 각운동량을 얻는 반면, $m_F = -1$인 준위로 천이할 경우에 원자는 $1\hbar$에 해당하는 각운동량을 잃는다. 이러한 각운동량의 변화는 흡수되는 광자에 의해서 주어져야 하며, 따라서 빛의 편광과 직접적으로 관련이 된다. 즉,

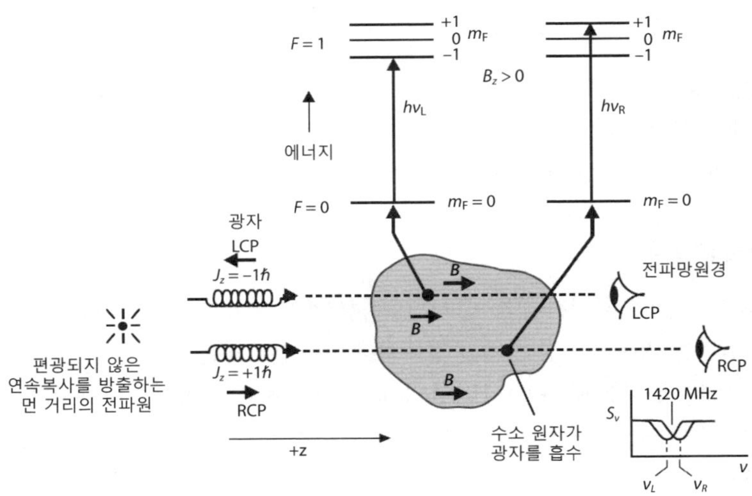

그림 9.6 시선 방향의 외부 자기장이 있는 경우 RCP, LCP 광자의 분리 흡수로 인한 수소 21 cm 선의 제만 분리(Reproduced from Figure 10.17 of *Astrophysics Processes* by Hale Bradt(2008) with permission from Cambridge University Press)

RCP된 전자기파의 경우 빛이 진행하는 방향으로 오른나사를 그리므로 $J_z = 1\hbar$를 줄 수 있는 반면, LCP된 전자기파의 경우에는 $J_z = -1\hbar$를 줄 수 있다(3.3.1절 참조). 따라서 RCP된 광자는 $m_F = +1$ 준위로 흡수되며, LCP된 광자는 $m_F = -1$ 준위로 흡수된다. 그 두 주파수의 차이는

$$\nu_R - \nu_L = \frac{eB_\parallel}{2\pi m_e c} = 28.0\left(\frac{B_\parallel}{10\ \mu\text{G}}\right)\quad \text{Hz} \tag{9.54}$$

가 된다. $B_\parallel$은 빛이 진행하는 방향 혹은 관측자의 입장에서는 시선 방향의 자기장의 세기를 의미한다.

중성 수소 21 cm 선의 제만 효과는 자기장의 세기에 비례한다. 따라서 제만 효과에 의한 분광선의 분리를 측정한다면 시선 방향의 자기장의 세기를 추정할 수 있다. 예를 들어 중성 수소 매질의 뒤에 위치한 강한 전파원을 관측할 경우, 중성 수소에 의한 흡수선이 관측된다. 흡수선은 $m_F = +1$ 혹은 $m_F = -1$로 흡수되는가에 따라서 분리된다. 그러나 그 차이가 수십 Hz에 불과하기 때문에 관측이 쉽지 않다. 하지만 $m_F = +1$과 $m_F = -1$ 준위로의 흡수선이 각각 RCP, LCP된 전자기파이기 때문에 RCP, LCP 전파를 각각 관측하고 그들의 차이로부터 제만 효과에 의한 $\Delta\nu$를 구하고 그로부터 자기장의 세기를 추정할 수 있다(문제 2).

중성 수소뿐만 아니라 OH, CN과 같은 분자도 제만 효과를 나타내며, 이들을 이용하여 측정한 결과에 의하면, 밀도가 희박한 성간운의 경우 자기장의 세기는 거의 일정한 반면($\approx 6\ \mu$G), 밀도가 300 cm^{-3}보다 큰 성간운의 경우에는 자기장의 세기가 밀도에 비례한다(Crutcher et al. 2010). 제만 효과에 관한 보다 자세한 설명 및 관련 연구 결과는 Crutcher and Kemball(2019)에서 확인할 수 있다.

9.3 헬륨 원자의 구조⋆

전자가 둘 이상인 다전자 원자의 퍼텐셜은 더 이상 원자핵으로부터의 거리에만 의존하는 **중심력 퍼텐셜**(central-force potential)이 아니다. 이 경우 슈뢰딩거 방정식의 해석해는 구할 수 없으며 근사적으로 고윳값을 구해야 한다. 이 절에서는 2개의 전자를 가진 헬륨 원자를 통하여 다전자 원자의 고윳값을 구하는 과정과 그 구조의 특성을 살펴보겠다.

9.3.1 바닥상태

헬륨 원자의 바닥상태에는 전자 2개가 모두 $n = 1$ 상태에 있다. 전자 배열은 $1s^2$다. 그렇다면 바닥상태에 있는 헬륨 원자로부터 전자 하나를 떼어내는 데 필요한 에너지는 얼마일까? 두 전자가 서로 무관하다면 헬륨 원자핵의 $Z = 2$이므로, 전자 하나의 결합 에너지는 $-Z^2 R_\text{H} = -54.4$ eV일 것이다. 하지만 실험적으로 확인된 헬륨 원자의 전리 에너지는 -24.6 eV이다. 전자 2개가 모두 $n = 1$ 준위에

있으므로 **가리기**(screening) 효과, 즉 원자핵의 양전하를 보다 가까이 있는 전자가 가림으로써 더 멀리 있는 전자가 느끼는 정전기력이 감소하는 효과는 크지 않다. 그럼에도 불구하고 −54.4 eV에 비해서 전리 에너지가 상당히 작은 주된 이유는 전자 간의 **정전기적 반발력** 때문이다. 이를 아래에서 구체적으로 살펴보겠다.

두 전자를 전자 1, 전자 2라고 하고 원자핵으로부터 각 전자까지의 위치 벡터를 $\mathbf{x}_1$, $\mathbf{x}_2$ 라고 하면, 헬륨 원자의 해밀토니안 연산자는

$$\hat{\mathcal{H}} = -\frac{\hbar^2}{2m_e}\boldsymbol{\nabla}_1^2 - \frac{\hbar^2}{2m_e}\boldsymbol{\nabla}_2^2 - \frac{Ze^2}{r_1} - \frac{Ze^2}{r_2} + \frac{e^2}{r_{12}} \tag{9.55}$$

으로 주어진다. $\boldsymbol{\nabla}_1$과 $\boldsymbol{\nabla}_2$는 각각 $\mathbf{x}_1$과 $\mathbf{x}_2$에 대한 미분을, $r_1 = |\mathbf{x}_1|$과 $r_2 = |\mathbf{x}_2|$는 원자핵으로부터 전자 1과 전자 2까지의 거리를, $r_{12} = |\mathbf{x}_1 - \mathbf{x}_2|$는 두 전자 사이의 거리를 나타낸다. 위 식에서 $Z = 2$이다. 슈뢰딩거 방정식은

$$\hat{\mathcal{H}}\psi = (\hat{\mathcal{H}}_1 + \hat{\mathcal{H}}_2 + V_{12})\psi = E\psi \tag{9.56}$$

와 같이 쓸 수 있다. $\hat{\mathcal{H}}_1$과 $\hat{\mathcal{H}}_2$는 전자 1, 2의 독립적 해밀토니안으로서

$$\hat{\mathcal{H}}_1 = -\frac{\hbar^2}{2m_e}\boldsymbol{\nabla}_1^2 - \frac{Ze^2}{r_1}, \quad \hat{\mathcal{H}}_2 = -\frac{\hbar^2}{2m_e}\boldsymbol{\nabla}_2^2 - \frac{Ze^2}{r_2} \tag{9.57}$$

이며, V_{12}는 두 전자 사이의 정전기적 반발을 나타내는 퍼텐셜로

$$V_{12} = +\frac{e^2}{r_{12}} \tag{9.58}$$

이다.

식 (9.56)의 해밀토니안은 중심으로부터의 거리 r_1과 r_2뿐만 아니라 두 전자 사이의 거리 r_{12}에 의존하는데, 이를 만족하는 고유 파동함수의 해석해는 존재하지 않는다. 고윳값을 구하는 간단한 근사 방법으로는 V_{12}를 섭동으로 생각하는 것이다. 즉, V_{12}를 무시하고 슈뢰딩거 방정식을 풀고, 그 해로 얻어진 고유 파동함수를 이용하여 V_{12}의 기댓값을 얻는 것이다. V_{12}를 무시할 경우 해밀토니안이 수소 원자의 경우와 같은 중심 퍼텐셜이므로 그 고유함수와 고윳값은 수소 원자의 결과를 Z로 스케일링하면 된다. 즉,

$$E^{(0)} = E_1 + E_2 = -Z^2\mathrm{Ry}\left(\frac{1}{n_1^2} + \frac{1}{n_2^2}\right) \tag{9.59}$$

이 된다. $E^{(0)}$는 0차 근사로 얻어진 에너지를 의미하며, n_1과 n_2는 각각 전자 1과 2의 주양자수를 나타내는 정수이다. 바닥상태의 경우 $n_1 = n_2 = 1$이며, 각각의

전자는 $-Z^2\text{Ry} = -54.4$ eV로 결합되어 있다. 고유 파동함수는 식 (9.18)로부터

$$\psi = \psi_{1s^2} \equiv \psi_{1s}(1)\psi_{1s}(2), \quad \psi_{1s} \equiv R_{10}(r)Y_{00}(\theta,\phi) \tag{9.60}$$

가 된다. $R_{10}(r)$과 $Y_{00}(\theta,\phi)$는 표 9.1에 주어져 있다. 이러한 1차 근사하에서 퍼텐셜 V_{12}의 기댓값은 위의 고유 파동함수를 이용하여

$$\langle V_{12}\rangle = \int_{-\infty}^{\infty} \psi_{1s^2}^* \frac{e^2}{|\mathbf{x}_1 - \mathbf{x}_2|} \psi_{1s^2} dx_1^3 dx_2^3 \tag{9.61}$$

이 된다. 두 전자 사이의 평균 거리가 $\sim a_0$라고 한다면, 이 적분값은 $\sim e^2/a_0 \sim 27$ eV 정도일 것으로 추정할 수 있다. 실제로 식 (9.60)의 파동함수를 이용하여 적분을 수행하면

$$\langle V_{12}\rangle = \frac{e^2}{2a_0} \times \frac{5}{4}Z = 34 \text{ eV} \tag{9.62}$$

를 얻는다(Pauling and Wilson 1935, 23b절 참조). 이 에너지를 식 (9.59)에 더하면, 헬륨 원자 바닥상태의 결합 에너지는 $E(1s^2) = E^{(0)} + \langle V_{12}\rangle = -108.8 + 34$ eV $= -74.8$ eV가 된다. 이 결과에 의하면 두 전자를 모두 떼어내어 He $\to$ He^{++}로 전리하는 데는 74.8 eV가 필요하다. 그런데 $\text{He}^+ \to \text{He}^{++}$로 전리하는 데 54.4 eV가 필요하므로, 중성 헬륨 원자로부터 전자 하나를 떼어내어 He $\to$ He^+로 전리하는 데는 $74.8 - 54.4 = 20.4$ eV가 필요하다는 결론을 얻는다. 이 값은 실험값 24.6 eV에 가깝기는 하지만 비교적 많이 작은 값이다. 이러한 차이가 나는 이유는 $\langle V_{12}\rangle$가 $E^{(0)}$에 비하여 아주 작지 않으므로, 1차 근사가 정확하지 않기 때문이다. 보다 정확한 값은 전자들의 가리기 효과 등을 고려한 적절한 파동함수를 이용하여 얻을 수 있다(Bethe and Salpeter 1957, 2장 26절 참조).

이 절을 마치기 전에 헬륨 원자를 구성하고 있는 두 전자의 스핀 양자 상태에 대해서 생각해 보자. **파울리 배타원리**에 의해서 원자에 속박된 두 전자는 (n, l, m_l, m_s)가 같은 동일한 양자 상태에 있을 수 없다. 헬륨 원자의 바닥상태에 있는 두 전자는 모두 $n = 1, l = 0, m_l = 0$이므로, 두 전자의 스핀 양자수는 달라야 하며 따라서 두 전자의 m_s는 각각 $+1/2$과 $-1/2$이어야 한다. 이는 두 전자의 스핀이 반대 방향이어야 함을 의미하는데, 이러한 상태는 디락의 **브라-켓 표기법**(bra-ket notation)을 사용하여 $|\uparrow\downarrow\rangle$으로 나타낸다. $|\uparrow\downarrow\rangle$는 켓이라 부르며 전자 1의 스핀이 스핀업, 전자 2의 스핀이 스핀다운인 양자 상태를 의미한다. 전자 1과 전자 2의 구분이 없으므로 $|\uparrow\downarrow\rangle$과 $|\downarrow\uparrow\rangle$는 동등하다. 파울리 배타원리는 페르미온의 전체 파동함수가 반대칭(antisymmetric)이어야 함을 의미한다. 즉, 전자 1과 전자 2를 바꿨을 때 파동함수의 부호가 바뀌어야 한다. 전체 파동함수는 공간 파동함수와 스핀 파동함수의 곱이며, 바닥상태의 공간 파동함수 $\psi_{1s^2} = \psi_{1s}(1)\psi_{1s}(2)$는 전자 교환에 대해서 대칭이므로 스핀 파동함수는 반대칭이어야 한다. 따라서

위 두 상태의 반대칭 조합인

$$\psi^{A}_{\rm spin} = \frac{1}{\sqrt{2}}(|\uparrow\downarrow\rangle - |\downarrow\uparrow\rangle) \tag{9.63}$$

가 스핀 고유함수가 된다. 위 첨자 A는 반대칭 파동함수임을 의미한다. 전자 1과 전자 2가 모두 스핀업 혹은 스핀다운이면 $\psi^{A}_{\rm spin}$가 0임을 알 수 있다.

9.3.2 들뜸상태

헬륨 원자의 첫째, 둘째 들뜸상태는 전자 하나는 $1s$, 나머지 하나는 $2s$ 혹은 $2p$ 궤도에 있는 상태이다(그림 9.7). 일반적인 예로 전자 배열이 $1s\,nl$, 즉 전자 하나는 $1s$, 나머지 하나는 nl 궤도에 있는 경우를 생각하자.

에너지를 계산하기에 앞서서 두 전자의 스핀 상태에 대해서 생각해 보자. 두 전자의 스핀 상태는 총스핀 연산자 $\mathbf{S} = \mathbf{s}_1 + \mathbf{s}_2$로 기술된다. 각 전자의 스핀 연산자 $\mathbf{s}_1$과 $\mathbf{s}_2$는 각각 양자수 $s_1 = s_2 = 1/2$, $m_s = \pm 1/2$의 스핀업, 스핀다운 상태를 가질 수 있다. 이들의 합인 총스핀 연산자의 양자수 S는 스핀이 반대 방향인가 혹은 동일 방향인가에 따라서 0 혹은 1이며, 각각의 경우 $m_S = 0$과 $m_S = +1, 0, -1$의 값이 가능하다. 앞에서 토의한 바닥상태의 경우 파울리 배타 원리에 의해서 $S = 0$, $m_S = 0$인 상태만 가능했다. 반면 들뜸상태의 경우 두 전자의 n이 서로 다르므로, 바닥상태와 달리 전자의 스핀 양자수는 동일해도 무

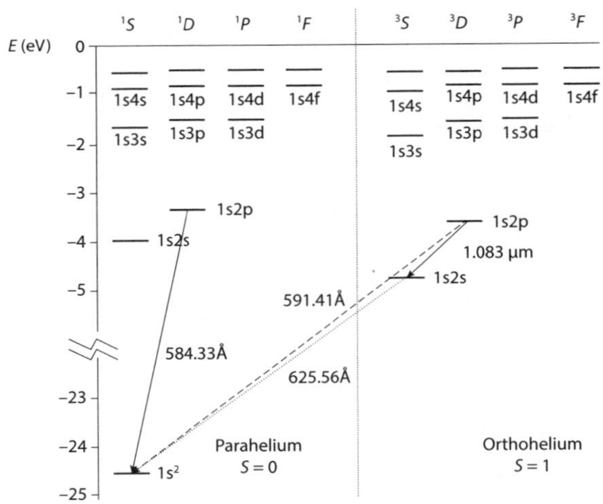

그림 9.7 헬륨 원자의 에너지 준위. 두 전자의 스핀이 반대 방향인 parahelium과 두 전자의 스핀이 평행인 orthohelium의 에너지 준위를 구분하여 나타내었다. 몇몇 방출선을 파장과 함께 표시하였다. 실선은 허용선, 파선은 준금지선, 점선은 금지선을 나타낸다(10.3절 참조).

방하다. 즉, 양자수 S는 0 혹은 1이 될 수 있다. $S=0$의 반대칭 스핀 파동함수는 바닥상태에서 이미 얻었다. $S=1$의 스핀 파동함수는 대칭이며 m_S 값에 따라

$$\psi^S_{\text{spin}} = \begin{cases} |\uparrow\uparrow\rangle\,, & (m_S=+1) \\ \frac{1}{\sqrt{2}}(|\uparrow\downarrow\rangle + |\downarrow\uparrow\rangle), & (m_S=0) \\ |\downarrow\downarrow\rangle & (m_S=-1) \end{cases}$$

등 세 경우가 가능하다. 이 함수들은 전자 1과 전자 2의 스핀을 바꿔도 동일함을 볼 수 있다.

이제 전자의 전체 파동함수가 반대칭이어야 한다는 점을 생각하면, $S=0$인 경우 스핀 파동함수가 반대칭이므로 공간 파동함수는 대칭이어야 한다. 반면 $S=1$인 경우에는 스핀 파동함수가 대칭이므로 공간 파동함수는 반대칭이어야 한다. 대칭, 반대칭 공간 파동함수 $\psi^S_{\text{space}}(1,2)$와 $\psi^A_{\text{space}}(1,2)$는

$$\begin{aligned} \psi^S_{\text{space}}(1,2) &= \frac{1}{\sqrt{2}}\left[\psi_{1s}(1)\psi_{nl}(2) + \psi_{1s}(2)\psi_{nl}(1)\right], \\ \psi^A_{\text{space}}(1,2) &= \frac{1}{\sqrt{2}}\left[\psi_{1s}(1)\psi_{nl}(2) - \psi_{1s}(2)\psi_{nl}(1)\right] \end{aligned} \tag{9.64}$$

과 같이 주어진다. 그리고 $S=0$과 1의 전체 파동함수는

$$\psi(1,2) = \begin{cases} \psi^S_{\text{space}}(1,2)\psi^A_{\text{spin}}, & (S=0) \\ \psi^A_{\text{space}}(1,2)\psi^S_{\text{spin}} & (S=1) \end{cases} \tag{9.65}$$

로 주어진다. 퍼텐셜 V_{12}는 정전기적 퍼텐셜로서 스핀에 의존하지 않으므로 그 기댓값은 공간 파동함수에 대한 적분인

$$\begin{aligned} \langle V_{12}\rangle &= \frac{1}{2}\int_{-\infty}^{\infty} |\psi_{1s}(1)\psi_{nl}(2) \pm \psi_{1s}(2)\psi_{nl}(1)|^2 \frac{e^2}{|\mathbf{x}_1-\mathbf{x}_2|} dx_1^3\,dx_2^3 \\ &= \int_{-\infty}^{\infty} |\psi_{1s}(1)|^2|\psi_{nl}(2)|^2 \frac{e^2}{|\mathbf{x}_1-\mathbf{x}_2|} dx_1^3\,dx_2^3 \\ &\pm \int_{-\infty}^{\infty} \psi^*_{1s}(1)\psi^*_{nl}(2)\frac{e^2}{|\mathbf{x}_1-\mathbf{x}_2|}\psi_{1s}(2)\psi_{nl}(1)\,dx_1^3\,dx_2^3 \end{aligned} \tag{9.66}$$

이 된다. $\mathbf{x}_1$과 $\mathbf{x}_2$의 대칭성을 이용해서 식을 단순하게 표현했으며, '+' 부호는 $S=0$, '−' 부호는 $S=1$인 경우이다. 위 식의 첫째 항은 바닥상태에서 다뤘던 전자 사이의 정전기적 반발력임을 알 수 있다. 이 항의 $|\psi_{1s}(1)|^2 e\,dx_1^3$이 전자 1의 전하밀도를 나타낸다는 점을 감안하면 그 의미는 명확하다. 반면 둘째 항은 **교환 적분**(exchange integral)이라고 불리는 항으로서 바닥상태에는 나타나지 않았던

새로운 항이다. 이 항의 적분값은 양의 값이며, 따라서 $S=1$인 준위가 $S=0$인 준위에 비하여 낮은 에너지를 갖는다. 전자들의 정전기적 상호작용을 고려함에도 불구하고 스핀 양자수에 따라서 분광항이 분리되는 이유는, $S=1$인 경우 공간 파동함수 ψ^A_{space}는 $r_1 = r_2$인 지점에서 0이 되므로 — 공간 파동함수가 ψ^S_{space}인 $S=0$인 경우에 비하여 — 두 전자 사이의 거리가 상대적으로 멀기 때문이다. 이를 흔히 스핀 방향이 동일한 두 전자는 서로를 '기피한다'고도 한다. 따라서 전자의 스핀 상태는 간접적으로 다전자 원자의 에너지 준위에 중요한 영향을 미친다. 그리고 이 효과는 전자의 스핀이 스핀-궤도 상호작용으로 미치는 직접적인 영향에 비하여 매우 크다.

그림 9.7은 헬륨 원자의 에너지 준위를 보여 준다. 우선 1s2s와 1s2p 궤도는 원자핵과의 쿨롱 에너지에서 차이가 난다. 즉, 2s 궤도가 2p 궤도보다 원자핵에 더 가까이 접근하므로 1s 궤도 전자에 의한 가리기 효과가 더 작으며(그림 9.1 참조), 따라서 결합 에너지는 상대적으로 더 크다. 한편 전자 사이의 정전기력 상호작용으로 1s2s는 0.8 eV만큼 차이가 나는 ^1S와 ^3S 두 분광항으로, 1s2p는 0.26 eV만큼 차이가 나는 ^1P와 ^3P 두 분광항으로 분리된다. 그리고 ^3P 분광항은 스핀-궤도 상호작용으로 $^3P_2$, $^3P_1$, $^3P_0$ 세 준위의 미세 구조를 갖는다. 다전자 원자의 표기법에 관해서는 다음 절에서 논의하겠다. 그리고 10장에서 보겠지만, 스핀 양자수 $S=0$인 분광항 ^1S, $^1P, \cdots$ 들과 스핀 양자수 $S=1$인 분광항 ^3S, $^3P, \cdots$ 들 사이에는 거의 천이가 없으며 서로 거의 무관하다. 따라서 에너지 준위 그림을 그릴 때 $S=0$인 준위들과 $S=1$인 준위들을 구분하여 나타내었다.

9.4 다전자 원자의 구조

9.4.1 전자 배열

다전자 원자의 구조를 표기하는 방법은 **전자 배열**(eletronic configuration)이 대표적이다. (n, l)의 양자수를 가진 **궤도**(orbital)에 각각 몇 개의 전자가 있는가를 나타내는 전자 배열은 전자들이 서로 독립적이라는 가정하에서 수소 원자 모형을 확장한 모형으로서 근사적이다. 이 모형에서는 각각의 전자가 느끼는 퍼텐셜을 원자핵과 다른 전자들의 평균 전하 분포에 의한 구형 대칭의 중심력 퍼텐셜로 근사한다. 이 경우 문제는 단일 전자의 에너지를 구하는 문제로 귀착된다. 단지 안쪽 전자들이 공간적으로 퍼져 있기 때문에 전자가 느끼는 '유효 퍼텐셜'이 수소 원자의 쿨롱 퍼텐셜과 달리 $1/r$을 따르지 않으므로, 주어진 n에 대해서 l이 서로 다른 전자 궤도의 에너지는 동일하지 않다. 즉, 수소 원자와 달리 에너지는 n과 l에 의존한다. 그리고 원자의 전자 배열은 모든 전자들의 (n, l) 궤도를 규정함으로써 정의된다. 이 절에서는 다전자 원자의 전자 배열을 결정하는 원리에 대해서 살펴보겠다.

원자의 전자 배열을 결정하는 기본 법칙은 **파울리 배타원리**이다. 즉, 전자는 페르미온으로서 원자 안에 있는 2개의 전자는 똑같은 양자 상태에 있을 수 없다. 각각의 전자는 서로 다른 양자수 (n, l, m_l, m_s)를 가져야 한다. 예를 들어, $n = 1, l = 0, m_l = 0$인 원자의 바닥상태에는 $m_s = \pm 1/2$인 2개의 전자만이 가능하다. 파울리 배타원리에 의하여 주양자수가 n인 양자 상태에 있을 수 있는 전자의 최대 개수는 $2n^2$이다. n이 같은 전자들은 원자핵으로부터 일정한 거리에 위치한 **껍질**(shell)에 분포하고 있다고 생각할 수 있으며, 그 껍질들은 n의 값에 따라 다음과 같이 부른다.

$n =$	1	2	3	4	5	$\cdots$
	K	L	M	N	O	$\cdots$

주어진 n에 대해서 $l = 0, 1, 2, 3, \cdots$ 의 궤도가 가능하며 $s, p, d, f, \cdots$ 로 표시한다. 이 표기법은 원자의 구조가 밝혀지기 전에 분광학에서 선스펙트럼의 특성을 기술했던 "**s**harp, **p**rincipal, **d**iffuse, **f**undamental"에서 유래하였다. $l = 4$부터는 알파벳 순서로 $g, h, i, \cdots$ 를 사용한다. 단, j는 i와 구별되지 않을 수 있어서 제외한다. (n, l)로 표시된 하나의 궤도는 모두 $2(2l+1)$개의 파동함수를 의미한다. 앞의 '2'는 전자가 스핀업, 스핀다운의 두 양자 상태를 가질 수 있음에 기인한다. 같은 n값을 갖고 있는 전자들 중 l의 값이 같은 전자들을 동일한 **부껍질**(subshell)에 존재한다고 이야기한다. 동일한 부껍질에 존재하는 전자들의 에너지는 거의 같다.

(n, l) 전자 배열에서는, 일반적으로 n이 작을수록, 그리고 주어진 n에 대해서는 l이 작을수록 전자가 중심에 더 가까이 접근하므로 더 낮은 에너지를 갖는다(그림 9.1 참조). 하지만 n이 클 경우 반드시 그렇지는 않다. 예를 들어 $4s$와 $3d$의 경우 전자가 후자에 비해서 더 낮은 에너지를 갖는다. 따라서 (n, l) 전자 배열의 에너지 준위는 $1s, 2s, 2p, 3s, 3p, 4s, 3d, 4p, 5s, \cdots$ 의 순서가 된다. 원자의 바닥상태 전자 배열은 파울리의 배타원리를 만족하며 전자들의 에너지 합이 최소가 되도록 주어진다. 예를 들어 바닥상태에 있는 H, He, Li,$\cdots$ 의 전자 배열은 $1s, 1s^2, 1s^2 2s, \cdots$ 등으로 주어진다. 표 9.2는 원자번호 36까지 원자들의 바닥상태 전자 배열을 보여 준다.

껍질이나 부껍질이 수용할 수 있는 모든 전자들을 채웠을 경우 '닫혀 있다(closed)'고 한다. 즉, $l = 0$인 s 부껍질의 경우 2개, $l = 1$인 p 부껍질의 경우 6개, $l = 2$인 d 부껍질의 경우 10개의 전자가 채워지면 닫히게 된다. 닫힌 껍질/부껍질의 경우 전자의 밀도 분포는 구형대칭이다(식 9.27). 그리고 전자들의 전체 각운동량 및 스핀 각운동량은 0이 된다. 예를 들어 헬륨 원자의 바닥상태를 생각해 보면 s 상태에 전자가 2개 있으므로 두 전자의 스핀은 평행할 수도 반대 방향일 수도 있지만, 평행할 경우 두 전자의 m_s가 모두 1/2이어야 하므로, 이는 파울리 배타원리에 위배된다. 즉, 두 전자의 스핀이 반대 방향인 경우만 가능하며 전자들의 총각운동량과 총스핀 각운동량은 0이다. 따라서 다전자 원자의 전자 배열은

표 9.2 원자의 전자 배열과 전리 에너지

원소/원자번호		K	L		M			N				바닥상태 준위	전리 에너지(eV)	
		1s	2s	2p	3s	3p	3d	4s	4p	4d	4f		I → II	II → III
H	1	1										$^2S_{1/2}$	13.598	
He	2	2										$^1S_0$	24.587	54.418
Li	3	2	1									$^2S_{1/2}$	5.392	75.640
Be	4	2	2									$^1S_0$	9.323	18.211
B	5	2	2	1								$^2P^\circ_{1/2}$	8.298	25.155
C	6	2	2	2								$^3P_0$	11.260	24.385
N	7	2	2	3								$^4S^\circ_{3/2}$	14.534	29.601
O	8	2	2	4								$^3P_2$	13.618	35.121
F	9	2	2	5								$^2P^\circ_{3/2}$	17.423	34.971
Ne	10	2	2	6								$^1S_0$	21.565	40.963
Na	11	Neon 배열			1							$^2S_{1/2}$	5.139	47.286
Mg	12				2							$^1S_0$	7.646	15.035
Al	13				2	1						$^2P^\circ_{1/2}$	5.986	18.829
Si	14				2	2						$^3P_0$	8.152	16.346
P	15				2	3						$^4S^\circ_{3/2}$	10.487	19.769
S	16				2	4						$^3P_2$	10.360	23.338
Cl	17				2	5						$^2P^\circ_{3/2}$	12.968	23.814
Ar	18				2	6						$^1S_0$	15.760	27.630
K	19	Argon 배열					-	1				$^2S_{1/2}$	4.341	31.625
Ca	20						-	2				$^1S_0$	6.113	11.872
Sc	21						1	2				$^2D_{3/2}$	6.561	12.800
Ti	22						2	2				$^3F_2$	6.828	13.576
V	23						3	2				$^4F_{3/2}$	6.746	14.634
Cr	24						5	1				$^7S_3$	6.767	16.486
Mn	25						5	2				$^6S_{5/2}$	7.434	15.640
Fe	26						6	2				$^5D_4$	7.902	16.199
Co	27						7	2				$^4F_{9/2}$	7.881	17.084
Ni	28						8	2				$^3F_4$	7.640	18.169
Cu	29						10	1				$^2S_{1/2}$	7.726	20.292
Zn	30						10	2				$^1S_0$	9.394	17.964
Ga	31						10	2	1			$^2P^\circ_{1/2}$	5.999	20.515
Ge	32						10	2	2			$^3P_0$	7.899	15.935
As	33						10	2	3			$^4S^\circ_{3/2}$	9.789	18.589
Se	34						10	2	4			$^3P_2$	9.752	21.196
Br	35						10	2	5			$^2P^\circ_{3/2}$	11.814	21.591
Kr	36						10	2	6			$^1S_0$	14.000	24.360

출처: Kramida et al. (2018)

닫혀 있는 껍질을 제외하고 바깥 껍질의 배열만을 표시하기도 한다.

원자로부터 전자를 전리시키는 데 필요한 **전리 에너지**는 전자의 배열에 의하여 좌우된다. 즉, 최외곽 전자가 겪고 있는 전자기력은 핵의 전하가 다른 전자들에 의하여 부분적으로 상쇄된 유효전하에 의한 전자기력이며, 유효전하가 클수록 전리 에너지도 커진다. 예를 들어 알칼리 금속(alkali metal)의 하나인 Li 원자($Z = 3$)의 경우 2개의 K 껍질 전자에 의하여 상쇄된 $+e$의 유효전하에 의한 전자기력을 겪고 있는 반면, Be($Z = 4$), B($Z = 5$), C($Z = 6$), $\cdots$은 $+2e, +3e, +4e, \cdots$의 유효전하에 의한 전자기력을 겪고 있으므로 그 전리 에너지도 점점 커진다. 비활성 기체(noble gas)인 Ne($Z = 10$)에 이르러 전리 에너지는 최대가 되고, Na($Z = 11$)의 경우 그 유효전하가 다시 $+e$가 되므로 전리 에너지는 급격히 줄어든다(표 9.2).

9.4.2 분광항과 에너지 준위의 분리

(n, l)로 정의되는 원자의 전자 배열은 전자 간의 정전기적 상호작용과 전자의 스핀-궤도 상호작용에 의해 에너지 준위가 서로 다른 **분광항**(spectroscopic term)들로 분리된다. 여기에서 전자 간의 정전기적 상호작용은 중심력 퍼텐셜 근사에서 반영하지 않은 나머지 비중심적 전자와 전자 사이의 반발을 의미한다. (예를 들어 앞 절에서 다룬 헬륨 원자에서 두 전자 사이의 반발, 혹은 일반적으로 최외곽 전자가 하나 이상일 때 최외곽 전자들 간의 정전기적 상호작용이 포함된다.) Z가 크지 않은 다전자 원자의 경우 전자 간의 정전기적 상호작용이 상대적으로 중요하며, 각각의 전자가 갖고 있는 궤도 각운동량의 합인 총궤도 각운동량 $\mathbf{L} = \Sigma \mathbf{l}_i$, 각각의 스핀 각운동량의 합인 총스핀 각운동량 $\mathbf{S} = \Sigma \mathbf{s}_i$, 그리고 그 둘의 합인 총각운동량 $\mathbf{J} = \mathbf{L} + \mathbf{S}$가 보존되는 물리량으로서 (L, S, J)가 좋은 양자수이다. 이것을 ***LS* 결합** 혹은 **러셀-손더스 결합**(Russell-Saunders coupling)이라 부른다.[3] 총각운동량 연산자의 양자수 J는 $|L-S|, |L-S|+1, |L-S|+2, \cdots, L+S$의 값을 가질 수 있다. $Z \gtrsim 40$인 원자의 경우 전자 간의 상호작용에 비해서 전자의 스핀-궤도 상호작용이 더 강해지며, 이 경우에는 각 전자의 궤도 각운동량과 스핀 각운동량이 합해져 $\mathbf{j}_i = \mathbf{l}_i + \mathbf{s}_i$를 만들고 그들이 다시 합해서 총각운동량 $\mathbf{J} = \Sigma \mathbf{j}_i$가 되는 jj 결합을 따른다.

LS 결합의 경우 각각의 (L, S) 조합을 **분광항**이라 부르며,

$$^{2S+1}L$$

로 표기한다. 위 첨자 $2S+1$은 **스핀 다중도**(spin multiplicity)를 나타낸다. $S = 0, 1/2, 1$인 경우 다중도는 $1, 2, 3$이므로, 이 분광항들을 각각 단일항(singlet), 이중항(doublet), 삼중항(triplet)이라 부른다. L은 총궤도 각운동량의 양자수이며 L에 따라 분광항은 다음과 같이 알파벳으로 표기한다.

3) '러셀-손더스 결합'의 러셀은 'H-R도(Hertzsprung-Russell diagram)'의 러셀(Henry Norris Russell 1877-1957)과 동일인이다. 러셀-손더스 결합에 관한 논문은 1925년 *Astrophysical Journal*에 발표되었다(Russell and Saunders 1925).

$$\begin{array}{lccccccccc} L = & 0 & 1 & 2 & 3 & 4 & 5 & 6 & \cdots \\ & S & P & D & F & G & H & I & \cdots \end{array}$$

각각의 분광항은 자기양자수 m_L을 고려하면 $(2S+1)(2L+1)$개의 **양자 상태**(state)를 포함한다. 따라서 분광항의 통계가중치는 $(2S+1)(2L+1)$이다. $(L, S, M_L, M_S$로 정의되는 양자 상태의 가중치는 1이다.) 분광항에 속한 원자의 에너지 **준위**(level)는 총각운동량 양자수 J를 사용하여

$$^{2S+1}L_J^{\rm parity}$$

와 같이 표기한다. 즉, 준위는 (L, S, J)로 정의되며, 자기양자수 m_J를 생각하면 준위는 $(2J+1)$겹으로 겹쳐 있고 통계가중치는 $2J+1$이다. 분광항의 오른쪽 위에 붙는 기호는 **홀짝성**(parity) 혹은 파동함수의 원점에 대한 대칭성을 나타낸다. 즉, $\mathbf{x}$를 $-\mathbf{x}$로 바꿨을 때 혹은 구면 좌표계의 (θ, ϕ)를 $(\pi-\theta, \phi+\pi)$로 바꿨을 때 파동함수의 부호가 바뀌는지의 여부를 나타낸다. 부호가 바뀔 경우 '홀' 혹은 '-1'의 홀짝성(odd parity)을 갖는다고 하며 첨자 'o'를 붙인다. 부호가 바뀌지 않을 경우 '짝' 혹은 '$+1$'의 홀짝성(even parity)을 갖는다고 하며, 첨자를 붙이지 않거나 첨자 'e'를 붙인다. 수소 원자의 파동함수 $Y_{lm}(\theta, \phi)$의 홀짝성은 $(-1)^l$이다. 따라서 수소 원자의 바닥 준위 $^2S_{1/2}$은 짝의 홀짝성을, 들뜸 준위 $^2P^{\rm o}_{1/2}$는 홀의 홀짝성을 갖는다. 다전자 원자의 경우에 홀짝성은 $(-1)^{\sum_i l_i}$, 즉 전자들의 궤도양자수의 합이 짝수 혹은 홀수인가에 의해 결정된다. 예를 들어 전자 배열이 p^2인 준위는 모두 짝의 홀짝성을 갖는다.

최외곽 껍질이 채워지지 않았을 때 어떠한 분광항이 가능한가를 보기 위해서는 **전자의 동등성**을 고려해야 한다. 동등하지 않다는 말은 n 혹은 l이 달라 다른 양자 상태에 있음을 의미하고, 동등하다는 것은 n과 l이 같은 전자임을 의미한다. 동등하지 않은 전자 배열의 경우 분광항을 구하는 것은 간단하다. 예를 들어 전자 배열이 $1s2s$인 경우 $L=0$, $S=0$과 1이 가능하다. 따라서 가능한 분광항은 단일항 ^1S와 삼중항 ^3S가 된다. 반면 동등한 전자로 구성된 $1s^2$ 배열의 경우 파울리 배타원리에 의해 삼중항은 불가능하며 단일항만이 가능하다. 또 다른 예로 p 궤도$(l=1)$에 있는 두 전자를 생각해 보자. 만약 두 전자가 서로 다른 주양자수를 갖고 있다면, 가능한 총궤도 각운동량과 총스핀 각운동량은 $L=0, 1, 2$, $S=0, 1$이 될 것이다. 따라서 표 9.3에서 보듯이 가능한 분광항은 $^1S, {}^3S, {}^1P, {}^3P, {}^1D, {}^3D$이다. 이 분광항들은 각각 $(2S+1)(2L+1)$의 양자 상태를 포함하고 있으므로 전체 양자 상태수는 $1+3+3+9+5+15=36$이다. 양자 상태수는 다른 방법으로도 확인할 수 있다. 우선 $^1S_0, {}^3S_1, {}^1P_1, {}^3P_{0,1,2}, {}^1D_2, {}^3D_{1,2,3}$ 각각의 준위는 $(2J+1)$개의 양자 상태를 포함하고 있으므로 전체 양자수는 $1+3+3+(1+3+5)+5+(3+5+7)=36$개가 된다. 혹은 각각의 전자가 가질 수 있는 양자

표 9.3 p 궤도 전자 2개를 가진 원자의 분광항

분광항	준위	(L,S)	m_L	m_S	양자 상태수	동등한 전자일 경우
^3D	$^3D_{1,2,3}$	(2,1)	2,1,0,−1,−2	1,0,−1	15	허용 안 됨*
^1D	$^1D_2$	(2,0)	2,1,0,−1,−2	0	5	허용됨
^3P	$^3P_{0,1,2}$	(1,1)	1,0,−1	1,0,−1	9	허용됨
^1P	$^1P_1$	(1,0)	1,0,−1	0	3	허용 안 됨*
^3S	$^3S_1$	(0,1)	0	1,0,−1	3	허용 안 됨*
^1S	$^1S_0$	(0,0)	0	0	1	허용됨

* 이 분광항들이 허용되지 않는 물리적 이유는 파동함수의 대칭성 때문이다. 전자는 페르미온이므로 파동함수는 두 전자의 교환에 대해서 반대칭이어야 한다. 동등한 두 전자로 구성된 전자 배열의 (L,S) 양자 상태를 기술하는 고유 파동함수가 반대칭이기 위해서는 $L+S$가 짝수이어야 한다(Condon and Shortley 1991, 8장 참조).

상태수를 이용해도 되는데, p 궤도 전자 하나의 가능한 (m_l, m_s) 양자 상태수는 $m_l = +1, 0, -1$이 가능하고 $m_s = +1/2, -1/2$이 가능하므로 모두 6개이다. 따라서 만약 두 전자가 서로 다른 주양자수를 갖고 있다면, 두 전자의 조합으로 가질 수 있는 양자 상태수는 $6 \times 6 = 36$개로서 앞의 결과와 동일하다.

만약 전자 배열이 p^2이어서 두 전자가 동일한 주양자수를 갖고 있을 경우에는 6개 중 순서에 상관없이 동일하지 않은 2개의 조합을 택해야 하므로, 가능한 양자 상태수는 $_6C_2 = 6!/(6-2)!2! = 15$개가 된다. 표 9.3의 분광항 중 이들 15개 양자 상태에 해당하는 분광항을 찾기 위해서는 36개의 양자 상태를 표로 만들고, 그중 파울리 배타원리에 의해서 금지되는 양자 상태를 제외한 나머지 양자 상태에 해당하는 분광항을 찾으면 된다(Rybicki and Lightman 1979, 9.4절 참조). 그 과정을 요약하면 아래와 같다.

(1) ^3D: $(m_L, m_S) = (2,1)$이 되기 위해서는 두 전자 모두 $(m_l, m_s) = (1, 1/2)$이어야 하는데, 이는 파울리 배타원리에 위배되므로 이 분광항은 허용되지 않음.

(2) ^1D: 두 전자의 $(m_l, m_s) = (1, 1/2), (1, -1/2)$의 양자 상태로 발생하는 $m_L = 2$의 양자수를 가진 유일한 분광항이므로 해당됨.

(3) ^3P: 두 전자의 $(m_l, m_s) = (1, 1/2), (0, 1/2)$의 양자 상태로 발생하는 $m_S = 1$의 양자수를 가진 유일한 분광항이므로 해당됨.

(4) 분광항 ^1D와 ^3P의 양자 상태수는 모두 $5 + 9 = 14$개임. 따라서 1개의 양자 상태수를 가진 분광항이 추가로 필요한데, 이에 해당하는 분광항은 ^1S가 유일함. 따라서 p^2 전자 배열을 가진 원자의 분광항은 $^1S, ^3P, ^1D$가 됨.

한편, 부껍질의 반 이상이 채워진 전자 배열의 경우(예: p^4) 그 가능한 분광항은

그에 대응되는 반 이하가 채워진 전자 배열(예: p^2)의 분광항과 같다. 앞의 예에서 보았듯이 하나의 전자에게 n개의 양자 상태가 가능하고 s개의 동일한 전자로 이루어진 시스템이라면, 파울리 배타원리를 만족하는 조합은 순서에 상관없이 s개의 서로 다른 조합을 선택하는 가짓수로서

$$_nC_s = \frac{n!}{s!\,(n-s)!} \tag{9.67}$$

이 된다. 이 식에서 보듯이 그 가짓수는 남은 $(n-s)$개의 **홀**(hole)에 대하여 서로 다른 조합을 선택하는 가짓수와 동일하다. 그리고 그들의 양자 상태로부터 가능한 분광항을 결정할 수 있다. 예를 들어 p^4 전자 배열을 가진 원자의 분광항은 p^2 전자 배열을 가진 원자와 동일하게 $^1S, ^3P, ^1D$가 된다. 표 9.4는 최외곽 껍질의 전자 배열이 p^1–p^5인 원자들의 분광항과 우주함량이 상대적으로 높은 해당 원자들을 보여 준다.

동일한 전자 배열을 가진 분광항은 전자들의 **정전기적 상호작용**에 의해서 분리된다. 예를 들어 $1s2s$ 배열의 헬륨 원자를 생각해 보면 총스핀 양자수 $S=0$과 1인 ^1S와 ^3S 분광항이 가능한데, ^3S 분광항이 ^1S 분광항에 비하여 낮은 에너지를 갖는다. 전자들의 정전기적 상호작용을 고려함에도 불구하고 스핀 양자수에 따라서 분광항이 분리되는 이유는 두 분광항의 공간 파동함수가 다르기 때문이다. 즉, 공간 파동함수와 스핀 파동함수의 곱인 총파동함수가 반대칭이어야 하는데, $S=0$인 경우 스핀 파동함수가 반대칭이므로 공간 파동함수가 대칭이어야 하며, $S=1$인 경우에는 그 반대이다. 해밀토니안 연산자에 전자들 사이의 상호작용에 의한 에너지항을 추가하고 그 기댓값을 구할 경우, 공간 파동함수가 반대칭일 경우가 대칭일 경우에 비해서 더 낮은 에너지를 갖는다(9.3.2절 참조). 즉, 스핀 양자수가 다른 두 분광항이 서로 다른 에너지를 갖는데, 그 이유는 스핀과의 상호작용이 아닌 전적으로 전자 간의 정전기적 상호작용에 기인하는 것이다.

보다 일반적인 경우에 이러한 전자 간의 정전기적 상호작용에 의해서 어떤

표 9.4 $p^n(n=1,\cdots,5)$ 전자 배열의 분광항과 높은 우주함량의 해당 원자들

전자 배열	분광항	원자($1s^22s^22p^n$)	원자($1s^22s^22p^63s^23p^n$)
p^1	^2P	C II, N III, O IV, Ne VI	Al I, Si II, S IV
p^2	^3P, ^1D, ^1S	C I, N II, O III, Ne V	Si I, S III, Ar V
p^3	^4S, ^2D, ^2P	N I, O II, Ne IV	S II, Ar IV
p^4	^3P, ^1D, ^1S	O I, Ne III, Na IV, Mg V	S I, Ar III, Ca V
p^5	^2P	Ne II, Na III, Mg IV, Al V, Si VI	Ar II, Ca IV

원소의 **우주함량**(cosmic abundance) 혹은 **태양함량**(solar abundance)이란 태양의 광구와 운석의 화학 조성으로부터 추정한 원시 태양계의 구성 원소들의 평균 함량을 의미한다. H와 He을 제외하면 O, C, Ne, N, Mg, Si, Fe, S, ... 순으로 함량이 높다(Asplund et al. 2009 참조).

항의 에너지가 더 낮은가는 다음의 **훈트 규칙**(Hund's rule)을 따른다. (1) 주어진 전자 배열에 대해서 가장 큰 스핀 다중도를 갖는 항이 가장 낮은 에너지를 갖는다. 스핀 다중도는 $2S+1$이므로 S가 클수록 분광항의 에너지는 낮다. 전자들의 스핀이 평행하면 전자들의 상호 거리가 상대적으로 멀기 때문이다. (2) 스핀 다중도가 같을 경우 총궤도 각운동량 양자수 L이 클수록 에너지가 낮다. 전자 간의 궤도 운동량이 평행할 경우 반대일 경우에 비해서 전자 간의 거리가 멀기 때문이다. 이러한 훈트의 규칙은 기본적으로 바닥상태의 전자 배열에만 적용된다.

전자 간의 정전기적 상호작용만을 고려할 경우 (L, S)가 같으면 동일한 에너지를 갖는다. (L, S)로 정의된 분광항은 스핀-궤도 상호작용에 의해 J에 따라서 에너지가 다른 미세 구조를 갖는다. 그 에너지는 수소 원자와 마찬가지로

$$E_{\mathrm{s-o}} = C[J(J+1) - L(L+1) - S(S+1)] \tag{9.68}$$

과 같이 주어진다(식 9.38). 따라서 L과 S가 같은 준위의 에너지는 $CJ(J+1)$에 비례한다. J에 따른 준위의 분리는 **훈트의 제3규칙**으로도 알려졌으며, 전자가 껍질의 반을 채우지 못할 경우에는 J가 클수록 에너지가 높으나($C > 0$), 만약 껍질의 반 이상이 채워질 경우에는 J가 클수록 에너지가 낮다. 껍질의 반을 채운 p^3 배열의 경우에는 바닥상태의 분광항은 $^4S_{3/2}$으로 스핀-궤도 상호작용에 의한 미세 구조는 없으며, 들뜬 분광항(^2D, ^2P)의 준위 분리는 일정한 규칙을 따르지 않는다. 한편 식 (9.68)로부터 미세 구조의 이웃한 두 준위 J와 $J-1$의 에너지 차이는 $E_{\mathrm{s-o}}(J) - E_{\mathrm{s-o}}(J-1) = 2CJ$로서, 두 준위의 J 값 중 큰 값에 비례한다. 따라서 예를 들어 $^3P_2$와 $^3P_1$ 준위 사이의 간격과 $^3P_1$과 $^3P_0$ 준위 사이 간격의 비는 2:1이다. 이를 **란데 간격 규칙**(Landé interval rule)이라 부른다.

훈트 규칙의 예로서 탄소 원자의 바닥상태를 생각해 보자. 전자 배열은 $2p^2$이므로 가능한 준위는 $^1S_0, {}^3P_{0,1,2}, {}^1D_2$이다. 훈트의 제1규칙에 의해서 S가 가장 큰 ^3P 분광항이 가장 낮은 에너지를 가지며, 그다음으로는 제2규칙에 의해서 L이 큰 ^1D 분광항, 마지막으로 ^1S 분광항이 된다. ^3P 분광항의 세 준위 $^3P_0$, $^3P_1$, $^3P_2$ 가운데에서는 — 훈트의 제3규칙에 의해서 — $^3P_0$가 바닥 준위가 된다(그림 9.8).

바닥 전자 배열이 np^1–np^5인 원자와 이온의 분광항 및 미세 구조 준위들 사이의 천이로부터 방출되는 **금지선**(forbidden line)들은 천문학적으로 매우 중요하다(10.3절 참조). 준위 사이의 에너지 차이가 크지 않기 때문에 충돌에 의해서 쉽게 들뜰 수 있어서 천체의 냉각에 중요하며, 금지선들의 상대적 세기로부터 매질의 온도, 밀도 및 금속함량 등을 구할 수 있다(문제 5). 특히 우주함량이 높은 C, N, O, Ne, Mg, Si, S, Fe 등의 금지선들이 중요한데(표 9.4 참조), 예를 들어 O III 이온의 $^1D_2 \rightarrow {}^3P_{1,2}$ 천이에서 방출되는 [O III] 4959 Å, 5007 Å 선은 전리 기체의 주된 냉각선으로서 외부 은하의 대표적인 광학 방출선이며, C II 이온의

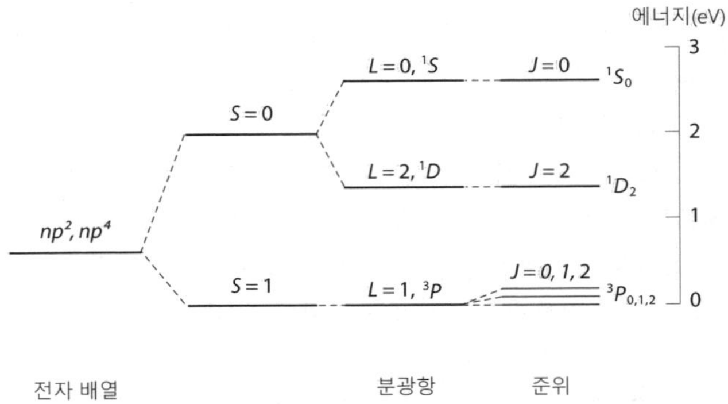

그림 9.8 분광항 도표(term diagram). 동일한 p 전자 2개 혹은 4개를 가진 원자의 LS 결합에 의한 에너지 준위. 분광항들 사이의 간격은 탄소 원자($2p^2$)의 경우에 해당하며, 그 크기는 오른쪽에 나타나 있다. ^3P 분광항의 경우 np^2 배열을 가진 원자의 경우에는 $^3P_0, ^3P_1, ^3P_2$의 순서로, np^4 배열을 가진 원자의 경우에는 그 역순으로 에너지가 높다.

$^2P_{3/2} \rightarrow {}^2P_{1/2}$ 천이에서 방출되는 [C II] 158 μm 선과 O I 원자의 $^3P_1 \rightarrow {}^3P_2$ 천이에서 방출되는 [O I] 63 μm 선은 중성 기체의 주된 냉각선으로서 외부 은하의 대표적인 원적외선 방출선이다(Draine 2011, 30.3절 참조).

9.5 원자의 에너지 준위 분포

9.5.1 볼츠만 분포

주어진 물리적 환경에서 특정한 에너지 준위에 존재하는 원자가 전체 원자 가운데 어느 정도의 비중을 차지하는가는 다른 입자들과의 충돌 및 주변 복사장과의 상호작용에 의하여 결정되며, 복잡한 계산을 요구한다. 그러나 매질이 열역학적 평형상태나 혹은 LTE 상태에 있을 때는 단순히 매질의 온도에 의하여 결정되며, 겹침을 나타내는 통계가중치가 g_i인 에너지 준위 i에 있는 원자의 수밀도 n_i는 **볼츠만 분포**(Boltzmann distribution)인

$$n_i = n\frac{g_i}{Z(T)}e^{-E_i/kT} \tag{9.69}$$

로 주어진다. n은 원자의 수밀도, E_i는 바닥상태에 대한 상대적인 에너지로서 0보다 큰 값을 가지며, **분배함수**(partition function) $Z(T)$는

$$Z(T) = \sum_i g_i e^{-E_i/kT} \tag{9.70}$$

이다. 통계가중치는 주양자수 n으로만 정의된 에너지 준위의 경우에는 $2n^2$이며, LS 결합에 의한 $^{2S+1}L_J$ 준위의 경우 $2J+1$이다.

위의 분배함수는 정의에 의하면 발산한다. 즉, $e^{-E_i/kT}$는 $e^{-\chi_I/kT}$(χ_I는 전리 에너지)보다는 큰 값을 가지는 반면 $g_i = 2i^2$은 i가 커질수록 무한히 커지므로 그 합은 발산한다. 그러나 실제 기체에서는 주변 입자들과의 상호작용으로 인하여 매우 큰 i상태에 있는 원자는 속박 상태로 존재하지 않으므로 i를 무한대까지 합하지 않아도 된다. 더군다나 $e^{-E_i/kT}$ 인자는 i가 커질수록 급격히 작아지므로 일반적으로 앞의 몇 항만 합해도 충분히 정확하다(Rybicki and Lightman 1979, 9.5절 참조). 한편 식 (9.69)로부터 1과 2 상태에 있는 원자의 상대적인 비는

$$\frac{n_2}{n_1} = \frac{g_2}{g_1} e^{-(E_2-E_1)/kT} \tag{9.71}$$

가 됨을 알 수 있다.

9.5.2 충돌에 의한 천이

복사천이와 더불어 원자의 에너지 준위 분포를 결정하는 또 다른 중요한 물리적 과정은 입자와의 충돌이다. 여기에서는 입자, 특히 전자와의 충돌에 의한 천이에 대해서 살펴보겠다. 하나의 원자 혹은 이온이 전자와의 충돌에 의하여 상태 1에서 2로 단위 시간당 천이가 일어날 확률을 P_{12}라고 한다면

$$P_{12} = n_e\gamma_{12} = n_e \langle \sigma_{12}(v)v \rangle \tag{9.72}$$

로 표현할 수 있다. n_e는 전자의 밀도, $\sigma_{12}(v)$는 **들뜸 충돌 단면적**(collisional excitation cross-section), v는 전자와 원자와의 상대속도이다. $\gamma_{12} = \langle \sigma_{12}(v)v \rangle$는 **들뜸 충돌률계수**(collisional rate coefficient for excitation)로서 $\langle\ \rangle$는 속도 분포에 대한 평균을 뜻한다. 예를 들어 속도 분포가 맥스웰-볼츠만 분포인 경우,

$$\gamma_{12} = \langle \sigma_{12}(v)v \rangle = \int_0^\infty \sigma_{12}(v) f(v) 4\pi v^3 dv \tag{9.73}$$

로 주어진다. $f(v)$는 3차원 맥스웰-볼츠만 분포 함수(식 5.26)로서, $f(v)4\pi v^2 dv$가 입자가 속도 v와 $v+dv$ 사이에 있을 확률을 나타내며

$$\int_0^\infty f(v) 4\pi v^2 dv = 1 \tag{9.74}$$

을 만족한다. 마찬가지로 상태 2에서 1로 천이가 일어날 확률 $P_{21} = n_e\gamma_{21} = n_e \langle \sigma_{21}(v)v \rangle$이다. γ_{21}과 σ_{21}은 각각 **되가라앉음 충돌률계수**(collisional rate coefficient for de-excitation)와 **되가라앉음 충돌 단면적**(collisional de-excitation cross-section)이다.

이 충돌 상수들은 서로 무관하지 않다. 즉, 열역학적 평형 상태에서는 단위 시간 및 단위 부피당 충돌에 의한 들뜸과 되가라앉음이 평형을 이루어야 하므로

$$n_1 P_{12} = n_2 P_{21} \tag{9.75}$$

이 되며, P_{12}와 P_{21} 및 γ_{12}와 γ_{21} 사이에는

$$g_1 P_{12} = g_2 P_{21} e^{-E_{21}/kT}, \tag{9.76a}$$

$$g_1 \gamma_{12} = g_2 \gamma_{21} e^{-E_{21}/kT} \tag{9.76b}$$

의 관계가 있다. $E_{21} \equiv E_2 - E_1 (> 0)$이다. 한편 속도 v_1과 v_2를 각각 들뜨기 전과 후의 상대 속도라고 한다면, 자세하게는 v_1과 $v_1 + dv_1$ 사이의 속도를 가진 입자와의 충돌에 의하여 단위 시간 및 단위 부피당 들뜨는 횟수는 v_2와 $v_2 + dv_2$ 사이의 속도를 가진 입자와의 충돌에 의하여 단위 시간 및 단위 부피당 되가라앉는 횟수와 같아야 하므로

$$n_1 n_e \sigma_{12}(v_1) f(v_1) 4\pi v_1^3 dv_1 = n_2 n_e \sigma_{21}(v_2) f(v_2) 4\pi v_2^3 dv_2$$

이다. 속도 v_1과 속도 v_2 사이에는

$$\frac{m_e v_2^2}{2} = \frac{m_e v_1^2}{2} - E_{21} \tag{9.77}$$

의 관계가 있으므로, $v_1 dv_1 = v_2 dv_2$이며

$$f(v_2) = \left(\frac{m_e}{2\pi k T_e}\right)^{3/2} e^{-m_e v_2^2/2kT_e} = f(v_1) e^{E_{21}/kT_e} \tag{9.78}$$

이다. 그리고 n_2/n_1는 식 (9.71)에 의해서 주어지므로, 이 식들로부터 $\sigma_{12}(v_1)$와 $\sigma_{21}(v_2)$ 사이의 관계식

$$g_1 v_1^2 \sigma_{12}(v_1) = g_2 v_2^2 \sigma_{21}(v_2) \tag{9.79}$$

를 얻는다. $m_e v_1^2/2 < E_{21}$일 경우 들뜸이 발생하지 않으므로, 혹은 식 (9.79)에서 $v_2 = 0$이므로 $\sigma_{12} = 0$이다. 되가라앉음 충돌 단면적 σ_{21}에는 당연히 그러한 임계값은 없다. 한편, 식 (9.79)는 열역학적 평형이라는 가정에서 유도되었지만 그 결과는 온도에 의존하지 않는다. 실제로 σ_{12}와 σ_{21}은 원자 상수이며 두 충돌 단면적 사이의 관계를 주는 식 (9.79)는 주변 물리적 조건에 관계없이 항상 만족된다.

충돌 단면적이 속도에 따라 어떻게 변하는가는 입자가 중성인가 혹은 전하를

띠고 있는가에 따라 다르다. 이온의 경우 전자와의 충돌 시 둘 사이의 쿨롱 전기력에 의하여 $\sigma_{12}(v)$는 v가 임계값, 즉 $v = (2E_{21}/m_e)^{1/2}$보다 지나치게 크지 않을 경우 $\sigma_{12}(v) \propto 1/v^2$로 변한다(Draine 2011, Appendix I 참조). 따라서 일반적으로 들뜸 충돌 단면적을 **들뜸 충돌세기**(collision strength for excitation) Ω_{12}를 사용하여

$$\sigma_{12}(v_1) = \frac{\pi\hbar^2}{m_e^2 v_1^2}\frac{\Omega_{12}(v_1)}{g_1} = \frac{\lambda_p^2}{4\pi}\frac{\Omega_{12}(v_1)}{g_1} \tag{9.80}$$

과 같이 나타낸다. $\lambda_p(= h/m_e v_1)$는 속도가 v_1인 전자의 드브로이 파장(de Broglie wavelength)이다. 마찬가지로 되가라앉음 충돌 단면적은 **되가라앉음 충돌세기**(collision strength for de-excitation) Ω_{21}을 사용하여

$$\sigma_{21}(v_2) = \frac{\pi\hbar^2}{m_e^2 v_2^2}\frac{\Omega_{21}(v_2)}{g_2} \tag{9.81}$$

로 나타낼 수 있다. 충돌 단면적 사이에는 식 (9.79)의 관계가 있으므로, 이로부터 $\Omega_{12}(v_1) = \Omega_{21}(v_2)$임을 알 수 있다.

식 (9.81)의 σ_{21}을 이용하여 되가라앉음 충돌률계수를 표시하면

$$\gamma_{21} = \langle\sigma_{21}(v_2)v_2\rangle = \left(\frac{2}{\pi}\right)^{1/2}\left(\frac{m_e}{kT_e}\right)^{3/2}\frac{\pi\hbar^2}{g_2 m_e^2}\int_0^\infty \Omega_{21}(v) v e^{-m_e v^2/2kT_e} dv \tag{9.82}$$

가 된다. 적분 식에서는 v_2 대신 v를 사용하였다. 이제 속도에 대한 적분을 에너지 $E = m_e v^2/2$에 대한 적분으로 바꾸면

$$\gamma_{21} = \frac{h^2\Omega_{21}(T_e)}{g_2(2\pi m_e)^{3/2}(kT_e)^{1/2}} = \frac{8.63\times10^{-6}\Omega_{21}(T_e)}{g_2 T_e^{1/2}}\ \mathrm{cm^3\ s^{-1}} \tag{9.83}$$

가 된다. 여기에서 $\Omega_{21}(T_e)$는

$$\Omega_{21}(T_e) = \int_0^\infty \Omega_{21}(E)e^{-E/kT_e} d\left(\frac{E}{kT_e}\right) \tag{9.84}$$

로서 전자의 속도에 대해서 평균한 온도 T_e에서의 **유효 충돌세기**(effective collision strength)이다. 한편, 식 (9.76)으로부터 들뜸 충돌률계수는

$$\gamma_{12} = \frac{g_2}{g_1}\gamma_{21}e^{-E_{21}/kT_e} = \frac{8.63\times10^{-6}\Omega_{21}(T_e)}{g_1 T_e^{1/2}}e^{-E_{21}/kT_e}\ \mathrm{cm^3\ s^{-1}} \tag{9.85}$$

가 된다. 정의에 의하면 $\gamma_{12} = \langle\sigma_{12}(v_1)v_1\rangle$이고 적분의 하한값이 되는 속도 $v_{\min}$은 $m_e v_{\min}^2/2 = E_{21}$에 의해서 주어지므로 위 결과와 비교하여 $\Omega_{12}(T_e) = \Omega_{21}(T_e)$임을 확인할 수 있다.

일반적으로 충돌세기란 속도에 대해서 평균한 유효 충돌세기 $\Omega_{21}(T_e)$를 의미한다. $\Omega_{12} = \Omega_{21}$이므로 들뜸 충돌세기와 되가라앉음 충돌세기를 구별할 필요는 없다. $\Omega_{21}(E)$는 양자역학적 공명 현상에 의해서 에너지 E에 매우 복잡한 의존도를 보이나, 속도에 대해서 평균한 $\Omega_{21}(T_e)$는 대부분의 경우 온도에 미약하게 의존하며 1에 가까운 값을 갖는다.

한편, 하나의 준위로 구성된 분광항과 여러 준위로 구성된 분광항 사이의 천이의 경우, 충돌세기 사이에는 간단한 관계가 있다. 즉, $S = 0$ 혹은 $L = 0$인 분광항의 준위 $^{2S+1}L_J$와 여러 준위로 구성된 분광항의 준위 $^{2S'+1}L'_{J'}$ 사이의 충돌세기 $\Omega(SLJ, S'L'J')$은

$$\Omega(SLJ, S'L'J') = \frac{(2J'+1)}{(2S'+1)(2L'+1)}\Omega(SL, S'L') \tag{9.86}$$

으로 주어진다. $\Omega(SL, S'L')$은 $\Omega(SLJ, S'L'J')$을 합한, 분광항과 분광항 사이의 충돌세기를 나타낸다. 9.4.2절에서 보았듯이, $(2S'+1)(2L'+1)$은 분광항 $^{2S'+1}L'$의 통계가중치이며 $2J'+1$은 그 분광항 가운데 총각운동량이 J'인 준위 $^{2S'+1}L'_{J'}$의 통계가중치이다. 따라서 각각의 준위는 통계가중치에 비례하는 충돌세기를 갖는다. 예를 들어 $1s^2 2s^2 2p^2$의 전자 배열을 가진 O III 이온의 경우 에너지 준위는 $^3P_{0,1,2}$, $^1D_2$, $^1S_0$의 세 분광항으로 되어 있으며(9.4.2절의 표 9.4, 그림 9.8 참조), 바닥 분광항의 준위 $^3P_{J'}$과 분광항 $^1D_2$ 사이의 전자와의 충돌에 의한 되가라앉음 충돌세기는 $\Omega(^1D_2, ^3P_{J'}) = 0.243(2J'+1)T_4^{0.120+0.031\ln T_4}$의 근사식으로 주어진다(Draine 2011).[4] $T_4 = T/10^4$ K이다.

9.5.3 통계적 평형과 임계 밀도

원자의 에너지 준위 분포는 입자 간의 충돌과 복사장과의 상호작용으로 결정된다. 복사에 의한 천이는 2장에서 기술했듯이, 아인슈타인 계수 A_{21}과 B_{12}, B_{21}으로 주어진다. 일반적으로 우리가 관심 있는 시간 척도는 미시적 과정의 시간 척도보다 훨씬 크므로, 우리는 미시적 과정들이 **통계적 평형**(statistical equilibrium)을 이루고 있다고 가정할 수 있다. 통계적 평형이란 입자와의 충돌과 광자의 흡수 및 방출로 인해 단위 시간당 준위를 채우는 빈도와 단위 시간당 준위를 비우는 빈도가 같아서 '준위 분포가 시간에 의존하지 않는 정상상태'를 의미한다. 예를 들어 1과 2 두 준위로 이루어진 계의 경우,

$$n_2(A_{21} + B_{21}J_\nu + P_{21}) = n_1(B_{12}J_\nu + P_{12}) \tag{9.87}$$

4) 바닥 전자 배열이 np^1–np^5인 원자 및 이온의 전자와의 충돌에 의한 되가라앉음 충돌세기에 관한 여러 근사식은 Draine(2011)의 부록에서 확인할 수 있다.

를 만족한다. J_ν는 평균 복사장 세기이다. 위 식으로부터

$$\frac{n_2}{n_1} = \frac{g_2}{g_1} \frac{\dfrac{c^2 A_{21} J_\nu}{2h\nu^3} + P_{21} e^{-h\nu/kT}}{A_{21}\left(1 + \dfrac{c^2 J_\nu}{2h\nu^3}\right) + P_{21}} \tag{9.88}$$

가 된다(식 2.6 참조). 열역학적 평형일 때는 $J_\nu = B_\nu$이므로 n_2/n_1는 볼츠만 분포가 됨을 알 수 있다.

통계적 평형에 의해 결정되는 원자의 준위 분포는 원자가 열역학적 평형 상태나 LTE 상태에 있을 때의 준위 분포와는 일반적으로 다르며, 이를 나타내는 **들뜸온도**(excitation temperature) $T_{\rm ex}$를

$$\frac{n_2}{n_1} = \frac{g_2}{g_1} e^{-h\nu_{12}/kT_{\rm ex}} \tag{9.89}$$

와 같이 정의한다(식 2.18). 원자들의 준위 분포가 볼츠만 분포에 의해 주어질 때 $T_{\rm ex} = T$가 된다. 충돌에 의한 천이가 복사에 의한 천이보다 빈번하다면, 즉 주변 복사장의 영향을 무시할 경우 $P_{21} \gg A_{21}$, 혹은 충돌하는 입자의 밀도가

$$n \gg n_{\rm crit} \equiv A_{21}/\gamma_{21} \tag{9.90}$$

일 경우에 볼츠만 분포가 됨을 알 수 있다. 위의 $n_{\rm crit}$을 **임계 밀도**(critical density)라 부른다.[5] 일반적으로 준위가 많을 경우 i준위의 임계 밀도는

$$n_{\rm crit}(i) = \sum_{j<i} A_{ij} \Big/ \sum_{j\neq i} \gamma_{ij} \tag{9.91}$$

로 정의할 수 있다.

밀도가 임계 밀도보다 큰가 작은가는 준위 분포뿐만 아니라 방출선의 세기를 결정짓는다. 즉, 밀도가 임계 밀도보다 매우 작을 경우에는 충돌에 의해 들뜬 원자는 충돌에 의해 되가라앉기 전에 자발적으로 광자를 방출하면서 낮은 에너지 준위로 돌아간다. 이 경우, 충돌하는 입자가 전자라면 $n_1 n_e \gamma_{12} = n_2 A_{21}$이 성립하고, 방출선의 광학적 깊이가 작다면 그 세기는 — j_ν는 $n_2 A_{21}$에 비례하므로 — 전자의 밀도와 원자의 밀도의 곱($n_1 n_e$)에 비례한다(2.2절 참조). 반면 밀도가 임계 밀도보다 크다면, 충돌에 의해 들뜬 원자는 충돌에 의해 되가라앉으므로 방출된 복사의 세기는 상대적으로 약해지며 단순히 원자의 밀도(n_2)에 비례한다.

5) 주변 복사장에 의한 유도 천이를 무시할 수 없는 경우에는 임계 밀도를 $n_{\rm crit} \equiv (1+\bar{n}_\gamma)A_{21}/\gamma_{21}$과 같이 정의한다(식 2.9 참조). $\bar{n}_\gamma$는 주변 복사장의 광자 점유수이다. 예를 들어 HI 21 cm 선이 방출되는 중성 수소 바닥상태 초미세 구조의 경우, 우주배경복사 및 은하의 싱크로트론 복사의 $\bar{n}_\gamma$는 1보다 매우 크며, 따라서 $n_{\rm crit}$은 A_{21}/γ_{21}보다 매우 크다(Draine 2011, 17.3절 참조).

제10장 복사천이⋆

10.1 쌍극자 복사천이 확률

9.1절에서 언급했듯이, 원자 내부에 있는 전자의 속도는 광속도에 비해서 $v/c \sim \alpha$ 만큼 작으며, 따라서 비상대론적 근사가 가능하다. 고전적인 모형으로 생각해 보면 원자핵 주위의 반경 a_0 에서 v 의 속도로 주기 $1/\nu$ 의 원운동을 하는 전자가 방출하는 빛의 파장은 $\lambda = c/\nu = (c/v)v/\nu \sim (c/v)2\pi a_0$ 이므로 $ka_0 \sim v/c \sim \alpha \ll 1$ 이며 쌍극자 근사가 가능하다(4.3절 참조). 한편, 일반적으로 아인슈타인 계수 $A_{21} \ll \nu$ 이므로 빛을 방출하는 동안 전자는 많은 공전을 하며, 방출된 빛은 파동묶음으로서, 잘 정의된 주파수의 좁은 선폭을 가진 선 스펙트럼으로 방출된다. 이 절에서는 복사에 의하여 들뜸상태로 천이할 확률 혹은 들뜸상태에서 에너지가 낮은 상태로 천이할 확률에 대한 양자역학적 결과를 살펴보겠다. 그리고 다음 절에서 천이 확률과 아인슈타인 계수를 연관 짓겠다.

10.1.1 복사천이의 준고전적 기술

주변 복사장에 의한 유도흡수 혹은 유도방출은 **준고전적 기술**이 가능하다. 준고전적 기술에서는 원자와 빛의 상호작용을 기술하는 슈뢰딩거 방정식의 주변 복사장을 연산자가 아닌 고전적인 전자기장 함수로 다룬다. 유도흡수와 유도방출에 의한 천이율을 나타내는 아인슈타인 계수 B_{12} 와 B_{21} 은 이러한 준고전적 기술을 이용하여 구할 수 있다. 즉, 유도흡수 및 유도방출의 경우 그 천이율은 복사의 세기에 선형적으로 비례하며, 광자의 개수가 많을 경우 복사장을 고전적 전자기장으로 기술할 수 있으므로, 준고전적 방법으로 천이율을 구한 후 그 결과를 광자수가 작은 양자역학적 상황에도 적용할 수 있다. 반면 자발적 천이는 주변 복사장이 관여하지 않는 순수 양자역학적 현상으로서, 그 천이율 혹은 아인슈타인 계수 A_{21} 을 구하기 위해서는 전자기장의 양자화가 필요하다. 하지만 아인슈타인의 관계식에 의해서 A_{21} 은 B_{12} 에 의해서 주어지므로, 직접 구할 필요 없이 B_{12} 를 구한 후 이로부터 A_{21} 을 구할 수 있다. 이 절에서는 우선 빛과 원자의 상호작용을 기술하는 해밀토니안과 복사장이 준고전적으로 어떻게 주어지는지를 살펴보겠다.

외부 전자기장에 놓여 있는 원자에 구속된 전자의 해밀토니안 연산자는

$$\hat{\mathcal{H}} = \frac{1}{2m_e}\left(\mathbf{p} + \frac{e}{c}\mathbf{A}\right)^2 + V(\mathbf{x})$$

$$= \frac{p^2}{2m_e} + \frac{e}{2m_e c}(\mathbf{A}\cdot\mathbf{p} + \mathbf{p}\cdot\mathbf{A}) + \frac{e^2}{2m_e c^2}\mathbf{A}^2 + V(\mathbf{x}) \tag{10.1}$$

로 주어진다(Shu 1991, 21장 참조). 비상대론적 전자를 가정했으며, $\mathbf{A}(\mathbf{x}, t)$는 외부 전자기장의 벡터 퍼텐셜, $V(\mathbf{x})$는 9장에서 다뤘던 원자의 구조를 결정짓는 원자 자체의 정적인 퍼텐셜이다. $\mathbf{x}$와 $\mathbf{p}$는 전자의 위치 및 운동량 벡터이다. 식 (9.12)의 외부 전자기장이 없는 해밀토니안 연산자와 비교하면 $\mathbf{p}$ 대신 $\mathbf{p} + e\mathbf{A}/c$가 되었음을 알 수 있다. 이 식은 고전 해밀턴 역학(Hamiltonian mechanics)에서 쿨롱 게이지를 이용하여 얻을 수 있다. 식에서 $\mathbf{p}(= \hbar\boldsymbol{\nabla}/i)$는 연산자이기 때문에 $\mathbf{A}\cdot\mathbf{p}$는 반드시 $\mathbf{p}\cdot\mathbf{A}$와 같지는 않다. 위에서 언급했듯이, 준고전적 기술에서는 $\mathbf{A}$는 연산자가 아닌 단순한 함수로 다룬다. 쿨롱 게이지에서는 $\boldsymbol{\nabla}\cdot\mathbf{A} = 0$이므로 (4.1절 참조)

$$\mathbf{p}\cdot\mathbf{A} = \mathbf{A}\cdot\mathbf{p} \tag{10.2}$$

이며, 식 (10.1)의 해밀토니안 연산자는

$$\hat{\mathcal{H}} = \hat{\mathcal{H}}_0 + \hat{\mathcal{H}}_1 + \hat{\mathcal{H}}_2, \tag{10.3a}$$

$$\hat{\mathcal{H}}_0 = \frac{p^2}{2m_e} + V(\mathbf{x}), \quad \hat{\mathcal{H}}_1 = \frac{e}{m_e c}\mathbf{A}\cdot\mathbf{p}, \quad \hat{\mathcal{H}}_2 = \frac{e^2}{2m_e c^2}\mathbf{A}^2 \tag{10.3b}$$

이 된다.

식 (10.3)의 $\hat{\mathcal{H}}_0$는 원자 구조를 결정짓는 해밀토니안 연산자이고 $\hat{\mathcal{H}}_1$과 $\hat{\mathcal{H}}_2$가 복사와 원자의 상호작용을 나타내는 연산자로서, $\mathbf{A}$에 선형인 $\hat{\mathcal{H}}_1$은 단일 광자의 흡수 및 방출 현상을 기술하고 $\mathbf{A}$에 이차인 $\hat{\mathcal{H}}_2$는 2개의 광자가 포함된 흡수, 방출 및 산란 현상을 기술한다. $\hat{\mathcal{H}}_1$과 $\hat{\mathcal{H}}_2$의 크기를 비교해 보면

$$\frac{\hat{\mathcal{H}}_2}{\hat{\mathcal{H}}_1} \sim \frac{e^2A^2/2m_e c^2}{eAp/m_e c} = \frac{\alpha^2 a_0 A}{2ev/c} \sim \frac{\alpha a_0 A}{2e} \tag{10.4}$$

로 주어진다. 여기서 $a_0(= \hbar^2/m_e e^2 = 0.529$ Å$)$는 보어 반경, $\alpha(= e^2/\hbar c)$는 미세구조상수이며, 마지막 등식은 원자 내 전자의 속도가 $v/c \sim \alpha$임을 적용하였다(9.1.1절 참조). 한편 자기장 $\mathbf{B}$와 벡터 퍼텐셜의 관계식 $\mathbf{B} = \boldsymbol{\nabla}\times\mathbf{A}$로부터 $B \sim kA$이고 복사장의 경우 전기장의 세기 E는 $E = B$이므로 벡터 퍼텐셜의 크기는 $A \sim E/k$가 된다. 10.1절의 첫 문단에서 언급했듯이, 원자가 방출하는 빛의 파장은 $\lambda(= 2\pi/k) \sim 2\pi a_0/\alpha$이므로 $A \sim a_0 E/\alpha$이며 식 (10.4)는

$$\frac{\hat{\mathcal{H}}_2}{\hat{\mathcal{H}}_1} \sim \frac{E}{2e/a_0^2} \tag{10.5}$$

가 된다. 이 결과는 $\hat{\mathcal{H}}_2/\hat{\mathcal{H}}_1$가 복사의 전기장 세기 E와 원자핵의 정전기적 전기

장 세기 e/a_0^2의 비가 되며, 이는 1보다 매우 작을 것으로 예상할 수 있다. 혹은 복사장의 에너지 밀도가

$$u_{\rm rad} = \frac{1}{8\pi}(E^2 + B^2) = \frac{E^2}{4\pi} \tag{10.6}$$

이므로, 식 (10.5)로부터

$$\frac{\hat{\mathcal{H}}_2}{\hat{\mathcal{H}}_1} \sim \left(\frac{u_{\rm rad} a_0^3}{e^2/2a_0}\right)^{1/2} \sim \left(\frac{u_{\rm rad} a_0^3}{\rm Ry}\right)^{1/2} \tag{10.7}$$

으로 주어진다. 여기서 Ry$(= e^2/2a_0 = 13.6\ {\rm eV})$는 뤼드베리 에너지이며, 상수 π는 무시하였다. 위 식 분자의 $u_{\rm rad} a_0^3$ 항은 a_0^3의 체적 안에 있는 복사 에너지로서, 일반적으로 그 크기는 뤼드베리 에너지에 비하여 매우 작다. 예를 들어 항성의 내부와 같이 주변에 온도 10^4 K의 흑체복사가 있는 경우

$$u_{\rm rad} a_0^3 \sim a T^4 a_0^3 \sim 7 \times 10^{-12}\ {\rm eV} \quad (\ll {\rm Ry}) \tag{10.8}$$

로서 $\hat{\mathcal{H}}_2 \ll \hat{\mathcal{H}}_1$이다. 따라서 일반적으로 $\hat{\mathcal{H}}_2$는 무시할 수 있다. 예외적인 경우로는 수소 원자의 $2s \rightarrow 1s$ 천이에서와 같이 광자 2개를 동시에 흡수 또는 방출하는 **두광자 과정**(two photon process, 글상자 11), 자유 전자 혹은 원자에 구속된 전자에 의한 광자의 산란 등이 있다(Shu 1991, 21장 및 24장 참조).

위와 동일한 방법으로 $\hat{\mathcal{H}}_0$와 $\hat{\mathcal{H}}_1$의 크기를 비교해 보면, $\hat{\mathcal{H}}_1/\hat{\mathcal{H}}_0 \sim \hat{\mathcal{H}}_2/\hat{\mathcal{H}}_1 (\ll 1)$임을 쉽게 확인할 수 있고, 이로부터 $\hat{\mathcal{H}}_1$을 섭동으로 다루는 것을 정당화할 수 있다.

10.1.2 시간 의존 섭동 이론

원자와 광자의 상호작용을 기술하는 식 (10.3)의 해밀토니안 연산자는 $\hat{\mathcal{H}}_2$를 무시할 경우,

$$\hat{\mathcal{H}} = \hat{\mathcal{H}}_0 + \hat{\mathcal{H}}_{\rm int}, \tag{10.9a}$$

$$\hat{\mathcal{H}}_0 = \frac{p^2}{2m_e} + V(\mathbf{x}), \quad \hat{\mathcal{H}}_{\rm int} = \frac{e}{m_e c}\mathbf{A}\cdot\mathbf{p} \tag{10.9b}$$

가 된다. $\hat{\mathcal{H}}_1$ 대신 기호 $\hat{\mathcal{H}}_{\rm int}$를 사용하였다. 10.1.1절에서 $\hat{\mathcal{H}}_{\rm int}$를 $\hat{\mathcal{H}}_0$에 대한 섭동으로 다룰 수 있음을 보였다. 이제 원자가 복사장에 노출되었을 경우, 에너지가 E_1인 원래의 양자 상태에서 광자를 흡수 또는 방출해서 에너지가 E_2인 양자 상태로 천이할 단위 시간당 확률을 구하고자 한다.

글상자 11. 전리수소 기체의 두광자 연속복사

행성상 성운, HII 영역, 활동은하핵과 같은 우주의 전리수소 기체에서는 매 순간 양성자와 전자가 재결합하여 중성 수소 원자가 생성된다. 높은 에너지 준위로 재결합할 경우 수소 원자는 선복사를 방출하며 점차 낮은 에너지 준위로 붕괴한다. 궁극적으로는 $n = 2$ 준위에 도달하는데, 계산에 의하면 $l = 0$ 인 $2s\ ^2S_{1/2}$ 상태에 약 1/3, $l = 1$ 인 $2p\ ^2P_{1/2,3/2}$ 상태에 약 2/3의 비율로 도달한다(Draine 2011, 14.2.4 참조). 후자의 경우 허용천이선인 Lyα 선을 방출하며 바닥상태 $1s\ ^2S_{1/2}$ 에 도달한다(10.3절 참조). $2s\ ^2S_{1/2}$ 상태인 원자의 운명은 어떻게 될까?

$2s$ 에서 $1s$ 로의 천이는 $\Delta l = 0$ 으로서 전기 쌍극자 선택 규칙에 의해서 금지되어 있다. 그뿐만 아니라 두 준위가 모두 구형의 대칭적 전하밀도 분포를 가지고 있으므로 스핀-궤도 상호작용을 고려하지 않는 이상 모든 다극자 천이가 금지되어 있다(Shu 1991, 24장 참조). $2s$ 궤도로부터 벗어나는 한 가지 방법은 전자 혹은 양성자와 충돌하여 $1s$ 혹은 $2p$ 궤도로 천이되는 것이다. 특히 충돌에 의한 $2p$ 궤도로의 천이는 에너지 변화 없이 각운동량 변화만을 요구하는 충돌로서 비교적 그 천이율이 높다. 밀도가 $10^4\ \text{cm}^{-3}$ 보다 높을 경우 양성자와의 충돌에 의해서 $2p$ 궤도로 갔다가 Lyα 선을 방출하며 바닥상태로 천이하는 것이 보편적이다. 밀도가 이보다 낮을 경우 충돌보다 더 가능성이 있는 것은 2개의 광자를 방출하며 $1s$ 로 붕괴되는 **두광자 과정**(two photon process)이다. 10.1절에서 언급했듯이 두광자 과정은 해밀토니안의 $\mathbf{A}^2$ 항(식 10.3)에 의한 천이이며, 그 아인슈타인 계수는 $A_{21} = 8.2249\ \text{s}^{-1}$ 로서 $2p \rightarrow 1s$ 천이의 $6.2 \times 10^8\ \text{s}^{-1}$ 에 비해서 매우 작다. Lyα 광자에 해당하는 에너지 $h\nu_L$ 을 아무런 조건 없이 두 광자가 나뉘어 방출되므로, 광자가 방출될 확률은 $\nu_L/2$(=2431 Å)을 중심으로 대칭이며, 파장을 축으로 한 방출 스펙트럼 I_λ 는 파장 1420 Å에서 최대가 된다(Nussbaumer and Schmutz 1984).

그림 10.1은 온도 10000 K의 전리 기체에서 방출되는 수소의 연속복사를 보여준다. 전체 연속복사는 두광자 연속복사, 재결합에 의한 자유-속박 연속복사 및 자유-자유 연속복사의 합으로 나타난다. 5.2절에서 언급했듯이 자유-자유 연속복사는 $h\nu = kT$ 에 해당하는 차단 주파수인 $\sim 1\ \mu$m보다 짧은 파장에서는 그 세기가 급격하게 감소한다.

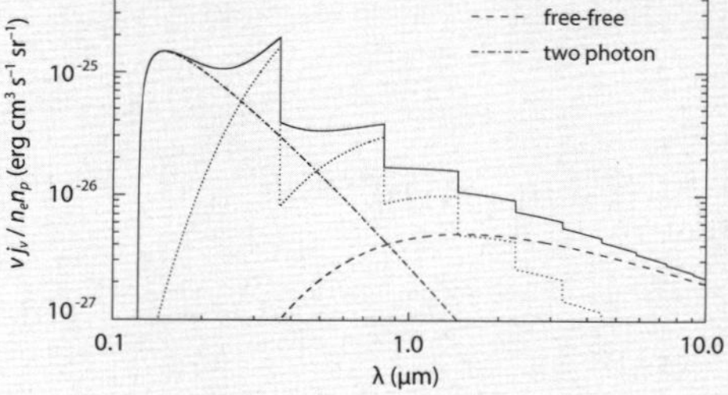

그림 10.1 온도 10000 K의 전리 기체에서 방출되는 수소 연속복사. 세로축의 j_ν 는 방출계수며, n_e 와 n_p 는 각각 전자와 양성자의 밀도이다. 수치 코드 NEBULAR(Schirmer 2016)를 이용하여 계산하였다.

섭동 해밀토니안 $\hat{\mathcal{H}}_{\rm int}$ 에 의한 준위 사이의 천이율은 섭동 이론을 이용하여 시간 의존 슈뢰딩거 방정식의 해를 구함으로써 얻어진다. **시간 의존 섭동 이론**(time-dependent perturbation theory)이라고 알려진 이 근사적 해법에서는 해밀토니안을 위와 같이 1차 근사하고 $\hat{\mathcal{H}}_{\rm int}$ 의 고윳값을 구함에 있어서 $\hat{\mathcal{H}}_0$ 의 고유함수를 이용하는 것이다. 그 과정을 요약하면, 우선 시간 의존 슈뢰딩거 방정식

$$\hat{\mathcal{H}}\Psi = i\hbar\frac{\partial\Psi}{\partial t} \tag{10.10}$$

를 만족하는 $\hat{\mathcal{H}}_0$ 의 파동함수는

$$\Psi_j(\mathbf{x},t) = \psi_j(\mathbf{x})e^{-iE_jt/\hbar} \tag{10.11}$$

이며, 고윳값 E_j 와 고유함수 ψ_j 는 시간 무관 슈뢰딩거 방정식

$$\hat{\mathcal{H}}_0\psi_j = E_j\psi_j \tag{10.12}$$

를 만족한다. 위의 $\psi_j(\mathbf{x})$ 는 9장에서 다룬 에너지가 E_j 인 원자 양자 상태의 고유 파동함수이다. 곱해진 $e^{-iE_jt/\hbar}$ 항은 위상 인자로서 관측 물리량에 영향을 주지 않는다. 시간에 의존하는 섭동이 주어지면 파동함수는 시간의 함수가 되며, $\hat{\mathcal{H}}(=\hat{\mathcal{H}}_0+\hat{\mathcal{H}}_{\rm int})$ 의 파동함수 $\Psi(\mathbf{x},t)$ 를

$$\Psi(\mathbf{x},t) = \sum_j c_j(t)\psi_j(\mathbf{x})e^{-iE_jt/\hbar} \tag{10.13}$$

와 같이 $\hat{\mathcal{H}}_0$ 의 고유 파동함수 ψ_j 의 합으로 나타낼 수 있다. 위 식에서 비례상수 $c_j(t)$ 의 제곱 $|c_j(t)|^2$ 은 시각 t 에 원자가 j 상태에 있을 확률을 나타낸다. 위의 파동함수를 식 (10.10)에 대입하고 양변에 최종 상태인 ψ_2 를 곱한 후 공간에 대해서 적분함으로써 $dc_2(t)/dt$ 에 관한 식을 얻는다. 그 식은 $c_j(t)$ 에 의존하므로 반복적 방법이 요구되나, $\hat{\mathcal{H}}_{\rm int}$ 가 $\hat{\mathcal{H}}_0$ 보다 매우 작을 경우 $c_j(t)$ 를 초기 조건의 값으로, 즉 $c_1(t)=c_1(0)=1$ 이고 나머지 $c_j(t)$ 를 모두 0으로 놓는 근사가 가능하다. 이러한 근사적 방법으로 초기 상태 $\psi_1(\mathbf{x})$ 에 있던 원자가 시간 T 이후에 최종 상태 $\psi_2(\mathbf{x})$ 에 있을 확률 $|c_2(T)|^2$ 을 구할 수 있으며, 그 확률을 T 로 나눈 **단위 시간당 천이 확률** ϖ_{12} 는

$$\varpi_{12} \equiv \frac{1}{T}|c_2(T)|^2 = \frac{1}{\hbar^2T}\left|\int_0^T \langle\psi_2|\,\hat{\mathcal{H}}_{\rm int}\,|\psi_1\rangle\, e^{i\omega_{21}t}dt\right|^2, \tag{10.14a}$$

$$\omega_{21} \equiv \frac{E_2-E_1}{\hbar} \tag{10.14b}$$

으로 주어짐을 보일 수 있다(예: Enge et al. 1972, 8.5절 참조). 여기서 ψ_1과 ψ_2는 시간에 의존하지 않는 고유함수이며, 계의 시간에 대한 의존도는 $\hat{\mathcal{H}}_{\text{int}}$에 포함되어 있다.

이제 편광 상태가 α이고 $\mathbf{k}$ 방향으로 진행하는 복사장과 원자의 상호작용을 생각해 보자. 원자는 여러 개의 전자를 갖고 있다고 가정한다. 전자기장의 벡터 퍼텐셜은

$$\mathbf{A}(\mathbf{x},t) = A(t)\hat{\mathbf{e}}_\alpha(\mathbf{k})e^{i\mathbf{k}\cdot\mathbf{x}} \tag{10.15}$$

로 주어진다고 가정한다. 진폭 $A(t)$는 $0 < t < T$에서만 유한한 값을 갖는다. $\hat{\mathbf{e}}_\alpha(\mathbf{k})$는 $\mathbf{k}$에 수직인 단위 벡터이다. 예를 들어 z 방향으로 진행하는 복사의 경우 전기장은 (x,y) 평면에 있으므로, $\hat{\mathbf{e}}_\alpha(\mathbf{k})$는 선형편광된 경우 $\hat{\mathbf{x}}$ 혹은 $\hat{\mathbf{y}}$, 원편광된 경우 $(\hat{\mathbf{x}}+i\hat{\mathbf{y}})/\sqrt{2}$ 혹은 $(\hat{\mathbf{x}}-i\hat{\mathbf{y}})/\sqrt{2}$가 된다(3.3절 참조). 여러 개의 전자가 있는 경우 위 벡터 퍼텐셜을 식 (10.9)의 해밀토니안에 대입하면

$$\hat{\mathcal{H}}_{\text{int}} = \frac{eA(t)}{m_e c}\sum_j e^{i\mathbf{k}\cdot\mathbf{x}_j}\hat{\mathbf{e}}_\alpha\cdot\mathbf{p}_j \tag{10.16}$$

가 되며, 이로부터 식 (10.14)의 단위 시간당 천이 확률은

$$\varpi_{12} = \frac{4\pi^2 e^2}{m_e^2 c^2 \hbar^2 T}|A(\omega_{21})|^2 |\langle\psi_2|\sum_j e^{i\mathbf{k}\cdot\mathbf{x}_j}\hat{\mathbf{e}}_\alpha\cdot\mathbf{p}_j|\psi_1\rangle|^2, \tag{10.17a}$$

$$A(\omega_{21}) = \frac{1}{2\pi}\int_0^T A(t)e^{i\omega_{21}t}dt \tag{10.17b}$$

가 된다. 위 식에서 $\sum_j$는 원자의 모든 전자에 대한 합이다.

이미 알고 있듯이 스펙트럼선의 흡수 및 방출은 전자기파의 주파수가 $\omega \approx |\omega_{21}|$일 경우에만 가능하다. 식 (10.17)에서 그 조건을 주는 항은 $|A(\omega_{21})|^2$이다. 이를 보기 위해서 복사장의 각주파수가 ω인 푸리에 성분

$$A(t) = A_0\cos(\omega t) = \frac{1}{2}(A_0 e^{i\omega t} + A_0 e^{-i\omega t}) \tag{10.18}$$

에 의한 천이를 생각해 보자. 편의상 위상은 0으로 놓았다. 위의 $A(t)$를 식 (10.17b)에 대입하여 적분하면, $A(\omega_{21})$은

$$A(\omega_{21}) = \frac{-iA_0}{4\pi}\left[\frac{e^{i(\omega+\omega_{21})T}-1}{\omega+\omega_{21}} - \frac{e^{-i(\omega-\omega_{21})T}-1}{\omega-\omega_{21}}\right] \tag{10.19}$$

이 된다. 대괄호 안의 첫째 항은 $\omega \approx -\omega_{21} = (E_1 - E_2)/\hbar$일 때 그 값이 크므로 방출에 의한 E_1에서 $E_2(< E_1)$로의 천이를 나타낸다. 반면 둘째 항은 $\omega \approx \omega_{21} = (E_2 - E_1)/\hbar$일 때 그 값이 크므로, 흡수에 의한 E_1에서 $E_2(> E_1)$로의 천이를

나타낸다. 흡수와 방출을 나타내는 두 항이 모두 복사장의 세기 A_0 에 비례하므로 유도흡수와 유도방출을 나타내는 것을 알 수 있다.

흡수에 의한 천이의 경우 식 (10.19)의 첫째 항을 무시할 수 있으므로

$$\begin{aligned} |A(\omega_{21})|^2 &= \frac{A_0^2}{16\pi^2}\left[\frac{2-2\cos(\omega-\omega_{21})T}{(\omega-\omega_{21})^2}\right] \\ &= \frac{A_0^2}{16\pi^2}\frac{\sin^2[(\omega-\omega_{21})T/2]}{[(\omega-\omega_{21})/2]^2} \end{aligned} \tag{10.20}$$

가 된다. 이 함수는 $\omega = \omega_{21}$ 에서 최댓값($\propto T^2$)을 가지며 그 폭이 T 에 비례하는 함수이다. T 가 커질수록 그 폭은 좁아지며 델타 함수에 접근한다. 즉, 각주파수가 $\omega \approx \omega_{21}$ 인 전자기파만이 천이 확률에 기여한다.

10.1.3 쌍극자 복사천이 확률

앞에서 언급했듯이, $\mathbf{k}\cdot\mathbf{x} \ll 1$ 이므로, $e^{i\mathbf{k}\cdot\mathbf{x}} \approx 1$ 로 근사할 수 있으며, 이는 원자 크기에서의 위상 차이를 무시하는 **전기 쌍극자 근사**에 해당한다. (그 다음 항들은 자기 쌍극자, 전기 사중극자 등이 된다.) 전기 쌍극자 근사일 경우 연산자 관계식 $H_0\mathbf{x}_j - \mathbf{x}_j H_0 = -i(\hbar/m_e)\mathbf{p}_j$ 를 이용하면 식 (10.17a)는

$$\varpi_{12} = \frac{4\pi^2 e^2 \omega_{21}^2}{c^2\hbar^2 T}|A(\omega_{21})|^2 |\langle\psi_2|\,\hat{\mathbf{e}}_\alpha\cdot\sum_j \mathbf{x}_j\,|\psi_1\rangle|^2 \tag{10.21}$$

이 된다. $A(\omega_{21})$ 은 식 (10.17b)에 주어져 있다. ϖ_{12} 는 초기 상태 ψ_1 에 있던 원자가 편광 상태가 α 이고 $\mathbf{k}$ 방향으로 진행하는 진폭 $A(t)$ 인 전자기파에 의해서 에너지가 $E_2 = E_1 + \hbar\omega_{21}$ 인 최종 상태 ψ_2 로 천이할 단위 시간당 확률을 나타낸다. $E_2 > E_1(\omega_{21} > 0)$ 일 경우 흡수를 나타내며, $E_2 < E_1(\omega_{21} < 0)$ 일 경우 방출을 나타낸다.

위 식의 $|A(\omega_{21})|^2$ 은 단위 주파수당 복사세기로 표현할 수 있다. 쿨롱 게이지의 경우 $\nabla\cdot\mathbf{A} = 0$ 이므로 진공에서의 맥스웰 방정식으로부터 스칼라 퍼텐셜 ϕ 는

$$\nabla^2\phi = -\nabla\cdot\mathbf{E} = 0 \tag{10.22}$$

을 만족한다(4.1절 참조). 따라서 $\phi = 0$ 으로 놓을 수 있고, 진공에서의 복사장은 벡터 퍼텐셜 $\mathbf{A}$ 만으로 주어진다. 이 경우 복사의 전기장 $\mathbf{E}$ 는 $\mathbf{E} = -(1/c)\partial\mathbf{A}/\partial t = (i\omega/c)\mathbf{A}$ 가 되므로 단위 시간, 단위 면적 및 단위 각주파수당 복사 에너지는

$$\mathcal{J}(\omega) \equiv \frac{dW}{Tr^2 d\Omega d\omega} = \frac{c|E(\omega)|^2}{T} = \frac{\omega^2|A(\omega)|^2}{cT} \tag{10.23}$$

이 된다(식 3.49 참조). 이를 위 식에 대입하면 천이율 ϖ_{12}는

$$\begin{aligned}\varpi_{12} &= \frac{4\pi^2}{c\hbar^2}|\langle\psi_2|\,\hat{\mathbf{e}}_\alpha\cdot\mathbf{d}\,|\psi_1\rangle|^2\mathcal{J}(\omega)\\ &= \frac{8\pi^2}{c\hbar^2}|\langle\psi_2|\,\hat{\mathbf{e}}_\alpha\cdot\mathbf{d}\,|\psi_1\rangle|^2 J_\nu\end{aligned} \tag{10.24}$$

가 된다. 마지막 등식의 J_ν는 복사장의 평균세기로서 $J_\nu = 2\pi\mathcal{J}(\omega)/4\pi = (1/2)\mathcal{J}(\omega)$이며, 다음 절에서 다룰 아인슈타인 계수와의 관계식을 구하기 위해서 변환했다. 위 식에서

$$\mathbf{d} \equiv -e\sum_j \mathbf{x}_j \tag{10.25}$$

는 원자가 갖고 있는 전자들의 **전기 쌍극자 모멘트 연산자**이다. 위의 결과로부터 전기 쌍극자 근사하에서 초기 상태 ψ_1에서 최종 상태 ψ_2로 천이할 확률은 **쌍극자 모멘트 행렬 요소**(dipole moment matrix element)

$$\langle\psi_2|\,\hat{\mathbf{e}}_\alpha\cdot\mathbf{d}\,|\psi_1\rangle \tag{10.26}$$

의 제곱에 비례함을 알 수 있다.

편광되지 않은 복사의 경우, 식 (10.24)는 보다 간단하게 표시될 수 있다. 편의상 입사하는 복사가 z 방향으로 진행하고 있으며 쌍극자 모멘트 $\mathbf{d}$와 각도 θ를 이루고 있다고 하면, 전기장은 (x, y) 평면에 있으므로 $\hat{\mathbf{e}}_\alpha$는 $\hat{\mathbf{x}}$, $\hat{\mathbf{y}}$ 두 수직 성분으로 나눌 수 있으며

$$\hat{\mathbf{e}}_\alpha\cdot\mathbf{d} = \hat{\mathbf{x}}\cdot\mathbf{d} = |\mathbf{d}|\sin\theta\cos\phi \quad \text{혹은} \quad \hat{\mathbf{y}}\cdot\mathbf{d} = |\mathbf{d}|\sin\theta\sin\phi$$

가 된다. 일반적으로 원자는 입사하는 복사에 대해서 방향성이 없으므로 θ는 무작위하게 변하며, 편광되지 않은 복사의 경우 ϕ 또한 무작위하게 변한다. 따라서 평균 천이율은 식 (10.24)를 (θ, ϕ)에 대해서 평균함으로써 얻을 수 있다. 쌍극자 모멘트 행렬 요소 제곱항의 평균은

$$\begin{aligned}&\frac{1}{4\pi}\int\left(|\langle\psi_2|\,\hat{\mathbf{x}}\cdot\mathbf{d}\,|\psi_1\rangle|^2 + |\langle\psi_2|\,\hat{\mathbf{y}}\cdot\mathbf{d}\,|\psi_1\rangle|^2\right)d\Omega\\ &= \frac{1}{4\pi}|\langle\psi_2|\,\mathbf{d}\,|\psi_1\rangle|^2\int_0^{2\pi}\int_0^{\pi}\sin^2\theta\sin\theta d\theta d\phi\\ &= \frac{2}{3}|\langle\psi_2|\,\mathbf{d}\,|\psi_1\rangle|^2\end{aligned} \tag{10.27}$$

이 되고, 두 편광 방향에 동일하게 전체 복사세기의 1/2씩 갖고 있으므로, 평균

천이율은

$$\varpi_{12} = \frac{8\pi^2}{3c\hbar^2} |\langle\psi_2|\,\mathbf{d}\,|\psi_1\rangle|^2 J_\nu \tag{10.28}$$

가 된다. 이 식은 편광되지 않은 복사에 적용되며 10.2절에서 아인슈타인 계수와 연관을 짓겠다.

10.1.4 수소 원자의 쌍극자 복사천이 선택 규칙

식 (10.26)의 행렬 요소가 0일 경우 전기 쌍극자 근사하에서 그 천이는 허용되지 않는다. 실제로 초기 상태의 양자수와 최종 상태의 양자수 사이에 특별한 조건을 만족해야만 0이 되지 않는데, 그 규칙을 **선택 규칙**(selection rule)이라고 한다. 이 절에서는 수소 원자의 선택 규칙에 대해서 살펴보고 일반적인 선택 규칙은 10.3절에서 다루겠다.

식 (10.26)의 행렬 요소를 수소 원자의 파동함수를 사용하여 적분 형태로 나타내면

$$\langle\psi_2|\,\hat{\mathbf{e}}_\alpha\cdot\mathbf{d}\,|\psi_1\rangle = -e\int\psi_2\hat{\mathbf{e}}_\alpha\cdot\mathbf{x}\psi_1 d^3x = -eD_{12}I_{\text{ang}} \tag{10.29}$$

이 된다. D_{12}는 지름 방향의 적분으로서

$$D_{12} = \int_0^\infty R_{n_2l_2}(r)rR_{n_1l_1}(r)r^2dr \tag{10.30}$$

이며, I_{ang}는 입체각에 대한 적분으로서

$$I_{\text{ang}} = \int_0^{2\pi}\int_0^\pi Y^*_{l_2m_2}\hat{\mathbf{e}}_\alpha\cdot\hat{\mathbf{r}}\,Y_{l_1m_1}\sin\theta d\theta d\phi \tag{10.31}$$

이다. 여기서 $r = |\mathbf{x}|$, $\hat{\mathbf{r}} = \mathbf{x}/r$이며, $R_{nl}(r), Y_{lm}(\theta,\phi)$는 수소 원자의 파동함수, (n_1, l_1, m_1)과 (n_2, l_2, m_2)는 초기 상태와 최종 상태의 양자수이다.

r 방향의 적분 D_{12}는 작을 수는 있지만 0이 될 수 없다. 따라서 선택 규칙은 입체각 적분 I_{ang}에 의해서 결정된다. 이제 복사의 편광 방향에 따라서 적분이 어떻게 되는가를 살펴보자. 식 (10.31)에서 (θ,ϕ)는 수소 원자의 양자화축을 z축으로 한 구좌표이다. 공간에 자기장과 같은 특정한 방향이 있을 경우 z축은 통상적으로 자기장 방향이 된다(예: 제만 효과, 9.2.4절 참조). 복사의 편광은 z 방향 성분과 거기에 수직인 방향의 두 성분을 생각할 수 있다. z 방향에 수직인 (x,y) 평면의 편광 성분은 편의상 두 원편광 성분의 합으로 나타낸다. 따라서 $\hat{\mathbf{e}}_\alpha$

의 일반적인 표현식은

$$\hat{\mathbf{e}}_\alpha = A_{\sigma_+}\frac{\hat{\mathbf{x}}+i\hat{\mathbf{y}}}{\sqrt{2}} + A_{\sigma_-}\frac{\hat{\mathbf{x}}-i\hat{\mathbf{y}}}{\sqrt{2}} + A_\pi\hat{\mathbf{z}} \tag{10.32}$$

가 된다. A_π는 z 방향의 편광 성분을 나타내고, $A_{\sigma_\pm}$는 (x, y) 평면의 두 원편광 성분으로서, A_{σ_+}는 RCP 성분을 A_{σ_-}는 LCP 성분을 나타낸다(3.3.1절 참조). 쌍극자 모멘트 방향을 나타내는 단위 벡터 $\hat{\mathbf{r}}$을 구형좌표계로 표현하면, 쌍극자 모멘트 벡터는

$$\mathbf{d} = er(\hat{\mathbf{x}}\sin\theta\cos\phi + \hat{\mathbf{y}}\sin\theta\sin\phi + \hat{\mathbf{z}}\cos\theta) \tag{10.33}$$

이므로

$$\hat{\mathbf{e}}_\alpha\cdot\mathbf{d} = er\left(\frac{A_{\sigma_+}}{\sqrt{2}}\sin\theta e^{-i\phi} + \frac{A_{\sigma_-}}{\sqrt{2}}\sin\theta e^{i\phi} + A_\pi\cos\theta\right) \tag{10.34}$$

가 된다.

우선 z 방향으로 편광된 π 성분을 생각해 보면

$$I^\pi_{\text{ang}} = A_\pi\int_0^{2\pi}\int_0^\pi Y^*_{l_2m_2}\cos\theta\, Y_{l_1m_1}\sin\theta d\theta d\phi \tag{10.35}$$

가 된다. $Y_{lm}(\theta,\phi)\propto e^{im\phi}$이므로 ϕ 적분은

$$I^\pi_{\text{ang}} \propto \int_0^{2\pi} e^{i(m_1-m_2)\phi}d\phi \tag{10.36}$$

가 되는데, 이 적분이 0이 되지 않기 위해서는 $m_1 = m_2$ 혹은 $\Delta m = 0$이어야 한다. 그리고 식 (9.20)의 Y_{lm}을 이용하여 θ 성분의 적분이 0이 아니기 위해서는 $\Delta l = \pm 1$이어야 함을 보일 수 있다(문제 6).

한편 (x, y) 평면에서 원편광된 σ 성분의 적분은

$$\begin{aligned} I^\sigma_{\text{ang}} =& A_{\sigma\pm}\int_0^{2\pi}\int_0^\pi Y^*_{l_2m_2}\sin\theta\, e^{\mp i\phi}\, Y_{l_1m_1}\sin\theta d\theta\, d\phi \\ \propto& \int_0^{2\pi} e^{i(m_1-m_2\pm1)\phi}d\phi \end{aligned} \tag{10.37}$$

가 된다. ϕ 적분이 0이 아니기 위해서는 $m_1 = m_2 \pm 1$ 혹은 $\Delta m = \pm 1$이어야 함을 보여 준다. θ 성분의 적분이 0이 아니기 위한 조건은 π 성분과 마찬가지로 $\Delta l = \pm 1$이 된다(문제 6).

일반적으로 편광되지 않은 복사에 의한 천이를 생각하므로, 혹은 원자의 양

자화축의 방향이 편광 방향에 무작위적으로 분포할 것이므로, 수소 원자의 경우 m의 선택 규칙은 $\Delta m = 0, \pm 1$, l의 선택 규칙은 $\Delta l = \pm 1$이 된다. l에 관한 규칙은 각운동량 보존 법칙에 해당한다. 즉, 광자는 RCP, LCP에 대응하는 $\pm\hbar$의 고유 스핀 각운동량을 가지고 있으므로, 광자 하나가 흡수 혹은 방출될 때 원자의 각운동량은 $\Delta l = \pm 1$에 해당하는 $\pm\hbar$만큼 변할 수 있다(8.2절 참조). 한편 m에 관한 선택 규칙은 흡수 혹은 방출하는 광자의 스핀 각운동량 방향과 연관되어 있다. 원자의 z축(예: 외부 자기장 축)에 투영한 광자의 스핀 각운동량 양자수는 $0, \pm 1$이므로, 천이 전후로 수소 원자의 자기양자수는 $\Delta m = 0, \pm 1$만큼 변화할 수 있다. $\Delta m = +1, -1$인 천이를 각각 σ^+, σ^- 천이, $\Delta m = 0$인 천이를 π 천이라 부른다(2부 문제 5 참조).

10.2 아인슈타인 계수와 진동자세기

10.2.1 아인슈타인 계수

평균세기가 J_ν인 복사가 입사할 경우 원자 상태 1에서 2로의 단위 시간당 천이 확률은 아인슈타인 계수 B_{12}를 이용하여 $B_{12}J_\nu$이다. 편광되지 않은 복사의 경우 쌍극자 근사하에서 이 값이 앞 절에서 구한 식 (10.28)의 ϖ_{12}와 같아야 하므로 아인슈타인 계수 B_{12}는

$$B_{12} = \frac{32\pi^4 |\mathbf{d}_{21}|^2}{3ch^2} \tag{10.38}$$

과 같이 주어진다. 위 식에서 $|\mathbf{d}_{21}|^2$은

$$|\mathbf{d}_{21}|^2 = \left| \int \psi_2^* \mathbf{d} \psi_1 d^3x \right|^2, \quad \mathbf{d} = -e\sum_j \mathbf{x}_j \tag{10.39}$$

이다. ψ_1과 ψ_2는 각각 1, 2 상태의 파동함수를 나타내며, $\mathbf{d}$는 원자가 갖고 있는 전자들의 쌍극자 모멘트를 모두 합한 전기 쌍극자 모멘트이다. d^3x는 모든 전자들의 좌표(x_j)에 대한 적분을 나타낸다. 아인슈타인 관계식(식 2.7)으로부터 아인슈타인 계수 A_{21}과 B_{21}은

$$B_{21} = B_{12}, \tag{10.40a}$$

$$A_{21} = \frac{64\pi^4 \nu^3 |\mathbf{d}_{21}|^2}{3c^3 h} \tag{10.40b}$$

이 된다.

만약 준위가 겹쳐져 있다면, 천이율은 초기 상태에 대해 평균하고 가능한 모든

최종 상태에 대해 합을 취함으로써 얻어진다. 즉,

$$B_{12} = \frac{32\pi^4}{3ch^2}\frac{1}{g_1}\sum|\mathbf{d}_{21}|^2,\ B_{21} = (g_1/g_2)B_{12},$$
$$A_{21} = \frac{64\pi^4\nu^3}{3c^3h}\frac{1}{g_2}\sum|\mathbf{d}_{21}|^2 \tag{10.41}$$

이다. g_1과 g_2는 각각 준위 1, 2의 통계가중치이며, 합은 준위 1과 2의 모든 상태에 대한 합이다. (따라서 준위 2에 있는 원자의 개수 밀도가 n_2라면 단위 시간 동안 준위 2에서 준위 1로 천이하는 원자의 개수는 n_2A_{21}으로 주어진다.)

4.5절에서 언급했듯이 아인슈타인 계수의 식 (10.40b)는 고전적 전자기학으로부터도 유추할 수 있다. 즉, 선복사의 고전적 모형인 로런츠 진동자가 전기 쌍극자 복사를 방출하며 에너지를 잃는 시간 척도는 아인슈타인 계수 A_{21}의 역수에 해당하며 그로부터 A_{21}을 구하면 식 (4.86)이 된다. 식 (4.86)과 식 (10.40b)를 비교해 보면 전자의 평균 쌍극자 모멘트 $ex_0/2$ (x_0=단진동 운동의 진폭)가 쌍극자 모멘트 $|\mathbf{d}_{21}|$에 대응됨을 알 수 있다.

10.2.2 흡수 단면적과 진동자세기

아인슈타인 계수와 함께 복사 흡수를 기술하는 물리량은 **흡수 단면적**(absorption cross section)이다. 흡수 단면적 σ_ν는 원자가 주파수 ν인 빛을 흡수할 수 있는 단면적을 나타내며 아인슈타인 계수 B_{12}에 비례한다. 두 물리량 사이의 관계식을 유도하기 앞서서 흡수 단면적에 관한 고전적 전자기학의 결과를 살펴보자. 고전적 전자기학에서는 원자에 의한 빛의 흡수를 구속된 전자가 복사 전기장에 의해 단진동하며 쌍극자 복사를 방출하는 모형으로 설명한다(4.6.2절 참조). 이러한 강제감쇠 진동자 모형에 의하면

$$\int_0^\infty \sigma_\nu d\nu = \frac{\pi e^2}{m_e c}(= 0.0265\ \mathrm{cm^2\ s^{-1}}) \tag{10.42}$$

이 된다(4.6.2절 참조). 즉, 고전적 모형에서는 모두 천이에 대해서 동일한 흡수 단면적을 갖는다. 하지만 양자역학적으로 흡수 확률을 나타내는 B_{12}는 각각의 천이에 의존한다. 따라서 통상적으로 흡수 단면적을 **상향** 혹은 **흡수 진동자세기**(upward or absorption oscillator strength) 또는 f**-값**(f-value)이라 불리는 f_{12}를 써서

$$\sigma_\nu = \frac{\pi e^2}{m_e c}f_{12}\phi(\nu) = 2.654\times10^{-2}f_{12}\phi(\nu)\ \mathrm{cm^2} \tag{10.43}$$

와 같이 나타낸다. $\phi(\nu)$는 선모양 함수이다(2장 참조). 식 (10.43)의 f_{12}는 차원이

없는 물리량으로서, 그 수치값은 상태 1에서 상태 2로의 흡수 효율을 나타낸다. 혹은 그 주파수를 가진 고전적 진동자의 흡수 단면적에 대한 양자역학적 흡수 단면적의 비를 나타낸다. 식 (10.43)의 흡수 단면적은 유도 방출을 무시한 순수 흡수 단면적이며, 이 경우 σ_ν와 아인슈타인 계수 B_{12} 사이에는

$$\sigma_\nu = B_{12}\frac{h\nu}{4\pi}\phi(\nu) \tag{10.44}$$

의 관계가 있으므로(식 2.26)

$$B_{12} = \frac{4\pi^2 e^2}{h\nu m_e c} f_{12} \tag{10.45}$$

가 된다. 따라서 식 (10.41)과 식 (10.45)로부터 흡수 진동자세기는

$$f_{12} = \frac{8\pi^2 m_e \nu}{3hg_1e^2}\sum|\mathbf{d}_{21}|^2 = \frac{2}{3g_1}\frac{m_e(2\pi\nu\sum|\mathbf{d}_{21}|/e)^2}{h\nu} \tag{10.46}$$

으로 주어진다. 위의 주파수 ν는 $\nu = \nu_{21} = (E_2 - E_1)/h$이다. 마지막 식은 $g_1 f_{12}$가 쌍극자 진동자의 에너지($\sim m_e\omega^2x^2$)와 흡수한 광자의 에너지 $h\nu$의 비로 주어짐을 보여 준다. 즉, f_{12}는 고전적 쌍극자 진동자가 복사 에너지를 흡수하는 효율이라고 할 수 있다. 진동자세기의 수치값은 수소 Lyα, Hα 선과 같은 강한 선의 경우 1에 가까우나, 약한 선의 경우 1보다 매우 작다(표 10.3 참조).

흔히 f_{12}에 대응되는 **하향** 혹은 **방출 진동자세기**(downward or emission oscillator strength) $f_{21}(<0)$을 정의하기도 한다. $g_1B_{12} = g_2B_{21}$이고 B_{21}의 표기에 들어가는 주파수 ν는 $\nu = \nu_{12} = (E_1 - E_2)/h = -\nu_{21}$이므로, $f_{21}(<0)$은 f_{12}와

$$g_2 f_{21} = -g_1 f_{12} \tag{10.47}$$

의 관계가 있다. 아인슈타인 계수 A_{21}은 진동자세기를 사용하여

$$\begin{aligned} A_{21} &= \frac{2h\nu^3}{c^2}B_{21} \\ &= \frac{8\pi^2e^2}{m_ec^3}\frac{g_1}{g_2}f_{12}\nu^2 \\ &= 0.6670\times10^{16}\frac{g_1f_{12}}{g_2}\frac{1}{\lambda^2} \quad (\lambda \text{ in Å}) \quad \text{s}^{-1} \end{aligned} \tag{10.48}$$

로 주어진다. 위 식에서 $\nu = \nu_{21} = (E_2 - E_1)/h$로서 양의 값이다. $f_{12} \sim 1$일 경우 A_{21}은 $1/\lambda^2$에 비례한다.

진동자세기는 여러 종류의 **합 규칙**(sum rule)을 만족하는데, 대표적인 합 규칙으로는 진동자세기를 모든 최종 상태에 대해서 합했을 때 원자의 전자수 N과

같다는

$$\sum_{n'} f_{nn'} = N \tag{10.49}$$

의 **토머스-라이히-쿤 합 규칙**(Thomas-Reiche-Kuhn sum rule)이 있다. 여기서 n은 초기 상태, n'은 최종 상태이다. 예를 들어 전자가 하나 있는 수소 원자의 경우, 각각의 초기 상태 n에 대해서 $\sum_{n'} f_{nn'} = 1$이다. 최종 상태는 불연속적인 속박 준위(bound level)뿐만 아니라 전리 에너지보다 큰 연속 준위(continuum level)도 포함한다. 수소 라이만선과 발머선의 경우 연속 준위로의 천이에 의한 **연속 진동자세기**(continuum oscillator strength)는 속박-속박 천이(bound-bound transition)에 의한 진동자세기와 비슷한 크기를 갖는다(10.4절 참조). 초기 상태가 들뜸상태일 경우, 상향 진동자세기와 하향 진동자세기를 구분하여

$$\sum_{n'<n} f_{nn'} + \sum_{n'>n} f_{nn'} = N \tag{10.50}$$

과 같이 쓸 수도 있다. 첫째 항은 하향 진동자세기로서 < 0임을 유의해야 한다. 이러한 합 규칙은 계산이 어려운 진동자세기를 추정하는 데 도움이 된다.

10.3 선택 규칙

쌍극자 근사 아래에서 천이 확률이 0이 아닐 양자수 변화의 조건을 나타내는 규칙을 **전기 쌍극자 선택 규칙**(electric dipole selection rule)이라 한다. 그리고 확률이 0이 아닌 천이를 **허용 천이**(permitted transition 혹은 allowed transition)라 하며, 확률이 0인 천이를 **금지 천이**(forbidden transition)라 부른다. 흔히 선택 규칙이라고 하면 전기 쌍극자 선택 규칙을 의미한다.

쌍극자 근사의 결과에 의하면 양자 상태 1에서 2로 천이할 확률은 쌍극자 모멘트 행렬 요소

$$\int \psi_2^* \, \hat{\mathbf{e}}_\alpha \cdot \mathbf{d} \, \psi_1 d^3x \tag{10.51}$$

의 제곱에 비례한다(10.1절, 식 10.26 참조). ψ_1과 ψ_2는 각각 $1, 2$ 상태의 파동함수를 나타내며, $\mathbf{d} = -e\sum \mathbf{x}_i$는 원자가 갖고 있는 전자들의 쌍극자 모멘트를 모두 합한 전기 쌍극자 모멘트, $\hat{\mathbf{e}}_\alpha$는 복사의 전기장 방향을 나타내는 단위 벡터로서 α는 편광 상태를 나타낸다. 따라서 쌍극자 선택 규칙은 식 (10.51)의 쌍극자 모멘트 행렬 요소가 0이 아닌 조건이다. 참고로, 앞 절의 식 (10.38)은 편광 방향에 대해서 평균한 천이 확률이며, 선택 규칙을 확인하기 위해서는 편광 상태를 고려한 위의 식이 요구된다.

일반적인 선택 규칙을 이야기하기에 앞서서 구체적 예로 수소 원자를 생각해 보자(10.1.4절 참조). 전자가 하나 있는 수소 원자의 경우 ψ는 수소 원자의 고유 파동함수 $R_{nl}(r)Y_{lm}(\theta, \phi)$이며, 식 (10.51)의 적분은 r에 대한 적분과 (θ, ϕ)에

대한 적분으로 나뉜다. r에 대한 적분은 작을 수는 있지만 0은 아니다. 따라서 주양자수의 변화 Δn에 관한 선택 규칙은 없다. 반면 입체각에 대한 적분은 양자수의 특별한 조건이 만족되지 않는 경우 0이 된다. 수소 원자의 파동함수를 이용하여 그 조건은

$$\Delta l = \pm 1, \quad \text{그리고} \quad \Delta m = 0, \pm 1$$

임을 보일 수 있다(10.1.4절 참조, 문제 6). 위 선택 규칙은 He^+와 같이 수소와 유사하게 전자를 하나 갖고 있는 원자에 대해서 동일하게 적용된다.

전기 쌍극자 선택 규칙의 일반적인 규칙으로는 **홀짝성에 관한 규칙**이 있다. 홀짝성은 $\mathbf{x} \to -\mathbf{x}$로 바꿀 때의 파동함수의 대칭성을 나타낸다. 식 (10.51)에서 쌍극자 모멘트 연산자 $\mathbf{d}(= -e\sum \mathbf{x}_i)$는 $\mathbf{x}_i$에 대하여 홀함수(odd function)이다. 그리고 그 적분 범위는 모든 x_i, y_i, z_i에 대해서 $-\infty$부터 $+\infty$까지이다. 따라서 $\psi_1^*\psi_2$가 홀함수가 아니면 — 피적분 함수가 $\mathbf{x}_i$의 홀함수이므로 — 적분은 0이 된다. 즉, 천이 전후로 파동함수의 홀짝성이 바뀌어야 한다. 이를 **라포르테 규칙**(Laporte rule)이라 부른다. 여러 전자를 가진 원자의 경우 각각의 전자의 각운동량 양자수를 l_i라고 하면 파동함수의 홀짝성은 $(-1)^{\sum l_i}$로 주어지므로(9.1.2절 참조), 천이 전과 천이 후 전자들의 각운동량 양자수의 합의 차이인 $\Delta(\sum l_i)$가 홀수여야 한다. 혹은 천이 전후로 전자 배열이 바뀌어야 한다. 수소 원자의 $\Delta l = \pm 1$은 라포르테 규칙의 특별한 예라고 할 수 있다.

전자가 여럿 있는 원자의 경우, 선택 규칙은 결합 방식에 의존한다. 표 10.1에 LS 결합을 따르는 다전자 원자에 적용되는 전기 쌍극자 천이의 선택 규칙을 요약하였다. 앞에서 설명했듯이 천이 전후로 전자 배열의 홀짝성이 바뀌어야 한다는 규칙은 라포르테 규칙으로서 전기 쌍극자 천이의 일반적인 선택 규칙이다. 예외적인 경우를 제외하고는 낱개 전자의 천이에 의해서 광자가 방출 혹은 흡수되며, 이 경우 전자 배열의 홀짝성이 바뀌기 위해서는 천이 전자의 궤도 양자수 차이가 $\Delta l = \pm 1$이 되어야 한다. 총 각운동량 양자수 J에 관한 선택 규칙은 각운동량 보존 법칙이다. 즉, 천이 전후 원자의 총 각운동량은 광자 하나의 각운동량에 해당하는 $1\hbar$ 만큼 변해야 한다. 초기 상태와 최종 상태의 총 각운동량 양자수를 각각 J_i, J_f라고 한다면 $J_f = J_i - 1, J_i, J_i + 1$이 가능하므로 선택 규칙은 $\Delta J = 0, \pm 1$이 된다. 단 $J_i = 0$이라면 $J_f = 1$이므로 $J = 0 \to 0$은 허용되지 않는다. J와 M_J에 관한 규칙은 결합 방식과 무관하게 — 즉 jj 결합을 따르는 원자의 경우에도 — 성립한다. $\Delta S = 0$의 규칙은 전기 쌍극자 해밀토니안이 스핀을 포함하고 있지 않으므로 당연하다. 이 규칙은 예를 들어 He 원자의 단일항과 삼중항 사이의 전기 쌍극자 천이는 금지되어 있음을 의미한다(그림 9.7 참조). 한편 ΔJ와 ΔS에 관한 선택 규칙으로부터 ΔL에 관한 선택 규칙을 얻는다. 선택 규칙에 관한 보다 자세한 설명 및 예는 Shu(1991), Tennyson(2019) 등에서 확인할 수 있다.

표 10.1 원자 복사천이의 선택 규칙

전기 쌍극자(E1)
전자 배열의 홀짝성 바뀜.
$\Delta l = \pm 1$; Δn 제한 없음.
$\Delta J = 0, \pm 1$; 단 $J = 0 \not\to 0$
$\Delta M_J = 0, \pm 1$
$\Delta L = 0, \pm 1$; 단 $L = 0 \not\to 0$
$\Delta S = 0$
자기 쌍극자(M1)
전자 배열의 홀짝성 바뀌지 않음.
$\Delta l = 0$; $\Delta n = 0$ (전자 배열 변화 없음.)
$\Delta J = 0, \pm 1$; 단 $J = 0 \not\to 0$
$\Delta M_J = 0, \pm 1$
$\Delta L = 0$
$\Delta S = 0$
전기 사중극자(E2)
전자 배열의 홀짝성 바뀌지 않음.
$\Delta l = 0, \pm 2$; Δn 제한 없음.
$\Delta J = 0, \pm 1, \pm 2$; 단 $J = 0 \not\to 0$, $\frac{1}{2} \not\to \frac{1}{2}$, $0 \not\leftrightarrow 1$
$\Delta M_J = 0, \pm 1, \pm 2$
$\Delta L = 0, \pm 1, \pm 2$; 단 $L = 0 \not\to 0$, $0 \not\leftrightarrow 1$
$\Delta S = 0$

L과 S에 관한 선택 규칙은 LS 결합에 대해서 성립하며 나머지 선택 규칙은 결합 방식에 관계없이 성립한다.

10.1절에서 언급했듯이, 쌍극자 근사는 원자의 크기가 빛의 파장에 비하여 작기 때문에 위상을 주는 $e^{i\mathbf{k}\cdot\mathbf{x}} \approx 1$로 근사한 결과이다. 보다 일반적인 복사천이 확률은

$$\int \psi_2^* \sum_j e^{i\mathbf{k}\cdot\mathbf{x}_j} \hat{\mathbf{e}}_\alpha \cdot \mathbf{p}_j \psi_1 d^3x \tag{10.52}$$

의 제곱에 비례한다(10.1절, 식 10.17 참조). 쌍극자 근사하에서의 확률이 0이더라도 자기 쌍극자, 전기 사중극자 등 $\mathbf{k}\cdot\mathbf{x}$의 높은 차수를 가진 다음 항에 의한 천이가 가능하다. 자기 쌍극자 천이는 M1, 전기 사중극자 천이는 E2로 나타내며, 천이 확률은 전기 쌍극자 천이(E1)에 비해서 α^2만큼 상대적으로 작다. 표 10.1에 자기 쌍극자 천이와 전기 사중극자 천이의 선택 규칙도 요약하였다. 자기 쌍극자의 경우 ΔJ에 관한 규칙은 변하지 않는 반면, 홀짝성의 변화는 없어야 하며, $\Delta l = 0$, $\Delta n = 0$으로서 전자 배열의 변화가 없어야 한다. 자기 쌍극자 천이의 좋은 예는 수소 원자의 바닥상태의 초미세 구조 사이의 천이로부터 방출되는 21 cm 파이다.

전기 쌍극자의 다른 모든 선택 규칙은 만족하지만 $\Delta S = 1$인 천이로부터 방출되는 금지선을 **준금지선**(semi-forbidden line) 혹은 **상호결합선**(intercombination line)이라고 한다. 헬륨 원자의 $S = 1$인 상태의 삼중항 $1s2p\ ^3P$로부터 $S = 0$인 상태의 단일항 $1s^2\ ^1S$로의 천이로부터 방출되는 591.41 Å선을 예로 들 수 있다(그림 9.7 참조). 금지선은 [Fe II] 1.644 μm 선과 같이 양쪽에 대괄호 표시를, 준금지선은 He I] 591.41 Å와 같이 한쪽에만 대괄호 기호를 표시한다.

예로서 C II의 바닥상태를 생각해 보자. 전자 배열은 $1s^2 2s^2 2p$이며 분광항 $^2P^o$는 두 준위 $^2P^o_{1/2}$과 $^2P^o_{3/2}$의 미세 구조를 갖는다(9.4.2절의 표 9.4 참조). 두 미세 구조 준위 사이의 천이는 전자 배열이 변하지 않으므로 전기 쌍극자 천이는 없다. $^2P^o_{3/2} \to ^2 P^o_{1/2}$ 천이는 자기 쌍극자 혹은 전기 사중극자 천이가 가능하다. 천이로부터 방출되는 금지선 [C II] 158 μm 선은 중성 기체의 중요한 냉각선이다. C II의 들뜸상태인 전자 배열 $2s2p^2$인 ^4P 분광항으로부터 바닥상태 $2s^2 2p\ ^2P$로의 천이를 생각해 보면 전기 쌍극자의 모든 다른 선택 규칙은 만족하지만 $\Delta S \neq 0$임을 알 수 있다. 둘 사이의 천이로부터 방출되는 C II] 2325 Å선은 준금지선, 혹은 상호결합선이며 성간 기체의 C^+ 함량을 측정하는 데 활용된다(Draine 2011, 23.1절 참조).

10.4 수소 원자의 복사천이

10.4.1 속박-속박 천이

수소 원자의 **속박-속박 천이**(bound-bound transition), 즉 속박 준위 간의 천이의 진동자세기와 아인슈타인 계수를 살펴보자. 앞에서 보았듯이 $n, l \leftrightarrow n'l'$ 천

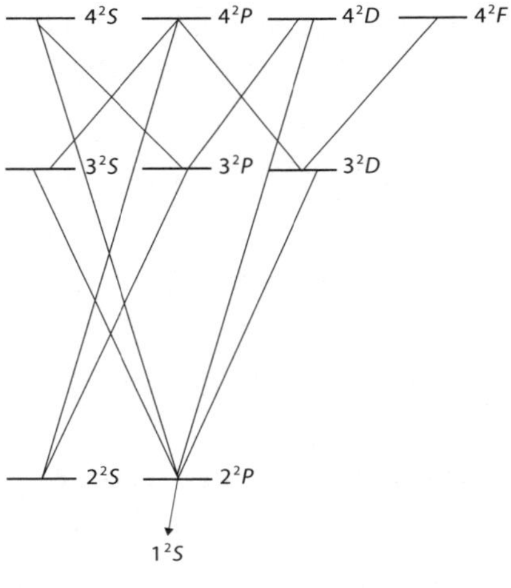

그림 10.2 수소 원자의 $n = 1, 2, 3, 4$ 준위 사이의 허용된 천이

표 10.2 수소 원자 Lyα, Hα, Hβ 선의 진동자세기와 아인슈타인 계수

수소선	천이 (n,l)–(n',l')	파장 (Å)	f_{12}	A_{21} ($\mathrm{s^{-1}}$)
Lyα	$1s$–$2p$	1215.67	0.4162	6.26×10^8
Hα	$2p$–$3d$	6562.81	0.6958	6.47×10^7
	$2s$–$3p$	6562.74	0.4349	2.25×10^7
	$2p$–$3s$	6562.86	0.01359	6.31×10^6
Hβ	$2p$–$4d$	4861.33	0.1218	2.06×10^7
	$2s$–$4p$	4861.29	0.1028	9.67×10^6
	$2p$–$4s$	4861.35	0.003045	2.58×10^6

출처: Cowley et al. (2000)

이 시 전기 쌍극자 선택 규칙에 의해서 각운동량 양자수의 차이가 $\Delta l = \pm 1$인 경우만 허용된다(그림 10.2). 예를 들어 Lyα 선은 $(n,l) = 2p \to 1s$의 천이에 의한 것이며 $(n,l) = 2s \to 1s$ 천이는 금지되었다(글상자 11 참조). Hα 선은 $(n,l) = 3p \to 2s, 3s \to 2p, 3d \to 2p$ 등 세 천이에 의한 것이며, $(n,l) = 3p \to 2p, 3s \to 2s, 3d \to 2s$ 등은 금지되었다.

표 10.2는 Lyα, Hα, Hβ 선의 상향 진동자세기를 보여 준다. 많은 경우 각각의 $nl \leftrightarrow n'l'$ 천이가 아닌 l' 상태로의 천이를 합하고 l에 대해서 평균한 $n \leftrightarrow n'$ 천이의 **유효 진동자세기**(effective oscillator strength)와 **유효 천이율**(effective transition rate) $f_{nn'}$과 $A_{nn'}$이 요구된다. 식 (10.41)과 식 (10.46)에 의해서 수소선의 유효 상수들은 통계가중치 $(2l+1)$과 n^2을 사용하여

$$A_{nn'} = \frac{1}{n^2}\sum_{ll'}(2l+1)A_{nl\to n'l'}, \tag{10.53a}$$

$$f_{nn'} = \frac{1}{n^2}\sum_{ll'}(2l+1)f_{nl\to n'l'} \tag{10.53b}$$

이 된다. (초기 상태와 최종 상태에 공통으로 곱해지는 전자 스핀의 통계가중치 2는 생략하였다.) 통계가중치로 $2l+1$을 사용한 것은 l 준위의 준위 분포가 통계적 평형을 따른다고 가정한 것으로서 통상 유효하다. 예를 들어 Lyα 선의 경우,

$$A_{21} = \frac{1}{4}(3A_{2p\to 1s} + 1A_{2s\to 1s}) = 4.70 \times 10^8\ \mathrm{s^{-1}},$$

$$f_{12} = f_{1s\to 2p} + f_{1s\to 2s} = 0.4162$$

가 되며, 마찬가지로 Hα 선의 경우

$$A_{32} = \frac{1}{9}(5A_{3d\to 2p} + 3A_{3p\to 2s} + 1A_{3s\to 2p}) = 4.41 \times 10^7\ \mathrm{s^{-1}},$$

표 10.3 수소 원자선의 유효 진동자세기와 아인슈타인 계수

수소선	천이 (n, n')	파장 (Å)	f_{12}	A_{21} s^{-1}
Lyα	1–2	1215.67	0.4162	4.699×10^8
Lyβ	1–3	1025.72	7.910×10^{-2}	5.575×10^7
Lyγ	1–4	792.54	2.899×10^{-2}	1.278×10^7
$\mathrm{Ly_{limit}}$	1–∞	911.8	$\cdots$	$\cdots$
Hα	2–3	6562.80	0.6407	4.410×10^7
Hβ	2–4	4861.32	0.1193	8.419×10^6
Hγ	2–5	4340.46	4.467×10^{-2}	2.530×10^6
Hδ	2–6	3970.07	2.209×10^{-2}	9.732×10^5
Hϵ	2–7	3889.05	1.270×10^{-2}	4.389×10^5
$\mathrm{H_{limit}}$	2–∞	3646	$\cdots$	$\cdots$

출처: Cowley et al. (2000)

$$f_{23} = \frac{1}{4}(3f_{2p\to 3d} + 3f_{2p\to 3s} + 1f_{2s\to 3p}) = 0.6407$$

이 된다. 표 10.3은 라이만 계열과 발머 계열 수소선들의 유효 상수들을 보여 준다.

수소선의 유효 상수들은 해석적 형태로 표시될 수 있으며, 라이만 계열의 경우

$$g_1 f_{1n} = \frac{2^9 n^5 (n-1)^{2n-4}}{3(n+1)^{2n+4}} \approx \frac{2^9}{3n^3}\frac{e^{-2}}{e^2} \approx 3.13\frac{1}{n^3} \tag{10.54}$$

과 같다(Rybicki and Lightman 1979, 10.5절 참조). 근사식은 n이 클 경우로서 $f_{1n} \approx 1.56/n^3$ $(n \gg 1)$이 된다. f_{12} 값은 $n = 2, 3, 4, 5, \cdots$ 일 경우 $0.4162, 0.0791, 0.0290, 0.014, \cdots$ 로 주어진다. 속박 준위로의 진동자세기를 모두 합한 $\sum_{n'} f_{1n'} = 0.5650$이다. 앞에서 언급한 합 규칙($\sum f_{1n} = 1$)으로부터 $n = 1$ 준위의 연속 상향 진동자세기, 즉 전리 상태로의 상향 진동자세기는 0.4350임을 알 수 있다.

10.4.2 속박-자유 천이

앞 절에서는 속박 준위 간의 천이에 관해서 살펴보았다. 이 절과 다음 절에서는 초기 혹은 최종 상태가 연속 준위에 있는 수소 원자의 속박-자유 천이(bound-free transition)와 자유-속박 천이(free-bound transition)를 살펴보겠다.

원자가 전리 에너지보다 큰 에너지를 가진 광자를 흡수하여 전자가 방출되는 현상을 **속박-자유 천이** 혹은 **광전리**(photoionization)라 부른다. 바닥상태에 있는

수소 원자의 경우 에너지가 13.6 eV보다 큰 광자에 의해서 전리되며, 그 과정은

$$\mathrm{H} + h\nu \rightarrow \mathrm{H}^+ + e^-$$

과 같이 나타낼 수 있다. 원자가 주파수 ν인 광자를 흡수하여 전리될 확률을 기술하기 위해서 **속박-자유 흡수 단면적** 혹은 **광전리 단면적** σ_{bf}를 사용한다. σ_{bf}는 속박-속박 천이의 천이율을 구한 과정과 유사하게 최종 상태를 자유 전자의 양자 상태로 확장함으로써 구할 수 있다(Rybicki and Lightman 1979, 10.5절 참조). 여기에서는 수소 원자에 관한 결과만을 살펴보겠다. 수소 원자에 관한 결과는 He^+와 같이 수소와 유사하게 전자 하나를 갖고 있는 수소꼴 이온들에 대해서도 성립하므로, 식에 원자핵의 전하 Z를 포함하겠다.

우선 바닥상태($n = 1$)에 있는 수소 원자 혹은 수소꼴 이온의 경우, 파동함수 적분은 해석적으로 가능하며 속박-자유 흡수 단면적은

$$\sigma_{bf}(n=1,\nu) = \sigma_0 \left(\frac{\nu}{\nu_1}\right)^{-4} \frac{e^{4-4\arctan(x)/x}}{1-e^{-2\pi/x}}, \quad x \equiv \sqrt{\frac{\nu}{\nu_1} - 1} \tag{10.55}$$

로 주어진다(Bethe and Salpeter 1957, 4장 71절 참조). ν_1은 전리 에너지에 해당하는 임계 주파수로서

$$h\nu_1 \equiv Z^2 \mathrm{Ry} = \frac{Z^2 e^2}{2a_0} = \frac{Z^2}{2}\alpha^2 m_e c^2 \tag{10.56}$$

이며, $\alpha = e^2/\hbar c$는 미세구조상수,

$$\sigma_0 \equiv \frac{2^9 \pi}{3e^4 Z^2}\alpha\, \pi a_0^2 = \frac{1}{Z^2} 6.304 \times 10^{-18} \ \ \mathrm{cm}^2 \tag{10.57}$$

는 $\nu = \nu_1$일 때의 흡수 단면적이다. 여기서 $e = 2.71828\cdots$ 이다.

속박-자유 흡수 단면적은 $\nu = \nu_1$일 때 최댓값을 갖고 주파수가 증가할수록 빠르게 감소한다(그림 10.3). ν_1보다 아주 크지 않은 주파수 영역에서는 근사식

$$\sigma_{bf}(n=1,\nu) \approx \sigma_0 \left(\frac{\nu}{\nu_1}\right)^{-3} \qquad (\nu_1 < \nu \lesssim 100\nu_1) \tag{10.58}$$

이 많이 사용된다(Draine 2011, 13.1절 참조). 수소 원자의 임계 주파수에서의 흡수 단면적 $\sigma_0(= 6.3 \times 10^{-18}\ \mathrm{cm}^2)$는 기하학적 단면적 πa_0^2의 약 0.07배에 해당하는 값으로서 매우 큰 단면적이다. 만약 성간의 수소 밀도가 $n = 1\ \mathrm{cm}^{-3}$이고 수소 원자가 모두 바닥상태에 있다면 이에 대응되는 라이만 한계(912 Å) 광자의 평균자유이동거리는 $1/(n\sigma_0) \sim 0.5$ pc에 불과하다(1.2.2절 참조). 따라서 은하 내에서 생성된 파장이 912 Å보다 짧은 라이만 연속 광자는 은하 내의 중성 수소

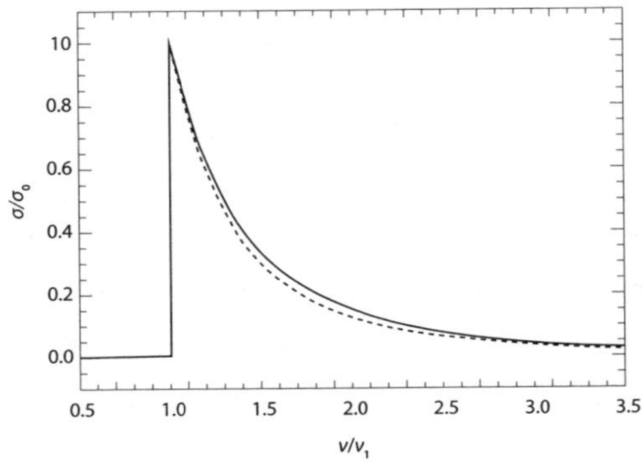

그림 10.3 수소 원자 바닥상태로부터의 속박-자유 흡수 단면적. 실선과 점선은 각각 해석해 (식 10.55)와 근사식(식 10.58)을 나타낸다.

에 의해 거의 모두 흡수되며, 은하의 분광에너지 분포는 912 Å을 경계로 불연속하게 된다. 이러한 **라이만 단절**(Lyman break)은 별생성이 활발한 은하에서 두드러지게 나타나며 이들의 적색편이를 측정하는 데 활용되기도 한다(Giavalisco 2002 참조). 한편 σ_0는 Z^2에 반비례한다. 따라서 He^+의 임계 주파수에서의 흡수 단면적은 수소 원자 흡수 단면적의 1/4이다.

준위 n에 있는 수소꼴 원자의 속박-자유 흡수 단면적 $\sigma_{bf}(n,\nu)$는

$$\begin{aligned}\sigma_{bf}(n,\nu) &= \frac{64\pi^4 Z^4 e^{10} m_e}{3\sqrt{3}ch^6}\frac{g_{bf}(n,\nu)}{n^5\nu^3} \\ &= \left[\frac{64}{3\sqrt{3}}\alpha\right]\frac{\pi a_0^2}{Z^2}\left(\frac{\nu}{\nu_n}\right)^{-3} n g_{bf}(n,\nu)\end{aligned} \tag{10.59}$$

로 주어진다(유도 과정은 Rybicki and Lightman 1979, 10.5절 참조). 임계 주파수 ν_n은

$$\nu_n = \frac{\nu_1}{n^2} \tag{10.60}$$

이며, $g_{bf}(n,\nu)$는 속박-자유 건트 인자이다. $g_{bf}(n,\nu)$는 $\nu \gtrsim \nu_n$에서 ~ 1의 값을 갖는다. 그림 10.4는 $n=1$과 $n=2$ 준위의 $g_{bf}(n,\nu)$를 보여 주고 있다. 광자의 주파수 ν 대신 속박-자유 천이에서 생성된 자유 전자의 에너지 $E_{\rm el}(=h\nu - h\nu_n)$의 함수로 나타내었다. $n=2$의 경우, $2s$, $2p$ 준위 각각의 기여도도 함께 나타내었다. 준위 $n(\geq 2)$의 '평균' 건트 인자는 $l(=0,1,...,n-1)$ 준위 건트 인자 $g_{bf}(n,l)$의 가중합으로

$$g_{bf}(n) = \sum_l \frac{(2l+1)}{n^2} g_{bf}(n,l) \tag{10.61}$$

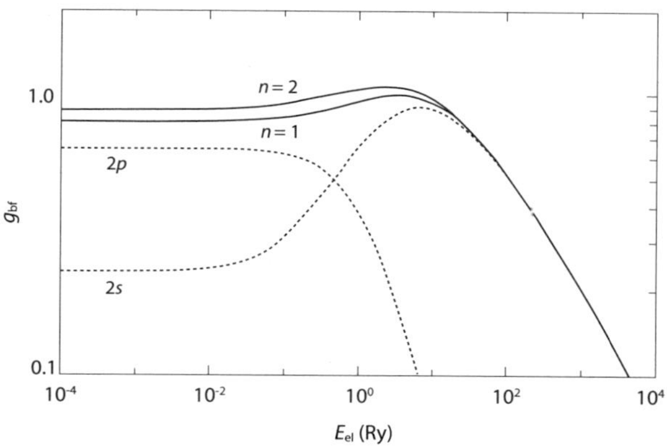

그림 10.4 수소 원자 $n = 1, 2$ 준위의 속박-자유 건트 인자(Karzas and Latter 1961). $n = 2$의 경우, 실선은 평균 속박-자유 건트 인자를 나타내며, 점선은 $2s$, $2p$ 준위의 기여도를 나타낸다. 가로축은 자유 전자의 에너지 $E_{\rm el}(= h\nu - h\nu_n)$로서 Ry(=13.6 eV)로 정규화하였다.

과 같이 주어진다. 그림 10.4로부터 ν_n보다 매우 높지 않은 주파수 영역에서는 g_{bf}가 거의 일정하며, 따라서 속박-자유 흡수 단면적은 ν^{-3}에 비례한다는 것을 확인할 수 있다. 또한 식 (10.59)로부터 임계 주파수에서의 $\sigma_{bf}(n)$은 n에 비례함을 알 수 있다. 속박-자유 건트 인자의 (n, ν)에 대한 보다 자세한 의존도는 Karzas and Latter(1961)에서 확인할 수 있다.

10.4.3 복사 재결합

광전리의 역과정은 자유 전자가 양성자와 재결합하면서 광자를 방출하는 **복사 재결합**(radiative recombination), 즉

$$\mathrm{H}^+ + e^- \rightarrow \mathrm{H} + h\nu$$

이다. **복사 재결합 단면적** σ_{rr}은, 2장에서 아인슈타인 계수 사이의 관계식을 유도한 것과 유사하게 열역학적 평형 상태에서 미세적 균형이 이루어져야 한다는 조건으로부터 속박-자유 흡수 단면적 σ_{bf}와의 관계식을 구하고, 이를 이용하여 구할 수 있다.

이제 준위 n에 있는 수소 원자의 미세적 균형을 생각해 보자. 열역학적 평형 상태에서는 수소 원자가 주파수 ν와 $\nu + d\nu$ 사이인 광자에 의해서 전리되어 속도가 v와 $v + dv$ 사이인 전자를 생성하는 비율과, 그 역과정인 재결합률이 동일해야

한다. 이를 식으로 나타내면

$$n_{\mathrm{H}}(n)\sigma_{bf}(n,\nu)\frac{4\pi J_\nu}{h\nu}\left(1-e^{-h\nu/kT}\right)d\nu = n_e n_{\mathrm{H}^+}\sigma_{rr}(n,v)vf(v)4\pi v^2 dv \tag{10.62}$$

가 된다. $n_{\mathrm{H}}(n)$은 준위 n에 있는 수소 원자의 밀도이고, n_{H^+}와 n_e는 각각 양성자와 전자의 밀도이다. $\sigma_{bf}(n,\nu)$는 준위 n으로부터의 속박-자유 천이 단면적을, $\sigma_{rr}(n,v)$는 준위 n으로의 재결합 단면적을 나타내며, $f(v)$는 3차원 맥스웰-볼츠만 분포 함수이다(식 5.26). 식 (10.62)의 오른쪽 항은 광자에 의한 유도 재결합을 포함하지 않은 자발적 재결합률이다. 따라서 왼쪽 항의 광전리율도 광자에 의한 유도 재결합률을 뺀 '알짜 광전리율'이어야 한다. 유도 재결합률과 그 역과정인 광전리율의 비는 — 열역학적 평형 상태에서 유도 되가라앉음 복사천이율과 유도 들뜸 복사천이율의 비($n_2B_{21}\bar{J}/n_1B_{12}\bar{J}$)가 $e^{-h\nu/kT}$로 주어지는 것과 마찬가지로(2.1절 참조) — $e^{-h\nu/kT}$로 주어지며, 식 (10.62)의 왼쪽 항의 $\left(1-e^{-h\nu/kT}\right)$ 인자는 이러한 유도 천이에 의한 재결합률을 빼준 것이다.

한편 열역학적 평형 상태에서 복사의 평균세기 $J_\nu = B_\nu(T)$이고, 이온화 비율은 **사하 방정식**에 의해서 주어진다. 즉,

$$\frac{n_{\mathrm{H}^+}n_e}{n_{\mathrm{H}}(n)} = \left(\frac{2\pi m_e kT}{h^2}\right)^{3/2}\frac{g_e g_{\mathrm{H}^+}}{g_n}e^{-\chi_n/kT} \tag{10.63}$$

과 같다. $g_n(=2n^2)$은 준위 n에 있는 수소 원자의 가중치이며 $g_e(=2)$와 $g_{\mathrm{H}^+}(=1)$는 각각 자유 전자와 양성자의 가중치이다. $\chi_n(=13.6/n^2\ \mathrm{eV})$은 n 준위에 있는 수소 원자의 전리 에너지이다. 광전리를 유발한 광자의 에너지 $h\nu$와 생성된 전자의 에너지 $(1/2)m_e v^2$ 사이에는

$$h\nu = \frac{1}{2}m_e v^2 + \chi_n \tag{10.64}$$

의 관계가 있으므로 양변을 미분하면 $d\nu = (m_e/h)vdv$를 얻는다. 따라서 식 (10.62)와 식 (10.63)으로부터 **밀른 관계식**(Milne relation)이라 알려진 두 단면적 사이의 관계식

$$\frac{\sigma_{bf}}{\sigma_{rr}} = \frac{m_e^2c^2v^2}{\nu^2h^2}\frac{g_e g_+}{2g_n} \tag{10.65}$$

를 얻는다. 식 (10.59)의 σ_{bf}를 위 관계식에 대입하여 정리하면, 수소꼴 원자의 준위 n으로의 복사 재결합 단면적은

$$\sigma_{rr}(n,v) = \left(\frac{32}{3\sqrt{3}}\alpha^3\right)\frac{\pi a_0^2}{Z^2}\left(\frac{h\nu_n}{\frac{1}{2}m_e v^2}\right)\left(\frac{\nu_n}{\nu}\right)ng_{bf}(n,\nu) \tag{10.66}$$

가 된다. 맨 앞 대괄호 안의 상숫값은 2.39×10^{-6}이다. 따라서 재결합 단견적은

광전리 단면적에 비해서 매우 작다(식 10.59 참조).

전리된 기체에서 빈번하게 발생하는 이온과 자유 전자의 재결합은 자유-속박 천이에 의한 연속복사를 방출한다. 예를 들어 수소 원자의 $n = 2$ 준위로의 재결합에 의한 연속복사 스펙트럼은 3648 Å$(= c/\nu_2)$에서 최댓값을 갖고 시작하여 그보다 짧은 파장에서는 $\exp(-(h\nu - h\nu_2)/kT)$의 함수 꼴로 감소한다(문제 11). $n = 3, 4, \cdots$ 준위로의 재결합에 의한 연속복사 스펙트럼은 각각 $\lambda_n = c/\nu_n (= n^2 c/\nu_1)$에서 시작하여 짧은 파장에서 지수함수 형태로 감소하는 동일한 모양을 갖는다(글상자 11의 그림 10.1 참조).

한편 대부분의 전리 기체에서는 전자의 속도 분포는 맥스웰-볼츠만 분포를 따른다. 이 경우 평균 재결합률을 알기 위해서는 속도 분포에 대한 평균이 필요하다. 온도 T인 기체의 **재결합상수**(recombination coefficient) $\alpha_n \equiv \langle \sigma_{rr}(n, v) v \rangle$ ($\mathrm{cm^3\ s^{-1}}$)는 식 (10.66)의 단면적에 속도를 곱하고 이를 속도 분포에 대해서 평균함으로써 구할 수 있다. 수소 원자의 재결합상수 및 재결합에 의한 방출계수는 Ercolano and Storey(2006) 등에서 확인할 수 있다. 천문학에서 많이 사용되는 재결합상수로는 모든 n 준위로의 재결합을 합한 재결합상수 α_A와 $n = 1$ 준위를 제외한 나머지 준위로의 재결합을 합한 α_B가 있다. 온도가 $30\ \mathrm{K} < T < 3 \times 10^4\ \mathrm{K}$인 범위에서는

$$\alpha_A = \sum_{n=1}^{\infty} \sum_{l=0}^{n-1} \alpha_{nl}(T) \approx 4.13 \times 10^{-13} T_4^{-0.7131 - 0.0115 \ln T_4} \quad \mathrm{cm^3\,s^{-1}}, \tag{10.67a}$$

$$\alpha_B = \sum_{n=2}^{\infty} \sum_{l=0}^{n-1} \alpha_{nl}(T) = \alpha_A - \alpha_{1s} \approx 2.54 \times 10^{-13} T_4^{-0.8163 - 0.0208 \ln T_4} \quad \mathrm{cm^3\,s^{-1}} \tag{10.67b}$$

의 근사가 가능하다(Draine 2011, 14.2절). 여기서 $T_4 = T/10^4$ K를 나타낸다. 온도가 10^4 K일 때, $n = 1$ 준위로 재결합하는 비율이 전체 재결합의 40% 정도임을 알 수 있다. α_B를 별도로 정의한 이유는, 밀도가 높은 HII 영역의 경우 $n = 1$ 준위로 재결합하면서 방출되는 라이만 연속복사 광자는 주변의 수소 원자를 전리하는 데 다시 쓰일 수 있기 때문이다. OB형 별 주변에 형성된 HII 영역의 경우 일반적으로 α_B를 재결합상수로 사용할 수 있다. 예를 들어, 전자 밀도가 $n_e(\mathrm{cm^{-3}})$인 HII 영역의 기체가 재결합하는 데 걸리는 시간 척도는 $t_r = 1/n_e\alpha_B \sim 8 \times 10^4/n_e$ yr로 주어진다. 반면 초신성 잔해와 같이 희박한 고온($\gtrsim 10^6$ K) 플라즈마의 경우 α_A를 재결합상수로 사용하는 것이 더 적절하다. 한편 전리 기체에서는 수소 원자의 재결합에 의한 특징적인 선복사 방출 스펙트럼이 관측되는데, 이에 대한 자세한 설명은 Draine(2011, 14.2절)에서 확인할 수 있다.

수소의 경우에는 불가능하지만, 속박 전자가 하나 이상인 이온의 경우, 재결합하는 전자의 에너지를 광자가 아닌 다른 전자가 얻어서 들뜰 수 있다. 이러한 **두전자 재결합**(dielectronic recombination)은 고온의 플라즈마에서 특히 중요하며, Mg II, C III와 같은 이온의 경우 10^4 K에서도 두전자 재결합률이 복사 재결합률보다 더 크다(Draine 2011, 14.5절 참조).

제11장 분자의 구조와 스펙트럼⋆

11.1 분자 에너지 구조와 보른-오펜하이머 근사

분자의 에너지는 전자와 원자핵의 에너지로 주어지며 원자핵 사이의 거리에 의존한다. 예를 들어 **이원자 분자**(diatomic molecule)를 생각해 보면 두 원자핵은 적절한 평형 거리를 유지하고 있고 전자들이 두 원자핵 주위에 분포하여 안정된 분자를 형성하고 있다. 두 원자핵 사이의 거리 R을 증가시키면 분자의 결합은 점차 약해지다가 결국에는 두 원자로 해리될 것이다. 즉, $R \to \infty$일 때 분자의 에너지는 원자에 속한 전자의 에너지(운동 에너지+퍼텐셜 에너지)로 수렴한다. 반면 R을 감소시키면 두 원자핵 간의 쿨롱 퍼텐셜 에너지는 무한대로 발산한다. 따라서 전자의 에너지와 두 원자핵 간의 쿨롱 힘을 고려한 분자의 '퍼텐셜 에너지'는 R의 함수로 그림 11.1과 같은 모양을 갖게 된다. 만약 전자가 들뜸상태에 있다면 들뜸 에너지만큼 높은 유사한 모양의 퍼텐셜 에너지 곡선을 갖게 된다. 한편 두 원자핵은 서로를 잇는 선을 따라서 진동할 수 있고, 그 선에 수직인 두 축에 대하여 회전할 수 있다. 아래에서는 분자의 결합 에너지에 대한 원자핵의 진동 에너지와 회전 에너지의 상대적 크기에 대해서 알아보겠다. 특별한 언급이 없는 한 이원자 분자를 가정한다.

안정된 분자를 구성하는 원자핵 사이의 간격은 보어 반경 a_0(=0.529 Å) 정도이다. 이 사실은 원자에 구속된 전자의 궤도 반경이 $\sim a_0$ 임을 생각하면 당연하다. 즉, 두 원자가 a_0 정도 가까이 접근해야 한 원자에 속한 전자가 다른 원자핵의 쿨롱 힘을 받아서 안정된 분자로 결합할 수 있다. 따라서 분자를 결합시키는 전자의 퍼텐셜 에너지, 즉 그림 11.1의 퍼텐셜 곡선의 깊이에 해당하는 에너지는 대략적으로

$$E_e \sim \frac{e^2}{a_0} = \frac{\hbar^2}{m_e a_0^2} \tag{11.1}$$

으로 주어진다(식 9.2 참조). 예를 들어 H_2 분자의 핵 간 거리와 결합 에너지는 각각 0.74 Å과 4.74 eV이며, CO 분자의 경우에는 1.13 Å과 11.2 eV, 그리고 SiO 분자의 경우에는 1.51 Å과 8.3 eV이다(표 11.1, Däppen 2000 참조).

한편 분자를 구성하고 있는 두 원자핵은 서로를 잇는 선을 따라서 진동 운동을 할 수 있다. 단진동 운동으로 근사할 경우 원자핵의 진동 에너지는 $E_v \sim M\omega^2 x^2$으로 주어진다. M은 두 원자핵의 환산 질량이고, x와 ω는 각각 진동 운동의 진폭

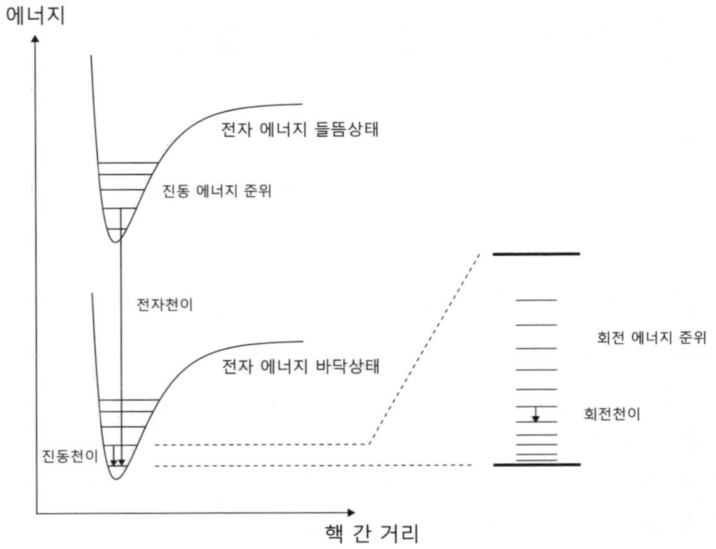

그림 11.1 분자 에너지 준위의 도식적 그림

과 고유진동수이다. 진폭이 커질수록 분자의 결합은 점차 약해지며, 진폭이 $\sim a_0$ 에 도달하면 전자가 거의 한 원자에 구속되므로 분자는 해리된다. 따라서 $x \sim a_0$ 일 때, 그 진동 에너지는 분자 퍼텐셜 에너지의 깊이인 e^2/a_0에 견줄 만할 것이다. 즉,

$$M\omega^2 a_0^2 \sim \frac{e^2}{a_0} = \frac{\hbar^2}{m_e a_0^2} \tag{11.2}$$

이다. 혹은 고유진동수는 $\omega \sim (m_e/M)^{1/2}(\hbar/m_e a_0)$로 주어진다. 따라서 분자의 양자화된 진동 에너지는

$$E_v \sim \hbar\omega \sim \left(\frac{m_e}{M}\right)^{1/2} \frac{\hbar^2}{m_e a_0^2} \sim \left(\frac{m_e}{M}\right)^{1/2} E_e \tag{11.3}$$

의 단위 크기를 갖는다. $E_v \sim 0.1$ eV이며, 식 (11.1)의 전자 에너지에 비해서 $(m_e/M)^{1/2}$만큼 작다. 진동 에너지 준위 사이의 천이로 방출되는 복사는 근적외선 혹은 중적외선 영역에서 나타난다.

마지막으로, 분자를 구성하고 있는 원자핵은 두 원자핵을 잇는 선에 수직인 두 축에 대해서 회전 운동을 할 수 있다. 회전 에너지 역시 양자화되어 있으며, 회전관성 모멘트가 $I \sim Ma_0^2$인 분자의 회전 에너지는

$$E_r \sim \frac{J(J+1)\hbar^2}{Ma_0^2} \sim \left(\frac{m_e}{M}\right) E_e \tag{11.4}$$

로 주어진다. J는 각운동량 양자수이며, 마지막 근사는 J가 작은 경우를 가정했

다. $E_r \sim 10^{-3}$ eV이며, 전자 에너지에 비해서는 m_e/M 만큼 작으며, 진동 에너지에 비해서는 $(m_e/M)^{1/2}$ 만큼 작다. 회전 에너지 준위 사이의 천이로 방출되는 복사는 전파나 원적외선에서 관측된다.

위의 결과로부터 전자 에너지, 원자핵의 진동 에너지, 회전 에너지의 비는 대략

$$E_e : E_v : E_r \approx 1 : \left(\frac{m_e}{M}\right)^{1/2} : \left(\frac{m_e}{M}\right) \tag{11.5}$$

로 주어짐을 알 수 있다. 즉, 원자핵의 진동 에너지와 회전 에너지는 전자 에너지에 비하여 매우 작다. 또한 전자는 원자핵에 비해서 질량이 매우 작으므로 그 속도는 매우 크다. 따라서 원자핵이 진동 운동이나 회전 운동을 하는 동안 전자는 새로운 원자핵의 위치에 적응하여 순간적으로 재분포할 수 있으며, 전자의 양자 상태는 바뀌지 않는다. 그리고 원자핵의 운동은 원자핵 간의 거리와 전자의 양자 상태에만 의존하는 퍼텐셜로 기술할 수 있다. 이렇듯 분자의 에너지 준위는 원자핵의 운동과 전자의 운동을 분리해서 슈뢰딩거 방정식을 풂으로써 구할 수 있으며, 이러한 근사를 **보른-오펜하이머 근사**(Born-Oppenheimer approximation)라고 한다. 즉, 보른-오펜하이머 근사에서는 고정된 원자핵에 대한 전자의 슈뢰딩거 방정식으로부터 전자의 에너지를 구하고, 원자핵의 진동 및 회전 에너지는 원자핵의 운동만을 고려한 슈뢰딩거 방정식으로부터 구한다. 이러한 보른-오펜하이머 근사는 바닥상태의 전자 에너지 준위에 있는 대부분의 분자에 대해서 성립한다.

11.2 전자 에너지와 분광항 표기법

이 절에서는 분자의 전자 퍼텐셜 에너지 곡선을 이해하고 분자의 분광항 표기법에 대해서 알아보고자 한다.

11.2.1 H_2^+ 분자

가장 간단한 H_2^+ 분자의 경우를 생각해 보자(그림 11.2). 원자핵의 운동을 무시한다면, 분자의 에너지는 전자의 에너지(운동 에너지+원자핵의 쿨롱 힘에 의한 퍼텐셜 에너지)와 두 원자핵 간의 쿨롱 힘에 의한 퍼텐셜 에너지의 합으로 주어진다. 두 원자핵 간의 거리 R이 작아지면 원자핵 간의 반발력에 의한 퍼텐셜 에너지(> 0)는 $1/R$로 증가하며, 따라서 $R \to 0$에서 무한대가 된다. 한편 두 원자핵 사이의 거리가 무한대일 때는 전자가 어느 한 원자핵에 결합되어 있으므로 전자의 에너지(< 0)는 수소 원자의 에너지가 될 것이다. 즉, 바닥상태 전자 에너지의 $R \to \infty$일 때의 값은 -13.6 eV이다. 그리고 안정된 분자를 형성하기 위해서 $R \sim a_0$ 부근에서 최솟값을 가져야 한다. 아래에서 이에 대해 자세히 살펴보겠다.

H_2^+ 분자의 에너지를 구하기 위해서는 슈뢰딩거 방정식을 풀어야 한다. 분자의 슈뢰딩거 방정식을 푸는 근사적 방법의 하나는 분자의 파동함수를 원자 파동함수

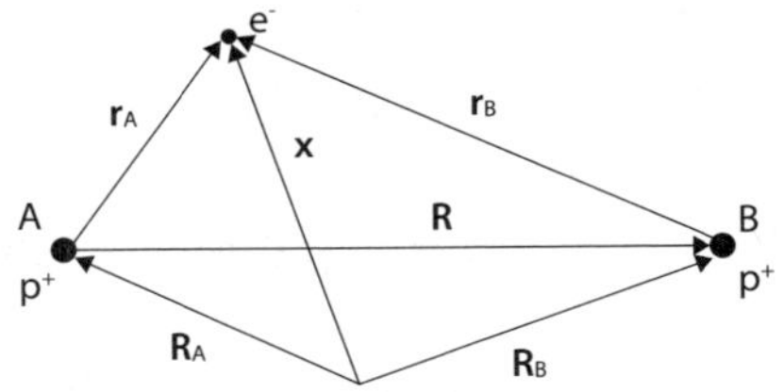

그림 11.2 수소 원자핵 2개(A, B)와 전자 1개로 구성된 H_2^+ 분자

의 선형 조합으로 표시하는 것이다. H_2^+ 분자는 2개의 수소 원자핵과 1개의 전자로 이루어졌으며 전자는 원자핵 A 혹은 B와 결합되어 있을 수 있다. 이 두 경우를 구분할 수 없으므로 H_2^+ 분자의 파동함수는 두 원자핵 A와 B를 각각 원자핵으로 하는 수소 원자의 파동함수 $\psi_A(\mathbf{x})$, $\psi_B(\mathbf{x})$의 대칭(+) 혹은 반대칭(−) 조합으로 표시할 수 있다. 즉, 대칭/반대칭 조합의 파동함수를 $\psi_\pm$라고 하면

$$\psi_\pm = C_\pm[\psi_A(\mathbf{x}) \pm \psi_B(\mathbf{x})] \tag{11.6}$$

로 나타낼 수 있다. $C_\pm$는 정규화 상수이다. 전자 에너지 바닥상태에 있는 H_2^+ 분자의 경우 ψ_A와 ψ_B는 수소 원자 바닥상태의 파동함수이다(표 9.1). 두 파동함수 $\psi_\pm$ 가운데 어느 것이 H_2^+ 분자의 파동함수를 나타내는지는 어떤 파동함수에 대응되는 고유 에너지가 최솟값을 갖는지에 의해서 결정된다.

식 (11.6)의 파동함수를 슈뢰딩거 방정식에 대입하여 해를 구하면 대칭 파동함수와 반대칭 파동함수에 대응되는 에너지의 고윳값은

$$E_\pm = \frac{\langle\psi_A|\hat{\mathcal{H}}|\psi_A\rangle + \langle\psi_B|\hat{\mathcal{H}}|\psi_B\rangle \pm 2\langle\psi_A|\hat{\mathcal{H}}|\psi_B\rangle}{2 \pm 2S(R)} \tag{11.7}$$

가 된다(문제 12). 이 식에서 $\hat{\mathcal{H}}$는 원자핵의 운동을 무시한 H_2^+ 분자의 해밀토니안 연산자로서

$$\hat{\mathcal{H}} = -\frac{\hbar^2}{2m_e}\nabla^2 - \frac{e^2}{r_A} - \frac{e^2}{r_B} + \frac{e^2}{R} \tag{11.8}$$

이며(그림 11.2와 9.1.2절 참조),

$$S(R) = \langle\psi_A|\hat{\mathcal{H}}|\psi_B\rangle = \left(1 + \frac{R}{a_0} + \frac{R^2}{3a_0^2}\right)e^{-R/a_0}, \tag{11.9}$$

그리고

$$\langle\psi_A|\hat{\mathcal{H}}|\psi_A\rangle = \frac{e^2}{a_0} \times \left[\left(-\frac{1}{2} + \frac{a_0}{R}\right) - \frac{a_0}{R} + \left(1 + \frac{a_0}{R}\right)e^{-2R/a_0}\right], \tag{11.10a}$$

$$\langle\psi_B|\hat{\mathcal{H}}|\psi_B\rangle = \langle\psi_A|\hat{\mathcal{H}}|\psi_A\rangle, \tag{11.10b}$$

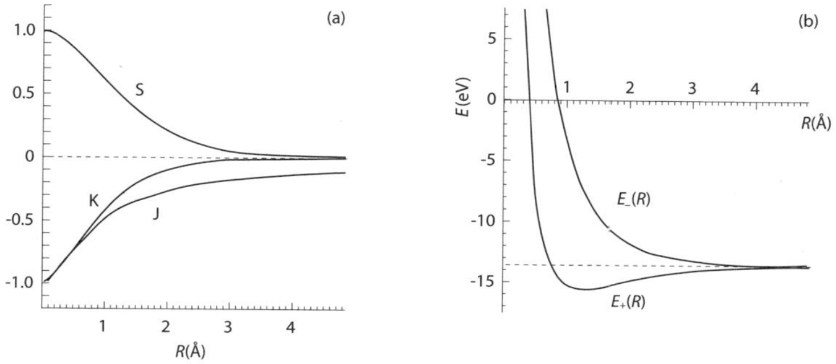

그림 11.3 두 양성자 사이의 거리 R에 따른 (a) $J(R)$, $K(R)$, $S(R)$과 (b) H_2^+ 분자의 에너지. $J(R)$과 $K(R)$은 $e^2/2a_0$로 정규화되었으며 $S(R)$은 차원이 없다. $E_+(R)$과 $E_-(R)$은 각각 전자의 공간 파동함수가 대칭, 반대칭인 경우이다.

$$\langle\psi_A|\,\hat{\mathcal{H}}\,|\psi_B\rangle = \frac{e^2}{a_0}\times\left[\left(-\frac{1}{2}+\frac{a_0}{R}\right)S(R)-\left(1+\frac{R}{a_0}\right)e^{-R/a_0}\right] \tag{11.10c}$$

로 주어진다. 이들을 식 (11.7)에 대입하여 정리하면

$$E_\pm = -\frac{e^2}{2a_0}+\frac{e^2}{R}+\frac{J(R)\pm K(R)}{1\pm S(R)} \tag{11.11}$$

과 같이 쓸 수 있다(Hanson et al. 2018 참조). 여기에서

$$J(R)=\left\langle\psi_A\left|-\frac{e^2}{r_B}\right|\psi_A\right\rangle = -\frac{e^2}{a_0}\times\left[\frac{a_0}{R}-\left(1+\frac{a_0}{R}\right)e^{-2R/a_0}\right], \tag{11.12a}$$

$$K(R)=\left\langle\psi_A\left|-\frac{e^2}{r_A}\right|\psi_B\right\rangle = -\frac{e^2}{a_0}\times\left(1+\frac{R}{a_0}\right)e^{-R/a_0} \tag{11.12b}$$

이다. $E_\pm$의 첫째 항($-e^2/2a_0$)은 수소 원자의 에너지를, 둘째 항(e^2/R)은 두 원자핵 간의 척력을 나타낸다. 셋째 항이 분자의 결합 여부를 결정하는 항으로서 $J(R)$은 한 원자에 속한 전자와 다른 원자핵과의 쿨롱 퍼텐셜에 해당하며, $K(R)$은 두 원자가 공유한 전자와 원자핵들 간의 쿨롱 퍼텐셜에 해당한다(문제 12). $J(R)$과 $K(R)$의 크기는 비슷하며, $R\to\infty$일 때 $J(R), K(R)\to 0$이며, $R\to 0$일 때 $J(R), K(R)\to -1$이다(그림 11.3a). 한편 그림 11.3b는 $E_\pm(R)$의 R에 따른 변화를 보여 준다. 대칭 파동함수 ψ_+에 대응되는 $E_+(R)$은 R이 감소하면서 1.3 Å에서 −15.4 eV의 최솟값을 갖는 반면, 반대칭 파동함수 ψ_-에 대응되는 $E_-(R)$은 일관되게 증가함을 볼 수 있다. 따라서 ψ_+가 H_2^+ 분자의 파동함수임을 알 수 있다.

$E_\pm(R)$의 R에 따른 변화는 다음과 같이 이해할 수 있다. 파동함수가 대칭인 경우 전자의 확률 분포($|\psi_+|^2$)는 두 원자핵이 가까워질수록 원자핵 사이에서 값

이 커지며, 식 (11.12)의 $J(R)$과 $K(R)$이 합해져 전자의 에너지(<0)는 그 절댓값이 점차 증가한다. $R \to 0$에서는 원자핵의 전하가 $+2e$인 원자(He^+)의 전자 결합 에너지인 -54.4 eV가 된다. (앞의 근사적 방법으로는 -40.8 eV를 얻는다. Demtröder 2010, 9.1절 참조.) 반면 파동함수가 반대칭인 경우 전자의 확률 분포는 두 원자핵 사이에서 0이 되며, $J(R)$과 $K(R)$은 서로 상쇄되어 두 원자핵이 가까워져도 전자의 에너지는 크게 변하지 않는다. 따라서 파동함수가 대칭인 경우 H_2^+의 에너지는 $R \sim a_0 = \hbar^2/m_e e^2$인 곳에서 최솟값을 갖고 안정된 분자를 형성하는 반면, 전자의 파동함수가 반대칭인 경우 에너지의 최솟값이 존재하지 않으며, 따라서 안정된 분자를 형성하지 못한다. 위 근사에 의하면 H_2^+ 분자는 1.3 Å에서 1.76 eV의 결합 에너지를 갖는다. 참고로 정확한 값은 $R_0 = 1.06$ Å, 결합 에너지는 2.79 eV이다(Demtröder 2010, 9.1절 참조).

11.2.2 분광항 표기법과 H_2 분자의 에너지 준위

이원자 분자의 전자 에너지 상태는 다전자 원자와 마찬가지로 전자의 각운동량 양자수를 사용하여

$$^{2S+1}\Lambda_\Omega$$

와 같이 나타낸다. S는 전자의 총스핀 양자수이며, Λ는 두 원자핵을 잇는 축 방향의 전자의 궤도 각운동량 성분의 크기($\Lambda\hbar$)를 나타내는 양자수이다. Λ는 $\Lambda = 0, 1, 2, 3, \cdots$의 값을 가질 수 있으며, 이들 분자 상태를 그리스 문자 대문자를 사용하여 $\Sigma, \Pi, \Delta, \Phi, \cdots$로 나타낸다. 그리고 $\Omega = |\Lambda + \Sigma|$는 두 원자핵을 잇는 축 방향의 전자의 총각운동량의 크기를 나타내는 양자수인데, 여기에서 $\Sigma = -S, -S+1, \cdots, S-1, S$는 두 원자핵을 잇는 축 방향의 전자의 스핀 각운동량 성분($\Sigma\hbar$)을 나타낸다. 양자수 Σ는 Λ와 달리 0보다 작은 값을 가질 수 있다. (양자수를 나타내는 기호 Σ는 $\Lambda = 0$인 분자 상태를 나타내는 기호 Σ와 동일하므로 주의할 필요가 있다.)

분자의 이러한 분광항 표기법은 원자의 분광항 표기법($^{2S+1}L_J$)과 크게 다르지 않다(9.4.2절 참조). 단지 분자의 경우 구대칭이 아니라 두 원자핵을 잇는 축이 존재하므로 전자의 궤도 각운동량 벡터와 스핀 벡터 모두 이 축에 투영한 성분이 의미가 있다. 즉, 전자의 궤도 각운동량과 스핀 각운동량은 각각 두 원자핵을 잇는 축을 중심으로 세차운동하며 이 축에 투영한 성분이 일정하다. 그리고 원자의 J, L, S가 벡터적으로 합하는 것과 달리 Ω, Λ, Σ는 투영된 값이므로 산술적으로 합한다. 예를 들어 원자의 경우 $L = 1$, $S = 1$이면 $J = 0, 1, 2$가 가능하나, 분자의 경우 $\Lambda = 1$, $\Sigma = 1$이면 $\Omega = 2$이다. 위의 양자수 이외에 전자 파동함수의 대칭성을 분광항에 표시하는데, $\Lambda = 0$인 Σ 상태는 전자의 파동함수가 두 원자핵을 잇는 임의의 면에 대하여 대칭인가 혹은 반대칭인가에 따라 '+' 혹은 '−'를

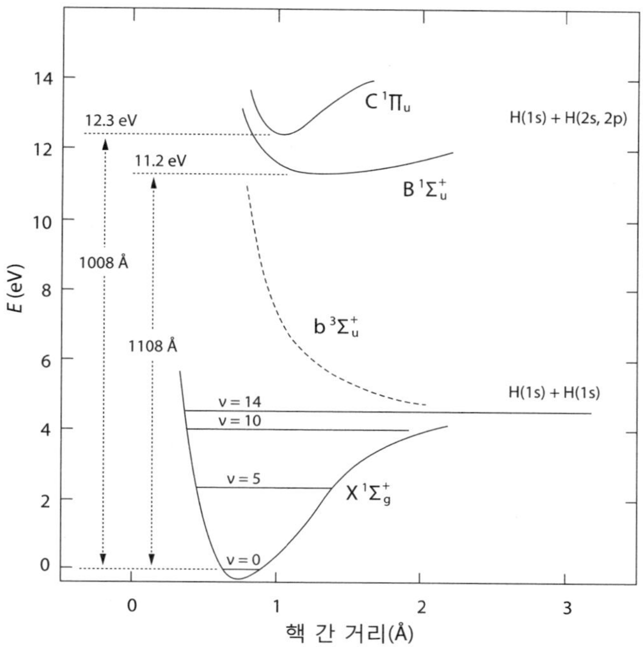

그림 11.4 수소 분자(H_2)의 에너지 준위. 세로축은 바닥상태의 $v = 0$ 준위에 대한 상대적 에너지 값을 나타낸다. 전자적 들뜸상태 $H(1s){+}H(2s, 2p)$의 준위는 일부만 나타내었다 (Field et al. 1966, 그림 1 참조).

붙인다. 그리고 H_2와 같이 동일한 전하를 가진 원자핵으로 구성된 분자의 경우 두 원자핵을 잇는 선의 중심에 대해 전자 파동함수가 대칭인가 반대칭인가에 따라서, 즉 각각의 전자의 위치 $\mathbf{x}_i \to -\mathbf{x}_i$로 변환할 때 파동함수의 부호가 변하지 않는가 혹은 변하는가에 따라서 'g' 혹은 'u'를 붙인다.

예로서 그림 11.4는 수소 분자(H_2)의 에너지 준위를 보여 준다. 수소 분자의 바닥상태는 $S = 0$이고 $\Lambda = 0$인 $^1\Sigma_g^+$로서 간단하게 X로도 나타낸다. H_2 분자는 전자를 2개 갖고 있다. 각각의 원자핵은 전자 2개를 적절하게 공유할 것이다. 바닥상태에 있는 분자의 두 전자는 모두 1s 상태에 존재하므로 $\Lambda = 0$이며, 파울리 배타원리에 의해서 스핀은 반대 방향이어야 한다. 즉, 두 전자의 총스핀 양자수 $S = 0$인 단일항 상태에 있어야 한다. 한편 전자의 공간 파동함수는 두 전자 파동함수의 대칭 조합이 되어야 한다. H_2^+ 경우와 마찬가지로 전자의 확률 분포($|\psi|^2$)는 두 원자핵이 가까워질수록 원자핵 사이에서 값이 커지며, 퍼텐셜 에너지는 두 원자핵 간의 거리 $R_0 = 0.74$ Å일 때 최솟값을 갖는다. 전자 에너지 바닥상태에는 진동 양자수 $v = 0$에서 14까지의 진동 에너지 준위가 있다. $v = 14$ 준위보다 높은 에너지를 가진 진동 상태의 두 원자는 서로 구속되어 있지 않다. 그림 11.4에서 볼 수 있듯이 $v = 0$인 바닥 진동 상태의 에너지 준위는 **영점 에너지**(zero-point energy)로 인하여 전자 에너지 퍼텐셜 곡선의 최하점으로부터 떨어져 있다(11.4절 참조). $v = 0$ 준위에 있는 수소 분자를 해리시키는 데 필요한 **해리 에너지**(dissociation energy)는 4.478 eV이며(Däppen 2000), 퍼텐셜 에너지의 최솟값에 해당하는 **결합 에너지**(binding energy)는 그보다 0.26 eV 크다(표 11.1 참조). 그다음의 안정된 전자 상태는 $^1\Sigma_u^+$와 $^1\Pi_u$의 두 단일항 상태로서 각각 B와 C로 나타낸다. 그 중간에 안정된 분자를 형성하지 못하는 불안정한 삼중항 상태 $^3\Sigma_u^+$가 있다. 간단히 b로도 나타내는 이 삼중항 상태는 진동 혹은 회전 에너지 준위가 없다. 바닥상태 X에 있는 수소 분자가 B, C 상태로 천이하면서 흡수 또는 방출하는 복사를 각각 **라이만 밴드**(Lyman band) ($^1\Sigma_g \to {}^1\Sigma_u$)와 **워너 밴드**(Werner band) ($^1\Sigma_g \to {}^1\Pi_u$)라 일컫는다. 바닥상태에 있는 H_2 분자는 라이만 밴드 혹은 워너 밴드의 자외선 광자를 흡수하여 B 혹은 C 상태로 들뜬 후 $X(v > 14)$ 상태로 천이하면서 해리될 수 있다. 자외선 광자에 의한 바닥상태에서 삼중항 $b^3\Sigma_u^+$ 상태로의 천이에 의한 직접적 해리도 원칙적으로는 가능하지만 두 상태 사이의 천이는 전기 쌍극자 선택 규칙($\Delta S = 0$)에 의해서 금지되어 있으므로 발생하기 어렵다. 수소 분자에 관한 보다 자세한 내용은 Field et al.(1966), Shull and Beckwith(1982) 등에서 확인할 수 있다.

한편 수소 분자를 이루고 있는 두 양성자의 스핀 방향이 서로 평행인가 반대인가에 따라 ortho H_2 혹은 para H_2로 구분된다. 양성자의 스핀 양자수는 1/2이므로, ortho H_2와 para H_2의 전체 핵 스핀 양자수 T는 각각 1과 0이다. 높은 온도의 열적 평형 상태에 있는 분자 기체의 경우, 통계가중치$(2T + 1)$의 비에 따라서 ortho H_2는 para H_2에 비하여 3배 많다.[6]

11.3 회전 스펙트럼

분자의 회전 에너지는 진동 에너지 혹은 전자 에너지에 비하여 매우 작다. 따라서 전자 에너지 준위와 진동 에너지 준위는 변하지 않은 채 회전 에너지 준위만 들뜰 수 있다. 이 절에서는 전자 및 진동 에너지가 바닥상태인 분자의 회전 에너지 준위 구조와 그들 사이의 천이로 발생하는 '순수' 회전 스펙트럼에 대해서 살펴보겠다.

질량이 M_1과 M_2인 두 원자로 이루어진 이원자 분자의 회전 운동을 생각해 보자. 이 분자는 무게 중심을 통과하며 두 원자를 잇는 축에 수직인 임의의 축을 기준으로 회전할 수 있다.[7] 두 원자가 평형 상태의 간격 R_0를 유지한 채 강체와

6) 파동함수의 대칭성에 의해서 ortho H_2의 회전양자수는 홀수($J = 1, 3, 5, \ldots$)이고 para H_2의 회전양자수는 짝수($J = 0, 2, 4, \ldots$)이다. 분자 기체의 온도가 낮아서 바닥상태 부근의 회전 준위만 채워진다면 ortho H_2와 para H_2의 비는 3보다 작게 된다.

7) 두 원자를 잇는 축(z축)에 대한 관성 모멘트는 매우 작으므로 이 축을 기준으로 한 회전 운동은 매우 높은 에너지를 필요로 한다(식 11.13). 따라서 일반적으로 z축을 중심으로 한 회전 운동은 발생하지 않으며, 이원자 분자의 회전에 의한 자유도, 즉 회전할 수 있는 방법의 수는 2이다.

같이 회전한다고 가정하면, 회전 운동의 해밀토니안은

$$\hat{\mathcal{H}}_{\mathrm{rot}} = \frac{\mathbf{L}^2}{2I} \tag{11.13}$$

이 된다. $\mathbf{L}$은 각운동량 연산자이며, I는 회전축에 대한 관성 모멘트로서 환산질량 μ를 이용하여

$$I = \mu R_0^2, \quad \mu = \frac{M_1 M_2}{M_1 + M_2} \tag{11.14}$$

이다. 분자의 회전 운동을 기술하는 슈뢰딩거 방정식은

$$\hat{\mathcal{H}}_{\mathrm{rot}}\psi = E\psi \tag{11.15}$$

가 되고, 이는 수소 원자의 (θ, ϕ)에 대한 슈뢰딩거 방정식과 동일하다(9.1.2절 참조). 따라서 원자의 궤도양자수에 대응되는 분자의 **회전양자수**(rotational quantum number)를 $J(=0, 1, 2, \cdots)$라고 하면, 각운동량의 크기는 $|\mathbf{L}| = \sqrt{J(J+1)}\hbar$가 되고 회전 운동의 에너지 고윳값은

$$E_J = \frac{J(J+1)\hbar^2}{2I} \tag{11.16}$$

이 된다. 혹은 **회전상수**(rotational constant)

$$B \equiv \frac{h}{8\pi^2 I} \tag{11.17}$$

를 이용하여

$$E_J = \frac{J(J+1)h^2}{8\pi^2 I} = hBJ(J+1) \tag{11.18}$$

로도 나타낸다. 이 결과는 강체와 같이 두 원자핵 사이의 거리에 변화가 없다는 가정하에서 얻어진 결과로서, 실제로는 회전에 의해 두 원자핵 간의 거리가 늘어나므로 이보다 약간 작게 된다(문제 13).

분자가 회전 에너지 준위 사이의 천이를 일으키면서 방출 혹은 흡수하는 스펙트럼을 **회전 스펙트럼**(rotational spectrum)이라 부른다. 식 (11.15)는 수소 원자의 (θ, ϕ)에 대한 슈뢰딩거 방정식과 동일하므로 고유함수는 $Y_{Jm}(\theta, \phi)$이며, 쌍극자 선택 규칙은

$$\mu_e \neq 0, \quad \Delta J = \pm 1, \quad \Delta m = 0, \pm 1$$

이 될 것이다(10.1.4절 참조). μ_e는 분자의 전기 쌍극자 모멘트를 의미하며, $m(= -J, -J+1, -J+2, \cdots, J-2, J-1, J)$은 원자의 경우와 마찬가지로 z축

성분의 각운동량 연산자의 양자수이다. 분자가 전기 쌍극자 복사를 하기 위해서는 전기 쌍극자 모멘트가 0이 아니어야 한다. 두 원자가 다른 이종핵 이원자 분자(heteronuclear diatomic molecule)의 경우 영구 쌍극자 모멘트(permanent dipole moment)를 갖고 있으므로 전기 쌍극자 복사에 의한 회전 스펙트럼을 방출 혹은 흡수할 수 있다. 하지만 두 원자가 동일한 동핵 이원자 분자(homonuclear diatomic molecule)의 경우에는 영구 쌍극자 모멘트는 0이며, 따라서 전기 쌍극자 복사에 의한 순수 회전 스펙트럼을 방출 혹은 흡수하지 않는다.

$J' = J+1$에서 J로 천이하는 경우, 그 주파수는

$$\nu_{J+1,J} = \frac{E_{J+1} - E_J}{h} = 2B(J+1) \tag{11.19}$$

이며, 천이율은 가능한 모든 자기양자수 m'과 m의 천이율을 더함으로써 얻을 수 있다(Bernath 2016, 6.3절 참조). 고유함수를 이용하여 허용된 천이($m = m'+1, m', m'-1$)의 쌍극자 모멘트 행렬 요소를 구하고, 이를 이용하여 $m' (= J+1, J, \cdots, -J, -J-1)$ 준위에서의 천이율을 구하여 합한 후에 초기 상태의 통계가중치($g_{J+1} = 2J+3$)로 나눠 주면, 아인슈타인 계수 $A_{J+1,J}$는

$$\begin{aligned} A_{J+1,J} &= \frac{64\pi^4\nu^3}{3hc^3}|\mu_{J+1,J}|^2 \\ &= 1.162\times 10^{-5}\left(\frac{\nu}{100\ \mathrm{GHz}}\right)^3\left(\frac{\mu_e}{1\ \mathrm{Debye}}\right)^2\frac{J+1}{2J+3}\quad \mathrm{s}^{-1} \end{aligned} \tag{11.20}$$

로 주어진다(식 10.40 참조). 여기서 $\mu_{J+1,J}$는 '$J+1 \to J$ 천이의 쌍극자 모멘트'로서

$$|\mu_{J+1,J}|^2 = {\mu_e}^2\frac{J+1}{2J+3} \tag{11.21}$$

이다.

표 11.1 주요 분자의 회전 및 진동 스펙트럼 관련 상수

분자	바닥상태	B (10^9 Hz)	hB/k (K)	r_0 (Å)	μ_e (Debye)	ν_0 (10^{13} Hz)	$h\nu_0/k$ (K)
H_2	$^1\Sigma_g^+$	1779	85.37	0.741	0	12.5	6000
OH	$^2\Pi_{1/2,3/2}$	556.1	26.69	0.9697	1.6676	10.7	5140
CO	$^1\Sigma_0^+$	57.64	2.766	1.1283	0.1098	6.51	3120
SiO	$^1\Sigma_0^+$	21.71	1.042	1.5097	3.098	3.69	1770
CS	$^1\Sigma_0^+$	24.50	1.175	1.5349	2.001	3.81	1830

B = 회전상수(식 11.17), r_0 = 핵 간 거리, μ_e = 전기 쌍극자 모멘트, ν_0 = 기본 진동 주파수이며, 1 Debye = 10^{-18} statC cm(= $0.3934\times ea_0$)이다. 회전상수는 진동 준위에 따라서 조금씩 다르며 표의 값은 $v=0$에서의 값이다(11.4절 참조). 출처: Draine (2011)

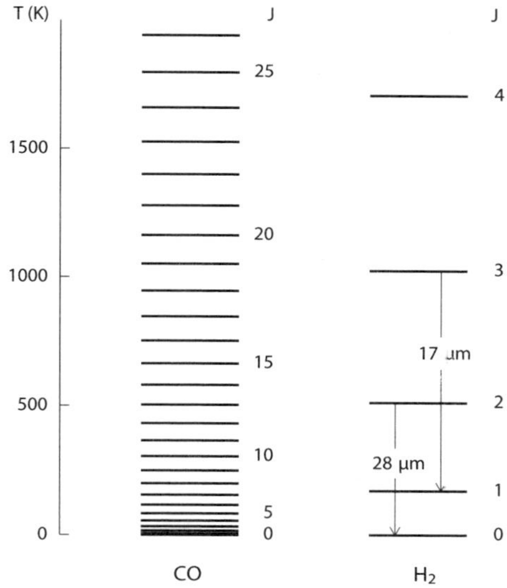

그림 11.5 CO 분자와 H_2 분자의 회전 에너지 준위. 각운동량 양자수 J가 클수록 준위 사이의 간격이 넓다(식 11.16).

표 11.1에 천문학적으로 중요한 분자들의 회전상수와 쌍극자 모멘트를 요약했다. 예를 들어 CO(=^{12}CO) 분자의 경우 $B = 57.64$ GHz로서 $J = 1 \rightarrow 0$선의 주파수는 115.2712 GHz이다. 쌍극자 모멘트는 $\mu_e = 0.1098$ Debye로서 매우 작다. 쌍극자 모멘트가 작은 CO 분자는 A_{21}이 작고, 따라서 임계 밀도가 작으므로(식 9.91) 비교적 밀도가 작은 분자운의 물리적 상태를 연구하는 데 적합하고, 쌍극자 모멘트가 큰 CS 혹은 SiO 분자는 밀도가 큰 분자운의 물리적 상태를 연구하는 데 적합하다. H_2 분자의 경우 두 원자핵이 동일하므로 분자의 전기 쌍극자 모멘트는 0이며 전기 쌍극자 복사를 방출하지 않는다. H_2 분자는 전기 사중극자 천이에 의한 복사를 방출하는데, 선택 규칙은 $\Delta J = \pm 2$이다. 따라서 가장 긴 파장의 회전 스펙트럼은 para-H_2의 $J = 2 \rightarrow 0$ 천이로부터 방출되는 $v = 0$–0 S(0) 28.2 μm 선과 ortho-H_2의 $J = 3 \rightarrow 1$ 천이로부터 방출되는 $v = 0$–0 S(1) 17.0 μm 선이다(그림 11.5, 천이선의 명칭은 11.4절 참조).

표 11.1의 셋째 열(hB/k)은 회전상수를 온도로 표시한 값이다. 예를 들어 H_2 분자의 $J = 1$ 준위는 바닥상태로부터 171 K, $J = 2$ 준위는 510 K 위에 있다(그림 11.5). 이 온도는 성간 분자운의 온도 ~ 10 K에 비하여 매우 높아 충돌에 의하여 들뜨기 어려우며, 따라서 H_2 분자의 회전천이선은 자외선 광자 혹은 충격파에 의해서 가열된 상대적으로 온도가 높은 지역에서만 관측된다. 따라서 성간 분자운의 H_2 양은 H_2 분자선 관측을 통하여 직접 측정할 수 없으며, 대신 낮은 들뜸 온도의 회전 에너지 준위를 갖고 있고 함량비가 높은 CO 분자선 관측을 통하여 간접적으로 추정할 수 있다(글상자 12 참조).

글상자 12. CO-H_2 변환인자

우주에는 H_2 분자를 포함하여 200여 종의 다양한 형태의 분자가 알려져 있다. 이 분자들은 대부분 밀도가 100 cm^{-3} 이상인 차가운 분자운의 형태로 존재하며 별이 생성될 수 있는 환경을 제공한다. 우리 은하의 경우 은하의 안쪽으로 갈수록 분자 기체의 비율이 높아지며, 은하 전체로는 성간물질 질량의 17%가 분자 형태로 존재한다(Draine 2011, 1.1절 참조).

H_2는 쌍극자 복사를 하지 않고 들뜸 에너지가 높기 때문에(표 11.1 참조) 분자 기체의 대부분을 차지하고 있음에도 불구하고 직접 관측하기 어렵다. 대신 H_2 다음으로 흔한 CO 분자의 방출선을 관측하고 그로부터 분자운의 물리적 특성을 추정하는 것이 일반적이다. CO 분자의 $J = 1$–0 회전천이로부터 방출되는 115.2712 GHz의 전파선은 Wilson et al.(1970)에 의해서 오리온 성운에서 최초로 검출되었다. CO 분자의 $J = 1$ 준위의 경우 $2hB/k = 5.5$ K로서 온도가 10 K 정도인 분자운에서 쉽게 들뜨며, $J = 1$–0 천이선의 $A_{21} = 7.11 \times 10^{-8}$ s^{-1}이며 임계 밀도는 $n_{crit} \lesssim 2 \times 10^3$ cm^{-3}로서 낮은 밀도의 분자 기체를 추적하는 데 유리하다.

흔히 X_{CO} **인자**(X_{CO} factor)라고 불리는 CO-H_2 변환인자는 $N_{H_2} = X_{CO}W_{CO}$ 식에 의해서 정의된다. N_{H_2}(cm^{-2})는 수소 분자의 선밀도, W_{CO}(K km s^{-1})는 CO $J = 1$–0 선을 적분한 값이다. X_{CO} 인자를 구하기 위해서는 분자은의 질량을 독립적으로 유도하는 것이 필요하다. 분자운의 질량을 구하는 방법은 (1) 분자운의 속도 분산으로부터 비리얼 질량을 추정하는 방법, (2) 티끌의 열적 적외선 방출복사로부터 티끌의 질량을 구하고 티끌-기체 질량비(dust-to-gas mass ratio)를 이용하여 기체의 질량을 추정하는 방법, (3) 고에너지 우주선 입자와 븐자 기체의 원자핵과 상호작용으로 생성된 파이온 입자(π^0)가 붕괴되며 방출한 γ-선을 측정하여 분자 기체의 질량을 추정하는 방법 등 다양하다. 예로서 그림 11.6은 분자운의 비리얼 질량과 CO 광도 사이에 좋은 상관관계가 있음을 보여 준다. 우리 은하의 분자운에 대해서 이러한 방법으로 얻은 X_{CO}의 대표적인 값은 $X_{CO} \approx 2 \times 10^{20}$ cm^{-2}(K km s^{-1})$^{-1}$이다(Bolatto et al. 2013).

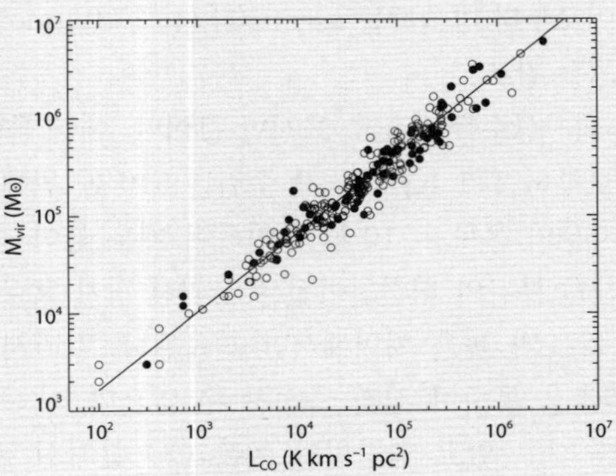

그림 11.6 우리 은하 분자운의 비리얼 질량과 CO 광도 사이의 상관관계. 채워진 원은 거리가 비교적 확실한 분자운을 나타내며, 빈 원은 거리가 불확실한 분자운을 나타낸다(자료 출처: Solomon et al. 1987).

11.4 진동 스펙트럼

분자의 진동 에너지는 전자 에너지에 비하여 매우 작다. 퍼텐셜 에너지가 최소인 평형 거리 $R = R_0$ 근처에서 분자가 진동한다면 원자핵이 겪는 퍼텐셜 $V_{\rm e}(R)$은

$$V_{\rm e}(R) = \frac{1}{2}\mu\omega_0^2(R - R_0)^2 \tag{11.22}$$

의 포물선 퍼텐셜로 근사할 수 있다(그림 11.1 참조). μ는 환산질량이며 ω_0는 진동 운동의 고유 각진동수이다. 이 퍼텐셜은 조화 진동자 퍼텐셜로서 두 원자핵의 진동 운동은 **양자 조화 진동자**(quantum harmonic oscillator)로서 기술된다.

양자 조화 진동자의 슈뢰딩거 방정식의 해는 잘 알려져 있다(문제 15). 진동 양자수를 $v(= 0, 1, 2, ...)$라고 한다면 에너지 고윳값은

$$E_v = \left(v + \frac{1}{2}\right) h\nu_0 \tag{11.23}$$

로 주어진다. **기본 진동 주파수** $\nu_0(= \omega_0/2\pi)$는 두 원자핵 간의 거리가 평형 거리 R_0로부터 벗어날 때 작용하는 복원력에 의하여 결정되며, 대개 $\gtrsim 10^{13}$ Hz, 혹은 파장으로는 $\lesssim 10$ μm의 값을 갖는다(표 11.1). 식 (11.23)에서 보듯이 $v = 0$인 바닥 진동 상태의 에너지는 $h\nu_0/2$로서 0이 아니다. **영점 에너지**라고 불리는 이 에너지는 하이젠베르크의 불확정성 원리에 기인하며, 그 크기는 ~ 0.1 eV 정도이다(표 11.1 참조). 한편 식 (11.23)에 의하면 진동 에너지 준위 사이의 간격은 동일하다. 하지만 실제로는 v가 커질수록 조화 진동자 퍼텐셜 근사는 부정확해지며 진동 에너지 준위 사이의 간격은 줄어든다. 즉, 분자의 퍼텐셜 곡선은 $R < R_0$에서는 급해지며 반면 $R > R_0$에서는 완만해지므로(그림 11.3), 진동 양자수 v가 커질수록 복원력이 $(R - R_0)$에 선형적으로 비례하는 조화 진동자로부터 벗어나게 된다. 이러한 **비조화 진동자**(anharmonic oscillator)의 경우, 그 에너지는 조화 진동자에 비하여 작은 값을 갖는다(Rybicki and Lightman 1979, 11.4절 참조).

진동 준위 천이의 선택 규칙은 조화 진동자의 고유 파동함수를 이용하여 구할 수 있다. 분자가 진동을 하면 원자 사이의 거리가 변하며, 따라서 동종핵 이원자 분자가 아니라면 분자의 전기 쌍극자 모멘트가 변할 것이다. 원자 사이의 거리가 평형 거리 R_0로부터 크게 벗어나지 않아서 R일 때의 분자의 전기 쌍극자 모멘트를 평형 거리 R_0에 대해서 선형적으로 전개할 수 있다면

$$\mu_e(R) = \mu_e(R_0) + \left(\frac{d\mu_e}{dR}\right)_{R=R_0}(R - R_0) + \cdots \tag{11.24}$$

이 된다. 우변의 첫째 항은 평형 거리에서의 쌍극자 모멘트로서 진동천이와는 무관하며, 둘째 항이 진동천이에 의한 복사 여부를 결정하는 항이다. 둘째 항을 쌍극자 모멘트 행렬 요소에 대입하여 천이 확률이 0이 아닐 조건을 구하면 $\Delta v = \pm 1$을

얻는다(문제 15). 따라서 진동천이의 전기 쌍극자 복사 선택 규칙은

$$\Delta v = \pm 1, \quad [d\mu_e/dR]_{R=R_0} \neq 0$$

이 된다. 바닥상태와 첫 들뜸상태 사이의 $\Delta v = \pm 1$ 인 천이($v = 0 \leftrightarrow 1$)를 '기본 모드(fundamental mode)'라고 부른다. $\mu_e(R)$ 의 고차 항들은 비조화 진동 퍼텐셜에 의한 역학적 효과와 합하여 $\Delta v = \pm 2, \pm 3, \cdots$ 의 천이를 가능케 하며, $v = 0 \leftrightarrow n$ ($n = 2, 3, \cdots$) 천이를 '첫 배음(first overtone)', '둘째 배음(second overtone)', $\cdots$ 이라고 부른다. 한편 들뜸상태 사이의 천이(예: $v = 1 \leftrightarrow 2$)는 '핫 밴드(hot band)'라고 부른다. 식 (11.24)의 둘째 항은 첫째 항에 비해서 $\sim x/R_0 \sim x/a_0$ 만큼 작은 쌍극자 모멘트 $\mu_e \sim \mu_e(R_0)x/a_0$ 를 갖는다. $x = R - R_0$ 는 진동 운동의 진폭을 나타낸다. $x^2 \sim \hbar/M\omega$ 이고 진동 에너지는 $\hbar\omega \sim (m_e/M)^{1/2}e^2/a_0$ 이므로(11.1절), 진동천이의 쌍극자 모멘트는 회전천이에 비해서 $(\mu_e/\mu_e(R_0))^2 \sim x^2/R_0^2 \sim \hbar/M\omega R_0^2 \sim (m_e/M)^{1/2}$ 만큼 작다. 쌍극자 모멘트는 작지만, $A_{21} \propto \nu^3$ 에 비례하므로(식 11.20 참조), 진동천이 기본 모드의 아인슈타인 계수는 순수 회전천이에 비해서 매우 크다. 예를 들어 CO $(v, J) = (1, 0)$ 에서 $(0, 1)$ 으로의 아인슈타인 A_{21} 값은 $A_{21} = 34.75\ \mathrm{s}^{-1}$ 이다(Gordon et al. 2017). 배음이 높아질수록 아인슈타인 A 값은 감소한다.

분자의 진동 에너지는 회전 에너지에 비해서 매우 크며, 분자의 진동 상태는 많은 회전 준위를 포함한다. 따라서 진동 상태 사이의 천이는, 에너지가 높은 진동 상태의 여러 회전 준위와 더 낮은 에너지를 갖는 진동 상태의 여러 회전 준위 사이의 천이에 의한 **회전-진동 스펙트럼**이 밴드 형태로 나타난다. 이 경우 회전 천이에 관한 선택 규칙은

$$\mu_e \neq 0, \quad \Delta J = \pm 1\ (\Lambda = 0) \quad \text{또는} \quad \Delta J = \pm 1, 0\ (\Lambda \neq 0)$$

이 된다. J 에 관한 선택 규칙은 두 원자핵을 잇는 축 방향의 전자 각운동량 성분인 $\Lambda = 0$ 일 경우에는 순수 회전천이의 선택 규칙과 동일하나, $\Lambda \neq 0$ 일 경우에는 $\Delta J = 0$ 도 가능하다. $\Lambda \neq 0$ 인 분자의 경우, 각각의 회전 에너지 준위는 전자의 궤도 각운동량과 분자의 회전 각운동량 사이의 상호작용으로 인하여 둘로 갈라진다.[8] 전자는 두 원자핵을 잇는 축에 대하여 시계 방향 혹은 반시계 방향의 궤도 운동을 할 수 있는데, 이 둘의 대칭적 혹은 반대칭적 조합으로 이루어진 두 준위의 전자의 파동함수는 서로 다른 홀짝성을 갖는다(Townes and Schawlow 1975, 7.5

8) 예를 들어 OH 분자의 바닥상태($^2\Pi_{3/2}$, $J = 3/2$)는 이러한 **람다-배가**(Λ doubling) 효과에 의해서 에너지 차이가 $\Delta E = 6.9 \times 10^{-6}$ eV인 두 준위로 분리된다. 두 준위는 각각 초미세 구조에 의해서 다시 둘로 갈라지며, 이들 네 준위 사이의 천이에 의해서 주파수 1612, 1665, 1667, 1720 MHz의 OH 분자선이 방출 혹은 흡수된다. OH 분자선은 1963년 카시오페이아 A 초신성 잔해를 배경으로 흡수선으로 처음 발견되었으며 전파 영역에서 최초로 발견된 분자선이다(Weinreb et al. 1963).

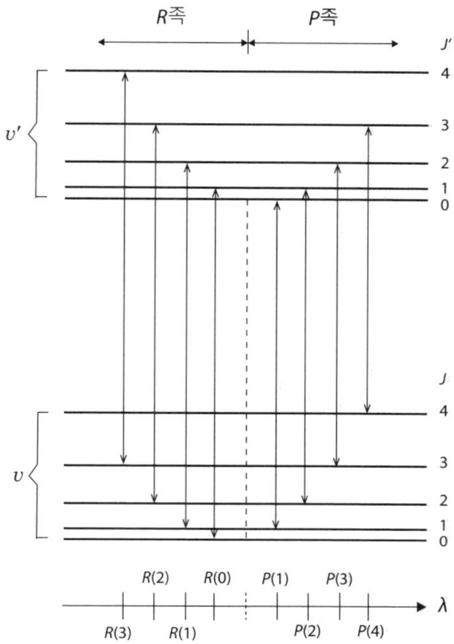

그림 11.7 분자의 P족 및 R족 회전-진동 천이. 아래 그림은 천이로부터 방출(혹은 흡수)되는 스펙트럼선의 위치를 파장의 함수로 보여 준다.

절 참조). 따라서 홀짝성이 바뀌기 위해서는 $\Delta J = \pm 1$이 되어야 하는 순수 회전 천이와 달리, $\Lambda \neq 0$인 분자의 경우에는 $\Delta J = 0$인 회전-진동 천이도 가능하다.

진동 에너지와 회전 에너지를 합한 원자핵의 에너지는

$$E_{vJ} = \left(v + \frac{1}{2}\right) h\nu_0 + hBJ(J+1) \tag{11.25}$$

이 된다. 따라서 $v' = v + 1 \to v$로의 천이로부터 방출되는 복사의 주파수는 각각의 회전 에너지 상태를 J'과 J라고 하면

$$\begin{array}{lll} \nu = \nu_0 - 2JB & (J' = J - 1 \to J) & P\text{족} \\ \nu = \nu_0 & (J' = J \to J, \Lambda \neq 0) & Q\text{족} \\ \nu = \nu_0 + 2(J+1)B & (J' = J + 1 \to J) & R\text{족} \end{array}$$

가 된다. 즉, $\nu = \nu_0$를 중심으로 $\Delta J (\equiv J' - J) = -1$인 P족과 $\Delta J = +1$인 R족이 대칭으로 분포한다(그림 11.7). 각각의 회전-진동 천이선은 낮은 진동 준위의 회전양자수 J를 이용하여 $P(J)$, $R(J)$ $(J = 0, 1, 2, \cdots)$로 나타낸다. $\Delta J = 0$인 Q족은 $\Lambda \neq 0$인 경우에만 나타난다.

앞에서 지적하였듯이, H_2 분자는 전기 쌍극자 모멘트가 없으므로 전기 사중극자 천이에 의한 복사를 방출한다. 이 경우, 선택 규칙은 $\Delta J = 0, \pm 2$ $(J = 0 \nrightarrow 0)$ 이며, 회전-진동 스펙트럼은

$$\begin{array}{ll} J' = J - 2 \to J & O\text{족} \\ J' = J \to J & Q\text{족} \\ J' = J + 2 \to J & S\text{족} \end{array}$$

으로 나뉜다. 앞에서와 마찬가지로 각각의 선은 낮은 진동 준위의 회전양자수 J를 이용하여 $O(J)$, $Q(J)$, $S(J)$로 나타낸다. 대표적인 H_2 분자의 회전-진동 스펙트럼은 $v = 1$, $J = 3$에서 $v = 0$, $J = 1$상태로의 천이에서 방출되는 1–0 S(1)선으로서 2.121 μm에서 나타난다. 이 선의 아인슈타인 계수는 $A_{21} = 3.47 \times 10^{-7}$ s^{-1}로 매우 작으며, $v = 1$, $J = 3$ 준위의 에너지는 $E/k = 6951$ K로서 매우 높아서 온도가 높은 지역에서 방출된다.

분자의 회전-진동 스펙트럼은 특정 모양의 **밴드 스펙트럼**(band spectrum)으로 나타난다. 예로서 CO 분자의 경우를 살펴보자. CO 분자의 바닥상태는 $^1\Sigma_0^+$로서 $\Lambda = 0$이다. 따라서 선택 규칙은 $\Delta J = \pm 1$이며 P족과 R족이 가능하다. 표 11.1의 기본 진동 주파수 $\nu_0 (= 6.51 \times 10^{13}$ Hz)에 해당하는 파장은 4.6 μm이므로 $\Delta v = 1$인 기본 모드는 4.6 μm 근처에서, $\Delta v = 2$인 첫 배음은 2.3 μm 근처에서 나타난다. 4.6 μm과 2.3 μm 대역은 지상에서 관측이 가능한 파장 대역이어서 이들 CO 밴드 스펙트럼은 천문학적으로 매우 유용하다. 이제 진동 양자수가 $v' (> v)$인 상태에서 v로 천이하면서 방출되는 회전-진동 스펙트럼을 생각해 보자. 식 (11.25)로부터 (v', J') 준위에서 (v, J) 준위로의 천이로부터 방출되는 스펙트럼선의 주파수는

$$\nu(v'J'; vJ) = (v' - v)\nu_0 + B'J'(J' + 1) - BJ(J + 1) \tag{11.26}$$

로 주어진다. $B' (< B)$과 B는 각각 진동 양자수가 v'과 v인 상태의 회전상수를 나타낸다. 회전 운동과 진동 운동을 서로 무관한 운동으로 근사할 경우 $B' = B$이지만, 실제의 분자에서는 v가 커질수록 두 원자핵 사이의 평형 거리가 증가하므로 (그림 11.3 참조) 회전상수 B의 크기는 작아진다. 계산에 의하면 진동 양자수가 v인 상태의 회전상수는

$$B_v \approx B_e - \alpha_e \left(v + \frac{1}{2} \right) \tag{11.27}$$

로 주어진다(Herzberg 1950, 3장 2절 참조). B_e는 평형 거리 R_0에 대응되는 회

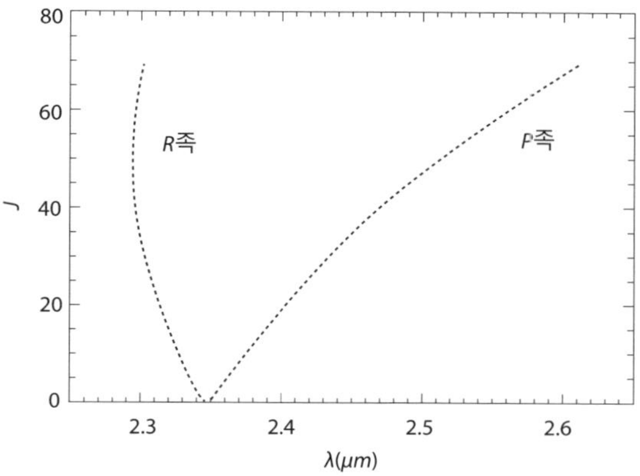

그림 11.8 CO $v = 2$–0 첫 배음 회전-진동 스펙트럼의 포르트라 도표

전상수이며 α_e는 B_e보다 작은 상수이다. 따라서 P족과 R족의 경우 J' 준위에서 J 준위로의 천이로부터 방출되는 스펙트럼의 주파수는 각각

$$\nu_P = (v' - v)\nu_0 - (B + B')J - (B - B')J^2 \qquad (J' = J - 1 \to J) \tag{11.28a}$$

$$\nu_R = (v' - v)\nu_0 + 2B' + (3B' - B)J - (B - B')J^2 \qquad (J' = J + 1 \to J) \tag{11.28b}$$

이 된다.

식 (11.28)에서 볼 수 있듯이, 회전 운동과 진동 운동의 결합을 고려할 경우 회전-진동 천이의 주파수에는 J^2에 비례하는 항이 있다. 이 항으로 인해서 밴드 스펙트럼의 특성이 결정되는데, 우선 P족을 보면 주파수가 $(v' - v)\nu_0$에서 시작해서 J가 증가할수록 점차 작아지며, J^2 항으로 인해서 그 간격이 넓어진다. R족의 경우에는 주파수가 $(v' - v)\nu_0$보다 $2B'$만큼 큰 주파수에서 시작하여 J가 커질수록 점차로 커지다가 J^2 항 때문에 다시 감소한다. 회전-진동 스펙트럼의 파장과 회전양자수 J와의 관계를 보여 주는 도표를 **포르트라 도표**(Fortrat diagram)라고 부르며, 그림 11.8은 예로서 CO 분자의 $v = 2$–0 첫 배음 회전-진동 스펙트럼의 포르트라 도표를 보여 준다. R족 스펙트럼의 주파수가 최대가 되는 회전양자수 $J_{\max}$는 식 (11.28b)로부터 쉽게 구할 수 있다. CO $v' = 2$–0 밴드 스펙트럼의 경우, $J_{\max} \approx 53$이며, 식 (11.25)로부터 이에 해당하는 주파수는 1.33×10^{14} Hz, 파장은 2.26 μm이 된다(문제 16). 실제로는 회전양자수가 커질수록 회전에 의해서 두 원자 사이의 간격이 늘어나 회전 준위의 간격이 줄어들므로 약간의 차이가 난다. 정확한 계산에 의하면 $J_{\max} = 51$, 즉 $R(51)$에서 R

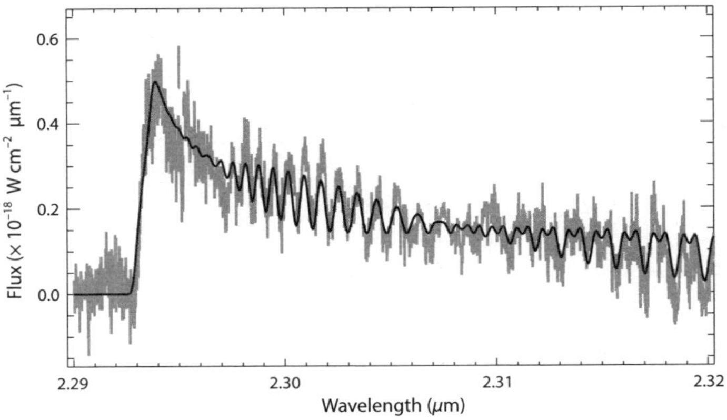

그림 11.9 원시성 IRAS 03445+3242의 CO $v = 2$–0 회전-진동 스펙트럼(회색). 고분산 근적외선 분광기 IGRINS를 이용하여 얻은 스펙트럼이다. 검은색 실선은 원시성을 중심으로 케플러 운동을 하는 2500–3000 K의 가스 원반에서 방출하는 스펙트럼을 모델링한 것이다. 자세한 내용은 Lee et al.(2016)에서 확인할 수 있다(Courtesy of Seokho Lee, Kyung Hee University).

족 스펙트럼의 주파수가 최대가 되고 해당 파장은 2.293523 μm이다(Rothman et al. 2013). 높은 회전 준위에 CO 분자들이 분포하고 있다면, **밴드헤드**(bandhead)라고 부르는 이 파장에서 방출선들이 중첩되므로 스펙트럼의 세기가 가장 강하고, 파장이 길어지면서 세기가 감소하는 밴드 스펙트럼이 나타난다. 이러한 CO 밴드 스펙트럼은 원시성 주변의 원반과 같이 온도가 수천 도에 달하며 배경복사가 없는 천체에서 방출선으로 관측되며, 거성 혹은 초거성과 같이 별 자체의 배경복사가 있는 경우에는 흡수선으로 관측된다. 그림 11.9는 원시성에서 관측된 CO 분자의 $v = 2$–0 회전-진동 스펙트럼을 보여 준다.

11.5 분자의 회전 및 진동 에너지 준위 분포

분자의 에너지 준위 분포는 원자의 경우와 마찬가지로 원자 혹은 분자와의 충돌 및 주변 복사장에 의한 들뜸과 되가라앉음을 고려한 통계적 평형 방정식을 풀어야 한다(9.5절 참조). 광학적 깊이가 클 경우에는 분자 자신이 방출한 선복사에 의한 들뜸이 중요해지며, 따라서 복사전달방정식과 함께 풀어야 하는 복잡한 문제가 된다. 여기에서는 LTE 상태일 때의 준위 분포만을 살펴보겠다.

성간 분자운의 경우, 분자의 진동 에너지(표 11.1)는 매우 높으므로 들뜨지 않으며, 분자들은 거의 모두 낮은 회전 에너지 준위에 분포하고 있다. 그리고 CO와 같이 임계 밀도가 작은 분자들의 낮은 에너지의 회전 준위들은 LTE 상태의 볼츠만 분포에 가까운 분포를 보인다. LTE 상태에 있을 경우에 회전 에너지 준위

J에 있는 분자의 개수 밀도 $n(J)$는

$$\frac{n(J)}{n(v)} = \frac{(2J+1)}{Z_{\rm rot}} e^{-hBJ(J+1)/kT} \tag{11.29}$$

로 주어진다. $(2J+1)$은 통계가중치이며 $Z_{\rm rot}$는 회전 준위의 분배함수이다. $n(v)$는 진동 준위 v에 있는 분자의 전체 개수를 나타낸다. 모든 분자가 $v=0$인 상태에 있는 경우 $n(v)$는 분자의 전체 개수 밀도 $n_{\rm tot}$와 동일하다. 분배함수 $Z_{\rm rot}$는

$$Z_{\rm rot} = \sum_{J=0}^{\infty} (2J+1) e^{-hBJ(J+1)/kT} \tag{11.30}$$

로 주어지는데, $kT \gg hB$라면, 이 식의 합을 적분으로 대체할 수 있으므로

$$Z_{\rm rot} \approx \int_0^{\infty} (2J+1) e^{-hBJ(J+1)/kT} dJ = \frac{kT}{hB} \tag{11.31}$$

가 된다. 대부분 분자의 경우 hB/k는 수 K(표 11.1)이므로 위의 근사를 적용할 수 있다. 따라서 LTE 상태에 있는 분자의 회전 준위 분포는

$$\frac{n(J)}{n(v)} \approx \frac{hB(2J+1)}{kT} e^{-hBJ(J+1)/kT} \tag{11.32}$$

로 주어진다. LTE 근사가 성립할 경우, 미시적 과정을 일일이 계산하지 않고도 분자운의 물리량을 구할 수 있다(문제 18).

여기서 잠시 분자의 회전 준위 분포가 LTE 상태의 볼츠만 분포를 따르기 위한 조건을 생각해 보자. 9.5.3절에서 살펴보았듯이, LTE 상태가 되기 위해서는 충돌에 의한 천이가 복사에 의한 천이보다 빈번해야 한다. 주변 복사장에 의한 유도 천이를 무시한다면, 그 조건은 충돌에 의한 천이를 유발하는 입자의 밀도가 임계 밀도 $n_{\rm crit}(= A_{21}/\gamma_{21})$보다 높아야 한다는 조건이 된다(식 9.90). 식 (11.20)과 식 (11.21)로부터 $J+1 \rightarrow J$의 회전 천이의 아인슈타인 A 상수는 $A_{21} \propto \nu^3 \mu_e^2 \propto J^3$에 비례한다. 반면 수소 분자 H_2에 의한 들뜸 충돌계수 γ_{21}은 J에 약하게 의존하므로 회전양자수 J가 커질수록 임계 밀도는 커진다. 예를 들어 온도가 20 K인 분자 기체의 경우, CO $J=1$–0, 2–1, 3–2 방출선의 임계 밀도는 각각 3.0×10^3 cm^{-3}, 9.4×10^3 cm^{-3}, 2.3×10^4 cm^{-3}로 주어진다. 따라서 밀도가 매우 높지 않다면 J가 큰 CO 방출선은 LTE 분포를 따르지 않는다.[9]

한편 식 (11.32)로부터 LTE 상태에 있는 분자의 평균 회전 운동 에너지를

9) 주변 복사장의 세기가 강할 경우, 임계 밀도는 복사장에 의한 유도 천이로 인해 달라진다(9.5.3절 참조). 특히 분자운의 광학적 깊이가 클 경우, 분자운 내부에서 생성된 광자는 자체적으로 흡수될 확률이 높다. 이러한 **복사갇힘**(radiative trapping) 효과가 있을 경우 임계 밀도는 작아진다(Draine 2011, 19장 참조).

구하면

$$\bar{E}_{\rm rot} \equiv \sum_{J=0}^{\infty} hBJ(J+1)\frac{n(J)}{n(v)}$$
$$\approx \int_0^{\infty} hBJ(J+1) \times \frac{hB(2J+1)}{kT} e^{-hBJ(J+1)/kT} dJ = kT \tag{11.33}$$

가 된다. 이 결과는 두 모드의 회전 운동이 가능한 이원자 분자가 각 모드당 평균적으로 $kT/2$의 회전 에너지를 갖고 있다는 고전적 열역학 결과와 일치한다.

이제 LTE 상태에 있는 분자의 진동 준위 분포를 알아보자. 앞에서 언급했듯이 분자의 진동 준위는 높은 에너지 상태에 있어서 볼츠만 분포를 하는 경우는 거의 없다. 하지만 양자 조화 진동자와 플랑크 함수와의 연관 관계를 살펴볼 수 있다는 점에서 흥미롭다. 이에 관해서는 아래에서 언급하겠다. LTE 상태에 있는 분자의 진동 준위 v의 개수 밀도 $n(v)$는

$$\frac{n(v)}{n_{\rm tot}} = \frac{1}{Z_{\rm vib}} e^{-(v+1/2)\hbar\omega_0/kT} \tag{11.34}$$

로 주어진다. $\omega_0 = 2\pi\nu_0$는 기본 진동 각주파수이며, $n_{\rm tot}$는 분자의 전체 개수 밀도, $Z_{\rm vib}$는 진동 준위의 분배함수이다. 진동 준위의 분배함수 $Z_{\rm vib}$는

$$Z_{\rm vib} = \sum_{v=0}^{\infty} e^{-(v+1/2)\hbar\omega_0/kT}$$
$$= e^{-\hbar\omega_0/2kT} \sum_{v=0}^{\infty} \left(e^{-\hbar\omega_0/kT}\right)^v = \frac{e^{\hbar\omega_0/2kT}}{1 - e^{-\hbar\omega_0/kT}} \tag{11.35}$$

로 주어진다. 무한등비수열의 합 공식을 이용하였다. 따라서 LTE 상태에서의 진동 준위 v의 개수 밀도 $n(v)$는

$$\frac{n(v)}{n_{\rm tot}} = (1 - e^{-\hbar\omega_0/kT})e^{-v\hbar\omega_0/kT} \tag{11.36}$$

로 주어지며, 분자의 평균 진동 에너지는

$$\bar{E}_{\rm vib} \equiv \sum_{v=0}^{\infty} \left(v + \frac{1}{2}\right) \hbar\omega_0 \frac{n(v)}{n_{\rm tot}} = \frac{\hbar\omega_0}{e^{\hbar\omega_0/kT} - 1} + \frac{1}{2}\hbar\omega_0 \tag{11.37}$$

가 된다. $\sum_{v=0}^{\infty} ve^{-vx} = -d(\sum_{v=0}^{\infty} e^{-vx})/dx = -d[(1 - e^{-x})^{-1}]/dx$를 이용했다.

식 (11.37)은 일찍이 플랑크에 의해서 유도된 바 있다. 플랑크는 흑체복사의 스펙트럼이 플랑크 함수로 주어진다는 것을 보여 주기 위해서 온도 T의 열역학적

평형 상태에 있는 상자 안에 전자기파를 흡수 및 방출하는 가상의 1차원 조화 진동자들이 있다고 가정하였다(그림 1.11 참조). 또한 고유진동수가 ω_0 인 이 조화 진동자들이 상자 안의 복사와의 상호작용으로 다양한 진동 에너지를 갖고 있으며, 진동 에너지가 $\hbar\omega_0$ 의 정수배가 되었을 때 한 번에 그 에너지를 복사로 방출할 수 있다고 가정하였다. 이러한 가정하에서 플랑크는 이 '양자 조화 진동자'들의 평균 에너지가 — 영점 에너지 $\frac{1}{2}\hbar\omega_0$ 를 포함한 — 식 (11.37)으로 주어진다는 것을 보였다(Planck 1914, 4부 3, 4장 참조). 그리고 또한 이로부터 열역학적 상태에 있는 복사, 즉 흑체복사의 스펙트럼이 플랑크 함수로 주어진다는 것을 보일 수 있었다.

한편 식 (11.37)은 온도가 매우 높을 경우, 분자의 진동 에너지는 $\bar{E}_{\rm vib} \approx kT$ 가 됨을 보여 준다. 이 결과는 진동 운동의 퍼텐셜 에너지와 운동 에너지가 평균적으로 각각 $kT/2$ 로서 전체 에너지는 kT 라는 고전적 열역학 결과와 일치한다. 반면 온도가 매우 낮을 경우에는 $\bar{E}_{\rm vib} \approx \hbar\omega_0/2$ 로서 온도와 무관하다. 즉, 낮은 온도의 분자운에서는 분자의 진동 운동은 들뜨지 않으며, 따라서 에너지의 흡수 및 방출에 기여하지 못한다. 하지만 앞 절(그림 11.9)에서 보았듯이 원시성 주변의 원반과 같이 온도가 수천 도에 달하는 지역에서는 분자들이 높은 진동 준위에 분포하며 강한 회전-진동 방출선을 방출한다.

참고문헌

3부의 내용은 기본적으로 Rybicki and Lightman(1979)를 참고하였다. 양자역학 관련 내용은 대부분 학부 및 대학원 양자역학 교과서에 자세히 기술되어 있지만, 필요한 경우에 참고문헌을 제시하였다. 10장과 11장의 내용은 일부 Shu(1991)과 Hubeny and Mihalas(2014)를 참고하였다. HI 21 cm 선의 제만 효과에 대해서는 Bradt(2008)에 그림과 함께 알기 쉽게 설명되어 있다. Hubeny and Mihalas(2014)의 7장은 3부에서 다루는 내용의 상당 부분을 요약해 놓았다.

- **단행본**

Bernath, P. F. 2016, *Spectra of Atoms and Molecules*, 2nd edition, Oxford University Press

Bethe, H. A. and Salpeter, E. E. 1957, *Quantum Mechanics of One- and Two-Electron Atoms*, Springer-Verlag

Bradt, H. 2008, *Astrophysics Processes*, Cambridge University Press

Condon, E. U. and Shortley, G. H. 1991, *The Theory of Atomic Spectra*, Cambridge University Press

Cowley, C., Wiese, W. L., Fuhr, J., and Kuznetsova, L. A. 2000, Spectra, Chaper 4 of *Allen's Astrophysical Quantities*, ed. A. N. Cox, 4th edition, Springer-Verlag

Cox, A. N.(Editor) 2000, *Allen's Astrophysical Quantities*, 4th edition, Springer-Verlag

Däppen, W. 2000, Atoms and Molecules, Chapter 3 of *Allen's Astrophysical Quantities*, ed. A. N. Cox, 4th edition, Springer-Verlag

Demtröder, W. 2010, *Atoms, Molecules and Photons*, Springer-Verlag

Draine, B. T. 2011, *Physics of the Interstellar and Intergalactic Medium*, Princeton University Press

Enge, A., Wehr, M. R., and Richards, A. 1972, *Introduction to Atomic Physics*, Addison-Wesley Publishing Company

Foot, C. J. 2005, *Atomic Physics*, Oxford University Press

Hanson, D. M., Harvey, E., Sweeney, R., and Zielinski, T. J. 2018, *Book: Quantum States of Atoms and Molecules (Zielinksi et al.)*, [Online]. Available: https://chem.libretexts.org/ [2018, August 10]

Herzberg, G. 1950, *Molecular Spectra and Molecular Structure I. Spectra of Diatomic Molecules*, Van Nostrand Reinhold Company

Hubeny, I. and Mihalas, D. 2014, *Theory of Stellar Atmospheres*, Princeton University Press

Kramida, A., Ralchenko, Yu., Reader, J., and NIST ASD Team 2018, *NIST Atomic Spectra Database (ver. 5.5.2)*, [Online]. Available: https://physics.nist.gov/asd [2018, January 19]. National Institute of Standards and Technology, Gaithersburg, MD.

Osterbrock, D. E. and Ferland, G. J. 2006, *Astrophysics of Gaseous Nebulae and Active Galactic Nuclei*, University Science Books

Pauling, L. and Wilson, E. B. 1935, *Introduction to Quantum Mechanics*, McGraw Hill Book Company, Inc.

Planck, M. 1914, *The Theory of Heat Radiation*, translated by M. Masius, Blakiston's Son & Co.

Rybicki, G. B. and Lightman, A. P. 1979, *Radiative Processes in Astrophysics*, John Wiley & Sons, Inc.

Shu, F. H. 1991, *The Physics of Astrophysics I. Radiation*, University Science Books

Tennyson, J. 2019, *Astronomical Spectroscopy: An Introduction to the Atomic and Molecular Physics of Astronomical Spectra*, 3rd edition, World Scientific Ltd.

Townes, C. H. and Schawlow, A. L. 1975, *Microwave Spectroscopy*, Dover Publications, Inc.

• **논문**

Asplund, M., Grevesse, N., Sauval, A. J., and Scott, P. 2009, The Chemical Composition of the Sun, *ARA&A*, 47, 481

Bolatto, A. D., Wolfire, M., and Leroy, A. K. 2013, The CO-to-H_2 Conversion Factor, *ARA&A*, 51, 207

Crutcher, R. M. and Kemball, A. J. 2019, Review of Zeeman Effect Observations of Regions of Star Formation, *Frontiers in Astronomy and Space Sciences*, 6, 66

Crutcher, R. M., Wandelt, B., Heiles, C., Falgarone, E., and Troland, T. H. 2010, Magnetic Fields in Interstellar Clouds from Zeeman Observations: Inference of Total Field Strengths by Bayesian Analysis, *ApJ*, 725, 1

Ercolano, B. and Storey, P. J. 2006, Theoretical calculations of the HI, HeI and He II free–bound continuous emission spectra, *MNRAS*, 372, 1875

Ewen, H. I. and Purcell, E. M. 1951, Observation of a Line in the Galactic Radio Spectrum: Radiation from Galactic Hydrogen at 1,420 Mc./sec, *Nature*, 168, 356

Field, G. B., Goldsmith, D. W., and Habing, H. J. 1969, Cosmic-Ray Heating of the Interstellar Gas, *ApJ*, 155, L149

Field, G. B., Somerville, W. B., and Dressler, K. 1966, Hydrogen Molecules in Astronomy, *ARA&A*, 4, 207

Giavalisco, M. 2002, Lyman-Break Galaxies, *ARA&A*, 40, 579

Gordon, I. E., Rothman, L. S., Hill, C., et al. 2017, The HITRAN2016 Molecular Spectroscopic Database, *Journal of Quantitative Spectroscopy and Radiative Transfer*, 203, 3

Karzas, W. J. and Latter, R. 1961, Electron Radiative Transitions in a Coulomb Field, *ApJS*, 6, 167

Lee, S., Lee, J.-E., Park, S., et al. 2016, IGRINS Spectroscopy of Class I Sources: IRAS 03445+3242 and IRAS 04239+2436, *ApJ*, 826, 179

Nussbaumer, H. and Schmutz, W., The hydrogenic 2s-1s two-photon emission, *A&A*, 138, 495

Rothman, L. S., Gordon, I. E., Babikov, Y., et al. 2013, The HITRAN2012 molecular spectroscopic database, *Journal of Quantitative Spectroscopy and Radiative Transfer*, 30, 4, [Online]. Available: https://hitran.org/data-index/

Russell, H. N. and Saunders, F. A. 1925, New Regularities in the Spectra of the Alkaline Earths, *ApJ*, 61, 38

Schirmer, M. 2016, NEBULAR: A Simple Synthesis Code for the Hydrogen and Helium Nebular Spectrum, *PASP*, 128, 114001

Shull, J. M. and Beckwith, S. 1982, Interstellar Molecular Hydrogen, *ARA&A*, 20, 163

Solomon, P. M., Rivolo, A. R., Barrett, J., and Yahil, A. 1987, Mass, Luminosity, and Line Width Relations of Galactic Molecular Clouds, *ApJ*, 319, 730

Weinreb, S., Barrett, A. H., Meeks, M. L., et al. 1963, Radio Observations of OH in the Interstellar Medium, *Nature*, 200, 829

Wilson, R. W., Jefferts, K. B., and Penzias, A. A. 1970, Carbon Monoxide in the Orion Nebula, *ApJ*, 161, 43

문제

1. 수소 원자 $n = 2$ 준위의 스핀-궤도 상호작용에 관한 다음 물음에 답하시오.

   (1) 보어 모형으로부터 예상되는 전자 궤도의 반경과 속도는 얼마인가? 식 (9.34)를 사용하여 전자가 느낄 자기장의 세기 B_e를 구하시오.

   (2) 위 자기장과 전자의 자기 모멘트($\mu_{s,z}$, 식 9.33)의 상호작용에 의하여 $2p$ 준위는 두 준위로 분리된다. B_e와 $\mu_{s,z}$를 이용하여 두 준위의 에너지 차이를 구하시오.

2. HI 21 cm 선 스펙트럼의 세기 분포가 $I(\nu)$라고 하자. 세기가 $B_\parallel$인 시선 방향의 자기장이 있을 경우, 이 스펙트럼은 주파수가 $\pm\Delta\nu_Z \approx \pm\mu_B B_\parallel/h (\ll \nu)$ 만큼 차이가 나는 RCP, LCP 두 성분으로 분리된다(그림 9.6 참조).

   (1) 스톡스 변수 $V(= RCP - LCP)$는

   $$V \approx 2\Delta\nu_Z \frac{dI(\nu)}{d\nu} \tag{P3.1}$$

   와 같이 주어짐을 보이시오.

   (2) $B_\parallel = 10\ \mu$G일 경우, $\Delta\nu_Z$는 얼마인가? 그에 해당하는 시선 속도 차이 Δv_Z는?

   (3) 일반적으로 성간 21 cm 선의 선폭은 난류적 운동에 의해서 결정된다. 성간운의 난류적 운동에 의한 속도 분산이 가우스 함수로 주어지고 속도 분산 변수는 $b = 10$ km s^{-1}라고 하자(식 2.21b). 성간운을 배경으로 강한 전파원을 관측할 경우, 예상되는 RCP와 LCP 수소 21 cm 흡수선의 모양을 그리고, 두 흡수선으로부터 성간운의 자기장을 구하는 방법에 대해서 토의하시오. (귀띔: 식 P3.1 참조)

3. 원자 X의 전자 배열은 $1s^2 2s^2 2p^6 3s^2 3p^2$이다.

   (1) 가능한 분광항을 구하고 그 이유를 설명하시오.

   (2) 위의 분광항들의 상대적 에너지 준위가 어떻게 되는가를 설명하고 도식적으로 나타내시오.

   (3) 어떤 분광항과 분광항 사이의 천이가 허용된 혹은 금지된 천이인가? 그 이유를 설명하시오.

   (4) $1s^2 2s^2 2p^6 3s^1 3p^1$의 전자 배열을 가진 원자에 대해서 위와 동일한 물음에 답하시오.

4. O II, S II 이온의 바닥상태의 전자 배열은 p^3 이다.

   (1) 만약 p 부껍질에 있는 세 전자가 동등하지 않은 전자들이라면 가능한 분광항은 어떻게 되는가?

   (2) O II, S II의 경우 p^3 로서 동등한 전자들이다. 가능한 분광항을 구하시오.

   (3) 위의 분광항들의 상대적 에너지 준위가 어떻게 되는가를 설명하고 도식적으로 나타내시오.

   (4) 어떤 분광항과 분광항 사이의 천이가 허용된 혹은 금지된 천이인가? 그 이유를 설명하시오.

5. O III 이온의 바닥상태의 전자 배열은 p^2 이며, $^3P, ^1D, ^1S$ 등 세 분광항이 가능하다. ^1S 에서 ^1D 로의 천이 시 방출되는 [O III] $\lambda4363$ 선은 ^1D 에서 ^3P 로 천이 시 방출되는 $\lambda4959$ 선과 $\lambda5007$ 선에 비하여 상대적으로 매우 높은 에너지 준위의 초기 상태를 갖고 있다. 따라서 이들 스펙트럼선 세기의 비, $(j_{4959} + j_{5007})/j_{4363}$ 는 HII 영역의 온도를 나타내는 좋은 지표가 된다. 그 물리적 이유는 O III 이온의 바닥상태를 세 준위 시스템으로 근사함으로써 해석적으로 살펴볼 수 있다. 다음 물음에 답하시오. 충돌세기는 $\Omega(^3P, ^1D) = 2.29$, $\Omega(^3P, ^1S) = 0.29$, $\Omega(^1D, ^1S) = 0.58$ 이며, 아인슈타인 계수는 다음 표에 주어져 있다.

천이	파장 (Å)	A_{21} (s^{-1})
$^1S_0 \to {}^1D_2$	4363	1.6
$^1S_0 \to {}^3P_2$	2331	6.1×10^{-4}
$^1S_0 \to {}^3P_1$	2321	2.3×10^{-1}
$^1D_2 \to {}^3P_2$	5007	2.0×10^{-2}
$^1D_2 \to {}^3P_1$	4959	6.8×10^{-3}
$^1D_2 \to {}^3P_0$	4931	1.7×10^{-6}

출처: Osterbrock and Ferland(2006)

   (1) $^1S \to {}^1D$, $^1S \to {}^3P$, $^1D \to {}^3P$ 의 아인슈타인 계수와 충돌률계수는 각각 얼마인가?

   (2) $^3P, ^1D$ 분광항에 대한 통계적 평형식을 세우시오. 이로부터 $n(^1D)/n(^3P)$, $n(^1S)/n(^1D)$ 를 구하시오. 온도가 10^4 K일 때의 결과를 그래프로 그리시오. 복사에 의한 천이는 무시한다.

   (3) ^1S, ^1D 분광항의 임계 밀도는 얼마인가? 임계 밀도보다 밀도가 매우 큰 경우, (2)에서 구한 식은 어떻게 주어지는가? 반대로 임계 밀도보다 밀도가 작은 경우는? 그 결과를 토의하시오.

(4) $(j_{4959} + j_{5007})/j_{4363}$은 온도에 따라 어떻게 변하는가? 밀도가 임계 밀도에 비하여 작은 경우와 큰 경우에 대하여 각각 그래프로 나타내고 그 결과를 토의하시오.

6. 10.1.3절에서 학습한 각운동량 양자수의 변화에 관한 전기 쌍극자 선택 규칙 $\Delta l = \pm 1$을 수소의 고유 파동함수를 이용하여 보이시오.

7. 원자의 선복사 방출은 전자가 원자핵에 마치 용수철로 매달린 듯 구속되어 단진동하고 있는 고전적인 감쇠 진동자 모형을 이용하여 그 특성을 살펴볼 수 있다(4.5절 참조).

(1) 진폭이 x_0이고 각진동수가 ω_0인 조화 진동자의 쌍극자 복사에 의한 에너지 손실률이

$$\langle P \rangle \sim \frac{e^2 \omega_0^4 x_0^2}{c^3} \tag{P3.2}$$

임을 확인하시오. $\langle\ \rangle$는 시간에 대한 평균을 의미한다.

(2) 진동자의 초기 에너지를 $E \sim \hbar\omega_0$로 놓고 전자의 속도가 $v/c \sim \alpha$인 점을 이용하여 아인슈타인 계수 A_{21}을 어림잡아

$$A_{21} \sim \left[\frac{\hbar\omega_0}{\langle P \rangle}\right]^{-1} \sim \alpha^3 \omega_0 \tag{P3.3}$$

로 쓸 수 있음을 보이시오. α는 미세구조상수이다.

(3) 위 결과를 이용하여 수소 원자 Lyα 선의 A_{21}을 구하고 10.4절의 정확한 값과 비교하시오.

8. 흡수선의 세기는 흔히 **등가폭**(equivalent width) W_λ로 나타낸다. W_λ는 흡수선과 동일한 깊이, 동일한 면적을 갖는 사각형의 폭(Å)으로 정의된다. 즉,

$$W_\lambda = \int \left(1 - \frac{F_\lambda}{F_0}\right) d\lambda. \tag{P3.4}$$

위 식에서 F_λ와 F_0는 각각 선복사와 연속복사의 세기(단위 파장당 플럭스)를 나타낸다.

(1) 광학적 깊이가 작을 경우, 등가폭은 아래와 같이 주어짐을 보이시오. (유도방출에 의한 영향은 무시할 수 있다고 가정한다.)

$$W_\lambda = \frac{\pi e^2}{m_e c^2} \lambda_{lu}^2 N_l f_{lu}. \tag{P3.5}$$

위 식에서 λ_{lu}는 흡수선의 중심 파장, N_l은 낮은 에너지 준위에 있는 흡수 원자의 선밀도, f_{lu}는 상향 진동자세기이다.

(2) 외부 전파원의 스펙트럼에서 등가폭이 2 Å인 Si II 1527 Å($^2\mathrm{P}^o_{1/2} \rightarrow {}^2\mathrm{S}_{1/2}$) 흡수선이 관측되었다. 바닥상태에 있는 Si II 이온의 선밀도 N(Si II $^2\mathrm{P}^o_{1/2}$)는 얼마이겠는가? 천이의 상향 진동자세기는 $f_{12} = 0.133$이고, 광학적 깊이는 작다고 가정한다.

9. 표 10.2에 주어진 f값과 식 (10.48)을 이용하여 Hβ선의 유효 진동자세기 f_{12}와 아인슈타인 계수 A_{21}을 구하시오.

10. 수소 원자의 Lyα 선에 관해 다음 물음에 답하시오.

(1) 흡수선 선모양이 로런츠 선모양일 경우 Lyα 흡수선의 선 중심에서의 흡수 단면적을 구하시오(식 2.27 참조).

(2) 흡수선 선모양이 가우스 선모양일 경우 Lyα 흡수선의 선 중심에서의 흡수 단면적을 구하시오. 그 결과를 10 km s^{-1}로 정규화한 속도 변수 b, 즉 (b/10 km s^{-1})를 이용하여 나타내고(식 2.21 참조), 수소 원자의 광전리 단면적과 그 크기를 비교하시오.

(3) 전형적인 HII 영역의 경우, 중심 OB형 별로부터 방출되는 라이만 연속복사 광자($\lambda \leq 912$ Å)는 모두 HII 영역 안에서 흡수된다. HII 영역 안에서 수소의 재결합에 의해서 생성되는 Lyα 선 광자는 HII 영역을 탈출할 수 있겠는가? 생성된 Lyα 선 광자의 '일생'에 대해서 토의하시오.

11. 완전 전리된 희박한 수소 기체로 이루어진 구형의 천체가 있다. 기체의 양성자 및 전자의 밀도는 $n_i = n_e$로 균일하며 기체의 온도는 T이다.

(1) 준위 n으로의 재결합으로부터 방출되는 연속복사의 방출계수 $j_\nu(n, T)$를 복사 재결합 단면적 $\sigma_{rr}(n, v)$ 및 맥스웰-볼츠만 속도 분포함수 $f(v)$와 n_i, n_e를 이용하여 표현하시오.

(2) 식 (10.66)의 $\sigma_{rr}(n, v)$를 이용하여 $4\pi j_\nu / n_i n_e$를 구하시오. 온도가 $T = 10^4$ K인 경우, 수소 재결합에 의한 $\log(4\pi j_\nu / n_i n_e)$를 $\log \nu$의 함수로 그림을 그리고, 왜 그러한 모양을 갖는지 설명하시오(그림 10.1 참조).

12. (1) 수소 원자 바닥상태의 파동함수를 이용하여 전자 에너지 바닥상태에 있는 H_2^+ 분자의 퍼텐셜 에너지(식 11.7)를 구하시오.

(2) 식 (11.12)의 $J(R)$과 $K(R)$을 구하고, 그 의미에 대해서 토의하시오.

13. 식 (11.18)은 두 원자가 평형 거리 R_0에서 강체운동을 한다고 가정한 결과이다. 회전 운동에 의한 변형을 고려할 경우, 두 원자핵 사이의 간격은 R_0보다 커지며, 따라서 회전 에너지는 식 (11.18)보다 작게 된다.

(1) 진동 운동의 진폭이 크지 않을 경우, 진동 퍼텐셜 에너지 $V(R)$은

$$V(R) \approx V_0 + \frac{1}{2}k(R - R_0)^2 \qquad \text{(P13.1)}$$

과 같이 근사할 수 있다. V_0는 영점 에너지이며 k는 '용수철 상수'이다. 회전 운동을 포함한 '유효 퍼텐셜'

$$U(R) = V(R) + \frac{J(J+1)\hbar^2}{2\mu R^2} \qquad \text{(P13.3)}$$

을 최소화하는 새로운 평형 거리 R_J를 구하시오. μ는 환산질량, J는 각운동량 양자수이다.

(2) 두 원자핵의 평형 거리가 R_J일 경우, 분자의 회전 에너지는

$$E_J = hBJ(J+1) - hDJ^2(J+1)^2, \quad D = \frac{4B^3}{\nu_v^2}(\ll B) \qquad \text{(P3.6)}$$

과 같이 주어짐을 보이시오. $\nu_v = (1/2\pi)\sqrt{k/\mu}$는 분자의 기본 진동 주파수이다.

(3) 표 11.1에 주어진 상수를 이용하여 CO 분자 $v = 0$ 준위의 D/B를 구하시오.

14. CS 분자의 원자핵 간 평형 거리는 $R_0 = 1.5349$ Å이다.

(1) ^{12}CS 분자의 회전관성 모멘트 I와 회전상수 B는 얼마인가?

(2) ^{12}CS 분자의 $J = 1 \to 0$ 천이로부터 방출되는 방출선의 주파수와 아인슈타인 계수 A_{10}는 얼마인가? $J = 2 \to 1$ 및 $J = 3 \to 2$ 천이의 경우에는?

(3) ^{13}CS 분자의 경우, 위 물리량들의 값은?

15. (1) 양자 조화 진동자의 슈뢰딩거 방정식은

$$\frac{-\hbar^2}{2\mu}\frac{d^2\psi}{dx^2} + \frac{1}{2}\mu\omega_0^2 x^2\psi = E_v\psi \qquad \text{(P3.7)}$$

이다. μ는 환산 질량, ω_0는 진동 운동의 특정 각주파수이다. 위 방정식의 고유함수와 고윳값 E_v를 구하시오.

(2) 분자가 평형 거리 R_0에 대해서 진동 운동을 할 경우, 분자의 전기 쌍극자 $\mu_e(x)$는

$$\mu_e(x) \approx \mu_e(R_0) + \left(\frac{d\mu_e}{dx}\right)_0 (x - R_0) + \cdots \tag{P3.8}$$

로 근사할 수 있다. 위에서 구한 고유함수를 이용하여 진동천이의 선택 규칙 $\Delta v = \pm 1$을 보이시오.

16. (1) 식 (11.28b)로부터 CO 분자의 $v = 2$–0 R족 스펙트럼의 주파수가 최대가 되는 J는

$$J_{\max} = \frac{3B' - B}{2(B - B')} \tag{P3.9}$$

가 됨을 보이시오.

(2) 식 (11.27)로부터 위 식의 B와 B'을 구하고, $J_{\max}$와 이에 해당하는 주파수와 파장을 구하시오. CO 분자의 $B_e = 57.90$ GHz, $\alpha_e = 0.525$ GHz이다.

17. 분자운의 물리량을 추정하는 대표적 방법 중의 하나는 CO 분자의 방출선을 이용한 LTE 분석이다. 이 분석에서는 분자운의 밀도가 충분히 높아서 CO 분자가 LTE 상태에 있다고 가정한다.

(1) ^{12}CO $J = 1$–0 선과 ^{13}CO $J = 1$–0 선의 세기의 비를 ^{12}CO $J = 1$–0 선의 광학적 깊이 τ_{12}의 함수로 구하고 그림으로 나타내시오. 두 분자의 선밀도의 비는 $N(^{12}\mathrm{CO})/N(^{13}\mathrm{CO}) = 50$이라고 가정한다.

(2) $J+1 \to J$ 방출선의 광학적 깊이가 작을 경우, $J+1$ 준위에 있는 분자의 선밀도는

$$N(J+1) \approx \frac{8\pi k \nu_{J+1,J}^2}{hc^3 A_{J+1,J}} \int T_R dv \tag{P3.10}$$

와 같이 주어짐을 보이시오. $\nu_{J+1,J}$와 $A_{J+1,J}$는 $J+1 \to J$ 천이의 주파수와 아인슈타인 계수이며, $T_R(\equiv c^2 I_\nu / 2k\nu^2)$은 **복사온도**(radiation temperature)로서 밝기온도(식 1.72)와 마찬가지로 방출선의 세기 I_ν를 나타내는 물리량이다.

(3) ^{12}CO $J = 1$–0 선과 ^{13}CO $J = 1$–0 선의 선 중심에서의 세기가 각각 $T_{R,12} = 20$ K, $T_{R,13} = 4$ K이고, $\int T_{R,13} dv = 5$ K km s^{-1}인 분자운의 H_2 선밀도 $N(H_2)$는 얼마인가? $N(H_2)/N(^{13}\mathrm{CO}) = 5 \times 10^5$이라고 가정한다. 이 분자운의 시선 방향의 두께가 0.2 pc라면, H_2 분자의 밀도는 얼마인가? ^{13}CO $J = 1$–0 선의 $\nu_{J+1,J} = 110.20137$ GHz, $A_{J+1,J} = 6.5 \times 10^{-8}$ s^{-1}이다.

제4부

유체역학의 기초

우주에서 대부분의 천체는 유체로 구성되어 있으며, 유체역학은 천체의 진화를 이해하는 데 필요한 핵심 도구이다. 이 단원에서는 유체의 진화를 정량적으로 기술하는 기본 방정식을 유도하고 평형해를 조사한 다음, 유체에 존재하는 기본적인 파동과 충격파의 성질에 대해 학습한다. 12장에서는 유체를 기술하는 두 가지 관점을 이해한 후, 유체의 연속 방정식, 운동량 방정식, 에너지 방정식을 유도한다.

13장에서는 은하와 같은 평판 천체와 별과 같은 구형 천체의 정적 평형을 살펴본다. 나아가, 유체의 본디 유입 및 항성풍과 같은 구대칭 정상 평형해를 조사한 후, 소용돌이에 대한 켈빈의 정리와 난류의 스펙트럼에 대해 학습한다. 14장에서는 간단한 선형 해석을 통해 유체 고유의 특성인 음파와 층화된 매질에 존재하는 내부 중력파에 대해 알아본다. 마지막으로 15장에서는 비선형 음파의 가팔라짐 현상과 리만의 특성 해석법을 학습하고 파동의 비선형 효과에 의해 형성되는 충격파의 물리적 특성에 대해 살펴본다.

제12장 유체역학의 기본 방정식

12.1 유체의 개념

고정된 형태를 갖고 있지 않으며 외력에 의해 쉽게 변형될 수 있는 연속적인 매질을 '유체'라고 한다. 유체는 미시적인 관점에서 원자 또는 분자 등의 작은 입자로 구성되어 있지만, 거시적(macroscopic)으로 그리고 국소적(local)으로 정의할 수 있는 물리량을 갖고 있다. 유체는 압축성 유무에 따라 기체와 액체로 분류된다. 우주에 있는 대부분의 물질, 즉 별의 내부와 대기, 성간물질, 은하간물질(intergalactic medium), 은하단 물질(intracluster medium) 등은 기체로 구성되어 있다.

유체를 거시적으로 다루기 위해 **유체소**(fluid element)라는 개념을 도입하자. 유체소란 아주 작은 부피를 갖고 있는, 그러나 충분히 많은 입자를 포함하고 있어서 특정한 시각과 특정한 위치에서 밀도 $\rho(\mathbf{x},t)$, 속도 $\mathbf{v}(\mathbf{x},t)$, 압력 $P(\mathbf{x},t)$, 온도 $T(\mathbf{x},t)$와 같은 물리량을 국소적으로 정의할 수 있는 유체 내부의 작은 영역을 뜻한다. 이러한 물리량을 정의할 수 있으려면 다음 두 가지 조건이 만족되어야 한다. 첫째, 유체소가 충분히 많은 입자를 갖고 있어서 입자에 대한 물리량의 평균값을 택할 수 있어야 한다. 둘째, 유체소 내부의 물리량이 일정해야 한다. 첫째 조건은 유체소의 크기 ℓ이 입자들의 **평균자유이동거리**(mean free path) $\lambda_{\rm mfp}$보다 훨씬 클 때 성립한다. 둘째 조건은 ℓ이 어떤 물리량 q가 변하는 거리척도 $L = q/|\boldsymbol{\nabla} q|$보다 작을 때 타당하다. 따라서 어떤 매질을 유체로 다룰 수 있기 위해서는

$$L \gg \ell \gg \lambda_{\rm mfp} \tag{12.1}$$

또는 $L/\lambda_{\rm mfp} \gg 1$이라는 조건을 만족해야 한다.

천체는 대부분 위 조건을 쉽게 만족한다. 이온화된 유체의 경우 매질의 개수 밀도가 n일 때 평균자유이동거리는 $\lambda_{\rm mfp} \approx 10^6\ T^2 n^{-1}$ cm이다. 여기서 T와 n의 단위는 각각 K와 $\rm cm^{-3}$이다. 예를 들어, 태양 내부에서 $T = 10^7$ K, $n = 10^{26}\ \rm cm^{-3}$이므로 $\lambda_{\rm mfp} \sim 10^{-6}$ cm이며, $L = 1R_\odot = 7\times10^{10}$ cm이다. 온도가 $T = 10^4$ K, 밀도가 $n = 10^2\ \rm cm^{-3}$, 지름이 1 pc인 성간물질의 경우에도 $\lambda_{\rm mfp} \sim 10^{12}$ cm이고 $L \sim 3\times10^{18}$ cm이므로 성간기체의 역학적 진화를 유체역학을 이용하여 다룰 수 있다. 은하단에 존재하는 뜨거운 은하단 물질의 경우

$T \sim 3 \times 10^7$ K, $n = 10^{-3}$ cm^{-3}이므로 $\lambda_{\rm mfp} \sim 10^{24}$ cm이다. 이 값은 은하단의 반지름인 ~ 1 Mpc과 엇비슷하므로 은하단 물질은 엄밀한 의미에서 유체로 근사될 수 없다. 그럼에도 불구하고, 계산의 편리성 때문에 유체역학을 이용하여 은하단 물질의 진화를 연구하고 있다.

12.2 유체역학의 기술 방식

유체의 흐름을 기술하는 데에는 오일러(Euler) 방식과 라그랑주(Lagrange) 방식이라는 두 가지 방식이 있다.

12.2.1 오일러 방식

오일러 방식은 공간상의 고정된 위치에 있는 작은 부피소를 생각하고 그 부피소를 통과하는 기체의 밀도와 속도 같은 물리량의 시간에 대한 변화를 측정하는 방식이다. 오일러 방식에서는 위치 $\mathbf{x}$와 시간 t가 서로 독립적이다.

고정된 위치에 있는 관측자가 Δt 시간 동안 측정한 물리량 $q(\mathbf{x}, t)$의 변화는

$$\delta q = q(\mathbf{x}, t + \Delta t) - q(\mathbf{x}, t) \tag{12.2a}$$

$$\approx \frac{\partial q}{\partial t} \Delta t \tag{12.2b}$$

이다. 따라서 오일러 방식에서 기술하는 q의 시간에 대한 변화율은 시간에 대한 편미분, 즉

$$\frac{\partial q}{\partial t} \tag{12.3}$$

로 주어진다. 유체역학 수치 실험은 대부분 오일러 방식을 따라 수행되는데, 공간에 고정된 격자를 설치한 후 격자점에서 물리량이 시간에 따라 어떻게 변화하는지를 추적한다.

12.2.2 라그랑주 방식

라그랑주 방식은 어떤 유체소를 선택한 후 그 유체소가 유체의 흐름을 따라 움직이면서 겪는 물리량의 변화를 측정하는 방식이다. 이 경우, 유체소의 위치 $\mathbf{x}$는 시간 t의 독립 변수가 아니라 종속 변수이다.

라그랑주 방식에서 시간에 대한 물리량의 변화율을

$$\frac{Dq}{Dt} \tag{12.4}$$

로 나타내며, 이를 q의 **라그랑주 미분**(Lagrangian derivative), **전체 미분**(total derivative) 또는 **물질 미분**(material derivative)이라고 부른다.

속도 $\mathbf{v}$로 움직이는 유체소가 Δt 시간 동안 겪는 위치의 변화는

$$\Delta \mathbf{x} = \mathbf{v}\Delta t \tag{12.5}$$

이다. 따라서 유체소와 함께 움직이는 관측자가 Δt 시간 동안 측정한 물리량 q의 변화를 Δq라고 하면

$$\Delta q = q(\mathbf{x}+\Delta\mathbf{x}, t+\Delta t) - q(\mathbf{x}, t) \tag{12.6a}$$

$$\approx \frac{\partial q}{\partial t}\Delta t + \Delta\mathbf{x}\cdot\boldsymbol{\nabla} q \tag{12.6b}$$

$$= \left(\frac{\partial q}{\partial t} + \mathbf{v}\cdot\boldsymbol{\nabla} q\right)\Delta t \tag{12.6c}$$

$$\equiv \left(\frac{Dq}{Dt}\right)\Delta t \tag{12.6d}$$

이다. 즉, 라그랑주 미분과 오일러 미분은

$$\frac{D}{Dt} = \frac{\partial}{\partial t} + \mathbf{v}\cdot\boldsymbol{\nabla} \tag{12.7}$$

이라는 관계식을 만족한다.

오일러 관점에서 $\mathbf{x}$와 t는 서로 독립적이므로 식 (12.7)로부터

$$\frac{D\mathbf{x}}{Dt} = \mathbf{v} \tag{12.8}$$

임을 쉽게 확인할 수 있으며, 이 식은 식 (12.5)와 동등하다. 또한 식 (12.2b)와 식 (12.6b)로부터 Δq와 δq 사이에

$$\Delta q = \delta q + (\Delta\mathbf{x}\cdot\boldsymbol{\nabla})q \tag{12.9}$$

라는 관계가 성립함을 알 수 있다. 유체의 흐름 방향을 따라 물리량이 변하지 않으면, 즉 $(\Delta\mathbf{x}\cdot\boldsymbol{\nabla})q = 0$이면, 오일러 관점의 변화는 라그랑주 관점의 변화와 같다.

두 유체소 간 거리가 유체의 흐름에 의해 시간에 따라 어떻게 변하는지 살펴보자. 그림 12.1과 같이 길이 $\delta\mathbf{x}$만큼 떨어져 있는 두 점 A와 B를 생각해 보자. 유체의 속도장에 의해 Δt 시간이 경과한 후, 두 점이 각각 A'과 B'으로 이동하였다. 점 A'과 점 B'을 잇는 길이 벡터를 $\delta\mathbf{x}'$이라고 하면,

$$\Delta(\delta\mathbf{x}) = \delta\mathbf{x}' - \delta\mathbf{x} \tag{12.10a}$$

$$= [\mathbf{v}(\mathbf{x}+\delta\mathbf{x}) - \mathbf{v}(\mathbf{x})]\Delta t \tag{12.10b}$$

$$\approx \delta\mathbf{x}\cdot\boldsymbol{\nabla}\mathbf{v}\Delta t \tag{12.10c}$$

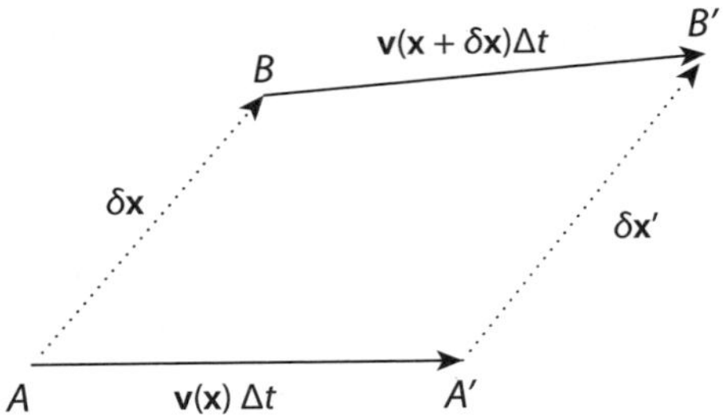

그림 12.1 유체의 흐름에 따른 길이 벡터의 이류. 길이 벡터 $\delta\mathbf{x}$가 유체의 흐름에 의해 Δt 시간이 경과한 후 $\delta\mathbf{x}'$으로 이동하였다.

이므로

$$\frac{D\delta\mathbf{x}}{Dt} = \delta\mathbf{x}\cdot\nabla\mathbf{v} \tag{12.11}$$

를 얻는다. 이 식은 두 점을 잇는 선벡터 $\delta\mathbf{x}$가 유체의 흐름에 의해 **이류**(advection)하면서 유체의 속도장 $\mathbf{v}$에 의해 어떻게 변형되는지를 기술한다.[1] $\mathbf{v}$가 $\delta\mathbf{x}$ 방향으로 증가하거나 감소하면 $\delta\mathbf{x}$가 변하는데, $\mathbf{v}$의 $\delta\mathbf{x}$에 평행한 성분은 $\delta\mathbf{x}$의 길이를 변화시키고 수직인 성분은 $\delta\mathbf{x}$를 회전하게 만든다. 마찬가지로 유체의 면적소와 부피소도 속도장에 의해 변형된다.

유체역학의 수치 실험 중 입자를 이용하는 방법, 예를 들면 **평탄화 유체역학**(Smoothed Particle Hydrodynamics, SPH)이나 동적격자 기법(moving-mesh method)은 라그랑주 관점에서 유체의 진화를 기술한다.

12.3 압력과 열 에너지

기체 입자들은 무작위로 움직이며 충돌을 통해 운동량을 전달함으로써 압력을 행사한다. 입자 간 충돌이 완전탄성충돌이며 충돌 이외의 다른 상호작용이 없는 기체를 **이상기체**(ideal gas)라고 한다. 이상기체의 압력과 열 에너지가 기체의 밀도와 온도에 따라 어떻게 달라지는지 알아보자.

그림 12.2와 같이 길이가 Δx이고 단면적이 A인 원통 내부에 있는 이상기체를 생각해 보자. 이상기체를 구성하는 질량이 m인 입자가 운동량 p_x를 갖고서 x 방향으로 왕복 운동을 하고 있다. 입자는 원통의 양쪽 벽과 충돌하여 벽에 운동량을 전달한다. 한 입자가 오른쪽 벽과 다시 충돌하는 데 걸리는 평균 시간은

$$\Delta t = \frac{2\Delta x}{v_x} \tag{12.12}$$

이다. 여기서 $v_x = p_x/m$는 입자의 x 방향 속도이다. 한 번의 완전탄성충돌에서 발생하는 운동량의 변화는 $2p_x$이므로, 입자 하나가 충돌할 때 오른쪽 벽이 받는

1) '이류'란 유체의 흐름을 따라 물질이나 열 등이 전달되는 현상을 의미한다.

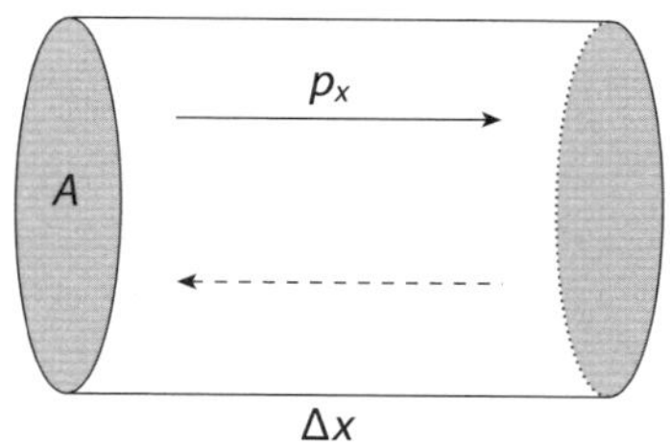

그림 12.2 원통 안 입자의 운동. 단면적이 A이고 길이가 Δx인 원통 속에 있는 입자는 $+x$ 방향으로 움직여 오른쪽 벽과 완전탄성충돌을 겪은 후 $-x$ 방향으로 움직인다.

힘은

$$f_x = \frac{2p_x}{\Delta t} = \frac{mv_x^2}{\Delta x} = \frac{mv^2}{3\Delta x} \tag{12.13}$$

이다. 여기서 입자의 운동이 등방적이라는 조건($v_x^2 = v_y^2 = v_z^2$)을 사용하였으며, $v = (v_x^2 + v_y^2 + v_z^2)^{1/2}$은 입자의 총속도를 나타낸다.

입자가 **열역학적 평형**(thermodynamic equilibrium) 상태에 있다고 가정하면 입자의 속도는 **맥스웰-볼츠만 분포**를 따른다. 온도가 T일 때, 속력이 v와 $v + dv$ 사이에 있는 기체 입자의 밀도는

$$n_v dv = n \left(\frac{m}{2\pi k_B T} \right)^{3/2} \exp\left(-\frac{mv^2}{2k_B T} \right) 4\pi v^2 dv \tag{12.14}$$

이다. 여기서 n은 입자의 개수 밀도로 $n = \int n_v dv$이며 k_B는 볼츠만 상수이다.

입자의 **최빈 속도**(most probable speed) v_p는 $dn_v/dv|_{v=v_p} = 0$을 만족하며

$$v_p = \sqrt{\frac{2k_B T}{m}} \tag{12.15}$$

이다. 입자의 평균 속도는

$$\langle v \rangle = \frac{1}{n} \int_0^\infty v n_v dv = \sqrt{\frac{8k_B T}{\pi m}} = \frac{2}{\sqrt{\pi}} v_p \tag{12.16}$$

이다. 여기서 화살괄호($\langle\,\rangle$)는 입자 속도의 맥스웰-볼츠만 분포에 대한 평균을 나타낸다. 입자의 **제곱평균 제곱근 속도**(root-mean-square velocity)는

$$\langle v^2 \rangle^{1/2} = \left(\frac{1}{n} \int_0^\infty v^2 n_v dv \right)^{1/2} = \sqrt{\frac{3k_B T}{m}} = \left(\frac{3}{2} \right)^{1/2} v_p \tag{12.17}$$

로 주어진다. v_p, $\langle v \rangle$, $\langle v^2 \rangle^{1/2}$ 값의 상대적인 크기를 그림 12.3에 나타내었다.

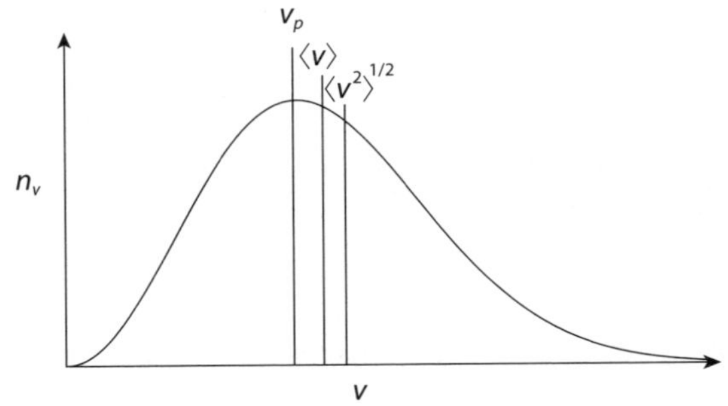

그림 12.3 입자 속도의 맥스웰-볼츠만 분포. 최빈 속도 v_p, 평균 속도 $\langle v\rangle$, 제곱평균 제곱근 속도 $\langle v^2\rangle^{1/2}$의 상대적인 크기를 표시하였다.

원통 안에 있는 모든 입자가 충돌하여 한쪽 벽에 미치는 힘은

$$F_x = \int f_x\, A\Delta x\, n_v dv \tag{12.18a}$$

$$= \frac{mA}{3}\int v^2 n_v dv = \frac{A}{3}\rho\langle v^2\rangle \tag{12.18b}$$

이다. 여기서 $\rho = mn$은 입자의 질량 밀도이다. 압력은 단위 면적당 힘이므로, 기체압은 $P = F_x/A$, 즉

$$P = \frac{1}{3}\rho\langle v^2\rangle = nk_BT = \frac{\rho k_B T}{\mu m_{\rm H}} \tag{12.19}$$

로 주어진다. 식 (12.19)에서 $\mu = \rho/(m_{\rm H}n)$는 입자의 **평균분자량**(mean molecular weight)으로 기체 입자의 평균 질량을 수소 질량 단위로 표현한 값이다. 식 (12.19)를 이상기체의 **상태방정식**(equation of state)이라고도 한다.

입자의 **운동 압력 다이애드**(kinetic pressure dyad) $\mathbb{P}$를

$$\mathbb{P} \equiv \rho\langle \mathbf{v}\mathbf{v}\rangle = \rho\begin{pmatrix} \langle v_x^2\rangle & \langle v_x v_y\rangle & \langle v_x v_z\rangle \\ \langle v_x v_y\rangle & \langle v_y^2\rangle & \langle v_y v_z\rangle \\ \langle v_x v_z\rangle & \langle v_y v_z\rangle & \langle v_z^2\rangle \end{pmatrix} \tag{12.20}$$

으로 정의할 때,[2] 열적 압력은 보다 일반적으로

$$P \equiv \frac{1}{3}{\rm tr}\,(\mathbb{P}) = \frac{1}{3}\rho\sum_i\langle v_i^2\rangle \tag{12.21}$$

으로 주어진다. 입자의 무작위 속도 $\mathbf{v}$가 등방적이고 방향에 따라 독립적이라면

2) 다이애드는 두 벡터를 직접 곱해 만든 것으로 차수(rank)가 2인 텐서이다. 예를 들어, 두 벡터 $\mathbf{a}$와 $\mathbf{b}$의 곱으로 만들어진 다이애드 $\mathbb{D} = \mathbf{ab}$를 텐서의 지수 표기법으로 나타내면 $\mathbb{D}_{ij} = a_i b_j$이고, 일반적으로 $\mathbf{ab} \neq \mathbf{ba}$이다. 다이애드의 발산은 $\boldsymbol{\nabla}\cdot\mathbb{D} = (\boldsymbol{\nabla}\cdot\mathbf{a})\mathbf{b} + (\mathbf{a}\cdot\boldsymbol{\nabla})\mathbf{b}$인 벡터이다.

$\rho\langle v_i v_j\rangle = \frac{1}{3}\langle v^2\rangle\delta_{ij}$ 이므로

$$\mathbb{P} = P\mathbb{I} \tag{12.22}$$

가 된다. 여기서 $\mathbb{I}$는 3차 단위행렬을 나타낸다.

이상기체의 단위 부피당 열 에너지 $\mathcal{E}$는

$$\mathcal{E} = \int \frac{1}{2}mv^2 n_v dv = \frac{1}{2}\rho\langle v^2\rangle = \frac{3}{2}P = \frac{3}{2}nk_BT \tag{12.23}$$

로 주어진다.

12.4 유체입자의 궤적

유체입자의 궤적은 속도장 $\mathbf{v}(\mathbf{x}, t)$를 분석하여 얻을 수 있으며 크게 유선(streamline), 유맥선(streakline), 유적선(pathline) 등 세 종류가 있다.

12.4.1 유선

어느 지정된 시각에 유체의 속도 벡터를 연결한 선을 유선이라고 한다. 유선의 접선은 그 지점에서의 속도에 평행하다. 따라서 유선을 따라 움직이는 거리소 벡터를 $d\mathbf{x}$라고 하면 직각 좌표계에서는

$$\frac{dx}{v_x} = \frac{dy}{v_y} = \frac{dz}{v_z} \tag{12.24}$$

를 만족하며, 원통형 좌표계에서는

$$\frac{dR}{v_R} = \frac{Rd\phi}{v_\phi} = \frac{dz}{v_z} \tag{12.25}$$

를 따른다. 속도는 일반적으로 위치의 함수이므로 위 식을 적분하면 유선의 공간적인 분포를 얻을 수 있다.

정상 평형 상태에 있는 유체의 유선은 시간에 따라 변하지 않는다. 그러나 임의의 물리량 q에 대해 $\partial q/\partial t \neq 0$인 **비정상류**(unsteady flow)의 경우 속도장이 시간에 따라 변하므로 유선 또한 시간에 따라 달라진다. 따라서 유선을 보통 **순간 유선**(instantaneous streamline)이라고 부른다. 유선은 수학적인 선이며 수치 실험의 결과로부터 유체의 순간적인 흐름을 가시화할 때 주로 사용된다.

12.4.2 유맥선

공간상의 지정된 점을 통과한 모든 입자들의 현재 위치를 연결한 선을 유맥선이라고 부른다. 예를 들어, 흐르는 액체상의 고정된 위치에 붉은색 염료가 연속적으로

떨어지는 경우, 어느 시점에서 염료가 형성한 붉은색 길이 유맥선이다. 대표적인 유맥선으로 담배 연기를 들 수 있다. 주로 실험실에서 유체의 흐름을 가시화할 때 유맥선을 사용한다.

12.4.3 유적선

주어진 유체소가 시간에 따라 움직인 실제 경로를 유적선이라고 한다. 유적선은 식 (12.8)로부터

$$\mathbf{x} = \mathbf{x}_0 + \int_0^t \mathbf{v}(\mathbf{x}, t)dt \tag{12.26}$$

로 주어진다. 적분 상수 $\mathbf{x}_0$는 유체소의 초기($t = 0$) 위치를 나타내며 유체소마다 다른 값을 가진다.

일반적으로 유선, 유적선, 유맥선은 모두 다르지만, 정상 상태의 경우 이 세 가지 선은 모두 동일하다.

12.5 기본 방정식

12.5.1 연속 방정식

유체를 구성하는 부피소 V를 생각해 보자. 이 부피소를 둘러싼 표면적 요소를 $d\mathbf{A} = \hat{\mathbf{n}}dA$로 나타내자(그림 12.4). 여기서 $\hat{\mathbf{n}}$은 표면적 요소에 수직이면서 부피소의 바깥 방향을 향하는 단위 벡터이다. Δt 시간 동안에 길이가 $|\mathbf{v}|\Delta t$, 단면적이 $|\hat{\mathbf{v}} \cdot \hat{\mathbf{n}}|dA = -\hat{\mathbf{v}} \cdot d\mathbf{A}$인 원통에 들어 있는 유체는 부피소 V의 내부로 들어온다. 따라서 Δt 시간 동안에 모든 표면적을 통해 V로 들어오는 유체의 총질량은

$$-\Delta t \int_A \rho \mathbf{v} \cdot d\mathbf{A} = -\Delta t \int_V \boldsymbol{\nabla} \cdot (\rho \mathbf{v}) d^3x \tag{12.27}$$

이다. 여기서 **발산 정리**(divergence theorem)를 이용하였다. $\rho\mathbf{v}$는 단위 시간 동안 단위 면적을 통과하는 유체의 질량에 해당하며, **질량 플럭스**(mass flux)라고 부른다.

한편, 부피소 V에 담겨 있는 질량의 시간에 대한 변화율은

$$\frac{d}{dt}\int_V \rho(\mathbf{x}, t)d^3x \tag{12.28}$$

이다. 따라서 Δt 시간 동안 발생한 부피소 V 내부의 질량 변화는

$$\Delta t \frac{d}{dt}\int_V \rho(\mathbf{x}, t)d^3x = \Delta t \int_V \frac{\partial}{\partial t}\rho(\mathbf{x}, t)d^3x \tag{12.29}$$

로 주어진다. 오일러 관점에서 V의 크기는 시간에 따라 변하지 않는다.

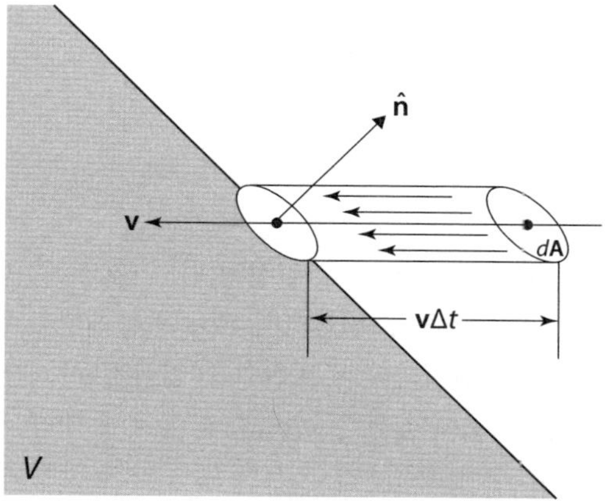

그림 12.4 부피소 V를 둘러싼 면적소 $d\mathbf{A}$를 통해 유체가 속도 $\mathbf{v}$로 들어오는 모습

부피소 V 내부로 기체의 유입이 있으면 질량이 증가하고 기체가 빠져나가면 질량이 감소한다. 따라서 식 (12.27)과 식 (12.29)는 서로 같아야 하며, 이로부터

$$\int_V \left[\frac{\partial \rho}{\partial t} + \boldsymbol{\nabla} \cdot (\rho \mathbf{v})\right] d^3x = 0 \tag{12.30}$$

을 얻는다. 위 식은 부피소 V의 크기와 무관하게 성립해야 하므로

$$\frac{\partial \rho}{\partial t} + \boldsymbol{\nabla} \cdot (\rho \mathbf{v}) = 0 \tag{12.31}$$

이 된다. 식 (12.31)을 유체의 **연속 방정식**(continuity equation)이라고 부르는데, 질량이 사라지거나 새로 생겨나지 않고 보존된다는 사실을 나타낸다.

벡터의 항등식으로부터

$$\boldsymbol{\nabla} \cdot (\rho \mathbf{v}) = \rho \boldsymbol{\nabla} \cdot \mathbf{v} + \mathbf{v} \cdot \boldsymbol{\nabla} \rho \tag{12.32}$$

이므로, 식 (12.31)을

$$\frac{D\rho}{Dt} + \rho \boldsymbol{\nabla} \cdot \mathbf{v} = 0 \tag{12.33}$$

과 같이 라그랑주 미분의 형태로도 나타낼 수 있다. 유체가 수축($\boldsymbol{\nabla} \cdot \mathbf{v} < 0$)하면 밀도는 증가하고, 반대로 팽창($\boldsymbol{\nabla} \cdot \mathbf{v} > 0$)하면 밀도는 감소한다. 이와 같이 수축 또는 팽창과 더불어 밀도가 변하는 유체를 **압축성 유체**(compressible fluid)라고 한다(글상자 14 참조).

물과 기름 등은 밀도가 거의 변하지 않는 **비압축성 유체**(incompressible fluid)이다. 비압축성 유체의 조건은

$$\boldsymbol{\nabla} \cdot \mathbf{v} = 0 \tag{12.34}$$

이며, 이는 식 (12.33)으로부터

$$\frac{D\rho}{Dt} = 0 \tag{12.35}$$

에 해당한다. 식 (12.35)는 비압축성 유체의 밀도가 라그랑주 관점에서 시간에 불변함을 말한다.

이로부터 비압축성 유체의 경우 '$\rho =$ 일정'이라고 놓기도 한다. 하지만 물 위에 떠 있는 기름층처럼 밀도가 다른 두 비압축성 유체의 경계면이 출렁이는 경우에는 (오일러 관점에서) 밀도가 일정하다는 조건이 성립하지 않는다. 이 경우에는 식 (12.34)나 식 (12.35)를 적용해야 한다. 비압축성 유체에 대해서는 기체의 압력으로 식 (12.19)를 사용할 수 없으며, 압력 P를 밀도와 무관한 새로운 물리량으로 간주한다.

대부분의 기체는 압축성이지만, 기체의 속도가 음속에 비해 매우 작은 경우에는 비압축성 유체로 근사할 수 있다. 매질 속을 음파가 빠르게 전파하며 밀도와 압력을 거의 균일하게 만들기 때문이다.

12.5.2 운동량 방정식

부피소 V에 담겨 있는 기체의 총운동량은 $\int_V \rho\mathbf{v}d^3x$이다. 따라서 Δt 시간 동안 발생한 부피소 내부의 총운동량 변화를

$$\Delta t\frac{d}{dt}\int_V \rho\mathbf{v}d^3x = \Delta t\int_V \frac{\partial(\rho\mathbf{v})}{\partial t}d^3x \tag{12.36}$$

로 나타낼 수 있다.

점성이 없는 유체라면, 부피소가 가진 운동량의 변화는 다음과 같은 세 가지 요인에 의해 생긴다.

(1) 유체소에 작용하는 외력(예: 중력)에 의해 운동량이 발생한다. 단위 부피당 외력을 $\rho\mathbf{f}$라고 하면 Δt 시간 동안 생긴 외력에 의한 총운동량의 변화량은

$$\Delta t\int_V \rho\mathbf{f}d^3x = -\Delta t\int_V \rho\boldsymbol{\nabla}\Phi d^3x \tag{12.37}$$

이다. 여기서 중력 퍼텐셜 Φ에 대해 $\mathbf{f} = -\boldsymbol{\nabla}\Phi$를 사용하였다.

(2) 압력 P는 부피소 V를 둘러싼 주변 매질의 효과를 대변한다. V를 둘러싼 면적소 $d\mathbf{A}$에 작용하는 내부를 향하는 힘은 $-Pd\mathbf{A}$이므로, Δt 시간 동안 발생한 운동량의 변화는

$$-\Delta t\int_A Pd\mathbf{A} = -\Delta t\int_V \boldsymbol{\nabla}Pd^3x \tag{12.38}$$

이다. 여기서 발산 정리를 사용하였다(부록의 식 V.18 참고).

(3) 질량과 마찬가지로 고정된 부피에 담겨 있는 운동량도 유체와 더불어 **이류**한다. 운동량 밀도는 $\rho\mathbf{v}$이므로, Δt 시간 동안 면적소 $d\mathbf{A}$를 통과하여 부피소 V 내부로 진입하는 운동량은 $-\rho\mathbf{v}(\mathbf{v}\cdot d\mathbf{A})\Delta t$로 주어진다. 따라서 유체의 이류에 의해 증가하는 운동량은

$$-\Delta t\int_A \rho\mathbf{v}(\mathbf{v}\cdot d\mathbf{A}) = -\Delta t\int_V \boldsymbol{\nabla}\cdot(\rho\mathbf{v}\mathbf{v})d^3x = -\Delta t\int_V \boldsymbol{\nabla}\cdot\mathbb{R}d^3x \quad (12.39)$$

이다. 여기서 $\mathbb{R}\equiv\rho\mathbf{v}\mathbf{v}$는 **운동량 플럭스**(momentum flux)를 나타내며 **레이놀즈 변형력 텐서**(Reynolds stress tensor)라고도 부른다.

위 세 가지 과정에 의한 총운동량의 변화는 식 (12.36)과 같아야 하므로, 부피소 V 내부의 총운동량의 변화는

$$\int_V \frac{\partial(\rho\mathbf{v})}{\partial t}d^3x = -\int_V \left[\boldsymbol{\nabla}P + \boldsymbol{\nabla}\cdot(\rho\mathbf{v}\mathbf{v}) + \rho\boldsymbol{\nabla}\Phi\right]d^3x \quad (12.40)$$

를 만족한다. 이 식은 부피소의 크기에 무관하게 성립해야 하므로

$$\frac{\partial(\rho\mathbf{v})}{\partial t} + \boldsymbol{\nabla}\cdot(\rho\mathbf{v}\mathbf{v}) = -\boldsymbol{\nabla}P - \rho\boldsymbol{\nabla}\Phi, \quad (12.41)$$

또는

$$\frac{\partial(\rho\mathbf{v})}{\partial t} + \boldsymbol{\nabla}\cdot(P\mathbb{I} + \mathbb{R}) = -\rho\boldsymbol{\nabla}\Phi \quad (12.42)$$

를 얻는다. 위 식을 **운동량 방정식**(momentum equation)이라고 부르며 유체의 운동량 보존을 나타낸다.

한편, 벡터 항등식

$$\boldsymbol{\nabla}\cdot(\rho\mathbf{v}\mathbf{v}) = \rho\mathbf{v}\cdot\boldsymbol{\nabla}\mathbf{v} + \mathbf{v}\boldsymbol{\nabla}\cdot(\rho\mathbf{v}) \quad (12.43)$$

와 식 (12.31)을 이용하면, 식 (12.41)을

$$\frac{\partial\mathbf{v}}{\partial t} + (\mathbf{v}\cdot\boldsymbol{\nabla})\mathbf{v} = -\frac{1}{\rho}\boldsymbol{\nabla}P - \boldsymbol{\nabla}\Phi \quad (12.44)$$

로도 쓸 수 있다. 위 식을 **오일러 방정식**(Euler equation)이라고 부른다.

12.5.3 에너지 방정식

마지막으로 에너지 방정식을 유도하자. 단위 질량당 부피(specific volume)가 $V = 1/\rho$인 부피소에 외부에서 공급해 준 단위 질량당 열량을 Q라고 할 때, 열역학

제1법칙은

$$dQ = Tds = de + PdV \tag{12.45}$$

로 주어진다. 여기서 s는 기체의 엔트로피이고 $e = \mathcal{E}/\rho$는 단위 질량당 내부 에너지이다. 기체의 내부 에너지는 보통 온도만의 함수이다.

기체의 정적 비열

$$c_V = \left.\frac{dQ}{dT}\right|_V = \frac{de}{dT} \tag{12.46}$$

를 이용하여 식 (12.45)를 다시 쓰면

$$dQ = c_V dT + PdV = c_V dT + d(PV) - VdP \tag{12.47}$$

가 된다. 따라서 정압 비열은

$$c_P = \left.\frac{dQ}{dT}\right|_P = c_V + \frac{d(PV)}{dT} = c_V + \frac{k_B}{\mu m_{\rm H}} \tag{12.48}$$

로 주어진다. 여기서 식 (12.19)를 이용하였다.

단원자 기체(monatomic gas)의 경우, 단위 질량당 내부 에너지는

$$e = \frac{\mathcal{E}}{\rho} = \frac{3k_BT}{2\mu m_{\rm H}} = c_V T \tag{12.49}$$

이다. 따라서 단원자 이상기체의 정적 비열과 정압 비열은 각각

$$c_V = \frac{3k_B}{2\mu m_{\rm H}}, \qquad c_P = \frac{5k_B}{2\mu m_{\rm H}} \tag{12.50}$$

로 주어지며, 두 비열의 비는

$$\gamma \equiv \frac{c_P}{c_V} = \frac{5}{3} \tag{12.51}$$

로 주어지는데, 여기서 γ를 **단열지수**(adiabatic index)라고 부른다.[3]

그러므로 이상기체의 상태방정식은

$$P = \frac{\rho k_B T}{\mu m_{\rm H}} = c_V(\gamma - 1)\rho T, \tag{12.52}$$

또는

$$P = (\gamma - 1)\rho e = (\gamma - 1)\mathcal{E} \tag{12.53}$$

3) 보다 일반적으로 자유도가 f인 입자의 정적 비열과 정압 비열은 각각 $c_V = (f/2)k_B/(\mu m_{\rm H})$, $c_P = (1 + f/2)k_B/(\mu m_{\rm H})$이며, 따라서 단열지수는 $\gamma = 1 + 2/f$로 주어진다. 단원자 기체는 병진 운동에 의한 자유도가 $f = 3$이므로 $\gamma = 5/3$이다. 온도가 낮은 이원자 기체(diatomic gas)는 회전 운동의 자유도 2개가 추가되어 $f = 5$이고 $\gamma = 7/5$이다. 온도가 매우 높다면 진동 운동의 자유도도 추가될 수 있다.

로도 표현할 수 있다.

한편, 식 (12.52)로부터

$$c_V T = \frac{P}{(\gamma - 1)\rho} \tag{12.54}$$

이므로 식 (12.45)는

$$dQ = Tds = c_V dT + Pd\left(\frac{1}{\rho}\right) \tag{12.55a}$$
$$= \frac{1}{\gamma - 1} d\left(\frac{P}{\rho}\right) - \frac{P}{\rho^2} d\rho \tag{12.55b}$$
$$= \frac{1}{\gamma - 1}\left(\frac{dP}{\rho} - \gamma \frac{P}{\rho^2} d\rho\right) \tag{12.55c}$$
$$= c_V T d \ln\left(\frac{P}{\rho^\gamma}\right) \tag{12.55d}$$

가 된다. 따라서 이상기체의 엔트로피는

$$s = c_V \ln\left(\frac{P}{\rho^\gamma}\right) \tag{12.56}$$

로 주어진다.

외부와의 열 교환이 없는 기체, 즉 $dQ = Tds = 0$인 기체를 단열 기체 혹은 등엔트로피 기체라고 한다.[4] 식 (12.56)으로부터, 단열 기체의 상태방정식을

$$P = \kappa \rho^\gamma \tag{12.57}$$

으로 표현할 수 있다. 여기서 κ는 상수이다.

우주에 있는 기체는 외부와의 열 교환을 통해 에너지를 얻거나 잃는 것이 일반적이다. 예를 들어 성간구름에 있는 기체 입자들은 서로 충돌하여 내부 에너지를 복사로 바꾸어 방출함으로써 열 손실을 겪는다. 한편, 젊고 밝은 별 주변에 있는 기체는 별에서 방출하는 자외선을 흡수함으로써 열 에너지를 얻는다. 따라서 단열 조건은 많은 천문학적 상황에서 좋은 근사가 아니다.

단위 질량당, 단위 시간당 발생하는 열 에너지 손실률을 $\mathcal{L}$이라고 정의하면

$$\frac{DQ}{Dt} = -\mathcal{L} \tag{12.58}$$

이 되고, $\mathcal{L}$의 단위는 $[\mathcal{L}] = \mathrm{erg\ g^{-1}\ s^{-1}}$이다. 식 (12.55c)와 식 (12.58)을 결합

4) 보다 엄밀하게, 단열 기체는 $dQ = 0$을 만족하고 등엔트로피 기체는 $ds = 0$을 만족한다. 대부분의 등엔트로피 과정은 가역 단열 과정이지만, 충격파와 같은 비가역 단열 과정은 엔트로피를 생성한다.

하면

$$\rho T\frac{Ds}{Dt} = \frac{1}{\gamma-1}\frac{DP}{Dt} - \frac{\gamma}{\gamma-1}\frac{P}{\rho}\frac{D\rho}{Dt} = -\rho\mathcal{L} \tag{12.59}$$

이 된다. 식 (12.59)는 자주 사용하는 형태의 에너지 방정식이다. $\rho\mathcal{L}$은 단위 부피당, 단위 시간당의 에너지 손실률을 뜻하며 그 단위는 $[\rho\mathcal{L}] = \mathrm{erg\ cm^{-3}\ s^{-1}}$이다.

식 (12.31), (12.42), (12.59)를 합하여 에너지 방정식을

$$\frac{\partial}{\partial t}\left(\frac{1}{2}\rho v^2 + \frac{P}{\gamma-1}\right) + \boldsymbol{\nabla}\cdot\left[\rho\mathbf{v}\left(\frac{1}{2}v^2 + \frac{\gamma}{\gamma-1}\frac{P}{\rho}\right)\right] = -\rho\mathbf{v}\cdot\boldsymbol{\nabla}\Phi - \rho\mathcal{L} \tag{12.60}$$

과 같이 보존식의 형태로도 쓸 수 있다.

12.5.4 유체의 점성⋆

앞에서 유도한 기본 방정식은 입자가 가진 열적 운동의 운동학적 효과를 고려하지 않았다. 유체를 구성하는 입자는 그 온도에 해당하는 무작위 운동을 하고 있으며, 주변 입자와 빈번히 충돌하면서 운동량 및 열 에너지를 전달한다. 입자의 무작위 운동이 초래하는 운동량의 변화를 **점성**(viscosity)으로 표현하고, 열 에너지의 변화를 **열전도**(thermal conduction)로 나타낸다.

입자의 열적 무작위 운동이 운동량 방정식을 어떻게 변화시키는지 살펴보기 위해 그림 12.5와 같이 면적이 ΔA이고 높이가 Δz인 직육면체 꼴의 유체소를 생각해 보자. 편의상, 유체의 밀도와 온도가 높이에 따라 변하지 않는 경우를 생각해 보자. 입자의 질량을 m이라고 할 때, 무작위 운동의 평균 속도는 $\langle v\rangle = (8k_BT/\pi m)^{1/2}$이다. 유체는 x 방향으로 움직이며, 속도가 높이마다 다른 **엇갈린 흐름**(shear flow)을 따르고 있다. 이러한 엇갈린 흐름에서는 입자가 가진 x 방향의 운동량이 높이마다 다르다.

입자들은 무작위 운동을 통해 z 방향으로 평균자유이동거리 $\lambda_{\rm mfp}$만큼 움직인 후, 직육면체 꼴의 유체소로 출입하면서 다른 입자와 충돌하며 운동량을 전달한다.

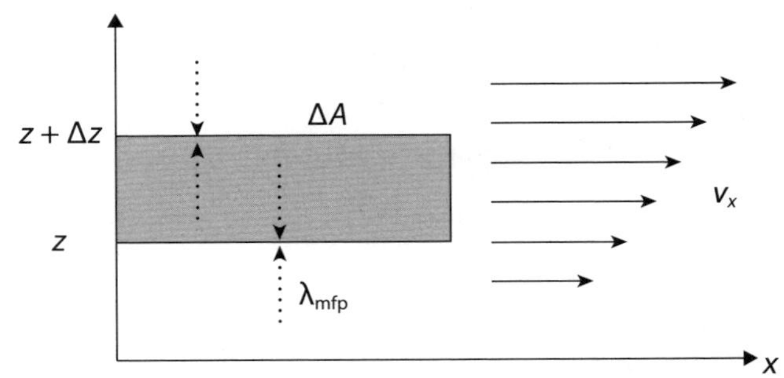

그림 12.5 유체의 엇갈린 흐름과 무작위 운동에 의한 운동량 전달

단위 부피당 n개의 입자 중 z 방향으로 움직이는 입자는 평균적으로 $\frac{1}{3}n$개인데, 이 중 절반인 $\frac{1}{6}n$개가 각각 $+z$ 방향 또는 $-z$ 방향으로 움직인다. 따라서 높이 $z_1 = z + \Delta z$에 있는 윗면을 통해 유체소로 유입되는 단위 면적당, 단위 시간당 x 방향 운동량은

$$\begin{aligned}\frac{1}{\Delta A}\frac{dp_x}{dt}\bigg|_{z+\Delta z} &= \frac{1}{6}n\langle v\rangle\left[mv_x(z_1+\lambda_{\mathrm{mfp}}) - mv_x(z_1-\lambda_{\mathrm{mfp}})\right] \\ &\simeq \frac{1}{3}\rho\langle v\rangle\left.\frac{\partial v_x}{\partial z}\right|_{z_1}\lambda_{\mathrm{mfp}} \\ &= \mu\left.\frac{\partial v_x}{\partial z}\right|_{z+\Delta z}\end{aligned} \tag{12.61}$$

이다. 여기서 μ는

$$\mu = \frac{1}{3}\rho\langle v\rangle\lambda_{\mathrm{mfp}} \tag{12.62}$$

로 정의되며 **역학적 점성**(dynamical viscosity)이라고 부른다.

한편, 높이 z에 있는 아랫면을 통해 유체소로 유입되는 단위 면적당, 단위 시간당 x 방향 운동량은

$$\begin{aligned}\frac{1}{\Delta A}\frac{dp_x}{dt}\bigg|_{z} &= \frac{1}{6}n\langle v\rangle\left[mv_x(z-\lambda_{\mathrm{mfp}}) - mv_x(z+\lambda_{\mathrm{mfp}})\right] \\ &\simeq -\mu\left.\frac{\partial v_x}{\partial z}\right|_{z}\end{aligned} \tag{12.63}$$

이다.

유체소가 받는 단위 부피당 x 방향의 힘을 $\rho f_{x,\mathrm{vis}}$라고 하면

$$\begin{aligned}\rho f_{x,\mathrm{vis}}\Delta A\Delta z &= \left.\frac{dp_x}{dt}\right|_{z+\Delta z} + \left.\frac{dp_x}{dt}\right|_{z} \\ &= \mu\Delta A\left(\left.\frac{\partial v_x}{\partial z}\right|_{z+\Delta z} - \left.\frac{\partial v_x}{\partial z}\right|_{z}\right)\end{aligned} \tag{12.64}$$

를 만족하므로

$$f_{x,\mathrm{vis}} = \frac{\mu}{\rho}\frac{\partial^2 v_x}{\partial z^2} \tag{12.65}$$

를 얻는다.

식 (12.65)를 3차원으로 일반화하면 유체의 점성이 미치는 단위 질량당 힘을

$$\mathbf{f}_{\mathrm{vis}} = \nu\boldsymbol{\nabla}^2\mathbf{v} \tag{12.66}$$

표 12.1 대표적 유체의 운동학적 점성

유체	ν (cm^2 s^{-1})
물	10^{-2}
공기	10^{-1}
글리세린	10
혈액	3×10^{-2}
성간기체	$1 \times 10^{19} T^{1/2} n^{-1}$

로 나타낼 수 있다. 이때 ν를 **운동학적 점성**(kinematic viscosity)이라고 부르며

$$\nu \equiv \frac{\mu}{\rho} = \frac{1}{3}\langle v \rangle \lambda_{\mathrm{mfp}} \tag{12.67}$$

로 주어진다. 표 12.1에 대표적인 유체의 ν값을 나타내었다.

운동학적 점성의 효과를 고려한 유체의 운동량 방정식은

$$\frac{\partial \mathbf{v}}{\partial t} + \mathbf{v} \cdot \boldsymbol{\nabla} \mathbf{v} = -\frac{1}{\rho} \boldsymbol{\nabla} P - \boldsymbol{\nabla} \Phi + \nu \boldsymbol{\nabla}^2 \mathbf{v} \tag{12.68}$$

이다.

12.5.5 열전도

유체의 온도가 위치마다 다른 경우, 입자의 무작위 운동은 주변으로 열 에너지를 전달한다. 이를 정량화하기 위해 높이 z와 $z + \Delta z$ 사이에 위치한 두께가 Δz이고 면적이 ΔA인 직육면체 꼴의 유체소를 생각해 보자(그림 12.5). 앞에서와는 달리, 유체가 정지해 있으며($v_x = 0$), 높이마다 온도가 다르다고 가정하자. 단위 질량당 열 에너지가 $e(T) = c_V T$이므로, 입자 1개당 열 에너지는 $me(T) = mc_V T$이다. 편의상 유체의 개수 밀도 n과 무작위 운동의 평균 속도 $\langle v \rangle$가 일정하다고 가정하자.[5] 입자들이 열적 무작위 운동을 통해 z 방향으로 거리 λ_{mfp}만큼 움직인 후, 윗면과 아랫면을 통과하여 직육면체 꼴의 유체소로 출입하면서 다른 입자와 충돌하여 열 에너지를 교환한다.

윗면($z_1 = z + \Delta z$)을 통해 유체소 밖으로 '방출'되는 단위 시간당, 단위 면적당 열 에너지는

$$\begin{aligned} q_z(z + \Delta z) &= \frac{1}{6} n \langle v \rangle \left[me(z_1 - \lambda_{\mathrm{mfp}}) - me(z_1 + \lambda_{\mathrm{mfp}}) \right] \\ &\simeq -\mathcal{K} \left. \frac{\partial T}{\partial z} \right|_{z+\Delta z} \end{aligned} \tag{12.69}$$

5) $\langle v \rangle$를 온도 분포에 따라 높이마다 다르게 두어도 같은 결과를 얻는다.

이며, 아랫면을 통해서 유체소로 '유입'되는 단위 시간당, 단위 면적당 열 에너지는

$$\begin{aligned} q_z(z) &= \frac{1}{6} n\langle v\rangle \left[me(z-\lambda_{\rm mfp}) - me(z+\lambda_{\rm mfp})\right] \\ &\simeq -\mathcal{K} \left.\frac{\partial T}{\partial z}\right|_z \end{aligned} \tag{12.70}$$

로 주어진다. 여기서 $\mathcal{K}$는 **열전도도**(thermal conductivity)이며

$$\mathcal{K} \equiv \frac{1}{3} c_V \rho \langle v\rangle \lambda_{\rm mfp} \tag{12.71}$$

로 주어진다(글상자 13 참조). 식 (12.69)와 식 (12.70)을 3차원으로 일반화하면 열전도에 의한 **열선속**(heat flux)은

$$\mathbf{q} = -\mathcal{K}\boldsymbol{\nabla} T \tag{12.72}$$

로 주어진다.

유체소가 열전도를 통하여 단위 시간당, 단위 부피당 잃어버리는 열 에너지를 $\rho\mathcal{L}_{\rm cond}$ 라고 하면

$$\rho\mathcal{L}_{\rm cond}\Delta A \Delta z = [q_z(z+\Delta z) - q_z(z)]\Delta A \tag{12.73}$$

이므로

$$\rho\mathcal{L}_{\rm cond} = \frac{\partial q_z}{\partial z} \tag{12.74}$$

임을 알 수 있다. 이를 3차원으로 일반화하면

$$\rho\mathcal{L}_{\rm cond} = \boldsymbol{\nabla}\cdot\mathbf{q} \tag{12.75}$$

가 된다. 식 (12.75)를 식 (12.59)에 적용하면, 열전도를 고려한 에너지 방정식

$$\rho T\frac{Ds}{Dt} = \frac{1}{\gamma-1}\frac{DP}{Dt} - \frac{\gamma}{\gamma-1}\frac{P}{\rho}\frac{D\rho}{Dt} = \boldsymbol{\nabla}\cdot(\mathcal{K}\boldsymbol{\nabla}T) - \rho\mathcal{L} \tag{12.76}$$

을 얻는다.

12.5.6 요약

유체의 점성과 열전도의 영향이 중요하지 않은 유체의 기본 방정식을 요약하면 다음과 같다:

$$\frac{\partial\rho}{\partial t} + \boldsymbol{\nabla}\cdot(\rho\mathbf{v}) = 0, \tag{12.77}$$

글상자 13. 열전도도

입자의 개수 밀도가 n, 충돌 단면적이 $\sigma_{\rm coll}$일 때 입자의 평균자유이동거리는

$$\lambda_{\rm mfp} = \frac{1}{n\sigma_{\rm coll}} \tag{12.78}$$

이므로, 식 (12.71)은

$$\mathcal{K} = \frac{k_B\langle v\rangle}{2\sigma_{\rm coll}} \tag{12.79}$$

가 된다. 일반적으로 $\sigma_{\rm coll}$은 온도의 함수이므로 $\mathcal{K}$ 또한 온도에 따라 변한다. 다음의 두 경우에 대해 열전도도의 온도에 대한 의존성을 살펴보자.

1. 지름이 d인 중성 입자의 경우 기하학적인 충돌 단면적은

$$\sigma_{\rm coll} = \pi d^2 \tag{12.80}$$

이다. 따라서 $\mathcal{K} \propto \langle v\rangle \propto T^{1/2}$이다. 자세한 계산에 의하면, 중성 수소로 이루어진 성간물질의 열전도도는

$$\mathcal{K}_{\rm H\,I} = 2.5\times 10^3 T^{1/2}\ \ {\rm erg\ cm^{-1}\ s^{-1}\ K^{-1}} \tag{12.81}$$

으로 주어진다(Parker 1953).

2. 온도가 매우 높아 완전히 전리된 기체를 생각해 보자. 이온보다 전자의 이동 속도가 훨씬 빠르므로, 열전도의 대부분은 전자의 충돌에 기인한다. 전자 사이에는 쿨롱 힘이 작용하므로, 실제 충돌 단면적이 기하학적 충돌 단면적보다 크다. **충격 변수**(impact parameter)가 큰 충돌은 빈번하지만 입자의 궤도가 거의 변하지 않기 때문에 충돌 단면적에 대한 기여도가 매우 적다. 반면에 충격 변수가 작은 충돌은 입자의 궤도를 크게 변화시키지만 그 빈도가 크지 않다. 입자의 궤도 변화에 대한 기여가 가장 큰 충돌은 최근접 정전기 퍼텐셜이 입자의 운동 에너지와 비슷할 때 발생한다. 즉, 충격 변수를 r_0라고 하면

$$m_e\langle v\rangle^2 \sim \frac{e^2}{r_0} \tag{12.82}$$

인 충돌이 열전도에 대한 기여가 가장 크며, 관련된 충돌 단면적은

$$\sigma_{\rm coll} = \pi r_0^2 = \frac{\pi e^4}{m_e^2\langle v\rangle^4} \tag{12.83}$$

으로 주어진다. 이 경우, 열전도도의 온도에 대한 의존성은 $\mathcal{K} \propto \langle v\rangle^5 \propto T^{5/2}$이다. 완전히 전리된 수소 기체의 열전도도는

$$\mathcal{K}_{\rm Sp} = 1.84\times 10^{-5}\frac{T^{5/2}}{\ln\Lambda}\ \ {\rm erg\ cm^{-1}\ s^{-1}\ K^{-1}} \tag{12.84}$$

으로 주어지는데, 이를 **스피처 열전도도**라고 부른다(Spitzer 1962). 여기서 $\ln\Lambda = 23 + \ln(n^{-1/2}T)$는 **쿨롱대수**(Coulomb logarithm)이다.

$$\frac{\partial \mathbf{v}}{\partial t} + \mathbf{v} \cdot \boldsymbol{\nabla} \mathbf{v} = -\frac{1}{\rho} \boldsymbol{\nabla} P - \boldsymbol{\nabla} \Phi, \tag{12.85}$$

$$\rho T \frac{Ds}{Dt} = \frac{1}{\gamma - 1} \frac{DP}{Dt} - \frac{\gamma}{\gamma - 1} \frac{P}{\rho} \frac{D\rho}{Dt} = -\rho \mathcal{L}. \tag{12.86}$$

또한, 운동량 방정식과 에너지 방정식을 보존식의 형태로 적으면 다음과 같다:

$$\frac{\partial}{\partial t}(\rho \mathbf{v}) + \boldsymbol{\nabla} \cdot (P \mathbb{I} + \rho \mathbf{v}\mathbf{v}) = -\rho \boldsymbol{\nabla} \Phi, \tag{12.87}$$

$$\frac{\partial}{\partial t}\left(\frac{1}{2}\rho v^2 + \frac{P}{\gamma - 1}\right) + \boldsymbol{\nabla} \cdot \left[\rho \mathbf{v}\left(\frac{1}{2}v^2 + \frac{\gamma}{\gamma - 1}\frac{P}{\rho}\right)\right] = -\rho \mathbf{v} \cdot \boldsymbol{\nabla} \Phi - \rho \mathcal{L}. \tag{12.88}$$

위 식을 풀기 위해서는 주어진 상황에 적절한 기체의 상태방정식 $P = P(\rho, T)$, 중력 퍼텐셜 $\Phi(\mathbf{x})$, 열 에너지 손실률 $\mathcal{L} = \mathcal{L}(\rho, T)$ 등을 설정해 주어야 한다.

제13장 유체의 평형

평형 상태에 있는 계의 물리량은 시간에 따라 변하지 않는다. 평형 상태는 **정적 평형**(static equilibrium)과 **정상 평형**(steady equilibrium)으로 나뉜다. 정적 평형은 정지한($\mathbf{v} = 0$) 매질의 평형을 의미하며, 정상 평형은 유체의 물리량이 시간에 따라 변하지 않는 상태를 말한다.

유체의 평형은 주로 압력과 중력의 균형에 의해 이루어진다. 천체에 작용하는 중력은 일반적으로 외부 중력과 자체 중력의 합으로 주어진다. 항성 내부에서는 외부 중력이 약하므로 자체 중력만 고려해도 되지만, 근접 쌍성계에 있는 별이라면 동반성에 의한 외부 중력을 무시할 수 없다. 은하면에 존재하는 성간물질의 분포에는 기체의 자체 중력뿐만 아니라 항성 원반과 암흑물질에 의한 외부 중력도 중요하다. 밀도 분포가 ρ인 천체의 자체 중력 퍼텐셜 Φ는 푸아송 방정식(Poisson equation)

$$\boldsymbol{\nabla}^2\Phi = 4\pi G\rho \tag{13.1}$$

를 만족한다(부록의 식 VI.9 참고).

기체의 냉각과 가열이 비효율적인 경우라면, 단열 기체로 가정하여

$$P = \kappa\rho^\gamma \qquad \text{(단열 기체)} \tag{13.2}$$

라는 상태방정식을 사용할 수 있다. 기체의 온도가 시간에 따라 변하지 않는 등온 기체라면

$$P = c_s^2\rho \qquad \text{(등온 기체)} \tag{13.3}$$

인 상태방정식을 사용할 수 있다. 여기서

$$c_s \equiv \left(\frac{k_BT}{\mu m_\mathrm{H}}\right)^{1/2} \tag{13.4}$$

은 상수이며 기체의 **등온 음속**(isothermal speed of sound)이라고 한다.

압력이 $P = P(\rho)$와 같이 밀도만의 함수인 기체를 **순압성 기체**(barotropic gas)라고 한다. 단열 기체, 등온 기체, 전자 축퇴압이 중요한 기체 등이 순압성 기체의 대표적인 예이다. 순압성 기체와는 달리 압력이 밀도뿐만 아니라 온도에도 의존하는 기체를 **경압성 기체**(baroclinic gas)라고 한다.

13.1 원반의 평형

정적 평형 상태에 있는 유체는 식 (12.85)로부터

$$\frac{1}{\rho}\boldsymbol{\nabla}P + \boldsymbol{\nabla}\Phi = 0 \tag{13.5}$$

을 만족한다.

13.1.1 외부 중력하의 등온 평판

지구 또는 항성의 대기처럼 외부 중력이 기체의 자체 중력을 압도하는 계를 생각해 보자. 문제를 단순화시키기 위해 곡률 효과는 무시하기로 한다. 기체가 등온 상태방정식을 따를 때, 수직 방향의 정적 평형 조건은

$$\frac{c_s^2}{\rho}\frac{d\rho}{dz} = -\frac{d\Phi}{dz} \tag{13.6}$$

이다. 이때 외부 중력가속도를 g라고 하면, $\Phi = gz$이므로 식 (13.6)의 해는

$$\rho(z) = \rho_0 \exp(-\Phi/c_s^2) = \rho_0 \exp(-z/H) \tag{13.7}$$

가 된다. 여기서 $\rho_0 = \rho(0)$이고 H는

$$H \equiv \frac{c_s^2}{g} = \frac{k_B T}{g\mu m_{\rm H}} \tag{13.8}$$

로 주어지는 평판의 **높이척도**(scale height)이다. 중력이 강할수록, 온도가 낮을수록, 그리고 입자의 분자량이 클수록 대기의 두께는 얇아진다.

13.1.2 자체 중력하의 등온 평판

은하에 있는 성간물질은 은하면의 수직 방향(z 방향)으로 압력과 중력이 균형을 이루는 정적 평형 상태에 놓여 있다. 성간물질의 밀도가 매우 높은 은하에서는 항성 원반 및 암흑물질에 의한 외부 중력의 효과를 무시할 수 있다.

원반이 평면 방향으로 무한히 펼쳐져 있다면 자체 중력 퍼텐셜을 기술하는 식 (13.1)은

$$\frac{d^2\Phi}{dz^2} = 4\pi G\rho \tag{13.9}$$

가 된다. 식 (13.6)과 식 (13.9)에서 Φ를 소거하면

$$c_s^2\frac{d^2 \ln\rho}{dz^2} = -4\pi G\rho \tag{13.10}$$

를 얻는다.

밀도 분포가 중심면에 대해 대칭이라면 $z = 0$에서 $d\rho/dz = 0$이다. 변수를 적절히 치환하여 위 식을 적분하면, 그 해로

$$\rho(z) = \rho_0 \mathrm{sech}^2\left(\frac{z}{H}\right) \tag{13.11}$$

를 얻을 수 있다.[6] 여기서 ρ_0는 중심면에서의 밀도이며

$$H = \frac{c_s}{\sqrt{2\pi G\rho_0}} \tag{13.12}$$

는 원반의 높이척도이다. 기체 원반의 표면밀도(surface density)는

$$\Sigma = \int_{-\infty}^{\infty} \rho(z)dz = 2\rho_0 H \tag{13.13}$$

이므로

$$H = \frac{c_s^2}{\pi G\Sigma} = 280\left(\frac{c_s}{7\ \mathrm{km\ s^{-1}}}\right)^2\left(\frac{\Sigma}{13\ M_\odot\ \mathrm{pc^{-2}}}\right)^{-1}\ \mathrm{pc} \tag{13.14}$$

이 된다. 여기서 $c_s = 7\ \mathrm{km\ s^{-1}}$와 $\Sigma = 13\ M_\odot\ \mathrm{pc^{-2}}$은 각각 우리 은하 태양계 근방 기체의 음속과 표면밀도를 대변한다.

13.2 단열 기체구: 폴리트로프⋆

항성 내부의 밀도 분포와 구상성단 내부에서 별의 분포 등은 구대칭을 이루는 단열 기체의 정적 평형 상태로 기술할 수 있다.

구대칭 밀도 분포의 중력 퍼텐셜은 식 (13.1)로부터

$$\frac{1}{r^2}\frac{d}{dr}\left(r^2\frac{d\Phi}{dr}\right) = 4\pi G\rho \tag{13.15}$$

를 만족한다. 위 식의 양변에 r^2을 곱하고 적분하면

$$r^2\frac{d\Phi}{dr} = 4\pi G\int_0^r \rho(r')r'^2dr' = GM_r \tag{13.16}$$

을 얻는다. 여기서 M_r은 반경 r 내부의 질량을 나타내며

$$M_r \equiv 4\pi\int_0^r \rho(r')r'^2dr' \tag{13.17}$$

6) 보통 $\rho(z) = \rho_0\exp(\Theta)$로 치환한 후 Θ의 z에 대한 2차 미분방정식을 풀거나, $m = \int\rho dz$를 통해 z를 m으로 치환하여 ρ의 m에 대한 미분방정식을 푼다.

이다. 식 (13.16)의 양변을 r^2으로 나눈 후 r에서 ∞까지 적분하면

$$\Phi(r) = -G\int_r^\infty \frac{M_{r'}}{r'^2}dr' \tag{13.18}$$

이다. 여기서 $\Phi(\infty) = 0$임을 이용하였다.

식 (13.18)을 부분 적분하면

$$\Phi(r) = G\int_r^\infty \frac{d}{dr'}\left(\frac{1}{r'}\right)M_{r'}dr' \tag{13.19a}$$

$$= G\int_r^\infty \left[\frac{d}{dr'}\left(\frac{M_{r'}}{r'}\right) - \frac{1}{r'}\frac{dM_{r'}}{dr'}\right]dr' \tag{13.19b}$$

$$= -\frac{GM_r}{r} - G\int_r^\infty \frac{1}{r'}\frac{dM_{r'}}{dr'}dr' \tag{13.19c}$$

이다. 여기서 $r \to \infty$에서 $M_r/r \to 0$임을 이용하였다. $dM_r/dr = 4\pi r^2\rho(r)$이므로(식 13.17 참고), 밀도 분포가 $\rho(r)$인 구의 중력 퍼텐셜은

$$\Phi(r) = -4\pi G\left[\frac{1}{r}\int_0^r \rho(r')r'^2dr' + \int_r^\infty \rho(r')r'dr'\right] \tag{13.20}$$

으로 주어진다.

13.2.1 레인-엠덴 방정식

기체의 상태방정식이

$$P = \kappa\rho^{1+1/n} \tag{13.21}$$

으로 주어지는 폴리트로프 기체(polytropic gas)를 생각해 보자. 여기에서 n은 임의의 실수이며 **폴리트로프 지수**(polytropic index)라고 부른다. 기체가 단열일 경우, 폴리트로프 지수 n과 단열지수 γ (> 1) 사이에는

$$n = \frac{1}{\gamma - 1} > 0 \tag{13.22}$$

인 관계가 성립한다.

구대칭 정적 평형 조건은 식 (13.5)와 식 (13.16)으로부터

$$\frac{1}{\rho}\frac{dP}{dr} = -\frac{d\Phi}{dr} = -\frac{GM_r}{r^2} \tag{13.23}$$

이다. 식 (13.15)와 식 (13.23)을 연립하여 풀기 위해

$$r = \alpha\xi, \quad \rho(r) = \rho_c\Theta^n \tag{13.24}$$

과 같이 무차원 거리 ξ와 무차원 함수 $\Theta(\xi)$를 도입하자. 여기서 α는 길이의 단위를 갖고 있으며

$$\alpha = \left[\frac{(n+1)\kappa\rho_c^{1/n-1}}{4\pi G} \right]^{1/2} \tag{13.25}$$

으로 주어지고, ρ_c는 중심($r=0$)에서의 밀도이다. Θ는 중심에서

$$\Theta(0) = 1, \qquad \left.\frac{d\Theta}{d\xi}\right|_{\xi=0} = 0 \tag{13.26}$$

인 조건을 만족해야 한다.

식 (13.15)와 식 (13.23)에서 Φ를 소거한 후 식 (13.24)를 이용하면

$$\frac{1}{\xi^2}\frac{d}{d\xi}\left(\xi^2\frac{d\Theta}{d\xi}\right) = -\Theta^n \tag{13.27}$$

을 얻는다. 이 식을 **레인-엠덴 방정식**(Lane-Emden equation)이라고 부른다. 식 (13.26)으로 주어지는 경계조건을 만족하는 식 (13.27)의 해를 구하면 폴리트로프의 밀도 분포를 구할 수 있다. $\Theta \geq 0$인 영역만 물리적으로 의미가 있으므로 폴리트로프의 경계는 $\Theta(\xi_b) = 0$을 만족하는 $R = \alpha\xi_b$에 위치한다.

식 (13.27)은 다음과 같은 3개의 n에 대해 해석해를 갖고 있다.

(1) $n = 0$일 때,

$$\Theta = 1 - \frac{\xi^2}{6}, \qquad \xi_b = \sqrt{6}. \tag{13.28}$$

(2) $n = 1$일 때,

$$\Theta = \frac{\sin\xi}{\xi}, \qquad \xi_b = \pi. \tag{13.29}$$

(3) $n = 5$일 때,

$$\Theta = \left(1 + \frac{\xi^2}{3}\right)^{-1/2}, \quad \xi_b = \infty. \tag{13.30}$$

$n = 0$인 폴리트로프는 비압축성 유체에 해당하며 내부 밀도가 $\rho = \rho_c$로 일정하다. $n = 5$인 폴리트로프는 반지름이 무한히 크다. 따라서 유한한 크기를 갖는 폴리트로프의 지수는 $n < 5$여야 한다.

질량이 작은 백색왜성 또는 분광형이 M, L, T형인 별의 내부에서는 비상대론적인 전자의 축퇴압($P \propto \rho^{5/3}$)이 중요하므로 이러한 천체는 $n = 1.5$인 폴리트로프로 잘 근사된다. 한편, 상대론적 축퇴압($P \propto \rho^{4/3}$)이 중요한 무거운 백색왜성은 $n = 3$인 폴리트로프에 해당한다. 이러한 일반적인 폴리트로프의 밀도 분포는 식 (13.27)을 수치적으로 적분하여 구한다.

13.2.2 폴리트로프의 물리량

주어진 폴리트로프 지수에 대한 $\Theta(\xi)$의 분포와 ξ_b의 값을 구하면 폴리트로프의 물리량을 ξ_b와 $d\Theta/d\xi|_{\xi=\xi_b}$의 함수로 표현할 수 있다. 예를 들어, 폴리트로프의 반경은

$$R = \alpha\xi_b = \left[\frac{(n+1)\kappa}{4\pi G}\right]^{1/2} \rho_c^{(1-n)/2n}\xi_b \tag{13.31}$$

로 주어진다. 폴리트로프의 총질량은

$$M = 4\pi\int_0^R \rho r^2 dr \tag{13.32a}$$

$$= 4\pi\alpha^3\rho_c\int_0^{\xi_b} \xi^2\Theta^n d\xi \tag{13.32b}$$

$$= -4\pi\alpha^3\rho_c\int_0^{\xi_b} \frac{d}{d\xi}\left(\xi^2\frac{d\Theta}{d\xi}\right)d\xi \tag{13.32c}$$

$$= 4\pi\left[\frac{(n+1)\kappa}{4\pi G}\right]^{3/2} \rho_c^{(3-n)/2n}\left[-\xi^2\frac{d\Theta}{d\xi}\right]_{\xi=\xi_b} \tag{13.32d}$$

이다. $n = 3$일 때는 M이 ρ_c와 무관함에 주목하자.

식 (13.31)과 식 (13.32d)에서 ρ_c를 소거하면 폴리트로프가 따르는 질량-반지름의 관계식

$$GR^{(3-n)/n}M^{(n-1)/n} = \frac{\kappa}{N_n} \tag{13.33}$$

를 얻는다. 여기서 N_n은 차원이 없으며

$$N_n \equiv \frac{(4\pi)^{1/n}}{n+1}\left(-\left.\frac{d\Theta}{d\xi}\right|_{\xi=\xi_b}\right)^{(1-n)/n} \xi_b^{-(n+1)/n} \tag{13.34}$$

으로 정의되는 양이다.

폴리트로프의 평균 밀도는

$$\overline{\rho} = \frac{3M}{4\pi R^3} = \frac{3}{\xi_b^3}\left[-\xi^2\frac{d\Theta}{d\xi}\right]_{\xi=\xi_b}\rho_c \tag{13.35}$$

이므로, 중심 밀도와 평균 밀도의 비는

$$\frac{\rho_c}{\overline{\rho}} = \frac{\xi_b}{3}\left(-\left.\frac{d\Theta}{d\xi}\right|_{\xi=\xi_b}\right)^{-1} \tag{13.36}$$

으로 주어진다.

표 13.1 레인-엠덴 함수의 상숫값

n	ξ_b	$\rho_c/\overline{\rho}$	N_n	q_n
0.0	2.4494	1.0000	$\cdots$	0.1194
1.0	3.1416	3.2899	0.6366	0.3927
1.5	3.6538	5.9907	0.4242	0.7701
2.0	4.3529	11.4025	0.3648	1.6382
3.0	6.8969	54.1825	0.3639	11.0501
4.0	14.972	622.4079	0.4772	247.558

폴리트로프의 중심 압력은

$$P_c = \kappa\rho_c^{1+1/n} \tag{13.37}$$

인데, 식 (13.33)과 식 (13.36)을 이용하여 κ와 ρ_c를 소거하면

$$P_c = q_n \frac{GM^2}{R^4} \tag{13.38}$$

을 얻는다. 여기서

$$q_n = \left[4\pi(n+1)\left(\frac{d\Theta}{d\xi}\right)^2_{\xi=\xi_b}\right]^{-1} \tag{13.39}$$

이다. 몇몇 n에 대한 ξ_b, $\rho_c/\overline{\rho}$, N_n, q_n의 값들을 표 13.1에 제시하였다.

13.2.3 찬드라세카 한계질량

폴리트로프의 질량-반지름의 관계식(식 13.33)을 백색왜성에 적용해 보자. 표 13.1에 있는 상숫값을 이용하면, 폴리트로프 지수가 $n = 1.5$인 비상대론적 백색왜성은

$$RM^{1/3} = \frac{\kappa}{0.4242G} \quad (n = 1.5) \tag{13.40}$$

를 만족한다. 따라서 비상대론적인 백색왜성은 질량이 클수록 크기가 작아진다.

백색왜성의 질량이 커지면 상대론적 효과가 중요해진다. 지수가 $n = 3$인 완벽하게 상대론적인 백색왜성은

$$M = \left(\frac{\kappa}{0.3639G}\right)^{1.5} \quad (n = 3) \tag{13.41}$$

이므로 그 질량이 반지름에 무관하며 오직 κ값에 의해서만 결정된다. 백색왜성의 질량이 이 질량보다 크면, 전자의 축퇴압이 중력을 버틸 수 없어 평형 상태를 유지하지 못하고 수축한다.

상대론적인 전자의 축퇴압은 $P_e = \kappa\rho^{4/3}$이며, κ는

$$\kappa = \frac{1}{8}\left(\frac{3}{\pi}\right)^{1/3}\frac{hc}{(m_{\rm H}\mu_e)^{4/3}} = \frac{1.231\times10^{15}}{\mu_e^{4/3}} \quad \text{dyne cm}^2\ \text{g}^{-4/3} \tag{13.42}$$

으로 주어진다. 여기서 μ_e는 전자 1개당 평균분자량이다. 식 (13.42)를 식 (13.41)에 대입하면 백색왜성의 한계질량으로

$$\frac{\mathcal{M}_{\rm Ch}}{M_\odot} = \frac{5.76}{\mu_e^2} \tag{13.43}$$

을 얻는다. 이 질량을 **찬드라세카 한계질량**(Chandrasekhar mass limit)이라고 한다. 탄소와 산소로 구성된 백색왜성은 $\mu_e = 2$이므로, $\mathcal{M}_{\rm Ch} = 1.44\ M_\odot$이다.

13.2.4 중력 퍼텐셜 에너지

마지막으로 폴리트로프의 중력 퍼텐셜 에너지를 구해 보자. 구대칭 천체의 경우 중력 퍼텐셜 에너지는

$$W = -\int_0^M \frac{GM_r dM_r}{r} = -\frac{G}{2}\int_0^M \frac{dM_r^2}{r} \tag{13.44}$$

으로 주어진다(식 19.21 참고). 이를 부분 적분한 후 식 (13.23)을 이용하면

$$W = -\frac{GM^2}{2R} + \frac{1}{2}\int_0^R \frac{M_r dP}{\rho} \tag{13.45}$$

를 얻는다.

한편, 폴리트로프 상태방정식(식 13.21)은

$$\frac{dP}{\rho} = \kappa\left(1+\frac{1}{n}\right)\rho^{1/n-1}d\rho = (n+1)d\left(\frac{P}{\rho}\right) \tag{13.46}$$

를 만족하므로 식 (13.45)를 부분 적분하면

$$W = -\frac{GM^2}{2R} + \frac{n+1}{2}\int_{r=0}^{r=R} M_r d\left(\frac{P}{\rho}\right) \tag{13.47a}$$

$$= -\frac{GM^2}{2R} + \left[\frac{n+1}{2}\frac{M_r}{\rho}P\right]_{r=0}^{r=R} - \frac{n+1}{2}\int_0^M P\frac{dM_r}{\rho} \tag{13.47b}$$

$$= -\frac{GM^2}{2R} - 2\pi(n+1)\int_0^R Pr^2 dr \tag{13.47c}$$

이다. 여기서 $M_r/\rho|_{r=0} = 0$, $P(R) = 0$, $dM_r = 4\pi\rho r^2 dr$을 이용하였다. $3r^2dr =$

$d(r^3)$을 이용하여 다시 한 번 부분 적분을 수행하면, 위 식은

$$W = -\frac{GM^2}{2R} + \frac{2\pi(n+1)}{3}\int_{r=0}^{r=R} r^3 dP \tag{13.48a}$$

$$= -\frac{GM^2}{2R} - \frac{n+1}{6}\int_0^M \frac{GM_r dM_r}{r} \tag{13.48b}$$

$$= -\frac{GM^2}{2R} + \frac{n+1}{6}W \tag{13.48c}$$

가 되므로, 최종적으로

$$W = -\frac{3}{5-n}\frac{GM^2}{R} \tag{13.49}$$

을 얻는다. 밀도가 균일한 구($n = 0$)의 중력 퍼텐셜 에너지는 $W = -(3/5)GM^2/R$ 임을 알 수 있다.

13.3 등온 기체구

정적 평형 상태에 있는 등온 기체구의 밀도 분포를 구해 보자. 등온 기체에 대하여 식 (13.15)와 식 (13.23)에서 Φ를 소거하면

$$\frac{1}{r^2}\frac{d}{dr}\left(\frac{r^2}{\rho}\frac{d\rho}{dr}\right) = -\frac{4\pi G}{c_s^2}\rho \tag{13.50}$$

를 얻는다.

13.3.1 특이 등온 기체구

식 (13.50)의 특이한 해로

$$\rho_{\rm SIS} = \frac{c_s^2}{2\pi G r^2} \tag{13.51}$$

이 있음을 확인할 수 있다. 이 밀도 분포는 중심에서 발산하기 때문에 **특이 등온 기체구**(singular isothermal sphere)라고 부른다. 특이 등온 기체구의 질량은 $M_r = (2c_s^2/G)r$로 반지름에 비례하여 증가한다.

수축하는 성간운의 외곽부나 은하 헤일로 외곽부의 밀도 분포는 특이 등온 기체구의 밀도 분포를 잘 따른다.

13.3.2 보너-이버트 기체구

식 (13.50)의 보다 물리적인 해는 중심에서 밀도가 유한하고 미분값이 연속이라는 조건, 즉

$$\rho(0) = \rho_c, \quad \left.\frac{d\rho}{dr}\right|_{r=0} = 0 \tag{13.52}$$

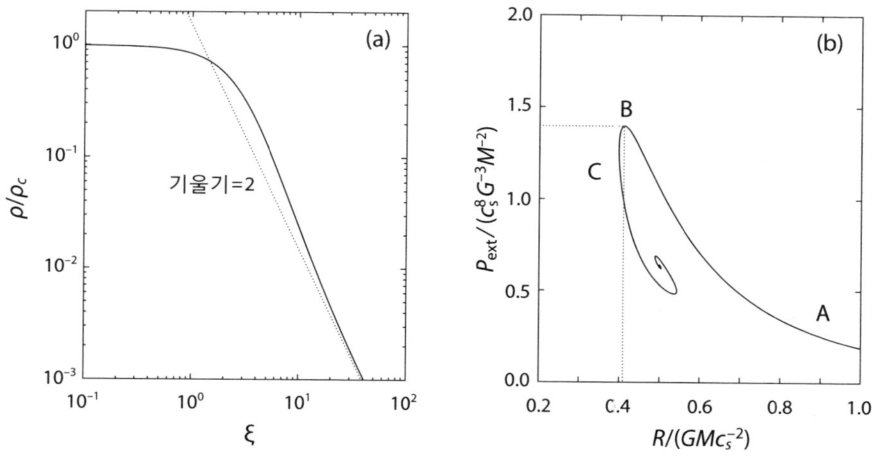

그림 13.1 (a) 등온 기체구의 밀도 분포, (b) 외부 압력과 반지름의 관계. 점 A는 R이 큰 쪽에 있는 곡선상의 임의의 점을 나타내며, 점 B와 C는 각각 $P_{\rm ext}$가 최대인 점과 R이 최소인 점을 가리킨다.

이라는 경계조건을 만족한다. 무차원 거리 변수 ξ와 무차원 함수 u를

$$r = \frac{c_s}{(4\pi G\rho_c)^{1/2}}\xi, \quad \rho = \rho_c e^{-u(\xi)} \tag{13.53}$$

와 같이 정의하면, 식 (13.50)은

$$\frac{1}{\xi^2}\frac{d}{d\xi}\left(\xi^2\frac{du}{d\xi}\right) = e^{-u} \tag{13.54}$$

가 된다. 기체구의 질량 분포는

$$M(\xi) = \frac{c_s^3}{G^{3/2}\rho_c^{1/2}}m(\xi) \tag{13.55}$$

로 주어지는데, 여기서 무차원 질량 $m(\xi)$는

$$m(\xi) \equiv \frac{1}{\sqrt{4\pi}}\int_0^{\xi} \xi'^2 e^{-u(\xi')}d\xi' = \frac{1}{\sqrt{4\pi}}\xi^2\frac{du}{d\xi} \tag{13.56}$$

를 만족한다.

그림 13.1(a)는 경계조건 $u(0) = du/d\xi|_{\xi=0} = 0$에 대한 식 (13.54)의 수치해를 보여 준다. $\xi \ll 1$에서는 $\rho/\rho_c \simeq 1$이며, $\xi \gg 1$에서는 $\rho \propto r^{-2}$으로 특이 등온해와 비슷하다. 등온 기체구는 $r \to \infty$인 극한에서도, 매우 작지만 유한한 밀도를 갖고 있기 때문에 독립된 계로 존재할 수 없다. 실제 상황에서는 등온 기체구를

둘러싼 성간물질에 의해 잘린 채, 주변 매질과 압력 평형을 이루고 있을 것이다.

압력이 $P_{\rm ext}$ 인 주변 매질과 평형을 이루고 있는 반지름이 R 이고 질량이 M 인 등온 기체구를 생각해 보자. 기체구의 무차원 반지름을 $\xi_0 = (4\pi G\rho_c)^{1/2}R/c_s$ 이라고 하면 식 (13.55)로부터

$$\rho_c = \frac{c_s^6}{G^3M^2}m(\xi_0)^2 \tag{13.57}$$

이므로, 압력 평형 조건은

$$P_{\rm ext} = \frac{c_s^8}{G^3M^2}m(\xi_0)^2e^{-u(\xi_0)} \tag{13.58}$$

가 된다. 또한 기체구의 반지름은 식 (13.56)과 식 (13.57)로부터

$$R = \frac{GM}{c_s^2}\left(\xi_0\left.\frac{du}{d\xi}\right|_{\xi_0}\right)^{-1} \tag{13.59}$$

으로 주어진다.

그림 13.1(b)는 식 (13.58)과 식 (13.59)로부터 구한 $P_{\rm ext}$ 와 R 의 관계를 보여준다. 반지름이 큰 쪽에 위치한 점 A와 외부 압력이 최대인 점 B 사이에 존재하는 등온 기체구는 외부 압력이 증가함에 따라 반지름이 줄어드는데, 이는 기체구의 평형을 결정하는 데 있어서 중력보다는 압력이 중요하기 때문이다. 점 B와 반지름이 최소인 점 C 사이에 존재하는 기체구는 외부 압력이 감소하면서 기체구의 반지름도 줄어드는데, 이는 기체구가 충분히 압축되면 중력이 강해져서 작은 외부 압력으로도 기체구를 속박할 수 있기 때문이다.

19.3절에서 정량적으로 알 수 있듯이, 점 A와 점 B 사이에 놓여 있는 기체구는 $dP_{\rm ext}/dR < 0$을 만족하므로 중력적으로 안정하다. 따라서 안정된 등온 기체구는 점 B에 있을 때 최소 크기 또는 최대 밀도를 가질 수 있다. 중력적으로 안정된 최소 크기 등온 기체구를 **보너-이버트 기체구**(Bonnor-Ebert gas sphere)라고 한다. 점 B에서는 $\xi_0 = 6.47$, $u(\xi_0) = 2.65$, $du(\xi_0)/d\xi = 0.38$, $m(\xi_0) = 4.44$ 이다. 따라서 보너-이버트 기체구의 반지름과 질량은 각각

$$M_{\rm BE} = 1.18\frac{c_s^4}{G^{3/2}P_{\rm ext}^{1/2}} \tag{13.60}$$

과

$$R_{\rm BE} = 0.41\frac{GM_{\rm BE}}{c_s^2} \tag{13.61}$$

로 주어진다. 질량이 $M_{\rm BE}$ 보다 무겁거나 크기가 $R_{\rm BE}$ 보다 작은 성간운은 중력적

으로 불안정하므로 수축하여 별을 형성한다.

13.4 정상 평형: 베르누이 원리

정상 평형 상태에 있는 기체의 물리량은 시간에 따라 변하지 않으므로

$$\boldsymbol{\nabla} \cdot (\rho \mathbf{v}) = 0 \tag{13.62}$$

과

$$(\mathbf{v} \cdot \boldsymbol{\nabla})\mathbf{v} = -\frac{1}{\rho}\boldsymbol{\nabla} P - \boldsymbol{\nabla}\Phi \tag{13.63}$$

를 만족한다.

벡터 미분에 관한 항등식

$$(\mathbf{v} \cdot \boldsymbol{\nabla})\mathbf{v} = \boldsymbol{\nabla}\left(\frac{v^2}{2}\right) + (\boldsymbol{\nabla} \times \mathbf{v}) \times \mathbf{v} \tag{13.64}$$

를 이용하면, 식 (13.63)은

$$\boldsymbol{\nabla}\left(\frac{v^2}{2}\right) + (\boldsymbol{\nabla} \times \mathbf{v}) \times \mathbf{v} = -\boldsymbol{\nabla}\int \frac{dP}{\rho} - \boldsymbol{\nabla}\Phi \tag{13.65}$$

가 된다. 여기서 $P = P(\rho)$라는 순압성 기체 조건을 이용하였다.

식 (13.65)의 양변에 $\mathbf{v}$를 내적하면

$$\mathbf{v} \cdot \boldsymbol{\nabla}\mathcal{B} = 0 \tag{13.66}$$

을 얻는다. 여기서 베르누이 상수 $\mathcal{B}$는

$$\mathcal{B} \equiv \frac{v^2}{2} + \int \frac{dP}{\rho} + \Phi \tag{13.67}$$

로 정의되는 양이다. 식 (13.66)은 $\mathcal{B}$가 $\mathbf{v}$ 방향으로 일정함, 즉 $\mathcal{B}$가 유선을 따라 보존됨을 의미하는데, 이를 **베르누이 원리**(Bernoulli's principle)라고 한다. 다음 몇 가지 예를 통해 베르누이 원리를 학습해 보자.

13.4.1 수도꼭지 물의 흐름

수도꼭지의 마개를 적절히 조절하여 흘러나오는 물줄기를 관찰하면 그림 13.2와 같이 물줄기가 아래로 내려오면서 폭이 줄어드는 현상을 볼 수 있다. 이를 베르누이의 원리를 이용하여 설명해 보자.

물은 비압축성이므로 ρ가 변하지 않는다. 지면으로부터의 높이를 z, 물줄기의

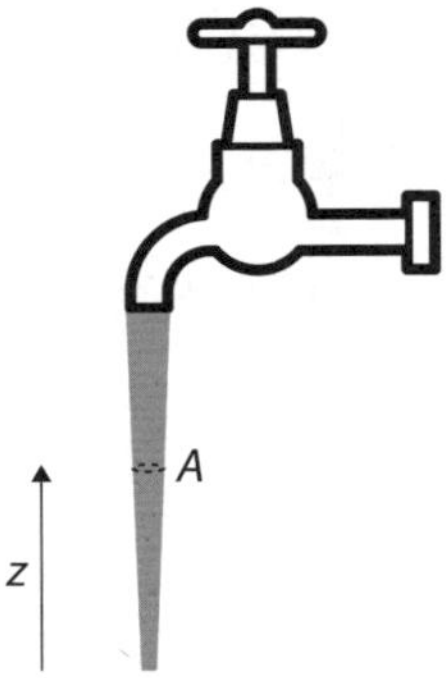

그림 13.2 수도꼭지에서 나오는 물줄기

단면적을 $A(z)$, 수직 방향의 하강 속도를 $v(z)$라고 하면, 식 (13.62)를 적분하여

$$\rho v(z)A(z) = \text{일정} \tag{13.68}$$

이라는 조건을 얻는다.

지표면에서 중력 퍼텐셜은 $\Phi = g_\oplus z$이므로, 물줄기의 표면을 따라가는 유선은

$$\mathcal{B} = \frac{v^2}{2} + \frac{P_{\text{atm}}}{\rho} + g_\oplus z = \text{일정} \tag{13.69}$$

을 만족해야 한다. 여기서 P_{atm}은 대기압으로 일정하다. 식 (13.69)는 물줄기가 내려오면서(z 감소) 속도가 빨라짐(v 증가)을 뜻하며, 속도가 빨라지면 식 (13.68)에 따라 물줄기의 단면적이 감소한다. A가 충분히 작아지면, 물의 표면장력에 의해 물줄기가 잘게 부서진다. 같은 이유로 위로 향한 분수의 물줄기는 위로 올라가면서 점점 넓어진다.

13.4.2 드라발 노즐

로켓 엔진은 압축성 배기가스를 빠른 속도로 분출시킴으로써 **추력**(thrust)을 얻는다. 배기가스의 배출 속도는 배기관의 단면적 A와 깊은 관련이 있다. 일반적으로 그림 13.3과 같은 형태의 배기관이 널리 사용되는데, 1880년대에 이것을 처음 발견한 스웨덴 발명가의 이름을 따서 **드라발 노즐**(de Laval nozzle)이라고 부른다.

중력을 무시할 수 있으므로 배기관에서 정상 상태에 있는 기체의 흐름은

$$\rho v A = \text{일정} \quad \rightarrow \quad \frac{d\rho}{\rho} = -\frac{dv}{v} - \frac{dA}{A}, \tag{13.70}$$

$$\frac{v^2}{2} + \int \frac{dP}{\rho} = \text{일정} \quad \rightarrow \quad \frac{d\rho}{\rho} = -\mathcal{M}^2 \frac{dv}{v} \tag{13.71}$$

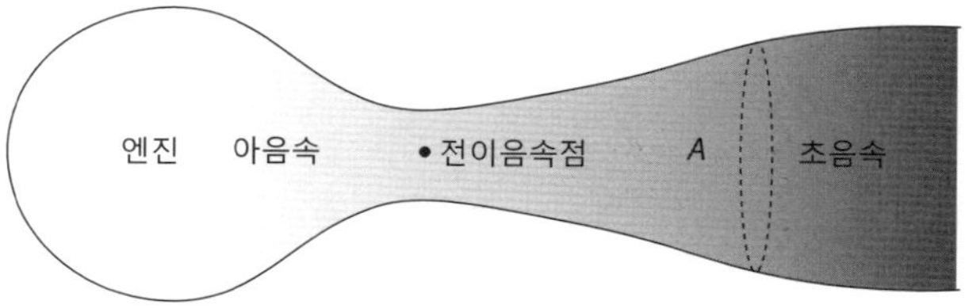

그림 13.3 드라발 노즐의 구조

를 만족한다. 여기서 $\mathcal{M}$은 **마하수**(Mach number)로

$$\mathcal{M} \equiv \frac{v}{a} \tag{13.72}$$

로 정의되며, $a \equiv (dP/d\rho)^{1/2}$는 기체의 단열 음속이다(식 14.5). 식 (13.70)과 식 (13.71)을 결합하면

$$(\mathcal{M}^2 - 1)\frac{dv}{v} = \frac{dA}{A} \tag{13.73}$$

를 얻는다.

식 (13.73)으로부터 다음과 같은 사실을 알 수 있다. 첫째, $\mathcal{M} < 1$인 **아음속**(subsonic) 기체의 경우, dv는 dA와 서로 다른 부호를 가진다. 즉, 배기관의 단면적이 감소하면 기체의 속도가 빨라진다. 아음속 기체는 밀도의 변화가 적어(식 13.71), 단면적이 작을수록 더 빠른 속도로 움직임으로써 연속 방정식을 만족한다. 여름철 다리 밑의 공기 흐름이 빨라 시원한 것과 같은 원리이다. 둘째, $\mathcal{M} > 1$인 **초음속**(supersonic) 기체는 dv와 dA의 부호가 같아서 단면적이 커질수록 속도가 더 빨라진다. 이것은 초음속 기체의 밀도가 마하수에 매우 민감하게 변하기 때문이다($\Delta\rho/\rho \propto -\mathcal{M}^2$). 셋째, $\mathcal{M} = 1$인 **전이음속점**(transonic point)은 $dA = 0$인 곳에 위치한다.

배기가스가 엔진에서 방출될 때는 작은 속도를 갖고 있으므로 배기관의 단면적을 점점 작게 하여 아음속 배기가스를 전이음속에 도달하게 한 다음, 이후에는 단면적을 점점 크게 하여 배기가스를 초음속으로 가속시킬 수 있다. 이는 배기관을 그림 13.3과 같이 모래시계의 형태로 만들고, 전이음속점을 단면적이 가장 작은 곳에 맞춤으로써 달성할 수 있다.

13.4.3 본디 유입과 항성풍

그림 13.4와 같이 무한히 펼쳐진 매질의 한 곳에 있는 질량 M인 천체를 생각해 보자. 주변 매질은 중력에 끌려 이 천체로 유입될 것이다. 이러한 정지된 점질량 천체로의 질량 유입을 **본디 유입**(Bondi accretion)이라고 부른다. 이 절에서는 등온 기체에 대한 본디 유입의 정상 해를 알아보자.

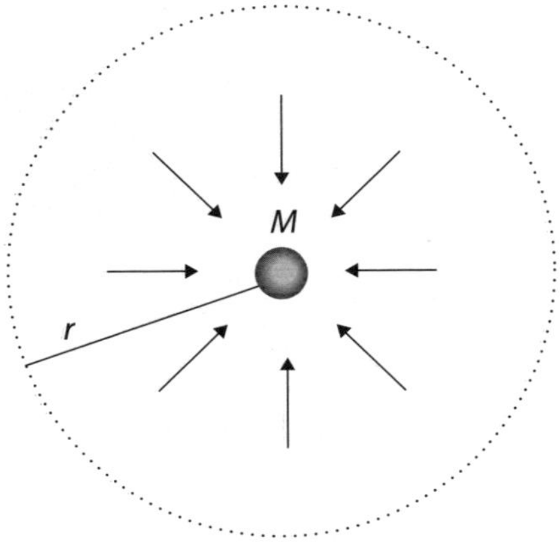

그림 13.4 질량 M인 천체로의 본디 유입

기체의 흐름을 구대칭으로 근사하면, 연속 방정식과 베르누이 원리는 각각

$$4\pi r^2 \rho v = \dot{M}, \tag{13.74}$$

$$\mathcal{B} = \frac{v^2}{2} - \frac{GM}{r} + \int_{\rho_\infty}^{\rho} \frac{dP}{\rho} = 0 \tag{13.75}$$

이 된다. 여기서 r은 중심 천체로부터의 거리이며, $\dot{M}$은 질량유입률을, ρ_∞는 중심 천체로부터 매우 먼 곳에 있는 기체의 밀도를 뜻한다. 식 (13.75)에서 $\mathcal{B} = 0$을 택한 것은 $r \to \infty$에서 기체가 정지해 있다고 가정했기 때문이다. 음속이 c_s인 등온 기체라면, 식 (13.75)는

$$\frac{v^2}{2} - \frac{GM}{r} + c_s^2 \ln\left(\frac{\rho}{\rho_\infty}\right) = 0 \tag{13.76}$$

이 된다.

식 (13.74)와 식 (13.76)을 미분하면 각각

$$2\frac{dr}{r} + \frac{d\rho}{\rho} + \frac{dv}{v} = 0 \tag{13.77}$$

과

$$vdv + \frac{GM}{r^2}dr + c_s^2\frac{d\rho}{\rho} = 0 \tag{13.78}$$

이 된다. 위 두 식에서 $d\rho/\rho$항을 소거하여 정리하면

$$(\mathcal{M}^2 - 1)\frac{1}{v}\frac{dv}{dr} = \frac{2}{r} - \frac{r_{\rm B}}{r^2} \tag{13.79}$$

를 얻는데, 여기서 $\mathcal{M} = v/c_s$ 는 (등온) 마하수이며,

$$r_\mathrm{B} = \frac{GM}{c_s^2} \tag{13.80}$$

을 **본디 반경**(Bondi radius)이라고 부른다.

먼 거리에서 작은 속도를 갖는 세 가지 초기 조건에 대해 식 (13.79)를 수치적분한 결과를 그림 13.5에 나타내었다. A 해는 먼 거리에서 2개의 서로 다른 속도를 가지며 가까운 거리에서는 해가 없으므로 본디 유입에 대한 물리적인 해가 될 수 없다. B 해는 먼 거리에서 아음속으로 출발한 기체가 중심 천체 쪽으로 다가오면서 점점 빨라져 $r/r_\mathrm{B} = 1/2$ 에서 전이음속에 도달한 후 초음속으로 가속되는 해이다. 한편, C 해는 멀리서 $r/r_\mathrm{B} = 1/2$ 에 도달하기까지 작은 가속을 받은 후 곧 감속을 겪는 해로서, 초음속에 도달하지 못한다. C 해는 $r \to 0$ 에서 $v \to 0$, $\rho \to \rho_\infty \exp(r_\mathrm{B}/r)$ 를 만족하는 정적 평형에 근접하는 해인데, 작은 r 에서 밀도가 너무 높아지기 때문에 천문학적 상황에서는 나타날 수 없다. 따라서 기체의 본디 유입은 전이음속점을 지나는 B 해를 따라 이루어진다.

식 (13.76)을 이용하면 전이음속점에서 B 해의 밀도가 $\rho = \rho_\infty e^{3/2}$ 임을 알 수 있다. 이를 식 (13.74)에 대입하면 기체의 본디 유입률은

$$\dot{M} = \pi e^{3/2} \frac{\rho_\infty (GM)^2}{c_s^3} = 1.12 \times 4\pi r_\mathrm{B}^2 c_s \rho_\infty \tag{13.81}$$

로 주어진다.

본디 유입의 물리적 해는 드라발 노즐에서의 기체 흐름과 밀접한 관련이 있다.

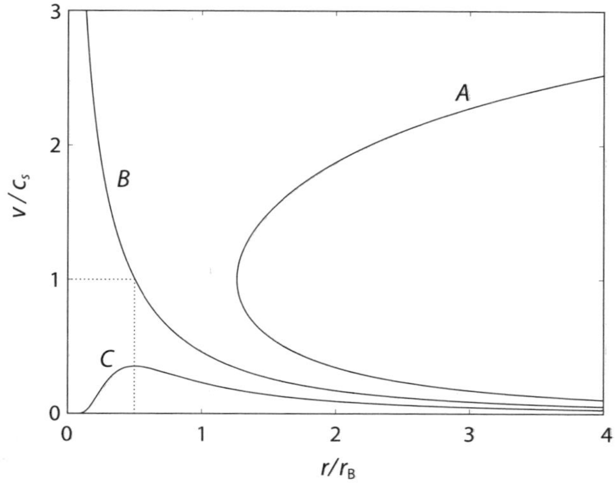

그림 13.5 등온 기체에 대한 본디 유입의 정상 평형해

식 (13.73)과 비교했을 때, 식 (13.79)의 우변 두 항은 노즐 단면적의 거리에 대한 미분값에 해당한다. 구대칭 흐름에 대한 기하학적 단면적은 $A_{\rm geo} = 4\pi r^2$ 이므로 $d \ln A_{\rm geo}/dr = 2/r$ 이고, 이는 식 (13.79)의 우변 첫째 항과 같다. 둘째 항은 **중력 집중**(gravitational focusing)에 의한 것으로, 관련된 단면적을 $A_{\rm gra}$ 라고 하면,

$$\frac{d}{dr}\ln A_{\rm gra} = -\frac{r_{\rm B}}{r^2} \quad \rightarrow \quad \ln A_{\rm gra} = \frac{r_{\rm B}}{r} + \text{상수} \qquad (13.82)$$

이다. 중심 천체로부터 거리가 멀어질수록 중력이 약해지므로 $A_{\rm gra}$ 는 r 의 감소함수이다. $r/r_{\rm B} > 1/2$ 에서는 $d \ln A_{\rm geo} > d \ln A_{\rm gra}$ 이므로 먼 거리에서 질량 유입은 주로 기하학적 단면적의 영향을 받는다. 먼 거리에서 출발한 아음속 기체는 중심 천체에 가까워지면서 기하학적 단면적이 줄어들기 때문에 점점 속도가 빨라지며, 이윽고 $r/r_{\rm B} = 1/2$ 에서 초음속에 도달한다. 이후 유입 기체는 중력의 영향을 받아 더욱 빠른 속도로 가속되어 $r \rightarrow 0$ 에서 자유낙하 속도($v \rightarrow \sqrt{2GM/r}$)에 도달한다.

본디 유입과는 정반대로 별 표면으로부터 밖으로 향하는 물질의 흐름을 **항성풍**(stellar wind)이라고 한다. 등온 항성풍 문제는 본디 유입 문제와 수학적으로 동일하므로 식 (13.79)를 수치적으로 적분하여 그 해를 구할 수 있다. 다만 항성풍의 속도는 중심 천체로부터 멀어지는 방향으로 정의되어 있으며, 별 주변($r \rightarrow 0$)에서의 속도가 $v \rightarrow 0$ 이라는 조건을 갖는다는 점에서 본디 유입 문제와 다르다.

작은 r 에서 느린 속도를 갖는 세 가지 초기 조건에 대한 해를 그림 13.6에 나타내었다. E 해는 한 위치에서 가능한 속도가 2개이거나 없다는 점에서 항성풍에 대한 물리적인 해가 아니다. F 해는 $r/r_{\rm B} = 1/2$ 에서 전이음속점을 통과

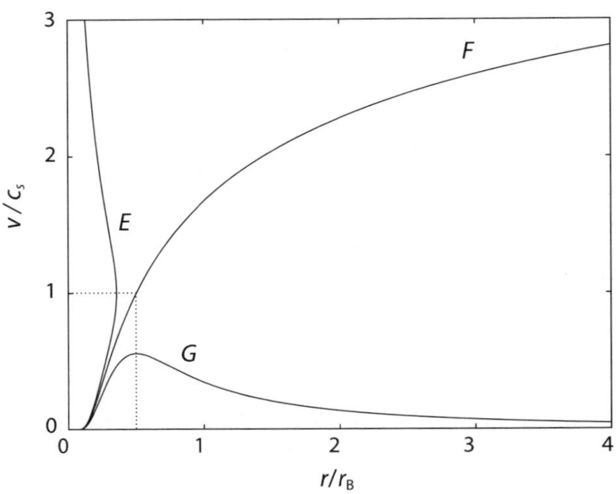

그림 13.6 등온 항성풍의 정상 평형해

하여 초음속으로 가속되는 항성풍에 대한 물리적인 해이며, 이 해의 존재는 1960년대에 화성 탐사선 마리너(Mariner) 2호에 의해 검증되었다. 이 해를 이론적으로 연구한 연구자의 이름을 따서 파커 해(Parker solution)라고도 부른다. G 해는 모든 영역에서 아음속을 유지하는 해로 **미풍 해**(breeze solution)라고 부르는데, 먼 거리에서 성간물질의 압력보다 매우 큰 압력을 갖기 때문에 실제로는 도달할 수 없는 해이다.

13.5 소용돌이와 켈빈의 정리

13.5.1 소용돌이 방정식

흐르는 냇물에 꽃잎을 띄우면 꽃잎이 물과 함께 흘러가며 회전하는 모습을 관찰할 수 있다. 꽃잎의 회전은 유체의 속도장 중 회전성분에서 비롯된 것으로, 그 회전의 세기와 방향을

$$\boldsymbol{\omega} = \boldsymbol{\nabla} \times \mathbf{v} \tag{13.83}$$

로 정의되는 **소용돌이**(vorticity) $\boldsymbol{\omega}$로 측정한다. 예를 들어, 2차원 유체의 속도장이 $\mathbf{v} = u(x,y)\hat{\mathbf{x}} + v(x,y)\hat{\mathbf{y}}$라면, 소용돌이는

$$\boldsymbol{\omega} = \left(\frac{\partial v}{\partial x} - \frac{\partial u}{\partial y}\right)\hat{\mathbf{z}} \tag{13.84}$$

로 주어진다. 꽃잎의 회전 각속도를 $\boldsymbol{\Omega}$라고 하면, $\boldsymbol{\omega} = 2\boldsymbol{\Omega}$임을 쉽게 확인할 수 있다. 벡터 항등식으로부터 소용돌이는 항상

$$\boldsymbol{\nabla} \cdot \boldsymbol{\omega} = 0 \tag{13.85}$$

을 만족한다.

유체가 직선으로 흐르더라도 속도 엇갈림이 있다면 소용돌이는 0이 아니다. 반면, 유체가 한 점에 대해 회전하더라도 소용돌이가 0일 수 있다. 모든 공간에서 $\boldsymbol{\omega} = 0$인 유체의 흐름을 **비회전 흐름**(irrotational flow)이라고 한다.

식 (13.64)를 이용하면, 비점성 유체의 운동량 방정식은

$$\frac{\partial \mathbf{v}}{\partial t} + \boldsymbol{\nabla}\left(\frac{1}{2}v^2\right) + \boldsymbol{\omega} \times \mathbf{v} = -\frac{1}{\rho}\boldsymbol{\nabla}P - \boldsymbol{\nabla}\Phi \tag{13.86}$$

가 된다. 이 식의 양변에 회오리(curl) 연산자를 작용하면,

$$\frac{\partial \boldsymbol{\omega}}{\partial t} + \boldsymbol{\nabla} \times (\boldsymbol{\omega} \times \mathbf{v}) = \frac{1}{\rho^2}\boldsymbol{\nabla}\rho \times \boldsymbol{\nabla}P \tag{13.87}$$

를 얻는다. 여기서 임의의 함수 f에 대한 항등식 $\boldsymbol{\nabla} \times \boldsymbol{\nabla} f = 0$을 이용하였다.

순압성 기체의 경우 $\nabla\rho$와 ∇P가 서로 평행하므로 $\nabla\rho\times\nabla P=0$이다.[7] 따라서 점성이 없는 순압성 기체는

$$\frac{\partial\boldsymbol{\omega}}{\partial t}=\nabla\times(\mathbf{v}\times\boldsymbol{\omega}) \tag{13.88}$$

라는 소용돌이 방정식을 만족한다. 처음에 $\boldsymbol{\omega}=0$인 비회전 흐름은 항상 비회전 상태를 유지한다.

벡터 항등식

$$\nabla\times(\mathbf{A}\times\mathbf{B})=(\mathbf{B}\cdot\nabla)\mathbf{A}-(\mathbf{A}\cdot\nabla)\mathbf{B}+\mathbf{A}(\nabla\cdot\mathbf{B})-\mathbf{B}(\nabla\cdot\mathbf{A}) \tag{13.89}$$

와 식 (13.85)를 이용하면, 식 (13.88)은

$$\frac{D\boldsymbol{\omega}}{Dt}=(\boldsymbol{\omega}\cdot\nabla)\mathbf{v}-\boldsymbol{\omega}(\nabla\cdot\mathbf{v}) \tag{13.90}$$

가 된다. 이 식을 연속 방정식과 결합하면,

$$\frac{D}{Dt}\left(\frac{\boldsymbol{\omega}}{\rho}\right)=\left(\frac{\boldsymbol{\omega}}{\rho}\cdot\nabla\right)\mathbf{v} \tag{13.91}$$

임을 보일 수 있다. 여기서 $\boldsymbol{\omega}/\rho$는 **퍼텐셜 소용돌이**(potential vorticity), 또는 **보텐시티**(vortensity)라고 불리는 물리량이다.

식 (12.11)과 식 (13.91)을 비교하면 $\boldsymbol{\omega}/\rho$가 거리소 $\delta\mathbf{x}$와 동일한 방정식을 만족한다는 사실을 알 수 있다. 이것은 퍼텐셜 소용돌이라는 물리량은 새로 생기거나 사라지지 않고 유체의 흐름을 따라 이류함을 보여 준다.

13.5.2 켈빈의 순환 정리

소용돌이 방정식(식 13.88)의 물리적 의미를 파악하기 위해 그림 13.7의 실선과 같은 폐곡선 $\mathcal{C}$를 따른 속도장의 선적분

$$\Gamma(t)=\oint_{\mathcal{C}}\mathbf{v}\cdot d\mathbf{l} \tag{13.92}$$

을 생각해 보자. **스톡스 정리**(Stokes' theorem)를 이용하면

$$\Gamma=\int_A(\nabla\times\mathbf{v})\cdot d\mathbf{A}=\int_A\boldsymbol{\omega}\cdot d\mathbf{A} \tag{13.93}$$

7) 식 (13.87)에서 우변의 $\nabla\rho\times\nabla P$에 비례하는 항을 **경압항**(baroclinic term)이라고 한다. 경압항은 유체에서 소용돌이 생성의 한 원인이 되기도 한다.

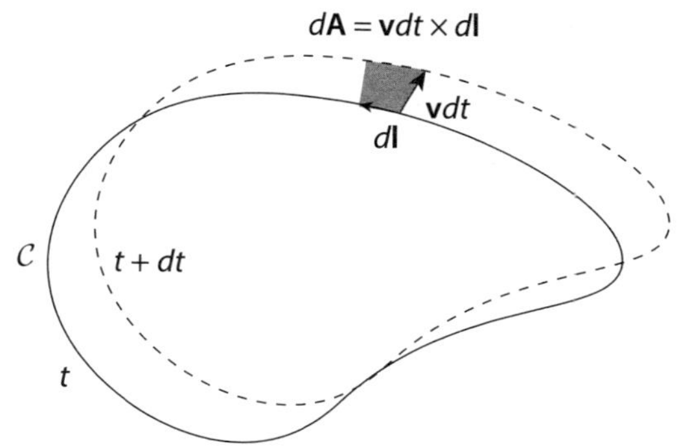

그림 13.7 폐곡선의 이동과 면적소 변화. 실선으로 표시된 시각 t에서의 폐곡선 $\mathcal{C}$가 유체의 흐름에 의해 시각 $t+dt$에서 파선으로 그려진 폐곡선으로 변형되었다.

가 된다. 여기서 A는 폐곡선 $\mathcal{C}$가 감싸는 영역의 면적을 뜻한다. 이렇게 정의된 Γ를 **순환**(circulation)이라고 부르는데, 면적 A를 수직으로 통과하는 **소용돌이선**(vortex line)의 총합을 나타내는 양이다.

이제 Γ가 (라그랑주 관점에서) 시간에 따라 어떻게 변하는지 알아보자. Γ의 변화는 두 가지 요인, 즉 소용돌이의 시간에 따른 변화 및 면적 A의 시간에 따른 변형에 의해 생긴다. 그림 13.7에서 알 수 있듯이 유체의 흐름에 의한 폐곡선 면적의 시간에 대한 변화율은 $d\mathbf{A}/dt = \mathbf{v} \times d\mathbf{l}$로 주어진다. 따라서 Γ의 변화율은

$$\frac{d\Gamma}{dt} = \int_A \frac{\partial \boldsymbol{\omega}}{\partial t} \cdot d\mathbf{A} + \oint_{\mathcal{C}} \boldsymbol{\omega} \cdot (\mathbf{v} \times d\mathbf{l}) \tag{13.94}$$

로 주어진다. 벡터의 성질로부터 $\boldsymbol{\omega} \cdot (\mathbf{v} \times d\mathbf{l}) = (\boldsymbol{\omega} \times \mathbf{v}) \cdot d\mathbf{l}$이므로

$$\frac{d\Gamma}{dt} = \int_A \left[\frac{\partial \boldsymbol{\omega}}{\partial t} + \boldsymbol{\nabla} \times (\boldsymbol{\omega} \times \mathbf{v})\right] \cdot d\mathbf{A} \tag{13.95}$$

가 된다. 식 (13.88)을 식 (13.95)에 대입하면

$$\frac{d\Gamma}{dt} = 0 \tag{13.96}$$

을 얻는데, 이를 **켈빈의 순환 정리**(Kelvin's circulation theorem)라고 한다. 켈빈의 순환 정리는 점성이 없는 순압성 기체의 경우, 임의의 면적을 통과하는 소용돌이선의 수가 라그랑주 관점에서 시간에 따라 변하지 않음을 말한다. 즉, 소용돌이는 새로 생기거나 없어지지 않고 보존되는 양이다.[8]

8) 순압성 유체라고 하더라도 충격파와 같은 불연속면을 통과하면 소용돌이가 생길 수 있다. 충격파를 통과할 때는 엔트로피가 생성되기 때문에 순압성 조건이 만족되지 않는다(Allwright and Kaouri 2004).

13.6 속도장의 헬름홀츠 분해★

유체의 속도장 $\mathbf{v}$가 3차원 공간에서 연속이고 미분 가능하며, 무한히 먼 거리 ($|\mathbf{x}| \to \infty$)에서 $\nabla \cdot \mathbf{v} \to 0$이고 $\nabla \times \mathbf{v} \to 0$일 때, $\mathbf{v}$를

$$\mathbf{v} = \mathbf{v}_{\parallel} + \mathbf{v}_{\perp} \equiv -\boldsymbol{\nabla}\varphi + \boldsymbol{\nabla} \times \mathbf{A} \tag{13.97}$$

와 같이 두 성분의 합으로 표현할 수 있는데, 이를 **헬름홀츠 분해 정리**(Helmholtz decomposition theorem)라고 한다(Arfken et al. 2012). 여기서 $\mathbf{v}_{\parallel} \equiv -\boldsymbol{\nabla}\varphi$를 속도장의 팽창 성분(dilatation component) 또는 평행 성분(longitudinal component), $\mathbf{v}_{\perp} \equiv \boldsymbol{\nabla} \times \mathbf{A}$를 속도장의 회전 성분(solenoidal component) 또는 수직 성분(transverse component)이라고 하고, φ와 $\mathbf{A}$를 각각 스칼라 퍼텐셜과 벡터 퍼텐셜이라고 한다. 벡터 퍼텐셜은 $\boldsymbol{\nabla} \cdot \mathbf{A} = 0$이라는 게이지 조건을 만족한다. $|\mathbf{x}| \to \infty$에서 $|\mathbf{v}| \to 0$이라면, 식 (13.97)의 속도 분해는 유일하다. 벡터의 항등식으로부터

$$\boldsymbol{\nabla} \times \mathbf{v}_{\parallel} = 0, \quad \boldsymbol{\nabla} \cdot \mathbf{v}_{\perp} = 0 \tag{13.98}$$

임을 알 수 있다.

식 (13.97)의 양변에 발산 연산자를 작용하면

$$\boldsymbol{\nabla}^2\varphi = -\boldsymbol{\nabla} \cdot \mathbf{v} \tag{13.99}$$

를 얻는다. 이 식은 φ의 원천(source)이 $-\boldsymbol{\nabla} \cdot \mathbf{v}$인 푸아송 방정식이므로 그 해는

$$\varphi(\mathbf{x}) = \frac{1}{4\pi}\int \frac{\boldsymbol{\nabla}' \cdot \mathbf{v}(\mathbf{x}')}{|\mathbf{x} - \mathbf{x}'|} d^3x' \tag{13.100}$$

으로 주어진다.

한편, 식 (13.97)의 양변에 회오리 연산자를 작용하면

$$\boldsymbol{\nabla} \times (\boldsymbol{\nabla} \times \mathbf{A}) = \boldsymbol{\nabla}(\boldsymbol{\nabla} \cdot \mathbf{A}) - \nabla^2\mathbf{A} = -\nabla^2\mathbf{A} \tag{13.101}$$

이므로

$$\nabla^2\mathbf{A} = -\boldsymbol{\nabla} \times \mathbf{v} = -\boldsymbol{\omega} \tag{13.102}$$

를 얻는데, 이 식의 해는

$$\mathbf{A} = \frac{1}{4\pi}\int \frac{\boldsymbol{\nabla}' \times \mathbf{v}(\mathbf{x}')}{|\mathbf{x} - \mathbf{x}'|} d^3x' \tag{13.103}$$

이다.

난류 운동처럼 복잡한 유체의 속도장을 가시화하거나 계의 에너지 변환을 파악하기 위해서는 속도장을 팽창 성분과 회전 성분으로 분해할 필요가 있다. 이를 위해, 식 (13.100)과 식 (13.103)으로부터 φ와 $\mathbf{A}$를 직접 구한 후 식 (13.97)에 대입하는 방법은 두 번의 벡터 미분을 요구하므로 실용적이지 않다. 속도장을 분해하는 보다 간단한 방법은 속도장의 푸리에 변환과 그 역변환

$$\widetilde{\mathbf{v}}(\mathbf{k}) = \int \mathbf{v}(\mathbf{x}) e^{-i\mathbf{k}\cdot\mathbf{x}} d^3x, \tag{13.104a}$$

$$\mathbf{v}(\mathbf{x}) = \frac{1}{(2\pi)^3} \int \widetilde{\mathbf{v}}(\mathbf{k}) e^{i\mathbf{k}\cdot\mathbf{x}} d^3k \tag{13.104b}$$

를 이용하는 것이다.

푸리에 변환된 속도장 $\widetilde{\mathbf{v}}(\mathbf{k})$의 파수 $\mathbf{k}$에 평행한 성분과 수직인 성분을 각각 $\widetilde{\mathbf{v}}_{\parallel}(\mathbf{k})$와 $\widetilde{\mathbf{v}}_{\perp}(\mathbf{k})$라고 하면

$$\widetilde{\mathbf{v}}(\mathbf{k}) = \widetilde{\mathbf{v}}_{\parallel}(\mathbf{k}) + \widetilde{\mathbf{v}}_{\perp}(\mathbf{k}) \tag{13.105}$$

이다. 여기서

$$\widetilde{\mathbf{v}}_{\parallel}(\mathbf{k}) = (\hat{\mathbf{k}} \cdot \widetilde{\mathbf{v}})\hat{\mathbf{k}}, \quad \widetilde{\mathbf{v}}_{\perp}(\mathbf{k}) = \widetilde{\mathbf{v}} - \widetilde{\mathbf{v}}_{\parallel} \tag{13.106}$$

이며,

$$\mathbf{k} \times \widetilde{\mathbf{v}}_{\parallel}(\mathbf{k}) = 0, \quad \mathbf{k} \cdot \widetilde{\mathbf{v}}_{\perp}(\mathbf{k}) = 0 \tag{13.107}$$

을 만족한다. 위에서 $\hat{\mathbf{k}} = \mathbf{k}/|\mathbf{k}|$는 단위 벡터이다. $\widetilde{\mathbf{v}}_{\parallel}(\mathbf{k})$와 $\widetilde{\mathbf{v}}_{\perp}(\mathbf{k})$를 각각 $\mathbf{v}_{\parallel}(\mathbf{x})$와 $\mathbf{v}_{\perp}(\mathbf{x})$의 푸리에 변환이라고 할 때, 식 (13.107)은 식 (13.98)과 동등하다. 따라서 $\widetilde{\mathbf{v}}_{\parallel}(\mathbf{k})$와 $\widetilde{\mathbf{v}}_{\perp}(\mathbf{k})$는 각각 (푸리에 공간에서) 속도장의 팽창 성분과 회전 성분에 해당하며, 각 성분에 해당하는 파워 스펙트럼은

$$|\widetilde{\mathbf{v}}_{\parallel}(\mathbf{k})|^2 = |\hat{\mathbf{k}} \cdot \widetilde{\mathbf{v}}|^2, \quad |\widetilde{\mathbf{v}}_{\perp}(\mathbf{k})|^2 = |\hat{\mathbf{k}} \times \widetilde{\mathbf{v}}|^2 \tag{13.108}$$

으로 주어진다.

13.7 난류⋆

요동치며 흐르는 강물, 이동하는 배의 뒤에 형성된 항적(wake), 굴뚝이나 화산에서 뿜어져 나오는 연기처럼 자연계에 존재하는 대부분의 유체는 복잡하게 뒤섞이며 소용돌이치는 흐름을 보이는데, 이를 **난류**(turbulence)라고 한다. 난류는 지구상 유체의 흐름뿐만 아니라 생물의 순환계, 나아가 항성 대기, 유입원반, 별 탄생과 우주에서의 구조 형성에도 매우 중요한 영향을 미친다. 난류와는 달리 매끈하게 흘러 내리는 식용유처럼 질서정연한 유체의 흐름을 **층류**(laminar flow)라고 한다.

1800년대 후반 레이놀즈(Osborne Reynolds 1842-1912)는 투명한 파이프를 통과하는 유체 흐름의 특성이

$$\mathcal{R} \equiv \frac{VL}{\nu} \tag{13.109}$$

로 정의되는 **레이놀즈수**(Reynolds number)에 의해 결정된다는 사실을 발견하였다. 여기서 V와 L은 각각 물의 속도와 파이프의 반지름을 나타내며, ν는 물의 운동학적 점성이다. 레이놀즈수가 작을 때는 층류이던 유체의 흐름이 $\mathcal{R} \gtrsim 2000$에서는 난류로 바뀐다. 식 (12.68)로부터 레이놀즈수는 점성력($|\nu\boldsymbol{\nabla}^2\mathbf{v}|$)에 대한 관성력($|\mathbf{v}\cdot\boldsymbol{\nabla}\mathbf{v}|$)의 비에 해당함을 알 수 있다. 레이놀즈수가 크면 관성력이 지배하여 난류가 쉽게 발생하지만, 레이놀즈수가 작으면 점성력이 지배하는 층류가 된다. 그러나 완전한 비점성 유체($\nu = 0$)는 난류 운동을 보이지 않는다. 성간물질은 $\mathcal{R} \gtrsim 10^6$을 쉽게 만족하므로 난류 운동이 매우 활발하다.

13.7.1 콜모고로프 스펙트럼

비압축성 유체의 난류를 생각해 보자. 난류의 복잡한 운동은 그림 13.8(a)와 같이 다양한 속도와 크기를 갖는 **맴돌이**(eddy)의 중첩으로 기술될 수 있다(식 13.104). 가장 큰 맴돌이와 가장 작은 맴돌이의 크기를 각각 L과 λ_0라고 하자. 크기가 λ인 맴돌이의 속도를 v_λ라고 하면, 맴돌이가 한 바퀴 회전하는 데 걸리는 시간(eddy turn-over time)은 약 $\tau_\lambda \sim \lambda/v_\lambda$이다. 점성의 존재는 난류 운동 에너지의 손실을 의미하므로 난류가 평형 상태에 있기 위해서는 외부로부터 에너지를 꾸준히 공급받아야 한다. 외부 에너지는 가장 큰 크기($\lambda = L$)를 가진 맴돌이로 주입된 후, 비선형 과정을 통해 맴돌이의 크기와 형태가 변형되면서 점점 작은 규모의 맴돌이로 **다단 전이**(cascade)되다가 가장 작은($\lambda = \lambda_0$) 맴돌이에서 점성을 통해 열

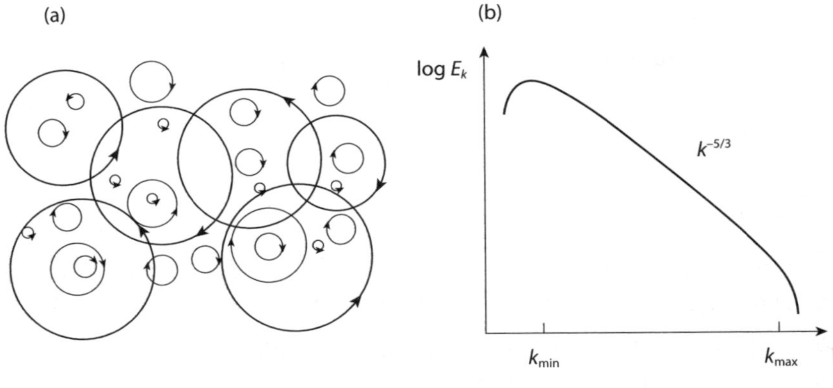

그림 13.8 (a) 난류 운동의 맴돌이와 (b) 콜모고로프 스펙트럼. $k_{\min}$과 $k_{\max}$는 각각 에너지가 외부로부터 주입되는 파수와 에너지가 점성에 의해 감쇠하는 파수를 나타낸다. $k_{\min} < k < k_{\max}$인 파수의 범위를 관성영역이라고 한다.

에너지로 바뀐다. 크기가 λ인 맴돌이가 겪는 단위 질량당 에너지 전이율은

$$\epsilon = \frac{v_\lambda^2}{\tau_\lambda} \sim \frac{v_\lambda^3}{\lambda} \tag{13.110}$$

으로 주어진다.

난류가 정상 상태에 있다면, 운동 에너지가 특정한 크기의 맴돌이에 쌓이지 않으므로 '$\epsilon =$ 일정'이라는 조건이 성립한다. 따라서 맴돌이의 속도는

$$v_\lambda \sim (\epsilon\lambda)^{1/3} \tag{13.111}$$

을 만족하는데, 이를 **콜모고로프-오브코프 법칙**(Kolmogorov-Obukhov's law)이라고 한다. 맴돌이가 가진 소용돌이는 $\omega_\lambda = |\nabla \times \mathbf{v}_\lambda| \approx v_\lambda/\lambda \propto \lambda^{-2/3}$이다. 난류 운동 에너지의 대부분은 가장 큰 맴돌이가 갖고 있는 반면, 소용돌이의 대부분은 가장 작은 맴돌이에 담겨 있음을 알 수 있다.

난류의 통계적 특성을 기술할 때 운동 에너지의 파워 스펙트럼을 이용하는 것이 일반적이다. 식 (13.111)을 파수 $k \sim 1/\lambda$을 이용하여 나타내면 $v_k \sim (\epsilon/k)^{1/3}$이다. 파수가 k에서 $k + dk$ 사이인 맴돌이들이 갖고 있는 단위 질량당 운동 에너지를 $E_k dk$라고 하고, 차원을 고려하면 $E_k \propto v_k^2/k$, 즉

$$E_k = C_K \epsilon^{2/3} k^{-5/3} \quad (\text{단}, k_{\min} < k < k_{\max}) \tag{13.112}$$

이 된다. 여기서 C_K는 무차원 비례상수이며, $k_{\max} \sim 1/\lambda_0$와 $k_{\min} \sim 1/L$은 각각 난류를 구성하는 가장 작은 맴돌이와 가장 큰 맴돌이의 파수를 나타낸다. E_k의 차원은 $\mathsf{L}^3\mathsf{T}^{-2}$이고 ϵ의 차원이 $\mathsf{L}^2\mathsf{T}^{-3}$이므로 차원 관점에서도 위 식이 성립함을 알 수 있다. 식 (13.112)를 비압축성 난류의 **콜모고로프 스펙트럼**(Kolmogorov spectrum)이라고 부른다. 또한, 이 스펙트럼이 성립하는 파수의 범위를 **관성영역**(inertial range)이라고 부른다(그림 13.8b). 실험에 의하면 $C_K \sim 1.5$이다.

점성에 의한 운동 에너지의 감쇠는 레이놀즈수가 1에 가까운 가장 작은 맴돌이에서 발생할 것이다. 즉, $v_{\lambda_0}\lambda_0/\nu \sim 1$이므로

$$k_{\max} \sim \epsilon^{1/4}\nu^{-3/4} \tag{13.113}$$

을 만족한다. 즉, 가장 작은 맴돌이의 크기는 점성에 의해 결정된다. 한편, 가장 큰 맴돌이의 속도는 식 (13.111)로부터 $V = (\epsilon L)^{1/3}$이므로

$$\frac{k_{\max}}{k_{\min}} \sim \mathcal{R}^{3/4} \tag{13.114}$$

이 성립한다. 실험을 통해 관성영역을 분해하기 위해서는 레이놀즈수가 매우 커야 한다.

13.7.2 성간 난류

압축성 유체라고 하더라도 지구 대기와 같이 속도가 느린 기체의 난류는 비압축성 난류를 비교적 잘 따른다. 하지만 성간물질의 난류와 같이 속도가 큰 난류는 비압축성 난류로 기술되지 않는다. 전파 관측에 의하면 성간 분자운의 속도 분산 δv_λ는 성간운 크기 λ에 따라

$$\delta v_\lambda = 1 \left(\frac{\lambda}{1.0\,\mathrm{pc}}\right)^{0.5} \quad \mathrm{km\,s^{-1}} \tag{13.115}$$

와 같이 변하는데(Heyer and Brunt 2004), 이는 비압축성 난류에 대한 콜모고로프-오브코프 법칙과 다르다. 성간운의 크기 λ가 커짐에 따라 분자운의 밀도가 거의 선형적으로 감소한다는 관측 사실도 성간물질에서 비압축성 가정이 잘 만족되지 않음을 보여 준다.

분자운의 음속이 $0.3\,\mathrm{km\,s^{-1}}$에 불과하므로 $\lambda > 0.1\,\mathrm{pc}$인 맴돌이의 속도는 초음속이다. 초음속 유체에서는 충격파가 쉽게 생성된다. 충격파는 밀도와 속도의 불연속면을 나타내므로(15장 참고) 헤비사이드 계단 함수(Heaviside step function)로 잘 기술된다. 이에 해당하는 에너지의 파워 스펙트럼은 $E_k \propto k^{-2}$로 주어지는데, 이를 **버거스 스펙트럼**(Burgers spectrum)이라고 한다. 버거스 스펙트럼은 식 (13.115)로부터 추정되는 성간물질의 파워 스펙트럼과 매우 유사하다.

비압축성 난류는 점성을 통해 운동 에너지를 잃어버리지만 압축성 난류는 점성 이외에도 충격파를 통한 에너지 손실을 겪는다. 극초음속인 성간물질의 난류는 점성보다도 충격파를 통한 에너지 손실이 훨씬 커서 에너지 감쇠시간(decaying time)이 난류의 횡단시간(crossing time) $\lambda/v_\lambda \sim 1\,\mathrm{Myr}\,(\lambda/1\,\mathrm{pc})^{0.5}$ 정도에 불과하다. 그럼에도 불구하고 관측된 대부분의 성간운이 활발한 난류 운동을 보인다는 사실은 난류 에너지가 성간운에 꾸준히 공급되고 있음을 시사한다. 성간 난류 운동의 주요 에너지 공급원으로 초신성 폭발과 항성풍 등을 꼽을 수 있다. 이 에너지가 어떤 방식으로 공급되어 성간운의 회전, 자기장, 중력 등과 상호작용하며 어떻게 난류 에너지로 바뀌는지는 아직 밝혀지지 않았다(McKee and Ostriker 2007; Klessen and Glover 2016).

제14장 파동

유체에 가해진 작은 크기의 섭동은 매질을 따라 주변으로 전파되는데 이를 파동(wave)이라고 한다. 유체에 존재하는 기본적인 파동에는 음파(sound wave), 엔트로피파(entropy wave), 중력파(gravity wave) 등이 있다. 음파는 압력의 변화를 통해 전파해 가며, 중력파는 부력에 의한 복원력을 받는다. 엔트로피파는 섭동의 이류 현상을 기술하며 복원력을 수반하지 않는다. 이 단원에서는 매질의 파동을 해석하는 방법과 각 파동의 물리적 특성에 대해 알아본다.

14.1 정지한 균일 매질

음파는 유체가 가진 가장 기본적이며 고유한 파동이다. 다음과 같은 선형 안정성 분석을 통해 음파의 물리적인 특성을 파악할 수 있다.

14.1.1 음파의 선형 해석

안정성의 선형 분석은 다음과 같은 네 단계를 따라 진행된다.

(1) 초기 평형 상태 설정: 가장 간단한 평형 상태로 밀도와 압력이 균일한 정적 상태의 매질을 생각해 보자. 문제를 단순화하기 위해 중력을 고려하지 않으며, 단열 상태방정식을 채택한다. 초기 평형 상태를 식으로 표현하면

$$\rho_0 = \text{일정}, \tag{14.1a}$$

$$\mathbf{v}_0 = 0, \tag{14.1b}$$

$$P_0 = \kappa\rho_0^\gamma = \text{일정} \tag{14.1c}$$

과 같다. 아래 첨자 '0'이 붙은 물리량은 초기 평형 상태의 물리량을 뜻한다. 이 상태는 연속 방정식(식 12.77)과 운동량 방정식(식 12.85)을 만족한다.

(2) 선형화: 위와 같이 설정한 초기 평형 상태에 아주 작은 크기의 섭동을 가하여 밀도, 속도, 압력을 각각

$$\rho = \rho_0 + \rho_1, \tag{14.2a}$$

$$\mathbf{v} = \mathbf{v}_1, \tag{14.2b}$$

$$P = P_0 + P_1 \tag{14.2c}$$

으로 놓자. 아래 첨자 '1'이 붙은 물리량은 섭동을 뜻하며, $|\rho_1|/\rho_0 \ll 1$, $|\mathbf{v}_1|/a \ll 1$, $|P_1|/P_0 \ll 1$이라는 조건을 만족한다. 여기서 a는 아래에서 설명할 유체의 단열 음속을 가리킨다.

식 (14.2)를 식 (13.2)에 대입한 후 섭동의 1차항까지만 택하면

$$P_0 + P_1 = \kappa(\rho_0 + \rho_1)^\gamma = \kappa\rho_0^\gamma\left(1 + \frac{\rho_1}{\rho_0}\right)^\gamma \simeq P_0\left(1 + \gamma\frac{\rho_1}{\rho_0}\right), \tag{14.3}$$

즉

$$P_1 = a^2\rho_1 \tag{14.4}$$

을 얻을 수 있는데, 여기서 a는 유체의 단열 음속이며

$$a \equiv \left(\frac{dP}{d\rho}\right)_0^{1/2} = \left(\gamma\frac{P_0}{\rho_0}\right)^{1/2} \tag{14.5}$$

으로 정의된다. 헬륨의 개수가 수소의 10%인 전형적인 중성 성간물질의 경우 $\gamma = 5/3$이고 $\mu = 1.27$이므로, 음속은

$$a = \left(\frac{\gamma k_B T}{\mu m_{\rm H}}\right)^{1/2} \simeq 1\left(\frac{T}{10^2{\rm K}}\right)^{1/2}\ \ {\rm km\ s^{-1}} \tag{14.6}$$

이다. 지구 대기에서는 $\gamma = 7/5$이고 $\mu \approx 29$이므로 $a = 340\,(T/300{\rm K})^{1/2}\ {\rm m\ s^{-1}}$이다(글상자 14 참고).

식 (14.2)와 식 (14.4)를 식 (12.77)과 식 (12.85)에 대입한 후, 섭동의 1차항까지 택하면

$$\frac{\partial\rho_1}{\partial t} = -\rho_0\boldsymbol{\nabla}\cdot\mathbf{v}_1, \tag{14.7a}$$

$$\frac{\partial\mathbf{v}_1}{\partial t} = -\frac{a^2}{\rho_0}\boldsymbol{\nabla}\rho_1 \tag{14.7b}$$

을 얻는다. 식 (14.7)에서 $\mathbf{v}_1$을 소거하면 파동 방정식

$$\frac{\partial^2\rho_1}{\partial t^2} = a^2\boldsymbol{\nabla}^2\rho_1 \tag{14.8}$$

을 얻는다. 이 식의 1차원 일반해는 임의의 함수 f에 대해

$$\rho_1 = f(x \pm at) \tag{14.9}$$

로 주어지므로, a가 파동의 전파속도임을 알 수 있다.

(3) 푸리에 모드 분리: 위에서 상정한 섭동이

$$\rho_1 = \rho_a \exp(i\omega t - i\mathbf{k}\cdot\mathbf{x}), \tag{14.10a}$$

$$\mathbf{v}_1 = \mathbf{v}_a \exp(i\omega t - i\mathbf{k}\cdot\mathbf{x}) \tag{14.10b}$$

와 같이 진동수가 ω, 파수가 $\mathbf{k}$인 평면파의 푸리에 모드로 주어진다고 가정하자.[9] 여기서 ρ_a와 $\mathbf{v}_a$는 각각 밀도와 속도 섭동의 진폭을 나타낸다.

위와 같은 섭동에 대해

$$\frac{\partial}{\partial t} \to i\omega, \quad \boldsymbol{\nabla} \to -i\mathbf{k} \tag{14.11}$$

이므로, 식 (14.10)을 식 (14.7)에 대입하면

$$\omega\rho_1 - \rho_0\mathbf{k}\cdot\mathbf{v}_1 = 0, \tag{14.12a}$$

$$\omega\mathbf{v}_1 - a^2\rho_1\mathbf{k}/\rho_0 = 0 \tag{14.12b}$$

이 되는데, 이를 행렬의 곱으로 표현하면

$$\begin{pmatrix} \omega & -\mathbf{k}\,\cdot \\ -a^2\mathbf{k} & \omega \end{pmatrix} \begin{pmatrix} \rho_1/\rho_0 \\ \mathbf{v}_1 \end{pmatrix} = 0 \tag{14.13}$$

이다.

(4) 분산 관계식: 식 (14.13)이 $\rho_1 = \mathbf{v}_1 = 0$인 뻔한 해 이외의 물리적인 해를 갖기 위해서는 행렬의 행렬식이 0이어야 하며, 이 조건으로부터

$$\omega^2 - a^2k^2 = 0 \tag{14.14}$$

이라는 결과를 얻는다. 식 (14.14)와 같이 섭동의 진동수와 파수 사이에 성립하는 식을 파동의 **분산 관계식**(dispersion relation)이라고 부른다. 식 (14.14)를 식 (14.12a)에 대입하면 밀도의 섭동과 속도의 섭동은

$$\frac{\rho_1}{\rho_0} = \pm\frac{\hat{\mathbf{k}}\cdot\mathbf{v}_1}{a} \tag{14.15}$$

이라는 관계를 만족함을 알 수 있다. 여기서 $\hat{\mathbf{k}} = \mathbf{k}/k$는 섭동이 전파하는 방향의 단위 벡터를 나타낸다.

9) 일반적으로 섭동은 진동수와 파수가 다른 푸리에 모드의 선형 중첩으로 나타낼 수 있다. 진동수와 파수가 다른 모드는 서로 직교(orthogonal)하며, 선형파의 경우 모드 간 결합이 없으므로 하나의 모드만을 고려해도 동일한 결과를 얻는다.

글상자 14. 물의 압축률과 음속

단위 질량당 부피가 $V = 1/\rho$인 매질의 압력을 ΔP만큼 변화시켰을 때 부피가 ΔV만큼 변한다면, 이 매질의 **압축률**(compressibility) K는

$$K \equiv -\frac{1}{V}\frac{\Delta V}{\Delta P} \tag{14.16}$$

로 정의된다. 음속을 압축률로 표시하면 $a = (K\rho)^{-1/2}$이다.
해수면 높이에 있는 지구 대기를 생각해 보자. 1기압($= 1.01 \times 10^6$ dyne cm^{-2}) 하에서 단열 공기의 압축률은

$$K_{\rm air} = 1/(\gamma P) = 7.1 \times 10^{-7}\ {\rm dyne^{-1}\ cm^2} \tag{14.17}$$

이다. 해수면 높이에서 온도가 15°C인 공기의 밀도는 $\rho_{\rm air} = 1.225 \times 10^{-3}$ g cm^{-3}이므로, 이에 해당하는 공기의 음속은 $a_{\rm air} = (K_{\rm air}\rho_{\rm air})^{-1/2} = 340$ m s^{-1}이다.
대표적인 액체인 물은 비압축성 매질로 간주되지만 엄밀히 말하면 압력에 따라 부피가 변하며 그 압축률은 20°C, 1기압하에서

$$K_{\rm water} \simeq 4.5 \times 10^{-11}\ {\rm dyne^{-1}\ cm^2} \tag{14.18}$$

이다(Finnemore and Franzini 2017). 이 값은 공기의 압축률보다 약 1.6×10^4배 작고 강철의 압축률보다 약 73배 크다. 물의 압축률은 온도와 압력이 높을수록 증가한다. 작지만 0이 아닌 물의 압축률 때문에 해수면의 높이가 완전히 비압축성인 경우에 비해 약 40 m 낮으며, 이는 지구의 육지 면적을 약 5% 정도 더 넓게 만든다. 물의 밀도가 $\rho_{\rm water} = 1$ g cm^{-3}이므로 물속에서의 음속은 $a_{\rm water} = (K_{\rm water}\rho_{\rm water})^{-1/2} = 1,500$ m s^{-1}이다. 이는 공기 중의 음속보다 약 4.4배 빠르다.

음파의 **위상속도**(phase velocity)는

$$\mathbf{c}_p \equiv \frac{\omega}{k}\hat{\mathbf{k}} = a\hat{\mathbf{k}} \tag{14.19}$$

이며, 그 크기는 단열 음속과 같다. 음파의 **군속도**(group velocity)는

$$\mathbf{c}_g \equiv \frac{\partial \omega}{\partial \mathbf{k}} = a\hat{\mathbf{k}} \tag{14.20}$$

로 주어진다(글상자 15 참고). 정지한 매질에서 음파의 군속도는 위상속도와 같다.

음파는 압력에 의한 복원력을 통해 전파하는 파동으로, 엔트로피가 변하지 않는다. 식 (14.12b)는 음파의 경우에 $\mathbf{k}$가 $\mathbf{v}_1$에 평행함을 보여 주는데, 이러한 파동을 **종파**(longitudinal wave)라고 부른다. 한편, $\mathbf{k}$와 $\mathbf{v}_1$이 서로 수직인 파동을

횡파(transverse wave)라고 한다. 또한, 식 (14.12b)로부터 $\mathbf{k} \times \mathbf{v}_1 = 0$, 즉 음파는 소용돌이가 없는 파동임을 알 수 있다. $\omega^2 \geq 0$이므로 ω가 실수이며, 이는 음파가 안정한 파동이라는 것을 의미한다. 기체 매질에 가해진 섭동은 음파의 형태로 사방으로 퍼져나간다.

14.1.2 음파의 에너지 보존⋆

음파의 에너지 보존에 대해 살펴보자. 음파의 전달에는 중력 및 에너지 손실이 중요하지 않으므로, 에너지 방정식(식 12.88)은

$$\frac{\partial E}{\partial t} + \nabla \cdot \mathbf{F} = 0 \tag{14.21}$$

이 된다. 여기서 총에너지 밀도 E는

$$E = \frac{1}{2}\rho v^2 + \frac{P}{\gamma - 1} \tag{14.22}$$

이고, 에너지 플럭스 $\mathbf{F}$는

$$\mathbf{F} = (E + P)\mathbf{v} \tag{14.23}$$

로 주어진다.

섭동의 2차항까지 택하여 단열 기체의 압력을

$$P = P_0 + \left.\frac{dP}{d\rho}\right|_0 \rho_1 + \frac{1}{2}\left.\frac{d^2P}{d\rho^2}\right|_0 \rho_1^2 \tag{14.24a}$$

$$= P_0 + a^2\rho_1 + \frac{a^2(\gamma - 1)}{2\rho_0}\rho_1^2 \tag{14.24b}$$

으로 전개하자. 식 (14.2)와 식 (14.24)를 식 (14.22)에 대입하면, 총에너지 밀도는

$$E \simeq \frac{P_0}{\gamma - 1} + \frac{a^2}{\gamma - 1}\rho_1 + \frac{a^2}{2\rho_0}\rho_1^2 + \frac{1}{2}\rho_0 v_1^2 \tag{14.25}$$

이 된다. 마찬가지 방법으로 에너지 플럭스를 섭동의 2차항까지 전개하면

$$\mathbf{F} \simeq \left(\frac{\gamma P_0}{\gamma - 1} + \frac{\gamma a^2}{\gamma - 1}\rho_1\right)\mathbf{v}_1 = \frac{a^2}{\gamma - 1}\rho\mathbf{v}_1 + P_1\mathbf{v}_1 \tag{14.26}$$

을 얻는다. 여기서 $P_0 = (a^2/\gamma)\rho_0$와 $\rho = \rho_0 + \rho_1$임을 이용하였다.

식 (14.25)와 식 (14.26)을 식 (14.21)에 대입하면, 음파의 에너지 보존식으로

$$\frac{\partial E_s}{\partial t} + \nabla \cdot (P_1\mathbf{v}_1) = 0 \tag{14.27}$$

글상자 15. 위상속도와 군속도

균일 매질에 존재하는 선형화된 1차원 단색파(monochromatic wave)는

$$q(x,t) = q_a \cos(\omega t - kx) \tag{14.28}$$

의 형태를 가진다. 여기서 q_a는 파동의 진폭이며 $\phi \equiv \omega t - kx$는 파동의 위상이다. 고정된 위상에 대하여 $d\phi/dt = \omega - k dx/dt = 0$이므로, 단색파의 위상이 전파하는 속도, 즉 위상속도는 $c_p = dx/dt = \omega/k$로 주어진다. 단색파는 $x = -\infty$에서 $x = \infty$인 모든 공간에 걸쳐 균일한 진폭을 가지므로 유한한 공간에 존재하는 실제 섭동을 기술하지 못한다.

실제 섭동은 공간적으로 국한된 파동 묶음(wave packet)으로 주어지는데, 이는 진동수와 파수가 다른 다양한 단색파의 선형 중첩으로 기술된다. 문제를 간단히 하기 위하여, 진동수와 파수가 각각 $2\Delta\omega(\ll \omega)$와 $2\Delta k(\ll k)$만큼 다르지만 진폭이 같은 2개의 파동

$$q_1 = q_a \cos[(\omega + \Delta\omega)t - (k + \Delta k)x], \tag{14.29a}$$

$$q_2 = q_a \cos[(\omega - \Delta\omega)t - (k - \Delta k)x] \tag{14.29b}$$

의 합으로 구성된 중첩 파동

$$q = q_1 + q_2 = \underbrace{2q_a \cos(\Delta\omega t - \Delta k x)}_{\text{진폭}} \cos(\omega t - kx) \tag{14.30}$$

을 생각해 보자. 그림 14.1은 $t = 0$, Δt, $2\Delta t$일 때, 중첩파 q의 공간 분포를 보여준다. 중첩파는 파동 묶음이 연속적으로 배치된 형태를 띠는데, 진폭의 변조포락선(modulation envelope)이 전파하는 속도는 $c_g = \Delta\omega/\Delta k = d\omega/dk$로 주어진다. 이 속도를 군속도라고 부른다. 군속도는 파동 묶음의 전파속도임과 동시에 에너지, 운동량 등 실제 물리량이 전달되는 속도이다.

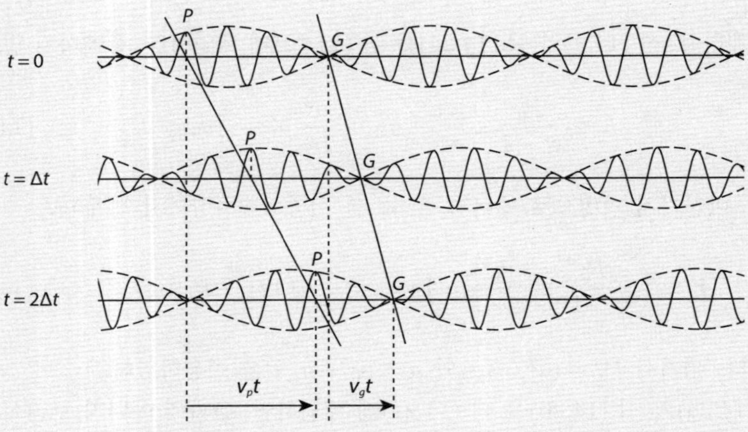

그림 14.1 두 파동의 중첩으로 형성된 파동 q의 위상속도와 군속도. 점 P는 각 파동(실선) 마루의 이동을 나타내고, 점 G는 변조포락선(파선) 마디의 이동을 나타낸다.

을 얻는다. 여기서

$$E_s = \frac{1}{2}\rho_0 v_1^2 + \frac{a^2}{2\rho_0}\rho_1^2 \tag{14.31}$$

은 음파의 총에너지 밀도이다. 이 결과는 식 (14.7)로부터 직접 얻을 수도 있다.

진행파(traveling wave)의 경우, 식 (14.15)를 이용하면 총에너지 밀도가

$$E_s = \rho_0 v_1^2 \tag{14.32}$$

이고, 에너지 플럭스는

$$\mathbf{F}_s = P_1\mathbf{v}_1 = a^2\rho_1\mathbf{v}_1 = a\rho_0 v_1^2\hat{\mathbf{k}} = aE_s\hat{\mathbf{k}} \tag{14.33}$$

임을 알 수 있다. 이는 음파의 총에너지 밀도 E_s가 a의 속도로 $\hat{\mathbf{k}}$ 방향으로 전달됨을 나타낸다.

14.2 움직이는 균일 매질⋆

일정한 속도 $\mathbf{v}_0\,(\neq 0)$로 움직이는 균일 매질을 생각해 보자. 매질의 초기 밀도, 압력, 엔트로피가 각각 ρ_0, P_0, $s_0 = c_V \ln(P_0/\rho_0^\gamma)$로 일정하다. 앞에서와 마찬가지로 중력과 열 에너지의 손실은 고려하지 않는다. 다만, 문제를 일반화하기 위해 초기 상태에서 ρ_0와 P_0 사이에 특별한 관계가 없는 경우를 생각한다. 이러한 정상 평형 상태는 유체의 기본 방정식(식 12.77, 12.85, 12.86)을 만족한다.

이러한 초기 평형 상태에 아주 작은 크기의 섭동 ρ_1, P_1, s_1, $\mathbf{v}_1$을 가하여

$$\rho = \rho_0 + \rho_1, \tag{14.34a}$$

$$P = P_0 + P_1, \tag{14.34b}$$

$$s = s_0 + s_1, \tag{14.34c}$$

$$\mathbf{v} = \mathbf{v}_0 + \mathbf{v}_1 \tag{14.34d}$$

으로 두자. 단, $|\rho_1|/\rho_0 \ll 1$, $|P_1|/P_0 \ll 1$, $|s_1|/s_0 \ll 1$, $|\mathbf{v}_1|/a \ll 1$이다.

우선, 식 (14.34)를 식 (12.56)에 대입하고 섭동에 대해 1차항까지 전개하면

$$\begin{aligned} s_0 + s_1 &= c_V \ln(P_0 + P_1) - c_V \ln(\rho_0 + \rho_1)^\gamma \\ &\approx c_V \left(\ln \frac{P_0}{\rho_0^\gamma} + \frac{P_1}{P_0} - \gamma\frac{\rho_1}{\rho_0} \right) \end{aligned} \tag{14.35}$$

이므로

$$P_1 = a^2\rho_1 + \frac{P_0}{c_V}s_1 \tag{14.36}$$

을 얻는다.

식 (14.34)를 식 (12.77), (12.85), (12.86)에 대입하고 선형화하면

$$\frac{\partial \rho_1}{\partial t} + \mathbf{v}_0 \cdot \boldsymbol{\nabla} \rho_1 = -\rho_0 \boldsymbol{\nabla} \cdot \mathbf{v}_1, \tag{14.37a}$$

$$\frac{\partial \mathbf{v}_1}{\partial t} + \mathbf{v}_0 \cdot \boldsymbol{\nabla} \mathbf{v}_1 = -\frac{1}{\rho_0} \boldsymbol{\nabla} P_1, \tag{14.37b}$$

$$\frac{\partial s_1}{\partial t} + \mathbf{v}_0 \cdot \boldsymbol{\nabla} s_1 = 0 \tag{14.37c}$$

이 된다.

위에서 상정한 섭동이

$$\rho_1, P_1, s_1, \mathbf{v}_1 \propto \exp(i\omega t - i\mathbf{k} \cdot \mathbf{x}) \tag{14.38}$$

와 같이 진동수가 ω이고 파수가 $\mathbf{k}$인 평면파의 푸리에 모드로 주어진다고 가정하자. 이를 식 (14.37)에 대입하면

$$\omega_D \rho_1 = \rho_0 \mathbf{k} \cdot \mathbf{v}_1, \tag{14.39a}$$

$$\omega_D \mathbf{v}_1 = \frac{\mathbf{k}}{\rho_0} P_1, \tag{14.39b}$$

$$\omega_D s_1 = 0 \tag{14.39c}$$

을 얻는다. 여기서

$$\omega_D \equiv \omega - \mathbf{v}_0 \cdot \mathbf{k} \tag{14.40}$$

를 **도플러 편이 진동수**(Doppler-shifted frequency)라고 하며 이는 $\mathbf{v}_0$라는 속도로 움직이는 좌표계에서 측정한 섭동의 진동수를 나타낸다.

식 (14.36)과 식 (14.39)는 다음과 같은 2개의 해를 갖고 있다. 첫째, $\omega_D \neq 0$인 경우 식 (14.39c)로부터 $s_1 = 0$이고, 이는 식 (14.36)으로부터 $P_1 = a^2 \rho_1$이다. 이를 식 (14.39a)와 식 (14.39b)에 대입하면

$$\begin{pmatrix} \omega_D & -\mathbf{k}\cdot \\ -a^2\mathbf{k} & \omega_D \end{pmatrix} \begin{pmatrix} \rho_1/\rho_0 \\ \mathbf{v}_1 \end{pmatrix} = 0 \tag{14.41}$$

이 된다. 이에 대한 물리적인 해는

$$\omega = \mathbf{v}_0 \cdot \mathbf{k} \pm ak \tag{14.42}$$

라는 관계를 만족한다. 이것은 속도 $\mathbf{v}_0$로 움직이는 매질에서 전파하는 음파에 대

한 분산 관계식이다.

움직이는 매질에서 음파의 위상속도는

$$\mathbf{c}_p = \frac{\omega}{k}\hat{\mathbf{k}} = (\mathbf{v}_0 \cdot \hat{\mathbf{k}} \pm a)\hat{\mathbf{k}} \tag{14.43}$$

이므로, 음파가 $\hat{\mathbf{k}}$ 방향으로 $(\mathbf{v}_0 \cdot \hat{\mathbf{k}})$라는 속도로 이류함과 동시에 음속으로 전파함을 보여 준다. 움직이는 매질에서 음파의 군속도는

$$\mathbf{c}_g = \frac{\partial \omega}{\partial \mathbf{k}} = \mathbf{v}_0 \pm a\hat{\mathbf{k}} \tag{14.44}$$

이며 위상속도와 다르다.

둘째, $\omega_D = 0$인 경우로, 이때 식 (14.36)과 (14.39)는

$$\omega = \mathbf{v}_0 \cdot \mathbf{k}, \qquad P_1 = 0, \qquad s_1 \neq 0, \tag{14.45a}$$

$$a^2\rho_1 = -(P_0/c_V)s_1, \qquad \mathbf{k}\cdot\mathbf{v}_1 = 0, \qquad \mathbf{k}\times\mathbf{v}_1 \neq 0 \tag{14.45b}$$

을 요구한다. 이 조건을 만족하는 파동을 **엔트로피파**, 보다 정확하게는 **엔트로피-소용돌이파**(entropy-vortex wave)라고 한다. 엔트로피파는 압력의 변화를 수반하지 않는다.

식 (14.45)에 제시된 조건들은 주변보다 밀도가 낮고 온도가 높은(혹은 밀도가 높고 온도가 낮은), 그러므로 엔트로피가 큰(혹은 작은) 섭동이 유체와 함께 이류하는 현상을 기술한다. 따라서 엔트로피파는 엄밀한 의미에서 파동이 아니다. 그럼에도 불구하고 매질에 가해진 임의의 섭동을 일반적으로 기술하기 위해서는 음파와 엔트로피파를 동시에 고려해야 한다. 특히 충격파와 같은 불연속면을 통과하는 기체는 엔트로피가 상승하는데, 이를 정확하게 반영하기 위해서는 엔트로피파를 포함시켜야 한다.

14.3 층화된 원반

균일한 중력장 $\mathbf{g} = -g\hat{\mathbf{z}}$ 아래에서 정적 평형 상태에 있는 수직 방향으로 층화된 원반을 생각해 보자. 원반의 밀도와 압력을 각각 $\rho_0(z)$와 $P_0(z)$라고 하면

$$\frac{dP_0}{dz} = -g\rho_0 \tag{14.46}$$

를 만족한다. 기체의 자체 중력은 고려하지 않는다. 초기 평형 상태는 등온 또는 단열 같은 특정한 상태방정식을 따를 필요가 없다.

이러한 초기 평형 상태에 크기가 작은 밀도, 압력, 속도의 섭동 ρ_1, P_1, $\mathbf{v}_1 = u\hat{\mathbf{x}} + v\hat{\mathbf{z}}$를 가하자. 섭동은 x 방향과 z 방향으로 변하지만, y 방향으로는 변하지 않는 2차원 섭동이다. 섭동이 단열 상태방정식을 따른다고 가정하고, 식 (12.77),

(12.85), (12.86)을 선형화하면

$$\frac{\partial \rho_1}{\partial t} = -\rho_0 \nabla \cdot \mathbf{v}_1 - v\frac{d\rho_0}{dz}, \tag{14.47}$$

$$\frac{\partial \mathbf{v}_1}{\partial t} = -\frac{1}{\rho_0}\nabla P_1 + \frac{\rho_1}{\rho_0^2}\nabla P_0, \tag{14.48}$$

$$\frac{1}{P_0}\frac{\partial P_1}{\partial t} = \frac{\gamma}{\rho_0}\frac{\partial \rho_1}{\partial t} - v\frac{d}{dz}\ln\left(\frac{P_0}{\rho_0^\gamma}\right) \tag{14.49}$$

를 얻는다.

식 (14.47)부터 식 (14.49)에서 각 항의 계수가 z에만 의존하고 x와 t에는 무관하므로, 임의의 섭동 변수 q_1을

$$q_1(x,z,t) = q_1(z)\exp\left(i\omega t - ik_x x\right) \tag{14.50}$$

와 같이 택할 수 있다. 여기서 ω는 섭동의 진동수이며 k_x는 x 방향의 파수이다. 식 (14.50)을 식 (14.47)부터 식 (14.49)에 대입하면

$$i\omega\rho_1 = ik_x\rho_0 u - \frac{d}{dz}(\rho_0 v), \tag{14.51}$$

$$\omega\rho_0 u = k_x P_1, \tag{14.52}$$

$$i\omega\rho_0 v = -\frac{dP_1}{dz} - g\rho_1, \tag{14.53}$$

$$i\omega\left(\frac{P_1}{P_0} - \gamma\frac{\rho_1}{\rho_0}\right) + v\frac{d}{dz}\ln\left(\frac{P_0}{\rho_0^\gamma}\right) = 0 \tag{14.54}$$

이 된다. 식 (14.53)을 유도할 때, 식 (14.46)을 사용하였다.

위 식에서 ρ_1, P_1, v를 소거하여 u만의 식으로 정리할 수 있는데, 그 과정은 다음과 같다. **브룬트-배이샐래 진동수**(Brunt-Väisälä frequency) $\omega_{\rm BV}$를

$$\omega_{\rm BV}^2 \equiv g\left(\frac{1}{\gamma}\frac{d\ln P_0}{dz} - \frac{d\ln\rho_0}{dz}\right) \tag{14.55}$$

와 같이 정의하면, $d\ln(P_0/\rho_0^\gamma)/dz = \gamma\omega_{\rm BV}^2/g$이다. 식 (14.52)를 식 (14.53)과 식 (14.54)에 대입하여 P_1을 소거하면

$$i\omega\rho_0 v + g\rho_1 = -\frac{\omega}{k_x}\frac{d(\rho_0 u)}{dz} \tag{14.56a}$$

$$\frac{\omega_{\rm BV}^2}{g}\rho_0 v - i\omega\rho_1 = -\left(\frac{i\omega^2}{a^2 k_x}\right)\rho_0 u \tag{14.56b}$$

를 얻는다. 여기서 $a(z) = (\gamma P_0/\rho_0)^{1/2}$은 단열 음속이다.

식 (14.56)은 변수 $\rho_0 v$와 ρ_1에 대한 연립방정식으로 간주할 수 있으며, 그 해는

$$\rho_0 v = -\frac{i\omega^2}{Dk_x}\left[\rho_0 \frac{du}{dz} - \frac{\rho_0 \omega_{\rm BV}^2}{g} u\right], \tag{14.57}$$

$$\rho_1 = -\frac{\omega}{Dk_x}\left[\frac{\omega^2}{a^2}\rho_0 u + \frac{\omega_{\rm BV}^2}{g}\frac{d(\rho_0 u)}{dz}\right] \tag{14.58}$$

로 주어진다. 여기서

$$D \equiv \omega_{\rm BV}^2 - \omega^2 \tag{14.59}$$

이다.

마지막으로 식 (14.57)과 식 (14.58)을 식 (14.51)에 대입하여 $\rho_0 v$와 ρ_1을 소거하면

$$\frac{1}{\rho_0}\frac{d}{dz}\left(\frac{\rho_0}{D}\frac{du}{dz}\right) + \left[\frac{\omega^2}{a^2 D} - \frac{d}{dz}\left(\frac{\omega_{\rm BV}^2}{gD}\right) + \frac{k_x^2}{\omega^2}\right] u = 0 \tag{14.60}$$

을 얻는다. 임의의 밀도와 압력 분포를 갖는 평판 대기에 존재하는 파동의 분산 관계식 $\omega = \omega(k_x)$를 구하기 위해서는 적절한 경계조건을 적용하여 식 (14.60)을 수치적으로 적분해야 한다.

하지만, 초기 원반의 압력 분포가

$$P_0 = P_{00}\exp\left(-\frac{z}{H}\right) \tag{14.61}$$

로 주어지는 특별한 경우에는 분산 관계식을 해석적으로 구할 수 있다. 여기서 H는 상수로, 원반의 높이척도이다. 예를 들어, 기체의 온도가 일정한 등온 대기는 식 (14.61)과 같은 압력 분포를 갖는다(13.1.1절 참고).

식 (14.61)을 식 (14.46)에 대입하면 $\rho_0 = P_0/(gH)$이다. $a^2 = \gamma g H$이고

$$\frac{d\ln\rho_0}{dz} = \frac{d\ln P_0}{dz} = -\frac{1}{H} \tag{14.62}$$

이므로,

$$\omega_{\rm BV}^2 = \frac{(\gamma-1)g}{\gamma H} = \frac{(\gamma-1)a^2}{\gamma^2 H^2} = \text{일정} \tag{14.63}$$

함을 알 수 있다. 또한, 앞서 보았듯이 D와 a도 일정하므로, 식 (14.60)은

$$\frac{d^2 u}{dz^2} + \frac{d\ln\rho_0}{dz}\frac{du}{dz} + \left(\frac{\omega^2}{a^2} + \frac{k_x^2 D}{\omega^2}\right) u = 0 \tag{14.64}$$

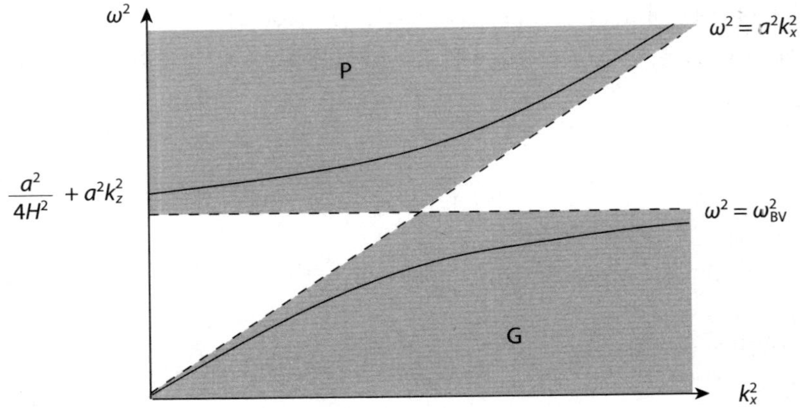

그림 14.2 층화된 원반에 존재하는 p 모드와 g 모드의 분산 관계식. 음영으로 표시된 P, G 영역에서는 각각 p 모드와 g 모드가 전파할 수 있다.

으로 간단해진다.

속도의 섭동 u가 z 방향으로

$$u(z) \propto \rho_0^{-1/2} e^{-ik_z z} \propto \exp\left(\frac{z}{2H}\right) e^{-ik_z z} \tag{14.65}$$

와 같이 변한다고 가정하자. 이를 식 (14.64)에 대입하면, 파동의 분산 관계식으로

$$f(\omega^2) \equiv \omega^4 - a^2\left(k^2 + \frac{1}{4H^2}\right)\omega^2 + a^2 k_x^2 \omega_{\rm BV}^2 = 0 \tag{14.66}$$

을 얻는다. 여기서 $k^2 = k_x^2 + k_z^2$이다.

식 (14.66)에서 $f(\omega^2)$은 ω^2에 대한 이차방정식으로 2개의 실근을 갖고 있다. (ω^2, k_x^2) 평면에서 근이 존재할 수 있는 영역을 그림 14.2에 음영으로 표시하였다. $a^2/4H^2 - \omega_{\rm BV}^2 \geq 0$이므로 $f(\omega_{\rm BV}^2) < 0$이며, $\omega_{\rm BV}^2 > 0$이므로 $f(0) > 0$이다.[10] 따라서 식 (14.66)의 두 근 중에서 한 근은 항상 $\omega_{\rm BV}^2$보다 크고, 다른 한 근은 항상 $\omega_{\rm BV}^2$보다 작다. 큰 근과 작은 근에 해당하는 파동을 각각 p 모드와 g 모드라고 한다.

$kH \gg 1$인 파장이 짧은 파동의 경우, 식 (14.66)의 진동수가 큰 해는

$$\omega^2 = a^2 k^2 \tag{14.67}$$

이며, 이는 음파에 해당한다. 압력에 의한 복원력을 통해 전파하기 때문에 p 모드라고 부른다.

10) 여기에서는 $\gamma > 1$인 대기로 한정한다. $\gamma < 1$인 대기는 대류 불안정을 겪는다(16.3절 참고).

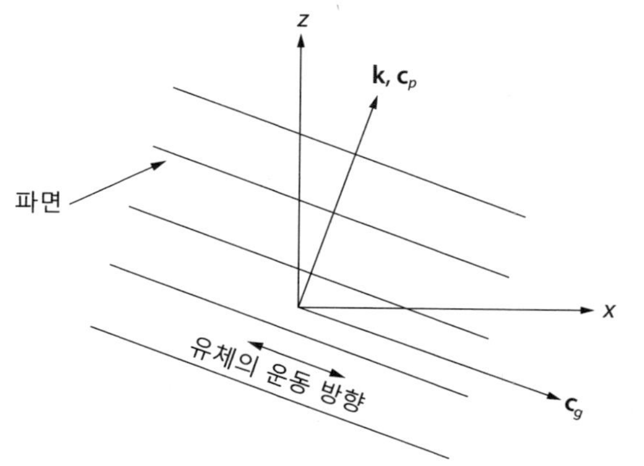

그림 14.3 z 방향으로 층화된 원반에서 전파하는 내부 중력파의 전파 방향($\mathbf{k}$), 파면(실선), 유체의 운동 방향(화살표). 위상속도는 유체의 운동 방향에 나란한 군속도와 직각을 이룬다.

한편, $k_xH \ll 1 \ll k_zH$ 일 때, 식 (14.66)의 진동수가 작은 g 모드 해는

$$\omega^2 = \omega_{\rm BV}^2 \left(\frac{k_x^2}{k_z^2}\right) \tag{14.68}$$

이 되며, 이러한 분산 관계식을 따르는 파동을 **내부 중력파**(internal gravity wave), 또는 g 모드라고 부른다. 내부 중력파는 **부력**(buoyancy)에 의한 복원력으로 전파되는데, $k_x/k_z \neq 0$ 인 조건을 필요로 한다. 내부 중력파는 항성 내부의 대류층에서 에너지 전달에 중요한 역할을 한다.

그림 14.3과 같이 $\mathbf{k}$ 방향으로 전파하는 내부 중력파를 생각해 보자. 이 파동의 위상속도는

$$\mathbf{c}_p = \frac{\omega}{k^2}(k_x, k_z) = \pm\omega_{\rm BV}\frac{k_x(k_x, k_z)}{k_z k^2} \tag{14.69}$$

이고, 군속도는

$$\mathbf{c}_g = \left(\frac{\partial\omega}{\partial k_x}, \frac{\partial\omega}{\partial k_z}\right) = \pm\omega_{\rm BV}\frac{(k_z, -k_x)}{k_z^2} \tag{14.70}$$

이므로

$$\mathbf{c}_g \cdot \mathbf{c}_p = 0 \tag{14.71}$$

임을 알 수 있다. 이것은 파동의 전파 방향과 에너지 전달 방향이 서로 수직임을 뜻하며 내부 중력파의 고유 특성이다. 내부 중력파는 유체의 운동 방향이 파동의 전파 방향에 수직인 횡파이다.

제15장 충격파

기체 매질에 가해진 선형 근사가 가능한 작은 크기의 섭동은 음파의 형태로 전파해 간다는 것을 앞에서 학습하였다. 초음속으로 진행하는 총알에 의해 야기된 섭동처럼, 크기가 매우 큰 섭동의 전파는 어떻게 이루어질까?

매우 강한 섭동은 기체 압력을 국부적으로 급격하게 변하도록 만들어 음속보다 더 빠르게 전파할 수 있는데, 이때 충격파라고 불리는 밀도와 압력의 불연속면이 생성된다. 유체의 비선형 효과에 의해 음파가 점점 가팔라져서 충격파면으로 변하는 것이다. 번개와 천둥은 우리가 가장 쉽게 접하는 충격파의 예이다. 번개가 칠 때 발생한 고에너지가 기체를 급격하게 팽창시켜 충격파를 생성하고, 이 충격파가 사방으로 전파되면서 감쇠를 겪어 음파로 변한 것이 천둥소리이다.

총알처럼 초음속으로 움직이는 물체는 충격파를 발생시킨다. 총알이 다가온다는 정보는 음파를 통해 음속으로 매질에 전파된다. 총알의 속도가 아음속이라면 총알보다 음파가 빨리 이동하기 때문에, 총알 앞쪽의 기체는 총알이 다가온다는 정보를 음파의 형태로 미리 전달받는다. 이 경우, 총알 전면의 기체는 총알을 맞이할 시간적 여유를 가지므로 물리량을 완만하게 변화시킬 수 있다. 반대로 총알의 속도가 초음속일 때에는 총알 전면의 기체는 총알의 접근에 대비할 여유가 없이 총알에 휩쓸리게 되므로, 물리량이 급격하게 변하는 충격파가 형성된다.

우주에서 기체의 흐름은 주로 초음속이다. 예를 들어, 주변으로부터 은하단과 은하로 유입되는 기체는 중력장에 의해 초음속으로 가속된다. 은하면을 공전하는 성간구름은 나선팔에 초음속으로 진입하며 초신성 잔해의 팽창도 초음속이다. 아울러 원시성과 활동은하핵 주변에서 관측되는 제트도 초음속으로 움직이는데, 이러한 천체 현상은 모두 충격파를 수반한다. 이 장에서는 충격파가 생기는 과정을 자세히 알아보고 직각 충격파와 빗각 충격파의 물리적인 특성에 대해서 살펴본다.

15.1 비선형 파동의 가팔라짐⋆

선형화된 음파는 진폭과 무관하게 일정한 음속으로 전파된다. 그러나 비선형 항을 고려한 음파는, 진폭이 아무리 작더라도, 그 파형이 점점 가팔라져 충격파로 변한다. 이 절에서는 비선형 음파가 가팔라지는 과정을 알아보자.

밀도와 음속이 각각 ρ_0와 a_0인 균일 매질이 있다. 기체의 점성과 중력의 영향이 없을 때, 단열 상태방정식을 따르는 기체의 1차원 흐름을 기술하는 기본 방정

식을

$$\frac{\partial \rho}{\partial t} + v\frac{\partial \rho}{\partial x} + \rho\frac{\partial v}{\partial x} = 0, \tag{15.1a}$$

$$\frac{\partial v}{\partial t} + v\frac{\partial v}{\partial x} + \frac{a^2}{\rho}\frac{\partial \rho}{\partial x} = 0 \tag{15.1b}$$

으로 적을 수 있다. 여기서 a는 (비선형) 단열 음속으로

$$a(\rho) = \left(\frac{dP}{d\rho}\right)^{1/2} = a_0\left(\frac{\rho}{\rho_0}\right)^{(\gamma-1)/2} \tag{15.2}$$

으로 주어진다. 식 (15.2)는 밀도가 ρ_0보다 높은 영역의 음속은 a_0보다 크고, 밀도가 ρ_0보다 낮은 영역의 음속은 a_0보다 작음을 보여 준다. 식 (15.1)과 식 (15.2)는 선형화되지 않은 비선형 방정식임에 주의하자. 섭동의 진폭이 매우 작다면 음파에 대한 선형 분산 관계식 $\omega^2 = a_0^2k^2$을 얻을 수 있다.

이제, 2개의 결합된 비선형 방정식인 식 (15.1)의 일반적인 해로서

$$\rho(x,t) = f(x-ut) + \rho_0, \tag{15.3a}$$

$$v(x,t) = g(x-ut) \tag{15.3b}$$

와 같은 진행파 형태의 해를 생각해 보자. 여기서 f와 g는 임의의 함수이며, 비선형 파동의 전파속도 u는

$$u = u(\rho) \tag{15.4}$$

처럼 ρ에만 의존한다고 가정하자. 식 (15.3)과 같이 밀도와 속도의 x와 t에 대한 변화가

$$\xi \equiv x - ut \tag{15.5}$$

로 정의되는 매개 변수 ξ를 통한 변화만으로 기술될 수 없다면, 식 (15.1)의 파동 형태의 해는 존재하지 않는다.

식 (15.3)은 속도를 밀도만의 함수로 쓰거나 밀도를 속도만의 함수로

$$v = v(\rho), \quad \rho = \rho(v) \tag{15.6}$$

와 같이 쓸 수 있음을 의미한다.

식 (15.3a)로부터

$$\frac{\partial \rho}{\partial t} = \left(-u - t\frac{du}{d\rho}\frac{\partial \rho}{\partial t}\right)f', \tag{15.7a}$$

$$\frac{\partial \rho}{\partial x} = \left(1 - t\frac{du}{d\rho}\frac{\partial \rho}{\partial x}\right) f' \tag{15.7b}$$

이다. 여기서 $f' = df/d\xi$ 이다. 각 식을 정리하면,

$$\frac{\partial \rho}{\partial t} = \frac{-uf'}{1 + t(du/d\rho)f'}, \tag{15.8a}$$

$$\frac{\partial \rho}{\partial x} = \frac{f'}{1 + t(du/d\rho)f'} \tag{15.8b}$$

을 얻는다.

식 (15.6)으로부터

$$\frac{\partial v}{\partial x} = \frac{dv}{d\rho}\frac{\partial \rho}{\partial x} \tag{15.9}$$

이므로, 식 (15.8)을 식 (15.1a)에 대입하여 정리하면,

$$\left(-u + v + \rho\frac{dv}{d\rho}\right)\frac{f'}{1 + t(du/d\rho)f'} = 0 \tag{15.10}$$

이다. 그런데 일반적으로 $f' \neq 0$ 이므로

$$-u + v + \rho\frac{dv}{d\rho} = 0 \tag{15.11}$$

이어야 한다. 마찬가지 방법으로 식 (15.3b)와 식 (15.6)을 이용하면, 식 (15.1b)로부터

$$(-u + v)\frac{dv}{d\rho} + \frac{a^2(\rho)}{\rho} = 0 \tag{15.12}$$

을 얻는다.

식 (15.11)과 식 (15.12)를 연립하여 풀면

$$\left(\frac{dv}{d\rho}\right)^2 = \frac{a^2(\rho)}{\rho^2}, \qquad (u - v)^2 = a^2 \tag{15.13}$$

을 얻는다. 위 식을 적분하면

$$v = \pm \int_{\rho_0}^{\rho} \frac{a(\rho')}{\rho'} d\rho' \tag{15.14}$$

과

$$u = \pm \left[a(\rho) + \int_{\rho_0}^{\rho} \frac{a(\rho')}{\rho'} d\rho'\right] \tag{15.15}$$

이 된다. 여기서 $v(\rho_0) = 0$을 사용하였으며, 양의 부호는 오른쪽으로 진행하는

파동을, 음의 부호는 왼쪽으로 진행하는 파동을 나타낸다.

단열 기체의 경우, 식 (15.2)를 식 (15.14)에 대입하면

$$v(\rho) = \frac{2}{\gamma - 1}[a(\rho) - a_0] = \frac{2a_0}{\gamma - 1}\left[\left(\frac{\rho}{\rho_0}\right)^{(\gamma-1)/2} - 1\right] \tag{15.16}$$

이고, 식 (15.15)로부터

$$u(\rho) = a_0 + \frac{\gamma + 1}{2}v(\rho) \tag{15.17}$$

를 얻는다. 여기서 양의 부호만을 선택하였다. $\rho/\rho_0 > 1$로 밀도가 높아진 영역에서는 $v > 0$이므로 비선형 파동의 전파속도 u가 선형 음파의 전달속도 a_0보다 빠르며, $\rho/\rho_0 < 1$로 밀도가 낮아진 영역에서는 비선형 파동이 a_0보다 느린 속도로 전파한다.

따라서 오른쪽으로 진행하는 비선형 파동의 밀도 분포는 최종적으로

$$\rho(x, t) = \rho_0 + f\left\{x - \left[a_0 + \frac{(\gamma + 1)}{2}v(\rho)\right]t\right\} \tag{15.18}$$

로 주어진다. 밀도 대신 속도에 대해 위 계산을 수행하면 비선형 파동의 속도 분포로

$$v(x, t) = g\left\{x - \left[a_0 + \frac{(\gamma + 1)}{2}v(\rho)\right]t\right\} \tag{15.19}$$

를 얻는다.

초기에 사인파 형태를 갖는 비선형 파동의 밀도 파형이 시간에 따라 변하는 양상을 식 (15.18)을 이용하여 구할 수 있는데, 그 결과를 그림 15.1에 나타내었다. $\rho = \rho_0$인 영역의 섭동은 a_0라는 일정한 속도로 전파한다. 하지만 밀도가 초깃값보다 높아진 영역은 a_0보다 빠른 속도로, 밀도가 낮아진 영역은 a_0보다 느린 속도로 전파하므로 비선형 파동의 파형이 사인파로부터 점점 변형된다. 밀도가 큰 값에서 작은 값으로 변하는 영역의 파형이 점점 가파르게 변하여, 어느 시점이 되면 밀도의 기울기가 무한대가 된다. 섭동의 초기 속도장이 $v = v_0 \cos kx$일 때, 식 (15.19)로부터 속도 분포의 기울기가 무한대가 되는 시점이

$$t_s = \frac{2}{(\gamma + 1)kv_0} = \frac{\lambda}{\pi v_0(\gamma + 1)} \tag{15.20}$$

임을 보일 수 있다. 섭동의 진폭이 작을수록 그리고 파장 $\lambda = 2\pi/k$가 길수록 t_s가 커진다. 이것은 아무리 작은 진폭의 섭동이라 하더라도 시간이 충분히 경과하면 파형이 급격히 가팔라지는 현상을 피할 수 없음을 의미한다.

$t = t_s$ 근처에서는 공간에 대한 물리량의 변화가 매우 크고 기체 입자들 사이가

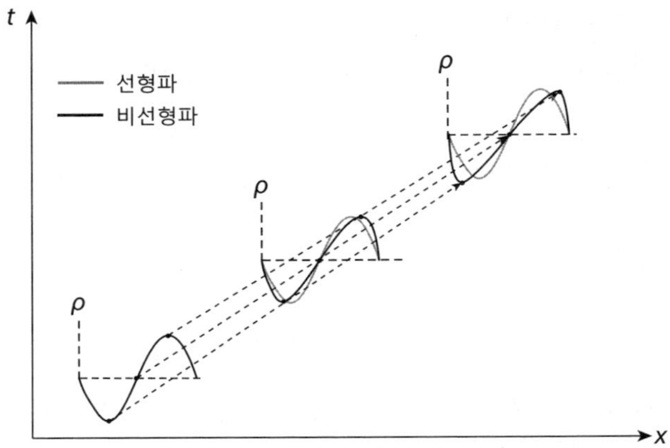

그림 15.1 비선형 파동의 가팔라짐. 회색 실선과 검은색 실선은 각각 선형 파동과 비선형 파동의 파형을 나타낸다. 파선은 왼쪽부터 파동의 마루, $\rho = \rho_0$ 인 점, 파동의 골짜기가 따르는 (x, t) 평면상의 궤적을 보여 준다.

매우 가까워져서, 현재까지 고려하지 않았던 점성, 열전도 등과 같은 비이상적 항(nonideal terms)의 효과를 더 이상 무시할 수 없다. 이때가 되면 우리가 사용한 비점성 유체역학 방정식이 유효하지 않게 된다. 비이상적 항의 효과를 고려하면, 유체의 점성과 열전도가 파동의 가팔라짐 현상을 억제하기 때문에 밀도의 기울기가 무한대가 되기 전에 물리량이 연속적이지만 급격하게 변하는 층, 즉 충격파면을 형성함을 확인할 수 있다. 충격파면의 두께는 입자들의 평균자유이동거리 $\lambda_{\rm mfp}$ 정도에 불과하다. 충격파면에서 기체 입자의 운동 에너지는 충돌에 의해 열에너지로 바뀌는데, 이 과정은 엔트로피가 증가하는 비가역적 과정이다. 따라서 충격파면을 지나면서 유체의 속도는 감소하고 밀도와 온도는 증가한다.

15.2 리만 특성 해석법⋆

15.2.1 특성곡선

앞 절에서는 식 (15.1)의 1차원 비선형 해를 직접 구하였다. 이 절에서는 식 (15.1)을 리만의 방식으로 해석하여 비선형 파동의 전파와 가팔라짐 현상의 물리적 의미를 살펴보자.

식 (15.2)로부터

$$\frac{d\rho}{\rho} = \frac{2}{\gamma - 1}\frac{da}{a} \tag{15.21}$$

이므로, 식 (15.1)을 v와 a의 함수로 다시 쓰면

$$\frac{\partial}{\partial t}\left(\frac{2a}{\gamma - 1}\right) + v\frac{\partial}{\partial x}\left(\frac{2a}{\gamma - 1}\right) + a\frac{\partial v}{\partial x} = 0, \tag{15.22a}$$

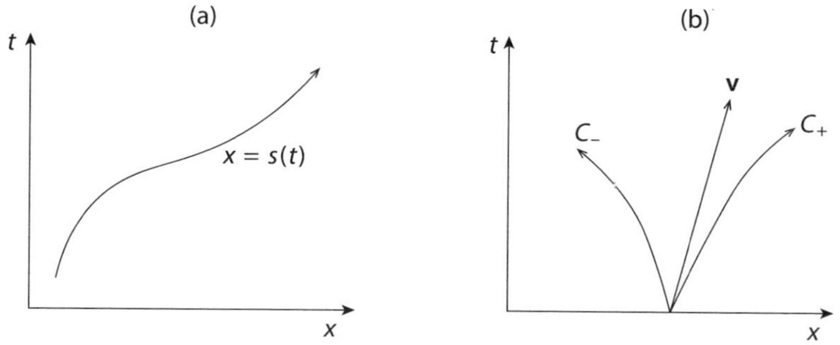

그림 15.2 (a) (x,t) 평면에서 정의된 곡선 $x = s(t)$. (b) 유체의 운동 방향 $\mathbf{v}$에 대한 양의 특성곡선 C_+와 음의 특성곡선 C_-의 방향.

$$\frac{\partial v}{\partial t} + v\frac{\partial v}{\partial x} + a\frac{\partial}{\partial x}\left(\frac{2a}{\gamma - 1}\right) = 0 \tag{15.22b}$$

이 된다. 위 두 식을 각각 더하고 빼면

$$\left[\frac{\partial}{\partial t} + (v+a)\frac{\partial}{\partial x}\right] J_+ = 0, \tag{15.23a}$$

$$\left[\frac{\partial}{\partial t} + (v-a)\frac{\partial}{\partial x}\right] J_- = 0 \tag{15.23b}$$

을 얻을 수 있는데, 여기서 J_+와 J_-는

$$J_\pm \equiv v \pm \frac{2a}{\gamma - 1} \tag{15.24}$$

로 정의되는 양으로 **리만 불변량**(Riemann invariant)이라고 부른다.

식 (15.23)의 의미를 파악하기 위해 그림 15.2(a)와 같이 (x,t) 평면에서 정의된 곡선 $x = s(t)$를 생각해 보자. 이 곡선의 t축에 대한 기울기는 $dx/dt|_s$이다. 이제 이 평면상에서 정의된 임의의 함수 $f(x,t)$ — 예컨대, 속도 $v(x,t)$ 또는 음속 $a(x,t)$ — 를 생각해 보자. 함수 f의 곡선 $x = s(t)$를 따른 시간에 대한 변화율은

$$\left.\frac{df}{dt}\right|_s = \frac{\partial f}{\partial t} + \left.\frac{dx}{dt}\right|_s \frac{\partial f}{\partial x} \tag{15.25}$$

로 주어진다. 그러므로 함수 f가

$$\left.\frac{df}{dt}\right|_s = 0 \tag{15.26}$$

을 만족한다면, f는 기울기가 $dx/dt|_s$인 곡선 $x = s(t)$상에서 일정하다.

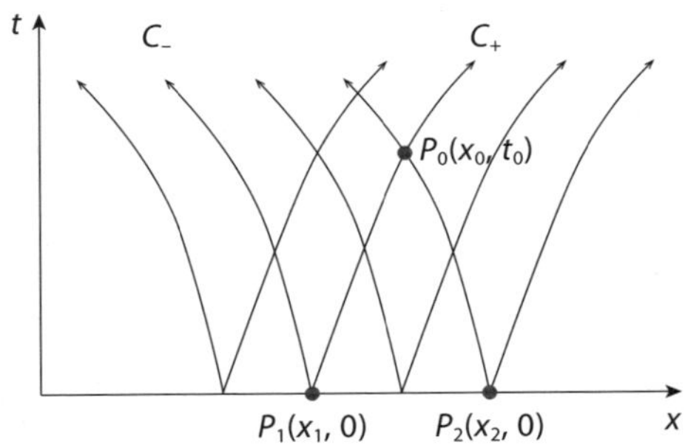

그림 15.3 특성곡선 C_+ 와 C_- 를 이용한 점 $P_0(x_0, y_0)$ 에서의 물리량 결정

이제 식 (15.23a)를 식 (15.25)의 형태로 다시 쓰면

$$\left.\frac{dJ_+}{dt}\right|_{C_+} = 0 \tag{15.27}$$

이 된다. 여기서 C_+ 는 기울기가 $dx/dt|_{C_+} = v + a$ 로 주어지는 곡선이다. 따라서 식 (15.27)은

$$\left.\frac{dx}{dt}\right|_{C_+} = v + a \text{ 인 곡선 } C_+ \text{ 위에서 } \quad J_+ = \text{일정} \tag{15.28}$$

함을 나타낸다. 마찬가지로 식 (15.23b)는

$$\left.\frac{dx}{dt}\right|_{C_-} = v - a \text{ 인 곡선 } C_- \text{ 위에서 } \quad J_- = \text{일정} \tag{15.29}$$

함을 뜻한다.

식 (15.28)과 식 (15.29)에서 정의된 곡선 C_+ 와 C_- 를 각각 **양의 특성곡선**(plus characteristic curve)과 **음의 특성곡선**(minus characteristic curve)이라고 부른다. 양의 특성곡선과 음의 특성곡선의 궤적은 유체의 운동 방향에 대해 각각 $+x$ 방향과 $-x$ 방향으로 치우쳐 있다(그림 15.2b). 리만 불변량 J_+ 와 J_- 는 각각 양의 특성곡선과 음의 특성곡선을 따라 불변이다.

특성곡선을 이용하여 시간에 따른 유체의 진화를 다음과 같은 방식으로 계산할 수 있다. 그림 15.3에서처럼 초기에 x축을 따라 유체의 속도와 음속이 각각 $v(x, 0)$과 $a(x, 0)$으로 주어진 경우를 생각해 보자. 점 $P_1(x_1, 0)$ 에서 출발한 C_+ 특성곡선과, 점 $P_2(x_2, 0)$ 에서 출발한 C_- 특성곡선이 점 $P_0(x_0, t_0)$ 에서 만난다. C_+ 를 따라서 J_+ 가 보존되므로, 점 P_0 에서의 J_+ 의 값은

$$J_+(x_0, t_0) = J_+(x_1, 0) \tag{15.30}$$

을 만족한다. 마찬가지로 C_- 를 따라서 J_- 가 일정하므로, 점 P_0 에서의 J_- 값은

$$J_-(x_0, t_0) = J_-(x_2, 0) \tag{15.31}$$

이다. 위 두 식과 식 (15.24)를 이용하면 점 P_0 에서의 속도와 음속이 각각

$$v(x_0, t_0) = \frac{J_+ + J_-}{2}, \tag{15.32}$$

$$a(x_0, t_0) = \frac{(\gamma - 1)}{4}(J_+ - J_-) \tag{15.33}$$

로 주어짐을 알 수 있다. 점 P_0 의 물리량이 결정되면, 이 점에서 출발하는 C_+ 와 C_- 특성곡선의 기울기를 구할 수 있다. $t = t_0$ 에서 모든 위치의 물리량이 결정되면 이 방식을 반복 수행함으로써 유체의 진화를 추적할 수 있다.

v 와 a 가 t 와 x 에 따라 변하므로, 특성곡선은 일반적으로 직선이 아니다. 어느 점에서 출발한 C_+ (또는 C_-) 특성곡선은 다른 점에서 출발한 C_- (또는 C_+) 특성곡선을 만날 때마다 그 기울기가 바뀔 것이다. 따라서 점 P_1 을 떠난 C_+ 특성곡선의 궤적은 점 P_0 에 이르기까지 $t = 0$, $x_1 \leq x \leq x_2$ 에서 방출된 모든 C_- 특성곡선의 영향을 받는다. 마찬가지로 점 P_2 를 떠난 C_- 특성곡선의 형태는 $t = 0$, $x_1 \leq x \leq x_2$ 에서 방출된 모든 C_+ 특성곡선의 영향을 받는다. 즉, 점 P_0 의 물리량은 $t = 0$, $x_1 \leq x \leq x_2$ 인 유한한 영역의 물리량에 의해 전적으로 결정되며, $(x < x_1, t = 0)$ 인 영역이나 $(x > x_2, t = 0)$ 인 영역은 점 P_0 의 물리량 결정에 아무런 영향을 미치지 못한다. 유체의 정보가 $v \pm a$ 라는 속도로 전달되므로, 인과율(causality)에 의해 $\int_0^{t_0}(v \pm a)dt$ 보다 먼 거리에서 방출된 정보는 점 P_0 에 도달할 충분한 시간을 갖지 못했기 때문이다.

15.2.2 1차원 단순파

2개의 리만 불변량 중 하나가 일정한 기체의 흐름을 **단순파**(simple wave)라고 한다. 특성곡선을 이용하면 단순파의 해석해를 비교적 쉽게 구할 수 있다. 그림 15.4(a)와 같이, 무한히 긴 원통 안에서 기체의 1차원 흐름이 피스톤의 운동에 따라 어떻게 변하는지 살펴보자.

초기에 $x \geq 0$ 인 영역에 위치한 균일 밀도 기체를 생각해 보자. 기체는 처음에 정지해 있으며, 음속은 a_0 로 일정하다. $x = 0$ 에 위치한 피스톤이 서서히 움직여 시각 t 에 $X(t)$ 로 이동한다. 피스톤에 닿아 있는 기체는 피스톤과 함께 움직이기 때문에, 기체의 흐름은

$$x = X(t) \text{ 에서 } v = \dot{X}(t) \tag{15.34}$$

라는 경계조건을 만족해야 한다.

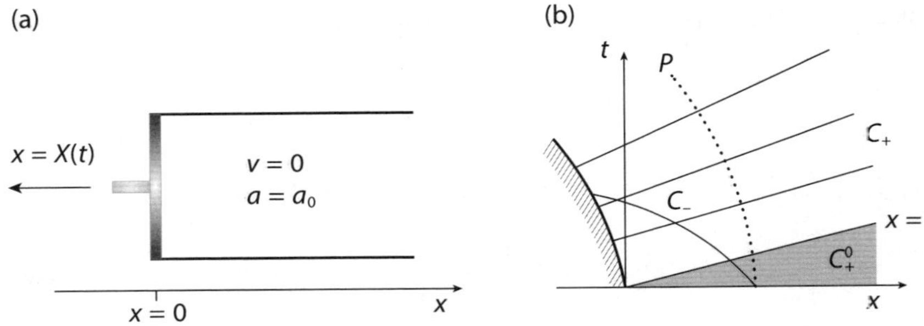

그림 15.4 (a) 피스톤의 운동과 (b) 관련된 기체 운동에 대한 특성곡선

피스톤이 왼쪽으로 움직일 때 나타나는 몇 개의 특성 곡선을 그림 15.4(b)에 나타내었다. $x = 0$에서 출발한 빗금 쳐진 굵은 실선은 피스톤의 궤적을 나타내며, P로 표시된 점선은 기체 입자가 (x, t) 평면상에서 움직이는 경로를 표시한다. 양의 특성곡선은 초기 균일 영역($x \geq 0$, $t = 0$)과 피스톤의 궤적에서만 출발한다.

C_- 특성곡선은 입자의 경로보다 dx/dt값이 작다. 따라서 모든 C_- 특성곡선은 초기 균일 영역에서만 출발한다. 이 초기 균일 영역에서는 $J_- = -2a_0/(\gamma - 1)$인데 C_- 특성곡선을 따라 J_-가 일정하므로, 피스톤 운동에 의한 기체의 단순 흐름은 시간과 위치에 무관하게 항상

$$J_- = v - \frac{2a}{\gamma - 1} = -\frac{2a_0}{\gamma - 1} = \text{일정}, \tag{15.35}$$

즉

$$a = a_0 + \frac{\gamma - 1}{2} v \tag{15.36}$$

를 만족한다.

한편, C_+ 특성곡선은 초기 균일 영역 및 피스톤의 경로에서 출발할 수 있다. 초기 균일 영역에서 출발한 C_+ 특성곡선은 모두 동일한 기울기 $dx/dt = a_0$를 갖고 있다. 이러한 C_+ 특성곡선 중 $x = t = 0$인 점을 출발한 곡선을 C_+^0라고 하면, 이 특성곡선의 방정식은

$$x = a_0 t \quad (C_+^0 \text{ 특성곡선}) \tag{15.37}$$

가 된다. 그림 15.4(b)에서 음영으로 표시된 영역은 초기 균일 영역에서 출발한 C_+ 특성곡선의 영향을 받으므로

$$J_+ = v + \frac{2a}{\gamma - 1} = \frac{2a_0}{\gamma - 1} = \text{일정}, \tag{15.38}$$

또는

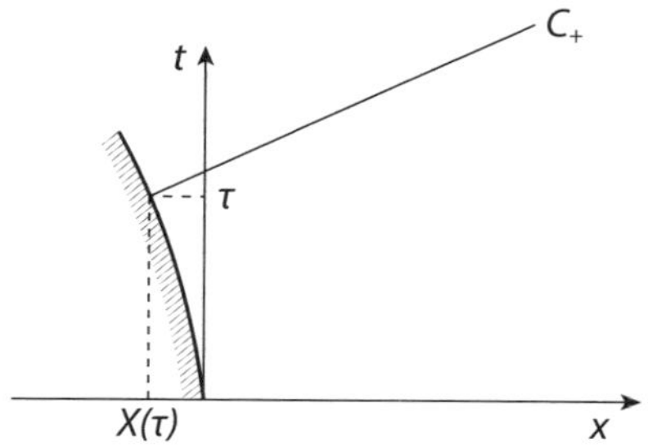

그림 15.5 $t = \tau$ 에서 피스톤을 출발한 C_+ 특성곡선의 예

$$a = a_0 - \frac{\gamma - 1}{2} v \tag{15.39}$$

가 성립한다. 식 (15.36)과 식 (15.39)를 동시에 만족하는 해는

$$v = 0, \quad a = a_0 \tag{15.40}$$

이다. 따라서 음영 영역에 있는 유체는 피스톤 운동의 영향을 전혀 받지 않고 초기의 균일 상태를 영원히 유지한다.

이제 피스톤의 경로에서 출발한 C_+ 특성곡선을 살펴보자. 이러한 특성곡선을 따라 J_+가 일정한데 식 (15.36)을 이용하면

$$J_+ = v + \frac{2a}{\gamma - 1} = 2v + \frac{2a_0}{\gamma - 1} = \text{ 일정}, \tag{15.41}$$

즉 v가 일정하고, 나아가 a가 일정함을 알 수 있다. 따라서 피스톤을 출발한 C_+ 특성곡선은 그 기울기가

$$\left.\frac{dx}{dt}\right|_{C_+} = v + a = a_0 + \frac{\gamma + 1}{2} v \tag{15.42}$$

인 직선이다. 이 특성곡선이 $t = \tau$일 때 피스톤을 출발했다면, 피스톤을 출발한 C_+ 특성곡선의 방정식은 식 (15.34)와 식 (15.42)로부터

$$x = X(\tau) + \left[a_0 + \frac{\gamma + 1}{2} \dot{X}(\tau)\right](t - \tau) \tag{15.43}$$

로 주어진다(그림 15.5). 이 직선을 따라 v와 a가 각각 일정하므로 임의의 위치 (x, t)에서의 속도와 음속은

$$v = \dot{X}(\tau), \quad a = a_0 + \frac{\gamma - 1}{2} \dot{X}(\tau) \tag{15.44}$$

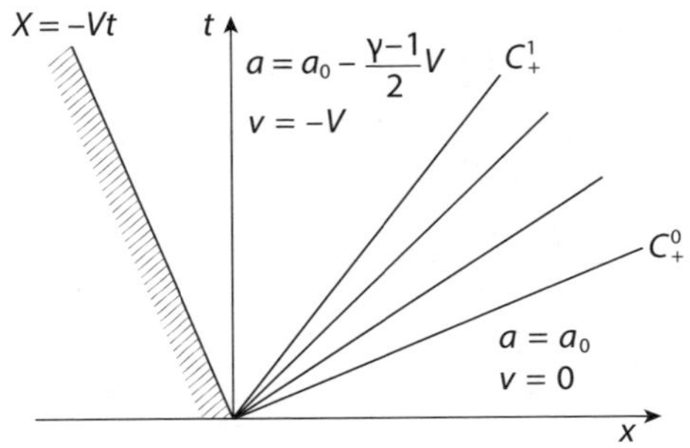

그림 15.6 피스톤이 등속으로 후진하는 경우의 특성곡선

가 된다. 여기서 $\tau(x,t)$는 식 (15.43)으로부터 구한다.

식 (15.40)과 식 (15.44)는 일반적인 피스톤 운동에 대한 해이다. 다음과 같은 두 가지의 특별한 경우에 대해 조금 더 자세히 살펴보자.

(1) 피스톤이 등속으로 멀어지는 경우($\dot{X} = -V$): 정지해 있던 피스톤이 갑자기 V라는 속도로 후진하는 경우를 생각해 보자. 이 경우, 피스톤의 궤적은 그림 15.6에 표시된 바와 같이 $X = -Vt$이며, 피스톤에 인접한 유체의 속도와 음속은 식 (15.44)로부터

$$v = -V, \quad a = a_0 - \frac{\gamma - 1}{2} V \tag{15.45}$$

이다. 이러한 균일해는 피스톤의 궤적과 $x = t = 0$인 점에서 출발한 C_+^1 특성곡선

$$x = \left(a_0 - \frac{\gamma + 1}{2} V\right) t \qquad (C_+^1 \text{ 특성곡선}) \tag{15.46}$$

으로 둘러싸인 영역에서 성립한다.

앞에서 설명했듯이, C_+^0 특성곡선의 아래에 있는 영역의 해는 식 (15.40)으로 기술된다. 따라서 C_+^0와 C_+^1 사이에 있는 영역은 물리량이 초기 균일 상태로부터 식 (15.45)로 점진적으로 변하는 전이영역에 해당하며, 이러한 물리량의 전이는 궤적이

$$x = \left(a_0 + \frac{\gamma + 1}{2} v\right) t \quad (\text{단}, -V \le v \le 0) \tag{15.47}$$

인 C_+ 특성곡선이 $x = t = 0$인 점으로부터 부채꼴의 형태로 무한히 많이 방출됨으로써 이루어진다. 이렇게 한 점에서 부채꼴 형태로 방출되는 무한히 많은 특성곡선을 **팽창팬**(expansion fan)이라고 부른다. 식 (15.47)로부터 팽창팬 영역은

$$1 - \frac{\gamma + 1}{2} \frac{V}{a_0} < \frac{x}{a_0 t} < 1 \tag{15.48}$$

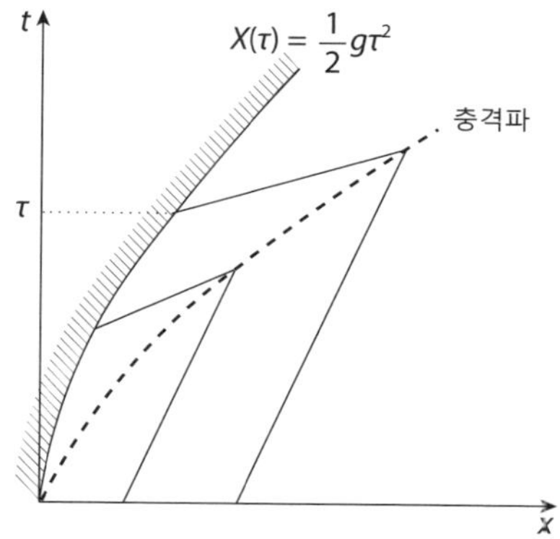

그림 15.7 피스톤이 전진하는 경우의 C_+ 특성곡선(실선)과 충격파(파선) 형성

을 만족함을 알 수 있으며, 이 영역에서 유체의 속도와 음속은 각각

$$v = \frac{2a_0}{\gamma+1}\left(\frac{x}{a_0 t} - 1\right), \tag{15.49a}$$

$$a = a_0 + \frac{\gamma-1}{2}v = a_0\left(\frac{\gamma-1}{\gamma+1}\frac{x}{a_0 t} + \frac{2}{\gamma+1}\right) \tag{15.49b}$$

로 주어진다.

(2) 피스톤이 전진하는 경우: 이제 피스톤이 그림 15.7과 같이 오른쪽으로 일정한 가속도 g로 전진하는 경우를 생각해 보자. 피스톤의 위치와 속도는 각각 $X(\tau) = \frac{1}{2}g\tau^2$, $\dot{X}(\tau) = g\tau$ 이며, 피스톤 가까이에서 유체의 상태는 식 (15.44)로 주어진다.

피스톤이 후퇴하는 경우와 마찬가지로, 초기 균일 영역을 출발한 C_+ 특성곡선의 기울기는 $dx/dt = a_0$로 일정하다. 피스톤이 후퇴할 때와의 차이점은 피스톤에서 출발한 C_+ 특성곡선의 (시간 축에 대한) 기울기

$$\left.\frac{dx}{dt}\right|_{C_+} = a_0 + \frac{\gamma+1}{2}g\tau \tag{15.50}$$

가 τ가 증가하면서 점점 커진다는 점이다. 따라서 피스톤을 출발한 C_+ 특성곡선은 초기 균일 영역을 출발한 C_+ 특성곡선과 반드시 만난다.

C_+ 특성곡선과 C_- 특성곡선은 각각 J_+와 J_-라는 리만 불변량을 전달하며, 이 두 특성곡선이 만나는 점에서 물리량이 유일하게 결정된다는 것을 앞에서 학습하였다. 그런데 서로 다른 J_+의 값을 전달하는 2개의 C_+ 특성곡선이 만난다면 그 점에서는 물리량이 유일하게 결정될 수 없다. 이러한 상황은 자연계에 일어날 수 없으며, 실제로는 2개의 C_+ 특성곡선이 만나게 될 자리에 충격파가 형성되어 두

특성곡선의 교차를 방지한다(그림 15.7의 파선). 충격파 직전과 직후의 J_+ 값이 다르므로, 충격파 전후방의 물리량이 달라진다.

15.3 단열 수직 충격파

15.3.1 랭킨-위고니오 관계식

충격파를 통과한 기체가 겪는 물리량의 변화를 계산하기 위해서는 충격파와 함께 움직이는 좌표계를 도입하는 것이 편리하다. 이 좌표계에서는 전방의 기체가 정지해 있는 충격파를 통과하여 후방으로 흘러간다.

정상 상태의 1차원 단열 충격파를 생각해 보자. 기체의 점성과 중력, 복사 냉각과 가열 등을 무시하면, 보존식의 형태로 표현한 유체의 연속 방정식(식 12.77), 운동량 방정식(식 12.87), 에너지 방정식(식 12.88)은 정상 평형 상태에서

$$\nabla \cdot (\rho \mathbf{v}) = 0, \tag{15.51}$$

$$\nabla \cdot (P\mathbb{I} + \rho \mathbf{v}\mathbf{v}) = 0, \tag{15.52}$$

$$\nabla \cdot \left[\rho \mathbf{v} \left(\frac{1}{2} v^2 + \frac{\gamma}{\gamma - 1} \frac{P}{\rho} \right) \right] = 0 \tag{15.53}$$

을 만족한다.

가장 간단한 경우로 그림 15.8과 같이 기체가 충격파면에 수직으로 입사하는 수직 충격파(normal shock)를 생각해 보자. 충격파로 흘러 들어오는 전방(preshock) 또는 상류(upstream) 쪽 기체의 물리량을 아래 첨자 '1'을 써서 표현하고, 충격파를 통과한 후방(postshock) 또는 하류(downstream) 쪽 기체의 물리량을 아래 첨자 '2'로 나타내자.

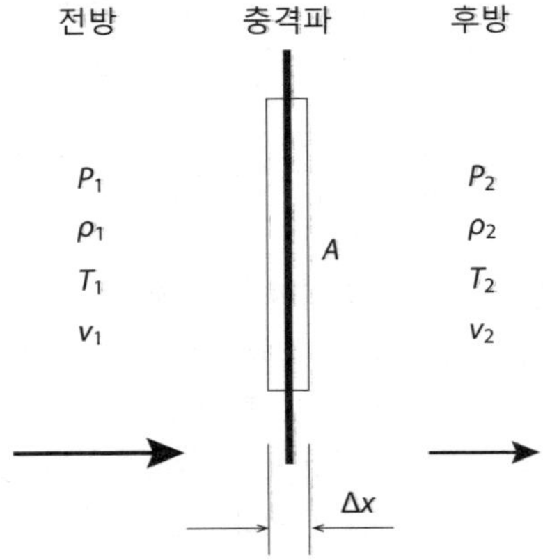

그림 15.8 충격파 전후방의 물리량과 부피소 $A\Delta x$

충격파 후방의 물리량이 전방의 물리량에 따라 어떻게 달라지는지 알아보자. 이를 위해 그림 15.8처럼, 충격파를 둘러싼 두께가 Δx, 면적이 $\mathbf{A} = A\hat{\mathbf{x}}$인 부피소 $\Delta V = A\Delta x$를 생각하고, 식 (15.51)부터 식 (15.53)을 ΔV에 대해 적분하자. 식 (15.51)에 대해, $\mathbf{v} = v\hat{\mathbf{x}}$임을 이용하면

$$0 = \int_{\Delta V} \boldsymbol{\nabla} \cdot (\rho\mathbf{v}) dV = \int_A \rho\mathbf{v} \cdot \hat{\mathbf{x}} dA = (\rho_2 v_2 - \rho_1 v_1)A \tag{15.54}$$

인데, $A \neq 0$이므로

$$\rho_2 v_2 = \rho_1 v_1 \tag{15.55}$$

이다. 이것은 식 (15.51)의 미분작용소 안에 있는 항, 즉 **질량 플럭스** ρv가 충격파 전후방에서 보존됨을 의미한다.

마찬가지 방법으로 식 (15.52)를 부피소 ΔV에 대해 적분하면

$$P_2 + \rho_2 v_2^2 = P_1 + \rho_1 v_1^2 \tag{15.56}$$

을 얻을 수 있다. ρv^2이 기체의 **충차압**(ram pressure)이므로, 식 (15.56)은 충격파를 가로질러 기체의 총압력(기체압+충차압)이 일정함을 뜻한다.

마지막으로 식 (15.53)을 적분하면

$$\rho v \left(\frac{1}{2} v^2 + \frac{\gamma}{\gamma - 1} \frac{P}{\rho} \right) = \text{일정} \tag{15.57}$$

함을 알 수 있는데, 식 (15.55)에 의해 ρv가 충격파 전후방에서 보존되므로

$$\frac{1}{2} v_2^2 + \frac{\gamma}{\gamma - 1} \frac{P_2}{\rho_2} = \frac{1}{2} v_1^2 + \frac{\gamma}{\gamma - 1} \frac{P_1}{\rho_1} \tag{15.58}$$

과 같이 쓸 수 있다. 이 식은 기체의 (단위 질량당) 운동 에너지와 엔탈피(enthalpy)의 합이 보존됨을 나타낸다. 식 (15.55), (15.56), (15.58)을 **랭킨-위고니오 관계식**(Rankine-Hugoniot relations)이라고 부른다.

15.3.2 밀도와 속도의 도약

상류영역의 마하수 $\mathcal{M}_1$을

$$\mathcal{M}_1^2 \equiv \frac{v_1^2}{a_1^2} = \frac{\rho_1 v_1^2}{\gamma P_1} \tag{15.59}$$

으로 정의하자. 여기서 a_1은 상류영역의 단열 음속이다. $\mathcal{M}_1$이 클수록 강한 충격파이다. $\mathcal{M}_1 < 1$인 아음속 기체의 흐름은 충격파를 생성하지 못한다.

충격파를 가로지르는 물리량의 도약을 $\mathcal{M}_1$의 함수로 나타낼 수 있다. 이를 위해, 하류영역의 마하수 $\mathcal{M}_2$를

$$\mathcal{M}_2^2 \equiv \frac{v_2^2}{a_2^2} = \frac{\rho_2 v_2^2}{\gamma P_2} \tag{15.60}$$

과 같이 정의하자. 식 (15.56)을 식 (15.55)로 나눈 후, 식 (15.59)와 식 (15.60)을 이용하면

$$\frac{\rho_2}{\rho_1} = \frac{v_1}{v_2} = \frac{\mathcal{M}_1^2(\gamma\mathcal{M}_2^2+1)}{\mathcal{M}_2^2(\gamma\mathcal{M}_1^2+1)}, \tag{15.61}$$

$$\frac{P_2}{P_1} = \frac{\mathcal{M}_1^2 v_2}{\mathcal{M}_2^2 v_1} = \frac{\gamma\mathcal{M}_1^2+1}{\gamma\mathcal{M}_2^2+1} \tag{15.62}$$

을 얻는다.

한편, 식 (15.58)을 $v_2^2/(\gamma-1)$로 나누고 정리하면

$$\frac{\gamma-1}{2}\left(1-\frac{v_1^2}{v_2^2}\right) = \frac{\gamma P_2}{\rho_2 v_2^2}\left(\frac{\rho_2/\rho_1}{P_2/P_1}-1\right) \tag{15.63}$$

이므로, 식 (15.60)부터 식 (15.62)를 이용한 후, $\mathcal{M}_1^2 \neq \mathcal{M}_2^2$인 해를 택하면

$$\mathcal{M}_2^2 = \frac{(\gamma-1)\mathcal{M}_1^2+2}{2\gamma\mathcal{M}_1^2-\gamma+1} \tag{15.64}$$

를 얻는다. $\mathcal{M}_1 > 1$이면 $\mathcal{M}_2 < 1$이므로, 충격파 후방의 속도가 아음속으로 감소함을 알 수 있다.

식 (15.61)과 식 (15.64)에서 $\mathcal{M}_2$를 소거하면, 충격파 전후방의 밀도와 속도의 도약으로

$$\frac{\rho_2}{\rho_1} = \frac{v_1}{v_2} = \frac{(\gamma+1)\mathcal{M}_1^2}{(\gamma-1)\mathcal{M}_1^2+2} \tag{15.65}$$

을 얻는다. $\mathcal{M}_1 \geq 1$에 대해 항상 $v_2/v_1 \leq 1$, $\rho_2/\rho_1 \geq 1$이므로 단열 충격파 직후방의 밀도는 증가하고 유체의 속도는 감소한다. $\mathcal{M}_2$ 및 ρ_2/ρ_1의 $\mathcal{M}_1$에 대한 개형을 그림 15.9에 나타내었다.

15.3.3 압력, 온도, 엔트로피의 도약

식 (15.64)를 식 (15.62)에 대입하면, 압력의 도약으로

$$\frac{P_2}{P_1} = \frac{2\gamma\mathcal{M}_1^2-\gamma+1}{\gamma+1} \tag{15.66}$$

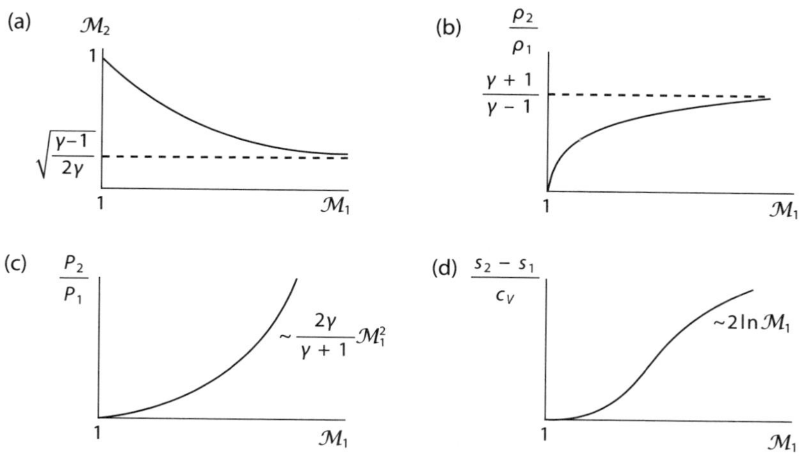

그림 15.9 단열 충격파의 상류 마하수 $\mathcal{M}_1$에 대한 (a) 하류 마하수 $\mathcal{M}_2$, (b) 밀도 도약 ρ_2/ρ_1, (c) 압력 도약 P_2/P_1, (d) 엔트로피의 변화 $(s_2 - s_1)/c_V$

을 얻는다. $\mathcal{M}_1 \geq 1$에 대해 항상 $P_2/P_1 \geq 1$이므로 충격파가 통과하면 압력이 증가한다(그림 15.9c).

충격파가 통과하면 온도가 상승하는데, 상승한 온도는 기체의 이온화도에 영향을 미치므로 평균분자량이 충격파 전후로 변할 수 있다. 이를 고려하면 충격파 전후방의 온도 변화는

$$\frac{T_2/\mu_2}{T_1/\mu_1} = \frac{P_2/\rho_2}{P_1/\rho_1} = \frac{[2\gamma\mathcal{M}_1^2 - \gamma + 1][(\gamma-1)\mathcal{M}_1^2 + 2]}{(\gamma+1)^2\mathcal{M}_1^2} \tag{15.67}$$

로 주어진다.

마지막으로, 충격파에 의한 엔트로피의 증가량을 계산해 보자. 식 (12.56)을 이용하면 충격파 전후방에서 엔트로피의 차이는

$$s_2 - s_1 = c_V \ln\left[\frac{P_2}{P_1}\left(\frac{\rho_1}{\rho_2}\right)^\gamma\right] \tag{15.68}$$

으로 주어진다. 식 (15.66)으로부터 압력의 도약을

$$\frac{P_2}{P_1} = \frac{2\gamma}{\gamma+1}(\mathcal{M}_1^2 - 1) + 1 \equiv X \tag{15.69}$$

라고 놓으면, 밀도의 도약은

$$\frac{\rho_2}{\rho_1} = \frac{(\gamma+1)X + (\gamma-1)}{(\gamma-1)X + (\gamma+1)} \tag{15.70}$$

이 된다. 이를 식 (15.68)에 대입하여 정리하면,

$$\frac{s_2 - s_1}{c_V} = \ln X - \gamma \ln \left[\frac{(\gamma+1)X + (\gamma-1)}{(\gamma-1)X + (\gamma+1)} \right] \tag{15.71}$$

을 얻는다. $\mathcal{M}_1 > 1$일 때, 항상 $X > 1$이고 $s_2 > s_1$이므로, 충격파는 엔트로피가 증가하는 비가역 현상이다(그림 15.9d).

15.3.4 약한 충격파

충격파의 세기는 압력의 상대적인 도약을 나타내는

$$\delta \equiv \frac{\Delta P}{P_1} = \frac{P_2 - P_1}{P_1} \tag{15.72}$$

이라는 양으로 측정한다. $\delta \ll 1$인 충격파를 **약한 충격파**(weak shock)라고 하며, $\delta \gg 1$인 충격파를 **강한 충격파**(strong shock)라고 한다. 식 (15.69)를 이용하면

$$\delta = \frac{2\gamma}{\gamma+1}(\mathcal{M}_1^2 - 1) \tag{15.73}$$

이므로 약한 충격파는 $\mathcal{M}_1 \to 1$일 때, 강한 충격파는 $\mathcal{M}_1 \gg 1$일 때 나타난다.

약한 충격파의 경우, 식 (15.65)부터 식 (15.68)을 이용하여

$$\frac{\Delta\rho}{\rho_1} = \frac{\rho_2 - \rho_1}{\rho_1} \simeq \frac{\delta}{\gamma}, \tag{15.74a}$$

$$\frac{\Delta T}{T_1} = \frac{T_2 - T_1}{T_1} \simeq \frac{\gamma - 1}{\gamma}\delta, \quad (\text{단}, \mu_1 = \mu_2) \tag{15.74b}$$

$$\frac{\Delta s}{c_V} = \frac{s_2 - s_1}{c_V} \simeq \frac{\gamma^2 - 1}{12\gamma^2}\delta^3 \tag{15.74c}$$

임을 보일 수 있다. 약한 충격파에서 엔트로피의 증가량은 δ에 민감하다.

15.3.5 강한 충격파

천문학에서 유체의 흐름은 대부분 $\mathcal{M}_1 \gg 1$인 극초음속이므로 생성된 충격파는 매우 강한 충격파이다. 이 경우 식 (15.65)부터 식 (15.67)을 이용하면 밀도, 압력, 온도의 도약이 근사적으로

$$\frac{\rho_2}{\rho_1} \to \frac{\gamma+1}{\gamma-1} \to 4, \tag{15.75a}$$

$$\frac{P_2}{P_1} \to \frac{2\gamma\mathcal{M}_1^2}{\gamma+1} \to \frac{5}{4}\mathcal{M}_1^2, \tag{15.75b}$$

$$\frac{T_2/\mu_2}{T_1/\mu_1} \rightarrow \frac{2\gamma(\gamma-1)\mathcal{M}_1^2}{(\gamma+1)^2} \rightarrow \frac{5}{16}\mathcal{M}_1^2 \tag{15.75c}$$

으로 주어짐을 알 수 있다. 위 식의 마지막 표현은 단원자 기체, 즉 $\gamma = 5/3$인 기체에 대한 값이다. 강한 충격파의 경우 밀도의 도약은 4배에 불과한 반면, 압력과 온도의 도약은 마하수의 제곱에 비례한다.

식 (15.75c)를 다시 쓰면

$$T_2 = \frac{3}{16}\frac{\mu_2 m_{\rm H}}{k_B}v_1^2 \tag{15.76}$$

이 된다. 이 식은 매우 강한 충격파 직후방의 온도는 충격파 전방의 온도에 무관하며, 진입 속도의 제곱에 비례함을 보여 준다. 물질의 구성이 우주원소함량비(cosmic abundance)를 따르는 기체가 충격파 직후방에서 완전히 전리되었다면

$$T_2 = 1.38 \times 10^5 \left(\frac{v_1}{10^2 \text{ km s}^{-1}}\right)^2 \text{ K} \tag{15.77}$$

가 된다. 기체 운동 에너지의 대부분이 (점성 등의 비가역적인 과정을 통하여) 열에너지로 전환되기 때문에 후방에서 높은 온도로 상승한다.

15.4 빗각 충격파⋆

자연계에 존재하는 충격파의 대부분은 기체의 입사각이 충격파면에 대해 기울어진 **빗각 충격파**(oblique shock)이며, 수직 충격파는 빗각 충격파의 매우 특별한 형태에 불과하다. 이 절에서는 빗각 충격파의 성질에 대해 알아본다.

그림 15.10은 마하수 3.5로 비행하는 비행체 주변에 형성된 빗각 충격파와 관련 기체의 흐름에 대한 모식도를 보여 준다. 비행체의 끝은 쐐기처럼 날카로운데, 진행 방향에 대한 비행체 끝의 각도(쐐기각)와 충격파의 각도를 각각 θ와 β라고 하면, 일반적으로 $\beta > \theta$이다. 충격파의 각도 β는 쐐기각과 비행체의 속도에

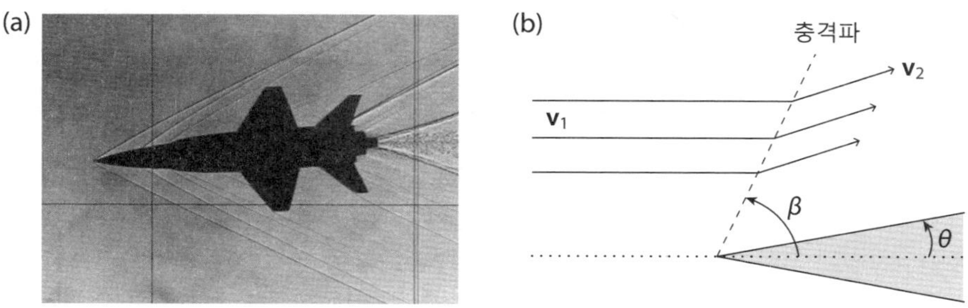

그림 15.10 (a) 마하수 3.5로 날아가는 비행체 주변에 형성된 빗각 충격파(Reprinted with permission from NASA)와 (b) 비행체의 정지 좌표계에서 본 기체 흐름의 구조

의존한다. 비행체의 정지 좌표계에서 본 충격파 전방 기체와 후방 기체의 속도를 각각 $\mathbf{v}_1$과 $\mathbf{v}_2$라고 하자. 또한 전방과 후방의 음속을 각각 a_1과 a_2라고 하면, $|\mathbf{v}_1|/a_1 > 1$이며 $\mathbf{v}_2$는 쐐기의 표면과 나란하다. $\mathbf{v}_2$가 쐐기의 표면과 나란하지 않으면 충격파가 정상 평형 상태를 유지하지 못한다.

15.4.1 도약 조건

그림 15.11과 같이 빗각 충격파를 둘러싼 부피소 $\Delta V = A\Delta n$을 생각해 보자. 단위 벡터 $\hat{\mathbf{n}}$과 $\hat{\mathbf{s}}$는 각각 충격파면의 수직 방향과 수평 방향을 나타낸다. 유체 속도의 충격파에 수직인 성분과 수평인 성분을 각각 u와 w라고 하면

$$u_1 = v_1 \sin\beta, \qquad w_1 = v_1 \cos\beta, \tag{15.78a}$$

$$u_2 = v_2 \sin(\beta - \theta), \qquad w_2 = v_2 \cos(\beta - \theta) \tag{15.78b}$$

이다.

부피소의 두께 Δn이 매우 얇다고 가정하고, ΔV에 대해 식 (15.51)을 적분하면

$$\lim_{\Delta n \to 0} \int_{\Delta V} \left[\frac{\partial(\rho u)}{\partial n} + \frac{\partial(\rho w)}{\partial s} \right] dV = (\rho_2 u_2 - \rho_1 u_1)A = 0 \tag{15.79}$$

인데, $A \neq 0$이므로

$$\rho_2 u_2 = \rho_1 u_1 \tag{15.80}$$

을 얻는다. 이 식은 충격파의 수직 방향으로 질량 플럭스가 보존됨을 뜻한다.

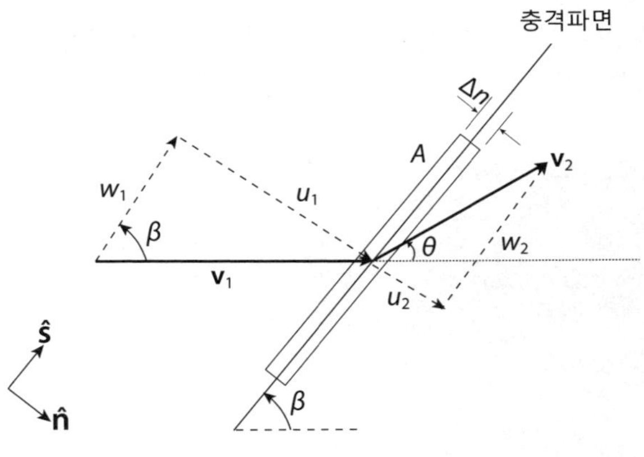

그림 15.11 빗각 충격파 전후방에서의 속도와 부피소 $\Delta V = A\Delta n$. $\hat{\mathbf{n}}$과 $\hat{\mathbf{s}}$는 각각 충격파면의 수직 방향과 수평 방향을 나타낸다. β는 $\mathbf{v}_1$과 충격파면이 이루는 각도를 나타내고 θ는 $\mathbf{v}_1$과 $\mathbf{v}_2$ 사이의 각도를 나타낸다.

식 (15.52)를 충격파에 수직인 성분과 평행한 성분으로 분리하면

$$\frac{\partial}{\partial n}(P + \rho u^2) + \frac{\partial}{\partial s}(\rho u w) = 0, \tag{15.81a}$$

$$\frac{\partial}{\partial n}(\rho u w) + \frac{\partial}{\partial s}(P + \rho w^2) = 0 \tag{15.81b}$$

이 된다. 위 두 식을 ΔV에 대해 적분한 후, 식 (15.80)을 이용하면

$$P_2 + \rho_2 u_2^2 = P_1 + \rho_1 u_1^2 \tag{15.82}$$

과

$$w_2 = w_1 \tag{15.83}$$

을 얻는다. 식 (15.83)은 충격파에 평행한 속도 성분은 충격파의 영향을 받지 않음을 보여 준다.

마지막으로 식 (15.53)을 적분한 후, 식 (15.80)과 (15.83)을 이용하면

$$\frac{1}{2}u_2^2 + \frac{\gamma}{\gamma - 1}\frac{P_2}{\rho_2} = \frac{1}{2}u_1^2 + \frac{\gamma}{\gamma - 1}\frac{P_1}{\rho_1} \tag{15.84}$$

을 얻는다.

식 (15.80), (15.82), (15.84)를 결합하여, 빗각 충격파를 통한 물리량의 도약에 대한 관계식을 얻는 과정은 수직 충격파의 경우와 동일하다. 그 결과를 정리하면

$$\frac{u_1}{u_2} = \frac{\rho_2}{\rho_1} = \frac{(\gamma + 1)\mathcal{M}_{n1}^2}{(\gamma - 1)\mathcal{M}_{n1}^2 + 2}, \tag{15.85a}$$

$$\frac{P_2}{P_1} = \frac{2\gamma\mathcal{M}_{n1}^2 - \gamma + 1}{\gamma + 1} \tag{15.85b}$$

인데, 여기서 수직 방향의 마하수 $\mathcal{M}_{n1}$은 비행체의 마하수 $\mathcal{M}_1 = v_1/a_1$에 대해

$$\mathcal{M}_{n1} \equiv \frac{u_1}{a_1} = \mathcal{M}_1 \sin\beta \tag{15.86}$$

의 관계를 만족한다.

15.4.2 충격파 각 β

식 (15.85)와 식 (15.86)을 이용하여 충격파를 가로지르는 물리량의 도약을 계산하기 위해서는, 주어진 $\mathcal{M}_1$과 쐐기각 θ에 대한 충격파의 각도 β를 먼저 결정해야 한다. 이것은 수평 방향의 속도 w가 충격파 전후방에서 변하지 않는다는 조건을 이용하면 가능하다.

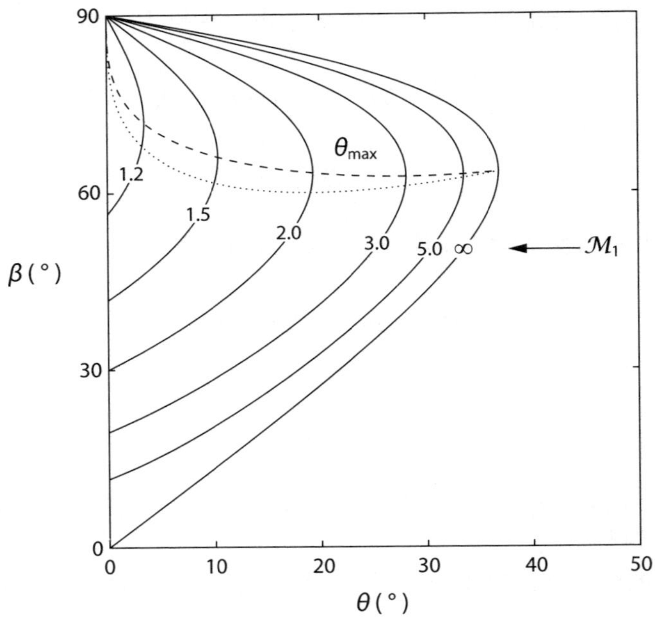

그림 15.12 쐐기각 θ와 마하수 $\mathcal{M}_1$에 대한 빗각 충격파 각도 β의 변화(실선). $\gamma = 5/3$를 택하였다. 파선은 주어진 $\mathcal{M}_1$에 대한 최대의 쐐기각 $\theta_{\max}$를 나타낸다. 점선은 $\mathcal{M}_2 = 1$에 대한 β와 $\mathcal{M}_1$의 관계를 보여 주는 것으로, 이 선의 아래와 위 영역은 각각 약충격파와 강충격파에 해당한다.

식 (15.78)로부터 식 (15.83)은

$$\frac{u_1}{u_2} = \frac{\tan\beta}{\tan(\beta-\theta)} \tag{15.87}$$

와 동등하다. 이 식을 식 (15.85a)에 대입하면,

$$\frac{\tan\beta}{\tan(\beta-\theta)} = \frac{(\gamma+1)\mathcal{M}_1^2\sin^2\beta}{(\gamma-1)\mathcal{M}_1^2\sin^2\beta+2} \tag{15.88}$$

를 얻는다. 삼각함수 합의 공식을 이용하여 위 식을 정리하면

$$\tan\theta = \frac{2}{\tan\beta}\frac{\mathcal{M}_1^2\sin^2\beta-1}{\mathcal{M}_1^2(\gamma+\cos 2\beta)+2} \tag{15.89}$$

이 된다. 쐐기각 θ와 마하수 $\mathcal{M}_1$이 주어졌을 때 식 (15.89)를 풀면 충격파의 각도 β를 결정할 수 있다.

몇몇 $\mathcal{M}_1$에 대한 θ와 β 사이의 관계를 그림 15.12에 나타내었다. 그림으로부터 다음과 같은 빗각 충격파의 특성을 알 수 있다. 첫째, 모든 가능한 충격파

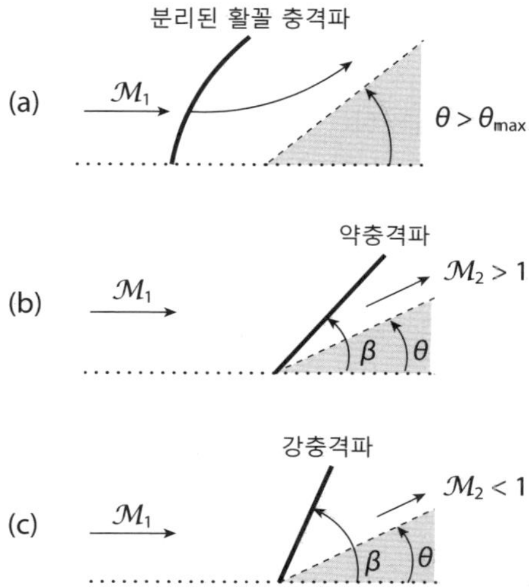

그림 15.13 빗각 충격파의 종류

($\mathcal{M}_{n1} \geq 1$)에 대해 식 (15.86)으로부터

$$\sin^{-1}\left(\frac{1}{\mathcal{M}_1}\right) \leq \beta \leq \frac{\pi}{2} \tag{15.90}$$

의 관계가 요구되며, 이는 식 (15.89)로부터 $\theta > 0$을 보장한다. 즉, 빗각 충격파를 통과한 기체는 항상 진입 방향으로부터 충격파면 쪽으로 기울어져 진행한다.

둘째, 주어진 마하수 $\mathcal{M}_1$에 대해 최대의 쐐기각 $\theta_{\max}$가 존재한다. $\theta_{\max}$는 $\mathcal{M}_1$에 대한 단조증가함수이다. $\mathcal{M}_1 \to 1$일 때, $\beta = \pi/2 - \delta$로 놓으면 식 (15.89)는 $\theta = [4(\mathcal{M}_1 - 1)\delta - 2\delta^3]/(\gamma + 1)$이 된다. 따라서 $\mathcal{M}_1 \to \infty$ 또는 1일 때,

$$\theta_{\max} = \begin{cases} \sin^{-1}(1/\gamma), & (\mathcal{M}_1 \to \infty) \\ \dfrac{2^{7/2}}{3^{3/2}(\gamma+1)}(\mathcal{M}_1 - 1)^{3/2} & (\mathcal{M}_1 \to 1) \end{cases} \tag{15.91}$$

이며, 이 값은 각각 $\beta = \sin^{-1}\sqrt{(\gamma+1)/(2\gamma)}$과 $\beta = \pi/2 - (2/3)^{1/2}(\mathcal{M}_1 - 1)^{1/2}$일 때 생김을 보일 수 있다.

그림 15.12에서 파선은 일반적인 $\mathcal{M}_1$에 대한 최대 쐐기각을 보여 준다. 이 최대 쐐기각은 충격파로 진입하는 기체의 진행 방향이 빗각 충격파에 의해 틀어질 수 있는 최대 각도이다. 만일 비행체의 끝이 뭉툭하여 그 쐐기각이 $\theta > \theta_{\max}$라면 식 (15.89)의 해가 존재하지 않는다. 이것은 그림 15.10에서처럼 빗각 충격파가 비행체의 끝에 붙어 있다는 애초의 설정이 잘못되었기 때문이다. 실제 상황에서는 그림 15.13(a)와 같이 비행체의 전방에 **분리된 뱃머리 충격파**(detached bow shock)가 형성된다. 천체에서 발견되는 빗각 충격파는 대부분 뱃머리 충격파이다.

셋째, $\theta < \theta_{\rm max}$인 경우, 2개의 β값이 가능하다. 이 중 작은 β에 해당하는 충격파를 약충격파, 큰 β에 해당하는 충격파를 강충격파라고 한다.[11] 쐐기 형태의 비행체에 의해 발생한 빗각 충격파는 대부분 약충격파이다. 충격파 후방 기체의 마하수를 $\mathcal{M}_2 = v_2/a_2$라고 하면

$$\mathcal{M}_2^2 \sin^2(\beta - \theta) = \frac{1 + (\gamma - 1)\mathcal{M}_1^2 \sin^2 \beta/2}{\gamma \mathcal{M}_1^2 \sin^2 \beta - (\gamma - 1)/2} \tag{15.92}$$

가 성립한다. 그림 15.12에서 점선은 $\mathcal{M}_2 = 1$인 선을 나타내는데, $\theta_{\rm max}$의 곡선과 매우 비슷하다. 그러므로 약충격파를 통과한 기체는 대부분의 경우 충격파 후방에서 여전히 초음속으로 진행함을 알 수 있다(그림 15.13b). 반면, 강충격파를 통과한 초음속 기체는 후방에서 아음속으로 변한다(그림 15.13c). $\theta \to 0$, $\beta \to 90°$인 극단적인 상황에서 강충격파는 수직 충격파가 된다.

15.5 등온 충격파

지금까지 기술한 충격파는 기체의 열 손실을 고려하지 않은 단열 충격파였다. 하지만, 충격파를 통과한 기체의 온도가 $T \sim 10^5 - 10^6$ K으로 상승하면(식 15.77), 기체에 존재하는 전자의 운동이 활발해져 이온화 퍼텐셜이 비교적 낮은 O^+, O^{++}, N^+, Ne^+ 등의 금속 이온들과 자주 충돌한다. 충돌 과정에서 이온에 속박된 전자는 높은 에너지 상태로 들뜬 후 곧바로 낮은 에너지 상태로 복사천이되는데, 이때 방출된 복사는 매질을 쉽게 빠져나간다(그림 16.7 참고). 이로 인한 충격파 후방의 에너지 손실로 기체가 충격파로부터 멀어지면서 온도가 내려가고 밀도는 증가한다(그림 15.14).

충격파 후방에서 기체의 냉각시간을 $t_{\rm cool}$이라 하자. 충격파를 통과한 기체가 약 $v_2 t_{\rm cool}$이라는 거리를 이동하면, 온도가 충분히 내려가 근사적인 열적 평형 상태에 도달할 것이다. 이 위치의 물리량을 아래 첨자 '3'을 써서 표현하자. 새로 도달한 평형 상태의 온도 T_3는 충격파 전방의 온도 T_1과 크게 다르지 않을 것이다. 복사 냉각이 매우 효율적이어서 냉각층의 두께($\sim v_2 t_{\rm cool}$)가 계의 전체 크기에 비해 충분히 얇다면, 냉각층 전체를 하나의 불연속면으로 간주하여 충격파 이전의 상태(1 상태)로부터 $T_3 = T_1$으로 되돌아온 상태(3 상태)만으로의 변화를 고려할 수 있다. 이와 같이 단열 충격파 및 직후방 냉각층에서 일어난 물리량의 변화를 1 상태에서 3 상태로의 불연속적인 도약으로 다룬 충격파를 **등온 충격파**(isothermal shock)라고 한다.

등온 상태방정식 $P = c_s^2 \rho$와 $T_1 = T_3$의 조건에 대해 식 (15.55)와 식 (15.56)

11) 빗각 충격파에서 말하는 강/약충격파는 상대적인 세기를 의미하는 것으로, 15.3.4절에서 논의한 강한/약한 충격파와는 다른 개념이다.

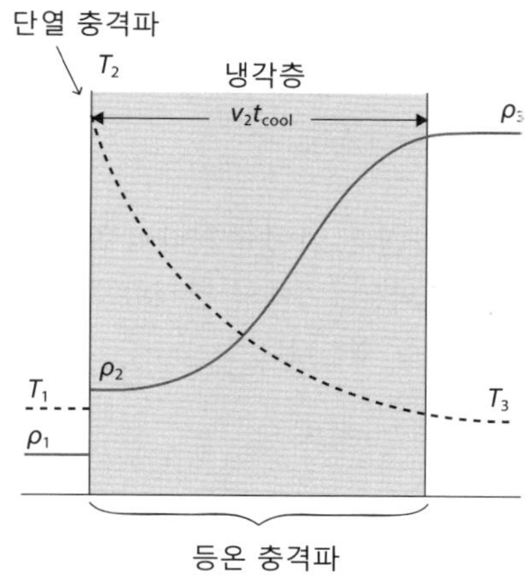

그림 15.14 등온 충격파의 구조

을 이용하면 1 상태와 3 상태의 물리량은

$$\rho_3 v_3 = \rho_1 v_1, \tag{15.93a}$$

$$\rho_3(v_3^2 + c_s^2) = \rho_1(v_1^2 + c_s^2) \tag{15.93b}$$

을 만족함을 알 수 있다. 여기서

$$c_s = \left(\frac{kT_1}{\mu m_{\rm H}}\right)^{1/2} = \left(\frac{kT_3}{\mu m_{\rm H}}\right)^{1/2} \tag{15.94}$$

은 기체의 등온 음속이다. 식 (15.93b)를 식 (15.93a)로 나누고 정리하면

$$v_3 + \frac{c_s^2}{v_3} = v_1 + \frac{c_s^2}{v_1}, \tag{15.95}$$

혹은

$$v_3 - v_1 = \frac{c_s^2}{v_1 v_3}(v_3 - v_1) \tag{15.96}$$

이 된다. 충격파면 전후방에서 $v_1 \neq v_3$ 이므로

$$v_1 v_3 = c_s^2 \tag{15.97}$$

이라는 관계가 성립한다. 식 (15.97)을 식 (15.93a)에 대입하면, 등온 충격파의 밀도와 속도의 도약 관계식으로

$$\frac{\rho_3}{\rho_1} = \frac{v_1}{v_3} = \mathcal{M}_{\rm iso}^2 \tag{15.98}$$

을 얻는다. 여기서

$$\mathcal{M}_{\text{iso}} \equiv \frac{v_1}{c_s} \tag{15.99}$$

은 충격파의 등온 마하수를 나타낸다. 단열 충격파의 밀도 도약은 최대 $(\gamma+1)/(\gamma-1)$ 배에 불과하지만, 등온 충격파는 (기체의 충격파 후방 냉각에 의해) 마하수의 제곱에 비례하는 큰 밀도 도약을 겪는다.

참고문헌

유체의 기본 방정식을 유도함에 있어서 처음부터 연속체를 상정한 Fetter and Walecka(2003)의 간단한 방식을 따랐다. 보다 근본적인 입자의 운동론(kinetic theory)에 기반한 방법은 Shu(1992)의 1장을 참고할 수 있다. 폴리트로프에 대한 보다 상세한 정보는 Chandrasekhar(1939)에 담겨 있다. 엔트로피-소용돌이파를 포함한 다양한 파동 및 빗각 충격파에 대한 설명은 Landau and Lifshitz(1959)에 기반하였다. 비선형 파동의 가팔라짐 현상은 Fetter and Walecka(2003)을 참고하였으며, 리만 특성 해석법의 좋은 참고 서적으로 Pringle and King(2007)과 Whitham(1974)를 들 수 있다.

- **단행본**

Arfken, G. B., Weber, H. J., and Harris, F. E. 2012, *Mathematical Methods for Physicists*, 7th edition, Elsevier

Chandrasekhar, S. 1939, *An Introduction to the Study of Stellar Structure*, Chicago University Press

Draine, B. T. 2011, *Physics of the Interstellar and Intergalactic Medium*, Princeton University Press

Fetter, A. L. and Walecka, J. D. 2003, *Theoretical Mechanics for Particles and Continua*, Dover

Finnemore, E. J. and Franzini, J. B. 2017, *Fluid Mechanics with Engineering Applications*, 10th edition, McGraw-Hill

Klessen, R. S. and Glover, S. C. O. 2016, "Physical Processes in the Interstellar Medium" in *Star Formation in Galaxy Evolution: Connecting Numerical Models to Reality, Saas-Fee Advanced Course 43*, ed. N.Y. Gnedin, S.C.O. Glover, R.S. Klessen, and V. Springel, Springer

Landau, L. D. and Lifshitz, E. M. 1959, *Fluid Mechanics*, Pergamon

Pringle, J. E. and King, A. 2007, *Astrophysical Flows*, Cambridge University Press

Shu, F. H. 1992, *The Physics of Astrophysics II. Gas Dynamics*, University Science Books

Spitzer, L. 1962, *Physics of Fully Ionized Gases*, John Wiley & Sons

Whitham, G. B. 1974, *Linear and Nonlinear Waves*, John Wiley & Sons

- **논문**

Allwright D. J. and Kaouri, K. 2004, Circulation in Inviscid Gas Flows with Shocks, *Applied Mathematics Letters*, 17, 767

Gammie, C. F. 2001, Nonlinear Outcome of Gravitational Instability in Cooling, Gaseous Disks, *ApJ*, 553, 174

Heyer, M. H. and Brunt, C. M. 2004, The Universality of Turbulence in Galactic Molecular Clouds, *ApJ*, 615, L45

McKee, C. F. and Ostriker, E. C. 2007, Theory of Star Formation, *ARAA*, 45, 565

Ostriker, J. P. 1964, The Equilibrium of Polytropic and Isothermal Cylinders, *ApJ*, 140, 1056

Parker, E. N. 1953, Instability of Thermal Fields, *ApJ*, 117, 431

문제

1. 다음과 같은 2차원 유체의 정상 흐름에 대하여 x-y 평면에 유선을 그리시오. 또한 이러한 흐름이 압축성인지 비압축성인지 판단하고, 소용돌이 $\boldsymbol{\omega} = \boldsymbol{\nabla} \times \mathbf{v}$를 구하시오. (x, y)와 (R, ϕ)는 각각 직각 좌표계와 원통 좌표계의 좌표를 나타낸다.

   (1) $v_x = y$, $v_y = 0$
   (2) $v_x = x$, $v_y = -y$
   (3) $v_x = -y/R^2$, $v_y = x/R^2$
   (4) $v_x = y^2$, $v_y = 2xy$
   (5) $v_R = 0$, $v_\phi = R$
   (6) $v_R = 0$, $v_\phi = 1/R$

2. 3개의 선요소 $\delta\mathbf{x}$, $\delta\mathbf{y}$, $\delta\mathbf{z}$가 형성하는 면적소 $\delta\mathbf{S} = \delta\mathbf{x} \times \delta\mathbf{y}$와 부피소 $\delta V = (\delta\mathbf{x} \times \delta\mathbf{y}) \cdot \delta\mathbf{z}$에 대해

$$\frac{D\delta\mathbf{S}}{Dt} = (\boldsymbol{\nabla} \cdot \mathbf{v})\delta\mathbf{S} - (\boldsymbol{\nabla}\mathbf{v}) \cdot \delta\mathbf{S}, \tag{P4.1a}$$

$$\frac{D\delta V}{Dt} = \delta V(\boldsymbol{\nabla} \cdot \mathbf{v}) \tag{P4.1b}$$

   가 성립함을 증명하시오. 식 (P4.1b)를 이용하여 δV 내부의 질량 $\delta m = \rho\delta V$가 보존됨을 보이시오.

3. 차등회전하는 원반의 회전 각속도 $\boldsymbol{\Omega} = \Omega(R)\hat{\mathbf{z}}$의 반지름 R에 대한 변화를 $\Omega \propto R^{-q}$로 표현하자. 강체 회전, 편평한 회전, 케플러 회전은 각각 $q = 0$, 1, 3/2에 해당한다. 각 회전에 대한 소용돌이 $\boldsymbol{\omega}$를 구하시오.

4. 에너지 방정식(식 12.59)을

$$\rho\frac{De}{Dt} = -P\boldsymbol{\nabla} \cdot \mathbf{v} - \rho\mathcal{L} \tag{P4.2}$$

   로 간단히 표현할 수 있음을 보이시오.

5. 충분한 양의 물이 담겨 있는 양동이가 일정한 각속도 $\boldsymbol{\Omega} = \Omega\hat{\mathbf{z}}$로 회전하고 있다. 양동이 속의 물은 지구의 중력 가속도 $\mathbf{g} = -g_\oplus\hat{\mathbf{z}}$와 원심력의 영향 아래에서 정상 평형 상태에 있다. 다음 계산을 통해 물 표면의 형태를 결정해 보자.

   (1) 물의 속도 v_x, v_y, v_z를 x, y, Ω의 함수로 나타내시오.
   (2) 물이 비압축성이라는 사실을 이용하여 x, y, z 방향의 운동량 방정식을 적분하시오.
   (3) 물 표면에서의 압력이 대기압 $P_{\rm atm}$과 같아야 한다는 조건을 이용하여 물 표면의 형태를 구하시오.

(4) 이 문제에 식 (13.69)를 적용하면

$$z = z_0 - \frac{\Omega^2}{2g_\oplus}(x^2 + y^2) \tag{P4.3}$$

이라는 결과를 얻는다. 여기서 z_0는 $x = y = 0$에서 물의 높이이다. 식 (P4.3)은 앞에서 구한 결과와 다른데, 그 이유를 설명하시오.

6. 정적 평형 상태에 있는 등온 평판의 밀도에 대한 식 (13.11)과 식 (13.14)를 유도하시오.

7. z 방향으로 무한히 긴 원통형 성간구름을 생각해 보자. 이 성간구름이 축대칭이고 등온이며 자체 중력과 압력이 균형을 이루는 정적 평형 상태에 있을 때, R 방향의 밀도 분포가

$$\rho = \rho_0 \left(1 + \frac{R^2}{8H^2}\right)^{-2} \tag{P4.4}$$

임을 보이시오(Ostriker 1964). 또한, 성간구름의 단위 길이당 질량이 $dM/dz = 2c_s^2/G$임을 보이시오. 여기서 $H \equiv c_s/(4\pi G\rho_0)^{1/2}$는 구름의 반경척도이며 c_s는 기체의 등온 음속을, ρ_0는 중심축에서의 밀도를 나타낸다.

8. x, y 방향으로 무한히 펼쳐진 기체 원반이 정적 평형 상태에 있다. 기체의 단열지수는 γ이다. 이 원반의 밀도 분포를 구하기 위해서는 무차원 매개 변수

$$\mu(z) = \frac{1}{4\pi G\rho_0 H}\frac{d\Phi}{dz} \tag{P4.5}$$

를 도입하면 편리하다. 여기서 $H = a_0/(2\pi G\gamma\rho_0)^{1/2}$는 원반의 높이척도이고 ρ_0와 a_0는 각각 중심면($z = 0$)에서의 밀도와 단열 음속이며, $\Phi(z)$는 평형 상태의 자체 중력 퍼텐셜을 나타낸다.

(1) 원반의 무차원 높이를 $\xi = z/H$라고 할 때, 무차원 함수 $\Theta(\xi)$를 이용하여 밀도를 $\rho(z) = \rho_0\Theta^n$이라고 놓으면

$$\frac{d^2\Theta}{d\xi^2} = -\left(\frac{2}{1+n}\right)\Theta^n, \quad \frac{d}{d\xi} = \Theta^n\frac{d}{d\mu} \tag{P4.6}$$

가 성립함을 보이시오. 단, $n = 1/(\gamma - 1)$이다.

(2) 위 식으로부터 원반의 평형 밀도 분포가

$$\rho(\mu) = \rho_{00}(1 - \mu^2)^{1/\gamma} \tag{P4.7}$$

으로 주어짐을 보이시오.

(3) $\gamma = 2/3$, 1, 2일 때, 각각 $\rho(z)$를 구하시오.

9. 식 (13.51)로 주어진 특이 등온 기체구의 밀도 분포가 정적 평형 상태를 만족함을 보이시오.

10. 태양의 코로나는 희박한 기체로 구성되어 있으며 물질의 열전도도가 $\mathcal{K} \propto T^{5/2}$ 이라는 형태로 주어진다(식 12.84 참고). 코로나가 정적 평형 상태에 있을 때, 온도와 압력의 분포가

$$T = T_0 \left(\frac{r_0}{r}\right)^{2/7}, \tag{P4.8}$$

$$P = P_0 \exp\left\{\frac{7GM_\odot \mu m_{\rm H}}{5k_B T_0 r_0}\left[\left(\frac{r_0}{r}\right)^{5/7} - 1\right]\right\} \tag{P4.9}$$

을 만족함을 보이시오. 여기서 r은 태양 중심으로부터 측정한 거리이며, T_0와 P_0는 각각 거리 $r = r_0$에서의 온도와 압력을 나타낸다.

11. 식 (13.68)과 식 (13.74)가 성립함을 보이시오.

12. 식 (13.79)를 수치적으로 적분하여 등온 매질에서의 본디 유입과 등온 항성풍의 전이음속해를 구한 후, 속도와 거리 관계의 그림(그림 13.5의 B 해와 그림 13.6의 F 해)을 그리시오.

13. 본디 유입에 의한 무차원 질량 유입률을

$$\lambda \equiv \frac{\dot{M}}{4\pi r_{\rm B,\infty}^2 c_{s,\infty}\rho_\infty} \tag{P4.10}$$

으로 정의하자. 여기서 $r_{\rm B,\infty} = GM/c_{s,\infty}^2$이며 ρ_∞와 $c_{s,\infty}$는 각각 $r \to \infty$에서의 밀도와 등온 음속이다. $\gamma = 1$인 등온 기체의 경우, 식 (13.81)은 $\lambda_{\rm iso} = e^{3/2}/4 \simeq 1.12$임을 보여 준다. 13.4.3절에서 기술한 등온 기체의 본디 유입 문제를 $\gamma > 1$인 단열 기체로 확장하여 무차원 질량 유입률이

$$\lambda = \frac{1}{4\gamma^{3/2}}\left(\frac{2}{5-3\gamma}\right)^{\frac{5-3\gamma}{2(\gamma-1)}} \tag{P4.11}$$

으로 주어짐을 보이시오. 또한 $\lim_{\gamma\to 1}\lambda = \lambda_{\rm iso}$임을 확인하시오.

14. 등온 항성풍에 대해 식 (13.79)를 적분하여 전이음속해가

$$\frac{1}{2}\left(\frac{v}{c_s}\right)^2 - \ln\left(\frac{v}{c_s}\right) = -\ln\lambda_{\rm iso} + 2\ln\left(\frac{r}{r_{\rm B}}\right) + \left(\frac{r}{r_{\rm B}}\right)^{-1} \tag{P4.12}$$

을 만족함을 보이시오. 여기서 $\lambda_{\rm iso} = e^{3/2}/4$이다.

(1) $r/r_\mathrm{B} \ll 1$일 때, 등온 항성풍의 해가 근사적으로

$$\frac{v}{c_s} \approx \frac{e^{3/2}}{4}\left(\frac{r}{r_\mathrm{B}}\right)^{-2} \exp\left(-\frac{r_\mathrm{B}}{r}\right), \quad \rho \approx \rho_* \exp\left[\frac{r_\mathrm{B}}{r}\left(\frac{r_*}{r} - 1\right)\right] \tag{P4.13}$$

임을 보이시오.

(2) $r/r_\mathrm{B} \gg 1$에서 전이음속해가

$$\frac{v}{c_s} \approx 2\sqrt{\ln\left(\frac{r}{r_\mathrm{B}}\right)}, \quad \rho \propto \frac{1}{r^2\sqrt{\ln(r/r_\mathrm{B})}} \tag{P4.14}$$

을 만족함을 보이시오.

(3) 태양 코로나는 $r_* = 2R_\odot$에 위치해 있으며 그 온도와 밀도는 각각 $T_* \sim 1 \times 10^6$ K, $n_* \sim 10^8\ \mathrm{cm^{-3}}$이다. 태양풍을 등온으로 가정하고 질량 방출률 $\dot{M}$을 $M_\odot\ \mathrm{yr^{-1}}$의 단위로 구하시오.

15. 질량이 $2M_\odot$이고 반지름이 10 km인 중성자성으로 유입되는 구대칭 기체의 흐름을 생각해 보자. 물질의 질량 유입률은 $\dot{M} = 10^{-8} M_\odot\ \mathrm{yr^{-1}}$이다. 유입되는 기체는 열 에너지를 무시할 수 있을 정도로 차갑지만 완전히 전리되어 있으며, 수소와 헬륨의 개수 비는 $n_\mathrm{He}/n_\mathrm{H} = 0.1$이다. 기체가 유입되며 형성된 **유입 충격파**(accretion shock)가 중성자성의 표면 근처에 놓여 있다.

(1) 유입 충격파 직후방의 기체 온도 T_s와 수소 원자핵의 밀도 n_H를 구하시오.

(2) 충격파에 의한 기체의 운동 에너지의 변화량이 모두 복사로 방출될 경우, 유입 물질이 방출하는 광도를 태양 광도 단위로 구한 후, 이를 에딩턴 광도와 비교하시오.

(3) 물질의 유입에 의한 광도가 중성자별 자체의 광도보다 클 때, 이 계의 유효온도를 구하시오.

16. 비점성, 순압성 기체의 경우, 소용돌이 $\boldsymbol{\omega}$와 면적소 $\delta\mathbf{S}$가

$$\frac{D(\boldsymbol{\omega} \cdot \delta\mathbf{S})}{Dt} = 0 \tag{P4.15}$$

을 만족함을 보이고, 이 식의 물리적 의미에 대해 토의하시오.

17. 별빛의 흔들림, 또는 시상(seeing)을 초래하는 지구 대기 난류 운동의 레이놀즈수는 $\mathcal{R} = 10^8$이고 에너지 전이율은 $\epsilon = 10\ \mathrm{cm^2\ s^{-3}}$이다. 가장 큰 맴돌이와 가장 작은 맴돌이의 크기 및 회전 시간을 구하시오.

18. 다음 문제를 통해 소용돌이의 변화와 생성에 대해 알아보자.

(1) 엔탈피를 $h \equiv e + P/\rho$로 정의할 때, 열역학 제1법칙(식 12.45)을

$$T\nabla s = \nabla h - \frac{1}{\rho}\nabla P \tag{P4.16}$$

로 표현할 수 있음을 보이시오.

(2) 점성 유체의 운동량 방정식인 식 (12.68)과 식 (P4.16)을 결합하여

$$\frac{\partial \mathbf{v}}{\partial t} + \boldsymbol{\omega} \times \mathbf{v} = -\nabla\mathcal{B} + T\nabla s - \nu\nabla \times \boldsymbol{\omega} + \nu\nabla(\nabla \cdot \mathbf{v}) \tag{P4.17}$$

로 쓸 수 있음을 보이시오. 여기서 $\mathcal{B} = \frac{1}{2}v^2 + h + \Phi$는 베르누이 상수이다. 식 (P4.17)을 (점성 유체에 대한) **크로코의 정리**(Crocco's theorem)라고 부른다.

(3) 비압축성 유체는

$$\frac{D\boldsymbol{\omega}}{Dt} = (\boldsymbol{\omega} \cdot \nabla)\mathbf{v} + \nabla \times (T\nabla s) + \nu\nabla^2\boldsymbol{\omega} \tag{P4.18}$$

를 만족함을 보이고, 소용돌이 변화 및 생성에 대한 각 항의 물리적 의미에 대해 토의하시오.

19. 유체의 점성을 고려할 때, 음파의 분산 관계식이

$$\omega^2 - i\nu k^2\omega - a^2k^2 = 0 \tag{P4.19}$$

으로 변함을 보이시오. $\nu \ll \omega/k^2$ 인 경우 파동의 감쇠 시간이 $t_{\rm decay} = 2/(\nu k^2)$ 임을 보이시오. 단열 음속이 $a = 340$ m s^{-1} 인 지구 대기에서 진동수가 $f =$ 1 kHz 인 소리가 점성에 의해 감쇠되는 시간을 계산하시오.

20. 수직 방향 운동이 중요하지 않은 원반의 진화를 조사할 때 기본 방정식을 수직 방향으로 적분하여 사용하면 편리하다. 물리량의 수직 방향 변화와 유체의 수직 방향 운동을 고려할 수 없지만, 3차원 문제가 2차원 문제로 단순화된다는 장점이 있다. 그러나 수직 방향으로 적분한 2차원 매질의 단열지수 $\gamma_{\rm 2D} = d\ln\Pi/d\ln\Sigma$ 는 3차원 매질의 단열지수 $\gamma = d\ln P/d\ln\rho$와 다름에 주의해야 한다. 초기 밀도와 압력의 수직 방향 분포가 $\rho_0 \propto P_0 \propto \exp[-z^2/(2H^2)]$과 같이 층화된 원반에서 $\gamma_{\rm 2D}$ 와 γ 사이의 관계를 알아보자.

(1) 표면밀도와 표면압력의 섭동을 각각 $\Sigma_1 \equiv \int \rho_1 dz$ 와 $\Pi_1 \equiv \int P_1 dz$ 라고 할 때, 층화된 원반의 섭동 방정식인 식 (14.47)부터 식 (14.49)를 수직

방향으로 적분하여

$$\frac{\partial \mathcal{R}_1}{\partial t} = H^2 \frac{\partial \Sigma_1}{\partial t} + 2\mathcal{V}_1, \tag{P4.20}$$

$$\frac{\partial \mathcal{V}_1}{\partial t} = \Pi_1 - \frac{P_0}{\rho_0 H^2}\mathcal{R}_1, \tag{P4.21}$$

$$\frac{\partial \Pi_1}{\partial t} = \gamma \frac{P_0}{\rho_0}\frac{\partial \Sigma_1}{\partial t} - \frac{\gamma - 1}{H^2}\frac{P_0}{\rho_0}\mathcal{V}_1 \tag{P4.22}$$

이 성립함을 보이시오. 여기서 $\mathcal{V}_1 \equiv \int \rho_0 vz dz$ 이고 $\mathcal{R}_1 \equiv \int \rho_1 z^2 dz$ 이다. 식 (P4.20)을 유도할 때, 수평 방향의 속도 u가 z방향으로 일정하다고 가정하였다.

(2) 진동수가 작은 파동에 대하여 식 (P4.21)에서 $|\Pi_1| \gg |\partial \mathcal{V}_1/\partial t|$을 택할 수 있다. $\gamma_{2\mathrm{D}}$와 γ가

$$\gamma_{2\mathrm{D}} = \frac{\Pi_1/\Sigma_1}{P_0/\rho_0} = \frac{3\gamma - 1}{\gamma + 1} \tag{P4.23}$$

을 만족함을 보이시오(Gammie 2001).

21. 식 (P4.23)은 다음과 같은 과정을 통해 더 간단하게 유도할 수 있다. $\Phi = \Phi(0) + \frac{1}{2}\Lambda^2 z^2$ 인 중력 퍼텐셜 아래에서 정적 평형 상태에 있는 원반을 생각해 보자. 원반의 온도는 수직 방향으로 일정하다.

(1) 원반의 수직 방향 밀도 분포가

$$\rho = \rho_0 \exp\left(-\frac{\Lambda^2}{2c_s^2} z^2\right) \tag{P4.24}$$

으로 주어짐을 보이시오. 여기서 $c_s = (P/\rho)^{1/2} = (\Pi/\Sigma)^{1/2}$는 기체의 등온 음속이다.

(2) 원반 중심면에서의 밀도가

$$\rho_0 = (2\pi)^{-1/2}\Lambda \Sigma^{3/2} \Pi^{-1/2} \tag{P4.25}$$

임을 보이시오.

(3) 단열 에너지 방정식을

$$\frac{1}{\gamma - 1}\frac{D}{Dt}\ln\left(\frac{\Pi}{\Sigma}\right) - \frac{D}{Dt}\ln \rho = 0 \tag{P4.26}$$

으로 쓸 수 있음을 보이시오.

(4) 원반 중심면 근처에서 $\rho \simeq \rho_0$ 임을 이용하여 식 (P4.23)이 성립함을 보이시오.

22. 수로를 따라 x 방향으로 흐르는 1차원 비압축성, 비점성 유체를 생각해 보자.

(1) 수로 바닥으로부터의 높이를 h, x 방향 유체의 속도를 v 라고 할 때, 질량 보존과 x 방향의 운동량 보존 조건으로부터

$$\frac{\partial h}{\partial t} + \frac{\partial (hv)}{\partial x} = 0, \tag{P4.27a}$$

$$\frac{\partial v}{\partial t} + v\frac{\partial v}{\partial x} + g\frac{\partial h}{\partial x} = 0 \tag{P4.27b}$$

이 성립함을 보이시오. 여기서 g는 지구의 중력가속도이며, 유체가 수직 방향으로 항상 정적 평형을 만족한다고 가정하였다. 위 방정식을 **천수방정식**(shallow water equations)이라고 부른다.

(2) $h = h_0$ 이고 $v = 0$ 인 초기 평형 상태에 작은 섭동을 가하여, 이 매질을 전파하는 **표면 중력파**(surface gravity wave)의 전파속도(위상속도)가 $c_0 = (gh_0)^{1/2}$ 로 주어짐을 보이시오.[12]

23. 높이 h_0 인 물을 $-\infty < x < 0$ 영역에서 저장하고 있던, $x = 0$ 에 위치한 저수지의 댐이 $t = 0$ 인 시각에 갑자기 붕괴되었다. 붕괴 이후 물의 흐름은 천수방정식(식 P4.27)을 따른다.

(1) 닮음 변수(similarity variable)

$$\xi = \frac{x}{c_0 t} \tag{P4.28}$$

를 도입하여 식 (P4.27)을 ξ 에 대한 2개의 상미분방정식으로 변환하시오.

(2) 물의 흐름은 (i) $t \le 0$ 에서 $v = 0$ 이고 $h/h_0 = 1$ 이며, (ii) $t > 0$ 에서 $v \ge 0$ 이고 $1 \ge h/h_0 \ge 0$ 이라는 두 가지 경계조건을 만족한다. 이 조건을 위에서 구한 상미분방정식에 적용하여 그 해가

$$\frac{v}{c_0} = \frac{2(\xi+1)}{3}, \quad \left(\frac{h}{h_0}\right)^{1/2} = \frac{2-\xi}{3} \quad (\text{단}, -1 \le \xi \le 2) \tag{P4.29}$$

임을 보이시오. 이 해를 그림으로 그리고 물리적으로 토의하시오.

(3) 한편, 식 (P4.27)을 조합하여 물의 흐름이 따르는 특성곡선 $C_\pm$ 및 리만 불변량 $J_\pm$ 를 구하시오.

12) 대양의 깊이는 대략 4 km이고 지진 해일(tsunami)의 파장은 평균 100 km이므로, 이 선형 모형은 해안에서 멀리 떨어진 지진 해일의 전파를 잘 기술해 준다. 해일이 해안에 가까워지면서 진폭이 증가하면 선형 가정이 더 이상 적용되지 않는다.

(4) $v = 0$이고 $h = h_0$인 영역에서 출발한 C_+ 특성곡선을 따라 J_+가 보존되는데, 이러한 C_+ 특성곡선의 영향을 받는 영역은 단순파 형태의 해를 갖고 있다. 이 사실을 이용하여 단순파 형태의 해가 식 (P4.29)로 주어짐을 보이시오.

24. 압축성 유체의 충격파처럼, 비압축성 유체에는 **수력도약**(hydraulic jumps)이라는 불연속면이 있다. 수력도약을 가로지른 물의 속도와 높이의 변화는 정상상태의 천수방정식(식 P4.27)으로 기술된다.

(1) 정지해 있는 수력도약 전방의 물의 속도와 높이를 v_1과 h_1이라고 할 때, 수력도약 후방에서 물의 높이 h_2가

$$\frac{h_2}{h_1} = \frac{1}{2}\left[\left(1 + 8\mathcal{F}^2\right)^{1/2} - 1\right] \tag{P4.30}$$

로 주어짐을 보이시오. 여기서 $\mathcal{F} \equiv v_1/(gh_1)^{1/2}$을 **프루드수**(Froude number)라고 한다.

(2) 일정한 속도로 움직이는 수력도약을 통과한 물이 곧바로 정지한다면, 수력도약 전후방에서 수면의 높이 비 $\mathcal{R} \equiv h_2/h_1$는

$$\mathcal{R}^3 - \mathcal{R}^2 - (1 + 2\mathcal{F}^2)\mathcal{R} + 1 = 0 \tag{P4.31}$$

을 만족함을 보이시오. 따라서 $\mathcal{F} \gg 1$일 때, $\mathcal{R} \simeq \sqrt{2}\mathcal{F}$이다. 끝이 막힌 수로(canal)에 형성된 수력도약이 이 경우에 해당한다.

25. 단열 수직 충격파에서

(1) 식 (15.64), (15.65), (15.71)을 유도하시오.

(2) 물리량 X_1과 X_2를 각각 마하수 $\mathcal{M}_1$과 $\mathcal{M}_2$에 대해 식 (15.69)와 같이 정의할 때,

$$X_1 X_2 = 1 \tag{P4.32}$$

임을 보이시오.

(3) 랭킨-위고니오 관계식으로부터 충격파 전후방의 속도가

$$v_1 v_2 = a_*^2 \tag{P4.33}$$

을 만족함을 보이시오. 여기서 임계속도 a_*는

$$a_*^2 \equiv \frac{2(\gamma - 1)}{\gamma + 1}\left(\frac{1}{2}v^2 + \frac{a^2}{\gamma - 1}\right) = \text{일정} \tag{P4.34}$$

으로 정의되며, $v = a = (\gamma P/\rho)^{1/2}$일 때의 유체의 속도와 같다. 식 (P4.33)을 **프란틀 관계식**(Prandtl relation)이라고 부른다.

26. 초기에 사인파의 형태로 주어진 파동이 점점 가팔라져 충격파로 변하는 시점에 대한 식 (15.20)을 유도하시오.

27. 약한 충격파의 경우 식 (15.74)가 성립함을 보이시오.

28. 빗각 충격파에서

(1) 다음의 프란틀 관계식

$$u_1 u_2 = a_*^2 - \frac{\gamma - 1}{\gamma + 1} w^2 \tag{P4.35}$$

이 성립함을 보이시오. 여기서 a_*는 식 (P4.34)에서 정의된 임계속도이다.

(2) 충격파 후방의 속도를 $v_{2x} = v_2 \cos\theta$, $v_{2y} = v_2 \sin\theta$로 나타낼 때, v_{2x}와 v_{2y}가

$$v_{2y}^2 = \frac{(v_1 - v_{2x})^2 (v_1 v_{2x} - a_*^2)}{a_*^2 + 2v_1^2/(\gamma + 1) - v_1 v_{2x}} \tag{P4.36}$$

을 만족함을 보이시오. 이 식을 **충격 극선식**(shock polar equation)이라고 한다.

(3) $\mathcal{M}_1 = 3$이고 $\gamma = 5/3$일 때, v_{2x}와 v_{2y}의 관계를 x-y 평면에 그리시오. 이 충격 극선도(shock polar diagram)와 직선 $v_{2y} = v_{2x} \tan\theta$가 만나는 점이 존재할 수 있는 θ의 최댓값을 수치적으로 구하고, 그림 15.12에 표시된 값과 비교하시오.

29. 젊은 별이 방출하는 자외선은 주변 기체를 이온화시켜 **전리수소(HII) 영역**을 형성하는데, 이 영역의 가장자리에는 전리도(degree of ionization)가 불연속으로 변하는 **전리전선**(ionization front)이 위치한다. 전리전선 전방에 있던 차가운 중성 기체가 전리전선을 통과하면서 이온화되어 후방에서 온도가 상승하고 밀도와 속도가 변한다. 전리전선이 정상 평형 상태에 있으며 전방과 후방의 기체가 (각각 다른 온도에서) 등온이라고 가정하고 다음 물음에 답하시오.

(1) 질량과 운동량 보존 조건을 이용하여 전리전선의 밀도 도약이

$$\frac{\rho_2}{\rho_1} = \frac{c_1^2 + v_1^2 \pm \sqrt{(c_1^2 + v_1^2)^2 - 4c_2^2 v_1^2}}{2c_2^2} = \frac{v_1}{v_2} \tag{P4.37}$$

으로 주어짐을 보이시오. 여기서 아래 첨자 '1'과 '2'는 각각 전리전선 전방과 후방의 물리량을 의미하며, v와 c는 각각 전리전선 정지 좌표계에서

측정한 기체의 속도와 음속을 나타낸다. 단, $c_2 \approx 10c_1$ 이다.

(2) 밀도가 실수값을 갖는다는 조건을 이용하여 전리전선에 진입하는 기체가 가질 수 있는 속도의 범위가 $v_1 \geq v_R$ 또는 $v_1 \leq v_D$ 임을 보이시오. 여기서

$$v_R \equiv c_2 + (c_2^2 - c_1^2)^{1/2}, \quad v_D \equiv c_2 - (c_2^2 - c_1^2)^{1/2} \tag{P4.38}$$

이다. 또한,

$$\frac{c_1^2 + v_D^2}{v_D} = \frac{c_1^2 + v_R^2}{v_R} \tag{P4.39}$$

이 성립함을 보이시오.

(3) 식 (P4.37)을 이용하여 등온 충격파의 밀도 도약(식 15.98)을 구하시오.

(4) $v_1 \geq v_R$ 의 속도로 움직이는 전리전선을 **R형 전리전선**(R-type ionization front), $v_1 \leq v_D$ 의 속도로 움직이는 전리전선을 **D형 전리전선**(D-type ionization front)이라고 부른다. R형 전리전선을 통과하면 기체의 밀도가 증가($\rho_2/\rho_1 \geq 1$)하고, D형 전리전선을 통과하면 밀도가 감소($\rho_2/\rho_1 \leq c_1^2/c_2^2$)함을 보이시오.

(5) 전리전선은 초기에는 R형이지만 시간이 충분히 경과하면 D형으로 바뀌는데, 이때 D형 전리전선 전방에 등온 충격파가 생성된다. $v_1 = v_R$ 인 **임계 R형 전리전선**(R-critical ionization front)은 $v_1 = v_D$ 인 **임계 D형 전리전선**(D-critical ionization front)과 등온 충격파의 합으로 표현될 수 있음을 보이시오. 임계 D형 전리전선과 등온 충격파는 같은 속도로 움직인다.

제5부

유체의 진화

어느 계가 완벽한 평형 상태에 있지 않더라도 물리량이 변하는 시간이 충분히 길다면 평형 상태로 근사할 수 있다. 하지만 별 생성, 제트의 방출, 초신성 폭발과 같이 물리량이 시간에 따라 비교적 빨리 변하는 비평형 계도 많다. 이 단원에서는 계의 진화를 조사하는 방법에 대해 학습한다. 16장에서는 안정성의 선형 해석을 통해 유체가 가질 수 있는 다양한 불안정에 대해 알아본다. 어떤 평형 상태가 작은 진폭의 섭동에 대해 불안정하다면 그 평형 상태는 자연계에 오랫동안 존재할 수 없다. 17장에서는 천문학에서 제일 중요한 불안정인 중력 불안정에 대해 학습한다. 18장에서는 초신성 폭발로 생겨난 잔해가 주변 성간 물질을 휩쓸면서 팽창하는 양상에 대해 알아본다. 마지막으로 19장에서는 천체가 가진 다양한 에너지들 사이에 만족되는 비리얼 정리를 유도하고 이를 적용하여 평형 천체의 질량과 물리적 상태를 추정하는 방법을 학습한다.

제16장 유체의 불안정

연필심을 아래쪽으로 하여 연필을 세우기는 어렵다. 운이 좋아 연필을 세운다 하더라도 약간의 섭동을 가하면 바로 쓰러진다. 연필이 거꾸로 서 있는 상태는 불안정한 평형이기 때문이다. 불안정한 평형 상태는 주위의 간섭에 쉽게 깨져 그 상태를 오랫동안 유지하지 못한다.

어떤 계의 안정성을 조사하면 그 계의 진화 양상과 진화에 걸리는 시간을 추정할 수 있다. 이 장에서는 유체에서 일어나는 다양한 불안정, 구체적으로 레일리-테일러 불안정, 켈빈-헬름홀츠 불안정, 대류 불안정, 열적 불안정 등을 학습하고 이들의 천문학적 응용에 대해 살펴본다.

계의 불안정을 조사하는 과정은 14장에서 다룬 파동의 분산 관계식을 구하는 과정과 같으며, 일반적으로 다음과 같은 단계를 따른다.

(1) 불안정을 분석할 평형 상태를 설정한다. 가장 간단한 평형 상태로, 밀도와 압력이 균일하며 정지해 있는 매질을 들 수 있다.

(2) 설정한 평형 상태에 물리량의 섭동을 가한 후, 섭동의 크기가 매우 작다는 전제 아래 유체역학의 기본 방정식을 선형화한다.

(3) 섭동을 진동수 ω와 파수 $\mathbf{k}$를 갖는 평면파의 푸리에 모드로 분리한다. 즉, 섭동이 시간과 공간에 대하여 $\sim \exp(i\omega t + i\mathbf{k}\cdot\mathbf{x})$라는 형태로 변한다고 가정한 후, 선형화된 식을 이용하여 ω와 $\mathbf{k}$ 사이에 만족하는 분산 관계식을 구한다.

(4) 마지막으로 분산 관계식을 분석하여 ω^2의 부호를 조사한다. 만일 모든 $k = |\mathbf{k}|$에 대해 $\omega^2 > 0$이라면 주어진 섭동은 시간에 따라 진동하는 안정된 파동이다. 반대로, $\omega^2 < 0$ 또는 $\mathrm{Im}[\omega(k)] < 0$인 k가 존재한다면 주어진 섭동은 그 진폭이 시간에 따라 지수적으로 증가한다. 초기 평형 상태가 불안정하기 때문이다. 이 경우, 불안정의 **성장률**(growth rate)은 $|\mathrm{Im}(\omega)|$이고 **성장시간**은 $t_{\mathrm{grow}} = |\mathrm{Im}(\omega)|^{-1}$으로 주어진다. $\omega = 0$일 때는 계가 한계 안정 상태(marginally stable state)에 있다고 한다.

16.1 레일리-테일러 불안정

그림 16.1과 같이 유리잔에 물을 채우고 위쪽에 염료를 천천히 부어 보자. 염료는 물보다 밀도가 높아 아래쪽으로 내려오려고 하는데, 이 과정에서 손가락처럼

그림 16.1 레일리-테일러 불안정의 예. 위쪽에 있는 염료가 물보다 무거워 아래로 내려오면서 위아래로 길쭉한 구조물을 형성한다(Reprinted with permission from James Riordon, AIP).

길쭉한 구조물을 형성하며 물과 섞인다. 이러한 현상은 무거운 유체가 가벼운 유체 위에 놓여 있는 상태가 불안정하기 때문에 발생한다. 두 유체의 **접촉 불연속면**(contact discontinuity)에 가해진 작은 섭동이 위아래로 길쭉한 구조물로 성장하는 것이다.[1] 이렇게 밀도가 다른 두 층 사이에 나타나는 불안정을 **레일리-테일러 불안정**(Rayleigh-Taylor instability)이라고 한다.

16.1.1 섭동 방정식

문제를 단순화하기 위해 비압축성 유체를 생각해 보자. 또한 유체의 물리량이 y 좌표에 무관하다고 가정하자. 외부 중력장 $\mathbf{g} = -g\hat{\mathbf{z}}(g = \text{일정})$의 영향을 받는 비압축성 유체가 만족해야 할 기본 방정식은

$$\nabla \cdot \mathbf{v} = 0, \tag{16.1a}$$

$$\rho\left(\frac{\partial \mathbf{v}}{\partial t} + \mathbf{v}\cdot\nabla\mathbf{v}\right) = -\nabla P + \rho\mathbf{g} \tag{16.1b}$$

이다.

계의 초기 평형 상태로 그림 16.2(a)에서처럼 밀도가 다른 두 유체층이 정지해 있는 경우를 생각해 보자. 위쪽과 아래쪽에 있는 유체의 밀도는 각각 ρ_u와 ρ_l이다. 두 유체의 접촉 불연속면은 $z_s = 0$에 있으며, 중력은 아래 방향을 향한다. 이러한 정적 평형 상태의 압력은 $P = -g\int \rho dz$로 주어진다.

이제 그림 16.2(b)처럼 접촉 불연속면을 사인함수의 형태로 변형시키는 섭동을 가해 보자. 밀도와 압력의 섭동을 각각 $\delta\rho$와 δP로 표기하고, 속도의 섭동을

1) 압력과 속도는 같지만 밀도가 다른 두 층의 경계면을 '접촉 불연속면'이라고 부른다(22.2절 참고).

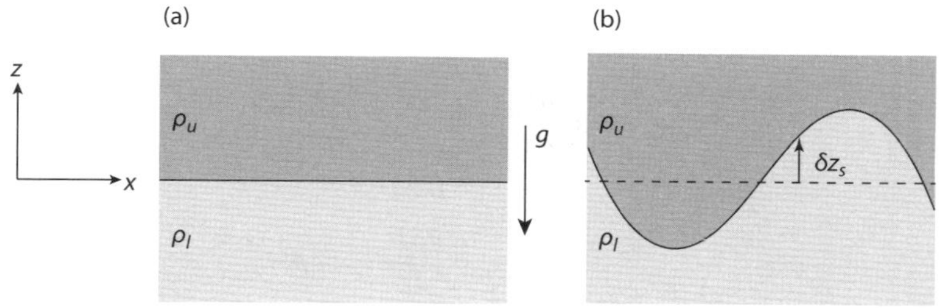

그림 16.2 (a) 레일리-테일러 불안정의 초기 평형 상태, (b) 사인파 형태의 섭동에 의해 변형된 경계면의 높이 $\delta z_s(x,t)$

$\delta\mathbf{v} = u\hat{\mathbf{x}} + v\hat{\mathbf{z}}$로 나타내자. 식 (16.1)을 선형화하면

$$\frac{\partial u}{\partial x} + \frac{\partial v}{\partial z} = 0, \tag{16.2a}$$

$$\rho\frac{\partial u}{\partial t} = -\frac{\partial \delta P}{\partial x}, \tag{16.2b}$$

$$\rho\frac{\partial v}{\partial t} = -\frac{\partial \delta P}{\partial z} - g\delta\rho \tag{16.2c}$$

를 얻는다.

접촉면의 진화를 기술하기 위한 또 하나의 식이 필요한데, 이것은 비압축성 조건으로부터 얻을 수 있다. 비압축성 유체라고 하더라도 위층과 아래층의 밀도가 다르기 때문에 섭동을 받은 접촉면 근처의 밀도는 (오일러 관점에서) 변할 수 있다. 경계면 근처에서 유체의 비압축성 조건(식 12.35)에 섭동을 가하면

$$\delta\left(\frac{D\rho}{Dt}\right) = \delta\left(\frac{\partial\rho}{\partial t} + \mathbf{v}\cdot\boldsymbol{\nabla}\rho\right) = 0 \tag{16.3}$$

이므로

$$\frac{\partial\delta\rho}{\partial t} + \delta\mathbf{v}\cdot\boldsymbol{\nabla}\rho = \frac{\partial\delta\rho}{\partial t} + v\frac{d\rho}{dz} = 0 \tag{16.4}$$

을 얻는다. 위 식의 첫 번째 등호는 초기 밀도가 z 방향으로 변할 때만 성립한다.

이제 섭동이 t와 x에 대해

$$\delta\rho, \delta P, u, v \propto \exp(i\omega t + ikx) \tag{16.5}$$

와 같이 x 방향으로 전파하는 평면파로 기술된다고 가정하자. 여기서 k는 양의 실수이며, ω는 일반적으로 복소수이다. 초기 밀도 분포가 z에 따라 변하기 때문에, 섭동이 z 방향에 대해서는 평면파의 형태로 기술될 수 없음에 주목하자.

식 (16.5)를 식 (16.2)와 식 (16.4)에 대입하면, $\partial/\partial t \to i\omega$이고 $\partial/\partial x \to ik$

이므로,

$$iku + \frac{dv}{dz} = 0, \tag{16.6a}$$

$$i\omega\rho u = -ik\delta P, \tag{16.6b}$$

$$i\omega\rho v = -\frac{d\delta P}{dz} - g\delta\rho, \tag{16.6c}$$

$$i\omega\delta\rho + v\frac{d\rho}{dz} = 0 \tag{16.6d}$$

을 얻는다.

위 식에서 $\delta\rho$, δP, u를 소거하여 v만의 식으로 나타낼 수 있다. 우선 식 (16.6b)의 δP와 식 (16.6d)의 $\delta\rho$를 식 (16.6c)에 대입하여 정리한 후, 식 (16.6a)를 이용하여 u를 v로 변환하면

$$\frac{d}{dz}\left(\rho\frac{dv}{dz}\right) - k^2\left(\frac{g}{\omega^2}\frac{d\rho}{dz} + \rho\right)v = 0, \tag{16.7}$$

또는

$$\frac{d^2v}{dz^2} + \frac{d\ln\rho}{dz}\frac{dv}{dz} - k^2\left(1 + \frac{g}{\omega^2}\frac{d\ln\rho}{dz}\right)v = 0 \tag{16.8}$$

을 얻는다. 이 식은 수직 방향의 속도 섭동이 만족해야 할 방정식이다.

16.1.2 분산 관계식

$z \neq 0$인 영역에서는 초기 밀도가 균일하므로($d\rho/dz = 0$), 식 (16.8)은

$$\frac{d^2v}{dz^2} - k^2v = 0 \tag{16.9}$$

으로 변한다. 이 식의 일반적인 해를 상수 A와 B를 이용하여

$$v = Ae^{-kz} + Be^{kz} \tag{16.10}$$

로 적을 수 있다. 그런데 위층에 있는 유체는 $z \to \infty$에서, 아래층에 있는 유체는 $z \to -\infty$에서 속도가 유한해야 하므로 속도 섭동의 해를

$$v_u(z) = Ae^{-kz}, \quad (z > 0) \tag{16.11a}$$

$$v_l(z) = Be^{kz} \quad (z < 0) \tag{16.11b}$$

로 택할 수 있다. 상수 A와 B의 구체적인 값은 경계조건에 의해 결정된다.

첫째 경계조건으로 접촉 경계면 $z_s = 0$에서 위층과 아래층 유체의 수직 방향

속도가 서로 같아야 한다는 조건을 들 수 있다.[2] 그렇지 않다면 위층과 아래층 사이에 틈이 생기거나 유체가 중첩되어 연속 방정식이 만족되지 않는다. 경계면에서 수직 방향 속도가 연속이라는 조건으로부터 $A = B$임을 얻는다.

둘째 경계조건은 식 (16.7)을 접촉 불연속면을 가로질러 적분하여 얻을 수 있다. 즉,

$$\lim_{\epsilon \to 0} \int_{-\epsilon}^{\epsilon} dz \left[\frac{d}{dz}\left(\rho \frac{dv}{dz}\right) - k^2 \left(\frac{g}{\omega^2}\frac{d\rho}{dz} + \rho\right) v \right] = 0 \tag{16.12}$$

으로부터

$$\Delta_s \left(\rho \frac{dv}{dz}\right) = k^2 \frac{g}{\omega^2} v(0) \Delta_s(\rho) \tag{16.13}$$

를 얻는다. 여기서 $\Delta_s(f) \equiv f(z=0^+) - f(z=0^-)$를 의미한다.

이제 식 (16.11)을 식 (16.13)에 대입하면,

$$-k(\rho_u A + \rho_l B) = k^2 \frac{g}{\omega^2} A(\rho_u - \rho_l) \tag{16.14}$$

이 된다. $A = B$임을 이용하여 위 식을 정리하면

$$\omega^2 = -gk \frac{\rho_u - \rho_l}{\rho_u + \rho_l} \tag{16.15}$$

을 얻는다. 이 식이 레일리-테일러 불안정의 분산 관계식이다.

식 (16.15)에서 ω^2의 부호는 ρ_u와 ρ_l의 차이에 의해 결정된다. 만일 $\rho_u > \rho_l$이라면, $\omega^2 < 0$이다. 즉, 무거운 유체가 가벼운 유체 위에 있는 계는 불안정하다. 반대로 $\rho_u < \rho_l$인 계는 역학적으로 안정하다. 레일리-테일러 불안정의 성장률은 $|\omega| \sim \sqrt{gk}$로 주어진다. 파수 k가 클수록 또는 파장 $\lambda = 2\pi/k$가 작을수록 더 빨리 성장한다.

16.1.3 천문학적 응용

초신성이 폭발하면 별의 외곽층을 구성하던 물질이 빠른 속도로 방출된다. 분출물은 주변 성간물질을 쓸고 나가 분출물과 쓸린 성간물질로 구성된 고밀도 구각을 형성한다(그림 18.1 참고). 구각의 팽창은 일반적으로 감속 팽창이다. 바깥쪽으로의 감속 운동은 안쪽으로의 가속 운동에 해당하는데, 이를 구각의 정지 좌표계에서 보면, 구각을 구성하는 물질이 바깥쪽을 향하는 관성력을 받는 상황과 동등하다(그림 16.3). 감속하는 엘리베이터 안에 있는 관찰자가 엘리베이터 아랫면을 누

2) 보다 정확하게는, 섭동 경계면의 높이 δz_s에 대해 $\delta z_{s,u} = \delta z_{s,l}$이어야 하는데, 이는 $v(z_s) = D\delta z_s/Dt = i\omega \delta z_s$로부터 $v_u(z_s) = v_l(z_s)$와 동등하다(식 16.20 참고).

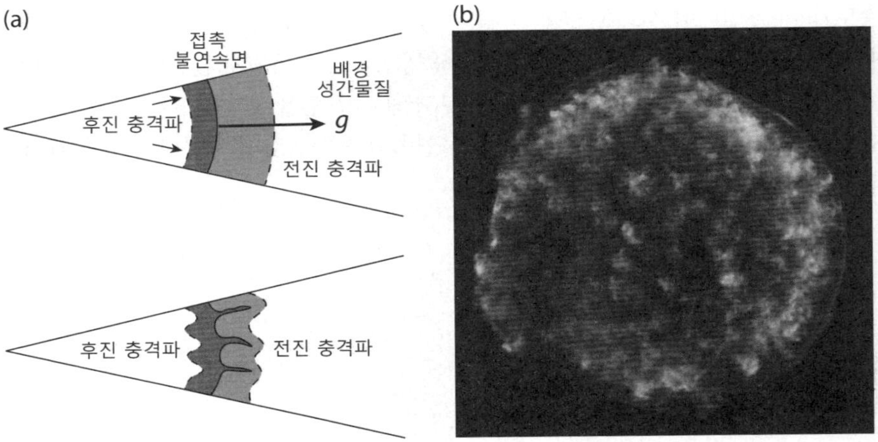

그림 16.3 (a) 초신성 잔해와 관련된 레일리-테일러 불안정 발생의 모식도, (b) 타이코 (Tycho) 초신성 잔해의 모습(Reprinted with permission from NASA)

르는 힘을 받는 것과 같은 원리이다. 분출물의 밀도가 쓸린 성간물질의 밀도보다 높으므로, 두 물질의 접촉 불연속면은 바깥쪽을 향하는 관성력에 의한 레일리-테일러 불안정을 겪는다. 초신성 잔해의 관측 결과를 수치 실험과 비교하면 초신성 폭발 환경에 대한 정보를 얻을 수 있다(예: Gull 1975; Williams et al. 2013).

16.2 켈빈-헬름홀츠 불안정

잔잔한 연못에 바람이 강하게 불면 물결이 일렁이고 그 높이가 점점 증가한다. 이처럼 서로 다른 속도로 움직이는 두 층의 경계면에 가해진 섭동이 시간에 따라 성장하는 불안정을 **켈빈-헬름홀츠 불안정**(Kelvin-Helmholtz instability)이라고 한다. 지구의 대기나 토성의 대기에서 나타나는 물결 모습의 구름은 켈빈-헬름홀츠 불안정의 결과로 생긴 것이다.

켈빈-헬름홀츠 불안정을 선형 해석하기 위해 그림 16.4처럼 $z_s = 0$인 면을 경계로 서로 다른 속도로 움직이는 두 유체 층을 생각해 보자. 유체의 초기 속도는 $\mathbf{v}_0 = U(z)\hat{\mathbf{x}}$인데, U는

$$U(z) = \begin{cases} U_1, & (z > 0) \\ U_2 & (z < 0) \end{cases} \tag{16.16}$$

이다. 두 층의 밀도와 압력은 일정하다. 유체가 비압축성이라고 가정하고, 외부 중력의 영향은 무시한다.

유체가 비압축성이며 초기 밀도가 균일하므로 밀도의 섭동은 고려하지 않아도 된다. 속도의 섭동을 $\delta\mathbf{v} = u\hat{\mathbf{x}} + v\hat{\mathbf{z}}$, 압력의 섭동을 δP라고 하자. 섭동의 크기가

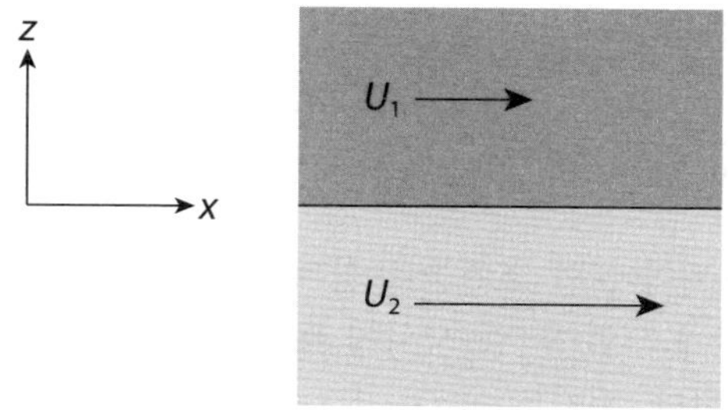

그림 16.4 켈빈-헬름홀츠 불안정의 초기 평형 상태

매우 작다고 가정하고, 식 (16.1)을 선형화하면

$$\frac{\partial u}{\partial x} + \frac{\partial v}{\partial z} = 0, \tag{16.17a}$$

$$\rho\left(\frac{\partial u}{\partial t} + U\frac{\partial u}{\partial x} + v\frac{dU}{dz}\right) = -\frac{\partial \delta P}{\partial x}, \tag{16.17b}$$

$$\rho\left(\frac{\partial v}{\partial t} + U\frac{\partial v}{\partial x}\right) = -\frac{\partial \delta P}{\partial z} \tag{16.17c}$$

를 얻는다.

이제 섭동이 t와 x에 대하여 $\propto \exp(i\omega t + ikx)$와 같이 x 방향으로 전파하는 평면파로 기술된다고 가정하자. 이를 선형화된 식에 대입하면

$$iku + \frac{dv}{dz} = 0, \tag{16.18a}$$

$$i\rho(\omega + kU)u + \rho v\frac{dU}{dz} = -ik\delta P. \tag{16.18b}$$

$$i\rho(\omega + kU)v = -\frac{d\delta P}{dz} \tag{16.18c}$$

를 얻는다. 위 식에서 u와 δP를 소거하여 v에 대한 식으로 정리하면

$$\frac{d}{dz}\left[\rho(\omega + kU)\frac{dv}{dz} - \rho k\frac{dU}{dz}v\right] - k^2\rho(\omega + kU)v = 0 \tag{16.19}$$

이 된다.

한편, 유체에 가해진 섭동은 경계면에도 적용된다. 섭동에 의해 변형된 경계면의 높이를 δz_s라고 하면, 경계면의 수직 방향 속도 $v(z_s)$는

$$v(z_s) = \frac{D\delta z_s}{Dt} = \frac{\partial \delta z_s}{\partial t} + U_s\frac{\partial \delta z_s}{\partial x} \tag{16.20}$$

로 주어진다. 여기서 $U_s \equiv U(z_s)$이다. 경계면의 높이도 $\delta z_s \propto \exp(i\omega t + ikx)$를

따르므로, 식 (16.20)은

$$v(z_s) = i(\omega + kU_s)\delta z_s \tag{16.21}$$

가 된다.

경계면에서 만족되어야 할 조건들을 살펴보자. 첫째, 위층과 아래층의 δz_s가 같아야 한다. 그렇지 않으면 두 층 사이에 틈이 생기거나 두 층이 겹치므로 연속 조건을 만족하지 못한다. 이것은 식 (16.21)로부터

$$\frac{v(z_s)}{\omega + kU_s} = \text{일정} \tag{16.22}$$

이라는 조건과 동등하다. 둘째, 식 (16.19)를 경계면을 가로질러 적분하면

$$\Delta_s \left[\rho(\omega + kU)\frac{dv}{dz} - \rho k \frac{dU}{dz} v \right] = 0 \tag{16.23}$$

이라는 조건을 얻는다. 이는 식 (16.18b)에서 $\Delta_s(\delta P) = 0$에 해당하며, 경계면을 가로질러 압력 평형 조건이 유지됨을 뜻한다.

16.2.1 분산 관계식

이제 식 (16.19)를 초기 평형 상태에 적용해 보자. $z \neq 0$인 영역에서는 $dU/dz = 0$이므로 식 (16.19)는

$$\frac{d^2v}{dz^2} - k^2 v = 0 \tag{16.24}$$

이 된다. 이 식의 발산하지 않는 해를 상수 A와 B를 이용하여

$$v = \begin{cases} Ae^{-kz}, & (z > 0) \\ Be^{kz} & (z < 0) \end{cases} \tag{16.25}$$

로 놓을 수 있는데, 식 (16.22)를 적용하면

$$v = \begin{cases} C(\omega + kU_1)e^{-kz}, & (z > 0) \\ C(\omega + kU_2)e^{kz} & (z < 0) \end{cases} \tag{16.26}$$

가 된다. 여기서 C는 또 다른 상수이다.

식 (16.26)을 식 (16.23)에 대입하면, $dU/dz = 0$이므로

$$(\omega + kU_1)^2 \cdot (-kC) - (\omega + kU_2)^2 \cdot (kC) = 0 \tag{16.27}$$

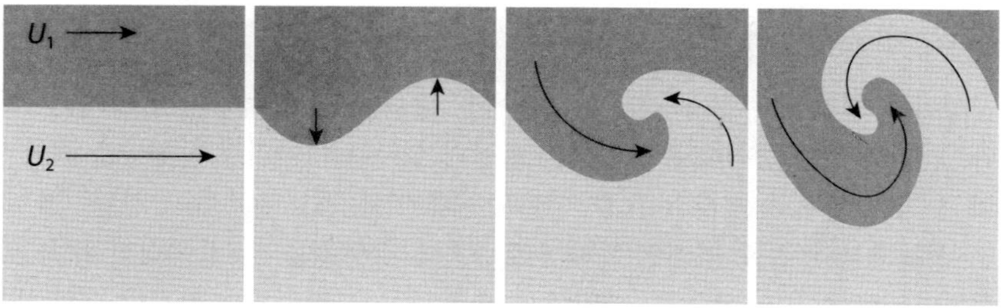

그림 16.5 켈빈-헬름홀츠 불안정의 성장

을 얻는다. $kC \neq 0$에 대해, 위 식을 정리하면

$$\omega^2 + k(U_1 + U_2)\omega + \frac{k^2}{2}(U_1^2 + U_2^2) = 0 \tag{16.28}$$

이 된다. 식 (16.28)의 두 근은

$$\omega = -k\frac{U_1 + U_2}{2} \pm ik\frac{|U_1 - U_2|}{2} \tag{16.29}$$

인데, 이 식이 비압축성 켈빈-헬름홀츠 불안정의 분산 관계식이다.

식 (16.29)의 우변 첫째 항은 실수인데, 이것은 섭동이 평균 속도 $\overline{U} = (U_1 + U_2)/2$로 이류하는 것을 나타낸다. 둘째 항은 허수인데, U_1과 U_2의 상대적인 크기에 관계없이 $U_1 \neq U_2$인 조건만 만족된다면 섭동이 시간에 따라 (유체와 함께 흘러가며) 지수적으로 성장함을 보여 준다. 즉, 두 층이 서로 다른 속도로 움직이는 계는 불안정하다.[3] 레일리-테일러 불안정과 마찬가지로 파장이 작을수록, 속도차가 클수록 켈빈-헬름홀츠 불안정이 더 빨리 성장한다.

켈빈-헬름홀츠 불안정이 일어나는 근본적인 이유는 층마다 다른 속도로 흘러가는 엇갈린 흐름(shear flow)보다 두 층이 섞여 같은 속도로 움직이는 흐름이 더 작은 에너지를 갖기 때문이다. U_1과 U_2라는 서로 다른 속도로 흘러가는 두 유체의 단위 부피당 운동 에너지는 $K = \frac{1}{2}\rho(U_1^2 + U_2^2)$이고, 평균 속도 $\overline{U}$로 함께 움직일 때의 단위 부피당 운동 에너지는 $\overline{K} = 2 \times \frac{1}{2}\rho\overline{U}^2$이다. 따라서 두 층이 다른 속도로 움직일 때가 같은 속도로 움직일 때보다 단위 부피당 운동 에너지가

$$\Delta K = K - \overline{K} = \rho\frac{(U_1 - U_2)^2}{4} \geq 0 \tag{16.30}$$

만큼 높아서 켈빈-헬름홀츠 불안정을 통해 두 층이 섞여 같은 속도로 흘러가려는 경향이 있다(그림 16.5).

3) $\mathrm{Re}(\omega) \neq 0$인 불안정은 섭동이 진동하면서 성장하기 때문에 순수한 불안정(instability)이 아니라 과불안정(overstability)이다. 켈빈-헬름홀츠 불안정은 오일러 관점에서는 과불안정이지만, 평균 속도 $\overline{U}$로 움직이는 좌표계에서는 순수한 불안정이다.

16.2.2 천문학적 예

원시성이나 밀집성 주위에 있는 **유입원반**은 중심 천체로 물질이 유입되는 통로이다. 원반을 통해 중심으로 유입되는 물질의 일부분은 자기장의 영향을 받아 원반의 수직 방향으로 빠른 속도로 방출되는데 이를 **제트**(jet)라고 한다. 제트와 주변 성간물질의 접촉 경계면은 켈빈-헬름홀츠 불안정을 겪어 복잡한 구조물을 형성한다(Stone et al. 1997). 태양에서 빠른 속도로 방출되는 코로나 질량 방출(coronal mass ejection)과 코로나의 경계면에서도 켈빈-헬름홀츠 불안정이 나타난다(Foullon et al. 2011).

16.3 대류 불안정

주어진 중력장($\mathbf{g} = -g\hat{\mathbf{z}}$) 아래에서 정적 평형 상태에 있는 대기를 생각해 보자. 대기의 압력 $P(z)$, 밀도 $\rho(z)$, 온도 $T(z)$ 등의 분포는 일반적으로 높이 z의 감소 함수이다. 그림 16.6과 같이, $z = z_0$에 있는 압력이 P_b, 밀도가 ρ_b, 온도가 T_b인 기체 방울(blob)을 생각해 보자. 이 위치에서 기체 방울의 물리량은 주변 매질과 같다. 즉, 기체 방울은

$$P_b(z_0) = P(z_0), \quad \rho_b(z_0) = \rho(z_0), \quad T_b(z_0) = T(z_0) \tag{16.31}$$

인 상태에서 주변 대기와 평형을 이루고 있다.

이제, 이 방울을 위쪽 방향으로 $\Delta z\,(> 0)$만큼 천천히 밀어 보자. 방울이 주변과 항상 압력 평형, 즉 $P_b(z) = P(z)$를 만족할 수 있도록 방울을 매우 천천히

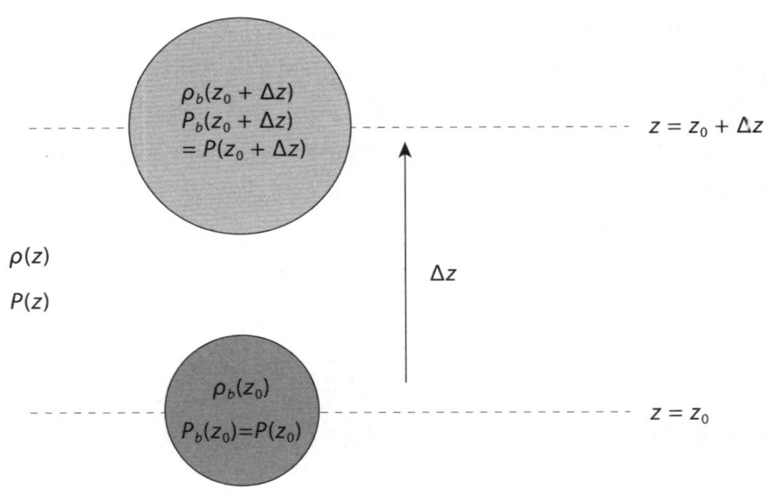

그림 16.6 대류 불안정. 높이 $z = z_0$에 있는 기체 방울이 외부 압력과 평형을 이루며 매우 느린 속도로 $z = z_0 + \Delta z$로 상승한다.

이동시키자. 위로 갈수록 대기 압력이 감소하므로 방울은 상승하면서 천천히 팽창할 텐데, 그 팽창이 $P_b \propto \rho_b^\gamma$ 인 단열 과정을 따른다고 가정하자. 이러한 단열 근사는 기체 방울의 냉각시간(cooling time)이 음파의 횡단시간보다 매우 길 때 좋은 근사이며, 대부분의 대기에서 적용 가능하다. 따라서 높이 $z = z_0 + \Delta z$ 에서 방울의 밀도는

$$\rho_b(z_0 + \Delta z) = \rho_b(z_0)\left(\frac{P(z_0+\Delta z)}{P(z_0)}\right)^{1/\gamma} \tag{16.32a}$$

$$\approx \rho(z_0)\left(1 + \left.\frac{d\ln P}{dz}\right|_{z_0}\Delta z\right)^{1/\gamma} \tag{16.32b}$$

$$\approx \rho(z_0) + \rho(z_0)\left(\frac{1}{\gamma}\left.\frac{d\ln P}{dz}\right|_{z_0}\right)\Delta z \tag{16.32c}$$

로 주어진다. 여기서 $\rho_b(z_0) = \rho(z_0)$ 임을 이용하였다.

한편, 주변 대기는 이상기체의 상태방정식($P \propto \rho T$)을 따른다. 높이 $z = z_0 + \Delta z$ 에서 대기의 밀도는

$$\rho(z_0 + \Delta z) \approx \rho(z_0) + \left.\frac{d\rho}{dz}\right|_{z_0}\Delta z \tag{16.33a}$$

$$= \rho(z_0) + \rho(z_0)\left(\left.\frac{d\ln P}{dz}\right|_{z_0} - \left.\frac{d\ln T}{dz}\right|_{z_0}\right)\Delta z \tag{16.33b}$$

이다.

높이 $z = z_0 + \Delta z$ 로 상승한 방울이 주변 대기보다 무거우면 중력에 의해 다시 아래로 내려갈 것이다. 이런 대기는 매우 안정되어 대류가 일어나지 않는다. 반면, 상승한 방울이 주변보다 가벼우면, 즉 $\rho_b(z_0 + \Delta z) < \rho(z_0 + \Delta z)$ 이면, 방울은 부력을 받아 상승 운동을 지속하려 할 것이다. 이런 대기는 불안정하여 대류가 발생하는데, 이를 **대류 불안정**(convective instability)이라고 한다. 따라서 대기가 불안정할 조건은 식 (16.32c)와 식 (16.33b)로부터

$$\frac{d\ln T}{dz} < \left(1 - \frac{1}{\gamma}\right)\frac{d\ln P}{dz} \tag{16.34}$$

로 주어진다. 이 조건을 대류 불안정에 대한 **슈바르츠실트 조건**(Schwarzschild condition)이라고 한다. 대류는 대기의 온도 분포가 수직 방향으로 매우 가파르게 감소할 때 발생함을 알 수 있다.

이제 대류가 얼마나 빨리 진행되는지 알아보자. Δz 만큼 상승한 기체 방울에 작용하는 단위 부피당 부력은 $-g[\rho_b(z_0 + \Delta z) - \rho(z_0 + \Delta z)]$ 이므로, 방울의 운동

방정식은

$$\rho_b \frac{d^2\Delta z}{dt^2} = -g[\rho_b(z_0+\Delta z) - \rho(z_0+\Delta z)] \tag{16.35}$$

이다. 식 (16.32)와 식 (16.33)을 이용하면, 식 (16.35)는

$$\frac{d^2\Delta z}{dt^2} + \omega_{\rm BV}^2 \Delta z = 0 \tag{16.36}$$

이 된다. 여기서 $\omega_{\rm BV}$ 는

$$\omega_{\rm BV}^2 = g\left[\frac{d\ln T}{dz} - \left(1-\frac{1}{\gamma}\right)\frac{d\ln P}{dz}\right] \tag{16.37a}$$

$$= g\left[\frac{1}{\gamma}\frac{d\ln P}{dz} - \frac{d\ln \rho}{dz}\right] \tag{16.37b}$$

로 주어지며 식 (14.55)에서 정의한 브룬트-배이샐래 진동수와 같다.

식 (16.36)의 해는

$$\Delta z \propto \exp(\pm i\omega_{\rm BV} t) \tag{16.38}$$

이므로, $\omega_{\rm BV}^2 > 0$ 인 대기는 기체 방울이 위아래로 진동하는 안정된 대기이다. 하지만 $\omega_{\rm BV}^2 < 0$ 인 경우에는 방울의 Δz가 시간에 따라 지수적으로 발산하는 불안정한 대기이다. 따라서 대류 불안정의 조건은 $\omega_{\rm BV}^2 < 0$ 이며, 이것은 식 (16.34)와 동일하다. 대류가 발생하는 시간척도는 $1/|\omega_{\rm BV}|$ 로 주어진다.

엔트로피의 정의(식 12.56)로부터

$$\omega_{\rm BV}^2 = \frac{g}{\gamma c_V}\frac{ds}{dz} = -\frac{1}{\gamma c_V}\mathbf{g}\cdot\nabla s \tag{16.39}$$

임을 보일 수 있다. 그러므로 $\mathbf{g}\cdot\nabla s > 0$ 이면 대류가 생긴다. 즉, 중력이 향하는 방향으로 엔트로피가 증가하는 대기는 대류 불안정을 겪는다.

16.4 열 불안정

성간물질은 온도와 밀도가 매우 다른 여러 위상의 매질로 구성되어 있는데, 그 질량의 대부분은 차가운 상태 또는 따뜻한 상태로 존재한다. 차가운 매질의 온도와 개수 밀도의 평균값은 대략 $T = 10^2\,{\rm K}$ 와 $n = 30\ {\rm cm}^{-3}$ 이며, 따뜻한 매질의 온도와 밀도는 각각 $T = 10^4\,{\rm K}$ 와 $n = 0.3\ {\rm cm}^{-3}$ 이므로, 두 매질은 근사적으로 압력 평형을 이루고 있다. 이 두 매질의 생성은 성간물질의 열 불안정에 기인한다.

열 불안정을 개념적으로 이해하기 위하여 균일한 밀도 ρ_0 와 균일한 온도 T_0 를 갖고 있는 정적 상태의 성간운을 생각해 보자. 성간운은 초기에 가열과 냉각이 균형을 이루는 열적 평형 상태에 있다. 성간운이 겪는 단위 시간당, 단위 질량당

총냉각률을 $\mathcal{L}(\rho, T)$ 라고 하면, 성간운의 초기 평형 상태는 $\mathcal{L}(\rho_0, T_0) = 0$을 만족한다.

이제 성간운이 섭동 $\delta T = T - T_0$ 를 받아 그 온도가 T_0 로부터 약간 변하는 상황을 생각해 보자. 성간운의 온도가 상승함과($\delta T > 0$) 더불어 냉각률도 증가하는($\delta\mathcal{L} > 0$) 경우라면, 성간운은 활발한 냉각을 겪어 다시 평형온도 T_0 로 내려갈 것이다. 또한, 온도의 하강과($\delta T < 0$) 더불어 냉각률이 감소하는($\delta\mathcal{L} < 0$) 경우에도 성간운의 온도는 T_0 로 복원될 것이다. 이 두 경우에 성간운의 온도가 T_0 로부터 크게 변하지 않으므로 성간운은 열적으로 안정하다.

반대로, 온도가 올라가면서($\delta T > 0$) 냉각률이 감소하거나($\delta\mathcal{L} < 0$), 온도가 내려가면서($\delta T < 0$) 냉각률이 증가하는($\delta\mathcal{L} > 0$) 경우에는, 성간운의 온도가 초기 평형온도로부터 점점 멀어지는 상황을 맞이할 것이다. 이러한 성간운은 열적으로 불안정하다. 따라서 성간운의 열 불안정 조건을

$$\frac{\delta\mathcal{L}}{\delta T} < 0 \tag{16.40}$$

으로 표현할 수 있다.

냉각함수는 온도와 밀도의 함수이므로, $\mathcal{L}$의 온도에 대한 미분을 택할 때 하나의 열역학적 물리량을 고정시켜야 한다. 성간물질은 음속이 비교적 커서 압력 평형에 쉽게 도달하므로, 성간물질의 열 불안정을 논할 때는 압력을 고정시키는 것이 자연스럽다. 고정된 압력에 대해 냉각함수의 온도 미분을 택한

$$\left.\frac{\partial\mathcal{L}}{\partial T}\right|_P < 0 \tag{16.41}$$

이 **등압 열 불안정**(isobaric thermal instability)에 대한 조건이며, 이를 처음 연구한 천문학자의 이름을 따 **필드 조건**(Field condition)이라고도 부른다.

한편, 연쇄법칙으로부터

$$\left.\frac{\partial\mathcal{L}}{\partial T}\right|_P = \left.\frac{\partial\mathcal{L}}{\partial T}\right|_\rho + \left.\frac{\partial\rho}{\partial T}\right|_P \cdot \left.\frac{\partial\mathcal{L}}{\partial\rho}\right|_T \tag{16.42}$$

이다. 이상기체의 경우 $\partial\rho/\partial T|_P = -\rho/T$ 이므로, 식 (16.41)과 식 (16.42)를 결합하면 등압 열 불안정의 조건은

$$T\mathcal{L}_T - \rho\mathcal{L}_\rho < 0 \tag{16.43}$$

이 된다. 여기서 $\mathcal{L}_T \equiv \partial\mathcal{L}/\partial T|_\rho$ 이고 $\mathcal{L}_\rho \equiv \partial\mathcal{L}/\partial\rho|_T$ 이다.

에너지 방정식을 이용하면 등압 열 불안정의 성장률을 간단히 구할 수 있다.

위에서 언급한 초기 평형 상태에 밀도의 섭동 $\delta\rho$와 온도의 섭동 δT를 가하자. 이상기체의 등압조건은

$$\frac{\delta\rho}{\rho_0} = -\frac{\delta T}{T_0} \tag{16.44}$$

를 요구한다. 냉각함수를 평형 상태에 대해 테일러 급수로 전개하면

$$\mathcal{L}(\rho_0 + \delta\rho, T_0 + \delta T) \approx \mathcal{L}(\rho_0, T_0) + \mathcal{L}_\rho \delta\rho + \mathcal{L}_T \delta T \tag{16.45}$$

이므로, 냉각함수의 섭동은

$$\delta\mathcal{L} = \mathcal{L}_\rho \delta\rho + \mathcal{L}_T \delta T = \delta\rho \left(\mathcal{L}_\rho - \frac{T_0}{\rho_0} \mathcal{L}_T \right) \tag{16.46}$$

가 된다.

열전도의 효과를 무시하고, 등압조건에서 에너지 방정식인 식 (12.86)을 선형화하면

$$\frac{\gamma}{\gamma - 1} \frac{P_0}{\rho_0} \frac{\partial \delta\rho}{\partial t} = \rho_0 \delta\mathcal{L} \tag{16.47}$$

이므로

$$\frac{\partial \delta\rho}{\partial t} = \frac{\gamma - 1}{\gamma} \frac{\rho_0}{P_0} (\rho_0 \mathcal{L}_\rho - T_0 \mathcal{L}_T) \delta\rho \tag{16.48}$$

를 얻는다. 이 식의 해를

$$\delta\rho \propto e^{\sigma t} \tag{16.49}$$

로 놓으면, 등압 열 불안정의 성장률 σ는

$$\sigma = \frac{\gamma - 1}{\gamma} \frac{\rho_0}{P_0} (\rho_0 \mathcal{L}_\rho - T_0 \mathcal{L}_T) \tag{16.50}$$

로 주어진다. 열 불안정이 일어날 조건은 $\sigma > 0$이며, 이는 식 (16.43)과 같다.

이제 열 불안정을 성간물질에 적용해 보자. 성간물질의 냉각은 주로 입자 간 충돌에 의해 발생한다. 충돌하는 입자의 운동 에너지는 입자 내부에 있는 전자의 들뜸 에너지로 바뀐 다음 전자가 낮은 준위로 되가라앉으면서 생성되는 광자의 복사 에너지로 변한다. 광학적으로 얇은 매질에서는 광자가 매질을 쉽게 빠져나가므로, 입자 간 충돌은 결국 매질의 내부 에너지를 감소시킨다. 단위 시간당 입자 간 충돌 횟수는 개수 밀도 n의 제곱에 비례하므로, 냉각률을 $n^2\Lambda(T)$라고 쓸 수 있다. 여기서 $\Lambda(T)$는 냉각률의 온도에 대한 의존성을 설명해 주는 함수로 그 단위는 $[\Lambda] = \mathrm{erg\ cm^3\ s^{-1}}$이며, 밀도가 희박한 기체에서는 그림 16.7의 형태로 주어진다. $T < 10^3\,\mathrm{K}$에서는 C II 이온의 158 μm 선에 의한 냉각이 강하다. 한편, $T \sim 10^4\,\mathrm{K}$에서는 중성 수소의 Lyα 선을 통한 냉각이 지배적이며, $T \sim 10^5 - 10^7$

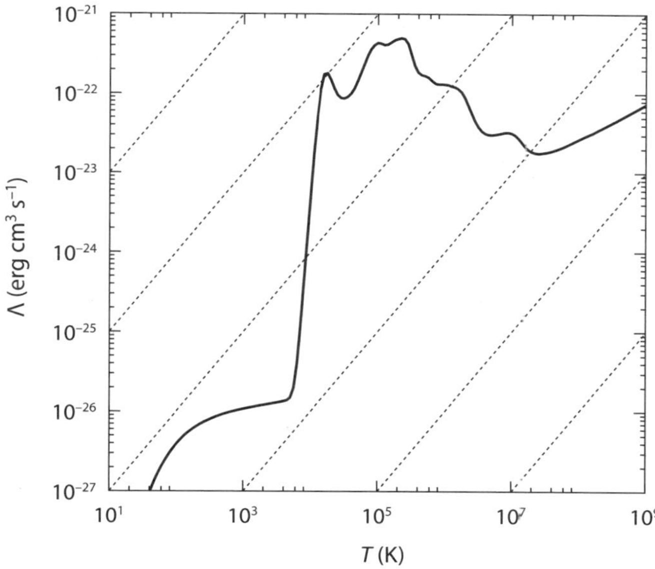

그림 16.7 희박한 기체의 냉각함수 Λ의 온도에 따른 변화. 점선은 기울기가 1인 선($\Lambda \propto T$)에 해당한다. $T < 10^4$ K인 영역의 냉각함수는 Wolfire et al.(2003)의 논문을 참고하였으며 $T > 10^4$ K인 영역은 키안티(CHIANTI; http://www.chiantidatabase.org/; Dere et al. 1997; Landi et al. 2013) 자료를 이용하였다.

K에서는 이온화 퍼텐셜이 낮은 C, N, O, Ne, S, Fe 등의 이온화된 금속선들에 의한 냉각이 우세하고, $T > 10^7$ K에서는 전자의 열적 제동복사에 의한 냉각이 중요하다.

성간물질의 가열은 주로 주변 별이 방출하는 원자외선에 의한 광전 효과(photoelectric effect)와 우주선(cosmic ray) 입자와의 충돌에 의해 이루어진다. 에너지가 6 eV $< h\nu <$ 13.6 eV인 원자외선이 성간먼지와 충돌하면 광전 효과를 통해 운동 에너지가 ~ 5 eV인 전자가 생성된다. 우주선은 매우 빠른 속도로 움직이는 양성자, 전자, 헬륨 핵 등을 말하는데, 이러한 입자가 외부로부터 성간운 내부로 침투해 들어와 기체 입자를 이온화시킨다. 이온화 과정에서 생성된 전자는 높은 운동 에너지를 가지므로 성간물질의 온도를 높이는 데 기여한다. 원자외선과 우주선 등에 의한 단위 시간당, 단위 부피당 성간물질의 가열률을 $n\Gamma$로 표현할 때, 태양계 근방에서는 $\Gamma = 2 \times 10^{-26}$ erg s^{-1} 정도의 값을 가진다.

따라서 성간물질의 총냉각함수를

$$\rho\mathcal{L} = n^2\Lambda(T) - n\Gamma \tag{16.51}$$

로 놓을 수 있다. $\rho = \mu m_{\rm H} n$의 관계를 이용하면 $\mathcal{L}_T = (n/\mu m_{\rm H})d\Lambda/dT$이고

$\mathcal{L}_\rho = \Lambda/(\mu m_{\rm H})^2$ 이므로, 열 불안정의 성장률은

$$\sigma = \frac{1}{t_{\rm cool}}\left(1 - \frac{d\ln\Lambda}{d\ln T}\right) \tag{16.52}$$

이다. 여기서 $t_{\rm cool}$은 냉각시간으로

$$t_{\rm cool} \equiv \frac{\gamma}{\gamma-1}\frac{P}{n^2\Lambda} \tag{16.53}$$

로 정의된다(식 16.47 참고).

식 (16.52)로부터 성간물질의 열 불안정은

$$\frac{d\ln\Lambda}{d\ln T} < 1 \tag{16.54}$$

일 때 발생함을 알 수 있다. 즉, 냉각함수의 온도에 대한 기울기가 1보다 작은 매질은 열적으로 불안정하다. 그림 16.7에서 Λ의 온도에 대한 기울기가 1보다 큰 구간은 $T \sim 10^4\,{\rm K}$ 근방과 $T \sim 10^2\,{\rm K}$ 근방이며, 나머지 구간에서는 모두 $d\ln\Lambda/d\ln T < 1$이다. 열적으로 불안정한 구간에 있는 기체는 열 불안정을 통해 $T \sim 10^4\,{\rm K}$인 따뜻한 매질이나 $T \sim 10^2\,{\rm K}$인 차가운 매질로 변한다.

제17장 중력 불안정

자체 중력이 중요한 매질에서 평형 상태의 기체 덩어리를 약간 수축시켜 보자. 수축하는 덩어리의 중력 에너지는 감소하고 열 에너지는 증가한다. 이때 중력 에너지의 감소량이 열 에너지의 증가량보다 크다면 덩어리의 수축이 고삐 풀린 상태로 진행될 것이다. 이와 같이 중력 에너지가 열 에너지를 압도하여 기체 덩어리를 수축하게 만드는 불안정을 **중력 불안정**(gravitational instability)이라고 한다. 중력 불안정은 천문학에서 가장 중요한 불안정이다. 별, 은하, 은하단과 같은 천체의 형성은 중력 불안정에서 비롯된 것이다. 이 장에서는 3차원 균일 매질의 중력 불안정과 2차원 얇은 원반의 중력 불안정 및 속도 엇갈림에 의해 나타나는 그네 증폭에 대해 살펴보자.

17.1 3차원 균일 매질

3차원 공간에 무한히 펼쳐진 정적 상태의 균일 매질을 생각해 보자. 매질은 단열 상태방정식을 따른다고 가정한다. 이 매질의 진화를 기술하는 기본 방정식은

$$\frac{\partial \rho}{\partial t} + \boldsymbol{\nabla} \cdot (\rho \mathbf{v}) = 0, \tag{17.1}$$

$$\frac{\partial \mathbf{v}}{\partial t} + \mathbf{v} \cdot \boldsymbol{\nabla} \mathbf{v} = -\frac{1}{\rho} \boldsymbol{\nabla} P - \boldsymbol{\nabla} \Phi, \tag{17.2}$$

$$\boldsymbol{\nabla}^2 \Phi = 4\pi G \rho, \tag{17.3}$$

$$P = \kappa \rho^\gamma \tag{17.4}$$

이다.

평형 상태에서의 밀도, 압력, 속도, 중력 퍼텐셜을 각각

$$\rho_0 = \text{일정}, \quad P_0 = \text{일정}, \quad \mathbf{v}_0 = 0, \quad \Phi_0 = \text{일정} \tag{17.5}$$

으로 택하자. 이를 식 (17.1)부터 식 (17.4)에 대입하면, $\boldsymbol{\nabla}\Phi_0 = 0$과 $\boldsymbol{\nabla}^2\Phi_0 = 4\pi G \rho_0$를 얻는다. 이 두 식이 동시에 만족되는 것은 $\rho_0 = 0$일 때인데, 이것은 매질이 존재한다는 전제 조건에 모순이다. 천문학자 진즈(James Hopwood Jeans 1877-1946)는 1900년대 초, 중력 불안정을 연구하면서 $\rho_0 \neq 0$이면서 $\boldsymbol{\nabla}\Phi_0 = 0$인 관계를 강제적으로 채택함으로써 이 초기 상태의 문제를 우회하였다. 이것을

진즈의 우회(Jeans swindle)라고 부르는데, 이러한 문제가 생기는 것은 초기 상태로 3차원 공간에 무한히 펼쳐진 균일 매질을 설정하였기 때문이다.[4]

위와 같은 초기 상태에 아주 작은 크기의 섭동 $\rho_1, P_1, \mathbf{v}_1, \Phi_1$ 을 가한 후, 기본 방정식을 선형화하면

$$\frac{\partial \rho_1}{\partial t} = -\rho_0 \boldsymbol{\nabla} \cdot \mathbf{v}_1, \tag{17.6}$$

$$\frac{\partial \mathbf{v}_1}{\partial t} = -\frac{1}{\rho_0} \boldsymbol{\nabla} P_1 - \boldsymbol{\nabla} \Phi_1, \tag{17.7}$$

$$\boldsymbol{\nabla}^2 \Phi_1 = 4\pi G \rho_1, \tag{17.8}$$

$$P_1 = a^2 \rho_1 \tag{17.9}$$

을 얻는다. 여기서 $a = (\gamma P_0/\rho_0)^{1/2}$ 은 기체의 단열 음속이다.

시간과 공간에 따라 $\sim \exp(i\omega t + i\mathbf{k}\cdot\mathbf{x})$ 의 함수 꼴을 갖는 섭동을 생각하면 식 (17.6)부터 식 (17.9)는

$$\omega \rho_1 = -\rho_0 \mathbf{k} \cdot \mathbf{v}_1, \tag{17.10}$$

$$\omega \mathbf{v}_1 = -\mathbf{k} \left(\frac{a^2 \rho_1}{\rho_0} + \Phi_1 \right), \tag{17.11}$$

$$-k^2 \Phi_1 = 4\pi G \rho_1 \tag{17.12}$$

이 된다. 식 (17.11)로부터 가해진 섭동은 $\mathbf{v}_1$ 이 $\mathbf{k}$ 에 평행한 종파임을 알 수 있다. 식 (17.11)의 양변에 $\mathbf{k}$ 를 내적한 후, 식 (17.10)과 식 (17.12)를 이용하여 ρ_1, $\mathbf{v}_1$, Φ_1 을 소거하면, 최종적으로

$$\omega^2 = a^2 k^2 - 4\pi G \rho_0 \tag{17.13}$$

를 얻는다. 이 식이 중력 불안정의 분산 관계식이다.

식 (17.13)을 그림 17.1에 나타내었다. $\omega = 0$에 해당하는 파수 $k_{\rm J}$ 를 **진즈 파수**(Jeans wavenumber)라고 하고, 이에 해당하는 파장 $\lambda_{\rm J}$ 를 **진즈 파장**(Jeans wavelength)이라고 하는데,

$$k_{\rm J} \equiv \sqrt{\frac{4\pi G \rho_0}{a^2}}, \quad \lambda_{\rm J} = \frac{2\pi}{k_{\rm J}} = \sqrt{\frac{\pi a^2}{G\rho_0}} \tag{17.14}$$

으로 주어진다. $k < k_{\rm J}$(또는 $\lambda > \lambda_{\rm J}$)인 장파장 섭동은 $\omega^2 < 0$이므로 중력에 대해 불안정하다. 중력 에너지가 충분히 작아 내부 에너지의 증가를 압도하기 때문이다. 반면, $k > k_{\rm J}$(또는 $\lambda < \lambda_{\rm J}$)인 단파장 섭동은 내부 열 에너지가 중력 에너지보다

4) 회전하거나 자화된 매질이라면 $\boldsymbol{\nabla}\Phi_0 \neq 0$이므로 진즈의 우회가 타당하다.

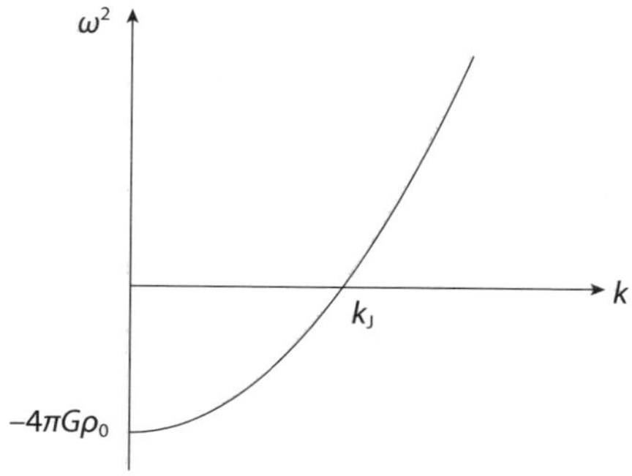

그림 17.1 3차원 균일 매질의 중력 불안정의 분산 관계식. $k = k_{\rm J}$ 에서 $\omega^2 = 0$ 이며, $k < k_J$ 에서 $\omega^2 < 0$ 이다.

커서 압력(혹은 음파)에 의해 안정화된다.

진즈 파장 안에 담겨진 기체의 질량

$$M_{\rm J} = \rho_0 \lambda_{\rm J}^3 = \left(\frac{\pi}{G}\right)^{3/2} \frac{a^3}{\rho_0^{1/2}} \tag{17.15}$$

을 **진즈 질량**(Jeans mass)이라고 부르는데, 이는 중력에 의해 성간운이 수축할 수 있는 최소 질량을 나타낸다. 질량이 $M > M_{\rm J}$ 인 성간운은 중력적으로 불안정하여 수축을 겪는다.

17.2 얇은 회전 원반

은하 원반이나 원시성 주변의 원시행성 원반, 백색왜성과 중성자성 같은 밀집성 주변의 유입원반은 차등회전을 하며 회전축 방향으로 두께가 매우 얇다. 이러한 회전하는 얇은 원반의 중력 불안정은 3차원 균일 매질의 경우와는 다르다. 이 절에서는 수직 방향으로 매우 얇은 원반의 중력 불안정에 대해 알아보자.

회전계의 역학을 다루기 위해서는 원통형 좌표계 (R, ϕ, z)를 도입하는 것이 편리하다. 원반이 z 방향으로 매우 얇기 때문에 원반의 밀도를

$$\rho(R, \phi, z, t) = \Sigma(R, \phi, t)\delta(z) \tag{17.16}$$

로 둘 수 있다. 여기서 $\Sigma \equiv \int \rho dz$는 원반의 표면밀도를 나타내며, $\delta(z)$는 디랙(Dirac)의 델타함수이다. 유체의 연속 방정식을 z 방향으로 적분하면

$$\frac{\partial \Sigma}{\partial t} + \boldsymbol{\nabla} \cdot (\mathbf{v}\Sigma) = 0 \tag{17.17}$$

이 된다. 여기서 $\mathbf{v} = v_R \hat{\mathbf{R}} + v_\phi \hat{\boldsymbol{\phi}}$는 원반 중심면($z = 0$)에서의 속도이다.

운동량 방정식을 수직 방향으로 적분하면

$$\Sigma\left(\frac{\partial \mathbf{v}}{\partial t}+\mathbf{v}\cdot\nabla\mathbf{v}\right)=-\nabla\Pi-\Sigma\nabla(\Phi_e+\Phi_s)_{z=0} \tag{17.18}$$

을 얻는다. 여기서 $\Pi\equiv\int P dz$는 기체의 압력을 수직 방향으로 적분한 양이며, Φ_e는 외부 중력 퍼텐셜을, Φ_s는 기체의 자체 중력 퍼텐셜을 나타낸다. 은하의 경우 Φ_e는 주로 암흑 물질과 항성 원반에 의해 발생하며, 원시행성 원반이나 유입원반에서는 중심 천체의 중력에 기인한다. 자체 중력 퍼텐셜은 푸아송 방정식

$$\nabla^2\Phi_s=4\pi G\Sigma(R,\phi,t)\delta(z) \tag{17.19}$$

를 만족한다.

퍼텐셜 소용돌이(potential vorticity) $\boldsymbol{\xi}$를

$$\boldsymbol{\xi}\equiv\frac{\nabla\times\mathbf{v}}{\Sigma}=\frac{\boldsymbol{\omega}}{\Sigma} \tag{17.20}$$

로 정의하자. 순압성 기체, 즉 $\Pi=\Pi(\Sigma)$인 경우, 식 (17.17)과 식 (17.18)을 결합하여

$$\frac{D\boldsymbol{\xi}}{Dt}=0 \tag{17.21}$$

임을 보일 수 있다.[5] 즉, 순압성 기체의 퍼텐셜 소용돌이는 유체의 흐름을 따라 보존되는 양이다. 이것은 유체의 질량과 각운동량이 보존되기 때문에 성립한다.

원통형 좌표계에서 R 방향과 ϕ 방향의 단위 벡터는 ϕ에 따라 변하는데,

$$\frac{\partial\hat{\mathbf{R}}}{\partial\phi}=\hat{\boldsymbol{\phi}},\quad \frac{\partial\hat{\boldsymbol{\phi}}}{\partial\phi}=-\hat{\mathbf{R}} \tag{17.22}$$

이라는 관계를 만족한다. 외부 중력 퍼텐셜 Φ_e가 축대칭일 때, 식 (17.18)을 R 방향과 ϕ 방향으로 전개하면

$$\frac{\partial v_R}{\partial t}+v_R\frac{\partial v_R}{\partial R}+\frac{v_\phi}{R}\frac{\partial v_R}{\partial\phi}-\frac{v_\phi^2}{R}=-\frac{1}{\Sigma}\frac{\partial\Pi}{\partial R}-\left.\frac{\partial(\Phi_e+\Phi_s)}{\partial R}\right|_{z=0}, \tag{17.23a}$$

$$\frac{\partial v_\phi}{\partial t}+v_R\frac{\partial v_\phi}{\partial R}+\frac{v_\phi}{R}\frac{\partial v_\phi}{\partial\phi}+\frac{v_Rv_\phi}{R}=-\frac{1}{R\Sigma}\frac{\partial\Pi}{\partial\phi}-\left.\frac{1}{R}\frac{\partial\Phi_s}{\partial\phi}\right|_{z=0} \tag{17.23b}$$

을 얻는다.

이제 얇은 원반의 중력 안정성을 분석해 보자. 초기 평형 상태로 균일 밀도 Σ_0와 균일 압력 Π_0를 갖고 있는 원반을 생각해 보자. 원반은 중심에 대해 각속도

5) 2차원 흐름의 경우 $\boldsymbol{\omega}\cdot\nabla\mathbf{v}=0$이므로, 이 결과는 식 (13.91)로부터 쉽게 확인할 수 있다.

$\Omega(R)$로 회전하고 있으며 초기 회전 속도는 $\mathbf{v}_0 = R\Omega\hat{\boldsymbol{\phi}}$이다. 초기 원반의 자체 중력 퍼텐셜을 $\Phi_{s,0}$라고 하면, 식 (17.19)와 식 (17.23a)로부터

$$\boldsymbol{\nabla}^2\Phi_{s,0} = 4\pi G\Sigma_0\delta(z), \tag{17.24}$$

$$R\Omega^2 = \left.\frac{d\Phi_e}{dR}\right|_{z=0} + \left.\frac{d\Phi_{s,0}}{dR}\right|_{z=0} \tag{17.25}$$

이라는 평형 조건을 얻는다. 따라서 회전 원반에서는 3차원 균일 매질에서 나타나는 진즈의 우회 문제가 생기지 않는다.

이러한 평형 상태에, 작은 진폭의 섭동 Σ_1, Π_1, $v_{R,1}$, $v_{\phi,1}$, $\Phi_{s,1}$을 가하여 물리량이

$$\Sigma = \Sigma_0 + \Sigma_1, \qquad \Pi = \Pi_0 + \Pi_1, \tag{17.26a}$$

$$v_R = v_{R,1}, \qquad v_\phi = R\Omega + v_{\phi,1}, \tag{17.26b}$$

$$\Phi_s = \Phi_{s,0} + \Phi_{s,1} \tag{17.26c}$$

과 같이 변하는 경우를 생각해 보자. 식 (17.17)과 식 (17.23)을 선형화하면

$$\frac{\partial\Sigma_1}{\partial t} + \Omega\frac{\partial\Sigma_1}{\partial\phi} + \frac{\Sigma_0}{R}\frac{\partial(Rv_{R,1})}{\partial R} + \frac{\Sigma_0}{R}\frac{\partial v_{\phi,1}}{\partial\phi} = 0, \tag{17.27}$$

$$\frac{\partial v_{R,1}}{\partial t} + \Omega\frac{\partial v_{R,1}}{\partial\phi} - 2\Omega v_{\phi,1} = -\frac{a^2}{\Sigma_0}\frac{\partial\Sigma_1}{\partial R} - \left.\frac{\partial\Phi_{s,1}}{\partial R}\right|_{z=0}, \tag{17.28}$$

$$\frac{\partial v_{\phi,1}}{\partial t} + \Omega\frac{\partial v_{\phi,1}}{\partial\phi} + \frac{\kappa^2}{2\Omega}v_{R,1} = -\frac{a^2}{R\Sigma_0}\frac{\partial\Sigma_1}{\partial\phi} - \frac{1}{R}\left.\frac{\partial\Phi_{s,1}}{\partial\phi}\right|_{z=0} \tag{17.29}$$

을 얻는다. 여기서 $a^2 = d\Pi_0/d\Sigma_0$를 이용하였다. 식 (17.29)에서 κ는

$$\kappa^2 = \frac{1}{R^3}\frac{d(R^4\Omega^2)}{dR} = 4\Omega^2 + \frac{d\Omega^2}{d\ln R} \tag{17.30}$$

으로 정의되는데, 이를 **주전원 진동수**(epicycle frequency)라고 부른다. 주전원 진동은 전향력과 원심력에 의해 은하를 회전하는 물질이 반지름 방향으로 진동하는 것을 나타내며, 그 주기는 $2\pi/\kappa$로 주어진다(글상자 16 참조).

한편, 식 (17.19)를 선형화하면

$$\frac{1}{R}\frac{\partial}{\partial R}\left(R\frac{\partial\Phi_{s,1}}{\partial R}\right) + \frac{1}{R^2}\frac{\partial^2\Phi_{s,1}}{\partial\phi^2} + \frac{\partial^2\Phi_{s,1}}{\partial z^2} = 4\pi G\Sigma_1\delta(z) \tag{17.31}$$

로 변한다. 식 (17.27)부터 식 (17.31)은 얇은 회전 원반에서 섭동이 만족해야 할 선형화된 식이다.

글상자 16. 주전원 운동

중력 퍼텐셜이 축대칭인 은하 원반에서 은하 중심에 대해 공전하는 별을 생각해 보자. 이 별의 궤도가 반지름이 $R = R_0$ 인 원이라면 회전 각속도 Ω_0 는

$$R_0\Omega_0^2 = \left.\frac{d\Phi}{dR}\right|_{R=R_0} \tag{17.32}$$

를 만족할 것이다. 하지만 실제 별들은 주변으로부터 지속적인 섭동을 받기 때문에 그 궤도가 완전한 원일 수 없으며 식 (17.32)는 오직 근사적으로만 성립한다. 별의 궤도를 보다 정확히 추적하기 위해 각속도 $\mathbf{\Omega}_0 = \Omega_0\hat{\mathbf{z}}$ 로 회전하는 좌표계를 생각해 보자. 이 회전 좌표계에서 별의 운동 방정식은

$$\ddot{\mathbf{R}} = -\nabla\Phi - 2\mathbf{\Omega}_0 \times \dot{\mathbf{R}} + \Omega_0^2\mathbf{R} \tag{17.33}$$

로 주어진다. 별의 궤도를 $\mathbf{R} = (R_0 + x)\hat{\mathbf{x}} + y\hat{\mathbf{y}}$ 로 놓고, 식 (17.33)에 국부 근사 ($|x|, |y| \ll R_0$)를 적용하면

$$\ddot{x} = 2\Omega_0\dot{y} - (R_0 d\Omega^2/dR|_{R=R_0})x, \tag{17.34a}$$

$$\ddot{y} = -2\Omega_0\dot{x} \tag{17.34b}$$

을 얻는다. 여기서 $\nabla\Phi = \Omega^2\mathbf{R} = \left(\Omega_0^2R_0 + \Omega_0^2x + 2R_0\Omega_0\, d\Omega/dR|_{R=R_0}\, x\right)\hat{\mathbf{x}} + \Omega_0^2y\hat{\mathbf{y}}$ 임을 이용하였다. 식 (17.34)의 해는

$$x = x_0\cos(\kappa_0 t), \qquad y = -y_0\sin(\kappa_0 t) \tag{17.35}$$

인 타원인데, 이를 주전원이라고 부른다. 여기서 κ_0 는 식 (17.30)으로 주어지는 주전원 진동수이며, 진폭 x_0 와 y_0 는 $y_0/x_0 = 2\Omega_0/\kappa_0 \geq 1$ 인 관계를 만족한다. 그림 17.2는 주전원의 형태와 운동 방향을 보여 준다. 주전원은 일반적으로 방위각 ($\hat{\mathbf{y}}$) 방향으로 길쭉한 타원이며, 주전원 상에서 별의 운동 방향은 은하 회전의 역방향이다. 편평한 은하 회전곡선에 대해 $\kappa_0 = \sqrt{2}\Omega_0$ 인 반면, 케플러 회전 원반에서는 $\kappa_0 = \Omega_0$ 이다.

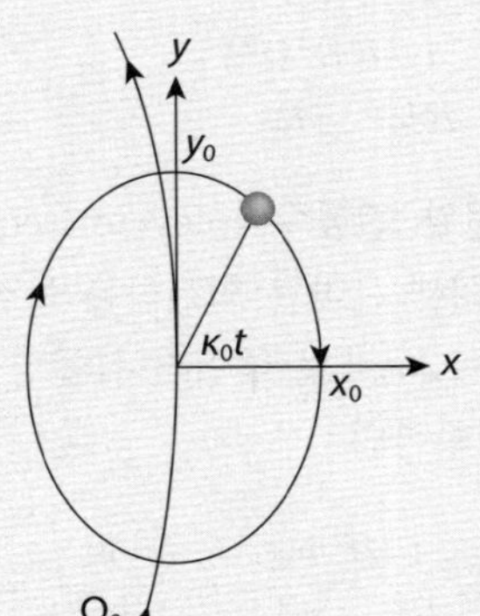

그림 17.2 주전원의 형태와 운동 방향

이제 가장 단순한 섭동의 형태로 축대칭 섭동을 생각해 보자. 이 경우 (예를 들어 밀도의) 섭동을

$$\Sigma_1(R,z,t) = \Sigma_a(R)e^{if(R)+i\omega t} \tag{17.36}$$

와 같은 형태로 쓸 수 있는데, 섭동의 진폭 $\Sigma_a(R)$과 위상 $f(R)$은 일반적으로 거리 R의 함수이다. 문제를 단순화하기 위해 R에 대한 $f(R)$의 변화가 R에 대한 $\Sigma_a(R)$의 변화보다 매우 큰 경우, 즉

$$\left|\frac{df}{dR}\right| \gg \left|\frac{d\ln\Sigma_a}{dR}\right| \sim \left|\frac{d\ln\Sigma_0}{dR}\right| \tag{17.37}$$

를 만족하는 섭동만을 생각해 보자. R 방향의 파수 k를

$$k \equiv \frac{df}{dR} \tag{17.38}$$

로 정의하면, 식 (17.37)의 가정은 $|k|R \gg 1$일 때 성립한다. 섭동의 파장이 매우 작아 R 방향으로 매우 빠르게 진동하면 R에 대한 초기 물리량의 변화를 무시할 수 있다. 이러한 근사를 **국부 근사**(local approximation)라고 한다.

식 (17.36) 형태의 섭동이 국부 근사를 만족할 경우, 선형화된 식 (17.27)부터 식 (17.31)은

$$\omega\frac{\Sigma_1}{\Sigma_0} + kv_{R,1} = 0, \tag{17.39}$$

$$\omega v_{R,1} + 2\Omega i v_{\phi,1} = -a^2k\frac{\Sigma_1}{\Sigma_0} - k\Phi_{s,1}(z=0), \tag{17.40}$$

$$\omega v_{\phi,1} - i\frac{\kappa^2}{2\Omega}v_{R,1} = 0, \tag{17.41}$$

$$\frac{\partial^2\Phi_{s,1}}{\partial z^2} - k^2\Phi_{s,1} = 4\pi G\Sigma_1\delta(z) \tag{17.42}$$

가 된다.

식 (17.42)의 해는 다음과 같이 구할 수 있다. 우선 $z \neq 0$인 영역에서

$$\frac{\partial^2\Phi_{s,1}}{\partial z^2} - k^2\Phi_{s,1} = 0 \tag{17.43}$$

이 성립한다. 이 식의 서로 독립적인 해는 $e^{-|k|z}$와 $e^{|k|z}$인데 $|z| \to \infty$에서 발산하지 않는 해를 택한 후, $\Phi_{s,1}$가 $z \to 0$에서 연속이라는 점을 이용하면

$$\Phi_{s,1} = \begin{cases} A(k)e^{-|k|z}, & (z>0) \\ A(k)e^{|k|z} & (z<0) \end{cases} \tag{17.44}$$

로 적을 수 있다. 여기서 계수 $A(k)$는 z에 무관하며 k만의 함수이다.

이제, 식 (17.42)의 양변을 $z = 0$인 면을 가로질러 $z = 0^-$ 에서 $z = 0^+$ 까지 적분하면,

$$\left.\frac{\partial \Phi_{s,1}}{\partial z}\right|_{z=0^+} - \left.\frac{\partial \Phi_{s,1}}{\partial z}\right|_{z=0^-} = 4\pi G \Sigma_1 \tag{17.45}$$

을 얻는다. 식 (17.44)를 식 (17.45)에 대입하고 정리하면 $A(k) = -2\pi G\Sigma_1/|k|$ 이 된다. 이 결과를 식 (17.44)에 대입하면 식 (17.42)의 해로

$$\Phi_{s,1}(z) = -\frac{2\pi G\Sigma_1}{|k|} e^{-|kz|} \tag{17.46}$$

를 얻는다.

식 (17.46)을 이용하여, 식 (17.39)부터 식 (17.41)에서 섭동 변수를 소거하면 최종적으로

$$\omega^2 = a^2k^2 - 2\pi G\Sigma_0|k| + \kappa^2 \tag{17.47}$$

을 얻는다. 식 (17.47)은 얇은 회전 원반의 중력 불안정에 대한 분산 관계식이다.

툼리 안정화 변수(Toomre stability parameter) Q_T를

$$Q_T \equiv \frac{\kappa a}{\pi G \Sigma_0} \tag{17.48}$$

로 정의하면, 식 (17.47)은

$$\omega^2 = a^2 \left(|k| - \frac{\pi G\Sigma_0}{a^2}\right)^2 + \kappa^2 \left(1 - \frac{1}{Q_T^2}\right) \tag{17.49}$$

이 된다(그림 17.3). 따라서 $Q_T > 1$인 원반은 모든 k에 대해 $\omega^2 > 0$을 만족

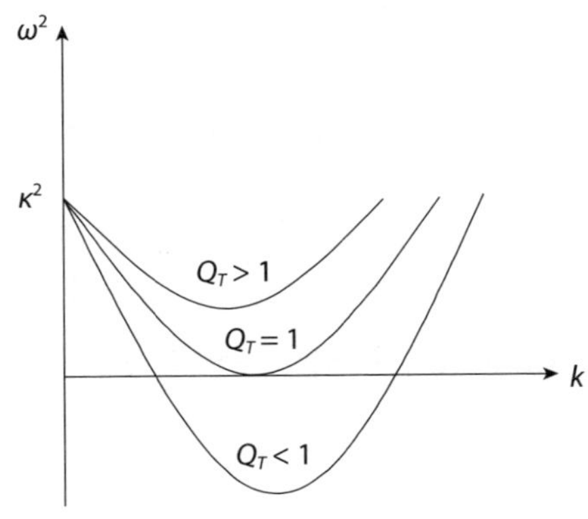

그림 17.3 얇은 회전 원반의 중력 불안정의 분산 관계식

하며 중력 불안정에 대해 절대적으로 안정함을 알 수 있다. 회전이 빠를수록(κ가 클수록), 원반의 온도가 높을수록(a가 클수록), 또한 원반의 밀도가 낮을수록(Σ_0가 작을수록) 중력 불안정이 발생하기 어렵다. 반면, $Q_T < 1$인 원반은 $\omega^2 < 0$인 k를 가지므로 중력적으로 불안정할 수 있다. 물론 이 경우에도 아주 짧은 파장의 섭동은 음파에 의해 안정화되고, 아주 긴 파장의 섭동은 회전에 의해 안정화된다. 따라서 $Q_T > 1$인 조건은 원반이 중력적으로 안정하기 위한 충분조건이다.

우리 은하 기체 원반의 물리량은 태양계 근방에서 $\Sigma_0 = 13\ M_\odot\ \mathrm{pc}^{-2}$, $a = 10\ \mathrm{km\ s}^{-1}$, $\kappa = 37\ \mathrm{km\ s}^{-1}\ \mathrm{kpc}^{-1}$ 정도의 값을 갖고 있으므로 $Q_T \sim 2.1$이며, 중력에 대해 안정하다.

17.3 그네 증폭⋆

은하 원반이나 유입원반처럼 차등회전하는 원반에서는 회전 속도의 엇갈림, 주전원 운동, 자체 중력이 합심하여 섭동을 일시적으로 크게 증폭시킬 수 있는데, 이를 그네 증폭(swing amplification)이라고 한다. 그네 증폭은 회전 원반에 존재하는 나선팔의 생성 원인이기도 하다. 이 절에서는 그네 증폭이 발생하는 원리에 대해 학습한다. 속도 엇갈림이 큰 원반의 역학적 진화를 연구할 때는 매질과 함께 움직이는 국부 회전 좌표계를 이용하면 편리하다.

17.3.1 국부 회전 좌표계

회전 각속도가 $\mathbf{\Omega} = \Omega(R)\hat{\mathbf{z}}$인 원반이 있다. 이 원반은 수직 방향으로 무한히 얇은 2차원 원반이다. 그림 17.4와 같이 원반의 중심으로부터 R_0만큼 떨어진 위치에서 각속도 $\Omega_0 = \Omega(R_0)$로 회전하는 국부 회전 직각 좌표계 (x, y)를 세우자. (x, y) 좌표계는 정지 원통 좌표계 (R, ϕ)와

$$x = R - R_0, \tag{17.50a}$$

$$y = R_0(\phi - \phi_0) = R_0(\phi - \Omega_0 t) \tag{17.50b}$$

라는 관계를 만족한다. 여기서 $\phi_0 = \Omega_0 t$는 국부 회전 좌표계 중심 위치의 방위각을 나타낸다. 국부 회전 좌표계에서 측정한 유체의 속도 (u_x, u_y)는 정지 좌표계에서 측정한 유체의 속도 (v_R, v_ϕ)와

$$u_x = v_R, \tag{17.51a}$$

$$u_y = R_0\left(\frac{v_\phi}{R} - \Omega_0\right) \tag{17.51b}$$

로 연결된다. u_y는 사실상 방위각 방향의 각속도에 해당한다.

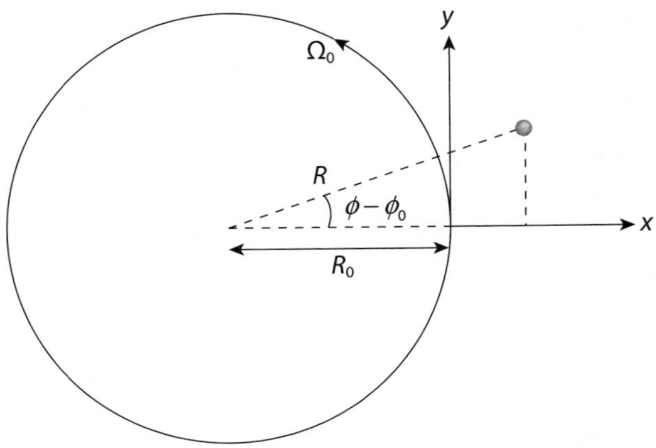

그림 17.4 국부 회전 좌표계

미분의 연쇄법칙에 의해

$$\left.\frac{\partial}{\partial t}\right|_R = \left(\frac{\partial}{\partial t} + \Omega_0 \frac{\partial}{\partial \phi}\right)_I, \tag{17.52a}$$

$$\left.\frac{\partial}{\partial x}\right|_R = \left.\frac{\partial}{\partial R}\right|_I, \tag{17.52b}$$

$$\left.\frac{\partial}{\partial y}\right|_R = \left.\frac{1}{R_0}\frac{\partial}{\partial \phi}\right|_I \tag{17.52c}$$

이므로

$$\frac{D}{Dt} = \left(\frac{\partial}{\partial t} + v_R \frac{\partial}{\partial R} + \frac{v_\phi}{R}\frac{\partial}{\partial \phi}\right)_I = \left(\frac{\partial}{\partial t} + u_x \frac{\partial}{\partial x} + u_y \frac{\partial}{\partial y}\right)_R \tag{17.53}$$

임을 보일 수 있다. 여기서 아래 첨자 'I'와 'R'은 각각 정지 좌표계와 회전 좌표계를 뜻한다. 따라서 얇은 원반의 연속 방정식(식 17.17)은 국부 회전 좌표계에서

$$\frac{D\Sigma}{Dt} + \Sigma\left(\frac{\partial u_x}{\partial x} + \frac{\partial u_y}{\partial y}\right) = 0 \tag{17.54}$$

으로 변한다.

원반의 회전은 평형 상태에서 식 (17.25)를 만족한다. 원반의 회전 각속도가

$$\Omega(R) \propto R^{-q} \tag{17.55}$$

와 같이 멱함수 형태로 주어지는 경우를 생각해 보자. 은하 원반처럼 편평한 회전일 때는 $q = 1$이며, 유입원반처럼 케플러 회전인 경우에는 $q = 3/2$이고, 강체

회전인 경우에는 $q = 0$이다. 평형 상태의 회전 속도가 정지 좌표계에서 $v_{\phi 0} = R\Omega$이므로, 회전 좌표계에서는 식 (17.51b)로부터

$$u_{y0} = R_0(\Omega - \Omega_0) \approx R_0 \left[\Omega_0 + \left.\frac{d\Omega}{dR}\right|_{R_0} (R - R_0) - \Omega_0 \right] \tag{17.56a}$$

$$= -q\Omega_0 x \tag{17.56b}$$

로 주어진다. 식 (17.56a)에서 Ω를 R_0에 대해 테일러 급수로 전개하였으며, $|x|/R_0 \ll 1$이라는 국부 근사를 사용하였다. 식 (17.56b)는 배경 매질이 갖고 있는 속도 엇갈림을 잘 반영한다.

이제 운동량 방정식(식 17.23)을 국부 회전 좌표계에서 전개해 보자. 당분간 자체 중력항을 무시하고 식 (17.25), (17.51b), (17.53), (17.56b)를 이용하면, 식 (17.23a)는

$$\frac{Du_x}{Dt} + \frac{1}{\Sigma}\frac{\partial \Pi}{\partial x} = \frac{v_\phi^2}{R} - \left.\frac{d\Phi_e}{dR}\right|_{z=0} = R\left(\Omega_0 + \frac{u_y}{R_0}\right)^2 - R\Omega^2 \tag{17.57a}$$

$$\approx R\left(\Omega_0 + \frac{u_y}{R_0}\right)^2 - R\left(\Omega_0 - q\Omega_0\frac{x}{R_0}\right)^2 \tag{17.57b}$$

$$\approx 2\Omega_0 u_y + 2q\Omega_0^2 x \tag{17.57c}$$

가 된다. 여기서 $|u_y|/(R_0\Omega_0) \ll 1$이라는 국부 근사를 적용하였다. 식 (17.57c)에서 우변의 첫째 항은 전향력(Coriolis force)에 해당하며, 둘째 항은 원반에 작용하는 외부 중력의 거리에 대한 차이에서 비롯한 것으로 **조석력 항**(tidal term)이라고 부른다.

마찬가지 방법으로 식 (17.23b)를 국부 회전 좌표계에서 전개해 보자. 우선

$$v_R\frac{\partial v_\phi}{\partial R} = u_x\frac{\partial}{\partial R}\left(\frac{R}{R_0}u_y + R\Omega_0\right) \tag{17.58a}$$

$$= u_x\left(\frac{u_y}{R_0} + \Omega_0\right) + \left(\frac{R}{R_0}\right)u_x\frac{\partial u_y}{\partial x}, \tag{17.58b}$$

$$\frac{v_R v_\phi}{R} = u_x\left(\Omega_0 + \frac{u_y}{R_0}\right) \tag{17.58c}$$

이므로

$$\left(\frac{R}{R_0}\right)\frac{Du_y}{Dt} + \frac{1}{\Sigma}\frac{\partial \Pi}{\partial y} = -2u_x\left(\frac{u_y}{R_0} + \Omega_0\right) \tag{17.59}$$

를 얻는데, 위 식에 국부 근사를 적용하면

$$\frac{Du_y}{Dt} + \frac{1}{\Sigma}\frac{\partial \Pi}{\partial y} = -2\Omega_0 u_x \tag{17.60}$$

가 된다.

마지막으로 자체 중력항을 포함시키고 식 (17.57c)와 식 (17.60)을 벡터 형태로 적으면, 국부 회전 좌표계에서 성립하는 유체의 운동량 방정식으로

$$\left(\frac{\partial}{\partial t}+\mathbf{u}\cdot\boldsymbol{\nabla}\right)\mathbf{u}=-\frac{1}{\Sigma}\boldsymbol{\nabla}\Pi+2q\Omega_0^2x\hat{\mathbf{x}}-2\boldsymbol{\Omega}_0\times\mathbf{u}-\boldsymbol{\nabla}\Phi_s(z=0)\quad(17.61)$$

을 얻는다. 여기서 $\mathbf{u}$는 각속도 Ω_0로 회전하는 국부 좌표계의 중심에 대한 속도를 나타내며, 배경 매질의 평형 회전 속도

$$\mathbf{u}_0=-q\Omega_0x\hat{\mathbf{y}}\quad(17.62)$$

를 포함한다.

자체 중력 퍼텐셜에 대한 푸아송 방정식에 국부 근사를 적용하면

$$\left(\frac{\partial^2}{\partial x^2}+\frac{\partial^2}{\partial y^2}+\frac{\partial^2}{\partial z^2}\right)\Phi_s=4\pi G\Sigma\delta(z)\quad(17.63)$$

를 얻는다.

17.3.2 퍼텐셜 소용돌이의 보존

순압성 유체의 경우, 식 (17.61)의 y 방향 성분을 x로 미분하면

$$\frac{D}{Dt}\frac{\partial u_y}{\partial x}+\frac{\partial u_x}{\partial x}\frac{\partial u_y}{\partial x}+\frac{\partial u_y}{\partial x}\frac{\partial u_y}{\partial y}=-2\Omega_0\frac{\partial u_x}{\partial x}-\frac{\partial^2\chi}{\partial x\partial y}\quad(17.64)$$

가 되고, x 방향 성분을 y로 미분하면

$$\frac{D}{Dt}\frac{\partial u_x}{\partial y}+\frac{\partial u_x}{\partial y}\frac{\partial u_x}{\partial x}+\frac{\partial u_x}{\partial y}\frac{\partial u_y}{\partial y}=2\Omega_0\frac{\partial u_y}{\partial y}-\frac{\partial^2\chi}{\partial x\partial y}\quad(17.65)$$

가 된다. 여기서

$$\chi\equiv\Phi_s(z=0)+\int\frac{d\Pi}{\Sigma}\quad(17.66)$$

이다.

식 (17.64)로부터 식 (17.65)를 뺀 후, 인수분해하면

$$\begin{aligned}\frac{D}{Dt}\left(\frac{\partial u_y}{\partial x}-\frac{\partial u_x}{\partial y}\right)-\left(\frac{\partial u_x}{\partial y}-\frac{\partial u_y}{\partial x}\right)\left(\frac{\partial u_x}{\partial x}+\frac{\partial u_y}{\partial y}\right)\\=-2\Omega_0\left(\frac{\partial u_x}{\partial x}+\frac{\partial u_y}{\partial y}\right)\end{aligned}\quad(17.67)$$

이다. 이를 식 (17.54)와 결합하면

$$\frac{D(\boldsymbol{\nabla}\times\mathbf{u})}{Dt} = (\boldsymbol{\nabla}\times\mathbf{u}+2\boldsymbol{\Omega}_0)\frac{D\ln\Sigma}{Dt} \tag{17.68}$$

이므로

$$\frac{D\boldsymbol{\xi}}{Dt} = 0 \tag{17.69}$$

을 얻는데, 여기서

$$\boldsymbol{\xi} = \frac{\boldsymbol{\nabla}\times\mathbf{u}+2\boldsymbol{\Omega}_0}{\Sigma} \tag{17.70}$$

는 국부 회전 좌표계에서 측정한 퍼텐셜 소용돌이이다. 식 (17.69)는 퍼텐셜 소용돌이가 국부 회전 좌표계에서도 보존됨을 말해 준다.

17.3.3 엇갈림판 좌표계

표면밀도와 표면압력이 각각 Σ_0와 Π_0로 균일한 원반의 국부 영역을 생각해 보자. 은하의 회전에 기인한 초기 속도는 식 (17.62)로 주어진다. 이러한 평형 상태에 작은 크기의 섭동 Σ_1, Π_1, $\mathbf{u}_1$, Φ_{s1}을 가한 후, 식 (17.54)와 식 (17.61)을 선형화하면

$$\left(\frac{\partial}{\partial t} - q\Omega_0 x\frac{\partial}{\partial y}\right)\sigma_1 = -\frac{\partial u_{x1}}{\partial x} - \frac{\partial u_{y1}}{\partial y}, \tag{17.71a}$$

$$\left(\frac{\partial}{\partial t} - q\Omega_0 x\frac{\partial}{\partial y}\right)u_{x1} = -\frac{\partial \chi_1}{\partial x} + 2\Omega_0 u_{y1}, \tag{17.71b}$$

$$\left(\frac{\partial}{\partial t} - q\Omega_0 x\frac{\partial}{\partial y}\right)u_{y1} = -\frac{\partial \chi_1}{\partial y} + (q-2)\Omega_0 u_{x1} \tag{17.71c}$$

을 얻는다. 여기서

$$\sigma_1 \equiv \Sigma_1/\Sigma_0, \tag{17.72a}$$

$$\chi_1 = a^2\sigma_1 + \Phi_{s1}(z=0) \tag{17.72b}$$

이다. 식 (17.71c)를 유도할 때 $du_{y0}/dx = -q\Omega_0$와 단열 음속 a에 대해 $\Pi_1 = a^2\Sigma_1$인 관계를 이용하였다. 식 (17.63)을 선형화하면

$$\left(\frac{\partial^2}{\partial x^2} + \frac{\partial^2}{\partial y^2} + \frac{\partial^2}{\partial z^2}\right)\Phi_{s1} = 4\pi G\Sigma_0\sigma_1\delta(z) \tag{17.73}$$

가 된다.

속도 엇갈림이 있을 때, 즉 $q\Omega_0 \neq 0$일 때는 식 (17.71)에서 좌변의 계수가 x의

양함수이다. 이 경우, 섭동은 x 방향으로 전파하는 평면파로 기술되지 못한다. 이 문제를 해결하기 위해 다음과 같은 **엇갈림판 좌표계**(shearing-sheet coordinates)

$$(X, Y, \tau) = (x, y + q\Omega_0 xt, t) \tag{17.74}$$

를 도입하자. $\partial y/\partial\tau|_{X,Y} = -q\Omega_0 x$이고 $\partial y/\partial X|_{\tau,Y} = -q\Omega_0 t$이므로, 미분의 연쇄법칙에 의해

$$\frac{\partial}{\partial\tau} = \frac{\partial}{\partial t} - q\Omega_0 x\frac{\partial}{\partial y}, \tag{17.75a}$$

$$\frac{\partial}{\partial X} = \frac{\partial}{\partial x} - q\Omega_0 t\frac{\partial}{\partial y}, \tag{17.75b}$$

$$\frac{\partial}{\partial Y} = \frac{\partial}{\partial y} \tag{17.75c}$$

이다. 식 (17.75)를 식 (17.71)에 대입하고 정리하면

$$\frac{\partial\sigma_1}{\partial\tau} = -\left(\frac{\partial}{\partial X} + q\Omega_0\tau\frac{\partial}{\partial Y}\right)u_{x1} - \frac{\partial u_{y1}}{\partial Y}, \tag{17.76a}$$

$$\frac{\partial u_{x1}}{\partial\tau} = -\left(\frac{\partial}{\partial X} + q\Omega_0\tau\frac{\partial}{\partial Y}\right)\chi_1 + 2\Omega_0 u_{y1}, \tag{17.76b}$$

$$\frac{\partial u_{y1}}{\partial\tau} = -\frac{\partial\chi_1}{\partial Y} + (q-2)\Omega_0 u_{x1} \tag{17.76c}$$

을 얻는다. 한편, 식 (17.73)은

$$\left[\left(\frac{\partial}{\partial X} + q\Omega_0\tau\frac{\partial}{\partial Y}\right)^2 + \frac{\partial^2}{\partial Y^2} + \frac{\partial^2}{\partial z^2}\right]\Phi_{s1} = 4\pi G\Sigma_0\sigma_1\delta(z) \tag{17.77}$$

가 된다.

엇갈림판 좌표계에서 섭동이

$$\sigma_1(X, Y, \tau) = \sigma_a(\tau)\exp(ik_{x0}X + ik_y Y) \tag{17.78}$$

와 같이 공간에 대해 사인파의 형태로 주어지는 경우를 생각해 보자. 여기서 아래첨자 'a'가 붙은 양은 섭동의 진폭을 나타내며, 명시적으로 시간 τ의 함수이다. 이를 식 (17.76)과 식 (17.77)에 대입하면

$$\frac{d\sigma_a}{d\tau} = -ik_x(\tau)u_{x,a} - ik_y u_{y,a}, \tag{17.79a}$$

$$\frac{du_{x,a}}{d\tau} = -ik_x(\tau)\chi_a + 2\Omega_0 u_{y,a}, \tag{17.79b}$$

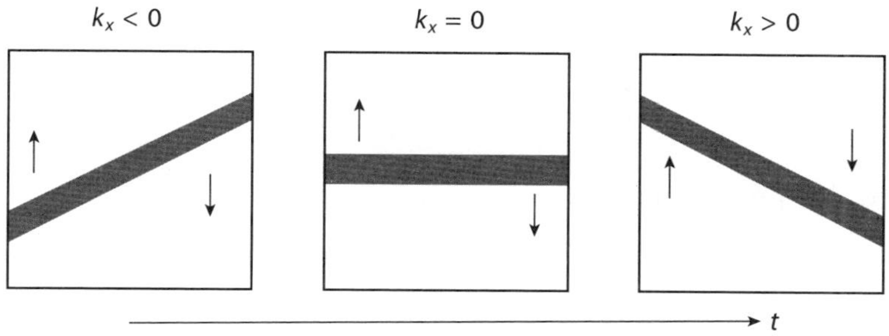

그림 17.5 배경 매질의 속도 엇갈림에 의한 시간에 따른 파수의 증가. 음영으로 표시된 영역은 같은 위상을 가진 파동의 마루를 나타낸다. 초기에 $k_x < 0$이었던 선행파는 시간이 경과함에 따라 속도 엇갈림에 의해 시계 방향으로 회전하면서 $k_x > 0$인 후행파로 바뀐다.

$$\frac{du_{y,a}}{d\tau} = -ik_y\chi_a + (q-2)\Omega_0 u_{x,a} \tag{17.79c}$$

와

$$\Phi_{s,a}(z=0) = -\frac{2\pi G\Sigma_0\sigma_a}{[k_x(\tau)^2 + k_y^2]^{1/2}} \tag{17.80}$$

를 얻는다. 여기서 x 방향의 파수 k_x는

$$k_x(\tau) = k_{x0} + q\Omega_0 k_y \tau \tag{17.81}$$

로 주어진다. 식 (17.79)와 식 (17.80)은 시간에 대한 초기치 미분방정식이다. 간단한 표기를 위해 지금부터 첨자 'a'를 생략하고 $\Phi_{s,a}(z=0)$를 Φ_s로 표기한다.

식 (17.81)은 x 방향의 파수 $k_x(\tau)$가 시간에 따라 선형적으로 증가함을 보여 준다. 그림 17.5에서 볼 수 있듯이 파동은 배경 매질과 함께 이류하는데, 속도 엇갈림 때문에 상자의 왼쪽 부분에 위치한 파면은 $+y$ 방향으로 올라가는 반면, 오른쪽에 있는 파면은 $-y$ 방향으로 내려온다. 처음에 $k_x < 0$이었던 **선행파**(leading wave)의 파수가 시간에 따라 증가하여 $k_x = 0$이 되었다가, $k_x > 0$인 **후행파**(trailing wave)로 바뀐다. 배경 매질의 운동학적 특성 때문에 섭동의 파수가 시간에 따라 증가하는 것이다. 파동의 운동학적 회전(kinematic rotation) 방향은 시계 방향이며, 이것은 주전원 운동 방향과 같지만 배경 매질의 회전 방향과 반대임에 주목하자(그림 17.2 참고).

식 (17.79b)와 식 (17.79c)를 이용하면

$$\frac{d}{d\tau}(k_x u_y - k_y u_x) = -(2-q)\Omega_0(k_x u_x + k_y u_y) \tag{17.82}$$

임을 보일 수 있다. 여기서 $dk_x/d\tau = q\Omega_0 k_y$를 이용하였다. 나아가 식 (17.79a)와

식 (17.82)를 결합한 후, τ에 대해 적분하면

$$k_x u_y - k_y u_x = -i(2-q)\Omega_0\sigma \tag{17.83}$$

를 얻는데, 이것은 퍼텐셜 소용돌이의 보존에 해당한다.[6]

식 (17.79a), (17.79b), (17.83)을 이용하여, u_x와 u_y를 소거하면

$$\frac{d}{d\tau}\left(\frac{1}{k^2}\frac{d\sigma}{d\tau}\right) + \kappa_0^2\left(\frac{1}{k^2} - \frac{qk_y^2}{k^4}\right)\sigma = -\chi \tag{17.84}$$

를 얻는다. 여기서 $k^2(\tau) = k_x(\tau)^2 + k_y^2$이며, $\kappa_0^2 = 2(2-q)\Omega_0^2$이다.

식 (17.80)으로부터

$$\chi = \left(a^2 - \frac{2\pi G\Sigma_0}{k}\right)\sigma \tag{17.85}$$

이므로, 이를 식 (17.84)에 대입하면

$$\frac{d}{d\tau}\left(\frac{1}{k^2}\frac{d\sigma}{d\tau}\right) + \left[\kappa_0^2\left(\frac{1}{k^2} - \frac{qk_y^2}{k^4}\right) - \frac{2\pi G\Sigma_0}{k} + a^2\right]\sigma = 0 \tag{17.86}$$

을 얻는다. 마지막으로 식 (17.80)과

$$\frac{dk}{d\tau} = \frac{q\Omega_0 k_x k_y}{k}, \quad \frac{d^2k}{d\tau^2} = \frac{(q\Omega_0 k_y)^2}{k} - \frac{(q\Omega_0 k_x k_y)^2}{k^3} \tag{17.87}$$

임을 이용하여, 식 (17.86)을 Φ_s에 대해 다시 쓰면

$$\frac{d^2\Phi_s}{d\tau^2} + S^2(\tau)\Phi_s = 0 \tag{17.88}$$

이 된다. 여기서

$$S^2(\tau) = a^2k(\tau)^2 - 2\pi G\Sigma_0 k(\tau) + \kappa_0^2 + \frac{3q^2\Omega_0^2k_y^4}{k(\tau)^4} - \frac{4q\Omega_0^2k_y^2}{k(\tau)^2} \tag{17.89}$$

이다.

식 (17.88)은 Φ_s에 대한 이차 미분방정식으로 $S^2 > 0$일 때는 진동하는 해를, $S^2 < 0$일 때는 발산하는 해를 가진다. $q\Omega_0 k_y = 0$일 때 식 (17.89)의 우변은 처음 세 항만을 남기는데, 이는 회전 원반의 축대칭 중력 불안정에 대한 분산 관계식 (식 17.47)의 세 항과 같다. 세 항의 합은 $k(\tau) = \kappa_0/(aQ_T)$에서 최소가 되며, 그

6) $\nabla \times \mathbf{u}_0 = -q\Omega_0\hat{\mathbf{z}}$이므로, 식 (17.69)를 직접 선형화해도 식 (17.83)을 얻을 수 있다.

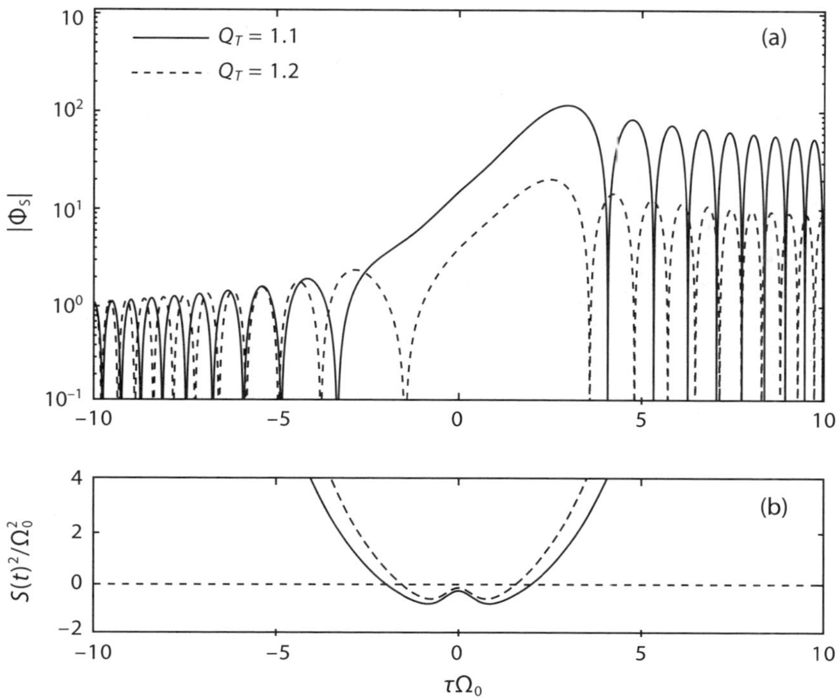

그림 17.6 (a) 그네 증폭에 의한 Φ_s의 성장 및 (b) S^2의 시간 τ에 따른 변화. 실선과 파선은 각각 $Q_T = 1.1$과 $Q_T = 1.2$에 해당한다.

값은 $\kappa_0^2(1 - Q_T^{-2})$이므로 중력 불안정의 조건은 $Q_T < 1$이다. $|\tau\Omega_0| \gg 1$일 때는 a^2k^2 항이 우세하므로 $S^2 > 0$이다. 반면, 차등회전하는($q \neq 0$) 원반에 가해진 비축대칭($k_y \neq 0$) 섭동에 대해 S^2은 2개의 항을 더 갖고 있다. 특히 마지막 항이 음수이므로, $Q_T > 1$인 원반에서도 $|\tau|$가 충분히 작으면 S^2이 음수가 될 수 있다.

식 (17.88)을 수치적으로 적분한 결과를 그림 17.6에 나타내었다. 실선과 파선은 각각 $Q_T = 1.1$과 1.2인 원반에 해당한다. 두 경우 모두 $q = 1$, $k_{x0} = 0$, $\kappa_0^2/(2\pi G\Sigma_0 k_y) = 1$을 택하였으며, 초기 조건으로 $\tau\Omega_0 = -10$일 때, $\Phi_s = 1$과 $d\Phi_s/d\tau = 0$을 잡았다. $\tau\Omega_0 \lesssim -2$일 때, 섭동은 선행파이며 음파의 성격이 강하여 작은 진폭으로 진동한다. $|\tau\Omega_0| \lesssim 2$인 구간에서 섭동이 선행파에서 후행파로 바뀌면서 섭동의 진폭이 증가한다. 진폭 증가는 $S^2 < 0$인 구간에서 압도적으로 일어나며, $Q_T = 1.1$과 1.2인 경우에 각각 약 100배와 20배에 이른다. 이러한 섭동의 일시적 진폭 증가를 **그네 증폭**이라고 부른다. 섭동은 $\tau\Omega_0 \gtrsim 2$에서 그네 증폭을 마치고 후행하는 음파의 성격을 가진다.

섭동이 선행파에서 후행파로 변하면서 진폭이 일시적으로 증가하는 그네 증폭이 일어나는 물리적 이유는 무엇일까? 이것은 배경 물질의 운동학적 특성, 주전원 운동, 자체 중력 등의 세 가지 물리량이 공모한 결과이다(Toomre 1981). 그림

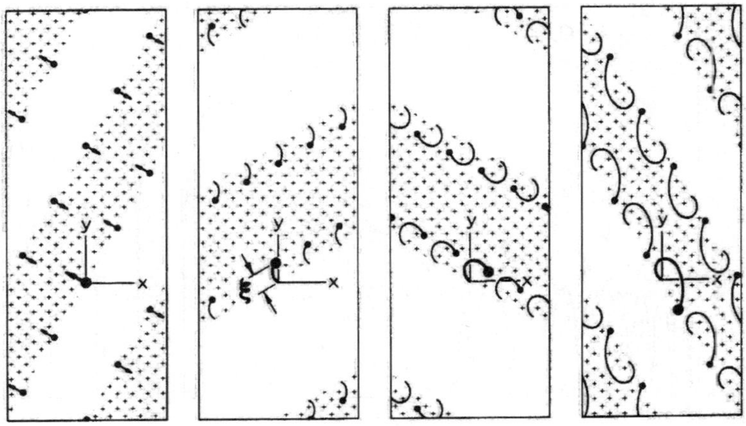

그림 17.7 그네 증폭에 대한 모식도. 아래 숫자는 파면의 기울기 $\theta = \tan^{-1}(k_x/k_y)$를 뜻한다. 어두운 영역은 파동의 마루를, 굽은 곡선은 파동을 구성하는 입자의 궤적을 나타낸다(Reproduced from Figure 3 of Toomre(1981) with permission from Cambridge University Press).

17.7은 이 과정을 도식적으로 보여 준다. 작은 점으로 표시된 영역은 파동의 마루를 나타내며, 아래쪽의 숫자는 파면의 x축에 대한 각도 θ로, $\tan\theta = k_x(t)/k_y$를 만족한다. 굽은 곡선은 파동을 구성하는 입자들의 궤적을 나타낸다.

회전하지 않는 계라면, 음파를 구성하는 입자의 궤적이 항상 파면에 수직일 것이다. 하지만 회전하는 계에서는 회전에 기인한 주전원 운동으로 입자의 궤적이 그림처럼 시계 방향으로 점점 휘어진다. 동시에 파동이 시계 방향으로 회전하면서 선행파($\theta < 0$)에서 후행파($\theta > 0$)로 바뀐다. 이때 파동의 운동학적 회전 방향과 주전원 운동의 방향이 같기 때문에, 입자는 파동의 마루 영역에 (속도 엇갈림이 없을 때와 비교하여 더) 오랫동안 머무를 수 있으며, 이 과정에서 주변 매질을 중력으로 끌어당겨 파동의 진폭을 증가시킨다. 시간이 충분히 지나면 중력보다 압력이 중요해지므로 파동은 더 이상 성장하지 않고 안정적인 음파 운동을 지속한다. 그네 증폭은 자체 중력이 중요한 원반에 생성되는 밀도파의 생성 원인이다.

제18장 초신성 잔해의 진화

별은 진화의 마지막 단계에서 초신성으로 폭발한다(글상자 17 참조). 이 강력한 폭발은 별 대기를 구성하던 약 1–20 $M_\odot$ 정도의 질량을 우주 공간으로 날려 버리는데, 그 속도가 약 10^4 km s^{-1}에 이르며 관련된 에너지는 $E_* = 10^{51}$ erg이다. 폭발의 분출물(ejecta)은 사방으로 빠르게 전진하면서 주변에 있는 성간물질을 휩쓸고 나간다. 이때 분출물의 팽창 속도가 음속보다 매우 크므로 충격파가 발생한다. 폭발의 분출물과 휩쓸린 성간물질을 통칭하여 *초신성 잔해*(supernova remnant)라고 부른다.

초신성 폭발과 잔해의 진화는 천문학적으로 매우 중요한 의미를 갖고 있다. 첫째, 별의 중심부에서 생성된 무거운 원소가 초신성 폭발을 통해 성간물질로 되돌아가 은하의 중원소 함량을 증가시킨다. 둘째, 초신성 폭발은 충격파를 통해 기체를 매우 높은 온도로 가열할 수 있다. 은하에 존재하는 $T \sim 10^{5.5-6}$ K에 이르는 뜨거운 기체는 주로 초신성 폭발로 생성된 것이다. 셋째, 성간물질은 초음속 **난류**(turbulence) 운동을 지속하고 있음이 관측으로 확인되는데, 초신성 폭발은 난류 운동 에너지의 주요 공급원이다. 넷째, 초신성 폭발은 은하에서 일어나는 별생성률을 조절하는 역할을 한다. 별생성률이 높아지면 초신성 폭발을 통한 난류 운동 에너지의 공급률이 증가하여 별생성률이 감소한다. 반면, 별생성률이 낮아지면 난류 운동의 감소와 더불어 성간물질이 중력적으로 불안정해지므로 별생성률이 다시 증가한다.

이 장에서는 초신성 잔해의 진화를 자유팽창 단계, 단열팽창 단계, 넉가래 단계, 합병 단계 등으로 나누어 살펴본다.

18.1 자유팽창 단계

은하의 한 지점에서 폭발한 초신성을 생각해 보자. 폭발 분출물은 빠른 속도로 주변 물질을 쓸고 나가는데, 초기에는 그 속도가 너무 커서 주변 매질의 영향을 거의 느끼지 못한다. 분출물의 충차압이 성간물질의 압력을 압도하기 때문에 초기 팽창을 자유팽창으로 근사할 수 있다. 분출물이 갖고 있는 에너지 E_*의 대부분이 운동 에너지라고 가정하면 분출물의 팽창 속도는

$$v_{\rm ej} = \left(\frac{2E_*}{M_{\rm ej}}\right)^{1/2} = 1 \times 10^4 \left(\frac{M_{\rm ej}}{M_\odot}\right)^{-1/2} {E_{51}}^{1/2} \;\; {\rm km\ s^{-1}} \qquad (18.1)$$

이다. 여기서 $M_{\rm ej}$는 분출물의 질량이며 $E_{51} = E_*/(10^{51}\,{\rm erg})$이다. 자유팽창 단계에서 분출물의 최전방에 생성된 충격파의 위치는

$$r_s(t) = v_{\rm ej}t \tag{18.2}$$

로 주어진다.

이 단계에서 초신성 잔해의 구조는 그림 18.1과 같다. 충격파가 전진하면서 주변 물질을 고밀도, 고온으로 압축하여 충격파의 직후방에 축적시킨다. 충격받은 성간물질은 **접촉 불연속면**을 경계로 분출물과 분리되어 있다. 접촉 불연속면 직후방에 있는 분출물은 앞에 쌓인 성간물질에 의해 속도가 느려지기 때문에 뒤에 따라오는 분출물과 충돌하여 **후진 충격파**(reverse shock)를 생성한다. 후진 충격파는 폭발의 중심 방향으로 이동해 가면서 분출물을 높은 온도로 가열한다.

전진 충격파와 후진 충격파 사이에 놓여 있는 물질은 분출물의 팽창을 더디게 만든다. 휩쓸린 물질의 질량 $M_{\rm swept}$가 분출물의 질량과 비슷해질 무렵이면 분출물의 팽창을 더 이상 자유팽창으로 근사하기 어렵다. 즉, 밀도가 ρ_0인 매질에서 초신성 잔해의 자유팽창 단계는

$$M_{\rm swept} = \frac{4\pi}{3} r_s^3 \rho_0 = M_{\rm ej} \tag{18.3}$$

일 때 끝난다. 배경 성간물질의 개수 밀도를 n_0라고 하면, 수소에 대한 헬륨의 개수비 10%를 고려할 때 질량 밀도는 $\rho_0 = 1.27 m_{\rm H} n_0$이다. 따라서 자유팽창 단계가 끝날 때 잔해의 반지름은

$$r_s(t_{\rm free}) = 2.0\, n_0^{-1/3} \left(\frac{M_{\rm ej}}{M_\odot}\right)^{1/3} \quad {\rm pc} \tag{18.4}$$

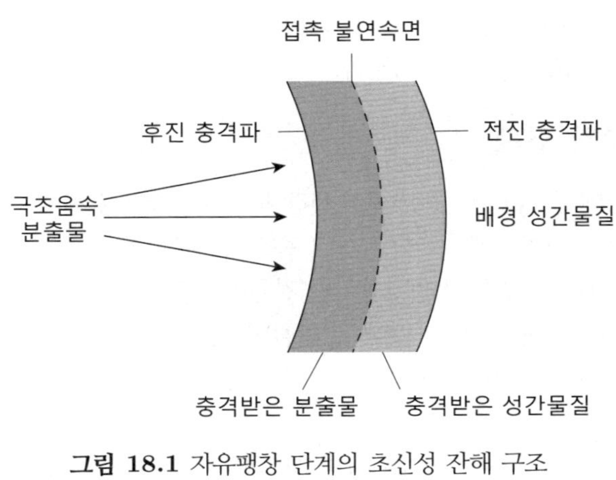

그림 18.1 자유팽창 단계의 초신성 잔해 구조

이며, 자유팽창 단계의 지속시간은 대략

$$t_{\rm free} = \frac{r_s}{v_{\rm ej}} = 192\, n_0^{-1/3} E_{51}^{-1/2} \left(\frac{M_{\rm ej}}{M_\odot}\right)^{5/6} \quad {\rm yr} \tag{18.5}$$

이다.

18.2 단열팽창 단계

18.2.1 충격파 위치의 시간 변화

분출물이 휩쓰는 배경 성간물질의 음속이 약 $1\ {\rm km\ s^{-1}}$에 불과하므로 초당 수천 킬로미터에 해당하는 잔해의 빠른 팽창은 매우 강력한 충격파를 야기한다. 충격을 받은 기체의 온도는 $T \gtrsim 10^8\ {\rm K}$로 상승하는데, 이 온도에서는 모든 물질이 이온화되어 주로 열적 제동복사에 의해 기체의 냉각이 이루어진다. 열적 제동복사는 냉각 시간이 $t_{\rm cool} \sim 10^7$년 정도로 초신성 잔해의 수명보다 길기 때문에 이 단계에서는 근사적으로 복사 냉각의 효과를 무시할 수 있다. 이러한 이유로 자유팽창 직후의 진화를 **단열팽창 단계**(adiabatic expansion phase), **에너지 보존 단계**(energy-conserving phase), 또는 이 단계를 연구한 학자의 이름을 따 **세도프-테일러 단계**(Sedov-Taylor phase)라고 부른다. 이 단계에서도 단열팽창과 더불어 잔해의 온도는 점점 감소한다.

문제를 간단히 하기 위해 충격파면을 평면으로 근사하자. 초신성 잔해의 충격파가 U_s의 속도로 폭발원으로부터 멀어지는 경우를 생각해 보자(그림 18.2a). 충격파 전방의 기체는 정지해 있으며($U_0 = 0$), 충격파 직후방의 기체는 U_1의 속도로 폭발원으로부터 멀어지고 있다. 앞에서 학습한 충격파에 대한 랭킨-위고니오 관계식을 이용하기 위해서는 그림 18.2(b)와 같이 정지 충격파 좌표계를 도입해야 한다. 이 좌표계에서는 충격파가 정지해 있으며, 전방의 성간물질이 $V_0 = -U_s$의 속도로 충격파로 진입한 뒤 $V_1 = U_1 - U_s$의 속도로 충격파로부터 멀어진다.

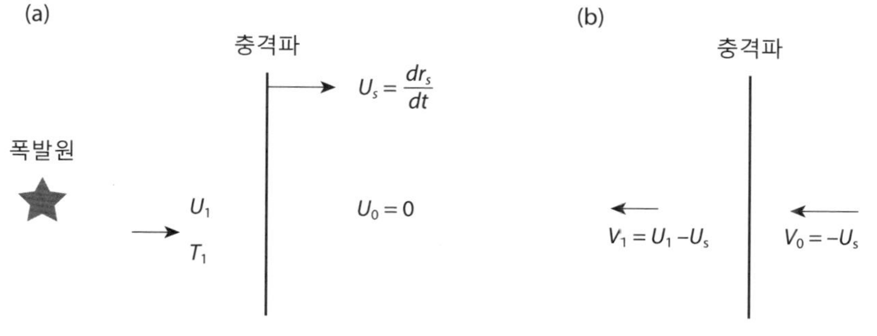

그림 18.2 (a) 정지 폭발원 좌표계와 (b) 정지 충격파 좌표계에서 본 충격파 전후의 속도

글상자 17. 초신성의 종류

우주에서 가장 강력한 폭발 현상의 하나인 초신성에는 다음과 같은 세 가지 종류가 있다.

1. 열핵반응 초신성(thermonuclear supernova): 초기 질량이 8 $M_\odot$ 이하인 비교적 가벼운 별은 백색왜성과 이를 둘러싼 행성상성운으로 진화한다. 백색왜성은 주로 C/O로 구성되어 있으며, 찬드라세카 한계질량인 1.4 $M_\odot$ 보다 가벼운 안정한 별이다. 그러나 쌍성계에 있는 백색왜성은 동반성으로부터 물질을 유입받거나(단일축퇴 모형), 또 다른 백색왜성인 동반성과 충돌하여(이중축퇴 모형) 그 질량이 찬드라세카 한계질량을 초과할 수 있다. 찬드라세카 한계질량을 초과한 백색왜성은 수축하여 중심 온도가 폭발적인 열핵반응을 일으킬 정도로 상승한다. 이때 발생한 막대한 핵에너지는 백색왜성 전체를 파괴시키므로 폭발의 결과로 중성자성이 생기지 않는다. 폭발과 관련된 운동 에너지는 10^{51} erg이다. 이러한 방식으로 폭발한 초신성은 Ia형 초신성으로 관측된다. 1572년 11월에 발견된 타이코 초신성(Tycho's supernova)은 Ia형 초신성의 대표적 예이며, 이러한 초신성은 우리 은하에서 약 300년에 1개씩 폭발하는 것으로 추정된다. 타원 은하를 포함한 모든 종류의 은하에서 발견된다.

2. 핵붕괴 초신성(core-collapse supernova): 초기 질량이 8 $M_\odot$ 이상인 무거운 별은 진화의 막바지에 ^{56}Fe로 구성된 중심핵을 형성한다. 이 중심핵은 더 이상 핵에너지를 생성하지 못하므로 수축하면서 광분해(photo-disintegration)를 통해 중성자핵으로 바뀐다. 이 과정에서 생성된 10^{53} erg에 이르는 중력 퍼텐셜 에너지는 중성미자(neutrino)를 통해 방출된다. 함몰하던 외곽부는 중성자핵과 부딪힌 후, 충격파를 형성한다. 충격파는 밖으로 밀려 나가며 중성미자 에너지의 약 1%를 흡수하여 외곽부 전체를 탈출 속도 이상으로 가속시킨다. 이런 방식으로 폭발한 초신성은 II형, Ib/Ic형 등으로 관측된다. Ib/Ic형 초신성은 무거운 별이 진화하면서 강한 항성풍이나 동반성으로의 질량 이동 등을 통해 H/He로 구성된 외곽층을 잃어버린 후 핵붕괴를 통해 폭발한 초신성이다. 이러한 초신성은 우리 은하에서 약 30-50년에 1개씩 폭발하는 것으로 추정된다. 나선 은하에서만 발견되고 타원 은하에서는 발견되지 않는다.

3. 쌍불안정 초신성(pair-instability supernova): 초기 질량이 약 100 $M_\odot$ 이상인 매우 무거운 별은 진화과정에서 중심 온도가 10^{12} K 이상으로 상승한다. 이렇게 높은 온도에서는 광자가 서로 충돌하여 전자와 양전자(positron)로 변하는 쌍생성(pair production)이 일어나는데, 이때 약 1 MeV의 광에너지 손실이 생긴다. 복사압의 감소와 더불어 수축한 중심부는 다시 온도가 상승하여 쌍생성을 일으키는 현상이 반복된다. 이러한 '쌍불안정'은 별을 급격히 맥동하도록 만든다. 이 과정에서 별의 외곽부는 매우 빠른 속도로 밀려 나가고 중심부는 열핵반응으로 폭발하거나, 별의 초기 질량이 약 250 $M_\odot$ 보다 크다면 블랙홀을 형성한다. 관련된 폭발 에너지는 $\sim 10^{52} - 10^{53}$ erg로 쌍불안정 초신성은 열핵반응 초신성이나 핵붕괴 초신성과 같은 보통 초신성보다 훨씬 밝다.

강한 충격파의 경우,

$$\frac{V_0}{V_1} = \frac{-U_s}{U_1 - U_s} = \frac{\gamma+1}{\gamma-1} \rightarrow 4 \tag{18.6}$$

이므로, 충격파 직후방에서 잔해의 팽창 속도는

$$U_1 = \frac{2}{\gamma+1}U_s \rightarrow \frac{3}{4}U_s \tag{18.7}$$

로 주어진다. 위 두 식에서 화살표 다음의 값은 $\gamma = 5/3$일 때 계산된 값이다.

이제 반지름이 r_s인 충격파가 $dr_s/dt = U_s$의 속도로 팽창하는 경우를 생각해 보자. 충격파 직후방에서 기체의 온도는 식 (15.76)으로부터

$$T_1 = \frac{3}{16}\frac{\mu m_{\rm H}}{k_B}U_s^2 \tag{18.8}$$

이므로, 후방 기체의 단위 질량당 열 에너지는

$$e_T = \frac{3}{2}\frac{k_B T_1}{\mu m_{\rm H}} = \frac{9}{32}U_s^2 \tag{18.9}$$

이다. 또한, 후방 기체의 단위 질량당 운동 에너지가

$$e_K = \frac{1}{2}U_1^2 = \frac{9}{32}U_s^2 \tag{18.10}$$

이므로, 단위 질량당 총에너지는

$$e_{\rm tot} = e_T + e_K = \frac{9}{16}U_s^2 \tag{18.11}$$

이다. 그러므로 반경 r_s에 위치한 충격파에 휩쓸린 기체의 총에너지는

$$E_* = \left(\frac{4\pi}{3}r_s^3\right) \times \mu m_{\rm H} n_0 \times \left(\frac{9}{16}U_s^2\right) \tag{18.12}$$

으로 주어지는데, 단열 조건에 의해 E_*가 보존되므로

$$r_s^3 \dot{r}_s^2 = \frac{4E_*}{3\pi \mu m_{\rm H} n_0} = \text{일정} \tag{18.13}$$

을 만족한다.

식 (18.13)의 해를 구하기 위해

$$r_s(t) = r_0 t^\alpha \tag{18.14}$$

으로 놓자. 여기서 r_0와 α는 상수이다. 식 (18.14)를 식 (18.13)에 대입하면

$$\alpha^2 r_0^5 t^{5\alpha-2} = \frac{4E_*}{3\pi\mu m_{\rm H} n_0} \tag{18.15}$$

이다. 식 (18.15)의 우변이 시간에 무관하므로, 좌변에서 $\alpha = 2/5$여야 한다. 따라서 r_s와 U_s를 시간의 함수로 구하면

$$r_s = \left(\frac{25E_*}{3\pi\mu m_{\rm H} n_0}\right)^{1/5} t^{2/5} = 5\left(\frac{E_{51}}{n_0}\right)^{1/5} t_3^{2/5} \quad \text{pc}, \tag{18.16}$$

$$U_s = \frac{dr_s}{dt} = \frac{2r_s}{5t} = 2\times10^3\left(\frac{E_{51}}{n_0}\right)^{1/5} t_3^{-3/5} \quad \text{km s}^{-1} \tag{18.17}$$

이다. 여기서 $t_3 = t/(10^3 \text{ yr})$이다. 식 (18.17)을 식 (18.8)에 대입하면, 충격파 직후방 기체의 온도가 시간에 따라

$$T_1 = 5.4\times10^7 \left(\frac{E_{51}}{n_0}\right)^{2/5} t_3^{-6/5} \quad \text{K} \tag{18.18}$$

으로 변함을 알 수 있다.

충격파의 전진 속도가 $U_s = 200 \text{ km s}^{-1}$ 정도로 느려지면 $T_1 \sim 5\times10^5$ K이 된다. 이 온도에서는 성간물질의 냉각이 매우 빠르게 진행되므로(그림 16.7 참고), 단열 가정은 더 이상 적절하지 않다. 식 (18.16)과 식 (18.17)에서 단열팽창 단계가 끝나는 시기는 $t_{\rm rad} = 50\,\text{kyr}$이며, 이때 충격파의 반지름은 약 $r_s(t_{\rm rad}) = 24$ pc이다. 초신성 잔해 내부에서 물리량의 공간 분포를 고려한 보다 자세한 계산에 의하면

$$t_{\rm rad} = 50\, E_{51}^{0.22} n_0^{-0.55} \quad \text{kyr}, \tag{18.19a}$$

$$r_s(t_{\rm rad}) = 24\, E_{51}^{0.29} n_0^{-0.42} \quad \text{pc} \tag{18.19b}$$

이다(Draine 2011).

18.2.2 차원 분석법

식 (18.16)이 보여 주는 r_s와 t 사이의 함수관계를 **차원 분석법**(dimensional analysis)을 통해서도 구할 수 있다. 초신성 잔해의 진화와 관련된 물리량은 E_*, ρ_0, r, t이므로, 무차원 변수 ξ를

$$\xi = rE_*^a \rho_0^b t^c \tag{18.20}$$

으로 놓자. 거리, 질량, 시간의 차원을 각각 L, M, T로 나타내면 E_*의 차원은 $\mathsf{ML^2T^{-2}}$이고 ρ_0의 차원은 $\mathsf{ML^{-3}}$이므로 식 (18.20)에서 우변의 차원은

$$\mathsf{M}^{a+b}\mathsf{L}^{1+2a-3b}\mathsf{T}^{-2a+c} \tag{18.21}$$

이다. ξ는 차원이 없으므로 식 (18.20)이 성립하기 위해서는

$$\begin{aligned} 0 &= a+b, \\ 1 &= -2a+3b, \\ 0 &= -2a+c \end{aligned}$$

여야 한다. 이에 대한 해는 $a=-1/5$, $b=1/5$, $c=-2/5$이므로, 식 (18.20)을

$$\xi = r\left(\frac{\rho_0}{E_*}\right)^{1/5} t^{-2/5} \tag{18.22}$$

으로 쓸 수 있다. 식 (18.22)로 주어지는 ξ를 **닮음 변수**(similarity variable)라고 한다. 닮음 변수가 존재한다는 것은 잔해 내부 물리량의 r과 t에 대한 변화가 식 (18.22)를 통해 단 하나의 변수인 ξ만으로 기술될 수 있음을 의미한다. 충격파의 위치 r_s에 해당하는 ξ 값을 ξ_0라고 하면, 충격파 위치의 시간에 따른 변화는

$$r_s(t) = \xi_0\left(\frac{E_*}{\rho_0}\right)^{1/5} t^{2/5} \tag{18.23}$$

으로 주어진다. 식 (18.23)에서 $\xi_0 = (25/3\pi)^{1/5} \simeq 1.21$로 택하면 식 (18.16)과 같아지지만, 식 (18.16)은 잔해의 모든 물질이 동일한 온도와 속도를 갖고 있다고 가정한 결과임에 주의하자. 정확한 ξ_0 ($\simeq 1.15$, $\gamma = 5/3$일 때) 값을 구하기 위해서는 아래에서와 같이 잔해 내부 물리량의 ξ에 대한 분포를 고려해야 한다.

18.2.3 잔해의 내부 구조⋆

구소련의 과학자 세도프(Leonid Ivanovich Sedov 1907-1999)와 미국의 과학자 테일러(Geoffrey Ingram Taylor 1886-1975)는 핵개발 실험의 일환으로 **폭발파**(blast wave)의 시간에 대한 진화 및 내부 구조에 대한 **닮음해**(similarity solution)를 얻었다. 닮음해란 관련된 물리량의 r과 t에 대한 변화를 닮음 변수 ξ만의 함수로 표현한 해를 말한다.

강한 충격파의 경우, 충격파 직후방의 밀도, 속도, 압력은 각각

$$\rho_1 = \left(\frac{\gamma+1}{\gamma-1}\right)\rho_0, \tag{18.24}$$

$$v_1 = \frac{2}{\gamma+1}U_s, \tag{18.25}$$

$$P_1 = \frac{2}{\gamma+1}\rho_0 U_s^2 \tag{18.26}$$

으로 주어지므로, 잔해 내부의 닮음해를

$$\rho(r,t) = \rho_1\alpha(\xi) = \rho_0\left(\frac{\gamma+1}{\gamma-1}\right)\alpha(\xi), \tag{18.27}$$

$$v(r,t) = v_1\left(\frac{r}{r_s}\right)u(\xi) = \frac{4}{5(\gamma+1)}\left(\frac{r}{t}\right)u(\xi), \tag{18.28}$$

$$P(r,t) = P_1\left(\frac{r}{r_s}\right)^2 p(\xi) = \frac{8\rho_0}{25(\gamma+1)}\left(\frac{r}{t}\right)^2 p(\xi) \tag{18.29}$$

로 놓자. 여기서 식 (18.17)을 사용하였다. 식 (18.27)부터 식 (18.29)에서 $\alpha(\xi)$, $u(\xi)$, $p(\xi)$는 각각 밀도, 속도, 압력의 무차원 닮음해를 나타내며

$$\alpha(\xi_0) = u(\xi_0) = p(\xi_0) = 1 \tag{18.30}$$

이라는 규격화 조건을 만족해야 한다.

잔해의 팽창이 단열 과정을 따르므로 잔해의 총에너지

$$E_* = \int_0^{r_s(t)}\left(\frac{1}{2}\rho v^2 + \frac{P}{\gamma-1}\right)4\pi r^2 dr \tag{18.31}$$

은 보존되는 물리량이다. 식 (18.27)부터 식 (18.29)를 이용하여, 위 식을 무차원 변수로 표현하면

$$\int_0^{\xi_0}(\alpha u^2 + p)\xi^4 d\xi = \frac{25(\gamma^2-1)}{32\pi} \tag{18.32}$$

이 된다.

이제 초신성 잔해 내부의 물리량의 분포를 구체적으로 구해 보자. 유체의 흐름이 구대칭이며 단열 상태를 따른다고 가정하면, 유체의 연속, 운동량, 에너지 방정식은 각각

$$\frac{\partial\rho}{\partial t} + \frac{1}{r^2}\frac{\partial}{\partial r}(r^2\rho v) = 0, \tag{18.33}$$

$$\frac{\partial v}{\partial t} + v\frac{\partial v}{\partial r} + \frac{1}{\rho}\frac{\partial P}{\partial r} = 0, \tag{18.34}$$

$$\left(\frac{\partial}{\partial t} + v\frac{\partial}{\partial r}\right)\ln\left(\frac{P}{\rho^\gamma}\right) = 0 \tag{18.35}$$

으로 주어진다. 식 (18.22)를 이용하면, t와 r에 대한 편미분을

$$\frac{\partial}{\partial t} = -\frac{2\xi}{5t}\frac{d}{d\xi}, \qquad \frac{\partial}{\partial r} = \frac{\xi}{r}\frac{d}{d\xi} \tag{18.36}$$

와 같이 ξ에 대한 상미분으로 바꿀 수 있다.

식 (18.27)부터 식 (18.29)를 식 (18.33)부터 식 (18.35)에 대입하면

$$\frac{d\ln\alpha}{d\ln\xi} = -\frac{6u + 2\xi du/d\xi}{2u - (\gamma+1)}, \tag{18.37}$$

$$-u - \frac{2}{5}\xi\frac{du}{d\xi} + \frac{4}{5(\gamma+1)}\left(u^2 + u\xi\frac{du}{d\xi}\right) = -\frac{2(\gamma-1)}{5(\gamma+1)}\frac{1}{\alpha}\left(2p + \xi\frac{dp}{d\xi}\right), \tag{18.38}$$

$$\xi\frac{d}{d\xi}\left(\ln\frac{p}{\alpha^\gamma}\right) = \frac{5(\gamma+1) - 4u}{2u - (\gamma+1)} \tag{18.39}$$

를 얻는다. 이 식들을 결합하여 정리하면

$$\mathcal{D}\frac{d\ln\alpha}{d\ln\xi} = \frac{(\gamma+1-2u)(\gamma+1-8u)\alpha u - 6(\gamma^2-1)p}{\gamma+1-2u}, \tag{18.40a}$$

$$\begin{aligned}2\mathcal{D}\frac{du}{d\ln\xi} = (\gamma+1-2u)[4u - 5(\gamma+1)]\alpha u \\ + 6(\gamma-1)[2\gamma u - (\gamma+1)]p,\end{aligned} \tag{18.40b}$$

$$\mathcal{D}\frac{d\ln p}{d\ln\xi} = 4\gamma(\gamma-1)p + (1+\gamma)[(14+\gamma)u - 5(1+\gamma) - 8u^2]\alpha \tag{18.40c}$$

가 된다. 여기서 $\mathcal{D}$는

$$\mathcal{D} \equiv (1+\gamma-2u)^2\alpha - 2(\gamma-1)\gamma p \tag{18.41}$$

로 정의되는 양이다.

식 (18.40)을 적분하여 세도프-테일러 해를 구하는 방법은 다음과 같다. 첫째, 주어진 γ에 대하여 ξ_0의 값을 임의로 선택한다. $\xi = \xi_0$에서 규격화 조건, 식 (18.30)을 적용한다. 둘째, 식 (18.40)을 $\xi = \xi_0$에서 $\xi = 0$까지 수치적으로 적분하여 $\alpha(\xi)$, $u(\xi)$, $p(\xi)$의 분포를 구한다. 셋째, 에너지 보존 조건인 식 (18.32)의 성립 여부를 판단한다. 식 (18.32)가 오차 범위 내에서 만족되지 않으면 처음 단계로 돌아가 ξ_0를 바꾸고 계산을 반복한다.

단열지수가 $\gamma = 5/3$일 때의 해를 그림 18.3에 나타내었다. 에너지 보존 조건을 만족하는 ξ_0의 값은 1.15이다. 초신성 잔해의 속도는 중심에서 0이며 반지름의 단조증가함수이다. $\xi \ll 1$에서 $v/v_1 = (\xi/\xi_0)u(\xi)$는 ξ의 1차함수이다. $\xi \to 0$일 때, $\rho/\rho_1 \to 0$이지만 $P/P_1 = (\xi/\xi_0)^2 p(\xi) \to 0.306$이다.

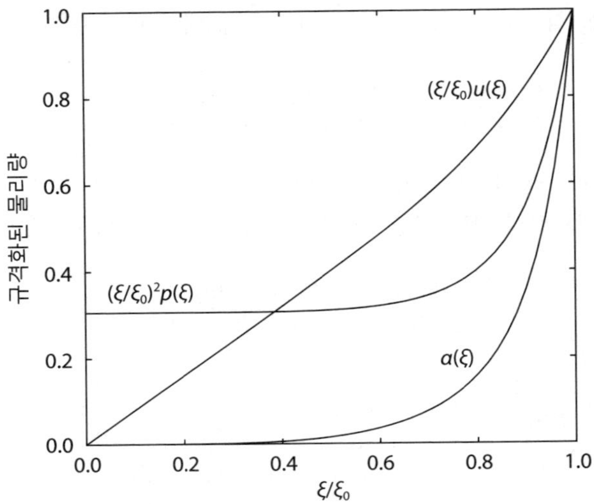

그림 18.3 잔해 내부의 규격화된 밀도 $\alpha(\xi)$, 규격화된 속도 $(\xi/\xi_0)u(\xi)$, 규격화된 압력 $(\xi/\xi_0)^2p(\xi)$의 ξ에 따른 분포. $\gamma = 5/3$를 사용하였다.

18.2.4 세도프의 해법⋆

한편, 세도프는 폭발파의 닮음해에 대한 해석해를 구하였는데, 그 과정은 다음과 같다. 구대칭 에너지 방정식으로 식 (18.35) 대신,

$$\frac{\partial E}{\partial t} + \frac{1}{r^2}\frac{\partial(r^2 F)}{\partial r} = 0 \tag{18.42}$$

을 사용하자(식 12.88 참고). 여기서

$$E \equiv \frac{1}{2}\rho v^2 + \frac{P}{\gamma - 1} \tag{18.43}$$

는 단위 부피당 총에너지를 뜻하며,

$$F \equiv (E + P)\,v \tag{18.44}$$

는 총에너지 플럭스를 나타낸다. 식 (18.27)부터 식 (18.29)를 이용하면, 식 (18.43)과 식 (18.44)는 각각

$$E = \mathcal{A}\left(\frac{r}{t}\right)^2 (\alpha u^2 + p), \tag{18.45}$$

$$F = \frac{4\mathcal{A}}{5(\gamma+1)}\left(\frac{r}{t}\right)^3 (\alpha u^2 + \gamma p)u \tag{18.46}$$

가 된다. 여기서 $\mathcal{A} = 8\rho_0/[25(\gamma^2 - 1)]$이다.

식 (18.45)와 식 (18.46)을 식 (18.42)에 대입하고, 식 (18.36)을 이용하여 정리하면

$$\frac{d}{d\xi}\left[(\alpha u^2+p)\xi^5-\frac{2}{\gamma+1}(\alpha u^2+\gamma p)u\xi^5\right]=0 \tag{18.47}$$

을 얻을 수 있다. 식 (18.30)의 규격화 조건을 만족하는 식 (18.47)의 해는

$$(\alpha u^2+p)-\frac{2}{\gamma+1}(\alpha u^2+\gamma p)u=0 \tag{18.48}$$

인데, 이를 정리하면

$$\frac{p}{\alpha}=\frac{(\gamma+1)u^2-2u^3}{2\gamma u-(\gamma+1)}=\frac{(\gamma+1)^2}{4}\frac{U^2(1-U)}{\gamma U-1} \tag{18.49}$$

를 얻는다. 여기서 편의상 U를

$$U\equiv\frac{2}{\gamma+1}u \tag{18.50}$$

로 정의하였다.

식 (18.39)를 다른 형태로 쓰면

$$\frac{d\ln(p/\alpha)}{d\ln\xi}-(\gamma-1)\frac{d\ln\alpha}{d\ln\xi}=\frac{5-2U}{U-1} \tag{18.51}$$

이다. 식 (18.37)과 식 (18.49)를 식 (18.51)에 대입하여 α와 p를 소거하면

$$\frac{dU}{d\ln\xi}=\frac{U(\gamma U-1)[5-(3\gamma-1)U]}{\gamma(\gamma+1)U^2-2(\gamma+1)U+2} \tag{18.52}$$

를 얻는다. 식 (18.52)의 역수를 택하고, 부분분수로 전개하면

$$\frac{d\ln\xi}{dU}=-\frac{2}{5U}+\frac{\gamma(\gamma-1)}{(2\gamma+1)(\gamma U-1)}+\frac{13\gamma^2-7\gamma+12}{5(2\gamma+1)[5-(3\gamma-1)U]} \tag{18.53}$$

인데, 이 식을 적분한 후 식 (18.30)을 적용하면

$$\left(\frac{\xi}{\xi_0}\right)^5=\left[\frac{\gamma+1}{2}U\right]^{-2}\left[\frac{\gamma+1}{\gamma-1}(\gamma U-1)\right]^{\nu_1}\left[\frac{\gamma+1}{7-\gamma}[5-(3\gamma-1)U]\right]^{\nu_2} \tag{18.54}$$

을 얻는다. 여기서

$$\nu_1=\frac{5(\gamma-1)}{2\gamma+1},\qquad \nu_2=-\frac{13\gamma^2-7\gamma+12}{(2\gamma+1)(3\gamma-1)} \tag{18.55}$$

이다. 식 (18.50)과 식 (18.54)로부터 $\xi = 0 \to \xi_0$일 때 $U = 1/\gamma \to 2/(\gamma+1)$임을 알 수 있다.

이제 α와 ξ 사이의 관계를 얻기 위하여 식 (18.37)과 식 (18.53)을 결합하면

$$\begin{aligned}\frac{d\ln\alpha}{dU} &= -\frac{1}{U-1} - \frac{3U}{U-1}\frac{d\ln\xi}{dU} \\ &= \frac{2/(2-\gamma)}{1-U} + \frac{3\gamma/(2\gamma+1)}{(\gamma U-1)} - \frac{(13\gamma^2-7\gamma+12)/(2-\gamma)}{(2\gamma+1)[5-(3\gamma-1)U]}\end{aligned} \tag{18.56}$$

를 얻고, 이를 적분하면

$$\alpha = \left[\frac{\gamma+1}{\gamma-1}(1-U)\right]^{\nu_3}\left[\frac{\gamma+1}{\gamma-1}(\gamma U-1)\right]^{\nu_4}\left[\frac{\gamma+1}{7-\gamma}[5-(3\gamma-1)U]\right]^{\nu_5} \tag{18.57}$$

이 된다. 여기서

$$\nu_3 = \frac{2}{\gamma-2}, \quad \nu_4 = \frac{3}{2\gamma+1}, \quad \nu_5 = -\frac{13\gamma^2-7\gamma+12}{(\gamma-2)(2\gamma+1)(3\gamma-1)} \tag{18.58}$$

이다.

적분 변수로 ξ 대신 U를 사용하여 총에너지 보존식(식 18.32)을 다시 쓰면

$$\xi_0^5\int_{1/\gamma}^{2/(\gamma+1)}\left[\frac{1}{4}(\gamma+1)^2\alpha U^2+p\right]\left(\frac{\xi}{\xi_0}\right)^5\left(\frac{d\ln\xi}{dU}\right)dU = \frac{25(\gamma^2-1)}{32\pi} \tag{18.59}$$

이다. 식 (18.49), (18.53), (18.54), (18.57)을 이용하여 위 식을 수치 적분하면, ξ_0값을 한 번에 구할 수 있다.

18.3 눈가래 단계

초신성 잔해의 팽창 속도가 점점 느려지므로, 충격파 직후방의 온도도 시간이 경과함에 따라 감소한다. 충격받은 기체의 온도가 10^6 K 이하로 내려가면 복사 냉각이 매우 강하므로 단열팽창 가정이 더 이상 유효하지 않게 된다. 복사 냉각에 의해 충격파 후방의 온도가 급속도로 내려가면서 차가운 고밀도 구각이 형성된다. 이렇게 형성된 고밀도 구각이 팽창하는 단계를 **눈가래 단계**(snowplow phase)라고 부른다. 이 단계에서 구각의 팽창은 구각 안쪽에 있는 뜨거운 물질에 의한 압력과 구각이 형성될 때 구각이 보유하고 있던 운동량에 의해 이루어진다.

18.3.1 압력변형 눈가래 단계

눈가래 단계 초기에는 구각 내부 물질이 가진 높은 압력의 도움을 받는다. 밀도가 낮은 안쪽에서는 복사 냉각이 비효율적으로 일어나 여전히 고온, 고압 상태

를 유지하고 있기 때문이다. 이 시기를 압력변형 넉가래 단계(pressure-modified snowplow phase)라고 한다.

구각에 휩쓸린 배경 성간물질의 대부분이 구각에 몰려 있으므로, 구각의 질량은 $M_s = (4\pi/3)\rho_0 r_s^3$ 이다. 안쪽 물질의 압력을 P_i 라고 하면, 구각의 운동 방정식은

$$\frac{d}{dt}\left(M_s \cdot \frac{dr_s}{dt}\right) = 4\pi r_s^2 P_i \tag{18.60}$$

로 주어진다.

구각 안쪽의 물질은 여전히 단열팽창으로 식어 가므로, 내부 압력을 $P_i \propto \rho_i^\gamma \propto r_s^{-3\gamma}$, 즉

$$P_i = P_0 \left[\frac{r_s(t)}{r_s(t_{\rm rad})}\right]^{-3\gamma} \tag{18.61}$$

으로 놓을 수 있다. 여기서 $t_{\rm rad}$ 는 넉가래 단계의 시작 시간을 뜻한다. 식 (18.61)을 식 (18.60)에 대입하면

$$r_s(t) \approx r_s(t_{\rm rad}) \left(\frac{t}{t_{\rm rad}}\right)^{2/(2+3\gamma)}, \tag{18.62}$$

$$U_s(t) \approx \frac{2}{2+3\gamma} \frac{r_s(t_{\rm rad})}{t_{\rm rad}} \left(\frac{t}{t_{\rm rad}}\right)^{-3\gamma/(2+3\gamma)} \tag{18.63}$$

을 얻는다. $\gamma = 5/3$ 인 경우, $r_s \propto t^{2/7}$ 이고 $U_s \propto t^{-5/7}$ 이다.

18.3.2 운동량보존 넉가래 단계

구각의 팽창이 더 진행되면 구각 안쪽의 뜨거웠던 기체도 복사 및 단열 냉각에 의해 충분히 식어 구각을 밀어낼 충분한 압력을 갖지 못한다. 이때가 되면 구각은 내부 압력의 도움 없이 자신이 갖고 있는 관성만으로 팽창을 지속한다. 구각에 미치는 외력이 존재하지 않으므로 구각의 운동량이 보존되며, 이 단계를 운동량보존 넉가래 단계(momentum-conserving snowplow phase)라고 한다.

운동량 보존 조건은

$$\frac{d}{dt}\left(M_s \frac{dr_s}{dt}\right) = \frac{d}{dt}\left(\frac{4\pi}{3}\rho_0 r_s^3 \cdot \frac{dr_s}{dt}\right) = 0 \tag{18.64}$$

이므로 $r_s \propto t^{1/4}$ 과 $U_s \propto t^{-3/4}$ 이다.

18.4 합병 단계

성간물질은 활발한 난류 운동을 겪고 있는데 그 속도 분산이 약 $\sigma_{\rm turb} \sim 10$ km s^{-1} 이다. 초신성 폭발 후 시간이 충분히 경과하여 충격파의 전진 속도가 이 속도보다

느려지면 충격파가 사라지고 구각이 주변 물질과 섞여, 더 이상 초신성 잔해로 관측되지 않는다.

압력변형 넉가래 단계에서 곧바로 합병 단계로 진행된다고 가정하자. 합병이 일어나는 시점 $t_{\rm mgr}$은 $U_s = \sigma_{\rm turb}$일 때이다. $\gamma = 5/3$일 때, 식 (18.19)와 식 (18.63)을 이용하면

$$t_{\rm mgr} \approx \left(\frac{2r_s(t_{\rm rad})}{7\sigma_{\rm turb}t_{\rm rad}}\right)^{7/5} t_{\rm rad} \tag{18.65a}$$

$$\approx 2\, E_{51}^{0.32} n_0^{-0.37} \left(\frac{\sigma_{\rm turb}}{10 \text{ km s}^{-1}}\right)^{-7/5} \quad \text{Myr} \tag{18.65b}$$

이며, 이때 초신성 잔해의 반지름은

$$r_s(t_{\rm mgr}) \approx 67\, E_{51}^{0.32} n_0^{-0.37} \left(\frac{\sigma_{\rm turb}}{10 \text{ km s}^{-1}}\right)^{-2/5} \quad \text{pc} \tag{18.66}$$

이다.

제19장 비리얼 정리와 응용

어떤 계가 갖고 있는 운동 에너지, 열 에너지, 중력 퍼텐셜 에너지 등과 같은 다양한 에너지 사이에 성립하는 관계식을 **비리얼 정리**(virial theorem)라고 한다. '비리얼'은 라틴어로 '힘' 또는 '에너지'를 의미한다. 비리얼 정리는 밀도와 속도 같은 물리량의 공간적인 변화를 구체적으로 알지 못하는 복잡계의 평형 상태를 파악하는 데 유용하다. 이 계는 반드시 고립된 계일 필요는 없다. 외력이 작용하거나 외부 매질에 의한 압력을 받는 계에도 비리얼 정리를 적용할 수 있다. 이 장에서는 비리얼 정리를 유도하고 이를 다양한 천문학적 문제에 적용해 본다.

19.1 비리얼 정리

총부피가 $V = \int d^3x$ 이며 총질량이 $M = \int \rho d^3x$ 인 기체로 이루어진 천체를 생각해 보자. 이 천체의 진화를 기술하는 운동량 방정식은

$$\rho\frac{D\mathbf{v}}{Dt} = -\boldsymbol{\nabla}P - \rho\boldsymbol{\nabla}\Phi + \rho\mathbf{F}_{\rm ext} \tag{19.1}$$

이다. 여기서 $\mathbf{F}_{\rm ext}$ 는 이 천체에 작용하는 단위 질량당 외력을 뜻한다.

비리얼 정리는 식 (19.1)에 위치 벡터 $\mathbf{x}$를 내적한 후, 부피에 대해 적분하여 얻는다. 비리얼 정리를 유도할 때 임의의 물리량 $Q(\mathbf{x},t)$에 대해 성립하는 적분 항등식

$$\frac{d}{dt}\int_V \rho(\mathbf{x},t)Q(\mathbf{x},t)d^3x = \int_V \rho\frac{DQ}{Dt}d^3x \tag{19.2}$$

를 이용하면 편리하다. 이 항등식은 부피 V 내부의 질량이 보존될 경우에만 성립한다.

식 (19.2)를 증명하기 위하여 부피 V를 둘러싼 표면의 면적소를 $d\mathbf{A}$ 라고 하자. 부피 V는 유체의 움직임과 더불어 변하는데, dt 시간 동안 발생한 V의 변화량은 $dV = \mathbf{v}\cdot d\mathbf{A}dt$ 이다. $\int_V \rho Q d^3x$ 라는 양의 시간에 대한 변화는 ρQ 의 시간에 대한 변화와 부피의 시간에 대한 변화의 합으로 주어지므로, 식 (19.2)의 좌변을

$$\frac{d}{dt}\int_V \rho Q d^3x = \int_V \frac{\partial(\rho Q)}{\partial t}d^3x + \int_A \rho Q\mathbf{v}\cdot d\mathbf{A} \tag{19.3a}$$

$$= \int_V \left[\frac{\partial(\rho Q)}{\partial t} + \boldsymbol{\nabla}\cdot(\rho Q\mathbf{v})\right]d^3x \tag{19.3b}$$

로 쓸 수 있다. 여기서 발산 정리를 이용하였다.

유체의 연속 방정식을 이용하면

$$\frac{\partial(\rho Q)}{\partial t} = \frac{\partial \rho}{\partial t}Q + \rho\frac{\partial Q}{\partial t} \tag{19.4a}$$

$$= -\boldsymbol{\nabla}\cdot(\rho\mathbf{v})Q + \rho\frac{\partial Q}{\partial t} \tag{19.4b}$$

$$= -\boldsymbol{\nabla}\cdot(\rho Q\mathbf{v}) + \rho\frac{DQ}{Dt} \tag{19.4c}$$

이다. 식 (19.4c)를 식 (19.3b)에 대입하면 식 (19.2)의 우변과 같아진다. 식 (19.2)는 물리량 Q의 질량가중 평균값의 시간에 대한 변화율이 Q의 (라그랑주 관점) 시간에 대한 변화율의 질량가중 평균값과 같음을 보여 준다.

19.1.1 1차 모멘트

식 (19.1)의 양변을 부피 V에 대해 적분하면

$$\int_V \rho\frac{D\mathbf{v}}{Dt}d^3x = -\int_V \boldsymbol{\nabla}P d^3x - \int_V \rho\boldsymbol{\nabla}\Phi d^3x + \int_V \rho\mathbf{F}_{\rm ext}d^3x \tag{19.5}$$

가 된다.

식 (19.2)를 이용하면, 식 (19.5)의 좌변은

$$\int_V \rho\frac{D\mathbf{v}}{Dt}d^3x = \frac{d}{dt}\int_V \rho\mathbf{v}d^3x \tag{19.6}$$

인데, 이것은 이 천체가 가진 총운동량의 시간에 대한 변화율을 나타낸다. 나아가 식 (12.8)을 이용하면

$$\frac{d}{dt}\int_V \rho\frac{D\mathbf{x}}{Dt}d^3x = \frac{d^2}{dt^2}\int_V \rho\mathbf{x}d^3x \tag{19.7}$$

이므로 식 (19.5)의 좌변은 질량 중심의 가속도에 해당한다.

식 (19.5)의 우변 첫째 항은

$$\int_V \boldsymbol{\nabla}P d^3x = \int_A P d\mathbf{A} = P_{\rm ext}\int_A d\mathbf{A} = 0 \tag{19.8}$$

이 된다. 여기서 천체 표면에서의 압력이 $P_{\rm ext}$로 일정하다고 가정하였다.

천체의 자체 중력 퍼텐셜은

$$\Phi(\mathbf{x}) = -G\int_V \frac{\rho(\mathbf{x}')}{|\mathbf{x}-\mathbf{x}'|}d^3x' \tag{19.9}$$

이므로, 식 (19.5)의 우변 둘째 항은

$$\int_V \rho \nabla \Phi d^3x = G \int_V \int_V \frac{\rho(\mathbf{x})\rho(\mathbf{x}')(\mathbf{x}-\mathbf{x}')}{|\mathbf{x}-\mathbf{x}'|^3} d^3x d^3x' \tag{19.10}$$

이다. 그런데 식 (19.10)의 우변에서 $\mathbf{x}$와 $\mathbf{x}'$을 바꾸면 부호만 반대가 되므로,

$$\int_V \rho \nabla \Phi d^3x = 0 \tag{19.11}$$

을 얻는다.

따라서 식 (19.5)는 최종적으로

$$\frac{d^2}{dt^2} \int_V \rho \mathbf{x} d^3x = \int_V \rho \mathbf{F}_{\text{ext}} d^3x \tag{19.12}$$

가 된다. 이 식은 외력에 의한 천체의 가속을 기술한다. 물론 외력이 없는 경우라면 천체의 운동량이 보존된다.

19.1.2 2차 모멘트: 비리얼 정리

식 (19.1)의 양변에 $\mathbf{x}$를 내적한 후 부피에 대해 적분하면

$$\int_V \rho \mathbf{x} \cdot \frac{D\mathbf{v}}{Dt} d^3x = -\int_V \mathbf{x} \cdot \nabla P d^3x - \int_V \rho \mathbf{x} \cdot \nabla \Phi d^3x + \int_V \rho \mathbf{x} \cdot \mathbf{F}_{\text{ext}} d^3x \tag{19.13}$$

가 된다. 이 식의 각 항은 다음과 같은 과정을 통해 각종 에너지로 바뀐다.

(1) 관성 모멘트와 운동 에너지: 식 (19.13)의 좌변을 부분 적분하고 식 (12.8)을 이용하면

$$\int_V \rho \mathbf{x} \cdot \frac{D\mathbf{v}}{Dt} d^3x = \int_V \rho \left[\frac{D(\mathbf{x}\cdot\mathbf{v})}{Dt} - \mathbf{v} \cdot \frac{D\mathbf{x}}{Dt} \right] d^3x \tag{19.14a}$$

$$= \frac{d}{dt} \int_V \rho \mathbf{x} \cdot \frac{D\mathbf{x}}{Dt} d^3x - \int_V \rho |\mathbf{v}|^2 d^3x \tag{19.14b}$$

$$= \frac{1}{2} \frac{d}{dt} \int_V \rho \frac{D|\mathbf{x}|^2}{Dt} d^3x - 2K \tag{19.14c}$$

$$= \frac{1}{2} \frac{d^2}{dt^2} I - 2K \tag{19.14d}$$

가 된다. 여기서 관성 모멘트 I와 운동 에너지 K는 각각

$$I \equiv \int_V \rho \mathbf{x}^2 d^3x, \quad K \equiv \frac{1}{2} \int_V \rho \mathbf{v}^2 d^3x \tag{19.15}$$

로 정의되는 양이다.[7] K는 천체를 구성하는 기체 입자의 무작위 운동이 아니라 회전, 수축, 팽창 같은 거시적 운동(bulk motion)에 해당하는 운동 에너지임에 주목하자.

(2) 내부 에너지: 식 (19.13)의 우변 첫째 항을 부분 적분하면

$$\int_V \mathbf{x}\cdot\boldsymbol{\nabla}P d^3x = \int_V [\boldsymbol{\nabla}\cdot(\mathbf{x}P) - P\boldsymbol{\nabla}\cdot\mathbf{x}]d^3x \tag{19.16a}$$

$$= \int_A P\mathbf{x}\cdot d\mathbf{A} - 3\int_V Pd^3x \tag{19.16b}$$

$$= P_{\text{ext}}\int_A \mathbf{x}\cdot d\mathbf{A} - 3(\gamma-1)U \tag{19.16c}$$

가 된다. 여기서 $\boldsymbol{\nabla}\cdot\mathbf{x} = 3$임을 이용하였으며, 이 천체가 외부 압력 P_{ext}와 압력 평형을 이루고 있다고 가정하였다. 식 (19.16c)에서 U는 구성 입자의 열적 무작위 운동에 기인한 천체의 전체 내부 에너지이며

$$U \equiv \int_V \frac{P}{\gamma-1}d^3x \tag{19.17}$$

로 정의된다.

(3) 중력 퍼텐셜 에너지: 식 (19.9)를 이용하면, 식 (19.13)의 우변 둘째 항은

$$\int_V \rho\mathbf{x}\cdot\boldsymbol{\nabla}\Phi d^3x = G\int_V\int_V \frac{\rho(\mathbf{x})\rho(\mathbf{x}')\mathbf{x}\cdot(\mathbf{x}-\mathbf{x}')}{|\mathbf{x}-\mathbf{x}'|^3}d^3xd^3x' \tag{19.18}$$

이 된다. 위 식의 우변에서 $\mathbf{x}$와 $\mathbf{x}'$을 맞바꾸면

$$\int_V \rho\mathbf{x}\cdot\boldsymbol{\nabla}\Phi d^3x = G\int_V\int_V \frac{\rho(\mathbf{x})\rho(\mathbf{x}')\mathbf{x}'\cdot(\mathbf{x}'-\mathbf{x})}{|\mathbf{x}-\mathbf{x}'|^3}d^3xd^3x' \tag{19.19}$$

이 된다.

이제 식 (19.18)과 식 (19.19)를 서로 더하면

$$2\int_V \rho\mathbf{x}\cdot\boldsymbol{\nabla}\Phi d^3x = G\int_V\int_V \frac{\rho(\mathbf{x})\rho(\mathbf{x}')|\mathbf{x}-\mathbf{x}'|^2}{|\mathbf{x}-\mathbf{x}'|^3}d^3xd^3x' \tag{19.20}$$

이 되므로, 중력 퍼텐셜 에너지 W로

$$W \equiv -\int_V \rho\mathbf{x}\cdot\boldsymbol{\nabla}\Phi d^3x = -\frac{G}{2}\int_V\int_V \frac{\rho(\mathbf{x})\rho(\mathbf{x}')}{|\mathbf{x}-\mathbf{x}'|}d^3xd^3x' \tag{19.21}$$

7) 보다 일반적으로 관성 모멘트 텐서를 $\mathbb{I}_{ij} \equiv \int_V \rho x_i x_j d^3x$로 정의하면, $I = \text{tr}(\mathbb{I}_{ij})$이다.

을 얻는다. 질량 분포가 $M_r(r)$인 구대칭 천체의 경우에는 중력 퍼텐셜 에너지가 식 (13.44)로 주어진다.

이상을 종합해 보자. 식 (19.14d), (19.16c), (19.21)을 식 (19.13)에 대입하여 정리하면,

$$\frac{1}{2}\frac{d^2 I}{dt^2} = 2K + 3(\gamma - 1)U + W - P_{\rm ext}\int_A \mathbf{x}\cdot d\mathbf{A} + \int_V \rho\mathbf{x}\cdot\mathbf{F}_{\rm ext} d^3x \quad (19.22)$$

를 얻는데, 이 식이 비리얼 정리이다. 식 (19.22)의 우변 마지막 두 항은 외부 압력과 외력이 천체에 미치는 영향을 나타낸다. 계가 정상 평형 상태에 있다면, 좌변 시간에 대한 미분항은 0이다. 다음 절에서는 식 (19.22)를 다양한 천문학적 상황에 적용해 보겠다.

19.2 비충돌 천체의 질량 추정

19.2.1 구상성단의 질량

구상성단은 근사적으로 구대칭 정상 평형 상태에 있다. 성단의 회전 및 수축, 팽창과 같은 거시적 운동과 외부 압력은 무시하자($K = P_{\rm ext} = 0$). 고립된 상황에서 정상 상태에 있는 구상성단에 적용되는 비리얼 정리는 식 (19.22)로부터

$$3(\gamma - 1)U + W = 0 \quad (19.23)$$

이다.

밀도 분포가 $\rho(r)$, 총질량이 M, 반지름이 R인 구상성단을 생각해 보자. 성단을 구성하는 별들은 무작위 궤도 운동을 하는데, 그 운동이 등방적이라면 $P = \rho\sigma_{\rm 1D}^2 = \frac{1}{3}\rho\sigma_{\rm 3D}^2$으로 놓을 수 있다(식 13.3 참고). 여기서 $\sigma_{\rm 1D}$와 $\sigma_{\rm 3D} = \sqrt{3}\sigma_{\rm 1D}$는 각각 무작위 궤도 운동의 1차원, 3차원 속도 분산을 나타낸다. $\gamma = 5/3$를 택하면, 성단의 내부 에너지는

$$U = \frac{1}{3(\gamma - 1)}\int_V \rho\sigma_{\rm 3D}^2 d^3x = \frac{1}{2}M\sigma_{\rm 3D}^2 \quad (19.24)$$

이다. 성단의 중력 퍼텐셜 에너지는

$$W = -q_1\frac{GM^2}{R} \quad (19.25)$$

으로 주어지는데, 무차원 상수 q_1은 성단의 밀도 분포에 따라 달라지며 일반적으로 1보다 작다.[8]

8) 성단의 밀도 분포가 지수 n인 폴리트로프를 따르는 경우 식 (13.49)로부터 $q_1 = 3/(5-n)$이다.

식 (19.23)부터 식 (19.25)를 이용하면 구상성단의 질량은

$$M = \frac{R\sigma_{3\mathrm{D}}^2}{q_1 G} = 1 \times 10^5\ q_1^{-1} \left(\frac{R}{3\ \mathrm{pc}}\right) \left(\frac{\sigma_{3\mathrm{D}}}{12\ \mathrm{km\ s^{-1}}}\right)^2\ M_\odot \tag{19.26}$$

로 주어진다.

19.2.2 은하단의 질량

은하단에 있는 은하는 암흑물질에 의한 중력장 아래에서 무작위 궤도 운동을 하고 있다. 은하들의 자체 중력은 외부 중력에 비해 무시할 만큼 작다. 은하의 공간 분포가 정상 평형 상태에 있다면 은하 분포에 적용할 수 있는 비리얼 정리는

$$3(\gamma - 1)U + \int_V \rho \mathbf{r} \cdot \mathbf{F}_{\mathrm{ext}} d^3 r = 0 \tag{19.27}$$

이다. 여기서 $\mathbf{r}$은 은하단 중심으로부터의 거리 벡터이다.

은하단 은하의 3차원 속도 분산을 $\sigma_{3\mathrm{D}}$, 한 은하의 질량을 M_g, 은하의 총개수를 N_g라고 하고 $\gamma = 5/3$를 택하면, 은하의 무작위 운동과 관련된 내부 에너지는

$$U = \frac{1}{2} N_g M_g \sigma_{3\mathrm{D}}^2 \tag{19.28}$$

이다. $N_g M_g$는 은하들의 총질량임에 주목하자.

구대칭 암흑물질의 질량 분포를 $M_{\mathrm{DM}} m(r)$이라 하자. 여기서 M_{DM}은 암흑물질의 총질량이며, $m(r)$은 암흑물질의 규격화된 질량 분포로 은하단의 반지름이 R일 때, $m(R) = 1$을 만족한다. 암흑물질이 은하의 운동에 미치는 외력은

$$F_{\mathrm{ext}}(r) = -\frac{GM_{\mathrm{DM}}}{r^2} m(r) \tag{19.29}$$

로 주어진다. 은하의 밀도 분포가 $\rho(r) = N_g M_g n_g(r)$이면(단, $\int_V n_g(r) d^3 r = 1$),

$$\int_V \rho r F_{\mathrm{ext}}(r) d^3 r = -q_2 \frac{GM_{\mathrm{DM}}}{R} N_g M_g \tag{19.30}$$

가 된다. 여기서 무차원 상수 $q_2 = 4\pi R \int_0^R n_g(r) m(r) r dr$은 암흑물질과 은하의 분포에 따라 달라지는 양이다.

식 (19.27)부터 식 (19.30)을 이용하면 암흑물질의 총질량은

$$M_{\mathrm{DM}} = \frac{R\sigma_{3\mathrm{D}}^2}{q_2 G} = 7 \times 10^{14} q_2^{-1} \left(\frac{R}{3\ \mathrm{Mpc}}\right) \left(\frac{\sigma_{3\mathrm{D}}}{10^3\ \mathrm{km\ s^{-1}}}\right)^2\ M_\odot \tag{19.31}$$

로 주어진다.

19.3 등온 성간운의 평형

외부 압력 P_{ext}의 영향을 받는 질량이 M, 음속이 c_s인 구형 성간운을 생각해 보자. 성간운은 등온이며 외력을 받지 않는다. 비리얼 정리를 이용하여 이 성간운의 진동 및 중력 수축 조건에 대해 알아보자.

이 성간운이 중심 방향으로 수축 또는 팽창하면서 시간에 따라 반지름 $R(t)$가 변하는데, 밀도가 항상 균일한 상태를 유지한다고 가정하자. 이 가정이 만족되기 위해서는 속도장이 거리 r에 대한 1차 함수, 즉

$$\mathbf{v} = \frac{v_0(t)}{R(t)}\mathbf{r} \tag{19.32}$$

의 형태로 주어져야 한다. 여기서 $v_0 = dR(t)/dt$는 성간운 표면의 속도를 나타낸다. 식 (19.32)를 연속 방정식에 대입하면 시간에 따른 밀도의 변화가

$$\frac{d\ln\rho}{dt} = -\frac{3v_0}{R} = -3\frac{d\ln R}{dt} \tag{19.33}$$

로 주어져, ρ가 r에 의존하지 않음을 알 수 있다. 식 (19.33)은 $\rho R^3 =$일정, 즉 성간운의 질량보존에 해당한다.

밀도가 균일한 구대칭 성간운의 관성 모멘트는

$$I = \int_V \rho|\mathbf{r}|^2 d^3x = 4\pi\rho\int_0^R r^4 dr = \frac{3}{5}MR^2 \tag{19.34}$$

이다. 속도장이 식 (19.32)로 주어지는 경우, 운동 에너지는

$$K = \frac{1}{2}\int_V \rho\mathbf{v}^2 d^3x = \frac{2\pi\rho v_0^2}{R^2}\int_0^R r^4 dr = \frac{3}{10}M\left(\frac{dR}{dt}\right)^2 \tag{19.35}$$

으로 주어진다. 전체 내부 에너지는 U는

$$(\gamma - 1)U = \int P d^3x = c_s^2\int \rho d^3x = c_s^2 M \tag{19.36}$$

을 만족한다. 균일 밀도구의 중력 퍼텐셜 에너지는 식 (13.49)로부터

$$W = -\frac{3}{5}\frac{GM^2}{R} \tag{19.37}$$

이다. 한편, 식 (19.22)에서 외부 압력 항은

$$P_{\text{ext}}\int_A \mathbf{x}\cdot d\mathbf{A} = P_{\text{ext}}R\int_A dA = 4\pi R^3 P_{\text{ext}} \tag{19.38}$$

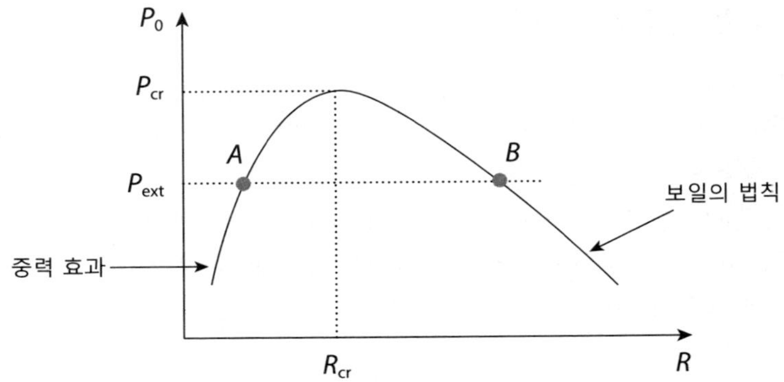

그림 19.1 비리얼 평형 상태에 있는 등온 성간운의 P_0–R 관계

가 된다.

식 (19.34)부터 식 (19.38)을 식 (19.22)에 대입한 후, 정리하면

$$\frac{d^2R}{dt^2} = \frac{20\pi R^2}{3M}[P_0(R) - P_{\text{ext}}] \tag{19.39}$$

를 얻는다. 여기서 P_0는

$$P_0(R) \equiv \frac{3}{4\pi R^3}\left(c_s^2 M - \frac{GM^2}{5R}\right) \tag{19.40}$$

으로 정의되며 성간운 경계에서의 내부 압력에 해당한다.

정적 평형 상태에 있는 성간운은 식 (19.39)로부터

$$P_{\text{ext}} = P_0 \tag{19.41}$$

를 만족하며 이것은 외부 매질과 압력 평형을 이루고 있음을 의미한다.

그림 19.1은 P_0와 R의 관계를 보여 준다. 식 (19.40)의 우변 첫째 항은 내부 에너지의 효과를, 둘째 항은 중력의 효과를 나타낸다. 중력의 영향을 무시할 수 있는 경우(즉, R이 큰 경우), 식 (19.40)은 'P_0V = 일정'이라는 보일의 법칙(Boyle's law)에 해당한다. P_0는

$$R_{\text{cr}} = \frac{4}{15}\frac{GM}{c_s^2} \simeq 0.27\frac{GM}{c_s^2} \tag{19.42}$$

에서 최댓값

$$P_{\text{cr}} = \frac{3^4 \cdot 5^3}{\pi \cdot 4^5}\frac{c_s^8}{G^3M^2} \simeq 3.15\frac{c_s^8}{G^3M^2} \tag{19.43}$$

을 갖는다.

$P_{\rm ext} > P_{\rm cr}$ 인 경우, 식 (19.41)을 만족하는 R은 존재하지 않는다. 이것은 외부 압력이 최대 압력 $P_{\rm cr}$ 보다 클 때에는 평형을 유지할 수 있는 성간운이 존재할 수 없음을 의미한다. 즉, 외부 압력이 $P_{\rm ext}$ 이고 음속이 c_s 인 경우, 평형 등온 성간운이 가질 수 있는 질량의 최대치는 식 (19.43)으로부터

$$M_{\rm max} = 1.77 \frac{c_s^4}{G^{3/2} P_{\rm ext}^{1/2}} \tag{19.44}$$

으로 주어진다. 이보다 질량이 큰 성간운은 외부 압력에 눌려 중력 수축을 겪는다. 식 (19.44)는 식 (13.60)과 매우 비슷하다. 계수의 작은 차이는 내부 밀도의 공간적 변화를 고려했는지의 여부에 기인한다. 균일 밀도의 기체구는 (중심 밀도가 상대적으로 높은) 보너-이버트 기체구보다 약간 더 큰 질량을 가질 수 있다.

$P_{\rm ext} < P_{\rm cr}$ 인 경우에는, 주어진 외부 압력과 평형을 이루는 2개의 R이 존재한다. 비리얼 평형에 있는 작은 성간운을 A, 큰 성간운을 B로 표시하자. 이제 외부 압력을 고정시킨 채, B 상태의 성간운을 살짝 팽창(수축)시켜 보자. B 근처에서 성간운 경계의 압력 P_0는 R의 감소함수이므로, 팽창(수축)한 성간운 경계의 압력이 $P_{\rm ext}$ 보다 작아(커)져 곧 원상태로 돌아가려 할 것이다. 즉, B 상태는 안정적인 평형 상태이다. 한편, A 상태의 성간운을 압축(팽창)시켜 그 크기를 줄이(늘리)면, 성간운 경계의 압력이 $P_{\rm ext}$ 보다 작아(커)지므로, 성간운은 계속하여 수축(팽창)할 것이다. 그러므로 A 상태는 불안정한 평형 상태이다. 따라서 $P_{\rm ext} < P_{\rm cr}$ 인 상황에서도, 성간운의 반지름 $R = (3M/4\pi\rho)^{1/3}$ 이 $R_{\rm cr}$ 보다 작다면, 즉

$$M > M_{\rm crit} \equiv 3.6 \frac{c_s^3}{G^{3/2} \rho^{1/2}} \tag{19.45}$$

이라면, 성간운은 중력 수축에 대해 불안정하다. 식 (19.45)에서 임계 질량 $M_{\rm crit}$ 는 중력 불안정에서 정의한 진즈 질량(식 17.15)과 매우 유사하다.

19.3.1 성간운의 안정성

이제 성간운이 작은 진폭으로 진동하는 경우를 생각해 보자. 성간운의 초기 반지름이 R_0 이고 진동의 진폭을 δR 이라고 하면

$$R(t) = R_0 + \delta R(t) \tag{19.46}$$

로 놓을 수 있다(단, $|\delta R| \ll R_0$). 식 (19.46)을 식 (19.39)에 대입한 후, δR에 대한 1차항을 택하면

$$\frac{d^2 \delta R}{dt^2} = \frac{20\pi R_0^2}{3M} P_0'(R_0) \delta R \tag{19.47}$$

을 얻는다. 여기서 $P_0'(R_0) = dP_0/dR|_{R_0}$ 이다. 식 (19.47)의 해로 $\delta R \propto e^{i\omega t}$ 를 택하면

$$\omega^2 = -\frac{20\pi R_0^2}{3M} P_0'(R_0) \tag{19.48}$$

를 얻는다. 따라서 $P_0'(R_0) > 0$(즉, $R < R_{\rm cr}$)인 성간운은 $\omega^2 < 0$ 이므로 불안정한 상태에 있다. 반대로 $R > R_{\rm cr}$ 을 만족하는 성간운은 안정적으로 진동하며 그 진동수는 근사적으로

$$|\omega| \sim \frac{c_s}{R_0} \sim (G\rho_0)^{1/2} \tag{19.49}$$

으로 주어진다.

19.4 은하 조석력과 성간운의 평형⋆

19.4.1 조석력

그림 19.2와 같이 어떤 은하의 중심에 원점을 둔 직각 은하 좌표계 (X, Y, Z)를 생각해 보자. 은하의 중력 퍼텐셜은 $\Phi(X, Y, Z)$ 이다. 좌표상의 한 점 $P(X, Y, Z)$를 가리키는 위치 벡터를 $\mathbf{X} = (X, Y, Z)$ 라고 하면, 이 점에서의 중력은

$$\mathbf{F}(\mathbf{X}) = -\boldsymbol{\nabla}\Phi = -\sum_j \frac{\partial \Phi}{\partial X_j}\hat{\mathbf{X}}_j \tag{19.50}$$

로 주어진다. 여기서 $j = 1, 2, 3$은 각각 X, Y, Z 방향을 가리키며, $\hat{\mathbf{X}}_j$ 는 j 방향의 단위 벡터이다. 점 P 에서의 중력을 위치 벡터가 $\mathbf{X}_0 = (X_0, Y_0, Z_0)$ 인 점 P_0 에 대해 테일러 급수로 전개하면

$$\mathbf{F}(\mathbf{X}) = \mathbf{F}(\mathbf{X}_0) + \sum_i \left.\frac{\partial \mathbf{F}}{\partial X_i}\right|_{\mathbf{X}_0} \delta X_i + \mathcal{O}(\delta X_i^2) \tag{19.51}$$

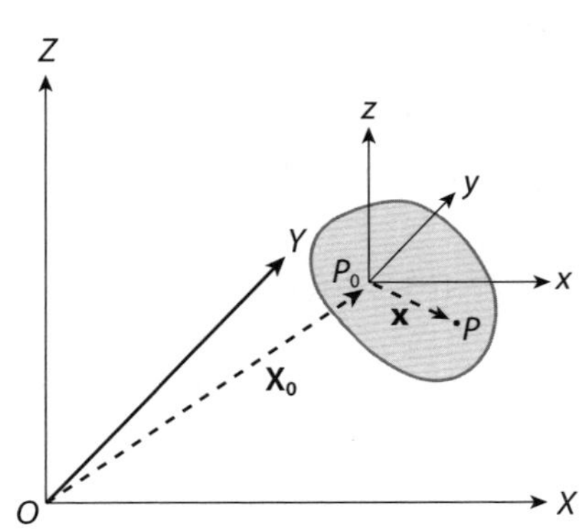

그림 19.2 은하 좌표계 (X, Y, Z) 와 국부 좌표계 (x, y, z)

이다. 여기서 $\delta\mathbf{X} = \mathbf{X} - \mathbf{X}_0$ 이다.

이제 점 P_0 에 원점을 둔 국부 좌표계 $\mathbf{x} \equiv \mathbf{X} - \mathbf{X}_0$ 를 세우고 두 점 P 와 P_0 사이의 차등중력, 즉 조석력(tidal force) $\mathbf{T}$ 를

$$\mathbf{T} \equiv \mathbf{F}(\mathbf{X}) - \mathbf{F}(\mathbf{X}_0) \tag{19.52}$$

로 나타내자. 국부 좌표계에서 원점 P_0 에 대한 점 P 에서의 조석력은 식 (19.50)부터 식 (19.52)를 이용하면

$$T_j = -\sum_i \left.\frac{\partial^2\Phi}{\partial X_i \partial X_j}\right|_{\mathbf{X}_0} x_i \tag{19.53}$$

로 주어진다.

은하 헤일로의 물질 분포를 구대칭으로 근사할 경우, $\Phi = \Phi(R)$ 이다. 여기서 $R = (X^2 + Y^2 + Z^2)^{1/2}$ 이다. 따라서 구대칭 중력 퍼텐셜에 대해

$$\frac{\partial\Phi}{\partial X_j} = \frac{\partial R}{\partial X_j}\frac{d\Phi}{dR} = \frac{X_j}{R}\frac{d\Phi}{dR} \tag{19.54}$$

이고,

$$\frac{\partial^2\Phi}{\partial X_i \partial X_j} = \frac{\partial}{\partial X_i}\left(\frac{X_j}{R}\frac{d\Phi}{dR}\right) = \frac{\delta_{ij}}{R}\frac{d\Phi}{dR} + \frac{X_i X_j}{R}\frac{d}{dR}\left(\frac{1}{R}\frac{d\Phi}{dR}\right) \tag{19.55}$$

이다. 일반성을 잃지 않고 $\mathbf{X}_0 = (X_0, 0, 0)$ 으로 택하면, $X_0^2 = R^2$ 이므로

$$\left.\frac{\partial^2\Phi}{\partial X^2}\right|_{\mathbf{X}_0} = \left[\frac{1}{R}\frac{d\Phi}{dR} + R\frac{d}{dR}\left(\frac{1}{R}\frac{d\Phi}{dR}\right)\right]_{\mathbf{X}_0} = \left.\frac{d^2\Phi}{dR^2}\right|_{\mathbf{X}_0}, \tag{19.56a}$$

$$\left.\frac{\partial^2\Phi}{\partial Y^2}\right|_{\mathbf{X}_0} = \left.\frac{\partial^2\Phi}{\partial Z^2}\right|_{\mathbf{X}_0} = \left.\frac{1}{R}\frac{d\Phi}{dR}\right|_{\mathbf{X}_0}, \tag{19.56b}$$

$$\left.\frac{\partial^2\Phi}{\partial X_i \partial X_j}\right|_{\mathbf{X}_0} = 0 \quad (i \neq j) \tag{19.56c}$$

이다. 따라서 구대칭 중력 퍼텐셜에 의한 조석력은

$$T_x = -\left.\frac{d^2\Phi}{dR^2}\right|_{\mathbf{X}_0} x, \tag{19.57a}$$

$$T_y = -\left.\frac{1}{R}\frac{d\Phi}{dR}\right|_{\mathbf{X}_0} y, \tag{19.57b}$$

$$T_z = -\left.\frac{1}{R}\frac{d\Phi}{dR}\right|_{\mathbf{X}_0} z \tag{19.57c}$$

로 주어진다.

은하 헤일로의 밀도 분포를 $\rho_*(R)$이라고 하면, 그 질량 분포는

$$M_*(R) = 4\pi \int_0^R \rho_*(R'){R'}^2 dR' \tag{19.58}$$

이고, 반지름 R 내부의 평균 밀도는

$$\langle \rho_* \rangle = \frac{3M_*(R)}{4\pi R^3} \tag{19.59}$$

이다. 은하 헤일로에 의한 중력은

$$\frac{d\Phi}{dR} = \frac{GM_*(R)}{R^2} \tag{19.60}$$

이므로

$$\frac{d^2\Phi}{dR^2} = \frac{4\pi G}{3}(3\rho_* - 2\langle \rho_* \rangle) \tag{19.61}$$

이다. 식 (19.60)과 식 (19.61)을 식 (19.57)에 대입하면

$$T_x = \frac{4\pi G}{3}(2\langle \rho_* \rangle - 3\rho_*)x, \tag{19.62a}$$

$$T_y = -\frac{4\pi G}{3}\langle \rho_* \rangle y, \tag{19.62b}$$

$$T_z = -\frac{4\pi G}{3}\langle \rho_* \rangle z \tag{19.62c}$$

를 얻는다. 위 식에서 ρ_*와 $\langle \rho_* \rangle$는 점 P_0에서 계산된 값이다.

식 (19.62)로부터 구대칭 중력 퍼텐셜에 의한 조석력이 비등방적임을 알 수 있다. 항상 $\partial T_y/\partial y < 0$이고 $\partial T_z/\partial z < 0$이므로, 조석력은 y, z 방향(은하 중심 방향에 대해 수직인 방향)으로는 물질을 압축시키려는 경향이 있다. 한편, x 방향(은하 중심 방향)에 대한 조석력의 영향은 밀도 분포에 따라 달라지는데, $\rho_* > \frac{2}{3}\langle \rho_* \rangle$인 영역에서는 압축적인 성격(즉, $\partial T_x/\partial x < 0$)을 보이며, 반대로 $\rho_* < \frac{2}{3}\langle \rho_* \rangle$인 영역에서는 물체를 잡아 찢으려는 파괴적 성질을 갖고 있다.

예를 들어, 헤일로의 밀도 분포가 $\rho_* \propto R^{-\alpha}$인 은하에 놓여 있는 성간운을 생각해 보자(단, $0 \le \alpha < 3$). $\langle \rho_* \rangle / \rho_* = 3/(3-\alpha)$이므로, $\rho_* - \frac{2}{3}\langle \rho_* \rangle = [(1-\alpha)/(3-\alpha)]\rho_*$ 이다. 따라서 밀도가 상대적으로 완만하게 감소하는 $\alpha < 1$인 경우에는 성간운이 조석력에 의해 x 방향으로도 압축된다. 반면, 밀도가 보다 급격하게 감소하는 $\alpha > 1$인 경우에는 헤일로의 중력이 성간운을 x 방향으로 잡아 늘여 파괴시키려 할 것이다. 이처럼 은하 헤일로에 의한 조석력의 효과는 헤일로의 밀도 분포에 따라 달라진다.

19.4.2 조석력과 성간운의 평형

조석력과 자체 중력의 영향을 받는 성간운의 평형을 생각해 보자. 위에서 언급했듯이 조석력은 비등방적이기 때문에, 성간운의 평형을 정확하게 조사하기 위해서는 방향마다 다른 형태를 갖는 (텐서)비리얼 방정식을 사용해야 한다. 여기에서는 조석력의 간단한 효과를 살펴보기 위해 x 방향만 고려하기로 하자. 비등방적인 조석력에 의해 성간운은 일반적으로 타원체의 형태를 갖겠지만, 성간운의 음속(또는 난류 운동의 속도 분산)이 충분히 빠르다면 구형 성간운으로 근사할 수 있다.

외부 압력의 영향을 무시할 경우, 정적 평형 상태에 있는 성간운에 적용되는 비리얼 정리는 식 (19.22)로부터

$$M\sigma_{\rm 3D}^2 + W + \mathcal{T}_0 \int r^2 dM_r = 0 \tag{19.63}$$

이다. 여기서 M은 성간운의 질량이고, $\sigma_{\rm 3D}$는 내부 난류 운동의 3차원 속도 분산을 나타내며, $\mathcal{T}_0 \equiv -d^2\Phi/dR^2$이다.

은하의 회전 속도 곡선이

$$V(R) = V_0 \left(\frac{R}{R_0}\right)^\beta \tag{19.64}$$

로 주어지는 경우, $V^2/R = d\Phi/dR$이므로, 위치 R_0에서 $\mathcal{T}_0$의 값은

$$\mathcal{T}_0(R_0) = -(2\beta - 1)V_0^2/R_0^2 \tag{19.65}$$

이다. 따라서 은하의 회전 속도 곡선이 편평($\beta = 0$)할 때는 $\mathcal{T}_0 > 0$이므로 조석력이 파괴적이다. 한편, 강체 회전($\beta = 1$)하는 은하의 중심부에서는 $\mathcal{T}_0 < 0$이므로 조석력이 압축적이다.

전파 관측에 의하면 성간운의 내부 밀도 분포는 근사적으로

$$\rho = \rho_0 \left(\frac{r_0}{r}\right) \tag{19.66}$$

로 주어진다. 여기서 r_0는 성간운의 반지름이며, ρ_0는 가장자리의 밀도이다. 성간운의 질량 분포는 $M_r = 2\pi\rho_0 r_0 r^2$이므로, 중력 퍼텐셜 에너지는

$$W = -G\int \frac{M_r dM_r}{r} = -\frac{2}{3}\frac{GM^2}{r_0} \tag{19.67}$$

이다. 식 (19.63)에서 조석력 항은

$$\mathcal{T}_0 \int r^2 dM_r = 4\pi\rho_0 r_0 \mathcal{T}_0 \int_0^{r_0} r^3 dr = \frac{1}{2}M\mathcal{T}_0 r_0^2 \tag{19.68}$$

이다. 여기서 $M = 2\pi\rho_0 r_0^3$을 이용하였다. 식 (19.67)과 식 (19.68)을 식 (19.63)에 대입하면

$$\sigma_{\rm 3D}^2 = \frac{2}{3}\frac{GM}{r_0} - \frac{1}{2}\mathcal{T}_0 r_0^2 \tag{19.69}$$

을 얻는다.

조석력이 x 방향으로 파괴적일 때는 $\mathcal{T}_0 > 0$이므로 식 (19.69)는

$$\frac{2}{3}\frac{GM}{r_0} > \frac{1}{2}\mathcal{T}_0 r_0^2 \tag{19.70}$$

을 요구한다. 이를 성간운의 평균 밀도 $\langle\rho\rangle = (3/2)\rho$로 표현하면

$$\langle\rho\rangle > \frac{9}{16\pi G}\mathcal{T}_0 \tag{19.71}$$

가 만족되어야 한다. 즉, 성간운이 조석력에 의해 파괴되지 않고 안정적인 평형 상태에 있기 위해서는 식 (19.71)을 만족할 수 있을 정도로 밀도가 충분히 높아야 한다. 외부 은하에서 관측되는 성간운은 위 조건을 만족한다(Das and Jog 1999).

조석력이 압축적인 경우($\mathcal{T}_0 < 0$), 식 (19.69)는 성간운의 속도 분산이 조석력을 고려하지 않았을 때보다 더 큰 값을 가져야 안정된 상태를 유지할 수 있음을 보여 준다.

참고문헌

레일리-테일러, 켈빈-헬름홀츠 불안정은 Chandrasekhar(1961)의 10장과 11장을 따랐다. 대류 불안정과 열 불안정은 Shu(1992)의 8장을 참고하였다. 얇은 회전 원반의 중력 불안정에 대해 본 교재에서는 축대칭 섭동만을 고려하였는데, 비축대칭 섭동에 대해서는 Shu(1992)의 11장을 참고할 수 있다. 비축대칭 섭동의 그네 증폭은 Goldreich and Tremaine(1978)을 참고하였다. 초신성 잔해의 진화는 Draine(2011)의 39장을 따랐으며, 테일러의 해법은 Shu(1992)의 17장을, 세도프의 해법은 Sachdev(2004)와 Landau and Lifshitz(1959)를 참고하였다. 다양한 천문학적 폭발파에 대해서는 Ostriker and McKee(1988)을 참고할 수 있다. 비리얼 정리의 유도는 Shu(1992)의 24장을 참고하였다.

- **단행본**

Chandrasekhar, S. 1961, *Hydrodynamic and Hydromagnetic Stability*, Dover

Draine, B. T. 2011, *Physics of the Interstellar and Intergalactic Medium*, Princeton University Press

Landau, L. D. and Lifshitz, E. M. 1959, *Fluid Mechanics*, Pergamon

Sachdev, P. L. 2004, *Shock Waves and Explosions*, Chapman and Hall/CRC

Shu, F. H. 1992, *The Physics of Astrophysics II. Gas Dynamics*, University Science Books

Toomre, A. 1981, "What Amplifies the Spirals" in *Structure and Evolution of Normal Galaxies*, ed. S. M. Fall and D. Lynden-Bell, Cambridge University Press

- **논문**

Castor, J., McCray, R., and Weaver, R. 1975, Interstellar Bubbles, *ApJ*, 200, 107

Das, M. and Jog, C. J. 1999, Tidally Compressed Gas in Centers of Early-Type and Ultraluminous Galaxies, *ApJ*, 527, 600

Dere, K. P., Landi, E., Mason, H. E., Monsignori Fossi, B. C., and Young, P. R. 1997, CHIANTI – An Atomic Database for Emission Lines, *A&AS*, 125, 149

Field, G. B. 1965, Thermal Instability, *ApJ*, 142, 531

Foullon, C., Verwichte, E., Nakariakov, V. M., Nykyri, K., and Farrugia, C. J. 2011, Magnetic Kelvin-Helmholtz Instability at the Sun, *ApJ*, 729, 8

Goldreich, P. and Tremaine, S. 1978, The Excitation and Evolution of Density Waves, *ApJ*, 222, 850

Gull, S. F. 1975, The X-ray, Optical and Radio Properties of Young Supernova Remnants, *MNRAS*, 171, 263

Koo, B. C. and McKee, C. F. 1990, Dynamics of Adiabatic Blast Waves in Media of Finite Mass, *ApJ*, 354, 513

Landi, E., Young, P. R., Dere, K. P., Del Zanna, G., and Mason, H. E. 2013, CHIANTI – An Atomic Database for Emission Lines. XIII. Soft X-Ray Improvements and Other Changes, *ApJ*, 763, 86

Ostriker, J. P. and McKee, C. F. 1988, Astrophysical Blastwaves, *Reviews of Modern Physics*, 60, 1

Stone, J. M., Xu, J., and Hardee, P. 1997, The Stability of Radiatively Cooling Jets. 2: Nonlinear Evolution, *ApJ*, 483, 136

Velázquez, P. F., Gomez, D. O., Dubner, G. M., de Castro, G. G., and Costa, A. 1998, Study of the Rayleigh-Taylor Instability in Tycho's Supernova Remnant, *A&A*, 334, 1060

Weaver, R., McCray, R., Castor, J., Shapiro, P., and Moore, R. 1977, Interstellar Bubbles. II - Structure and Evolution, *ApJ*, 218, 377

Williams, B. J., Borkowski, K. J., Ghavamian, P., Hewitt, J. W., Mao, S. A., Petre, R., Reynolds, S. P., and Blondin, J. M. 2013, Azimuthal Density Variations around the Rim of Tycho's Supernova Remnant, *ApJ*, 770, 129

Wolfire, M. G., McKee, C. F., Hollenbach, D., and Tielens, A. G. G. M. 2003, Neutral Atomic Phases of the Interstellar Medium in the Galaxy, *ApJ*, 587, 278

문제

1. 아래 그림과 같이 밀도가 각각 ρ_l과 ρ_u인 두 비압축성 유체가 $z = 0$인 평면을 경계로, 높이 $z = -h_l$과 $z = h_u$에 위치한 2개의 고정 평판 사이에 정지 상태로 놓여 있다. 두 유체는 중력장 $\mathbf{g} = -g\hat{\mathbf{z}}$의 영향을 받는다. 접촉면에 가해진 섭동의 분산 관계식이

$$\omega^2 = \frac{gk(\rho_l - \rho_u)}{\rho_u \coth kh_u + \rho_l \coth kh_l} \tag{P5.1}$$

로 주어짐을 보이시오. 또한 $h_u, h_l \to \infty$인 상황과 비교하여 고정 평판의 존재가 불안정을 강화시키는지 또는 약화시키는지 토의하시오.

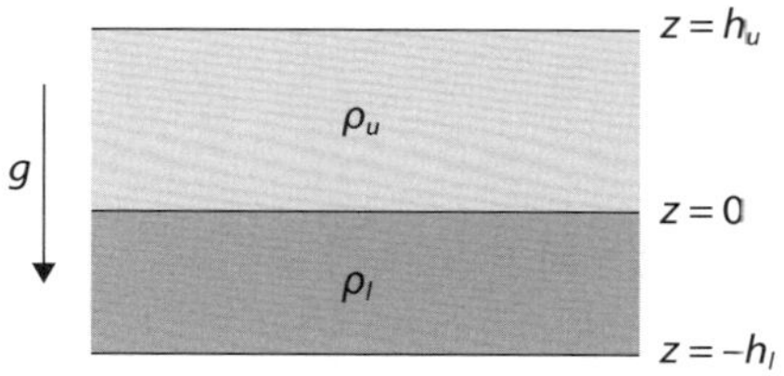

2. Velázquez et al.(1998)의 논문을 참조하여 타이코 초신성 잔해에 작용하는 레일리-테일러 불안정의 성장시간(growth time) $t_{\rm RT}$를 계산하시오. 단, 점성과 자기장의 효과는 무시하시오. 타이코 초신성 잔해의 나이와 $t_{\rm RT}$를 비교하여 레일리-테일러 불안정이 타이코 초신성 잔해의 진화에 미치는 영향에 대하여 토의하시오.

3. 등압조건을 제한하지 않은 일반적인 섭동에 대하여 연속, 운동량, 에너지 방정식을 선형화하시오. 이 섭동이 시간과 공간에 대하여 $\sim e^{\sigma t + ikx}$의 형태로 변할 때, 열 불안정의 분산 관계식이

$$\sigma^3 + \sigma^2 a k_T + \sigma a^2 k^2 + \frac{a^3 k^2}{\gamma}(k_T - k_\rho) = 0 \tag{P5.2}$$

으로 주어짐을 보이시오. 여기서

$$k_T \equiv \frac{\gamma(\gamma-1)}{a^3} T_0 \mathcal{L}_T, \quad k_\rho \equiv \frac{\gamma(\gamma-1)}{a^3} \rho_0 \mathcal{L}_\rho \tag{P5.3}$$

이고 $a = (\gamma P_0/\rho_0)^{1/2}$이다. 식 (P5.2)는 일반적으로 3개의 근을 갖고 있다.

(1) 섭동의 파장이 매우 짧을 때($k \to \infty$), 세 근이

$$\sigma = -\frac{a}{\gamma}(k_T - k_\rho), \quad (\text{등압 모드}) \tag{P5.4a}$$

$$\sigma = \pm ika + \frac{a}{2}\left(\frac{k_T - k_\rho}{\gamma} - k_T\right) \quad \text{(등엔트로피 모드)} \quad \text{(P5.4b)}$$

임을 보이시오. 등엔트로피 모드는 음파의 불안정에 해당한다.

(2) 매우 긴 파장의 섭동($k \to 0$)에 대하여, 세 근이

$$\sigma = -ak_T, \quad (\textbf{등적 모드}\text{[isochoric mode]}) \quad \text{(P5.5a)}$$

$$\sigma = \pm ika_{\text{eff}} \quad \text{(등엔트로피 모드)} \quad \text{(P5.5b)}$$

를 만족함을 보이시오. 여기서

$$a_{\text{eff}} \equiv a\left(\frac{k_T - k_\rho}{\gamma k_T}\right)^{1/2} = \left(\frac{\partial P}{\partial \rho}\right)_{\mathcal{L}=0} \quad \text{(P5.6)}$$

이다.

4. 아래 그림과 같이 초기 밀도와 속도가 각각

$$\rho(z) = \begin{cases} \rho_1, \\ \rho_2, \end{cases} \quad U(z) = \begin{cases} U_1, & (z > 0) \\ U_2 & (z < 0) \end{cases} \quad \text{(P5.7)}$$

인 두 유체가 외부 중력 $\mathbf{g} = -g\hat{\mathbf{z}}$에 대해 $z = 0$인 면을 경계로 접촉하고 있다.

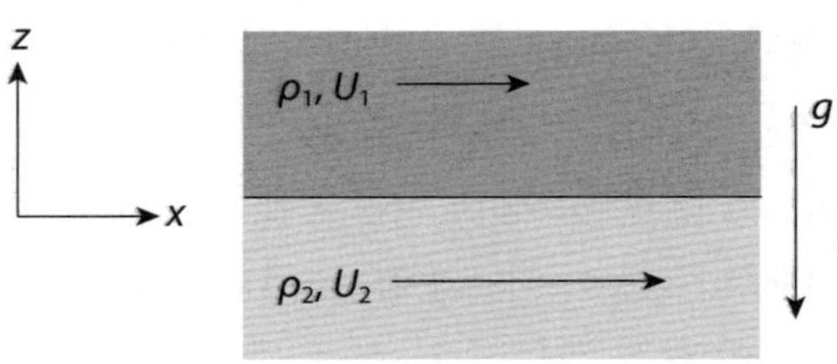

섭동이 y 좌표에 의존하지 않을 때, 접촉면 섭동의 분산 관계식이

$$\omega = -k(\alpha_2 U_2 + \alpha_1 U_1) \pm \sqrt{gk(\alpha_2 - \alpha_1) - k^2\alpha_1\alpha_2(U_1 - U_2)^2} \quad \text{(P5.8)}$$

으로 주어짐을 보이시오. 여기서 $\alpha_1 = \rho_1/(\rho_1 + \rho_2)$, $\alpha_2 = \rho_2/(\rho_1 + \rho_2)$이며, k는 x 방향의 파수이다. 또한 섭동이 불안정해지는 조건을 구하고, 그 결과를 다양한 상황에 대해 토의하시오.

5. 일정한 열전도도 $\mathcal{K}$를 가진 매질의 등압 열 불안정의 분산 관계식이

$$\sigma = \frac{\gamma - 1}{\gamma}\frac{\rho_0}{P_0}\left(\rho_0\mathcal{L}_\rho - T_0\mathcal{L}_T - \mathcal{K}\frac{T_0}{\rho_0}k^2\right) \quad \text{(P5.9)}$$

으로 주어짐을 보이시오. 여기서 k는 섭동의 파수를 나타낸다. 위 식에서 $\sigma = 0$ 에 해당하는 섭동의 파장

$$\lambda_F = 2\pi \left(\frac{T_0 \mathcal{K}/\rho_0}{\rho_0 \mathcal{L}_\rho - T_0 \mathcal{L}_T} \right)^{1/2} \tag{P5.10}$$

을 **필드 길이**(Field length)라고 한다(Field 1965). 열 불안정에 대한 열전도의 물리적 영향에 대해 토의하시오.

6. 어느 은하단 중심부 $r < 100$ kpc 안쪽에 (전자) 밀도가 $n_0 = 0.05\ \mathrm{cm^{-3}}$ 이고 온도가 $T_0 = 10^8$ K로 균일한 뜨거운 은하단 물질이 있다. 이 매질은 완전 전리된 수소로 구성되어 있으며 열적 제동복사를 통해 $\Lambda(T) = 2 \times 10^{-27} T^{1/2}$ ergs $\mathrm{cm^3\ s^{-1}}$ 이라는 비율로 에너지를 방출하고 있다.

 (1) 매질의 냉각시간 $t_{\rm cool}$ 을 Gyr 단위로 구하시오.

 (2) 매질의 냉각이 등압조건을 만족하며 진행될 때, 온도 및 밀도의 시간에 따른 변화가

$$\frac{T(t)}{T_0} = \frac{n_0}{n(t)} = \left(1 - \frac{3t}{2t_{\rm cool}}\right)^{2/3} \tag{P5.11}$$

 으로 주어짐을 보이시오. 열전도의 효과는 무시하시오.

 (3) 이 매질의 **스피처 열전도도**(식 12.84)와 필드 길이(식 P5.10)를 구하고, 매질의 진화에 대한 열전도의 중요성을 토의하시오.

 (4) 이제 (어떤 요인에 의해) 은하단 물질로 에너지가 일정하게 공급되는 경우를 생각해 보자. 매질의 가열률은 밀도가 n_0 이고 온도가 T_0 인 초기 상태의 복사 냉각률과 동일하다. 이 매질의 등압 열 불안정의 성장시간이 $t_{\rm cool}$ 의 몇 배인지 계산하시오.

 (5) 위에서 언급한 은하단 물질의 가열 요인으로 은하단 중심부에 위치한 초중량 블랙홀을 생각할 수 있다. 주변 기체가 $\dot{M}$ 의 비율로 블랙홀로 유입되고, 관련된 에너지의 1%가 블랙홀로부터 방출되어 은하단 물질을 가열한다고 가정하자(즉, 기체의 가열률은 $\dot{E} = 0.01\dot{M}c^2$). 은하단 물질을 정상 상태로 만들기 위해 필요한 질량 유입률 $\dot{M}$ 을 계산하시오. 또한 $t_{\rm cool}$ 시간 동안 블랙홀에 더해진 기체의 총질량을 계산하시오.

7. 순압성 기체의 경우, 식 (17.17)과 식 (17.18)을 이용하여 퍼텐셜 소용돌이가

$$\frac{D\boldsymbol{\xi}}{Dt} = 0 \tag{P5.12}$$

을 만족함을 보이시오.

8. 회전 속도가 $v_0 = 200$ km s^{-1}이며, 표면밀도가 $\Sigma_0 = 30\ M_\odot$ pc^{-2}, 음속이 $a = 10$ km s^{-1}인 기체 원반을 생각해 보자. 원반은 수직 방향으로 매우 얇다.
   (1) $R = 10$ kpc에서 원반의 중력적 안정성을 판단하시오.
   (2) 중력적으로 가장 불안정한 섭동의 파장과 이로부터 생성되는 기체 덩어리의 평균 질량을 구하시오.
   (3) 이러한 덩어리가 만들어지는 데 걸리는 시간을 추정하시오.

9. 질량이 $M_{\rm BH}$인 블랙홀 주변의 강한 중력 퍼텐셜은 근사적으로 다음과 같은 **유사 뉴턴 퍼텐셜**(pseudo-Newtonian potential)

$$\Phi = -\frac{GM_{\rm BH}}{r - r_g} \tag{P5.13}$$

로 기술될 수 있다. 여기서 $r_g = 2GM_{\rm BH}/c^2$은 블랙홀의 중력 반경이다.
   (1) 블랙홀 주변을 공전하는 입자가 원형 궤도를 따를 때, 이 궤도가 안정할 수 있는 최소 반경이 $3r_g$로 주어짐을 보이시오.
   (2) 이러한 중력장 아래에서 단열 기체가 본디 흐름을 따라 블랙홀로 유입될 때, 전이음속점의 위치 r_s가

$$r_s^2 - [(5 - 3\gamma)r_{\rm B}/4 + 2r_g]r_s + r_g^2 - (\gamma - 1)r_{\rm B}r_g = 0 \tag{P5.14}$$

   을 만족함을 보이시오. 여기서 $r_{\rm B} = GM_{\rm BH}/a_\infty^2$인데, a_∞는 블랙홀로부터 매우 멀리 떨어진 점에서의 단열 음속이다.

10. 초기 밀도가 ρ_{00}로 균일하고 반지름이 R_0인 정지 상태의 성간운이 있다. 성간운이 $t = 0$일 때

$$\mathbf{v}(\mathbf{r}, t) = H(t)\mathbf{r} \tag{P5.15}$$

이라는 속도로 수축을 시작하였다. 여기서 $\mathbf{r}$은 반지름 벡터이며, $H(t)$는 성간운의 수축률로 시간에만 의존한다($H < 0$).
   (1) 수축하는 성간운의 밀도가 항상 균일하며, 그 값이 $\rho_0(t) = \rho_{00}[R_0/R(t)]^3$으로 주어짐을 보이시오. 여기서 $R(t)$는 시각 t에서 성간운의 반지름이다. R과 H의 관계를 구하시오.
   (2) 성간운이 자체 중력에 의해 수축한다면

$$R^2\ddot{R} = -\frac{4\pi}{3}G\rho_{00}R_0^3 \tag{P5.16}$$

   을 만족함을 보이시오.

(3) R과 t가 무차원 변수 η를 통해

$$R = R_0(1+\cos\eta)/2, \tag{P5.17a}$$

$$t = t_0(\eta + \sin\eta) \tag{P5.17b}$$

의 관계를 만족함을 보이시오. 여기서 $t_0^2 \equiv 3/(32\pi G\rho_{00})$이다. 성간운의 수축은 $R=0$일 때까지 진행되는데, 이때의 시간을 구하시오. 이 시간을 **자유낙하시간**(free-fall time)이라고 한다.

11. 문제 10에서와 같이 수축하는 성간운이 겪는 중력 불안정에 대해 살펴보자.

(1) 수축하는 성간운에 가해진 밀도와 속도의 섭동 ρ_1, $\mathbf{v}_1$을 생각해 보자. 압력의 섭동은 무시한다. 섭동의 진화를 살펴보기 위해서는 성간운의 수축을 따라가는 공변 좌표계 $\mathbf{x} \equiv \mathbf{r}/R(t)$을 도입하면 편리하다. 이 좌표계에서 측정한 속도는 $\mathbf{u} = \mathbf{v} - \dot{R}\mathbf{x}$로 주어진다. 연속, 운동량, 푸아송 방정식을 각각 선형화하여

$$\dot{\delta} + (\boldsymbol{\nabla}\cdot\mathbf{u}_1)/R = 0, \tag{P5.18a}$$

$$\dot{\mathbf{u}}_1 + H\mathbf{u}_1 + (\boldsymbol{\nabla}\Phi_1)/R = 0, \tag{P5.18b}$$

$$\boldsymbol{\nabla}^2\Phi_1 - 4\pi G\rho_0 R^2\delta = 0 \tag{P5.18c}$$

임을 보이시오. 여기서 $\delta \equiv \rho_1/\rho_0$이며, 시간에 대한 미분은 수축하는 공변 좌표계에서 택한 것이다.

(2) 위 식을 결합하여

$$\ddot{\delta} + 2H(t)\dot{\delta} - 4\pi G\rho_0(t)\delta = 0 \tag{P5.19}$$

임을 보이시오.

(3) 식 (P5.17)로 정의된 매개변수 η에 대해

$$\delta = \frac{\sin\eta}{(1+\cos\eta)^2} \tag{P5.20}$$

가 식 (P5.19)를 만족함을 보이시오. 또한 이 해가 성간운의 수축과 더불어 성장하는 해임을 확인하시오.

12. 매우 얇은 등온 원반의 중력 불안정에 대한 분산 관계식은 식 (17.47)로 주어진다. 다음 문제를 통해 원반의 유한한 두께가 분산 관계식을 어떻게 변화시키

는지 알아보자.

(1) 수직 방향의 밀도 분포가 $\rho(z) = \rho_0 e^{-|z|/H}$ 인 층화된 원반을 생각해 보자. 표면밀도가 $\Sigma = 2\rho_0 H$ 임을 보이시오.

(2) 밀도의 섭동이 $\rho_1(R, z, t) \propto \rho_0 e^{-|z|/H} e^{i(\omega t + kR)}$ 과 같이 변한다고 가정하자. $|k|R \gg 1$ 일 때 중력 퍼텐셜의 섭동 $\Phi_1(R, z, t)$는

$$\left(\frac{\partial^2}{\partial R^2} + \frac{\partial^2}{\partial z^2}\right) \Phi_1 = 4\pi G \rho_1 \tag{P5.21}$$

을 만족한다. 위 식을 그린 함수(Green's function)를 이용하여 적분하여 원반 중심면에서의 중력 퍼텐셜 섭동이

$$\Phi_1(R, 0, t) = -\frac{2\pi G \Sigma_1(R, t)}{|k|(1 + |k|H)} \tag{P5.22}$$

로 주어짐을 보이시오. 여기서 $\Sigma_1 = \int_{-\infty}^{\infty} \rho_1 dz$ 이다.

(3) 식 (P5.22)를 이용하여 층화된 원반의 중력 불안정에 대한 분산 관계식이

$$\omega^2 = \kappa^2 + a^2 k^2 - \frac{2\pi G \Sigma_0 |k|}{1 + |k|H} \tag{P5.23}$$

임을 보이시오. 이 식이 $|k|H \ll 1$ 또는 $|k|H \gg 1$ 인 극한에서 각각 어떻게 변하는지 토의하시오.

(4) 자체 중력 아래에서 평형 상태에 있는 등온 원반의 높이척도는 식 (13.14)로 주어진다. 유한한 두께의 원반이 중력적으로 안정하기 위해서 가져야 할 Q_T 의 범위를 수치적으로 구하고, 이 원반이 매우 얇은 원반보다 중력적으로 더 (불)안정한지 물리적으로 설명하시오.

13. 단열지수가 $\gamma = 5/3$ 일 때 식 (18.40)을 수치적으로 적분하여 그림 18.3을 직접 그려 보시오. 또한 $\gamma = 1.4$ 일 때, 에너지 보존 조건을 만족하는 ξ_0 의 값을 계산하시오.

14. 질량이 시간에 따라 변하는 계에는 통상적인 비리얼 정리(식 19.22)를 적용할 수 없다. 이 문제에서는 팽창하면서 질량이 증가하는 초신성 잔해에 적용 가능한 비리얼 정리에 대해 알아보자(Koo and McKee 1990).

(1) 다음과 같은 항등식이 성립함을 증명하시오:

$$\frac{d}{dt}\int_0^{r_s} r\rho v dV = \int_0^{r_s} r\frac{\partial(\rho v)}{\partial t} dV + 4\pi r_s^3 \rho_1 v_1 U_s. \tag{P5.24}$$

여기서 $dV = 4\pi r^2 dr$ 이며, r_s 는 충격파의 위치를 나타내고 아래 첨자 '1'은 충격파 직후방의 물리량(식 18.24부터 식 18.26)을 나타낸다.

(2) 식 (P5.24), 연속 방정식, 운동량 방정식을 이용하여

$$\frac{d}{dt}(K_{11}Mr_s v_1) = 4\pi r_s^3(\langle P\rangle - P_0) + K_{02}Mv_1^2 \tag{P5.25}$$

임을 보이시오. 여기서 $\langle P\rangle = 3r_s^{-3}\int_0^{r_s} r^2 P dr$ 은 평균 내부 압력을, $M = \int_0^{r_s}\rho dV$ 는 잔해의 질량을, P_0 는 배경 매질의 압력을 나타내며,

$$K_{mn} \equiv \frac{4\pi}{M}\int_0^{r_s}\left(\frac{r}{r_s}\right)^m\left(\frac{v}{v_1}\right)^n r^2\rho dr \tag{P5.26}$$

은 반지름과 속도의 무차원 모멘트이다. (귀띔: 충격파 전후방에서 압력의 차이가 $P_1 - P_0 = \rho_0 v_1 U_s$ 임을 보이고, 이 결과를 이용하시오.)

(3) 균일 매질에서 전진하는 폭발파에 대한 세도프-테일러 해의 가장 간단한 근사해로

$$\rho = \rho_1\left(\frac{r}{r_s}\right)^q, \qquad v = v_1\left(\frac{r}{r_s}\right) \tag{P5.27}$$

과 같은 멱함수 형태를 택할 수 있다. 질량 보존의 법칙을 이용하여 $q = 6/(\gamma-1)$ 임을 보이시오.

(4) 식 (P5.27)에 대해,

$$K_{mn} = \frac{1}{1 + \dfrac{(m+n)(\gamma-1)}{3(\gamma+1)}} \tag{P5.28}$$

임을 보이시오. 또한, $\gamma = 5/3$ 의 경우에 K_{11} 과 K_{02} 를 계산하고, 문제 13의 수치해를 이용한 값과 비교하시오.

(5) 에너지 보존식(식 18.31)으로부터

$$\langle P\rangle = \frac{3(\gamma-1)}{4\pi r_s^3}\left(E_* - \frac{1}{2}MK_{02}v_1^2\right) \tag{P5.29}$$

이 성립함을 보이시오.

(6) $\langle P\rangle \gg P_0$ 일 때, 식 (P5.25)의 멱함수 형태 해가 식 (18.23)으로 주어짐을 보이고, 이때

$$\xi_0^5 = \left(\frac{15}{4\sqrt{\pi}}\right)^2 \frac{(\gamma+1)(\gamma^2-1)}{5(\gamma+1)K_{11} + 2(3\gamma-5)K_{02}} \tag{P5.30}$$

임을 확인하시오. $\gamma = 5/3$일 때, 식 (P5.28)을 이용하여 ξ_0값을 계산한 후, 실제값 $\xi_0 = 1.15$와 비교하시오.

15. 아래 표는 미국 뉴멕시코주에서 행해진 트리니티 핵폭발 실험(Trinity nuclear test)에서 얻은 시간 t에 따른 폭발파의 반지름 r_s를 각각 밀리초와 미터 단위로 나타낸 자료이다. 이 핵폭발에서 생성된 에너지 E_*를 구하시오. 단, 대기의 밀도로 $\rho_0 = 0.00125\ \mathrm{g\ cm^{-3}}$을 택하시오.

t (ms)	r_s (m)	t (ms)	r_s (m)
0.10	11.1	0.66	31.9
0.24	19.9	1.08	38.9
0.38	25.4	1.93	48.7
0.52	28.8	3.26	59.0

16. 식 (18.37)과 식 (18.39)를 이용하여

$$\frac{\alpha^{\gamma-1}}{p} = \left(\frac{\gamma+1}{\gamma-1} - \frac{2u}{\gamma-1}\right)\left(\frac{\xi}{\xi_0}\right)^5 \tag{P5.31}$$

이 성립함을 보이시오. 또한 식 (18.49), (18.54), (18.57)을 이용하여 세도프 해가 위 식을 만족함을 확인하시오.

17. 균일 밀도에 적용되는 세도프-테일러 해는 배경 매질의 밀도가 멱함수 형태인 경우로 확장 가능하다. 밀도 분포가 $\rho = Ar^{-n}$인 매질의 중심($r = 0$)에서 폭발한 초신성이 주변 매질에 E_* 만큼의 에너지를 공급하였다. 시각 t에서 충격파의 반지름을 $r_s(t)$라고 하자. 단, $n < 5$를 가정한다.

(1) 차원 분석법을 통하여, 거리에 해당하는 닮음 변수 ξ가

$$\xi = r\left(\frac{E_*}{A}\right)^{1/(n-5)} t^{2/(n-5)} \tag{P5.32}$$

으로 표현될 수 있음을 보이시오. 또한 $n < 3$이면 충격파가 감속하고, $n > 3$이면 충격파가 가속함을 보이시오.

(2) $\rho_0 = Ar_s^{-n}$이라고 놓으면, 식 (18.27)부터 식 (18.29)의 첫째 등호에 해당하는 변수 변환 관계를 사용할 수 있다. 충격파의 위치에 해당하는 ξ의 값을 ξ_0라고 할 때, 총에너지 보존에 대한 식 (18.32)가

$$\xi_0^{n-5} = \frac{8\pi}{\gamma^2-1}\left(\frac{2}{5-n}\right)^2 \int_0^1 (\alpha u^2 + p)\lambda^4 d\lambda \tag{P5.33}$$

로 변함을 보이시오. 여기서 $\lambda \equiv \xi/\xi_0$ 이다.

18. 젊은 별이 방출하는 항성풍은 주변 성간물질에 많은 영향을 미친다. 초신성 폭발에 의한 에너지 공급이 일회성인 반면, 항성풍은 상당히 오랜 시간 동안 에너지를 꾸준히 공급하기 때문이다. 속도와 질량 방출률이 각각 v_w 와 $\dot{m}$ 인 항성풍을 생각해 보자. 이 항성풍이 초기 밀도가 ρ_0 인 주변 성간물질을 휩쓸어 별로부터 거리 R 만큼 떨어진 위치에 충격파를 동반한 구각(shell)을 형성하였다. 휩쓸린 주변 성간물질로 구성된 구각은 천천히 팽창하며, 그 두께가 얇다. 구각과 별 사이의 공간은 매우 뜨겁고 희박한 항성풍으로 채워져 있는데, 이를 **바람 거품**(wind-blown bubble)이라고 부른다(Castor et al. 1975; Weaver et al. 1977). 거품의 압력 P_b 는 구각의 팽창을 돕는다. 단열지수로 $\gamma = 5/3$ 를 택하고 아래에 답하시오.

(1) 구각의 질량 M_s 를 R 과 ρ_0 로 표현하시오. 또한 구각 안쪽을 채우고 있는 거품의 밀도 ρ_b 를 $\dot{m}$, t, R 로 표현하시오.

(2) 구각의 운동 방정식(식 18.60 참고)을 이용하여

$$P_b = \frac{1}{3}\rho_0 \ddot{R} R + \rho_0 \dot{R}^2 \tag{P5.34}$$

이 성립함을 보이시오.

(3) 거품의 복사 냉각을 무시할 때, 거품에 적용되는 에너지 방정식이

$$\frac{d(R^3 P_b)}{dt} = \frac{\dot{E}_w}{2\pi} - \left(\frac{2}{3}\right) P_b \frac{dR^3}{dt} \tag{P5.35}$$

임을 확인하시오. 여기서 $\dot{E}_w = \frac{1}{2}\dot{m} v_w^2$ 이다.

(4) 식 (P5.34)와 식 (P5.35)를 만족하는 해가

$$R = \left(\frac{125}{154\pi}\right)^{1/5} \left(\frac{\dot{E}_w}{\rho_0}\right)^{1/5} t^{3/5} \tag{P5.36}$$

임을 보이시오.

(5) 거품의 온도가 시간에 관계없이 항상

$$T_b = \frac{5}{33} \frac{\mu_b m_{\rm H}}{k_B} v_w^2 \tag{P5.37}$$

으로 주어짐을 보이시오. 여기서 μ_b 는 거품의 평균분자량이다. $\mu_b = 0.6$ 이고 $v_w = 2000\ \mathrm{km\ s^{-1}}$ 일 때, T_b 를 계산하고 복사 에너지 손실이 없다는 가정이 타당한지 토의하시오.

(6) 구각의 운동 에너지가

$$E_K = \frac{15}{77}\dot{E}_w t \tag{P5.38}$$

임을 보이시오. 따라서 항성풍이 가진 에너지의 약 20%는 구각의 운동 에너지로 바뀌고, 나머지 약 80%는 거품의 열 에너지로 바뀐다.

(7) 구각의 팽창에 따른 충격파가 등온 충격파일 때, 구각의 밀도 ρ_s가 시간에 따라 $\rho_s \propto t^{-4/5}$으로 감소함을 보이시오. 또한 질량 보존 법칙을 이용하여 구각의 두께 ΔR이

$$\frac{\Delta R}{R} = \frac{1}{3}\left(\frac{c_0}{\dot{R}}\right)^2 \propto t^{4/5} \tag{P5.39}$$

을 만족함을 보이시오. 여기서 c_0는 구각의 등온 음속이다.

19. 밀도 분포가 식 (13.51)로 주어지는 특이 등온 기체구가 $r = R_0$에서 잘려, 압력이 $P_{\rm ext}$인 외부 매질과 압력 평형을 이루고 있다.

(1) $P_{\rm ext}$와 R_0의 관계를 구하시오.

(2) 잘린 특이 등온 기체구의 내부 에너지와 중력 퍼텐셜 에너지를 구하시오.

(3) 잘린 특이 등온 기체구가 비리얼 정리를 만족하는지 확인하시오.

20. 암흑물질의 밀도가 다음과 같은 분포

$$\rho_{\rm NFW}(r) = \frac{M_0/2\pi}{r(r+r_0)^2} \tag{P5.40}$$

를 따르는 은하단을 생각해 보자. 여기서 M_0는 암흑물질의 특성 질량이며, r_0는 반경척도이다. 은하단 은하들의 속도 분산 σ가 등방적이고 등온일 때(즉, 반지름에 따라 변하지 않을 때), 은하 개수 밀도의 분포 $n_g(r)$은 **진즈 방정식**(Jeans equation)

$$\sigma^2 \frac{d\ln n_g}{dr} = -\frac{d\Phi_{\rm NFW}}{dr} \tag{P5.41}$$

를 만족한다. 여기서 $\Phi_{\rm NFW}$는 암흑물질의 중력 퍼텐셜이다.

(1) 암흑물질의 중력 퍼텐셜이

$$\Phi_{\rm NFW} = -\frac{2GM_0}{r}\ln\left(1+\frac{r}{r_0}\right) \tag{P5.42}$$

로 주어짐을 보이시오.

(2) 반지름 $r = 10r_0$ 내부에 있는 암흑물질의 질량을 계산하시오.

(3) 식 (P5.41)의 해가

$$n_g(r) = n_g(0)\left[\frac{(1+x)^{1/x}}{e}\right]^{\eta} \tag{P5.43}$$

으로 주어짐을 보이시오. 여기서 $x = r/r_0$이고 $\eta = 2GM_0/(r_0\sigma^2)$이다.

(4) $M_0 = 2\times 10^{14}\ M_\odot$, $r_0 = 300$ kpc, $\sigma = 800$ km s^{-1}일 때, η의 값을 구하시오. 또한 식 (19.30)에서 q_2 값을 구하시오.

21. 질량이 M인 진동하는 단열 기체구의 불안정을 알아보자. 문제를 간단하게 하기 위하여 외력 및 외부압력을 고려하지 않으며, 기체구의 밀도는 공간적으로 균일하다고 가정한다. 초기 평형 상태에서 기체구의 반지름은 R_0이며, $dR/dt = d^2R/dt^2 = 0$을 만족하고 있다.

(1) 비리얼 정리를 이용하여, 성간운의 반지름 $R(t)$가

$$I\frac{d^2R}{dt^2} = \frac{3GM^2}{5}\left[\left(\frac{R}{R_0}\right)^{4-3\gamma} - 1\right] \tag{P5.44}$$

을 따름을 보이시오. 여기서 I는 성간운의 관성 고멘트이다.

(2) 작은 크기의 섭동을 받은 성간운의 반지름이 $R(t) = R_0 + \delta R(t)$로 변한다고 하자. $|\delta R| \ll R_0$를 가정하고 식 (P5.44)를 선형화하여

$$\frac{d^2\delta R}{dt^2} = (4-3\gamma)\frac{|W_0|}{I_0}\delta R \tag{P5.45}$$

이 성립함을 보이시오. 여기서 W_0와 I_0는 각각 초기 상태에서 측정한 기체구의 중력 퍼텐셜 에너지와 관성 모멘트를 나타낸다.

(3) 위 식으로부터 단열 성간운의 진동이 안정할 조건을 구하고, 그 이유를 물리적으로 설명하시오.

제6부

자기유체역학

자기장은 우주에 편재해 있으며 대부분의 천체는 (최소한 부분적으로라도) 플라즈마로 구성되어 있다. 플라즈마는 이온화된 양의 이온과 자유 전자로 구성되어 있으나, 전체적으로는 전기적으로 중성이다. 전하를 띤 이온과 전자의 운동은 자기장의 영향을 받으며, 중성 입자는 충돌을 통해 이온화된 입자와 긴밀히 결합되어 있으므로 중성 기체의 운동도 자기장의 영향을 받는다. 자기장을 포함한 유체의 운동을 다루는 학문을 자기유체역학(magnetohydrodynamics), 또는 간단히 MHD라고 부른다. 이 단원에서는 자기장이 유체에 미치는 영향과 이를 정량적으로 분석하는 방법에 대해 학습한다. 20장에서는 자기유체역학 근사를 통해 자화된 유체가 만족해야 할 운동량 방정식과 자기장의 유도 방정식을 유도한다. 21장에서는 자화된 유체에 존재하는 알펜파, 빠른파, 느린파의 분산 관계식을 유도하고 각 파동의 물리적 특성에 대해 학습한다. 22장에서는 자화된 매질에 형성되는 다양한 불연속면과 수평, 수직, 빗각 충격파를 분류하고 이들의 특성에 대해 알아본다. 마지막으로 23장에서는 파커 불안정과 자기회전 불안정을 포함한 자기장과 관련된 다양한 불안정에 대해 학습한다.

제20장 기본 방정식

자기유체역학(magnetohydrodynamics, MHD)에서는 중성 입자, 이온, 전자로 이루어진 매질을 통합하여 하나의 유체로 다룬다. 자기유체역학은 플라즈마의 역학을 거시적으로 다루는 블라소프(Vlasov) 방법 등과 비교하여 다소 부정확하다는 단점이 있다. 그럼에도 불구하고 수학적으로 편리하다는 장점 때문에 엄밀한 정확성이 요구되지 않는 상황의 물리를 이해하는 데 널리 사용된다.

이름에서 엿볼 수 있듯이, 자기유체역학에서는 유체의 운동에 대한 자기장의 효과만을 다룰 뿐 전기장의 효과는 다루지 않는다. 그 이유는 거대 규모의 전기장이 우주에는 존재하지 않기 때문이다.[1] 플라즈마를 구성하는 전하가 움직이면 전류가 생기고, 전류는 자기장을 발생시킨다. 생성된 자기장은 역으로 유체의 운동을 변화시킬 수 있으므로, 플라즈마는 외부 자기장뿐만 아니라 스스로 만들어 낸 자기장의 영향도 받는다. 스스로 만들어 낸 자기장은 유체의 운동과 더불어 시간에 따라 변동하기 때문에 자기유체역학은 유체역학에 비해 훨씬 더 복잡하다.

20.1 자기유체역학의 전제 조건

자기유체역학은 전체적으로 중성이지만 최소한 부분적으로 이온화되어 있어서 전기 전도도가 매우 큰 매질의 운동을 기술한다. 자기유체역학이 적용되기 위해서는 다음과 같은 두 가지 조건이 만족되어야 한다.

첫째, 자기유체역학은 양의 전하(이온)와 음의 전하(전자)가 공간적으로 분리되지 않고 골고루 섞여 있는 상황을 전제로 한다. 그렇지 않다면 입자 사이에 작용하는 정전기력을 무시할 수 없을 뿐만 아니라 전하가 다른 입자들을 묶어 단일 유체로 다룰 수 없다. 이온과 전자가 잘 섞여 있다고 하더라도 충분히 작은 길이척도에서는 입자가 분리되어 보일 것이다. 플라즈마에서 이온과 전자가 공간적으로 분리되는 한계거리는 식 (5.4)에서 정의한 디바이 차단거리 λ_D로 주어진다. 관심 있는 물리 현상의 길이척도를 ℓ이라 할 때,

$$\ell \gg \lambda_D \simeq 7 \left(\frac{T}{n_e}\right)^{1/2} \text{ cm} \tag{20.1}$$

1) 만일 대규모 전기장이 존재한다면, 플라즈마에 있는 양전하는 전기력선 방향으로 이동하고 음전하는 반대 방향으로 이동하여 전기력선이 매우 빠른 시간 내에 사라지게 만들 것이다. 물론 자기장의 변화로 발생하는 소규모의 전기장은 짧은 시간 동안 존재할 수 있다.

가 만족된다면 이온과 전자가 잘 섞여 있다는 조건이 충족될 것이다. 대부분의 천문학적 상황에서는 식 (20.1)이 쉽게 만족된다.

둘째, 일상적인 자기유체역학은 유체의 속도 v가 빛의 속도 c에 비해 매우 느린 비상대론적인 상황, 즉

$$v/c \ll 1 \tag{20.2}$$

인 상황에 적용된다. 유체의 속도가 빛의 속도에 가까운 경우에는 상대론적 자기유체역학 방정식을 사용해야 한다.

식 (20.2)는 다음과 같은 두 가지 중요한 의미를 갖고 있다. 유체의 운동 속도가 느릴 경우, **변위전류**(displacement current)에 의한 자기장의 유도를 무시할 수 있다(20.5절 참고). 또한, 플라즈마에서는 양이온에 대해 전자가 집단적으로 움직이며 진동하는데, 그 진동수가 $\omega_p = (4\pi n_e e^2/m_e)^{1/2} = 5.6 \times 10^4 n_e^{1/2}$ Hz로 주어진다(식 8.2). 즉, 플라즈마는 아무리 잘 섞여 있어도 $1/\omega_p$ 정도의 시간척도에서는 이온과 전자가 공간적으로 분리된다. 하지만 유체의 역학적 시간척도가 $l/v \gg 1/\omega_p$을 쉽게 만족하므로, 자기유체역학에서는 플라즈마 진동 및 전하의 분리를 고려하지 않아도 된다.

20.2 연속 방정식

중성 입자, 이온, 전자가 혼합되어 있는 부분적으로 이온화된 매질을 생각해 보자. 매질은 전체적으로 중성이다. 중성 입자와 이온, 전자의 평균 질량을 각각 m_n, m_i, m_e라고 하고 개수 밀도를 각각 n_n, n_i, n_e라고 하면, 질량 밀도는 각각 $\rho_n = m_n n_n$, $\rho_i = m_i n_i$, $\rho_e = m_e n_e$이다. 매질 전체의 질량 밀도는

$$\rho = \sum_\alpha \rho_\alpha \tag{20.3}$$

로 주어진다. 여기서부터 α에 대한 더하기 기호는 중성 입자($\alpha = n$), 이온($\alpha = i$), 전자($\alpha = e$)에 대한 합을 나타낸다. 이온과 전자의 전하를 각각 Ze와 $-e$라고 하면 전체 매질의 전하밀도 ρ_c는

$$\rho_c = Zen_i - en_e = 0 \tag{20.4}$$

을 만족한다.

전체 매질 가운데 중성 입자만으로 구성된 부분 매질을 중성 매질이라고 하자. 중성 입자의 (무작위 성분을 포함한) 속도를 $\mathbf{u}_n$으로 나타내면, 중성 매질의 속도는 $\mathbf{v}_n \equiv \langle \mathbf{u}_n \rangle$으로 주어진다. 여기서 $\langle\ \rangle$ 기호는 맥스웰-볼츠만 속도 분포에 대한 평균을 나타낸다. 마찬가지로, 이온과 전자의 입자 속도를 각각 $\mathbf{u}_i$와 $\mathbf{u}_e$라고 할 때, 이온 유체와 전자 유체의 속도는 각각 $\mathbf{v}_i = \langle \mathbf{u}_i \rangle$와 $\mathbf{v}_e = \langle \mathbf{u}_e \rangle$로 주어진다. 종류가 다른 입자들의 무작위 속도, 또는 특이 속도(peculiar velocity)는 그 입자

들의 평균 속도에 대한 상대 속도

$$\mathbf{c}_\alpha \equiv \mathbf{u}_\alpha - \mathbf{v}_\alpha \quad (\text{단}, \alpha = n, i, e) \tag{20.5}$$

로 정의되며, $\langle \mathbf{c}_\alpha \rangle = 0$이다.

종류가 다른 각 매질은 자체의 연속 방정식

$$\frac{\partial \rho_\alpha}{\partial t} + \nabla \cdot (\rho_\alpha \mathbf{v}_\alpha) = 0 \quad (\text{단}, \alpha = n, i, e) \tag{20.6}$$

을 만족한다. 식 (20.6)을 $\alpha = n, i, e$에 대해 모두 더하면, 통합 유체의 연속 방정식으로

$$\frac{\partial \rho}{\partial t} + \nabla \cdot (\rho \mathbf{v}) = 0 \tag{20.7}$$

을 얻을 수 있다. 여기서 $\mathbf{v}$는 통합 유체의 평균 속도이며,

$$\mathbf{v} \equiv \frac{\sum_\alpha \rho_\alpha \mathbf{v}_\alpha}{\sum_\alpha \rho_\alpha} \tag{20.8}$$

와 같이 정의된다. 식 (20.7)은 자기장이 없는 유체의 연속 방정식과 같음에 주목하자.

20.3 운동량 방정식

중성 입자와 이온, 전자는 서로 충돌하며 운동량을 전달한다. 중성 매질에 적용되는 운동량 방정식은

$$\rho_n \frac{D\mathbf{v}_n}{Dt} = -\nabla P_n - \rho_n \nabla \Phi - \mathbf{p}_{ni} - \mathbf{p}_{ne} \tag{20.9}$$

인데, 여기서 $\mathbf{p}_{ni}$와 $\mathbf{p}_{ne}$는 각각 중성 입자가 이온 또는 전자와 충돌하여 잃어버리는 단위 시간당, 단위 부피당 운동량을 뜻한다(글상자 18 참조).

한편, 전기장이 $\mathbf{E}$이고 자기장이 $\mathbf{B}$인 공간에 있는 이온 매질은 압력 경도력과 중력 외에도 로런츠 힘, $Ze(\mathbf{E} + \mathbf{v}_i \times \mathbf{B}/c)$를 받는다. 중성 입자와의 충돌에 의한 마찰을 고려했을 때, 이온 유체의 운동량 방정식은

$$\rho_i \frac{D\mathbf{v}_i}{Dt} = -\nabla P_i - \rho_i \nabla \Phi + Zen_i \left(\mathbf{E} + \frac{\mathbf{v}_i}{c} \times \mathbf{B} \right) - \mathbf{p}_{in} \tag{20.10}$$

이다. 여기서 $\mathbf{p}_{in}$은 이온과 중성 입자 간 충돌에 기인한 이온 운동량의 단위 시간당, 단위 부피당 손실률을 나타낸다. 편의상 이온과 전자 간 충돌은 고려하지 않았다.

글상자 18. 충돌에 의한 운동량 전달

종류가 다른 α, β 입자 간 충돌 단면적을 $\sigma_{\alpha\beta}$ 라고 하면, α 입자 하나가 다수의 β 입자들과 단위 시간당 충돌하는 횟수는 $\nu_{\alpha\beta} = n_\beta \langle \sigma_{\alpha\beta} v_{\alpha\beta} \rangle$ 로 주어진다. 여기서 $v_{\alpha\beta} = |\mathbf{v}_\beta - \mathbf{v}_\alpha|$ 는 두 입자의 상대 속도이다. 따라서 α 입자가 β 입자와 충돌하여 잃어버리는 단위 시간당, 단위 부피당 운동량은

$$\mathbf{p}_{\alpha\beta} = n_\alpha \mu_{\alpha\beta} (\mathbf{v}_\alpha - \mathbf{v}_\beta) \nu_{\alpha\beta} = \rho_\alpha \rho_\beta \gamma_{\alpha\beta} (\mathbf{v}_\alpha - \mathbf{v}_\beta) \tag{20.11}$$

로 주어진다. 여기서 $\mu_{\alpha\beta} = m_\alpha m_\beta / (m_\alpha + m_\beta)$ 는 환산질량이며, $\gamma_{\alpha\beta}$ 는 **끌림계수**(drag coefficient)로

$$\gamma_{\alpha\beta} \equiv \frac{\langle \sigma_{\alpha\beta} v_{\alpha\beta} \rangle}{m_\alpha + m_\beta} \tag{20.12}$$

이다. 매질의 온도를 T 라 할 때, 입자의 상대 속도는 $v_{\alpha\beta} \propto T^{1/2}$ 이다.

1. 중성 입자와 이온의 충돌: 이온과 중성 입자가 느린 속도로 가까워지면, 중성 입자에 속박된 전자가 이온에 끌리기 때문에 중성 입자 내부에서 쌍극자 모멘트가 유발된다. 이 경우, 충돌 단면적이 $\sigma_{ni} \propto v_{ni}^{-1}$ 이 되어 기하학적 충돌 단면적보다 커진다. 전형적인 성간 분자운에서 **충돌률계수**(collision rate coefficient)는 $\langle \sigma_{ni} v_{ni} \rangle = 1.9 \times 10^{-9}\,\mathrm{cm^3\,s^{-1}}$ 으로 온도와 무관하게 일정하며, 끌림계수는

$$\gamma_{ni} = 3 \times 10^{13}\,\mathrm{cm^3\,s^{-1}\,g^{-1}} \tag{20.13}$$

이다(Draine et al. 1983).

2. 중성 입자와 전자의 충돌: 이온화도가 매우 낮은 매질에서는 전자와 수소 분자의 충돌이 가장 중요하며, 관련된 충돌률계수는 $\langle \sigma_{ne} v_{ne} \rangle = 4.8 \times 10^{-9} (T/10^2\,\mathrm{K})^{0.68}\,\mathrm{cm^3\,s^{-1}}$ 이다(Draine 2011).

3. 전자와 이온의 충돌: 전자는 이온과 충돌하며 재결합하거나 이온의 에너지 상태를 변화시킬 수 있기 때문에 이들의 충돌은 일반적으로 비탄성 충돌이다. 전자와의 충돌에 의한 이온의 $u \to l$ 로의 탈들뜸 충돌률계수는

$$\langle \sigma v \rangle_{u \to l} = \frac{8.63 \times 10^{-6} \Omega_{ul}(T)}{g_u T^{1/2}}\,\mathrm{cm^3\,s^{-1}} \tag{20.14}$$

인데, 여기서 Ω_{ul} 은 충돌세기이고 g_u 는 상위 에너지 준위의 통계가중치이다(식 9.82 참고).

4. 중성 입자 간 충돌: 두 중성 입자 사이에 유발된 반데르발스(van der Waals) 힘이 매우 약하므로 중성 입자 간 충돌 단면적을 기하학적 충돌 단면적으로 근사할 수 있다. 반경이 R_1, R_2 인 두 중성 입자 간 충돌률계수는

$$\langle \sigma v \rangle = 1.8 \times 10^{-10} \left(\frac{T}{10^2\,\mathrm{K}} \right)^{1/2} \left(\frac{\mu_{\alpha\beta}}{m_\mathrm{H}} \right)^{-1/2} \left(\frac{R_1 + R_2}{2\text{Å}} \right)^2 \mathrm{cm^3\,s^{-1}} \tag{20.15}$$

이다(Draine 2011).

마찬가지로 전자만으로 구성된 유체의 운동량 방정식은

$$\rho_e \frac{D\mathbf{v}_e}{Dt} = -\boldsymbol{\nabla} P_e - \rho_e \boldsymbol{\nabla}\Phi - en_e\left(\mathbf{E} + \frac{\mathbf{v}_e}{c} \times \mathbf{B}\right) - \mathbf{p}_{en} \tag{20.16}$$

이며, 여기서 $\mathbf{p}_{en}$은 전자가 중성 입자와 충돌하여 잃어버리는 단위 시간당, 단위 부피당 운동량을 뜻한다.

식 (20.9), (20.10), (20.16)에서 P_α는 각 매질의 열적 압력을 나타내며

$$\mathbb{P}_\alpha \equiv \rho_\alpha \langle \mathbf{c}_\alpha \mathbf{c}_\alpha \rangle \tag{20.17}$$

라는 **운동 압력 다이애드**(kinematic pressure dyad)에 대해 $P_\alpha = \frac{1}{3}\mathrm{tr}(\mathbb{P}_\alpha)$로 주어진다(식 12.21 참고). 입자의 무작위 속도가 등방적일 때, $\mathbb{P}_\alpha = P_\alpha \mathbb{I}$이므로 (식 12.22 참고), $\boldsymbol{\nabla} \cdot \mathbb{P}_\alpha = \boldsymbol{\nabla} P_\alpha$이다.

입자 간 충돌이 운동량을 보존한다면

$$\mathbf{p}_{ni} + \mathbf{p}_{in} = 0, \quad \mathbf{p}_{ne} + \mathbf{p}_{en} = 0 \tag{20.18}$$

을 만족한다. 이 경우, 식 (20.9), (20.10), (20.16)에서 충돌에 의한 마찰항은 크기가 같고 부호만 다르다.

식 (20.3)부터 식 (20.8)을 이용하면

$$\sum_\alpha \rho_\alpha \frac{D\mathbf{v}_\alpha}{Dt} = \rho \frac{D\mathbf{v}}{Dt} + \sum_\alpha \boldsymbol{\nabla} \cdot (\rho_\alpha \mathbf{w}_\alpha \mathbf{w}_\alpha) \tag{20.19}$$

임을 보일 수 있다. 여기서

$$\mathbf{w}_\alpha \equiv \mathbf{v}_\alpha - \mathbf{v} \tag{20.20}$$

는 통합 유체의 속도 $\mathbf{v}$에 대한 각 유체의 상대 속도를 나타내며, $\sum_\alpha \rho_\alpha \mathbf{w}_\alpha = 0$, $\langle \mathbf{w}_\alpha \rangle = \mathbf{w}_\alpha$를 만족한다.

통합 유체의 평균 속도 $\mathbf{v}$에 대한 각 입자들의 특이 속도는 $\mathbf{c}_{\alpha 0} \equiv \mathbf{u}_\alpha - \mathbf{v} = \mathbf{c}_\alpha + \mathbf{w}_\alpha$이다. 따라서 식 (12.19)를 일반화하면 통합 유체의 압력이

$$P = \frac{1}{3}\sum_\alpha \rho_\alpha \langle \mathbf{c}_{\alpha 0}^2 \rangle = \sum_\alpha P_\alpha + \frac{1}{3}\sum_\alpha \rho_\alpha \langle \mathbf{w}_\alpha^2 \rangle \tag{20.21}$$

임을 보일 수 있다. 여기서 $\langle \mathbf{c}_\alpha \mathbf{w}_\alpha \rangle = \langle \mathbf{c}_\alpha \rangle \mathbf{w}_\alpha = 0$임을 이용하였다. P_α는 $\mathbf{v}_\alpha$라는 속도로 움직이는 매질의 부분 압력이지만, P는 평균 속도 $\mathbf{v}$에 대한 통합 유체의 압력임에 주의하자. 통합 유체의 운동 압력 다이애드는 $\mathbb{P} \equiv \sum_\alpha \rho_\alpha \langle \mathbf{c}_{\alpha 0} \mathbf{c}_{\alpha 0} \rangle = \sum_\alpha \mathbb{P}_\alpha + \sum_\alpha \rho_\alpha \mathbf{w}_\alpha \mathbf{w}_\alpha$이며, $P = \frac{1}{3}\mathrm{tr}(\mathbb{P})$이다.

식 (20.9), (20.10), (20.16)을 모두 더한 후, 식 (20.18)부터 식 (20.21)을 이용하면 통합 매질의 운동량 방정식으로

$$\rho\frac{D\mathbf{v}}{Dt} = -\boldsymbol{\nabla}P - \rho\boldsymbol{\nabla}\Phi + \frac{1}{c}\mathbf{J}\times\mathbf{B} \tag{20.22}$$

를 얻는다. 여기서 $\mathbf{J}$는

$$\mathbf{J} \equiv Zen_i\mathbf{v}_i - en_e\mathbf{v}_e = en_e(\mathbf{v}_i - \mathbf{v}_e) \tag{20.23}$$

이며 **전류밀도**(current density)라고 부른다. 전하밀도가 $\rho_c = 0$이라고 하더라도 전자와 이온의 속도가 다르므로 $\mathbf{J} \neq 0$이다.

식 (20.22)에서 로런츠 힘

$$\mathbf{F}_L = \frac{1}{c}\mathbf{J}\times\mathbf{B} \tag{20.24}$$

는 전류밀도와 자기장의 결합에 의해 생겨나는 힘이다. 로런츠 힘에서 $\mathbf{E}$에 비례하는 항이 사라진 근본적인 이유는 매질이 전체적으로 중성이기 때문이다.

대부분의 물질이 중성인 상황에서도 식 (20.22)가 성립한다. 전리도가 매우 작은 매질에서 로런츠 힘은 이온과 전자를 중성 입자로부터 분리시키는 한편, 마찰항은 이온과 전자를 중성 입자와 함께 움직이도록 만든다. 이온과 전자가 자기장을 회전하는 주기가 유체의 횡단시간보다 짧을 때, 로런츠 힘 및 마찰항과 비교하여 관성력, 중력 등을 무시할 수 있으므로 식 (20.10)과 식 (20.16)은 각각 근사적으로

$$Zen_i\left(\mathbf{E} + \frac{\mathbf{v}_i}{c}\times\mathbf{B}\right) \approx \mathbf{p}_{in}, \tag{20.25a}$$

$$-en_e\left(\mathbf{E} + \frac{\mathbf{v}_e}{c}\times\mathbf{B}\right) \approx \mathbf{p}_{en} \tag{20.25b}$$

이 된다. 위 두 식을 더하면

$$\mathbf{p}_{ni} + \mathbf{p}_{ne} \approx -\mathbf{F}_L \tag{20.26}$$

을 얻는데, 이 식을 식 (20.9)에 대입하면, 중성 매질이 마치 전하를 띤 유체처럼 로런츠 힘을 받는 것을 알 수 있다. 중성 입자가 이온 또는 전자와의 충돌을 통하여 자기장과 긴밀하게 결합되어 있기 때문이다. 전자가 이온보다 큰 속도를 가지고 있지만 질량이 작기 때문에 식 (20.26)의 좌변에서 $\mathbf{p}_{ni}$ 항이 우세하다 ($|\mathbf{p}_{ni}|/|\mathbf{p}_{ne}| \sim (\mu_{ni}/m_e)^{1/2} \gg 1$).

20.4 옴의 법칙

전자와 이온은 각기 다른 로런츠 힘을 받기 때문에 서로 다른 속도로 움직이지만 그 속도 차이가 매우 작아야 한다. 그렇지 않다면 이온과 전자가 공간적으로 분리되므로 매질이 중성이라는 가정에 위배된다. 또한, 전자와 이온의 상대 속도가 너무 커지면 중성 입자와 충돌하며 운동량을 교환함으로써 상대 속도가 빨리 줄어든다. 로런츠 힘에 의한 가속과 충돌에 의한 감속 사이의 균형 조건은 식 (20.25)로 주어진다.

식 (20.25b)와 식 (20.11)을 결합하면, 전자에 대한 힘의 균형 조건은

$$\mathbf{E} + \frac{\mathbf{v}_e}{c} \times \mathbf{B} + \frac{m_e \nu_{en}}{e}(\mathbf{v}_e - \mathbf{v}_n) = 0 \tag{20.27}$$

이 된다. 여기서 $\mu_{en} \simeq m_e$를 택하였으며, ν_{en}은 중성 입자와 전자의 단위 시간당 충돌 횟수를 나타낸다.

식 (20.23)을 이용하여 위 식을 정리하면

$$\mathbf{J} = \sigma_{\text{cond}} \left(\mathbf{E} + \frac{\mathbf{v}_e}{c} \times \mathbf{B} \right) + e n_e (\mathbf{v}_i - \mathbf{v}_n) \tag{20.28}$$

을 얻는다. 여기서

$$\sigma_{\text{cond}} = \frac{n_e e^2}{m_e \nu_{en}} \tag{20.29}$$

은 유체의 **전기 전도도**(electrical conductivity)이다. $\mathbf{J}$를 $\mathbf{E}$와 연결시키는 식 (20.28)을 **옴의 법칙**(Ohm's law)이라고 한다.

앞에서 언급했듯이, 중성 매질, 이온 매질, 전자 매질은 비슷한 속도로 움직인다. 이온화도가 매우 작은 분자구름에서는 이온 매질이 중성 매질로부터 분리되는 **양극성 확산**(ambipolar diffusion)이 발생하는데, 이 과정에서는 $\mathbf{v}_n \neq \mathbf{v}_i$인 사실이 중요하다. 한편, 원시행성 원반이나 왜소신성(dwarf nova) 주변의 유입원반과 같이 밀도가 매우 높은 매질에서는 전자와 이온의 속도 차이에 기반한 **홀 효과**(Hall effect)가 중요할 수 있다(Balbus and Terquem 2001). 하지만 이러한 극단적인 경우를 제외한 대부분의 매질에서는 $\mathbf{v} \simeq \mathbf{v}_n \simeq \mathbf{v}_e \simeq \mathbf{v}_i$가 좋은 근사이다. 양극성 확산과 홀 효과 등을 무시한 상황에서 옴의 법칙은

$$\mathbf{E} = -\frac{\mathbf{v}}{c} \times \mathbf{B} + \frac{\mathbf{J}}{\sigma_{\text{cond}}} \tag{20.30}$$

로 간단하게 변한다.[2]

중성 입자와 전자, 이온 간 충돌이 거의 없는 매질에서는 전하를 띤 입자가

2) $v/c \ll 1$인 로런츠 변환을 적용하여(부록) 식 (20.30)을 유체의 정지 좌표계로 전환시키면 $\mathbf{J}' = \sigma_{\text{cond}} \mathbf{E}'$, 즉 통상적인 옴의 법칙을 얻는다.

자기장 주변을 회전하며 자기장과 긴밀하게 연결되어 있다. 이러한 매질에서는 ν_{en}이 매우 작으므로 전기 전도도가 매우 크다. 극단적으로 $\sigma_{\text{cond}} \to \infty$인 상황에서는 전기장과 자기장이

$$\mathbf{E} = -\frac{\mathbf{v}}{c} \times \mathbf{B} \tag{20.31}$$

라는 관계를 만족해야 한다. 식 (20.31)이 성립하지 않으면 전자가 로런츠 힘에 의해 매우 빠른 속도로 가속되므로 매질이 전기적으로 중성이라는 조건에 위배된다.

20.5 J와 B의 관계식

운동량 방정식(식 20.22)을 사용하기 위해서는 전류밀도 $\mathbf{J}$를 자기장 $\mathbf{B}$의 함수로 나타내야 한다. 이를 위해 맥스웰 방정식

$$\nabla \cdot \mathbf{E} = 4\pi\rho_c = 0, \tag{20.32a}$$

$$\nabla \cdot \mathbf{B} = 0, \tag{20.32b}$$

$$\nabla \times \mathbf{E} = -\frac{1}{c}\frac{\partial \mathbf{B}}{\partial t}, \tag{20.32c}$$

$$\nabla \times \mathbf{B} = \frac{4\pi}{c}\mathbf{J} + \frac{1}{c}\frac{\partial \mathbf{E}}{\partial t} \tag{20.32d}$$

를 생각해 보자. 식 (20.32a)는 전하밀도 ρ_c에 의해 생성되는 전기장에 대한 가우스 법칙이고, 식 (20.32b)는 자기 홀극(magnetic monopole)이 없음을 보여 주는 자기장에 대한 가우스 법칙이다. 식 (20.32c)는 시간에 대한 자기장의 변화에 의해 전기장이 유도된다는 패러데이의 유도 법칙이며, 식 (20.32d)는 전류밀도 및 변위전류($\partial\mathbf{E}/\partial t$)가 자기장을 생성한다는 앙페르-맥스웰의 회로 법칙이다.

매우 느리게 움직이는 비상대론적 유체에 대하여, 식 (20.31)로부터 전기장과 자기장의 상대적인 크기가 대략 $|\mathbf{E}|/|\mathbf{B}| \sim v/c$임을 알 수 있다. 이를 이용하여 식 (20.32d)에서 좌변과 우변 둘째 항의 크기를 비교해 보자. 전기장과 자기장이 변하는 길이척도를 L, 시간척도를 L/v이라고 하면, 식 (20.32d)에서 변위전류항의 크기는

$$\frac{1}{c}\left|\frac{\partial \mathbf{E}}{\partial t}\right| \sim \frac{vE}{cL} \sim \left(\frac{v}{c}\right)^2 \frac{B}{L} \sim \left(\frac{v}{c}\right)^2 |\nabla \times \mathbf{B}| \ll |\nabla \times \mathbf{B}| \tag{20.33}$$

이므로, 좌변에 비해 매우 작음을 알 수 있다. 따라서 느리게 움직이는 유체에 대하여,

$$\mathbf{J} = \frac{c}{4\pi}\nabla \times \mathbf{B} \tag{20.34}$$

라는 관계가 성립한다. 식 (20.34)를 식 (20.22)에 대입하면 자기유체역학의 운동

량 방정식

$$\rho \frac{D\mathbf{v}}{Dt} = -\boldsymbol{\nabla} P + \frac{1}{4\pi}(\boldsymbol{\nabla} \times \mathbf{B}) \times \mathbf{B} - \rho \boldsymbol{\nabla} \Phi \tag{20.35}$$

를 얻는다.

20.6 유도 방정식

마지막으로 자기장의 시간에 대한 변화를 기술하는 방정식이 필요하다. 식 (20.34)를 식 (20.30)에 대입하면

$$c\mathbf{E} = -\mathbf{v} \times \mathbf{B} + \eta \boldsymbol{\nabla} \times \mathbf{B} \tag{20.36}$$

를 얻는다. 여기서 η는

$$\eta \equiv \frac{c^2}{4\pi\sigma_{\rm cond}} \approx 2 \times 10^4 \left(\frac{n}{n_e}\right) \left(\frac{T}{10^4\ \rm K}\right)^{1/2}\ \rm cm^2\ s^{-1} \tag{20.37}$$

이며 **자기확산도**(magnetic diffusivity)라고 부른다.

식 (20.36)을 식 (20.32c)에 대입하면

$$\frac{\partial \mathbf{B}}{\partial t} = \boldsymbol{\nabla} \times (\mathbf{v} \times \mathbf{B}) - \boldsymbol{\nabla} \times (\eta \boldsymbol{\nabla} \times \mathbf{B}) \tag{20.38}$$

를 얻는다. 한편, 벡터 항등식

$$\boldsymbol{\nabla} \times (\boldsymbol{\nabla} \times \mathbf{B}) = \boldsymbol{\nabla}(\boldsymbol{\nabla} \cdot \mathbf{B}) - \boldsymbol{\nabla}^2 \mathbf{B} \tag{20.39}$$

와 식 (20.32b)를 이용하면, 식 (20.38)은

$$\frac{\partial \mathbf{B}}{\partial t} = \boldsymbol{\nabla} \times (\mathbf{v} \times \mathbf{B}) + \eta \boldsymbol{\nabla}^2 \mathbf{B} \tag{20.40}$$

가 된다. 이 식을 자기장의 **유도 방정식**(induction equation)이라고 부른다.

식 (20.40)의 우변 둘째 항은 자기장을 유체 속으로 확산하게 만든다. 자기장이 거리 L에 걸쳐 퍼지는 데 걸리는 확산 시간은

$$\tau_{\rm m} = L^2/\eta \tag{20.41}$$

으로 주어지는데, 대부분의 천체에서 매우 큰 값을 갖고 있다. 예를 들어, $T = 10^4\ \rm K$이고 $n/n_e = 10^6$, $L \sim 1\ \rm pc$인 성간물질의 경우 $\tau_{\rm m} \sim 10^{26}\ \rm s$여서 자기장의 확산 시간이 매우 길다. 따라서 대부분의 천문학적 상황에서 $\eta \to 0$으로 택할

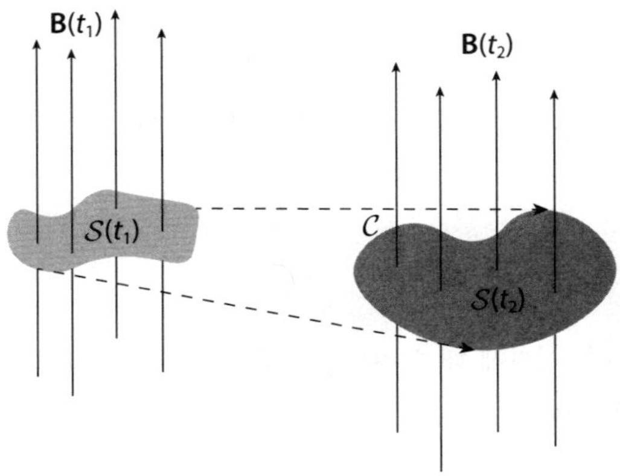

그림 20.1 물질에 얼어붙은 자기장의 선속 보존

수 있으며, 이것을 **이상자기유체역학**(ideal MHD) 근사라고 한다. 이 경우, 식 (20.40)은

$$\frac{\partial \mathbf{B}}{\partial t} = \boldsymbol{\nabla} \times (\mathbf{v} \times \mathbf{B}) \tag{20.42}$$

가 된다.

식 (20.42)는 자기장이 물질에 얼어붙어(frozen-in) 물질과 함께 움직인다는 매우 중요한 의미를 갖고 있다. 이를 증명하기 위하여 그림 20.1과 같이 폐곡선 $\mathcal{C}$에 둘러싸인 면적 $\mathcal{S}$를 생각하고, $\mathcal{S}$를 통과하는 **자기선속**(magnetic flux) Φ_B를

$$\Phi_B(t) = \int_{\mathcal{S}(t)} \mathbf{B} \cdot d\mathbf{S} \tag{20.43}$$

와 같이 정의하자.

자기선속의 시간에 대한 변화는 자기장과 면적의 시간에 따른 변화에 의해 발생한다. 13.5절에서 다룬 켈빈의 순환 정리에서처럼 면적소 $d\mathbf{S}$와 길이소 $d\mathbf{l}$ 사이에는

$$d\mathbf{S} = \mathbf{v}dt \times d\mathbf{l} \tag{20.44}$$

의 관계가 있다. 따라서 (라그랑주 관점에서) Φ_B의 시간에 대한 변화는

$$\frac{d\Phi_B}{dt} = \int_{\mathcal{S}} \frac{\partial \mathbf{B}}{\partial t} \cdot d\mathbf{S} + \oint_{\mathcal{C}} \mathbf{B} \cdot (\mathbf{v} \times d\mathbf{l}) \tag{20.45a}$$

$$= \int_{\mathcal{S}} \frac{\partial \mathbf{B}}{\partial t} \cdot d\mathbf{S} + \oint_{\mathcal{C}} (\mathbf{B} \times \mathbf{v}) \cdot d\mathbf{l} \tag{20.45b}$$

$$= \int_{\mathcal{S}} \left[\frac{\partial \mathbf{B}}{\partial t} - \boldsymbol{\nabla} \times (\mathbf{v} \times \mathbf{B}) \right] \cdot d\mathbf{S} = 0 \tag{20.45c}$$

이 된다. 여기서 스톡스 정리 및 식 (20.42)를 이용하였다. 식 (20.45c)는 자화된 유체의 자기선속이 시간에 따라 변하지 않음을 의미하는데, 이를 알펜(Alfvén)의 **선속동결정리**(flux freezing theorem)라고 한다.

선속동결정리는 순압성 기체에 대해 소용돌이 $\boldsymbol{\omega}$가

$$\frac{\partial \boldsymbol{\omega}}{\partial t} = \boldsymbol{\nabla} \times (\mathbf{v} \times \boldsymbol{\omega}) \tag{20.46}$$

를 만족하며, 순환 $\Gamma = \oint_S \boldsymbol{\omega} \cdot d\mathbf{S}$가 보존된다는 것과 수학적인 구조가 똑같다. 자기력선이 물질에 얼어붙었듯이, 소용돌이 또한 물질에 얼어붙어 물질과 함께 움직인다. 그러나 소용돌이는 $\boldsymbol{\omega} = \boldsymbol{\nabla} \times \mathbf{v}$를 통해 속도장으로부터 직접 계산되는 양이지만, 자기장과 속도장은 서로 독립적인 물리량이라는 차이가 있다.

벡터 항등식

$$\boldsymbol{\nabla} \times (\mathbf{v} \times \mathbf{B}) = \boldsymbol{\nabla} \cdot (\mathbf{B}\mathbf{v} - \mathbf{v}\mathbf{B}) \tag{20.47a}$$

$$= \mathbf{v}(\boldsymbol{\nabla} \cdot \mathbf{B}) + (\mathbf{B} \cdot \boldsymbol{\nabla})\mathbf{v} - \mathbf{B}(\boldsymbol{\nabla} \cdot \mathbf{v}) - (\mathbf{v} \cdot \boldsymbol{\nabla})\mathbf{B} \tag{20.47b}$$

와 식 (20.32b)를 이용하면, 식 (20.42)는

$$\frac{D\mathbf{B}}{Dt} = (\mathbf{B} \cdot \boldsymbol{\nabla})\mathbf{v} - \mathbf{B}(\boldsymbol{\nabla} \cdot \mathbf{v}) \tag{20.48}$$

로도 표현된다.

20.7 총에너지 방정식

식 (20.35)의 양변을 $\mathbf{v}$로 내적하면

$$\rho \mathbf{v} \cdot \frac{D\mathbf{v}}{Dt} = -\mathbf{v} \cdot \boldsymbol{\nabla} P + \frac{\mathbf{v}}{4\pi} \cdot (\boldsymbol{\nabla} \times \mathbf{B}) \times \mathbf{B} - \rho \mathbf{v} \cdot \boldsymbol{\nabla} \Phi \tag{20.49}$$

가 된다. 이 식의 좌변을 정리하면

$$\rho \mathbf{v} \cdot \frac{D\mathbf{v}}{Dt} = \rho \mathbf{v} \cdot \left(\frac{\partial}{\partial t} + \mathbf{v} \cdot \boldsymbol{\nabla} \right) \mathbf{v} \tag{20.50a}$$

$$= \frac{\partial}{\partial t}\left(\frac{1}{2}\rho v^2\right) - \frac{v^2}{2}\frac{\partial \rho}{\partial t} + \frac{\rho}{2}\mathbf{v} \cdot \boldsymbol{\nabla} v^2 \tag{20.50b}$$

$$= \frac{\partial}{\partial t}\left(\frac{1}{2}\rho v^2\right) + \boldsymbol{\nabla} \cdot \left(\frac{1}{2}\rho v^2 \mathbf{v}\right) \tag{20.50c}$$

를 얻는다. 위 식의 마지막 등호에서 식 (20.7)을 이용하였다.

식 (20.49)의 우변 첫째 항을 처리하기 위해 유체가 단열 상태방정식을 따른

다고 가정하자. 이 경우 유체의 압력과 밀도는

$$\frac{DP}{Dt} = \gamma \frac{P}{\rho}\frac{D\rho}{Dt} = -\gamma P \nabla \cdot \mathbf{v} = -\gamma \nabla \cdot (P\mathbf{v}) + \gamma \mathbf{v} \cdot \nabla P \tag{20.51}$$

를 만족하므로,

$$\mathbf{v} \cdot \nabla P = \frac{1}{\gamma - 1}\frac{\partial P}{\partial t} + \frac{\gamma}{\gamma - 1}\nabla \cdot (P\mathbf{v}) \tag{20.52}$$

를 얻는다.

한편, 식 (20.31)을 이용하여 식 (20.49)의 우변 둘째 항을 간단히 하면

$$\frac{1}{4\pi}\mathbf{v} \cdot (\nabla \times \mathbf{B}) \times \mathbf{B} = -\frac{1}{4\pi}(\mathbf{v} \times \mathbf{B}) \cdot (\nabla \times \mathbf{B}) \tag{20.53a}$$

$$= \frac{c}{4\pi}\mathbf{E} \cdot (\nabla \times \mathbf{B}) = \mathbf{E} \cdot \mathbf{J} \tag{20.53b}$$

가 되어 **줄 가열**(Joule heating)을 나타낸다. 나아가, 벡터 항등식

$$\nabla \cdot (\mathbf{E} \times \mathbf{B}) = \mathbf{B} \cdot (\nabla \times \mathbf{E}) - \mathbf{E} \cdot (\nabla \times \mathbf{B}) \tag{20.54}$$

와 식 (20.32c)를 이용하면, 식 (20.53b)는

$$\frac{1}{4\pi}\mathbf{v} \cdot (\nabla \times \mathbf{B}) \times \mathbf{B} = -\frac{1}{8\pi}\frac{\partial B^2}{\partial t} - \frac{c}{4\pi}\nabla \cdot (\mathbf{E} \times \mathbf{B}) \tag{20.55}$$

로 변한다.

마지막으로 식 (20.50c), (20.52), (20.55)를 식 (20.49)에 대입하고 정리하면 총에너지 보존식으로

$$\frac{\partial E}{\partial t} + \nabla \cdot \mathbf{F} = -\rho \mathbf{v} \cdot \nabla \Phi \tag{20.56}$$

를 얻는다. 여기서 총에너지 밀도 E와 총에너지 플럭스 $\mathbf{F}$는 각각

$$E \equiv \frac{1}{2}\rho v^2 + \frac{P}{\gamma - 1} + \frac{B^2}{8\pi} \tag{20.57}$$

과

$$\mathbf{F} \equiv \frac{1}{2}\rho v^2 \mathbf{v} + \frac{P\mathbf{v}}{\gamma - 1} + P\mathbf{v} + \frac{c}{4\pi}\mathbf{E} \times \mathbf{B} \tag{20.58}$$

로 정의되는 양이다. 식 (20.57)의 우변은 앞에서부터 유체의 운동 에너지 밀도, 내부 에너지 밀도, 자기 에너지 밀도를 나타내며, 식 (20.58)의 우변은 앞에서부터 운동 에너지 플럭스, 내부 에너지 플럭스, 압력이 유체에 한 일, 포인팅(Poynting) 플럭스를 나타낸다.

20.8 로런츠 힘

자기유체역학과 유체역학의 결정적인 차이는 로런츠 힘의 유무이다. 전류밀도가 $\mathbf{J}$인 유체가 받는 로런츠 힘은

$$\mathbf{F}_L = \frac{1}{c}\mathbf{J} \times \mathbf{B} = \frac{1}{4\pi}(\boldsymbol{\nabla} \times \mathbf{B}) \times \mathbf{B} \tag{20.59}$$

인데, 벡터 항등식

$$(\boldsymbol{\nabla} \times \mathbf{B}) \times \mathbf{B} = \mathbf{B} \cdot \boldsymbol{\nabla}\mathbf{B} - \frac{1}{2}\boldsymbol{\nabla} B^2 \tag{20.60}$$

을 이용하면

$$\mathbf{F}_L = \frac{1}{4\pi}\mathbf{B} \cdot \boldsymbol{\nabla}\mathbf{B} - \boldsymbol{\nabla}\left(\frac{B^2}{8\pi}\right) \tag{20.61}$$

이 된다. 여기서

$$P_{\rm mag} = \frac{B^2}{8\pi} \tag{20.62}$$

을 **자기압력**(magnetic pressure)이라고 한다. 자기압력은 식 (20.57)에서 나타난 자기 에너지 밀도와 같다.[3]

식 (20.61)을

$$\mathbf{F}_L = -\boldsymbol{\nabla} \cdot \mathbb{T}_M \tag{20.63}$$

으로도 표현할 수 있는데, 여기서 $\mathbb{T}_M$은

$$\mathbb{T}_M \equiv \frac{B^2}{8\pi}\mathbb{I} - \frac{\mathbf{BB}}{4\pi} \tag{20.64}$$

로 정의되는 **맥스웰 변형력 텐서**(Maxwell stress tensor)이다. 직각 좌표계에서 맥스웰 변형력 텐서를 표시하면

$$\mathbb{T}_M = \frac{1}{8\pi}\begin{pmatrix} B_y^2 + B_z^2 - B_x^2 & -2B_xB_y & -2B_xB_z \\ -2B_xB_y & B_x^2 + B_z^2 - B_y^2 & -2B_yB_z \\ -2B_xB_z & -2B_yB_z & B_x^2 + B_y^2 - B_z^2 \end{pmatrix} \tag{20.65}$$

이다. 식 (20.64)에서 $\mathbf{BB}/(4\pi)$를 **후프 변형력 텐서**(hoop stress tensor)라고 하며, 자화된 회전 원반에서 각운동량 전달에 중요한 역할을 한다.

식 (20.61)의 첫째 항은 **자기장력**(magnetic tension)이며, 둘째 항은 자기압 경도력이다. 그림 20.2와 같이 자기장 $\mathbf{B} = B\hat{\mathbf{s}}$가 굽어 있는 경우를 생각해 보자. 단위 벡터 $\hat{\mathbf{s}}$와 $\hat{\mathbf{n}}$은 각각 자기장에 평행한 방향과 수직인 방향을 나

3) 이상기체의 내부 에너지 밀도와 압력 사이에 $\mathcal{E} = P/(\gamma - 1)$의 관계가 있으므로 자기장은 $\gamma = 2$인 경우에 해당한다.

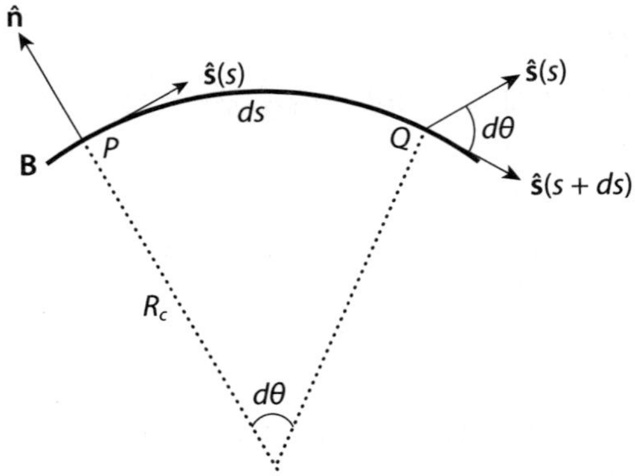

그림 20.2 굽은 자기장이 미치는 로런츠 힘에 대한 기하학적 해석

타낸다. 굽은 자기력선 위의 두 점 P, Q를 연결하는 호의 길이를 ds라고 하고 점 P, 점 Q와 곡률 중심이 만드는 부채꼴의 각도를 $d\theta$라고 하면, 자기력선의 곡률 반경은 $R_c = ds/d\theta$이다. 충분히 작은 $d\theta$에 대해 $d\hat{\mathbf{s}} = -\hat{\mathbf{n}}d\theta$이므로 $d\hat{\mathbf{s}}/ds = -\hat{\mathbf{n}}d\theta/ds = -\hat{\mathbf{n}}/R_c$이다. 따라서 자기장력은

$$\frac{1}{4\pi}\mathbf{B}\cdot\nabla\mathbf{B} = \frac{B}{4\pi}\frac{d(B\hat{\mathbf{s}})}{ds} = \frac{d}{ds}\left(\frac{B^2}{8\pi}\right)\hat{\mathbf{s}} - \frac{B^2}{4\pi}\frac{\hat{\mathbf{n}}}{R_c} \tag{20.66}$$

이고, 자기압 경도력은

$$-\nabla\left(\frac{B^2}{8\pi}\right) = -\frac{d}{ds}\left(\frac{B^2}{8\pi}\right)\hat{\mathbf{s}} - \frac{d}{dn}\left(\frac{B^2}{8\pi}\right)\hat{\mathbf{n}} \tag{20.67}$$

이다.

식 (20.66)과 식 (20.67)을 더하면 $\mathbf{F}_L$의 $\hat{\mathbf{s}}$ 방향 성분은 서로 상쇄되므로, 로런츠 힘은 국부 자기장의 수직 방향으로만 작용함을 알 수 있다. 자기장력은 굽은(즉, $R_c \neq \infty$인) 자기장이 곧게 펴지도록 만드는 힘이며, 굽은 정도가 클수록(즉, R_c가 작을수록) 자기장력이 크다. 반면, 자기압 경도력은 비균일한 자기장을 공간적으로 퍼뜨리려는 힘이며 자기장의 수직 방향으로 자기압력이 균일해지도록 만든다.

20.9 요약

이상자기유체역학의 기본 방정식을 요약하면 다음과 같다:

$$\frac{\partial\rho}{\partial t} + \nabla\cdot(\rho\mathbf{v}) = 0, \tag{20.68}$$

$$\rho\left(\frac{\partial\mathbf{v}}{\partial t} + \mathbf{v}\cdot\nabla\mathbf{v}\right) = -\nabla P + \frac{1}{4\pi}(\nabla\times\mathbf{B})\times\mathbf{B} - \rho\nabla\Phi, \tag{20.69}$$

$$\frac{\partial \mathbf{B}}{\partial t} = \boldsymbol{\nabla} \times (\mathbf{v} \times \mathbf{B}), \tag{20.70}$$

$$\boldsymbol{\nabla} \cdot \mathbf{B} = 0. \tag{20.71}$$

운동량 방정식과 (단열 상태의) 에너지 방정식을 보존식의 형태로 나타내면

$$\frac{\partial}{\partial t}(\rho \mathbf{v}) + \boldsymbol{\nabla} \cdot \left[\rho \mathbf{v}\mathbf{v} + \left(P + \frac{B^2}{8\pi}\right)\mathbb{I} - \frac{\mathbf{B}\mathbf{B}}{4\pi}\right] = -\rho \boldsymbol{\nabla} \Phi \tag{20.72}$$

와

$$\begin{aligned} &\frac{\partial}{\partial t}\left(\frac{1}{2}\rho v^2 + \frac{P}{\gamma - 1} + \frac{B^2}{8\pi}\right) \\ &\quad + \boldsymbol{\nabla} \cdot \left[\left(\frac{1}{2}\rho v^2 + \frac{\gamma}{\gamma - 1}P\right)\mathbf{v} + \frac{1}{4\pi}(\mathbf{B} \times \mathbf{v}) \times \mathbf{B}\right] = -\rho \mathbf{v} \cdot \boldsymbol{\nabla} \Phi \end{aligned} \tag{20.73}$$

가 된다.

위 식을 풀기 위해서는 유체의 상태방정식과 중력 퍼텐셜에 대한 푸아송 방정식이 필요하다. 기본 방정식에서 자기장이 포함된 항은 본질적으로 비선형이다. 주어진 속도장 아래에서 식 (20.70)은 자기장에 대해 선형이지만, 충분히 강한 자기장은 속도장을 변형시키므로 이 또한 비선형 방정식이다. 이러한 자기장의 비선형 항은 보다 본질적인 비선형 이류항($\mathbf{v} \cdot \boldsymbol{\nabla} \mathbf{v}$)과 더불어 자연현상을 더욱 다양하고 복잡하게 만든다.

제21장 자기유체역학 파동

자화되지 않은 유체에 음파라는 기본적인 파동이 있듯이, 자화된 유체에도 자기장과 관련된 여러 종류의 파동이 있다. 이 장에서는 자화된 유체에 존재하는 파동의 물리적 특성을 선형 분석을 통해 알아보자.

21.1 알펜파

고무줄과 같이 탄성력을 가진 줄을 진동시키면 줄을 따라 전파해 가는 파동을 관찰할 수 있다. 이러한 파동은 줄의 진동 방향과 파동의 진행 방향이 서로 수직인 횡파인데, 이는 줄의 장력이 복원력으로 작용한 결과이다. 이와 마찬가지로 자화된 매질에서도 자기장력에 의해 전파하는 파동이 존재하는데, 이를 발견자의 이름을 따서 **알펜파**(Alfvén wave)라고 부른다. 알펜파는 음파와 달리 비압축성 파동이며, 오로지 자기장력에 의한 복원력을 통해 전파하는 횡파이다.

알펜파의 특성을 알아보기 위해 밀도가 ρ_0 이고 자기장이 $\mathbf{B}_0 = B_0\hat{\mathbf{s}}$ 인 균일한 매질을 생각해 보자. 매질의 중력은 고려하지 않는다. 이 매질은 초기에 정지해 있다. 이러한 균일 매질에 가해진 작은 크기의 비압축성 섭동을 생각해 보자. 속도의 섭동과 자기장의 섭동을 각각 $\mathbf{v}_1$ 과 $\mathbf{B}_1$ 으로 나타내고 식 (20.68)부터 식 (20.71)을 선형화하면

$$\nabla \cdot \mathbf{v}_1 = 0, \tag{21.1}$$

$$\rho_0 \frac{\partial \mathbf{v}_1}{\partial t} = \frac{1}{4\pi}(\nabla \times \mathbf{B}_1) \times \mathbf{B}_0, \tag{21.2}$$

$$\frac{\partial \mathbf{B}_1}{\partial t} = \nabla \times (\mathbf{v}_1 \times \mathbf{B}_0), \tag{21.3}$$

$$\nabla \cdot \mathbf{B}_1 = 0 \tag{21.4}$$

을 얻는다.

섭동이 공간과 시간에 대해

$$\mathbf{v}_1, \mathbf{B}_1 \propto \exp[i(\mathbf{k} \cdot \mathbf{x} - \omega t)] \tag{21.5}$$

와 같이 평면파로 기술된다고 가정하자. 식 (21.5)를 식 (21.1)부터 식 (21.4)에

대입하면

$$\mathbf{k}\cdot\mathbf{v}_1 = \mathbf{k}\cdot\mathbf{B}_1 = 0, \tag{21.6}$$

$$-4\pi\rho_0\omega\mathbf{v}_1 = (\mathbf{k}\times\mathbf{B}_1)\times\mathbf{B}_0, \tag{21.7}$$

$$-\omega\mathbf{B}_1 = \mathbf{k}\times(\mathbf{v}_1\times\mathbf{B}_0) \tag{21.8}$$

를 얻는다. 식 (21.6)에서 파동의 전파 방향($\mathbf{k}$)과 파동의 진동 방향($\mathbf{v}_1$)이 서로 수직이므로 알펜파는 횡파이다. 식 (21.7)에서 $\mathbf{v}_1$이 $\mathbf{B}_0$에도 수직임을 알 수 있다.

벡터 항등식

$$\mathbf{A}\times(\mathbf{B}\times\mathbf{C}) = (\mathbf{A}\cdot\mathbf{C})\mathbf{B} - (\mathbf{A}\cdot\mathbf{B})\mathbf{C} \tag{21.9}$$

를 이용하면, 식 (21.7)과 식 (21.8)은

$$-4\pi\rho_0\omega\mathbf{v}_1 = \mathbf{B}_1(\mathbf{B}_0\cdot\mathbf{k}) - \mathbf{k}(\mathbf{B}_1\cdot\mathbf{B}_0), \tag{21.10a}$$

$$-\omega\mathbf{B}_1 = (\mathbf{B}_0\cdot\mathbf{k})\mathbf{v}_1 \tag{21.10b}$$

이 된다. 식 (21.7)과 식 (21.10b)로부터

$$\mathbf{v}_1 \parallel \mathbf{B}_1, \qquad \mathbf{B}_0\cdot\mathbf{v}_1 = \mathbf{B}_1\cdot\mathbf{B}_0 = 0 \tag{21.11}$$

임을 알 수 있다. 따라서 식 (21.10a)의 우변 둘째 항은 0이 된다.

로런츠 힘의 섭동은

$$\mathbf{F}_{L,1} = \frac{1}{4\pi}(\mathbf{B}_0\cdot\boldsymbol{\nabla})\mathbf{B}_1 - \frac{1}{4\pi}\boldsymbol{\nabla}(\mathbf{B}_1\cdot\mathbf{B}_0) = \frac{1}{4\pi}(\mathbf{B}_0\cdot\boldsymbol{\nabla})\mathbf{B}_1 \tag{21.12}$$

이므로 알펜파의 복원력은 전적으로 자기장력에 기인한다.

식 (21.10)에서 $\mathbf{v}_1$과 $\mathbf{B}_1$을 소거하면 알펜파의 분산 관계식으로

$$\omega^2 = \frac{(\mathbf{B}_0\cdot\mathbf{k})^2}{4\pi\rho_0} = (\mathbf{v}_\mathrm{A}\cdot\mathbf{k})^2 = v_\mathrm{A}^2k^2\cos^2\theta \tag{21.13}$$

를 얻는다.[4] 여기서

$$\mathbf{v}_\mathrm{A} = \frac{\mathbf{B}_0}{(4\pi\rho_0)^{1/2}} \tag{21.14}$$

는 **알펜 속도**(Alfvén velocity)이며, θ는 $\mathbf{k}$와 $\mathbf{B}_0$ 사이의 각도를 나타낸다.

4) 이러한 파동을 **엇갈린 알펜파**(shear Alfvén wave)라고도 부른다. 가위로 종이를 자를 때 가윗날이 위아래로 엇갈린 운동을 하는 것처럼, 알펜파가 자기장의 수직 방향으로 엇갈려 진동하면서 자기장을 따라 전파해 가기 때문이다.

식 (21.10b)로부터 자기장의 섭동은

$$\mathbf{B}_1 = -\frac{(\mathbf{B}_0 \cdot \mathbf{k})}{\omega}\mathbf{v}_1 \tag{21.15}$$

으로 주어지므로, 알펜파는 다음 조건

$$\frac{B_1^2}{8\pi} = \frac{1}{2}\rho v_1^2, \tag{21.16}$$

즉 자기 에너지와 운동 에너지가 같다는 에너지 등분배 법칙을 만족한다.

알펜파의 위상속도는

$$\mathbf{c}_p = \frac{\omega}{k}\hat{\mathbf{k}} = v_\mathrm{A}\cos\theta\,\hat{\mathbf{k}} \tag{21.17}$$

이며, 군속도는

$$\mathbf{c}_g = \boldsymbol{\nabla}_\mathbf{k}\omega = \mathbf{v}_\mathrm{A} \tag{21.18}$$

로 초기 자기장의 방향과 나란하다. 파의 진행 방향에 따른 알펜파의 위상속도 크기를 그림 21.1(a)에 나타내었다. 초기 자기장은 수직 방향으로 놓여 있으며, 점 O에서 점 P 방향으로 전파하는 알펜파의 위상속도는 벡터 $\overrightarrow{OP}$의 크기에 비례한다.

알펜파는 초기 자기장 방향($\theta = 0$)으로 진행할 때 가장 빨리 전파하며, 수

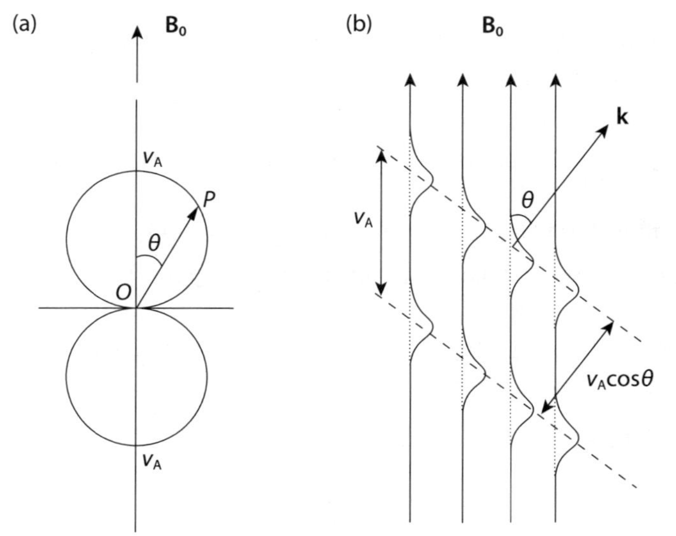

그림 21.1 (a) 파의 전파 방향에 따른 알펜파의 위상속도와 (b) 자기장의 방향과 파의 진행 방향. 각 섭동은 자기장을 따라 v_A라는 속도로 이동하지만, 자기장으로부터 θ만큼 기울어진 방향으로 전파하는 파동의 위상속도는 $v_\mathrm{A}\cos\theta$이다.

직 방향($\theta = \pi/2$)으로는 전파하지 못한다. 마치 팽팽하게 당겨진 줄에 가해진 섭동이 줄을 따라 이동해 가듯이, 자기장에 가해진 섭동은 그 자기장을 따라 알펜 속도로 이동해 간다. 파면이 그림 21.1(b)의 파선과 같이 정렬된 파동은 초기 자기장으로부터 θ만큼 기울어진 방향으로 전파하는데, 이러한 파동의 전파속도는 $c_p = v_{\rm A}\cos\theta$로 주어진다. 그럼에도 불구하고, 파동 에너지는 알펜 속도로 자기장을 따라 전달된다(식 21.18).

21.2 빠른/느린 자기유체파

유체의 온도가 높을 때는 운동량 방정식에서 압력항을 무시할 수 없다. 기체의 열적 압력과 자기장을 동시에 고려하면 알펜파 외에 2개의 서로운 파동이 추가된다.

앞에서와 마찬가지로 균일 밀도 ρ_0, 균일 자기장 $\mathbf{B}_0 = B_0\hat{\mathbf{s}}$를 갖고 있는 매질을 생각해 보자. 매질은 초기에 정지해 있으며, 단열 상태방정식을 따른다고 가정한다. 이 매질에 가해진 작은 크기의 섭동을 아래 첨자 '1'로 표기하고, 식 (20.68)부터 식 (20.70)과 단열 상태방정식을 선형화하면

$$\frac{\partial \rho_1}{\partial t} = -\rho_0 \boldsymbol{\nabla}\cdot\mathbf{v}_1, \tag{21.19}$$

$$\rho_0\frac{\partial \mathbf{v}_1}{\partial t} = -\boldsymbol{\nabla}P_1 + \frac{1}{4\pi}(\boldsymbol{\nabla}\times\mathbf{B}_1)\times\mathbf{B}_0, \tag{21.20}$$

$$\frac{\partial \mathbf{B}_1}{\partial t} = \boldsymbol{\nabla}\times(\mathbf{v}_1\times\mathbf{B}_0), \tag{21.21}$$

$$P_1 = a^2\rho_1 \tag{21.22}$$

을 얻는다. 여기서 $a \equiv (\gamma P_0/\rho_0)^{1/2}$은 유체의 단열 음속이다.

섭동이

$$\rho_1, P_1, \mathbf{v}_1, \mathbf{B}_1 \propto \exp[i(\mathbf{k}\cdot\mathbf{x} - \omega t)] \tag{21.23}$$

와 같이 평면파로 기술된다고 가정하고 식 (21.19)부터 (21.22)를 정리하면

$$\omega\rho_1 = \rho_0\mathbf{k}\cdot\mathbf{v}_1, \tag{21.24a}$$

$$-\rho_0\omega\mathbf{v}_1 = -a^2\rho_1\mathbf{k} + \frac{1}{4\pi}(\mathbf{k}\times\mathbf{B}_1)\times\mathbf{B}_0, \tag{21.24b}$$

$$-\omega\mathbf{B}_1 = \mathbf{k}\times(\mathbf{v}_1\times\mathbf{B}_0) \tag{21.24c}$$

가 된다. 식 (21.24)에서 ρ_1과 $\mathbf{B}_1$을 소거하면

$$\omega^2\mathbf{v}_1 = a^2(\mathbf{k}\cdot\mathbf{v}_1)\mathbf{k} + [\mathbf{k}\times\underbrace{\{\mathbf{k}\times(\mathbf{v}_1\times\mathbf{v}_{\rm A})\}}_{\mathbf{D}}]\times\mathbf{v}_{\rm A} \tag{21.25}$$

를 얻는다.

한편 식 (21.9)를 이용하면

$$\mathbf{D} \equiv \mathbf{k} \times (\mathbf{v}_1 \times \mathbf{v}_\mathrm{A}) = \mathbf{v}_1(\mathbf{k} \cdot \mathbf{v}_\mathrm{A}) - \mathbf{v}_\mathrm{A}(\mathbf{k} \cdot \mathbf{v}_1) \tag{21.26}$$

이고

$$(\mathbf{k} \times \mathbf{D}) \times \mathbf{v}_\mathrm{A} = \mathbf{D}(\mathbf{k} \cdot \mathbf{v}_\mathrm{A}) - \mathbf{k}(\mathbf{D} \cdot \mathbf{v}_\mathrm{A}) \tag{21.27}$$

이므로, 식 (21.25)를 정리하면

$$\begin{aligned}\omega^2 \mathbf{v}_1 &= (a^2 + v_\mathrm{A}^2)(\mathbf{k} \cdot \mathbf{v}_1)\mathbf{k} \\ &\quad + v_\mathrm{A}^2(\mathbf{k} \cdot \hat{\mathbf{s}})[(\mathbf{k} \cdot \hat{\mathbf{s}})\mathbf{v}_1 - (\hat{\mathbf{s}} \cdot \mathbf{v}_1)\mathbf{k} - (\mathbf{k} \cdot \mathbf{v}_1)\hat{\mathbf{s}}]\end{aligned} \tag{21.28}$$

가 된다.

초기 자기장 $\mathbf{B}_0$에 대해 임의의 방향으로 전파하는 파동을 생각해 보자. 일반성을 잃지 않고, 초기 자기장이 $\hat{\mathbf{z}}$에 평행하며(즉, $\hat{\mathbf{s}} = \hat{\mathbf{z}}$), 파동의 전파 방향이 y-z 평면에 놓여 있다고 하자. $\mathbf{k}$와 $\mathbf{B}_0$ 사이의 각도를 θ라고 하면,

$$\mathbf{k} = k(\sin\theta\hat{\mathbf{y}} + \cos\theta\hat{\mathbf{z}}), \tag{21.29a}$$

$$\mathbf{v}_1 = v_{1x}\hat{\mathbf{x}} + v_{1y}\hat{\mathbf{y}} + v_{1z}\hat{\mathbf{z}} \tag{21.29b}$$

이다. 이 식을 식 (21.28)에 대입한 후, 정리하면

$$\begin{aligned}0 &= \hat{\mathbf{x}}(\omega^2 - v_\mathrm{A}^2 k^2 \cos^2\theta)v_{1x} \\ &\quad + \hat{\mathbf{y}}[(\omega^2 - a^2k^2\sin^2\theta - v_\mathrm{A}^2k^2)v_{1y} - a^2k^2\sin\theta\cos\theta v_{1z}] \\ &\quad + \hat{\mathbf{z}}[(\omega^2 - a^2k^2\cos^2\theta)v_{1z} - a^2k^2\sin\theta\cos\theta v_{1y}]\end{aligned} \tag{21.30}$$

를 얻는다. 식 (21.30)이 성립하기 위해서는 우변에서 각 방향 성분이 모두 0이어야 하므로, 그 해는 다음과 같이 두 경우로 나뉜다.

첫째, $v_{1x} \neq 0$이고 $v_{1y} = v_{1z} = 0$인 섭동은 반드시

$$\omega^2 = v_\mathrm{A}^2 k^2 \cos^2\theta \tag{21.31}$$

를 만족한다. 이것은 앞에서 다룬 알펜파의 분산 관계식인 식 (21.13)과 정확히 일치한다.

둘째, $v_{1x} = 0$이고 $v_{1y} \neq 0, v_{1z} \neq 0$인 섭동은

$$\begin{pmatrix}\omega^2 - a^2k^2\sin^2\theta - v_\mathrm{A}^2k^2 & -a^2k^2\sin\theta\cos\theta \\ -a^2k^2\sin\theta\cos\theta & \omega^2 - a^2k^2\cos^2\theta\end{pmatrix}\begin{pmatrix}v_{1y} \\ v_{1z}\end{pmatrix} = 0 \tag{21.32}$$

을 만족한다. 이 식이 물리적으로 의미 있는 해를 갖기 위해서는 행렬의 행렬식이 0이어야 하므로

$$\omega^4 - (a^2 + v_A^2)k^2\omega^2 + a^2 v_A^2 k^4 \cos^2\theta = 0 \tag{21.33}$$

을 얻는다. 이 식은 ω^2/k^2에 대해 이차방정식이며, 2개의 실근

$$\frac{\omega^2}{k^2} = \frac{1}{2}\left[(a^2 + v_A^2) \pm \sqrt{(a^2 + v_A^2)^2 - 4a^2 v_A^2 \cos^2\theta}\right] \tag{21.34}$$

를 가진다. 두 해 중 큰 위상속도(제곱근 앞의 + 부호)를 갖는 파동을 **빠른 자기유체파**(fast MHD wave) 또는 빠른파라고 하고, 작은 위상속도(− 부호)를 갖는 파동을 **느린 자기유체파**(slow MHD wave) 또는 느린파라고 부른다.

알펜파는 자기장의 장력에 의존하는 횡파이지만, 빠른/느린 자기유체파는 횡파의 성질과 종파의 성질을 모두 갖고 있으며 복원력 또한 유체의 압력, 자기압력, 자기장력 등 세 힘을 모두 포함하고 있다. 빠른 자기유체파는 열적 압력과 자기압력의 위상이 같아 압력에 의한 복원력이 크며, 자기장력도 섭동 자기장을 보강하는 방향으로 작용한다. 반면, 느린 자기유체파는 열적 압력과 자기압력의 위상이 180° 다르기 때문에, 압력에 의한 복원력이 작고 자기장력이 섭동 자기장을 약화시키는 방향으로 작용한다. 일반적으로 빠른/느린 자기유체파의 특성은 상당히 복잡하지만, 다음과 같이 특별한 경우에는 단순해진다.

21.2.1 $\mathbf{k} \parallel \mathbf{B}_0 (\theta = 0)$인 경우

파동이 자기장에 평행한 방향으로 전파하는 경우, 식 (21.34)의 두 해는

$$\omega^2 = a^2 k^2 \tag{21.35}$$

과

$$\omega^2 = v_A^2 k^2 \tag{21.36}$$

이다. 식 (21.35)는 음파의 분산 관계식이며 자기장과 분리된 채 오직 열적 압력에 의해 전파하는 종파를 나타낸다.

한편, 식 (21.36)은 자기장을 따라 전파하는 알펜파로 그 분산 관계식이 식 (21.31)에서 $\theta = 0$인 경우에 해당한다. 다만, 섭동의 진동 방향이 y 방향이라는 면에서 x 방향으로 진동하는 알펜파에 대한 식 (21.31)의 경우와 다르다.[5] 알펜파와 음파 중 빠른 위상속도를 갖는 파동이 빠른파이며, 느린 위상속도를 갖는 파동이 느린파가 된다.

5) 알펜파는 진동면이 변하지 않기 때문에 선형편광되었다고 말한다. x 방향과 y 방향으로 편광된 두 알펜파는 서로 독립적이다.

21.2.2 $\mathbf{k} \perp \mathbf{B}_0(\theta = \pi/2)$인 경우

파동이 자기장의 수직 방향으로 전파하는 경우, 식 (21.34)의 두 해는

$$\omega^2 = (a^2 + v_\mathrm{A}^2)k^2 \tag{21.37}$$

인 빠른파와, $\omega^2/k^2 = 0$인 느린파이다. 느린파는 전파하지 않는 섭동이다.

식 (21.37)을 만족하는 빠른파를 특별히 **자기음속파**(magnetosonic wave)라고 부른다. 자기음속파는 종파이며, 유체의 팽창과 수축에 따른 기체압과 자기압이 함께 복원력으로 작용한다. 식 (20.61)로부터 알 수 있듯이, $\mathbf{k} \cdot \mathbf{B}_0 = 0$인 자기음속파는 자기장력의 영향을 전혀 받지 않는다. 자기장이 매우 약한 경우($a \gg v_\mathrm{A}$), 자기음속파는 순수한 음파이다. 반대로, 자기장이 매우 강할 때는 자기음속파가 알펜 속도로 전파하며 이를 **압축성 알펜파**(compressional Alfvén wave)라고도 부른다. 압축성 알펜파는 자기장력이 아닌 자기압력이 복원력으로 작용한다.

21.2.3 파동의 전파 도표

그림 21.2는 알펜파와 빠른/느린 자기유체파의 위상속도가 전파 방향에 따라 어떻게 변하는지 보여 준다. 즉, 원점 O에서 동시에 방출된 세 종류의 파동이 일정 시간이 경과한 후 도달한 상대적인 파면의 위치에 해당한다. 빠른파가 가장 빨리 전파하고 느린파가 가장 느리게 전파하며, 알펜파의 전파속도는 그 중간이다. 이러한 이유로 알펜파를 **중간파**(intermediate wave)라고도 부른다. 빠른파는 모든 방향으로 전파하지만, 알펜파와 느린파는 자기장의 수직 방향으로는 전파하지 않는다.

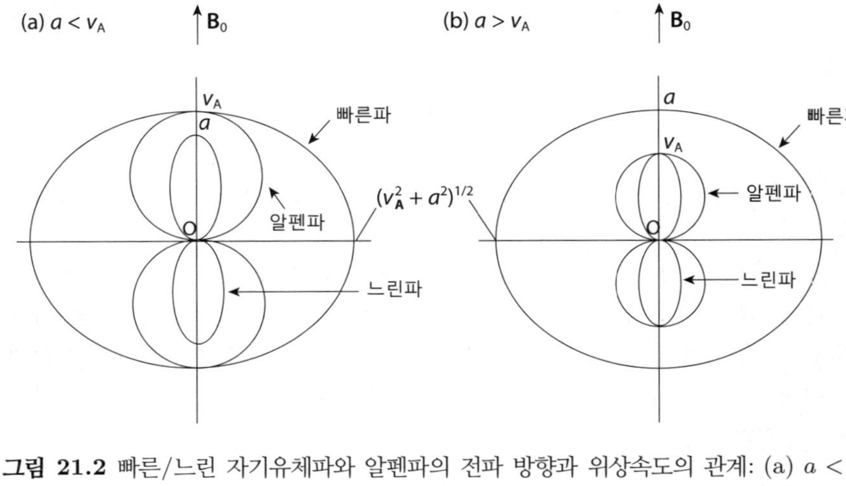

그림 21.2 빠른/느린 자기유체파와 알펜파의 전파 방향과 위상속도의 관계: (a) $a < v_\mathrm{A}$인 경우와 (b) $a > v_\mathrm{A}$인 경우

자기장의 세기가 비교적 강한 경우($a < v_A$), 자기장에 평행한 방향($\theta = 0$)으로 진행하는 빠른파의 전파속도는 알펜 속도와 같고, 느린파는 음속으로 전파한다. 자기장의 세기가 약한 경우($a > v_A$)에는 자기장을 따라 전파하는 빠른파는 음속으로 전파하고, 느린파의 전파속도는 알펜 속도와 같다. θ가 증가함에 따라 빠른파의 전파속도는 증가하지만, 알펜파와 느린파의 전파속도는 감소한다. 자기장의 수직 방향으로 전파하는 파동은 자기음속파인 빠른파가 유일하다.

21.3 비틀림 알펜파⋆

앞에서 기술한 알펜파는 자기장력에 의해 자기장을 따라 전파하는 평면파로, 자기장의 진동 방향이 변하지 않는 선형편광파였다. 자기장이 그림 21.3과 같이 관 형태로 배치되어 있을 때, 자기장력에 의해 자속관(magnetic flux tube)을 따라 전파하는 **비틀림 알펜파**(torsional Alfvén wave)가 존재한다. 비틀림 알펜파는 진동 방향이 방위각 방향인 원편광파이다.

문제를 간단히 하기 위해, 밀도가 ρ인 균일 매질을 생각해 보자. 또한, 원통형 좌표계 (R, ϕ, z)에서 속도장과 자기장이

$$\mathbf{v} = R\Omega(z,t)\hat{\boldsymbol{\phi}}, \tag{21.38a}$$

$$\mathbf{B} = B_z\hat{\mathbf{z}} + B_\phi(z,t)\hat{\boldsymbol{\phi}} \tag{21.38b}$$

와 같이 축대칭으로 주어졌다고 하자. 이 경우, 운동량 방정식(식 20.69)과 유도 방정식(식 20.70)의 ϕ 방향 성분은 각각

$$R\frac{\partial\Omega}{\partial t} = \frac{B_z}{4\pi\rho}\frac{\partial B_\phi}{\partial z}, \tag{21.39a}$$

$$\frac{\partial B_\phi}{\partial t} = RB_z\frac{\partial\Omega}{\partial z} \tag{21.39b}$$

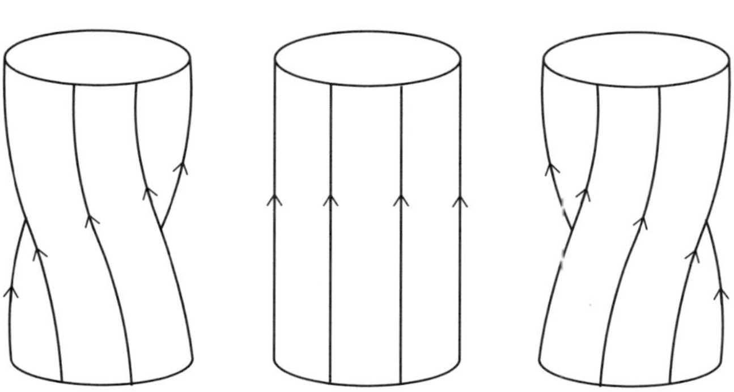

그림 21.3 자속관의 비틀림 진동

가 되며, 위 두 식을 결합하면

$$\frac{\partial^2 B_\phi}{\partial t^2} = v_{\rm A}^2 \frac{\partial^2 B_\phi}{\partial z^2}, \quad \text{또는} \quad \frac{\partial^2 \Omega}{\partial t^2} = v_{\rm A}^2 \frac{\partial^2 \Omega}{\partial z^2} \tag{21.40}$$

를 얻는다. 여기서 $v_{\rm A} = B_z/(4\pi\rho)^{1/2}$ 이다.

식 (21.40)은 B_ϕ 또는 Ω에 대한 파동방정식으로 그 해가

$$B_\phi(z,t) = B_\phi(z \pm v_{\rm A} t), \quad \text{또는} \quad \Omega(z,t) = \Omega(z \pm v_{\rm A} t) \tag{21.41}$$

로 주어진다. 즉, B_ϕ 또는 Ω가 ϕ 방향으로 진동하면서 $v_{\rm A}$ 라는 속도로 $\mp z$ 방향으로 전파함을 보여 주는데, 이러한 파동을 비틀림 알펜파라고 부른다. 식 (21.40)을 유도하는 과정에서 파동의 진폭이 작다는 가정을 사용하지 않았으므로, 비틀림 알펜파는 비선형 파동이다. 비틀림 알펜파는 별형성 과정에서 수축하는 성간운이 겪는 **자기 제동**(magnetic braking) 현상과 밀집성 주변 유입원반의 자기회전 불안정(23.3절 참고)에서 각운동량을 바깥쪽으로 전달하는 매개체이다.

제22장 자기유체 충격파

자화되지 않은 매질에서는 섭동이 유일하게 음속으로 전파하기 때문에, 15장에서 다룬 충격파의 특성을 유체의 마하수를 이용하여 비교적 간단하게 기술할 수 있었다. 자화된 매질은 알펜파, 빠른파, 느린파 등 3개의 특성 속도를 갖고 있으므로 충격파의 종류가 다양하고 물리적 성질이 복잡하다. 이 장에서는 자화된 충격파의 종류와 물리량의 도약에 대해 살펴본다.

22.1 도약 관계식

그림 22.1에서처럼, 정지한 충격파를 통과하는 기체의 정상 상태 흐름을 생각해 보자. 단위 벡터 $\hat{\mathbf{n}}$과 $\hat{\mathbf{t}}$는 각각 충격파에 수직, 수평인 방향을 나타낸다. 자기장과 속도를

$$\mathbf{B} = B_n\hat{\mathbf{n}} + \mathbf{B}_t, \quad \mathbf{v} = v_n\hat{\mathbf{n}} + \mathbf{v}_t \tag{22.1}$$

와 같이 수직, 수평 방향으로 분해하면, $\hat{\mathbf{n}} \cdot \mathbf{B}_t = \hat{\mathbf{n}} \cdot \mathbf{v}_t = 0$이다. 충격파는 정상 상태에 있으며, 물리량이 $\hat{\mathbf{t}}$ 방향으로는 변하지 않는다고 가정하자.

자기장이 없는 경우와 마찬가지로, 충격파를 둘러싼 작은 부피소 $\Delta V = \Delta x \Delta A$를 생각해 보자. 시간에 대한 미분항을 없애고 연속 방정식(식 20.68)을 부피소에

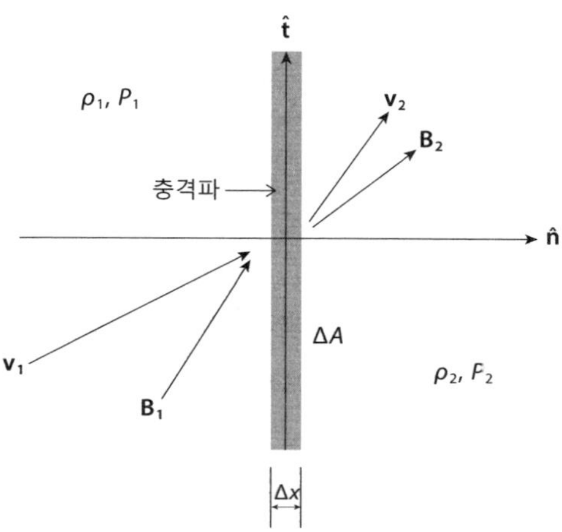

그림 22.1 자기유체 충격파의 구조. $\hat{\mathbf{n}}$과 $\hat{\mathbf{t}}$는 각각 충격파에 수직, 수평인 방향을 나타내며 아래 첨자 '1'과 '2'는 각각 충격파 전방과 후방의 물리량을 표시한다.

대해 적분하면

$$\int_{\Delta V} \boldsymbol{\nabla} \cdot (\rho \mathbf{v}) dV = \int_{\Delta A} \rho \mathbf{v} \cdot \hat{\mathbf{n}} dA = \int_{\Delta A} \rho v_n dA = 0, \tag{22.2}$$

즉,

$$[\![\rho v_n]\!] = 0 \tag{22.3}$$

을 얻는다. 여기서 $[\![A]\!] \equiv A_2 - A_1$은 충격파 전방과 후방에서 물리량 A의 차이를 나타낸다. 식 (22.3)은 충격파를 가로질러 질량 플럭스가 보존됨을 보여 준다.

비슷한 방법으로 식 (20.71)을 부피소에 대해 적분하면

$$[\![B_n]\!] = 0 \tag{22.4}$$

이 된다. 즉, 수직 방향 자기장 성분은 충격파를 통과하며 변하지 않는다.

운동량 보존식 (20.72)의 $\hat{\mathbf{n}}$ 방향 성분을 부피소 ΔV에 대해 적분하면

$$0 = \int_{\Delta A} \left[\rho v_n \mathbf{v} + \left(P + \frac{B^2}{8\pi} \right) \hat{\mathbf{n}} - \frac{B_n \mathbf{B}}{4\pi} \right] \cdot \hat{\mathbf{n}} dA \tag{22.5a}$$

$$= \int_{\Delta A} \left[\rho v_n^2 + \left(P + \frac{B_n^2 + \mathbf{B}_t^2}{8\pi} \right) - \frac{B_n^2}{4\pi} \right] dA \tag{22.5b}$$

이므로, 식 (22.4)를 이용하면

$$\left[\!\!\left[\rho v_n^2 + P + \frac{\mathbf{B}_t^2}{8\pi} \right]\!\!\right] = 0 \tag{22.6}$$

을 얻는다. 한편, 식 (20.72)의 충격파에 평행한 성분을 적분하면

$$0 = \int_{\Delta A} \left[\rho \mathbf{v}_t \mathbf{v} + \left(P + \frac{B_n^2 + \mathbf{B}_t^2}{8\pi} \right) \hat{\mathbf{t}} - \frac{\mathbf{B}_t \mathbf{B}}{4\pi} \right] \cdot \hat{\mathbf{n}} dA \tag{22.7a}$$

$$= \int_{\Delta A} \left(\rho v_n \mathbf{v}_t - \frac{B_n \mathbf{B}_t}{4\pi} \right) dA \tag{22.7b}$$

이므로,

$$\left[\!\!\left[\rho v_n \mathbf{v}_t - \frac{B_n \mathbf{B}_t}{4\pi} \right]\!\!\right] = 0 \tag{22.8}$$

을 얻는다. 식 (22.3)과 식 (22.4)를 이용하면, 식 (22.8)은

$$[\![\mathbf{v}_t]\!] = \frac{B_n}{4\pi \rho v_n} [\![\mathbf{B}_t]\!] \tag{22.9}$$

가 된다. 식 (22.9)는 $B_n \neq 0$일 때, 수평 자기장의 세기가 충격파 전후로 변하면

유체의 수평 방향 속도 또한 변해야 함을 의미한다. 이것은 자화된 충격파의 독특한 특성이다.

식 (20.47a)를 이용하면 자기장의 유도 방정식(식 20.70)을

$$\frac{\partial B_n}{\partial t} = \boldsymbol{\nabla}_t \cdot (\mathbf{B}_t v_n - \mathbf{v}_t B_n), \tag{22.10a}$$

$$\frac{\partial \mathbf{B}_t}{\partial t} = \frac{\partial}{\partial n}(B_n \mathbf{v}_t - v_n \mathbf{B}_t) \tag{22.10b}$$

와 같이 수직, 수평 성분으로 분리할 수 있다. 여기서 $\boldsymbol{\nabla}_t$는 $\hat{\mathbf{t}}$ 방향에 대한 미분을 뜻하는데, 물리량이 $\hat{\mathbf{t}}$ 방향으로 변하지 않는다고 가정하였므로, 식 (22.10a)의 우변은 0이다. 정상 상태에서 식 (22.10b)를 부피소 ΔV에 대해 적분하면

$$[\![B_n \mathbf{v}_t - v_n \mathbf{B}_t]\!] = 0 \tag{22.11}$$

을 얻는다.

마지막으로 에너지 방정식(식 20.73)에서 자기장 항을 정리하면

$$(\mathbf{B} \times \mathbf{v}) \times \mathbf{B} = B^2\mathbf{v} - (\mathbf{v} \cdot \mathbf{B})\mathbf{B} \tag{22.12a}$$

$$= \hat{\mathbf{n}}(v_n \mathbf{B}_t^2 - B_n \mathbf{v}_t \cdot \mathbf{B}_t) + B^2 \mathbf{v}_t - (v_n B_n + \mathbf{v}_t \cdot \mathbf{B}_t)\mathbf{B}_t \tag{22.12b}$$

이므로, 정상 평형 상태에서 식 (20.73)을 부피소에 대해 적분하면

$$\left[\!\!\left[\rho v_n \left[\frac{1}{2}(v_n^2 + \mathbf{v}_t^2) + \frac{\gamma}{\gamma - 1}\frac{P}{\rho}\right] + \frac{1}{4\pi}(v_n \mathbf{B}_t^2 - B_n \mathbf{v}_t \cdot \mathbf{B}_t)\right]\!\!\right] = 0 \tag{22.13}$$

을 얻을 수 있다.

이상을 정리하면, 충격파에서 만족되어야 할 도약 관계식은 식 (22.3), (22.4), (22.6), (22.8), (22.11), (22.13)과 같이 모두 6개이다. 관련된 변수도 ρ, P, v_n, $\mathbf{v}_t$, B_n, $\mathbf{B}_t$ 등 모두 6개이므로, 충격파 하류의 물리량을 충격파 상류 물리량의 함수로 나타낼 수 있다.

22.2 접촉/접선 불연속면

충격파의 일반적인 특성을 자세히 알아보기 전에 불연속면을 가로질러 유체가 흐르지 않는 경우, 즉

$$v_n = 0 \tag{22.14}$$

인 특별한 경우를 생각해 보자. 이 경우, 자기장이 불연속면을 통과하는가에 따라 다음과 같은 두 가지 불연속면이 존재한다.

22.2.1 접촉 불연속면

식 (22.14)를 만족하면서 동시에 수직 방향의 자기장이

$$B_n \neq 0 \tag{22.15}$$

인 불연속면을 **접촉 불연속면**(contact discontinuity)이라고 부른다. 도약 관계식으로부터 접촉 불연속면에서는

$$[\![P]\!] = [\![\mathbf{v}_t]\!] = [\![B_n]\!] = [\![\mathbf{B}_t]\!] = 0, \quad [\![\rho]\!] \neq 0 \tag{22.16}$$

이 성립함을 알 수 있다. 즉, 밀도는 서로 다르지만 기체압과 자기압이 각각 동일한 두 기체가 접촉 불연속면을 경계로 정지한 채 인접해 있다(그림 22.2a).

22.2.2 접선 불연속면

식 (22.14)를 만족하면서 동시에

$$B_n = 0 \tag{22.17}$$

인 불연속면을 **접선 불연속면**(tangential discontinuity)이라고 부른다. 이 경우

$$\left[\!\!\left[P + \frac{\mathbf{B}_t^2}{8\pi} \right]\!\!\right] = 0, \quad [\![\mathbf{v}_t]\!] \neq 0, \quad [\![\mathbf{B}_t]\!] \neq 0 \tag{22.18}$$

이 만족된다. 즉, 접선 불연속면을 경계로 총압력은 일정하지만 수평 방향의 속도와 자기장은 임의의 값을 가질 수 있다(그림 22.2b). 자기장이 없는 접선 불연속면은 켈빈-헬름홀츠 불안정에 대해 불안정하지만, 충분히 강한 자기장은 켈빈-헬름홀츠 불안정을 안정화시킨다.

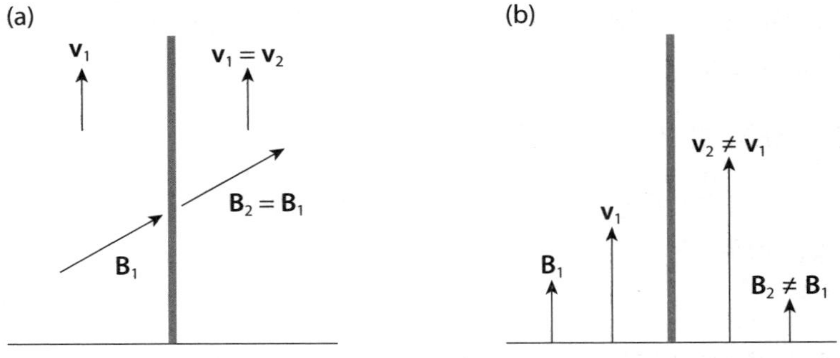

그림 22.2 (a) 접촉 불연속면과 (b) 접선 불연속면

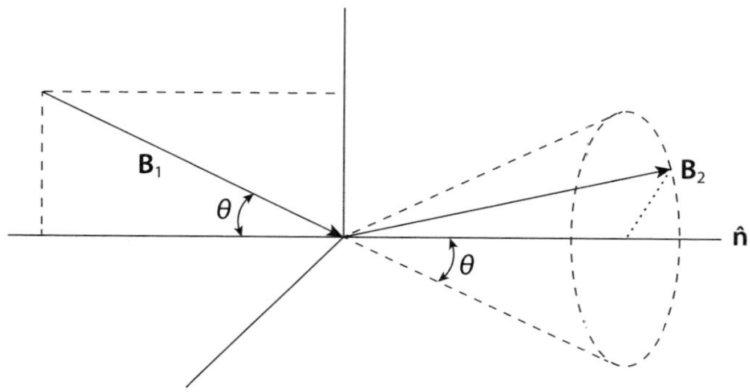

그림 22.3 회전 불연속면에 의한 자기장의 회전

22.3 회전 불연속면

불연속면을 가로질러 유체가 흐르고 자기장이 통과할 때, 즉

$$v_n \neq 0 \text{ 이고 } \quad B_n \neq 0 \tag{22.19}$$

일 때 도약 관계식은

$$[\![v_n]\!] = [\![\rho]\!] = [\![P]\!] = [\![B_n]\!] = [\![\mathbf{v}_t^2]\!] = [\![\mathbf{B}_t^2]\!] = 0, \tag{22.20a}$$

$$v_n = \pm\frac{B_n}{(4\pi\rho)^{1/2}}, \quad [\![\mathbf{v}_t]\!] = \frac{v_n}{B_n}[\![\mathbf{B}_t]\!] \tag{22.20b}$$

와 같은 특별한 해를 갖고 있다. 식 (22.20b)에서 양과 음의 부호는 각각 유체에 대해 왼쪽과 오른쪽으로 전진하는 불연속면에 해당한다.

이 불연속면을 통과한 후에도 유체의 밀도, 수직 방향의 속도와 자기장은 변하지 않는다. 수평 방향의 속도 및 자기장의 크기 또한 변하지 않으나, 그 방향은 변할 수 있다. 그림 22.3에서 볼 수 있듯이, 불연속면 전방에서 $\theta = \tan^{-1}(B_{t1}/B_{n1})$ 만큼 기울어진 자기장이 입사하면, 후방에서 자기장은 확산각이 θ인 원뿔의 표면 위에 놓인다. 유체의 속도 벡터도 마찬가지다. 이것은 불연속면을 통과한 자기장과 속도가 크기는 변하지 않고 통과하기 전 방향으로부터 회전함을 의미하며, 따라서 이러한 불연속면을 **회전 불연속면**(rotational discontinuity)이라고 부른다.

22.4 수평 충격파(B ∥ v)

충격파는 불연속면을 통과한 후 밀도가 증가한다는 조건, 즉

$$v_n \neq 0 \text{ 이고 } \quad \rho_2 > \rho_1 \tag{22.21}$$

인 조건을 요구한다.

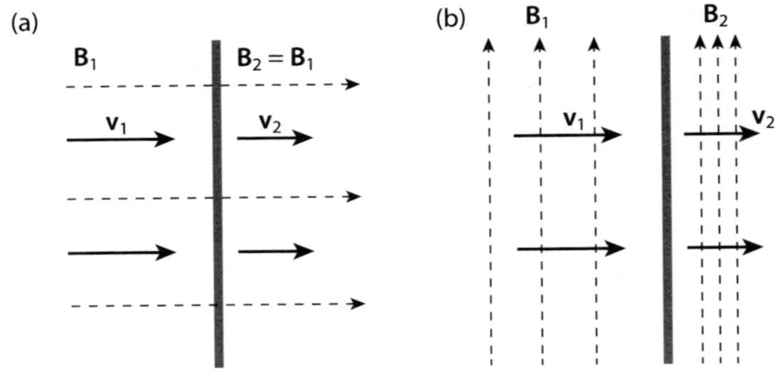

그림 22.4 (a) 수평 충격파와 (b) 수직 충격파의 속도 및 자기장 구조

충격파의 특별한 경우로 그림 22.4(a)에서와 같이 자기장과 속도가 서로 평행하지만 충격파에 수직인 경우, 즉

$$\mathbf{v}_t = \mathbf{B}_t = 0 \tag{22.22}$$

인 경우를 생각해 보자. 이때 식 (22.3), (22.6), (22.13)은 각각

$$[\![\rho v_n]\!] = 0, \tag{22.23a}$$

$$[\![\rho v_n^2 + P]\!] = 0, \tag{22.23b}$$

$$\left[\!\!\left[\frac{1}{2}v_n^2 + \frac{\gamma}{\gamma-1}\frac{P}{\rho}\right]\!\!\right] = 0 \tag{22.23c}$$

이 되어, 자기장의 존재가 충격파에 아무런 영향을 미치지 않는다.

충격파 전방과 후방의 물리량을 각각 아래 첨자 '1'과 '2'로 표시하면 자기장이 없는 경우와 마찬가지로, 식 (22.23)의 해는

$$\frac{v_{n1}}{v_{n2}} = \frac{\rho_2}{\rho_1} = \frac{(\gamma+1)\mathcal{M}_1^2}{(\gamma-1)\mathcal{M}_1^2+2}, \tag{22.24a}$$

$$\frac{P_2}{P_1} = \frac{2\gamma\mathcal{M}_1^2-\gamma+1}{\gamma+1} \tag{22.24b}$$

로 주어진다. 여기서 $a_1 = (\gamma P_1/\rho_1)^{1/2}$ 이고 $\mathcal{M}_1 \equiv v_{n1}/a_1$ 은 충격파 상류지역의 마하수이다.

22.5 수직 충격파($\mathbf{B} \perp \mathbf{v}$)

또 다른 특별한 경우로 그림 22.4(b)와 같이, 속도가 자기장과 충격파에 수직이지만 자기장과 충격파는 서로 평행한 경우, 즉

$$\mathbf{v}_t = 0, \quad B_n = 0 \tag{22.25}$$

인 경우를 생각해 보자. 간단한 표기를 위해 $v_n = v$, $\mathbf{B}_t = B\hat{\mathbf{t}}$라 놓으면, 식 (22.3), (22.6), (22.11), (22.13)은

$$\mathcal{R} \equiv \frac{v_2}{v_1} = \frac{\rho_1}{\rho_2} = \frac{B_1}{B_2}, \tag{22.26}$$

$$\rho_1 v_1^2 + P_1 + \frac{B_1^2}{8\pi} = \rho_2 v_2^2 + P_2 + \frac{B_2^2}{8\pi}, \tag{22.27}$$

$$\frac{1}{2}v_1^2 + \frac{\gamma}{\gamma-1}\frac{P_1}{\rho_1} + \frac{B_1^2}{4\pi\rho_1} = \frac{1}{2}v_2^2 + \frac{\gamma}{\gamma-1}\frac{P_2}{\rho_2} + \frac{B_2^2}{4\pi\rho_2} \tag{22.28}$$

이 된다. 식 (22.26)에서 $\mathcal{R}$은 밀도 도약의 역수를 나타낸다. 자기장의 도약은 밀도의 도약에 정비례한다.

충격파 직후방의 물리량을 전방의 물리량으로 나타내기 위해 우선 식 (22.27)을 정리하면

$$\frac{P_2}{P_1} = 1 + \frac{\rho_1 v_1^2}{P_1}(1-\mathcal{R}) + \frac{B_1^2}{8\pi P_1}\left(1 - \frac{1}{\mathcal{R}^2}\right) \tag{22.29}$$

이 된다. 식 (22.29)를 식 (22.28)에 대입하여 P_2를 소거하면

$$\begin{aligned}\frac{1-\mathcal{R}^2}{2}v_1^2 &+ \left(1-\frac{1}{\mathcal{R}}\right)v_{\mathrm{A1}}^2 \\ &= \frac{\gamma}{\gamma-1}\left[(\mathcal{R}-1)\frac{P_1}{\rho_1} + \mathcal{R}(1-\mathcal{R})v_1^2 + \frac{1}{2}\left(\mathcal{R}-\frac{1}{\mathcal{R}}\right)v_{\mathrm{A1}}^2\right]\end{aligned} \tag{22.30}$$

을 얻는다. 여기서

$$v_{\mathrm{A1}} = \frac{B_1}{\sqrt{4\pi\rho_1}} \tag{22.31}$$

은 충격파 전방의 알펜 속도이다.

식 (22.30)의 해 중에서 $\mathcal{R} = 1$은 충격파가 아니다. 따라서 양변을 $(\mathcal{R}-1)a_1^2$으로 나누고 정리하면

$$f(\mathcal{R}) \equiv (\gamma+1)\mathcal{M}_1^2\mathcal{R}^2 - \left[(\gamma-1)\mathcal{M}_1^2 + 2 + \frac{\gamma}{\beta_1}\right]\mathcal{R} - \frac{2-\gamma}{\beta_1} = 0 \tag{22.32}$$

과 같이 $\mathcal{R}$에 대한 이차방정식을 얻을 수 있다. 여기서 $\mathcal{M}_1 = v_1/a_1$은 마하수이고 β_1은

$$\beta_1 \equiv \frac{a_1^2}{v_{\mathrm{A1}}^2} \tag{22.33}$$

으로 정의되는 양으로, 충격파 전방의 **플라즈마 변수**(plasma parameter)라고 한다. 플라즈마 변수는 자기압력에 대한 열적 압력의 세기를 나타낸다.

일반적으로 $1 < \gamma < 2$이므로, 식 (22.32)는 하나의 양의 실근을 갖고 있으며,

이 근이 바로 충격파의 밀도와 속도의 도약을 나타낸다. 자기장이 매우 약할 때 ($\beta_1 \gg 1$), 식 (22.32)의 근사적인 해는

$$\mathcal{R} \approx \frac{(\gamma-1)\mathcal{M}_1^2 + 2 + \gamma/\beta_1}{(\gamma+1)\mathcal{M}_1^2} \tag{22.34}$$

이므로, 자기장의 존재가 밀도와 속도의 도약을 감소시킴을 알 수 있다. 자기압력이 충격파를 완화시키는 것이다.

충격파를 통과한 후 밀도가 증가하기 위해서는 $\mathcal{R} < 1$여야 하며, 이것은 식 (22.32)로부터 $f(1) > 0$, 또는 $\mathcal{M}_1^2 > 1 + 1/\beta_1$인 조건에 해당한다. 즉, 수직 충격파가 생길 조건은

$$v_1 > \sqrt{a_1^2 + v_{\rm A1}^2} \tag{22.35}$$

이다. 다시 말하여, 유체의 속도가 빠른파(또는 자기음속파)의 전파속도보다 클 때 수직 충격파가 생긴다. 식 (22.32)로부터 매우 강한 충격파의 경우($\mathcal{M}_1 \to \infty$), 자기장의 세기와 무관하게 $\mathcal{R} \to (\gamma-1)/(\gamma+1)$ 임을 알 수 있다.

22.6 빗각 충격파⋆

이제 그림 22.1에서와 같이 속도와 자기장이 충격파에 대해 적당히 기울어진 일반적인 충격파의 해를 구해 보자.

식 (22.3)은 질량 플럭스 m이

$$m \equiv \rho_1 v_{n1} = \rho_2 v_{n2} = \text{일정} \tag{22.36}$$

하고, 식 (22.4)는 수직 자기장 B_n이

$$B_n \equiv B_{n1} = B_{n2} = \text{일정} \tag{22.37}$$

함을 뜻한다.

단위 질량당 부피(specific volume)를 τ라고 하면

$$\tau \equiv \frac{1}{\rho} = \frac{v_n}{m} \tag{22.38}$$

이므로, 식 (22.6)은

$$m^2[\![\tau]\!] + \left[\!\!\left[P + \frac{\mathbf{B}_t^2}{8\pi}\right]\!\!\right] = 0 \tag{22.39}$$

이 되며, 식 (22.8)로부터

$$m[\![\mathbf{v}_t]\!] - \frac{B_n}{4\pi}[\![\mathbf{B}_t]\!] = 0 \tag{22.40}$$

을 얻는다.

비슷한 방식으로 식 (22.11)은

$$m[\![\tau \mathbf{B}_t]\!] - B_n[\![\mathbf{v}_t]\!] = 0 \tag{22.41}$$

으로 변한다. 식 (22.40)과 식 (22.41)에서 $[\![\mathbf{v}_t]\!]$를 소거하면

$$m^2[\![\tau \mathbf{B}_t]\!] = \frac{B_n^2}{4\pi}[\![\mathbf{B}_t]\!] \tag{22.42}$$

를 얻는다. 식 (22.42)를 전개하여 정리하면

$$\mathbf{B}_{t2} = \left(\frac{\rho_1}{\rho_2}\right)\left(\frac{v_{n1}^2 - v_{\mathrm{A}1}^2}{v_{n2}^2 - v_{\mathrm{A}2}^2}\right)\mathbf{B}_{t1} \tag{22.43}$$

이 되는데, 여기서

$$v_{\mathrm{A}1} = \frac{B_n}{\sqrt{4\pi\rho_1}}, \quad v_{\mathrm{A}2} = \frac{B_n}{\sqrt{4\pi\rho_2}} \tag{22.44}$$

은 각각 충격파의 상류와 하류에서 측정한 수직 방향 알펜 속도를 나타낸다.

한편, 식 (22.13)은 $m \neq 0$인 경우에

$$\left[\!\!\left[\frac{1}{2}m^2\tau^2 + \frac{\gamma}{\gamma-1}P\tau + \frac{\tau}{4\pi}\mathbf{B}_t^2 + \frac{1}{2}\mathbf{v}_t^2 - \frac{B_n}{4\pi m}\mathbf{v}_t \cdot \mathbf{B}_t\right]\!\!\right] = 0 \tag{22.45}$$

이 된다. 그런데, 식 (22.40)으로부터

$$\mathbf{v}_{t2} = \mathbf{v}_{t1} + \frac{B_n}{4\pi m}(\mathbf{B}_{t2} - \mathbf{B}_{t1}) \tag{22.46}$$

이므로,

$$\left[\!\!\left[\frac{1}{2}\mathbf{v}_t^2 - \frac{B_n}{4\pi m}\mathbf{v}_t \cdot \mathbf{B}_t\right]\!\!\right] = \frac{\mathbf{v}_{t2}^2 - \mathbf{v}_{t1}^2}{2} - \frac{B_n}{4\pi m}(\mathbf{v}_{t2} \cdot \mathbf{B}_{t2} - \mathbf{v}_{t1} \cdot \mathbf{B}_{t1}) \tag{22.47a}$$

$$= -\frac{B_n^2}{2(4\pi m)^2}[\![\mathbf{B}_t^2]\!] \tag{22.47b}$$

이다. 따라서 식 (22.45)는

$$\left[\!\!\left[\frac{1}{2}m^2\tau^2 + \frac{\gamma}{\gamma-1}P\tau + \left(\tau - \frac{B_n^2}{8\pi m^2}\right)\frac{\mathbf{B}_t^2}{4\pi}\right]\!\!\right] = 0 \tag{22.48}$$

으로 변한다.

식 (22.48)에서 τ를 포함한 항을 제거하기 위해, 다음과 같은 항등식

$$[\![P\tau]\!] = \langle\!\langle P\rangle\!\rangle[\![\tau]\!] + \langle\!\langle \tau\rangle\!\rangle[\![P]\!] \tag{22.49}$$

를 생각해 보자. 여기서 $\langle\!\langle\ \rangle\!\rangle$ 기호는 임의의 물리량 f에 대해 $\langle\!\langle f\rangle\!\rangle \equiv (f_1+f_2)/2$를 나타낸다. 식 (22.39)를 식 (22.49)에 대입한 후, $\langle\!\langle \tau\rangle\!\rangle[\![\tau]\!] = [\![\tau^2]\!]/2$임을 이용하면

$$\frac{1}{2}m^2[\![\tau^2]\!] + [\![P\tau]\!] = \langle\!\langle P\rangle\!\rangle[\![\tau]\!] - \frac{1}{8\pi}\langle\!\langle \tau\rangle\!\rangle[\![\mathbf{B}_t^2]\!] \tag{22.50}$$

을 얻을 수 있다.

한편, $[\![\mathbf{B}_t^2]\!] = 2\langle\!\langle \mathbf{B}_t\rangle\!\rangle\cdot[\![\mathbf{B}_t]\!]$이므로 식 (22.42)를 이용하면

$$\left[\!\!\left[\left(\tau - \frac{B_n^2}{8\pi m^2}\right)\frac{\mathbf{B}_t^2}{4\pi}\right]\!\!\right] = \frac{1}{4\pi}[\![\tau\mathbf{B}_t^2]\!] - \frac{1}{4\pi}\langle\!\langle \mathbf{B}_t\rangle\!\rangle\cdot[\![\tau\mathbf{B}_t]\!] \tag{22.51a}$$

$$= \frac{1}{4\pi}\langle\!\langle \tau\mathbf{B}_t\rangle\!\rangle\cdot[\![\mathbf{B}_t]\!] \tag{22.51b}$$

이다. 식 (22.50)과 식 (22.51)을 식 (22.48)에 대입하여 정리하면

$$\left[\!\!\left[\frac{P\tau}{\gamma-1}\right]\!\!\right] + \langle\!\langle P\rangle\!\rangle[\![\tau]\!] + \frac{1}{16\pi}[\![\tau]\!][\![\mathbf{B}_t]\!]^2 = 0 \tag{22.52}$$

을 얻는다. 여기서 $m \neq 0$이라는 조건과 항등식

$$\langle\!\langle \tau\mathbf{B}_t\rangle\!\rangle\cdot[\![\mathbf{B}_t]\!] - \frac{1}{2}\langle\!\langle \tau\rangle\!\rangle[\![\mathbf{B}_t^2]\!] = \frac{1}{4}[\![\tau]\!][\![\mathbf{B}_t^2]\!] \tag{22.53}$$

을 이용하였다.

이제 다음과 같은 무차원 변수를 도입하자:

$$\mathcal{R} \equiv \frac{\tau_2}{\tau_1} = \frac{v_{n2}}{v_{n1}} = \frac{\rho_1}{\rho_2}, \qquad \widehat{P} \equiv \frac{P_2}{P_1}, \qquad \mathcal{M}_1 \equiv \frac{v_{n1}}{a_1}, \tag{22.54a}$$

$$\widehat{B}_n \equiv \frac{B_n}{(4\pi P_1)^{1/2}}, \qquad \widehat{\mathbf{B}}_{t2} \equiv \frac{\mathbf{B}_{t2}}{(4\pi P_1)^{1/2}}, \quad \widehat{\mathbf{B}}_{t1} \equiv \frac{\mathbf{B}_{t1}}{(4\pi P_1)^{1/2}}. \tag{22.54b}$$

여기서 a_1은 충격파 전방의 단열 음속을 나타낸다. 위를 이용하여 식 (22.39), (22.42), (22.52)를 정리하면,

$$\widehat{P} - 1 + \gamma\mathcal{M}_1^2(\mathcal{R}-1) + \frac{1}{2}(\widehat{\mathbf{B}}_{t2}^2 - \widehat{\mathbf{B}}_{t1}^2) = 0, \tag{22.55a}$$

$$\gamma\mathcal{M}_1^2(\mathcal{R}\widehat{\mathbf{B}}_{t2} - \widehat{\mathbf{B}}_{t1}) - \widehat{B}_n^2(\widehat{\mathbf{B}}_{t2} - \widehat{\mathbf{B}}_{t1}) = 0, \tag{22.55b}$$

$$\frac{\widehat{P}\mathcal{R}-1}{\gamma-1} + \frac{\widehat{P}+1}{2}(\mathcal{R}-1) + \frac{1}{4}(\mathcal{R}-1)(\widehat{\mathbf{B}}_{t2} - \widehat{\mathbf{B}}_{t1})^2 = 0 \tag{22.55c}$$

이 된다.

$\mathcal{R}=1$일 때, 식 (22.55)의 해는

$$\mathcal{R}=1,\ \ \widehat{P}=1,\ \ \widehat{\mathbf{B}}_{t2}^2=\widehat{\mathbf{B}}_{t1}^2,\ \ \gamma\mathcal{M}_1^2=\widehat{B}_n^2 \tag{22.56}$$

이며, 이는 회전 불연속면에 해당한다(식 22.20 참고).

$\mathcal{R}\neq 1$일 때, 식 (22.55)에서 $\widehat{P}$와 $\widehat{\mathbf{B}}_{t2}$를 소거한 후, $\mathcal{R}$의 내림차순으로 정리하면

$$\begin{aligned}(\gamma\mathcal{M}_1^2\mathcal{R})^3&-\left[g(\mathcal{M}_1)+2\widehat{B}_n^2+\frac{\gamma\widehat{\mathbf{B}}_{t1}^2}{\gamma+1}\right](\gamma\mathcal{M}_1^2\mathcal{R})^2\\&+\left[2g(\mathcal{M}_1)\widehat{B}_n^2+\widehat{B}_n^4-h(\mathcal{M}_1)\widehat{\mathbf{B}}_{t1}^2+\widehat{B}_n^2\widehat{\mathbf{B}}_{t1}^2\right]\gamma\mathcal{M}_1^2\mathcal{R}\\&-g(\mathcal{M}_1)\widehat{B}_n^4-\frac{\gamma(\gamma-1)}{\gamma+1}\mathcal{M}_1^2\widehat{B}_n^2\widehat{\mathbf{B}}_{t1}^2=0\end{aligned} \tag{22.57}$$

을 얻는다. 여기서 g와 h는 각각

$$g(\mathcal{M}_1)\equiv\frac{2\gamma}{\gamma+1}+\frac{\gamma(\gamma-1)}{\gamma+1}\mathcal{M}_1^2,\quad h(\mathcal{M}_1)\equiv\frac{\gamma(2-\gamma)}{\gamma+1}\mathcal{M}_1^2 \tag{22.58}$$

으로 정의되는 양이다.

충격파 상류지역의 물리량 $\widehat{B}_n$, $\widehat{\mathbf{B}}_{t1}$, $\mathcal{M}_1$이 알려졌을 때, 식 (22.57)로부터 $\mathcal{R}$을 구한 후, 식 (22.55a)와 식 (22.55b)를 이용하여 $\widehat{P}$와 $\widehat{\mathbf{B}}_{t2}$를 구하면 하류지역의 밀도, 압력, 자기장의 세기를 구할 수 있다. 하류지역 유체의 속도는

$$v_{n2}=\mathcal{R}v_{n1}, \tag{22.59a}$$

$$\mathbf{v}_{t2}=\mathbf{v}_{t1}+\frac{a_1\widehat{B}_n}{\gamma\mathcal{M}_1}[\![\widehat{\mathbf{B}}_t]\!] \tag{22.59b}$$

로 주어진다.

식 (22.57)은 $\mathcal{R}$에 대한 삼차방정식으로 $\gamma>1$에 대해 반드시 하나 이상의 양근을 갖고 있으며 때로는 3개의 양근을 갖기도 한다. 식 (22.57)은 다음과 같은 특별한 경우에 대해 간단한 해를 갖고 있다.

(1) $\widehat{B}_n=\widehat{\mathbf{B}}_{t1}=0$일 때, 식 (22.57)의 해는

$$\mathcal{R}=\frac{(\gamma-1)\mathcal{M}_1^2+2}{(\gamma+1)\mathcal{M}_1^2} \tag{22.60}$$

가 되어, 자기장이 없는 경우의 밀도 도약과 같다(식 22.24a 참고).

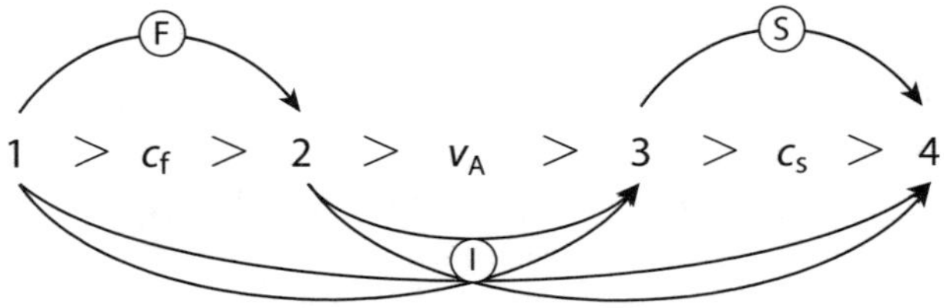

그림 22.5 다양한 종류의 자기유체역학 충격파. $c_{\rm f}$, $v_{\rm A}$, $c_{\rm s}$는 각각 빠른파, 알펜파, 느린파의 위상속도를 나타낸다. Ⓕ는 1영역($v_{n1} > c_{\rm f1}$)에서 2영역($v_{n2} > v_{\rm A2}$)으로 변하는 빠른 충격파를, Ⓢ는 3영역($v_{\rm A1} > v_{n1} > c_{\rm s1}$)에서 4영역($c_{\rm s2} > v_{n2}$)으로 변하는 느린 충격파를, Ⓘ는 1 또는 2영역($v_{n1} > v_{\rm A1}$)에서 3 또는 4영역($v_{\rm A2} > v_{n2}$)으로 변하는 중간 충격파를 나타낸다.

(2) $\widehat{B}_n = 0$이고 $\widehat{\mathbf{B}}_{t1} \neq 0$일 때, 식 (22.57)은

$$(\gamma+1)\mathcal{M}_1^2\mathcal{R}^2 - [2+(\gamma-1)\mathcal{M}_1^2 + \widehat{\mathbf{B}}_{t1}^2]\mathcal{R} - (2-\gamma)\widehat{\mathbf{B}}_{t1}^2/\gamma = 0 \quad (22.61)$$

이 된다. $\widehat{\mathbf{B}}_{t1}^2 = \gamma/\beta_1$이므로, 이 식은 수직 충격파에 적용되는 식 (22.32)와 동일하다.

충격파가 형성되기 위해서는 충격파에 입사하는 유체의 (수직 방향) 속도가 파동의 전파속도보다 커야 한다. 또한 충격파를 통과한 기체는 엔트로피가 증가하는데, 이는

$$\mathcal{R} < 1 \quad (22.62)$$

인 조건을 요구한다. 자화된 유체에는 3개의 특성 속도가 있으므로, 그림 22.5와 같이 충격파 전후방 유체의 속도에 따라 다양한 충격파가 존재할 수 있다. 예를 들어, $1 \to 3$ 충격파는 전방에서 1영역($v_{n1} > c_{\rm f1}$)에 있던 유체가 후방에서 3영역($v_{\rm A2} > v_{n2} > c_{\rm s2}$)으로 변하는 충격파를 지칭한다. 여기서 $c_{\rm f1}$, $v_{\rm A1}$, $c_{\rm s1}$은 각각 충격파의 전방에서 충격파의 수직 방향으로 진행하는 빠른파, 알펜파, 느린파의 특성 속도로

$$v_{\rm A1} = \frac{B_n}{\sqrt{4\pi\rho_1}} \quad (22.63)$$

과

$$c_{\rm f1} = \left[\frac{1}{2}\left(a_1^2 + \frac{\mathbf{B}_1^2}{4\pi\rho_1}\right) + \sqrt{\frac{1}{4}\left(a_1^2 + \frac{\mathbf{B}_1^2}{4\pi\rho_1}\right)^2 - a_1^2\frac{B_n^2}{4\pi\rho_1}}\,\right]^{1/2}, \quad (22.64)$$

$$c_{\rm s1} = \left[\frac{1}{2}\left(a_1^2 + \frac{\mathbf{B}_1^2}{4\pi\rho_1}\right) - \sqrt{\frac{1}{4}\left(a_1^2 + \frac{\mathbf{B}_1^2}{4\pi\rho_1}\right)^2 - a_1^2\frac{B_n^2}{4\pi\rho_1}}\,\right]^{1/2} \quad (22.65)$$

으로 주어지며, 일반적으로 $c_{f1} \geq v_{A1} \geq c_{s1}$ 이다.

충격파 상류와 하류에서의 수직 방향 알펜 마하수를

$$\mathcal{M}_{A1}^2 \equiv \frac{v_{n1}^2}{v_{A1}^2} = \frac{4\pi\rho_1 v_{n1}^2}{B_n^2}, \quad \mathcal{M}_{A2}^2 \equiv \frac{v_{n2}^2}{v_{A2}^2} = \frac{4\pi\rho_2 v_{n2}^2}{B_n^2} \tag{22.66}$$

으로 정의하면, 자기유체역학 충격파는 다음과 같이 크게 세 종류로 나뉜다:

$$\mathcal{M}_{A1}^2 > \mathcal{M}_{A2}^2 > 1 \quad \text{빠른 충격파(fast shock),} \tag{22.67a}$$

$$\mathcal{M}_{A1}^2 > 1 > \mathcal{M}_{A2}^2 \quad \text{중간 충격파(intermediate shock),} \tag{22.67b}$$

$$1 > \mathcal{M}_{A1}^2 > \mathcal{M}_{A2}^2 \quad \text{느린 충격파(slow shock).} \tag{22.67c}$$

식 (22.62)로부터 $\mathcal{M}_{A2}^2/\mathcal{M}_{A1}^2 = \mathcal{R} < 1$임에 유의하자. 각 충격파의 보다 자세한 특성은 다음과 같다.

22.6.1 빠른 충격파

유체의 속도가 충격파 전방에서는 빠른파의 위상속도보다 크며, 후방에서는 알펜 속도보다 큰 충격파를 빠른 충격파라고 부른다. 즉, 빠른 충격파는

$$v_{n1} > c_{f1}, \quad v_{n2} > v_{A2} \tag{22.68}$$

라는 조건을 만족하며, 그림 22.5의 $1 \to 2$ 충격파에 해당한다.

식 (22.43), 또는 식 (22.55b)로부터

$$\mathbf{B}_{t2} - \mathbf{B}_{t1} = \frac{v_{n2}(v_{n1} - v_{n2})}{v_{n2}^2 - v_{A2}^2}\mathbf{B}_{t1} \tag{22.69}$$

이므로, 빠른 충격파는 $|\mathbf{B}_{t2}| > |\mathbf{B}_{t1}|$을 만족한다. 즉, 빠른 충격파를 통과한 자기장은 그림 22.6(a)에서처럼 충격파면 쪽으로 기울어진다.

22.6.2 중간 충격파

유체의 속도가 충격파 전방에서는 알펜 속도보다 크지만, 후방에서는 알펜 속도보다 작은 충격파, 즉

$$v_{n1} > v_{A1}, \quad v_{n2} < v_{A2} \tag{22.70}$$

를 만족하는 충격파를 중간 충격파라고 부르며, 그림 22.5에서 $1 \to 3$, $1 \to 4$, $2 \to 3$, $2 \to 4$ 충격파를 통칭한다. 이 경우, 식 (22.43)으로부터 $\mathbf{B}_{t2}$와 $\mathbf{B}_{t1}$의

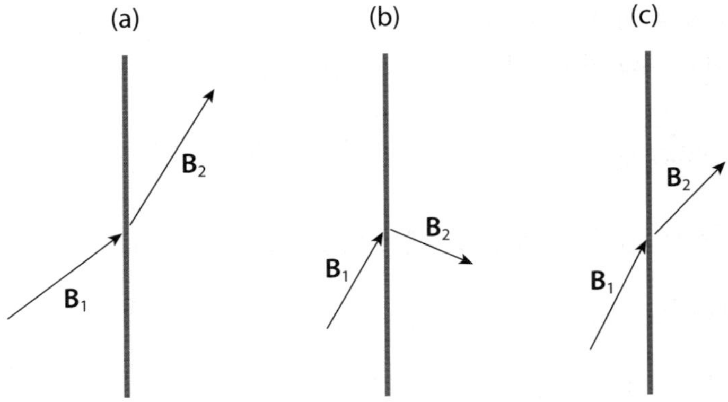

그림 22.6 (a) 빠른 충격파, (b) 중간 충격파, (c) 느린 충격파의 자기장 구조

방향이 서로 반대임을 알 수 있다. 따라서 중간 충격파를 통과한 자기장은 그림 22.6(b)와 같이 반대 방향으로 꺾인다.

22.6.3 느린 충격파

유체의 속도가 충격파 전방에서는 느린파의 위상속도보다 빠르며, 후방에서는 느린파의 위상속도보다 느린,

$$v_{A1} > v_{n1} > c_{s1}, \quad v_{n2} < c_{s2} \tag{22.71}$$

를 만족하는 충격파를 느린 충격파라고 부른다. 그림 22.5에서 3 → 4 충격파는 느린 충격파이다. 식 (22.69)로부터 $|\mathbf{B}_{t2}| < |\mathbf{B}_{t1}|$이므로, 느린 충격파를 통과한 자기장은 그림 22.6(c)처럼 충격파의 수직 방향에 가까워진다.

22.6.4 스위치 켬 충격파

충격파 상류의 자기장이 충격파면에 수직이더라도, 후방의 자기장은 수평 성분을 가질 수 있어서 그림 22.7(a)와 같은 형태로 변할 수 있는데, 이러한 충격파를 **스위치 켬 충격파**(switch-on shock)라고 부른다. 스위치 켬 충격파는 빠른 충격파와 중간 충격파의 특별한 경우로

$$v_{n2} = v_{A2} \tag{22.72}$$

를 만족하며, 식 (22.69)로부터 $\mathbf{B}_{t1} = 0$인 경우라도 $\mathbf{B}_{t2} \neq 0$임을 알 수 있다.

식 (22.59a)와 식 (22.72)를 결합하면, 스위치 켬 충격파의 밀도 도약은

$$\mathcal{R} = \frac{\widehat{B}_n^2}{\gamma \mathcal{M}_1^2} \tag{22.73}$$

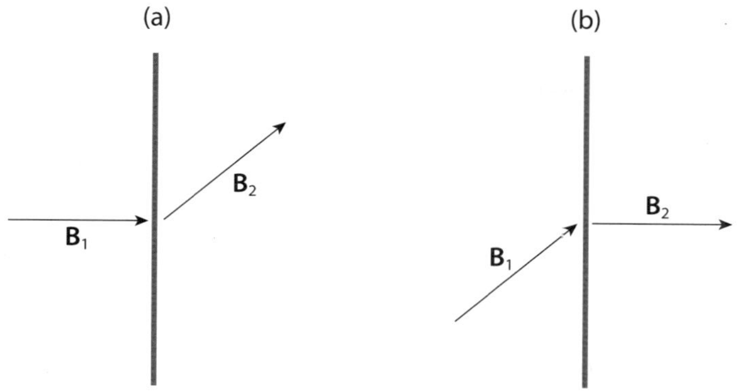

그림 22.7 (a) 스위치 켬 충격파와 (b) 스위치 끔 충격파의 자기장 구조

으로 주어진다. 이 경우, 식 (22.55)에서 $\widehat{P}$를 소거하면

$$\widehat{\mathbf{B}}_{t2}^2 = \frac{\gamma(\mathcal{R}-1)}{\mathcal{R}}\left[2 - \frac{\gamma+1}{\gamma}\widehat{B}_n^2 + (\gamma-1)\mathcal{M}_1^2\right] \tag{22.74}$$

을 얻는다. 위 식의 좌변이 양수이고 $\mathcal{R} < 1$이므로, 스위치 켬 충격파가 나타날 수 있는 속도의 범위는

$$v_{\mathrm{A1}} < v_{n1} < \sqrt{\frac{\gamma+1}{\gamma-1}v_{\mathrm{A1}}^2 - \frac{2}{\gamma-1}a_1^2} \tag{22.75}$$

으로 국한된다. 식 (22.75)에서 부등호가 만족되기 위해서는 $v_{\mathrm{A1}} > a_1$ 이어야 한다. 또한, $\mathbf{B}_{t1} = 0$이므로 $v_{\mathrm{A1}} = c_{\mathrm{f1}}$ 임에 유의하자.

22.6.5 스위치 끔 충격파

스위치 켬 충격파와는 정반대로, 충격파 상류에서 자기장이 비스듬한 각도로 진입하더라도 하류의 자기장은 충격파의 수직 방향으로 꺾일 수 있다(그림 22.7b). 이렇게 $\mathbf{B}_{t1} \neq 0$이면서 $\mathbf{B}_{t2} = 0$인 충격파를 **스위치 끔 충격파**(switch-off shock)라고 부른다. 스위치 끔 충격파는 식 (22.43)에 의하여

$$v_{n1} = v_{\mathrm{A1}}, \quad v_{n2} < c_{\mathrm{s2}} \tag{22.76}$$

를 만족하는, 중간 충격파와 느린 충격파의 특수한 경우이다.

22.6.6 충격파 분류: 요약

그림 22.5에 표시한 1, 2, 3, 4영역에 대해, $i \to j$ $(i < j)$영역으로 변화하는 충격파의 종류와 특징을 요약하면 다음과 같다. $i > j$인 경우는 엔트로피 증가 법칙에

위배되므로 자연계에서 존재하는 충격파가 될 수 없다(Goedbloed 2008).

- $1 \to 2$: 빠른 충격파로, 하류 자기장 벡터가 충격파면 쪽으로 기울어진다.
- $3 \to 4$: 느린 충격파로, 하류 자기장 벡터가 충격파의 수직 방향으로 기울어진다.
- $1 \to 3$, $1 \to 4$, $2 \to 3$, $2 \to 4$: 중간 충격파로, 하류 자기장 벡터가 상류 자기장의 반대 방향으로 꺾인다.
- $1 \to 2 = 3$: 스위치 켬 충격파로, 상류 자기장 벡터가 충격파면에 수직이다.
- $2 = 3 \to 4$: 스위치 끔 충격파로, 하류 자기장 벡터가 충격파면에 수직이다.
- $2 = 3 \to 2 = 3$: 회전 불연속면으로, 하류 자기장 벡터의 세기는 상류에서와 같으나 방향이 다르다.
- $(v_{n1} = 0) \to (v_{n2} = 0)$: $[\![\rho]\!] \neq 0$이고 $B_n \neq 0$이면 접촉 불연속면이고, $B_n = 0$이면 접선 불연속면이다.

세 종류의 충격파 중 빠른 충격파와 느린 충격파는 실험실과 자연계에서 실제로 발견되지만, 중간 충격파가 실제 존재하는지에 대해서는 여전히 논란 중이다. 중간 충격파도 엔트로피 증가 조건을 만족하지만 이상자기유체역학 섭동에 대해서 불안정하므로 자연계에 실재하지 않는다는 견해가 한동안 지배적이었다.[6] 그런데 지구 자기권이나 태양계 바깥쪽에서 태양풍과 연관된 중간 충격파를 관측한 사례가 보고되고 있다. 또한 자기유체역학 수치 실험에서도 중간 충격파가 나타난다는 사실은 중간 충격파가 안정적일 수 있음을 시사한다. 유체의 점성, 자기 확산과 같은 비이상적인 항들이 중간 충격파를 안정화시킬 가능성이 대두되고 있는데, 아직 확실하게 증명된 것은 아니며 이에 대한 연구가 진행 중이다.

22.6.7 충격파 분류의 예

위에서 설명한 다양한 충격파가 식 (22.57)을 통해서 어떻게 나타나는지 구체적인 예를 들어보자. $\widehat{B}_n = 3$, $|\widehat{\mathbf{B}}_{t1}| = 1$, $\gamma = 5/3$에 대한 식 (22.57)의 해를 그림 22.8에 나타내었다. 빠른파, 알펜파, 느린파의 위상속도는 각각 $\widehat{c}_{f1} \equiv c_{f1}/a_1 = 2.47$, $\widehat{v}_{A1} \equiv v_{A1}/a_1 = 2.32$, $\widehat{c}_{s1} \equiv c_{s1}/a_1 = 0.94$이며, 그림에 수직 점선으로 표시되어 있다. 굵은 실선은 빠른 충격파($\mathcal{M}_1 > \widehat{c}_{f1}$) 또는 느린 충격파($\widehat{v}_{A1} > \mathcal{M}_1 > \widehat{c}_{s1}$)를 나타내며, 가는 실선은 중간 충격파($\widehat{c}_{f1} > \mathcal{M}_1 > \widehat{v}_{A1}$)에 해당한다. 왼쪽 그림은 $0 \leq \mathcal{M}_1 \leq 6$인 구간에 대한 해이고, 오른쪽 그림은 $2 \leq \mathcal{M}_1 \leq 3$ 구간을

6) 어떤 현상이 스스로 진화하여 만들어지지 않는다는 의미에서 중간 충격파를 비진화적(non-evolutionary)이라고 한다.

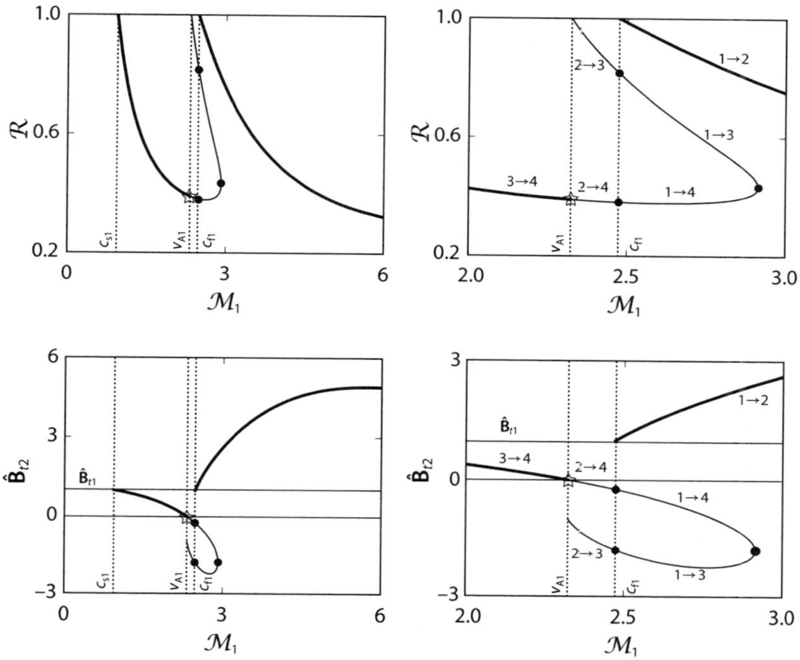

그림 22.8 $\mathcal{R}$과 $\widehat{\mathbf{B}}_{t2}$에 대한 식 (22.57)의 해. 오른쪽 그림은 $2 \le \mathcal{M}_1 \le 3$인 구간에 대해 왼쪽 그림을 확대한 것이다. $\widehat{B}_n = 3$, $|\widehat{\mathbf{B}}_{t1}| = 1$, $\gamma = 5/3$를 채택하였다. 수직 방향의 점선은 $\mathcal{M}_1$이 작은 쪽부터 $v_{n1} = c_{s1}$, v_{A1}, c_{f1}에 해당한다. 굵은 실선은 빠른/느린 충격파를, 가는 실선은 중간 충격파를 나타낸다. 별표는 스위치 끔 충격파에 해당한다. 아래 그림의 수평 실선은 $\widehat{\mathbf{B}}_{t2} = \widehat{\mathbf{B}}_{t1}$와 $\widehat{\mathbf{B}}_{t2} = 0$을 나타낸다. 숫자와 화살표는 그림 22.5에서 표시된 다양한 충격파를 구분한다.

확대한 것이다. 오른쪽 그림의 숫자와 화살표는 그림 22.5에 표시된 다양한 충격파 종류를 표시한다. 그림 22.8의 아래 그림에서 2개의 수평 실선은 $\widehat{\mathbf{B}}_{t2} = \widehat{\mathbf{B}}_{t1}$과 $\widehat{\mathbf{B}}_{t2} = 0$을 나타내며, $\mathcal{M}_1 = \widehat{v}_{A1}$에 표시된 별표는 스위치 끔 충격파에 해당한다.

$\widehat{v}_{A1} > \mathcal{M}_1 > \widehat{c}_{s1}$ 또는 $\mathcal{M}_1 > \mathcal{M}_{1,\max} = 2.92$인 영역에서는 $\mathcal{R} < 1$을 만족하는 실근이 1개인데, 이는 느린 충격파($3 \to 4$) 또는 빠른 충격파($1 \to 2$)에 해당한다. $\mathcal{M}_{1,\max} > \mathcal{M}_1 > \widehat{c}_{f1}$에서는 3개의 충격파 해가 존재하는데, 1개의 빠른 충격파($1 \to 2$)와 2개의 중간 충격파($1 \to 3$, $1 \to 4$)에 해당한다. 한편, $\widehat{c}_{f1} > \mathcal{M}_1 > \widehat{v}_{A1}$에서는 2개의 중간 충격파($2 \to 3$, $2 \to 4$)만 존재한다. 느린 충격파는 $|\widehat{\mathbf{B}}_{t1}| > |\widehat{\mathbf{B}}_{t2}|$를 만족하고 빠른 충격파는 $|\widehat{\mathbf{B}}_{t1}| < |\widehat{\mathbf{B}}_{t2}|$를 만족하지만, 중간 충격파는 $\widehat{\mathbf{B}}_{t1} \cdot \widehat{\mathbf{B}}_{t2} < 0$이다. $\mathcal{M}_1 < \widehat{c}_{s1}$일 때는 충격파가 존재하지 않는다.

제23장 자기유체역학 불안정⋆

자기장의 존재는 유체역학 불안정의 특성을 변화시키는 한편 자기장이 없는 매질에서는 발견되지 않는 새로운 불안정을 야기하기도 한다. 자기장과 관련된 플라즈마의 다양한 불안정이 있지만, 이 장에서는 천문학적으로 중요한 몇 가지 불안정만을 학습한다. 이를 통하여 자화된 유체의 불안정을 해석하는 방법과 자기장이 유체의 진화에 미치는 영향을 알아본다.

23.1 자화된 매질의 레일리-테일러 불안정

레일리-테일러 불안정은 무거운 유체가 가벼운 유체보다 더 높은 에너지 상태에 있을 때 일어나는 불안정이다. 그림 16.2(a)와 같이 배치된 중력장 $\mathbf{g} = -g\hat{\mathbf{z}}$의 영향을 받고 있는 자화된 비압축성 유체를 생각해 보자. 유체는 초기에 정지해 있으며 밀도 분포는

$$\rho(z) = \begin{cases} \rho_u, & (z > 0) \\ \rho_l & (z < 0) \end{cases} \tag{23.1}$$

이다. 균일한 초기 자기장 $\mathbf{B}_0 = B_0\hat{\mathbf{x}}$는 두 유체의 경계면에 평행하다.

23.1.1 섭동 방정식

유체의 초기 상태에 작은 크기의 섭동을 가하자. 속도의 섭동을 $\mathbf{v}_1 = (v_x, v_y, v_z)$로, 자기장의 섭동을 $\mathbf{B}_1 = (b_x, b_y, b_z)$로 나타내자. 비압축성 유체에 대한 선형화된 연속 방정식은

$$\nabla \cdot \mathbf{v}_1 = \frac{\partial v_x}{\partial x} + \frac{\partial v_y}{\partial y} + \frac{\partial v_z}{\partial z} = 0 \tag{23.2}$$

이다.

자기장의 유도 방정식(식 20.70)을 선형화하면

$$\frac{\partial \mathbf{B}_1}{\partial t} = \nabla \times (\mathbf{v}_1 \times \mathbf{B}_0) \tag{23.3a}$$

$$= (\mathbf{B}_0 \cdot \nabla)\mathbf{v}_1 \tag{23.3b}$$

이 된다. 여기서 식 (20.47b)와 식 (23.2)를 사용하였다.

한편, 밀도와 압력의 섭동을 각각 $\delta\rho$와 δP라고 하고 운동량 방정식(식 20.69)을 선형화하면

$$\rho\frac{\partial \mathbf{v}_1}{\partial t} = -\boldsymbol{\nabla}\delta P + \frac{1}{4\pi}(\boldsymbol{\nabla}\times\mathbf{B}_1)\times\mathbf{B}_0 + \delta\rho\mathbf{g} \tag{23.4}$$

가 된다. 이 식을 x, y, z 성분별로 적으면

$$\rho\frac{\partial v_x}{\partial t} = -\frac{\partial \delta P}{\partial x}, \tag{23.5a}$$
$$\rho\frac{\partial v_y}{\partial t} = -\frac{\partial \delta P}{\partial y} + \frac{B_0}{4\pi}\left(\frac{\partial b_y}{\partial x} - \frac{\partial b_x}{\partial y}\right), \tag{23.5b}$$
$$\rho\frac{\partial v_z}{\partial t} = -\frac{\partial \delta P}{\partial z} - \frac{B_0}{4\pi}\left(\frac{\partial b_x}{\partial z} - \frac{\partial b_z}{\partial x}\right) - g\delta\rho \tag{23.5c}$$

를 얻는다.

경계면에서 섭동이 만족해야 할 방정식은 자기장이 없는 경우와 마찬가지로

$$\frac{\partial \delta\rho}{\partial t} + v_z\frac{d\rho}{dz} = 0 \tag{23.6}$$

이다.

이제 섭동이

$$\delta\rho, \delta P, \mathbf{v}_1, \mathbf{B}_1 \propto \exp(i\omega t + ik_x x + ik_y y) \tag{23.7}$$

와 같이 평면파로 기술되는 경우를 생각해 보자. 여기서 ω는 섭동의 진동수이며, k_x와 k_y는 각각 x와 y 방향의 파수이다. 식 (23.7)을 식 (23.3)에 대입하면

$$\omega\mathbf{b}_1 = k_x B_0 \mathbf{v}_1 \tag{23.8}$$

을 얻고, 식 (23.2), (23.5), (23.6)에 대입하면

$$ik_x v_x + ik_y v_y + \frac{dv_z}{dz} = 0, \tag{23.9}$$
$$\rho\omega v_x = -k_x\delta P, \tag{23.10}$$
$$\rho\omega v_y - \frac{B_0}{4\pi}(k_x b_y - k_y b_x) = -k_y\delta P, \tag{23.11}$$
$$i\rho\omega v_z + \frac{B_0}{4\pi}\left(\frac{db_x}{dz} - ik_x b_z\right) = -\frac{d\delta P}{dz} - g\delta\rho, \tag{23.12}$$
$$i\omega\delta\rho + v_z\frac{d\rho}{dz} = 0 \tag{23.13}$$

을 얻는다.

식 (23.8)부터 식 (23.13)을 결합하면 수직 방향 속도의 섭동 v_z에 관한 미분 방정식을 얻을 수 있는데 그 과정은 다음과 같다. 우선 식 (23.8)을 식 (23.11)에 대입하여 정리하면

$$\omega^2 v_y + ik_x v_\mathrm{A}^2 \Omega = -\frac{k_y}{\rho}\omega\delta P \tag{23.14}$$

가 되는데, 여기서 $v_\mathrm{A} = B_0/(4\pi\rho)^{1/2}$은 알펜 속도이며, Ω는

$$\Omega \equiv \frac{\partial v_y}{\partial x} - \frac{\partial v_x}{\partial y} = ik_x v_y - ik_y v_x \tag{23.15}$$

로 정의되는 소용돌이(vorticity)의 z 방향 성분이다. 식 (23.10)과 식 (23.14)에서 δP를 소거하면

$$\omega^2 v_y + ik_x v_\mathrm{A}^2 \Omega = \frac{k_y}{k_x}\omega^2 v_x \tag{23.16}$$

가 되고, 이를 식 (23.15)를 이용하여 정리하면

$$\frac{(\omega^2 - k_x^2 v_\mathrm{A}^2)\Omega}{k_x} = 0 \tag{23.17}$$

을 얻는다. 이 식의 해 중에서 $\omega^2 - k_x^2 v_\mathrm{A}^2 = 0$은 초기 자기장을 따라 x 방향으로 전파하는 알펜파의 분산 관계식으로 레일리-테일러 불안정과 직접적인 관련이 없다. 따라서 식 (23.17)의 해로

$$\Omega = ik_x v_y - ik_y v_x = 0 \tag{23.18}$$

을 택한 후, 식 (23.14)에 대입하면

$$\rho\omega v_y = -k_y \delta P \tag{23.19}$$

를 얻는다.

식 (23.10)에 k_x를 곱한 식과 식 (23.19)에 k_y를 곱한 식을 더하면

$$\rho\omega(k_x v_x + k_y v_y) = -k^2 \delta P \tag{23.20}$$

를 얻는다. 여기서 $k^2 \equiv k_x^2 + k_y^2$이다. 식 (23.9)를 이용하여 위 식을 다시 쓰면

$$\delta P = -i\frac{\rho\omega}{k^2}\frac{dv_z}{dz} \tag{23.21}$$

가 된다. 또한, 식 (23.9)와 식 (23.18)에서 v_y를 소거하면

$$v_x = i\frac{k_x}{k^2}\frac{dv_z}{dz} \tag{23.22}$$

를 얻는다.

마지막으로, 식 (23.8), (23.13), (23.21), (23.22)를 식 (23.12)에 대입하여 모든 섭동 변수를 v_z 만의 식으로 나타내면

$$\frac{d}{dz}\left(\rho\frac{dv_z}{dz}\right) - \frac{(\mathbf{k}\cdot\mathbf{B}_0)^2}{4\pi\omega^2}\left(\frac{d^2v_z}{dz^2} - k^2v_z\right) - k^2\left(\frac{g}{\omega^2}\frac{d\rho}{dz} + \rho\right)v_z = 0 \quad (23.23)$$

을 얻는다. $k_x = 0$ 또는 $\mathbf{B}_0 = 0$인 경우, 식 (23.23)은 식 (16.7)과 같아진다. 자화된 기체라고 하더라도 $k_x = 0$인 섭동에 대해서는 자기장이 유체의 진화에 아무런 영향을 끼치지 않는다.

23.1.2 분산 관계식

$z \neq 0$에서 ρ가 일정하므로 식 (23.23)을 인수분해하면

$$\rho\left(1 - \frac{v_{\mathrm{A}}^2k_x^2}{\omega^2}\right)\left(\frac{d^2v_z}{dz^2} - k^2v_z\right) = 0 \quad (23.24)$$

을 얻는다. 이 식의 해 중에서 알펜파가 아니며 $z \to \pm\infty$에서 발산하지 않는 해를

$$v_z(z) = \begin{cases} Ae^{-kz}, & (z > 0) \\ Be^{kz} & (z < 0) \end{cases} \quad (23.25)$$

로 택할 수 있다. 여기서 A와 B는 접촉면의 경계조건에 의해 결정되는 상수이다.

섭동의 수직 방향 속도가 접촉 경계면 $z = 0$에서 연속이어야 하므로, $A = B$여야 한다. 또한, 식 (23.23)을 접촉면을 가로질러 z 방향으로 적분하면

$$\Delta_s\left(\rho\frac{dv_z}{dz}\right) - \frac{(\mathbf{k}\cdot\mathbf{B}_0)^2}{4\pi\omega^2}\Delta_s\left(\frac{dv_z}{dz}\right) = g\frac{k^2}{\omega^2}v_z(z=0)\Delta_s(\rho) \quad (23.26)$$

를 얻는다. 식 (23.25)를 식 (23.26)에 대입하면

$$-k(\rho_uA + \rho_lB) + \frac{(\mathbf{k}\cdot\mathbf{B}_0)^2}{4\pi\omega^2}k(A+B) = g\frac{k^2}{\omega^2}A(\rho_u - \rho_l) \quad (23.27)$$

인데, $A = B$임을 이용하면

$$\omega^2 = -gk\frac{\rho_u - \rho_l}{\rho_u + \rho_l} + \frac{(\mathbf{k}\cdot\mathbf{B}_0)^2}{2\pi(\rho_u + \rho_l)} \quad (23.28)$$

이 된다. 식 (23.28)은 자화된 매질의 레일리-테일러 불안정에 대한 분산 관계식이다.

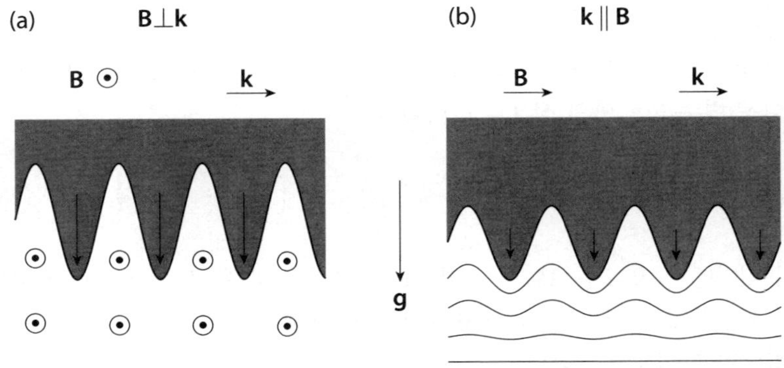

그림 23.1 자화된 매질의 레일리-테일러 불안정과 자기장의 배치. 섭동의 진행 방향이 자기장의 방향에 수직인 경우(a)와 평행한 경우(b).

만일 $(\mathbf{k}\cdot\mathbf{B}_0)=0$이라면, 식 (23.28)은 자기장이 없는 레일리-테일러 불안정의 분산 관계식과 같아진다. $k_x=0$인 섭동은 자기장의 영향을 전혀 받지 않기 때문이다(그림 23.1a). 이 경우, $\rho_u>\rho_l$이면 ω^2이 음수가 되어 파동이 불안정해진다. 반면, $(\mathbf{k}\cdot\mathbf{B}_0)\neq 0$일 때, 식 (23.28)에서 자기장 항은 항상 양수이다. 즉, 자기장의 존재는 $k_x\neq 0$인 섭동을 안정화시키는 역할을 한다. 이것은 섭동 자기장의 자기장력(magnetic tension)이 경계면의 변형을 억제하는 방향으로 작용하기 때문이다(그림 23.1b). 섭동이 초기 자기장 방향으로 전파하는 $k_y=0$인 경우,

$$k_x > g\frac{2\pi(\rho_u-\rho_l)}{B_0^2} \tag{23.29}$$

인 짧은 파장의 섭동은 자기장력에 의해 완전히 안정화된다.

23.2 파커 불안정

앞에서 기술한 자화된 매질의 레일리-테일러 불안정에서는 비압축성 매질을 가정하였다. 매질의 압축성을 고려하면 유체의 부력과 자기장이 결합하여 **파커 불안정**(Parker instability)이라는 새로운 불안정이 생긴다.

고정된 외부 중력장 $\mathbf{g}=-g\hat{\mathbf{z}}$의 영향 아래에서 정상 평형 상태에 있는 수직 방향으로 층화된 매질을 생각해 보자. 이 평판 매질은 초기에 음속이 c_s인 등온 상태에 있다. 매질의 밀도, 열적 압력, 자기장의 분포가 각각 $\rho_0(z)$, $P_0(z)=c_s^2\rho_0$, $\mathbf{B}_0=B_0(z)\hat{\mathbf{x}}$라면, 매질의 정적 평형 상태는

$$\frac{d}{dz}\left(P_0+\frac{B_0^2}{8\pi}\right)=-\rho_0 g \tag{23.30}$$

를 만족한다.

초기 상태에서 기체압에 대한 자기압력의 비를

$$\alpha \equiv \frac{B_0^2/(8\pi)}{\rho_0 c_s^2} = \text{일정} \tag{23.31}$$

으로 정의하면, 식 (23.30)의 해는

$$\rho_0(z) = \rho_{00}\exp(-z/H), \tag{23.32a}$$

$$P_0(z) = P_{00}\exp(-z/H), \tag{23.32b}$$

$$B_0(z) = B_{00}\exp(-z/2H) \tag{23.32c}$$

가 된다. 여기서 아래 첨자 '00'이 붙은 물리량은 $z=0$에서의 값을 뜻하며, 평판의 높이척도 H는

$$H \equiv \frac{(1+\alpha)c_s^2}{g} \tag{23.33}$$

으로 정의되는 양이다.

이제 식 (23.32)로 기술되는 평형 상태에 작은 진폭의 섭동, ρ_1, P_1, $\mathbf{v}_1 = u\hat{\mathbf{x}} + v\hat{\mathbf{z}}$, $\mathbf{B}_1 = b_x\hat{\mathbf{x}} + b_z\hat{\mathbf{z}}$를 가하자. 섭동은 (x, z, t)에만 의존하며 y 좌표에는 무관한 2차원 섭동이라고 가정한다.

연속 방정식(식 20.68)을 선형화하면

$$\frac{\partial \rho_1}{\partial t} - \frac{\rho_0}{H}v + \rho_0\left(\frac{\partial u}{\partial x} + \frac{\partial v}{\partial z}\right) = 0 \tag{23.34}$$

을 얻는다.

운동량 방정식(식 20.69)을 선형화하면

$$\rho_0\frac{\partial \mathbf{v}_1}{\partial t} = -\boldsymbol{\nabla}P_1 + \frac{1}{4\pi}(\boldsymbol{\nabla}\times\mathbf{B}_1)\times\mathbf{B}_0 + \frac{1}{4\pi}(\boldsymbol{\nabla}\times\mathbf{B}_0)\times\mathbf{B}_1 + \rho_1\mathbf{g} \tag{23.35}$$

이다. 그런데,

$$\boldsymbol{\nabla}\times\mathbf{B}_1 = \left(\frac{\partial b_x}{\partial z} - \frac{\partial b_z}{\partial x}\right)\hat{\mathbf{y}}, \quad \boldsymbol{\nabla}\times\mathbf{B}_0 = \frac{\partial B_0}{\partial z}\hat{\mathbf{y}} = -\frac{B_0}{2H}\hat{\mathbf{y}} \tag{23.36}$$

이므로

$$(\boldsymbol{\nabla}\times\mathbf{B}_1)\times\mathbf{B}_0 = -B_0\left(\frac{\partial b_x}{\partial z} - \frac{\partial b_z}{\partial x}\right)\hat{\mathbf{z}}, \tag{23.37a}$$

$$(\boldsymbol{\nabla}\times\mathbf{B}_0)\times\mathbf{B}_1 = B_0\left(\frac{b_x}{2H}\hat{\mathbf{z}} - \frac{b_z}{2H}\hat{\mathbf{x}}\right) \tag{23.37b}$$

이다. 따라서 식 (23.35)를 x와 z 방향 성분으로 분리하면

$$\rho_0 \frac{\partial u}{\partial t} = -\frac{\partial P_1}{\partial x} - \frac{B_0}{4\pi} \frac{b_z}{2H}, \tag{23.38a}$$

$$\rho_0 \frac{\partial v}{\partial t} = -\frac{\partial P_1}{\partial z} + \frac{B_0}{4\pi} \left(\frac{\partial b_z}{\partial x} - \frac{\partial b_x}{\partial z} + \frac{b_x}{2H} \right) - g\rho_1 \tag{23.38b}$$

을 얻는다.

유도 방정식(식 20.70)을 선형화하면

$$\frac{\partial \mathbf{B}_1}{\partial t} = \boldsymbol{\nabla} \times (\mathbf{v}_1 \times \mathbf{B}_0) \tag{23.39}$$

인데,

$$\boldsymbol{\nabla} \times (\mathbf{v}_1 \times \mathbf{B}_0) = -\frac{\partial (B_0 v)}{\partial z} \hat{\mathbf{x}} + \frac{\partial (B_0 v)}{\partial x} \hat{\mathbf{z}} \tag{23.40}$$

이므로, 식 (23.39)를 성분별로 정리하면

$$\frac{\partial b_x}{\partial t} = -B_0 \frac{\partial v}{\partial z} + \frac{B_0}{2H} v, \tag{23.41a}$$

$$\frac{\partial b_z}{\partial t} = B_0 \frac{\partial v}{\partial x} \tag{23.41b}$$

가 된다.

마지막으로 초기 상태는 등온이지만, 섭동의 진화는 단열 상태방정식

$$\frac{D}{Dt} \left(\frac{P}{\rho^\gamma} \right) = 0 \tag{23.42}$$

을 따른다고 가정하고, 식 (23.42)를 선형화하면

$$\frac{\partial P_1}{\partial t} = \gamma c_s^2 \frac{\partial \rho_1}{\partial t} - \frac{(\gamma - 1) c_s^2 \rho_0}{H} v \tag{23.43}$$

를 얻는다.

초기 물리량의 분포가 식 (23.32)에서처럼 z 방향으로 변하므로 섭동이 시간과 공간에 따라

$$\rho_1,\ P_1 \propto \exp(i\omega t + ikx) \exp(-z/2H), \tag{23.44a}$$

$$\mathbf{v}_1 \propto \exp(i\omega t + ikx) \exp(+z/2H), \tag{23.44b}$$

$$\mathbf{b}_1 \propto \exp(i\omega t + ikx) \tag{23.44c}$$

와 같이 변한다고 가정하자. 물리량마다 z에 대한 의존성이 다른 이유는 아래에서

유도할 섭동 방정식의 계수가 z에 무관하도록 만들기 위해서다. 섭동을 식 (23.44)와 같이 택하면 섭동의 자기 에너지 밀도($b^2/8\pi$)와 운동 에너지 밀도($\rho_0 v_1^2/2$)가 z 방향으로 일정하다(식 14.65 참고).

식 (23.44)를 식 (23.34), (23.38), (23.41), (23.43)에 대입한 후, 정리하면

$$i\omega\frac{\rho_1}{\rho_0} = -iku + \frac{v}{2H}, \tag{23.45a}$$

$$i\omega u = -ik\frac{P_1}{\rho_0} - \frac{B_0}{8\pi H\rho_0}b_z, \tag{23.45b}$$

$$i\omega v = \frac{P_1}{2H\rho_0} + \frac{B_0}{4\pi\rho_0}ikb_z - g\frac{\rho_1}{\rho_0}, \tag{23.45c}$$

$$b_x = 0, \tag{23.45d}$$

$$i\omega b_z = ikB_0 v, \tag{23.45e}$$

$$i\omega P_1 = (2-\gamma)\frac{P_0}{2H}v - i\gamma kP_0 u \tag{23.45f}$$

가 된다. 식 (23.45c)와 식 (23.45f)를 유도할 때, 각각 식 (23.45d)와 식 (23.45a)를 사용하였다.

식 (23.45b)와 식 (23.45c)에서 ρ_1, P_1, b_z를 소거하여 다시 쓰면

$$i(\omega^2 - \gamma c_s^2 k^2)u = -\frac{(2-\gamma)c_s^2 + v_{\rm A}^2}{2H}kv \tag{23.46a}$$

$$i\left[\omega^2 - v_{\rm A}^2 k^2 - \frac{(2\alpha+\gamma)c_s^2}{4H^2}\right]v = \frac{(2+2\alpha-\gamma)c_s^2}{2H}ku \tag{23.46b}$$

를 얻는다. 여기서 식 (23.33)을 사용하여 g를 소거하였으며 $v_{\rm A}^2 = B_0^2/(4\pi\rho_0) = 2\alpha c_s^2$이라는 관계를 이용하였다. 식 (23.46)에서 u와 v를 소거하면, 파커 불안정에 대한 분산 관계식

$$\begin{aligned}\omega^4 &- (2\alpha+\gamma)\left(k^2 + \frac{1}{4H^2}\right)c_s^2\omega^2 \\ &+ \left[2\alpha\gamma\left(k^2 + \frac{1}{4H^2}\right) - \frac{(1+\alpha)(1+\alpha-\gamma)}{H^2}\right]c_s^4 k^2 = 0\end{aligned} \tag{23.47}$$

을 얻을 수 있다. 자기장이 없는($\alpha \to 0$) 경우, 식 (23.47)은 식 (14.66)과 같다.

식 (23.47)은 ω^2에 대한 이차방정식이며, 상수항이 음수일 때 $\omega^2 < 0$인 불안정한 해가 반드시 존재한다. 따라서 파커 불안정이 일어날 조건은

$$k^2H^2 < \frac{(1+\alpha)(1+\alpha-\gamma)}{2\alpha\gamma} - \frac{1}{4} \tag{23.48}$$

이다. 이 조건을 만족하는 k가 존재하기 위해서는 식 (23.48)의 우변이 양수여야

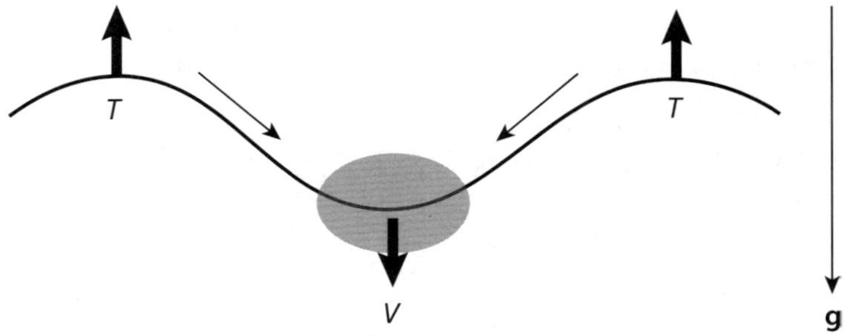

그림 23.2 파커 불안정의 작동 원리. 자기장이 구부러지면 무거운 기체가 중력에 의해 자기장을 따라 아래로 내려와 골짜기(V)에 쌓이고 가벼운 기체는 자기장을 따라 마루(T) 쪽으로 떠오른다. 쌓인 기체에 작용하는 중력과, 가벼운 기체에 작용하는 부력은 자기장을 더욱 구부러지게 만든다.

하므로, 파커 불안정의 필요조건은

$$\gamma < \gamma_c \equiv \frac{(1+\alpha)^2}{1+3\alpha/2} \tag{23.49}$$

이다. 이 조건은 천문학적 상황에서 쉽게 만족된다.

자기장의 존재가 압축성 기체를 불안정하게 만드는 이유를 그림 23.2에 설명하였다. 자기장이 섭동을 받아 그림과 같이 물결 모양으로 변형된 경우를 생각해 보자. 자기장에 평행한 방향으로는 로런츠 힘이 0이므로 물질은 자기장을 따라 자유롭게 이동할 수 있다. 섭동을 받아 주변보다 무거워진 기체는 중력에 의해 자기장을 따라 자기 마루(T)에서 골짜기(V) 방향으로 흘러 내린다. 반면, 주변보다 가벼워진 기체는 부력을 받아 자기장을 따라 마루 쪽으로 떠오른다. 무거워진 골짜기의 기체는 자기장을 아래로 누르고, 가벼워진 마루 영역은 자기장을 위쪽으로 끌어올리며 처음 가해진 섭동을 강화시켜 자기장을 더욱 구부러지게 만든다.

그림 23.3에 파커 불안정의 무차원 성장률 $|\omega|H/c_s$를 무차원 파수 kH의 함수로 나타내었다. $\alpha = 2$이고 $\gamma = 1$인 경우를 채택하였다. $kH < 1.12$인 긴 파장의 섭동은 불안정하지만 이보다 짧은 파장의 섭동은 파커 불안정에 대해 안정적이다. 섭동의 파장이 짧으면 자기장력이 중력과 부력을 상쇄시킬 수 있기 때문이다. 최대의 성장률을 갖는 섭동의 파장은

$$\lambda_{\max} \approx 10H \sim 1 \left(\frac{H}{0.1\ \text{kpc}}\right) \quad \text{kpc} \tag{23.50}$$

이며, 이 섭동의 성장시간 $\tau_{\text{grow}} = |\omega|_{\max}^{-1}$은

$$\tau_{\text{grow}} \approx \frac{H}{0.37c_s} \sim 10 \left(\frac{H}{0.1\ \text{kpc}}\right)\left(\frac{c_s}{10\ \text{km s}^{-1}}\right)^{-1} \quad \text{Myr} \tag{23.51}$$

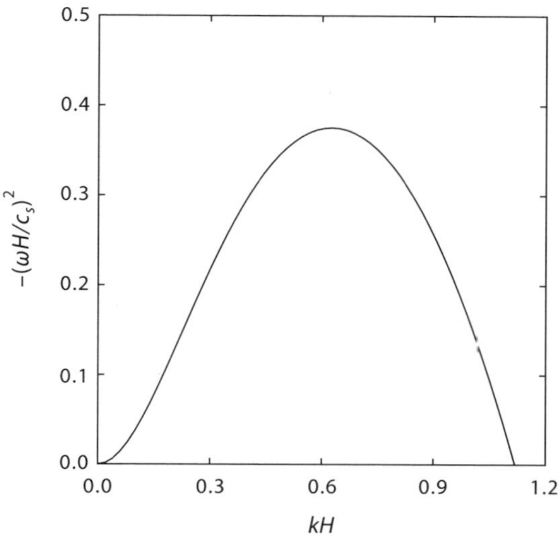

그림 23.3 파커 불안정의 분산 관계식($\alpha = 2$, $\gamma = 1$)

로 주어진다.

은하면에는 질량이 $\sim 10^6$–10^7 $M_\odot$에 이르는 거대 성간운이 나선팔을 따라 분포한다. 거대 성간운의 평균 간격은 $\sim$ 1 kpc이며 기대 수명이 수천만 년으로 알려져 있는데, 이는 각각 파커 불안정의 파장 및 성장시간과 비슷하다. 이러한 이유로 거대 성간운의 형성이 파커 불안정에서 비롯되었다는 주장이 1980년대에 제기되었다. 하지만 1990년대 이후 진행된 수치 실험은 파커 불안정의 결과로 형성된 성간운의 밀도와 질량이 관측치보다 훨씬 작음을 보여 주었다(Kim et al. 2000). 이것은 파커 불안정이 중력 불안정처럼 고삐 풀린(runaway) 방식으로 일어나지 않고 비선형 단계에서 쉽게 안정화되는 불안정이기 때문이다. 그림 23.2에 그려진 물결 모양의 자기장이 충분히 구부러지면, 강해진 자기장력이 골짜기에 몰려든 성간운에 작용하는 중력을 상쇄시켜 자기장이 더 이상 구부러지는 것을 억제한다. 따라서 파커 불안정이 거대 성간운을 형성할 가능성이 크지 않다. 파커 불안정은 태양 표면이나 유입원반에서의 자속관(magnetic flux tube)의 떠오름 등을 잘 설명해 준다.

23.3 자기회전 불안정

23.3.1 배경 및 물리적 원리

원시성이나 블랙홀 주변에 있는 회전하는 물질은 각운동량 보존 때문에 중심 천체로 곧장 떨어지지 못하고 천체 주위에 **유입원반**을 형성한다. 원시성이 성장하여 항성이 되거나 블랙홀이 활발히 활동하기 위해서는 원반 물질이 각운동량을 잃고 중심 천체로 유입되어야 한다. 입자의 열적 무작위 운동에 기인한 **분자점**

성(molecular viscosity)은 유체의 각운동량을 제거할 수 있으나, 그 시간이 너무 길어서 원시성의 성장이나 블랙홀의 활동을 제대로 설명하지 못한다. Shakura and Sunyaev(1973)은 원반의 차등회전이 구성 물질에 난류 운동을 일으킨다는 가설을 세운 후, 난류 확산에 기인한 **난류점성**(turbulent viscosity)이 물질 유입에 필요한 적절한 각운동량 손실을 설명한다고 주장하였다.

유입원반이 활발한 난류 운동을 하는 것은 확실해 보이지만, 난류 운동이 차등회전, 즉 속도 엇갈림에 의한 것인지는 확실하지 않다. 그 이유는, 자기장이 없는 회전계는 다음과 같은 **레일리 조건**(Rayleigh condition)

$$\frac{d(R^2\Omega)}{dR} < 0 \tag{23.52}$$

을 만족할 때 불안정하기 때문이다.[7] 이 조건은 식 (17.30)에서 정의된 주전원 진동수 κ에 대하여 $\kappa^2 < 0$이라는 조건과 동등하다. 천문학적 회전 원반은 대부분 중력과 원심력이 균형을 이루고 있기 때문에 $\Omega^2 = GM_R/R^3$을 만족한다. 여기서 M_R은 반지름 R 안쪽에 있는 물질의 질량을 뜻한다. 따라서 $\kappa^2 \propto d(RM_R)/dR$이 음수가 되기 위해서는 M_R이 $1/R$보다 더 급하게 감소하여야 한다. 그런데 M_R은 일반적으로 R의 증가 함수이므로, 식 (23.52)는 천문학적 상황에서 절대로 만족되지 않는다. 따라서 자화되지 않은 유입원반은 유체역학적으로 안정하며 난류 운동이 발생하지 않는다. 다른 유체역학 불안정, 비선형 음파, 충격파 등이 각운동량 손실의 주요한 매개체로 거론되었으나, 원반 물질의 유입을 설명하는 데 역부족임이 밝혀졌다.

한편, 원반에 자기장이 존재하면 불안정의 조건이 식 (23.52) 대신,

$$\frac{d\Omega}{dR} < 0 \tag{23.53}$$

으로 바뀐다는 사실이 밝혀졌다(Balbus and Hawley 1991). 유입원반은 중심 천체의 중력에 기반한 케플러 회전($\Omega \propto R^{-3/2}$)을 따르므로 식 (23.53)을 쉽게 만족한다. 이러한 자화된 회전계의 불안정을 **자기회전 불안정**(magnetorotational instability, MRI)이라고 부른다. 자기회전 불안정은 비선형 단계에서 활발한 난류 운동을 발생시킨다는 사실이 수치 실험으로 확인되었다.

자기회전 불안정이 작동하는 원리는 다음과 같다. 그림 23.4(a)와 같이 회전축에 평행한 자기장을 갖고 있는 유입원반을 생각해 보자. 자기장은 다른 높이에 위치한 두 유체소를 연결하고 있다. 이제 두 유체소에 약간의 섭동을 가하여 위쪽에 있는 유체소를 회전축 방향으로, 아래에 있는 유체소를 바깥쪽으로 살짝 밀어 보자. 그림 23.4(b)는 두 유체소를 위에서 내려다본 모습으로, 가 → 나 →

7) 서로 다른 각속도로 회전하는 두 평행한 원통 사이에 있는 유체의 흐름이 이러한 회전계에 해당한다(Drazin and Reid 2004).

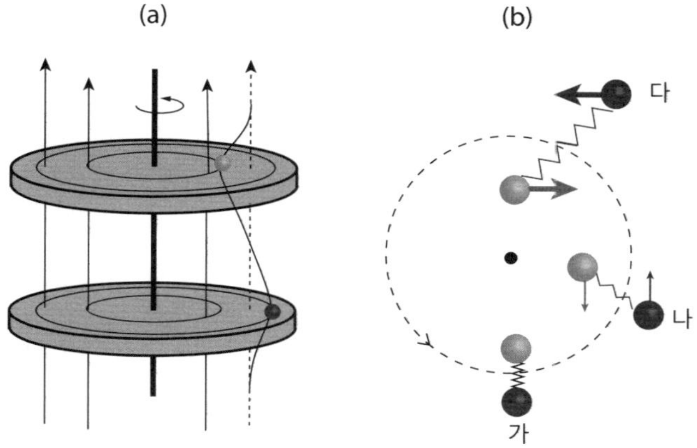

그림 23.4 자기회전 불안정의 작동 원리. (a) 유입원반에서 다른 높이에 위치한 두 유체소를 연결하는 수직 자기장의 배치. 위 유체소는 회전축 방향으로, 아래 유체소는 바깥쪽으로 섭동을 받았다. (b) 두 유체소를 원반 위에서 내려다본 모습. 자기장을 용수철로 형상화하였다.

다 순서로 시간에 따른 진화를 보여 준다. 두 유체소를 연결한 자기장을 용수철로 표현하였다. 원반의 차등회전, 즉 속도 엇갈림이 식 (23.53)을 만족하므로, 안쪽 유체소가 바깥쪽 유체소보다 빨리 회전하면서 용수철이 길게 늘어난다. 늘어난 용수철의 탄성력(자기장력)은 안쪽 유체소를 그 주변에 있는 유체보다 점점 느리게 회전하도록 만드는 한편, 바깥쪽 유체소를 그 주변보다 더 빠르게 회전하게 만든다. 느리게 회전하는 안쪽 유체소는 약해진 원심력 때문에 점점 더 안쪽으로 이동하고, 바깥쪽 유체소는 원심력이 증가하여 더 바깥쪽으로 이동한다. 두 유체소의 운동 방향이 처음 가해진 섭동을 강화시키는 방향이므로, 이러한 일련의 과정은 불안정에 해당한다. 안쪽 유체소의 각운동량이 자기장을 따라 바깥쪽 유체소로 전달되면서 중심 천체로의 물질 유입이 가능해진다.

23.3.2 분산 관계식

자기회전 불안정을 보다 정량적으로 분석하기 위하여 각속도 $\mathbf{\Omega} = \Omega(R)\hat{\mathbf{z}}$로 회전하는 균일 매질을 생각해 보자. 매질의 초기 밀도, 압력, 속도는 각각 ρ_0, P_0, $\mathbf{v}_0 = R\Omega\hat{\boldsymbol{\phi}}$이며, 초기 자기장은 $\mathbf{B}_0 = B_{0\phi}\hat{\boldsymbol{\phi}} + B_{0z}\hat{\mathbf{z}}$이다. 회전 운동에 의한 원심력은 외부 중력가속도와 평형을 이루고 있다(즉, $R\Omega^2 = d\Phi/dR$). 매질의 자체 중력은 고려하지 않는다. 이러한 정상 평형 상태는 식 (20.68)부터 식 (20.71)을 만족한다.

이 평형 상태에 작은 크기의 3차원 섭동 ρ_1, P_1, $\mathbf{v}_1 = v_R\hat{\mathbf{R}} + v_\phi\hat{\boldsymbol{\phi}} + v_z\hat{\mathbf{z}}$, $\mathbf{B}_1 = b_R\hat{\mathbf{R}} + b_\phi\hat{\boldsymbol{\phi}} + b_z\hat{\mathbf{z}}$를 가하자. 문제를 간단하게 하기 위하여 섭동이 축대칭이며 R에 대해 무관하고, 오직 z와 t에 대해서만 의존한다고 가정하자. 주어진

섭동에 대해 식 (20.68)을 선형화하면

$$\frac{\partial \rho_1}{\partial t} + \rho_0 \frac{\partial v_z}{\partial z} = 0 \tag{23.54}$$

을 얻는다.

운동량 방정식(식 20.69)을 선형화하면

$$\frac{\partial \mathbf{v}_1}{\partial t} + (\mathbf{v}_0 \cdot \boldsymbol{\nabla})\mathbf{v}_1 + (\mathbf{v}_1 \cdot \boldsymbol{\nabla})\mathbf{v}_0 = -\frac{\boldsymbol{\nabla} P_1}{\rho_0} + \frac{1}{4\pi\rho_0}(\boldsymbol{\nabla} \times \mathbf{B}_1) \times \mathbf{B}_0 \tag{23.55}$$

이다. 단열 상태방정식(식 23.42)을 선형화하면 $P_1 = a^2\rho_1$이 된다. 한편, 식 (17.22)를 이용하면

$$(\mathbf{v}_0 \cdot \boldsymbol{\nabla})\mathbf{v}_1 = \Omega(v_R\hat{\boldsymbol{\phi}} - v_\phi\hat{\mathbf{R}}), \tag{23.56a}$$

$$(\mathbf{v}_1 \cdot \boldsymbol{\nabla})\mathbf{v}_0 = v_R\frac{d(R\Omega)}{dR}\hat{\boldsymbol{\phi}} - \Omega v_\phi\hat{\mathbf{R}} \tag{23.56b}$$

이다. 또한, 부록의 벡터 항등식(식 V.12)을 이용하면 $\mathbf{B}_0$가 일정한 경우,

$$(\boldsymbol{\nabla} \times \mathbf{B}_1) \times \mathbf{B}_0 = (\mathbf{B}_0 \cdot \boldsymbol{\nabla})\mathbf{B}_1 - \boldsymbol{\nabla}(\mathbf{B}_0 \cdot \mathbf{B}_1) \tag{23.57a}$$

$$= B_{0z}\frac{\partial \mathbf{B}_1}{\partial z} - \left(B_{0\phi}\frac{\partial b_\phi}{\partial z} + B_{0z}\frac{\partial b_z}{\partial z}\right)\hat{\mathbf{z}} \tag{23.57b}$$

이다. 식 (23.56)과 식 (23.57)을 식 (23.55)에 대입한 후 R, ϕ, z 성분별로 정리하면

$$\frac{\partial v_R}{\partial t} - 2\Omega v_\phi = \frac{B_{0z}}{4\pi\rho_0}\frac{\partial b_R}{\partial z}, \tag{23.58a}$$

$$\frac{\partial v_\phi}{\partial t} + \frac{\kappa^2}{2\Omega}v_R = \frac{B_{0z}}{4\pi\rho_0}\frac{\partial b_\phi}{\partial z}, \tag{23.58b}$$

$$\frac{\partial v_z}{\partial t} = -\frac{a^2}{\rho_0}\frac{\partial \rho_1}{\partial z} - \frac{B_{0\phi}}{4\pi\rho_0}\frac{\partial b_\phi}{\partial z} \tag{23.58c}$$

를 얻는다.

유도 방정식(식 20.70)을 선형화하면

$$\frac{\partial \mathbf{B}_1}{\partial t} = \boldsymbol{\nabla} \times (\mathbf{v}_1 \times \mathbf{B}_0) + \boldsymbol{\nabla} \times (\mathbf{v}_0 \times \mathbf{B}_1) \tag{23.59}$$

이 된다. 식 (20.47b)를 이용하되

$$\boldsymbol{\nabla} \cdot \mathbf{B}_0 = \boldsymbol{\nabla} \cdot \mathbf{B}_1 = \boldsymbol{\nabla} \cdot \mathbf{v}_0 = 0 \tag{23.60}$$

임을 적용하면 식 (23.59)는

$$\frac{\partial \mathbf{B}_1}{\partial t} = (\mathbf{B}_0 \cdot \boldsymbol{\nabla})\mathbf{v}_1 - \mathbf{B}_0(\boldsymbol{\nabla} \cdot \mathbf{v}_1) - (\mathbf{v}_1 \cdot \boldsymbol{\nabla})\mathbf{B}_0 + (\mathbf{B}_1 \cdot \boldsymbol{\nabla})\mathbf{v}_0 - (\mathbf{v}_0 \cdot \boldsymbol{\nabla})\mathbf{B}_1 \quad (23.61)$$

이 된다. 그런데, $R|\partial \ln \mathbf{v}_1/\partial z| \gg 1$이라는 국부 근사를 적용하면, 식 (23.61)에서 우변의 각 항은

$$(\mathbf{B}_0 \cdot \boldsymbol{\nabla})\mathbf{v}_1 = B_{0z}\frac{\partial}{\partial z}(v_R\hat{\mathbf{R}} + v_\phi\hat{\boldsymbol{\phi}} + v_z\hat{\mathbf{z}}) + \cancel{\frac{B_{0\phi}}{R}\left(v_R\hat{\boldsymbol{\phi}} - v_\phi\hat{\mathbf{R}}\right)}, \quad (23.62a)$$

$$\mathbf{B}_0(\boldsymbol{\nabla} \cdot \mathbf{v}_1) = (B_{0\phi}\hat{\boldsymbol{\phi}} + B_{0z}\hat{\mathbf{z}})\left(\cancel{\frac{v_R}{R}} + \frac{\partial v_z}{\partial z}\right), \quad (23.62b)$$

$$(\mathbf{v}_1 \cdot \boldsymbol{\nabla})\mathbf{B}_0 = -\cancel{\frac{B_{0\phi}}{R}v_\phi\hat{\mathbf{R}}}, \quad (23.62c)$$

$$(\mathbf{B}_1 \cdot \boldsymbol{\nabla})\mathbf{v}_0 = b_R\frac{d(R\Omega)}{dR}\hat{\boldsymbol{\phi}} - b_\phi\Omega\hat{\mathbf{R}}, \quad (23.62d)$$

$$(\mathbf{v}_0 \cdot \boldsymbol{\nabla})\mathbf{B}_1 = \Omega(b_R\hat{\boldsymbol{\phi}} - b_\phi\hat{\mathbf{R}}) \quad (23.62e)$$

이다. 여기서 사선은 국부 근사에서 삭제되는 항을 표시한다. 따라서 식 (23.61)은 각 방향별로

$$\frac{\partial b_R}{\partial t} = B_{0z}\frac{\partial v_R}{\partial z}, \quad (23.63a)$$

$$\frac{\partial b_\phi}{\partial t} = \frac{d\Omega}{d\ln R}b_R + B_{0z}\frac{\partial v_\phi}{\partial z} - B_{0\phi}\frac{\partial v_z}{\partial z}, \quad (23.63b)$$

$$\frac{\partial b_z}{\partial t} = 0 \quad (23.63c)$$

이 된다. 식 (23.63c)로부터 자기회전 불안정에서 자기장의 수직 방향 섭동이 0임을 알 수 있다.

이제 섭동이

$$\rho_1, \mathbf{v}_1, \mathbf{B}_1 \propto \exp(i\omega t + ikz) \quad (23.64)$$

와 같이 z 방향으로 전파하는 평면파로 기술되는 경우를 생각해 보자. 여기서 ω와 k는 섭동의 진동수와 파수를 나타낸다. 식 (23.64)를 선형화된 식 (23.54), (23.58), (23.63)에 대입하면

$$\omega\frac{\rho_1}{\rho_0} = -kv_z, \quad (23.65a)$$

$$\omega v_R = -i2\Omega v_\phi + \frac{B_{0z}}{4\pi\rho_0}kb_R, \quad (23.65b)$$

$$\omega v_\phi = i\frac{\kappa^2}{2\Omega}v_R + \frac{B_{0z}}{4\pi\rho_0}kb_\phi, \quad (23.65c)$$

$$\omega v_z = -a^2 k \frac{\rho_1}{\rho_0} - \frac{B_{0\phi}}{4\pi\rho_0} k b_\phi, \tag{23.65d}$$

$$\omega b_R = B_{0z} k v_R, \tag{23.65e}$$

$$\omega b_\phi = -i \frac{d\Omega}{d\ln R} b_R + B_{0z} k v_\phi - B_{0\phi} k v_z \tag{23.65f}$$

를 얻는다.

방위각 방향과 수직 방향의 알펜 속도를 각각 $v_{\mathrm{A}\phi} = B_{0\phi}/(4\pi\rho_0)^{1/2}$과 $v_{\mathrm{Az}} = B_{0z}/(4\pi\rho_0)^{1/2}$으로 정의하자. 식 (23.65b)와 식 (23.65e)에서 v_R을 소거하면

$$b_R = -i \frac{2\Omega B_{0z} k}{(\omega^2 - v_{\mathrm{Az}}^2 k^2)} v_\phi \tag{23.66}$$

를 얻는다. 나아가, 식 (23.66)을 이용하여 식 (23.65)에서 섭동 변수를 v_ϕ과 v_z만의 식으로 정리하면

$$\begin{aligned}\left[\omega^4 - (\kappa^2 + 2v_{\mathrm{Az}}^2 k^2)\omega^2 + v_{\mathrm{Az}}^4 k^4 + v_{\mathrm{Az}}^2 k^2 \frac{d\Omega^2}{d\ln R}\right] v_\phi \\ = -v_{\mathrm{A}\phi} v_{\mathrm{Az}} k^2 (\omega^2 - v_{\mathrm{Az}}^2 k^2) v_z\end{aligned} \tag{23.67}$$

와

$$\begin{aligned}(\omega^2 - v_{\mathrm{Az}}^2 k^2)(\omega^2 - a^2 k^2 - v_{\mathrm{A}\phi}^2 k^2) v_z \\ = -v_{\mathrm{A}\phi} v_{\mathrm{Az}} k^2 \left(\omega^2 - v_{\mathrm{Az}}^2 k^2 - \frac{d\Omega^2}{d\ln R}\right) v_\phi\end{aligned} \tag{23.68}$$

가 된다.

마지막으로 식 (23.67)과 식 (23.68)을 서로 곱하여 v_ϕ와 v_z를 소거한 후, $(\omega^2 - v_{\mathrm{Az}}^2 k^2) \neq 0$인 해를 택하면 자기회전 불안정에 관한 분산 관계식

$$\begin{aligned}&[\omega^2 - (\mathbf{v}_\mathrm{A} \cdot \mathbf{k})^2][\omega^4 - (a^2 + v_\mathrm{A}^2) k^2 \omega^2 + a^2 k^2 (\mathbf{v}_\mathrm{A} \cdot \mathbf{k})^2] \\ &\quad - \omega^4 \kappa^2 + \omega^2 \left[\kappa^2 (a^2 k^2 + v_{\mathrm{A}\phi}^2 k^2) + (\mathbf{v}_\mathrm{A} \cdot \mathbf{k})^2 \frac{d\Omega^2}{d\ln R}\right] \\ &\quad - a^2 k^2 (\mathbf{v}_\mathrm{A} \cdot \mathbf{k})^2 \frac{d\Omega^2}{d\ln R} = 0\end{aligned} \tag{23.69}$$

을 얻는다. 여기서

$$v_\mathrm{A}^2 = v_{\mathrm{A}\phi}^2 + v_{\mathrm{Az}}^2 = \frac{B_{0\phi}^2 + B_{0z}^2}{4\pi\rho_0} \tag{23.70}$$

은 총자기장에 대한 알펜 속도이며, $\mathbf{k} = k\hat{\mathbf{z}}$이다. 식 (23.69)를 다음과 같은 경우로 나누어 자세히 살펴보자.

(1) 자기장이 없는 경우: 식 (23.69)에 $v_{A\phi} = v_{Az} = 0$을 대입한 후, 남은 식을 인수분해하면

$$\omega^2(\omega^2 - a^2k^2)(\omega^2 - \kappa^2) = 0 \tag{23.71}$$

을 얻는다. $\omega^2 = 0$은 자기장이 사라졌기 때문에 생기는 **중립 모드**(neutral mode)이며, $\omega^2 = a^2k^2$은 z 방향으로 전파하는 음파를, $\omega^2 = \kappa^2$은 R-ϕ 평면에서 전파하는 **관성파**(inertial wave)의 주전원 운동을 나타낸다. 음파는 수직 방향의 운동 성분만을 갖고 있고($v_z \neq 0$, $v_R = v_\phi = 0$), 주전원 운동은 z 방향의 운동 성분이 0이므로 음파와 주전원 운동은 서로 분리된다.

(2) 회전하지 않는 경우: 식 (23.69)에서 $\Omega = 0$을 택하면

$$[\omega^2 - (\mathbf{v}_A \cdot \mathbf{k})^2][\omega^4 - (a^2 + v_A^2)k^2\omega^2 + a^2k^2(\mathbf{v}_A \cdot \mathbf{k})^2] = 0 \tag{23.72}$$

이 된다. 자기장 방향과 z 방향 사이의 각도를 θ라고 하면 $(\mathbf{v}_A \cdot \mathbf{k}) = v_A k \cos\theta$이다. 따라서 식 (23.72)의 해는 알펜파(식 21.31)와 빠른/느린 자기유체파(식 21.33)의 분산 관계식에 해당한다.

(3) 비압축성 유체의 경우: 식 (23.69)에서 $a^2 \to \infty$인 극한을 택하면

$$\omega^4 - [\kappa^2 + 2(\mathbf{v}_A \cdot \mathbf{k})^2]\omega^2 + (\mathbf{v}_A \cdot \mathbf{k})^2 \left[(\mathbf{v}_A \cdot \mathbf{k})^2 + \frac{d\Omega^2}{d\ln R}\right] = 0 \tag{23.73}$$

을 얻는다. 식 (23.73)은

$$(\mathbf{v}_A \cdot \mathbf{k})^2 + R\frac{d\Omega^2}{dR} < 0 \tag{23.74}$$

일 때 $\omega^2 < 0$인 불안정한 해를 갖는데, 이 해가 자기회전 불안정에 해당한다. 따라서 식 (23.53)은 자기회전 불안정의 필요조건임을 알 수 있다. 파장이 너무 짧거나 초기 자기장이 너무 강해 식 (23.74)를 만족하지 못하는 섭동은 강한 자기장력에 의해 안정화된다.

식 (23.73)에서 성장률이 가장 큰 섭동은

$$(\mathbf{v}_A \cdot \mathbf{k})^2_{\max} = -\left(\frac{1}{4} + \frac{\kappa^2}{16\Omega^2}\right)\frac{d\Omega^2}{d\ln R} \tag{23.75}$$

을 만족하며, 최대 성장률은

$$|\omega_{\max}| = \frac{1}{2}\left|\frac{d\Omega}{d\ln R}\right| \tag{23.76}$$

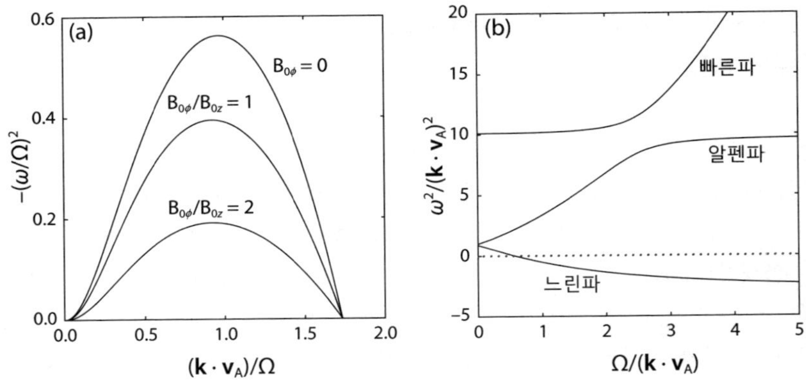

그림 23.5 자기회전 불안정의 분산 관계식. (a) $B_{0\phi}$의 세기에 따른 성장률의 변화. 케플러 회전 및 $a = v_{\rm Az}$를 택하였다. (b) 식 (23.69)의 세 해가 원반의 회전 각속도 Ω에 따라 변하는 양상. 위에서부터 빠른파, 알펜파, 느린파를 나타낸다. 케플러 회전 및 $v_{\rm Az} = v_{\rm A\phi} = a/3$를 택하였다.

로 주어진다. 유입원반은 케플러 회전을 따르므로, $(\mathbf{v}_{\rm A}\cdot\mathbf{k})_{\rm max} = \frac{\sqrt{15}}{4}\Omega$에서 최대 성장률 $|\omega_{\rm max}| = \frac{3}{4}\Omega$를 가진다. 불안정의 성장 시간이 원반의 회전 각속도의 역수이므로, 자기회전 불안정은 매우 빠르게 성장하는 불안정이다.

(4) $B_{0\phi} = 0$ 경우: 초기 자기장이 회전축에 나란한 경우, 식 (23.69)를 정리하면

$$(\omega^2 - a^2k^2)\left[\omega^4 - (\kappa^2 + 2k^2v_{\rm A}^2)\omega^2 + v_{\rm A}^2k^2\left(v_{\rm A}^2k^2 + \frac{d\Omega^2}{d\ln R}\right)\right] = 0 \quad (23.77)$$

이 된다. 이 경우 음파($\omega^2 = a^2k^2$)와 관련된 유체의 수직 방향 운동은 R-ϕ 평면에서 일어나는 자기회전 불안정과 완전히 분리되어 있어서, 자기회전 불안정의 분산 관계식이 비압축성 매질의 경우(식 23.73)와 같다. 다시 말하여, 자기회전 불안정은 본질적으로 비압축성이며 이는 비틀림 알펜파의 특성 중 하나이다.

(5) 일반적인 경우: 식 (23.69)는 ω^2에 관한 삼차방정식이므로 $\omega^2 < 0$인 해가 존재하기 위해서는 상수항이 양수여야 한다. 이 조건은 $ak \neq 0$일 때, 식 (23.74)와 같다. 즉, 자기회전 불안정이 일어날 조건은 $B_{0\phi}$의 세기에 무관하다.[8]

수평 자기장은 불안정의 조건을 바꾸지는 않지만 그 성장률을 줄임으로써 자기회전 불안정을 안정화시키는 역할을 한다. 그림 23.5(a)에 식 (23.69)의 불안

8) 유체의 온도가 극단적으로 낮은($a \to 0$) 상황에서는 자기회전 불안정이 일어날 조건이

$$(\mathbf{v}_{\rm A}\cdot\mathbf{k})^2 + \kappa^2 - 4\Omega^2(v_{\rm Az}/v_{\rm A})^2 < 0$$

으로 바뀐다. 케플러 회전의 경우, $B_{0\phi}/B_{0z} > \sqrt{3}$인 강한 수평 자기장을 갖고 있는 매우 차가운 원반은 축대칭 자기회전 불안정에 대해 안정하다.

정한 해를 $(\mathbf{k}\cdot\mathbf{v}_A)/\Omega$의 함수로 나타내었다. 원반의 회전으로 케플러 회전을 가정하였으며 $a = v_{Az}$를 택하였다. $(\mathbf{k}\cdot\mathbf{v}_A)/\Omega < \sqrt{3}$인 섭동은 $B_{0\phi}/B_{0z}$의 값에 무관하게 불안정하지만, $B_{0\phi}$가 세질수록 성장률이 감소한다. 자기회전 불안정의 핵심 요소는 B_{0z}로부터 생성된 섭동 자기장 b_R(식 23.63a)이 배경 매질의 차등 회전($d\Omega/dR < 0$)에 의해 길게 늘어져 b_ϕ를 생성하고(식 23.63b), 이 b_ϕ가 식 (23.58b)를 통해 유체소의 각운동량을 바깥쪽으로 전달하는 것이다. 초기 수평 자기장 $B_{0\phi}$가 존재하면, 자기음속파를 통해(식 23.58c) 섭동 자기장 b_ϕ가 수직 방향으로 퍼지기 때문에 각운동량을 전달하는 데 필요한 자기장의 세기가 약해진다. 즉, $B_{0\phi}$와 관련된 자기압력이 자기회전 불안정의 성장을 억제하는 것이다. $a \to \infty$인 경우는, 수직 방향의 자기음속파 운동이 자기압력이 아니라 주로 기체의 열적 압력에 의해 이루어지기 때문에 b_ϕ가 수직 방향으로 퍼지지 않으며, 따라서 자기회전 불안정은 $B_{0\phi}$의 세기에 무관하다.

그림 23.5(b)는 식 (23.69)의 모든 해를 $\Omega/(\mathbf{k}\cdot\mathbf{v}_A)$의 함수로 보여 준다. 케플러 회전 및 $v_{Az} = v_{A\phi} = a/3$를 택하였다. $\Omega = 0$일 때, 세 해의 진동수는 $\omega^2/(\mathbf{k}\cdot\mathbf{v}_A)^2 = 10.1, 1.0, 0.9$이며, 각각 빠른파, 알펜파, 느린파에 해당한다. Ω가 증가하면 빠른파와 알펜파의 진동수는 증가하지만, 느린파의 진동수는 감소한다. 느린파는 $\Omega/(\mathbf{k}\cdot\mathbf{v}_A) > 3^{-1/2}$일 때 불안정해진다. 세 종류의 자기유체역학 파동 중에서 회전에 의해 불안정해지는 파는 느린파이다.

23.4 자화된 매질의 중력 불안정

자화된 매질에서 발생하는 중력 불안정에 대한 자기장의 역할에 대해 알아보자. 자기장은 자기압력과 장력을 통해 유체의 운동에 영향을 미친다. 자기압력은 중력 불안정을 안정화시키지만 자기장력은 중력 불안정이 더 쉽게 일어나도록 만들 수 있다. 다음의 두 가지 경우를 통해 자기압력의 효과와 자기장력의 효과가 어떻게 다른지 살펴보자.

23.4.1 3차원 균일 매질

3차원 공간에 무한히 펼쳐진 균일 매질을 생각해 보자. 초기 평형 상태에서 기체는 정지해 있으며 매질의 밀도와 압력은 ρ_0와 P_0이고, 자기장은 $\mathbf{B}_0 = B_0\hat{\mathbf{z}}$이다. $\rho_0 \neq 0$이지만 초기 중력 퍼텐셜이 $\nabla\Phi_0 = 0$을 만족한다고 가정하자.

이러한 평형 매질에 작은 크기의 섭동 ρ_1, $\mathbf{v}_1 = u\hat{\mathbf{x}} + v\hat{\mathbf{z}}$, P_1, Φ_1, $\mathbf{B}_1 = b_x\hat{\mathbf{x}} + b_z\hat{\mathbf{z}}$를 가하자. 섭동이 y에 무관하지만 x와 z에 의존하는 2차원 섭동이라고 가정하고 연속 방정식(식 20.68)을 선형화하면

$$\frac{\partial\rho_1}{\partial t} + \rho_0\left(\frac{\partial u}{\partial x} + \frac{\partial v}{\partial z}\right) = 0 \tag{23.78}$$

이 된다. 운동량 방정식(식 20.69)을 선형화하면

$$\rho_0 \frac{\partial \mathbf{v}_1}{\partial t} = -\boldsymbol{\nabla} P_1 - \rho_0 \boldsymbol{\nabla} \Phi_1 + \frac{1}{4\pi}(\boldsymbol{\nabla} \times \mathbf{B}_1) \times \mathbf{B}_0 \tag{23.79}$$

인데, 이 식을 성분별로 적으면

$$\rho_0 \frac{\partial u}{\partial t} = -\frac{\partial P_1}{\partial x} - \rho_0 \frac{\partial \Phi_1}{\partial x} + \frac{B_0}{4\pi}\left(\frac{\partial b_x}{\partial z} - \frac{\partial b_z}{\partial x}\right), \tag{23.80a}$$

$$\rho_0 \frac{\partial v}{\partial t} = -\frac{\partial P_1}{\partial z} - \rho_0 \frac{\partial \Phi_1}{\partial z} \tag{23.80b}$$

을 얻는다. 초기 자기장의 수직 방향으로만 로런츠 힘이 작용한다.

식 (20.70)을 선형화하면, 식 (20.47b)로부터

$$\frac{\partial \mathbf{B}_1}{\partial t} = (\mathbf{B}_0 \cdot \boldsymbol{\nabla})\mathbf{v}_1 - \mathbf{B}_0(\boldsymbol{\nabla} \cdot \mathbf{v}_1) \tag{23.81}$$

을 얻고, 이를 성분별로 적으면

$$\frac{\partial b_x}{\partial t} = B_0 \frac{\partial u}{\partial z}, \tag{23.82a}$$

$$\frac{\partial b_z}{\partial t} = -B_0 \frac{\partial u}{\partial x} \tag{23.82b}$$

이다. 유체가 초기 자기장의 수직 방향으로 움직이면 자기장이 변형됨을 보여 준다.

식 (23.42)를 선형화하면

$$P_1 = a^2 \rho_1 \tag{23.83}$$

인데, 여기서 $a = (\gamma P_0/\rho_0)^{1/2}$는 단열 음속이다. 마지막으로 푸아송 방정식을 선형화하면

$$\left(\frac{\partial^2}{\partial x^2} + \frac{\partial^2}{\partial z^2}\right)\Phi_1 = 4\pi G \rho_1 \tag{23.84}$$

을 얻는다.

이제 섭동이 시간과 공간에 따라

$$\rho_1, P_1, \Phi_1, \mathbf{v}_1, \mathbf{B}_1 \propto \exp(i\omega t + ik_x x + ik_z z) \tag{23.85}$$

와 같이 변하는 평면파 형태를 따른다고 가정하자. 이를 식 (23.78), (23.80), (23.82), (23.83), (23.84)에 대입하면

$$\omega \frac{\rho_1}{\rho_0} = -k_x u - k_z v, \tag{23.86a}$$

$$\omega u = -a^2 k_x \frac{\rho_1}{\rho_0} - k_x \Phi_1 + \frac{B_0}{4\pi\rho_0}(k_z b_x - k_x b_z), \tag{23.86b}$$

$$\omega v = -a^2 k_z \frac{\rho_1}{\rho_0} - k_z \Phi_1, \tag{23.86c}$$

$$\omega b_x = B_0 k_z u, \tag{23.86d}$$

$$\omega b_z = -B_0 k_x u, \tag{23.86e}$$

$$-k^2 \Phi_1 = 4\pi G \rho_1 \tag{23.86f}$$

이 된다. 여기서 $k^2 = k_x^2 + k_z^2$ 이다.

식 (23.86)을 u와 v만의 식으로 정리하면

$$\left[\omega^2 - v_{\rm A}^2 k^2 - k_x^2 \left(a^2 - \frac{4\pi G\rho_0}{k^2}\right)\right] u = k_x k_z \left(a^2 - \frac{4\pi G\rho_0}{k^2}\right) v, \tag{23.87a}$$

$$\left[\omega^2 - k_z^2 \left(a^2 - \frac{4\pi G\rho_0}{k^2}\right)\right] v = k_x k_z \left(a^2 - \frac{4\pi G\rho_0}{k^2}\right) u \tag{23.87b}$$

를 얻는다. 여기서 $v_{\rm A} = B_0/(4\pi\rho_0)^{1/2}$ 이다. 식 (23.87)의 두 식을 서로 곱한 후, $uv \neq 0$이라는 조건을 이용하면 자화된 매질의 중력 불안정에 대한 분산 관계식

$$\omega^4 - (a^2 k^2 - 4\pi G\rho_0 + v_{\rm A}^2 k^2)\omega^2 + v_{\rm A}^2 k_z^2 (a^2 k^2 - 4\pi G\rho_0) = 0 \tag{23.88}$$

을 얻는다. 위 식에서 $G \to 0$, $k_z \to k\cos\theta$라 놓으면 식 (21.33)과 같아지므로 식 (23.88)은 기체의 자체 중력에 의해 변형된 빠른/느린 자기유체파에 대한 분산 관계식임을 알 수 있다.

다음과 같은 두 가지 특별한 경우를 생각해 보자.

(1) 섭동이 자기장을 따라 전파하는 경우, 즉 $k_x = 0$이고 $k_z \neq 0$인 경우, 식 (23.88)은

$$(\omega^2 - v_{\rm A}^2 k_z^2)(\omega^2 - a^2 k_z^2 + 4\pi G\rho_0) = 0 \tag{23.89}$$

이 된다. 이 경우 중력에 의해 변형된 음파와 알펜파가 완전히 분리된다. 음파와 중력은 밀도 변화를 수반하므로 쉽게 결합되지만, 비압축성인 알펜파는 중력과 잘 결합하지 않는다. 초기 자기장에 평행한 방향으로는 자기장이 물질에 힘을 미치지 않으므로, 중력 불안정의 조건은

$$a^2 k_z^2 - 4\pi G\rho_0 < 0 \tag{23.90}$$

이며, 자기장이 없는 경우와 동일하다.

(2) 섭동이 자기장의 수직 방향으로 전파하는 경우, 즉 $k_x \neq 0$이고 $k_z = 0$인

경우, 식 (23.88)은

$$\omega^2[\omega^2 - (a^2 + v_{\rm A}^2)k_x^2 + 4\pi G\rho_0] = 0 \tag{23.91}$$

이 된다. $\omega^2 = 0$은 느린파의 분산 관계식이고, $\omega^2 = (a^2 + v_{\rm A}^2)k_x^2 - 4\pi G\rho_0$는 빠른파인 자기음속파의 분산 관계식이다. 자기압력이 음파를 더욱 빨리 전파하도록 만든다. 이 경우 중력 불안정의 조건은

$$k_x^2 < \frac{4\pi G\rho_0}{a^2 + v_{\rm A}^2} \tag{23.92}$$

이며, 자기압력이 중력 불안정을 안정화시킨다.

23.4.2 얇은 회전 원반

$Q_T > 1$인 자기장이 없는 얇은 회전 원반은 중력 섭동에 대해 안정하다는 것을 17.2절에서 학습하였다. 자기장의 존재가 중력 안정성 조건을 어떻게 바꾸는지 알아보기 위해, 균일한 각속도(Ω = 일정)로 회전하는 원반을 생각해 보자. 17.3절에서와 같이 원반 중심에 대해 각속도 $\mathbf{\Omega} = \Omega\hat{\mathbf{z}}$로 회전하는 국부 회전 좌표계를 도입하면 얇은 원반에 적용되는 기본 방정식은

$$\frac{D\Sigma}{Dt} + \nabla\cdot(\Sigma\mathbf{u}) = 0, \tag{23.93a}$$

$$\frac{D\mathbf{u}}{Dt} = -\frac{\nabla\Pi}{\Sigma} + 2q\Omega^2 x\hat{\mathbf{x}} - 2\mathbf{\Omega}\times\mathbf{u} - \frac{(\nabla\times\mathbf{B})\times\mathbf{B}}{4\pi\Sigma} - \nabla\Phi|_{z=0}, \tag{23.93b}$$

$$\frac{\partial\mathbf{B}}{\partial t} = \nabla\times(\mathbf{u}\times\mathbf{B}), \tag{23.93c}$$

$$\nabla^2\Phi = 4\pi G\Sigma\delta(z) \tag{23.93d}$$

가 된다. 여기서 $\mathbf{u}$는 국부 회전 좌표계의 중심에 대한 유체의 속도이고 q는 속도 엇갈림의 세기를 나타내는데, 균일 각속도일 때는 $q \equiv -d\ln\Omega/d\ln R = 0$이다. 식 (23.93)에서 $\mathbf{B}$는 2차원 자기장으로, 3차원 자기장을 $\mathbf{B}_{\rm 3D}$, 원반의 높이 척도를 $H = \Sigma/\rho$라 할 때, $\mathbf{B} = H^{1/2}\mathbf{B}_{\rm 3D}(z=0)$인 관계를 만족한다.

원반의 초기 평형 상태로 균일 표면밀도 Σ_0, 균일 압력 Π_0, 균일 자기장 $\mathbf{B}_0 = B_0\hat{\mathbf{y}}$를 가진 단열 매질을 생각해 보자. 기체의 단열 음속은 $a = (\gamma\Pi_0/\Sigma_0)^{1/2}$이다. 또한, 초기 중력 퍼텐셜이 $\nabla\Phi_0 = 0$을 만족한다고 가정하자. 매질이 강체 회전을 따르므로 국부 회전 좌표계에서 측정한 원반의 초기 속도는 $\mathbf{u}_0 = 0$이다 (식 17.62 참고).

이러한 평형 상태에 작은 크기의 섭동 $\Sigma_1 = \Sigma_0\sigma_1$, $\Pi_1 = a^2\Sigma_1$, $\mathbf{v}_1 = u\hat{\mathbf{x}} + v\hat{\mathbf{y}}$,

$\mathbf{B}_1 = B_0(b_x\hat{\mathbf{x}} + b_y\hat{\mathbf{y}})$, Φ_1을 가하고 식 (23.93)을 선형화하면

$$\frac{\partial \sigma_1}{\partial t} = -\frac{\partial u}{\partial x} - \frac{\partial v}{\partial y}, \tag{23.94a}$$

$$\frac{\partial u}{\partial t} = 2\Omega v - a^2\frac{\partial \sigma_1}{\partial x} - \left.\frac{\partial \Phi_1}{\partial x}\right|_{z=0} - v_{\rm A}^2\left(\frac{\partial b_y}{\partial x} - \frac{\partial b_x}{\partial y}\right), \tag{23.94b}$$

$$\frac{\partial v}{\partial t} = -\frac{\kappa^2}{2\Omega}u - a^2\frac{\partial \sigma_1}{\partial y} - \left.\frac{\partial \Phi_1}{\partial y}\right|_{z=0}, \tag{23.94c}$$

$$\frac{\partial b_x}{\partial t} = \frac{\partial u}{\partial y}, \tag{23.94d}$$

$$\frac{\partial b_y}{\partial t} = -\frac{\partial u}{\partial x}, \tag{23.94e}$$

$$\boldsymbol{\nabla}^2\Phi_1 = 4\pi G\Sigma_0\sigma_1\delta(z) \tag{23.94f}$$

가 된다. 여기서 $v_{\rm A} = B_0/(4\pi\Sigma_0)^{1/2}$이며, σ_1, b_x, b_y는 차원이 없는 양임에 주의하자. 강체 회전($q = 0$)의 경우 $\kappa = (4-2q)^{1/2}\Omega = 2\Omega$이다.

섭동이 시간과 공간에 대해

$$\sigma_1, \Pi_1, \mathbf{v}_1, \mathbf{b}_1, \Phi_1 \propto \exp(i\omega t - ik_x x - ik_y y) \tag{23.95}$$

의 형태로 변한다고 가정하자. 매질이 강체 회전을 따르므로, k_x는 시간에 따라 변하지 않는다(식 17.81 참고). 식 (23.95)에 대한 식 (23.94f)의 해는

$$\Phi_1(z=0) = -\frac{2\pi G\Sigma_0}{k}\sigma_1 \tag{23.96}$$

인데(식 17.46 참고), 여기서 $k = (k_x^2 + k_y^2)^{1/2}$이다. 식 (23.95)와 식 (23.96)을 식 (23.94)에 대입한 후, u와 v만의 함수로 정리하면

$$\omega^2 u = -i2\omega\Omega v + \left(a^2 - \frac{2\pi G\Sigma_0}{k}\right)(k_x^2 u + k_x k_y v) + v_{\rm A}^2 k^2 u, \tag{23.97a}$$

$$\omega^2 v = i\omega\frac{\kappa^2}{2\Omega}u + \left(a^2 - \frac{2\pi G\Sigma_0}{k}\right)(k_x k_y u + k_y^2 v) \tag{23.97b}$$

가 된다. 식 (23.97)에서 u와 v를 소거하면 최종적으로

$$\begin{aligned}\omega^4 - [\kappa^2 + (a^2 + v_{\rm A}^2)k^2 - 2\pi G\Sigma_0 k]\omega^2 \\ + v_{\rm A}^2 k_y^2\left(a^2k^2 - 2\pi G\Sigma_0 k\right) = 0\end{aligned} \tag{23.98}$$

을 얻는다. 이 식이 자화된 얇은 회전 원반의 중력 불안정에 대한 국부 분산 관계식이다.

축대칭($k_y = 0$) 섭동에 대하여, 식 (23.98)의 해는 $\omega^2 = 0$인 느린파와

$$\omega^2 = \kappa^2 + (a^2 + v_{\rm A}^2)k^2 - 2\pi G\Sigma_0 k \tag{23.99}$$

인 빠른파로 나누어진다. **플라즈마 변수**를

$$\beta \equiv \frac{a^2}{v_{\rm A}^2} \tag{23.100}$$

으로 정의하면, 빠른파가 중력적으로 안정할 조건은

$$Q_T > \frac{1}{\sqrt{1 + 1/\beta}} \tag{23.101}$$

이다. 자기압력이 중력 불안정을 안정화시킴을 알 수 있다.

비축대칭($k_y \neq 0$) 섭동에 대하여, 자기장이 매우 강하거나 약한 경우 식 (23.98)의 근사적인 해는

$$\omega_+^2 \approx \kappa^2 + (a^2 + v_{\rm A}^2)k^2 - 2\pi G\Sigma_0 k, \quad (\text{빠른파}) \tag{23.102a}$$

$$\omega_-^2 \approx \frac{v_{\rm A}^2 k_y^2 \left(a^2 k^2 - 2\pi G\Sigma_0 k\right)}{\kappa^2 + (a^2 + v_{\rm A}^2)k^2 - 2\pi G\Sigma_0 k} \quad (\text{느린파}) \tag{23.102b}$$

이다. 자기장이 매우 강한($\beta \ll 1$) 경우, 식 (23.102b)는

$$\omega_-^2 = (k_y/k)^2 (a^2 k^2 - 2\pi G\Sigma_0 k) \tag{23.103}$$

가 된다. 빠른파의 중력 불안정 조건은 축대칭의 경우와 동일하지만, 느린파는

$$k < \frac{2\pi G\Sigma_0}{a^2} \tag{23.104}$$

일 때 중력적으로 불안정해진다. 원반의 회전에 기인한 주전원 진동수와 자기장이 느린파의 중력 불안정 조건에 나타나지 않는다.

$k_y \gg |k_x|$일 때, 식 (23.103)은 회전하지 않는 얇은 원반의 중력 불안정의 분산 관계식과 동일하다. 자기장이 없는 원반에서는 긴 파장 섭동이 주전원 운동에 의해 안정화되었지만, 강하게 자화된 원반에서는 긴 파장의 비축대칭 섭동이 회전 각속도와 무관하게 항상 불안정하다. 이것은 자기장력이 자기장을 가로질러 움직이려는 유체의 주전원 운동을 저지하기 때문이다. 주전원 운동의 안정화 효과가 자기장력에 의해 감소되기 때문에 자화된 회전 원반이 자화되지 않은 회전 원반보다 더 불안정하다.

참고문헌

자기유체역학의 기본 방정식 유도 과정은 Bittencourt(2004)의 방식을 따랐다. 중성, 이온, 전자 등 3종 유체에 대한 완전한 자기유체역학 방정식은 Pinto et al.(2008)을 참고할 수 있다. 알펜파와 빠른/느린 자기유체파의 파동은 Shu(1992)를 참고하였으며, 비틀림 알펜파는 Priest(1982)를 참고하였다. 자기유체역학 충격파의 분류 및 특성은 통상적인 호프만-텔러(de Hoffman-Teller) 좌표계를 사용하는 대신, 충격파를 보다 직접적으로 분석한 Takahashi and Yamada(2013, 2014)를 따랐다. 자화된 매질의 레일리-테일러 불안정은 Chandrasekhar(1961)을 참고하였으며, 파커 불안정은 Parker(1966)을, 자기회전 불안정은 Balbus and Howley(1998)을, 자화된 매질의 중력 불안정은 Kim and Ostriker(2001)을 참고하였다.

• 단행본

Bittencourt, J. A. 2004, *Fundamentals of Plasma Physics*, 3rd edition, Springer

Chandrasekhar, S. 1961, *Hydrodynamic and Hydromagnetic Stability*, Dover

Draine, B. T. 2011, *Physics of the Interstellar and Intergalactic Medium*, Princeton University Press

Drazin, P. G. and Reid, W. H. 2004, *Hydrodynamic Stability*, 2nd edition, Cambridge University Press

Priest, E. R. 1982, *Solar Magnetohydrodynamics*, Reidel Publishing Company

Shu, F. H. 1992, *The Physics of Astrophysics II. Gas Dynamics*, University Science Books

• 논문

Balbus, S. A. and Hawley, J. F. 1991, A Powerful Local Shear Instability in Weakly Magnetized Disks. I – Linear Analysis, *ApJ*, 376, 214

Balbus, S. A. and Hawley, J. F. 1998, Instability, Turbulence, and Enhanced Transport in Accretion Disks, *Reviews of Modern Physics*, 70, 1

Balbus, S. A. and Terquem, C. 2001, Linear Analysis of the Hall Effect in Protostellar Disks, *ApJ*, 552, 235

Draine, B. T., Roberge, W. G., and Dalgarno, A. 1983, Magnetohydrodynamic Shock Waves in Molecular Clouds, *ApJ*, 264, 485

Goedbloed, J. P. 2008, Time Reversal Duality of Magnetohydrodynamic Shocks, *Physics of Plasmas*, 15, 062101

Goodman, J. and Xu, G. 1994, Parasitic Instabilities in Magnetized, Differentially Rotating Disks, *ApJ*, 432, 213

Kim, J., Franco, J., Hong, S. S., Santillán, A., and Martos, M. A. 2000, The Parker Instability in a Thick Galactic Gaseous Disk. I. Linear Stability Analysis and Nonlinear Final Equilibria, *ApJ*, 531, 873

Kim, W.-T. and Ostriker, E. C. 2001, Amplification, Saturation, and Q Thresholds for Runaway: Growth of Self-Gravitating Structures in Models of Magnetized Galactic Gas Disks, *ApJ*, 558, 70

Parker, E. N. 1966, The Dynamical State of the Interstellar Gas and Field, *ApJ*, 145, 811

Pinto, C., Galli, D., and Bacciotti, F. 2008, Three-fluid Plasmas in Star Formation. I. Magneto-hydrodynamic Equations, *A&A*, 484, 1

Shakura, N. I. and Sunyaev, R. A. 1973, Black Holes in Binary Systems. Observational Appearance, *A&A*, 24, 337

Takahashi, K. and Yamada, S. 2013, Regular and Non-regular Solutions of the Riemann Problem in Ideal Magnetohydrodynamics, *J. Plasma Physics*, 79, 335

Takahashi, K. and Yamada, S. 2014, Exact Riemann Solver for Ideal Magnetohydrodynamics That Can Handle All Types of Intermediate Shocks and Switch-on/off Waves, *J. Plasma Physics*, 80, 255

Tomisaka, K., Ikeuchi, S., and Nakamura, T. 1988, Equilibria and Evolutions of Magnetized, Rotating, Isothermal Clouds. II – The Extreme Case: Nonrotating Clouds, *ApJ*, 335, 239

문제

1. 식 (20.19), (20.21), (20.22)를 증명하시오.

2. 중성 유체, 이온 유체, 전자 유체의 속도가 비슷하다는 가정을 하지 않을 때, 식 (20.28)이

$$\mathbf{E} \simeq -\frac{\mathbf{v}_n}{c} \times \mathbf{B} + \frac{\mathbf{J}}{\sigma_{\text{cond}}} + \frac{\mathbf{J} \times \mathbf{B}}{en_e c} - \frac{(\mathbf{J} \times \mathbf{B}) \times \mathbf{B}}{\gamma_{ni} c^2 \rho_n \rho_i} \tag{P6.1}$$

가 됨을 보이시오. 여기서 γ_{ni}는 식 (20.13)에서 정의된 끌림계수이다. 우변의 각 항은 앞에서부터, 유도 항, 옴 항, 홀 항, 양극성 확산 항이라고 부른다.

3. $\mathbf{B} = B_0 \hat{\mathbf{z}}$인 초기 자기장이 $t > 0$에

$$\mathbf{v} = \begin{cases} 0, & (z < 0) \\ z\hat{\mathbf{x}} & (z \geq 0) \end{cases} \tag{P6.2}$$

라는 속도장의 영향을 받기 시작하였다. 자기장의 유도 방정식(식 20.42)을 이용하여 시각 t일 때 자기장의 분포 $\mathbf{B}(t)$를 구하고 자기력선을 그리시오.

4. 식 (20.48)과 연속 방정식을 결합하여

$$\frac{D}{Dt}\left(\frac{\mathbf{B}}{\rho}\right) = \left(\frac{\mathbf{B}}{\rho}\right) \cdot \boldsymbol{\nabla} \mathbf{v} \tag{P6.3}$$

가 성립함을 보이시오. 또한 이 식의 물리적 의미에 대해 토의하시오.

5. 다음과 같은 자기장의 분포에 대해 자기압력과 자기장력을 구하시오. 또한 자기력선을 그리고 자기압력과 자기장력의 방향을 표시하시오.

   (1) $\mathbf{B} = B_0 e^x \hat{\mathbf{y}}$ (2) $\mathbf{B} = -y\hat{\mathbf{x}} + \hat{\mathbf{y}}$

6. x-y 평면에서 정의된 2차원 자기장 $\mathbf{B} = B_x \hat{\mathbf{x}} + B_y \hat{\mathbf{y}}$에 대해, 벡터 퍼텐셜 $\mathbf{A}$를

$$\mathbf{B} = \boldsymbol{\nabla} \times \mathbf{A} \tag{P6.4}$$

와 같이 정의하자.

   (1) $\mathbf{A} = A(x, y)\hat{\mathbf{z}}$라고 할 때, B_x와 B_y를 A로 표시하시오. 또한, 로런츠 힘 $\mathbf{F}_L$을 A의 함수로 나타내시오.

   (2) 다음 식

$$(\mathbf{B} \cdot \boldsymbol{\nabla})A = 0 \tag{P6.5}$$

이 성립함을 보이시오. 이 식은 자기장을 따라 A가 일정함을 뜻하며, 따라서 A의 등고선은 자기력선의 방향을 표시한다.

(3) 자기선속이 물질에 얼어붙어 있을 경우,

$$\frac{DA}{Dt} = 0 \tag{P6.6}$$

임을 보이시오. 이 식의 물리적 의미에 대해 토의하시오.

7. 기체의 자체 중력이 중요하지 않은 경우, 정적 평형 상태에 있는 계는 $\mathbf{F}_L = \boldsymbol{\nabla} P$를 만족한다. 태양의 대기와 같이 자기장이 매우 강한 경우에는($\beta \to 0$), 열적 압력을 무시할 수 있으므로 평형 조건은 $\mathbf{F}_L = 0$을 요구한다. 이렇게 로런츠 힘이 0인 자기장을 **무력장**(force-free field)이라고 부른다.

(1) 다음 식

$$\boldsymbol{\nabla} \times \mathbf{B} = \alpha(\mathbf{x})\mathbf{B} \tag{P6.7}$$

를 만족하는 $\mathbf{B}$는 무력장임을 보이시오. 또한 $\alpha(\mathbf{x})$가 자기장을 따라 일정함을 보이시오.

(2) 원통형 좌표계에서 $B_R = 0$, $B_\phi = B_0 J_1(\alpha R)$, $B_z = B_0 J_0(\alpha R)$을 만족하는 축대칭 자기장은 무력장임을 보이시오. 여기서 B_0는 일정하며, J_0와 J_1은 베셀함수이다.

8. 식 (P6.7)에서 α가 자기력선마다 다른 무력장을 **비선형 무력장**(nonlinear force-free field)이라고 한다. $B_R = 0$인 무력장을 생각해 보자. 이 자기장이 축대칭이며 원통형 좌표계에서 자기압력이

$$P_{\text{mag}} = \left(\frac{B_0^2}{8\pi}\right) \frac{1}{1 + (R/R_0)^2} \tag{P6.8}$$

일 때, B_ϕ와 B_z를 계산하시오. 또한, 이 무력장에 해당하는 α의 값을 계산하시오.

9. 부피가 V인 자화된 유체를 생각해 보자. 이 유체가 가진 **자기나선도**(magnetic helicity) H는

$$H \equiv \int_V \mathbf{A} \cdot \mathbf{B}\, d^3x \tag{P6.9}$$

와 같이 정의된다. 여기서 $\mathbf{A}$는 식 (P6.4)에서 정의한 벡터 퍼텐셜이다. 식 (20.38)을 이용하여

$$\frac{dH}{dt} = -2\eta \int_V \mathbf{B} \cdot (\boldsymbol{\nabla} \times \mathbf{B}) d^3x \tag{P6.10}$$

임을 보이시오. 식 (P6.10)은 이상자기유체역학 근사에서 자기나선도가 보존됨을 보여 준다.

10. $\mathbf{v} = 0$일 때, 자기장의 유도 방정식(식 20.40)은

$$\frac{\partial \mathbf{B}}{\partial t} = \eta \nabla^2 \mathbf{B} \tag{P6.11}$$

가 된다.

(1) 자기장 $\mathbf{B}$를 변수 분리하여 $\mathbf{B} = B(\mathbf{x}, t)\hat{\mathbf{n}} = S(\mathbf{x})T(t)\hat{\mathbf{n}}$이라고 놓으면, 식 (P6.11)은

$$T_k(t) = T_0 \exp(-\eta k^2 t), \quad (\nabla^2 + k^2)S(\mathbf{x}) = 0 \tag{P6.12}$$

이 됨을 보이시오. 여기서 T_0와 k는 상수이다.

(2) S가 x 좌표에만 의존할 때,

$$S(x) = c(k)\exp(ikx), \tag{P6.13}$$

$$B(x,t) = \int_{-\infty}^{\infty} c(k)\exp(ikx - \eta k^2 t)dk \tag{P6.14}$$

임을 보이시오. 여기서 $c(k)$는 k에 의존하는 상수이다.

(3) 자기장의 초기 분포가 $B_0(x) = B(x, 0)$일 때,

$$c(k) = \frac{1}{2\pi}\int_{-\infty}^{\infty} B_0(x)\exp(-ikx)dx \tag{P6.15}$$

이고, 따라서

$$B(x,t) = \frac{1}{2(\pi\eta t)^{1/2}}\int_{-\infty}^{\infty} B_0(x')\exp\left[-\frac{(x-x')^2}{4\eta t}\right]dx' \tag{P6.16}$$

임을 보이시오.

(4) $B_0(x) = B_0(0)\exp(-x^2/L^2)$일 때,

$$B(x,t) = B_0(0)\left(\frac{\tau_m}{\tau_m + 4t}\right)^{1/2}\exp\left[-\frac{x^2}{L^2}\left(\frac{\tau_m}{\tau_m + 4t}\right)\right] \tag{P6.17}$$

임을 보이시오. 여기서 $\tau_m = L^2/\eta$은 자기장의 확산 시간이다.

11. 중력장 $\mathbf{g} = -g\hat{\mathbf{z}}$의 영향 아래에서 정적 평형 상태에 있는 자화된 등온 기체를 생각해 보자. 기체의 등온 음속은 c_s이다. 기체의 밀도와 자기장의 세기

는 높이 z에 무관하며, 오직 수평 방향의 좌표 x에 대해서만 변한다. 자기장 $\mathbf{B} = B_x\hat{\mathbf{x}} + B_z\hat{\mathbf{z}}$는 $|x| \to \infty$에서 $B_z \to \pm B_0$이다. 이러한 평판 모형은 태양 대기의 필라멘트에 대한 좋은 모형이다.

(1) 자기장의 수평 방향 성분, B_x가 일정함을 보이시오.

(2) 이러한 평형 상태에 있는 자기장의 해가

$$B_z = B_0 \tanh(kz) \tag{P6.18}$$

로 주어짐을 보이시오. 또한, 상수 k를 g, B_0, B_x, c_s로 나타내시오.

(3) 위 자기장의 형태를 x-z 평면에 그리시오.

(4) 평형 상태의 밀도 분포를 구하시오.

12. 항성이나 유입원반으로부터 분출되는 자화된 기체의 흐름에 대해 살펴보자. 기체의 흐름은 축대칭이고 정상 상태에 있다고 가정하자. 속도와 자기장 벡터를

$$\mathbf{v} = \mathbf{v}_p + v_\phi\hat{\boldsymbol{\phi}}, \qquad \mathbf{B} = \mathbf{B}_p + B_\phi\hat{\boldsymbol{\phi}} \tag{P6.19}$$

로 놓자. 여기서 $\mathbf{v}_p$와 $\mathbf{B}_p$는 극각면(poloidal) 성분을 나타내고, v_ϕ와 B_ϕ는 환형(toroidal) 성분을 나타낸다. 축대칭 자기장에 대해, 일반성을 잃지 않고 $\mathbf{B}_p = -\hat{\boldsymbol{\phi}} \times \boldsymbol{\nabla}\Psi/R$로 놓을 수 있다. 여기서 $\Psi = \Psi(R, z)$는 임의의 함수이다.

(1) 유도 방정식의 z 방향 성분으로부터, $\mathbf{v}_p \cdot \boldsymbol{\nabla}\Psi = 0$이고 $\mathbf{v}_p$와 $\mathbf{B}_p$가 서로 평행함을 보이시오. 따라서 Ψ는 유선을 따라 일정하며, $\mathbf{B}_p = \alpha\rho\mathbf{v}_p$로 놓을 수 있다. 여기서 α는 적당한 상수이다.

(2) 연속 방정식을 이용하여 $\mathbf{v}_p \cdot \boldsymbol{\nabla}\alpha = \mathbf{B}_p \cdot \boldsymbol{\nabla}\alpha = 0$임을 보이시오. 따라서 α는 유선을 따라 보존되며, $\alpha = \alpha(\Psi)$로 쓸 수 있음을 보이시오.

(3) 유도 방정식의 ϕ 방향 성분으로부터,

$$\Omega \equiv \frac{v_\phi - B_\phi/(\alpha\rho)}{R} \tag{P6.20}$$

로 정의한 Ω가 자기장을 따라 일정함을, 즉 $\mathbf{B} \cdot \boldsymbol{\nabla}\Omega = 0$임을 보이시오. 또한, $\mathbf{u} \equiv \mathbf{v} - R\Omega\hat{\boldsymbol{\phi}}$와 $\mathbf{B}$가 서로 평행함을 보이시오.

(4) 분출 물질과 포인팅 플럭스가 나르는 단위 질량당 각운동량을

$$J = R\left(v_\phi - \frac{\alpha B_\phi}{4\pi}\right) \tag{P6.21}$$

로 정의할 때, 운동량 방정식의 ϕ 방향 성분을 이용하여 $\mathbf{B}_p \cdot \boldsymbol{\nabla} J = 0$임을 보이시오.

(5) 알펜 마하수를 $\mathcal{M}_\mathrm{A} \equiv v_p/(B_p/\sqrt{4\pi\rho})$로 정의하면, $\mathcal{M}_\mathrm{A} \propto \rho^{-1/2}$이고

$$J = R^2\Omega + Ru_\phi(1 - \mathcal{M}_\mathrm{A}^{-2}) \tag{P6.22}$$

임을 보이시오. 여기서 $u_\phi = v_\phi - R\Omega$이다.

(6) 식 (P6.20)과 (P6.22)로부터

$$v_\phi = \frac{(J/R)\mathcal{M}_\mathrm{A}^2 - R\Omega}{\mathcal{M}_\mathrm{A}^2 - 1} \tag{P6.23}$$

임을 보이시오. 따라서 $\mathcal{M}_\mathrm{A} \ll 1$에서는 $v_\phi \approx R\Omega$로 강체 회전을 따르며, $\mathcal{M}_\mathrm{A} \gg 1$에서는 $v_\phi \approx J/R$로 단위 질량당 각운동량이 보존된다.

13. 외력이 없는 경우 자화된 매질의 비리얼 방정식이

$$\frac{1}{2}\frac{d^2 I}{dt^2} = 2K + 3(\gamma - 1)U + W + \mathcal{M}_B + \mathcal{S} \tag{P6.24}$$

가 됨을 보이시오. 여기서 I, K, U, W는 각각 관성 모멘트, 운동 에너지, 내부 에너지, 중력 퍼텐셜 에너지를 뜻하며 자기 에너지 $\mathcal{M}_B$와 표면 적분 $\mathcal{S}$는 각각

$$\mathcal{M}_B \equiv \int_V \frac{\mathbf{B}^2}{8\pi} d^3x, \tag{P6.25}$$

$$\mathcal{S} \equiv -P_\mathrm{ext} \int_A \mathbf{x} \cdot d\mathbf{A} - \int_A \mathbf{x} \cdot \mathbb{T}_M \cdot d\mathbf{A} \tag{P6.26}$$

로 정의되는 양이다.

(1) 반지름이 R이고 질량이 M인 등온 성간운이 있다. 성간운의 밀도는 균일하며, 음속은 c_s이다. 성간운 내부의 자기장이 $\mathbf{B} = B_0\hat{\mathbf{z}}$일 때,

$$\mathcal{M}_B = \frac{\Phi_B^2}{6\pi^2 R} \tag{P6.27}$$

임을 보이시오. 여기서 $\Phi_B = \pi R^2 B_0$는 성간운의 자기선속이다.

(2) R이 충분히 클 때 자기장과 관련된 표면 적분을 무시할 수 있음을 보이시오. 이 경우 식 (P6.24)가 식 (19.39)와 같아지나, P_0가 식 (19.40) 대신

$$P_0(R) \equiv \frac{3}{4\pi R^3}\left[c_s^2 M - \frac{G}{5R}\left(M^2 - \frac{5\Phi_B^2}{18\pi^2 G}\right)\right] \tag{P6.28}$$

으로 변함을 보이시오.

(3) 19.3.1절을 참고하여 식 (P6.28)로부터

$$M > M_\Phi \equiv \sqrt{\frac{5}{2}}\left(\frac{\Phi_B}{3\pi G^{1/2}}\right) \tag{P6.29}$$

인 성간운은 중력적으로 불안정할 수 있음을 보이시오. 이러한 불안정한 성간운은 **자기 초임계**(magnetically supercritical) 상태에 있다고 한다. 자기장의 영향이 중요한 성간운은 일반적으로 구형이 아니며, 보다 정확한 계산에 의하면 $M_\Phi \simeq 0.17\Phi_B/G^{1/2}$이다(Tomisaka et al. 1988).

(4) 반대로 $M < M_\Phi$인 성간운은 중력적으로 안정함을 보이시오. 이러한 안정된 성간운은 **자기 미임계**(magnetically subcritical) 상태에 있다고 한다. 자기 미임계 성간운이 중력적으로 수축하여 별을 탄생하기 위해서는 어떤 과정을 겪어야 하는지 토의하시오.

14. 균일 밀도 ρ_0와 균일 자기장 $\mathbf{B}_0 = B_0\hat{\mathbf{z}}$를 갖고 있는 비이상적인 매질을 생각해 보자. 매질의 점성은 ν이며 자기확산도는 η이다. 매질은 초기에 정지해 있다.

(1) 이 매질에서 자기장을 따라 전파하는 알펜파의 분산 관계식이

$$\omega^2 - i(\nu+\eta)k^2\omega - v_\mathrm{A}^2k^2 - \nu\eta k^4 = 0 \tag{P6.30}$$

임을 보이시오. 여기서 a와 $v_\mathrm{A} = B_0/(4\pi\rho_0)^{1/2}$은 각각 단열 음속과 알펜 속도이다. $\omega \gg \nu k^2, \eta k^2$일 때, 알펜파의 감쇠 시간을 구하시오.

(2) 자기장의 수직 방향으로 전파하는 자기음속파의 분산 관계식이

$$\omega^3 + i(\nu+\eta)k^2\omega^2 - [(a^2+v_\mathrm{A}^2)k^2 + \nu\eta k^4]\omega - i\eta a^2k^4 = 0 \tag{P6.31}$$

임을 보이시오. $\omega \gg \nu k^2, \eta k^2$일 때, 자기음속파의 감쇠 시간을 구하시오.

15. 자기장 $\mathbf{B}_0 = B_0\hat{\mathbf{z}}$와 밀도 ρ_0가 균일한 매질이 있다. 이 매질에서 전파하는 파수가 $\mathbf{k} = k_y\hat{\mathbf{y}} + k_z\hat{\mathbf{z}}$인 자기유체역학 파동을 생각해 보자. 자기장이 매우 강할 때, $k_z/k_y \ll 1$은 적절한 근사이다.

(1) 빠른 자기유체파의 분산 관계식이 근사적으로

$$\omega_f = \pm k\sqrt{a^2+v_\mathrm{A}^2} \tag{P6.32}$$

임을 보이고 물리적으로 해석하시오. 여기서 $k = (k_y^2+k_z^2)^{1/2}$이다.

(2) 느린 자기유체파의 분산 관계식이

$$\omega_s = \pm k_z \frac{a v_{\mathrm{A}}}{\sqrt{a^2 + v_{\mathrm{A}}^2}} \tag{P6.33}$$

임을 보이시오.

(3) 느린 자기유체파의 고유벡터가, k_z/k_y 에 대한 1차항까지만 고려하면

$$\frac{v_{1y}}{v_{1z}} = -\frac{k_z}{k_y}\frac{a^2}{a^2 + v_{\mathrm{A}}^2}, \qquad \frac{\rho_1}{\rho_0} = \frac{v_{\mathrm{A}}^2}{a^2 + v_{\mathrm{A}}^2}\frac{k_z v_{1z}}{\omega_s}, \tag{P6.34a}$$

$$\frac{b_y}{B_0} = 0, \qquad \frac{b_z}{B_0} = \frac{a^2}{a^2 + v_{\mathrm{A}}^2}\frac{k_z v_{1z}}{\omega_s} \tag{P6.34b}$$

를 만족함을 보이시오. 이로부터 느린파는 자기장을 구부러지게 하지 않으며 총압력(기체압력과 자기압력의 합)이 일정하게 유지되는 파동임을 보이시오.

16. 매우 약한 자기장 $\mathbf{B}_0 = B_0\hat{\mathbf{z}}$를 갖고 있는 밀도가 ρ_0로 균일한 매질이 있다. 이 매질에서 전파하는 파수가 $\mathbf{k} = k_y\hat{\mathbf{y}} + k_z\hat{\mathbf{z}}$인 자기유체파를 생각해 보자. 플라즈마 변수가 $\beta = a^2/v_{\mathrm{A}}^2 \gg 1$일 때,

(1) 빠른 자기유체파의 분산 관계식이 근사적으로

$$\omega_f = \pm ka \tag{P6.35}$$

임을 보이고 물리적으로 해석하시오. 여기서 $k = (k_y^2 + k_z^2)^{1/2}$이다.

(2) 느린 자기유체파의 분산 관계식이

$$\omega_s = \pm k_z v_{\mathrm{A}} \tag{P6.36}$$

임을 보이시오. 위 식이 알펜파의 분산 관계식과 같기 때문에, 이 파동을 **유사 알펜파**(pseudo-Alfvén wave)라고 부른다.

(3) 느린 자기유체파의 고유벡터가

$$\frac{v_{1y}}{v_{1z}} = -\frac{k_z}{k_y}, \qquad \frac{\rho_1}{\rho_0} = 0, \tag{P6.37a}$$

$$\frac{b_y}{B_0} = \pm\frac{v_{1y}}{v_{\mathrm{A}}}, \qquad \frac{b_z}{B_0} = \pm\frac{v_{1z}}{v_{\mathrm{A}}} \tag{P6.37b}$$

로 주어짐을 보이시오. 따라서 느린파는 비압축성이며 횡파이다.

17. 밀도가 ρ로 일정한 비압축성 유체에 대하여

$$\frac{\partial \mathbf{z}^{\pm}}{\partial t} + \mathbf{z}^{\mp} \cdot \boldsymbol{\nabla} \mathbf{z}^{\pm} = -\frac{\boldsymbol{\nabla} P_*}{\rho}, \tag{P6.38a}$$

$$\boldsymbol{\nabla} \cdot \mathbf{z}^{\pm} = 0 \tag{P6.38b}$$

이 성립함을 보이시오. 여기서 $P_* \equiv P + B^2/(8\pi)$은 총압력이며, $\mathbf{z}^{\pm} \equiv \mathbf{v} \pm \mathbf{v}_{\rm A}$를 **엘새서 변수**(Elsässer variable)라고 한다.

(1) 총자기장이

$$\mathbf{B} = \mathbf{B}_0 + \Delta\mathbf{B} \tag{P6.39}$$

로 주어진 경우를 생각해 보자. 여기서 $\mathbf{B}_0 = B_0\hat{\mathbf{z}}$는 균일 자기장이며, $\Delta\mathbf{B}$는 자기장의 섭동인데, $\Delta\mathbf{B}$의 크기가 반드시 작을 필요는 없다. 다음과 같이 정의된 새로운 변수

$$\mathbf{w}_{\uparrow} \equiv \mathbf{v} - \frac{\Delta\mathbf{B}}{\sqrt{4\pi\rho}}, \qquad \mathbf{w}_{\downarrow} \equiv \mathbf{v} + \frac{\Delta\mathbf{B}}{\sqrt{4\pi\rho}} \tag{P6.40}$$

에 대해,

$$\frac{\partial \mathbf{w}_{\downarrow}}{\partial t} - v_{\rm A0}\frac{\partial \mathbf{w}_{\downarrow}}{\partial z} = -(\mathbf{w}_{\uparrow} \cdot \boldsymbol{\nabla})\mathbf{w}_{\downarrow} - \frac{1}{\rho}\boldsymbol{\nabla} P_*, \tag{P6.41a}$$

$$\frac{\partial \mathbf{w}_{\uparrow}}{\partial t} + v_{\rm A0}\frac{\partial \mathbf{w}_{\uparrow}}{\partial z} = -(\mathbf{w}_{\downarrow} \cdot \boldsymbol{\nabla})\mathbf{w}_{\uparrow} - \frac{1}{\rho}\boldsymbol{\nabla} P_*, \tag{P6.41b}$$

$$\boldsymbol{\nabla} \cdot \mathbf{w}_{\uparrow\downarrow} = 0 \tag{P6.41c}$$

이 성립함을 보이시오. 여기서 $v_{\rm A0} = B_0/\sqrt{4\pi\rho}$이다.

(2) 만일 식 (P6.41)의 우변이 0이라면, $\mathbf{w}_{\uparrow\downarrow}$는 자기장을 따라 위/아래 방향으로 전파하는 (비선형) 파동 묶음(wave packet)을 나타낸다. P_*가 일정할 때, 식 (P6.41)의 해가

$$\mathbf{w}_{\uparrow} = 0, \qquad \mathbf{w}_{\downarrow} = \mathbf{w}(z + v_{\rm A0}t), \tag{P6.42a}$$

$$\mathbf{w}_{\downarrow} = 0, \qquad \mathbf{w}_{\uparrow} = \mathbf{w}(z - v_{\rm A0}t) \tag{P6.42b}$$

임을 보이고, 그 물리적 의미를 토의하시오. 또한, 이 비선형 파동이 가팔라지지 않는 이유가 무엇인지 토의하시오.

18. 4부 20번 문제에서 수평 방향의 자기장 $\mathbf{B}_0 = B_0(z)\hat{\mathbf{x}}$가 포함된 경우를 생각해 보자. 원반의 초기 밀도, 압력, 자기장의 세기는 $\rho_0 \propto P_0 \propto B_0^2 \propto \exp[-z^2/(2H^2)]$을 만족한다.

(1) 섭동의 속도가 z 방향 성분만을 갖고 있을 때, 즉 $\mathbf{v}_1 = v_{1z}\hat{\mathbf{z}}$일 때

$$\frac{\partial \Pi_1}{\partial t} = \gamma \frac{P_0}{\rho_0}\frac{\partial \Sigma_1}{\partial t} - \frac{\gamma-1}{H^2}\frac{P_0}{\rho_0}\mathcal{V}_1, \tag{P6.43a}$$

$$\frac{\partial \mathcal{V}_1}{\partial t} = \Pi_1 + \mathcal{M}_1 - \frac{P_0}{\rho_0 H^2}\left(1+\frac{1}{2\beta}\right)\mathcal{R}_1, \tag{P6.43b}$$

$$\frac{\partial \mathcal{R}_1}{\partial t} = H^2\frac{\partial \Sigma_1}{\partial t} + 2\mathcal{V}_1, \tag{P6.43c}$$

$$\frac{\partial \mathcal{M}_1}{\partial t} = v_{\rm A}^2\frac{\partial \Sigma_1}{\partial t} - \frac{v_{\rm A}^2}{2H^2}\mathcal{V}_1 \tag{P6.43d}$$

임을 보이시오. 여기서 $v_{\rm A}^2 = B_0^2/(4\pi\rho_0)$, $\beta = 4\pi P_0/B_0^2$이고, $\mathcal{V}_1 \equiv \int \rho_0 v_{z1} z dz$, $\mathcal{R}_1 \equiv \int \rho_1 z^2 dz$, $\mathcal{M}_1 \equiv \int B_0 B_1 dz/(4\pi)$이다.

(2) 진동수가 작은 섭동에 대하여

$$\gamma_{\rm 2D} \equiv \frac{\Pi_1/\Sigma_1}{P_0/\rho_0} = \frac{3\gamma - 1 + (2\gamma+1)/(2\beta)}{\gamma+1+3/(2\beta)} \tag{P6.44}$$

임을 보이시오.

19. 식 (22.3) 아래에서 정의된 기호 $[\![\ ]\!]$와 식 (22.49) 아래에서 정의된 기호 $\langle\!\langle\ \rangle\!\rangle$에 대해 다음 식이 성립함을 증명하시오. 단, f와 g는 임의의 함수이며 $\mathbf{B}$는 임의의 벡터이다.

(1) $[\![f+g]\!] = [\![f]\!] + [\![g]\!]$

(2) $[\![fg]\!] = \langle\!\langle f\rangle\!\rangle[\![g]\!] + \langle\!\langle g\rangle\!\rangle[\![f]\!]$

(3) $\langle\!\langle fg\rangle\!\rangle = \langle\!\langle f\rangle\!\rangle\langle\!\langle g\rangle\!\rangle + \frac{1}{4}[\![f]\!][\![g]\!]$

(4) $\frac{1}{4}[\![f]\!][\![\mathbf{B}]\!]^2 = \langle\!\langle f\mathbf{B}\rangle\!\rangle\cdot[\![\mathbf{B}]\!] - \frac{1}{2}\langle\!\langle f\rangle\!\rangle[\![\mathbf{B}^2]\!]$

20. 그림 16.4와 같이 $z=0$을 경계로 속도 U_1과 U_2로 움직이는 밀도 ρ인 비압축성 유체에 균일 자기장 $\mathbf{B}_0 = B_0\hat{\mathbf{x}}$가 추가된 경우를 생각해 보자. 안정성의 선형 분석을 수행하여 평형 상태에 가해진 섭동의 분산 관계식이

$$\frac{\omega}{k} = -\frac{U_1+U_2}{2} \pm \left[v_{\rm A}^2 - \frac{(U_1-U_2)^2}{4}\right]^{1/2} \tag{P6.45}$$

임을 보이시오. 여기서 k는 섭동의 x 방향 파수이며 $v_{\rm A} = B_0/(4\pi\rho)^{1/2}$는 알펜 속도이다. 자기장의 존재가 켈빈-헬름홀츠 불안정을 안정화시키는지 또는 더 불안정하게 만드는지 밝히고 그 물리적인 이유에 대해 토의하시오.

21. 회전 좌표계에서 자기장의 유도 방정식의 형태가 변하지 않음을, 즉 관성 좌표계에서 국부 회전 좌표계로의 변환 관계를 이용하여 식 (20.70)이 식 (23.93c)

로 변함을 보이시오.

22. 밀도가 ρ_0로 균일하고 자기장이 $\mathbf{B}_0 = B_0\hat{\mathbf{z}}$로 균일하며, z축에 대해 각속도 $\Omega \propto R^{-q}$으로 회전하는 매질을 생각해 보자. 매질의 자체 중력은 무시한다. 이 매질에 가해진 자기회전 불안정의 고유함수(eigenfunction)로

$$\mathbf{B}_1 = (b_R, b_\phi, b_z) = \bar{b}B_0 e^{st}\cos(kz)(\sin\alpha, -\cos\alpha, 0), \tag{P6.46a}$$

$$\mathbf{v}_1 = (v_R, v_\phi, v_z) = \bar{b}v_0 e^{st}\sin(kz)(\cos\alpha, \sin\alpha, 0) \tag{P6.46b}$$

을 택하자. 여기서 $\bar{b}$는 섭동의 크기를 나타내는 무차원 계수이고, s와 k는 섭동의 성장률과 z 방향 파수를 나타낸다.

(1) 식 (P6.46)을 식 (23.58)과 식 (23.63)에 대입하여

$$s = q\Omega\sin\alpha\cos\alpha, \tag{P6.47a}$$

$$v_0 = q\Omega\sin^2\alpha/k, \tag{P6.47b}$$

$$(kv_{\rm A})^2 = q\Omega^2(2 - q\cos^2\alpha)\sin^2\alpha \tag{P6.47c}$$

가 성립함을 보이시오. 여기서 $v_{\rm A} = B_0/(4\pi\rho_0)^{1/2}$이다.

(2) 식 (P6.47)에서 α를 소거하여 자기회전 불안정의 분산 관계식

$$s^4 + [(4-2q)\Omega^2 + 2(kv_{\rm A})^2]s^2 + (kv_{\rm A})^2[(kv_{\rm A})^2 - 2q\Omega^2] = 0 \tag{P6.48}$$

을 유도하시오. 또한 (P6.48)이 식 (23.73)과 동일함을 확인하시오. 이 결과는 식 (P6.46)이 자기회전 불안정의 고유함수임을 증명한다.

23. 식 (P6.46)으로 주어진 $\mathbf{B}_1$과 $\mathbf{v}_1$에 대하여, 총자기장 $\mathbf{B} = B_0\hat{\mathbf{z}} + \mathbf{B}_1$과 유체의 총속도 $\mathbf{v} = R\Omega\hat{\boldsymbol{\phi}} + \mathbf{v}_1$이 ($\bar{b}$와 v_0가 작다는 가정을 하지 않고)

$$\nabla\cdot\mathbf{v} = 0, \tag{P6.49a}$$

$$\frac{D\mathbf{v}}{Dt} = \frac{1}{4\pi\rho}(\nabla\times\mathbf{B})\times\mathbf{B}, \tag{P6.49b}$$

$$\frac{D\mathbf{B}}{Dt} = \mathbf{B}\cdot\nabla\mathbf{v} \tag{P6.49c}$$

를 만족함을 보이시오. 이것은 자기회전 불안정이 비압축성 자기유체역학 방정식의 정확한 '비선형' 해임을 의미한다.

24. 전자와 이온은 자기장을 따라 쉽게 움직이지만 자기장의 수직 방향으로는 쉽게 움직이지 못하므로 자화된 매질에서 열전도에 의한 **열선속**(heat flux)은 식

(12.72) 대신,

$$\mathbf{q} = -\mathcal{K}_0 \hat{\mathbf{b}}\hat{\mathbf{b}} \cdot \boldsymbol{\nabla} T \tag{P6.50}$$

와 같이 텐서 형태로 주어진다. 여기서 $\hat{\mathbf{b}}$는 국부 자기장의 방향을 나타낸다. 외부 중력장 $\mathbf{g} = -g\hat{\mathbf{z}}$의 영향 아래에서 정적 평형 상태에 있는 수직 방향으로 층화된 매질을 생각해 보자. 초기 밀도, 압력, 온도, 자기장의 분포는 각각 $\rho(z)$, $P(z)$, $T(z)$, $\mathbf{B} = B\hat{\mathbf{x}}$인데, 여기서 B는 일정하다. 이 매질에 가해진 비압축성, 정압 섭동의 진화를 살펴보자.

(1) 초기 평형 상태가 만족해야 할 P와 ρ의 관계를 구하시오.

(2) 초기 평형 상태에 가해진 작은 진폭의 섭동을 δ를 이용하여 나타내면, 속도와 자기장의 섭동은 $\delta\mathbf{v} = \delta v_z \hat{\mathbf{z}}$, $\delta\mathbf{B} = \delta B_z \hat{\mathbf{z}}$이다. 공간과 시간에 대하여

$$\delta \propto \exp(ikx + \sigma t) \tag{P6.51}$$

와 같이 변하는 섭동은 비압축성임을 보이시오. 여기서 k와 σ는 각각 섭동의 파수와 성장률을 나타낸다.

(3) 정압 섭동($\delta P = 0$)에 대해, 기본 방정식을 선형화하여

$$\sigma \delta v_z = -g\frac{\delta\rho}{\rho} + ikv_{\rm A}^2 \frac{\delta B_z}{B}, \tag{P6.52a}$$

$$\sigma \frac{\delta B_z}{B} = ik\delta v_z, \tag{P6.52b}$$

$$\gamma\sigma\frac{\delta\rho}{\rho} = \delta v_z \frac{d}{dz}\ln(P/\rho^\gamma) + \frac{\gamma-1}{P}\boldsymbol{\nabla}\cdot\delta\mathbf{q}, \tag{P6.52c}$$

$$\delta\mathbf{q} = -\mathcal{K}_0\left(\frac{\delta B_z}{B}\frac{dT}{dz} + ik\delta T\right)\hat{\mathbf{x}} \tag{P6.52d}$$

임을 보이시오. 여기서 $v_{\rm A}^2 = B^2/(4\pi\rho)$이다.

(4) 자기장이 매우 약할 때(즉, $kv_{\rm A} \ll |\sigma|$일 때), 분산 관계식

$$\sigma^3 + \sigma^2\frac{\gamma-1}{\gamma}\frac{k^2\mathcal{K}_0 T}{P} + \sigma\omega_{\rm BV}^2 + \frac{\gamma-1}{\gamma}\frac{k^2\mathcal{K}_0 T}{P}g\frac{d\ln T}{dz} = 0 \tag{P6.53}$$

을 유도하시오. 여기서 $\omega_{\rm BV}$는 브룬트-배이샐래 진동수이다(식 16.37).

(5) $\mathcal{K}_0 \to 0$ 또는 $dT/dz \to 0$ 일 때, 식 (P6.53)의 물리적 의미에 대해 토의하시오.

(6) 식 (P6.53)은 $dT/dz < 0$일 때, $\sigma > 0$인 불안정한 해를 갖는다. 이러한 불안정을 **자기열적 불안정**(magnetothermal instability)이라고 부른다.

자기열적 불안정의 성장률이

$$\sigma = \begin{cases} -(\gamma-1)\dfrac{k^2\mathcal{K}_0 T}{P}\dfrac{d\ln T/dz}{d\ln(P\rho^{-\gamma})/dz}, & (k\to 0) \\ \sqrt{-g\dfrac{d\ln T}{dz}} & (k\to\infty) \end{cases} \tag{P6.54}$$

임을 보이시오. 대류 불안정은 엔트로피의 기울기에 의존하는 반면, 자기열적 불안정은 온도의 기울기에 의존한다. 이것은 (자화되지 않은 유체의) 회전 불안정이 각운동량의 기울기에 의존(식 23.52)하는 반면, 자기회전 불안정은 회전 각속도의 기울기에 의존(식 23.53)하는 것과 유사하다.

부록

I. 천체물리 상수 및 단위

II. 단위계에 따른 전자기 방정식의 변환

III. 푸리에 변환

IV. 특수 상대성 이론의 기본 결과

V. 벡터 연산

VI. 중력 퍼텐셜

I. 천체물리 상수 및 단위

표 1 물리 상수

상수	값*
광속도	$c = 2.99792458 \times 10^{10}$ cm s^{-1}
중력 상수	$G = 6.674 \times 10^{-8}$ cm^3 g^{-1} s^{-2}
	$= 4.301 \times 10^{-3}$ pc $M_\odot^{-1}$ (km s^{-1})^2
플랑크 상수	$h = 6.62607015 \times 10^{-27}$ erg s
볼츠만 상수	$k = k_B = 1.380649 \times 10^{-16}$ erg K^{-1}
슈테판-볼츠만 상수	$\sigma (= 2\pi^5 k^4/15c^2h^3)$
	$= 5.6704 \times 10^{-5}$ erg cm^{-2} s^{-1} K^{-4}
복사 상수	$a(= 4\sigma/c) = 7.5657 \times 10^{-15}$ erg cm^{-3} K^{-4}
전자의 전하	$e = 4.80320471257 \times 10^{-10}$ esu
	$= 1.602176634 \times 10^{-19}$ C
전자 질량	$m_e = 9.109384 \times 10^{-28}$ g
	$m_e c^2 = 0.511$ MeV
전자의 고전적 반경	$r_e(= e^2/m_e c^2) = 2.817940 \times 10^{-13}$ cm
톰슨 산란 단면적	$\sigma_T(= 8\pi r_e^2/3) = 6.652459 \times 10^{-25}$ cm^2
보어 마그네톤	$\mu_B(= e\hbar/2m_e c) = 9.274015 \times 10^{-21}$ erg G^{-1}
	$= 5.7884 \times 10^{-9}$ eV G^{-1}
전자의 자기 모멘트	$\mu_e = 1.001160\ \mu_B$
양성자의 자기 모멘트	$\mu_p = 1.521 \times 10^{-3}\ \mu_B$
미세 구조 상수	$1/\alpha(= \hbar c/e^2) = 137.036$
보어 반경	$a_0(= \hbar^2/m_e e^2) = 5.292 \times 10^{-9}$ cm
뤼드베리 에너지	$\mathrm{Ry}(= e^2/2a_0) = 13.605693$ eV
양성자 질량	$m_p = 1.672622 \times 10^{-24}$ g
	$m_p c^2 = 938.272$ MeV
양성자와 전자의 질량비	$m_p/m_e = 1836.153$
중성자 질량	$m_n = 1.674927 \times 10^{-24}$ g
	$m_n c^2 = 939.565$ MeV
원자 질량 단위	$u = 1.660539 \times 10^{-24}$ g
수소 원자(^{1}H) 뤼드베리 에너지†	$\mathrm{Ry_H} = 13.598$ eV
수소 원자(^{1}H) 질량§	$m_H = 1.007825u$
	$= 1.673533 \times 10^{-24}$ g

출처: CODATA 2018 Recommended Values(Tiesinga et al. 2019)
* 이 책에 충분하다고 생각되는 정밀도로 반올림한 근삿값이다. 단, 광속도와 2019년 5월 SI 단위의 재정의에 의해서 정확한 값을 갖게 된 플랑크 상수, 볼츠만 상수 및 전자 전하의 경우에는 정확한 값을 제시하였다(BIPM 2019; 한국표준과학연구원 2020 참조).
† $\mathrm{Ry_H} = \mathrm{Ry} \times m_p/(m_p + m_e)$
§ $m_H = m_p + m_e - \mathrm{Ry_H}/c^2$

표 2 천문 상수

상수	값
천문단위*	au $= 1.49597870700 \times 10^{13}$ cm
파섹*	pc$(= 648000/\pi$ au$) = 3.085677... \times 10^{18}$ cm
	$= 3.262$ ly
광년	ly $= 9.461 \times 10^{17}$ cm
율리우스년	yr $= 365.25$ day
	$= 3.156 \times 10^7$ s
태양 질량†	$M_\odot = 1.988 \times 10^{33}$ g
태양 반지름†	$R_\odot = 6.957 \times 10^{10}$ cm
태양 광도†	$L_\odot = 3.828 \times 10^{33}$ erg s^{-1}

* IAU의 결의에 의해서 결정된 정확한 값이다(Mamajek et al. 2015; Prša et al. 2016 참조).
† IAU 2015 resolution B3(Prša et al. 2016)

표 3 물리량과 단위

물리량	cgs 단위	SI 단위 및 기타 단위	
길이	센티미터(cm)	미터	m $= 10^2$ cm
		옹스트롬	Å$= 10^{-8}$ cm
		마이크론	μm $= 10^{-4}$ cm
질량	그램(g)	킬로그램	kg $= 10^3$ g
에너지	에르그(erg)	줄	J $= 10^7$ erg
		전자볼트*	eV $= 1.6022 \times 10^{-12}$ erg
			$= 11605$ K
			$= 1.2398$ μm
파워, 광도	···	와트	W (= J s^{-1}) $= 10^7$ erg s^{-1}
힘	다인(dyn)	뉴턴	N $= 10^5$ dyn
압력	···	파스칼	Pa $= 10$ dyn cm^{-2}
평면각†	라디안(rad)	도	deg$= 1.745 \times 10^{-2}$ rad
		각초	arcsec $= 1/206265$ rad $= 4.848 \times 10^{-6}$ rad
입체각†	스테라디안(sr)	평방도	deg^2$= 3.046 \times 10^{-4}$ sr
플럭스밀도§	···	···	W m^{-2} Hz^{-1}$= 10^3$ erg cm^{-2} s^{-1} Hz^{-1}
		잰스키(Jy)	Jy $= 10^{-23}$ erg cm^{-2} s^{-1} Hz^{-1}
자기장	가우스(G)	테슬라	T $= 10^4$ G

기본 물리량과 복사 관련 일부 물리량들의 cgs 단위와 SI 단위, 그리고 천문 분야에서 사용되는 단위를 요약하였다. 천문학과 관련된 SI 단위 전반에 관한 설명은 Wilkins(1989), Cox(2000) 혹은 Dodd(2012)에서 확인할 수 있다.
* 1 eV에 해당하는 온도($kT = 1$ eV)와 파장($hc/\lambda = 1$ eV)을 같이 적었다. 1 eV의 정확한 값은 $1.602176634 \times 10^{-12}$ erg이다(Tiesinga et al. 2019).
† cgs 단위와 SI 단위는 동일하다.
§ 단색 플럭스밀도를 의미한다. 복사 관련 물리량과 단위는 표 1.1에 주어져 있다.

II. 단위계에 따른 전자기 방정식의 변환

전자기학에서 사용하는 단위계는 거의 대부분 MKSA 단위계 혹은 가우스 단위계(Gaussian unit system)이다. **MKSA 단위계**란 길이, 질량, 시간의 단위로 각각 m, kg, s를 사용하는 MKS 단위계에 전류의 기본 단위인 암페어(A)를 추가한 단위계로서, 물질 규모의 실용적인 전자기 현상을 기술하는 데 편리하다. **국제단위계**(The International System of Units, Le Système International d'Unités; **SI**)는 MKSA 단위계에 기반한다. SI 단위는 2019년 전자의 전하와 같은 자연의 기본 상수를 이용하여 재정의되었다(BIPM 2019; Tiesinga et al. 2019 참조). **가우스 단위계**는 길이, 질량, 시간의 단위로 각각 cm, g, s를 사용하는 cgs 단위계로서, 미시적 전자기 현상을 기술하는 데 편리하다. 가우스 단위계에서는 전자기적 물리량을 보통의 cgs 단위를 사용해서 나타낼 수 있다는 장점이 있다. 예를 들어 전하의 단위는 statC(statcoulomb) 혹은 esu(electrostatic unit of charge)이지만, $F = q_1 q_2/r^2$ 로부터 1 statC = 1 esu = 1 $\mathrm{erg}^{1/2}\ \mathrm{cm}^{1/2}$ 임을 알 수 있다. $\mathbf{E}$와 $\mathbf{B}$는 동일한 차원의 물리량이며 각각 statV cm^{-1}와 G를 단위로 쓴다. 하지만 이들의 제곱은 모두 에너지 밀도(erg cm^{-3})의 단위를 갖는다. 두 단위계에서 사용되는 전자기 물리량의 단위는 Cox(2000)의 표 2.4 혹은 Jackson(1999)의 부록 표 4에서 확인할 수 있다.

천문학에서는 일반적으로 가우스 단위계를 사용한다. 반면 학부 전자기학의 대부분 교과서는 SI를 사용하므로, 단위계의 차이에서 오는 혼란이 적지 않다. 표 4는 두 단위계에서의 맥스웰 방정식과 로런츠 힘 방정식을 비교한 것이다. 가우스 법칙과 앙페르-맥스웰 회로 법칙의 경우, '미시적' 맥스웰 방정식과 '거시적' 맥스웰 방정식에 해당하는 두 식을 각각 비교하였다(3.1절 참조). SI의 ϵ_0와 μ_0는 진공의 유전율(permittivity)과 투자율(permeability)을 나타내며, ϵ과 μ는 물질의 유전율과 투자율을 나타낸다. $\epsilon_0 = 1/(\mu_0 c^2) = 8.854 \times 10^{-12}$ F m^{-1}이며, $\mu_0 = 4\pi \times 10^{-7}$ H m^{-1}(또는 N A^{-2})이다. 둘 사이에는 $\epsilon_0 \mu_0 = 1/c^2$의 관계가 있다. 표 4는 이 물리량들의 질량(M), 길이(L), 시간(T) 및 전류(I)의 차원을 보여 준다. 가우스 단위계를 사용할 경우, ϵ_0와 μ_0는 나타나지 않는다. 가우스 단위계에서는 유전율 (또는 유전상수) ϵ과 투자율 μ는 차원이 없는 물리량으로서 각각 SI의 ϵ/ϵ_0, μ/μ_0와 같은 값을 갖는다. 표 5를 이용하면 두 단위계의 방정식을 상호 변환할 수 있다. 즉, 가우스 단위계의 방정식에 있는 물리량에 표 5의 오른쪽 SI의 물리량을 치환하면 가우스 단위계의 방정식이 SI의 방정식으로 변환된다.

표 4 가우스 단위계와 SI의 비교

	가우스 단위계	SI
ϵ_0	1	$[M]^{-1}[L]^{-3}[T]^4[I]^2$
μ_0	1	$[M][L][T]^{-2}[I]^{-2}$
전기 변위 $\mathbf{D}$	$\mathbf{D}=\mathbf{E}+4\pi\mathbf{P}$	$\mathbf{D}=\epsilon_0\mathbf{E}+\mathbf{P}$
자기장 $\mathbf{H}$	$\mathbf{H}=\mathbf{B}-4\pi\mathbf{M}$	$\mathbf{H}=\dfrac{\mathbf{B}}{\mu_0}-\mathbf{M}$
가우스 법칙	$\nabla\cdot\mathbf{E}=4\pi\rho$	$\nabla\cdot\mathbf{E}=\dfrac{\rho}{\epsilon_0}$
	$\nabla\cdot\mathbf{D}=4\pi\rho$	$\nabla\cdot\mathbf{D}=\rho$
패러데이 전자기 유도 법칙	$\nabla\times\mathbf{E}=-\dfrac{1}{c}\dfrac{\partial\mathbf{B}}{\partial t}$	$\nabla\times\mathbf{E}=-\dfrac{\partial\mathbf{B}}{\partial t}$
가우스 자기 법칙	$\nabla\cdot\mathbf{B}=0$	$\nabla\cdot\mathbf{B}=0$
앙페르-맥스웰 회로 법칙	$\nabla\times\mathbf{B}=\dfrac{4\pi}{c}\mathbf{J}+\dfrac{1}{c}\dfrac{\partial\mathbf{E}}{\partial t}$	$\nabla\times\mathbf{B}=\mu_0\mathbf{J}+\dfrac{1}{c^2}\dfrac{\partial\mathbf{E}}{\partial t}$
	$\nabla\times\mathbf{H}=\dfrac{4\pi}{c}\mathbf{J}+\dfrac{1}{c}\dfrac{\partial\mathbf{D}}{\partial t}$	$\nabla\times\mathbf{H}=\mathbf{J}+\dfrac{\partial\mathbf{D}}{\partial t}$
단일 전하에 미치는 로런츠 힘	$\mathbf{E}+\dfrac{1}{c}\mathbf{v}\times\mathbf{B}$	$\mathbf{E}+\mathbf{v}\times\mathbf{B}$

출처: Jackson(1999, 부록 표2)

표 5 가우스 단위계와 SI 방정식의 상호 변환

물리량	가우스 단위계	SI
빛의 속도	c	$1/\sqrt{\mu_0\epsilon_0}$
전기장(electric field)	$\mathbf{E}$	$\sqrt{4\pi\epsilon_0}\mathbf{E}$
전기변위(electric displacement)	$\mathbf{D}$	$\sqrt{4\pi/\epsilon_0}\mathbf{D}$
전하밀도(charge density)	ρ	$\rho/\sqrt{4\pi\epsilon_0}$
자기장(magnetic field)*	$\mathbf{B}$	$\sqrt{4\pi/\mu_0}\mathbf{B}$
자기세기(magnetic intensity)†	$\mathbf{H}$	$\sqrt{4\pi\mu_0}\mathbf{H}$
자기화(magnetization)	$\mathbf{M}$	$\sqrt{\mu_0/4\pi}\mathbf{M}$
전도율(conductivity)	σ	$\sigma/4\pi\epsilon_0$
유전상수(dielectric constant)	ϵ	ϵ/ϵ_0
투자율(permeability)	μ	μ/μ_0

출처: Jackson(1999, 부록 표3)
* '자기유도(magnetic induction)', '자속밀도(magnetic flux density)'라고도 함.
† '자기장(magnetic field)', '자기장세기(magnetic field strength)', '보조자기장(auxiliary magnetic field)'이라고도 함.

III. 푸리에 변환

• **푸리에 변환과 역푸리에 변환:** 함수 $f(t)$의 푸리에 변환 $\tilde{f}(\nu)$는 다음과 같이 정의된다.

$$\tilde{f}(\nu) = \int_{-\infty}^{+\infty} f(t) e^{i2\pi\nu t} dt. \tag{III.1}$$

그리고 $f(t)$는 $\tilde{f}(\nu)$의 역푸리에 변환으로 주어진다.

$$f(t) = \int_{-\infty}^{+\infty} \tilde{f}(\nu) e^{-i2\pi\nu t} d\nu. \tag{III.2}$$

위 식에서 t는 시간을, ν는 주파수를 나타낸다. 통상 $f(t)$는 측정되는 전자기파의 세기와 같은 실함수이며, 이 경우 $\tilde{f}(\nu)$는 복소함수이다. 식 (III.1)과 식 (III.2)의 $e^{\pm i2\pi\nu t}$ 항 지수의 부호는 반대되게 정의하기도 하는데, 이 책에서는 위와 같은 표기법을 채택하였다.

식 (III.1)과 식 (III.2)로부터 역푸리에 변환을 통해 원래의 함수를 얻을 수 있다는 것을 보일 수 있다. 즉, 식 (III.1)을 식 (III.2)에 대입하고 적분 순서를 바꾸면

$$\begin{aligned} f(t) &= \int_{-\infty}^{+\infty} d\nu\ e^{-i2\pi\nu t} \left(\int_{-\infty}^{+\infty} f(t') e^{i2\pi\nu t'} dt' \right) \\ &= \int_{-\infty}^{+\infty} dt' f(t') \left(\int_{-\infty}^{+\infty} e^{i2\pi\nu(t'-t)} d\nu \right) \end{aligned} \tag{III.3}$$

이 되는데, 괄호 안의 적분은 디락 델타함수에 해당한다.

$$\begin{aligned} \int_{-\infty}^{+\infty} e^{i2\pi\nu(t'-t)} d\nu &= \lim_{\mu\to\infty} \int_{-\mu}^{+\mu} e^{i2\pi\nu(t'-t)} d\nu \\ &= \lim_{\mu\to\infty} 2\mu \frac{\sin[2\pi\mu(t'-t)]}{2\pi\mu(t'-t)} \\ &= \delta(t'-t). \end{aligned} \tag{III.4}$$

$$\delta(t'-t) = \int_{-\infty}^{+\infty} e^{i2\pi\nu(t'-t)} d\nu \tag{III.5}$$

• **푸리에 변환의 여러 형태:** 푸리에 변환은 다양한 형태로 정의된다. 식 (III.1)과 식 (III.2)에서 주파수 ν 대신 각주파수 $\omega = 2\pi\nu$를 사용할 경우, 푸리에 변환은

$1/2\pi$ 이 포함된 아래와 같은 비대칭적 식으로 주어진다.

$$\tilde{f}(\omega) = \int_{-\infty}^{+\infty} f(t)e^{i\omega t}dt, \tag{III.6a}$$

$$f(t) = \frac{1}{2\pi}\int_{-\infty}^{+\infty} \tilde{f}(\omega)e^{-i\omega t}d\omega. \tag{III.6b}$$

위 식에서 상수 $1/2\pi$ 은 $\tilde{f}(\omega)$ 를 정의하는 식에 삽입할 수도 있다. 즉,

$$\tilde{f}(\omega) = \frac{1}{2\pi}\int_{-\infty}^{+\infty} f(t)e^{i\omega t}dt, \tag{III.7a}$$

$$f(t) = \int_{-\infty}^{+\infty} \tilde{f}(\omega)e^{-i\omega t}d\omega. \tag{III.7b}$$

이 경우, $\tilde{f}(\omega)$ 와 식 (III.1)로 주어진 $\tilde{f}(\nu)$ 사이에는 $\tilde{f}(\omega) = \tilde{f}(\nu)/2\pi$ 의 관계가 있다. Rybicki and Lightman(1979)에서는 식 (III.7)로 정의된 푸리에 변환을 사용했다. 이 책에서는 식 (III.1)의 $\tilde{f}(\nu)$ 와, Rybicki and Lightman(1979)와의 비교를 위해서 식 (III.7)의 $\tilde{f}(\omega)$ 를 사용했다.

이 이외에도 푸리에 변환식이 대칭이 되게끔 $1/2\pi$ 대신 $1/\sqrt{2\pi}$ 을 푸리에 변환식과 역푸리에 변환식 각각에 삽입하여 정의하기도 한다(예: Jackson 1999). 푸리에 변환의 여러 형태에 관한 보다 자세한 내용은 Bracewell(1986)에서 확인할 수 있다.

• **푸리에 변환의 예:** 아래에 푸리에 변환의 몇 가지 예를 제시했다(그림 1).

(1) 사각 함수(rectangle function):

$$f(t) = \begin{cases} 1, & (|t| \le T/2) \\ 0, & (|t| > T/2). \end{cases} \tag{III.8}$$

위 사각 함수의 푸리에 변환은

$$\tilde{f}(\nu) = T\,\frac{\sin(\pi\nu T)}{\pi\nu T} = T\,\mathrm{sinc}(\nu T) \tag{III.9}$$

이다. $\mathrm{sinc}(\nu T)$ 는 **싱크 함수**(sinc function)로서 아래와 같이 정의된 함수이다.

$$\mathrm{sinc}\,x \equiv \frac{\sin\pi x}{\pi x}, \quad \lim_{x\to 0}\mathrm{sinc}\,x = 1, \quad \int_{-\infty}^{+\infty}\mathrm{sinc}\,x\,dx = 1. \tag{III.10}$$

싱크 함수의 반치폭은 $\Delta x_{\mathrm{FWHM}} = 1.21$ 이므로, $\tilde{f}(\nu)$ 의 반치폭은 $\Delta\nu_{\mathrm{FWHM}} = 1.21/T$ 가 된다.

(2) 가우스 함수:

$$f(t) = \exp\left(-\frac{t^2}{b^2}\right) \tag{III.11}$$

위 가우스 함수의 푸리에 변환은

$$\tilde{f}(\nu) = \sqrt{\pi} b \exp\left(-\pi^2 b^2 \nu^2\right) \tag{III.12}$$

으로서, 역시 가우스 함수이다. $f(t)$의 반치폭은 $2\sqrt{\ln 2} b$이고 $\tilde{f}(\nu)$의 반치폭은 $2\sqrt{\ln 2}/\pi b$이다.

(3) 파동 묶음(wave packet):

$$f(t) = \begin{cases} \cos 2\pi\nu_0 t, & (|t| \le T/2) \\ 0, & (|t| > T/2). \end{cases} \tag{III.13}$$

이 함수는 $\cos 2\pi\nu_0 t$와 앞의 예에서 다루었던 사각 함수의 곱이다. 따라서 아래의 합성곱 정리에 의하면 $f(t)$의 푸리에 변환은 $\cos 2\pi\nu_0 t$의 푸리에 변환 함수 $\delta(\nu - \nu_0)$와 사각 함수의 푸리에 변환 함수인 $T\mathrm{sinc}(\nu T)$ 합성곱으로 주어진다. 이는 $\nu = \nu_0$에 중심을 둔 싱크 함수이다.

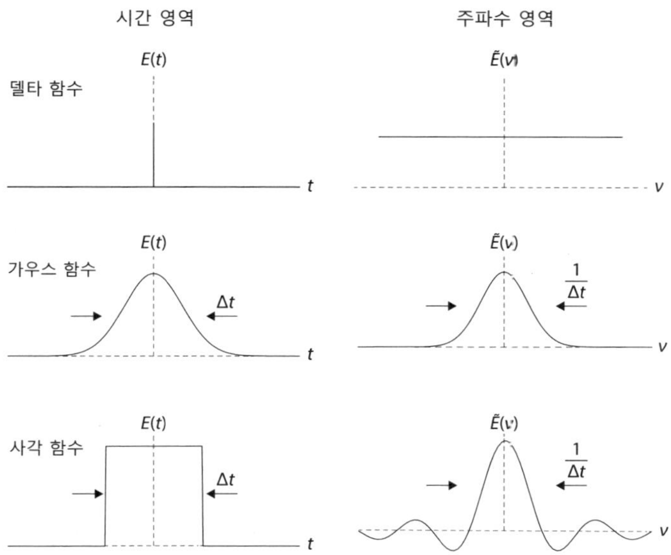

그림 1 푸리에 변환의 예

• **푸리에 정리:** 푸리에 짝들은 다음과 같은 푸리에 정리를 만족한다.

덧셈 정리 : $$\Sigma\tilde{f}_i(\nu) \Longleftrightarrow \Sigma f_i(t) \tag{III.14a}$$

닮음 정리 : $$\frac{1}{a}\tilde{f}\left(\frac{\nu}{a}\right) \Longleftrightarrow f(at) \tag{III.14b}$$

밀림 정리 : $$\tilde{f}(\nu)e^{i2\pi a\nu} \Longleftrightarrow f(t-a) \tag{III.14c}$$

레일리-파시발 정리[1] : $$\int_{-\infty}^{+\infty} |\tilde{f}(\nu)|^2 d\nu = \int_{-\infty}^{+\infty} |f(t)|^2 dt \tag{III.14d}$$

이 외에 두 시간 함수의 합성곱이 각각의 푸리에 변환 함수의 곱으로 표현된다는 합성곱 정리(convolution theorem)가 있다.

$$\tilde{f}_1(\nu)\tilde{f}_2(\nu) \Longleftrightarrow f_1(t) \otimes f_2(t). \tag{III.15}$$

여기서

$$f_1(t) \otimes f_2(t) \equiv \int_{-\infty}^{+\infty} f_1(t')f_2(t-t')dt' \tag{III.16}$$

이다. 예를 들어, 두 사각 함수

$$f_1(t) = f_2(t) = \begin{cases} 1, & (|t| \le T/2) \\ 0 & (|t| > T/2) \end{cases} \tag{III.17}$$

의 합성곱은

$$f_1(t) \otimes f_2(t) = \int_{-\infty}^{+\infty} f_1(t')f_2(t-t')dt' = \begin{cases} t+T, & (-T < t \le 0) \\ T-t, & (0 < t < T) \\ 0 & (T \le |t|) \end{cases} \tag{III.18}$$

이 되는데, 이 함수의 푸리에 변환은 다음과 같이 $f_1(t)$과 $f_2(t)$ 각각의 푸리에 변환의 곱으로부터 구할 수 있다.

$$\mathrm{FT}[f_1(t) \otimes f_2(t)] = \tilde{f}_1(\nu)\tilde{f}_2(\nu) = (T\mathrm{sinc}(\nu T))^2. \tag{III.19}$$

1) 이 정리는 1889년 레일리가 그의 흑체복사 연구 논문에서 처음으로 사용하였으며 따라서 그의 이름이 붙여졌다(Bracewell 1986).

IV. 특수 상대성 이론의 기본 결과

정지 좌표계 K에 대해 x 방향을 따라 v의 속도로 움직이는 K' 좌표계를 생각하면, 두 좌표계의 좌표 (x, y, z, t)와 (x', y', z', t') 사이의 관계는 다음의 **로런츠 변환**(Lorentz transform)으로 주어진다.

$$ct' = \gamma(ct - \beta x), \qquad x' = \gamma(x - \beta ct), \qquad y' = y, \qquad z' = z, \tag{IV.1a}$$

$$ct = \gamma(ct' + \beta x'), \qquad x = \gamma(x' + \beta ct'), \qquad y = y', \qquad z = z'. \tag{IV.1b}$$

여기서 $\beta \equiv v/c$, $\gamma \equiv 1/\sqrt{1-\beta^2}$이다.

• **기본 물리량의 변환:** 로런츠 변환으로부터 두 좌표계 사이의 물리량에는 다음과 같은 관계가 있음을 보일 수 있다.

(1) 길이: 길이가 L'인 막대가 속도 v로 움직인다면, 정지 좌표계의 관측자에게 그 길이는

$$L = \frac{1}{\gamma} L' \tag{IV.2}$$

으로 축소되어 보인다.

(2) 시간: 움직이는 좌표계에서 사건이 시간 T' 동안 진행하였다면, 정지 좌표계의 관측자에게는 긴 시간인

$$T = \gamma T' \tag{IV.3}$$

동안 진행된 것으로 관측된다.

(3) 속도: 두 좌표계에서의 '물체'의 속도 $\mathbf{u}$와 $\mathbf{u}'$ 사이에는 다음의 관계가 있다.

$$u_\parallel = \frac{u'_\parallel + v}{(1 + v\ u'_\parallel/c^2)}, \qquad u_\perp = \frac{u'_\perp}{\gamma(1 + v\ u'_\parallel/c^2)}. \tag{IV.4}$$

위 식에서 $u_\parallel$과 $u_\perp$은 각각 K' 좌표계의 속도 $\mathbf{v}$에 평행한 속도 성분과 수직인 속도 성분을 나타낸다. 식 (IV.4)로부터 두 좌표계에서의 '물체'의 운동 방향 θ와 θ' 사이의 관계는

$$\tan\theta = \frac{u_\perp}{u_\parallel} = \frac{u'\sin\theta'}{\gamma(u'\cos\theta' + v)} \tag{IV.5}$$

으로 주어진다. $u' \equiv |\mathbf{u}'|$이다. $u' = c$일 때는 다음의 **광행차 공식**(aberration formula)을 얻는다.

$$\tan\theta = \frac{\sin\theta'}{\gamma(\cos\theta' + \beta)}, \tag{IV.6a}$$

$$\cos\theta = \frac{u_\parallel}{u} = \frac{u_\parallel}{c} = \frac{\cos\theta' + \beta}{1+\beta\cos\theta'}. \tag{IV.6b}$$

$\theta' = \pi/2$, 즉 빛이 K' 좌표계에서 이동 방향에 수직으로 방출되었을 때는

$$\tan\theta = \frac{1}{\gamma\beta}, \quad \cos\theta = \beta, \quad \sin\theta = \frac{1}{\gamma}$$

이 되며, $\gamma \gg 1$일 때는

$$\theta \sim \frac{1}{\gamma} \tag{IV.7}$$

이 된다. 따라서 상대론적 속도로 이동하는 광원이 등방적으로 빛을 방출하였다면, 정지 좌표계에서는 $\mathbf{v}$ 방향을 중심으로 좁은 각도($\sim 1/\gamma$)에 집중되어 방출되는 것으로 보이는 **분사출**(beaming) 효과를 나타낸다.

(4) 가속도: 만약 K' 좌표계에서 정지해 있던 입자가 순간적으로 가속하였다면, 두 좌표계에서의 가속도 $\mathbf{a}$와 $\mathbf{a}'$ 사이에는 다음의 관계가 있다.

$$a'_\parallel = \gamma^3 a_\parallel, \qquad a'_\perp = \gamma^2 a_\perp. \tag{IV.8}$$

위 식에서 $a_\parallel$과 $a_\perp$은 각각 K' 좌표계의 속도 $\mathbf{v}$에 평행한 가속도 성분과 수직인 가속도 성분을 나타낸다. 입자가 가속 운동을 할 경우, 순간적으로 입자가 정지해 있는 K' 좌표계를 **순간정지 좌표계**(instantaneous rest frame)라 부른다.

(5) 에너지와 운동량: 에너지와 운동량 $(E/c, \mathbf{p})$는 '네 성분 벡터(four vector)'로서 $(ct, \mathbf{x})$와 동일한 로런츠 변환을 한다. 즉,

$$E'/c = \gamma(E/c - \beta p_x), \quad p'_x = \gamma(p_x - \beta E/c), \quad p'_y = p_y, \quad p'_z = p_z, \tag{IV.9a}$$

$$E/c = \gamma(E'/c + \beta p'_x), \quad p_x = \gamma(p'_x + \beta E'/c), \quad p_y = p'_y, \quad p_z = p'_z \tag{IV.9b}$$

으로 주어진다. 광자의 경우 $E = pc$이므로, 정지 좌표계에서 $\cos\theta = p_x/p$ 방향으로 움직이는 광자의 에너지 및 운동량의 로런츠 변환은 다음과 같다.

$$E' = \gamma E(1-\beta\cos\theta), \quad p'_x = \gamma(p_x - p\beta), \quad p'_y = p_y, \quad p'_z = p_z, \tag{IV.10a}$$

$$E = \gamma E'(1+\beta\cos\theta'), \quad p_x = \gamma(p'_x + p'\beta), \quad p_y = p'_y, \quad p_z = p'_z. \tag{IV.10b}$$

위 식에서 $\cos\theta' = p'_x/p'$이다. 에너지 대신 주파수 ν와 ν'을 사용하면 다음의 **상대론적 도플러 공식**(relativistic Doppler formula)을 얻는다.

$$\nu' = \gamma\nu(1-\beta\cos\theta), \quad \nu = \gamma\nu'(1+\beta\cos\theta'). \tag{IV.11}$$

• **복사 관련 물리량의 변환:** 복사와 관련된 여러 물리량들의 로런츠 변환식은 Rybicki and Lightman(1979)의 4.8절과 4.9절에서 확인할 수 있다. 아래에는 이 책에서 사용된 복사 관련 물리량들의 로런츠 변환에 관한 내용만을 요약해 놓았다.

(1) 전기장과 자기장: x 방향에 평행한 성분의 전자기장 $\mathbf{E}_\parallel, \mathbf{B}_\parallel$ 와 수직인 성분의 전자기장 $\mathbf{E}_\perp, \mathbf{B}_\perp$ 의 로런츠 변환은 다음과 같다.

$$\mathbf{E}'_\parallel = \mathbf{E}_\parallel, \qquad \mathbf{B}'_\parallel = \mathbf{B}_\parallel, \tag{IV.12a}$$

$$\mathbf{E}'_\perp = \gamma(\mathbf{E}_\perp + \boldsymbol{\beta} \times \mathbf{B}), \qquad \mathbf{B}'_\perp = \gamma(\mathbf{B}_\perp - \boldsymbol{\beta} \times \mathbf{E}). \tag{IV.12b}$$

(2) 광자의 운동량 분포함수: 6차원 위상공간의 체적소 $d\mathcal{V} = d^3\mathbf{x}d^3\mathbf{p}$는 로런츠 변환에 대해서 불변이다(Landau and Lifshitz 1975, 2장 10절 참조). 따라서 광자의 운동량 분포함수 $f_\gamma(\mathbf{p})$를

$$f_\gamma(\mathbf{p})d^3\mathbf{p} = \text{운동량이 } \mathbf{p}\text{와 } \mathbf{p} + d\mathbf{p} \text{ 사이인 단위 체적당 광자의 개수}$$

라고 정의하면, $f_\gamma(\mathbf{p}) = dN/d\mathcal{V}$이며 $d\mathcal{V}$에 있는 광자의 개수 dN은 두 좌표계에서 동일하므로 $f_\gamma(\mathbf{p})$는 로런츠 불변이다.

(3) 복사 파워: 전자의 순간정지 좌표계에서 쌍극자 복사와 같은 대칭성이 있는 복사를 시간 dt' 동안 방출했다고 하자. 방출된 복사의 에너지는 dW'이다. 앞뒤 대칭성이 있으므로 방출된 복사의 운동량 $d\mathbf{p}'$은 0이며, 따라서 식 (IV.9)로부터 $dW = \gamma dW'$이 된다. 그리고 $dt = \gamma dt'$이므로

$$P = \frac{dW}{dt} = \frac{dW'}{dt'} = P' \tag{IV.13}$$

이 된다. 즉, 전자의 정지 좌표계에서 쌍극자 복사와 같이 앞뒤 대칭성이 있는 복사의 파워는 로런츠 불변이다.

V. 벡터 연산

• **벡터 항등식:** 임의의 벡터 **A**, **B**, **C**와 스칼라 φ에 대하여 다음의 항등식이 성립한다.

$$\mathbf{A}\cdot(\mathbf{B}\times\mathbf{C})=(\mathbf{A}\times\mathbf{B})\cdot\mathbf{C}=(\mathbf{C}\times\mathbf{A})\cdot\mathbf{B} \tag{V.1}$$

$$\mathbf{A}\times(\mathbf{B}\times\mathbf{C})=\mathbf{B}(\mathbf{A}\cdot\mathbf{C})-\mathbf{C}(\mathbf{A}\cdot\mathbf{B}) \tag{V.2}$$

$$\boldsymbol{\nabla}\cdot(\boldsymbol{\nabla}\varphi)=\boldsymbol{\nabla}^2\varphi \tag{V.3}$$

$$\boldsymbol{\nabla}\cdot(\boldsymbol{\nabla}\times\mathbf{A})=0 \tag{V.4}$$

$$\boldsymbol{\nabla}\times(\boldsymbol{\nabla}\varphi)=0 \tag{V.5}$$

$$\boldsymbol{\nabla}\cdot(\varphi\mathbf{A})=\varphi\boldsymbol{\nabla}\cdot\mathbf{A}+\mathbf{A}\cdot\boldsymbol{\nabla}\varphi \tag{V.6}$$

$$\boldsymbol{\nabla}\times(\varphi\mathbf{A})=\varphi\boldsymbol{\nabla}\times\mathbf{A}+\boldsymbol{\nabla}\varphi\times\mathbf{A} \tag{V.7}$$

$$\boldsymbol{\nabla}\times(\boldsymbol{\nabla}\times\mathbf{A})=\boldsymbol{\nabla}(\boldsymbol{\nabla}\cdot\mathbf{A})-\boldsymbol{\nabla}^2\mathbf{A} \tag{V.8}$$

$$\mathbf{A}\times(\boldsymbol{\nabla}\times\mathbf{B})=(\boldsymbol{\nabla}\mathbf{B})\cdot\mathbf{A}-\mathbf{A}\cdot\boldsymbol{\nabla}\mathbf{B} \tag{V.9}$$

$$(\mathbf{A}\times\boldsymbol{\nabla})\times\mathbf{B}=(\boldsymbol{\nabla}\mathbf{B})\cdot\mathbf{A}-\mathbf{A}(\boldsymbol{\nabla}\cdot\mathbf{B}) \tag{V.10}$$

$$\boldsymbol{\nabla}\cdot(\mathbf{AB})=\mathbf{A}\cdot\boldsymbol{\nabla}\mathbf{B}+\mathbf{B}\boldsymbol{\nabla}\cdot\mathbf{A} \tag{V.11}$$

$$\boldsymbol{\nabla}(\mathbf{A}\cdot\mathbf{B})=\mathbf{A}\times(\boldsymbol{\nabla}\times\mathbf{B})+\mathbf{B}\times(\boldsymbol{\nabla}\times\mathbf{A})+(\mathbf{A}\cdot\boldsymbol{\nabla})\mathbf{B}+(\mathbf{B}\cdot\boldsymbol{\nabla})\mathbf{A} \tag{V.12}$$

$$\boldsymbol{\nabla}\cdot(\mathbf{A}\times\mathbf{B})=\mathbf{B}\cdot(\boldsymbol{\nabla}\times\mathbf{A})-\mathbf{A}\cdot(\boldsymbol{\nabla}\times\mathbf{B}) \tag{V.13}$$

$$\begin{aligned}\boldsymbol{\nabla}\times(\mathbf{A}\times\mathbf{B})&=\boldsymbol{\nabla}\cdot(\mathbf{BA}-\mathbf{AB})\\&=\mathbf{A}(\boldsymbol{\nabla}\cdot\mathbf{B})+(\mathbf{B}\cdot\boldsymbol{\nabla})\mathbf{A}-\mathbf{B}(\boldsymbol{\nabla}\cdot\mathbf{A})-(\mathbf{A}\cdot\boldsymbol{\nabla})\mathbf{B}\end{aligned} \tag{V.14}$$

• **발산 정리**(divergence theorem): 3차원 공간상에서 정의된 벡터 **F**에 대하여 **F**와 그 미분이 연속이라면

$$\int_{\mathcal{V}}\boldsymbol{\nabla}\cdot\mathbf{F}\,d^3x=\int_{\mathcal{A}}\mathbf{F}\cdot d\mathbf{A} \tag{V.15}$$

가 성립한다. 여기서 $\mathcal{V}$는 관심 영역의 부피이고 $\mathcal{A}$는 그 영역을 둘러싼 폐곡면을 뜻한다. 이 식을 발산 정리 또는 **가우스 정리**(Gauss's theorem)라고 한다.

발산 정리의 특별한 경우로

$$\mathbf{F}(\mathbf{x}) = P(\mathbf{x})\mathbf{a} \tag{V.16}$$

인 경우를 생각해 보자. 여기서 $\mathbf{a}$는 크기가 일정하지만 임의의 방향을 향하는 벡터이다. 이 식을 식 (V.15)에 대입하고 식 (V.6)을 이용하면

$$\mathbf{a} \cdot \left(\int_{\mathcal{V}} \boldsymbol{\nabla} P d^3x - \int_{\mathcal{A}} P d\mathbf{A} \right) = 0 \tag{V.17}$$

을 얻는다. 벡터 $\mathbf{a}$가 임의의 방향을 가질 수 있으므로 위 식은

$$\int_{\mathcal{V}} \boldsymbol{\nabla} P \, d^3x = \int_{\mathcal{A}} P d\mathbf{A} \tag{V.18}$$

가 된다.

마찬가지로 $\mathbf{F}(\mathbf{x}) = \mathbf{a} \times \mathbf{P}(\mathbf{x})$ 라고 하면

$$\int_{\mathcal{V}} \boldsymbol{\nabla} \times \mathbf{P} \, d^3x = \int_{\mathcal{A}} d\mathbf{A} \times \mathbf{P} \tag{V.19}$$

를 얻는다.

• **스톡스 정리**(Stoke's theorem): 3차원 공간상에서 정의된 벡터 $\mathbf{F}$에 대하여 $\mathbf{F}$와 그 미분이 연속이라면

$$\int_{\mathcal{A}} \boldsymbol{\nabla} \times \mathbf{F} \cdot d\mathbf{A} = \oint_{\mathcal{C}} \mathbf{F} \cdot d\mathbf{x} \tag{V.20}$$

가 성립한다. 여기서 $\mathcal{A}$는 관심 영역의 면적이며 $\mathcal{C}$는 그 영역을 둘러싼 폐곡선을 뜻한다. 이 식을 스톡스 정리라고 한다.

스톡스 정리의 특별한 경우로 벡터 $\mathbf{F}$가 식 (V.16)으로 주어졌을 때, 식 (V.7)을 적용하면

$$\int_{\mathcal{A}} d\mathbf{A} \times \boldsymbol{\nabla} P = \oint_{\mathcal{C}} P \, d\mathbf{x} \tag{V.21}$$

를 얻는다. 마찬가지로 $\mathbf{F}(\mathbf{x}) = \mathbf{a} \times \mathbf{P}(\mathbf{x})$를 이용하면

$$\int_{\mathcal{A}} (d\mathbf{A} \times \boldsymbol{\nabla}) \times \mathbf{P} = \oint_{\mathcal{C}} d\mathbf{x} \times \mathbf{P} \tag{V.22}$$

를 얻는다.

VI. 중력 퍼텐셜

질량이 $m_i(i = 1, 2, \cdots, N)$인 N개의 입자가 모여 있는 계를 생각해 보자. 각 입자의 위치가 $\mathbf{x}_i$일 때 한 입자가 다른 입자로부터 받는 중력 가속도는

$$\mathbf{f}_i = -G\sum_{j\neq i}^{N} \frac{m_j(\mathbf{x}_i - \mathbf{x}_j)}{|\mathbf{x}_i - \mathbf{x}_j|^3} \tag{VI.1}$$

로 주어진다. 마찬가지로, 밀도 분포가 $\rho(\mathbf{x})$인 매질의 중력 가속도는

$$\mathbf{f} = -G\int \frac{\rho(\mathbf{x}')(\mathbf{x} - \mathbf{x}')}{|\mathbf{x} - \mathbf{x}'|^3} d^3x' \tag{VI.2}$$

으로 주어진다.

중력 퍼텐셜 $\Phi(\mathbf{x})$를

$$\Phi(\mathbf{x}) \equiv -G\int \frac{\rho(\mathbf{x}')}{|\mathbf{x}' - \mathbf{x}|} d^3x' \tag{VI.3}$$

으로 정의하자. 3차원 위치벡터 $\mathbf{x}$와 $\mathbf{x}'$에 대하여

$$\boldsymbol{\nabla}_{\mathbf{x}}\left(\frac{1}{|\mathbf{x} - \mathbf{x}'|}\right) = -\frac{\mathbf{x} - \mathbf{x}'}{|\mathbf{x} - \mathbf{x}'|^3} \tag{VI.4}$$

이므로

$$\mathbf{f} = \boldsymbol{\nabla}_{\mathbf{x}}\left(G\int \frac{\rho(\mathbf{x}')}{|\mathbf{x} - \mathbf{x}'|} d^3x'\right), \tag{VI.5}$$

즉

$$\mathbf{f} = -\boldsymbol{\nabla}\Phi \tag{VI.6}$$

임을 알 수 있다. 또한,

$$\boldsymbol{\nabla}^2_{\mathbf{x}}\left(\frac{1}{|\mathbf{x} - \mathbf{x}'|}\right) = -4\pi\delta(|\mathbf{x} - \mathbf{x}'|) \tag{VI.7}$$

이므로 식 (VI.3)은

$$\boldsymbol{\nabla}^2\Phi = \boldsymbol{\nabla}\cdot\mathbf{f} = 4\pi G\int \rho(\mathbf{x}')\delta(|\mathbf{x} - \mathbf{x}'|)d^3x' = 4\pi G\rho \tag{VI.8}$$

가 된다. 즉,

$$\boldsymbol{\nabla}^2\Phi = 4\pi G\rho \tag{VI.9}$$

를 얻을 수 있다. 식 (VI.9)를 중력 퍼텐셜에 대한 **푸아송 방정식**(Poisson's equation)이라고 한다.

식 (VI.8)을 임의의 부피에 대해 적분하고 발산 정리를 이용하면

$$\int \mathbf{f} \cdot d\mathbf{A} = 4\pi GM \tag{VI.10}$$

이라는 **가우스의 법칙**(Gauss's law)을 얻는다. 여기서 $d\mathbf{A}$는 부피를 둘러싼 폐곡면의 면적소이며, $M = \int \rho d^3x$는 폐곡선 내부의 질량이다. 임의의 폐면적에 대해 중력을 적분한 값은 그 폐면적에 둘러싸인 질량의 $4\pi G$배와 같다.

매질이 구대칭일 때 식 (VI.9)의 해는

$$\Phi(r) = -4\pi G\left[\frac{1}{r}\int_0^r \rho(r')r'^2dr' + \int_r^\infty \rho(r')r'dr'\right] \tag{VI.11}$$

으로 주어진다(식 13.20 참고). 예를 들어 밀도 분포가

$$\rho_{\mathrm{NFW}} = \rho_0\frac{a^3}{r(a+r)^2} \tag{VI.12}$$

일 때, 식 (VI.11)의 해는

$$\Phi_{\mathrm{NFW}} = -4\pi G\rho_0 a^2\frac{\ln(1+r/a)}{r/a} \tag{VI.13}$$

로 주어진다.

중력 퍼텐셜 에너지는

$$W \equiv -\int \rho\mathbf{x}\cdot\boldsymbol{\nabla}\Phi d^3x = -\frac{G}{2}\int\int\frac{\rho(\mathbf{x})\rho(\mathbf{x}')}{|\mathbf{x}-\mathbf{x}'|}d^3xd^3x' \tag{VI.14}$$

으로 주어지는데(식 19.21 참고), 식 (VI.3)을 이용하면

$$W = \frac{1}{2}\int \rho(\mathbf{x})\Phi(\mathbf{x})d^3x \tag{VI.15}$$

가 된다. 나아가 식 (VI.9)를 식 (VI.15)에 대입하면

$$W = \frac{1}{8\pi G}\int \Phi\boldsymbol{\nabla}^2\Phi d^3x \tag{VI.16}$$

로도 표현할 수 있다. $\Phi\boldsymbol{\nabla}^2\Phi = \boldsymbol{\nabla}\cdot(\Phi\boldsymbol{\nabla}\Phi) - |\boldsymbol{\nabla}\Phi|^2$이므로 위 식을 부분 적분

하되 $|\mathbf{x}| \to \infty$일 때, $\Phi \propto 1/|\mathbf{x}|, |\nabla\Phi| \propto 1/|\mathbf{x}|^2 \to 0$임을 이용하면,

$$W = -\frac{1}{8\pi G}\int |\boldsymbol{\nabla}\Phi|^2 d^3x \tag{VI.17}$$

를 얻는다.

참고문헌

• 단행본

한국표준과학연구원 2020, 국제단위계; *Le Systéme international d'unités / The International System of Units* 한국어판, 제9판

BIPM 2019, *Le Systéme international d'unités / The International System of Units ('The SI Brochure')*, Bureau international des poids et mesures, 9th edition

Bracewell, R. N. 1986, *The Fourier Transform and Its Applications*, 2nd edition, McGraw-Hill Book Company

Cox, A. N.(Editor) 2000, *Allen's Astrophysical Quantities*, 4th edition, Springer-Verlag

Dodd, R. 2012, *Using SI Units in Astronomy*, Cambridge University Press

Jackson, J. D. 1999, *Classical Electrodynamics*, 3rd edition, Wiley

Landau, L. D. and Lifshitz, E. M. 1975, *The Classical Theory of Fields*, Course of Theoretical Physics, Vol. 2, 4th edition, Pergamon Press

Rybicki, G. B. and Lightman, A. P. 1979, *Radiative Processes in Astrophysics*, John Wiley & Sons, Inc.

Tiesinga, E., Mohr, P. J., Newell, D. B., and Taylor, B. N. 2019, *The 2018 CODATA Recommended Values of the Fundamental Physical Constants (Web Version 8.1)*, Database developed by J. Baker, M. Douma, and S. Kotochigova, [Online]. Available: http://physics.nist.gov/constants

Wilkins, G. A. 1989, *The IAU Style Manual: The Preparation of Astronomical Papers and Reports*, IAU Transactions XXB, [Online]. Available: http://www.iau.org/static/publications/stylemanual1989.pdf

• 논문

Mamajek, E. E., Torres, G., Prša, A., et al. 2015, IAU 2015 Resolution B2 on Recommended Zero Points for the Absolute and Apparent Bolometric Magnitude Scales, *arXiv*:1510.06262

Prša, A., Harmanec, P., Torres, G., et al. 2016, Nominal Values for Selected Solar and Planetary Quantities: IAU 2015 resolution B3, *AJ*, 152, 41

| 찾아보기 |

[ㅅ]

[ㅊ]